L'ÉLECTRICITÉ

ET

SES APPLICATIONS

Le Tramway Électrique des Champs-Élysées. Exposition d'Électricité.

HENRI DE PARVILLE

L'ÉLECTRICITÉ

ET

SES APPLICATIONS

EXPOSITION DE PARIS

Avec 187 Figures dans le texte

DEUXIÈME ÉDITION

REVUE ET AUGMENTÉE D'UNE TABLE ALPHABÉTIQUE DES MATIÈRES ET DES
FIGURES ET D'UNE TABLE DES NOMS CITÉS

PARIS

G. MASSON, ÉDITEUR

LIBRAIRE DE L'ACADÉMIE DE MÉDECINE
120, BOULEVARD SAINT-GERMAIN, 120

MDCCCLXXXIII

TABLE DES MATIÈRES

5556. Paris. — Imprimerie Tolmer et Cie, 3, rue de Madame

L'ÉLECTRICITÉ

ET

SES APPLICATIONS

EXPOSITION DE PARIS

I

ant-propos. — La Science à la mode. — L'Électricité. — Exposition de 1881. — Souvenirs rétrospectifs. — Les féeries de la
Science. — Coup d'œil général. — Le Palais de la Lumière.
— Plan d'ensemble. — Le rez-de-chaussée et le premier étage.
— La Section française. — Les Sections étrangères. — Curio-
ités de l'Exposition. — Les forces occultes. — Le mouvement
ans moteur apparent. — Transmissions électriques. — Dis-
ribution de la force. — La galerie des machines. — L'ascen-
eur électrique. — Les tramways électriques. — Les lumières
lectriques. — La salle des auditions téléphoniques. — Un
1onde nouveau.

Tout a son heure en ce monde. L'opportunisme
st pas un vain mot. Chaque science se partage à
ir de rôle la faveur publique. Depuis quelque temps,
st l'électricité qui règne dans l'opinion, en atten-
it qu'elle gouverne. Tout le monde a les yeux tour-
 vers cette branche attrayante de la physique ;
 a la vogue ; aujourd'hui ce qui est électrique, a
s conteste, le don d'attirer l'attention. Aussi bien

du reste, la curiosité est justifiée ; les découvertes les plus saillantes, les inventions les plus extraordinaires sont, en effet, du domaine de l'électricité. Si l'on ajoute que la foule a toujours eu un penchant pour ce qui lui paraît tenir du merveilleux et pour ce qui sur-excite son imagination, on s'expliquera sans peine son engouement. Ce n'est pas d'aujourd'hui que date l'expression significative : électriser la foule !

Malheureusement, les phénomènes électriques faciles à produire et à observer, sont moins commodes à comprendre et à interpréter. Il se trouve cependant des personnes qui ne se contentent pas de voir, elles voudraient savoir. D'autre part, la science marche à pas de géants ; lorsqu'on ne la suit pas au jour le jour, on est bien vite débordé par les faits ; on se trouve un peu dans la situation de celui qui a dû sauter plusieurs chapitres d'un livre et qui voudrait cependant, avant de poursuivre la lecture, être sommairement mis au courant de ce qu'il lui a fallu passer. De ce côté aussi, il y a certainement une lacune à combler.

L'Exposition d'électricité nous a offert un champ d'exploration inespéré ; tout ce qui était neuf, tout ce qui était remarquable était groupé aux Champs-Élysées. Le meilleur moyen de bien juger d'une industrie, c'est de pénétrer dans l'usine, d'y voir les ouvriers à l'œuvre et les machines en fonction. Le spectacle est saisissant ; on suit le travail ; on se rend compte des procédés ; pour présenter un tableau d'ensemble des applications de l'électricité, la méthode la plus courte et la plus démonstrative, c'est de consacrer quelques heures à des visites rétrospectives à l'Exposition. Nous en retirerons un double avantage.

hemin faisant, nous aurons à rappeler des notions ubliées et peu connues, à examiner des problèmes leins de promesses ; en même temps, nous fixerons ans ces esquisses rapides le souvenir de l'événement cientifique le plus important de l'année 1881.

L'Exposition de 1881 a montré dans tout son épaouissement l'étonnante fécondité des applications e l'électricité ; elle restera la première manifestation nposante des progrès incessants d'une science à quelle semble appartenir l'avenir.

C'était le rêve des anciens de diriger et de maîtrir la foudre. Le rêve est dépassé ; on l'a maîtrisée, n l'a asservie et on l'a obligée à se rendre utile. ous fabriquons l'électricité industriellement ; nous conduisons où nous voulons ; elle travaille pour ous ; elle obéit à tous nos caprices ; elle peut remlacer la force de milliers de chevaux ; elle fait foncionner des pompes, des batteuses, des charrues, des achines, des outils de toute sorte ; elle remorque es voitures ; elle dore, argente, purifie les métaux, e fait métallurgiste et graveur ; elle transmet au oin la parole, le chant, la musique, l'écriture, le desin, la peinture ; elle éclaire, elle fond les substances s plus réfractaires ; c'est la force universelle par xcellence ; jamais même force naturelle n'a été ussi complétement domptée ; elle mène à bonne n les travaux les plus durs et les travaux les plus élicats. On dirait qu'elle a été d'autant plus énergiuement soumise à la volonté de l'homme, qu'elle 'est montrée, au début, plus violente et plus terrible ans ses colères et dans ses révoltes. Le visiteur qui énétrait dans le palais pouvait facilement se convaincre qu'il marchait en pays conquis; il eût été bien imprudent de le parcourir, il y a tout au plus un demi-siècle. On avait accumulé aux Champs-Élysées et asservi assez d'électricité pour foudroyer des bataillons et couvrir de feu des villes entières. Heureusement, nous sommes désormais les maîtres, et nous pouvons aujourd'hui admirer sans crainte notre œuvre et assister sans danger à notre triomphe.

C'était le soir qu'il était préférable d'entrer pour la première fois à l'Exposition. Si l'on n'avait su d'avance où se trouvait le palais, on l'aurait bien vite deviné à la lueur qu'il projetait au loin sur la ville. On aurait dit que le feu était aux Champs-Elysées ou qu'une magnifique aurore boréale resplendissait à l'occident. La lumière s'échappait par les plafonds vitrés et allait éclairer les nuages. Deux puissants foyers électriques munis de réflecteurs et installés au sommet du portail de la porte d'honneur envoyaient leurs sillons étincelants sur l'Arc-de-Triomphe et la place de la Concorde. Tantôt la fumée des machines se rabattait dans la zone d'éclairement et prenait des tons pourpres et fauves d'incendie; elle roulait des vagues lumineuses qui s'élevaient et s'abaissaient dans l'obscurité de la nuit. Tantôt, au contraire, l'espace était libre et le faisceau brillant ondulait et vibrait dans des scintillements éblouissants; aux premiers plans, on la voyait courir sur la cime des marronniers, et la crête des feuilles s'allumait et prenait des tons d'émeraude : on eût dit d'une pelouse ensoleillée suspendue dans les airs. Aux seconds plans, le rayon fouillait et embrasait les massifs humides; il les couvrait de reflets chatoyants, et les petites gouttelettes de rosée tombaient lentement une à une comme des perles aux couleurs d'arc-en-ciel. Au loin, les maisons étincelaient au milieu d'une auréole blanche. Le coup d'œil était singulier, et l'on se serait cru volontiers transporté dans un pays de féerie.

Lorsqu'on avait franchi le grand portail, le spectacle devenait magique. Il convenait de monter immédiatement au premier étage; le regard embrassait dans son ensemble la grande nef et ses innombrables lumières; l'illumination était incomparable de splendeur. Çà et là, partout, sans ordre ni symétrie, au milieu des machines, des appareils en mouvement, brillaient comme des lanternes vénitiennes éclatantes les lampes électriques enfermées dans leurs globes opalins; la nef était comme piquée de gros diamants blancs, qui marquaient les emplacements des nations et limitaient la place des exposants : ici, des foyers à la lumière intense; là, des lampes à rayonnement doux et chaud; partout des lustres, des candélabres, des lampadaires, les bougies envoyant leurs clartés disparates sur les oriflammes, les bannières, les drapeaux multicolores. Du premier étage on eût dit une immense mosaïque d'or, d'argent et de pierres fines. Au centre, et dominant ce miroitement étincelant, se dressait un phare de premier ordre qui projetait encore dans toutes les directions des éclats alternativement rouges et blancs. La coupole de l'édifice apparaissait comme une immense voûte de feu. Le palais des Champs-Elysées était bien devenu le véritable palais de la Lumière.

Lorsqu'on entrait dans l'exposition par le grand portail, on avait à sa droite la section française, à sa gauche les sections étrangères. La place avait été effectivement partagée par parties égales : moitié aux nations étrangères, moitié à la France. En face, dans toute la longueur du palais, se développait la galerie des machines et des générateurs d'électricité.

Du côté français, l'œil s'arrêtait immédiatement sur les expositions des principales Compagnies de chemins de fer : signaux, sémaphores électriques, avertisseurs de manœuvres, etc., sur les expositions des Sociétés de Gramme et Jablochkoff. Plus loin, le visiteur pénétrait dans le pavillon de la Ville de Paris, où l'on avait exposé les différents systèmes de remise à l'heure des horloges, les appareils de protection des édifices parisiens contre la foudre, le réseau télégraphique municipal, les signaux et les appels des sapeurs-pompiers, etc. ; plus loin encore se trouvait le luxueux pavillon du ministère des postes et des télégraphes avec tous les appareils de transmission et de réception télégraphiques les plus perfectionnés. Tout autour, sur les bas côtés, on avait installé les expositions des ministères de la guerre et de la marine, l'exposition de l'Académie d'aérostation, etc.

Du côté étranger, l'emplacement avait été partagé en trois grandes travées longitudinales et en plusieurs travées transversales. Le commencement de la première travée, en face du phare, avait été réservé à l'Angleterre. Le gouvernement britannique avait élevé un joli pavillon en forme de chalet, dans lequel étaient exposés tous les appareils télégraphiques employés par le Post-Office de Londres. Tout autour, en avant et en arrière, étaient groupés les instruments de toute nature, les câbles, les signaux des exposants anglais. Le regard était arrêté au passage par une immense bouée qui se dressait comme un petit ballon au-dessus des vitrines et des tables voisines. C'est un spécimen des bouées indicatrices qui jalonnent en

ner la position des câbles sous-marins; les bouées
ont reliées au câble; en cas de rupture, il devient
acile de relever le conducteur et de le réparer.

Après l'Angleterre, venaient dans la même travée
'Autriche, la Suède, puis l'Italie avec son pavillon
ui rappelait le palais ducal de Venise. On y voyait
es appareils de Volta, qui remontent à la première
nnée de ce siècle. Enfin, l'exposition suisse et l'expo-
ition du Japon. Sur les bas côtés, on trouvait encore
'Angleterre, puis la Hongrie, la Norvége, la Russie,
ncore l'Italie, et la Suède.

La seconde travée, premier rang, était occupée
ar l'Allemagne, où l'on remarquait un modèle de la
remière machine électrique de Otto de Guéricke. A
a suite venait l'exposition des Pays-Bas, au milieu
le laquelle on avait placé l'immense machine élec-
rique de Van Marum, presque un monument, et en
out cas une curiosité historique (1). Deux volumes
taient déposés près de l'appareil : « Description
l'une très-grande machine électrique placée dans
e Muséum de Tayler, et des *experiments* faits,
ar les moyens de cette machine, par Martinus Van
Marum. *Harlem*, 1785. » Cette machine a été con-
tru e par Cuthberson; elle est formée de deux
lateaux en de 1 m. 65 de diamètre, frottant
ur huit co Van Marum obtint avec elle des
ti de plus de *soixante centimètres* de longueur
t a grosseur d'un tuyau de plume; pour

(1) Une salle de l'Exposition avait été réservée à un *Musée rétros-
ectif* renfermant les anciens appareils qui peuvent servir de
oint de repère aux progrès de la science électrique. Toutefois,
n trouvait encore, disséminés dans les sections étrangères,
uelques appareils historiques d'un véritable intérêt.

l'époque, la machine électrique de Van Marum était une merveille.

Troisième travée : Etats-Unis ; encore l'Allemagne dont l'exposition était considérable ; la Belgique et l'Espagne. En Amérique, beaucoup d'inventions originales. En Belgique, on s'arrêtait devant le modèle d'un édifice protégé par le système de paratonnerres de M. Melsens et devant le bel appareil d'enregistrement météorologique automatique de M. Van Rysselberghe. Dans l'encoignure, entre l'Espagne et la galerie des machines, se trouvait l'ascenseur électrique de M. Siemens qui permettait de passer sans fatigue du rez-de-chaussée au premier étage. Tout près, à la porte sud-est du palais, la station d'arrivée du tramway électrique du même inventeur.

De tous côtés, dans presque toutes les sections françaises et étrangères, les outils fonctionnaient comme par enchantement. On n'apercevait ni transmission de mouvement, ni moteurs à vapeur ou à gaz. Les machines à coudre, les brodeuses tournaient toutes seules ; les scies, les rabots, les tours faisaient leur besogne comme entraînés par une force occulte.

Les ventilateurs, les pompes étaient en pleine marche, et le curieux ne voyait aucune machine pour les mettre en mouvement. Tout avait l'air de fonctionner seul, comme dans un palais des Mille et une Nuits. Et en effet, il n'y avait rien de tangible : la force quelquefois énorme, qui les entraînait, se glissait furtivement par un fil métallique de quelques millimètres de diamètre. On attache le fil à une petite machine électrique, et l'électricité, venue comme par le télégraphe, oblige les outils à effectuer leur travail. C'était le propre de cette Exposition d'emplir le palais de lumière et de force avec de simples fils de transmission. On voyait les fils courir de toutes parts dans l'enceinte. Les câbles et les conducteurs s'entrecroisaient et portaient à destination la force que l'on préparait sur place dans la galerie des grosses machines. Jusqu'au tramway électrique circulant de la place de la Concorde au palais, qui puisait sa force télégraphiquement dans le magasin de travail de la galerie longitudinale! On lui envoyait strictement ce qu'il lui fallait de force pour transporter ses voyageurs, comme on enverrait à un bec le gaz nécessaire à l'éclairage d'un appartement. Nous insisterons longuement sur cette distribution électrique de la force, une des puissances nouvelles de l'industrie de l'avenir.

Le rez-de-chaussée avait ses partisans, mais le premier étage avait surtout le don d'attirer la foule des curieux. C'était effectivement dans les salles du premier que l'on avait groupé les applications les plus saillantes de l'électricité. Chaque salle avait son éclairage propre ; on jugeait ainsi mieux et plus en détail des avantages de chaque système. Le visiteur, en montant par le grand escalier qui terminait la section française près du pavillon du ministère des postes, parvenait à gauche dans la salle du théâtre éclairée par la lampe Werdermann. Quatre fois par semaine on s'y pressait pour entendre la fanfare Ader : airs de chasse transmis par le téléphone. Puis venaient successivement, à droite des salons, des appartements éclairés par une lumière électrique dont on fait varier l'intensité aussi facilement qu'on le fait avec un bec de gaz ou une lampe modérateur, les salles des appareils de physique, des condensateurs électriques, des

1.

paratonnerres, de l'horlogerie électrique, des avertisseurs d'incendie, des jouets électriques, du Musée
rétrospectif, les salles de l'exposition Edison.

Les quatre salons d'audition téléphonique ont eu
surtout la vogue : de 3 à 4,000 personnes s'y portaient
tous les soirs. Nous nous y arrêterons aussi tout particulièrement, car l'audition téléphonique ainsi perfectionnée n'est pas seulement une curiosité, le problème résolu est important. Il est aujourd'hui démontré par ces essais extrêmement remarquables que l'on
peut transmettre à des distances considérables des
chœurs, des solos, la musique d'un orchestre, toutes
les ondes sonores si complexes qui sortent des instruments les plus variés, avec une netteté, une pureté,
une intensité incroyables. Le téléphone à l'oreille, et
l'on est positivement dans la salle de l'Opéra. Il est
permis d'affirmer qu'il suffit aujourd'hui de le vouloir
pour faire entendre l'Opéra, l'Opéra-Comique, les
Français aux quatre coins de Paris. On pourrait
canaliser la musique la plus fine et la plus bruyante
et la distribuer à domicile comme on distribue l'eau
et le gaz. Nous n'avions jusqu'ici que les locations
dans la salle ; on aura, quand on le désirera, des locations à domicile. Peu importent les dimensions d'une
salle ; avec la téléphonie elles n'ont plus de limites,
puisqu'il est facile de porter et de distribuer les chants
et toutes les délicatesses d'une orchestration puissante dans tous les quartiers d'une grande ville. On
comprend très-bien l'enthousiasme de la foule qui
envahissait les salons d'audition. On surprenait
quelquefois des visiteurs abandonnant leurs téléphones
pour applaudir avec frénésie comme s'ils se trouvaient
réellement à l'Académie de musique.

Et cependant, quatre ans à peine nous séparent de la découverte de Graham Bell. Il y a trois ans le téléphone était un joujou; on se moquait de sa voix de polichinelle; aujourd'hui on s'en sert dans tout Paris; on parle par son intermédiaire dans tous les coins du palais; deux personnes se reconnaissent à leur voix sans s'apercevoir; on reconnaît sans hésitation à 3 kilomètres de distance la voix de nos artistes et de nos acteurs, leur place sur la scène, leurs positions respectives; l'oreille supplée à l'œil dans une certaine mesure. Les progrès de la téléphonie sont étonnants.

Lorsqu'après avoir jeté dans une première visite un coup d'œil d'ensemble sur l'Exposition, on songe un peu à la simplicité des moyens mis en œuvre pour obtenir des résultats si extraordinaires, il est bien difficile de franchir la porte de sortie sans emporter avec soi un profond sentiment d'admiration pour toutes ces créations du génie de l'homme (1).

Tout dans cette enceinte tient du merveilleux; on n'était plus ici, comme dans les Expositions universelles, en face d'industries connues; tout y était neuf,

(1) Il résulte des documents officiels que 1,764 exposants ont pris part à l'Exposition, ainsi répartis: France, 937. Allemagne, 148. Autriche, 37. Belgique, 208. Danemark, 5. Espagne, 23. Angleterre, 122. Hongrie, 10. Italie, 81. Japon, 2. Norvége, 19. Pays-Bas, 18. Russie, 38. Suède, 23. Suisse, 4. Le nombre des visiteurs payants a été de 673,347. Les entrées gratuites ont été largement accordées. Les recettes, y compris la subvention de l'État de 200,000 fr. et celle de la Ville de 25,000, ont été de 1.048.417 fr. 68. Les dépenses d'environ 689,119 fr. 84. Produit net 358,926 fr. 84. Le bénéfice net, tout soldé, aura été supérieur à 325,000 fr. Par décret en date du 23 février, rendu sur la proposition du ministre des postes et télégraphes, cette somme a été appliquée à la création d'un laboratoire central d'électricité à Paris.

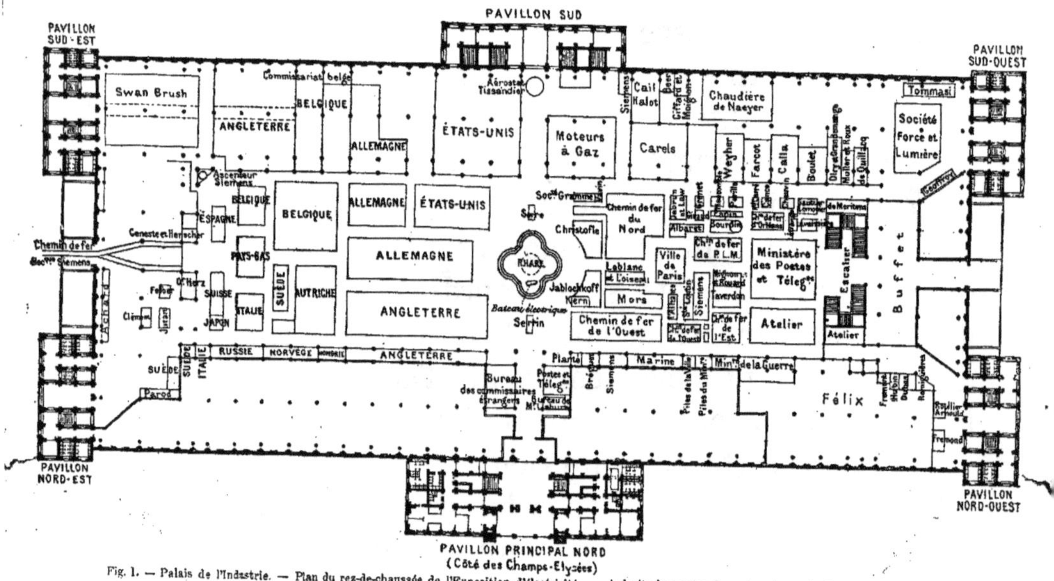

Fig. 1. — Palais de l'Industrie. — Plan du rez-de-chaussée de l'Exposition d'électricité. — A droite la section française ; à gauche la section étrangère.

tout y était plein d'originalité et de surprise; il fallait, bon gré mal gré, faire un effort d'intelligence pour comprendre ce qui nous entourait, on se serait cru volontiers transporté dans une autre planète.

Nous n'avions pas encore l'habitude de voir fonctionner tant de machines sans cause apparente. Ces procédés occultes déroutaient l'esprit. Le secret de leur existence nous échappait. Ces transformations, ces métamorphoses rapides paraissaient tenir du prodige. Et l'on se surprenait presque à demander quel était le machiniste qui, comme dans les dessous d'un théâtre, présidait à cette œuvre magique. En effet, au fond, n'était-on pas au milieu d'un vaste théâtre? Seulement ici le machiniste, c'est une force si subtile, qu'elle est restée pendant des siècles insaisissable; elle glissait entre nos mains; elle s'échappait sans cesse avec la vitesse de l'éclair; c'est à peine s'il était possible de l'entrevoir.

Aujourd'hui, emprisonnée, conquise, elle est la force souple et maniable par excellence; elle sera bientôt la puissance souveraine qui transformera le monde.

Pauvre petite étincelle de nos informes machines d'hier, elle aura été l'aurore d'une civilisation nouvelle!

II

La question que se posait invariablement le visiteur, qui parcourait le palais des Champs Elysées,
était toujours la même : il voyait bien les fils télégraphiques courir de toute part, les machines tourner,
les lampes s'illuminer ; il savait bien que c'était l'électricité qui faisait tout ce travail, mais il se demandait naturellement dans quelle partie de l'Expostion
on produisait cette électricité, et surtout comment
on la fabriquait en quantité suffisante pour la répan-
dre ainsi à profusion de tous côtés. Il était bien
témoin des effets, mais c'est la cause qui lui échappait ; il cherchait le secret de ce rouage gigantesque
qui donnait la vie à toute l'Exposition. Aussi on entendait le public réclamer un guide pour lui expliquer
ce qu'il ne comprenait pas.

Il ne faut pas se dissimuler que, même avec

un guide, les personnes étrangères à la science auraient eu quelque peine à se rendre compte de ce qui les entourait. On parlait une langue qui était loin d'être familière à tout le monde; on ne pouvait la déchiffrer à livre ouvert; une instruction préalable est absolument nécessaire : on ne saurait s'étonner du désappointement que paraissait témoigner les visiteurs, qui essayaient inutilement de saisir la clef d'un phénomène ou le mécanisme d'une machine.

La science électrique, devenue très complexe de nos jours, exige des années d'études; mais pour avoir une idée d'ensemble sur l'électricité, pour pénétrer le jeu des forces électriques, qui excitent à un si haut degré la curiosité du public, il suffit en définitive d'avoir présentes à la mémoire quelques notions fondamentales très-simples. Ces notions sont indispensables; on ne saurait trop le répéter; sans elles toutes les explications seraient superflues; avant de pouvoir lire, il est indispensable d'apprendre à épeler. C'est l'alphabet électrique que nous allons essayer de faire connaître. Ensuite, les difficultés s'aplaniront d'elles-mêmes, et le visiteur ne parcourra plus des pays inconnus.

Nous faisons chaque jour et à tout instant de l'électricité sans le savoir, comme M. Jourdain faisait de la prose. Il est impossible de lever le doigt, de toucher à un corps sans engendrer de l'électricité. En effet, nous poserons immédiatement un principe essentiel, démontré par l'expérience. Toute modification dans l'état physique, et à plus forte raison dans l'état chimique d'un corps, a pour conséquence la production d'électricité; il est impossible de changer l'état moléculaire d'une substance, et son état chimique, sans donner naissance à de l'électricité.

Lorsqu'on frappe une substance, on change l'équilibre de ses molécules constitutives, on fait de l'électricité. Quand on tord un fil métallique, on modifie l'équilibre moléculaire, on fait de l'électricité. Lorsqu'on comprime un métal, lorsqu'on imprime des vibrations à une tige métallique, lorsqu'on frotte deux corps ensemble, quand on brise une pierre, quand on casse un morceau de sucre, quand on fait jaillir un jet d'eau, on change l'équilibre de la matière, on produit de l'électricité. Lorsqu'on chauffe un corps, lorsqu'on porte un liquide à l'ébullition, lorsqu'on comprime ou dilate un gaz, on fait de l'électricité.

Lorsqu'on attaque chimiquement une substance, qu'on expose un métal à l'action d'un acide, on produit de l'électricité; quand on fait travailler les muscles, on engendre de l'électricité.

Bref, il ne s'opère pas un déplacement de matière dans la nature morte, un acte volontaire ou inconscient dans la nature vivante, sans qu'il y ait production d'électricité en rapport exact avec l'énergie du travail dépensé. On le voit, il n'est pas bien difficile de produire de l'électricité, et nous en faisons ainsi, sans nous en douter, depuis le commencement (1) du monde.

Mais, objectera-t-on, si nous en faisons si facilement,

---

(1) L'électricité paraît résulter d'un mode de mouvement particulier des corps, comme la chaleur et la lumière. Tout ce qui trouble ce mouvement détermine une production de calorique et d'électricité. On s'explique ainsi comment les chocs, le frottement, les vibrations, les actions chimiques suffisant pour modifier le système vibratoire des molécules, peuvent donner lieu à une manifestation électrique.

pourquoi ne nous en apercevons-nous pas? La réponse est aisée. Rien de si subtil et de si fugitif que l'électricité. Elle s'échappe à mesure qu'elle se produit; elle se sauve si bien, qu'on ne soupçonne pas son existence. Aussitôt faite, aussitôt partie. Approchez une flamme, un tison, d'une boule métallique, la chaleur est si fugitive aussi, que la sphère ne paraîtra pas s'échauffer : le métal laisse fuir le calorique. De même les métaux laissent s'échapper l'électricité si rapidement, que l'on a beau les frotter, on ne recueille aucune trace d'électricité. Mais il existe certains corps dont la constitution moléculaire est telle, que l'électricité produite s'échappe assez difficilement. Tels sont l'ambre, les résines, le verre, le soufre, la soie, etc. C'est en frottant de l'ambre, six cents ans avant notre ère, que Thalès observa l'un des premiers sans doute le dégagement de l'électricité. Il suffit

Fig. 2.

d'encastrer les extrémités d'une baguette métallique dans du verre et de frotter le métal pour obliger l'électricité engendrée à se manifester aussitôt. Dans ce cas, elle ne peut plus s'échapper : elle est emprisonnée par le corps mauvais conducteur, et elle devient tangible. En 1670, Otto de Guericke, bourgmestre de Magdebourg, réalisa la première machine électrique; il prit une grosse boule de soufre et la fit tourner vivement en appliquant la main sur sa surface. Le frottement engendra de l'électricité qui resta à la surface de la boule. Pour la première fois, Otto de Guericke put voir une étincelle. Tel fut le point de départ des machines à plateau de verre et de caoutchouc que tout le monde connaît. Le plateau tourne et, en frottant sur des coussins, produit de l'électricité, qui va s'accumuler sur des conducteurs métalliques. On peut se faire, au reste, une machine électrique élémentaire à bon compte, en brossant vivement une feuille de papier à lettre préalablement chauffée. La feuille s'électrise et adhère aux murs, aux meubles pendant plusieurs minutes; on en tire des étincelles parfaitement visibles dans l'obscurité.

L'électricité qui s'accumule ainsi sur les corps mauvais conducteurs ou sur des conducteurs isolés, et qui reste à leur *surface* comme immobilisée, porte le nom d'*électricité statique*. Quand on en produit beaucoup, elle acquiert de la tension et s'échappe sous forme d'étincelle ou d'effluve lumineuse. Le frottement des grandes masses d'air qui sillonnent l'atmosphère donne lieu à un dégagement d'électricité souvent considérable. Les orages et les coups de foudre n'ont pas d'autre origine que cette électricité des nuages.

Pendant des siècles, personne ne soupçonna que l'électricité pût revêtir une forme tout autre et présenter des caractères absolument différents. On connaissait fort bien les effets énergiques de l'électricité statique; Franklin avait inventé le paratonnerre en 1750; Coulomb avait fixé la loi de répartition de l'électricité dans les corps en 1787.

Et c'était tout, lorsque, en 1790, Galvani, professeur d'anatomie à Bologne, fit une découverte qui devait avoir des conséquences inattendues. Galvani étudiait depuis quelque temps l'action des décharges électriques des machines et des nuages orageux sur les membres dépouillés de grenouilles fraîchement

tuées; les muscles de l'animal se contractaient vivement à chaque décharge. Un jour, Galvani attacha
par hasard les membres d'une grenouille avec un fil
de cuivre au balcon en fer du palais Zambeccari. La
grenouille s'agita brusquement. Cependant l'atmosphère était pure et le temps sans orage. Les secousses se
reproduisaient chaque fois
que les jambes du batra-
cien dépouillé touchaient
le balcon de fer. Cette expérience, bientôt connue
du monde savant, excita
un étonnement général (1)
et fut très-diversement
commentée. Il y avait de
l'électricité produite : mais
d'où venait-elle, comment
s'engendrait-elle?

Galvani avança que les
animaux dégageaient une
électricité propre. Un professeur de Pavie, Volta,

Fig. 3.

affirma que c'était le contact des deux métaux
différents, le cuivre et le fer, qui engendrait l'électricité. Il s'éleva entre le physiologiste de Bologne et
le physicien de Pavie un débat qui dura plus de dix
années. Galvani et Volta multiplièrent les arguments
et les expériences. Galvani fit voir que les contrac-

(1) Déjà en 1658 Swammerdam avait cependant observé les
contractions des grenouilles sans y porter autrement son attention. Selon le *Journal de Bologne* de 1786, un élève du célèbre
anatomiste de Naples Cotugno, en disséquant une souris, aurait
reçu une secousse électrique. Le bras de l'opérateur serait même
resté engourdi pendant quelques instants.

tions d'une grenouille s'obtenaient *sans métaux* par le contact direct des muscles et des nerfs. Volta n'en soutint pas moins que le contact des métaux donnait naissance à de l'électricité. Et c'est ainsi qu'il fut conduit, en 1800, à inventer l'admirable instrument qui porte son nom, la *pile de Volta*.

Galvani et Volta avaient raison, chacun de leur côté. Le muscle vivant fait de l'électricité. Le contact des métaux engendre de l'électricité.

Volta *empila* les uns sur les autres des disques de zinc et de cuivre en les séparant par des rondelles de drap mouillé d'eau acidulée. Il fit la première *pile*. Mais, à vrai dire, ce n'est pas le contact du zinc et du cuivre qui produit l'électricité, c'est l'action chimique qu'exerce l'acide sur le zinc et qui modifie son état moléculaire. L'électricité ainsi engendrée possède des propriétés caractéristiques.

Quand on approche les fils qui partent de chaque extrémité de la pile, on constate un dégagement continuel d'électricité, on voit même au moment où l'on rompt le contact jaillir une étincelle. L'électricité circule dans le fil, la pile la fabrique à mesure de l'oxydation du zinc, et elle court dans le fil métallique à la façon d'un courant liquide. Elle n'est plus immobilisée ici, emprisonnée sur place; au contraire, elle est en mouvement, elle circule sans cesse. Elle emplit le conducteur et ne reste pas seulement à sa surface; en allongeant le fil, on peut la conduire où l'on veut; d'où son nom d'*électricité dynamique*, par opposition à l'électricité des anciens ou *électricité statique*.

L'invention de la pile et la découverte de l'électricité dynamique ont ouvert un champ immense aux recherches des physiciens; l'année 1800 marque une ère nouvelle dans l'histoire de la physique ; toutes les merveilles qui nous frappent aujourd'hui d'admiration ont pour point de départ la découverte physiologique de Galvani et la découverte physique de Volta. C'est le courant électrique de la grenouille qui a été l'avant-coureur des forces puissantes qui donnent l'activité à l'Exposition. Au sommet de l'édifice, toute la civilisation moderne : télégraphie, téléphonie, travail électrique, etc. ; à la base : une grenouille. Ironie du sort !

L'Université de Pavie, l'Institut de Milan, le Lycée de Côme qui se partagent les reliques de l'inventeur de la pile, avaient eu grand soin de mettre sous les yeux des visiteurs les premiers instruments de Volta, les lames métalliques dont il s'était servi pour contrôler les expériences de Galvani, etc. Sésostris aurait exigé la grenouille !

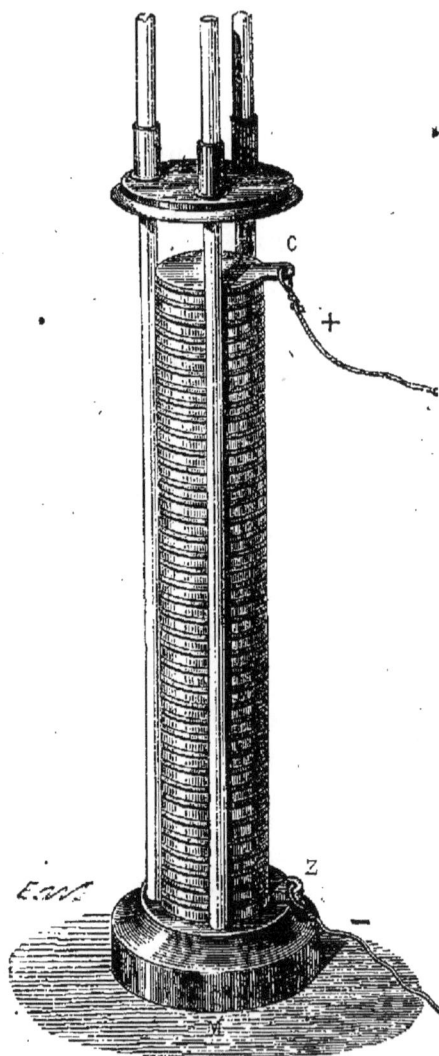

Fig. 4.—Pile à colonne de Volta.

La pile de Volta a conduit d'étapes en étapes à toutes les piles perfectionnées dont se servent les physiciens et les chimistes. On en a combiné de toutes sortes. Au point de vue philosophique, la pile, quelle que soit sa combinaison, est un instrument qui fabrique de l'électricité par actions chimiques. Nous avons dit que toute modification dans l'équilibre moléculaire d'un corps engendrait de l'électricité : l'action chimique attaque la structure intime des corps. Les molécules constitutives sont ici plus qu'ébranlées; elles se heurtent et sortent de leurs liens; il y a destruction de l'édifice et reconstruction sur un nouveau plan ; le **travail moléculaire** effectué se traduit par une mise en liberté équivalente d'électricité. Dans presque toutes les piles modernes, l'action chimique se passe entre du zinc et un acide qui attaque le zinc, et bat en brèche ses molécules. Le zinc s'oxyde sous l'influence de l'acide comme le charbon s'oxyde dans nos foyers. La pile est un générateur d'électricité au même titre qu'un foyer est un générateur de calorique. Dans la pile, c'est le zinc qui sert de combustible; dans le foyer, c'est le charbon qui s'oxyde et brûle, la comparaison est d'une exactitude rigoureuse.

On voit immédiatement que la production de l'électricité au moyen de la pile est bien autrement coûteuse que celle de la chaleur, puisque le zinc, combustible employé, est environ 15 fois plus cher que la houille. L'électricité engendrée par les actions chimiques a un prix excessif sur lequel nous aurons à insister, C'est ce prix élevé qui pendant si longtemps a limité les applications de l'électricité à l'industrie.

Bien que les piles électriques soient aujourd'hui

très-connues, il ne nous paraît pas inutile d'entrer à leur égard dans quelques détails, et de décrire successivement les types les plus employés.

Il est bien facile de préparer une pile, puisque la plus petite action chimique dégage de l'électricité. Une rondelle de zinc mise sur la langue et une rondelle de cuivre placée sous la langue constitue un couple de Volta ; le zinc est attaqué par la salive et l'on éprouve la sensation d'une petite secousse et l'on sent un goût amer. Une lame de zinc mise dans de l'eau non distillée près d'une lame de cuivre forme un couple. L'eau renferme des sels calcaires, une action chimique intervient, le zinc s'oxyde et si l'on fait toucher les deux baguettes, il se manifeste un petit courant. Si, à l'eau, on ajoute de l'acide sulfurique qui rend le liquide plus conducteur et qui attaque le zinc, au moment du contact entre les deux métaux, un courant électrique se produit et assez énergiquement pour qu'un peu de papier imbibé d'iodure de potassium passe du blanc au bleu si on le place sur le trajet du courant.

En thèse générale, on forme une pile en déposant dans un liquide conducteur une lame métallique chimiquement attaquable et une lame moins attaquable ou inerte. En réunissant les deux lames par un fil, un courant électrique circule. La lame attaquable produit de l'électricité ; la lame inerte sert de collecteur, s'il est permis de s'exprimer ainsi, à l'électricité dégagée dans le liquide, et si l'on joint les lames par un fil métallique, l'électricité passe d'une lame sur l'autre au fur et à mesure de l'action chimique.

Le phénomène mérite d'être examiné d'un peu

plus près. Concevons donc le couple très-simple constitué par une lame de zinc et une lame de cuivre plongées
dans de l'eau aiguisée d'acide
sulfurique. Le zinc est,
comme on sait, très-oxyda-
ble ; pour peu qu'un acide
mêlé à l'eau vienne encore
ajouter son action propre,
l'équilibre moléculaire du
liquide est tout à fait rompu ;
l'oxygène est attiré par le
zinc et l'hydrogène chassé
sur le cuivre. L'oxydation du
zinc engendre de la chaleur et
un flux électrique qui se
propage à travers le liquide
jusqu'à la lame de cuivre.

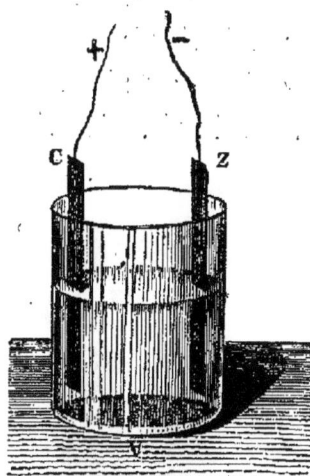

Fig. 5.

S'il n'y a pas communication entre les deux lames,
l'équilibre se rétablit bientôt ; la tension électrique a

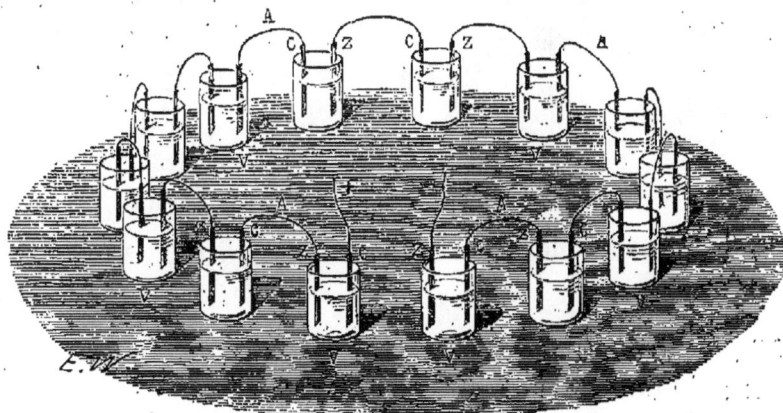

Fig. 6. — Piles à tasses.

seulement gagné en puissance dans tout le système.
Si sa valeur est $+ a$ sur une lame, elle est $- a$ sur

l'autre, égale et de sens contraire. Aussi, quand on réunit les deux lames par un fil, puisqu'il y a excès de tension a d'un côté et diminution a de l'autre, il se produit un courant dans le fil de $+ a$ vers $- a$, du cuivre au zinc.

Puis le zinc étant de nouveau attaqué, un nouvel excès de tension se forme d'un côté, correspondant à une nouvelle diminution de l'autre, et le courant circule tant que l'oxydation du zinc se poursuit.

Le zinc est le générateur du mouvement. Aussi le courant va-t-il à travers le liquide du zinc au cuivre et en dehors à travers le fil, du cuivre au zinc. On désigne

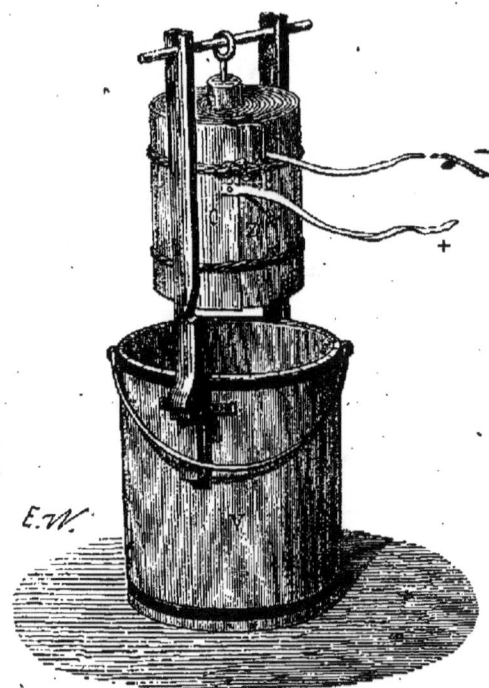

Fig. 7. — Élément de pile en hélice.

par *pôle positif* celui qui correspond au métal collecteur ; le courant paraît en sortir, comme l'eau s'écoule d'un réservoir. On appelle *pôle négatif* celui qui correspond au zinc ; le courant va s'y perdre. On appelle *Électrodes* les lames métalliques en présence (1).

(1) Comme dans la décomposition de l'eau par un courant.

La plupart des électriciens ont conservé l'habitude, pour faciliter le langage tout au moins, de désigner l'électricité du pôle positif comme de l'électricité positive, et l'électricité du pôle négatif comme de l'électricité négative. Ils disent même volontiers fluide positif et fluide négatif, en partant de cette vieille idée que le *fluide neutre* se compose de fluide positif et de fluide négatif. Quand on sépare ces deux fluides, les deux électricités se manifestent. Ces dénominations un peu démodées donnent une idée erronée des faits; nous supprimons absolument le terme de fluide, qui n'a plus de sens dans la science moderne. L'électricité est une forme de mouvement comme la chaleur, comme la lumière; il n'y en a pas deux espèces.

Les mouvements moléculaires s'effectuent le plus ordinairement dans des orbites diverses, un peu comme les étoiles qui décrivent des trajectoires plus ou moins différentes. Quand un courant électrique se produit par action physique ou chimique, il modifie l'équilibre de la matière, et met de l'ordre dans ces mouvements confus; il oriente les orbites qui prennent des directions coordonnées. Deux systèmes perpendiculaires l'un à l'autre dominent; une orbite tourne dans un plan, l'autre orbite dans un plan perpendiculaire. On peut se les figurer comme une roue tournant autour d'un axe horizontal et une roue placée transversalement en face, tournant autour d'une ligne

l'oxygène se rend au pôle positif et l'hydrogène au pôle négatif, on dit encore que l'oxygène est électro-négatif et l'hydrogène électro-positif. Ces dénominations n'ont rien d'absolu et sont gênantes dans le discours; elles prêtent aux malentendus et aux confusions.

verticale. En même temps que se produit cette orientation systématique, les molécules entraînées dans les orbites à axe vertical s'éloignent des molécules entraînées dans les orbites à axe horizontal. Les deux systèmes tourbillonnaires se repoussent. On peut démontrer la possibilité du fait à l'aide d'expériences réalisées sur des systèmes tournant rapidement au sein d'un liquide, autour d'axes perpendiculaires l'un à l'autre.

Il résulte de là, que dans un milieu où circule un courant, d'un côté se groupent des molécules appartenant à un système d'orbites et de l'autre des molécules appartenant au système d'orbites opposé. L'équilibre statique est obtenu. Mais cette orientation caractéristique des mouvements moléculaires entraîne une conséquence remarquable. Chaque orbite par suite de la rotation crée au centre une raréfaction et à la périphérie une pression égale. Leur orientation étant perpendiculaire sur chaque lame, il y a sur l'une, raréfaction $- a$, sur l'autre, pression $+ a$. Maxwell a donné une théorie du phénomène un peu différente. C'est pourquoi, dans une pile, il y a courant de la zone à pression vers la zone à raréfaction dans le circuit extérieur; autrement on ne comprendrait pas pourquoi le courant ne reviendrait pas sur lui-même dans l'intérieur de la pile. L'oxydation du zinc détermine le flux qui oriente les orbites et plus cette oxydation est active dans l'unité de temps, et plus l'orientation est elle-même rapide et complète; aussi plus le courant a d'énergie. Le zinc étant le métal qui, à bas prix relatif, s'oxyde le plus rapidement, c'est à lui qu'on a presque toujours recours pour constituer la lame motrice du courant.

L'énergie du flux, la tension électrique qui en résulte et qui permet au mouvement de vaincre les résistances qu'il rencontre sur son passage à travers la pile et dans le conducteur s'appelle ordinairement *force électro-motrice*. La force électro-motrice est comparable à la *pression* dans une conduite d'eau. Comme dans ce cas, elle est liée à la différence des niveaux, à la hauteur de chute, ou, ainsi qu'on le dit dans le langage moderne, à la différence de *potentiel* au pôle de sortie et au pôle de rentrée du courant. La force électro-motrice croît en raison de cette hauteur de chute (1). Le courant marche d'un potentiel élevé à un potentiel plus faible.

Il ne faut pas confondre la pression, la force électromotrice d'un courant avec son intensité. Le mot intensité signifie quantité, volume débité. On peut produire très-peu d'électricité sous forte tension, ou au contraire beaucoup d'électricité sous tension faible.

La force électro-motrice est liée exclusivement à la nature du métal employé et du liquide dans lequel il est plongé, puisqu'elle dépend seulement de la rapidité de l'oxydation ou du travail chimique. La quantité d'électricité engendrée dépend au contraire seulement de la grandeur des surfaces mises en jeu. Il est clair que plus il y aura de métal en travail, et plus la quantité générée sera considérable. C'est ainsi qu'on peut opposer un élément du pile énorme à un élément très-petit; et cependant le courant fourni par le petit élément refoulera et empêchera de passer le courant du gros élément. En effet, le gros élément pourra dé-

(1) C'est G. Green qui semble avoir introduit le premier dans la science l'idée du *potentiel* dans son livre « Etude de l'Electricité » publié en 1828.

biter beaucoup d'électricité; mais si on l'a fabriqué avec un métal qui s'oxyde moins que le métal de l'autre élément, la pression obtenue sera plus faible et elle ne pourra refouler le courant envoyé par l'autre couple; c'est l'électricité du petit élément qui passera dans le gros élément. On est ici dans les mêmes conditions que si l'on avait relié par un tuyau deux réservoirs d'eau dont l'un serait beaucoup plus volumineux que l'autre, mais moins haut. La pression ne dépend que de la hauteur. L'eau du réservoir haut refoulera l'eau du réservoir bas.

Le physicien allemand Ohm a trouvé par le calcul la relation qui lie entre elles la quantité d'électricité débitée par une pile, la force électro-motrice et la résistance de propagation dans la pile et dans le conducteur. La même loi a été expérimentalement établie à peu près simultanément par le physicien français Pouillet. La force électro-motrice est égale à la quantité d'électricité débitée multipliée par la résistance qu'elle doit vaincre pendant le trajet. Ce qui s'énonce ordinairement en disant que « l'intensité d'un courant est égale à la force électro-motrice divisée par la résistance (1). »

On voit, d'après cela, le rôle considérable que jouent les résistances dans le fonctionnement d'une pile. Il résulte de ce qui précède que, à force électro-motrice égale, la quantité d'électricité débitée, l'intensité va en diminuant quand la résistance augmente. Si la résistance intérieure est grande, on obtient peu d'élec-

_____

(1) $I = \dfrac{E}{r + R}$. E représentant la force électro-motrice de la pile, r la résistance intérieure de la pile et R la résistance extérieure du conducteur.

tricité; si elle est faible, on en a beaucoup. On déduit de là qu'il faut diminuer le plus possible la couche d'eau traversée par le courant, rapprocher le plus possible les deux lames métalliques plongées dans le liquide. Si on réunit les deux pôles par un conducteur gros et court, la résistance extérieure est affaiblie, il passe beaucoup d'électricité. Si on les réunit par un conducteur fin et long, la quantité qui circule est diminuée; on ne recueille presque rien. Il est facile de voir que, pour obtenir d'une pile la plus grande somme de travail, il faut faire en sorte que la résistance intérieure soit égale à la résistance extérieure. Car si la résistance extérieure était moindre, l'électricité reviendrait à son point de départ plus facilement qu'elle ne se propage en dedans; le zinc n'aurait pas en le temps de décharger tout son flux avant le retour de l'onde, le travail utile serait diminué. Si, au contraire, la résistance était plus grande, le conducteur ne ramènerait pas l'onde assez vite, la décharge serait ralentie et le travail dans l'unité de temps diminué. Il faut donc que le débit extérieur égale le débit intérieur. Cela n'est strictement vrai que dans un circuit fermé où le courant n'effectue aucun autre travail que l'échauffement qui résulte toujours de son passage à travers les molécules du conducteur (1). Il

___

(1) Quand la pile travaille avec un circuit extérieur à peu près nul, on a $I = \dfrac{E}{r}$. Quand elle travaille avec un circuit extérieur tel que $R = r$, on a $I = \dfrac{E}{2\,r}$. On voit que l'intensité dans ce cas est réduite à la moitié de l'intensité maximum que peut donner la pile. Le travail obtenu est maximum quand la force électro-motrice est réduite à la moitié de ce qu'elle pourrait être.

est indispensable néanmoins pour obtenir tout l'effet utile possible d'une pile de se rapprocher le plus possible de ces conditions.

On peut avoir besoin d'un conducteur très-long pour porter au loin le courant; c'est le cas des lignes télégraphiques. On ne voit plus trop dès lors, la résistance extérieure étant très-grande, comment on pourrait satisfaire au rapport qui vient d'être indiqué. On pourrait éloigner les plaques l'une de l'autre pour accroître la résistance intérieure, mais alors on réduirait beaucoup la quantité d'électricité débitée. Nous allons voir que l'on peut résoudre le problème au moyen d'une combinaison très-simple. Non-seulement il est bon de pouvoir faire varier à volonté le rapport des résistances, mais il est indispensable encore de pouvoir accroître la force électro-motrice, car il est clair que, pour aller loin et pour traverser des corps résistants, il faut une grande tension.

Or, jusqu'ici nous n'avons considéré qu'un couple voltaïque, qu'un seul élément de pile; mais on peut les grouper, en multiplier le nombre; alors les effets produits augmentent en conséquence. On peut associer les éléments de deux manières; il est évident qu'on peut relier ensemble un pôle positif d'un couple au

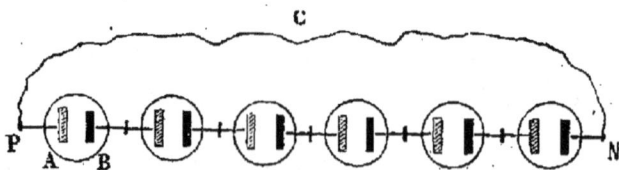

Fig. 8. — Association en tension.

pôle négatif du couple suivant et ainsi de suite, ou bien mettre en rapport un pôle positif avec un pôle positif, un négatif avec un négatif et ainsi de suite. Les résultats obtenus diffèrent complètement.

Admettons le premier cas : On associe un positif avec le négatif suivant; le négatif du premier est relié par un fil au positif du second. Dans ces conditions, l'électricité du premier élément pénètre sur le zinc du second avec la force électro-motrice initiale. L'oxydation du zinc dans ce second élément détermine une nouvelle différence de potentiels, produit une seconde chute qui s'ajoute à la première. Le courant résultant a donc une tension double. S'il y a un troisième élément, troisième chute; on crée ainsi une série de cascades à différences de niveau égales. Bref, pour accroître la force électro-motrice, il n'y a qu'à grouper ainsi des éléments à la suite les uns des autres. Ce groupement est connu sous le nom d'association en *tension* ou en *série*.

C'est absolument comme si on empilait les uns au-dessus des autres des vases cylindriques pleins d'eau dont on aurait la possibilité de supprimer le fond au moment voulu. Un seul vase débiterait son liquide avec une pression dépendant de la hauteur du niveau; mais toute la pile de vases ne formant plus qu'une seule colonne en communication débiterait l'eau avec une pression mesurée par la hauteur de la pile tout entière. Il ne faut pas oublier que si l'on augmente par cet artifice la tension, on multiplie de même la résistance de la pile, en sorte que l'intensité reste ce qu'elle était (1) si le conducteur extérieur est court.

(1) On a pour un seul élément

$$I = \frac{E}{r + R}.$$

Supposons maintenant le second cas. On réunit les pôles positifs aux pôles positifs et les négatifs avec les négatifs. Si les deux éléments ont exactement la même force électro-motrice, il est clair que le courant dans chaque fil se fera équilibre, il n'y aura pas de mouvement. Dans ce cas, on dit que les éléments sont *associés* par *opposition*. Mais si on relie le fil qui joint les positifs au fil qui réunit les négatifs par un troisième fil, le double courant jusqu'alors équilibré va passer par ce canal d'écoulement de la jonction positive à la jonction négative; il passera deux courants pour un. Si l'on opère ainsi avec trois, quatre, cinq, etc., éléments, on obtiendra, trois, quatre, cinq, etc., courants

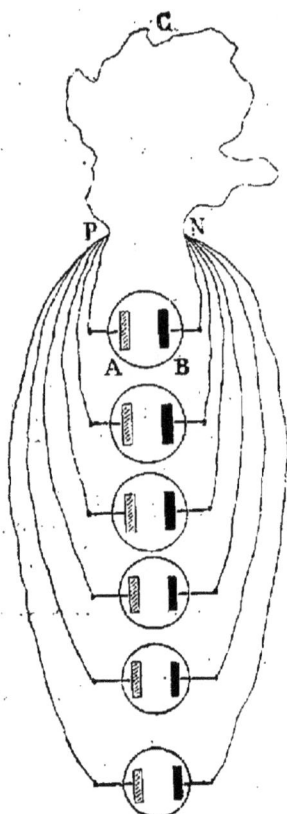

Fig. 9. — Association en quantité.

simultanés; on aura triplé, quadruplé, etc., le débit. La pile sera montée en *quantité* ou en *batterie*. La

Et pour n élément.

$$I_n = \frac{n\,E}{n\,r + R}.$$

Si R est très-petit, I_n égale sensiblement I. Mais quand R est très-grand, on peut négliger $n\,r$ devant R et alors l'intensité devient sensiblement proportionnelle au nombre des éléments associés.

tension restera la même, mais le volume débité sera augmenté (1).

Enfin en combinant ces deux modes d'associations, on obtiendra à la fois de la tension et de la quantité

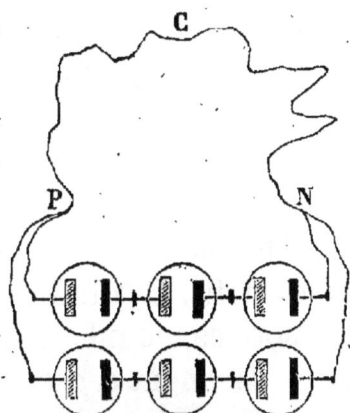

Fig. 10. — Association en tension et en quantité.

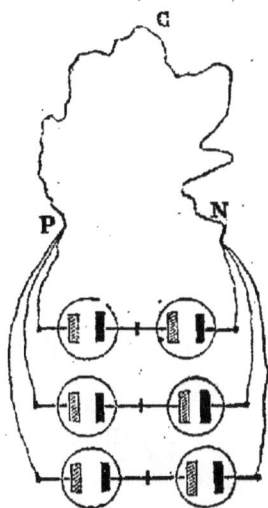

Fig. 11. — Association en tension et en quantité.

pour suffire aux applications qu'on se propose de faire (2). Nous nous sommes arrêtés un peu sur ces

(1) En effet m représentant le nombre des éléments ainsi groupés, puisqu'on a augmenté les surfaces conductrices du courant, on a diminué dans les mêmes proportions la résistance au passage; de r elle devient $\dfrac{r}{m}$.

On a
$$I_m = \dfrac{E}{\dfrac{r}{m} + R}$$

Si R est négligeable, évidemment l'intensité augmente en raison du nombre de couples associés. Mais si $\dfrac{r}{m}$ est négligeable vis-à-vis de R, il est évident que l'on n'augmente pas l'intensité sensiblement.

(2) L'intensité pour une pile montée en tension et en quantité est alors
$$I_{mn} = \dfrac{n\,E}{\dfrac{n\,r}{m} + R} = \dfrac{E}{\dfrac{r}{m} + \dfrac{R}{n}}$$

détails, parce qu'ils sont essentiels à connaître, et quand on ne les a pas présents à la mémoire, il est impossible de comprendre le jeu des réactions électriques, et de se faire une idée juste de la force électro-motrice, de la tension, de l'intensité du courant, des résistances, etc , toutes notions dont il est indispensable de se bien pénétrer.

L'élément de pile zinc-cuivre avec eau acidulée, tel que nous l'avons décrit pour simplifier, ne fonctionnerait que peu de temps. La première pile de Volta et ses nombreuses variantes sont dans ce cas; elles ne sont pas les seules d'ailleurs. Le courant généré s'affaiblit très-rapidement et la pile ne débite bientôt plus d'électricité. Elle se *polarise*, comme on dit. La diminution et l'annulation de la force motrice, et même son renversement de sens quelquefois, tiennent à des causes multiples; nous n'indiquerons que la plus efficace. L'hydrogène, qui apparaît au pôle cuivre à mesure que l'oxygène se porte sur le zinc, finit par entourer la lame d'une gaîne isolante; le flux électrique ne peut plus passer, l'oxydation s'arrête et le courant aussi. C'est si vrai que si l'on enlève mécaniquement l'hydrogène fixé sur le cuivre, le courant se produit de nouveau. En outre, l'hydrogène tend sans cesse à se recombiner avec l'oxygène du zinc et par suite à engendrer une force électro-motrice inverse. On augmente encore la force électro-motrice en combinant chimiquement cet hydrogène avec de l'oxygène apporté du dehors par un corps facilement décomposable. Bref, l'ennemi de la constance d'une pile, c'est principalement l'hydrogène. Aussi tous les inventeurs de pile n'ont-ils eu qu'un but, se débarrasser du gaz qui apparaît sur le cuivre au moment de sa production pour éviter la polarisation. Nous retrouverons cette préoccupation dans les principales piles que nous allons maintenant décrire à grands traits (1).

Les deux piles les plus énergiques sont celles de Grove et de Bunsen.

Pile de Grove. — Un vase en porcelaine carré et haut renfermant une feuille de zinc recourbée en U et enveloppant un vase poreux de forme aplatie; dans le vase poreux, une lame de platine mince; dans le vase de porcelaine de l'eau acidulée à l'acide sulfurique; dans le vase poreux, de l'acide nitrique fumant. Le zinc est attaqué, l'eau décomposée, le flux électrique traverse la terre poreuse, l'hydrogène se rend sur le platine d'où il est

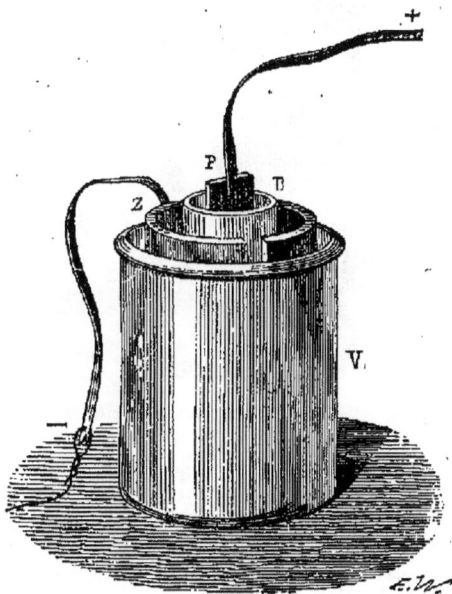

Fig. 12. — Éléments de pile Grove.

(1) Si ε désigne la force électro-motrice d'un élément, E la force électro-motrice due à l'oxydation du métal, e la force totale de polarisation, on a toujours

$$ε = E — e$$

c'est-à-dire que la force électro-motrice effective augmente quand la force de polarisation diminue et réciproquement. Cette formule se présentera encore dans la théorie des machines dynamo-électriques.

enlevé par l'acide nitrique qui lui cède de l'oxygène. La molécule aqueuse se reconstitue et l'acide azotique passe finalement à l'état d'acide hypo-azoteux dont l'odeur gênante est bien connue.

Pile Bunsen. — Vase de grès vernissé, cylindre de zinc, vase cylindrique poreux, à l'intérieur prisme de charbon de cornue. Avec le zinc, de l'acide sulfurique dilué dans l'eau; avec le charbon, acide nitrique. M. Wagner remplace l'acide nitrique par un mélange de 2 parties en poids d'acide nitrique et de 5 d'acide sulfurique; c'est plus économique. Si la pile doit fonctionner plus de cinq heures, il faut porter la proportion d'acide nitrique jusqu'à 3 parties et demie.

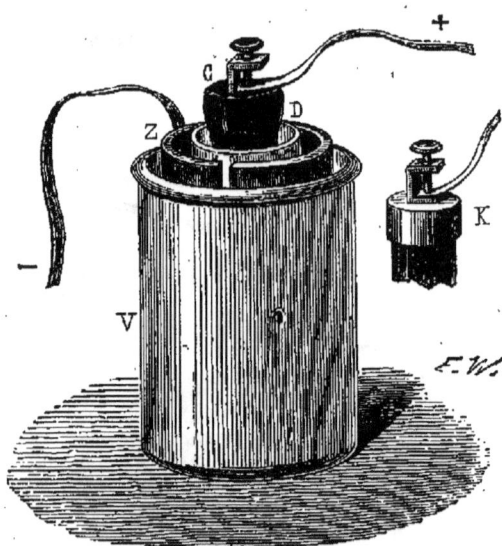

Fig. 13. — Élément de pile Bunsen.

Le zinc est amalgamé dans cette pile comme dans la précédente. Le métal n'est attaqué dans ce cas que lorsque la pile est en fonction.

On a modifié de diverses manières la pile Bunsen sans l'améliorer notablement.

Pile Daniell. — Vase en verre ou en porcelaine, cylindre de zinc, vase poreux, lame de cuivre. Avec le zinc, de l'eau et de l'acide sulfurique. Jusqu'ici, c'est la pile de Volta. Mais pour débarrasser le cuivre de l'hydrogène adhérent, on met dans le vase poreux avec le cuivre, des cristaux de sulfate de cuivre. Pendant l'action, l'hydrogène réduit l'oxyde de cuivre du sulfate, lui prend son oxygène pour former de l'eau et le cuivre se dépose sur la lame de cuivre. L'acide sulfurique rendu libre va se combiner

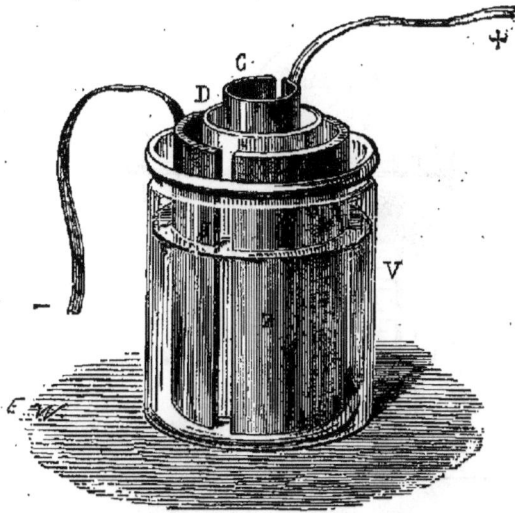

Fig. 14. — Élément de pile Daniell.

à l'oxyde de zinc formé à l'électrode négative et produit du sulfate de zinc.

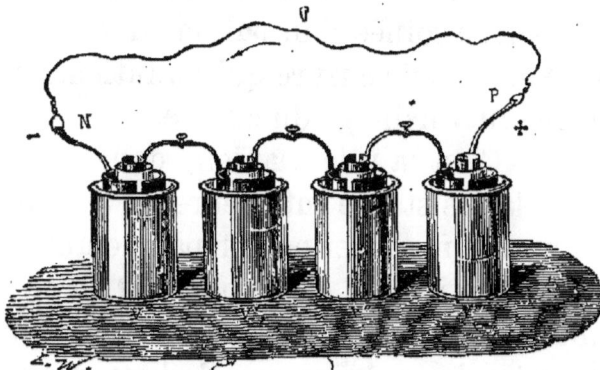

Fig. 15. — Pile Daniell.

Cette pile est pour nous la plus commode des piles. Elle est d'une remarquable constance, ne dégage au-

cune mauvaise odeur, et ne réclame pour son entretien qu'un peu de sulfate de cuivre de loin en loin.

Sa force élec-
tro - motrice est
de 1 quand celle
de Grove ou Bun-
sen est de 1,812
à 1,510. Donc,
plus faible un
peu, mais quelles
différences dans
l'entretien et la
manipulation!

Elle fonctionne
des semaines,
sans qu'on s'en
occupe et avec un

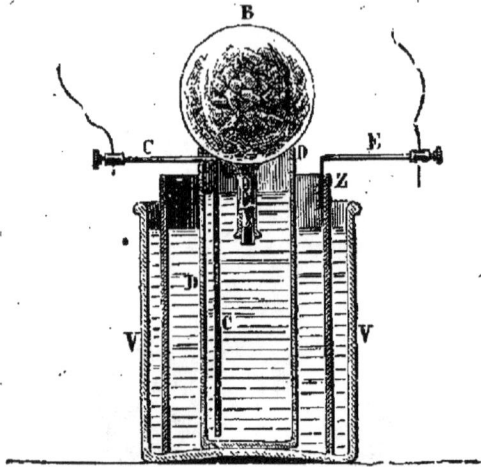

Fig 16. — Élément Daniell.

dispositif approprié, des années. Il n'y a qu'à remettre de l'eau pour remplacer celle que l'évaporation enlève et à retirer le sulfate de zinc en excès.

On l'a beaucoup transformée, selon les pays et les
circonstances. On l'a coiffée d'un ballon en verre plein
de cristaux de sulfate de cuivre qui maintiennent la
solution saturée au voisinage du cuivre.

Pile Carré. — C'est la pile Daniell, dans laquelle,
pour diminuer la résistance intérieure, on a remplacé
le vase poreux par un vase en papier-parchemin. L'auteur a pu faire fonctionner cette pile 200 heures de
suite, sans affaiblissement sensible, en ayant soin de
remplacer tous les deux jours par de l'eau pure une
partie du sulfate de zinc qui baigne l'électrode zinc
et qui finit par gêner les réactions de la pile.

Pile William Thomson. — Les éléments qu'on

superpose en pile sont formés de cuves plates en bois doublées d'une feuille de plomb pour les rendre étanches. Au fond de la cuve, une feuille de cuivre. Au-dessus, maintenu sur des tassots en bois, un gril à barreaux très-serrés en zinc, enveloppé de papier parcheminé. Cristaux de sulfate de cuivre autour de la feuille de cuivre. Eau acidulée. Cette pile a peu de résistance et donne d'excellents résultats.

Pile Minotto. — Pile Daniell à sable. Le sable est tassé au-dessus du cuivre avec cristaux de sulfate. Le zinc est disposé au dessus dans l'eau acidulée. On remplace avantageusement le sable par de la sciure de bois.

Pile Trouvé. — Même type. Le sable est remplacé par du papier buvard. Il suffit que le papier soit humide pour que la pile fonctionne; donc pas de liquide; disposition heureuse pour certaines applications.

Pile Callaud. — Pile Daniell simplifiée. On supprime le vase poreux ou le séparateur en porcelaine, parchemin, papier. Vase en verre. Un crochet placé sur le rebord pour maintenir une petite lame de zinc; une tige verticale de cuivre protégée par une gaîne de gutta-percha et terminée par une spirale de même métal s'enfonçant dans le liquide ; autour de la spirale les cristaux. En haut, l'électricité négative ; en bas, l'électricité positive. La solution de sulfate de cuivre et la solution de sulfate de zinc, restent à peu près l'une au-dessus de l'autre sans trop se mélanger. La résistance est évidemment ici réduite au minimum. Les piles Callaud sont très-économiques et très-répandues. Avec trois éléments de 10 centimètres de hauteur et de 6 de largeur, on décompose l'eau. On

s'en sert tout particulièrement à l'Administration des
télégraphes de France et dans les chemins de fer.
Au Poste central de Paris, 6000 Callaud grand modèle
sont journellement en fonction. Même succès aux
États-Unis.

Pile Meidenger. — Vase en verre renflé à quelques
centimètres du fond pour contenir plus d'eau à la
partie supérieure où se concentre le sulfate de zinc.
Au fond, un gobelet renfermant une lame de cuivre
enroulée en cylindre avec tige verticale montant à
la surface, pour servir de pôle positif. Pénétrant dans
le gobelet, le goulot d'un ballon placé au dessus
et ouvert par la base. On charge le ballon de cristaux
qui viennent lentement saturer le liquide près du
cuivre. Un cylindre de zinc maintenu à l'intérieur
du vase sert de support au ballon en même temps
que d'électrode négative. M. Meidenger remplace
maintenant le cuivre par le plomb qui n'est pas
attaqué par l'acide sulfurique. La tige verticale
elle-même est en plomb, ce qui évite la garniture en gutta. Ces piles sont commodes; elles
fonctionnent sans qu'on ait besoin de les surveiller
trop souvent. On en fait un grand emploi en Allemagne, en Russie, et même en France sur la ligne
de Lyon. On reste quelquefois plus d'un an sans y
toucher.

Pile William Thomson sans parchemin. — Même
dispositif que la première pile décrite, mais suppression du séparateur. Autre dispositif. Cuivre en dessus, zinc en dessous. Dans ce cas, on maintient la
solution de zinc à 1,44, tandis que la solution de cuivre
ne peut dépasser 1,18. On a renversé la disposition
parce que ordinairement lorsque la solution de sulfate

de zinc est très-saturée, elle tombe sur la dissolution de cuivre et le mélange nuit au bon fonctionnement de la pile. Les avis sont partagés sur la valeur de cette disposition originale.

Piles dérivées de la pile Daniell. — On a combiné un grand nombre de types d'après l'élément Daniell, en remplaçant le cuivre par un autre métal et le sulfate de cuivre par un sulfate du même métal. Citons les principales.

M. Marié-Davy, remplace le sulfate de cuivre par le sulfate de mercure et le cuivre par un charbon conducteur. C'est la pile au sulfate de mercure : Avantages, force motrice supérieure, 1,5, presque celle de l'élément Bunsen. — Moins d'actions locales, meilleure utilisation, amalgamation du zinc par le mercure qui se dépose. — Inconvénients. Le sulfate de mercure est un poison violent. Son prix est élevé. Polarisation parce que le sulfate de mercure est peu soluble et ne suffit pas à l'enlèvement de l'hydrogène. M. Gaiffe emploie pour ses appareils médicaux la pile au mercure.

Piles à chlorures. — On peut enlever l'hydrogène de-l'électrode inerte au moyen du chlore. M. Marié-Davy a combiné sur ce principe la pile à chlorure d'argent qui est devenue un instrument puissant entre les mains de M. Warren de la Rue. Un vase cylindrique en verre. Électrode négative, une baguette de zinc pur de la Vieille-Montagne ; électrode positive, un ruban d'argent autour duquel est fondu un cylindre de chlorure d'argent. Le liquide est une solution de chlorhydrate d'ammoniaque. Le chlore se sépare de l'argent et attaque le zinc ; l'argent se dépose sous forme de masse poreuse. La force motrice équivaut à celle de l'élément Daniell. En groupant 11,000 éléments, M. Warren de la Rue a pu voir un trait continu de feu jaillir entre les deux pôles. Cette pile ne s'use pas, quand le circuit est ouvert; le courant est constant: on peut d'ailleurs recueillir l'argent. M. Gaiffe a appliqué la pile au chlorure à ses appareils médicaux.

Le perchlorure de fer peut très-bien servir aussi de dépolarisant. On obtient facilement une pile en plongeant du zinc dans de l'eau rendue conductrice par du sel marin et à côté un électrode de charbon entouré d'une solution du perchlorure. L'hydrogène s'empare du chlore de perchlorure qui se transforme en protochlorure. Cette pile a été imaginée par M. Buff. M. Duchemin l'a remise en circulation, il y a quelques années, croyant la combinaison neuve. Cette pile s'affaiblit assez vite.

De même M. A. Niaudet, a construit une pile à chlorure de chaux comme agent dépolarisant au contact du charbon, avec une solution d'eau salée. Déjà M. Lavenarde avait eu recours aussi à l'hypochlorite de chaux. La pile Niaudet mérite l'attention; elle possède de nombreux avantages. Il serait à souhaiter que M. Niaudet qui en a poussé l'examen déjà loin en reprît l'étude. Le chlorure de chaux est à bas prix et la pile ne dépense que lorsqu'elle travaille.

Piles au sel marin. — Électrodes, zinc et charbon, liquide, eau salée. Le sel se décompose, le chlore attaque le zinc. L'hydrogène qui se porte sur le charbon polarise la pile à la longue. Cette pile, très-économique, est très-employée en Suisse. Elle peut fonctionner huit à dix mois sans qu'on y touche. On en a vu durer six ans. On peut épuiser la pile assez rapidement, mais il suffit de deux à trois heures, pour rendre aux éléments leur énergie. Il est probable que l'oxygène de l'air enlève peu à peu l'hydrogène de l'électrode en charbon.

Pile Palagi. — C'est la plus élémentaire des piles. Un vase très-haut plein d'eau pure ou salée, dans laquelle s'enfonce une longue bande de zinc et une chaîne de morceaux de charbons suspendus les uns aux autres par des fils de cuivre. Le courant est faible, mais dure indéfiniment.

Pile au sel ammoniac. — Cette pile, connue aussi sous le nom de *pile Bagration*, est encore très-simple. Le prince Bagration a eu l'idée d'enfoncer une lame de zinc et une lame de cuivre, dans un grand vase plein de sable ou de terre qu'on arrose d'une solution de sel ammoniac. On peut même se servir de tonneaux. Le courant est faible, mais d'une extrême constance; le chlorhydrate d'ammoniaque attaque le zinc; il est probable que l'hydrogène se diffuse, est absorbé par la terre et se combine avec l'oxygène de l'air.

Pile Loomis. — Deux plaques zinc et cuivre, enfoncées dans le sol humide, procurent encore un courant sensible. Telle est la pile Loomis.

Piles à oxydes. — La plus employée et la plus énergique est sans contredit la *pile Leclanché :* Vase carré, diaphragme cylindrique en porcelaine. A l'extérieur du diaphragme, l'électrode zinc sous forme de bâton; à l'intérieur du vase poreux, une plaque de charbon de cornue entourée par parties égales de charbon de cornue et de peroxyde de manganèse. Liquide excitateur: de l'eau et du sel ammoniac. Le zinc amalgamé est attaqué par le sel ammoniac, l'hydrogène est enlevé du charbon par le peroxyde de manganèse qui se réduit à un degré d'oxydation inférieur.

Cet élément présentait des variations de résistance.

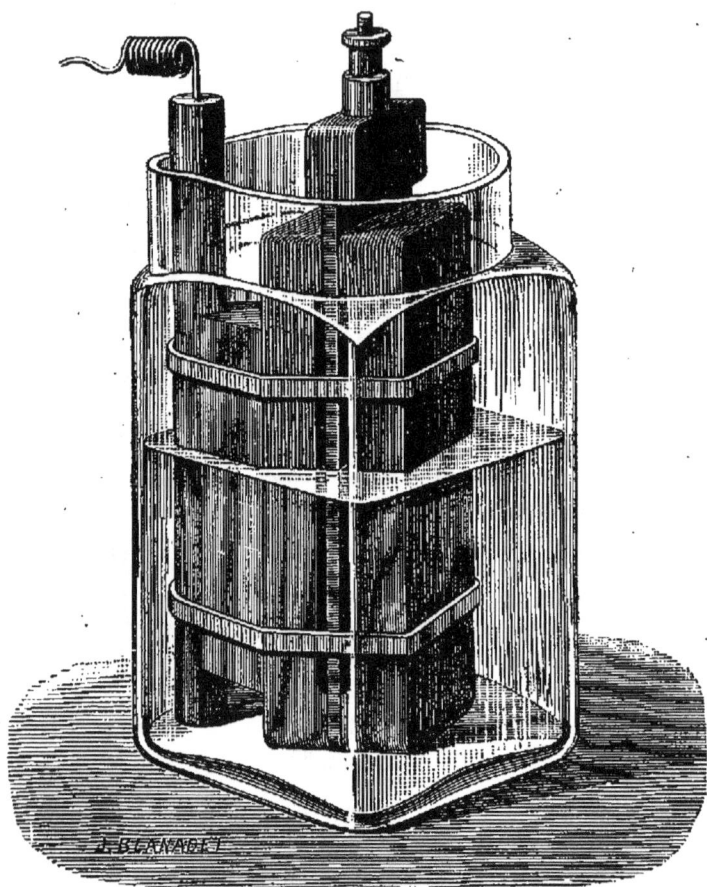

Fig. 17. — Elément de pile Leclanché à agglomérés.

M. Leclanché l'a modifié. Il supprime le vase poreux et prépare un aggloméré de charbon et de peroxyde de manganèse (40 peroxyde, 55 charbon, 5 gomme laque) le tout est soumis à une pression de 30 atmosphères à la température de 100°. Les plaques ainsi formées sont placées à droite et à gauche d'une lame

de charbon et plongées dans le liquide. Les plaques
sont séparées du zinc par un morceau de bois, et tout
le système retenu ensemble par des lanières en
caoutchouc.

Avantages : Le zinc ne s'use que pendant le travail.
La force électro-motrice est de 1,38 presque équivalente à celle d'un Bunsen ; 24 éléments Leclanché remplacent 40 Daniell ; très-faible résistance. La pile ne
gèle pas, même à 17 degrés au-dessous de zéro. Inconvénients : la pile ne donne son maximum d'action
que pendant quelques minutes ; elle s'affaiblit rapidement parce que le peroxyde de manganèse (pyrolusite
des minéralogistes) ne dépolarise pas assez vite le charbon, mais elle reprend vite son activité. C'est une
excellente pile très-usitée en télégraphie, en téléphonie et pour les usages domestiques, sonnette, allu-
moirs, etc. On n'y touche jamais ; il suffit d'y ajouter
de temps en temps un peu d'eau et de l'ammoniac. On
connaît certains éléments dont les zincs ont duré
10 ans.

Piles à mélange dépolarisant. — Elles sont en très-
grand nombre ; les plus employées sont les piles Grenet et Delaurier.

La pile Grenet se présente sous la forme d'une bou-
teille-ballon à gros goulot, fermée par un couvercle de
caoutchouc durci. Le couvercle supporte intérieurement des plaques de charbon maintenues parallèlement à quelques centimètres l'une de l'autre ; entre
les deux charbons se place une lame de zinc fixée à
une tige de laiton, qui traverse le bouchon. Le liquide
emplit le vase aux deux tiers de façon à atteindre les
charbons. Quand on veut faire fonctionner la pile, on
fait descendre la tige, et le zinc est plongé aussi dans le

liquide excitateur. Ce liquide a été combiné autrefois par Poggendorff : voici sa composition. Bichromate de potasse, 3 parties. Acide sulfurique, 4. Eau, 18. On emploie de préférence le mélange de Byrne, 340 grammes ; sel de potasse, 925 ; acide sulfurique, 2,500. Eau.

La réaction est assez complexe ; l'acide sulfurique et le bichromate se combinent de façon à donner un alun et de l'oxygène qui dépolarise le charbon.

Avantages : Le zinc ne s'oxyde que pendant le travail. Grande facilité de manipulation. Courant énergique. Malheureusement, il s'affaiblit au bout de quelques minutes. La dépolarisation est insuffisante. Pile de laboratoire, pour expériences. M. Grenet et beaucoup d'autres insufflent souvent de l'air à l'intérieur pour débarrasser le charbon de l'excès d'hydrogène.

La pile Delaurier ressemble à la pile de Bunsen ; zinc intérieur, vase poreux, double lame de charbon : avec le zinc de l'eau ; avec le charbon de l'eau, du bichromate de potasse, du sulfate de fer, de l'acide sulfurique ; les actions chimiques sont compliquées. Cette pile est très-employée pour des travaux divers, nickelage, etc.

Pile Cloris Baudet. — Pile à bichromate seulement et à vase poreux. Le zinc est dans le vase poreux, en relation lui-même avec deux vases accessoires, dont l'un renferme de l'acide sulfurique, et l'autre du bichromate. Ces vases remplacent le ballon au sulfate de cuivre alimentateur de la pile Daniell. C'est un magasin pour fournir du liquide dépolarisant. D'où le nom de *pile impolarisable,* un bien gros mot pour une légère modification sans avantage bien démontré.

Pile à consommation de charbon. — Le zinc coûte

cher. Si l'on pouvait oxyder du charbon au lieu de zinc! Partant de cette idée, M. Jablockhoff a essayé de plonger un charbon rougi au feu dans du salpêtre fondu. Le charbon s'oxyde aux dépens de l'oxygène du nitre. Le nitre est positif, le charbon négatif; cette pile ne donne aucun résultat pratique. Elle avait déjà été essayée par Becquerel. L'expérience est faite souvent dans les cours pour démontrer que la combustion dégage de l'électricité.

Pile Thommasi. — L'inconvénient principal de la pile énergique de Bunsen, c'est le dégagement de vapeur rutilante d'acide hypo-azoteux, et le prix élevé de l'acide azotique qui sert de dépolarisant. L'acide azotique coûte de 3 à 4 fois plus cher que le zinc. M. Thommasi remplace l'acide azotique par un mélange d'acide sulfurique et d'azotate de soude. Les zincs sont formés de rondelles empilées; on les remplace une par une, à mesure qu'elles s'usent. Avec 75 couples, on peut produire 50 becs Carcel de lumière.

Pile Reynier. — C'est une pile Daniell modifiée. Le dépolarisant est toujours le sulfate de cuivre, mais le zinc plonge dans une solution de soude caustique additionnée d'une dizaine d'autres sels ayant pour but d'augmenter la conductibilité du liquide. Le diaphragme séparateur est en parchemin. La force électro-motrice est considérable : 1.47; la résistance très-faible. M. Reynier, en ajoutant à la solution des sels nombreux, avait aussi en vue de produire, dans la pile, des réactions amenant la formation de composés industriels. L'auteur ne parait pas avoir réussi. C'est un problème qui a été posé, il y a longtemps, et qui réclame encore une solution. On peut citer, par exemple, comme une bonne tentative dans cette direction la pile de Schœnbein ou vase cylindrique en fonte rendue

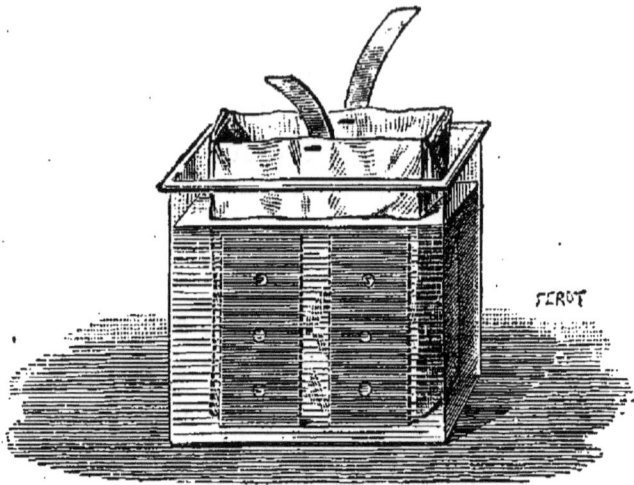

Fig. 18. — Élément de pile Reynier.

passive par l'action de l'acide azotique. Un vase poreux
dans lequel plonge un cylindre de fonte. On verse

  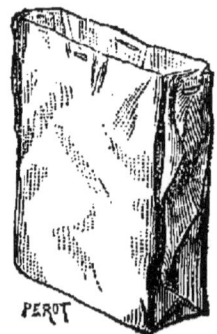

Fig. 19. — Cuivre.   Fig. 20. — Zinc.   Fig. 21. — Parchemin.
Détails de l'élément Reynier.

3 parties acide azotique et 1 partie acide sulfurique
dans la marmite de fonte. De l'eau acidulée dans le

vase poreux. Ce couple est très-énergique, très-peu coûteux et le sulfate de fer qui se forme a des usages dans l'industrie.

M. Reynier a présenté tout récemment comme neuf un autre dispositif de la pile Daniell. Ce dispositif est, trait pour trait, celui qu'avait déjà réalisé Péclet.

Pile Maiche. — M. Maiche donne au charbon des piles la forme d'un disque que l'on fait tourner de temps en temps. L'hydrogène de polarisation est ainsi plongé dans l'air et s'en va. Dans une autre disposition, M. Maiche se sert d'un cylindre très-large de charbon recouvert d'une pellicule de noir de platine. Il pense que sous l'action du noir de platine l'hydrogène se recombine à l'oxygène de l'air. Liquide excitateur : eau acidulée à l'acide sulfurique ou solution de sel marin ou de sel ammoniacal. On peut combiner ces deux modes de dépolarisation et empêcher ainsi l'affaiblissement de la pile.

M. Maiche a repris aussi une excellente idée déjà ancienne du reste, celle de régénérer les piles en faisant passer un courant dans leurs électrodes. Une pile qui est usée parce que ses sels décomposés ne la dépolarisent plus est remise à neuf par le passage d'un courant.

Pile Rousse. — Le zinc est remplacé par du ferro-manganèse à 85 0/0 de manganèse fabriqué industriellement dans plusieurs usines. Cet alliage a plus d'affinité que le zinc pour l'oxygène. La dépolarisation s'effectue avec de l'acide azotique ou du permanganate de potasse.

Cette pile est économique, parce que le ferro-manganèse ne coûte que 50 francs les 100 kilogrammes et que les produits peuvent être transformés en sels utilisables dans le commerce.

Piles humides. — Citons encore la pile Desruelles et
Bourdoncle, qui a l'avantage de ne pas contenir de
liquide. Les inventeurs mêlent à la solution d'une pile
quelconque de l'amiante en poudre. L'amiante peut retenir entre ses pores jusqu'à 11 fois son poids d'eau. On
évite ainsi le renversement du liquide, mais on accroît
la résistance. Déjà, dans le même but, on avait employé
le sable et la sciure de bois. M. Skrivanow avait
exposé dans la section russe une pile à pâte sèche
suffisante pour mettre en action une sonnerie électrique pendant des mois. Le bouton de sonnerie constituait lui-même la pile, le zinc était allié à du sodium
et la pâte dépolarisante était formée de bichromate
de potasse et de mélasse.

Arrêtons ici cette revue des principales piles; les
types sont innombrables on peut imaginer des piles
à volonté en variant les actions chimiques, prendre par
exemple des électrodes de même nature et les plonger
dans des solutions différentes, composer des piles au
gaz en réunissant par des fils deux éprouvettes pleines
de gaz différents et susceptibles de se combiner, etc.
Rien de si facile que de produire de l'électricité.

Mais rien de si difficile que d'inventer une pile
économique. Le zinc est le seul métal qui s'oxyde
assez vite pour donner beaucoup de force électro-motrice, mais il coûte cher. Les piles les plus économiques
sont encore très-dispendieuses.

Cependant, il est permis d'ajouter que les recherches n'ont peut-être pas été assez bien dirigées jusqu'ici, pour qu'on ne puisse pas espérer découvrir
une combinaison plus satisfaisante. Nécessité fait
loi; le moment est venu de produire commodément
de l'électricité, et nous pensons qu'on finira par nous

doter d'une pile vraiment commode et relativement
économique.

Les piles précédentes sont connues sous le nom
générique de piles
hydro-électriques par
opposition à celles
dont nous allons par-
ler et qui portent le
nom de *piles thermo-
électriques*. Dans les
premières, l'électri-
cité est produite par
action chimique;
dans les secondes, par

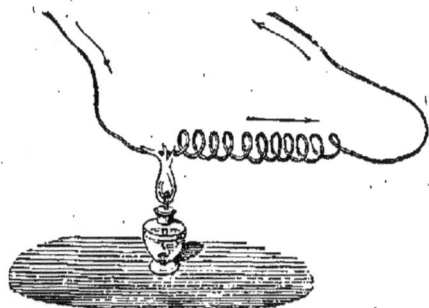

Fig. 22.

action physique. Nous avons déjà posé en principe
que toute modification physique quelconque déterminait la production d'électricité. Quand on chauffe
l'extrémité d'un fil métallique ou même d'un corps
quelconque et qu'on maintient froide l'autre extrémité, on produit un courant. C'est Seebeck de Berlin qui fit cette découverte en 1821. Becquerel a
donné les lois du phénomène.

En soudant ensemble des métaux appropriés ou des
alliages, si on echauffe la soudure, l'effet électrique
est très-augmenté. Ainsi, en soudant sur une lame de
bismuth les extrémités d'une lame de cuivre, dès
qu'on chauffe une des jonctions, un courant circule
dans les deux lames. Le courant va de la soudure
chaude à la soudure froide dans le cuivre, et de la
région froide à région chaude dans le bismuth.
Becquerel pense que le courant est dû à l'inégale propagation de la chaleur à travers les parties de ce circuit hétérogène.

En groupant ainsi une série de lames soudées, en recueillant les différents courants engendrés, on réalise une pile thermo-électrique. Ces piles ont très-peu

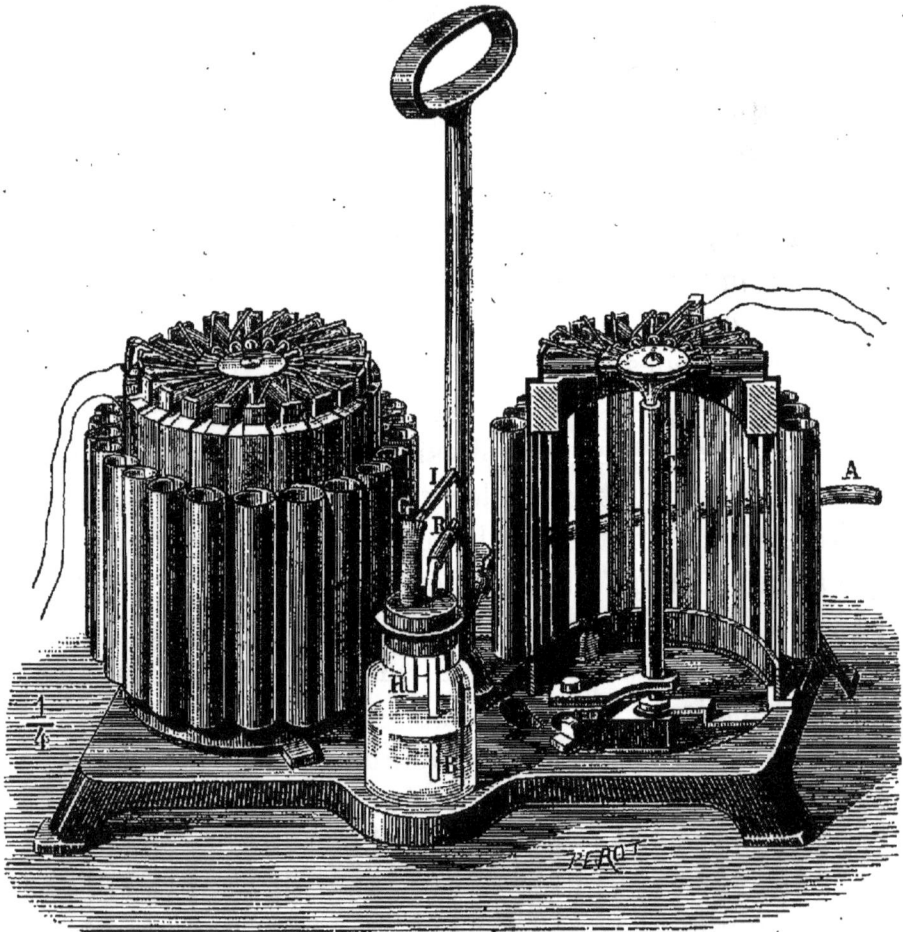

Fig. 23. — Pile thermo-électrique de Noë.

de tension; la résistance au passage du courant est très-faible; la force électro-motrice d'un élément varie entre 1/20 et 1/300 de celle d'un élément Daniell. Il faut en réunir beaucoup pour obtenir une force électro-motrice comparable à celle d'une pile hydro-électrique.

Ces générateurs d'électricité ne sont pas encore entrés couramment dans la pratique. Toutefois, il en est deux types perfectionnés qui font exception dans une certaine mesure, et qui peuvent être décrits en quelques lignes ; nous faisons allusion à la pile de M. Noë très employée en Autriche pour effectuer les dépôts galvaniques et à la pile Clamond qui a été modifiée et expérimentée dans ces derniers temps sur un modèle presque industriel.

Dans la pile Noë construite en France par la maison Bréguet, les deux lames qui forment un élément sont l'une en maillechort ou argentan, l'autre en alliage d'antimoine et de zinc. Chaque système de double lame est disposé en cercle ; on les superpose. Un brûleur à gaz chauffe les soudures. Chaque groupe de 20 éléments a une force électro-motrice de 1,25 de Daniell et une résistance de 0,5 Ohm. Il faut donc compter sur une pile de 20 éléments pour faire environ un Daniell. Cette pile ne s'altère pas.

La pile Clamond perfectionnée est chauffée au coke ; elle est formée d'une série de chaînes disposées en couronnes autour d'un cylindre de fonte au centre duquel est installé le foyer de chaleur. Les éléments ne sont donc pas au contact du feu. Les métaux employés sont l'alliage de zinc et antimoine et le métal de la pile Marcus, c'est-à-dire un alliage nickel, zinc et cuivre. Une pile de 3,000 couples comprend 60 chaînes de 50 couples. On en superpose deux séries, ce qui porte l'ensemble à 6,000 éléments. Pour une température des soudures chaudes de 360 degrés et une température de 80 degrés des soudures froides, les 3,000 éléments donnent une force électro-motrice de 109 Daniel et une resistance de 15 Ohm

Le modèle que nous avons vu fonctionner de 6,000 couples brûle 12 kilog. de coke par heure. On peut, avec l'appareil, alimenter deux lampes électriques de 30 à 50 carcel. La pile Clamond à coke ressemble à un gros calorifère. Aussi bien, elle peut servir à chauffer les appartements et à donner de l'électricité.

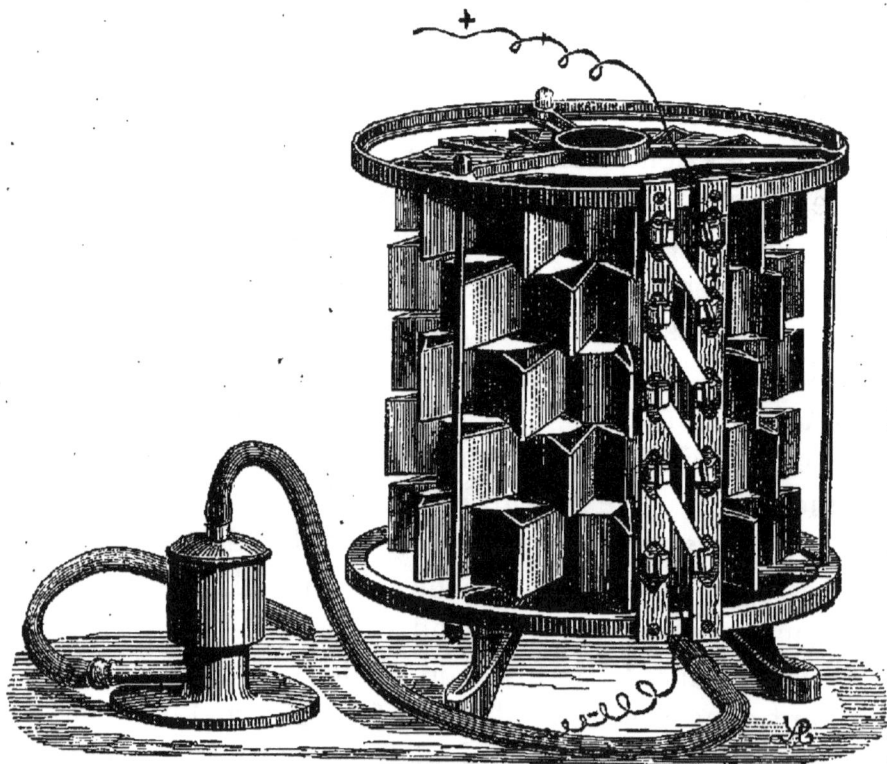

Fig. 24. — Petite pile thermo-électrique de Clamond chauffée au gaz.

En France, on n'utilise la pile thermo-électrique que pour faire des dépôts électro-chimiques, notamment à la Banque de France et à l'usine d'Asnières de la maison Goupil.

On a conçu beaucoup d'espérances sur ce mode de production de l'électricité. Nous ne partageons pas

cette opinion, d'une manière générale. Évidemment,
les piles thermo-électriques seront susceptibles d'application dans beaucoup de circonstances déterminées :
mais on s'illusionne, peut-être, quand on y voit un
mode de transformation directe et économique de la
chaleur en électricité. Une modification physique est
toujours moins énergique qu'une transformation chimique. Nous verrons bientôt qu'on produit mécaniquement l'électricité précisément par des actions
toutes physiques. Mais ici la variation physique est
rapide et répétée. Il en est bien autrement pour les
piles thermiques. En dehors de cette raison, il faut
ajouter qu'il se produit dans le système des pertes considérables par suite du rayonnement. Une pile thermo-
électrique n'est bonne qu'à la condition d'être à la
fois une source de calorique et d'électricité. Si l'application n'est pas double, nous ne voyons pas qu'on
puisse atteindre un bon rendement économique.

III

Avant d'aller plus loin dans notre examen rapide
des générateurs d'électricité, peut-être n'est-il pas
superflu de revenir un peu sur quelques notions
élémentaires bonnes à se rappeler. Il n'est pas essentiel de les connaître, mais elles présentent l'avantage de donner de la précision aux idées et elles permettent de se familiariser avec le langage des électriciens. Il s'agit de définir quelques-unes des propriétés
essentielles des courants et de dire ce que l'on doit
entendre par les unités électriques.

Un courant électrique présente beaucoup d'analogie
avec les courants liquides. On a besoin pour les applications de mesurer la valeur d'un courant électrique
comme on mesure celle d'un cours d'eau. Ainsi de
l'eau qui circule dans un tuyau coule en quantité
d'autant plus grande que la pression initiale, la
charge d'eau est plus considérable ; il est clair qu'un

filet d'eau, qui provient d'un réservoir de 10 mètres de haut, s'échappe par l'orifice de sortie autrement vite que le filet, qui n'a au-dessus de lui que quelques décimètres d'eau. Une conduite d'eau débite en raison de sa charge. De même un courant électrique débite en raison de sa charge, c'est-à-dire de sa force électro-motrice.

Le frottement de l'eau dans les tuyaux engendre de la résistance à la progression du liquide. Nous avons vu que, de même aussi, le flux électrique éprouvait une résistance pour se propager, soit à travers les molécules liquides de la pile, soit à travers les molécules du métal. Il y a donc à considérer ici, comme pour une conduite sous pression, la résistance au passage de l'électricité.

La quantité d'électricité débitée est d'autant plus grande que la force électro-motrice est plus considérable; elle est aussi bien évidemment d'autant plus petite que la résistance est plus forte. Nous avons déjà eu l'occasion de dire que Ohm et Pouillet ont démontré ce fait curieux, que la quantité débitée varie exactement en raison directe de la force électro-motrice et en raison inverse de la résistance. Avec ces deux données uniques, force électro-motrice et résistance, on a le débit. Cette proportionnalité est simple et très-remarquable. Elle sert de base à tous les raisonnements et à tous les calculs en électricité. La formule

$$I = \frac{E}{R}$$ est fondamentale; il est bon de l'avoir toujours présente à la mémoire; elle s'applique à tous les points d'un circuit électrique; c'est-à-dire que si dans un fil parcouru par un courant, on choisit un point quelconque en *amont* et un point quelconque

en *aval*, séparés par une distance quelconque, et que
e désigne la différence de potentiel entre ces points,
r la résistance opposée au passage entre les deux
mêmes points, on a toujours

$$I = \frac{e}{r}$$

La différence de potentiels, ou si l'on veut encore
la différence des deux niveaux constitue la *chute
électrique*; elle sert de mesure à la force électro-
motrice entre ces points. Le débit étant toujours le
même dans tout le réseau, le rapport de toutes les
chutes à la résistance qui leur correspond est toujours le même. On a donc

$$\frac{e}{r} = \frac{e_1}{r_1} = \frac{e_2}{r_2} \text{ etc...}$$

Si le fil a partout la même section, pour des points
séparés par la même distance, la chute est constante;
elle est comparable aux marches d'un escalier. La
hauteur de la marche représente la chute, la largeur
de la marche la résistance.

Il n'en est plus ainsi, bien entendu, quand le fil
varie de section. A la même chute correspondent des
longueurs de conducteur différentes.

La chute électrique varie avec la résistance, non-
seulement dans le circuit, mais encore dans la pile
elle-même. Si la résistance extérieure croît, la chute
diminue; le niveau électrique au pôle s'élève ou
s'abaisse en raison inverse de l'effort extérieur à
vaincre. L'écoulement est gêné et le niveau se maintient naturellement plus haut que si l'écoulement

était facilité. Cette observation a sa valeur pratique; quand nous traiterons de la distribution de l'électricité dans une canalisation, on verra qu'il est utile de savoir que le niveau électrique s'abaisse ou se relève dans un générateur d'électricité comme dans un réservoir selon que l'écoulement extérieur se fait sans obstacle ou au contraire est gêné dans son parcours. Il en résulte des différences de pression qui retentissent sur le régime de toute la canalisation.

Lorsque au lieu de réunir les deux pôles d'une pile par un fil unique, on les relie par plusieurs fils de section différente, le courant se partage et passe dans les divers conducteurs en raison de leur section. Chaque conducteur débite de l'électricité en raison de son volume, absolument comme un tuyau. Et si la pression dans la canalisation se maintient constante, le débit reste uniforme. Il en est encore de même si sur une canalisation, on branche des conducteurs dérivés, qui partant d'un point du circuit le rejoignent à un autre point comme les différents bras de la même rivière. Les courants dérivés ont aussi un débit constant quand le régime permanent est établi. Seulement le débit de la canalisation est ici augmenté en amont des bras dérivés et diminué en aval. Ces détails sont bons à conserver dans la mémoire.

Aux notions précédentes, il convient d'ajouter quelques considérations d'un autre ordre. Le frottement de l'eau contre les parois d'un tuyau, la résistance à l'écoulement se traduit par un dégagement de chaleur. De même, la résistance à l'écoulement électrique engendre de la chaleur dans les fils et dans la pile. L'oxydation du zinc crée de l'électricité; en chemin l'électricité se transforme en calorique. La chaleur ainsi récupérée correspond au travail du frottement. On sait que travail et chaleur sont synonymes ; l'équivalence de la force et de la chaleur a été mise hors de doute ; c'est une des plus belles conquêtes de la physique moderne.

Quand un mécanicien veut évaluer le travail que peut effectuer de l'eau courant sous pression, il l'obtient en multipliant la pression de l'eau ou sa hauteur de chute par le volume débité, le poids par la hauteur de chute HV. Le travail électrique s'évalue absolument de même ; il a pour valeur dans l'unité de temps la force électro-motrice multipliée par l'intensité ou volume d'électricité E I (1). Ce résultat est

(1) Le travail mécanique a pour unité le kilogrammètre. Un kilogrammètre, c'est un kilogramme élevé à 1 mètre de hauteur. Le travail de 1 kilogrammètre par seconde, c'est un kilogramme élevé à 1 mètre par seconde. Le travail du cheval-vapeur correspond à 75 kilogrammètres par seconde ; c'est 75 kilog. élevés dans l'unité de temps à 1 mètre ou 1 kilogr. élevé à 75 mètres.

Le travail électrique EI exprimé en unités mécaniques, en kilogrammètres, doit être donné sous la forme

$$\frac{EI}{g} = \frac{EI}{9,81}$$

g étant l'accélération de la pesanteur. Pour être exprimé en chevaux-vapeur, il doit être donné sous la forme

$$\frac{EI}{9,81 \times 75}$$

Le terme g apparaît dans la formule, parce qu'en mécanique on substitue à la considération des poids celle des masses. Le poids varie avec la latitude ; on ne peut introduire une variable et l'on y substitue une constante : la masse. $P = mg$; le poids égale la masse multipliée par l'accélération de la pesanteur.

Enfin pour exprimer le travail calorifique, la quantité de chaleur engendrée, il faut se rappeler que le kilogrammètre correspond à 425 calories. La calorie est l'unité de chaleur ; soit la

facile à établir. Joule a le premier montré que a chaleur engendrée par le passage d'un courant d'intensité I est proportionnelle à la résistance du conducteur et au carré de l'intensité. On a donc pour les quantités de chaleur respectivement dégagées dans la pile, dans le conducteur, et à la fois dans la pile et le conducteur, r, r et R exprimant les résistances dans chaque cas.

$$K r I^2 t = K \frac{r}{R} E I t$$

$$K r_1 I^2 t = K \frac{r_1}{R} E I t$$

$$K R I^2 t = K E I t$$

La quantité de chaleur totale dégagée, soit le travail total développé dans l'unité de temps, peut donc s'exprimer par EI. On voit en même temps que la chaleur se répartit proportionnellement à la résistance entre la pile et le conducteur. Si celui-ci est très long, très résistant, toute la chaleur s'y concentre. Lorsque le courant circule simplement dans un fil, sans effectuer de travail extérieur, toute la chaleur se répartit dans la pile et dans le fil.

C'est ainsi qu'on peut rougir rapidement et porter à l'incandescence un conducteur métallique. La formule de Joule montre que l'élévation de température sera d'autant plus rapide que le fil sera plus fin et que la quantité d'électricité débitée sera plus grande. Pour faire de la lumière par incandescence, on le voit dès

quantité de chaleur nécessaire pour élever 1 kilog d'eau de 1 degré. Le travail calorifique sera

$$\frac{EI}{9,81} \times 425.$$

maintenant, il conviendra de produire beaucoup
d'électricité et de la faire circuler dans des conducteurs très-fins.

Si le courant est utilisé à opérer une action chimique, la décomposition de l'eau, une partie du
calorique sera convertie en travail. La chaleur répartie dans le circuit total sera moindre que celle qui
correspond à l'oxydation du zinc. Le déficit équi-
vaudra à la portion utilisée au dehors. Prenons 20 éléments et supposons que chacun d'eux ait dissous
5 gr. de zinc, soit au total 100 gr., au bout d'un
certain temps. Ces 100 gr., auront par leur dissolution produit 56 calories. On trouvera que 1 gr. 364
d'eau aura été décomposé ; or ce travail mécanique
de la séparation de l'oxygène et de l'hydrogène,
exige la consommation de 5 calories, 3. Il restera dans
le circuit 56 calories moins 5 calories, 3, soit 50 calories, 7.

Si on avait utilisé le courant à mettre en mouvement un moteur électrique, on constaterait, par
exemple, que pour la même consommation de 100 gr. de
zinc, la machine aurait effectué 4,250 kilogrammètres.
Or, chaque calorie produisant 425 kilogrammètres,
c'est qu'on aurait utilisé 10 calories sur 56 ; or, 56
moins 10 font 46. Le reste 46 calories s'est perdu dans
le circuit. On voit que, dans ce cas, la chaleur répartie
dans le circuit est moindre qu'avec l'action chimique.

Il faut, dans tous les cas, que la chaleur totale engendrée, se retrouve ou dans le circuit, ou sous forme de
travail de décomposition chimique ou de travail mécanique ; c'est un résultat fondamental. $W = w + Tu$.
Faraday a formulé cette relation importante : « les
quantités de matières combinées dans chaque élé-

ment de pile et celles qui sont décomposées au dehors sont proportionnelles aux équivalents chimiques des substances respectivement combinées et décomposées. » En ayant présentes à la mémoire la loi de Joule et la loi de Faraday, on peut facilement se rendre compte de la quantité des effets chimiques et calorifiques accomplis dans un circuit.

Ces notions générales établies, il est bon d'entrer dans quelques détails succincts sur la mesure de l'électricité.

On mesure le débit d'une rivière, la pression d'une conduite d'eau, on en déduit le travail mécanique qu'elle peut fournir. Il est indispensable de pouvoir en faire autant pour l'électricité. Il convient de mesurer la pression ou la force électro-motrice d'une pile, sa résistance, etc., ce que l'on appelle ses *constantes*. Déjà nous avons eu l'occasion de comparer entre elles, les forces électro-motrices des piles, et comme il fallait bien un terme de comparaison, nous disions : tel élément a une force électro-motrice supérieure ou inférieure à l'élément Daniell. Il faut préciser davantage et fixer un type qui serve d'unité.

Il y a longtemps qu'en Angleterre où l'industrie des câbles télégraphiques a pris depuis vingt ans un grand développement, on avait dû se préoccuper de fixer des unités pour l'électricité comme pour les autres forces physiques.

En 1863, l'Association Britannique nomma une Commission pour établir un système complet de mesures électriques. La Commission a poursuivi ses travaux pendant huit années consécutives.

Le Congrès international des électriciens réuni le 15 septembre 1881, à Paris, a décidé d'adopter à très-peu près les unités de l'Association Britannique. Elles vont donc faire loi partout.

L'unité de *force électro-motrice* s'appelle le *Volt* en honneur de Volta. L'élément dont la force motrice est pris pour unité diffère peu de l'élément Daniell. C'est un couple cuivre et zinc amalgamé; le cuivre plonge dans une solution de nitrate de cuivre et le zinc dans l'acide sulfurique étendu de 12 fois son poids d'eau. Donc, dire qu'un élément Bunsen a une force électro-motrice de 1,5 Volt, c'est dire qu'il correspond à une fois et demie l'élément type, en pratique à une fois et demie le Daniell, dont la valeur exacte est 1,079. Le Volt vaut environ 0,93 Daniell.

L'unité de *résistance* est l'*Ohm* en souvenir du physicien allemand. Elle correspond à peu près à la résistance qu'oppose à la propagation de l'électricité un fil de fer de 4 millimètres de diamètre et de 100 mètres de long. En France, on comptait, il y a quelques années encore, la résistance en kilomètres de fils télégraphiques. Le kilomètre équivaut à environ 10 Ohms; en Allemagne, on se servait de l'unité Siemens équivalente à une colonne de mercure d'un mètre de long et d'un millimètre de section. C'est l'unité Siemens modifiée qui servira d'unité. Une Commission internationale sera chargée de déterminer la longueur exacte d'une colonne de mercure de un millimètre carré dont la résistance à 0° centigrade représentera la valeur de l'Ohm. On peut admettre que l'Ohm équivaut environ à la résistance de 48 mètres de fil de cuivre de 0,001 de diamètre.

L'unité d'*intensité* se déduit des deux précédentes. On a le débit quand on a la force électro-motrice et la résistance. On l'appelle *Ampère*. C'est l'intensité d'un courant, qui traverse un conducteur dont la résistance est de 1 Ohm, quand la différence de potentiel aux extrémités de ce conducteur est de 1 Volt.

$$I = \frac{1\ \text{Volt}}{1\ \text{Ohm}}$$ Un courant d'un Ampère est capable de précipiter 4 grammes d'argent par heure.

L'unité de *quantité* est l'unité d'intensité quand on y ajoute la notion du temps; $q = it$. C'est le débit par seconde. On la désigne sous le nom de *Coulomb*. Le Coulomb est la quantité d'électricité qui traverse *pendant une seconde* un conducteur de 1 Ohm de résistance, avec une différence de potentiel de 1 Volt. Un courant dont l'intensité est de *un Ampère* débite par seconde une quantité d'électricité égale à *un Coulomb*.

Les courants employés en télégraphie sont des courants faibles; ils varient entre 1 et 10 milli-Ampères; ceux qui servent à la lumière électrique varient entre 1 et 60 Ampères. Enfin, dans les opérations électro-chimiques, on se sert de courants dont l'intensité atteint 1,000 Ampères.

Il reste une dernière unité à mentionner, c'est le *Farad*, ainsi appelée en souvenir de Faraday; elle se rapporte à l'unité de capacité. C'est la capacité d'un conducteur qui renferme un Coulomb lorsqu'il est chargé au potentiel de 1 Volt. La quantité d'électricité qu'on peut ainsi enfermer est comme pour un gaz proportionnelle à la pression. Le *Farad* est une quantité trop grande pour la pratique; l'unité dont on se sert réellement est le *micro-farad* qui en est la *millionième* partie.

Le Congrès de Paris a substitué aux anciennes *unités absolues* de l'Association Britannique qui étaient généralement trop petites pour la pratique des *multiples décimaux* (1). Ainsi on a

Le Volt $= 10^8$ unités (CGS)

L'Ohm $= 10^9$ unités (CGS)

L'Ampère $= \dfrac{10^8}{10^9} = 10^{-1}$ unités (CGS)   (2).

Les noms de ces unités précédées des préfixes *mega* ou *micro* désignent des unités un million de fois plus grandes ou plus petites. Le préfixe *milli* désigne une unité mille fois plus faible. Ainsi la résistance des isolants qui est toujours considérable s'évalue en megohms, les petites résistances en microhms, les intensités des courants télégraphiques en milliampères, etc.

Toutes ces expressions passées aujourd'hui dans le langage des électriciens étaient utiles à faire connaître.

(1) Consulter, au sujet des unités électriques, le beau livre de M. Mascart. *Leçons sur l'électricité et le magnétisme*; Masson, éditeur; et une excellente étude de M. Hospitalier, publiée dans l'*Électricien*, février-mars 1882.

(2) Le symbole (CGS) signifie centimètre, gramme, seconde. Les unités de l'Association Britannique ont pour point de départ le centimètre, le gramme-masse et la seconde. Les premières unités déterminées par Weber avaient pour base le millimètre, le milligramme et la seconde.

IV

Nous avons vu que, malgré toutes les combinaisons
tentées jusqu'ici, les nombreuses piles que l'on a imaginées ne donnent, en somme, que peu d'électricité, et
qu'encore il faut la payer cher. Ce n'est pas, effectivement, avec les piles, qu'en ce moment on fabrique
l'électricité par grandes quantités et à un bas prix
relatif. Le secret de la production industrielle de l'électricité est ailleurs; il repose sur des phénomènes tout
différents de ceux que nous avons exposés.

En 1830, Faraday reconnut qu'il suffisait, pour engendrer un courant électrique, d'un aimant et d'un
fil métallique. Lorsqu'on approche d'un aimant un
fil conducteur, un fil de cuivre, par exemple, il se
manifeste dans le fil un courant instantané; si on
l'éloigne, il se produit de nouveau un courant instan-

tané, mais de sens contraire au précédent. Il faut, bien entendu, pour que le courant passe, que les deux extrémités du fil se rejoignent et fassent un circuit fermé. Les applications innombrables qui figuraient à l'exposition étaient tout entières en germe dans cette découverte capitale. Un aimant n'agit pas, comme on croit généralement, sur le fer ou l'acier seulement ; il exerce une action attractive ou répulsive sur tous les corps ; évidemment, l'aimant trouble par un artifice encore obscur, l'équilibre moléculaire du fil métallique et détermine ainsi la formation d'un courant dans les corps qu'il influence ; la modification moléculaire est si vraie que Joule a trouvé que le fil s'allonge sous l'action du courant. Le phénomène observé par Faraday rentre dans le principe général de génération d'électricité que nous avons posé au début. Les courants électriques obtenus ainsi par influence d'un aimant sur un conducteur fermé sont connus sous le nom de *courants d'induction* (1).

Il résulte nettement de ce qui précède, qu'il suffit d'approcher et d'éloigner alternativement et rapidement un fil d'un aimant pour engendrer une succession de courants électriques. Ces courants seront d'autant plus énergiques qu'il y aura plus de longueur

(1) En 1819, Œrstedt, professeur de physique à Copenhague, trouva qu'un courant électrique passant dans le voisinage d'une aiguille aimantée la faisait dévier ; il découvrit ainsi l'action des courants sur les aimants. Le réciproque devait être vrai ; il fallait s'attendre à voir les aimants réagir sur les fils conducteurs et engendrer des courants. L'action est égale à la réaction.

En 1820, Ampère démontra que les courants s'influencent les uns les autres et qu'un courant traversant un fil enroulé en hélice peut agir sur une autre hélice semblable à la façon d'un aimant. Il assimile les aimants à des hélices traversées par des courants. Les aimants ne seraient que des *Solénoïdes* d'Ampère.

de fil soumis à l'action de l'aimant et que le rapprochement ou l'éloignement sera plus rapide.

Supposons donc une pelotte ou une bobine de fils métalliques recouverts de soie pour les isoler, contrainte à tourner entre les pôles d'un aimant; les fils s'approcheront et s'éloigneront de chaque pôle et seront parcourus par des courants. Telle sera réduite à sa plus simple expression une machine engendrant des courants électriques; tel est le principe des machines dites magnéto-électriques (1).

On le voit, on produit l'électricité dynamique *sans contact* aucun entre les corps en présence. Le seul fait du rapprochement ou de l'éloignement des fils a pour effet la génération des courants On obtient l'électricité statique en faisant tourner un disque de verre entre des coussins frotteurs ; mais ici, il y a contact étroit, il y a frottement, et le phénomène est tout autre.

En pratique, on enroule une très-grande longueur de fil de cuivre garni de soie sur une ou plusieurs bobines que l'on fait tourner entre les pôles d'un aimant. Nous avons dit que lorsque les fils s'approchent ou s'éloignent de l'aimant, les courants sont renversés. On s'arrange de façon que tous les courants de même sens soient recueillis dans un conducteur unique et que tous les courants de sens contraire s'en aillent de même dans un autre conducteur unique. Le petit appareil, qui opère cette distribution, est connu sous le nom de *commutateur*. Lorsqu'on récolte ainsi séparément les courants instantanés inverses successivement générés dans les fils, on a une

_____

(1) Machines *magnéto-électriques*, parce que l'électricité est engendrée par l'influence de l'aimant, par l'action du *magnétisme* de l'aimant.

machine à *courants continus*. « Si au contraire, on
se contente de recevoir successivement les courants
engendrés dans chaque sens inverse, on a une machine

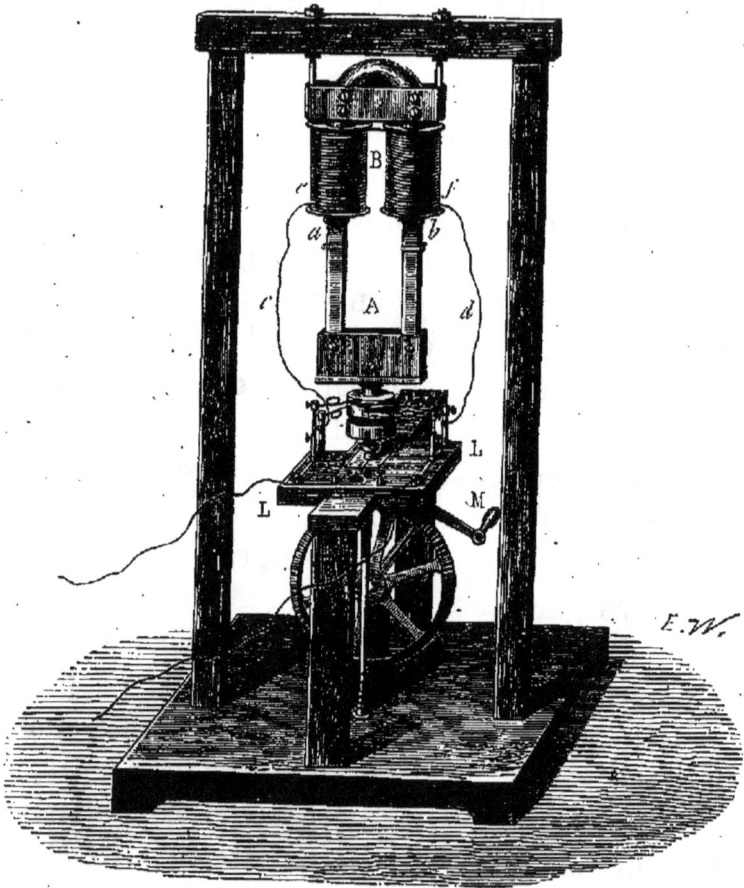

Fig. 25. — Machine magnéto-électrique de Pixii.
B bobines fixes. — A aimant mobile. — L commutateur

à *courants alternatifs*. En réalité, on n'obtient jamais
ainsi, comme dans une pile, un courant continu réel,
puisque la machine n'engendre en tournant qu'une
succession très-rapide de courants instantanés; mais
les courants successifs courent les uns après les autres

si vite, qu'en définitive c'est comme si la continuité était parfaite. On note le passage de plus de 10,000 courants successifs par seconde, 60,000 par minute.

Fig. 26. — Machine de Clarke.
B Aimant fixe. — H Bobines mobiles. — x y Commutateur.

L'enroulement du fil, qui constitue les bobines se fait sur une âme en fer doux. Faraday a, en effet, constaté que la présence du fer dans l'intérieur de la bobine augmentait l'intensité des courants produits. Le fer surexcite l'aimant (1) et accroît son influence inductrice.

(1) Pour conserver aux aimants leur force, on a l'habitude de

La première machine magnéto-électrique fut réalisée par Pixii en 1832. Pixii faisait tourner un aimant mobile devant deux bobines fixes. Sexton , puis Clarke trouvèrent avec raison que l'aimant étant l'élément le plus volumineux et le plus lourd, il était préférable de le maintenir fixe et de faire tourner les bobines. Ce n'est qu'en 1849 que Nollet, professeur à l'École militaire de Bruxelles, conçut une machine magnéto-électrique un peu puissante. Il groupa 60 gros aimants en fer à cheval et fit tourner entre leurs pôles les bobines de fil. Telle fut l'origine de la machine acquise par la Compagnie *l'Alliance* et qui, perfectionnée par Masson et par van Malderen, permit d'engendrer assez d'électricité pour alimenter de puissantes lampes électriques. Jusqu'en 1870 ce fut, en somme, la seule machine fournissant des résultats vraiment industriels. Ces machines ont servi jusque dans ces derniers temps à éclairer les phares.

Les aimants acquièrent des dimensions et un poids considérables lorsqu'on veut obtenir une grande production d'électricité. En 1865, M. Wilde, physicien anglais, se servit d'une disposition nouvelle dont l'importance n'échappera à personne. Il remplaça les aimants naturels par des aimants artificiels.

Dès 1820, Arago découvrit que l'on communiquait les propriétés d'un aimant à un morceau de fer doux lorsqu'on faisait circuler autour du métal un courant électrique. On entoure un cylindre de fer d'une hélice de fil de cuivre recouvert de soie, et le fer doux s'aimante ou se désaimante à volonté selon que le cou-

---

les garnir d'armatures en fer doux. L'armature surexcite sans cesse l'aimantation et empêche les aimants de perdre leurs propriétés.

rant passe ou ne passe pas à travers les spires du fil (1). Ces aimants artificiellement produits et mo-

Fig. 27. — Aimantation par le passage d'un courant d'une aiguille placée dans un tube de verre, sur lequel on a enroulé un fil de cuivre.

mentanés s'appellent des *électro-aimants*. Toute la télégraphie électrique est fondée sur leur emploi. A poids égal, un électro-aimant a une puissance au moins vingt-cinq fois plus grande que celle d'un aimant naturel. Leur application était tout indiquée dans les machines génératrices d'électricité ; les machines dans lesquelles les aimants sont remplacés par des électro-aimants sont connues plus spécialement sous le nom de *machines dynamo - électriques*. Wilde fit tourner ses bobines devant des électro-aimants. Le courant électrique destiné à

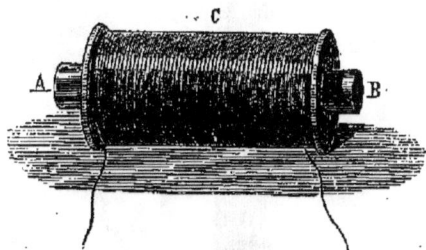

Fig. 28. — Électro-aimant.

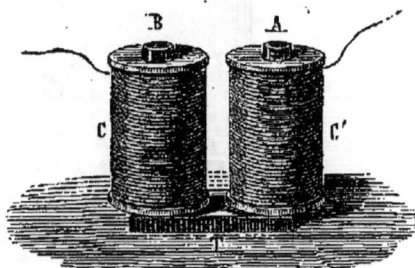

Fig. 29. — Électro-aimant.
A B barreaux de fer doux. — C C'bobines.
T armature.

(1) La loi est toujours la même. Un courant circulant autour d'une tige de fer oriente les molécules, selon Ampère, et communique au métal les propriétés de l'aimant. Le courant fait l'aimant, et réciproquement l'aimant peut engendrer un courant.

donner au fer doux les propriétés de l'aimant était
produit par une petite machine à aimant naturel
auxiliaire. Quand la petite machine dite *amorçante*

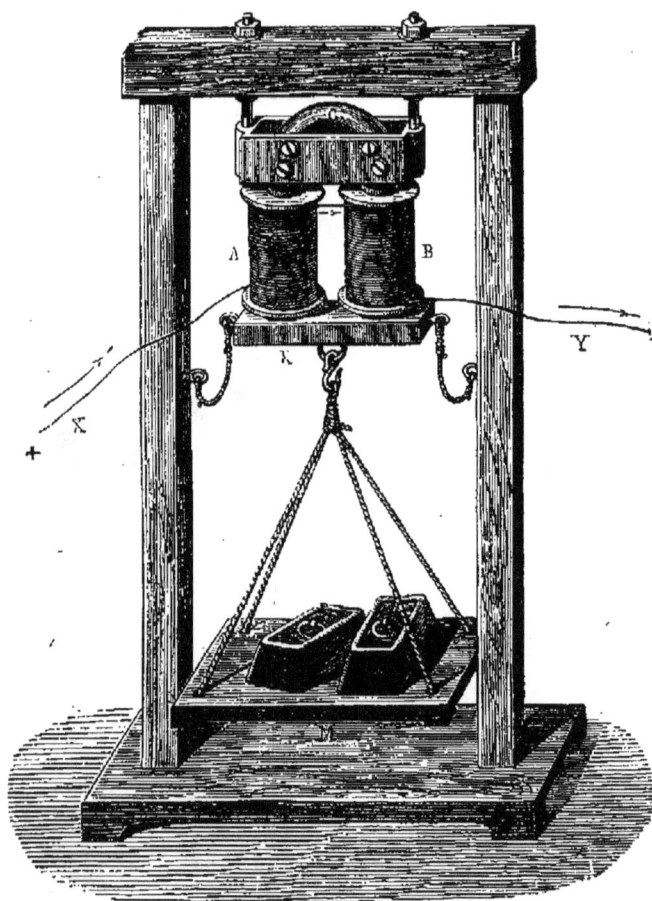

Fig. 30. — Électro-aimant en fer à cheval.
AB, bobines entourant le fer doux G. XY, courant excitateur.
K, armature.

ou *excitatrice* tourne, elle engendre le courant qui
excite l'électro-aimant.

En 1867 parut un perfectionnement considérable de
la machine Wilde. M. Ladd supprima la machine
auxiliaire de Wilde en tirant parti d'un artifice in-

génieux imaginé en même temps, séparément, par
Wheatstone et Siemens, et communiqué à la Société
royale de Londres le même jour, le 14 février 1867 (1).

Voici le principe important signalé par MM. Wheatstone et Siemens. A quoi bon
s'embarrasser d'une machine
spéciale pour envoyer un courant dans les fils de l'électro-
aimant? Il reste presque toujours dans le fer doux un
peu de magnétisme. Cette
petite aimantation perma-
nente suffit pour réagir sur
les fils de la bobine quand
on la fait tourner ; il se produit un petit courant initial
très-faible. Si l'on a eu soin
de relier les fils de la bobine
au fil enroulé sur l'électro-
aimant, il est clair que le
courant initial y passera en
partie et agira à son tour
sur le fer doux pour l'ai-

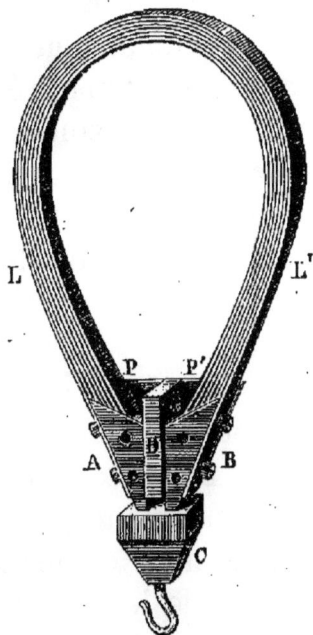

Fig. 31. — Aimant Jamin, à
lames d'acier juxtaposées.
LL', lames. AB, armatures.

manter plus fort. L'aimantation plus puissante provoque la naissance d'un courant plus énergique dans
l'électro-aimant; et ainsi de suite, par influences
réciproques, la machine, en tournant, se surexcite et
atteint bientôt son régime normal, sans le secours d'un
courant primitif auxiliaire. Rien de curieux comme
cette production d'électricité par la seule réaction

(1) M. Alfred Varley avait cependant déposé sur le même sujet
une justification provisoire dès le mois de décembre 1866.
M. Gramme a pris aussi un brevet le 26 février 1867.

mutuelle de pièces métalliques tournant les unes devant les autres. La machine Ladd, par sa puissance et ses petites dimensions, intéressa beaucoup les visiteurs de l'Exposition de 1867. Elle devait être à bref délai largement dépassée par une invention française.

En 1870, un ancien employé de la Compagnie l'*Alliance*, M. Gramme, réalisa la machine qui porte son nom et qui a donné tout à coup un développement inespéré aux applications ; la nouvelle machine a littéralement ouvert à deux battants les portes de l'industrie à la force électrique ; l'ère industrielle de l'électricité date sans conteste de la machine de Gramme.

Les notions que nous venons de donner sur les machine magnéto et dynamo-électriques sont nécessaires et suffisantes pour l'intelligence des faits ; nous pourrions nous en tenir à ce court résumé ; cependant, pour le lecteur, qui désirerait approfondir un peu plus le mécanisme de la génération électrique dans les machines modernes, nous croyons bon de décrire sommairement, et à titre d'exemple, quelques-uns des types les plus en faveur parmi les industriels, et principalement la machine de M. Gramme.

Dans les anciennes machines Pixii, Clarke, etc., les bobines consistaient en une âme droite sur laquelle on enroulait des spires de fils ; la vraie bobine dont se servent les dames. M. Gramme a adopté une tout autre disposition ; il a recourbé sur elle-même la bobine droite, avec son âme en fer doux, de façon à en faire un anneau. C'est un anneau, une couronne autour de laquelle on enroule le fil. On comprendra bientôt la valeur de cette combinaison.

Essayons de bien faire saisir le principe fondamental de la machine Gramme. Imaginons donc tout d'a-bord une bague, un anneau de fer doux placé entre les deux branches d'un aimant vertical en fer à cheval. (Fig. 32). Il est clair que le fer doux va s'aimanter sous l'action de l'aimant. En $b\ b'$ il se formera deux pôles juxtaposés de nom contraire à celui de l'aimant ; de même en $a\ a'$. En $n\ n'$ se trouveront des ré-gions neutres cor-respondantes à la région neutre M de l'aimant.

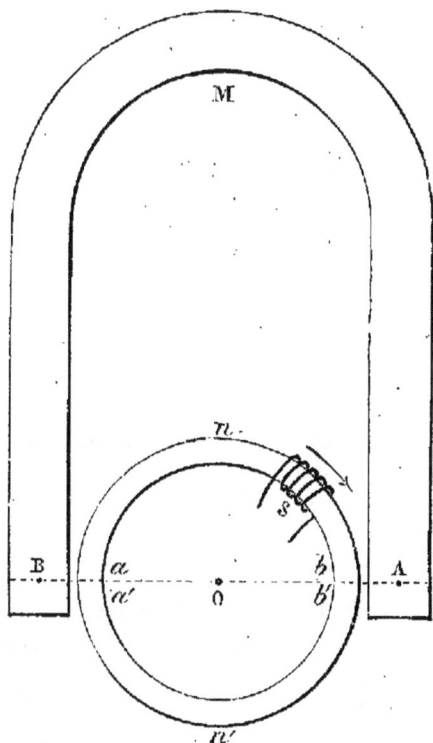

Fig. 32. — Anneau de la machine Gramme.

Concevons maintenant que l'on enroule autour d'un des points de l'anneau quelques spires de fils s, que l'on fera communiquer avec un galvanomètre, révélateur du passage des courants ; puis faisons glisser cette spirale par petits déplacements succes-sifs dans le sens de la flèche. L'expérience prouve qu'à chaque déplacement, il se produit un courant induit. Les courants successifs engendrés ont tous la même direction pendant que la spirale progresse de n en n', pendant qu'elle parcourt tout le demi-an-neau de droite. Au-delà du point n', les courants engendrés, pendant le glissement de la spire, de bas en haut, changent de sens. Dans le demi-anneau de gauche, les courants marchent dans une direction opposée à celle qu'ils avaient dans le demi-anneau de droite (1).

Au lieu de faire glisser la spirale sur l'anneau, il est plus simple de faire tourner l'anneau lui-même ; la spirale se déplacera, et comme dans le fer doux, les pôles créés par l'influence de l'aimant se reproduiront toujours aux mêmes points, malgré le mouvement de rotation, il est évident que l'on se retrouvera identiquement dans les conditions précédentes. Des courants induits se succèderont pendant chaque rotation de l'anneau, dans un sens pendant le demi-parcours de droite, dans le sens opposé pendant le demi-parcours de gauche.

Nous avons supposé qu'on avait enroulé une spirale. Il va de soi que pour multiplier l'effet produit et le rendre continu, il convient d'en disposer sur tout le contour de l'anneau côte à côte ; chacune des spires agira pour son propre compte et le flux électrique engendré croîtra en conséquence. On les distribue tout autour de l'anneau, et on les réunit entre elles par un mode de jonction qu'il est important de connaître.

(1) En effet le demi-anneau de droite et le demi-anneau de gauche peuvent être assimilés à deux aimants droits et courbés et mis bout à bout par les pôles de même nom.

$$\overline{\quad\quad\quad}\ \overline{\quad\quad\quad}$$
$$a \quad n \quad b \quad b' \quad n' \quad a'$$

Or, d'après la loi de Lenz, le courant engendré dans une spire qui progresse de a en a' change de sens quand la spire franchit la ligne neutre. Donc le courant reste de même sens de n en n' et se retourne seulement de n' en n.

On soude l'extrémité terminale de la spirale *s* à une lame de cuivre D et le commencement de la spirale suivante *s'* à la même pièce de cuivre. Ce mode de liaison s'effectue de proche en proche pour toutes les spires. Les pièces de jonction D, D', D'', etc., sont disposées comme les rayons d'une roue et tournent avec l'anneau autour de l'axe *o*.

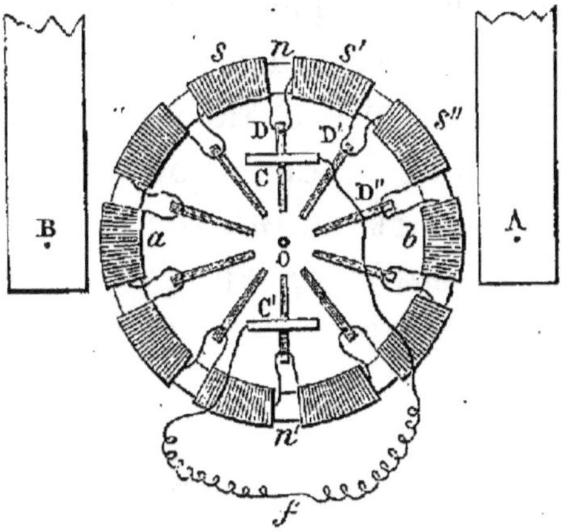

Fig. 33.—Groupement des spires de l'anneau

Ainsi, à chaque rotation, pendant que dans tout le côté droit, spires et pièces de jonction, il se produira un courant se dirigeant par exemple de haut en bas, dans tout le côté gauche, dans les spires et pièces de jonction, il se manifestera un courant allant aussi de haut en bas, mais à la rencontre du premier. Du point neutre *n* les deux courants engendrés divergeront; ils tendront à se rejoindre en *n'*.

Maintenant, fixons exactement, selon le diamètre, des points neutres *n* et *n'* en C et C' deux lames élastiques en cuivre, qui pourront frotter au passage les pièces rayonnantes de cuivre pendant leur mouvement de rotation.

Quand une pièce rayonnante parviendra dans la ligne neutre, elle sera en relation, à la fois, d'une part avec les spires de droite, de l'autre avec les spires de gauche; c'est-à-dire qu'elle sera le lieu de rencontre de deux courants de sens opposé. Donc, le frotteur C' du

5

bas sera parcouru simultanément par deux courants inverses, qui se heurteront et s'annuleront. Pour la même raison la pièce rayonnante du haut, symétrique de la première, sera en relation simultanément avec les spires de droite et de gauche, elle sera le lieu d'où divergeront les deux courants de sens opposé.

D'une part en n', rencontre des deux courants, *pression positive ;* d'autre part en n départ des deux courants, raréfaction, *pression négative.* Aussi, le point n' peut être assimilé au pôle positif d'une pile, et le point n au pôle négatif.

En réalité, chaque demi-anneau se comporte comme une pile dont le pôle positif serait en n' et le pôle négatif en n. Les deux demi-anneaux juxtaposés sont comme deux piles associées en opposition. Pôle positif relié au pôle positif, pôle négatif relié au pôle négatif.

Dans ces conditions, les courants engendrés étant égaux et de sens opposé, s'équilibrent en n'. Mais si l'on établit une jonction par un fil, entre le frotteur d'en bas et le frotteur d'en haut, les deux courants qui se heurtaient et s'arrêtaient réciproquement, vont se précipiter dans le conducteur de liaison et s'en iront ensemble de la pression haute à la pression basse, c'est-à-dire de n' vers n, du pôle positif vers le pôle négatif. C'est ici absolument la répétition de ce qui se passe dans deux piles associées en opposition. Si l'on ouvre une issue aux deux courants opposés, en réunissant par un fil les conducteurs, qui joignent les deux pôles de même nom, il se propage un double courant dans ce fil de la région positive, à la région négative.

On remarquera que si l'on avait établi les frotteurs, non pas dans la ligne neutre, mais dans la ligne perpendiculaire, on ne recueillerait aucun courant.

Les deux courants contraires traverseraient l'anneau et s'entre-détruiraient. Cet effet est d'autant moins marqué que l'on recueille le courant sur une pièce rayonnante voisine de la ligne neutre.

Cette remarque a son importance, parce que pour augmenter ou diminuer l'intensité du courant recueilli, on voit qu'il suffit de faire une prise d'électricité soit dans le voisinage de la ligne neutre, soit au contraire en se rapprochant de la ligne des pôles de l'aimant.

Telle est, dans son principe essentiel, la machine Gramme.

On peut s'en faire encore une idée à l'aide d'une image restée certainement présente à l'esprit de tout le monde. Qui n'a vu dans les fêtes foraines ce jeu de balançoires qui a eu longtemps la vogue? Deux grandes roues tournent parallèlement; sur leurs jantes on a fixé des échelons auxquels sont suspendus des fauteuils. Les amateurs sont enlevés avec les fauteuils et décrivent dans l'espace un cercle, tour à tour en bas et en haut de cette gigantesque manivelle. Assimilez par la pensée chaque fauteuil à une spire de l'anneau Gramme, et supposez que chaque amateur en arrivant au bas de la course soit tenu de donner un coup de poing sur un piston assujetti à s'enfoncer, sans pouvoir remonter, dans un cylindre plein d'air. Pour chaque fauteuil qui sera au ras du sol, un coup de poing; donc une descente du piston et une compression de l'air intérieur. De même, chaque amateur en parvenant au sommet de la course, sera astreint à soulever de la même quantité, un piston plongé dans un cylindre plein d'air. Pour chaque fauteuil qui atteindra le sommet, soulèvement du piston, raréfaction de l'air intérieur. Donc, tous les amateurs pendant la descente de haut en bas, comprimeront l'air; tous les amateurs pendant la montée de bas en haut dilateront l'air; ils auront agi en sens inverse aux deux extrémités du même diamètre. Chaque piston aura récolté pour sa part leur travail opposé, comme tout à l'heure dans l'anneau Gramme, chaque frotteur avait recueilli le travail en sens contraire des spires pendant leur double trajet de descente et de montée. Les deux travaux sont strictement égaux, mais de sens opposé; c'est si vrai, que si on laisse le piston, qui maintient l'air comprimé, libre de remonter, il s'élèvera à une certaine hauteur; si on laisse celui qui maintient l'air raréfié libre de s'abaisser, il descendra précisément de la même hauteur. Ici pression positive, là pression négative rigoureusement égale, toujours comme pour les deux courants de sens opposé engendrés sur chaque frotteur.

L'analogie est si complète, que si avant de laisser libre de se déplacer les deux pistons, l'on vient à réunir les deux cylindres par un tuyau de communication, l'air comprimé de l'un se précipitera dans l'air dilaté de l'autre. Il y aura production d'un courant du premier cylindre dans le second. Et l'effet se reproduirait indéfiniment comme avec le courant électrique, si la balançoire continuait de tourner, et si l'on poursuivait le travail de compression et de raréfaction.

Dans ce qui précède, nous avons analysé seulement l'action de l'aimantation du fer doux de l'anneau sur les spires. Mais l'aimant permanent en fer à cheval influence les spires directement. Il se produit de ce chef dans la portion des spires qui regarde l'aimant un courant qui s'ajoute au courant général; dans la portion des spires située en arrière de l'anneau, il y a bien aussi génération d'un courant de sens inverse, mais plus faible; aussi au total, il y a gain (1).

D'autres phénomènes complexes se produisent encore dans l'anneau Gramme; il serait superflu de s'y arrêter. Ce qu'il importe de savoir, c'est que le fer doux de l'anneau agit en définitive de trois manières différentes; il agit comme inducteur sur les spires, il agit comme écran pour diminuer la production d'un courant inverse par l'aimant, il agit enfin comme excitateur de l'aimant dont il accroît la puissance. Tels sont, en gros, les avantages considérables que M. Gramme retire de l'emploi de son anneau.

Il serait injuste à ce propos de ne pas rappeler que dès 1860, un étudiant italien aujourd'hui professeur de physique à l'université de Cagliari, M. Pacinotti, avait conçu la même disposition; il en a donné la description en 1863 dans le recueil *Il nuovo cimento;* M. Pacinotti avait exposé dans la section italienne le modèle de sa machine qu'il considérait du reste comme un moteur électrique et non pas comme un générateur d'électricité; il ne semble pas que le physicien italien ait compris l'importance de son invention appliquée à la génération des courants. Au surplus dès 1852 Page avait aussi imaginé l'anneau et s'en était servi pour réaliser un moteur électrique. Tous ces essais étaient restés sans application. L'anneau de

(1) Pour comprendre la génération de ce double courant dans les spires, il faut savoir que toute action qui *renforce* ou *diminue* l'énergie d'un aimant crée un courant, direct, quand il y a affaiblissement, inverse, quand il y a renforcement. D'un côté l'aimant est renforcé par la présence du fer de l'anneau; donc courant; de l'autre, le fer fait écran sur l'autre portion des spires; donc courant inverse.

M. Pacinotti portait des échancrures comme l'anneau de la machine Brush et c'est dans ces échancrures que l'on disposait les spires. En 1866, M. Worms de Romilly avait aussi combiné un dispositif analogue.

Fig. 34. — Machine Pacinotti, exposée dans la section italienne.

On connaît maintenant le principe de la machine Gramme. Esquissons sommairement les dispositions adoptées pour la pratique.

M. Breguet construit depuis longtemps un petit type de laboratoire mu à la main et qui donne l'équivalent de huit à dix éléments Bunsen. L'aimant ou fer à cheval LL' est du système Jamin. Ce sont des lames

de fer doux accolées; ces aimants ont plus de puissance que les aimants faits d'une seule pièce. Les armatures A et B constituent les pôles entre lesquels

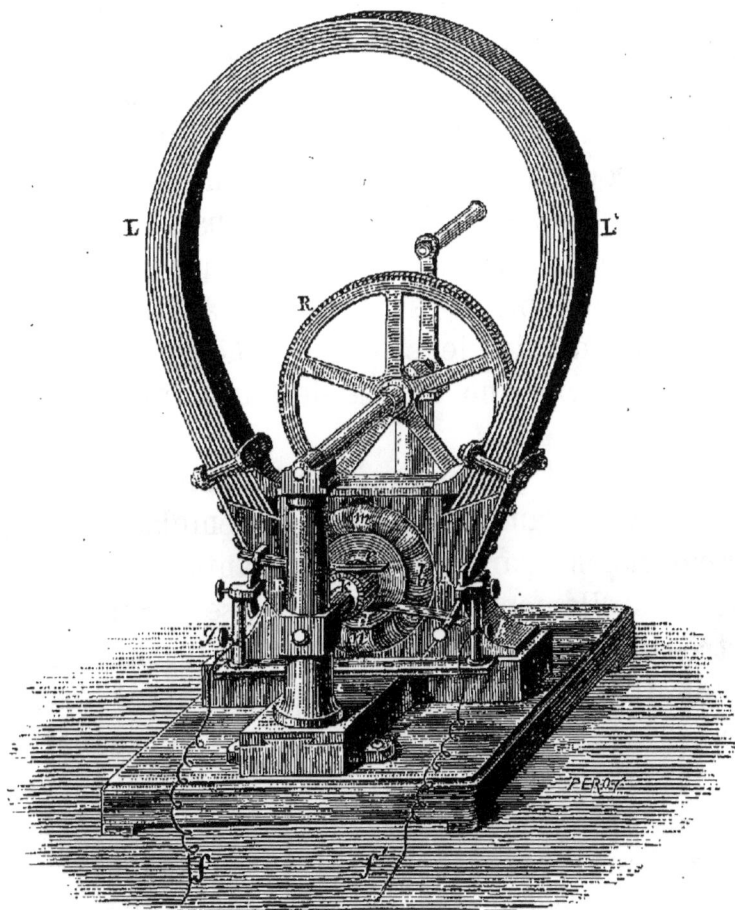

Fig. 35. — Petite machine Gramme.

tourne l'anneau *m b n*. Cet anneau n'est pas non plus
formé d'une pièce unique de fer doux; mais bien d'un
faisceau de fils de fer soudés et juxtaposés. L'aimantation et la désaimantation est plus rapide et plus parfaite dans un anneau ainsi formé.

Les pièces de cuivre rayonnantes sa prolongent à angle droit et se juxtaposant les unes près des autres de manière à former un cylindre K de petit diamètre, elles sont soigneusement isolées les unes des autres par du papier d'amiante. C'est sur ce cylindre K que viennent appuyer en haut et en bas les frotteurs. Cette disposition très-ingénieuse est une des caractéristiques de la machine. C'est le *collecteur* Gramme que l'on retrouve copié dans tous les autres systèmes. Les frotteurs sont en réalité de petits balais de fils de cuivre assujettis aux colonnes g et h qui servent de pôles. Le mouvement est imprimé à l'anneau au moyen d'une manivelle et d'une roue dentée R. On obtient facilement une vitesse de plusieurs centaines de tours à la minute.

Nous avons dit qu'il y avait tout avantage au point de vue de la puissance magnétique à remplacer les aimants permanents par des électro-aimants. M. Gramme devait naturellement être amené à se servir aussi d'électro-aimants. Nous décrirons la machine normale, ou dite d'atelier, type A, dont l'emploi s'est si généralisé dans ces dernières années pour la production de la lumière électrique. Plus de 1200 machines ont été livrées au commerce.

La machine porte sur deux bâtis solides et en regard deux électro-aimants inducteurs, l'un A B, l'autre A' B'. Les pôles de même nom A A sont opposés et sont appliqués sur une armature de fer doux α; les autres pôles de même nom B B, sont appliqués sur l'armature β.

On voit l'anneau en s s', les deux balais en c et d. Une machine à vapeur fait tourner l'anneau par l'intermédiaire d'une courroie placée sur le tambour P.

M. Gramme excite les électro-aimants, selon le principe de Wheatstone et Siemens, en faisant passer le courant de la bobine dans le fil enroulé autour des électro-aimants. Pour cela le fil g s'enroule successivement sur les bobines A A′ et B B′ ; il part d'un des

Fig 36. — Machine Gramme, type d'atelier.

balais, d'un des pôles et vient aboutir à la pièce de cuivre isolée m. A cette pièce on fixe le fil f auquel s'attache le conducteur, dans lequel doit passer le courant et qui vient se relier ensuite au second balai pour compléter le circuit.

La première machine dynamo-électrique Gramme fut construite en 1872 et appliquée aux usages de la

galvanoplastie chez MM. Christophe. Depuis, le premier type a été modifié et a pris la forme que nous
avons indiquée. Cette machine d'atelier type normal
nécessite de 2 à 3 chevaux selon la vitesse qu'on lui
imprime. Pour une lampe placée à 10 mètres de distance, et pour 820 tours à la minute, la lumière obtenue est de 515 Carcel. On conçoit que l'on produit
d'autant plus d'électricité que la machine va plus vite.
Ainsi à 920 tours pour la même distance de 10 mètres
le pouvoir éclairant de la lampe atteint 1207 carcels.

M. Gramme a combiné d'autres types selon les
applications en vue. Ainsi, les machines à galvanoplastie réclament beaucoup de quantité et peu de
tension; dans ce cas, on remplace les fils qui excitent
l'électro-aimant par une seule bande de cuivre, et les
fils de la bobine par des fils méplats très-épais. Nous
ne pouvons insister sur les détails; qu'il nous suffise
de dire, pour faire toucher du doigt les progrès réalisés depuis 1872, que l'ancienne machine de l'*Alliance*
de 6 disques produisant 100 carcels, pesait 800 kilogrammes, occupait un volume de 1 mètre cube 1/4
et coûtait 4,800 francs. La machine Gramme, de même
force, pèse 20 kilogrammes, occupe un volume de
un dixième de mètre cube — c'est un joujou — et
coûte 300 francs. Enfin, la machine Gramme peut
transformer en électricité jusqu'à 90 0/0 du travail
moteur dépensé sur l'arbre. C'est assez dire qu'il n'y
a plus à espérer découvrir de machines à rendement
plus considérable. Nous tenons le maximum.

Après la machine Gramme, la plus répandue dans
l'industrie est certainement la machine Siemens. Cette
machine a été combinée par M. Hafner Alteneck,
ingénieur de la maison Werner-Siemens de Berlin;

elle a été beaucoup remaniée depuis sa première
apparition, en 1873, à l'Exposition de Vienne. Dans
ce type, on utilise seulement l'induction produite sur
les fils par les pôles magnétiques.

M. Siemens emploie comme bobine, au lieu d'un

Fig. 37. — Machine Siemens, à type horizontal.

anneau, une sorte de navette ; le fil est enroulé en long
sur cette navette, qui tourne entre les électro-
aimants. L'avantage de cette disposition est dans ce
cas évident. Dans l'anneau Gramme, nous avons vu
que les pôles de l'aimant permanent n'agissaient efficacement que sur la portion extérieure des fils enroulés ; les fils qui se trouvent de l'autre côté de
l'anneau sont peu influencés ; avec l'enroulement en

navette, tous les fils restent sur la surface, à l'extérieur, juste en face des électro-aimants; l'utilisation
est meilleure, la seule portion de fils inutilisée est

Fig. 38. — Machine Siemens (type vertical).

celle qui passe à l'extrémité de la navette. En outre,
la navette étant longue, et les électro-aimants longs
eux-mêmes, l'action du magnétisme se distribue sur
un champ plus large (1).

La bobine en navette de M. Siemens date de 1854. Elle avait
déjà été utilisée dans la machine de Wilde qui fut exposée au
Champ de Mars en 1867. Voir nos *Causeries scientifiques*, tomes
VII et VIII, 1867 et 1868.

La bobine navette est directement calée sur l'arbre de rotation de la machine; voici comment : On enfile sur l'arbre et côte à côte des rondelles de bois, qui constituent un support, sur lequel on enroule circulairement plusieurs couches de fils de fer réunis. Cette enveloppe de fer forme le noyau de fer doux-surexcitateur. On recouvre le tambour ainsi obtenu avec du taffetas enduit d'un vernis isolant, et c'est sur cet enduit qu'on enroule le fil de cuivre longitudinalement en plusieurs couches. Le fil est unique, seulement on le fragmente, et l'on réunit les bouts coupés par une boucle. Chaque boucle vient se souder à une pièce métallique comme dans l'anneau Gramme, et ces pièces se recourbent et se groupent en un cylindre unique sur lequel appuient les balais.

Les inducteurs et les armatures diffèrent aussi des inducteurs Gramme. Les électro-aimants à doubles pôles similaires viennent alimenter de magnétisme deux larges armatures, qui enveloppent sur les deux tiers environ la bobine. Ces armatures sont constituées par des lames de fer courbées en arc de cercle et juxtaposées à petite distance de manière que l'air puisse circuler dans les intervalles et empêcher l'échauffement de la machine.

M. Siemens dispose ses électro-aimants tantôt horizontalement, tantôt verticalement, et selon la grosseur des fils de la navette, on obtient des machines à quantité ou des machines à tension. Les balais sont doubles pour chaque pôle; la prise de courant est ainsi plus parfaite.

Après les machines Gramme et Siemens, il en est une qui attire aussi l'attention; c'est la machine

combinée par M. Brush et qui offre certaines particularités caractéristiques intéressantes.

On reproche à l'anneau cylindrique Gramme la

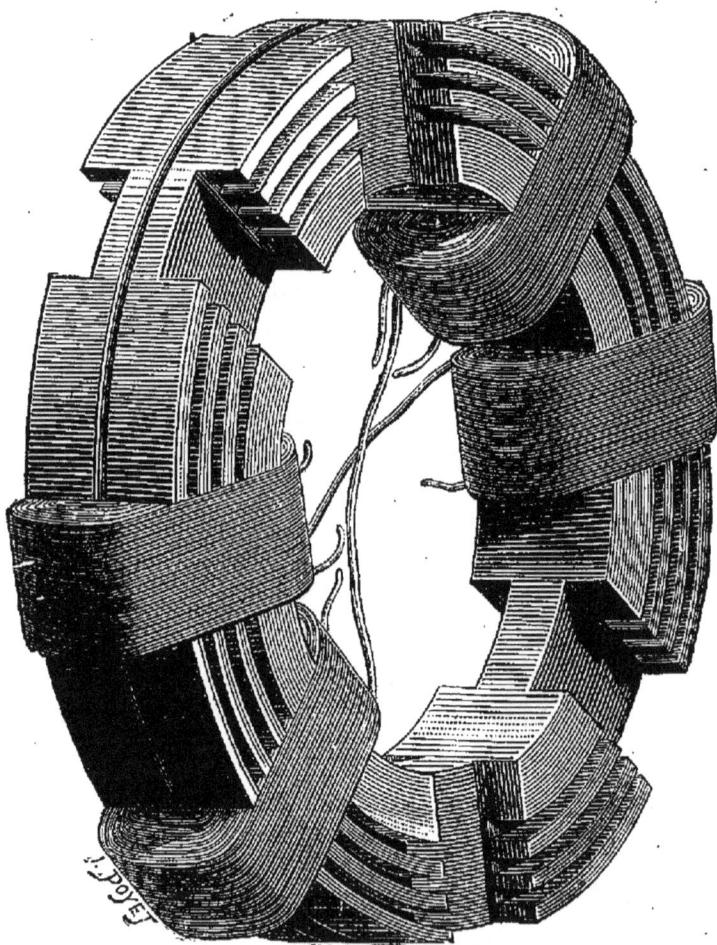

Fig. 39. — Anneau de la machine Brush.

grande quantité de fil inactif enroulé sur la surface
intérieure. On a vu comment M. Siemens a évité cet
inconvénient; M. Brush obtient le même résultat
autrement; il fait son anneau très-plat et les pôles des
électro-aimants n'agissent plus sur le pourtour de

l'anneau, mais sur la face latérale très-large. L'anneau a une section rectangulaire. On y pratique des échancrures dans lesquelles on enroule les spires, comme dans l'anneau Pacinotti ; les saillies qui séparent les bobines forment des appendices polaires destinés à réagir latéralement sur les fils. Des cannelures concentriques sont creusées sur le plat de l'anneau ; une large et profonde rainure ménagée au milieu de la jante, partage presque l'anneau en deux disques. On diminue, par ces ruptures du métal, la formation des courants parasitaires, qui se développent toujours plus ou moins sous l'influence du champ magnétique et on obtient une grande surface de refroidissement.

L'anneau tourne entre les quatre pôles de deux électro-aimants très-puissants ; leurs branches s'épanouissent de façon à épouser la forme de l'anneau et à l'envelopper sur une partie de son diamètre. M. Brush construit deux types principaux pouvant alimenter 16 ou 40 lampes. Dans la machine à 16 foyers, chacune des bobines contient environ 270 mètres de fil de 2 millimètres. La vitesse est de 750 tours et la force motrice de 16 chevaux.

L'anneau ne porte qu'un nombre restreint de bobines ; huit ou douze symétriquement placées. et indépendantes. Les bobines diamétralement opposées sont reliées deux à deux ; bobine A^1 avec bobine A^5, A^2, avec A^6, A^3, avec A^7, etc. Les bouts sortants B^1 B^2... B^8 s'en vont s'adapter à quatre bagues isolées en deux groupes CC^1, sur lesquels frottent les balais collecteurs B^1, B^2, B^3, B^4. Il y a par conséquent une bague par paire. Ce mode de récolte du courant constitue une des particularités les plus remarquables du système. On reconnaît vite en examinant le mode de développement des courants pendant une rotation de l'anneau que chaque paire de bobines est traversée par deux courants de si-

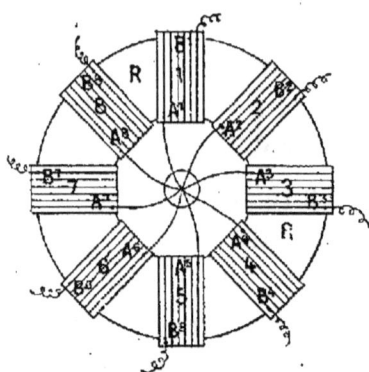

Fig. 40. — Groupement des bobines par paires.

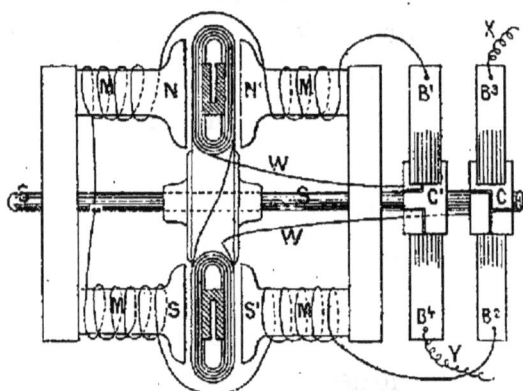

Fig. 41. — MM, électro-aimant, l'axe de rotation, CC' bagues du Commutateur, B¹B², balais, XY, prise du courant.

gne contraire qui se recueillent sur chaque bague ; et comme ces courants se renversent à chaque demi-rotation, la bague est sciée en deux segments isolés ; chaque segment reste constamment positif ou négatif pendant toute la rotation.

A vrai dire, les bagues sont partagées en trois segments ; il existe, entre les deux fractions indiquées une autre fraction isolée d'un développement de $\frac{1}{8}$ de tour. Il résulte du jeu de la machine que deux fois par tour quand une paire de bobines passe par la ligne

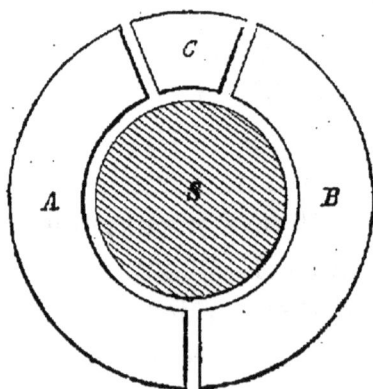

Fig. 42. — Commutateur Brush; AB, segments ; C, segment correspondant à la ligne neutre.

neutre des électro-aimants, il n'y a aucune force électro-motrice développée; les fils ne sont parcourus par aucun courant. Si on laissait communiquer cette paire de bobines avec le commutateur, le courant général pénétrerait dans leurs fils en pure perte; il faut la faire sortir du circuit pendant cette courte

Fig. 43. — Machine Brush.

fraction de seconde. Aussi les choses sont combinées pour que, juste à ce moment, les frotteurs se trouvent en face du segment isolé des bagues; il n'y a aucune communication possible et le courant ne peut rentrer dans la machine.

M. Brush excite ses électro-aimants par une disposition très-ingénieuse. Le commutateur envoie alternativement le courant de chaque paire de bobines dans les inducteurs et dans le circuit général. Mais

6

comme les balais sont assez larges pour frotter sur deux des bagues du commutateur, malgré l'interruption du courant deux fois par tour, le courant principal n'est jamais interrompu. Ce mode d'excitation est très-ingénieux, car il rend la puissance du champ inducteur indépendante de la résistance du circuit utile.

L'anneau mesure 50 centimètres de diamètre dans le type à 16 lumières et il tourne très-vite, ce qui explique la grande force électro-motrice de la machine. En outre l'anneau fait volant et donne de la régularité au mouvement et à la production du courant.

La machine Brush est bien équilibrée, solide, puissante. C'est un des meilleurs types que l'on ait imaginés. Elle fournit des courants de très-haute tension dont nous aurons à indiquer plus tard les applications spéciales.

A côté de ces machines particulièrement intéressantes, il en existe un très-grand nombre antérieurement ou postérieurement inventées et reposant toutes sur les mêmes principes. Telles sont les machines Schuchert, Niaudet, Lontin, Méritens, Vallace-Farmer, Burgin, Jamin, Jablockhoff, Maxim, Weston, Jüngers, Gulcher, Edison, etc. Leur description détaillée ne saurait présenter d'intérêt réel dans ce tableau d'ensemble. Nous aurons d'ailleurs l'occasion de revenir sur quelques-unes d'entre elles dans les chapitres suivants (1).

(1) On trouvera des renseignements complémentaires sur les machines magnéto et dynamo-électriques dans les ouvrages suivants : *Machines électriques*, A. Niaudet ; *Théorie de la machine Gramme*, A. Bréguet ; les *Principales applications de l'électricité*, E. Hospitalier, la *Lumière électrique*, H. Fon-

Nous avons vu qu'en faisant tourner les bobines de fil devant les électro-aimants, on obtenait dans la moitié du parcours des courants directs et dans l'autre moitié des courants renversés. Ce n'est qu'à l'aide d'un artifice ingénieux qu'on parvient à récolter ces courants et à les diriger dans le même sens. On obtient ainsi les machines à *courants continus*. Mais il est des cas, où il serait préférable de recueillir successivement les courants inverses; par exemple, quand il s'agit d'alimenter les bougies Jablockhoff; on égalise mieux l'usure des charbons en faisant agir alternativement le courant dans un sens et dans l'autre. De là, la contruction des machines à *courants alternatifs*.

La machine de l'*Alliance* était une machine à courants alternatifs. La seconde en date est due à M. Lontin; nous allons en donner le principe. Cette machine n'est plus magnéto, mais dynamo-électrique.

Il est clair tout d'abord que pour constituer une machine dynamo-électrique, devant fournir des courants interrompus, il devient nécessaire de se servir d'une petite machine auxiliaire pour produire le courant continu qui doit exciter les inducteurs; cette machine auxiliaire à courants continus s'appelle ordinairement une *excitatrice*. Elle peut être une machine Gramme, Siemens, Lontin, etc., à courants continus.

La machine Lontin à courants alternatifs consiste principalement en un grand pignon tournant autour d'un axe horizontal portant intérieurement 24 dents de fer AAA enveloppées chacune d'une hélice en fil de

taine; *Éclairage électrique*, Du Moncel; les *Machines dynamo-électriques*, Boulard; journal *le Génie civil*, 1881-1882.

cuivre. La rotation s'effectue à l'intérieur d'une couronne fixe portant de même 24 dents BBB enveloppées également de fils.

Le courant de l'excitatrice pénètre dans le pignon inducteur par les frotteurs FF, aimante chaque dent et détermine une aimantation inverse dans la dent correspondante de la couronne; il s'ensuit un courant

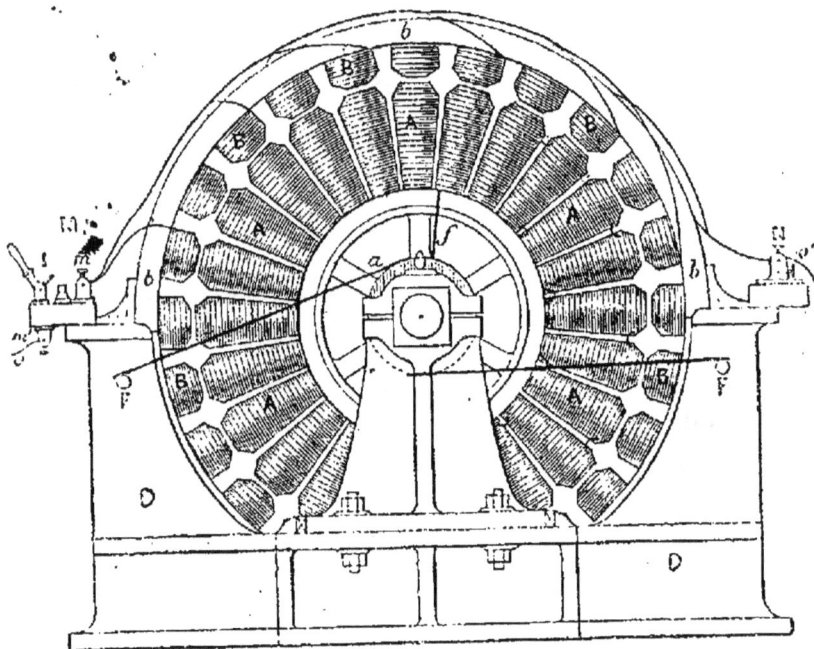

Fig. 44. — Diagramme de la machine Lontin, à courants alternatifs.

induit dans le fil de chaque bobine, au moment du passage de chaque dent du pignon, et un courant inverse quand la dent s'éloigne. La machine a 24 bobines tournant à raison de 340 tours par minute; il se produit 8640 courants alternativement de sens contraire.

Les fils des bobines de la couronne vont se réunir sur un manipulateur M et se fixent à une série de

bornes *m*. On peut à volonté les grouper en tension et
en quantité; on peut par exemple alimenter 24 circuits distincts ou relier les bobines par série et n'alimenter que 12, que 6, que 3, qu'un seul circuit. Cette
machine ingénieuse a fourni la première solution de

Fig. 45. — Diagramme de la machine Gramme, à courants alternatifs.

la division de la lumière. Il est évident que, avec une
seule machine, on peut ainsi alimenter plusieurs
foyers électriques.

M. Gramme, sollicité par la Compagnie Jablockhoff,
a construit sur le même principe une machine à division pour lumière. Le pignon central est remplacé
par un cylindre qui porte 8 électro-aimants droits à
pôles alternés. La couronne est remplacée par un
cylindre de fer assez long, autour de la surface duquel
on a enroulé des spirales disposées comme celles de
l'anneau du même inventeur. Les spirales sont

6.

distribuées au nombre de huit sur la circonférence du cylindre; chacune d'elles est formée de 4 spires distinctes, *a b c d*. On réunit toutes les spires *a*, ensemble, puis de même les spires *b*, *c*, *d*. Ces groupes sont en

Fig. 46. — Machine Gramme, à courants alternatifs.

effet influencés de la même façon, comme il est facile de le voir, par les pôles de l'inducteur mobile. Chaque série constitue un générateur indépendant de courants alternatifs. On alimente par cet artifice quatre foers distincts.

On peut, en multipliant les combinaisons de spirales, augmenter la production des courants distincts.

M. Gramme construit ainsi des machines à 12 courants, capables d'allumer chacun indépendamment 5 bougies, soit au total 60 bougies. Telle est la machine

Fig. 47. — Machine à division, de Siemens.

employée notamment pour l'éclairage de l'Hippodrome de Paris.

M. Siemens a naturellement combiné aussi sa machine à courants alternatifs. Ici l'inducteur est fixe et les induits mobiles. L'inducteur est constitué par 32 électro-aimants fixes distribués sur deux couronnes en fonte, 16 par 16. Les extrémités en regard portent une petite plaque de fer servant à épanouir les pôles alternativement de sens contraire.

L'induit est formé par 16 bobines plates fixées sur un plateau qui tourne rapidement dans l'espace annulaire ménagé entre les deux séries d'inducteurs. Ces bobines n'ont pas de noyau de fer, le courant ne s'y développe que sous l'influence directe et unique des pôles des électro-aimants. On a supprimé le noyau parce que les changements de polarité ayant lieu 8000 fois par minute, les aimantations et désaimantations successives du noyau de fer eussent produit un échauffemeut dangereux pour l'isolement des fils. Les bobines sont groupées au mieux des applications et les courants recueillis à l'aide de balais qui frottent sur les collecteurs. La machine Siemens à 16 bobines est divisée en deux circuits alimentant chacun dix lampes. On construit des types à 8 et 12 bobines.

M. Lambotte-Lachaussée a réalisé aussi une machine, qui pendant l'Exposition servait à produire le courant nécessaire aux lampes-Soleil ; elle tient à la fois du système Lontin et du système Siemens. La forme des inducteurs et des induits est celle de la machine Siemens ; seulement l'inducteur est mobile et l'induit fixe ; les bobines de l'induit ont un noyau de fer. Les fils des bobines sont reliés à un manipulateur du genre Lontin ; on les groupe à volonté suivant le nombre de circuits à alimenter. Cette machine produit un ronflement insupportable qu'il est permis d'attribuer à la forme des parties mobiles.

Signalons seulement pour mémoire les machines à courants alternatifs très analogues de MM. Jablockhoff,

Kremenecky, Hopkinson, Muirhead et A. Gérard, et arrivons vite à la machine magnéto-électrique à courants alternatifs de M. Méritens, type excellent et qui nécessite une mention spéciale.

Ici, nous le savons, plus d'électro-aimants, mais de puissants aimants pour inducteurs comme dans l'ancienne machine de l'*Alliance*, si remarquable par la régularité et la durée de son bon fonctionnement; la machine de M. Van Malderen a fonctionné dix-huit ans aux phares de la Hève et de Gris-nez.

Nous rappellerons, en quelques lignes, que dans cette machine les bobines au nombre de seize sont distribuées sur le pourtour d'une roue en bronze qui tourne entre deux rangées d'aimants en fer à cheval. Ces aimants fixes sont au nombre de huit; leurs seize pôles alternent; il y a par conséquent un pôle correspondant à chaque bobine. On groupe ainsi sur un même bâtis plusieurs séries d'aimants et les rouleaux à bobines correspondants, pour augmenter la somme des effets produits. Les bobines sont droites; les fils enroulés sur des tubes de fer doux qui sont fendus longitudinalement pour diminuer l'induction au sein du fer et faciliter la rapidité des aimantations et des désaimantations successives; malgré cet artifice, on ne peut faire tourner l'axe qui porte les différents rouleaux au-delà de 500 fois par minute; le changement de polarité du fer ne s'effectuerait plus en temps utile. Cependant à 500 tours par minute, comme il y a 16 bobines, il se produit 16 inversions de courant par tour, au total 8000 inversions, soit par seconde 133 inversions. Le courant n'existe plus évidemment quand il change de direction; il y a extinction d'un foyer électrique en pareil cas et rallumage instantané; mais la série des

interruptions est si courte, pas même un dix-millième
de seconde, que l'œil ne peut saisir ces variations cor-
rigées d'ailleurs par l'incandescence permanente du
charbon.

M. de Méritens a réalisé une machine magnéto-
électrique autrement puissante, d'un poids et d'un volume réduits. Dans le type précédent, on ne recueille

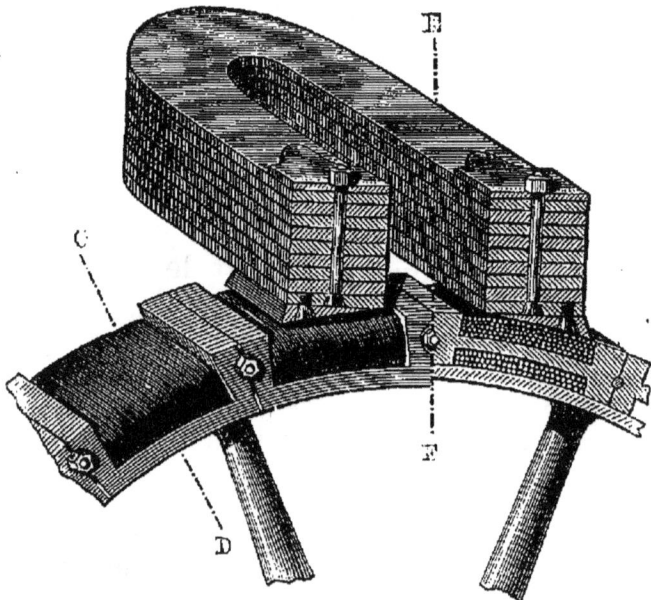

Fig. 48. — Détails de la bobine et de l'aimant de la machine de Méritens.

que les courants inverses produits, comme dans la
machine Clarke, par la réaction des noyaux de fer sur
les fils des bobines pendant leur passage devant les
aimants. Les bobines ne présentent, en effet, que leur
bout à l'influence magnétique.

A ce genre d'induction, M. de Méritens a su très-in-
génieusement ajouter encore l'induction dont on tire
parti dans les machines de Gramme ou de Siemens,
c'est-à-dire l'influence directe des pôles sur le fil des
bobines.

Pour cela, il couche transversalement sur le pourtour d'une roue en fonte les bobines à induire, non plus cylindriques mais plates. Le noyau en fer plat se redresse à chaque extrémité de façon à encadrer les fils entre deux plaques de fer. On juxtapose ces plaques bout à bout tout autour de la roue, en les séparant seulement par une petite lame de cuivre. Chaque plaque constitue un pôle à large surface.

Les aimants permanents placés transversalement au-dessus de l'anneau viennent en quelque sorte frôler par leurs pôles les bobines plates. On devine ce qui se passe. Quand une bobine arrive près d'un pôle, la plaque de fer du noyau s'aimante la première : génération d'un courant instantané dans le fil ; induction du genre de la machine l'*Alliance ;* puis les spires passent successivement devant le pôle et subissent d'une part l'induction du noyau qui défile devant le pôle, d'autre part l'induction directe du pôle de l'aimant : génération d'un courant continu pendant le passage ; induction genre Gramme. Enfin, quand la bobine quitte le pôle, les mêmes effets se reproduisent en sens inverse. On tire parti à l'aide de cette disposition de tous les genres d'induction.

De plus, M. de Méritens forme les noyaux des bobines avec des lames de tôle douce d'un millimètre d'épaisseur, découpées à l'emporte-pièce ; il en place soixante-six les unes au-dessus des autres. Ces noyaux à lames multiples peuvent s'aimanter et se désaimanter avec une extrême rapidité ; on peut donc faire tourner la machine très-vite ; on double la vitesse de l'ancienne machine de l'*Alliance.*

On groupe ensemble plusieurs roues parallèles et plusieurs séries d'inducteurs ; mais chaque roue

avec sa couronne d'aimants forme au fond une machine
complète ; le type qui sert à l'Administration des

Fig. 49. — Machine magnéto-électrique de Méritens

phares comprend cinq roues avec cinq séries d'inducteurs.

Chaque anneau comprend seize bobines plates. A

chaque tour on obtient 32 changements de courants. Ces machines faisant 1,000 tours, on recueille donc 32,000 courants par minute.

A l'aide d'une modification très-simple, M. de Méritens transforme facilement sa machine à courants alternatifs en une machine à courants continus. Il peut d'ailleurs aussi facilement remplacer les aimants permanents par des électro-aimants et faire de sa machine un générateur dynamo-électrique.

Nous avons dit précédemment qu'il y avait grand avantage à remplacer les aimants dans les machines par des électro-aimants. Dès lors, pourquoi la machine de Méritens?

La machine magnéto-électrique est incontestablement inférieure à la machine dynamo-électrique au point de vue du volume, du poids et du prix d'achat. Mais le magnétisme des électro-aimants ne s'obtient pas pour rien; il faut dépenser de la force; aussi la machine magnéto-électrique exige moins de force motrice; elle a un rendement supérieur, ne s'échauffe pas et ne se dérange jamais; la production des courants est d'une régularité parfaite. Dans certains services, comme ceux des phares, où rien ne doit être laissé à l'imprévu, il y a avantage à se servir des machines magnéto-électriques. A vrai dire, il n'y a pas de panacée et chaque type a sa valeur pratique selon les applications.

En résumé, et sans se pénétrer autrement des détails un peu techniques, bien que très-succincts, dans lesquels nous venons d'entrer; il suffira de se souvenir que toute machine électrique réduite à ses termes les plus simples consiste, en définitive, dans un *inducteur*, aimant ou électro-aimant, provoquant dans les fils des bobines en mouvement, des courants *induits* que l'on recueille. Et maintenant à la question posée : Comment fabrique-t-on industriellement l'électricité? nous répondrons : Aujourd'hui on fabrique l'électricité en faisant simplement tourner des pelotes de fils métalliques devant des aimants ; on transforme le travail mécanique en électricité.

V

Nous venons de montrer comment, par suite d'une succession de découvertes admirables, on était parvenu de nos jours à fabriquer industriellement l'électricité ; nous savons que, pour fabriquer des courants électriques autant que nous en voudrons, il suffira de faire tourner des machines, c'est-à-dire de dépenser de la force. Or, nous nous procurons de la force motrice à volonté avec nos moteurs à vapeur, nos moteurs à gaz, les turbines, les moulins à vent, etc. Donc, en définitive, nous sommes absolument maîtres de notre production d'électricité.

L'usine gigantesque du palais des Champs-Elysées nous a montré jusqu'à quel point le problème est résolu. Des chaudières alimentent de vapeur les moteurs, et ceux-ci entraînent les machines, qui font le courant électrique. On voyait dans la galerie du fond,

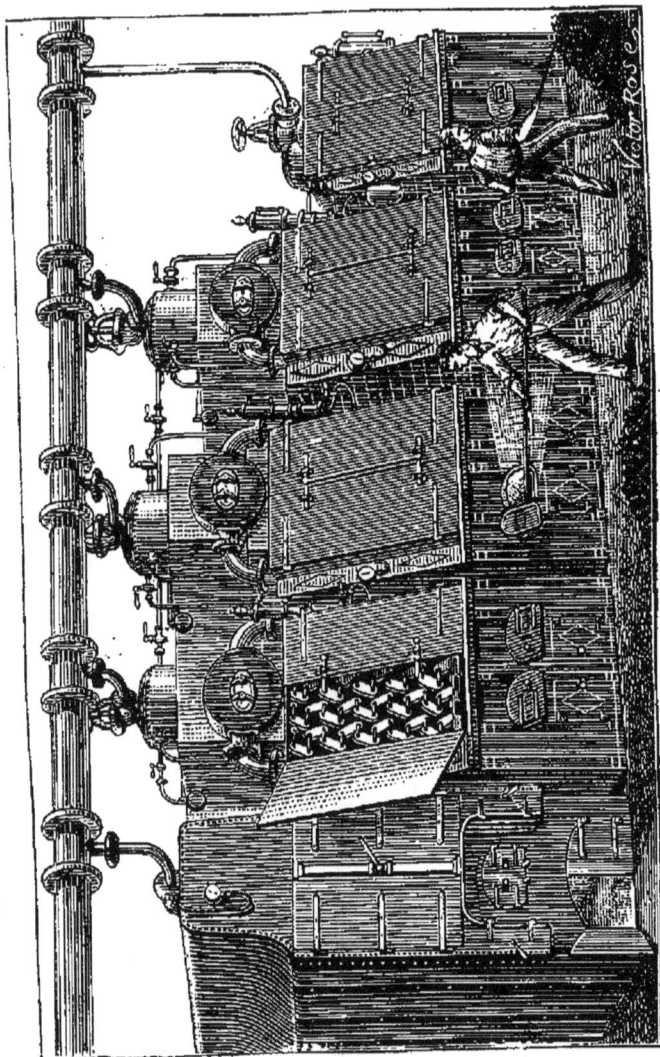

Fig. 50. — Groupe des générateurs inexplosibles système de Naeyer, chargés du service général de la force motrice ; exposés par MM. Geneste et Herscher.

parallèle à la Seine, toutes ces petites machines rangées en bataille et tournant à toute vitesse pour fabriquer l'électricité. Cette installation occupait un espace de 95 mètres de longueur sur 30 de largeur, soit une surface de 2,850 mètres. Le syndicat, qui s'était chargé de produire et de vendre aux exposants la force motrice, mettait ainsi tous les jours à la disposition des industriels plus de 1,000 chevaux de force. Les sections étrangères produisaient en outre,

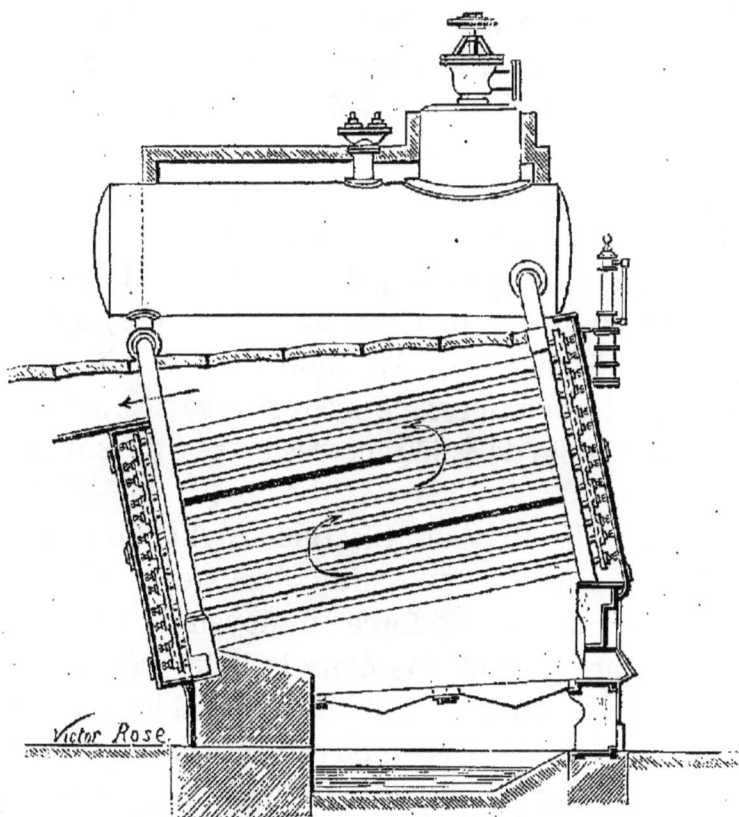

Fig. 51. — Coupe transversale de la chaudière de Naeyer.

à l'aide de locomobiles et de moteurs n'appartenant pas au syndicat, environ 600 chevaux. C'était, au total, environ 1,800 chevaux-vapeur de force, soit le travail de 4,800 chevaux ordinaires, qui étaient uniquement employés à fabriquer l'électricité.

Les moteurs à vapeur, qui actionnaient les machines dynamo et magnéto-électriques, étaient au nombre de 39; les moteurs à gaz au nombre de 12. Voici comment était répartie la production de la force des machines du syndicat : MM. Carels frères, de Gand : 2 machines jumelles, 1 modèle Sulzer de 200 chevaux, 1 modèle Cail et Halot 50 chevaux ; MM. Weyher et Richemond, de Pantin, machine Compound 150 chevaux, modèle Farcot 120 chevaux ; MM. Chaligny et Guyot Sionnest, machine demi-fixe Compound 67 chevaux ; MM. Hermann-Lachapelle, machine demi-fixe 50 chevaux ; MM. Olry et Grandemange, machine demi-fixe 30 chevaux ; MM. Tangye et Cº, 20 chevaux ; MM. Quillacq et Cie, d'Angers, 30 chevaux ; MM. Rickkers et Cᵉ, 10 chevaux ; MM. Weyher et Richemond, 15 chevaux. Au total : 926,5 chevaux nominaux ; 32 chaudières de systèmes variés présentaient un ensemble de 1,339 mètres carrés de surface de chauffe.

M. Edison, la British Electric Light Company et quelques autres exposants étrangers avaient pourvu à leurs besoins de force au moyen de quelques moteurs qui ne figurent pas dans la liste précédente.

Les moteurs à vapeur sont incontestablement les meilleurs pour mettre en mouvement les machines électriques ; il faut en effet que les machines tournent régulièrement pour que le courant soit lui-même régulier ; d'ailleurs la force électro-motrice d'une machine électrique varie avec la vitesse de rotation ; c'est la rapidité du mouvement qui la crée ; aussi les variations de marche du moteur retentissent sur tout le circuit et l'influencent. Il importe donc de ne se servir que de moteurs à rotation uniforme. Les moteurs à simple effet seraient détestables ; car la force produite par un seul coup de piston va s'atténuant et

Fig. 52. — Machine semi-fixe Weyher et Richemond, de 25 chevaux. Vue longitudinale.

à la fin de la rotation, malgré le volant, l'énergie
a diminué. Les moteurs à double effet dans lesquels la
vapeur agit successivement sur les deux faces du

Fig. 53. — Machine Wehyer et Richemond. Vue de face.

piston sont meilleurs; mais il se présente encore,
quand le piston change de direction, deux points
morts; il est préférable d'atteler la machine à un
moteur à double cylindre. Il arrive aussi quelquefois

que les courroies qui commandent la rotation de la machine électrique glissent et tombent; plus de mouvement, plus de lumière! Pour remédier à ce dernier inconvénient, on commence à construire des moteurs à vapeur qui font tourner directement, sans transmission, les machines électriques. Tel est, par exemple, le moteur à action directe de MM. Warral, Elwell et Middleton, de Paris, qui commandait une machine Gramme. Tel est aussi le moteur de la machine Edison, etc. Pour remédier au second inconvénient le défaut d'uniformité dans la force développée pendant chaque rotation, M. Brotherood a combiné un moteur à trois cylindres conjugués très-employé aujourd'hui pour conduire les machines Gramme, Siemens, etc.

Il a, en outre, l'avantage de donner de grandes vitesses, ce qui est indispensable, quand on doit commander directement une machine nécessitant jusqu'à 2,000 tours par minute, d'être peu volumineux, bien équilibré, sans trépidations. Le moteur Brotherood peut fonctionner avec de la vapeur, de l'air comprimé ou de l'eau, et sa vitesse varie depuis 80 tours, sous une pression de 50 atmosphères d'eau, jusqu'à 950 tours avec de la vapeur à une atmosphère ou 2,000 tours avec de l'air comprimé à 45 atmosphères. Dans le premier cas, il s'attelle à des cabestans, dans le deuxième cas à une machine Gramme, dans le troisième cas à l'hélice d'une torpille.

Les trois cylindres sont disposés, à 120 degrés l'un de l'autre, sur une même circonférence; dans chacun d'eux se meut un piston, presque aussi long que large, ce qui assure son guidage, car il n'y a ni presse-étoupe, ni glissière comme dans les moteurs

ordinaires. Les trois bielles attaquent la même manivelle. La vapeur agit par la face extérieure du
piston, le pousse en avant; et d'un côté seulement
comme dans les machines à simple effet. L'effort se

Fig. 54. — Moteur Brotherood.

produisant dans trois directions conjuguées, on évite
les points morts, et la force étant produite avec une
répartition bien égale dans la machine, il n'y a ni
choc, ni trépidation.

Avec trois cylindres de 18 centimètres de diamètre et de 15 centimètres de course, la machine pèse

Fig. 55. — Moteur rotatif Dolgorouki conduisant une machine Siemens.

510 kilogrammes et développe à la vitesse de 300 tours par minute 20 chevaux. Ce moteur se règle instantanément à l'allure que l'on désire.

Il convient de mentionner parmi les nouveautés, à côté du moteur Brotherood, les moteurs Dolgorouki, Graff et Schneider, qui fonctionnaient dans la section russe et dans la section allemande chez MM. Siemens et Halske. Ce sont des moteurs rotatifs qui doivent dépenser sans doute un peu plus de vapeur que le moteur Brotherood; seulement ils sont encore plus réduits de volume et doivent tourner avec une grande uniformité. Déjà, à l'Exposition de 1867 et de 1878, on avait exposé des types analogues.

Le moteur Dolgorouki nous paraît présenter beaucoup d'analogie avec la machine rotative américaine de Behrens, un peu trop oubliée aujourd'hui en France (1). On pourrait rappeler aussi le petit moteur à quatre cylindres conjugués de Hick, extrêmement compact et simple.

Une mention aussi au petit moteur domestique de 1/2 à 1 cheval de M. Julien, mal disposé pour les applications électriques parce qu'il est à simple effet; mais, à cause de son volume réduit, il pourrait être utilisé avantageusement dans beaucoup de cas. La vapeur de chaque cylindrée va se condenser dans un réservoir d'eau, et une petite pompe introduit sans cesse la quantité de liquide correspondant à la vapeur condensée dans la chaudière ; aussi la machine n'exige aucune surveillance; on met sous vapeur en dix minutes, avec du gaz, du pétrole ou du charbon; on ouvre un robinet et la machine part sans qu'il y ait

(1) *Causeries scientifiques*, t. VII, 1867. Exposition universelle.

désormais lieu de s'en occuper. Ce petit moteur fonctionne dans plusieurs maisons de Paris.

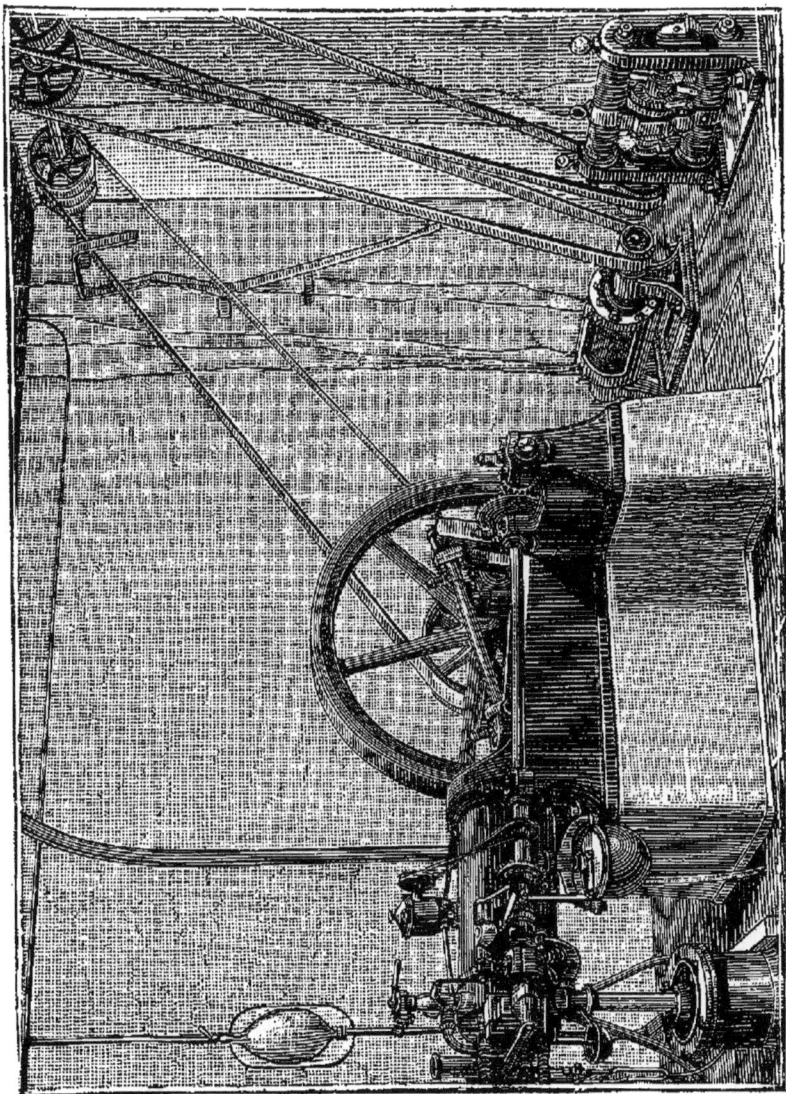

Fig 56. — Moteur à gaz conduisant des machines Gramme. (Laboratoire de l'*Électricien*.)

Rappelons encore pour mémoire le moteur Tyson, analogue au précédent, lui-même assez analogue au moteur français Isoard, et le moteur de MM. Moret et Broquet dont les deux cylindres conjugués face à face commandent la manivelle. Tous ces moteurs sont petits et donnent seulement quelques dizaines de kilogrammètres.

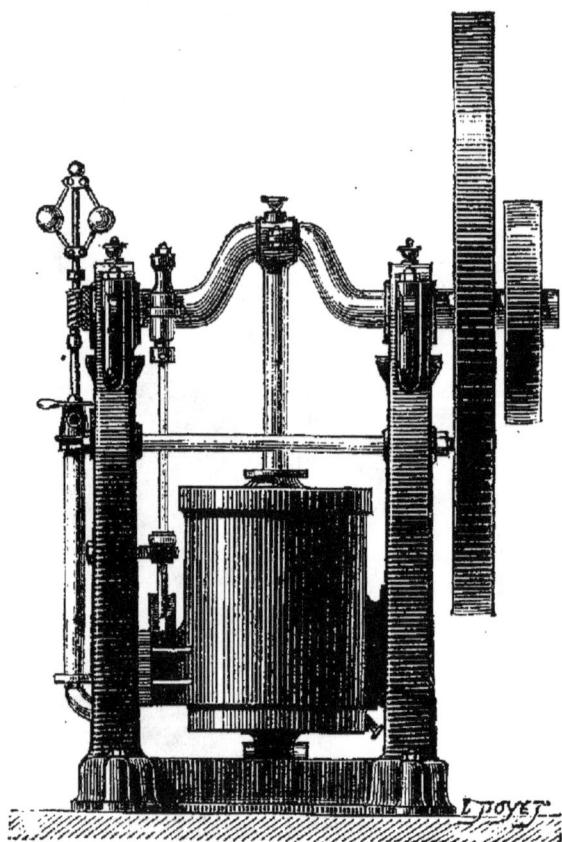

Fig. 57. — Moteur Ravel.

Les moteurs à gaz sont aujourd'hui très-répandus, surtout pour donner de petites forces. Les moteurs Hugon, Bischopp, Ravel Otto surtout, rendent de grands services à la petite industrie. Il existait à l'Exposition un moteur Otto de la force de 25 chevaux. C'est la première fois qu'on voit fonctionner en France un moteur à gaz de cette puissance. Longtemps on pensa qu'il serait bien difficile d'obtenir avec une explosion de gaz dans un cylindre une poussée sur un piston assez puissante et assez régulière pour engendrer le travail de plus de 3 à 5 chevaux. Les idées ont dû se modifier, puisqu'on construit maintenant des types Otto depuis un demicheval jusqu'à 50 chevaux.

Les moteurs à gaz ne sont cependant pas à recommander pour actionner les machines électriques. Dans le type Otto, notamment, l'explosion n'a lieu qu'une fois par deux coups de piston; la puissance motrice développée est donc très-inégale. Toutefois, il est des circonstances que nous signalerons où le moteur à gaz peut être avantageusement utilisé; et d'ailleurs les machines à 25 chevaux sont à deux cylindres conjugués, ce qui rend la rotation beaucoup plus uniforme.

Un moteur à gaz, peu connu en France, fonctionnait à l'Exposition près des autres types; c'est la machine de Clerke, qui présente cet avantage de donner une explosion par chaque tour de manivelle; la force générée est bien plus uniforme que dans la machine Otto; le modèle exposé pouvait donner jusqu'à 10 chevaux de force. La machine comprend deux cylindres juxtaposés; l'un est celui dans lequel le mélange d'air et de gaz s'enflamme; il s'appelle le cylindre actif; l'autre s'appelle le cylindre de déplacement. Dans ce cylindre, la pression reste toujours inférieure à 1/3 d'atmosphère; aussi son piston peut-il être mû, sans emprunt de force sensible, au moyen d'un bouton placé sur un bras du volant. Le cylindre auxiliaire reçoit pendant la moitié de la course le

mélange explosif; pendant l'autre moitié de l'air pur.
La charge explosive et l'air sont déversés dans le
cylindre moteur alternativement. La charge pousse
le piston, l'air a pour effet de refroidir et de nettoyer
le cylindre après chaque explosion. Voici le jeu de la
machine : La charge pénètre quand le piston moteur
est à l'extrémité de sa course et que les gaz résidus
ont été évacués ; le piston est ramené à son point de
départ et pendant ce temps admet l'air pur envoyé
par le cylindre de déplacement. L'explosion a lieu et
détermine une pression de 15 atmosphères ; le piston progresse de nouveau et ainsi toujours, successivement poussé par l'inflammation du gaz et refroidi
par le passage de l'air. Pour les grandes forces, cette
machine paraît bien conçue.

A côté des moteurs à gaz, MM. Pierron et Dehaitre
de Paris avaient installé un appareil nouveau
pour fabriquer du gaz. L'invention est due à
M. A. Dowson, de Manchester. Ce qu'il faut dans les
moteurs à gaz, c'est du gaz combustible; il n'a pas
besoin d'être éclairant; or le gaz éclairant est cher.
M. Dowson a cherché à produire économiquement du
gaz, par la réaction de la vapeur d'eau sur du charbon incandescent. En conséquence, son installation
comprend un générateur de vapeur, un transformateur de vapeur en gaz, un purificateur, un gazomètre. Le jet de vapeur produit est dirigé avec l'air
qu'il entraîne dans une chambre cylindrique en fer,
garnie d'une brasque charbonneuse. A l'aide d'une
trémie, on fait tomber dans cette chambre, terminée
à sa partie inférieure par une grille, de l'anthracite. La vapeur monte à travers l'anthracite en feu,
se décompose et donne un mélange d'hydrogène,

d'oxyde de carbone et d'azote. Le gaz engendré va se purifier dans le purificateur et s'emmagasine dans le gazomètre. Pour produire 100 mètres cubes de gaz, on consomme 20 kilog. d'anthracite et 4 litres d'eau. Il se forme avec l'anthracite un peu d'hydrogène sulfuré qu'on élimine dans le purificateur au moyen d'oxyde de fer hydraté. A l'Exposition, on employait du coke ; aussi le gaz obtenu était pur. C'est le gaz formé qui chauffe le générateur de vapeur.

Une longue série d'expériences aurait prouvé, d'après une communication de M. Dowson à une réunion de l'Association Britannique, que le coût de fabrication du gaz, dans un appareil pouvant produire 70 mètres cubes par heure, revient à 1 centime par mètre cube. Mais la quantité de chaleur développée par l'inflammation de ce gaz, n'est que la cinquième de celle du gaz de houille ordinaire, de sorte qu'il en faut cinq fois plus pour développer la même somme d'énergie. L'équivalent de 1 mètre cube de gaz ordinaire reviendrait donc à 5 centimes. La dépense en charbon est de 1 kilogr. Toutes choses égales d'ailleurs, il y aurait encore économie de près de 50 0/0 à utiliser le nouveau gaz dans les machines. L'inventeur et les concessionnaires donnent des prix comparatifs qui seraient satisfaisants si l'expérience confirme leurs évaluations. En effet, pour faire fonctionner une machine à gaz pendant 300 jours de travail à neuf heures chaque, soit pendant 2,700 heures, on obtient le coût total suivant pour une machine de 30 chevaux mue au gaz de houille : 6,892 fr. 50. Avec la même machine mue au gaz Dowson, on obtient dans les mêmes conditions, tout compris, intérêt et amortissement : 3,762 fr. 50.

La même comparaison, faite avec un moteur à vapeur de 30 chevaux consommant 2 k. 75 de charbon par force de cheval est encore bien plus favorable. Le moteur à vapeur exigerait 230 tonnes de houille, le moteur à gaz Dowson, 39 tonnes. L'économie serait de plus de 85 0/0. L'avenir paraît appartenir au gaz comme combustible ; il est plus économique ; il y a moins de déchet ; la mise en feu est plus commode et on se débarrasse de la fumée et des poussières charbonneuses toujours gênantes, quand on veut obtenir de la force motrice dans les villes et dans les maisons.

Nous avons examiné les moteurs à vapeur et à gaz qui peuvent utilement commander des machines électriques. Il est superflu d'ajouter que le travail de l'homme pourrait servir aussi pour actionner, pendant quelques minutes, les mêmes machines. Les turbines, les moulins à vent rendraient les mêmes services ; seulement le travail des moulins étant moins régulier, on ne peut guère en tirer parti qu'au moyen d'un artifice qui sera indiqué ; on se sert d'un intermédiaire, des accumulateurs d'électricité, qui emmagasinent ce travail irrégulier et le débitent ensuite d'une façon régulière ; il y a perte évidemment, mais il vaut mieux perdre que de ne pas utiliser du tout, et des courants variables d'intensité trouvent difficilement des applications industrielles.

On nous permettra de mettre en évidence, en passant, le côté philosophique curieux de la transformation directe du travail mécanique en électricité.

Les machines dynamo-électriques étant actionnées par un moteur à vapeur ou à gaz, qui tire lui-même sa puissance de la combustion du charbon, il va de soi que c'est la combustion de la houille qui engendre l'électricité. La combustion du charbon n'agissant que par le calorique dégagé, en définitive c'est la chaleur qui, dans nos appareils actuels, se transforme en électricité (1). On peut faire encore un pas en avant et remonter à la source première de la force sur notre planète. La houille en brûlant nous rend simplement la chaleur que les végétaux avaient empruntée au soleil pour s'accroître et vivre aux époques géologiques. C'est donc, en réalité, la chaleur du soleil d'autrefois qui travaillait à l'Exposition.

Si l'on actionnait les machines électriques avec une turbine tournant sous l'action d'un torrent, dans ce cas, le travail serait produit par le soleil d'aujourd'hui ; car l'eau du torrent provient des nuages, et la vapeur d'eau atmosphérique est fournie par l'évaporation continuelle que produit le soleil dans les régions équatoriales. Quoi qu'on fasse, on trouve toujours la chaleur solaire à l'origine des transformations de force qui s'opèrent sous nos yeux. La force humaine a pour origine l'aliment, et l'aliment comme la houille a pour origine la chaleur solaire. Le soleil est le grand dispensateur de la puissance mécanique ; il est le mécanicien suprême.

Le visiteur qui parcourait la galerie des machines et qui remarquait que, pour fabriquer de l'électricité avec les machines dynamo-électriques, il fallait des chaudières, des moteurs à vapeur, etc., ne pouvait s'empêcher de faire cette réflexion en apparence très-judicieuse : « Mais la pile aussi donne de l'électricité et

(1) La chaleur se transforme en électricité ; nous établirons que la réciproque est vraie et que l'on transforme l'électricité en chaleur.

bien plus commodément; on la met dans un coin, on n'a pas besoin de tout cet attirail mécanique; elle travaille silencieusement et débite paisiblement, sans tant de cérémonie, son courant électrique pendant des heures et même des mois. » Cette objection vient sur les lèvres de beaucoup de personnes; il n'est donc pas superflu d'y répondre brièvement.

La pile électrique peut être comparée à un générateur de vapeur avec foyer chauffé à la houille. La pile consomme du zinc pour donner directement de l'électricité, comme le générateur consomme de la houille pour produire de la vapeur. Mais le zinc coûte 15 fois plus cher que le charbon et fournit 5 fois moins de chaleur en s'oxydant; or le principe de la transformation des forces est absolu : tant de chaleur, tant d'électricité! Par conséquent la pile ne dégage son électricité qu'à bon prix. MM. Joule et Scoresby ont trouvé autrefois, dans leurs expériences, qu'on pouvait obtenir dans la pile sous forme de travail effectif les 4/5 du travail théorique produit, tandis que la meilleure machine à vapeur n'utilise que 10 0/0 du travail théorique; en sorte que la combustion de 1 grain de zinc paraît réellement fournir 22 kilogrammètres et celle de 1 grain de charbon seulement 44 kilogrammètres, soit le double. Mais le zinc coûtant 14 fois plus que la houille, le travail engendré par une pile serait en définitive 28 fois plus coûteux que celui d'une machine à vapeur.

La pile fournit l'électricité non-seulement à un prix exorbitant (1) mais encore en quantités insuffisantes.

_____

(1) A Lyon, en 1857, on a fait fonctionner pendant 100 heures une lampe du système Lacassagne et Thiers, alimentée par

L'oxydation du zinc y est trop lente, c'est comme si on essayait de brûler du charbon dans un foyer qui tire mal ; on perdrait son temps, et l'on ne produirait que des quantités trop petites de vapeur. Aussi quand on veut se servir d'une pile pour obtenir des quantités notables d'électricité, il faut accroître outre mesure le nombre des éléments, et dans ce cas, les manipulations de centaines de vases fragiles, contenant des acides qui répandent des odeurs acres et délétères, présentent de véritables inconvénients. Pour faire briller un arc électrique, il est nécessaire d'employer de 50 à 100 éléments. La production, en apparence commode, de l'électricité au moyen de la pile devient, en réalité, difficile et peu pratique.

Pour mieux mettre en relief, s'il est possible, l'infériorité de la pile actuelle vis-à-vis de la machine dynamo-électrique, nous allons, par un calcul élémentaire, chercher ce qu'il faudrait d'éléments pour qu'une pile pût remplacer une machine dynamo-électrique, et nous prendrons comme terme de comparaison la pile Bunsen la plus puissante, ou la pile Grove, et la machine Gramme type d'atelier, nécessitant de 2 à 3 che-

60 éléments Bunsen de 0 m. 20 de hauteur. Voici les prix de consommation de zinc et d'acide ramenés au prix actuel :

Consommation totale en 100 heures.		Prix des 100 kilog.	Prix des substances consommées.	Coût par heure.
Zinc................	72 k.	80 fr.	57 fr.	0,57 fr.
Acide sulfurique	154	12	18	0,18
Acide nitrique	247	56	155	1,55
Mercure............	9	650	60	0,60
Carbone purifié	6	2 50	15	0,15
Totaux.......			305	3,05

Ainsi 60 éléments Bunsen, donnant une lumière moyenne de 65 Carcel, dépensent au moins 3 fr. à l'heure, ainsi que l'avait déjà constaté dans d'autres expériences M. E. Becquerel.

vaux de force. Nous supposerons, toutes choses égales
d'ailleurs, c'est-à-dire que la pile et la machine des
servent un circuit très-court formé par un conducteur
très-gros, ce qui revient à dire que nous considérerons
de part et d'autre comme nulle la résistance extérieure.

L'énergie électrique d'un élément de pile s'exprime
par le carré de la force électro-motrice divisé par la
résistance intérieure de l'élément (1).

$$\frac{e^2}{r}$$

L'énergie d'une machine dynamo-électrique s'exprime de même

$$\frac{E^2}{R}$$

Il est clair que si n désigne le nombre d'éléments
qu'il faudra prendre pour former une pile équivalente
en énergie à la machine dynamo, on devra avoir nécessairement

$$\frac{ne^2}{r} = \frac{E^2}{R}$$

D'où l'on tire

$$n = \frac{\dfrac{E^2}{R}}{\dfrac{e^2}{r}}$$

(1) Nous avons démontré précédemment que l'énergie mécanique
d'un élément se mesure comme celui d'une chute d'eau, en multipliant la hauteur de chute par le volume débité, soit par le
produit de la force électro-motrice par l'intensité du courant $e\,i$.
En remplaçant i par sa valeur déduite de la formule de Ohm,
$i = \dfrac{e}{r}$; on obtient $\dfrac{e^2}{r}$.

Le nombre total d'éléments est égal au rapport des énergies de la machine et de l'élément. Maintenant, comment doivent-ils être associés en tension et en quantité ? Il est clair que le nombre des éléments en tension, multiplié par la force électro-motrice de chaque élément, doit équivaloir à la force électro-motrice de la machine ; d'où

$$n = \frac{E}{e}$$

Et par suite le nombre d'éléments à associer en quantité sera évidemment $\frac{n}{n_t}$. On a :

$$n_q = \frac{n}{n_t} = \frac{E}{e}\frac{r}{R}$$

Bref, la pile aura $\frac{E}{e}$ éléments en tension et chaque groupe de $\frac{E}{e}$ éléments comprendra $\frac{E}{e}\frac{r}{R}$ éléments reliés en quantité.

Faisons une application numérique et déterminons ce qu'il faudrait d'éléments pour former une pile Bunsen équivalente à la machine Gramme. Un élément Bunsen grand modèle plat Ruhmkorff a pour force électro-motrice en volts : 1,8. La résistance intérieure en ohms est de 0,06. Donc $\frac{e^2}{r} = \frac{324}{6} = 54$.

De même pour la vitesse de rotation de 1,200 tours, la machine Gramme a une force électro-motrice de 65 volts et une résistance intérieure de 0,36 ohms. Donc $\frac{E^2}{R} = \frac{422500}{36} = 11736$.

Et finalement on a

$$n = \frac{\frac{E^2}{R}}{\frac{e^2}{r}} = 217$$

On a pour n_t le nombre des éléments à grouper en tension.

$$n_t = \frac{E}{e} = \frac{65}{1,8} = 36.$$

On a pour n_q le nombre de groupes à associer en quantité

$$n_q = \frac{n}{n_t} = \frac{217}{36} = 6.$$

Donc la pile Bunsen, équivalente à la machine Gramme normale, se composera de 217 éléments.

On trouve encore des électriciens qui ont l'habitude d'évaluer la machine Gramme à 50 Bunsen pour la force électro-motrice et à 2 Bunsen pour le volume du courant; ces appréciations, qui n'ont aucun sens précis, sont, comme on le voit, bien loin de la réalité.

Il ressort de ce qui précède que la pile telle que nous la construisons aujourd'hui, est un bien incommode et bien encombrant producteur d'électricité. Il faudrait un emplacement énorme pour l'installer, alors que la machine Gramme tiendrait sur une table. On en sait quelque chose à l'Opéra, où M. Dubosq a produit si longtemps la lumière électrique avec des piles.

Il ne convient évidemment d'avoir recours aux piles que dans des circonstances bien limitées et bien définies, quand il s'agit de produire de petits travaux intermittents ; la dépense devient ici secondaire et l'encombrement est réduit.

C'est ainsi que la télégraphie et la téléphonie n'utilisent guère que les courants de la pile. Cependant il pourrait bien se faire que pour la télégraphie, tout au moins, on donnât bientôt aussi la préférence aux machines ; on s'en sert déjà en Angleterre, et, d'après des essais entrepris récemment à Vienne, l'économie atteindrait près de 50 0/0.

Nous en avons dit assez pour montrer qu'il était impossible qu'avec les piles l'électricité pénétrât de plein pied dans l'industrie. Heureusement, les machines dynamo-électriques présentent par rapport aux piles des avantages énormes. Ces générateurs d'électricité occupent une place très-restreinte ; ils sont petits, presque mignons ; on pourrait en installer plusieurs dans une chambre ; ils convertissent 80, 85 et même 90 0/0 du travail moteur en énergie électrique. La dépense est par conséquent très-réduite ; elle peut même, selon les applications, descendre de plus de moitié.

S'il s'agit, par exemple, d'utiliser l'électricité engendrée à la production de la lumière, on trouvera les chiffres extrêmes suivants avec la pile et la machine : pour un éclairage équivalent à 400 becs Carcel, la dépense avec la pile serait par heure d'au moins 24 fr ; avec la machine de 1 fr. 78 (1) et même seulement de 0 fr. 55,

(1) Il est vrai que même la pile est dans ce cas moins coûteuse que l'huile. Le même éclairage avec la bougie de cire coûterait 132 fr., avec la bougie stéarique 98 fr., avec l'huile de colza 28 fr. L'huile de pétrole est moins chère : 21 fr. Le gaz ne revient qu'à 20 fr. Il faut ajouter que le foyer électrique est unique, tandis que les foyers à gaz, à huile, etc., sont multiples, et l'on perd toujours quand on distribue la lumière en foyers isolés.

si les machines fonctionnaient pendant 4,000 heures par an; parce que dans ce cas les frais d'amortissement diminuent considérablement.

On comprendra maintenant que l'ère des applications électriques n'ait pu réellement commencer qu'avec l'invention de la première machine dynamo-électrique.

En somme, nous savons produire de l'électricité par grandes quantité et à un prix de revient relativement faible; nous savons comment on peut transformer la force motrice des machines à vapeur ou à gaz, des chutes d'eau, etc..., en électricité. Il nous reste à résoudre le problème inverse, à ntrasformer l'électricité en force, et à montrer comment on lui fait effectuer un travail mécanique. La production de la force par l'électricité est une des applications les plus considérables de notre époque; c'est une de celles dont on a eu les plus curieux exemples au palais des Champs-Elysées.

VI

Moteurs électriques. — Transformation de l'électricité en éner-
gie mécanique. — Coup d'œil rétrospectif. — Moteurs de
Jacobi, Froment, etc. — Epoque actuelle. — Moteurs à bobine
Siemens. — Moteur magnéto-électrique Marcel Deprez. —
Moteur dynamo-électrique Trouvé. — Le vélocipède électrique. —
Canot électrique. — Applications diverses des moteurs électri-
ques. — Le moteur américain de Griscom. — Le moteur fran-
çais de Borel. — Moteur Burgin. — Inconvénients des moteurs
à courants alternatifs. — Perte de travail. — Moteur électrique
Gramme. — Réversibilité des machines dynamo-électriques. —
La machine génératrice d'électricité employée comme moteur.
— Avantages. — Expérience fondamentale de M. Fontaine à
Vienne. — Solution moderne de la production du travail mé-
canique au moyen de l'électricité.

Que d'inventeurs ont perdu leurs peines et gaspillé
leur fortune dans le fol espoir de résoudre ce problème : remplacer les moteurs à vapeur par des
moteurs électriques! avec de l'électricité, faire de la
force et donner le mouvement aux outils. Et c'est si
joli en effet : une pile dans un coin, un fil télégraphique pour porter l'électricité jusqu'à un petit appareil qui, en tournant, ferait fonctionner les outils.
Plus de foyer, plus de fumée, plus de vapeur! Que
d'essais, que de tentatives infructueuses! Les inventeurs oubliaient le prix de revient de l'électricité
engendrée par la pile et surtout l'insuffisance du
courant. Que faire avec un filet d'eau, qu'obtenir
avec un petit courant d'électricité!

Le principe des *moteurs électriques* est facile à saisir. Nous avons appelé « électro-aimant » un cylindre de fer doux entouré de spires de fils métalliques. Il a été dit que le fer doux se transformait en aimant quand on faisait passer un courant électrique dans les fils de l'hélice enveloppe. Le fer doux perd ses propriétés magnétiques brusquement, aussitôt que le courant est interrompu. Dès lors, imaginez une palette de fer placée en regard d'un électro-aimant, et maintenue à petite distance par un ressort. On fait passer le courant : la palette est attirée; on l'interrompt : le ressort ramène la palette à sa position première. Voici facilement obtenu un mouvement de va-et-vient. C'est ainsi que l'on fait fonctionner à grande distance les appareils télégraphiques, car le télégraphe est le premier des moteurs électriques.

Quand, de même, on introduit un barreau de fer dans un électro-aimant creux, le barreau est attiré à l'intérieur et peut revenir ensuite sur lui-même sous l'action d'un ressort. Voici encore un mouvement de va-et-vient tout à fait comparable à celui d'un piston dans le cylindre d'une machine à vapeur.

Il est ensuite très-aisé, par un artifice de mécanique, de transformer ce mouvement de va-et-vient en mouvement circulaire et de faire tourner une machine quelconque; d'ailleurs l'appareil lui-même peut interrompre le courant électrique, de sorte que le mouvement devient continu.

On a imaginé ensuite une autre disposition meilleure. Une sorte d'engrenage à dents de fer était disposé sur un axe entre des électro-aimants. Ceux-ci, s'aimantant et se désaimantant successivement sous l'action d'un courant, attiraient les dents, et la roue dentelée tournait. Le mouvement circulaire était directement obtenu. C'est par centaines que l'on pourrait compter les moteurs électriques sortis du cerveau des inventeurs. Le premier moteur qui ait réellement fonctionné paraît être celui de Jacobi, l'illustre inventeur de la galvanoplastie. Une pile de 128 couples Grove fournissait l'électricité; il fut essayé en 1839 sur la Néva, à Saint-Pétersbourg. Il faisait tourner les roues à palettes d'une chaloupe montée par douze personnes; il développait une force évaluée, ce qui est possible, aux trois quarts d'un cheval vapeur.

Le poids de ce moteur était considérable. Un moteur de 40 à 50 kilogrammètres pesait en ce temps-là 1,000 kilogrammes. Qu'aurait donc pesé une machine de plusieurs chevaux! Maintenant on obtient la même force sous un poids vingt fois moindre. Il est vrai de dire que les moteurs réalisés depuis Jacobi et construits souvent par des mécaniciens très-habiles n'ont jamais donné plus de quelques kilogrammètres de force. La difficulté principale à vaincre ne résidait pas du reste dans la machine elle-même, mais bien dans la pile. Comment songer à substituer sérieusement à la machine à vapeur un moteur électrique dépensant à force égale trente fois davantage?

De nos jours, cependant, depuis l'invention des machines magnéto-électriques, on est arrivé à des résultats plus satisfaisants. On construit de petits moteurs très-réduits de dimensions et de poids, qui fonctionnent avec quelques éléments de pile et développent quelques kilogrammètres.

M. Marcel Deprez a eu l'idée de placer longitudinalement entre les branches d'un aimant en fer à

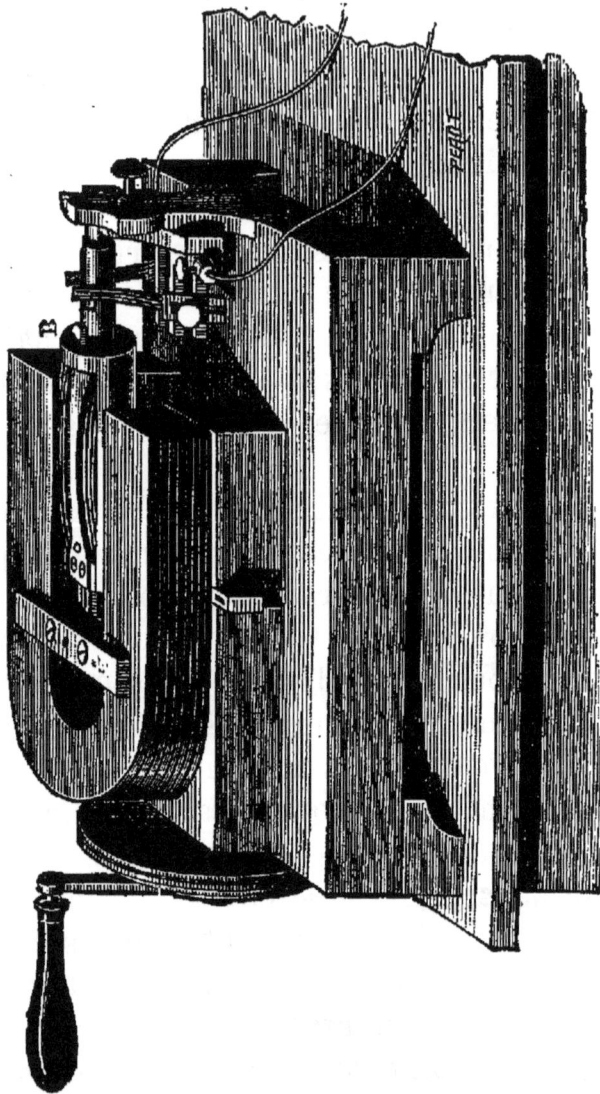

Fig. 58. — Moteur magnéto-électrique de M. Deprez. B bobine. L. commutateur.

cheval une des bobines dont se sert M. Siemens dans
ses machines dynamo-électriques. On se rappelle que
cette bobine consiste en une sorte de navette cylindrique en fer autour de laquelle on enroule, dans le

sens de la longueur, le fil métallique. Le courant
arrive dans la bobine et aimante le fer de la navette ;
à chaque demi-tour on l'oblige par un mécanisme
auxiliaire à changer de direction, si bien que la
navette, aimantée alternativement en sens contraire,
est successivement attirée et repoussée par les pôles

Fig. 59. — Moteur électrique de M. Trouvé.

de l'aimant en fer à cheval et se met à tourner rapidement. Le poids du moteur ne dépasse pas 4 kilogrammes et développe à la vitesse de 3,000 tours
2,5 kilogrammètres avec 8 éléments Bunsen. Quand
la vitesse de la machine tend à s'exagérer, un petit
régulateur à boule agit sur le commutateur et rompt
le courant qui passe de nouveau quand la machine a
repris sa vitesse de régime. Les variations ne dépassent pas $\frac{1}{700}$ de la vitesse normale. Pour faire marcher des machines à coudre, rien de si commode !

M. Trouvé, de son côté, affirme avoir accru la sensibilité de la bobine Siemens en donnant aux extrémités de la navette la forme de limaçon. Cette forme

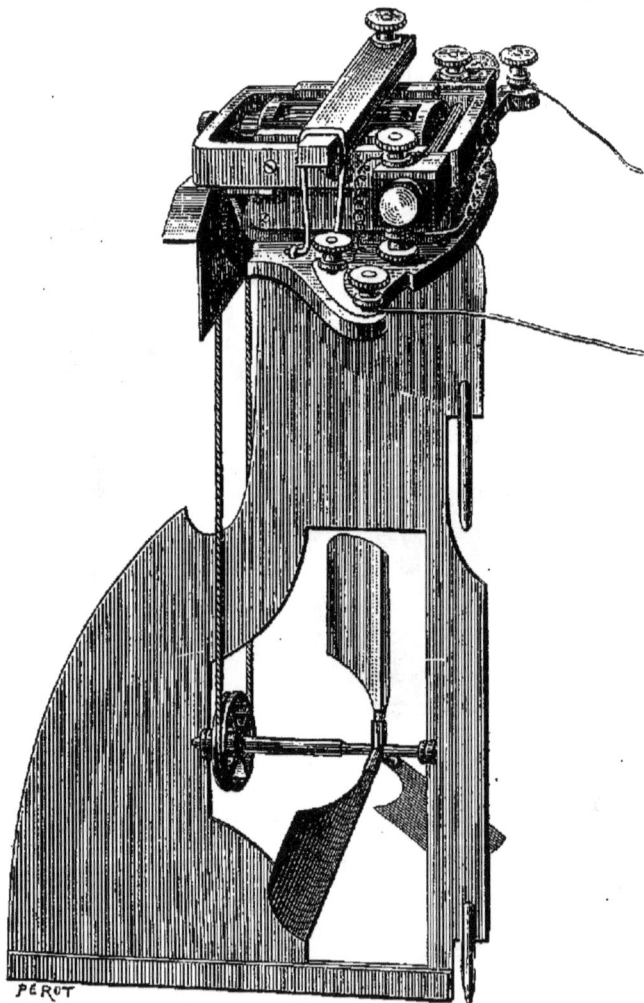

Fig. 60. — Hélice du canot Trouvé.

particulière est telle, que l'extrêmité de la bobine en
tournant se rapproche le plus possible du pôle de
l'aimant et le quitte brusquement quand la répulsion
commence; on diminuerait ainsi l'influence du point

Fig. 61 — Canot électrique de M. Trouvé.

mort. M. Trouvé remplace l'aimant de M. Deprez par un électro-aimant, c'est un moteur dynamo-électrique. Quoi qu'il en soit, le moteur Trouvé possède assez de force pour faire marcher un vélocipède. Rue de Valois, à Paris, sur un sol bitumé, le vélocipède de M. Trouvé muni de la pile et du moteur prenait l'allure d'un fiacre. Ce n'est pas beaucoup, mais c'est un commenmencement. En accouplant deux bobines, la machine ne pèse pas plus de 5 kilogrammes.

C'est une de ces petites machines qui faisait progresser sur le bassin central, au-dessus duquel émergeait le grand phare, le coquet canot baptisé par l'inventeur du nom de *Téléphone*. Le canot a 5ᵐ50 de longueur sur 1ᵐ20 de largeur; il pèse 80 kilogr. Au milieu sont disposées deux batteries de pile à auges au bichromate de potasse, de six éléments chacune et du poids total de 24 kilogr. Les piles sont mises en relation avec les moteurs par l'intermédiaire de deux cordelettes, servant tout à la fois d'enveloppes aux fils conducteurs et de guides pour faire manœuvrer le gouvernail. Le moteur est installé au-dessus du gouvernail et transmet le mouvement par une courroie à l'hélice disposée dans une échancrure ménagée dans le battant même du gouvernail. On peut se promener ainsi en bateau pour une dépense de quelques francs, pendant plusieurs heures. Nous avons pris place dans le bateau de M. Trouvé, au mois de juin dernier, avec deux autres personnes. Le canot remonta facilement le courant de la Seine au Pont-Royal avec une vitesse de 1 mètre par seconde, et le redescendit avec une vitesse de 2ᵐ50. C'est, à quarante ans de distance, l'expérience de Jacobi, avec des moyens perfectionnés.

On voyait fonctionner dans la section américaine, avec une extrême rapidité, un petit moteur à peine volumineux comme le poing, qui attirait la foule. Il est dû à M. Griscom. C'est toujours à quelques variantes près le type Deprez et Trouvé, c'est-à-dire la bobine Siemens entraînée par la réaction du courant dès fils sur le fer des électro-aimants. Ici les électro-aimants enveloppent la bobine sur une portion de son diamètre et la recouvrent en partie ; leur noyau est en fonte malléable dont la force coercitive est aussi faible que celle du fer doux. Ce moteur est surtout destiné à mettre en mouvement les machines à coudre. Il est alimenté par le courant d'une pile au bichromate de six éléments enfermés dans une boîte ; on peut à volonté, en appuyant sur une pédale, faire plonger plus ou moins les zincs dans les bocaux et diminuer ou augmenter ainsi à volonté la vitesse du moteur. D'après l'inventeur, une seule charge de bichromate suffirait pour effectuer de 500 à 1,000 mètres de couture.

Tous ces petits moteurs du type à bobine Siemens ne sauraient fournir que quelques kilogramètres ; ils présentent tous un inconvénient inhérent à l'emploi de la bobine Siemens. A chaque demi-tour, le courant est interrompu et passe d'une moitié de bague à la moitié suivante du commutateur ; à chaque moitié de bague aboutit en effet une des extrémités inverses du fil de la bobine. Cette discontinuité d'action est défavorable au rendement. De plus, le courant est amené par deux balais en fil de cuivre fin, qui souvent touchent à la fois les deux portions du commutateur quand passe la coupure d'interruption de la bague ; le courant circule alors facilement en circuit court, à plein débit, juste au moment où il n'entre pas dans la machine.

M. Borel, de la Société des câbles Berthoud et Borel avait exposé un petit moteur électrique d'une grande simplicité, très-original de conception. Pour en saisir le jeu, il faut se rappeler le principe de l'appareil si employé partout pour apprécier l'intensité d'un courant électrique et connu sous le nom de *galvanomètre*. Ampère a démontré que lorsqu'on

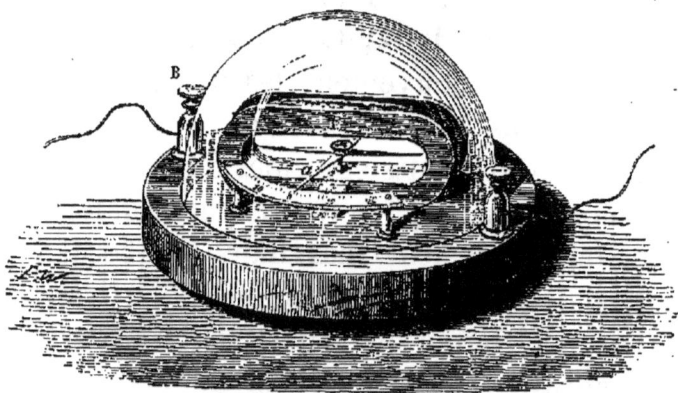

Fig. 62. — Galvanomètre.

dispose au-dessus d'une aiguille aimantée un fil dans lequel circule un courant, celle-ci tend à se mettre en croix avec le fil. Si donc on dispose horizontalement une aiguille aimantée au milieu d'un cadre autour duquel on a enroulé un grand nombre de tours de fils isolés par de la soie, l'effet sera considérablement multiplié, et même sous l'influence d'un très-faible courant, l'aiguille sera déviée. De l'angle de déviation, on déduit l'intensité du courant (1). On

(1) On se sert généralement non pas d'une aiguille, mais de deux aiguilles superposées dont les pôles contraires se regardent. On détruit ainsi l'influence du magnétisme terrestre sur l'aiguille

peut toujours savoir ainsi si un fil est traversé par un flux électrique.

Ceci dit, lançons un courant dans un cadre galvanométrique, l'aiguille va tourner et devenir perpendiculaire au cadre; changeons le sens du courant, l'aiguille va continuer la rotation commencée pour prendre la position perpendiculairement inverse. Chaque changement de sens du courant amènera une demi-rotation. On peut ainsi faire indéfiniment tourner l'aiguille.

Mais à la place de l'aiguille aimantée, on peut mettre un aimant artificiel, un électro-aimant, soit une tige de fer doux entourée de spires isolées dans lesquelles on fera passer le courant. Puis, sur l'axe de rotation de cette tige on disposera un commutateur qui, à chaque demi-tour, enverra le courant soit par une extrémité du fil du cadre galvanométrique, soit par l'extrémité opposée. Le sens du courant sera chaque fois renversé dans le galvanomètre et la tige de fer doux tournera d'un mouvement uniforme.

On voit que, ici, le fer doux reste aimanté dans le même sens pendant la rotation; on évite les aimantations et désaimantations successives, qui se produisent dans les bobines des autres moteurs, et engendrent des réactions nuisibles. On économise tout le travail que le courant emploie à polariser le fer en sens inverse. Les courants ne sont renversées que dans la partie fixe, dans le cadre. Il n'y a plus ici d'inertie

aimantée et le système reste en équilibre dans toutes les directions de l'horizon. Cet artifice indiqué par Nobili augmente notablement la sensibilité de l'instrument. On a réalisé en grand nombre de ces instruments. M. Deprez a notamment imaginé un galvanomètre excellent.

magnétique à vaincre. M. Burgin de Bâle avait
exposé un moteur très-analogue, fonctionnant aussi

Fig. 63. — Moteur électrique Borel.

sans renversement de polarité du noyau. Il va sans
dire que nous décrivons sans nous occuper des ques-

tions de priorité. Le moteur Burgin et le moteur Borel sont les mêmes, à cela près que le noyau de fer

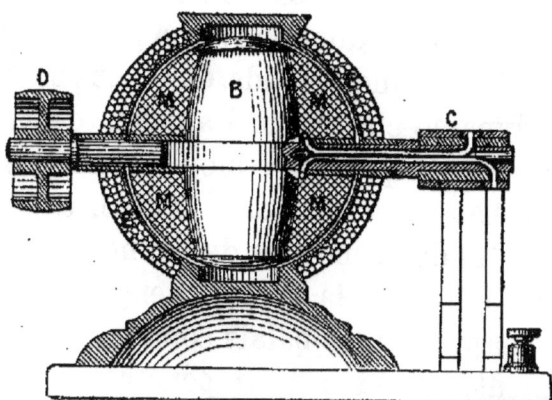

Fig. 64. — Moteur Burgin (vue en coupe).

doux B entouré de ses spires M affecte la forme d'une sphère et que le cadre galvanométrique est remplacé

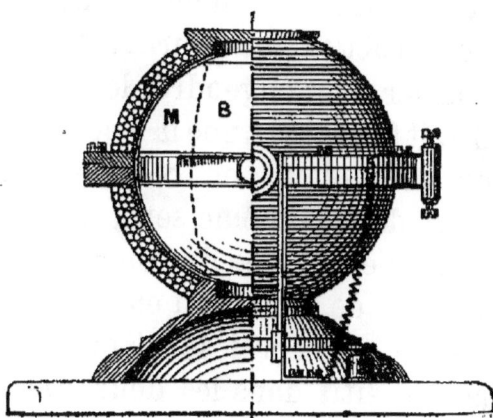

Fig. 65. — Moteur Burgin (vue de la sphère intérieure)

par une sphère creuse et fixe sur laquelle est enroulé un fil E relié aux balais du commutateur C.

C'est aussi dans la catégorie des moteurs à grand

rendement, qu'il faut placer le moteur de M. Gramme dont un modèle figurait à l'Exposition. Les inter-versions de polarité se font d'une manière continue dans le même sens ; les pertes de travail sont réduites au minimum. Ce moteur donne environ 1 kilogrammètre de force par kilogramme de poids. C'est tout bonnement la machine dynamo-électrique à anneau de Gramme réduite à sa plus simple expression. Le courant entre par l'un des balais et sort par l'autre, après s'être bifurqué dans les deux moitiés de l'anneau. Quand on fait tourner l'anneau à la main, il engendre un courant qui s'échappe par les balais comme nous savons ; réciproquement, quand on fait pénétrer le courant, l'anneau se met à tourner ; les réactions de l'aimant sur les spires sont remplacées par les réactions des spires dans lesquelles passe le courant sur l'aimant. Réactions inverses aussi des pôles du fer doux sur ceux de l'aimant. Les attractions sont remplacées par des répulsions et tout le système tourne ; il tourne précisément sous l'action du courant comme il eût fallu le faire tourner pour engendrer le même courant.

On reconnaîtrait facilement que la machine Gramme, considérée comme moteur ou comme générateur, tournera toujours dans le même sens, à la condition expresse que la borne d'entrée du courant soit choisie la même que la borne de sortie, ou en d'autres termes, que le fil d'amenée soit aussi le fil de sortie, qu'on adopte pour pôle positif dans les deux cas la même borne, le même balai. C'est une remarque qu'il sera bon d'avoir présente à la mémoire.

Quoi qu'il en soit, on voit que dans le moteur Gramme, par suite du mode même de récolte de l'é-lectricité par les collecteurs en cuivre de chaque spire, il n'y a plus ni renversement de courants, ni interruption à chaque demi rotation. Le mouvement est uniforme, continu, sans perte de travail; la machine dynamo-électrique est le meilleur des électro-moteurs.

Nous ne décrirons pas les quelques autres moteurs sans véritable portée pratique, disséminés dans le Palais ; il suffit de savoir qu'en définitive, quels qu'ils soient, ils ne sont bons, tout au plus, qu'à fournir la force d'un enfant, ou, si l'on veut même, celle d'un homme. Ce n'est pas à dire qu'il faille dédaigner ce mince résultat. C'est déjà très-beau de pouvoir, à l'occasion, se procurer la force d'un homme, sans foyer, sans vapeur, sans aucun embarras. Une pile dans une armoire, un bouton sur lequel on appuie, et le moteur fonctionne (1)!

Toutefois, on le comprend sans peine, ce n'est pas ainsi qu'on pouvait espérer produire de la force économiquement et en quantité suffisante pour les usages industriels.

Les choses en étaient là, lorsqu'en 1873, une expérience d'une portée capitale vint démontrer que l'on faisait fausse route ; la solution du problème était ailleurs, et déjà absolument mûre pour les appli-

----

(1) Le moteur électrique est encore économique par rapport au travail de l'homme. Voici, en effet, quelques prix de revient comparatifs par heure, pour un travail de 75 kilogrammètres, tous rais compris, intérêt, amortissement, en admettant 3,000 heures de marche par an pour les machines :

Moteur à vapeur d'au moins 20 chevaux.....	0 fr. 13
Moteur à vapeur de 4 chevaux.............	0 fr. 32
Moteur à gaz (30 c. le mètre cube) de 8 chevaux.	0 fr. 44
Moteur à gaz de 1 cheval.................	0 fr. 73
Moteur à gaz de 12 kilogrammètres........	1 fr. 90
Moteur électrique (tous frais compris)......	3 fr. 50
Moteur humain.....	6 fr. 25

cations. On passait à côté d'elle depuis quelques
années sans la voir. Nous venons nous-mêmes d'y passer à l'instant sans nous y arrêter, en parlant du moteur Gramme.

Nous savons bien maintenant qu'en faisant tourner
une machine électro-dynamique, nous engendrons de
l'électricité. Réciproquement, lorsqu'on fournit de
l'électricité à la machine, elle se met à tourner. Par
conséquent, au lieu d'emprunter le courant à une
pile pour déterminer la rotation d'une machine
dynamo-électrique, rien n'empêche de l'emprunter à
une machine magnéto-électrique semblable. On fera
tourner la première, elle donnera le courant, et la
seconde se mettra d'elle-même en mouvement. Et
nous savons que si nous faisons tourner l'une dans un
sens, l'autre tournera absolument dans le même sens,
comme le feraient deux poulies entraînées par une
courroie. Cette solution paraît aujourd'hui toute
simple, mais elle ne pouvait venir que lorsqu'on
aurait reconnu que la même machine pouvait à
volonté donner de l'électricité, si on la mettait en
mouvement, ou au contraire du mouvement si on lui
fournissait de l'électricité.

On dit, dans ce cas, que les machines sont *rever-
sibles;* elles transforment le travail en électricité, et
inversement l'électricité s'y transforme en travail.

C'est en 1873, à l'Exposition de Vienne, que
M. H. Fontaine eut le premier l'idée d'atteler ensemble deux machines Gramme. Un moteur à gaz
faisait marcher une première machine qui produisait
des courants. Ces courants étaient transmis à travers
un câble de 1,000 mètres de longueur, à une seconde
machine identique à la première. Cette machine

réceptrice, excitée par le courant transmis, tournait et faisait fonctionner une pompe centrifuge. Cette expérience mémorable fut faite devant l'empereur d'Autriche, quand il visita la section française.

Une machine génératrice de courants devient par cela même un excellent moteur, le meilleur des moteurs électriques. Le mouvement de l'anneau est continu et régulier; l'organe est bien équilibré dans toutes ses parties; tout le système est parfaitement simple. Et la machine électro-dynamique n'est plus un moteur insuffisant, ce n'est plus un joujou donnant quelques kilogrammètres; sa force peut être considérable comme l'est elle-même la puissance de production électrique de cette machine. On a déjà réalisé des moteurs de 20 chevaux et l'on s'apprête à construire des moteurs de 50 et de 150 chevaux. A l'Exposition, on pouvait voir, dans la section française, des moteurs Gramme dont la force variait depuis un kilogrammètre jusqu'à 20 chevaux. Les machines dynamo-électriques motrices puissantes ne pèsent guère que 1,000 à 1,500 kilogrammes et tiendraient sur une cheminée.

On se sera bien aperçu que le problème ainsi résolu n'est pas précisément celui qu'on s'était posé à l'origine. On avait rêvé des moteurs électriques tout différents. Pour faire marcher un moteur à vapeur, il n'y a qu'à jeter du charbon dans le foyer; pour faire fonctionner un moteur électrique, on aurait voulu tout bonnement jeter de même du zinc dans la pile. Malheureusement, on l'a vu, la pile est coûteuse et insuffisante; il a bien fallu produire autrement l'électricité. Or, précisément, on se trouve dans la nécessité de se servir de la machine à vapeur que l'on voulait supprimer pour faire l'électricité à bon compte qui doit alimenter les moteurs électriques.

Alors, demandera-t-on, à quoi bon? Et pourquoi ne pas faire tourner directement les outils, comme autrefois, avec une machine à vapeur?

La réponse n'exige que quelques mots. La machine à vapeur travaille sur place. Avec les moteurs électriques, la force peut être transmise par un simple fil télégraphique de la machine dynamo-électrique qui produit le courant à la machine dynamo-électrique qui l'utilise; on peut la mener, la distribuer, la répartir partout; on peut faire passer par le trou d'une serrure des centaines de chevaux de force. On peut recueillir la force de tous côtés, à droite, à gauche, la force des moteurs à vapeur, la force des torrents, la force des chutes d'eau, la force du vent, des marées, et la conduire par un fil jusqu'au point où l'on veut qu'elle travaille. C'est un résultat capital.

Concluons donc ainsi. La machine dynamo-électrique a enfin permis de fabriquer l'électricité à un prix de revient relativement bas. La machine dynamo-électrique a donné le moyen de transformer facilement cette électricité en travail mécanique. Elle peut être considérée à juste titre comme le véritable point de départ de la révolution industrielle à laquelle nous assistons en ce moment.

VII

Production industrielle de l'électricité, transformation de l'électricité en énergie mécanique : tels
sont les deux termes extrêmes du problème capital
qui a été résolu dans ces dernières années. Nous
avons dit à la suite de quelles étapes successives ce
résultat avait été atteint. Nous avons montré qu'un
moteur quelconque, en communiquant son mouvement à une machine dynamo-électrique, engendrait
de l'électricité, et que cette électricité, envoyée par
un fil conducteur à une machine dynamo-électrique
identique à la première, la faisait tourner à son tour,
et par suite produisait de la force motrice. C'est
aujourd'hui le seul moyen économique de transformer
l'électricité en énergie mécanique.

L'électricité n'est au fond qu'un simple intermédiaire, un véhicule de force. On lui met à portée de

la force motrice et elle la transporte à destination.
Les deux machines dynamo-électriques jouent ici
absolument le même rôle que les deux poulies dans
les transmissions de nos usines. La machine à vapeur
fait tourner une première poulie, et, à l'aide d'une
courroie, cette poulie en entraîne une seconde qui
donne le mouvement aux outils. Dans le nouveau
système, au lieu d'une poulie, on a recours à une
machine dynamo-électrique. En apparence, la solution est la même; mais quelle différence en réalité!
On ne peut transmettre la force au delà de quelques
dizaines de mètres avec des poulies et des courroies;
on ne peut guère dépasser quelques kilomètres avec
un câble télodynamique. En prenant pour transmetteur l'électricité, on peut transporter à des distances
énormes des forces colossales. Le problème résolu
revient en somme à celui-ci, qui paraîtrait merveilleux si nous n'étions aujourd'hui en plein siècle des
merveilles : envoyer par le télégraphe non plus de
simples dépêches, mais assez de force motrice pour
alimenter toutes les usines et les fabriques d'une
grande ville. Rien ne nous empêche, en effet, de faire
courir sur des fils télégraphiques des milliers de
chevaux-vapeur !

De même que, pour alimenter d'eau un grand centre
de population, on va au loin capter des sources et on
les canalise pour les conduire à destination, de même
ici on peut grouper des forces disséminées de tous
côtés sans profit pour personne, et les apporter par
un simple fil jusqu'au lieu d'utilisation. Et quelle
facilité! un fil métallique se plie à toutes les exigences, contourne tous les obstacles et passe partout.
C'est vraiment de la magie que de pouvoir faire

passer par un conducteur de quelques millimètres d'épaisseur la force de régiments de travailleurs et de la distribuer à volonté dans tous les coins d'une usine en fractions aussi petites qu'on le désire. Comme nous sommes loin de l'emploi de l'air comprimé ou de l'eau sous pression pour le transport et la distribution du travail à domicile!

En ce monde, tout se paie, on n'a rien pour rien. Il va sans dire que, pour transmettre la force au loin, il faut consentir à certains sacrifices. Il se perd nécessairement en route de la force. On produit tant, on récolte moins qu'on a produit : c'est le revers de la médaille. L'expérience a montré que si l'on confie au départ 100 au fil conducteur, à l'arrivée il ne rend qu'environ 50. Ce qui revient à dire que par transmission électrique on ne doit guère compter, comme force effective transportée au point d'utilisation, que 50 0/0. C'est une perte évidemment, mais qui n'est pas de nature à diminuer l'importance du rôle de l'électricité dans l'industrie (1). Il va de soi, par exemple, que 50 0/0 c'est déjà du bénéfice tout trouvé lorsque la force est gratuite; bien souvent on rencontre des chutes d'eau que leur éloignement de tout centre industriel ne permet pas d'utiliser; on en tirerait certainement parti, si elles se trouvaient près

(1) Longtemps on a cru que, dépensant 100 au point de départ, on ne recueillerait que 50 au point d'arrivée, ce qui revient à dire que le rendement maximum ne pourrait pas dépasser 50 0/0. Cette opinion est erronée; nous reviendrons sur ce point dans un chapitre spécial et nous démontrerons que le rendement peut devenir aussi grand qu'on veut en théorie; cependant, en pratique, il serait illusoire, pour de petites distances, de compter sur un rendement très-supérieur à 50 0/0 et, pour les grandes distances, sur un rendement dépassant beaucoup 40 0/0.

d'une ville ou d'une usine. Désormais, que ces chutes soient loin ou près, on leur prendra leur force et on la transportera à domicile. Les petites rivières, les petits torrents ne travailleront plus pour le seul plaisir des canotiers et des touristes; on leur dira de se rendre bons à quelque chose. Le vent aussi ne soufflera pas toujours autant qu'aujourd'hui sans nous servir. Il souffle dans une région quatre jours sur neuf, qu'importe! On sera en mesure de recueillir ce travail intermittent et capricieux.

Deux exemples pour préciser les idées. A la porte de Paris, il existe un barrage, le barrage de Port-à-l'Anglais; son débit est tel qu'il représente par jour une force de 3,000 chevaux-vapeur; on la laisse se perdre. Avec des machines dynamo-électriques, on en transporterait à peu près la moitié à Paris, soit 1,500 chevaux; mettons 1,000 chevaux : c'est déjà bien; pour 360 journées de travail nuit et jour, on y gagnerait au bas mot 350,000 fr., et plus du quadruple si l'on fractionnait la force en la distribuant par petits lots, soit une économie de 1 million 1/2.

Le Niagara peut donner par sa chute une puissance motrice de plus de deux millions de chevaux-vapeur; voici donc tout trouvés au moins 500,000 chevaux-vapeur que l'on pourra distribuer dans un rayon considérable, jusqu'à Montréal, Boston, New-York, Philadelphie. Ce n'est pas une force gratuite, parce qu'il faut tenir compte de l'intérêt du prix des conducteurs qui sont en cuivre pur. Mais, en tous cas, quelle faible dépense relative! 5,000 chevaux de force conduits à 480 kilomètres coûteraient l'intérêt du cuivre. Le prix du cuivre serait de 925,000 fr. pour une pareille distance; l'intérêt à 5 0/0 est de

47,500 fr. Or, le prix de revient de 5,000 chevaux produits sur place, avec la houille, atteindrait au minimum, pour un travail continuel, 2 millions, et s'il y avait fractionnement du travail, 8 millions. Qu'est-ce que 50,000 fr. à côté de 8 millions?

Même avec 50 0/0 de perte et lorsqu'on emploie des machines à vapeur pour produire la force, la transmission électrique reste encore très-avantageuse dans beaucoup de circonstances. Elle permet notamment de résoudre, avec une supériorité évidente sur tous les systèmes déjà indiqués, le difficile problème de la distribution de la force à domicile. On sait combien la production du travail mécanique est limitée, coûteuse et incommode dans les petits ateliers. Le travail en chambre est le moins favorisé, alors qu'il devrait l'être le plus. Il y a danger à établir des chaudières puissantes pour les machines à vapeur; aussi l'Administration n'autorise-t-elle dans les maisons habitées que l'introduction de moteurs à vapeur de faible puissance (1). L'eau coûte trop cher dans beaucoup de grandes villes pour qu'on puisse employer des moteurs hydrauliques. Les moteurs à gaz sont les plus commodes, mais ils ne sont pas encore suffisamment économiques. Avec l'électricité, on peut avoir tout juste la force que l'on veut et à bon marché.

---

(1) En France, les chaudières sont divisées en trois catégories. Cette classification est fondée sur le produit du nombre exprimant en mètres cubes la capacité totale de la chaudière par le nombre exprimant en degrés centigrades la température de l'eau au-dessus de 100 degrés. Les chaudières sont de la 1re catégorie quand ce produit est supérieur à 200, de 2e catégorie quand il dépasse 50, et de 3e catégorie s'il n'excède pas 50. Les chaudières de la 3e catégorie peuvent seules pénétrer dans les habitations.

Supposons, en effet, un entrepreneur se chargeant de débiter de la force motrice dans les maisons et les ateliers d'un quartier. Dans une station centrale, il produira 1,000 chevaux de force, par exemple, avec cinq machines de 200 chevaux. Avec une transmission électrique, il pourra débiter aux industries 50 0/0 de cette force, soit 500 chevaux. Pour toute canalisation, les fils s'en iront sous terre jusqu'à domicile et pénétreront dans les appartements et les ateliers. Au bout du fil, qui peut d'ailleurs passer encore de chambre en chambre et se plier à toutes les nécessités, on prendra la force comme en ce moment on prend le gaz en tournant un robinet. Ici, on dépensera, selon marché passé, un cheval, ici deux chevaux, là quelques kilogrammètres, ailleurs cinq, dix chevaux, peu importe. On parvient à fractionner la force à volonté au moyen d'artifices très-simples. Chaque consommateur aura même un compteur et pourra payer au bout du mois en raison de l'électricité fournie.

L'avantage pour le petit industriel est évident. Plus de moteurs, plus d'emplacement à réserver, un fil, une mignonne machine dynamo-électrique, un robinet qu'on ouvre ou qu'on ferme, et voilà ses outils en mouvement, tours à bois, découpeurs de carton, scies, machines à coudre, essoreuses, piqueuses, pompes, etc. Partout où va le fil va la force.

Maintenant, et malgré les 50 0/0 de perte, l'entrepreneur y gagnera, et les consommateurs aussi. En effet, les machines motrices puissantes ne dépensent pas plus aujourd'hui de 1 kilog. par heure et par cheval; il en est qui dépensent moins encore, de 750 à 800 grammes. Les petites machines dépensent au contraire beaucoup plus de 3 à 5 kilog., soit par cheval et par heure de 10 c. à 15 c. au moins, et les moteurs à gaz de 35 c. à 40 c. S'il fallait produire 500 chevaux de force disséminés à droite et à gauche à l'aide par exemple de 300 machines travaillant sur place (1), il faudrait dépenser avec les machines à vapeur et par heure 60 francs en moyenne, et 175 francs avec les moteurs à gaz. A l'usine de production, au contraire, le coût par heure de 1,000 chevaux ne serait que de 30 francs. Nous n'avons parlé que de la consommation de combustible; mais et l'achat, l'entretien et l'amortissement des 300 machines, et les chauffeurs ou mécaniciens! Et l'emplacement! On voit que de ce côté encore la transmission électrique permettrait de réaliser de nouvelles et importantes économies, tout en tenant compte, bien entendu, des frais exigés pour la pose des conducteurs. Il est superflu de faire remarquer que la canalisation, qui transmet la force le jour, est disposée de manière à transmettre la lumière le soir, et que les prix de revient s'abaissent encore de ce chef, puisque les mêmes machines motrices peuvent travailler sans cesse et mettre constamment en valeur tout le matériel employé. Dans l'économie de tout le système, c'est un point essentiel qu'il est bon de ne pas omettre.

Ajoutons pour mémoire qu'il est possible aujourd'hui non-seulement de distribuer ainsi la force en fractions très-petites, mais encore de ne la fournir que proportionnellement aux besoins du consomma-

(1) Et il faudrait souvent plus de machines encore, car beaucoup d'industriels n'ont besoin que de quelques kilogrammètres et n'emploient que des moteurs à gaz d'un quart ou d'un demi-cheval.

teur. Il est clair que si des industriels ne se servaient
pas, pour une cause ou pour une autre, du courant
qui leur est transmis, leurs voisins bénéficieraient de
l'excès et auraient trop de force à leur disposition ; les
machines prendraient le galop et s'emporteraient.
Grave inconvénient pour le consommateur, dépense
inutile pour le producteur. Il est possible de vaincre
la difficulté. On peut faire en sorte maintenant que,
si des machines ne travaillent pas dans leur plein ou
ne fonctionnent même pas du tout, les autres machines alimentées par le même circuit n'en continuent pas
moins à tourner avec leur régularité normale. Quand
une portion du courant n'est pas utilisée, elle agit
d'elle-même sur l'usine centrale pour réduire la
quantité d'électricité envoyée. Le travail moteur et
la dépense par conséquent se proportionnent sans
cesse à l'effort à vaincre dans le circuit et à la consommation même de l'électricité. La solution extrêmement importante de ce problème rend pratique le
nouveau mode de distribution de la force. Plusieurs
systèmes ont été imaginés ; l'un d'eux a fait beaucoup
de bruit, c'est le système de réglage automatique
du courant par le courant lui-même, sans organes
mécaniques, de M. Marcel Deprez. Nous reviendrons
spécialement sur les différents modes de distribution
de la force. Le système Deprez a été appliqué sur une
large échelle à l'Exposition. Il commandait de nombreuses machines à coudre installées dans toutes les
parties du Palais. C'est le même circuit qui apportait
l'électricité aux petits moteurs qui faisaient tourner
ces machines. Il paraissait évident que si l'on avait
arrêté la plupart de ces machines, celles qui restaient,
alimentées par un excès d'électricité, auraient dû

s'emporter. On constatait, au contraire, qu'elles continuaient à tourner avec leur même vitesse, et absolument comme si chacune d'elles eût été commandée par un circuit spécial et indépendant d'égale puissance. Le nombre total des appareils mis en mouvement dans le circuit de M. Deprez était de **27**, et tous nécessitaient des courants d'intensité très-différente. Citons : scies à découper, machines à coudre, à fraiser, percer les métaux, instruments électriques de musique, cuve à galvanoplastie, une presse d'imprimerie Marinoni, etc. — Tous ces appareils fonctionnaient ensemble ou séparément, sans que l'on ait jamais eu à se préoccuper de modifier le courant, de le diminuer ou de l'augmenter. Le courant changeait de lui-même son intensité selon les besoins. Le résultat obtenu était des plus saisissants.

A quelle distance peut-on transporter la force d'un torrent, d'une chute d'eau, d'un moteur à vapeur? On avait avancé tout d'abord que l'on perdrait de la force en raison de la distance franchie : comme à quelques centaines de mètres de distance la perte était déjà considérée comme égale au moins à 50 0/0, on craignait qu'au bout de quelques kilomètres il n'y eût plus rien à récolter du tout. Cette opinion était erronée.

Le rendement peut être maintenu à peu près constant, quelle que soit la distance, ou du moins, en pratique, pour une distance très-considérable. Lorsqu'on veut conduire de l'eau dans une canalisation très-longue, il faut donner à cette eau, au point de départ, une pression très-grande pour qu'elle parvienne à vaincre les résistances que le frottement dans de longs tuyaux lui fait éprouver : de même ici, pour que le courant électrique puisse vaincre la résistance qu'oppose à son passage un conducteur relativement très-petit, il est indispensable de lui donner beaucoup de tension.

On fabrique de l'électricité à haute tension quand on veut aller loin, et tout est dit; on récolte toujours la même fraction de la force transmise. Toutefois, il y a des limites qu'il serait difficile de franchir. La résistance qu'éprouve un courant électrique à se propager dans un conducteur métallique dépend, toutes choses égales, des dimensions de ce conducteur. En augmentant le diamètre on diminue la résistance. On peut donc, à la condition de se servir de gros conducteurs, diminuer la tension du courant. Un courant de trop forte tension n'est plus maniable; il est même dangereux : il brûle les conducteurs et donne des commotions même mortelles à ceux qui, par mégarde, y toucheraient de trop près : c'est la foudre que l'on promènerait ainsi de ville en ville; d'ailleurs, un pareil courant tend à trouer la matière isolante du câble et à s'échapper. Donc, la tension à employer est limitée. Limitée aussi est la grosseur du conducteur, car le cuivre pur coûte cher, et si l'on augmentait considérablement les diamètres, on serait forcément arrêté par une question de prix de revient. M. Marcel Deprez a trouvé par le calcul qu'en adoptant une tension raisonnable et un conducteur en cuivre de 12 millimètres, on pourrait transmettre la force motrice à 350 kilomètres; si l'on reprenait la force transmise à cette distance, on pourrait encore en porter la moitié à 350 kilomètres; en sorte qu'en définitive il est possible de transmettre 25 0/0 d'une force à 700 kilomètres. Sept cents kilomètres! On amènerait ainsi la puissance motrice des torrents des Alpes jusqu'à Paris; on conduirait jusqu'aux Champs-Élysées 25 0/0 de la force développée par la chute du Rhin.

Le prix d'installation de la canalisation peut seule dans ce cas limiter la portée des transmissions électriques. Le problème à étudier maintenant sera, avant tout, de trouver des conducteurs économiques.

Après ces considérations, on comprendra qu'il n'y ait plus lieu de s'effrayer autant qu'autrefois de voir notre provision de houille enfermée dans les profondeurs du sol diminuer tous les jours. Avant que nos mines ne soient épuisées, nous aurons bien trouvé le moyen de produire de la force sans passer par la combustion du charbon. Il y a notamment une force immense que nous ne savons pas employer, c'est l'ondulation de la marée qui vient engouffrer dans le canal de la Manche des milliards de tonnes d'eau. Quand nous parviendrons à tirer parti de cette dénivellation gigantesque et périodique, ne prendrions-nous même qu'une parcelle de sa puissance motrice, nous disposerions encore d'une somme d'énergie mécanique supérieure à celle que nous fournissent aujourd'hui, au prix de tant de labeurs et de dangers, toutes nos houillères réunies. La transmission électrique nous l'apporterait à pied d'œuvre.

En attendant, on a quelque droit de se demander si l'utilisation de la force produite par la combustion de la houille ne ressentira pas le contre-coup du nouveau mode de transmission. On va chercher le charbon très-loin . ne serait-ce pas plus économique de le brûler sur place et d'envoyer sa puissance motrice par les fils télégraphiques? Plus de transport, plus de transbordement; on laisse à la mine le poids mort et

l'on n'envoie que la force ! D'autre part, il faut souvent descendre à 800 ou 1,000 mètres pour attaquer
certaines couches, ce qui augmente les frais d'exploitation : pourquoi ne brûlerait-on pas le combustible
en bas, et ne transmettrait-on pas la force en haut? On
voit, sans qu'il soit nécessaire d'insister, quelle variété de problèmes nouveaux fait naître la possibilité
bien démontrée de transporter l'énergie à de grandes
distances.

Jusqu'ici on ne s'est servi de l'électricité que pour
transporter de petites forces à de petites distances.

Il y a commencement à tout. Le premier essai date
de 1873 ; nous l'avons dit, il a été fait, à titre de démonstration, à l'Exposition de Vienne. M. Fontaine a fait
marcher à 1 kilomètre une pompe avec la force empruntée à un moteur à gaz. La première application
pratique fut tentée à l'atelier de Saint-Thomas
d'Aquin, en 1877. Les officiers d'artillerie firent fonctionner une machine à diviser dans un pavillon isolé
à 60 mètres de la machine motrice placée dans l'atelier. La seconde fut faite par M. Cadiat, aux ateliers
du Val d'Osnes, en 1878. A la même époque, on employa
le même système à la Compagnie de Lyon pour commander à distance une machine-outil. Mais l'application la plus saillante est due à MM. Félix et Chrétien
Elle a été faite à la sucrerie de Sermaize, dans la
Marne, en 1879. Ces deux ingénieurs eurent l'idée de
transporter la force de la machine à vapeur de la
sucrerie, en plein champ, pour mettre en mouvement
une charrue. On ne peut imaginer de meilleure
démonstration de la facilité et de la souplesse avec
laquelle on amène la force où l'on veut. Une charrue
doit se déplacer sans cesse, et cependant on est par-

venu à lui apporter constamment sa provision de
force. Pour labourer, la charrue doit parcourir le
champ dans toute sa largeur, puis recommencer
quelques mètres plus loin en suivant le même itiné-
raire. On place deux treuils avec câble d'acier aux
extrémités du champ. La force est transmise successivement à chacun des treuils. Le câble s'enroule sur
l'un et se déroule sur l'autre, entraînant la charrue ;
au bout du sillon, on recommence l'opération en sens
inverse, après avoir déplacé les treuils et les avoir
installés sur la nouvelle piste. C'est encore la force
électrique qui fait rouler les treuils et les amène
dans la position convenable. La charrue de Sermaize
laboure une étendue de 400 mètres, au taux de 30 à
40 ares par heure. Les fils de transmission ont jusqu'à
1,600 mètres. La machine motrice donne à l'usine
25 chevaux, et la force transportée est d'environ
12 chevaux. L'application à Sermaize est économique
parce que, la campagne sucrière ne durant que quatre
mois, les machines à vapeur n'ont plus rien à faire
pendant le reste de l'année ; on les utilise. M. Félix
s'en sert de même, non-seulement pour labourer, mais
encore pour battre le grain ; la force des machines est
apportée dans la grange par fil télégraphique, et on
peut ainsi défier l'incendie. En hiver, les mêmes
moteurs font mouvoir par transmission électrique
les monte-charges qui amènent les betteraves des
bateaux amarrés au canal de la Marne, aux wagons de
l'usine, et, le soir, la force motrice est encore utilisée
pour produire la lumière électrique qui éclaire l'usine
et le quai du canal.

M. Menier avait également appliqué le même système dans sa propriété de Noisiel, en utilisant une

chute d'eau dont la force motrice, recueillie et transmise électriquement, fait fonctionner des charrues. A la fonderie de Ruelle, on commande électriquement à distance des machines-outils, des perceuses, etc. A la Belle-Jardinière, on fait passer par un fil la force de la machine à vapeur qui est dans les caves aux quatrième et cinquième étages, et on fait mouvoir ainsi des machines à coudre, des scies à rubans, etc. Aux Magasins du Louvre, un fil suspendu à travers la rue Saint-Honoré envoie de la force empruntée au moteur placé dans les caves jusque dans la rue de Valois, à 150 mètres de distance.

Depuis deux ans, les applications se multiplient. On commence déjà à commander dans les mines certains appareils par transmission électrique. Le moteur est installé près des puits, et la force est conduite dans les galeries souterraines par un fil métallique. En Suisse et dans quelques villes d'eaux des Pyrénées, on se sert de la force de petits torrents pour produire la lumière électrique nécessaire à l'éclairage des hôtels. A Saint-Moritz dans les Grisons, on voit un étincelant foyer de lumière alimenté, par la chute d'un petit torrent.

L'Exposition renfermait, du reste, des exemples très-nombreux et bien choisis des transmissions électriques. Si toutes les machines fonctionnaient sans moteur apparent, sans bruit, sans embarras, c'est que la force leur était envoyée télégraphiquement. L'électricité fabriquée dans la galerie parallèle à la Seine arrivait par les nombreux fils qui couraient dans l'espace et le long des murs jusqu'aux petits moteurs dynamo-électriques. On poussait un bouton, et tout s'ébranlait sans plus de cérémonie.

C'est ainsi que fonctionnaient les outils, raboteuses, foreuses, tours, machines à coudre, brodeuses, tisseuses, etc. Une pompe Neut et Dumont élevait et refoulait de l'eau, empruntant sa force par un fil à un moteur à vapeur de 20 chevaux installé sous la galerie Sud. En 1867, il y a quatorze ans, la même pompe Neut et Dumont fonctionnait au Champ-de-Mars, actionnée à distance par un câble télodynamique Hirn. Aujourd'hui le câble s'est aminci au point de devenir un fil, et, au lieu de porter la force à quelques kilomètres, il la transporterait tout aussi bien jusqu'à Rouen, jusqu'à Lyon.

A côté travaillait la perforatrice à diamant noir de M. Taverdon. Aujourd'hui on emploie l'air comprimé pour la commande des perforatrices au fond des tunnels. C'est ainsi que l'on a percé les trous de mines au mont Cenis et au Saint-Gothard. La transmission par air comprimé entraîne l'établissement et l'entretien de tuyaux qu'il faut continuellement allonger et déplacer. C'est coûteux, incommode, et le rendement de la force transmise peut descendre jusqu'à 5 0/0 de la force employée. Avec un fil qui se déroulera à mesure des besoins, on transportera la force au front de taille relativement sans frais et avec un rendement de 50 0/0. La perforatrice de l'Exposition donnait très-bien une idée des avantages que l'on obtiendra dans ce cas avec le système électrique.

Les différents ventilateurs du Palais, notamment le ventilateur de MM. Geneste et Herscher qui amenait l'air dans les salons hermétiquement clos des auditions téléphoniques, étaient mus par transmission électrique. En un mot, tout à l'Exposition fonctionnait électriquement. L'électricité y régnait sans partage.

Une application intéressante frappait surtout le

Fig 66. — Ascenseur électrique.

visiteur : l'ascenseur électrique installé au sud-est
du Palais, imaginé par MM. Siemens frères, de Ber-

lin. On peut décrire l'ascenseur en quelques lignes.

On voyait s'élevant au milieu de la cage de l'ascenseur et dans toute sa hauteur une solide tige de fer ressemblant à une crémaillère. Cette tige traverse à frottement la plate-forme où prennent place dix personnes. Une petite machine dynamo-électrique est cachée sous le plancher de la plate-forme. On lui envoie de l'électricité par un fil; elle se met à tourner et elle entraîne dans son mouvement deux pignons dentés, symétriquement disposés, qui engrènent les dents de la crémaillère; la plate-forme se hisse ainsi le long de la tige centrale; comme l'électricité arrive continuellement le long de la tige à la machine, la plate-forme monte jusqu'à ce qu'on l'arrête. Pour redescendre, on renverse le sens du courant; la machine tournant en sens contraire, le pignon engrène dent par dent et s'abaisse comme on descendrait une par une les marches d'un escalier. La plate-forme suit et ramène au rez-de-chaussée les dix personnes qu'elle avait emportées. Si le courant n'arrive plus, soit qu'il soit interrompu volontairement ou involontairement, la roue dentée à rochet reste engrenée avec les deux crémaillères, et la plate-forme se maintient suspendue. Plus d'accident à redouter, plus de piston profond, plus besoin d'eau! etc.

La maison Siemens devait aussi exposer, au premier étage, un petit chemin de fer postal; l'installation n'aurait pu être prête en temps utile. Ce petit chemin de fer postal est destiné à remplacer le système des tubes pneumatiques employés jusqu'ici pour le transport des paquets et des cartes-télégrammes. Dès 1879, M. Bontemps avait eu aussi l'idée de remplacer l'air comprimé ou raréfié des tubes de l'Administration par la traction électrique.

Un remorqueur porte un petit moteur électrique. On envoie par les rails ou par des fils le courant électrique au moteur, et le remorqueur entraîne des wagonnets avec les lettres et les paquets. On prétend que ce système serait beaucoup plus économique que le transport actuel par des tubes dans lesquels de l'air comprimé chasse un cylindre-piston à travers tout le réseau d'une ville. La question serait à examiner.

Mais l'application la plus populaire, celle qui a le plus excité la curiosité du public, c'est sans contredit le tramway électrique qui prenait les voyageurs à quelques centaines de mètres du Palais, aux pieds des chevaux de Marly et les descendait à l'intérieur de 'Exposition, à la porte Est. Au début, on a eu quelque peine à le faire fonctionner, et la curiosité publique en a grandi d'autant. Marchera-t-il, ne marchera-t-il pas? demandait la foule. Il ne pouvait pas ne pas marcher, mais on s'est trouvé au dernier moment en face de difficultés imprévues qu'il a fallu vaincre, et on les a vaincues tant bien que mal, mais assez complètement cependant pour assurer le bon fonctionnement du système. L'origine de ce nouveau mode de traction mérite bien quelques développements.

Aux dernières expositions de Bruxelles et de Dusseldorf, MM. Siemens avaient déjà établi un petit chemin de fer électrique, presque un joujou. Un remorqueur entraînait, sur un parcours de quelques centaines de mètres, deux petits wagons où pouvaient prendre place une douzaine de voyageurs. Dans la section allemande, on peut voir le premier remor-

queur construit pour ces chemins de fer miniature
par MM. Siemens.

Le principe de la traction par l'électricité est tout
simple. On envoie le courant par un rail central disposé au milieu de la voie jusqu'à une machine dynamo-
électrique établie sur le remorqueur. Le courant

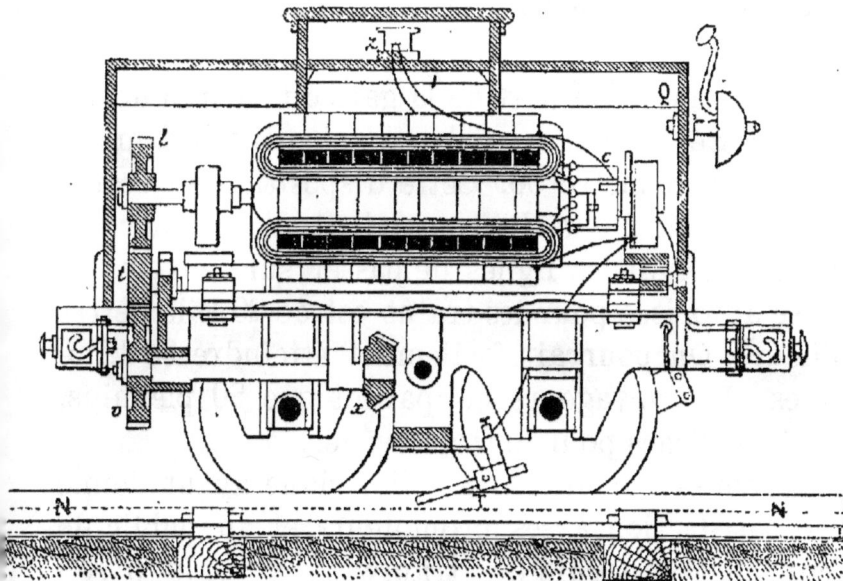

Fig. 67. — Coupe longitudinale de la locomotive du premier chemin de fer
électrique de Berlin (1879).

passe par un balai de fils métalliques frottant sur le
rail central. La machine, excitée par le courant,
tourne entraînant les roues, et tout le système progresse.

Le premier essai ayant réussi en petit, MM. Siemens n'hésitèrent pas à construire, au commencement
de cette année, un véritable chemin de fer électrique.
La ligne ferrée installée à Berlin depuis le mois de
mars va à Lichterfelde, à l'École militaire des cadets;

elle a en ce moment près de 3 kilomètres de développement, et elle sera prolongée encore de 3,500 mètres; 36 trains par jour circulent déjà sur cette première ligne. Les voitures sont analogues à nos voitures de tramway, mais sans impériale; 12 voyageurs prennent place à l'intérieur et 4 sur chacune des deux plates-formes. On trouvait dans la section allemande un spécimen de cette voiture : *Electrische Bahn Lichterfelde.*

La nouvelle ligne part de la gare du chemin de fer d'Anhalt. Ses rails n'ont qu'un écartement de 1 mètre au lieu de 1 mètre 50. Cette disposition est économique, mais elle a l'inconvénient d'empêcher les wagons des grandes lignes de passer sur la voie. La vitesse autorisée pour les trains est de 20 kilomètres à l'heure. On pourrait facilement atteindre 35 kilomètres. Les voyageurs ne payent que 20 pfennigs, soit 25 centimes pour le trajet entier.

Ce premier chemin de fer électrique ayant donné toute satisfaction à ses promoteurs et au public de Berlin, la Compagnie des tramways a voulu, à son tour, appliquer le système sur une de ses lignes les plus fréquentées, sur la ligne qui, longeant le Westend, va de Charlottenbourg au Spandauer-Bock ; le parcours est de 1,600 mètres seulement, mais il faut franchir une rampe de 3 centimètres par mètre sur une longueur de 600 mètres.

De plus, sur une ligne établie en pleine route, on ne pouvait songer à placer un rail central en relief au milieu de la voie pour amener, comme à Lichterfelde, le courant dans le remorqueur. MM. Siemens ont dû prendre une tout autre disposition. Le long de la ligne on a posé des poteaux qui supportent un fil conducteur. C'est par ce fil que le courant est sans cesse amené à la machine motrice du remorqueur. Pour établir un lien de jonction entre le fil et la machine, un conducteur auxiliaire flexible réunit le remorqueur à un petit frotteur qui glisse pendant la marche tout le long du fil de ligne. Chaque train se compose, sur le tramway de Charlottenbourg, de deux grandes voitures qui emportent 90 voyageurs. Le nouveau tramway a un grand succès à Berlin.

MM. Siemens pensaient n'avoir qu'à copier le tramway de Charlottenbourg pour la petite ligne des Champs-Élysées, à Paris. On emprunta une voiture à la Compagnie des Tramways-Nord, que l'on aménagea en conséquence, et l'on établit latéralement en bordure des Champs-Élysées un fil sur poteaux. La machine fut installée sous la voiture, et le courant électrique devait venir par le fil, un frotteur et un fil de liaison, puis s'en aller à la terre par les rails. Mais l'Administration de la ville exigea que les rails fussent du type à ornières employé à Paris. La circulation est active aux Champs-Élysées, et les voitures n'auraient pu passer sur des rails en relief. Les rails à ornières s'emplirent vite de poussière ou de boue; on s'aperçut aux premiers essais que le courant amené par le fil latéral et redescendant par les roues ne pouvait pas s'échapper à travers les rails. Le courant était sans cesse interrompu. Les étincelles se multipliaient. On ne pouvait marcher dans ces conditions.

En outre, l'Administration, avec raison d'ailleurs, obligea les inventeurs à suivre le trottoir et à tourner court dans l'avenue. Par suite de cette nécessité, il fallut renforcer les poteaux de soutien, et néanmoins le fil latéral fouetta continuellement, et ses vibrations

10.

rendirent les contacts avec les frotteurs imparfaits.
MM. Siemens durent changer le système à la dernière
heure ; on installa le long des poteaux, non plus un
fil, mais deux tubes de petit diamètre accolés et isolés.
Ces tubes portent à leur partie inférieure une rainure.
Un frotteur intérieur avec galet directeur extérieur

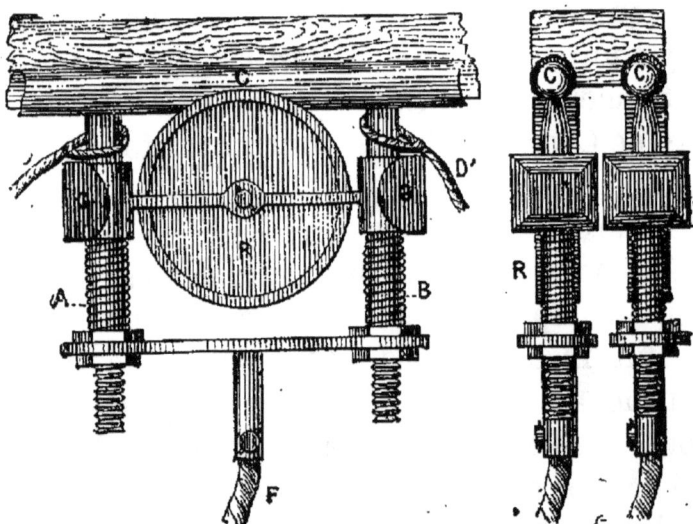

Fig. 68. — Chariot glisseur du tramway ~es Champs-Élysées.
C, tube-enveloppe ; R, roulette directrice ; AB, tige-support de la roulette
avec ressorts pour appuyer la roulette sur le tube.

peut courir dans chaque tube, laissant passer à travers la fente une patte métallique à laquelle on
attache le fil auxiliaire qui établit la communication
électrique avec la machine de la voiture. Le courant est amené par le premier tube ; il s'en retourne
par le second.

On voyait très-bien les fils d'attache courir le long
des tubes à mesure que la voiture progressait. Cette
disposition est évidemment compliquée et ne serait
sans doute pas très-pratique sur une grande échelle ;

mais elle a l'avantage d'éviter, aux passants et aux chevaux, les décharges électriques. A Berlin, le public s'amuse beaucoup à toucher des deux mains à la fois les rails du tramway; on ressent une légère commotion. Mais un cheval ombrageux, dont les sabots heurteraient les deux rails, pourrait fort bien, sous l'influence du choc électrique, s'effrayer et s'emporter. A Paris, cet inconvénient n'existait pas.

On apercevait seulement le long des tubes conducteurs courir des étincelles; elles se produisaient quand les chariots passaient aux points d'assemblage des tuyaux; il en résultait des petits ressauts dans le glissement et des ruptures de courants.

On pénètre maintenant le secret de la locomotion du tramway des Champs-Élysées. A l'intérieur du Palais, une machine à vapeur met en action une machine dynamo-électrique qui envoie son courant par les conducteurs jusqu'à une machine semblable placée sous la voiture. Le courant est ramené au point de départ par le second conducteur. Pour faire partir la voiture, il n'y a qu'à laisser pénétrer le courant dans la machine motrice. Le mécanicien assis sur le tramway tourne une manivelle, et aussitôt la voiture se met en marche. Aux Champs-Élysées, le parcours était de 500 mètres et la vitesse d'environ 17 kilomètres à l'heure.

Quelques détails complémentaires. La voiture avait 7^{m}70 de long, 2^{m}25 de large, 3^{m}65 de haut. La caisse vide pesait 5,500 kilogrammes et pouvait contenir 50 voyageurs du poids de 70 kilogrammes, ce qui faisait un poids total de 9,000 kilogrammes à traîner. Cette voiture a emporté une fois en un seul voyage 67 élèves de l'École des Ponts-et-Chaussées.

La machine à vapeur motrice était de 20 chevaux et la machine dynamo qu'elle commandait pouvait les absorber. La seconde machine dynamo conjuguée placée sous la voiture était un peu plus petite. La première faisait 500 tours, la seconde 465 à la minute. La tension du courant était de 45 volts. La machine motrice aurait pu prendre environ 10 chevaux sur les 20 engendrés; on n'en produisait guère que 17 et l'on en recueillait environ 8. La voie faisait deux courbes très-prononcées : une de 55 mètres de rayon au détour de la place de la Concorde ; une de 27 mètres de rayon et une seconde courbe de 21 mètres à l'entrée dans le Palais, avec rampe de 21 millimètres. En palier, il fallait, pour marcher à la vitesse de 4^m70, développer un effort de 135 kilogrammètres.

Quand on interrompait le courant pour arrêter la voiture, il se produisait une étincelle; cette étincelle aurait pu brûler la soie des fils ; on a paré à cet inconvénient en interposant à volonté, sur le trajet du courant, une grande longueur de fils de maillechort quatre fois plus résistants que le fil de fer. Ces *résistances* étaient introduites dans le circuit avant l'arrêt et agissaient comme un frein ; l'étincelle, au moment de la rupture, était réduite à presque rien.

Le tramway Siemens a transporté plus de 90,000 voyageurs; la marche a été très régulière. Après 5,000 voyages représentant 3,000 kilomètres de parcours, les conducteurs latéraux n'étaient pas encore usés.

Il est clair que les chemins de fer électriques offrent des avantages. Plus de foyer, plus de chaudière lourde à traîner, plus de soins réclamés au mé-

canicien, plus de fumée, plus d'escarbilles ! Des machines fixes au départ, des fils conducteurs : et tout
est dit. Pour la traversée de longs tunnels, le système électrique est tout indiqué. Quant aux prix

Fig, 69. — Coupe transversale du chemin de fer électrique de M. Chrétien.

comparatifs de construction et d'exploitation, le
moment n'est pas venu de les préciser. La question
est très-complexe.

D'après M. Boistel, directeur de la maison Siemens
de Paris, les frais de traction du tramway électrique
seraient d'environ 0 fr. 32 par voiture et par kilomètre.
La traction à vapeur pour les tramways de l'Étoile à
Courbevoie à Paris est de 0 fr. 75 ; la traction par chevaux coûte 0 fr. 52 à 0 fr. 55. Il faut réserver encore

toute opinion précise, sur l'économie résultant des transports électriques. Cependant il paraît évident que dans beaucoup de circonstances, notamment dans l'intérieur des villes, les chemins de fer électriques sont vraiment susceptibles d'avenir.

M. Chrétien avait exposé un projet complet de chemin de fer électrique qu'il compte établir à Paris sur les boulevards extérieurs, et de préférence sur le boulevard Voltaire. La voie serait aérienne et passerait sur un viaduc en fer.

Ce que nous avons dit dans cette esquisse rapide suffira, nous l'espérons du moins, pour qu'on sache maintenant comment il est possible, par des procédés vraiment admirables de simplicité, d'obliger l'électricité à travailler, à mettre des machines en mouvement, non-seulement sur place, mais à des distances considérables. Elle est réellement assouplie, domptée et dominée. Après le siècle de la vapeur, nous aurons certainement le siècle de l'électricité.

VIII

Jusqu'ici nous avons vu la production de l'électricité marcher de front avec la consommation. Des machines fabriquent l'électricité; on l'utilise à mesure qu'elle est produite. Le courant est immédiatement mis à profit et dépensé. Ne pourrait-on le produire sans le dépenser et le mettre en réserve, comme on recueille dans un réservoir le mince filêt d'eau qui sort d'une source? Au bout d'un certain temps, le réservoir plein, on pourrait disposer, pendant quelques instants, d'un écoulement liquide beaucoup plus important. C'est là un autre problème très-tentant, qui devait naturellement exciter l'émulation des physiciens. Comme il serait commode de pouvoir engendrer des courants électriques, à temps perdu en quelque sorte, lorsque les moteurs n'ont rien de mieux à faire, d'emmagasiner les courants et de les conserver de façon à s'en servir ensuite au moment où l'on en aurait besoin! On pourrait tirer ainsi parti de courants très-faibles, mais qui, réunis, finiraient par donner momentanément un courant utilisable. Cela reviendrait évidemment à mettre en boîte de la force ou de la lumière.

On avait annoncé, dans le cours de l'année 1880, avec certain fracas, que la question était résolue et que désormais on pourrait enfermer sous un poids très-réduit assez d'électricité pour faire fonctionner des voitures, des chemins de fer, etc. La vérité est que l'on sait depuis longtemps déjà emprisonner des quantités relativement considérables d'électricité. Nous écrivions en effet dès 1872 : « M. Gaston Planté est le premier qui soit parvenu à résoudre pratiquement le problème difficile d'emmagasiner à volonté l'électricité dynamique. Il recueille l'électricité, il la met en bonteilles, il l'enferme dans des flacons, dans des boîtes, dans des étuis; il en met partout, et quand il en a besoin, il n'a plus qu'à la laisser sortir. Rien n'empêcherait d'exporter jusqu'aux Indes l'électricité fabriquée en France (1) ».

Ce qui était vrai en 1872, l'est tout aussi bien aujound'hui. Il n'est pas douteux qu'il soit possible d'emmagasiner l'électricité; mais ce qui est moins clair à préciser, c'est la dose exacte qui peut être ainsi enfermée. On avait été jusqu'à affirmer que, sous un poids de 75 kilogrammes, on accumulerait assez d'énergie pour donner pendant une heure la force d'un cheval-vapeur. On est bien revenu aujourd'hui de ces illusions de la première heure. Il ne semble pas que, jusqu'ici du moins, on ait très-nota-

(1) *Causeries scientifiques,* tomes XII et XIII.

blement dépassé les résultats obtenus dès le début par M. Gaston Planté.

On comprend facilement qu'il soit possible d'accumuler sur place l'électricité statique, puisque, par constitution, elle reste à la surface des corps, mais on conçoit moins bien comment il est possible d'emmagasiner des courants électriques qui par leur nature sont essentiellement fugaces et toujours en mouvement.

A vrai dire, l'expression « d'accumulation », ou « d'emmagasinement », des courants électriques est vicieuse et donne une fausse idée du phénomène que l'on utilise. On n'emmagasine pas du tout un courant électrique.

Voici ce que l'on fait. Nous savons bien qu'un courant électrique peut effectuer un travail de décomposition chimique entre des substances convenablement choisies. Nous avons vu par exemple, dans les piles, le courant décomposer l'eau en ses éléments constitutifs, le courant accomplit son œuvre pendant un certain temps. Après quoi, si l'on supprime son action perturbatrice et qu'on laisse les substances décomposées sous son influence, reprendre leurs premières positions d'équilibre et se reconstituer par un travail chimique inverse, elles engendrent, en se combinant à leur tour, un courant électrique, et d'autant plus intense, d'autant plus long, que le travail préliminaire de décomposition avait été lui-même plus considérable. C'est un peu comme si on avait bandé un ressort en effectuant du travail; il est évident qu'en se détendant ensuite, le ressort rendra une partie du travail qu'il avait absorbé. On n'emmagasine donc pas des courants électriques, on emmagasine du travàil, qui se manifeste ensuite sous forme de courant. Il était bon d'éviter tout malentendu à cet égard.

Ainsi, lorsqu'on fait passer un courant électrique à travers de l'eau légèrement acidulée, le liquide se décompose aussitôt et progressivement en ses deux éléments constitutifs : en gaz oxygène et en gaz hydrogène. On peut recueillir sous deux éprouvettes en verre les grosses bulles d'oxygène qui se dégagent

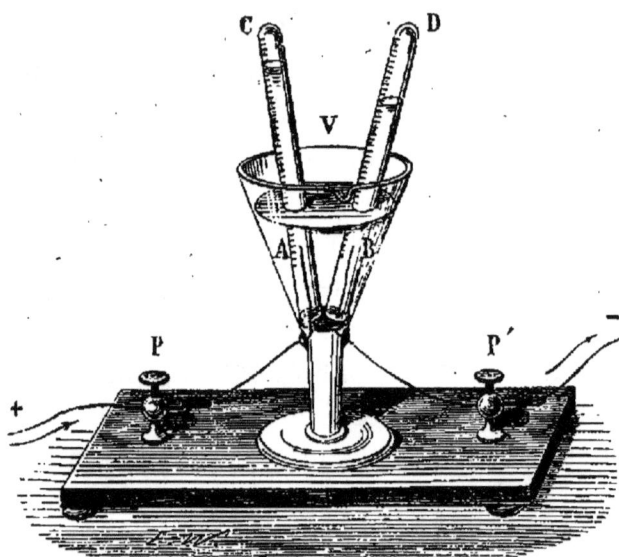

Fig. 70. — Voltamètre. Décomposition de l'eau par la pile. L'oxygène se réunit au pôle positif dans l'éprouvette A, et l'hydrogène au pôle négatif dans l'éprouvette B. Le volume de gaz en B est double du volume de gaz en C.

au pôle positif et le gaz hydrogène qui se rend au pôle négatif (expérience de Carlisle et de Nicholson, 1800). Le courant a effectué un véritable travail de séparation, de décomposition.

Maintenant supprimons l'action du courant, et réunissons ensemble les deux éprouvettes par un fil métallique : il va se produire un travail inverse.

L'oxygène se recombine avec l'hydrogène pour reconstituer de l'eau, et le fil métallique est traversé par
un courant (expérience de Gautherot, 1801), qui va
de l'hydrogène vers l'oxygène, c'est-à-dire en sens
inverse du courant de décomposition. Le premier
courant, celui qui a décomposé l'eau, porte le nom
de *courant primaire*. Le second, celui qui résulte de
la combinaison des deux gaz, s'appelle *courant secondaire*.

Si l'on a deux éprouvettes volumineuses, il est
évident que l'on pourra accumuler, par l'action d'un
courant, beaucoup de gaz, et ensuite profiter de ce
travail emmagasiné pour produire un courant secondaire qui persistera d'autant plus longtemps qu'aura
travaillé lui-même le courant primaire. On chargera
d'un côté, on déchargera de l'autre. Si même on
fournissait à chaque éprouvette son oxygène et son
hydrogène au fur et à mesure de la consommation,
on engendrerait indéfiniment un courant électrique.
M. Grove, notamment, a réalisé ainsi des piles à gaz.
On y voit peu à peu l'oxygène et l'hydrogène disparaître, et donner naissance à de l'eau pendant la production du courant.

On peut obtenir les mêmes effets plus commodément, en remplaçant les fils par des plaques de même
métal, et en plongeant simplement ces lames dans un
bocal unique plein d'eau acidulée. Le gaz hydrogène
va se condenser tout autour de la plaque négative,
comme les bulles du vin de Champagne le long des
parois d'un verre, et l'oxygène se rend de même à la
plaque positive ; si le métal est oxydable, l'oxygène
s'y combine. Quand on réunit ensuite les deux lames
par un fil pour faire passer le courant, l'oxygène

reprend sa liberté et reconstitue encore de l'eau avec l'hydrogène.

Tel est le principe des accumulateurs de l'électricité, plus connus jusqu'ici dans la science sous le nom de *piles* ou *batteries secondaires*.

La première en date remonte à 1803 ; elle avait été réalisée par Ritter avec des lames d'or, de cuivre, de fer, de bismuth, etc. (1). C'est en 1859 que M. Gaston Planté commença les persévérantes recherches qu'il a poursuivies pendant vingt années (2). Pour rester strictement dans notre sujet, disons seulement que M. Gaston Planté a montré que de tous les métaux, le plomb était celui qui se prêtait le mieux à la confection d'une pile secondaire. Ce physicien renferme dans une bouteille en verre, en gutta-percha, etc., deux lames de plomb, enroulées en hélice et séparées par place l'une de l'autre au moyen d'une bande de caoutchouc. La bouteille est remplie d'eau acidulée au dixième. Voilà un élément de pile secondaire. On fait passer le courant dans les lames de plomb. La lame en relation avec le pôle positif de la pile se charge d'oxygène qui se combine avec le plomb et l'oxyde ; celle qui est reliée au pôle négatif se couvre d'hydrogène. Quand on veut réciproquement que l'élément secondaire produise un courant, on réunit les deux fils communiquant respectivement avec

(1) Beaucoup de physiciens se sont occupés de l'étude des courants secondaires. Citons Faraday, Wheatstone, Schoenbein, Poggendorff, Buff, Beetz, Svanberg, Lenz, Ed. Becquerel, du Moncel, Gaugain, du Bois-Reymond, Crova, Raoult, Thomson, Tait, Patry, Paalzow, Thayer, Fleming, Hankel, Bornstein, Branly, Lippmann, etc.

(2) Voir son intéressant ouvrage : *Recherches sur l'Électricité*, in-18. Paris, 1879. Librairie A. Fourneau.

chaque lame métallique. Les effets produits par le courant se renversent; l'hydrogène reprend l'oxygène au plomb pour reconstituer de l'eau, et en même temps un courant électrique inverse du premier se manifeste. Le nouveau courant va cette fois du pôle négatif au pôle positif, les pôles sont renversés. Un élément Planté, immédiatement après la rupture du courant primaire, possède une force électro-motrice qui dépasse de moitié celle de l'élément Bunsen, soit environ 2 volts, 4. Mais quelques minutes après, cette force électro-motrice descend un peu et reste constante entre 2 volts et 2 volts, 1. La résistance serait environ celle

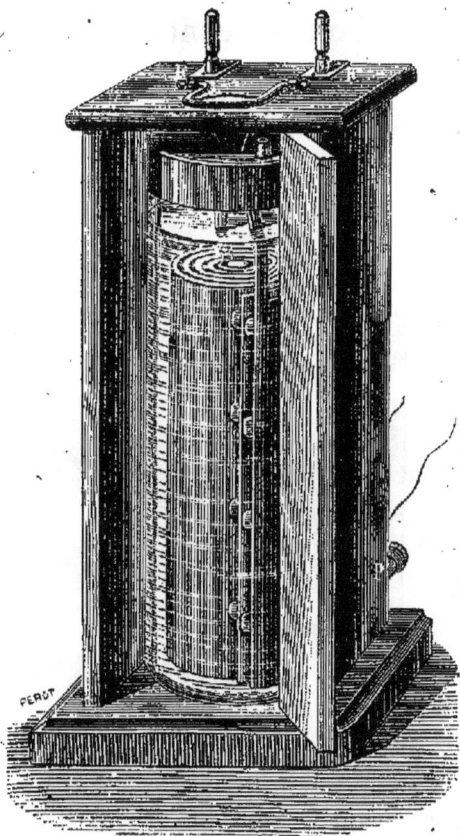

Fig. 71. — Élément de pile secondaire de M. Gaston Planté.

de 2 à 5 mètres de fil de cuivre de 1 millimètre, elle varie un peu entre 0^{ohm}, 04 et 0^{ohm}, 10; elle est voisine de celle des grands éléments Bunsen. Quoi qu'il en soit, un élément Planté, après quelques minutes de charge par deux éléments Bunsen, peut rougir un fil de platine de 1 millimètre de diamètre. En associant plusieurs éléments, on obtient des résultats remarquables. Avec une batterie de 40 couples, on peut, pendant les quelques minutes qui suivent la rupture du courant primaire, produire les mêmes effets qu'avec 60 éléments Bunsen. M. Planté a réuni dans son laboratoire 800 couples, qui équivalent à peu près à 1,200 éléments Bunsen de grande surface. Les couples chargés en quan-

Fig. 72 — Enroulement des deux feuilles de plomb des piles Planté.

tité peuvent être ensuite associés en tension, ce qui permet d'obtenir tous les effets des piles les plus puissantes.

Les accumulateurs d'électricité présentent ce fait curieux qu'ils conservent leur charge très-longtemps. Au bout d'un mois, ils sont encore en état de fournir des courants ; après huit jours, la conservation est presque intacte.

La quantité d'électricité qui sort de l'appareil est égale, à un dixième près, à celle qui est entrée. On récolte donc 90 p. 100 de la quantité entrée. La perte est donc très-faible, les quantités dépensées et récupérées étant mesurées par les dépôts métalliques dus au passage des courants de charge et de décharge.

Le courant débité est sensiblement constant : un

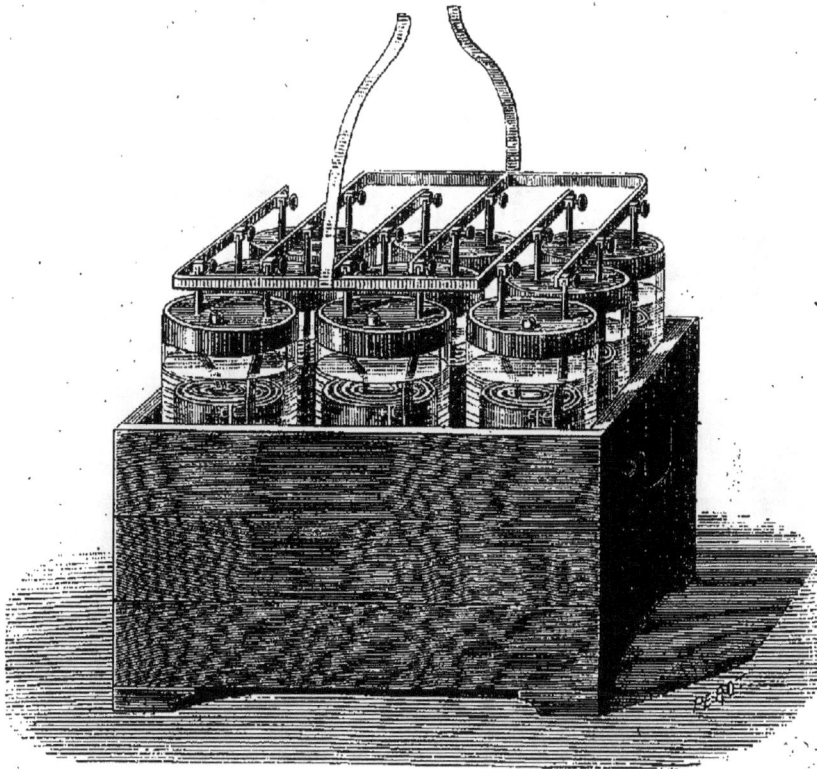

Fig. 73. — Batterie secondaire à grande surface

peu plus énergique comme nous l'avons dit au début, un peu moins vers la fin du travail. Cette propriété des accumulateurs a une grande importance pour les applications.

Il est évident, en effet, que l'appareil devient par cela même un régulateur excellent du débit électrique. Son emploi est tout indiqué lorsqu'on voudra être certain de n'user constamment que la même quantité d'électricité. Il jouera, dans les distributions d'électricité à domicile, pour la transmission de la force ou pour l'éclairage, le même rôle que les réservoirs d'eau de nos maisons dans la distribution d'eau des villes.

Fig. 74. — Batterie de tension, avec commutateur, permettant par un simple mouvement de bascule de grouper en tension les éléments chargés en quantité.

On sait que chaque particulier ne prend pas l'eau à même la conduite de la rue. En effet, l'eau circule dans les tuyaux avec une pression variable selon la consommation. Quand on prend beaucoup d'eau sur un point, naturellement la quantité qui reste disponible ailleurs diminue ; pour égaliser le débit, chaque propriétaire fait monter l'eau dans un réservoir, et c'est sur ce réservoir que se fait la prise d'eau de chaque maison. La pression avec laquelle l'eau arrive au robinet, dépend alors uniquement de la hauteur à

laquelle est placé le réservoir ; celle-ci restant constante, l'eau sort toujours du robinet avec la même
vitesse.

De même, on donnera accès à l'électricité dans une
pile Planté, sorte de réservoir intermédiaire qui
l'emmagasinera plus ou moins vite selon les variations d'énergie du courant d'alimentation, et qui la
débitera ensuite, toujours par quantités égales.

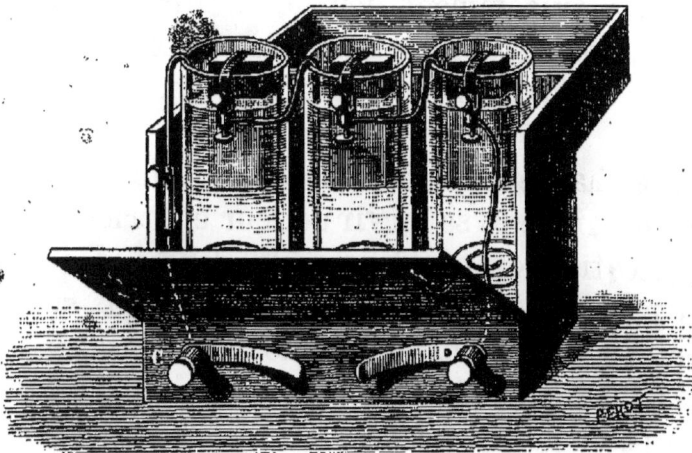

Fig. 75. — Pile Callaud de trois éléments pour charger un élément
Planté.

M. Planté, le premier, a signalé cette importante
application (1).

Toutes les applications électriques réclament un
courant régulier. En interposant un accumulateur
sur le trajet du circuit électrique, on sera bien certain
que, le robinet de l'appareil tout grand ouvert, le

(1) L'expression d'*accumulateur* et l'idée de l'*accumulation voltaïque*, reviennent de droit à M. Planté, ainsi que le
faisait justement remarquer M. Swan dans une récente confé-
rence à la Société chimique de Newcastle. (*Electricien*, janvier 1882.)

débit se maintiendra constant. Il sera facile de multiplier sur place les accumulateurs, de les laisser s'emplir et de les obliger ensuite automatiquement à déverser régulièrement leur contenu. C'est une solution excellente de la régularisation parfaite du débit d'un courant électrique. Si la consommation d'électricité reste constante, le débit de la pile reste lui-même constant. A ce seul point de vue, la pile secondaire prend de nos jours une importance considérable.

Il y aura évidemment lieu de l'utiliser dans un autre but; mais son principal rôle semble être en ce moment d'emmagasiner le courant pour le régulariser.

Quant à charger des accumulateurs pour les transporter à domicile et se servir de leur électricité, c'est une application qui sera possible dans des circonstances particulières, mais qui ne paraît pas susceptible de développement, tant que l'on ne saura pas emmagasiner plus de travail électrique disponible sous un poids de plomb plus faible; en somme, une pile secondaire pèse beaucoup, relativement au courant qu'elle peut donner. Le transport de ces colis pesants et encombrants à domicile ne serait pas bien pratique. Au contraire, la pile secondaire est appelée à rendre des services toutes les fois que, sans être déplacée, elle peut être chargée par l'intermédiaire d'un moteur qui n'a pas d'emploi pendant toute une partie de la journée. Il existe des usines, des fabriques où, pendant l'heure des repas, la machine à vapeur ne travaille pas : pourquoi ne s'en servirait-on pas pour mettre en mouvement une machine dynamo-électrique qui enverrait ses courants dans des accumulateurs? Il en est de même pour beaucoup d'établissements qui se servent de forces hydrauliques. Et que de petites chutes sans emploi aujourd'hui seraient cependant suffisantes pour charger des accumulateurs! Certains moulins à vent qui élèvent l'eau dans les propriétés particulières pourraient de même accumuler de l'électricité ; et, nous le répétons, il n'est pas indispensable de reprendre le courant et de s'en servir immédiatement. Il est possible d'attendre des heures, des journées entières avant de l'utiliser.

Il existe des usines où le moteur à vapeur cesse son travail à six heures du soir ; on voudrait cependant de la lumière électrique dans la soirée sans employer le moteur. Les accumulateurs chargés pendant le jour pourraient parfaitement, dans ce cas, alimenter de nuit les lampes électriques. Nous citons ces exemples, il en est évidemment beaucoup d'autres où les accumulateurs seraient avantageusement employés. Certains moteurs, les machines à vapeur à simple effet, les moteurs à gaz sont, comme nous l'avons vu, de mauvaises machines pour commander les générateurs dynamo-électriques. Malgré leur volant, la force développée varie pendant chaque tour de manivelle ; le générateur produit des courants périodiquement variables, et s'il s'agit de l'éclairage électrique, l'intensité de la lumière varie de même et les résultats sont désagréables à l'œil, le foyer lumineux change sans cesse d'éclat. En chargeant des piles secondaires avec le courant variable, et en se servant ensuite du débit constant de la pile, on tourne cette difficulté. C'est une application extrêmement utile qui n'a peut-être pas assez été remarquée par beaucoup d'ingénieurs.

Nous avons insisté sur ces détails parce que, après

avoir vanté outre mesure les piles secondaires, on tend maintenant à en contester l'utilité. L'accumulateur est certainement un appareil qui a un rôle à remplir dans les nouvelles applications de l'électricité.

En dehors du monde savant, on s'était, à vrai dire, bien peu préoccupé de la pile Planté. On agit plus qu'on ne parle dans les laboratoires et l'on sait bien tout le bruit qu'il faut faire pour attirer l'attention des indifférents. Tout changea, quand une Société industrielle couvrit les murs de Paris d'affiches et annonça avec grands fracas les résultats obtenus par M. Faure.

La pile secondaire Planté offre un inconvénient pratique; elle exige de longs mois pour se *former*. C'est-à-dire que le plomb qui s'oxyde, ne prend la texture particulière qui convient à une oxydation rapide que lentement; aussi, c'est seulement lorsqu'on a fait passer le courant dans plusieurs sens et longtemps, que le métal s'est modifié intérieurement au point de prendre une charge d'oxygène suffisamment grande; alors seulement l'élément est bon; il emmagasinera beaucoup de travail électrique. M. Faure a cherché à diminuer la durée de cette préparation. En outre, dans l'élément Planté, l'oxydation n'atteint que rarement, et au bout de plusieurs années, la profondeur du plomb; il subsiste au centre du métal une portion qui reste sans emploi utile et qui augmente le poids de l'élément. M. Faure a de même cherché à réduire ce poids mort, en faisant servir toute la masse à l'oxydation, c'est-à-dire à l'emmagasinement de travail.

Pour résoudre ce double problème, M. Faure

lieu de plonger dans l'eau acidulée des lames de
plomb contournées en spirale, y met des lames de
plomb entourées de minium ou d'oxyde de plomb.
Chaque lame est peinte au minium et recouverte de
minium, maintenu en place par une feuille de feutre
à l'aide de rivets de plomb. Le courant amène de
l'oxygène sur le minium et le peroxyde; l'hydrogène
se combine à l'oxygène du minium de l'autre lame et

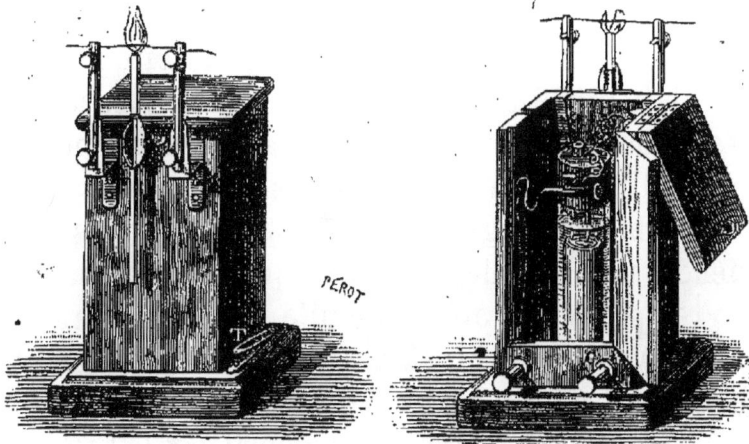

Fig. 76. — Élément Planté rougissant un fil de platine
et allumant une bougie.

le réduit. On gagne du temps, car ici l'oxygène n'a
plus à oxyder le plomb au premier degré et ensuite
au second; on supprime la durée de l'oxydation intermédiaire, en mettant à portée du courant de l'oxyde
tout formé; on obtient plus rapidement une réaction
plus profonde, on forme plus vite, on charge plus
complétement. En cent heures, dit-on, on forme une
pile.

A vrai dire, il ne paraît pas que l'artifice imaginé
par M. Faure augmente réellement beaucoup la puissance d'emmagasinement de la pile. Le seul avantage,

peut-être, consiste dans la rapidité de la formation, par suite, dans la facilité de préparation des accumulateurs. C'est déjà beaucoup. Il reste à savoir si le minium, à l'usage, ne se détachera pas de la lame de plomb, si la communication électrique subsistera bien; ce sont des points que l'expérience seule pourra élucider.

Quoi qu'il en soit, on avait annoncé que l'accumulateur Faure avait une puissance d'emmagasinement quarante fois supérieure à la pile Planté; c'est une pure illusion. On a réduit ensuite sa capacité à celle de trois fois la pile Planté; encore une illusion! Au fond, nous estimons que lorsqu'on compare des éléments Planté vieillis et bien formés à des éléments Faure, il y a sensiblement égalité. M. Hospitalier, dans des expériences personnelles, a trouvé qu'une pile Planté peut livrer par kilogramme de pile, 1,750 kilogrammètres; n'ayant pu avoir à sa disposition d'élément Faure, il avait admis le chiffre annoncé, attribuant à la capacité d'emmagasinement un cheval par 75 kilogr. de poids, soit 270,000 kilogrammètres par 75 kilogr. soit 3,600 kilogrammètres par kilogramme. Le rapport des capacités d'emmagasinement serait donc, pour les deux piles, de 1 à 2,06. Mais l'élément Planté expérimenté par M. Hospitalier n'était pas formé au maximum; on conçoit que tout dépend de la vieillesse du couple secondaire; et d'autre part le chiffre donné pour l'élément Faure paraît trop grand. M. Frank Geraldy avait trouvé de son côté un rapport variable selon les éléments étudiés de 1 à 1,30, de 1, à 1,08 et de 1 à 0,95. On voit combien ces comparaisons sont délicates à apprécier. D'autre part, M. Reynier a donné pour un élément Faure bien fait

3,750 kilogrammètres par kilogramme et pour un élément Planté 3,450. Rapport 1,08. Il résulte delà que la différence est, comme nous le disions, bien petite, si réellement il en existe une. Mais encore une fois, l'élément Faure atteint vite son maximum de capacité et il faut beaucoup de temps pour vieillir un élément Planté.

Des expériences faites à l'Exposition et répétées depuis au Conservatoire des Arts-et-Métiers par MM. Tresca, Allard, Le Blanc, Joubert et Potier, fournissent des données utiles sur le rendement des accumulateurs Faure. Ces expérimentateurs ont essayé une pile Faure de 35 éléments du poids de 43 kilogr., 700 chacun (1), avec une machine dynamo-électrique du type Siemens. On a dépensé pour le chargement un travail de un cheval-vapeur pendant 35 h. 26 m. Ensuite on a déchargé l'accumulateur, en faisant passer le courant dans douze lampes à incandescence Maxim. L'éclairage s'est maintenu constant pendant 10 h. 39 m.

Le travail moteur, transmission comprise, a absorbé 9,570,000 kilogrammètres. Le travail électrique réellement produit dans l'accumulateur par la machine dynamo-électrique, a été de 6,382,100 kilogrammètres. Donc, le travail emmagasiné n'a été que de 67 p. 100 du travail dépensé.

L'accumulateur a restitué ensuite en travail utile 3,809,000 kilogrammètres. Puisqu'il était entré 6,382,100 kilogrammètres, le travail récupéré n'a été que de 60 p. 100 du travail emmagasiné.

(1) Le kilogramme de pile comprend l'eau acidulée au dixième d'acide sulfurique, et les électrodes de plomb recouverts de minium au taux de 10 kilogr. par mètre carré.

Enfin, le moteur ayant absorbé 9,570,000 kilogrammètres et l'accumulateur n'ayant rendu que 3,809,000 kilogrammètres, l'accumulateur n'a restitué que 40 p. 100 du travail mécanique dépensé. Quarante pour cent!

La quantité d'électricité qui sort et celle qui entre a été trouvée la même à un dixième près, comme l'avait déjà très-bien annoncé M. Planté. Mais de ce que les quantités entrées et sorties sont à peu près les mêmes, il ne s'ensuit pas, comme on serait tenté de le croire tout d'abord, que la pile rend ce qu'elle a absorbé.

En effet, ce qu'elle a coûté, c'est du travail mécanique et, quand il s'agit de mesurer le travail, il faut mettre en ligne de compte, non-seulement le volume d'électricité débité, mais encore la pression du courant, comme on le fait pour une chute d'eau. Le travail est EI. Or, nécessairement, pour que le courant pénètre dans l'accumulateur, il faut bien qu'il ait une force électro-motrice, une pression plus grande que celle du courant de décharge. De là la perte dans le travail récupéré. Et d'ailleurs, comme le travail perdu augmente en raison même de la pression du courant de charge, il est clair que la perte définitive sera d'autant plus forte que le courant de charge aura eu une pression plus exagérée vis-à-vis du courant de décharge. Il faut tendre, pour augmenter le rendement, à n'employer que des courants de charge à force électro-motrice minimum. Il est vraisemblable que le chiffre de 40 p. 100, obtenu par MM. Tresca, Allard, Le Blanc, Joubert et Potier, pourra être augmenté en employant des machines à force électro-motrice plus faible, en chargeant moins vite. Le rendement croîtra en raison de la lenteur de la charge.

Le potentiel de charge était de 90 volts, le potentiel de décharge de 60 volts environ. La quantité d'électricité introduite de 694,500 coulombs et la quantité sortie de 619,600 coulombs. Le chargement a été fait pendant un temps à peu près triple de celui de la décharge.

Maintenant, il a fallu 35 h. 26 m. pour charger les 35 éléments Faure du poids de 43 kilogr. 700, avec la force d'un cheval. Cela revient à dire que chaque élément a absorbé la force d'un cheval pendant une heure. Chaque élément a pris pour son compte en une heure 270,000 kilogrammètres; il n'en a rendu que 40 p. 100, soit 108,000 kilogrammètres. Chaque kilogramme de pile n'a donc donné, en définitive, que 2,500 kilogrammètres.

On est loin des 3,600 kilogrammètres de capacite promis. 75 kilogrammes de pile ne donneraient pas un cheval. Il faudrait 100 kilogr. pour l'obtenir. Il resterait à savoir si, dans les expériences que nous signalons, on a bien réellement poussé la charge jusqu'à son extrême limite, épuisé le pouvoir d'emmagasinement de la pile et réduit le poids mort à sa dernière limite. Nous ne le pensons pas. M. Faure a affirmé depuis ces expériences qu'on avait mis trop d'eau dans les accumulateurs, qu'on avait employé des pots de grès trop lourds, qu'on n'avait pas défalqué le poids de l'emballage, de la paille, etc. Bref, pour lui, le poids de chaque accumulateur n'aurait pas dû dépasser 30 kilogrammes. Il subsiste encore une certaine incertitude sur la véritable capacité d'emmagasinement des accumulateurs. Nous adopterons jusqu'à nouvel ordre le chiffre minimum de 90 kilogr.

par cheval, qui nous paraît tenir le juste milieu entre les chiffres fournis par différents expérimentateurs.

Avant M. Faure, MM. Houston et Thomson, en Angleterre, avaient imaginé aussi un accumulateur formé d'une plaque de charbon et d'une plaque de cuivre plongées dans une dissolution de sulfate de zinc. La décomposition du sulfate de zinc par un courant charge l'élément secondaire, qui restitue ensuite le travail chimique accumulé. La pile Houston et Thomson ne paraît pas, à poids égal, supérieure à celle de M. Planté. M. d'Arsonval, de son côté, et à peu près en même temps, avait combiné un condensateur analogue avec charbon, cuivre, grenaille de plomb et sulfate de zinc. Depuis, on a multiplié les tentatives. M. de Pezzer notamment a diminué le poids mort de la pile Planté, en se servant de lames de plomb plus minces, et en réduisant les dimensions de la lame positive par rapport à celles de la lame négative. Il pourrait y avoir quelque avantage à adopter cette disposition. M. de Méritens a, de son côté, adopté le système Planté seulement il entasse les unes par-dessus les autres, des feuilles minces de plomb un peu comme les feuillets d'un livre, de façon à faciliter l'oxydation et à diminuer le poids mort. M. de Kabadt gaufre les lames pour augmenter la surface utile. Enfin, M. Rousse a imaginé aussi une pile secondaire intéressante. Ce qu'il faut, en définitive, c'est loger le plus possible sur une lame métallique de l'hydrogène et sur une autre lame de l'oxygène, provenant de la décomposition de l'eau. M. Rousse plonge en conséquence dans de l'eau acidulée une lame de plomb qui retient l'oxygène, et une lame de palladium qui peut absorber 900 fois son volume d'hydrogène. Cet élément serait très-puissant. M. Rousse emploie aussi une lame de tôle mince, qui absorbe 200 fois son volume d'hydrogène,

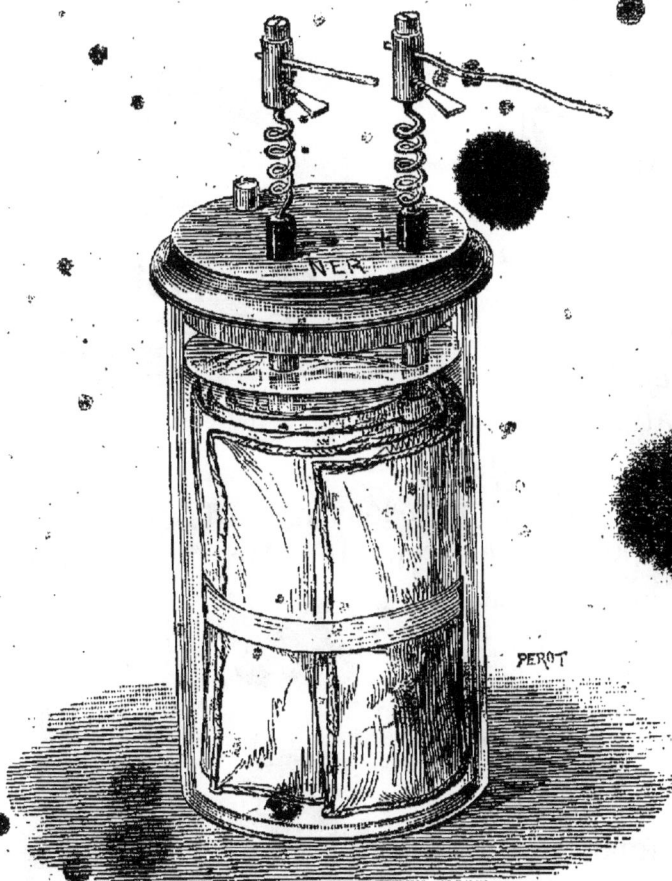

Fig. 77. — Élément Faure.

quand elle est placée dans de l'eau contenant 50 p. 100 de sulfate d'ammoniaque. La lame positive est en plomb recouverte de litharge ou de céruse.

Enfin M. Maiche, nous l'avons déjà dit, revivifie les piles épuisées en les soumettant à l'action du courant économique d'une machine dynamo-électrique.

La pile reprend son énergie première, puisque les
matériaux décomposés se sont reconstitués sous l'influence du courant.

On peut ainsi trans-
former la pile en
accumulateur, sans
appareil spécial.

On voit les
inventeurs à
l'œuvre; il pour-
rait donc bien se
faire que l'on trou-
vât bientôt des ac-
cumulateurs beau-
coup plus puissants

Fig. 78. — Allumoir Planté.

que nous possédons aujourd'hui.

À l'Exposition, on trouvait différentes applications
de la pile secondaire
Planté. Briquet, allu-
moir, mise en marche
des sonnettes, police
Trouvé, pour éclairer
différentes parties du
corps humain, etc. Les
piles Faure étaient en
plein travail. Une puis-
sante locomotive ac-
tionnait des machines
dynamo-électriques du
type Siemens, dont le
courant électrique al-

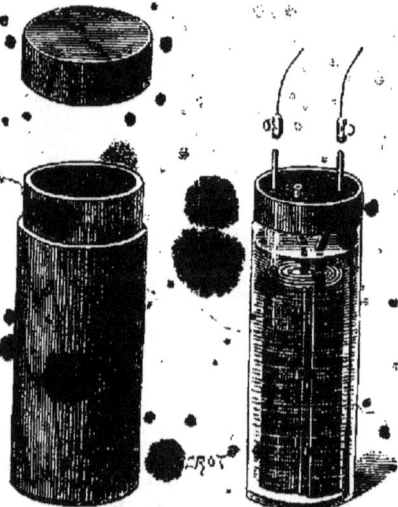

Fig. 79. — Accumulateur de poche
pour la galvanocaustie.

lait charger des douzaines d'accumulateurs. On
envoyait le courant pendant cinq ou six heures, et

dans la soirée les accumulateurs dépensaient le travail chimique accompli pendant le jour en trois ou quatre heures. Le courant secondaire des accumulateurs allait alimenter des lampes à incandescence (1).

Ailleurs, quelques éléments mettaient en mouvement des machines à coudre et différents petits outils. Près de la porte Est, un accumulateur Planté était utilisé par M. Achard, pour faire fonctionner son frein électrique installé sur les voitures des chemins de fer de l'État.

L'application la plus neuve des accumulateurs est

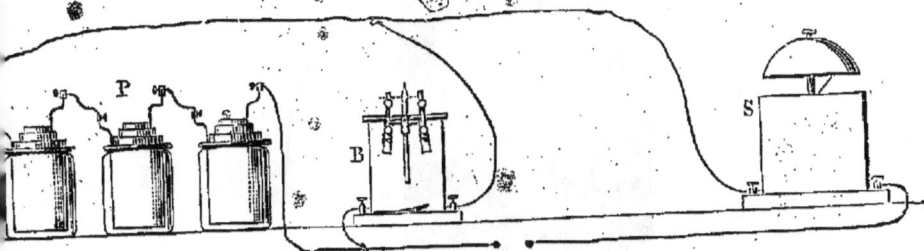

Fig. 80. — Circuit alimentant à la fois une sonnerie et un allumoir Planté. P pile, B allumoir, S sonnerie.

celle qu'avait songé à en faire M. Gaston Tissandier à la direction des ballons. Il ne s'agit pas, bien entendu, de lutter contre le vent, mais d'imprimer à un aérostat une vitesse propre, qui lui permette d'obliquer à droite ou à gauche du lit du vent. La solution du problème est liée à l'invention d'un moteur très-puissant sous un faible poids (2). M. Tissandier a réalisé un modèle de ballon qui fonctionnait

(1) La maison Siemens envoie à domicile maintenant, pour 50 centimes, des éléments de 35 kilogrammes qu'on remporte, la charge épuisée.

(2) On y arrive petit à petit. Le moteur Herrehsof ne pèse plus que kilogrammes environ, par cheval-vapeur.

à l'Exposition et auquel un petit moteur électrique
Trouvé communiquait un mouvement de propulsion,
en faisant tourner une hélice. L'électricité est fournie
au moteur par une pile secondaire Planté. Le ballon,
en forme allongée, mesure 3 m. 50 de longueur et

Fig. 81. — Polyscope Trouvé.

1 m. 50 de diamètre. Gonflé d'hydrogène pur, il a
un excédent de force ascensionnelle de 2 kilogrammes.
Le moteur pèse 220 grammes. L'accumulateur Planté
pèse 220 grammes. L'hélice, à deux branches très-
légères, a 40 centimètres de diamètre. L'aérostat
progressait pendant quelques minutes dans l'air
calme du Palais.

Avec un accumulateur Planté du poids de 1 kil. 300, l'hélice fait six tours et demi à la seconde, et la vitesse se maintient de 1 mètre à la seconde pendant plus de 40 minutes. Avec deux éléments Planté associés en tension, on peut faire tourner une hélice de 60 centimètres de diamètre communiquant une vitesse de 2 mètres au ballon pendant 10 minutes.

Si l'on passe maintenant de ce petit ballon d'essai à un ballon de grand volume, on arrive à des conclusions satisfaisantes. Un moteur dynamo-électrique de six chevaux de force ne pèse pas plus de 300 kilogrammes; on peut l'alimenter, pendant plus d'une heure, avec un poids de 900 kilogrammes d'accumulateurs, soit au total pour la force motrice 1,200 kilogrammes (1). Un aérostat allongé comme celui de M. Dupuy de Lôme, de 40 mètres de long, de 13 mètres de diamètre, de 3,000 mètres cubes de capacité, gonflé d'hydrogène, peut enlever 3,500 kilogrammes environ. Il pèserait à peu près 1,000 kilogrammes. En défalquant ce poids de celui que nécessite la force motrice, il resterait encore 1,000 kilogrammes pour les voyageurs et le lest. On pourrait facilement emporter dans la nacelle 5 ou 6 voyageurs et de nombreux appareils d'observation. Par temps calme, cet aérostat, actionné par une hélice de 5 à 6 mètres, aurait une vitesse de 20 kilomètres à l'heure, et avec un peu de vent il pourrait encore dévier notablement et suivre une route oblique assez prononcée.

Cette vitesse de déviation n'a jamais été atteinte

_____

(1) M. Tissandier emploie maintenant une pile puissante au bichromate, actionnant une dynamo Siemens. On obtient 100 kilogrammètres.

ni par le ballon de M. Giffard, ni par l'aérostat de M. Dupuy de Lôme.

Le système présente certains avantages ; il fonc-

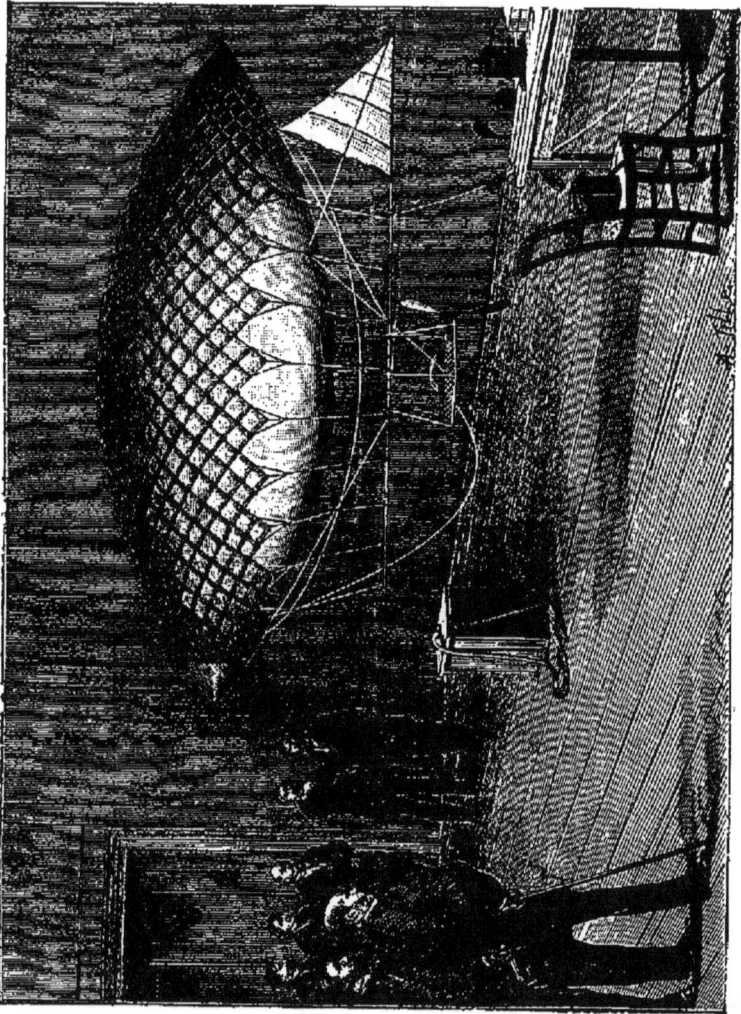

Fig. 82. — Ballon électrique de M. Gaston Tissandier.

tionne sans aucun foyer et supprime tout danger d'incendie ; il offre un poids constant, puisqu'il n'y a ni produits de la combustion, ni vapeur s'échappant dans l'air ; le moteur se manie avec le doigt. Par contre, la durée de la propulsion est très-limitée, et ce n'est pas encore évidemment une solution. Mais, en définitive, il survient souvent des journées d'accalmie, et ces jours-là le ballon pourrait partir et revenir à son point de départ. D'ailleurs, il permettrait d'étudier de plus près le problème de la direction, et il faut bien un commencement à tout. L'expérience est intéressante à faire. M. Tissandier se propose de l'exécuter. Donc, le petit ballon de l'Exposition pourrait bien grandir.

Ce qui précède suffit pour montrer que, dans des circonstances bien définies, les accumulateurs sont susceptibles de rendre des services à l'industrie. Et la meilleure preuve, c'est que, s'ils n'étaient pas inventés, on ferait le possible pour les inventer, tant ils répondent aux besoins de notre époque.

IX

Nous avons passé en revue les générateurs d'électricité, les moteurs, les accumulateurs électriques :
il nous reste, pour épuiser le sujet, à consacrer quelques lignes à un intermédiaire indispensable : nous
voulons désigner les fils conducteurs et les câbles de
transmission.

La circulation électrique n'est possible qu'avec de
très-bons conducteurs et des conducteurs appropriés
à chaque application spéciale. Le courant passe d'autant plus difficilement, qu'un fil est plus long et plus
mince. Aussi lorsqu'on veut aller loin, il faut augmenter les diamètres, sans perdre de vue que les
poids augmentent et de même les prix de revient. Les
conducteurs employés aujourd'hui sont en fer, ou bois

très-pur, en fer galvanisé, en acier, ou formés d'un brin central d'acier avec ruban de cuivre enroulé en hélice; ils sont surtout maintenant fabriqués pour les usages industriels en cuivre exceptionnellement pur. Le cuivre conduit l'électricité sept fois mieux que le fer ; l'emploi du cuivre permet, à écoulement égal, de réduire de près du tiers le diamètre des fils. L'avantage est évident, malgré le coût plus élevé, quand il s'agit de grouper plusieurs fils dans un conducteur (1).

Le fer est uniquement employé sur les lignes télégraphiques aériennes, où il faut des fils à la fois résistant à la rupture et relativement économiques. Le fil de 4 millimètres est usité pour les lignes du service intérieur et les fils de 5 millimètres pour les lignes internationales. On substitue partout aux anciens fils de fer galvanisé de 3 à 4 millimètres des fils tout en fer, plus gros, qui sont plus résistants et meilleurs conducteurs. Les fils omnibus établis le long des chemins de fer sont seuls encore en fer galvanisé de 3 millimètres de diamètre.

Les conducteurs pour la télégraphie ou la téléphonie souterraine, les câbles sous-marins, les fils des sonneries électriques, les conducteurs pour transmission de force ou les fils pour lumière sont tous indistinctement en cuivre.

Le cuivre employé, pour atteindre un haut degré de conductibilité, doit être raffiné, purifié; aussitôt qu'il renferme les plus petites traces de métaux étrangers, il perd brusquement la plus grande partie

(1) Voici la conductibilité des divers métaux à 14 degrés, en prenant celle du cuivre pour unité :
Argent 1,10, cuivre 1; or 0,71; zinc 0,26, étain 0,15, fer 0,134, platine 0,11, mercure 0,02.

de ses propriétés. On le soumet aussi pendant le tréfilage à un traitement particulier, qui développe encore ses qualités conductrices. Très-peu d'usines parviennent à fabriquer du bon fil de cuivre pour transmis-

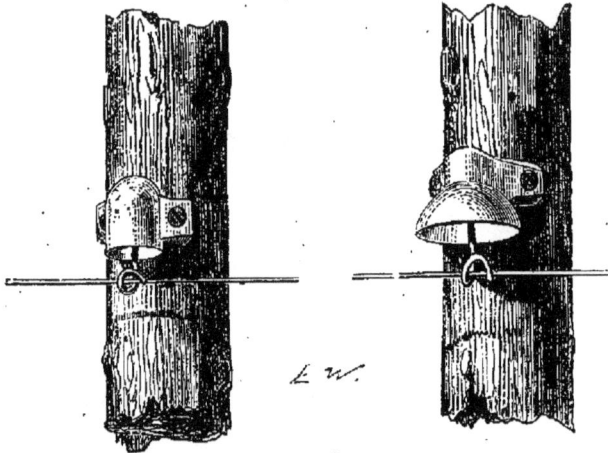

Fig. 83. — Isolateurs en porcelaines pour fils télégraphiques.

sions électriques. La difficulté est considérable. Le fil qu'on utilise en France sort des usines de M. Mouchel qui datent du siècle dernier. Ce n'est qu'à force d'efforts, d'essais et de sacrifices de toute nature que les établissements de Boisthorel ont atteint la perfection. Les fils de cuivre de M. Mouchel ont aujourd'hui une réputation universelle. On fabrique des fils depuis une fraction de un dixième, deux dixièmes de millimètre, etc.

Il convient de citer aussi les fils de MM. Laveissière et fils, Oesrchger, Merdach et Cie, des fonderies de Saint-Waast près d'Arras, Videcoq à Rugles, Létrange et Cie à Paris, etc.

On commence à se servir de fils en bronze dit phosphoreux, moins bons conducteurs que les fils en

cuivre, mais plus résistants ; à section égale, ils sont
meilleurs que les fils de fer, d'après M. Lazare
Weiller d'Angoulême, qui avait exposé une collection
de fils de bronze siliceux. Le fil d'acier employé
toujours au moins avec un diamètre de 2^{mm} pèse
25 kilog. Le fil de bronze pèse seulement 4 kilog. 5
par kilom. avec un diamètre de $0^{mm}8$ et 8 kilog. 5
pour un diamètre de $1^{mm}1$. L'emploi du bronze donne
le moyen de réaliser des portées de 400 à 500 m.,
comme le prouvent les réseaux téléphoniques de

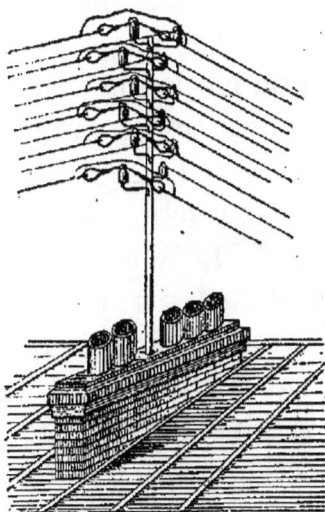

Fig. 84. — Poteau télégraphique aérien.

Bruxelles, Gand et Vienne, ce qui permet de diminuer le nombre des supports. Le prix du fil de bronze
est à celui de l'acier comme $\frac{3,50}{1,75}$ mais il est 4 à 5 fois
plus conducteur et il y a finalement économie et
moins de chance de rupture. Citons encore le fer
inoxydable de Bariff, et celui de M. Hodel, de Bordeaux, recouvert d'une sorte d'alliage de soudure -
une mention surtout au tissu conducteur de M. André,
exposé par M. Passagay, de Mâcon, qui se rapproche
du conducteur imaginé par M. le professeur Ayrton.

12.

Ce sont des bandes tissées de fils de cuivre ou d'acier et de chanvre ou autre textile ; les fils métalliques peuvent être isolés par la gaîne fibreuse. Il paraîtrait qu'avec ce tissu conducteur les effets d'induction des fils les uns sur les autres sont diminués. C'est une simple opinion.

Les fils aériens télégraphiques sont isolés par des supports de diverse nature ; mais les fils de cuivre qui doivent circuler un peu partout, le long des murs, dans les égouts, doivent être recouverts de substances laissant passer le moins possible l'électricité. On a successivement essayé dans ce but une enveloppe de coton goudronné, paraffiné ; de soie, de collodion, de bitume, de résine gomme-laque, caoutchouc, gutta-percha. Chaque isolant a ses avantages et ses inconvénients propres. Quand il s'agit de courts circuits, on se contente de soie ou même de coton, seul ou imprégné de paraffine ; M. Edison se sert même de coton simplement recouvert d'oxyde de plomb. Lorsqu'au contraire la transmission électrique doit être longue ou les courants intenses, il faut avoir recours à des enduits plus isolants de caoutchouc et surtout de gutta-percha. Les fils en gutta-percha sont très-répandus aujourd'hui ; on en trouvait des types très-nombreux dans la section française et dans la section anglaise, exposés par MM. Menier, Rattier, par la Telegraph Works Company (usines de Persan-Beaumont, Seine-et-Oise), etc. Leur fabrication constitue aujourd'hui une industrie importante. L'usine Rattier, la plus importante de France, a été récemment acquise par la Société générale des téléphones de Paris. Elle remonte à 1818. Elle fabriqua en 1858 les premiers fils souterrains employés à Paris, et en 1860, les premiers câbles sous-marins qui relient au continent les diverses îles des côtes de France. L'usine actuelle de Bezons occupe 350 ouvriers et l'on peut y fabriquer par semaine plus de 240 kilom. de câbles à trois couches d'isolants.

La confection des fils isolés par le caoutchouc ou la gutta-percha est assez complexe et exige un matériel considérable. Le caoutchouc est préalablement mélangé à du soufre et à du sulfure de plomb, puis découpé en lanières, que des machines appliquent sur le fil de cuivre ; par-dessus, d'autres machines adaptent un ruban qui enveloppe le caoutchouc. Le fil passe ensuite dans un récipient chauffé à une température élevée, où a lieu la vulcanisation du caoutchouc, c'est-à-dire sa combinaison avec le soufre. La vulcanisation a pour effet de donner au caoutchouc les qualités de souplesse, d'élasticité et de consistance qui lui manquent quand il est à l'état naturel. Le soufre attaquant le cuivre, il faut préalablement étamer le fil de cuivre. Quant à la gutta-percha, on en enveloppe les fils en les obligeant à passer plusieurs fois à travers une filière par laquelle la gomme s'écoule sous pression. Elle reste adhérente au cuivre.

En général, aujourd'hui on se sert peu de fils simples ; on réunit par groupe des fils enduits de gutta que l'on enveloppe d'un *guipage* en coton ou de rubans goudronnés ; on forme ainsi des câbles. On préfère même remplacer chaque fil élémentaire par plusieurs brins de cuivre tordus ensemble et enfermés dans une même gaîne de gutta : on est ainsi plus certain que le courant passe bien en cas de rupture de l'un des fils. Les câbles téléphoniques sont ainsi préparés. En France, tous les câbles sont logés dans des tuyaux de plomb pour les mettre à l'abri des accidents, des avaries et des déprédations des rats; on

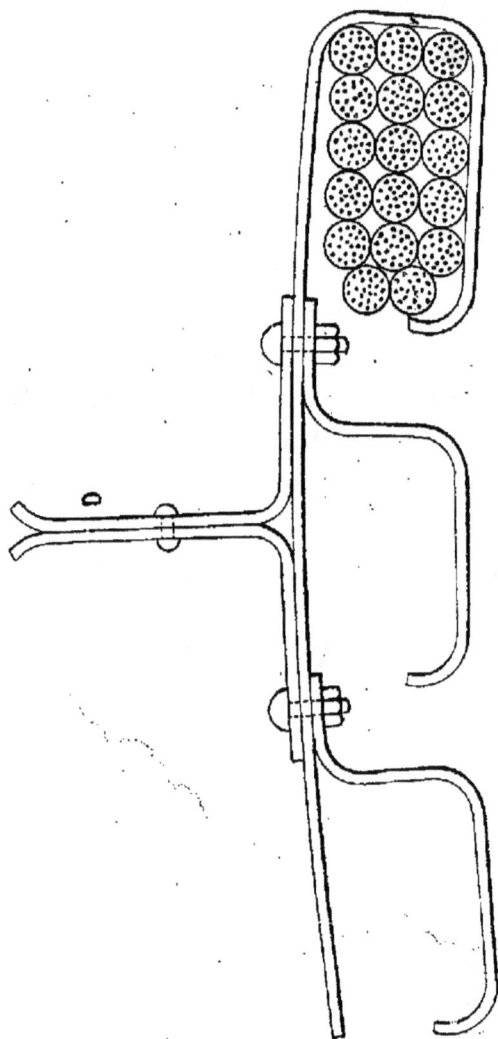

Fig. 85. — Crochet d'égout pour les câbles téléphoniques.

les suspend, à la voûte des égouts, dans des crochets scellés au mur.

Les câbles sous-marins sont aussi fabriqués avec des fils en cuivre. L'isolant est de la gutta-percha, qui est inaltérable à l'eau de mer, et qui conserve assez

bien l'électricité pour que, si long que soit le câble,
le courant ne perde même pas 1 0/0 de sa force initiale ; seulement la gutta retient par contre dans sa
masse beaucoup d'électricité, ce qui est un inconvénient. En effet, ce qu'elle absorbe n'entre pas dans la
ligne et diminue naturellement la quantité d'électricité transmise. Le caoutchouc ne présente pas ce défaut au même degré. M. Smith a combiné une gutta
spéciale, qui sous ce rapport se rapproche du caoutchouc.

Dans les pays chauds on emploie de préférence une
variété de caoutchouc vulcanisé dû à M. Hooper. La
gutta-percha à haute température perd de ses propriétés isolantes et laisse fuir le courant ; le caoutchouc isole mieux dans ce cas, au point qu'on peut
transmettre deux fois plus de mots avec le câble en
caoutchouc qu'avec un câble semblable en gutta. On a
beaucoup employé aussi une composition inventée
par M. Chatterton ; c'est un mélange de trois parties
égales en poids : 1 de gutta, 1 de résine et 1 de goudron de Stockholm. On s'en sert encore comme gaîne
de raccord entre une première enveloppe de gutta et
une seconde de gutta ou de caoutchouc. Quel que soit
l'isolant adopté, les câbles sous-marins sont enfermés
dans une enveloppe de chanvre, et sont protégés en
outre par une armature de fils de fer. De plus, aujour-
d'hui on enveloppe le fer dans des couches d'étoupe
mélangée à de l'asphalte combiné avec un silicate de
chaux pour le mettre à l'abri de la rouille. Sur les
côtes où le mouvement des vagues ou les courants
atteignent le fond, l'armature métallique des câbles
pèse jusqu'à 8 tonnes par kilomètre.

Les procédés employés pour la pose et le relèvement des câbles ont été beaucoup perfectionnés depuis l'origine. Il est devenu en quelque sorte facile d'aller chercher des câbles par 4,000 mètres de profondeur pour les couper, les relever et les réparer. L'industrie des câbles sous-marins a exercé une très-grande influence sur les progrès de l'électricité ; il a fallu créer des méthodes de mesures, de recherches, de transmissions, qui ont par contrecoup fait naître d'heureuses découvertes et de fécondes applications.

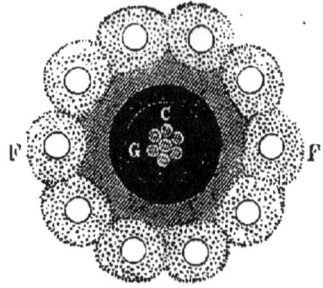

Fig. 86. — Câble transatlantique Section transversale. C fils de cuivre. G isolant. F armature en fer entourée de chanvre.

Nous n'avons pas à faire incidemment l'historique des câbles sous-marins. Rappelons seulement que le premier câble fut immergé le 28 août 1850, entre Calais et Douvres. Il se brisait quelques jours plus tard contre les rochers de la côte. Il fut rétabli d'une manière définitive le 26 septembre 1851. Après de longs sondages qui démontrèrent que le lit de l'océan Atlantique

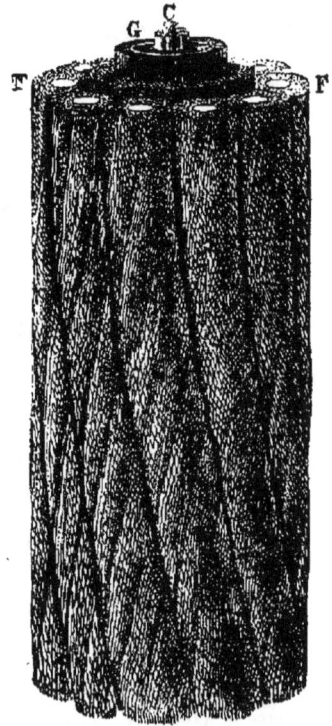

Fig. 87. — Câble transatlantique (grosseur réelle).

est formé par un immense plateau située à 3,500 mètres de profondeur, et terminé du côté des deux

continents par deux vallées abruptes, on se décida
à tenter la pose d'un câble d'Europe en Amérique.
Le premier essai, qui remonte au 5 août 1857, échoua;
le câble se brisa pendant la pose. On recommença
avec succès au mois de juillet 1858. On se souvient
sans doute encore de l'enthousiasme avec lequel on
accueillit les premières dépêches transmises à travers l'Océan. La reine Victoria échangea quelques
mots de félicitations avec le président Buchanan. En
Amérique, ce fut pendant plusieurs jours fêtes sur
fêtes, processions, feux d'artifices. A New-York, l'al-
légresse fut immense; on illumina si complètement
que l'on finit par mettre le feu à l'Hôtel-de-Ville : le
toit et la coupole furent entièrement détruits. La joie
générale ne fut pas de longue durée. A peine un mois
s'était-il écoulé que les dépêches ne parvenaient plus
à destination. On chercha vainement la cause de l'interruption. Les électriciens se mirent au travail; et
c'est seulement sept années plus tard, en 1865, sans
se laisser rebuter par les pertes considérables qu'elle
avait déjà subies, que la Compagnie fondée par l'ingénieur américain Cyrus Field se décida à faire une
troisième tentative. Ce fut le *Great Eastern* qui em-
barqua le câble. Après un début heureux, le câble se
brisa, et l'expédition dut reprendre encore une fois
le chemin de l'Angleterre. On avait posé les deux
tiers du câble. L'année suivante, le 15 juillet, le
Great Eastern, partait de Valentia emportant un câble neuf. Le 28 juillet au soir, sans accident et à l'heure
annoncée, on atterrissait le câble à Heart's Content,
sur la côte de Terre-Neuve. Le 12 août, le *Great
Eastern* se trouvait sur le lieu de l'accident de l'année précédente, et, après vingt jours de dragages in-

fructueux, le câble rompu était ramené à bord; on le soudait à un bout neuf, qui fut posé à son tour jusqu'à Terre-Neuve, et l'on eut ainsi une nouvelle communication avec l'Irlande. Depuis cette époque, les transmissions trans-océaniennes ont eu lieu sans aucune interruption.

La télégraphie transatlantique était définitivement créée.

Aujourd'hui cinq câbles traversent l'Océan; trois ont leur point de départ sur la côte d'Angleterre. On s'occupe d'en poser un nouveau, qui atterrira sur les côtes d'Allemagne. Un autre câble part du Portugal, traverse la mer Equatoriale et va jusqu'au Brésil. Un autre encore met en relation, par la mer Méditerranée et la mer des Indes, Londres et Singapour, et relie Singapour au Japon. Du Japon divergent deux lignes : la ligne qui se relie à Wladivostock avec les fils terrestres de la Sibérie; puis la ligne qui par le détroit de la Sonde va aboutir en Australie.

La *Telegraph Construction and Maintenance Company* a posé à elle seule, à l'heure actuelle, plus de 115,000 kilomètres de câbles, un circuit qui, mis bout à bout, ferait près de trois fois le tour du monde.

Une véritable flottille est affectée à la surveillance et à l'entretien des 600 lignes télégraphiques qui sillonnent les mers du monde entier.

Les capitaux engagés dans les entreprises télégraphiques sous-marines atteignent maintenant à peu près un milliard. En six ans, près de 500 millions ont été absorbés pour la pose de nouveaux câbles. C'est assez dire l'importance croissante de la nouvelle industrie.

La tendance est maintenant à remplacer les lignes

aériennes télégraphiques ou téléphoniques dans tous les pays par des lignes souterraines. Il y a longtemps qu'en Allemagne on a relié les différentes villes avec des câbles souterrains. En France, on s'occupe beaucoup de la substitution des câbles en fil de cuivre aux fils de fer suspendus sur poteaux, qui offrent des inconvénients multiples ; on construit en ce moment une ligne souterraine de Paris à Marseille. L'extension croissante que prend l'emploi des câbles suscite partout l'imagination des inventeurs. La gutta-percha coûte de plus en plus cher. Son utilisation exige des machines multiples, toute une installation dispendieuse ; la fabrication est lente ; il y a disette de câbles très-souvent. La consommation dépasse de beaucoup, en ce moment, la production. On a cherché de toutes parts à remplacer la gutta par des isolants moins chers, et à réaliser des câbles plus faciles à faire et n'exigeant pas tant de main-d'œuvre.

Mentionnons brièvement les essais nouveaux.

M. W. J. Henley, de Noth Wodlovich, recouvrait ses fils de caoutchouc pur, puis de caoutchouc vulcanisé ; le noyau était cuit et recuit dans un bain de paraffine, qui pénétrait dans les pores du caoutchouc. Maintenant il recouvre ses fils d'oxyde de zinc et d'une composition ayant pour base l'ozokérite, cire noire naturelle. MM. Lartimer-Clarke, Muirhead, de Westminster emploient la nigrite inventée par M. Field. C'est un mélange de deux parties ozokérite et une partie caoutchouc. On malaxe à basse température. L'économie serait de 40 0/0. La résistance d'isolation serait augmentée, la capacité électrostatique très-diminuée. Enfin, M. Mourlot, d'Auteuil, recommande l'emploi d'une gomme isolante extraite par distillation du bouleau blanc. L'auteur avait exposé des échantillons sous le nom de gutta-percha française.

Dans les sections étrangères, en dehors des câbles Henley, Lartimer-Clarke, on remarquait beaucoup le câble de M. Brooks de Philadelphie étudié en ce moment par l'Administration française. M. Brooks emploie pour isolant un liquide, l'huile lourde de pétrole qui sert au graissage des machines. On enferme côte à côte dans un tube de fer des fils recouverts d'un enrobage de jute ou de chanvre de Manille; on tord ces fils sur des longueurs de 300 à 600 mètres de façon à constituer un toron maintenu par un ruban de chanvre. L'huile pénètre toutes les couches et forme un isolant, comme l'avait déjà montré Faraday, non pas comparable à la gutta, mais suffisant pour les applications télégraphiques. On peut emmagasiner ainsi 30, 40 et même 100 fils dans chaque tube de fonte galvanisée de 3 millimètres d'épaisseur. Un tube de 40 fils a un diamètre de 3 centimètres; il est constitué par des sections raccordées de 4m50 de longueur. Tous les 1300 mètres, 1800 mètres etc., le tuyau pénètre dans un tube plus gros en relation avec un tube vertical qui descend d'un petit réservoir; c'est par là qu'on verse l'huile. Après quoi on bouche avec une vis. A l'extrémité la plus basse de la ligne, un réservoir élevé maintient la pression du liquide dans le câble. Les fils étamés sont réunis bout à bout, et raccordés simplement par un ruban métallique. On ne se préoccupe pas de réunir les fils qui se correspondent ; on relie même avec intention des fils quelconques; il paraît que cet entrecroisement diminue les effets d'induction. D'ailleurs l'induction serait, affirme-t-on, d'autant plus réduite qu'il y aurait plus de fils placés côte à côte dans le même tube. Il est de fait qu'à l'Exposition, dans le compartiment de l'*India Rubbar, gutta-percha and Telegraph Works Company*, de Silverstown, de Londres, le courant intermittent d'un générateur magnéto-électrique ne produisait aucun son dans un téléphone relié à l'un des fils voisins. Des électriciens du « Post office » ont affirmé qu'un téléphone placé sur deux des fils du câble allant de Waterloo à Claphane n'avait émis aucun son, bien qu'un des fils fût utilisé à transmettre le courant d'un télégraphe automatique de Wheatstone travaillant sans cesse.

Plusieurs lignes fonctionnent en Angleterre, notamment de Queen's Road à Claphane, sur une longueur de 2000 mètres. On a expérimenté sur petite échelle le câble Brooks à Versailles.

La résistance d'isolation n'est que deux méghoms par kilomètre, mais la capacité électro-statique n'est aussi que 0,20 microfarads; il en résulte un moindre retard dans l'émission des signaux, puisque la ligne, pour se charger, n'a pas besoin de prendre autant d'électricité. Nous n'avons pas de renseignements exacts sur les prix de revient des câbles Brooks, mais il est clair qu'ils sont plus économiques que les câbles à gutta et caoutchouc. Toutefois, il faudrait savoir si l'huile ne se modifiera pas avec le temps, si l'isolation restera suffisante et si, enfin, il est bien pratique d'avoir recours à une canalisation véritable avec raccords, réservoirs de pression, pour des lignes télégraphiques ou téléphoniques.

Enfin, à gauche de l'escalier d'honneur, on avait installé une curieuse machine, la presse à faire des câbles à la minute de la Société Bertoud et Borel.

Le travail ici est automatique; il n'exige plus le concours d'ouvriers spéciaux et expérimentés. Aucun système ne peut rivaliser avec celui-là pour la rapidité de l'exécution; on voit sortir de la machine en quelques instants des câbles tout prêts à livrer avec leur gaîne de plomb. Le fil de cuivre entre par une extrémité de la machine et s'en va par l'autre extrémité avec sa garniture métallique toute brillante. C'est de la prestidigitation!

La gutta-percha, avons-nous dit, coûte très-cher; MM. Berthoud et Borel lui substituent un autre isolant très-bon marché, du coton et de la paraffine, ou de la colophane. Le coton renferme toujours de l'humidité et l'humidité conduit l'électricité. Le coton dans son état ordinaire serait un mauvais isolant. Il faut le dessécher et s'arranger de façon à le mettre pour toujours à l'abri de l'air. Pour cela le fil de cuivre, préalablement revêtu mécaniquement de coton, est plongé dans un bain de paraffine fondue et maintenue à une température supérieure à 100 degrés; le coton est débarrassé de son eau; il la reprendrait vite, mais on l'entoure aussitôt à haute température d'une gaîne protectrice imperméable. Cette gaîne, c'est du plomb, qu'il est facile de mettre sous la forme d'un tuyau. Le coton paraffiné est brusquement saisi par le plomb.

Donc, un fil de cuivre entouré de coton imbibé de paraffine, le tout hermétiquement enfermé en contact parfait et sous pression dans du plomb, tel est le nouveau câble réduit à sa plus simple expression. Le coton paraffiné mis à l'abri de l'humidité est un excellent isolant; les essais faits déjà sur une grande échelle ont démontré que cet isolant pouvait remplacer la gutta et le caoutchouc; voilà pour le câble; maintenant la fabrication.

Dans les procédés actuels, on protège bien la gutta par du plomb; mais le câble terminé, il faut avoir recours à une opération complémentaire : la mise en plomb. On glisse les câbles dans des tuyaux de plomb d'un diamètre suffisamment grand pour les laisser librement passer. On fait des bouts de 100 à 120 mètres, qu'il faut ensuite souder. Le travail exige des précautions. Quelquefois aussi la mise en plomb peut déchirer la gutta et amener des pertes de courant qui restent longtemps ignorées. La méthode de MM. Berthoud et Borel est toute différente. Fil, isolant et plomb juxtaposés et fixés intimement pendant la fabrication, forment un tout inséparable. Voyons la machine de l'Exposition.

Elle est si ramassée sur elle-même, si massive, qu'elle tient tout entière entre quatre colonnes surmontées d'une plate-forme circulaire sur laquelle on parvient à l'aide d'une échelle. Sur la plate-forme on remarque une petite chaudière très-réduite, entourée d'une couronne de becs de gaz en feu ; d'en bas on dirait d'une auréole bleue. Dans la chaudière pleine de paraffine ramollie, on introduit le fil de cuivre préalablement recouvert d'un tissage de coton paraffiné.

Un gros cylindre creux vertical en acier très-résistant, supporté par les quatre colonnes, passe à travers la plate-forme. C'est dans ce cylindre-réservoir qu'est introduit le lingot de plomb destiné à revêtir le câble.

Un piston d'acier peut pénétrer de bas en haut dans la cavité du réservoir supérieur, poussé par de l'eau sous pression comme dans la presse hydraulique. Ce piston très épais est foré d'outre en outre à la façon d'un canon de fusil.

' Enfin, un tube d'acier, terminé par une portion co-

Fig. 87. — Machine Berthoud et Borel à fabriquer les câbles électriques.

nique, descend à travers le réservoir cylindrique jusqu'à la face supérieure du piston; il s'engage un peu dans la cavité centrale du piston, de manière à ne laisser entre les parois de cette cavité et sa partie conique qu'un espace annulaire étroit. Le tube d'acier est maintenu sans cesse dans cette position.

Le fil de cuivre et la matière isolante fondue dans la chaudière pénètrent ensemble dans le tube central d'acier. Le fil est enveloppé de paraffine, comme une mèche de bougie est entourée de stéarine : fil et isolant sortent par la partie conique du tube.

Le piston s'élevant exerce une poussée sur le plomb du cylindre réservoir. Le métal est obligé de s'étaler et de s'écouler par l'ouverture annulaire laissée libre entre le tube central et les parois intérieures du piston. Le plomb entoure de toutes parts le fil et son isolant, et les enferme dans une gaîne métallique.

Au fur et à mesure que le piston continue de monter, le plomb coule chassant sous lui la gaîne déjà formée, qui entraîne elle-même le fil dans son mouvement de descente. Le câble enrobé de plomb quitte l'intérieur du piston et va par une ouverture latérale s'enrouler automatiquement sur une bobine destinée à le recevoir.

L'épaisseur de l'enveloppe de plomb est variable à volonté ; elle dépend uniquement de la largeur de l'espace annulaire ménagé entre la broche centrale et les parois du piston. On peut donc enfermer le fil et son isolant dans des gaînes métalliques aussi épaisses ou aussi minces qu'on le désire.

Rien de si simple, comme on voit, que la presse à plomb de MM. Berthoud et Borel. C'est le principe des presses à fabriquer les tuyaux de grès ou de plomb, à fabriquer le macaroni. Seulement la broche centrale, au lieu d'être pleine, est creuse ici pour laisser passer le fil qu'il s'agit d'envelopper.

En définitive, un homme suffit pour garnir la chaudière de fils et de paraffine, pour emplir le réservoir cylindrique de plomb, pour surveiller le travail, et il n'en faut pas davantage avec la machine de MM. Berthoud et Borel pour transformer un fil de cuivre en un excellent câble, et pour débiter couramment de grandes longueurs de conducteurs électriques. On peut dire cette fois avec raison que les nouveaux câbles sont bien réellement fabriqués à la mécanique. La machine fait aisément ses 25 mètres de câble à la minute. La Société qui exploite le système

Fig. 88. — Ateliers Berthoud et Borel.

de MM. Borel et Berthoud a installé une importante usine à Paris et une autre usine à Cortaillod, près de Neufchâtel en Suisse.

Lorsque les câbles doivent être posés sous terre, on les fait passer une seconde fois dans la presse pour les entourer d'une nouvelle enveloppe de plomb. Entre ces deux gaînes, on interpose une substance imperméable comme le brais gras, résidu de la distillation du goudron de houille. Avec cette triple protection, les nouveaux câbles défient les intempéries et l'action du temps. On peut enfermer, bien entendu, plusieurs fils entourés d'une mince couche de plomb au milieu d'un masse isolante que l'on recouvre ensuite de plomb.

Il est une autre originalité du système qu'il est bon d'indiquer en passant. On est obligé dans les câbles ordinaires, pour éviter le plus possible l'induction des fils les uns sur les autres, de se servir, pour chaque circuit, d'un fil d'aller et d'un fil de retour. L'effet d'induction produit par le courant qui va dans un sens est annulé par l'effet du courant qui va en sens contraire. Dans le câble Berthoud et Borel, la gaine de plomb qui enveloppe chaque fil paraffiné peut servir de conducteur de retour. Le courant va par le fil et revient par le plomb. Le plomb est bien moins conducteur que le cuivre; mais comme la section du tuyau est relativement considérable, on gagne par le diamètre ce que l'on perd en conductibilité. On y trouve un grand avantage économique. Les nouveaux câbles, du reste, fabriqués mécaniquement et très-vite, sans main d'œuvre coûteuse, avec un isolant très-bon marché, sont naturellement d'un prix de revient très-inférieur à celui des câbles employés jusqu'ici.

A l'Exposition, la Société Jablockhoff les utilisait pour porter le courant aux bougies électriques et aux différents moteurs en mouvement; 15,000 mètres de câbles Berthoud et Borel transmettaient la force et la lumière dans les différentes parties du Palais; 5,000 mètres ont été posés ensuite par la même Société pour l'éclairage Jablockhoff à l'Opéra. Un câble à plusieurs conducteurs, placé dans les égouts de Paris, reliait le ministère des télégraphes avec l'Exposition. Quelques kilomètres ont été aussi établis dans les égouts pour des transmissions téléphoniques.

D'après les inventeurs, l'isolation obtenue par leur procédé de fabrication dépasserait celle que donne la gutta-percha ou le caoutchouc, et, de plus, leur capacité électro-statique, c'est-à-dire leur propriété de laisser pénétrer l'électricité dans leur masse, étant deux fois moindre qu'avec la gutta, il faudrait deux fois moins d'électricité pour les charger. Leur emploi serait donc avantageux. On a cependant noté des dérangements individuels des fils et des mélanges.

Il faut répéter ici ce qu'il convient de dire pour tous les câbles nouveaux. C'est une expérience un peu plus longue qui nous renseignera définitivement sur les qualités des câbles Berthoud et Borel. Tel est succinctement l'état actuel de l'industrie importante des câbles électriques.

Nous avons succinctement fait connaître les générateurs d'électricité, les moteurs électriques, les câbles qui donnent passage aux courants. Tout système de circulation électrique se trouve par cela même décrit.

X

Parmi les nombreuses applications de l'électricité,
il en est surtout deux qui appellent l'attention : la
production de la lumière, le transport de la force.

On a réalisé depuis quelques années de grands progrès dans les procédés d'éclairage électrique; nous les
examinerons avec détail. Le problème du transport
de la force est à peine né d'hier; il est naturellement
beaucoup moins avancé. Nous avons déjà dit comment
on portait au loin la force des moteurs, des chutes
d'eau, etc. Le sujet est complexe et soulève différentes
questions qu'il est bon d'étudier au moins sommairement. Nous allons très-rapidement essayer de nous

rendre compte du rendement qu'on peut obtenir dans le transport de l'énergie mécanique, des conditions dans lesquelles il convient de se placer, pour canaliser et distribuer l'électricité.

Définissons d'abord les propriétés caractéristiques des machines électriques.

La force électro-motrice d'une machine est proportionnelle :

1° A l'intensité de son champ magnétique M;

2° A la longueur des fils qui constituent les spires de l'anneau n ;

3° A la vitesse de rotation v, et au rayon de l'anneau (1).

Par conséquent, pour une machine quelconque, on a l'expression suivante de la force électro-motrice :

$$E = KM\,nv.$$

Réciproquement, si l'on fait passer un courant dans l'anneau d'une machine, elle se met nécessairement à tourner, car ce courant provoque des actions inductives sur son champ magnétique. Chaque élément de fil de l'anneau prend un mouvement contraire à celui qu'il faudrait précisément lui donner pour engendrer le courant qui le traverse. En un mot, la machine tourne sous l'action du courant qu'elle reçoit tout comme il faudrait la faire tourner pour engendrer le même courant.

Lorsque, ainsi que l'ont montré MM. Niaudet et Planté, on charge un accumulateur avec une machine Gramme tournant dans un sens déterminé, si l'on

---

(1) Ceci résulte des lois mêmes de l'induction. (Consulter les *Traités de physique*.)

abandonne la manivelle de la machine, elle se met à tourner d'elle-même dans le même sens, sous l'action du courant renversé que lui envoie l'accumulateur.

Mais par cela même qu'une machine qui tourne crée un courant, il faut bien que la machine mise en mouvement par l'influence d'un courant engendre

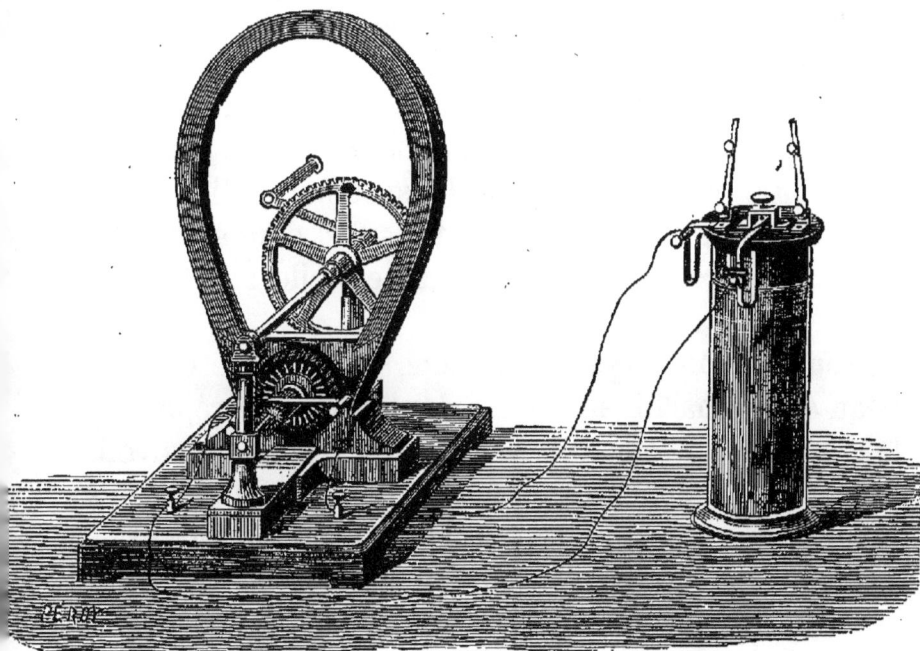

Fig. 89. — Machine Gramme excitée par une pile Planté.

elle-même un contre-courant. Donc, si E est la force électro-motrice du courant excitateur, e sera la force électro-motrice de sens inverse créé par le mouvement même de la machine; et la force électro-motrice du courant résultant sera seulement la différence $E - e$. La force électro-motrice de la machine rappelle ici la force de polarisation des piles. L'intensité du courant résultant sera donc aussi, en représentant par R la résistance totale :

$$i = \frac{E - e}{R.}$$

Ce courant résultant jouit d'une propriété remarquable qu'il est bon de mettre en évidence. Quelle que soit l'intensité du courant excitateur, le courant résultant conserve toujours la même valeur, pour un effort constant à vaincre dans la machine. Étant donné, en d'autres termes, un effort à vaincre, le courant est lui-même à tout jamais fixé pour la machine et ne varie plus, alors même qu'on exagère le courant excitateur. La résistance dans le système entier étant constante, il s'ensuit que pour un effort donné, la différence des forces électro-motrices est elle-même constante.

Pour le démontrer, appliquons sur l'arbre de l'anneau d'une machine un frein dont la charge représentera un effort constant à vaincre. Si nous envoyons un courant d'abord très-faible dans la machine, elle ne démarrera pas, parce que les actions inductives de l'anneau sur son champ magnétique seront insuffisantes pour lever l'obstacle qui s'oppose au mouvement; le courant ne produira que de la chaleur dans les fils. Augmentons progressivement l'intensité, c'est-à-dire la force électro-motrice du courant excitateur, en ajoutant de nouveaux éléments à la pile, il viendra un moment où brusquement la machine se mettra en marche.

L'effort sera vaincu par un courant de valeur bien déterminée. Eh bien! maintenant, on aura beau ajouter de nouveaux éléments à la pile, accroître par conséquent la force électro-motrice et l'intensité, la force électro-motrice et l'intensité du courant résultant ne changeront pas; elles se maintiendront constantes.

En effet, si l'on augmente l'intensité du courant excitateur, il provoquera des actions inductives plus puissantes, l'anneau tournera plus vite; mais s'il tourne plus vite, il créera un contre-courant plus énergique et l'augmentation du courant d'une part sera exactement contrebalancée par l'excès du contre-courant de l'autre, si bien qu'en définitive, le courant résultant reprendra sa valeur normale; seule, la vitesse de la machine aura varié. L'intensité étant restée la même, l'effort vaincu à chaque tour de l'anneau sera aussi resté avec sa valeur initiale; mais la vitesse ayant augmenté, le travail absolu aura lui-même augmenté.

Ainsi, et c'est un point capital à retenir, à une intensité donnée correspond toujours, dans une machine électrique employée comme moteur. un effort mécanique déterminé et un seul. La différence $E-e$ des forces électro-motrices est constante; quand bien même on accroît E, e augmente dans la même proportion. Il résulte de là que le travail du moteur est toujours le même pour chaque rotation de l'anneau. Si l'on accroît E, on ne le change nullement; mais comme la vitesse augmente, on multiplie par cela même le travail par le nombre de tours effectués dans l'unité de temps.

Nous avons déjà montré que le travail du courant a pour valeur $e\,i$, en désignant par e la force électromotrice et par i l'intensité; le courant résultant i est constant pour un effort donné, mais quand on accroît E, on augmente de même e, qui est de son côté proportionnelle à la vitesse de l'anneau.; donc, on augmente le travail proportionnellement à e, ou au nombre de tours de l'anneau. Nous revenons ainsi par une autre voie au résultat précédent.

On a supposé jusqu'ici que le courant excitateur provenait d'une pile dont on augmentait progressivement la force électro-motrice jusqu'au point convenable pour vaincre l'effort du frein, en ajoutant de nouveaux éléments en tension. A la pile, on peut substituer une machine; pour accroître progressivement sa force électro-motrice, il suffira, comme nous le savons, de la faire tourner de plus en plus vite. La force électro-motrice de cette machine sera $KMnv$; mais de même, la force contre-électro-motrice de la machine qui reçoit son courant sera, si elle est identique à la première, $KMnv'$, et l'intensité du courant résultant sera :

$$\frac{E-e}{R} = \frac{KMn(v-v')}{R}$$

Ce qui prouve que pour un effort mécanique constant, la différence des vitesses des deux machines sera elle-même constante, quelles que soient ces vitesses. On augmentera le travail total produit en accroissant les vitesses respectives de la machine qui commande et de la machine qui travaille, absolument comme si les deux machines représentaient des poulies conjuguées reliées par une courroie de transmission.

Ces considérations essentielles établies, essayons de résoudre la question suivante : Etant données deux machines identiques reliées par un circuit électrique, si l'on fait travailler la première, quel travail maximum rendra la deuxième? La machine qui commande absorbe un travail Tm, quel sera le plus grand travail utile Tu que l'on pourra obtenir de la machine commandée ?

Soit Tr le travail que doit effectuer la machine génératrice pour vaincre toutes les résistances qui s'opposent au mouvement de la machine réceptrice. La machine génératrice tourne avec une certaine vitesse ; la machine réceptrice est encore au repos, mais sur le point de démarrer ; elle est prête à tourner en effectuant un travail.

Si nous accroissons la vitesse de régime de la machine génératrice, et si nous augmentons ainsi son travail, aussitôt la machine réceptrice commence à tourner et à suivre le mouvement de la première. On a donc d'une manière générale, pour le travail moteur de la machine génératrice :

$$Tm = Tr + Tu.$$

La question à examiner est celle-ci. Pour une valeur quelconque de Tm, quelle sera la plus grande valeur correspondante de Tu ?

Pour que le travail utile soit le plus grand possible, il faut bien que le travail résistant soit lui-même le plus grand possible. Il faut donc qu'à la fois Tu et Tr aient la plus grande valeur possible. Or, pour que deux quantités dont la somme est constante soient maximum, il est nécessaire qu'elles soient égales entre elles, car si l'une était plus petite que l'autre, elle ne serait pas la plus grande possible. Donc, il faut que, dans ce cas, le travail utile égale précisément le travail résistant :

$$Tm = 2\,Tu = 2\,Tr.$$

Ainsi, le plus grand travail que l'on puisse demander à une machine réceptrice identique à la machine génératrice est exactement la moitié du travail dépensé. Du moment où l'on applique à la machine mue la plus grande résistance possible, c'est-à-dire celle-là même, qui est appliquée à la machine commandant, le travail récupéré par la seconde machine ne peut dépasser la moitié du travail absorbé par la première. Par tour, le travail de la machine réceptrice égale le travail de la machine génératrice, mais, l'une va moitié moins vite que l'autre (1).

On voit que le travail utile maximum correspond exactement à celui qu'il faut effectuer pour vaincre la résistance, pour amener la machine au point où elle va pouvoir tourner.

On arrive à ce résultat important par une voie plus directe, mais peut-être moins expressive. En effet, le travail utile de la machine réceptrice est, comme nous le savons, $e\,i$.

Mais
$$i = \frac{E - e}{R}.$$

Donc, on a :
$$Tu = \frac{e(E-e)}{R}.$$

(1) Le travail par tour est le produit de l'effort tangentiel appliqué à l'extrémité du rayon multiplié par ce rayon : $P.r.1$. Le travail maximum par tour est, de même dans la machine réceptrice $P.r.1$. Le travail de la machine génératrice à la vitesse v est $P.r.v$. Le travail maximum correspondant de la machine réceptrice est $P.r.v'$. Or, quel que soit v, v' ne peut dépasser $\frac{v}{2}$, du moment où la grandeur du couple $P.r$ est la plus grande possible. Telle est l'interprétation qu'il convient de donner au travail maximum. La grandeur du couple $P.r$ est proportionnelle au champ magnétique, à l'intensité du courant et indépendante de la vitesse.

On sait que, pour qu'un produit de deux facteurs dont la somme est constante soit maximum, il faut que ces deux facteurs soient égaux entre eux. Donc, quand T u est le plus grand possible, on a

$$E = 2\,e.$$

La force électro-motrice de la machine conduite est la moitié de celle de la machine qui conduit. De même, la résistance étant constante, l'intensité du courant correspondant au travail maximum est moitié de l'intensité du courant qui va à la machine conduite, quand elle est arrêtée : $I = 2\,i$. C'est exactement la formule qui exprime le maximum du travail dans les piles.

Enfin, les forces électro-motrices E et e de la machine génératrice et de la machine réceptrice étant proportionnelles aux vitesses imprimées respectivement à leurs anneaux, il faut bien que la vitesse de la machine commandée soit la moitié de la vitesse de la machine qui commande : $V = 2\,v$.

La machine génératrice dépensant 100 et la machine réceptrice ne donnant que 50, on en conclut que le rendement n'est que de 50 p. 0/0.

Jusqu'à ces derniers temps, on s'est singulièrement mépris sur l'interprétation exacte de ce résultat. On a cru qu'on ne pourrait jamais transporter sur une machine réceptrice plus de 50 p. 0/0 du travail d'une machine génératrice.

Il faut, en effet, consentir à perdre 50 p. 0/0 du travail dépensé, mais seulement dans le cas où la machine réceptrice doit travailler dans son plein, quand on lui applique la plus grande résistance possible. Tout change et le rendement s'améliore lorsqu'on n'oblige plus la machine à effectuer le maximum de travail par tour.

Il est facile de le faire comprendre. Le travail de la machine génératrice est égal au travail par tour multiplié par la vitesse ; le travail de la machine réceptrice est de même égal au produit de la vitesse par ce même travail. Le rendement est donc égal au rapport des vitesses.

$$\frac{Tu}{Tm} = \frac{P.\ r.\ v}{P.\ r.\ V} = \frac{v}{V} = \frac{e}{E}$$

Cette expression générale du rendement peut d'ailleurs s'obtenir directement, en remarquant que si E et e représentent les forces électro-motrices respectives des deux machines aux vitesses V et v, i l'intensité du courant correspondant à la différence des vitesses V — v, on a Tm = Ei et Tu = ei; donc :

$$\frac{Tu}{Tm} = \frac{e}{E} = \frac{v}{V}$$

Ainsi le rendement est mesuré par le rapport de deux vitesses dont la différence est constante.

Si l'on applique à chaque machine la résistance P.r, la plus grande qu'elle puisse vaincre, c'est-à-dire si l'on porte le travail au maximum par tour, il sera impossible, comme nous le savons, d'obtenir sur la machine mue plus de la moitié du travail dépensé. Mais nous sommes absolument maîtres de réduire cette résistance maximum. N'est-il pas clair qu'à mesure que nous la ferons plus petite, la portion du travail moteur absorbé pour la vaincre diminuera, et que l'autre portion uniquement utilisée à donner de la vitesse à la machine réceptrice augmentera. En réduisant de plus en plus le travail résistant, nous ferons croître la vitesse de la machine mue, au point qu'à la limite, elle deviendrait égale à la vitesse de la machine qui meut. A la limite le rendement serait intégral, mais comme l'effort vaincu serait nul, le travail serait nul lui-même.

En définitive, si pour le même travail moteur on consent à diminuer le travail résistant, le travail utile, qui n'est que la différence des deux travaux, croîtra en conséquence, et finalement le rendement sera augmenté.

Par exemple, une machine sous l'effort 3 prend la vitesse maximum 4 ; on a pour les valeurs respectives du travail moteur, du travail résistant et du travail utile dans le cas du maximum :

$$3 \times 4 = 3 \times 2 + 3 \times 2. \text{ Rendement } \frac{6}{12} = \frac{1}{2}$$

Nous réduisons l'effort à vaincre de 3 à 1 ; on a, si l'on ne fait pas varier le travail moteur :

$$1 \times 12 = 1 \times 2 + 1 \times 10. \text{ Rendement } \frac{10}{12} = \frac{5}{6}$$

Les vitesses ont passé respectivement pour la machine génératrice et pour la machine réceptrice de 4 à 12 et de 2 à 10.

On remarquera qu'en réduisant l'effort de 3 à 1, on a, en même temps, réduit dans la même proportion, l'intensité du courant dans le circuit ; il a passé de 3 à 1. L'effort à vaincre est toujours en rapport avec l'intensité. Seulement, on a conservé la vitesse qui correspondait à celle que doit prendre la machine pour vaincre l'effort maximum, et par suite la différence de vitesse de la machine génératrice et de la machine réceptrice est restée constante; elle était dans le premier cas de $4 - 2 = 2$; elle est dans le second de $12 - 10 = 2$.

D'une manière générale, on peut dire que si l'on fait descendre l'effort à vaincre de $P.r$ à $\dfrac{P.r}{n}$

On a (1) :

$$\frac{P.r}{n} n V = \frac{P.r}{n} v + \frac{P.r}{n} (n V - v)$$

Et le rendement devient

$$\frac{T u}{T m} = \frac{n V - v}{n V}$$

Mais V c'est la vitesse maximum que peut prendre la machine génératrice sous l'effort $P.r$; v c'est la vitesse à laquelle il faut faire tourner la machine génératrice pour vaincre la résistance dans le cas de l'effort maximum; nous savons que $V = 2v$. Donc,

$$\frac{T u}{T m} = \frac{2n - 1}{2n} = 1 - \frac{1}{2n}$$

Ce qui rend manifeste une fois de plus que le rendement augmente à mesure que n croît. Il est donc bien démontré qu'on peut obtenir le rendement qu'on veut,

(1) P. représentant l'effort à vaincre, r le bras du levier auquel est appliqué l'effort P. Si l'on devait exprimer le travail en kilogrammètres, il ne faudrait pas oublier qu'on doit diviser P.r par g.

à la condition formelle de réduire l'effort à vaincre et d'accélérer les vitesses des deux machines. On voit que le gain entraîne un sacrifice et que l'amélioration du rendement exige une diminution dans le travail absolu par tour.

La formule qui précède fait immédiatement voir dans quelle proportion il convient de réduire l'effort pour obtenir un rendement donné. Pour $n = 1$, pour une réduction nulle, le rendement est de 50 0/0, puis il s'améliore quand n augmente, au point de devenir intégral, quand n est extrêmement grand, c'est-à-dire quand la machine tourne sans résistance.

Une machine fait 100 chevaux en plein travail à une vitesse donnée; la machine réceptrice donnera 50 chevaux en plein travail à la vitesse moitié moindre. Rendement : 50 0/0. Nous voulons que le rendement s'élève à 80 0/0. De combien faudra-t-il réduire l'effort maximum? On a

$$\frac{80}{100} = \frac{2n-1}{2n},$$

D'où l'on tire

$$n = \frac{5}{2}.$$

Il faut donc abaisser l'effort à vaincre des deux cinquièmes et accroître la vitesse de la machine génératrice dans la proportion inverse. Elle était de 2 tours quand la machine réceptrice faisait 1 tour; elle devra faire 5 tours dans le même temps quand la machine réceptrice en fera 4 (1).

(1) Ce résultat peut se déduire directement. Le travail résistant est de 50 0/0 pour le rendement de 50 0/0; il descend

Les considérations qui précèdent et celles qui vont suivre s'appliquent à toutes les machines électriques conduites par des machines à champ magnétique constant, soit donc magnéto-électriques ou dynamo-électriques excitées par des machines indépendantes. La loi du rendement proportionnel au rapport des vitesses est générale et exacte pour toutes les machines semblables, quelles qu'elles soient, c'est-à-dire pour des machines à même champ, à même enroulement de bobine et d'électro-aimant. Il n'en est plus ainsi, quand on change le champ et l'enroulement. Le champ magnétique, en effet, est dépendant dans les machines dynamo de l'intensité du courant excitateur; on ne sait pas encore au juste comment il varie en raison de la variation du courant ; tout ce que l'on sait, c'est qu'au delà d'une certaine limite voisine du point de saturation du noyau de l'électro-aimant, la proportionnalité entre l'énergie du champ et l'intensité du courant n'existe plus du tout ; c'est en pure perte que l'on augmente l'intensité de l'excitation, il y a donc en tout cas un grand avantage à se servir d'électro-aimants à gros noyaux afin de reculer le plus possible le point de saturation. Pour étudier les différences variables d'une machine dynamo-électrique, il est indispensable de déterminer par expérience selon quelle loi elles se modifient. On cherche la force électro-motrice correspondant à une

à $100 - 80 = 20$ pour le rendement de $\frac{80}{100}$. Les vitesses restant les mêmes pour chaque travail résistant, il s'ensuit que les efforts sont entre eux dans le rapport de 50 à 20, soit de $\frac{5}{2}$. L'effort est réduit, mais la différence des vitesses se maintient constante; dans le premier cas, elle est de $2 - 1 = 1$; dans le deuxième cas de $5 - 4 = 1$.

intensité donnée pour une vitesse connue; on porte les intensités sur les abcisses et les forces électro-motrices sur les ordonnées; on construit ainsi une courbe qui permet de résoudre les questions exigées par la pratique; elle montre, en effet, comment, pour une machine donnée, varient les inconnues du problème : force électro-motrice, vitesse, intensité, travail utile, travail moteur, résistance. C'est ainsi que M. Marcel Deprez a établi ses *courbes caractéristiques*, que M. Fröhlich a tracé les courbes de la machine Siemens (1).

Dans tous les cas, on a, si les machines dynamo-électriques conjuguées sont semblables :

$$E = KMnV$$
$$e = KMnv$$

Et pour rendement

$$\frac{e}{E} = \frac{v}{V}$$

Mais, si elles sont dissemblables, on a pour le rendement qui n'est plus dans le rapport des vitesses :

$$\frac{e}{E} = \frac{K'M'n'v}{KMnV}$$

Si, tout en les choisissant dissemblables, on adoptait le même champ magnétique, on voit que le rendement serait dans le rapport du produit des vitesses par le nombre de spires des anneaux. Il résulte de cette remarque que pour augmenter le rendement, il est indispensable de se servir de machines dissemblables. Il convient d'étudier l'enroulement et le

(1) Consulter à cet égard le journal *la Lumière Électrique* du 3 décembre 1881, mémoire de M. Marcel Deprez; et le journal *l'Électricien* du 15 avril 1882, mémoire de M. Fröhlich.

champ magnétique des machines qui doivent être conjuguées pour en tirer tout l'effet utile possible. Jusqu'ici, on a beaucoup trop délaissé ce point très-important du problème.

Quoi qu'il en soit, et sans insister plus longtemps sur ces détails, qui ne seraient pas ici à leur place, nous sommes maintenant en état d'établir par le calcul les éléments fondamentaux d'une transmission de force par l'électricité. Nous avons, en fonction des forces électro-motrices, les expressions suivantes :

$$T_m = \mathrm{E}\mathrm{I} = \mathrm{E}\,\frac{(\mathrm{E} - e)}{\mathrm{R}}$$

$$T_u = e\,\mathrm{I} = e\,\frac{(\mathrm{E} - e)}{\mathrm{R}}$$

Le travail résistant T_r est tout aussi facile à donner. Tant que la machine conduite ne travaille pas, il n'y a aucun travail extérieur produit, tout le courant qui traverse le circuit est employé à faire de la chaleur. M. Niaudet a réalisé, à ce sujet une expérience très-démonstrative; il place sur le trajet du conducteur un fil fin de platine; si la machine réceptrice est calée, tout le travail de la machine génératrice se transforme en chaleur et l'on voit le fil de platine rougir; aussitôt qu'on laisse la machine réceptrice libre de tourner et d'effectuer du travail, il y a soustraction de calorique équivalent au travail effectué, et le fil redevient sombre. La production de chaleur est proportionnelle au travail résistant et diminue ou augmente avec lui. Nous savons que Joule a montré que le calorique engendré a pour expression

$$K R I^2 :$$

Donc, on a

$$Tr = KRI^2 = K\,\frac{(E-e)^2}{R}$$

Et d'une manière générale

$$EI = RI^2 + Tu\,(\textbf{1}).$$

Examinons maintenant une autre question, qui a eu le don de soulever de nombreuses controverses, dans ces derniers temps. Diminue-t-on le rendement de deux machines électriques conjuguées, quand on augmente la longueur du conducteur qui les relie? en d'autres termes, le rendement est-il indépendant de la distance?

Les uns ont répondu par l'affirmative, les autres par la négative. La réalité est que les uns et les autres ont raison; il s'agit de bien s'entendre sur les mots.

(1) Cette formule renferme en tout six quantités: Tm, E, I, Tu, e, R; quand on en connaît trois, on peut déterminer les trois autres. Si nous voulons trouver I par exemple, la formule peut se mettre sous la forme :

$$RI^2 - EI - Tu = 0$$

qui, résolue par rapport à I, donne

$$\frac{E + \sqrt{E^2 - 4RTu}}{2R}$$

En la discutant, on retrouverait tous les résultats que nous avons déjà établis. Ainsi, pour que l'effort à vaincre soit maximum, il faut que I soit maximum, ce qui a lieu quand $E^2 = 4RTu$: dans ce cas, I prend la valeur moitié de ce qu'elle est quand la machine réceptrice ne fonctionne pas; $i = \dfrac{E}{2R} = \dfrac{I}{2}$.

M. Maurice Lévy a fait ressortir, avec beaucoup de sagacité, les résultats que l'on peut tirer de l'examen de la formule fondamentale $EI - RI^2 = Tu$. (Voir le Bulletin de la Société d'encouragement, 24 février 1882.)

Si l'on entend par rendement, selon la définition admise, le rapport du travail utile au travail moteur, il est parfaitement exact que le rendement reste théoriquement le même, quelle que soit la distance ; mais si l'on veut dire que la même machine transportera la même somme de travail aussi bien loin que de près, on s'illusionne complétement. Voyons les choses un peu attentivement.

Le rendement est absolument indépendant de la distance, puisque la résistance R n'entre pas dans l'expression du rendement $\frac{e}{E}$. Mais pour une valeur donnée de E ou de e, l'intensité du courant $i = \frac{E - e}{R}$ diminue en raison de la résistance ; l'intensité est proportionnelle à l'effort vaincu ; donc, le travail diminue en raison de la résistance, c'est-à-dire de la distance à franchir. On se retrouve ici un peu dans les conditions où l'on était tout à l'heure, quand on voulait améliorer le rendement. Si l'on veut qu'il reste le même, il faut faire des sacrifices sur la quantité de travail transmis. Si la distance devient dix fois plus grande, on ne recueillera dans le même temps qu'un travail dix fois moindre. On conserve donc le même rendement, mais à la condition expresse que la quantité d'énergie à transmettre varie en raison inverse de la distance. Ceci n'est pas tout à fait aussi satisfaisant qu'on aurait voulu le faire croire.

On transporte 10 chevaux à 1 kilomètre ; on veut conserver le même rendement et transporter à 20 kilomètres avec la même installation ; on trouvera au bout du conducteur non plus 10 chevaux, mais, $\frac{10}{20} = \frac{1}{2}$ cheval !

Si l'on veut transporter à destination la même somme d'énergie et conserver le même rendement, il faudra absolument s'imposer de nouveaux sacrifices et changer complétement installation et machines.

En effet, on a

$$Tm = \frac{e(E-e)}{R} = \frac{eE}{R} - \frac{e^2}{R}$$

Posons le rendement $\frac{e}{E} = K$; il viendra

$$Tm = K(1-K)\frac{E^2}{R}$$

Or, pour que le rendement K reste constant et le travail transmis $\frac{E^2}{R}$ de même valeur, il faut de toute évidence que E^2 varie comme R, c'est-à-dire que la force électro-motrice varie comme la racine carrée de la résistance. Enfin, comme $K = \frac{e}{E}$, il faudra aussi que e varie de la même façon (1).

La distance devient 10,000 fois plus grande, la force

(1) On pourrait même, à transport d'énergie égale, accroître le rendement, ainsi que le fait remarquer sous forme de paradoxe M. Maurice Lévy. Il suffirait de faire varier E^2 non plus en raison de la racine carrée de R, mais directement en raison de R. En posant $E^2 = nR$ et en résolvant l'équation précédente par rapport à $K = \frac{Tu}{Tm}$, il vient

$$\frac{Tu}{Tm} = \frac{1 + \sqrt{1 - \frac{4Tu}{nR}}}{2}$$

Il est clair que le rendement augmente avec R.

Nous n'avons pas besoin d'ajouter qu'en admettant cette proportionnalité, on atteindrait vite des forces électro-motrices, c'est-à-dire des vitesses incompatibles avec le bon fonctionnement des machines.

électro-motrice devient 100 fois plus considérable. Donc, à toute distance choisie correspondent des forces électro-motrices définies, et par suite, des machines déterminées. L'ingénieur aura à modifier ses machines en raison des distances à franchir et des conducteurs employés. Telles sont exactement les conditions complexes du transport électrique de l'énergie.

La résistance d'un conducteur dépend, comme nous l'avons dit ailleurs, non-seulement de sa longueur, mais encore de sa section. Il est évident que lorsqu'on consent à adopter de gros conducteurs, on peut avec la même force électro-motrice transporter l'énergie plus loin; mais alors on augmente les dépenses de premier établissement, car les prix montent avec le poids et le poids s'élève avec les sections. Si l'on veut transporter avec un conducteur fin, on diminue les frais d'établissement, mais on accroît les forces électro-motrices. On est enfermé dans ce dilemme, dont on ne peut sortir. Et en pratique, il est évident qu'on ne peut accroître outre mesure les forces électro-motrices, c'est-à-dire les vitesses des machines. Il y a donc une limite à l'accroissement des forces électro-motrices et par suite à la diminution de sections des conducteurs ou à leur longueur.

On a fait certain bruit autour de la solution du transport par simple fil télégraphique préconisée avec ardeur par M. Marcel Deprez. Les personnes peu au courant de la science l'ont même baptisée du nom de « Système de transport de la force Marcel Deprez », bien que le procédé appartienne à tout le monde. On transporterait dans ce système bien plus économiquement que par tout autre. C'est clair, puisque on réduit à la limite le poids du conducteur, c'est-à-dire son prix.; mais on oublie en même temps qu'il faut alors exagérer les forces électro-motrices hors de mesure.

Dès lors, il y a lieu de craindre, outre l'usure rapide des machines fonctionnant à grande vitesse, la rupture des isolants, les décharges disruptives et les dangers qui peuvent résulter de l'emploi des courants à haute tension pour la sécurité publique. Il ne sera jamais prudent de faire voyager au milieu de la population des courants électriques de plusieurs milliers de volts, correspondant à ceux des puissantes bobines Ruhm-korff, qui donnent des commotions mortelles. On peut tuer son prochain avec de semblables courants aussi sûrement qu'avec un revolver chargé; déjà, du reste, on a eu plus d'une douzaine de morts à déplorer et la liste des victimes de l'électricité à haute tension s'augmente tous les jours. N'exagérons donc ni dans un sens ni dans un autre. Ici, comme bien souvent, la solution vraiment pratique du transport électrique nous paraît tenir le juste milieu entre les solutions extrêmes. Il convient de s'en tenir aux forces électromotrices moyennes et aux conducteurs à section moyenne. C'est, quant à présent, entre ces limites bien déterminées qu'on peut songer sérieusement à entreprendre le transport électrique de l'énergie.

Nous avons supposé jusqu'ici que le courant produit par une machine génératrice servait uniquement à alimenter une seule machine motrice, mais rien n'empêche évidemment d'envoyer le courant à plusieurs machines ou même de l'utiliser à faire fonctionner à la fois des récepteurs différents; il sera tout aussi possible d'établir une sorte de canalisation sur laquelle on fera des prises de courant pour alimenter d'élec-

tricité des moteurs, des lampes, des cuves galvano-
plastiques, etc. De là l'idée de distribuer l'électricité à
domicile comme on distribue l'eau et le gaz ; problème
tout nouveau et qui ne commence à s'imposer que
depuis quelques mois.

Deux moyens s'offrent à l'esprit pour installer une
canalisation. desservant des moteurs semblables ou
différents. On peut disposer les appareils les uns à la
suite des autres sur le même conducteur, en leur
apportant un courant unique d'intensité définie. L'é-
nergie que rendra chaque appareil sera $e\,\mathrm{I}$: et puisque
I est le même sur tout le parcours, elle ne dépendra
que de la pression e nécessaire au fonctionnement du
moteur, liée elle-même à sa résistance propre. On se
trouvera dans les conditions où l'on serait placé si
l'on voulait tirer parti d'une haute chute d'eau en
fournissant le même volume de liquide à chaque récepteur hydraulique. On les étagerait les uns au-dessus
des autres en leur attribuant à chacun la hauteur de
chute correspondante au travail qu'ils doivent fournir.
Ce mode de canalisation répond au groupement en
tension ou en série. Il est clair qu'il faudra élever la
hauteur de chute électrique, c'est-à-dire la force
électro-motrice, en raison du nombre d'appareils à
desservir et de l'énergie que chacun d'eux devra fournir. On accroîtra la chute à mesure que le nombre
des récepteurs augmentera. Ce moyen exige, comme
on voit, l'emploi de forces électro-motrices considérables, et par cela même, il nous paraît limité à des
applications spéciales. Sous peine d'accroître la force
électro-motrice outre mesure, il faut bien ne desservir
qu'un nombre relativement restreint de récepteurs (1).

(1) Les machines à desservir produisant une contre-force

Le second moyen permet, au contraire, d'assurer l'alimentation d'un grand nombre de récepteurs sans exiger l'emploi de grandes forces électro-motrices. Il consiste à copier les canalisations d'eau ou de gaz, à faire des prises de courant le long d'un conducteur principal et de les dériver jusqu'aux appareils. Dans ce cas, loin d'augmenter la résistance à vaincre avec le nombre des récepteurs, on la diminue. Chaque dérivation accroît pour son compte la section d'écoulement, et par suite, diminue la résistance. Chaque nouvel appareil intercalé dans le circuit, par cela même qu'il réduit la résistance, accroît en proportion l'écoulement et provoque ainsi l'arrivée du volume d'électricité nécessaire à son fonctionnement. Dès lors, l'énergie de chaque récepteur devant être $e\,i$, e étant supposé constant, on voit que le volume i dépendra uniquement de la résistance dans la dérivation, et la résistance du récepteur étant fixe, le débit sera lié à la section du conducteur, comme le débit d'une canalisation d'eau sous pression constante est lié au diamètre du tuyau d'amenée. On est ici dans les conditions d'une chute d'eau que l'on

électro-motrice, il faut encore, de ce chef, accroître la force électro-motrice du générateur.

Cette force contre-électro-motrice correspond à une augmentation de résistance à vaincre. On a, en effet, d'une manière générale I: $= \dfrac{E - e}{R}$

On peut poser I $= \dfrac{E}{R + x}$; d'où $x = \dfrac{e}{E - e}\,R$.

La résistance additionnelle x s'appelle la *résistance équivalente* à la force contre-électro-motrice e. Elle est commode à introduire dans le calcul pour la détermination de la force électro-motrice à donner au générateur qui doit alimenter une canalisation.

fait agir sur des roues hydrauliques disposées côte à côte, et qui reçoivent sous pression constante un volume d'eau qui dépend de la largeur des roues ; ou mieux dans les conditions d'une conduite d'eau sous pression amenant des volumes d'eau à des turbines en raison du diamètre des tuyaux branchés sur la canalisation générale. Bref, la pression étant constante, il suffira de proportionner la section des conducteurs au volume d'électricité dont on a besoin pour assurer à un récepteur l'énergie qu'on veut lui faire rendre.

Ce système de canalisation est beaucoup plus commode et plus simple que le précédent ; il permet de grouper sur le même réseau un très-grand nombre de récepteurs ; il a encore d'autres avantages qu'on appréciera facilement dans quelques instants. Aussi nous semble-t-il devoir être préféré dans la majorité des applications.

La distribution. de l'énergie implique non-seulement la nécessité absolue d'assurer à un groupe de récepteurs quelconque la somme de travail qu'il leur faut, mais encore la nécessité de proportionner sans cesse l'alimentation à la dépense. En pratique, les récepteurs ne sauraient être astreints à travailler toujours dans leur plein, ou bien il arrivera souvent que les uns seront arrêtés, quand les autres continueront leur travail ; la dépense d'énergie sera sans cesse variable. Si l'alimentation se maintenait constante, il est clair que la machine génératrice travaillerait souvent en pure perte et que les récepteurs restés en mouvement, recevant un excès de force, s'emporteraient. Il faut donc, à tous les points de vue, que l'on soit en état de faire varier le travail moteur qui com-

mande le réseau, quand le travail dépensé varie lui-
même; il faut, en un mot, régler l'alimentation en raison de la dépense.

Le problème diffère naturellement selon qu'on
adopte la canalisation par série ou la canalisation par
dérivation. Nous examinerons d'abord et principalement la distribution par dérivation, parce que
c'est la seule qui nous paraisse d'une application
générale.

Considérons une machine génératrice à force électro-motrice constante commandant par l'intermédiaire
d'un conducteur un seul récepteur. Cette machine,
avec une force électro-motrice E, envoie un courant
d'intensité I. Admettons maintenant qu'on relie les
bornes de la machine par des dérivations successives
à n nouveaux récepteurs que nous supposerons semblables pour simplifier l'exposé. Comme chaque nouveau récepteur aura besoin aussi du même courant I,
pour produire le même travail que le premier récepteur, il s'ensuit qu'il faudra bien rendre l'intensité du
courant primitif n fois plus grand. Mais, en ajoutant
n dérivations successives, nous avons par cela même
rendu la résistance totale n fois plus petite; donc, sans
toucher à la force électro-motrice de la machine génératrice, nous avons augmenté l'intensité exactement
dans la proportion convenable pour assurer le fonctionnement des n machines. La force électro-motrice
conservant toujours la même valeur, la vitesse de la
machine génératrice reste constante; il résulterait de
là qu'il serait possible d'augmenter ou de diminuer à
volonté le nombre des récepteurs en travail sur un
réseau à dérivations, sans avoir à se préoccuper de la
machine génératrice; elle proportionnerait d'elle-

même son travail aux besoins du service. Le travail
est monté, dans le cas précédent, de EI à EIn. La
machine à vapeur qui commande la machine dynamo-
électrique, proportionne en effet sans cesse, pour une
vitesse donnée, le travail qu'elle doit effectuer, à la
dépense. Quand elle marche à sa vitesse de régime,
son régulateur permet l'introduction de plus ou moins
de vapeur en proportion de l'effort à vaincre variable
In. Donc le réglage, dans ces conditions, serait absolu
et chaque récepteur donnerait toujours le travail que
lui réclamerait le consommateur, quelle que soit l'augmentation ou la diminution de dépense des autres
récepteurs du réseau.

Malheureusement ces déductions ne sont pas rigoureusement exactes; nous avons omis, en effet, un
élément essentiel de la question. Tous les générateurs
d'électricité, quels qu'ils soient, ont une résistance
intérieure; on n'a pas en réalité, comme nous l'a-
vons posé, $I = \dfrac{E}{R}$, R étant la résistance de la canalisation, mais, bien comme nous l'avons établi ailleurs,
$I = \dfrac{E}{r + R}$, r étant la résistance propre de la machine
génératrice. Dès lors la proportionnalité précédente
est fausse. Lorsqu'on prend n dérivations sur le conducteur principal, on réduit bien la résistance de R
à $\dfrac{R}{n}$, mais on laisse intacte la résistance propre r de
la machine.

C'est-à-dire que l'intensité n'augmente ou ne diminue plus selon les besoins du service. Lorsque r est
très-petit, vis-à-vis de $\dfrac{R}{n}$, la proportionnalité peut
être considérée comme satisfaite; la réduction ou

l'augmentation de l'intensité du courant qui va à chaque récepteur est insignifiante.

Il en est ainsi notamment dans toutes les applications où les récepteurs exigent, pour leur fonctionnement, bien plus d'intensité que de force électro-motrice; alors on se sert de machines à faible tension, à gros fils et par suite à faible résistance. M. Gravier, de Varsovie, avait pu établir aux Champs-Élysées, en se plaçant dans ces conditions une distribution satisfaisante; il en a d'ailleurs installé aussi plusieurs, à Varsovie, et à Saint-Denis en France. M. Gravier groupe plusieurs machines génératrices en quantité pour diminuer la résistance intérieure et il dispose ses récepteurs sur des circuits dérivés, de façon à égaliser le plus possible l'énergie que parcourt chaque circuit; de sorte que s'il vient à en supprimer un ou plusieurs, les autres reçoivent sensiblement la même somme de travail. C'est un moyen comme un autre de tourner la difficulté; on l'utilisera bien souvent.

Mais quand le réseau prendra de l'étendue et qu'il sera indispensable de fournir aux récepteurs une force électro-motrice assez grande, il faudra bien se servir de machines à forte tension, à fils très-fins, et par suite à grande résistance intérieure. Dans ces circonstances, la proportionnalité pourra bien n'être plus suffisamment satisfaite et il y aura lieu, pour la rétablir, d'augmenter ou de diminuer l'intensité du courant selon les exigences du service, et par conséquent de faire monter ou descendre la force électro-motrice, le seul élément variable dont on puisse disposer. Il faudra régler la machine.

On a imaginé plusieurs dispositifs pour atteindre le but. En général, la solution consiste à obliger le cou-

rant du réseau, quand il devient trop fort ou trop
faible, à diminuer ou à augmenter lui-même automatiquement la force électro-motrice de la machine,
jusqu'à ce que le régime normal soit rétabli. Pour
cela, on excite séparément les électro-aimants par le
courant d'une petite machine auxiliaire; on rend
ainsi le champ magnétique indépendant des variations
du réseau. La force électro-motrice est liée à l'énergie du champ magnétique, qui elle-même dépend de

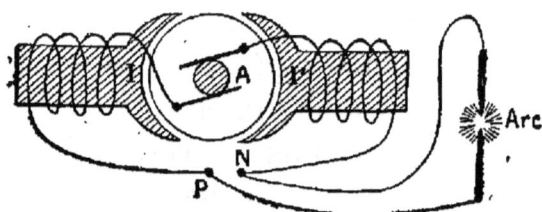

Fig. 90. — Diagramme du montage ordinaire d'une machine avec
excitation des inducteurs par le circuit même de la machine.

l'intensité du courant excitateur. Il suffit de faire
varier l'intensité de ce courant pour obtenir la force électro-motrice désirée. Or, il est facile d'obtenir ce résultat
en intercalant dans le circuit des bobines de fil. des
résistances additionnelles. C'est le courant général du
réseau qui est chargé lui-même de la besogne. S'il
augmente, il déplace, par le jeu d'un électro-aimant
rendu actif, un organe mécanique. A chaque position de l'organe correspond l'introduction dans le
circuit du champ magnétique d'une résistance déterminée. S'il diminue, l'organe se déplace en sens inverse
et supprime des résistances. En sorte que, finalement,
à toute augmentation ou diminution du courant général
correspond une correction équivalente de l'intensité
du courant excitateur, une correction convenable de

la force électro-motrice de la machine. Le réglage est obtenu.

Dès 1880, M. Hospitalier brevetait un régulateur fondé sur ce principe. M. Gravier tirait aussi parti de la même idée, bien que d'une tout autre manière, pour projeter un mode de réglage du courant dans ses distributions d'électricité. De leur côté, MM. Maxim,

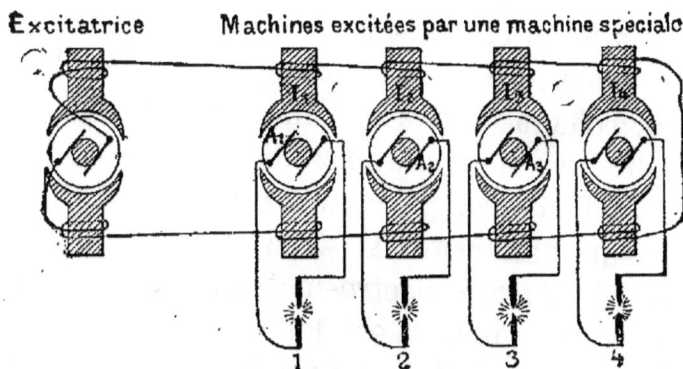

Excitatrice   Machines excitées par une machine spéciale

Fig. 91. — Diagramme du montage des machines avec excitation indépendante.

Lane-Fox construisaient des régulateurs analogues, qui ont fonctionné à l'Exposition.

Quoi qu'il en soit, tous ces systèmes sont entachés, à des degrés divers, d'un vice originel. La correction de la force électro-motrice s'effectue par l'intermédiaire d'un organe mécanique qui offre toujours une certaine inertie; il faut le temps de la vaincre: aussi le réglage ne se produit pas aussi vite que la variation et il en résulte souvent des intermittences dans le régime du réseau.

Les choses en étaient là, quand M. Marcel Deprez eut une inspiration heureuse; il a indiqué un moyen très-simple et très-élégant d'obtenir le réglage sans l'intermédiaire d'aucun organe mécanique, d'aucun appareil auxiliaire, et par le seul jeu des courants les uns sur les autres. Cette solution est très-ingénieuse (1).

Dans les procédés mécaniques précédents, tout se réduit, comme on l'a vu, chaque fois que l'on ajoute de nouvelles dérivations, chaque fois, par conséquent, que l'on diminue la résistance, à élever la force électromotrice au-dessus d'une limite fixe. Cette limite répond à la force électro-motrice de la machine sans dérivations, à la force électro-motrice correspondant à la résistance intérieure. Si nous désignons cette limite par $E = rI$, à chaque dérivation diminuant la résistance correspondra une nouvelle excitation du champ magnétique, et l'on aura pour un accroissement ΔE un accroissement d'intensité ΔI. L'intensité deviendra $I + \Delta I$ quand la force électro-motrice sera $E + \Delta E$.

La force électro-motrice est donc représentée par la somme d'une force électro-motrice invariable et d'une force électro-motrice variable. On peut parfaitement réaliser un champ magnétique satisfaisant à cette condition, sans avoir recours à aucun artifice mécanique. Il suffit d'adopter un double champ magnétique, l'un fixe, excité par une machine auxiliaire, l'autre placé dans le circuit même de la machine comme d'habitude et variable avec lui. On dispose en conséquence, côte à côte, sur les électro-aimants, deux fils distincts constituant deux circuits excitateurs séparés; l'un est placé

(1) C'est elle, sans doute, qui a fait naître la confusion dans l'esprit de quelques personnes, qui pensaient que l'on devait à M. Deprez la solution du transport de l'énergie à grande distance. M. Deprez a contribué à élucider certains côtés obscurs de ce problème; mais il n'a pas inventé le transport de la force. Il a imaginé un mode de réglage du courant dans un réseau électrique.

dans le circuit de la machine, l'autre est relié à la machine auxiliaire. Dès lors, quand la machine fonctionnera, on aura toujours $E = E + \Delta E$ (1).

On voit que chaque accroissement ΔE fournit simplement la force électro-motrice nécessaire pour assurer le débit supplémentaire exigé par chaque dérivation nouvelle; en sorte que la force électro-motrice disponible aux bornes de la machine reste sans cesse ce qu'elle était, c'est-à-dire égale à la force électromotrice initiale E. La différence de potentiel aux

(1) On pouvait arriver immédiatement à ce résultat. On a, en effet, d'une manière générale,

$$\frac{E}{r + R} = I.$$

Du moment où l'on veut que I augmente en raison des réductions de la résistance extérieure R, il faut poser

$$\frac{E + x}{r + \dfrac{R}{n}} = In.$$

D'où

$$E + x = r In + RI.$$

Ce qui signifie que quel que soit R, la chute électrique extérieure reste constante, lorsqu'à un champ fixe $E = Ir$, on ajoute l'action d'un champ magnétique x qui croît comme nI. Elle est toujours égale à la chute du champ fixe.

La démonstration pourrait également se faire géométriquement; c'est la voie qu'a suivie M. Deprez. On remarquera que l'équation précédente peut prendre de la forme $E = E + x = rI + rI = r(I+I)$. C'est l'équation d'une droite qui coupe l'axe des y et qui a pour coefficient angulaire r. On a aussi d'ailleurs $E = rI + RI$, ordonnée qui correspond aux angles r et R. La droite qui a pour abscisse $I + I$ et qui représente la *caractéristique* de la machine est donc parallèle à la droite qui, partant de l'origine des coordonnées, comprend entre elle et l'axe des x l'angle r. Les différences de potentiel représentées par les portions d'ordonnées comprises entre ces deux droites seront toujours constantes, quel que soit l'angle R et telles que $RI = rI$.

bornes, la chute électrique utilisable se maintient constante. L'invariabilité de la chute électrique extérieure implique nécessairement la constance du débit dans chaque dérivation, la complète indépendance de chaque circuit. Le réglage est donc obtenu; que l'on supprime ou que l'on replace des récepteurs dans le circuit, chacun d'eux n'en aura pas moins toujours exactement l'intensité qui lui revient. Le débit convenable sera maintenu entre deux limites bien déterminées, celui qui correspond à un seul récepteur et celui qui correspond à n récepteurs.

D'autre part, la dépense de force motrice sera ainsi exactement en raison de la consommation, car pour la même vitesse, le travail moteur ne dépend que du débit à fournir; il augmentera à vitesse égale avec le nombre des dérivations. Il est clair seulement qu'il faudra préalablement fixer une fois pour toutes la vitesse de la machine d'après le débit maximum dont on aura besoin. Après quoi, le travail moteur ira décroissant de lui-même à mesure que le débit baissera (1).

(1) En pratique, il est facile de déterminer cette vitesse de réglage. En effet, à une intensité fournie par la machine à la vitesse V_1, répond un accroissement de force électro-motrice $\Delta E_1 = E_1 - E_1$. Il faut que l'accroissement total ΔE produise l'accroissement d'intensité maximum ΔI, et pour que la différence de potentiel aux bornes reste constante, il faut aussi que $\Delta E = \Delta I r$. On a donc

$$\frac{V}{V_1} = \frac{\Delta E}{\Delta E_1} = \frac{\Delta I r}{\Delta E_1}$$

D'où

$$V = \frac{\Delta I}{\Delta E_1} r V_1$$

Il est bon d'ajouter, sous forme de réserves, que dans tout ce qui précède, nous avons admis que la puissance du champ magnétique croissait en proportion de l'intensité du courant excitateur. Si cette proportionnalité n'est pas satisfaite, toutes les déductions auxquelles nous avons été conduit sont entachées d'erreur. Il n'est pas démontré qu'elle le soit, surtout quand on se rapproche du point de saturation des électro-aimants.

Cette solution originale n'est peut-être pas cependant aussi personnelle à M. Deprez qu'on serait tenté de le croire tout d'abord. En effet, pour que le réglage ait lieu, il faut et il suffit que la force électro-motrice auxiliaire soit constante, que le champ magnétique fixe soit alimenté par un courant d'intensité invariable. Alors, au lieu de le desservir par une machine excitatrice spéciale, il n'y a qu'à le relier par une dérivation au circuit général; il est bien clair que le courant qui passera par cette dérivation restera constant. Or, ce mode d'excitation qui est celui de M. Deprez, encore simplifié, paraît avoir été employé par M. Brush dès 1879 (1). M. Brush s'est servi, bien avant M. Deprez, du double enroulement et de l'excitation constante. Il est juste d'ajouter que M. Deprez l'a appliqué le premier au réglage d'une distribution d'électricité.

Les bobines à double fil sont, du reste, bien connues depuis quelques années. M. Brush s'en est servi

(1) *Electric transmission of power*, par Paget Higgs. Londres, 1879. Le double enroulement est décrit; puis l'auteur ajoute : « en détournant du circuit extérieur, dit M. Brush, une partie du courant de la machine, et en se servant de l'un des circuits séparément ou avec le reste du courant pour exciter les inducteurs, on peut obtenir un champ magnétique permanent. »

également pour le réglage de ses lampes différentielles, comme nous le verrons. Seulement ici le
double enroulement est inverse; un courant se retran-
che de l'autre dans le but de diminuer la différence de
potentiel quand la résistance de l'arc électrique augmente. Ce mode de réglage automatique de l'arc conduit directement au réglage du travail des machines.

Le champ magnétique à enroulement inverse peut
d'ailleurs lui-même être utilisé avantageusement dans
certains cas, car il permet, lorsque le travail dans un
réseau reste invariable, de maintenir le courant
de régime, pourvu que le champ magnétique différentiel reste constant. $I = \dfrac{E - E'}{R}$. Si R est constant et
E — E' constant, I conserve sa valeur. C'est une solution qui offre de l'intérêt. Nous avons vu en effet que
certains moteurs, les machines à gaz notamment, ont
une allure périodiquement variable, qui retentit fâcheu-
sement sur la régularité du courant généré par la
machine électrique. Il en résulte que, si le courant est
employé, par exemple, à illuminer des lampes à incandescence, à tout moment l'éclat s'élève ou s'abaisse, la
lumière manque absolument de fixité. En employant
une machine à double enroulement inverse et à excitation indépendante, on fait disparaître cet inconvénient.
La machine génératrice et la machine excitatrice sont
en effet commandées par le même moteur, et si la
vitesse de l'une change, la vitesse de l'autre change en
même temps dans le même rapport. Alors on a
E — E' = V — V' constant, et la variation d'intensité
et, par suite d'éclat, est corrigée.

Quelques lignes seulement maintenant sur le système de distribution par intensité constante. Il est clair

que, dans ce cas, c'est la différence de potentiel aux bornes qui doit changer selon la résistance. Il faut augmenter ou diminuer la force électro-motrice de la machine de façon à conserver constante l'intensité. Nous retrouverons des applications de ce système quand nous parlerons de l'éclairage électrique. Le réglage automatique s'effectue , comme il a été dit tout à l'heure, par le jeu d'un double champ magnétique différentiel desservi par des dérivations convenablement prises sur le conducteur général. Les variations de la résistance extérieure font varier les courants dérivés qui excitent les inducteurs, de façon que le champ magnétique prenne la valeur convenable au maintien de la constance de l'intensité de régime. Le système à double enroulement satisfait d'ailleurs à cette condition dans ce genre de distribution. Il suffit d'y appliquer le montage de Wheatstone par dérivation. Les deux champs magnétiques varient en raison inverse de la résistance extérieure et l'intensité garde sa valeur.

La distribution par série offre pour nous le grand inconvénient que tous les appareils se commandent; le plus petit accident survenu à l'un d'eux retentit sur les autres; si le conducteur lui-même est atteint, tous les récepteurs sont hors d'état de fonctionner. Il est vrai qu'en revanche, on peut se servir de conducteurs moins volumineux, d'un nombre de fils réduit. L'installation est économique.

La distribution par pression constante oblige à prendre des conducteurs plus gros et à augmenter leur nombre et leur longueur, surtout si l'on fait partir chaque circuit des bornes de la machine. Mais aussi chacun d'eux est tout à fait indépendant et un accident survenu dans un récepteur n'a aucune action sur les autres. Enfin, les tensions dans le réseau sont faibles, tandis qu'elles sont dangereuses dans le circuit à intensité constante. Tous les avantages et les inconvénients respectifs de chaque système bien pesés, nous avons déjà conclu qu'il y avait lieu de préférer généralement la distribution par dérivation, bien qu'en rappelant que tout dépend, en définitive, des circonstances.

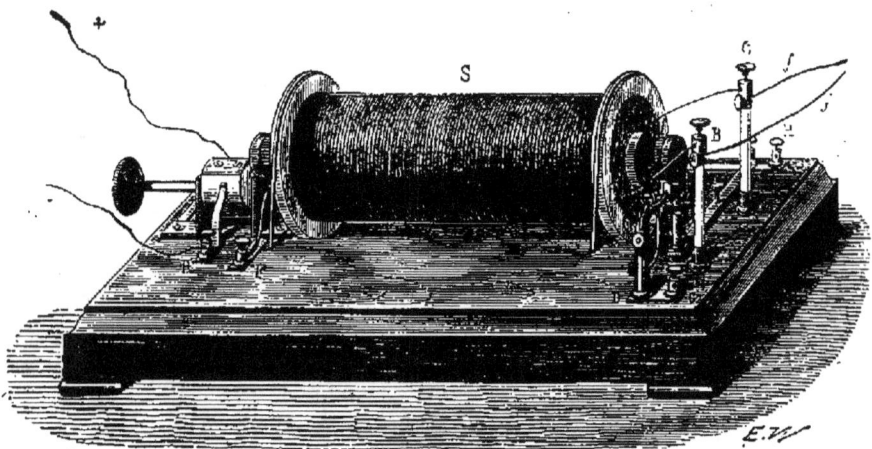

Fig. 92   — Bobine Ruhmkorff.

L'établissement d'un réseau électrique soulève un dernier problème qu'il est bon aussi d'indiquer sommairement. Nous avons vu que selon le mode de distribution choisi, on alimentait le réseau à volume constant ou à pression constante. Or, les appareils électriques sont comme tous les récepteurs, ils ont souvent besoin d'une pression déterminée et d'un volume de courant défini, pour travailler dans de bonnes conditions. Ainsi, par exemple, il faut aux lampes électriques, selon le système adopté, tant de force électro-motrice et tant d'intensité de courant. Avec une distribution générale, ces conditions seront

rarement remplies. Il faudrait donc trouver le moyen
de modifier sur place l'énergie transmise par le réseau
et de changer à volonté la valeur des deux facteurs e
et i, la force électro-motrice et l'intensité. Quand on
envoie le courant très-loin du générateur, il est clair
que la force électro-motrice sera le plus souvent trop
élevée pour les récepteurs, il faudrait la diminuer et

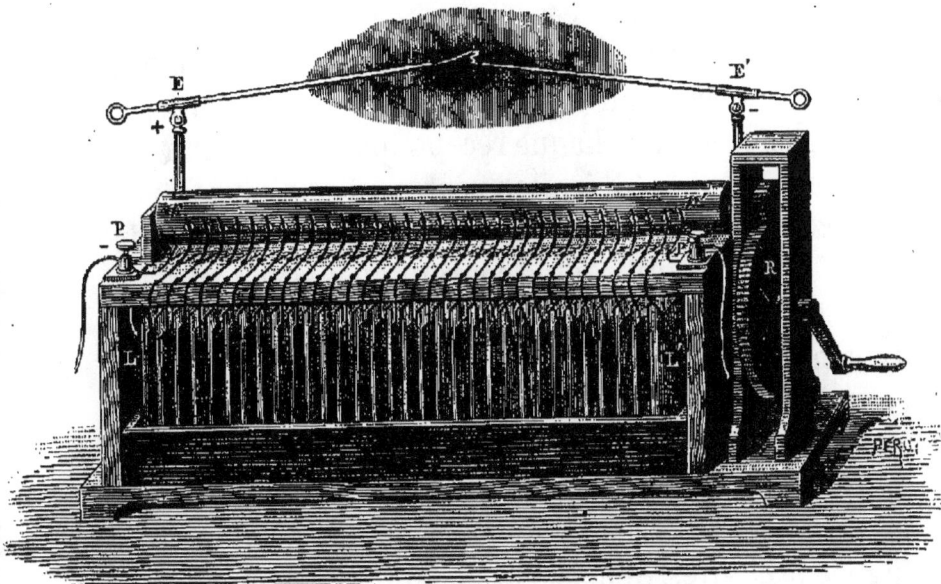

Fig. 93. — Machine rhéostatique de M. Planté.

augmenter l'intensité. On appelle *transformateurs* les
appareils qui permettent de transformer l'énergie
transmise en l'appropriant aux exigences des récepteurs du réseau.

La bobine de Ruhmkorff, qui, par la réaction d'un
courant à gros volume sur un fil fin donne un courant
moins volumineux mais à haute tension, est un transformateur. La machine rhéostatique de M. G. Planté (1)

(1) Voir *Recherches sur l'Électricité*, par M. Gaston Planté

qui se charge en quantité pendant qu'elle tourne et se décharge en tension, est un transformateur. L'accumulateur Planté est encore un transformateur. On peut, en effet, le charger avec un courant de volume donné et de force électro-motrice donnée, et en changeant l'association des éléments en quantité et en tension obtenir les qualités de courant que l'on désire.

Malheureusement, ces transformations entraînent toujours une perte plus ou moins grande, parce que le courant doit franchir des résistances supplémentaires avant de parvenir à chaque récepteur. M. G. Cabanellas s'est proposé de réduire ces pertes au minimum.

Il est bien clair, d'abord, que l'on pourrait résoudre le problème en utilisant le courant du réseau pour faire marcher, par l'intermédiaire d'une première machine dynamo-électrique, une seconde machine dynamo-électrique qui, bien construite, produirait, partout où on le voudrait, un courant d'intensité et de force électro-motrice convenable. Le courant du réseau actionne la machine ; celle-ci actionne à son tour la machine conjuguée à la vitesse choisie et chaque nouveau courant, généré en quelque sorte de seconde main, s'en va alimenter sur place des lampes à incandescence, des cuves galvanoplastiques, etc., selon la force électro-motrice et l'intensité qu'on lui a données. Au lieu de se servir de deux machines, on peut grouper sur le même appareil deux bobines Gramme placées sur le même arbre. La première reçoit le courant et fait tourner la seconde qui génère le courant définitif. C'est ce que M. Cabanellas a appelé un *robinet électrique*. Mais la perte est encore ici très-considérable ; nous savons qu'elle est de 50 0/0 quand les deux machines donnent leur plein de travail.

M. Cabanellas, dans une disposition récente et ingénieuse, a indiqué le moyen de la diminuer beaucoup.
Soit un anneau Gramme à double enroulement distinct,
un fil A et par dessus un fil B; on forme ainsi en quelque sorte comme deux anneaux concentriques superposés. L'anneau intérieur au fil A communique par ses
deux balais avec le réseau; l'anneau extérieur au fil B
est en relation avec le circuit local qu'il s'agit d'alimenter, également par deux autres balais. Au lieu de
laisser l'anneau tourner sous l'action du courant du
réseau, on le maintient fixe et immobile; mais on fait
tourner chaque paire de balais à la même vitesse. Le
déplacement des balais de l'enroulement A engendre
par induction dans l'enroulement B une série de courants *alternatifs* qui, convenablement recueillis dans
les balais B, deviennent *continus* et s'en vont dans le
circuit à alimenter. La nature du courant local ainsi
obtenu dépend de la grosseur du fil B, de la vitesse de
rotation des balais et de l'énergie du courant du réseau.
On peut donc le choisir à son gré. Quant au travail
dépensé, on voit qu'il est réduit ici au travail nécessité
par la rotation des balais; on les actionne au moyen
d'une petite dérivation empruntée à la distribution.
Ce procédé donnera donc toujours le moyen d'apporter à chaque récepteur l'énergie dont il a besoin
sous la forme qui lui convient.

On peut concevoir encore d'autres moyens économiques de modifier, selon la circonstance, la force
électro-motrice et l'intensité, et de l'approprier aux
récepteurs; il est inutile d'insister davantage; il suffit
d'avoir indiqué l'esprit général de la méthode.

Telles sont, en résumé, les conditions multiples qu'il
ne faut pas perdre de vue, lorsqu'on veut entreprendre

l'installation d'un réseau électrique ; et tel est l'état de la question. Il est évident que, ici comme ailleurs, les progrès ne se feront pas attendre longtemps.

XI

L'opinion des savants et du public s'est complétement modifiée depuis quelques années sur la possibilité d'appliquer la lumière électrique à l'éclairage. En 1869, deux physiciens de mérite, MM. Boutan et d'Almeida écrivaient dans leur *Cours de physique :* « La lumière de l'arc voltaïque a été bien souvent essayée pour l'éclairage des villes et jusqu'ici elle l'a été sans succès... Ces petits soleils disséminés sur les places et dans les carrefours fatigueront les habitants éblouis par l'éclat insupportable d'une lumière aussi vive ; on demandera à revenir immédiatement au mode actuel d'éclairage. On pourrait, à la vérité, amortir l'éclat par des verres dépolis, mais alors la perte serait considérable, et comme la production d'électricité est très-coûteuse, nous ne voyons pas trop l'avantage qu'il y aurait à substituer cette lumière affaiblie à celle du gaz... » Les faits cnt donné tort à MM. Boutan et d'Almeida.

D'autre part, le 23 mai 1879, le président de la commission d'enquête sur l'éclairage électrique à la Chambre des Communes, ayant demandé à sir William Thomson s'il pensait que l'usage de la lumière électrique n'était pas le rêve d'un savant, l'illustre électricien de la Société royale répondit : « Certainement, la lumière électrique a été dans le domaine des rêves pendant soixante ans, mais elle est maintenant arrivée dans le domaine des réalités. »

La lumière électrique par arc voltaïque, si critiquée hier, peut effectivement aujourd'hui être utilisée très-avantageusement dans beaucoup de circonstances et notamment pour l'éclairage des phares, des usines, des magasins, des théâtres, des avenues, des places publiques, etc. Les progrès réalisés dans ces derniers temps ont été très-rapides, et nous devons en signaler tout au moins très - brièvement les principales étapes.

Humphry Davy, dès 1802, découvrit l'*arc voltaïque*, (J^{al} *Roy. Inst.*) Davy eut l'idée de mettre en contact deux morceaux de charbon reliés à une pile puissante de 2,000 éléments. Au moment où il sépara les deux morceaux, il vit jaillir entre eux une lumière éblouissante. Le phénomène est très-curieux. Nous dirons seulement, sans l'analyser dans ses détails, que les deux charbons, médiocrement conducteurs de l'électricité, opposent une résistance au passage du courant, l'air qui les entoure s'échauffe avec eux et devient relativement conducteur ; aussi, quand on

separe les deux charbons, le courant continue à passer. Il effectue un travail de transport singulier :
il chasse devant lui des parcelles charbonneuses qui
traversent l'air chaud d'un charbon à l'autre, et ces
parcelles portées au blanc donnent un éclat extrêmement vif à la lumière. Les parcelles augmentent la
conductibilité de l'arc ; elles constituent un conduc-

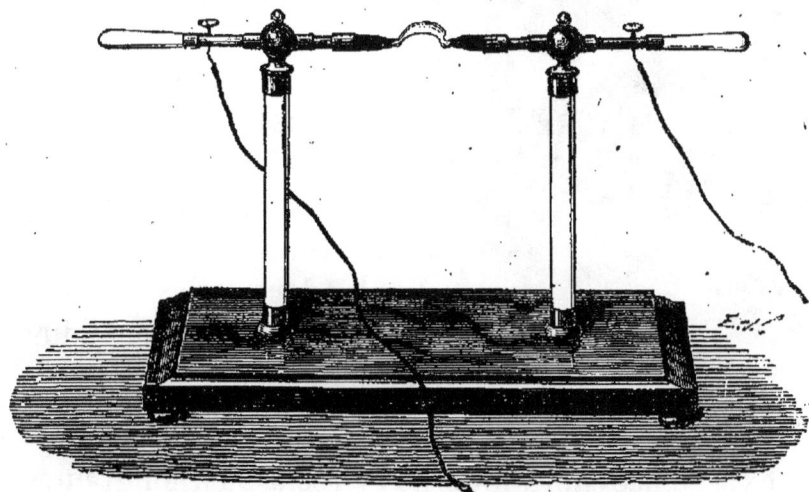

Fig. 94. — Arc voltaïque. (Exp. de Davy, en 1810, devant la Société Royale.

teur mobile ; le courant circule si bien que l'arc se
maintient aussi longtemps qu'il y a du charbon à
consumer. Le charbon en relation avec le pôle négatif
de la pile s'use en pointe, il se brûle ; les molécules
charbonneuses se détachant du pôle positif, le charbon
positif se creuse en cratère de volcan. Le charbon
négatif se consume une fois plus vite que le charbon
positif. Si, bien entendu, on se servait de courants
alternatifs, l'effet étant sans cesse renversé, l'usure
serait la même pour les deux charbons. Selon la
tension du courant, on peut écarter les deux baguettes
jusqu'à 5 centimètres sans les éteindre. L'arc, quand il

est court, ressemble à une gerbe de filets lumineux affectant une forme cylindrique. Une atmosphère vio-

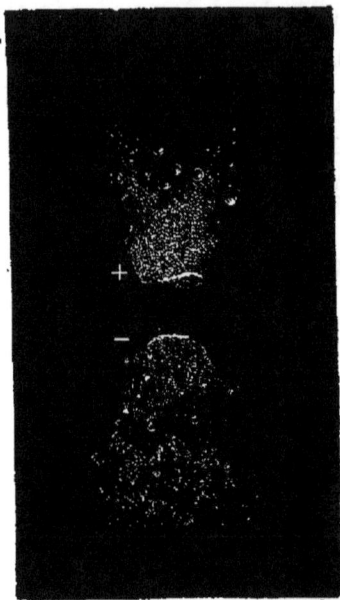

Fig. 95. — Les charbons de l'arc voltaïque.

lacée entoure comme d'une gaîne la gerbe. Ce double faisceau lumineux a sa base sur le charbon positif, s'amincit pour s'éteindre au pôle négatif. Si l'on raccourcit l'arc, la gerbe devient grêle. La gaîne violette prend l'aspect d'une flamme. On voit les particules incandescentes s'échelonner et former comme une chaîne entre les deux pôles. Le pôle positif est bien plus chaud et plus brillant que le pôle négatif (1).

L'expérience capitale de Davy resta bien longtemps sans applications. C'est seulement à partir de 1840 que divers physiciens songèrent à en tirer parti; il convient de citer les essais de Thomas Wright, Staite et Pétrie, de Moleyns, Le Molt et Léon Foucault.

En 1842, M. Bunsen inventa la pile puissante qui porte son nom. Foucault s'en servit pour faire éclater un arc non plus entre des morceaux de charbon de bois qui se consumaient immédiatement, mais entre deux baguettes de charbon dur de cornue à gaz. Les

(1) On remarquera qu'il faut un courant d'une certaine intensité pour produire la lumière de l'arc. C'est pour cette raison qu'on ne peut l'obtenir avec les anciennes machines statiques qui n'ont que de la tension et pas de quantité. Si le volume d'électricité est trop petit, on n'obtient que des étincelles. (Fig. 96.)

charbons étaient maintenus écartés l'un au-dessus de l'autre dans deux supports; quand l'intervalle devenait trop grand, on les rapprochait à la main. Foucault se servit de cette lumière pour obtenir des épreuves photographiques. M. Deleuil, à la même époque, produisait pour la première fois, à Paris, une lumière éclatante sur la place de la Concorde.

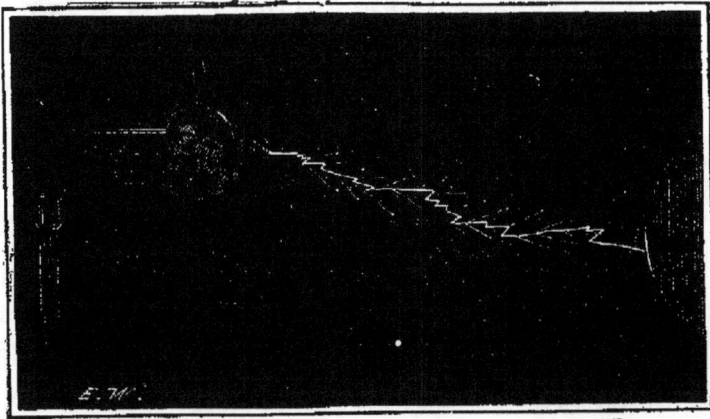

Fig. 96. — Étincelle électrique. Arc sans quantité, mais avec tension.

Le réglage de l'arc à la main limitait singulièrement l'emploi de la lampe électrique; si la main était un peu lourde, on aplatissait la lumière; si elle était trop légère, on l'éteignait. Il fallait absolument trouver le moyen d'effectuer le réglage automatiquement.

Dès 1845, Wright combina un premier dispositif, mais c'est seulement en 1848 que Staite et Pétrie, en Angleterre, Foucault en France, réalisèrent vraiment les premiers régulateurs de la lumière électrique.

C'est le courant lui-même dont les inventeurs se servirent pour maintenir constant l'écart entre les baguettes de charbon. Le mécanisme employé est assez compliqué. Mais en principe, tout système de réglage est facile à expliquer. Le rapprochement des charbons peut être commandé par un mouvement d'horlogerie qui tend sans cesse à les mettre en contact bout à bout; l'éloignement est produit par l'action intermittente d'un électro-aimant dont les spires sont traversées par le courant. Si les charbons sont à la distance convenable, le courant ayant son intensité normale, l'électro-aimant attire une palette de fer doux qui empêche le rouage d'horlogerie de fonctionner; mais si la distance entre les charbons grandit, le courant perd de sa force, l'électro-aimant n'a plus assez d'énergie pour maintenir en place la palette, et le rouage opère le rapprochement.

Le réglage, dans le premier appareil Foucault, s'effectuait par sauts trop brusques; la lumière variait sans cesse d'éclat. Foucault le modifia heureusement en obligeant chacun des charbons à se déplacer indépendamment, sous l'influence de deux rouages d'horlogerie distincts. Le collaborateur de Foucault, M. Dubosq, ajouta de son chef de nouveaux perfectionnements. En 1849, le régulateur électrique fit pour la première fois son apparition à l'Opéra; il servit à produire, dans une scène du *Prophète,* un effet de soleil qui fut très-admiré. On l'emploie encore à l'Opéra chaque fois qu'on veut projeter sur la scène un jet de lumière étincelant. C'est le même appareil que, depuis cette époque, nous avons tous vu briller dans les amphithéâtres, les conférences, etc. M. Dubosq lui a fait faire son tour de France.

Les charbons sont supportés en n et p par les tiges T et T'. La tige T engrène par la crémaillère S la petite roue R. La tige T engrène la roue de diamètre double fixée sur le même axe, si bien que, lorsque la cré-

maillère de droite s'abaisse en faisant tourner la petite roue de gauche à droite, la grande roue est astreinte à tourner dans la même direction en faisant
monter la crémaillère
de gauche. Le charbon
supérieur descend et le
charbon inférieur s'é-
lève, et celui-ci deux
fois moins que celui-
là, ce qui est néces-
saire, puisque l'usure
du positif est double
de celle du négatif. C'est
un ressort de mouve-
ment d'horlogerie ca-
ché dans notre dessin
qui oblige la crémail-
lère de droite à descen-
dre ; le moteur est un
ressort ; c'est une des
particularités caracté-
ristiques de ce système.
Il est clair que si tel
était seulement le dispo-
sitif employé, les deux
charbons viendraient
en contact et tout serait
dit. Mais il existe en-
core deux autres petites

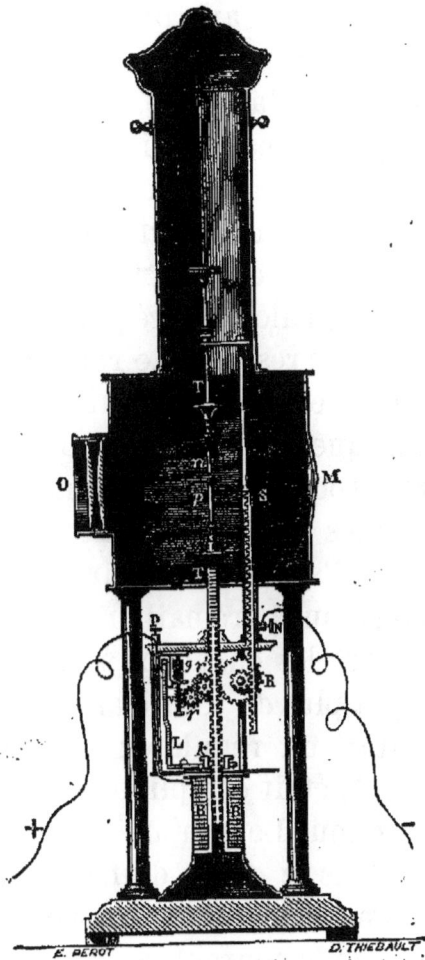

Fig. 97. — Régulateur Foucault.

roues dont l'une engrène avec la crémaillère montante. Si ces deux roues sont fixes, elles forment
butoir et tout reste immobile ; on peut, par leur
intermédiaire, régler l'écart des deux charbons, soit

la limite de leur rapprochement. Cet écart réglé, il faut que, malgré la combustion des charbons, l'intervalle reste constant. Pour cela, il suffit que la roue butoir cesse d'arrêter le mouvement quand l'écart a augmenté, et au contraire fonctionne de nouveau, quand il a repris sa valeur normale.

En bas de la lampe, on voit un électro-aimant B B creux, dans lequel glisse la crémaillère ; on voit en k un petit anneau de fer maintenu au-dessus de l'électro-aimant par un ressort. Si le courant perd de son intensité par suite de l'écart trop grand des charbons, l'anneau jusqu'alors attiré par l'électro-aimant est soulevé et obéit au ressort. Le rebord de l'anneau en montant entraîne le levier k L, qui par différents intermédiaires mécaniques, dégage les roues rr'. Les deux charbons se rapprochent respectivement de quantités proportionnelles à l'usure. Alors, le courant reprend son énergie, l'anneau est attiré et les petites roues arrêtent de nouveau la crémaillère. La vis v sert à fixer l'écart fixe entre les charbons selon le courant qu'on utilise.

Il y a plus de trente ans également, M. Archereau inventait un régulateur aussi simple que celui de Foucault était compliqué ; il est fondé sur un principe bien connu. Lorsqu'une tige de fer doux est introduite dans le creux d'une bobine recouverte de spires de fils métalliques, elle tend à monter ou à descendre selon que le courant qui traverse les spires augmente ou diminue d'intensité. Le charbon supérieur dans le régulateur Archereau est fixe ; le charbon intérieur est planté dans une gaîne en fer, suspendue par un contre-poids dans une bobine. Si les charbons s'écartent trop, le courant diminue dans la bobine, le contre-poids l'emporte sur l'aimantation et la tige de fer monte rapprochant le charbon. Ce système est très-ingénieux; l'appareil ne coûtait pas plus de 15 fr.

Il offre cependant cet inconvénient que le point lumineux s'élève sans cesse, le charbon inférieur montant constamment pour rejoindre le charbon supérieur. Il est difficile aussi d'obtenir le réglage sans éteindre l'arc.

Les régulateurs Foucault et Archereau ont servi de type à un grand nombre de combinaisons diverses; c'est par douzaines qu'on a breveté les régulateurs. A l'Exposition de 1855, M. Jaspar, de Liège, produisait pour la première fois la lampe qu'il a tant

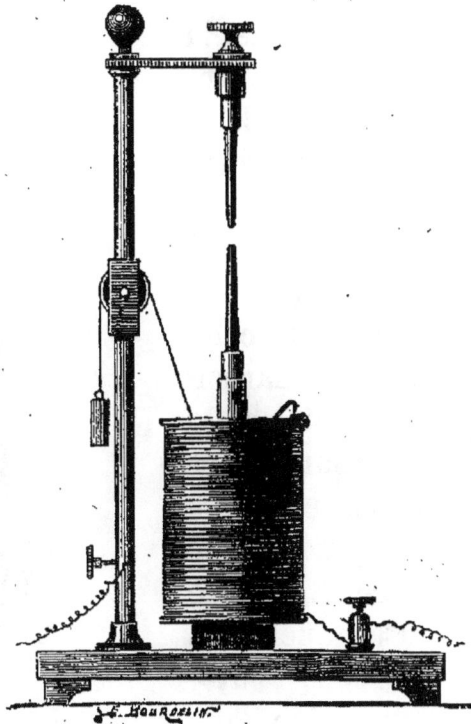

Fig. 98. — Régulateur Archereau.

perfectionnée depuis, celle qui a eu la médaille d'or en 1878. Elle est du type Archereau, seulement très-heureusement modifié. L'appareil est enfermé dans des boîtes garnies de glaces qui réfléchissent la lumière sur de grands disques blancs d'où elle se diffuse de toutes parts; il y a évidemment perte dans le rendement par suite de la réflexion, mais cet inconvénient est largement compensé par la douceur de la lumière produite.

Dans la lampe Jaspar, les deux porte-charbons
A et B commandent une
double roue. La tige A
dont le poids sert de
moteur est reliée à une
roue par une corde; la
tige B par une autre
corde à une roue deux
fois plus petite, de sorte
que le charbon supé-
rieur s'abaisse entraîné
par son poids d'une lon-
gueur double de celle
dont s'élève le charbon
montant. Le poids de la
tige A fait tourner les
roues et oblige la tige
B à s'élever pendant que
l'autre descend. Dans le
système tel quel, les
deux charbons bute-
raient l'un contre l'au-
tre. On fixe leur écart
selon l'intensité du cou-
rant qui formera l'arc
à l'aide d'une corde
passant sur une troi-
sième roue installée sur
le même axe que les
deux premières et re-
liée à un levier portant
un contre-poids. Ce con-

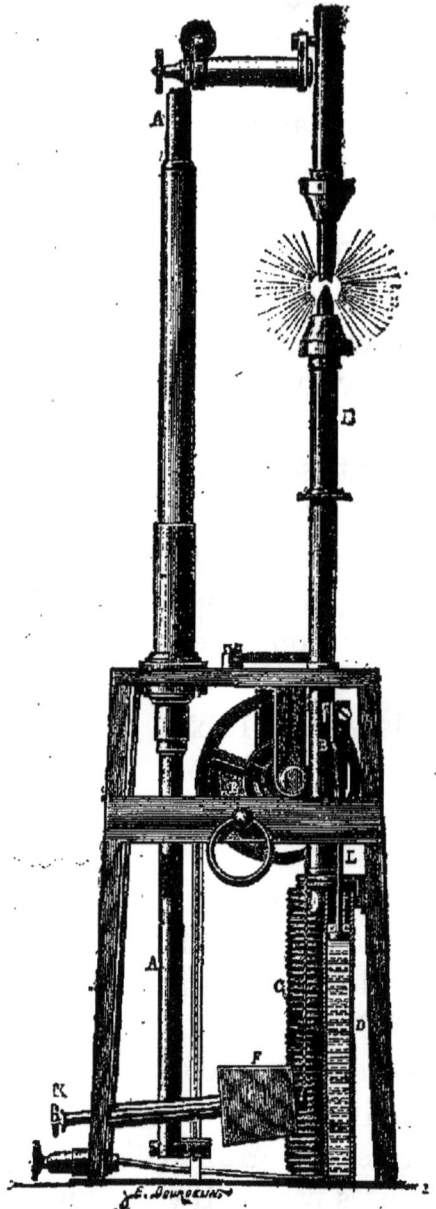

Fig. 99. — Régulateur Jaspar.

trepoids peut glisser le long du levier et, selon sa position, équilibrer le poids moteur de la tige A. Un bouton K permet de déplacer le contre-poids et de fixer l'écart entre les deux charbons.

En marche, cet écart est maintenu constant par le jeu de l'électro-aimant G. Si les charbons se consumant, la distance grandit, le courant qui passe dans l'électro-aimant perd de l'intensité, la tige B qui pénètre à l'intérieur de cet électro-aimant creux est moins attirée, l'équilibre est rompu, la tige motrice A descend, le charbon positif s'abaisse, le charbon négatif monte. On a placé en F un contrepoids pour régulariser l'action de l'électro-aimant sur la tige en fer doux B. Enfin, cette même tige est reliée à un bras L terminé par une portion plongeant dans le mercure. On adoucit ainsi par cet intermédiaire les mouvements des deux tiges qui pourraient être trop brusques ; ils sont amortis par le mercure qui fait frein en passant par l'ouverture circulaire ménagée entre le piston et le petit cylindre. Tout l'appareil fonctionne régulièrement et sans soubresauts. Notre dessin représente la lampe Jaspar, quand les porte-charbons sont arrivés au bout de leur course ; les baguettes sont usées.

Au type Archereau se rapportent encore les régulateurs Gaiffe, Carré, Chertemps, etc. Au type Foucault se rattachent plusieurs régulateurs excellents dont le meilleur et le plus répandu est incontestablement celui de M. Serrin, inventé en 1859.

Une des caractéristiques essentielles du système Serrin, c'est de ramener automatiquement les charbons au contact, quand le courant ne circule pas ; le réglage a pour fonction d'éloigner à la distance choisie les deux baguettes. Ainsi, s'il y a extinction de l'arc, comme les charbons se rapprochent toujours et s'éloignent ensuite par le jeu de l'appareil, il faut bien que le rallumage se produise.

Nous figurons dans le dessin ci-contre, le type Serrin construit par M. Suisse. Le poids du porte-charbon positif sert de moteur. La crémaillère engrène une série de roues à vitesse multipliée qui font tourner rapidement une roue à ailettes. Si le courant ne circule pas, le défilement des engrenages a lieu jusqu'à ce que les charbons soient en contact. Mais s'il circule, l'électro-aimant attire une armature à laquelle est fixé un parallélogramme articulé. Ce parallélogramme saisit la route à ailettes et arrête la descente du charbon supérieur, mais en même temps, comme il est relié au petit charbon inférieur, il l'abaisse et détermine ainsi un écart, qui peut être, comme on le comprend, fixé à l'avance. Les charbons se consumant, l'écart augmente, mais alors l'électro-aimant perdant de sa force laisse libre le parallélogramme, et les charbons se rapprochent.

Dans ce modèle ingénieux, le point lumineux descend à mesure de la combustion des charbons. Dans un modèle un peu plus compliqué, les déplacements respectifs sont obtenus de façon que le point lumineux reste toujours à même hauteur.

Le régulateur Serrin est employé dans nos phares français; il est très-solide, très-robuste de construction et ne se dérange pas. M. Serrin avait exposé aux Champs-Élysées, devant la porte d'entrée du palais, un type qui intriguait beaucoup le public. Pour démontrer l'extrême souplesse de l'appareil, l'inventeur l'avait soumis à un mouvement continuel de roulis et de tangage; malgré ces changements dé-

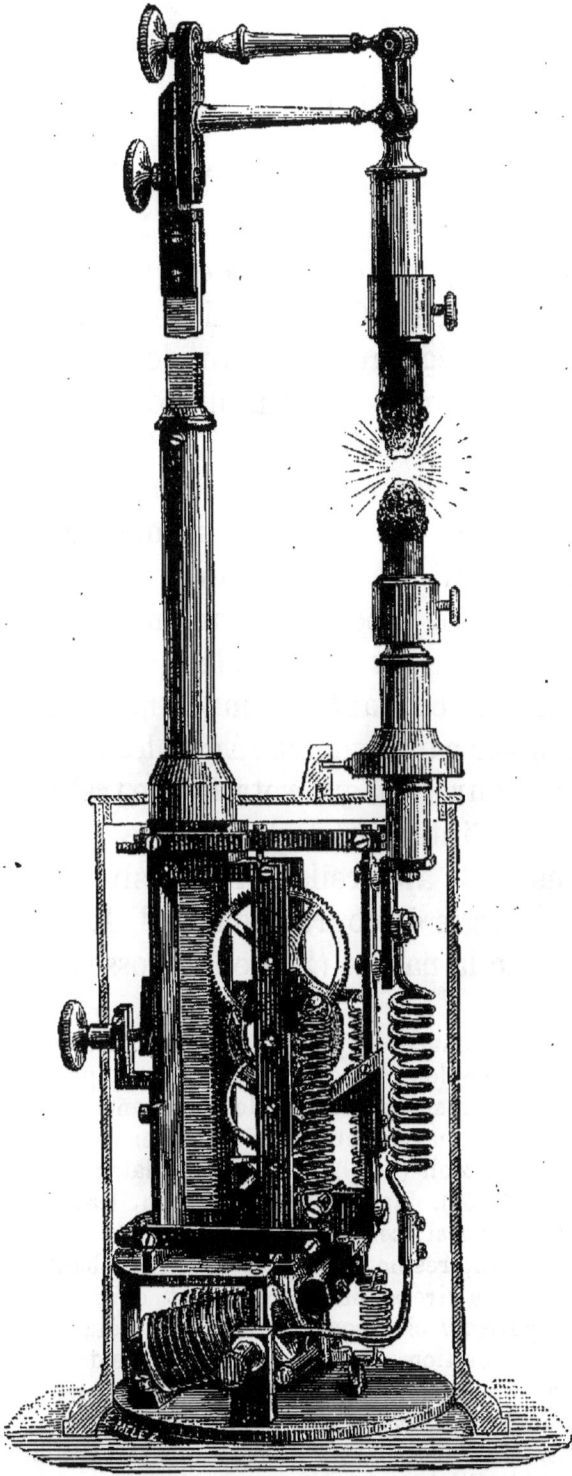

Fig. 100. — Régulateur Serrin. Modèle de M. Suisse.

sordonnés de position, le régulateur maintenait l'arc parfaitement fixe.

Il faudrait encore citer les régulateurs Crompton, de la section anglaise, et le régulateur Maxim, installé au sommet de la porte du palais et qui projetait son rayon puissant sur les Champs-Élysées jusqu'à l'Arc de Triomphe. Le régulateur Maxim donne une lumière très-fixe, parce qu'il est combiné de façon que le rapprochement des charbons soit extrêmement progressif. Dans le régulateur Bürgin, le réglage est aussi produit par un parallélogramme articulé et l'arrêt par un petit sabot appuyant sur une poulie de grand diamètre. Le sabot est commandé par l'électro-aimant. Ce système est si sensible, que si on emploie pour produire le courant une machine dynamo-électrique, actionnée par un moteur à gaz, les variations de vitesse du moteur à chaque rotation se trahissent par des variations d'intensité de la lumière.

Dans tous ces appareils, l'intensité lumineuse dépend de l'énergie du courant d'abord, bien entendu, mais ensuite de la nature (1), de la grosseur et même

---

(1) La nature des charbons joue un grand rôle dans l'éclat et la durée de l'arc. Dès le début, on s'est beaucoup préoccupé d'en préparer artificiellement de durs et de résistants; il faut citer par ordre chronologique les brevets de Bunsen (1842). Staite et Edwards (1846), Le Molt (1849), Watson et Slater (1852), Lacassagne et Thiers (1857), Jacquelain, Archereau, Gauduin, Carré (1876, 1877). En général, ce sont des agglomérés de poudre de charbon, de goudron, résine, brai gras obtenus à haute pression et trempés dans des sirops de sucre avant d'être carbonisés. M. Carré incorpore au charbon des oxydes métalliques. L'influence de la composition du charbon est considérable. Ainsi quand un charbon de cornue donne 103 becs, les charbons Archereau donnent 120, et les charbons Carré 180 becs. Dans un travail récent, M. Jacquelain a montré que le carbone graphitoïde naturel de la Sibérie, purifié par des procédés qui lui

de la disposition relative des charbons. Selon les applications, il est avantageux de placer le crayon positif, celui qui se creuse vis-à-vis de l'espace à éclairer; la cavité fait réflecteur. Pour éclairer une salle, le charbon positif doit être placé au sommet; il réfléchit en bas la lumière. Dans les phares, on s'arrange de façon que l'usure du charbon supérieur positif le plus étincelant ait lieu en biais pour qu'il renvoie la lumière du côté de l'horizon à éclairer. Pour cela, on doit placer la pointe du charbon négatif inférieur dans le prolongement de la paroi du charbon positif, au lieu de le disposer dans le milieu même de ce charbon. Dans ce cas, le charbon positif se creuse en formant un réflecteur incliné qui renvoie la lumière vers l'horizon. L'intensité lumineuse étant 100 quand les deux charbons sont dans le prolongement l'un de l'autre elle est devant le charbon concave 287, alors qu'elle n'est de chaque côté que de 116, et derrière les charbons que de 38 seulement.

La lumière produite par un foyer de deux charbons varie d'ailleurs beaucoup selon la direction dans laquelle on la mesure. La lumière mesurée selon la ligne horizontale qui passe par les charbons est environ moitié de celle qui s'en va en moyenne dans toutes les directions; l'intensité maximum a lieu dans une direction qui fait un angle de 50 à 60 degrés avec l'horizontale. L'inégalité des quantités de lumière émise dans des directions différentes n'est pas spéciale aux foyers électriques. Selon M. Allard, une lampe à

sont propres, acquiert un pouvoir lumineux double de celui qu'il présentait à l'état naturel; son pouvoir lumineux dépasse même de un sixième celui des carbones purs artificiels. Peut-être y aura-t-il économie à préparer ainsi les électrodes de charbon pour l'arc voltaïque.

huile, mesurée dans une direction inclinée de 50 degrés, ne donne que 20 0/0 de lumière, qu'elle fournit dans le plan horizontal. Il est curieux qu'avec la lampe à huile, le maximum se produit dans l'horizontale, alors qu'avec la lampe électrique, il a lieu dans une direction inclinée de 60 degrés au-dessus ou au-dessous du plan horizontal, suivant que le charbon positif est au-dessus ou au-dessous du charbon négatif. Ces faits sont importants à connaître quand on veut mesurer rigoureusement les quantités de lumière émises par différents foyers lumineux.

L'arc électrique peut produire une lumière d'une intensité énorme. En augmentant convenablement la grosseur des charbons, on peut accumuler en un point l'intensité de plusieurs milliers de becs carcel. Rien n'empêche de condenser jusqu'à 6,000, 8,000, 10,000 becs carcel dans un arc voltaïque. On obtient un petit soleil qu'il serait imprudent de fixer à l'œil nu ; on peut même, en s'exposant à sa radiation, y gagner de véritables coups de soleil. Dans l'industrie, on se sert couramment de foyers compris entre quelques centaines de carcel et 1,000 carcel ; exceptionnellement on pousse l'intensité jusqu'à 1,500, 2,000 et même 3,000 carcel, ce qui est déjà beaucoup.

Les prix de revient sont difficiles à donner. Tout dépend des circonstances ; ils varient sans cesse selon les cas ; ils sont extrêmement bas quand le foyer est puissant et l'espace à éclairer considérable, et le nombre d'heures d'éclairage très-grand. On peut admettre qu'avec une machine Gramme et un régulateur Serrin la lumière est 75 fois moins coûteuse qu'avec une bougie de cire, 55 fois moins qu'avec la bougie stéarique, 16 fois moins qu'avec l'huile de colza, 11 fois moins qu'avec le gaz à 30 centimes le mètre cube et 5 fois 1/2 moins qu'avec le gaz à 15 centimes. Nous supposons ici une parfaite utilisation de la lumière par arc.

Dans la fonderie des ateliers Ducommun, à Mulhouse, on emploie quatre machines Gramme alimentant quatre régulateurs : si l'on ne tient compte ni des intérêts, ni de l'amortissement, la lumière coûte sept fois moins cher que celle du gaz ; en tenant compte au contraire des intérêts, dégrèvements, etc., elle revient seulement à deux fois et demie meilleur marché. Le gaz à Mulhouse ne coûte que 25 c. On n'éclaire que pendant cinq cents heures par an, et la lumière des régulateurs n'est au total que de 320 becs, toutes conditions désavantageuses. Dans un tissage appartenant à M. Manchon, avec 600 heures d'éclairage par an et de la force motrice en location, pour une intensité lumineuse de 160 becs, on réalise avec l'électricité une économie annuelle sur le gaz de 1,428 fr., de 2 fr. 16 c. par heure, soit de près de 23 0/0.

Quand les espaces à éclairer sont grands, l'économie obtenue augmente encore. Dans l'avant-port du Havre, entreprise Jeanne Déslandes, plus de 150 ouvriers ont pu travailler sur un espace de 3,000 mètres carrés. A 115 mètres, on lisait distinctement un journal mieux qu'on ne l'eût fait à 5 mètres d'un bec de gaz. Deux machines Gramme alimentaient deux lampes de chacune 500 carcel, disposées à 15 mètres environ de hauteur au-dessus des travaux. La gare des marchandises du Nord est éclairée très-économiquement par des lampes Serrin. D'après M. Sartiaux, on ne dépense que 75 c. pour 400 becs carcel. On a pu réduire le personnel de 25 0/0. Ailleurs, dans l'atelier de montage de MM. Thomas et Powel, une halle de 40 mètres de longueur, 13 mètres de largeur et d'une grande hauteur est éclairée par deux régulateurs Serrin placés à 8 mètres du sol. La lumière diffusée dans l'atelier correspond à 500 carcel ; elle ne revient pas à 1 fr. de l'heure, sans tenir compte des frais d'amortissement. Avec le gaz, et sans tenir compte également de l'amortissement, la dépense eût été de 2 fr. 30 c.

On peut aller jusqu'à une production courante de 250 carcel par cheval de force. Dans les bonnes machines, la consommation en houille est réduite à un kilogramme. Si l'utilisation de l'intensité lumineuse était parfaite, on obtiendrait donc comme résultat brut, 250 carcels pour 4 à 5 centimes à l'heure. L'augmentation du prix dépend des intérêts, de l'amortissement, de l'intensité des foyers, du nombre d'heures d'éclairage, etc.

En somme, il est clair que pour les chantiers, les usines, les halles, l'éclairage par arc réalise des économies indiscutables qu'on pourra encore à l'avenir augmenter dans de très-larges proportions. La dépense est liée, comme on voit, à des circonstances multiples qui empêchent de fixer un prix de revient invariable.

Les lampes électriques dont nous venons de parler exigent toutes pour fonctionner un courant distinct; on ne peut, en d'autres termes, alimenter qu'un seul régulateur par circuit, fil d'aller, fil de retour. On les désigne pour cela quelquefois sous le nom de *monophotes* pour les distinguer de celles dont nous allons parler et qu'on appelle *polyphotes*. On emploie une machine par lampe. Si l'on plaçait deux ou trois appareils sur le même circuit, le réglage de l'arc ne se ferait plus.

C'est, en effet, on se le rappelle, l'intensité du courant qui fixe l'écart des charbons. Lorsque plusieurs lampes sont intercalées dans le circuit, si le courant rapproche les baguettes de charbon de l'une d'entre elles, par cela même il modifie forcément l'écart des charbons des autres et le plus souvent à contre-temps. Tout le système est solidaire ; une variation d'un côté retentit de l'autre ; il n'y a plus réglage ; c'est « déréglage » qu'il faut dire. Le fonctionnement devient impossible.

Et, cependant, il y aurait grand avantage à pouvoir diviser la lumière, à produire avec le courant puissant des machines électriques modernes plusieurs foyers au lieu d'un seul foyer intense. M. Lontin, en France, M. Hefner Alteneck, ingénieur de la maison Siemens, en Prusse, ont donné tous deux, bien que par des méthodes différentes, une solution du problème de la division de la lumière par arc voltaïque (1).

Nous avons vu que dans les régulateurs précédents, c'est l'intensité du courant qui en augmentant ou diminuant selon la résistance déterminée par l'écart des charbons, amène leur rapprochement en réagissant sur le mécanisme moteur. Si dans le circuit se trouve une seule lampe, les variations du courant la règlent. S'il y en a plusieurs, les variations dues

(1) L'idée d'appliquer le principe des dérivations aux régulateurs de lumière électrique est revendiquée à la fois par un Français, M. Lontin, un Russe, M. Tchikoleff, et un Allemand, M. Hefner Alteneck. A vrai dire, dans le régulateur Lacassagne et Thiers, qui remonte à 1854, on se servait déjà d'une dérivation du courant passant dans une bobine pour régler l'arc voltaïque.

respectivement à chaque lampe, mêlent leurs actions et « dérèglent. » Il faudrait donc évidemment ne pas avoir recours, dans le cas des lampes polyphotes, à l'intensité du courant pour obtenir le réglage, Or, il y a un élément qui est indépendant des variations qui se produisent dans le circuit, et qui est bien spécial à chaque lampe, c'est la résistance qu'offre l'arc au

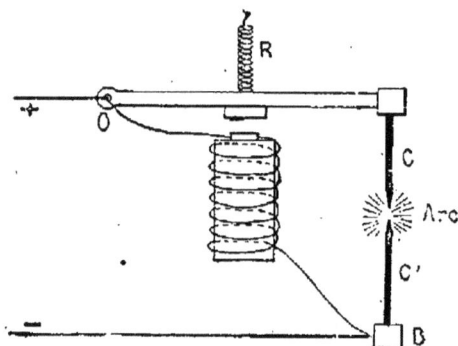

Fig. 101. — Principe des régulateurs à dérivation. B O Dérivation. CC' Charbons. R Ressort antagoniste.

passage du courant ; cette résistance n'est liée qu'à l'écart des charbons. Donc, si les charbons s'écartant, la résistance augmentant, on pouvait faire en sorte que le mécanisme moteur fonctionnât pour les rapprocher, le problème serait résolu.

Pour cela, il suffit de faire passer dans l'électro-aimant qui commande le mécanisme de rapprochement, non plus le courant général, celui qui traverse l'arc, mais un petit courant dérivé emprunté au courant général. On laisse le courant total passer par les charbons et on envoie un petit courant dérivé dans l'électro-aimant. Lorsque la résistance s'accroît entre les charbons par suite de leur écart dû à l'usure, l'intensité du courant qui traverse l'arc diminue ; au contraire, l'intensité du petit courant dérivé augmente, car l'électricité tend à aller comme l'eau partout où elle trouve la moindre résistance ; la résistance s'est élevée du côté de l'arc des charbons, elle reflue dans la dérivation dont la résistance n'a pas varié. Dès lors, l'électro-aimant excité par le courant dérivé prend de la force ; il fait fonctionner le mécanisme moteur qui rapproche les charbons.

Ce mode de réglage est individuel en quelque sorte ; il ne retentit que fort peu sur les autres lampes, car si leurs résistances respectives au moment considéré, n'ont pas changé, il n'y a pas de raison pour que le courant passe en plus grande quantité par la dérivation qui va aux électro-aimants que par les charbons ; l'intensité générale seule a diminué pendant une fraction de seconde, ce qui passe inaperçu, et d'autant plus que ces effets se répétant sans cesse et alternativement pour chaque lampe, l'intensité moyenne reste successivement constante et l'éclat lumineux à peu près invariable.

Tel est le système combiné par M. Lontin.

Par conséquent, dans son régulateur polyphote, ce n'est plus le courant général qui, en faiblissant par suite de l'écart des charbons met en fonction le mécanisme moteur ; c'est le courant de dérivation qui, en prenant de la force, oblige l'armature de l'électro-aimant à désembrayer l'ailette d'arrêt ; les charbons se rapprochent.

Avec le dispositif réalisé par M. Lontin, non-seulement on peut illuminer à la fois plusieurs lampes intercalées dans un circuit unique, mais il est encore possible d'employer à volonté des courants plus ou moins forts. La lampe est douée d'une certaine souplesse.

M. Lontin fait alimenter jusqu'à douze foyers par un seul circuit. Et comme il construit des machines qui engendrent à la fois plusieurs courants séparés, il arrive, avec ce système multiple, à illuminer avec une machine unique plus de trente foyers distribués sur différents circuits. Cette solution est très-simple et très-ingénieuse. Elle est utilisée depuis deux ans pour l'éclairage de la gare de Lyon-Méditerranée.

On conçoit qu'il soit facile de transformer les régulateurs monophotes en régulateurs polyphotes. C'est ainsi que M. Serrin a modifié le sien de façon à pouvoir l'introduire dans un circuit à plusieurs lampes. On peut aussi alimenter ces régulateurs avec des courants alternatifs au lieu de courants continus; il suffit de remplacer les électro-aimants qui commandent les armatures par des bobines en fer creux; quel que soit le sens du courant, la bobine attire ou repousse la tige qui pénètre dans le cylindre, en raison de l'intensité seule du courant.

Les régulateurs polyphotes à dérivation les plus connus et les plus employés sont ceux de MM. Lontin, Gramme, de Mersanne, Cance, Gérard, etc.

Le mécanisme du régulateur Gramme, un des meilleurs, est bien facile à suivre. En AA, sont deux électro-aimants à gros fils traversés par le courant du circuit général; quand le courant passe, ils attirent l'armature C qui porte les tiges EE se prolongeant jusqu'au porte-charbon inférieur G; dans ce cas, le porte-charbon supérieur est éloigné du porte-charbon inférieur et l'arc voltaïque se produit; deux ressorts RX et RY maintiennent l'armature C éloignée des électro-aimants quand le courant ne passe pas. Aussi la lampe s'allume d'elle-même; le courant circulant, les charbons s'écartent; le courant étant interrompu, les charbons reviennent au contact, tout prêts à s'éloigner de nouveau.

Quant au mouvement de progression du charbon à mesure de la combustion, il s'obtient par le procédé suivant. La tige D, très-pesante, sert de moteur; elle actionne une roue dentée, tout en servant de porte-charbon supérieur F. Un électro-aimant B à grande résistance *excité en dérivation* agit sur l'armature I relié au levier L, qui oscille autour de K.

Quand le courant est envoyé à l'appareil, nous savons que les charbons s'écartent; il ne passe dans l'électro-aimant à dérivation B qu'une minime fraction du courant. L'armature I sollicitée de bas en haut par le ressort antagoniste U est soulevée; mais dès que la combustion allonge l'arc, la résistance augmente, le courant dérivé de l'électro-aimant B prend de l'énergie et l'armature I est abaissée. Le levier L bascule; la lame S dégage l'ailette d'arrêt; le poids de la tige entraîne l'abaissement du porte-charbon, l'arc se raccourcit. Mais, cet effet produit, il ne faut pas aller au delà de l'écart fixé à l'avance; aussi la vis M quitte le ressort N et le courant est interrompu; il ne passe plus dans l'électro-aimant B. L'armature sollicitée par le ressort antagoniste U remonte, la vis M rétablit le contact et tout est prêt pour corriger un nouvel écart de charbons (1).

_____

(1) Voici quelques prix courants et quelques données utiles à consulter. La machine Gramme type normal coûte 1500 fr. et alimente avec 2 chevaux et demi un régulateur Gramme fonctionnant 5 heures consécutives. Le régulateur coûte 400 fr. L'intensité lumineuse est de 500 carcel. La dépense de crayons

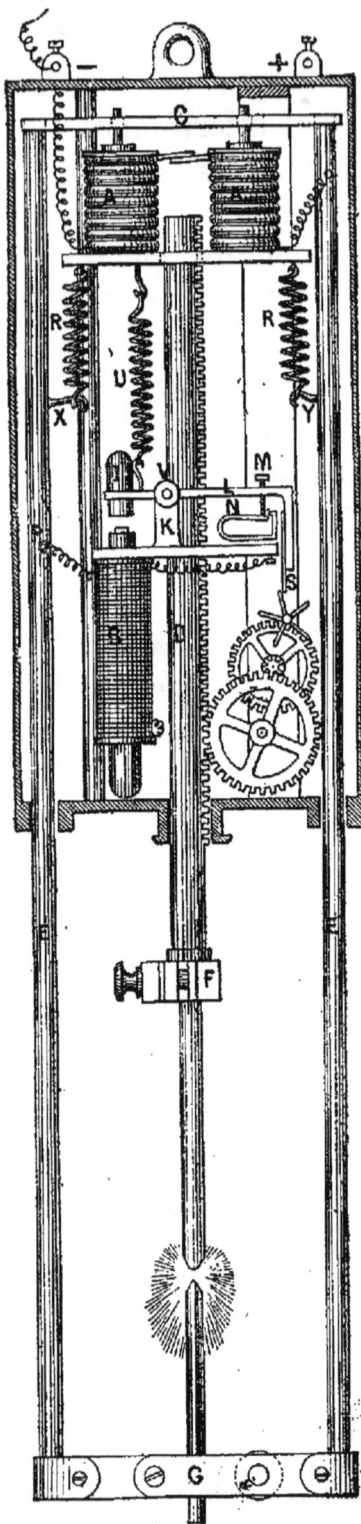

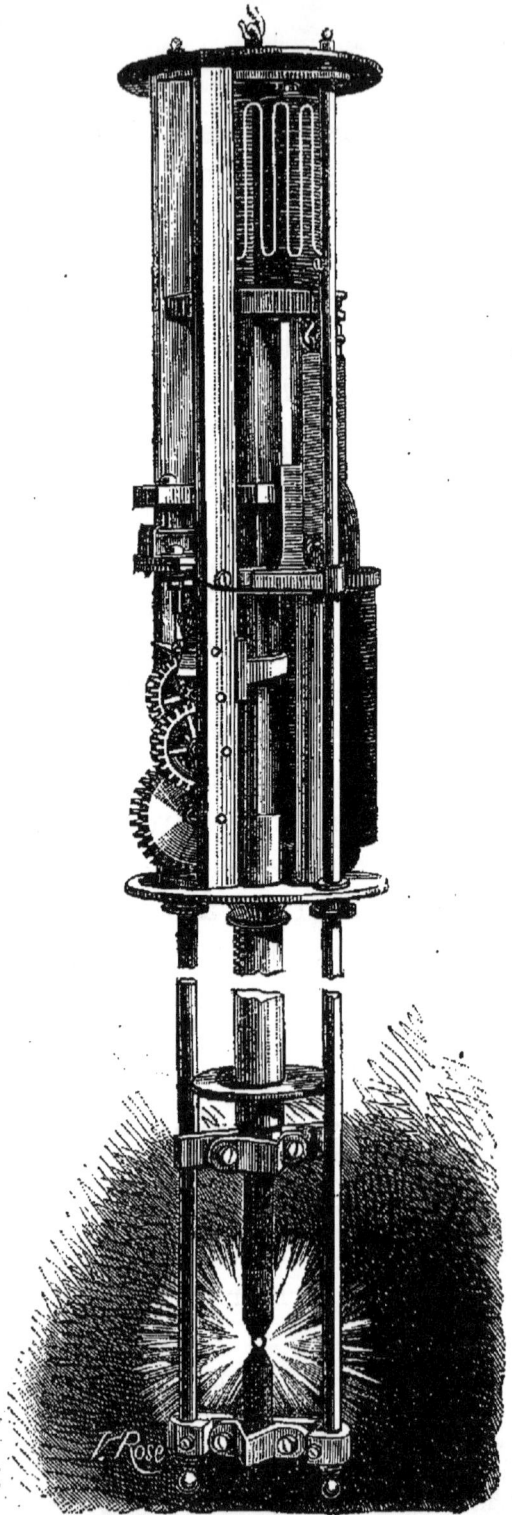

Fig. 102. — Diagramme du régulateur Gramme. Fig. 103. — Régulateur Gramme.

Le régulateur Cance présente certaine analogie avec celui-ci; seulement le support du charbon inférieur n'est pas relié au cadre du charbon supérieur; il est distinct, de sorte que, lorsque le mouvement qui fait descendre l'un a lieu, l'autre remonte d'une quantité égale. M. Cance emploie des courants alternatifs. Dans ces conditions, le point lumineux, au lieu de se déplacer et de descendre, reste fixé au milieu du globe de la lampe.

M. Anatole Gérard a aussi combiné une disposition de régulateur vraiment très-simple et peu coûteuse. L'appareil consiste en un gros électro-aimant cylindrique à une seule branche, creux, et à travers duquel passe le charbon supérieur. Le charbon inférieur est installé sur un cadre mobile qui peut s'élever à mesure que le charbon se consume. L'électro-aimant porte une armature *en dessus* et une armature *au-dessous*. Celle du dessus, quand elle est attirée, agit sur un petit frein qui appuie ordinairement sur le charbon supérieur et l'empêche de descendre; celle du dessous soulève le support et le charbon inférieur.

Voici le jeu du régulateur Gérard. On sépare à la main les deux charbons; on fait communiquer chacun d'eux avec les bornes de la lampe; le courant ne passe pas, puisque les deux charbons ne sont pas en contact; mais le courant passe dans l'électro-aimant alimenté par une dérivation; les armatures sont attirées, le

électriques est de 0 fr. 25 par heure. L'installation complète d'un foyer revient à 2,000 fr. La machine Gramme à cinq foyers coûte 2,800 fr. et nécessite six chevaux de force. L'intensité lumineuse de chaque foyer est de 150 becs. La dépense de crayons par heure et par foyer est de 0 fr. 15. L'installation complète revient à 5,000 fr. Les prix des machines pour transmission de la force varie entre 3,000 et 10,000 fr. la paire.

frein est desserré, le charbon supérieur descend, l'inférieur remonte, les deux charbons se touchent; l'arc
éclate. A ce moment, le courant dérivé perd de sa

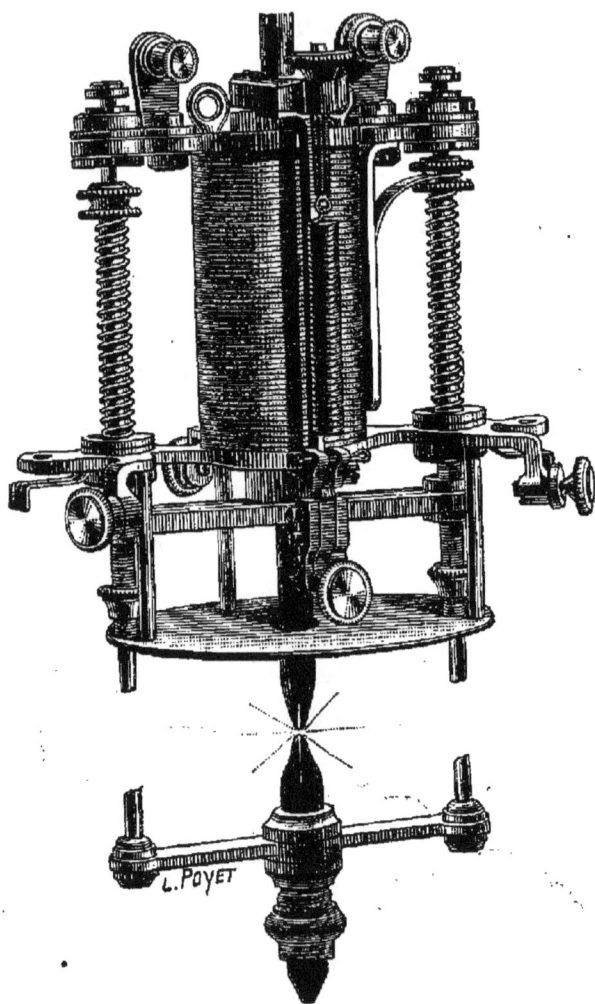

Fig. 104. — Régulateur à dérivation de M. A. Gérard.

force; les ressorts antagonistes jouent; le cadre retombe et éloigne le charbon inférieur; le frein serre le
charbon supérieur; l'arc prend sa valeur normale.
Quand les charbons ont brûlé et augmenté l'intervalle

nécessaire, le système entre en jeu et ramène la longueur de l'arc à sa valeur primitive.

L'armature supérieure vibre sans cesse, équilibrée par le frein ou par l'attraction de l'électro-aimant. On est obligé, en effet, de se servir de courants alternatifs pour l'électro-aimant à simple branche qui attire et repousse alternativement les armatures. Le charbon supérieur glisse imperceptiblement et d'une manière continue pour maintenir l'écart convenable. Il résulte de là un ronflement désagréable qu'ont pu remarquer toutes les personnes qui ont vu fonctionner la lampe Gérard dans la salle XVI.

Signalons accessoirement le *veilleur automatique* du même inventeur, exposé avec les lampes. C'est un appareil ingénieux ayant pour but, si l'une des lampes intercalées dans un circuit s'éteint par accident, ou si on l'éteint à dessein, de laisser les autres lampes brûler. Il est clair qu'avec la disposition normale, si une lampe s'éteint, c'est que les charbons ne sont plus à distance convenable et que le courant ne circule plus; donc, toutes les lampes du même circuit s'éteignent. M. Gérard complète chaque régulateur par un appareil qui a pour effet d'assurer néanmoins le passage du courant dans le circuit, alors même qu'il ne pourrait plus traverser une des lampes.

Nous représentons un des types du veilleur Gérard. L'appareil est petit et appliqué sur une planchette. On voit en haut du dessin les bornes qui sont reliées au fil dérivé qui va à la lampe; en bas, les bornes qui font communiquer l'appareil avec le courant général. Le courant peut entrer par une borne et sortir par l'autre. Le gros électro-aimant cylindrique à fil fin est traversé par le courant de dérivation de la lampe.

En temps ordinaire, ce courant est trop faible pour
attirer l'armature que l'on voit à la base de l'électro-
aimant. Mais si la lampe s'éteint, le courant reflue

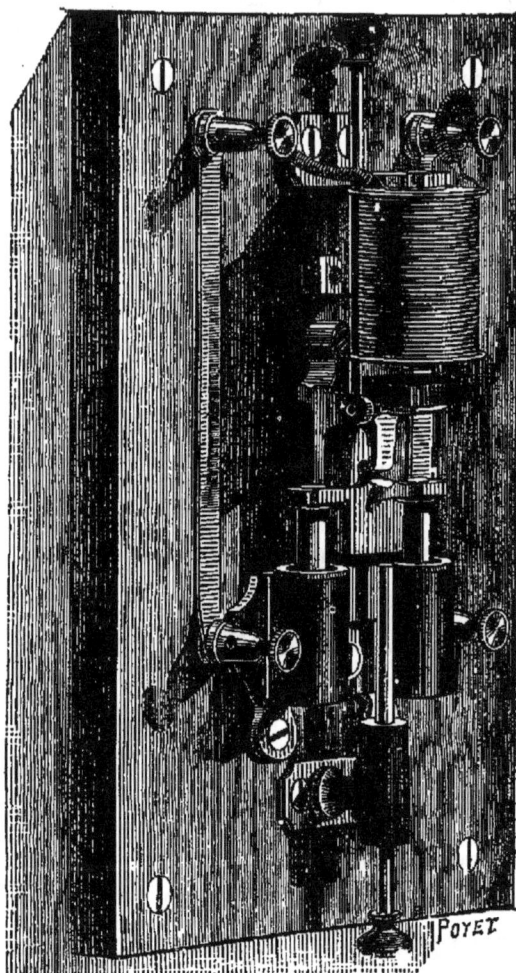

Fig. 105. — Veilleur automatique.

dans la dérivation, l'armature est attirée. Or, elle
porte un crochet relié à un autre crochet qui soutient
une traverse aux extrémités de laquelle sont fixées
deux tiges de fer. Quand l'armature est attirée, les
crochets basculent et dégagent la traverse; elle

tombe, entraînant les tiges qui plongent dans des godets de fer pleins de mercure. Jusque-là le courant général ne passait pas par l'appareil, puisque le chemin était coupé par suite de la suspension des tiges de fer; mais celles-ci tombant dans le mercure, le courant traverse d'une borne à l'autre en allant d'un des godets au voisin par les tiges de fer. Le courant général n'est plus interrompu et les autres lampes continuent à fonctionner.

M. de Mersanne a, de son côté, inventé un régulateur à dérivation antérieure aux régulateurs dont nous venons de parler et qui a sa valeur. Il présente l'avantage de permettre d'obtenir de la lumière pendant dix heures; il brûle par conséquent, sans peine, de huit heures du soir à six heures du matin. On l'emploie avec succès pour l'éclairage de la gare de Paris-Lyon-Méditerranée. En outre, on économise du courant, parce que, au lieu de le faire passer à travers toute la longueur des charbons, on ne le fait entrer qu'à leurs extrémités, à petite distance des points en combustion.

Dans ce régulateur, les charbons sont placés horizontalement et non plus verticalement. Ils sont poussés l'un vers l'autre par un mouvement d'horlogerie. Quand l'arc s'allonge, il passe un courant plus intense dans un électro-aimant disposé en dérivation. Celui-ci attire une armature qui déclanche le mouvement d'horlogerie et provoque le rapprochement au degré convenable. La lumière forme un point lumineux fixe entre les deux charbons horizontaux. Quant à l'allumage, il est très-simple : un second électro-aimant placé dans la même dérivation agit sur une armature maintenue par un ressort antagoniste. Les charbons sont écartés, le courant passe et ne pénètre que dans les électro-aimants à dérivation. Pendant que le premier électro-aimant débraye le mécanisme d'arrêt, les deux charbons progressent l'un vers l'autre, et se touchent; mais le second électro-aimant attirant l'armature qui commande l'un des charbons, le fait reculer, en sorte que l'arc jaillit. Alors le courant ne passe plus en quantité suffisante dans la dérivation pour maintenir en contact les armatures et l'arc reste à la longueur normale. Quand l'usure augmente l'écart, les électro-aimants entrent en fonction et rapprochent les charbons.

Le régulateur à charbons horizontaux offre l'inconvénient d'éclairer le ciel aussi bien que le sol; le charbon positif ici ne peut plus renvoyer la lumière en bas. Il faut employer des réflecteurs spéciaux. M. Boulard a imaginé un réflecteur à armilles qui complète fort bien le régulateur de Mersanne. La lumière des charbons est renvoyée par un réflecteur métallique et en outre la lumière est diffusée sur un grand espace, dans le sens horizontal, par une série de lames circulaires un peu coniques superposées comme des lames plates de persiennes. Ce sont des abat-jour tronqués et placés les uns au-dessus des autres. Pour éviter la ligne d'ombre qui se produit habituellement à la limite d'action du réflecteur sur les surfaces avoisinantes, comme les façades de maisons, on forme les armilles à l'aide de lames circulaires en opale d'intensités graduées, de façon à laisser passer de plus en plus la lumière sur les bords. L'effet utile d'un réflecteur à armilles est très-supérieur, dit-on, à celui des autres systèmes employés jusqu'ici.

M. de Mersanne complète l'installation de ses régu-

lateurs en série par l'adjonction de *boîtes de sûreté*
qui jouent le même rôle que le *veilleur* de M. Gérard,
mais peut-être la surveillance automatique est-elle
encore poussée plus loin dans ce système. Un électro-
aimant en fil très-fin reçoit un courant dérivé en cas
de rupture de l'arc, et son armature ramène au contact
deux blocs de graphite par lesquels peut dès lors
passer le courant principal d'alimentation. On se sert
de graphite parce que le charbon résiste bien à l'étincelle de rupture qui se produit quand les deux blocs
se séparent. En même temps, cette nouvelle route of-
ferte au courant, quand la lampe s'éteint, met le fil de
dérivation de l'électro-aimant à l'abri de la fusion qui
peut se produire par suite d'un afflux énergique
d'électricité. Le courant principal qui passe par les
morceaux de graphite pénètre aussi, si l'on veut, dans
une bobine dont la résistance est égale à celle de l'arc
quand il jaillit; alors l'intensité normale du courant
d'alimentation n'est pas changée. Tout cet ensemble
constitue un système pratique qui a fait ses preuves.

Nous avons dit que M. Hefner-Alteneck, de la maison
Siemens, avait par un autre dispositif résolu aussi le
problème du fonctionnement simultané de plusieurs
lampes sur un même circuit. Le régulateur Alteneck
est différent de tous ceux que nous venons de décrire;
cependant il utilise aussi la variation de résistance
de l'arc pour régler l'écart, indépendamment des
variations de l'intensité du courant. Le rapprochement des charbons s'effectue sous la double action antagoniste de deux électro-aimants, dont l'un est dans
le circuit général et l'autre dans un circuit dérivé.
C'est par la différence constante de ces deux actions

opposées que l'on obtient le réglage. De là la dénomination de *lampes différentielles* donnée aux types
des régulateurs Siemens.

Insistons un peu sur le principe. Le courant arrive
de la machine en L, se fractionne en deux parties. Un
courant traverse la bobine T à fil très-fin, et s'en va
rejoindre la canalisation générale en L'. Un autre
courant traverse la bobine R à fil gros et court, et
s'en va par *d c a* au charbon supérieur *g*. Quand l'arc
est établi, il revient par le charbon *h b* à la canalisation générale. Cette fois, on le voit, le courant général
n'arrive aux charbons qu'après avoir traversé un
électro-aimant, comme le courant dérivé.

La bobine T ayant beaucoup de résistance, presque
tout le courant passe par la bobine R, pour arriver
aux charbons. Or, les bobines T et R étant creuses, on
y place une pièce de fer doux *s s'* reliée par un levier
c d c' au charbon supérieur *a g*. La pièce de fer
doux est attirée à la fois par les bobines T et R,
mais évidemment en raison de l'intensité des courants qui traversent les spires. Supposons les attractions réciproques telles que le levier soit horizontal
et dans ce cas admettons que l'arc ait pris sa longueur
normale.

Si les charbons se consument et que l'arc s'allonge,
le courant va éprouver plus de résistance à passer
dans la bobine R, il va en refluer une portion dans la
bobine T et en raison même de l'écart plus ou moins
grand des charbons. Donc, la bobine T va prendre de
l'énergie et attirer davantage la pièce de fer doux, le
levier va s'élever à gauche de l'axe de rotation *d*, et
s'abaisser à droite en entraînant le charbon supérieur
qui va se rapprocher du charbon inférieur. Si le rap-

prochement était trop grand, la bobine R, à son tour,
prendrait plus d'énergie qu'elle n'en a quand le
levier est horizontal et l'arc grandirait. Il se produira ainsi un équilibre nécessaire entre les deux
actions, jusqu'à ce
que la résistance de
l'arc ait atteint la
résistance convena-
ble. Le mouvement
du levier est ainsi
exactement pondéré
sous cette action dif-
férentielle et chaque
nouvel écart des
charbons engendre
par cela même une
correction immé-
diate.

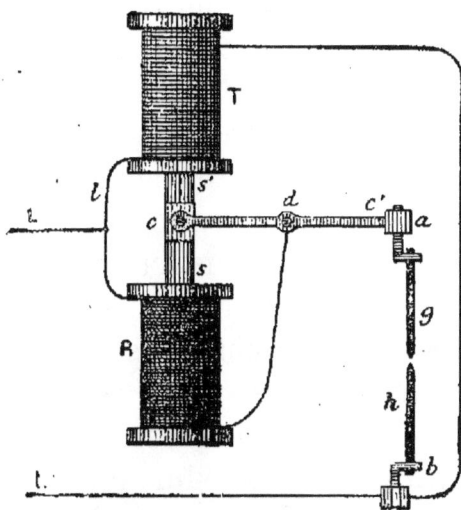

Fig. 106. — Principe de la lampe
différentielle Siemens.

Le type Siemens
constitue une véritable balance qui ne s'équilibre
que pour une résistance fixée à l'avance, pour un
écart déterminé des charbons. C'est très-joli et très-fin
comme invention.

En pratique, l'action prépondérante de la bobine T
fait déclancher un encliquetage qui laisse descendre le
charbon supérieur sous l'action de son propre poids.
Afin que la descente soit réglée, un petit balancier de
pendule ne permet à chaque dent de l'encliquetage de
s'échapper qu'à chacune des oscillations ; aussi, les
mouvements sont doux, gradués, imperceptibles à l'œil.

Les deux électro-aimants à noyaux creux ne peuvent être excités que par des courants alternatifs ;
autrement, la pièce de fer doux resterait saisie et

immobilisée entre les deux bobines ; il faut que leur sens varie continuellement pour que la pièce se déplace sous l'action sans cesse renversée du magnétisme. Le fer doux vibrerait sous ces influences inverses, et donnerait un ronflement désagréable comme dans la lampe Gérard ; on relie cette tige métallique à une petite pompe à air ; les vibrations s'éteignent par suite du travail de compression et d'aspiration qu'accomplit le piston de la pompe.

Le charbon inférieur est fixe ; le point lumineux descend sans cesse ; mais ici l'inconvénient est peu grave, parce que tout le mécanisme enfermé dans un socle est au-dessus des charbons ; il n'y a pas d'ombre portée.

Un artifice très-simple permet d'allumer et d'éteindre à volonté chaque lampe d'un circuit sans affecter les autres. On introduit tout bonnement une clef au point d'entrée du courant : la clef ferme la communication avec la lampe, mais la laisse établie pour le circuit général. En tournant ce bouton, on allume ou on éteint à volonté. Le rallumage est immédiat, parce que, lorsque la lampe est au repos, le charbon supérieur touche l'inférieur, et quand le courant arrive, l'électro-aimant inférieur étant alors momentanément plus fort que le supérieur, le charbon supérieur se relève automatiquement jusqu'à ce qu'il ait pris la position convenable.

Autre détail à signaler. Si l'on ne remplaçait pas, par oubli, les charbons à temps, quand ils sont sur le point d'être consumés, bientôt, le courant ne passerait plus dans la lampe et toutes les autres lampes s'éteindraient faute d'alimentation. Mais la crémaillère du charbon supérieur vient appuyer, quand elle est au bout de sa course, sur deux petits contacts en platine

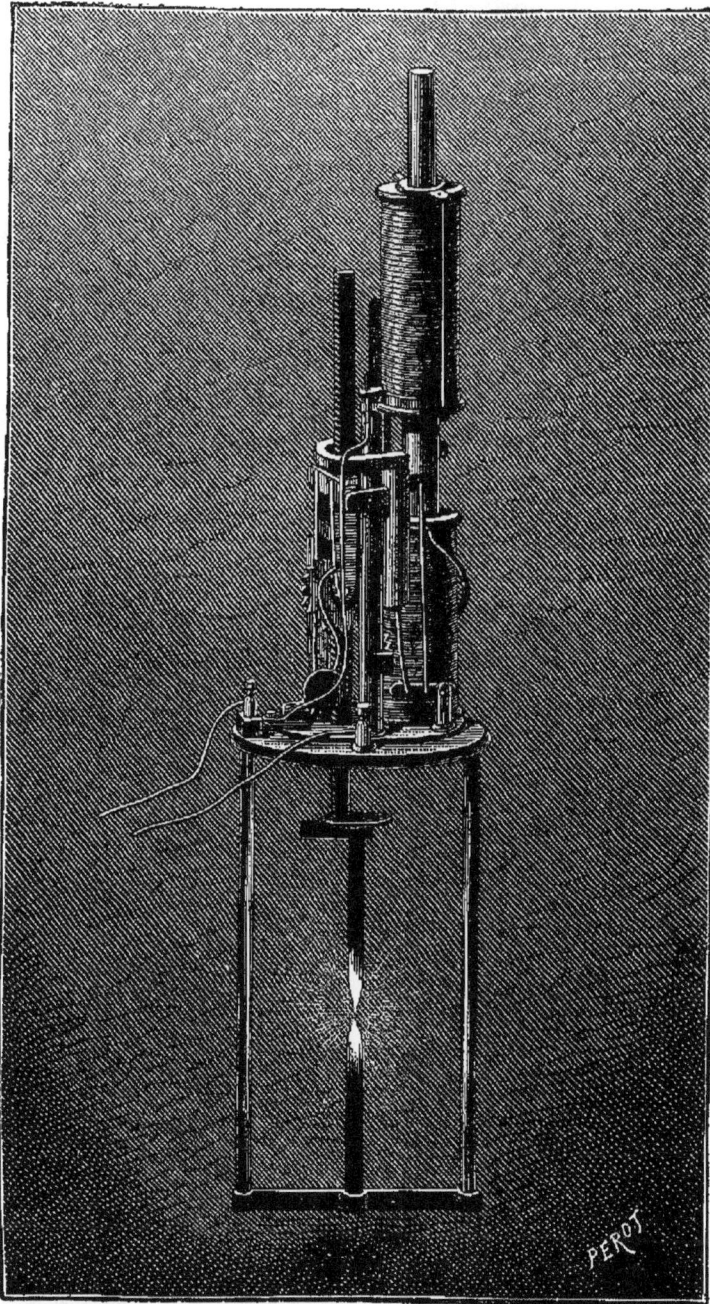

Fig. 107. — Lampe différentielle de M. Siemens

reliés aux bornes ; la communication reste ainsi toujours établie, le courant n'est jamais interrompu ; il circule et maintient les autres lampes allumées.

Chaque lampe Siemens exige environ un cheval de force et donne à peu près une intensité lumineuse de 35 à 45 carcel. On peut allumer jusqu'à 30 foyers avec une même machine type $W^2 D^7$. Dans ce cas, la lampe n'a plus qu'une intensité de 25 becs carcel environ. La machine motrice exige de 10 à 12 chevaux pour faire tourner la machine dynamo-type V^2D^4 à 16 bobines et son excitatrice. En général l'intensité de courant convenable est de 11 Ampères. La résistance de la lampe est de 4,5 Ohms (1).

Le régulateur différentiel le plus employé après le régulateur Siemens est le régulateur Brush, alimenté

(1) Coût d'installation, système Siemens

NOMBRE DE FOYERS	4	6	8	10	12	16	20
Mach. V3 D6	2.300	2.3 0	2.300	2.300	—	—	—
— V2 D4	—	—	—	—	3.700	3.70.	3.700
Lampe , prix. 300	—	—	—	—	—	—	—
Accessoires . . 25	—	—	—	—	—	—	—
325	1.300	1.950	2.600	3.250	3.900	5.200	6.000
Câble 1 fr. 50 le							
mètre. . . . 150	225	225	—	—	—	—	—
— 200	—	—	300	300	—	—	—
— 300	—	—	—	—	450	—	—
— 500	—	—	—	—	—	750	—
— 600	—	—	—	—	—	—	900
Frais de pose et	4.025	4.675	5.400	6.050	8.050	9.650	11.100
imprévus 5 0/0. . .	200	230	270	300	400	480	550
Prix d'install. Total.	4.225	4.905	5.670	6.350	8.450	10 130	11.650

La dépense en charbon est, par heure et par lampe de 0 mèt. 09 de baguette, de 1 fr. 50.

par la machine Brush. Dans ce système, les deux bobines différentielles superposées sont remplacées par une bobine unique. Sur cette bobine, on a enroulé deux couches de fil juxtaposées et en sens inverse ; un fil gros et court, un fil fin et long. Le fil gros reçoit le courant qui va à la lampe, le fil fin est en dérivation.

Le charbon supérieur descend par son propre poids jusqu'au contact du charbon inférieur qui est fixe. Le mécanisme est disposé au-dessus des charbons. Au moment du contact, le courant passe en totalité par le gros fil ; la bobine CC' devient assez puissante pour attirer le noyau P. Le bras du levier LL est soulevé et entraîne la bague W qui,

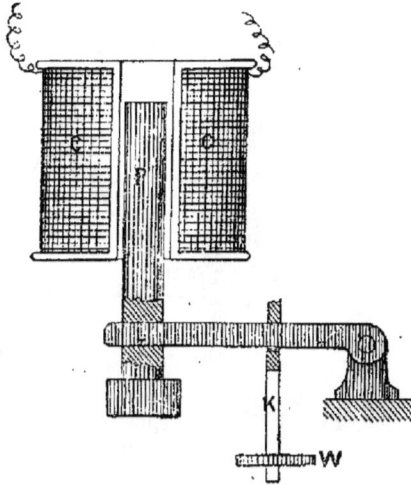

Fig. 108. — Solénoïde à double enroulement de la lampe Brush.

à son tour, élève le porte-charbon R. L'arc peut jaillir. Mais si l'arc s'allonge trop, le courant reflue dans le fil fin dérivé, et comme il est de sens inverse au courant qui passe dans le gros fil et dans le circuit général, il affaiblit l'attraction de la bobine sur la tige de fer doux P, et la position d'équilibre des charbons est vite atteinte et maintenue par le jeu différentiel des deux courants sur la bobine attractive.

En pratique, l'extrémité supérieure de la tige du porte-charbon fait piston dans un petit cylindre plein de glycérine. Les mouvements sont rendus ainsi plus doux et plus progressifs. Le cylindre de

glycérine remplace ici la pompe à air de l'appareil
Siemens.

Cette lampe peut brûler seulement trois heures.
Quand on veut produire un éclairage permanent d'au
moins douze heures, on se sert d'un régulateur à deux
paires de charbons. Quand une paire a brûlé, l'appareil
envoie automatiquement le courant dans la paire
suivante. Dans ce cas, le noyau de fer attiré P soulève

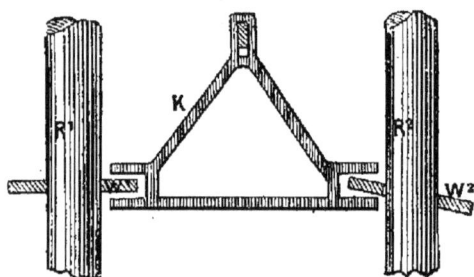

Fig. 109. — Disposition des bagues de soulèvement
dans la lampe à doubles charbons.

ou abaisse toujours le levier, mais celui-ci entraîne un
bâti figuré en K à double encoche. Les deux porte-charbons ont leurs bagues en R¹ et R² en face des encoches.

Une des bagues est orientée en biais de façon à être
prise par l'encoche avant sa voisine ; elle soulève donc
l'un des charbons avant l'autre ; l'arc jaillit entre
cette paire. Quand elle est consumée, le courant passe
dans la deuxième paire et dans le gros fil de la bobine ;
l'armature est attirée et le charbon supérieur relevé ;
l'arc jaillit.

Chaque régulateur porte en outre une bobine de
sûreté. C'est une petite bobine alimentée par le courant dérivé qui va à l'électro-aimant différentiel ; sa
résistance est un peu plus grande que celle du fil fin
de l'électro-aimant. Si l'extinction de l'arc durait

assez pour que le courant refoulé passât trop énergiquement dans le fil fin et le brûlât, l'excès de courant se déverserait dans la bobine auxiliaire et empêcherait la fusion du fil et la dégradation de l'électro-aimant.

Les lampes Brush à doubles charbons éclairent la Cité à Londres, et plusieurs rues de New-York. On sait qu'elles sont alimentées par des courants de haute tension. On peut allumer les foyers à de grandes distances. A la soirée de gala donnée à l'Opéra en l'honneur du Congrès des électriciens, les régulateurs Brush ont éclairé le grand escalier d'honneur et quelques parties du monument. La machine installée à l'Exposition transmettait par un câble de 6 kilomètres de développement (aller et retour) le courant nécessaire à l'allumage de 38 foyers d'environ 75 carcel. La machine de 35 chevaux de l'Exposition suffisait à l'alimentation de ces 38 lampes. On peut grouper jusqu'à 40 régulateurs sur un même circuit. Aucun système n'atteint une division aussi élevée; il est vrai de dire que la force électro-motrice est égale au moins à 2100 volts, et nous avons déjà insisté sur le danger de faire circuler des courants à haute tension à portée des passants (1).

Le régulateur Weston ressemble beaucoup au régulateur Brush : même électro-aimant à double enroulement; même jeu dans le mécanisme.

Le régulateur Tchikoleff, en usage en Russie, est ingénieux et original. Un anneau Gramme est disposé entre deux électro-aimants comme dans une machine Gramme; seulement, un des électro-aimants est à fil gros et l'autre à fil fin. Le courant général passe dans

(1) Voir la note à la page suivante.

le gros fil, le courant dérivé dans le fil fin. Selon que l'action de l'un devient prédominante sur l'action de l'autre, l'anneau tourne dans un sens ou en sens contraire. Ce mouvement même est utilisé pour écarter ou rapprocher les charbons. L'anneau Gramme obéit à deux actions différentielles. Ce régulateur fonctionne avec des courants continus, sans aucun mécanisme ni ressorts ; il est très-simple.

Le régulateur Shuckert n'est qu'une copie du régulateur Tchikoleff. Les régulateurs Crompton, Berjot, Gravier, etc., ne diffèrent que par des détails accessoires des régulateurs Siemens. Nous devons borner ici cet examen. On comptait, en effet, à l'Exposition seulement, plus de 86 types de régulateurs de toute

(1) Coût d'installation, système Brush.

NOMBRE DE FOYERS		1	1	2 à 3	4	6	16	40
Machines.. . .		1 875	2.500	3 375	6 000	6,000	10.000	18 000
Lampes, acces^res	400	—	—	--	—	—	—	—
Globes	25	—	—	—	—	—	—	—
	425	425	425	850	1.700	2.555	6.800	17 000
Câble	100	150	150	—	—	—	—	—
—	150	—	—	225	—	—	—	—
—	200	—	—	—	300	—	—	—
—	250	—	—	—	—	375	—	—
—	500	—	—	—	—	—	750	—
—	1200	—	—	—	—	—	—	1 080
		2.450	3.075	4.450	8.000	8.930	17.550	36.800
Imprévu et pose.		102	153	222	400	446	877	1.840
		2.552	3.228	4.672	8.400	9.376	18.427	38.640

La consommation de charbon par heure et par lampe est de 0ᵐ,06 à 1 fr. 50. L'heure d'éclairage pour une installation de 16 foyers avec locomobile brûlant 3 kil. de houille par cheval est de 38 à 40 centimes par heure et par foyer.

espèce. Nous avons fait connaître ceux qui sont réellement entrés dans la pratique.

Enfin, il existe encore un moyen de distribuer le courant entre diverses lampes sur un même circuit. Il suffit, en effet, de n'employer que des lampes dans lesquelles les charbons sont astreints à conserver mécaniquement un écart fixe. Il est évident que si l'écart est constant, le courant se subdivisera toujours, quelle que soit son intensité ou sa pression entre les différents foyers. Les lampes à écart fixe donnent, en général, une lumière moins belle que celle des lampes différentielles ou à dérivation; leur importance a diminué depuis qu'on a perfectionné les régulateurs; aussi ne

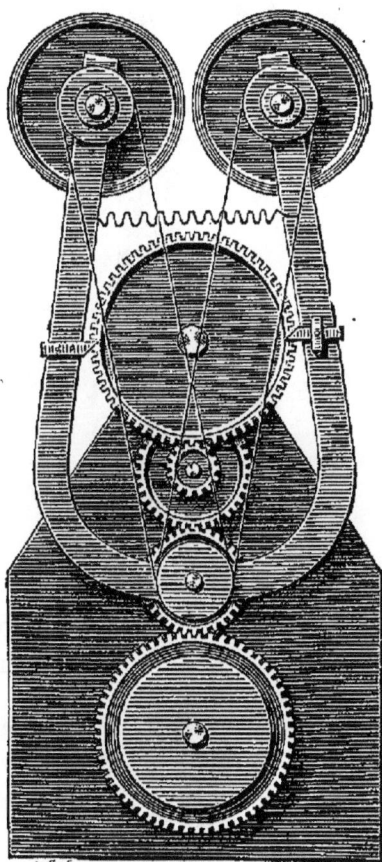

Fig. 110. — Régulateur Le Molt.

décrirons-nous que les plus répandues.

Une des premières lampes électriques réalisées, celle de Le Molt, qui remonte à 1849, appartenait à ce type. L'inventeur faisait tourner lentement, bord à bord, deux disques de charbon, avec un petit intervalle suffisant pour faire éclater l'arc voltaïque entre

les charbons. A chaque tour, l'appareil rapprochait
les disques en raison de la portion consumée. Le
moteur qui donnait le mouvement aux disques pouvait
être un rouage d'horlogerie. La lampe de Le Molt
fonctionnait de vingt à trente heures sans arrêt.

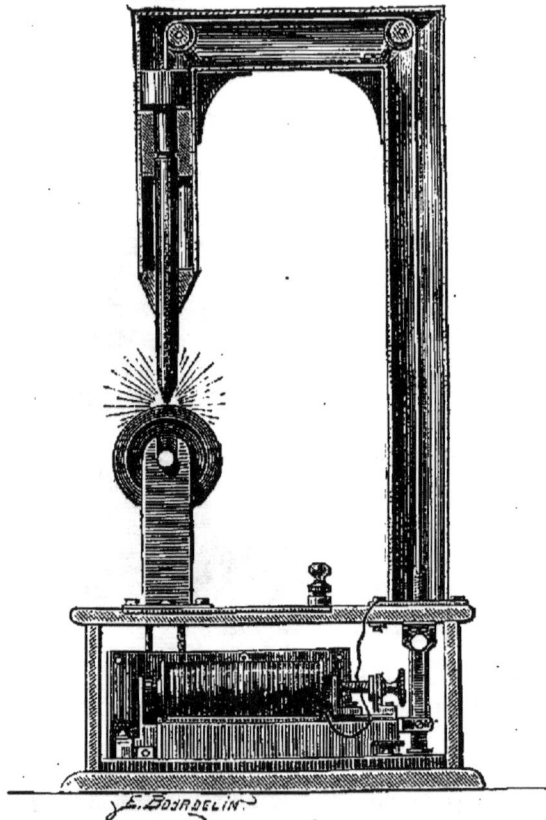

Fig. 111. — Régulateur Harrison.

M. Reynier a tenté depuis de reproduire cette disposition; de même que dans sa lampe à contact imparfait, il s'est beaucoup rapproché du régulateur Harrison dans le mode de disposition des charbons (1).

(1) Le régulateur Harrison à charbon supérieur mobile date
de 1857. Il est très-remarquable et on l'a sans doute trop vite
laissé de côté. Le crayon supérieur maintenu par un contre-
poids vient à la rencontre du bord supérieur d'un cylindre de

M. Rapieff, s'inspirant aussi un peu d'un dispositif indiqué en 1846 par l'Anglais E. Staite, a combiné en 1878 une lampe à écart fixe en mettant quatre baguettes de charbon en opposition deux à deux comme deux V superposés; les deux groupes de baguettes sont reliés par des cordes à contre-poids qui limite leur écartement. Quand l'écart augmente sous l'influence de la combustion, le contre-poids le ramène à sa valeur normale. Les régulateurs Rapieff sont assez économiques; ils éclairent les bureaux du *Times*, à Londres. On peut en disposer quatre ou cinq sur le même circuit.

En 1879, M. A. Gérard a réalisé une lampe à quatre charbons, un peu différente de celle de M. Rapieff. Les charbons sont disposés deux par deux, non plus en opposition, mais en faisceau, comme des V placés dans deux plans per-

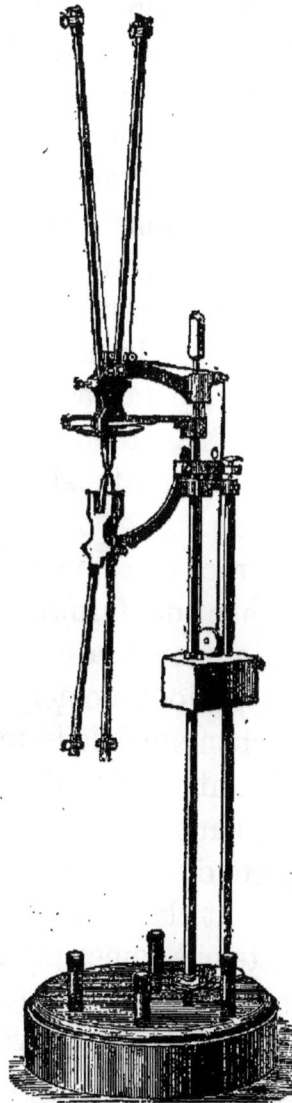

Fig. 112. Lampe de M. Rapieff.

même substance. L'arc éclate entre le crayon de charbon et le cylindre qui est animé d'un mouvement lent de translation à mesure de la combustion. L'écart est maintenu constant par un électro-aimant qui commande le support du charbon supérieur. Une pareille lampe peut fonctionner très-longtemps sans qu'on renouvelle le cylindre de charbon.

pendiculaires. Les charbons, à mesure qu'ils se brûlent, descendent entraînés par leur poids, de façon à
maintenir entre eux le même intervalle. Il n'y a
plus d'ombre portée avec cette combinaison, puisque
les charbons sont groupés au-dessus du point lumineux. De plus, comme l'arc voltaïque tend à remonter
sans cesse le long des baguettes, l'auteur a placé à une
certaine hauteur deux petits électro - aimants dont
l'action répulsive bien connue sur l'arc voltaïque
chasse en bas la flamme électrique et lui donne de la
fixité. Cette lampe est alimentée par des courants
alternatifs. On en peut disposer quatre sur chaque
circuit, et l'intensité pour chacune d'elles atteint
50 carcels.

M. Brockie a imaginé de son côté de réajuster tout
bonnement de minute en minute les charbons d'un
régulateur ordinaire à division. Le circuit est interrompu périodiquement. Au moment de l'interruption,
le charbon supérieur tombe sur le charbon inférieur;
le courant revenant, le charbon supérieur s'écarte
d'une quantité fixe et ainsi toujours; l'éclipse est de
si courte durée qu'elle est imperceptible.

On peut classer encore parmi ce genre de lampes le
régulateur à lames plates de charbon de M. Wallace-
Farmer. La lame inférieure est fixe; la lame supérieure peut être soulevée par le jeu d'un électro-aimant
dissimulé dans la boîte A. L'arc jaillit et le foyer
s'avance progressivement à mesure de la combustion
d'un bord à l'autre. Puis les plaques se rapprochent
un peu et l'arc retourne sur ses pas. Les charbons
durent 100 heures. Il est regrettable que cette disposition ne permette pas de donner beaucoup de lumière.

Enfin mentionnons, pour finir, un régulateur extrê-

mement original, imaginé tout dernièrement par M. Solignac et qui constitue le plus simple, le plus rustique,
le plus souple de tous les régulateurs. Il peut, en effet,
fonctionner avec des courants alternatifs ou des cou-

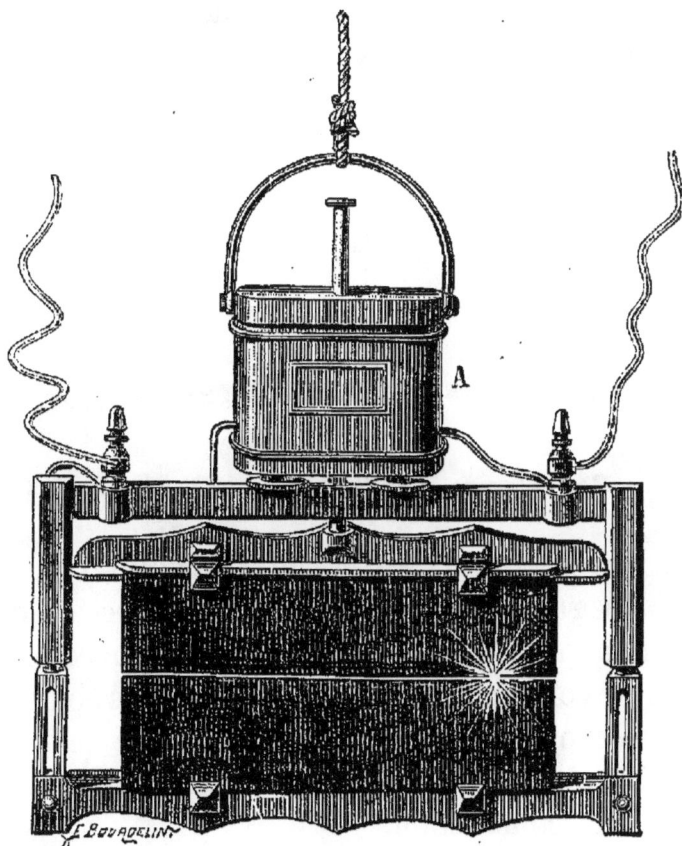

Fig. 113. — Régulateur à charbons plats de M. Wallace-Farmer.

rants continus, avec de gros ou petits charbons, avec
des courants intenses ou faibles, etc. Il semble applicable dans toutes les circonstances.

Les charbons horizontaux sont constamment sollicités à se mettre en contact sous l'action de deux cordelettes tendues par deux ressorts à barillet. Les charbons sont munis à leur partie inférieure d'une petite

baguette de verre qui fait pour ainsi dire corps avec
eux. L'extrémité de la baguette vient buter contre un
arrêt en nickel qui fixe l'écart des charbons; c'est tout.
L'arc jaillit; les charbons se consument, l'intervalle
qui les sépare grandit. Mais en même temps la chaleur augmente près des butoirs de la baguette de
verre, car l'arc s'en rapproche et la résistance au pas-

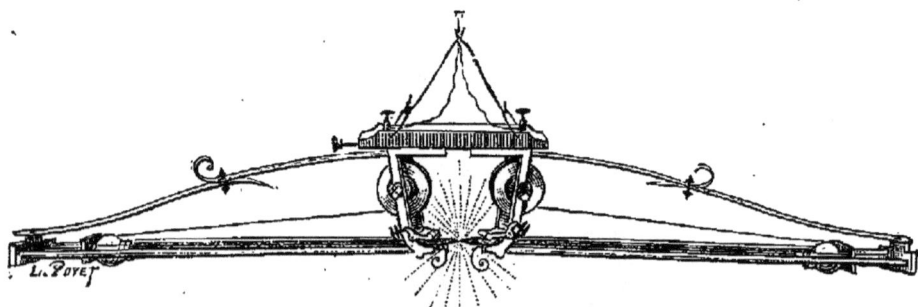

Fig. 114. — Lampe de M. Solignac ; vue d'ensemble.

sage du courant croît. Le calorique ramollit l'extrémité de la baguette de verre et sous la pression des
cordes qui la pousse en avant, elle se recourbe en A
comme on le voit sur la figure, et les charbons peuvent
glisser et se rapprocher. Et ainsi, toujours, le verre se
roule sur lui-même et permet de maintenir l'écart fixe
à mesure de la combustion.

Le courant arrive dans les charbons par un galet
nickelé qui appuie sur chacun d'eux tout près de leur
extrémité; on diminue de ce chef la résistance, puisque
le courant n'a pas à traverser toute la longueur du
charbon. C'est une économie de force.

La lumière de la lampe Solignac est très-fixe. Le
système est rudimentaire et très-bon marché. Il semble
appelé à se généraliser.

Tous les régulateurs à division des types à dériva-

tion. ou différentiels, ou à écart constant, ont naturellement un rendement inférieur aux régulateurs à
foyer unique. Il va de soi qu'il faut perdre de la force

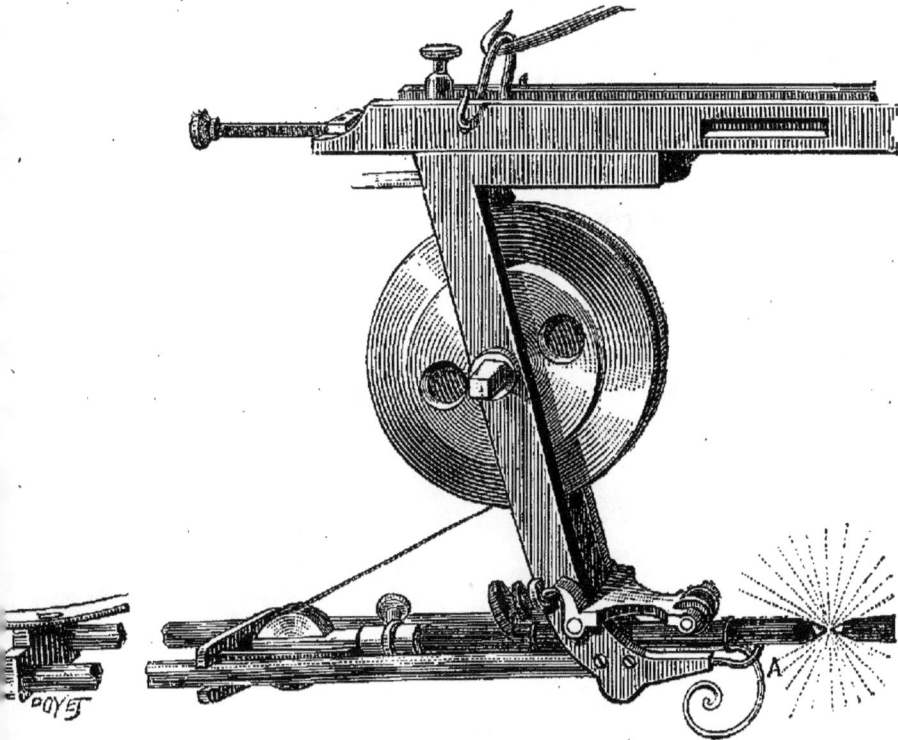

Fig. 115. — Lampe de M. Solignac; détails du mécanisme.

pour échauffer chaque groupe de charbons, pour faire
face aux refroidissements qui augmentent avec les
surfaces rayonnantes, pour vaincre les résistances
multipliées par le nombre des lampes. Cependant nous
avons vu que l'on pouvait encore obtenir par cheval
de force une intensité lumineuse de quatre-vingts carcels, tout en divisant la lumière en quarante foyers
distincts. On gagne jusqu'à un certain point, par la
divisibilité et la distribution convenable des lampes,
ce qu'on perd en intensité; il n'y a pas compensation

18

dans le prix, mais il y a, en revanche, utilisation plus uniforme et plus convenable de la lumière.

En somme, nous avons passé en revue tous les régulateurs possibles. Les régulateurs monophotes, les régulateurs à dérivation, les régulateurs différentiels, les lampes à écart fixe. Les régulateurs à division sont modernes; ce n est que depuis quelques années qu'on est parvenu à grouper plusieurs lampes sur un circuit unique et à remplacer un seul foyer très-intense par plusieurs lumières moins vives. Le même problème a été résolu à peu près simultanément au moyen des bougies électriques qui ne nécessitent plus aucun appareil de réglage. Nous examinerons maintenant ces nouveaux brûleurs.

XIII

Pendant que les électriciens s'évertuaient à combiner des mécanismes destinés à rendre constant, malgré la combustion, l'écart entre les baguettes de charbon des régulateurs, une solution inattendue et d'une extrême simplicité venait étendre considérablement le champ d'exploitation jusqu'alors très-limité de la lumière électrique. Un officier russe, M. Jablochkoff, inventait la première *bougie électrique*.

Au lieu de disposer les baguettes de charbon l'une au-dessus de l'autre, il les plaçait toutes deux parallèlement, côte à côte, à quelques millimètres de distance, et faisait éclater l'arc voltaïque horizontalement entre les deux extrémités supérieures des charbons.

Les deux baguettes se consument de haut en bas, comme la mèche d'une bougie , et leur éclat restant fixe, tout mécanisme de réglage se trouve supprimé. La bougie est un régulateur à écart constant. Mais quelle simplicité, quelle commodité pour les applications ! Il reviendra incontestablement à M. Jablochkoff l'honneur d'avoir fait pénétrer la lumière électrique dans la pratique journalière. C'est de 1877, en effet, que date réellement l'éclairage électrique des magasins, des avenues, des théâtres, etc. La bougie Jablochkoff a forcé les portes que les régulateurs avaient été impuissants à se faire ouvrir.

La bougie peut se définir en quelques mots : deux baguettes de charbon séparées par un isolant pour empêcher le courant de passer ailleurs que par les extrémités. L'isolant appelé *colombin*, était à l'origine en kaolin; on emploie maintenant un mélange de deux parties de sulfate de chaux pour une de sulfate de baryte. La matière se volatilise en fournissant des parcelles incandescentes. Le kaolin fondait seulement, absorbait de la chaleur inutile, et, en augmentant la résistance des charbons au moment du passage du courant, accroissait au total la dépense de force nécessaire à la combustion de chaque bougie. Le nouveau colombin se fabrique facilement; deux ouvriers peuvent fournir jusqu'à 15,000 lames isolantes par journée de travail (1).

(1) La fabrication des bougies est très-complexe. Voici la série des opérations : Calibrage, fabrication des moulures, entubage des moulures, entubage des charbons, vérification, taillage des charbons, préparation du colombin, pose du colombin, pose de l'allumage, lavage, pose de la bande, galvanisation (on dépose très-souvent du cuivre par voie galvanique sur les charbons), vernissage. On a fabriqué pendant des années 5,000 bougies par

On emploie pour alimenter les bougies uniquement des courants alternatifs; autrement une des baguettes s'userait, comme nous l'avons vu précédemment, plus vite que sa voisine; l'action périodique des courants inverses rend l'usure de chaque charbon à peu près constante.

Les deux baguettes parallèles sont épaisses de 4 millimètres, longues de 25 centimètres. Leur combustion dure deux heures, et le prix de vente est réduit aujourd'hui à 30 centimes.

Les charbons de la bougie sont fixés par leur base, comme une bougie dans un chandelier, dans deux petits tubes de laiton de 5 centimètres de longueur séparés par un

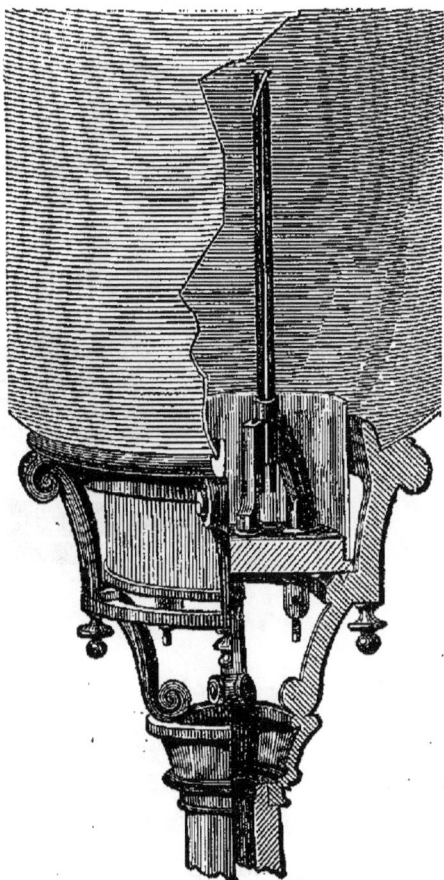

Fig. 116. — Bougie Jablochkoff dans son globe.

isolant. On introduit ces deux tubes entre les mâchoires B et C appliquées l'une contre l'autre par un ressort R. Les quatre bougies sont disposées aussi aux quatre angles d'un carré et les supports

jour, soit 1,800,000 par an à l'usine de l'avenue de Villiers. L'établissement emploie un contre-maître et 30 ouvriers.

18.

isolés sont reliés aux fils d'amenée du courant. Il
y a cinq fils; quatre pour l'aller, un seul pour le
retour. Un commutateur placé dans le socle du candélabre permet de faire passer le courant d'une bougie

Fig. 117. — Chandelier Jablochkoff, à quatre bougies.

presque consumée dans la bougie voisine. Quant à
l'allumage, il est obtenu à distance par un petit bout
de mine de crayon, par un fil de plomb, par un mélange spécial à base de charbon placé à cheval sur les
deux charbons d'une bougie. Le courant fait rougir
l'allumeur qui fond, et l'arc jaillit. On peut aussi
obtenir l'allumage successif des bougies sans commutateur: dans ce cas, les quatre bougies sont intercalées dans des circuits distincts et dérivés du circuit
général. Le courant va dans la bougie qui a le moins
de résistance. Quand celle-ci est consumée, le courant
choisit lui-même la bougie à moindre résistance et

ainsi de suite. Les quatre bougies brûlées successivement donnent environ 8 heures d'éclairage.

En quelques années, les bougies Jablochkoff sont
parvenues à faire le tour du monde. On s'en sert en
France, en Angleterre, en Belgique, en Russie, en
Grèce, en Portugal, au Brésil; à la Plata, au Mexique,
en Norvège, etc. Plus de 4,000 foyers fonctionnent en
ce moment dans les deux hémisphères pour l'éclairage
des grands ateliers, des gares, des magasins, des
théâtres, des palais, etc. La bougie aura manifestement joué un rôle prépondérant dans l'extension de
l'éclairage électrique. La vogue n'est cependant pas
toujours synonyme de la valeur. La bougie électrique
n'a pour elle que sa simplicité, ce qui est beaucoup,
mais ce qui n'est pas suffisant. Sa lumière est inégale,
elle prend des teintes variables; elle est fatigante, elle
peut s'éteindre brusquement et il faut avoir recours à
un nouvel allumage. Elle ne peut soutenir la comparaison avec les bons régulateurs différentiels. On ne
peut grouper dans le même circuit plus de quatre à
cinq bougies; nous avons vu qu'avec un régulateur,
on pouvait aller à 20, 30 et même 40 foyers. Il faut
se servir de machines génératrices à plusieurs circuits
pouvant alimenter d'électricté au total 20, 16, 8, 6 ou
4 bougies. La dépense en force motrice est considérable pour l'intensité lumineuse produite. Selon qu'on
en utilise un seulement, ou tous les circuits d'une machine, on fait descendre la consommation de force de
1 cheval 57 à 0 cheval 92. En moyenne, on peut
admettre que chaque bougie prend un cheval de force.

L'intensité lumineuse à feu nu est de 40 becs carcel
environ. Mais l'enveloppe de verre absorbe énormé-
ment de lumière; 60 0/0 avec un globe opalin, 30 0/0

avec le verre craquelé ; aussi, pratiquement, l'intensité descend à 27 et à 16 carcel. Les régulateurs donnent jusqu'à 100 carcel par cheval, et si l'on ne divise pas la lumière sur un même circuit jusqu'au delà de 200 carcel, nous verrons que les lampes à incandescence donnent aussi par cheval bien près de 16 carcel et la distribution de la lumière est bien autrement parfaite. On le voit, si la bougie, en apparence, a réalisé un progrès, au fond elle ne possède qu'un rendement économique assez faible. Il est vrai qu'il faut bien payer la simplicité primordiale de l'appareil.

On affirme toutefois que la lumière de la bougie serait obtenue à meilleur marché que celle du gaz. Les frais d'installation correspondent à 16 becs de gaz (1). Donc, toutes les fois qu'une bougie pourra remplacer 16 becs de gaz, les frais d'installation seront les mêmes et l'intensité lumineuse augmentée. La dépense par heure ne serait que de 50 centimes environ. Cette dépense est celle de 12 becs de gaz. Et comme l'éclairage est plus intense, il est évident qu'au point de vue de la dépense horaire, il y a avantage à employer des bougies, chaque fois que dans leur zone d'éclairage, soit dans un cercle de 10 mètres, il existe au moins 12 becs de gaz. Il paraîtrait que la lumière Jablochkoff a donné aux magasins du Louvre une économie de 30 0/0 sur celle du gaz.

A l'Hippodrome de Paris, la bougie a permis de

(1) On compte tout compris, sur 1,600 fr. par bougie ; les dépenses d'installation pour le gaz sont en moyenne de 100 fr. par bec ; elles se sont élevées à 132 fr. par bec au marché des Batignolles ; à 139 fr. à la Belle-Jardinière ; à 82 fr. à la salle Erard ; à 126 fr. au nouvel Opéra ; à 304 fr. à la salle Marengo des magasins du Louvre ; à 48 fr. à la raffinerie de Saint-Ouen.

réaliser une économie considérable sur le gaz. On a
distribué sur le pourtour de la piste 120 bougies et
21 régulateurs divers. Trois machines dynamo Gramme
a 4 circuits de 5 bougies alimentent 60 bougies. Une

Fig. 118 — Les bougies Jablochkoff au Louvre.

autre machine Gramme, la plus puissante qui ait été
construite en France, alimente à elle seule 60 autres
bougies. Les régulateurs Serrin ont pour chacun d'eux
une machine Gramme distincte à courants continus;
soit donc en tout 25 machines dynamo-électriques.

Le travail moteur dépensé s'élève à 170 chevaux;
on emploie deux moteurs Compound de 120 chevaux

chacun. Trois chaudières de 75 chevaux fournissent la vapeur nécessaire. La grande machine Gramme à 60 bougies n'absorbe que 50 chevaux, tandis que les trois autres prennent 60 chevaux. Les machines puissantes dépensent toujours moins que les autres.

Dans ces conditions, pour un éclairage moyen de quatre heures par soirée, les frais ne dépassent guère 260 fr. L'éclairage au gaz coûtait environ 1.200 fr. et était bien loin d'être aussi satisfaisant que l'éclairage électrique. L'économie réalisée est donc ici de plus des trois quarts, exactement de 78 0/0. C'est très significatif.

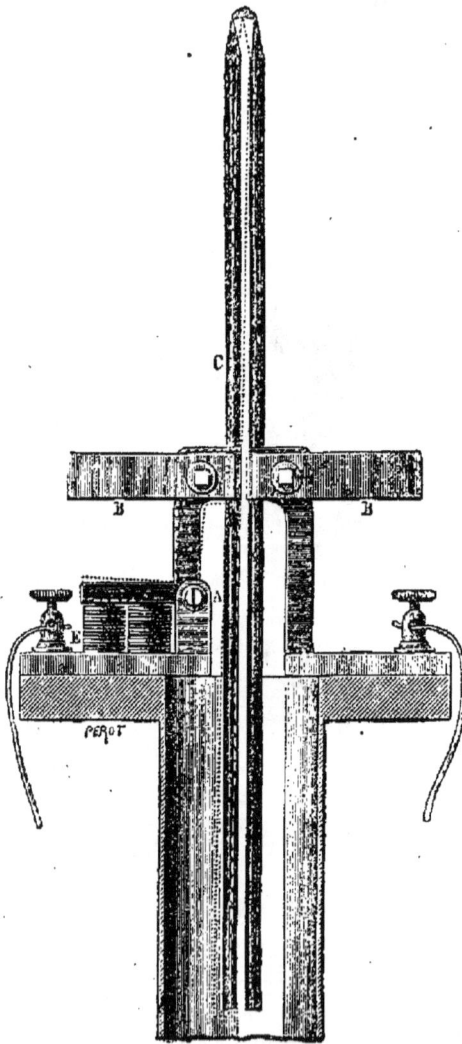

La vogue étant acquise aux bougies, en 1878, un autre Russe, M. Rapieff, déjà connu par son régulateur à 4 baguettes, et un Anglais, M. Wilde, prirent à peu près simultanément un brevet pour un système per-

Fig. 119. — Bougie Wilde. C, charbon mobile; A, axe de rotation du support du charbon mobile; BB, ressorts des galets; E, électro-aimant.

fectionné. C'est la bougie Wilde, qui paraît être surtout entrée dans la pratique. La bougie Jablochkoff nécessite pour l'allumage l'interposition sur les deux charbons d'une petite mèche de même substance ; le colombin empêche en effet tout contact entre les baguettes. M. Wilde supprima le colombin et planta des baguettes à 3 millimètres de distance sur des supports

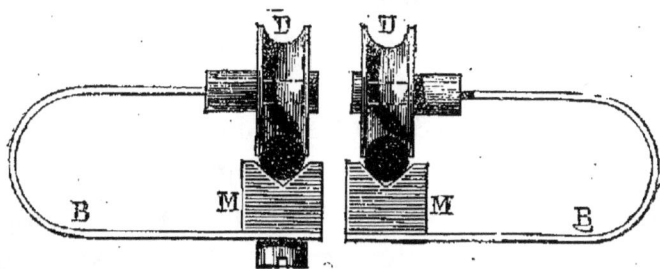

Fig. 120. — Bougie Wilde. Plan des pinces à galets. M, coins fixes ; DD, galets de cuivre ; BB, ressorts.

métalliques ; un des supports peut s'incliner un peu, de façon que l'une des baguettes vienne toucher l'autre par son extrémité ; il y a contact, et l'allumage se produit sans mèche intermédiaire. Quand il a eu lieu, un petit *électro-aimant* redresse le support, et les deux charbons redeviennent parallèles. Si par hasard la bougie s'éteint, le courant ne peut plus passer, et l'électro-aimant, précédemment actif, n'exerce plus d'attraction sur le support, les deux charbons reviennent au contact, et la bougie se rallume. La bougie Wilde a des charbons très-longs, de 65 centimètres de haut ; l'éclairage dure près de cinq heures. L'extrémité des charbons se trouve au début à 25 centimètres du support. Après une heure et demie de combustion l'arc s'abaisse en C ; alors, à l'aide d'un bouton extérieur, on agit sur une petite rondelle placée dans la gaîne du support. La rondelle pousse les charbons qui, guidés par les galets DD, se soulèvent à la hauteur primitive. En groupant plusieurs bougies on atteint une durée d'éclairage plus que suffisante pour la pratique. L'absence de colombin empêche aussi les variations d'éclat désagréables de la bougie Jabloch-koff. La bougie Wilde peut d'ailleurs brûler, bien que difficilement, la tête en bas au besoin, ce qui évite les ombres portées. Elle consomme de 10 à 12 centimètres de charbon par heure, en produisant, selon le courant, de 20 à 70 carcel.

C'est également en 1878 que M. Jamin, de l'Institut, imagina la bougie qui porte son nom.

Ingénieur-conseil de la Compagnie Jablochkoff, M. Jamin avait pu étudier de très-près les avantages et les inconvénients du nouveau système. Comme M. Wilde, M. Jamin supprime le colombin, et, pour fixer l'arc électrique aux extrémités inférieures des charbons, il eut l'idée ingénieuse d'entourer les baguettes d'un cadre constitué par un certain nombre de fils dans lesquels circule le courant. Les quatre côtés du cadre, en influençant l'arc (1), l'étalent et le maintiennent aux extrémités de la baguette.

En principe, ce système semblait bon, et les premières expériences avaient fait concevoir beaucoup d'espérances. Il y a toujours loin de la théorie à la pratique. Le cadre directeur absorbe du courant, c'est-à-dire de la force; puis il projette des ombres désagréables; puis la lumière, au lieu d'être très-fixe, est au contraire très-mobile.

(1) On sait, d'après les lois d'Ampère, que des courants de même sens s'attirent; par conséquent, les courants circulant dans les fils doivent naturellement attirer le courant qui passe dans l'arc et le fixer.

M. Jamin a changé son système de bougie à trois reprises différentes ; dans le dernier type, il a emprunté

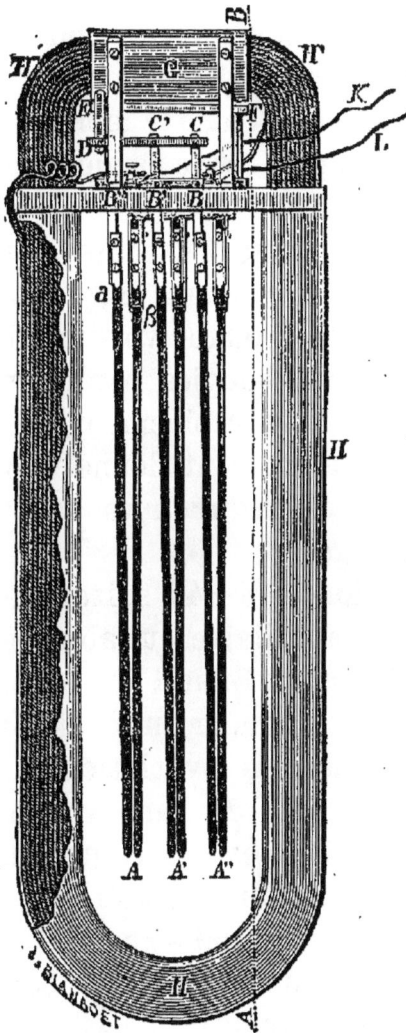

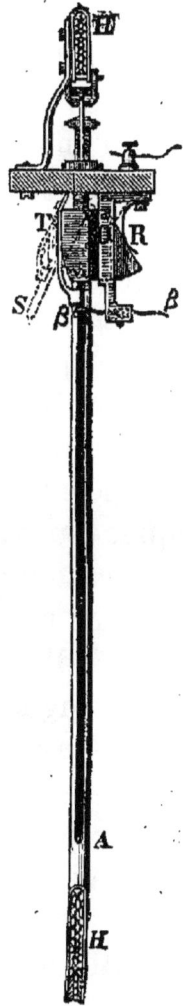

Fig. 121. — Bougie Jamin.
Vue de face du porte-bougie et du
cadre directeur.

Fig. 122. — Bougie Jamin.
Vue de côté d'une des bougies
avec le mécanisme de rallumage.

à la bougie Wilde son mode d'allumage. On voit en H
le cadre directeur, en G un électro-aimant qui sert à
produire l'écart des charbons quand le courant passe.

L'électro-aimant attire l'armature E F. Celle-ci, en tirant sur les leviers ED, DC écarte le charbon de gauche du charbon de droite dans les diverses bougies A A'A''. L'arc se développe à la fois entre les pointes inférieures des trois bougies, puis se décide à rester seulement entre les charbons de la bougie la moins résistante. Lorsqu'une des bougies est consumée, l'arc brûle un petit crochet en cuivre B posé à l'origine de la bougie; le crochet parti, le ressort R chasse le support des charbons dans la position O S; l'arc est rompu et va se fixer dans une bougie voisine. Tout cela est compliqué, exige des bougies parfaitement préparées; le cadre se brûle assez rapidement. Le mécanisme nécessaire au fonctionnement donne à cette bougie les inconvénients des régulateurs sans lui communiquer leurs avantages.

Le cadre directeur est formé de 40 spires métalliques; c'est une résistance auxiliaire qui absorbe du courant, c'est-à-dire de la force. Enfin l'arc est très-mobile. Les changements de longueur influent sur la résistance générale et amènent des variations désagréables d'intensité. La flamme de l'arc vacille et s'éteint pour reprendre de nouveau, surtout quand elle est exposée à l'air libre un jour de petite brise. On a pu en juger aux concerts du Palais-Royal et dans la salle de billard de l'Exposition. Bref, la bougie Jamin n'est pas la bougie de l'avenir.

En décembre 1880, M. Debrun, préparateur à la faculté des Sciences de Bordeaux, voulut aussi combiner sa bougie.

Il avait été chargé de surveiller l'installation, à Bordeaux, de bougies Jablochkoff; il reconnut les inconvénients du système et chercha à faire mieux, ce qui est plus difficile qu'on ne le pense, car M. Debrun n'y est pas parvenu beaucoup plus que ses devanciers.

La bougie Debrun brûle par en haut; elle se compose de deux crayons Carré de 6 millimètres de diamètre et de 25 centimètres de longueur disposés à 3 millimètres de distance; une petite plaque de verre intercalée entre eux assure à la base le parallélisme. Cette bougie se fixe dans un chandelier qui peut d'ailleurs en recevoir deux. L'allumage automatique se fait ainsi : quand le courant passe, un électro-aimant installé à l'extrémité de la bougie attire une armature munie d'un morceau de charbon. Le charbon est appliqué ainsi contre la base de la bougie. A ce moment, l'arc se forme entre les deux baguettes. Puis aussitôt un autre électro-aimant auxiliaire, alimenté par le courant même qui circule alors dans la bougie en attirant son armature, rompt le contact et empêche d'arriver au premier électro-aimant le courant dérivé qui l'alimentait. Le petit morceau de charbon l'allumage est éloigné; l'arc s'étale et monte au sommet de la bougie appelé par l'air qu'il a échauffé et qui a diminué la résistance des portions supérieures du charbon. Si la bougie s'éteint, le courant ne passe plus; l'électro-aimant du courant dérivé entre en jeu, et par le mécanisme indiqué allume de nouveau la bougie. Quand les baguettes sont consumées, l'arc brûle un fil de laiton installé à la base et dégage ainsi un ressort qui quitte le contact par lequel le courant parvenait à la bougie, et qui en même temps, fait passer le courant dans la bougie suivante.

Donc ici, l'arc s'élève tout seul, sans cadre directeur, et l'allumage est assez facilement obtenu.

Les bougies Debrun durent trois heures et demie et ne coûtent que 35 centimes; on en fabrique à 60 centimes qui durent six heures.

Quoi qu'il en soit, les bougies restent des brûleurs peu économiques. On les alimente avec des courants faibles d'environ 10 Ampères pour les bougies de 4 millimètres; elles brûlent avec un arc peu stable, car l'intensité de courant est réduite au minimum dans le but de ralentir l'usure; leur lumière est peu fixe et varie sans cesse d'éclat. Enfin, comme il faut se servir de machines à courants alternatifs pour brûler également les deux charbons, elles produisent toujours un ronflement plus ou moins sonore fort désagréable. A l'exception peut-être de la bougie Jablochkoff, qui tire sa valeur de son extrême simplicité, nous croyons que les nouvelles bougies combinées postérieurement tomberont peu à peu dans l'oubli et seront remplacées par les régulateurs.

Avec les bougies et les régulateurs on n'a pas encore épuisé toutes les combinaisons possibles pour produire de la lumière électrique. Il nous reste encore à mentionner brièvement tout un autre groupe de foyers qui ont été inventés depuis quelques années; nous voulons parler des lampes à contact imparfait et à charbons inégaux. L'arc ne jaillit plus, mais les charbons rougissent et donnent de la lumière. On sait que le charbon positif est bien plus chaud que le charbon négatif; on a été jusqu'à évaluer à 4,000 degrés la température du positif et à 3,000 celle du négatif, évaluations sujettes à caution. Quand on fait le charbon négatif plus gros que le positif, sa résistance diminue et il s'échauffe moins; dans ce cas, il faut, pour que

l'arc jaillisse, rapprocher le positif du négatif. Quand
on donne enfin une section suffisante au négatif, il ne
s'use plus, s'échauffe à peine, et le positif seul brûle

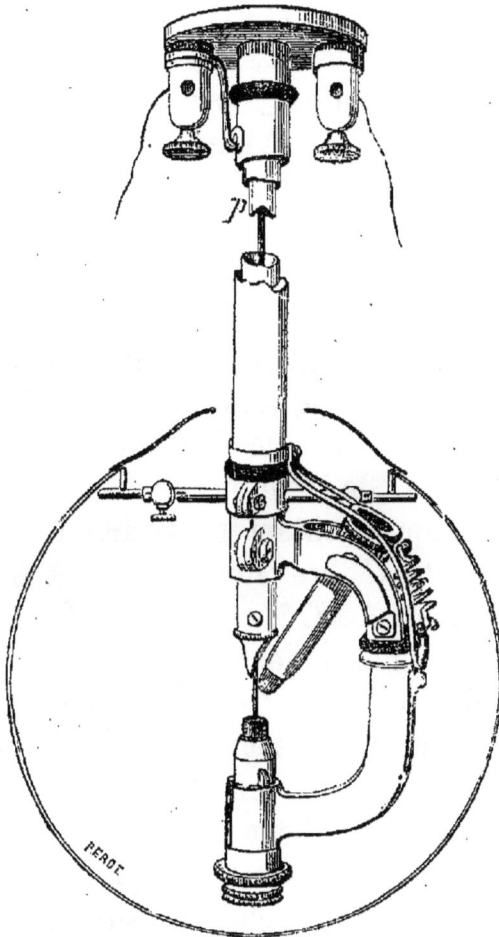

Fig. 123. — Lampe Reynier, modèle 1870.

et se consume; mais dans ce cas, la résistance au
passage de l'arc est devenue telle qu'il faut, pour qu'il
se forme, rapprocher les charbons au contact; à la
limite l'arc disparaît à peu près, et, à vrai dire, c'est
le charbon positif qui devient incandescent par la

pointe. Le rapport des sections les plus convenables est de 1 pour le positif et de 64 pour le négatif. L'arc disparaît et la pointe du charbon positif émet une belle lumière fixe. Tel est le phénomène intéressant dont on tire parti dans les lampes à charbons au contact et à sections inégales.

En principe, ce genre de foyers électriques est le plus simple que l'on puisse imaginer. Une baguette de charbon appuie sur un butoir de même matière : le contact est imparfait à cause des aspérités du charbon ; quand le courant passe de la baguette dans le butoir, il éprouve une grande résistance, et la pointe de la baguette s'échauffe au point de devenir incandescente. Le charbon brûle en même temps, et la chaleur qu'il produit vient en aide à celle du courant pour augmenter encore l'éclat de la lumière.

La première lampe à contact imparfait date, je crois, de 1876 ; elle avait été brevetée par M. Varley. La seconde, qui remonte à 1877, est celle de M. Reynier.

Une baguette de charbon entraînée par le poids du porte-charbon tend à descendre et à appuyer sur un disque vertical astreint à tourner autour d'un axe horizontal ; le contact a lieu en deçà de la verticale passant par le centre du disque, aussi le poids de la baguette tend à faire tourner le disque au fur et à mesure de la combustion du charbon supérieur. Cette petite lampe fonctionne avec quatre éléments Bunsen ou une batterie de trois éléments Planté. M. Reynier l'a perfectionnée en 1879. La baguette verticale C est poussée par le poids du cylindre-enveloppe p et bute contre le contact en bout B. En L se trouve un autre contact latéral monté à l'extrémité d'un levier, et qui, par l'intermédiaire du ressort r. limite la partie incandescente ij, en général longue de 5 à 6 millimètres.

Une pile de huit grands Bunsen plats donne avec cette lampe environ 10 Carcels. Par cheval-vapeur, avec les machines électriques, on peut alimenter de 3 à 5 lampes donnant chacune de 7 à 12 Carcels. Soit, en définitive, 35 Carcels par cheval.

M. Reynier a complété le système par un allumeur automatique. Quand on groupe plusieurs lampes sur le même circuit de 8 à 12 avec une machine Gramme d'atelier, si par accident le courant ne traverse plus une lampe, toutes les autres s'éteignent brusquement sans qu'on sache au juste quel est le foyer qui a occasionné le mal.

Ceci arrive notamment quand une lampe

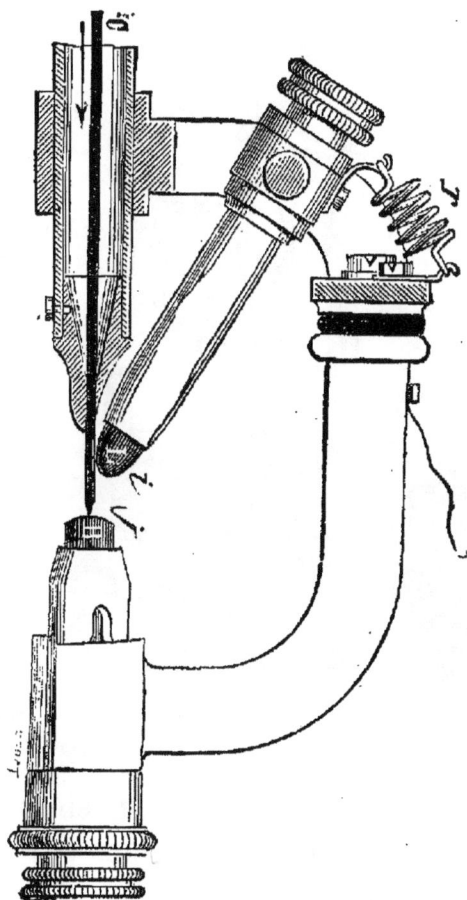

Fig. 124. — Lampe Reynier (détails).

a épuisé sa provision de baguettes. Il fallait rendre toutes les lampes indépendantes les unes des autres. Pour cela, on ne les branche pas sur le courant général. On emprunte au circuit deux courants dérivés, l'un pour aller à une résistance fixe en fil de maillechort égale à la résistance de la lampe; l'autre pour desservir la lampe en passant à travers un électro-aimant. Quand le courant dérivé traverse les charbons, il anime l'électro-aimant dont l'armature attirée rompt le circuit qui se rendait à la résistance fixe. Mais si les charbons sont usés, si, pour une cause quelconque, le courant n'entre plus dans la lampe, aussitôt l'électro-aimant devient inactif, l'armature revient sur elle-même et rétablit le passage du courant dans la résistance fixe R. On a remplacé ainsi la résistance de la lampe par une résistance équivalente, le courant général traverse tous les autres foyers; rien n'est changé dans le courant.

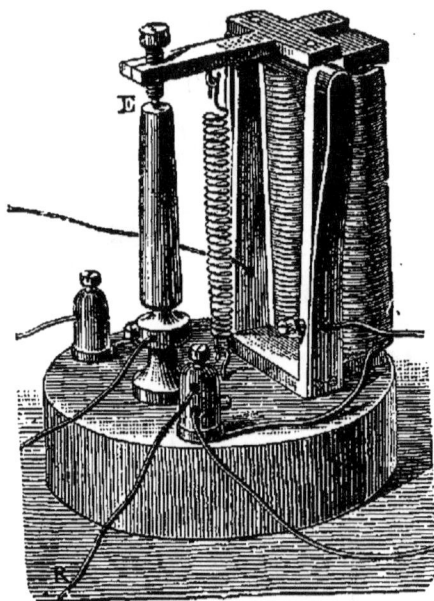

Fig. 125. — Allumeur Reynier.

M. Reynier obtient maintenant beaucoup plus simplement le même résultat. Il réunit chaque lampe par une dérivation à quelques accumulateurs. Quand le courant passe bien dans esc lharbons, la force contre électro-motrice des accumulateurs empêche le courant d'y pénétrer; mais si la lampe s'éteint, le courant reflue dans les accumulateurs et leur résistance remplace celle de la lampe, de sorte que tout reste réglé comme avant dans tout le circuit, et les lampes continuent à donner la même lumière, alimentées par le courant général.

A peu près en même temps que M. Reynier, M. Richard Werdermann inventait une lampe analogue dans laquelle le charbon, au lieu d'être poussé de haut en bas sur un contact de charbon, est chassé de bas en haut par un ressort comme dans les lanternes de voitures.

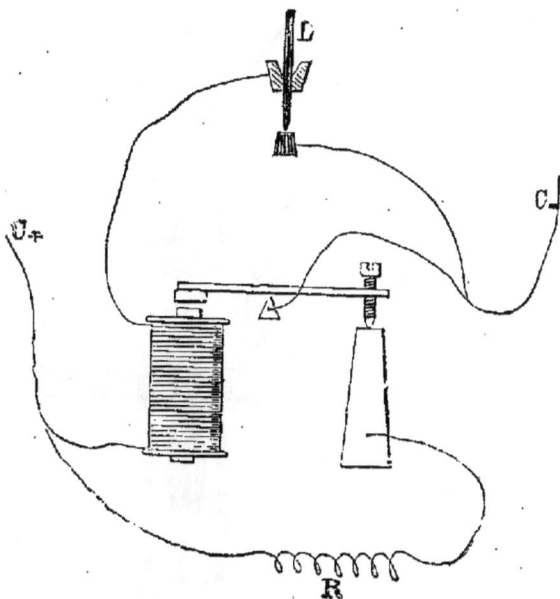

Fig. 126. — Principe de l'allumeur Reynier.
L lampe; R résistance équivalente; CC conducteur traversant l'allumeur.

La bonne marche de la lampe dépend de la pression de la baguette sur le disque de charbon; pour bien l'équilibrer, le disque est placé à l'extrémité d'un fléau muni d'un contre-poids qu'on peut déplacer à volonté. Le fléau porte un petit bras qui vient appuyer latéralement sur le porte-charbon, et d'autant plus fort que la pression sur le disque de charbon est elle-même plus énergique. Ce contact latéral empêche le charbon de monter trop vite à mesure de la combustion; quand le charbon brûle, la pression diminue, le contact latéral se desserre et la tige monte.

S'il y a extinction pour une cause ou pour une autre, les charbons n'appuyant plus sur le disque

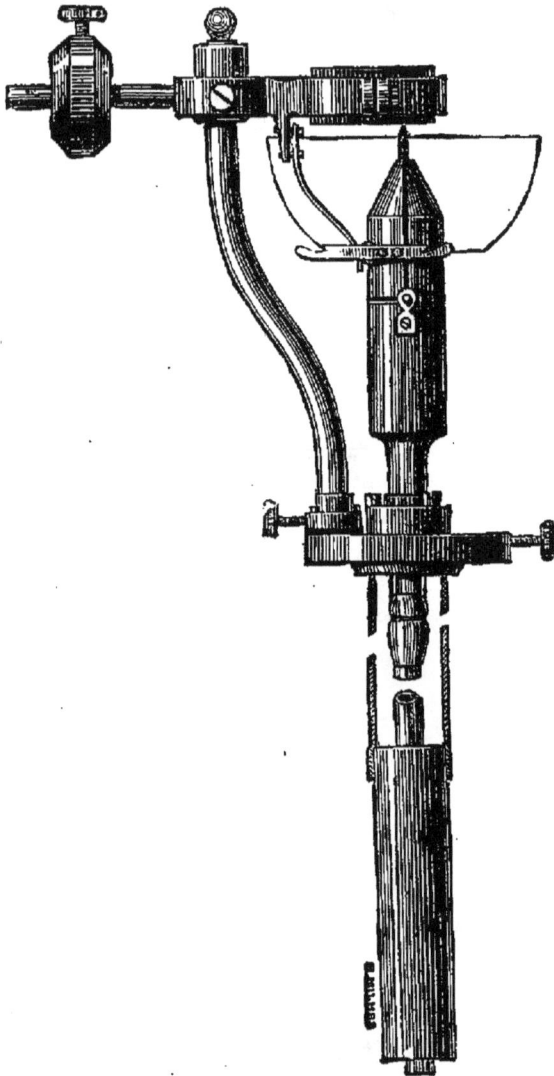

Fig. 127. — Lampe Werdermann (élévation).

pour donner passage au courant, le contact latéral ne serre plus la tige, il se dégage et s'élève entraîné par le contre-poids qui retombe dans la verticale ; en

même temps le levier, dans son mouvement de bascule,
vient buter contre un arrêt métallique qui communique avec le circuit général. La lampe est mise hors

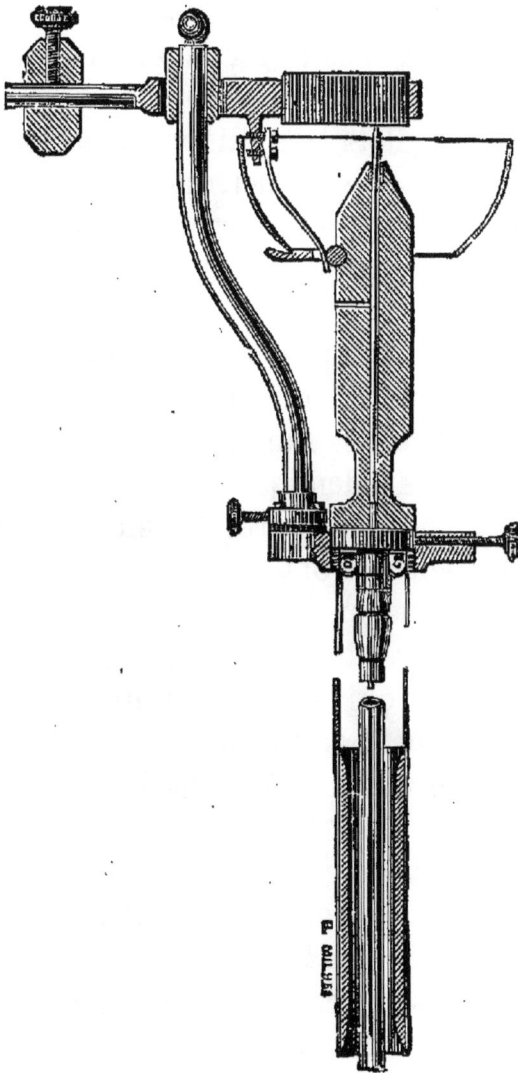

Fig. 128. — Lampe Werdermann (coupe).

du circuit et les autres lampes n'en reçoivent pas
moins leur courant d'alimentation. On évite ainsi
l'emploi auxiliaire d'un allumeur automatique.

La lampe Werdermann a été perfectionnée par M. Napoli. Le contact latéral de M. Werdermann s'usait vite ; le voisinage du charbon incandescent brûlait les mâchoires du butoir. Les deux parties de l'étau se rejoignaient et une étincelle persistante éclatait entre 'y charbon et le métal. M. Napoli a remplacé les mâ-'ioires par deux galets métalliques dont la tranche est moins épaisse que le diamètre des charbons ; quelle que soit leur usure, ils ne peuvent plus se toucher.

Citons encore les lampes du même type, Trouvé, Jaël, Thomassi.

La lampe Trouvé, qui utilise des charbons très-fins, produit une lumière de quelques becs Carcel avec une pile de six éléments Bunsen, modèle Ruhmkorff.

La lampe Jaël est identique, à très-peu près, à la lampe Werdermann. M. Ducretet avait imaginé, après M. Reynier d'ailleurs, d'obtenir la pression de la baguette sur le disque en la faisant plonger dans du mercure. Le mercure, très-dense, soulève la baguette comme un bouchon qui se soulèverait si l'on voulait l'enfoncer dans l'eau. La chaleur de la lampe amène un dégagement de vapeur mercurielle dangereux. Ce n'est pas pratique.

M. Thomassi dispose en cercle, autour d'un tube de fer de 3 centimètres de diamètre tournant sur un pivot, un certain nombre de charbons courts. Un mouvement d'horlogerie les fait entrer dans le circuit au fur et à mesure qu'ils se consument. C'est « la lampe-revolver. »

En somme, les lampes à contact imparfait ou à incandescence dans l'air ont un faible rendement ; elles ne sauraient lutter avec les régulateurs. Toutefois leur lumière est fixe, les charbons durent au moins six heures, elles se prêtent aux effets décoratifs.

Dans des circonstances bien définies, la lampe Werdermann surtout peut être appelée à fournir une certaine carrière.

Quelques lignes pour compléter cette revue générale sur un système mixte qui appartient tout à la fois à la lumière par incandescence et à la lumière par arc voltaïque.

Autrefois on avait cru résoudre le problème de l'éclairage en chauffant un petit cylindre de chaux ou de magnésie dans un jet d'hydrogène et d'oxygène.

La lumière Drummond a longtemps servi à l'Opéra. La chaux était portée à l'incandescence et donnait une magnifique lumière. Un inventeur de grand mérite, M. Tessié du Motay, avait tenté, il y a une douzaine d'années, de faire expérimenter à Paris sur grande échelle la lumière oxhydrique; il croyait être parvenu à produire de l'oxygène à bon marché, et l'éclairage à la magnésie serait devenu économique. La lampe-soleil n'est au fond qu'une lampe dans laquelle la chaux ou la magnésie, au lieu d'être portées à l'incandescence par la combinaison de l'oxygène et de l'hydrogène, passent au rouge blanc éclatant sous l'action de l'arc voltaïque.

M. Leroux, un de nos plus habiles physiciens, disait en 1868 : « L'arc voltaïque éclatant entre deux crayons « de charbon pur au sein d'une cavité de magnésie ou « de chaux, ou d'un autre oxyde terreux, serait certainement une des plus belles sources de lumière « qu'il soit possible de réaliser. » M. Clerc a fait passer les affirmations de M. Leroux dans le domaine pratique.

Sa lampe consiste tout bonnement dans un petit bloc de matière réfractaire, magnésie, marbre, etc.,

dans lequel on a creusé à la base une étroite cavité
prismatique, c'est-à-dire à parois inclinées du dedans
au dehors. On glisse deux crayons de charbon
par la face supérieure du bloc à travers deux trous
qui vont se rétrécissant et arrêtent les charbons au
niveau de la cavité. On fait passer le courant électri-

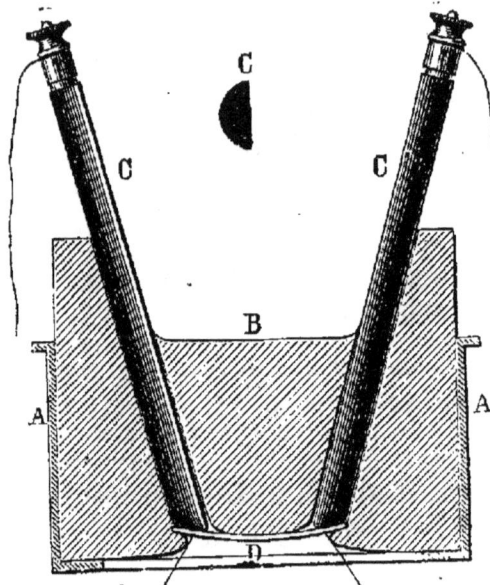

Fig. 129. — Diagramme de la lampe-soleil.

CC charbons; B bloc de marbre; A boîte-enveloppe en fonte; D baguette
fine de charbon pour l'allumage.

que. L'arc se fixe entre les extrémités inférieures des
deux crayons et suit l'arête de la cavité prismatique, il
peut prendre facilement une longueur de 4 centimètres;
il échauffe le marbre, le réduit à l'état de chaux et le
rend vite incandescent. Les charbons descendent par
leur propre poids et la lumière se maintient admirablement fixe. Ce n'est pas du premier coup que ce
résultat, en apparence si simple, a été atteint; il a

fallu imaginer plusieurs tours de main, avant d'arriver à fixer l'arc dans la cavité calcaire.

En pratique, le bloc a été formé par l'assemblage de plusieurs pièces, et il est enfermé dans une boîte de fonte. On peut remplacer ainsi plus facilement la portion qui s'use, c'est-à-dire les pièces de marbre. La matière léchée par l'arc se détruit, en effet, assez rapidement.

Le bloc faisant réflecteur, toute la lumière est renvoyée convenablement et ne va pas éclairer inutilement le plafond. Les pointes de charbon restant dans le bloc, l'œil n'est pas frappé par des radiations violettes. On dispose la boîte de fonte et les charbons dans un globe à suspension. Le courant vient par des fils adaptés à la suspension.

Cette lumière possède une teinte dorée très-belle très-semblable à celle du soleil pénétrant dans une galerie obscure : d'où le nom significatif que lui a donné l'inventeur. Elle fait très-bien valoir les œuvres d'art, les peintures, etc. Elle a récemment éclairé, à l'Opéra, les fresques du foyer.

Il est regrettable seulement que les particules des charbons entraînées par l'arc voltaïque se déposent sur le globe et lui donnent un aspect enfumé.

Alimentée par des courants alternatifs, elle produit aussi un ronflement désagréable. Toutefois, on a diminué cet inconvénient en enfermant la lampe dans une capacité hermétiquement close.

M. Macquaire a aussi pourvu l'appareil d'un allumage automatique en cas d'extinction.

Le point lumineux reste immobile à la même place ; de plus, la lumière a une extrême fixité, parce que, alors même que le courant varierait d'intensité, la chaleur emmagasinée dans le bloc reste suffisante pour maintenir momanentément la chaux à l'incan-

Fig. 130. — La lampe-soleil.

descence; il y a approvisionnement de calorique et par suite constance d'énergie lumineuse.

La lampe-soleil paraît fournir la lumière à un prix de revient très-bas. Les blocs réfractaires coûtent environ 30 cent. pièce; ils durent plusieurs jours, même une semaine; ils s'usent en moyenne au taux de 1 centime par heure et par bec. Les charbons très-gros se consument lentement, 15 millimètres à l'heure pour les deux. Comme on leur donne jusqu'à 30 centimètres de longueur, la durée de l'éclairage peut atteindre 18 heures sans qu'on ait besoin de toucher à la lampe. On affirme, et nous le répétons sous bénéfice d'inventaire, que le coût total par heure ne dépasserait pas 4 centimes. D'après un rapport de MM. Bède, Dumont, Rousseau, Wauters et Desguin, fait à Bruxelles en 1881, on obtiendrait une intensité lumineuse mesurée dans la verticale de 100 carcel par cheval. Tout dépend de la grosseur des charbons, de la longueur du marbre et de l'intensité du courant. Pour 2 foyers avec des charbons de 35 millimètres de grosseur, recevant un courant de 22 ampères, on a trouvé 138 carcel. Un courant de 10 ampères donne dans des charbons de 11 millimètres jusqu'à 70 carcel par cheval. Le rendement lumineux est plus fort, bien entendu, avec de gros qu'avec de petits foyers. En somme, en groupant dans le même circuit 12 lampes à charbons de 11 millimètres, alimentées par un courant de 5 ampères, on obtient par foyer 105 Carcel, et par cheval 90 carcel. C'est un excellent rendement pour des lampes à division.

A Londres, 24 lampes-soleil éclairent le panorama de Westminster. A Bruxelles, elles sont employées dans quelques grands établissements publics; à Paris, on les a essayées au passage Jouffroy et à la mairie de la rue Drouot. A l'Exposition, elles répandaient

leur lumière chaude dans la galerie des tableaux.
C'est évidemment un type intéressant qui paraît devoir convenir à plus d'une application.

Tels sont, en définitive, les principaux foyers électriques qui méritent de fixer l'attention. Ils présentent leurs avantages et leurs inconvénients. C'est à l'ingénieur à préciser, selon les circonstances, les foyers qu'il convient de choisir de préférence. Ce que l'on peut avancer, c'est que la lumière électrique par arc voltaïque à foyers intenses peut s'obtenir si commodément dans les usines et à un bon marché tel qu'elle constituera de longtemps encore l'éclairage industriel par excellence.

Les applications de la lumière électrique par arc voltaïque sont aujourd'hui aussi nombreuses que connues, éclairage des fabriques, des chantiers de construction, des exploitations de mines à ciel ouvert, carrières, ardoisières, exploitations agricoles, théâtres, gares de chemins de fer, paquebots, ports de mer, quais, jetées, jardins, promenades, places publiques, etc. On se propose même, puisque la vogue est acquise aux courses, d'éclairer la piste à la lumière électrique et de faire courir le soir pour donner satisfaction à ceux qui sont occupés dans le jour. Mais, parmi ces applications multiples, il en est deux sur lesquelles il convient d'insister un peu; il s'agit de l'éclairage des phares et des projections lumineuses à grande portée, soit pour les signaux optiques, soit pour les reconnaissances militaires.

L'éclairage électrique des phares a été adopté en principe le 3 mars 1881 par le Conseil général des ponts et chaussées, pour tous les phares du littoral

français. On va commencer par éclairer électriquement 46 phares de grand atterrage. En Angleterre, la
même application se continue sur grande échelle ; les
autres nations vont suivre ; il n'est plus douteux que
les lampes à huile du système français Argand aient
fait leur temps. L'électricité triomphe sur terre et sur
mer. Et c'est une victoire qui en vaut la peine, car le
nombre des phares va croissant tous les jours.
En 1830, on ne comptait dans tout l'univers que
515 phares. En 1870, on en relevait sur les côtes
d'Europe 1,785 ; sur les côtes d'Amérique, 674 ; sur
les rivages d'Asie, 182 ; sur les côtes d'Afrique, 93 ;
en Océanie, 100 ; total : 2,814. L'accroissement est
considérable. La France possède à elle seule, sur son
littoral et en Algérie, 279 phares, dont près de 60 sont
des grands phares. L'Angleterre compte 460 phares,
dont près de 100 sont de premier ordre.

Le premier essai d'éclairage électrique remonte
à 1858 ; il fut fait à South-Foreland, en face de Calais,
sur la côte anglaise, avec une machine magnéto-électrique de Holmes, à courants redressés. La tentative
échoua. En 1861, M. Van Malderen employa directement, et sans les redresser, les courants alternatifs
de la machine de Nollet ; il put pratiquement maintenir l'éclairage d'une lampe Serrin à gros charbons
pendant des mois entiers. Le même système appliqué
aux machines anglaises de Holmes permit d'allumer
électriquement les deux phares de South-Foreland
dès 1862. Les ingénieurs de Trinity-House éclairèrent
de même le phare de Dungeness.

L'expérience ayant paru concluante, on se décida
en France à installer au Havre, au cap de la Hève,
des régulateurs Serrin, alimentés par des machines de

la Compagnie *l'Alliance.* Après le cap de la Hève, ce fut le tour du cap Gris-Nez.

La lumière électrique a une portée plus grande que la lumière à l'huile ; jusque dans ces derniers temps, on craignait que les prix de revient ne fussent plus

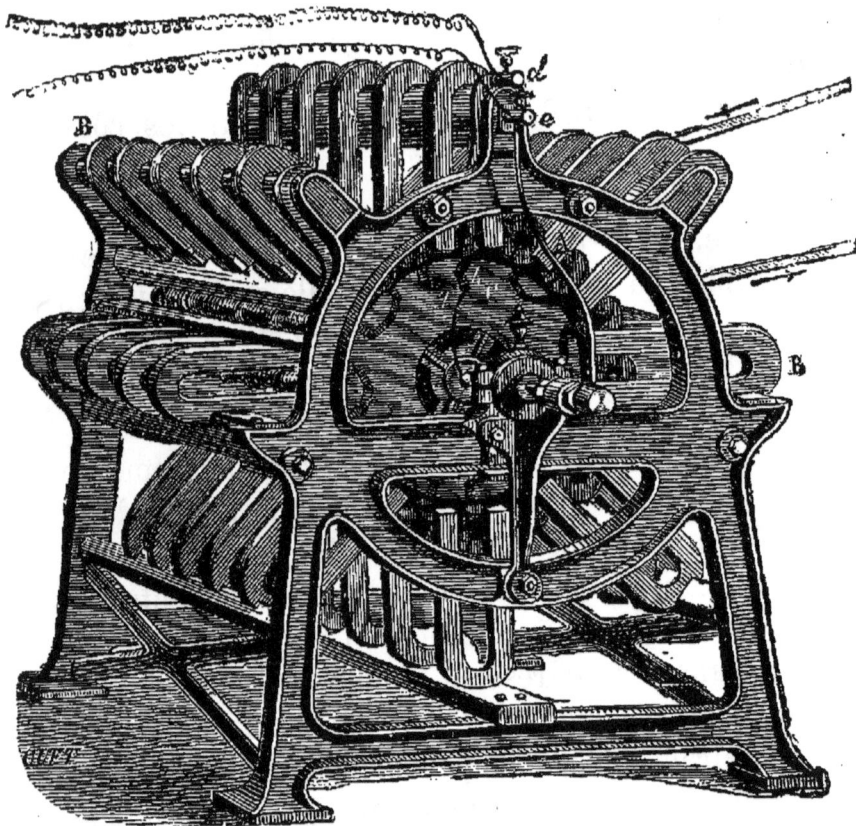

Fig. 131. — Machine magnéto-électrique de la Compagnie *l'Alliance*

élevés. La dépense d'un phare de premier ordre éclairé à l'huile est, par an, de 8,310 francs en moyenne ; elle est pour chacun des phares de la Hève éclairés par des lampes électriques de 11,360 francs et pour celui de Griz-Nez de 13,410 francs. Mais quand on recherche quel est le prix de l'unité de lumière, on trouve que le bec de Carcel à l'huile coûte 406 francs par an, tandis que le bec électrique ne coûte que 109 à Gris-Nez et 97 francs à la Hève. Cependant comme il fallait changer le matériel, on hésita longtemps à étendre davantage le système électrique.

Un rapport très-complet du directeur actuel des phares, M. Allard, a fini par démontrer l'opportunité de la transformation des feux à l'huile en feux à l'électricité. Le phare de premier ordre de Planier, dans les Bouches-du-Rhône, va recevoir un foyer électrique; puis de même le phare de Baleine, dans la Charente-Inférieure. Il restera 42 phares à transformer. Le travail va se faire le plus vite possible. Les frais d'exécution du programme complet ne dépasseront pas huit millions.

Le grand phare de l'Exposition représentait le type adopté. Sa lanterne a 3m50 de diamètre. Il existait deux autres appareils optiques analogues, installés à droite et à gauche de l'escalier d'honneur. Ces trois appareils à groupe de trois éclats blancs et un rouge sont destinés aux nouveaux phares électriques de Dunkerque, Calais et Gris-Nez. Ils ont été établis sur les plans de M. Allard, le premier par MM. Sautter et Lemonnier, le deuxième par M. Henry Lepaute fils, le troisième par MM. Barbier et Fenestre.

On s'est beaucoup occupé dans les dernières années, en Angleterre et en France, du choix des machines génératrices d'électricité et du régulateur à adopter. On a soumis à des expériences méthodiques les machines de l'*Alliance* et de Holmes, les machines Gramme, Siemens, et le nouveau type très-remarquable inventé en 1878 par M. de Méritens.

Les machines Gramme, Siemens, à électro-aimants, donnent par cheval de force beaucoup de lumière; elles sont petites et à bon marché; malheureusement pour un éclairage régulier et puissant comme celui d'un phare, elles offrent des inconvénients. Elles sont à courant continu et l'on sait que dans ce cas le charbon positif se creuse et s'use deux fois plus vite que le charbon négatif. Le réglage doit se faire à intervalles rapprochés. Souvent la pointe effilée du charbon négatif se brise brusquement, l'écart devient considérable, et le régulateur, entraîné par un excès de vitesse, colle les deux charbons l'un sur l'autre. Le contact devenant parfait, la résistance au passage du courant est atténuée; les électro-aimants, bénéficiant de l'excès de courant qui circule dans leurs spires, augmentent d'énergie, et la mise en rotation de la bobine nécessite plus de force. Le moteur à vapeur travaille non-seulement en pure perte, mais d'une manière nuisible, parce que l'excès d'intensité du courant n'étant pas utilisé, se transforme en chaleur qui échauffe la machine au grand préjudice de tous ses organes. Ces effets se répètent sans cesse et l'on est obligé d'employer des moteurs beaucoup plus puissants qu'il ne le faudrait pour assurer le service dans des conditions ordinaires. Enfin, le charbon creux faisant réflecteur, empêche de renvoyer la lumière au delà d'un angle de 40 degrés, alors qu'il est utile de la faire rayonner à l'horizon. Avec les courants alternatifs, ces inconvénients disparaissent. Toutefois il subsiste encore une petite différence, mais sans importance pratique, dans la combustion des charbons; l'usure des charbons est la même quand ils sont placés horizontalement, mais disposés verticalement, le charbon supérieur se consume un peu plus vite que le charbon inférieur, proportion 108 contre 100. C'est que le courant d'air chaud augmente sans doute un peu sa température.

Cependant comme les machines dynamo fournissent une intensité lumineuse considérable , on hésitait à rejeter leur emploi. La machine de l'*Alliance,* excellente pour les phares, ne donne en effet que 59 carcel par cheval, tandis que la machine Gramme peut dans les mêmes conditions en donner jusqu'à 100.

On était arrêté cependant par les difficultés que nous venons d'indiquer, lorsque M. de Meritens présenta en janvier 1879 sa nouvelle machine à Royal-Institution. Nous avons dit que la machine Meritens est à aimants, comme la machine de l'*Alliance.* L'induction étant de valeur fixe, les courants produits restent d'intensité constante. M. Tyndall reconnut vite le parti qu'on pourrait en tirer pour le service des phares. Une machine fut achetée par Royal-Institution, une autre par la Société royale de Londres. Bientôt, en avril 1880, les quatre machines Holmes qu'on employait pour allumer les deux phares de South-Foreland étaient remplacées par une seule machine de Meritens. Les deux phares sont distants de 500 mètres. La même machine leur envoie la lumière à l'aide de deux circuits distincts; l'éclat a été reconnu très-notablement supérieur à ce qu'il était auparavant. Depuis, les membres du Board de Trinity-House ont définitivement adopté les nouvelles machines. Ce sont elles qui éclairent déjà les phares de Macquarie dans la Nouvelle-Galles-du-Sud et du cap Lézard sur la côte anglaise. On en a aussi envoyé une à Québec pour éclairer la Chambre des Députés. Leur puissance de production est de 1,200 carcel pour 15 chevaux ; désormais elle sera élevée à 2,000 carcel pour 20 chevaux de force. Ces types, très-élégants, étaient exposés au palais des Champs-Élysées. La machine Méritens dernier modèle donne réglementairement par cheval 100 becs, avec un régulateur Serrin et des charbons Carré de 25 millimètres de diamètre. Les anciennes petites machines de 8 chevaux fournissaient environ 80 ou 85 carcel par cheval de force avec le régulateur Serrin et des charbons Carré de 18 millimètres de diamètre. La portée des éclats lumineux est de 27 milles anglais (50 kilomètres).

Un feu scintillant à groupe d'éclats blancs peut donner avec ces machines, dans les nouveaux appareils d'optique, une intensité de 125,000 à 140,000 carcel, tandis que l'ancienne machine de l'*Alliance* ne fournissait qu'une intensité de 60,000 carcel.

En Angleterre, on a remplacé le régulateur de Holmes par le régulateur Serrin, et l'on emploie aujourd'hui le charbon Carré. Donc, tout vient de France, machine, régulateur et charbon. C'est un résultat qui fait bien quelque honneur à l'industrie de notre pays.

Notre service des phares profita de l'expérience acquise de l'autre côté de la Manche. Les essais démontrèrent à Paris comme à Londres le bon fonctionnement des machines Méritens. Elles ont été définitivement adoptées pour les phares de Planier, près de Marseille, et des Baleines, dans la Charente-Inférieure. Les machines achetées par l'Administration figuraient aussi à l'Exposition ; elles éclairaient le grand phare central, les deux autres foyers à éclats et le Ministère des postes et des télégraphes.

Longtemps on craignit que les foyers électriques ne

réchauffassent trop les appareils optiques et ne les re-
couvrissent de charbon. Il est bon de remarquer qu'à
la Hève les optiques n'ont que 30 centimètres de
diamètre, et l'inconvénient a été supportable ; les nouveaux appareils ont 60 centimètres ; il sera donc
très-atténué.

En Angleterre, on vient de demander le crédit nécessaire pour établir cette année même, non plus
comme chez nous 46 phares électriques, mais bien 60,
et une demande analogue est faite pour l'année prochaine en vue d'installer 100 phares. Les ingénieurs
anglais supposent que dans un temps prochain on
voudra encore augmenter l'intensité lumineuse de
chaque phare et se servir de foyers électriques plus
puissants. Ils n'ont pas hésité, affirme-t-on, à construire les nouveaux optiques avec *deux mètres* de
diamètre !

Seconde application intéressante à l'art de la guerre.
La projection de puissants faisceaux lumineux pour
éclairer le terrain et se rendre compte des travaux
d'approche a pris beaucoup d'extension depuis les premiers essais tentés pendant le siége de Paris sur la butte
Montmartre. Les navires de guerre possèdent maintenant des projecteurs à longue portée. La frégate *la
Surveillante* s'en est servie pendant l'expédition de
Tunisie pour explorer la côte de l'île de Tabarka
avant le débarquement des troupes. L'armée possède
également des projecteurs puissants. L'exposition du
Ministère de la guerre en montrait plusieurs types.
M. le colonel Mangin a imaginé en 1875 des miroirs
aplanétiques très-faciles à construire, ne se déformant
pas et renvoyant les rayons dans une direction paral-
èle. Ils sont constitués par deux verres à surface

sphérique accolés et dont les rayons ont été calculés de façon que la lumière en traversant les surfaces prennent une direction parallèle à l'axe du miroir. Le fond est argenté. Le projecteur, sorte de boîte cylindrique de 90 centimètres d'ouverture, porte au fond ce miroir devant lequel on installe deux charbons dont on règle la distance simplement à la main, sans aucun mécanisme. Les charbons sont inclinés de 30°, pour que l'on puisse tirer tout le maximum de lumière possible, comme nous l'avons expliqué. Une lentille auxiliaire placée entre le foyer et le miroir renvoie sur le réflecteur la lumière qui aurait pu s'égarer. L'arc voltaïque développe une intensité de 4000 becs carcel. Le projecteur est desservi par une sorte de petit chariot qui porte une chaudière Field très-ramassée, un moteur Brotherood et la machine Gramme. Le projecteur est indépendant et installé sur une plate-forme à roues ; l'ensemble pèse 750 kilogrammes. MM. Sautter et Lemonnier, qui construisent ces appareils, les ont rendus très-mobiles lettrès-peu pesants. La voiture qui porte le projecteur ne pèse, avec la machine, que 5000 kilogrammes.

Les grands projecteurs de 90 centimètres sont surtout destinés à la défense des côtes et des places fortes. Les constructeurs en ont livré déjà plus de 40 au gouvernement français. Chaque appareil complet coûte 30,000 francs. Un autre modèle de 60 centimètres est destiné aux armées en campagne. Le foyer lumineux est de 2500 carcel. Il peut être traîné par des hommes. Il existe encore un troisième type, beaucoup plus léger, de 40 centimètres, avec machine Gramme de 1600 becs carcel. Dans cet appareil, tout le système, projecteur et machine, est installé sur un seul charriot. La lampe est mobile et peut être enlevée de son support. Ce dernier modèle est surtout destiné au service de la télégraphie optique et à faire des signaux par projection lumineuse sur les nuages.

Le projecteur lance un faisceau lumineux très-puissant, 20 fois plus puissant qu'avec un miroir sphérique ordinaire. Pour fouiller un terrain, on agrandit ou diminue le champ du faisceau en approchant ou éloignant le foyer lumineux du miroir. Pour un déplacement de 4 centimètres, la surface éclairée à 1 kilomètre passe de 15 mètres de largeur à 120 mètres; à 4 kilomètres de distance, le champ d'éclairement s'agrandit jusqu'à 460 mètres. Le projecteur peut d'ailleurs s'incliner dans toutes les directions. La portée utile du grand modèle est de 5 à 6 kilomètres au moins; pendant les essais faits au Mont-Valérien, on distinguait en pleine nuit tous les détails du Trocadéro situé à bien près de 8 kilomètres. A 5 kilomètres, on voyait distinctement les maisons, les mouvements de troupes, à 3 kilomètres on comptait les fantassins dispersés en tirailleurs. Le second modèle a une portée utile de 4 à 5 kilomètres; le troisième une portée utile de 3 kilomètres. On conçoit tout le parti que l'on peut tirer de ce procédé puissant d'investigation, soit pour dérouter les surprises de l'ennemi en campagne, soit en mer pour se défendre contre les torpilleurs et les attaques imprévues. Pendant la récente campagne de Tunisie, les projecteurs du troisième type ont rendu déjà de grands services. On les utilisa pour la défense des camps. Les Zlass notamment, qui voulaient enlever un de nos campements près de Zaghouan, furent surpris par la lumière électrique, et effrayés prirent la fuite. On les a employés également pour la télégraphie optique. Quand le foyer lumineux est placé sur une grande hauteur, les signaux peuvent se voir à plus de cent lieues de distance. Les signaux électriques, pendant l'opération géodésique dirigée par le colonel Perrier et destinée à prolonger la méridienne de France en Algérie, ont été vus des montagnes d'Espagne, sur le continent africain. Les projecteurs Mangin sont devenus réglementaires dans l'armée française.

Les deux applications de la lumière électrique que nous venons d'indiquer sont caractéristiques; il va sans dire qu'il faudrait un volume spécial pour les examiner toutes successivement avec les développements qu'elles comportent, au point de vue industriel aussi bien qu'au point de vue militaire ou naval.

BIBLIOGRAPHIE. — La *Lumière électrique*, par MM. Alglave et Boulard. *Éclairage à l'électricité*, par Hipp. Fontaine. *Principales applications de l'électricité*, par M. Hospitalier, etc., etc.

XIII

Un des plus grands attraits de l'Exposition d'électricité était sans contredit la salle de M. Edison. La foule s'y pressait tous les soirs; on avait tant parlé des inventions et surtout de la lampe merveilleuse du physicien de Menlo-Park! Tout le monde voulait savoir jusqu'à quel point le célèbre inventeur avait tenu ses promesses. Lorsqu'il y a deux ans déjà, nous annoncions les premiers que M. Edison était parvenu à réaliser un système complet d'éclairage électrique, tout prêt à être substitué à l'éclairage au gaz, on accueillit la nouvelle avec une certaine incrédulité. On eût volontiers rappelé le proverbe que l'on applique aux inventions qui viennent de loin. On prononça

20.

même le mot de mystification. Un électricien, et des plus éminents, écrivait à cette époque, en faisant allusion au système d'Edison : « C'est une idée à l'état d'ébauche, qui n'a rien de neuf et ne nous paraît pas devoir conduire à des résultats bien sérieux ». Les temps sont bien changés. Tous les doutes ont disparu. Ceux qui voulaient toucher, comme saint Thomas, ont aujourd'hui les lampes sous les yeux. Tous les soirs, des lustres, des candélabres, répandaient leur lumière douce et dorée dans les salles 24 et 26 et dans différentes parties du Palais. Le succès fut considérable ; il fut consacré journellement par les témoignages d'étonnement du public.

Que pouvait-on souhaiter en effet de plus joli, que ces petits foyers de lumière si fixe et si calme, si caressante pour le regard ! Nous sommes habitués à nous représenter la lumière électrique sous forme de foyers éblouissants, scintillants, durs à l'œil, bruyants, changeant sans cesse d'intensité, aux tons variables et blafards. Ici, au contraire, on a devant soi une lumière qui a été en quelque sorte civilisée, accommodée à nos habitudes, mise à notre portée ; chaque bec éclaire comme du gaz, mais comme un gaz qu'il eût fallu inventer, un gaz donnant une lumière d'une fixité parfaite, gaie et brillante sans gêner la rétine.

Et quelle différence avec le gaz ! Elle ne répand dans l'appartement aucun produit de combustion, ni acide carbonique, ni oxyde de carbone, qui vicient l'atmosphère, ni acide sulfureux, ni ammoniaque, qui altèrent les peintures et les tissus ; elle n'élève pas la température de l'air et ne produit pas cette chaleur si incommode et si fatigante du gaz.

Elle supprime tout danger d'explosion et d'incendie; elle n'est pas soumise pendant les froids à des variations d'éclat désagréables, ni à ces changements de pression dans la canalisation, qui résultent de la condensation de certains carbures d'hydrogène. Elle va toujours de sa marche régulière et impassible, quelles que soient les intempéries des saisons; que le thermomètre descende au-dessous de zéro, que le vent souffle en tempête, secoue les arbres et les candélabres, elle donne toujours la même somme de lumière. Elle brûle même au milieu de l'eau aussi bien que dans l'air. Elle est complétement inaccessible aux influences extérieures. Que d'avantages!

Vous rentrez chez vous. Avec le gaz, il faut tourner le robinet, enflammer une allumette et la lumière se fait. Heureux encore, lorsque par mégarde on n'a pas oublié en partant de bien fermer le robinet; autrement le gaz se serait échappé et aurait constitué, mêlé à l'air, un mélange détonant; en allumant le bec, on produirait une explosion. On peut se demander comment les accidents n'arrivent pas plus souvent et comment, surtout au début, la crainte de ce danger, qui n'a rien d'impossible, n'a pas retardé le rapide développement qu'a pris l'usage du gaz. L'habitude est bien vraiment une seconde nature. Avec l'électricité, c'est autrement commode. Vous rentrez, vous pressez un bouton, et sans feu, sans allumette, toute la maison s'éclaire. Il y a mieux encore; on fait ce que l'on veut de l'électricité. Appuyer sur un bouton ou tourner un robinet vous semble-t-il trop exiger? Qu'à cela ne tienne, vous ouvrez la porte de l'antichambre, le bec électrique s'allumera de lui-même; vous pénétrez dans le salon, les lampes brillent, les candélabres jettent des torrents de lumière; vous entrez dans votre chambre, dans votre cabinet de travail, les becs s'allument automatiquement. Par cela seul que vous ouvrez la porte de chaque pièce, vous obligez la lampe à donner de la lumière.

L'invention du physicien américain nous paraît marquer une ère nouvelle dans les procédés de l'éclairage public. C'est en effet un système absolument complet créé de toutes pièces et qui permet une application immédiate. Il mérite de fixer tout particulièrement l'attention.

Les premiers essais de M. Edison remontent à l'année 1878. L'écho des expériences d'éclairage électrique de l'avenue de l'Opéra et de l'Exposition de Paris parvint à Edison pendant qu'il faisait un voyage avec M. Draper à travers les montagnes Rocheuses. L'inventeur américain avait déjà une réputation européenne; on avait admiré au Champ-de-Mars ses appareils pleins d'originalité, tels que le phonographe, le téléphone à pile, le télégraphe quadruplex, etc. Pourquoi, lui dit un matin son compagnon, très-éminent physicien lui-même, pourquoi n'aborderiez-vous pas aussi le problème de l'éclairage par l'électricité? Edison réfléchit quelques jours, et, dès son retour, on le vit laisser de côté les téléphones et d'autres inventions en préparation; sa résolution était prise; il se mit à l'œuvre immédiatement avec les puissants moyens d'exécution que les capitalistes des États-Unis savent mettre à la disposition des hommes de science.

Son plan fut vite dressé : il ne lui convenait pas de réaliser tout bonnement une lampe électrique meilleure que les autres; il s'agissait de trouver une solution complète de l'éclairage: machines productrices d'électricité, conduites souterraines, distribution à domicile, compteurs, etc. Il fallait en un mot copier le gaz, suivre de tous points le système actuel d'éclairage, qui est passé dans nos habitudes, livrer des becs de huit ou seize bougies comme les becs de gaz, faire payer le bec électrique d'après la consommation d'électricité, introduire la lumière électrique dans les maisons par des canalisations, etc. ; bref, adopter les combinaisons des Compagnies de gaz, tout en assurant au consommateur des avantages certains au point de vue de la dépense, des facilités d'installation et de la beauté de la lumière. En moins de deux ans, ce plan, qui eût paru à tout autre inexécutable, fut cependant suivi de point en point et réalisé dans toute son étendue.

On ne se fait guère ici une idée des difficultés qu'il a fallu vaincre, de la somme incroyable de travail qui a été fournie pendant des mois; on a expérimenté nuit et jour au laboratoire de Menlo-Park transformé en usine; on compte par centaines de mille les essais et les expériences préparatoires ; on retrouve de tous côtés dans l'œuvre accomplie la trace des efforts prodigieux que seule peut faire une volonté indomptable surexcitée par des entraves sans cesse renaissantes. L'invention est venue à son heure comme sur commande, à prix d'or, et enlevée de vive force par le génie d'un homme. C'est un exemple sans précédents et qui restera peut-être unique dans l'histoire des découvertes modernes. Elle serait bien curieuse à retracer, l'histoire complète de la lampe Edison.

Toutes les recherches du physicien de Menlo-Park se sont d'abord concentrées sur la base du système, sur l'invention d'un foyer lumineux vraiment pratique. Après quelques hésitations, M. Edison admit en principe qu'il fallait abandonner pour un éclairage domestique la lumière par arc voltaïque, trop dure à l'œil et nécessitant l'emploi de baguettes de charbon. Avoir à mettre dans une lampe chaque jour une provision de baguettes de charbon est une sujétion incompatible avec nos habitudes ; c'était en revenir à la mèche de nos lampes, avec cette aggravation qu'il était nécessaire de la renouveler sans cesse. Il fallait imaginer un bec fournissant de la lumière à la façon des becs de gaz, sans qu'il y eût lieu de s'occuper de l'entretien de l'appareil. On est naturellement conduit ainsi à n'admettre, pour la solution de la question, que la lumière électrique produite par incandescence, et non plus par arc voltaïque.

Qu'est-ce que la lumière par incandescence? Il faut se rappeler que tout courant électrique traversant un conducteur échauffe plus ou moins ce conducteur, en raison de la difficulté qu'il éprouve à se frayer un chemin. Le frottement, comme on sait, engendre de la chaleur. L'électricité, en circulant dans le métal, y rencontre sans cesse des obstacles à sa propagation ; elle frotte contre ses molécules ; il en résulte une production de chaleur. Si, à un conducteur relativement gros on soude un conducteur très-étroit, le courant au point de raccordement est étranglé; il éprouve beaucoup de peine pour passer, les frottements sont énergiques, et la chaleur produite devient subitement énorme dans ce couloir étroit. Le conducteur peut être brusquement porté à une température de 1,500, 1,800, 2,000 degrés. Il est rendu incandescent et jette un éclat très-vif. Tout le monde a vu rougir ainsi, sous l'action d'un courant électrique, des fils de platine. La température engendrée dépend de la résistance opposée au courant pendant son passage à travers le fil.

Il n'existe pas de moyen plus commode pour transporter brusquement sur un point donné une grande quantité de chaleur. On peut chauffer à volonté un fil, un métal en quelques instants. A l'Exposition, devant M. Dumas, secrétaire perpétuel de l'Académie des sciences. et devant plusieurs membres du jury, M. Siemens, de Berlin, en fournissait une démonstration remarquable. Il fit passer dans un creuset réfractaire un puissant courant électrique à travers des morceaux d'acier. En moins de quinze minutes l'acier était en fusion et donnait un beau lingot de plusieurs kilogrammes.

L'intensité lumineuse croît très-vite avec la température. C'est un fait curieux que tous les corps solides, quels qu'ils soient, commencent à devenir lumineux à la même température, vers 980 degrés. Dès qu'une substance émet un peu de lumière, on peut être certain qu'elle est à une température de 1,000 degrés. Mais en chauffant toujours, l'intensité de la lumière s'accroit bien plus que l'élévation de température. Ainsi à 2,600 degrés, le platine émet 40 fois plus de lumière qu'à 1,900 degrés. La couleur de la lumière varie d'ailleurs avec le degré de chaleur. A 1,600 degrés la couleur est rouge; à 1,200 degrés, orange; à 1,300 degrés, jaune; à 1,500 degrés, bleue; à 1,700 degrés, indigo; à 2,000, violette. Au delà, tous les rayons du spectre sont émis par le corps incandescent; la substance chauffée donne de la lumière blanche. La nature du corps chaud exerce

aussi une certaine influence sur les teintes transmises.
On comprend facilement, d'après ce qui précède, la
nécessité absolue d'élever très-haut la température,
si l'on veut avoir une lumière intense et comparable
à la lumière du jour. Le gaz donne une lumière peu
intense et jaune rougeâtre, parce que la température
de la combustion est relativement peu élevée. Les
lampes à arc voltaïque produisent une lumière violacée, parce que les parcelles de charbon qui se
brûlent sont à une température d'environ 2,000 degrés.

On devine aisément, après ces détails, comment on
peut produire de la lumière par l'incandescence d'un
conducteur de l'électricité. Il suffit de rendre ce conducteur assez résistant, pour que tout le travail du
courant se transforme en chaleur. Il suffit de substituer brusquement à un fil un peu gros un fil très-
délié ; le courant éprouve une énorme résistance qui
porte la température à 1,600, 1,700, 2,000 degrés ; la
température s'élève d'autant plus haut que la résistance au passage augmente elle-même notablement
dans un conducteur qui est très-chaud ; le fil mince
devient incandescent et émet une lumière intense.

Cette lumière est moins éblouissante que la lumière
qui jaillit entre deux baguettes de charbon rapprochées ; elle n'est plus violacée, et elle est composée de
rayons mixtes, rouges, jaunes, etc.

Il y a bien longtemps que l'idée est venue de l'utiliser ; seulement, l'arc voltaïque donnant beaucoup
plus de lumière pour un prix moindre, on ne pensait
pas qu'il y eût lieu de s'en servir ; de plus, très-peu
de métaux peuvent atteindre sans se fondre des températures suffisantes pour émettre une lumière in-

tense. Le platine seulement ou les métaux qui l'accompagnent dans ses minerais, pouvait être employé, et encore, si le courant était mal réglé, il fondait et à la lumière succédait brusquement l'obscurité.

Dès 1841, un Anglais, Frederick de Moleyns, de Cheltenham, combina une lampe avec spirale de platine enfermée dans un petit globe de verre ; pour augmenter l'éclat, on faisait tomber sur le métal, grains à grains, du charbon pulvérisé. Au bout de peu de temps, le platine était mis hors de service.

En 1845, J. W. Starr, de Cincinnati, auteur d'ouvrages philosophiques, obtint de Peabody, le grand philanthrope, quelque argent pour construire une lampe à incandescence dans laquelle le platine était remplacé par du charbon au milieu d'un globe de verre vide d'air. Le charbon en s'échauffant, produisait une belle lumière, et comme il était dans le vide, il ne pouvait s'oxyder et par suite se consumer. Starr franchit l'Océan avec son invention et exhiba sa lampe en Angleterre devant plusieurs physiciens, notamment devant Faraday ; il installa un candélabre à 26 lumières pour symboliser les 26 Etats de l'Union, qui s'est bien agrandie depuis lors.

La lampe Starr eut un grand succès à Londres. L'inventeur retourna en Amérique sans doute pour demander à Peabody de nouveaux subsides, mais il mourut pendant la traversée. Son compagnon de route, King, prit à son tour un brevet, dans le dessein sans doute de se substituer à Starr dans l'exploitation des lampes à incandescence ; mais sans argent, il dut abandonner ses projets. Au reste, le charbon de la lampe Starr ou King ne s'usait que lentement, mais se désagrégeait et les particules charbonneuses salissaient le verre, et le foyer était rapidement mis hors d'usage.

En 1846, deux Anglais, Greener et Staite, reprirent la tentative de Starr et King : seulement ils se servirent de charbon traité par l'eau régale, dans le but de le purifier, de le débarrasser des matières étrangères et de donner ainsi plus de fixité à la lumière et plus de durée au conducteur charbonneux.

En 1849, un autre Anglais, nommé Pétrie, abandonnait le charbon pour en revenir au métal ; seulement il substituait au platine l'iridium ou ses alliages encore moins fusibles que le platine. Douze ans s'étaient passés, lorsqu'en 1858, M. de Changy fit fonctionner avec 12 éléments Bunsen, plusieurs petites lampes à platine. Jobard, de Bruxelles, annonça avec certain retentissement à l'Académie des sciences, que le problème de la divisibilité de la lumière électrique était résolu. Rien n'était résolu du tout. M. de Changy avait copié ses prédécesseurs, à cela près qu'il avait enroulé son fil de platine en spirale serrée, disposition heureuse essayée aussi par M. Edison et employée par M. Lontin. Les spires serrées l'une contre l'autre concentrent la chaleur en un point et élèvent la température. Un fil simple arrive à peine au *rouge* sous l'influence d'un courant donné, tandis que, enroulé en spirale, il atteint le *blanc*. La lampe Changy portait avec elle la trace du péché originel ; le platine fondait ou se coupait rapidement. Pendant vingt ans, on n'entendit plus parler des lampes à incandescence. En 1873, un Russe, M. Lodyguine, réalisa une nouvelle lampe à charbon rendu incandescent dans le vide ; elle fut apportée en France par M. Kosloff (1).

(1) *Causeries scientifiques* (1874), tome XV.

En 1874, elle valut à son inventeur un prix de l'Académie des sciences de Saint-Pétersbourg. La lumière que nous avons vue à Paris était très-belle; malheureusement les points d'attache entre les baguettes de charbon et les fils de platine qui leur apportaient le courant se rompaient sans cesse. La lumière coûtait cher.

Nouvelles tentatives en 1875 par M. Konn, en 1876 par M. Bouliguine, et par M. Sawyer qui, au lieu de faire le vide dans le globe de charbon, y introduisait de l'azote. C'est une grande difficulté, en effet, de maintenir le vide, même dans des espaces en apparence hermétiquement clos.

M. Jablochkoff, en 1878, appliqua aussi son esprit inventif à la réalisation de foyers incandescents. Il porta au rouge blanc de petits morceaux de substance réfractaire. Mais pour faire circuler un courant, dans ces blocs très-résistants, il fallait lui donner une grande tension. Aussi interposait-on entre les blocs et la machine génératrice d'électricité, des condensateurs qui se chargeaient et débitaient leurs décharges à haute pression à travers la matière réfractaire des foyers. Résultats : grande dépense, faible rendement, et volatilisation assez rapide des blocs.

Les efforts et les tentatives de nombreux inventeurs s'étaient sans cesse heurtés à des difficultés qui avaient fini par faire considérer toute solution comme impossible. Ici, les lampes ne tenaient pas le vide; là, les charbons se brisaient; ailleurs, le platine ou l'iridium fondait; ailleurs encore, la dépense par heure était trop élevée.

La question en était arrivée à ce point peu satisfaisant, quand M. Edison se mit à l'œuvre. Selon son habitude, et comme pour se faire la main, il commença par répéter les essais de ses devanciers en les améliorant. Il employa des fils de platine, des fils d'iridium d'une extrême finesse pour augmenter la résistance du courant et par suite l'éclat de la lumière. De gros fils amenaient le courant jusqu'à ce cheveu métallique roulé en hélice au milieu d'une petite sphère de verre préalablement vidée d'air pour empêcher l'oxydation du métal.

Mais les fils fins fondaient à chaque instant ; l'inventeur américain les empêcha de fondre. Lorsque la chaleur devenait trop intense, la spirale, en se dilatant, touchait légèrement un petit butoir par lequel s'échappait l'excès de courant, la température baissait ; le contact cessait et la température s'élevait ; par ces alternatives, on modérait la chaleur et les fils pouvaient résister (1). Malheureusement, au bout de plusieurs jours d'incandescence, le platine subissait une modification moléculaire et se brisait lorsqu'on faisait passer de nouveau le courant.

Le platine est allié dans ses minerais à d'autres métaux : le palladium, le rhodium, l'iridium, l'osmium, le ruthénium. Le platine fond de 1,800 à 1,900 degrés ; le rhodium, l'iridium un peu au delà encore de ce degré déjà excessif. Edison voulut les soumettre à l'épreuve ; partout ailleurs on n'aurait pas même eu la pensée d'essayer. Ces métaux sont d'une telle rareté qu'on ne peut guère s'en procurer, même à prix d'or ; mais au laboratoire de Menlo-Park, il faut bon gré mal gré pousser les investigations à fond,

---

(1) M. Lontin avait imaginé, pour ses lampes en platine, le même mode de réglage de la chaleur.

pour éviter de passer à côté d'une solution possible.
Il y a là des collaborateurs dévoués en aussi grand
nombre qu'il le faut, et les capitaux nécessaires pour
ne reculer devant aucune dépense ; c'est la plus colos-
sale « usine à inventions » que l'on puisse imaginer.
M. Edison tenait à ces métaux. Il n'en existe pas
dans le commerce ; il écrivit, pour obtenir un échan-
tillon de rhodium, au plus illustre géologue des États-
Unis. Celui-ci lui répondit, sous une forme qui laissait deviner l'ironie, qu'il lui en transmettrait bien
volontiers pour des milliers de lampes, mais qu'il n'en
existait même pas un quart de gramme aux États-Unis.

Edison dépêcha immédiatement un de ses aides
dans la Caroline du Nord, où l'on avait déjà découvert, au milieu de pépites d'or, quelques minerais de
platine, avec l'ordre de rapporter, coûte que coûte,
plusieurs kilogrammes de rhodium, d'osmium, etc.
Cinquante ouvriers sondèrent le sol ; on leur laissait
l'or et on ne leur prenait que les minerais de platine.
Deux mois plus tard, Edison avait à Menlo-Park
plusieurs kilogrammes de rhodium. Il s'empressa
d'en envoyer un kilogramme au plus illustre géologue
des États-Unis. La devise est celle-ci, à Menlo-Park :
« On peut ce qu'on veut. »

Le rhodium cependant ne fit pas l'affaire plus que
le platine ; il se désagrégeait aussi sous l'influence des
hautes températures. Alors on essaya de recouvrir
les fils d'oxydes métalliques pour diminuer les pertes
de chaleur par le rayonnement et pour voir si, avec
cet abri extérieur, les fils se désagrégeraient moins
vite. On déposa à leur surface des enduits d'oxydes
métalliques, de la magnésie, de la chaux, etc. Mêmes
insuccès.

Il parut évident que l'on n'aboutirait pas dans cette voie. Le passé était liquidé, on pouvait aller en avant d'un pas certain. Pourquoi le platine se désagrégeait-il? Il fallait remonter à la cause. Edison, en physicien habile, reconnut que le platine, comme d'ailleurs la plupart des métaux, renferme dans ses pores de l'oxygène et même d'autres gaz (1). Une température élevée et prolongée au milieu du vide chasse les gaz de la masse. Quand on emploie le platiné qui n'a pas été débarrassé de ses gaz, la chaleur les fait fuir, mais ils reviennent pendant le refroidissement et ce mouvement de va-et-vient altère le métal. Le platine purifié de ses gaz et les autres métaux d'ailleurs acquièrent des propriétés toutes nouvelles. Le platine no-

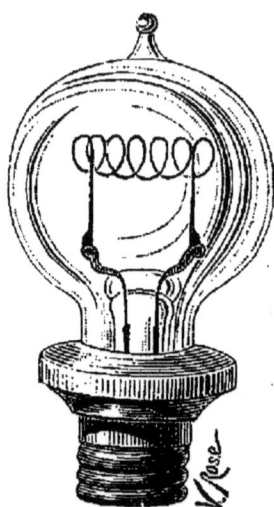

Fig. 132. — Lampe Edison, à filament en spirale.

tamment, qui est un métal mou, devient dur et élastique comme l'acier. Cette découverte très-importante permit à Edison de réaliser une première lampe à incandescence, brillant d'un grand éclat et durant de très-longues heures. Telle fut la lampe Edison premier type. Son invention fit certain bruit en Europe et fut saluée par une baisse rapide des actions du gaz. La Bourse est une sensitive!

_____

(1) M. Dumas arrivait en France, dans le cours d'autres recherches, à des résultats concordants, mais par des méthodes scientifiques d'une rigoureuse exactitude. Il est bien démontré aujourd'hui que les métaux emprisonnent des quantités très-notables de gaz dans leur masse.

On devient difficile pour soi-même quand la réussite couronne les premiers efforts. M. Edison se demanda si, en traitant le charbon comme un métal, on ne parviendrait pas à lui transmettre aussi des qualités exceptionnelles de dureté et d'élasticité. Dans ce cas, le problème se simplifierait : un fil de charbon présenterait de très-grands avantages sur un fil métallique. Le prix de revient mis de côté, le charbon possède à température égale un pouvoir rayonnant de la lumière plus grand que le platine; la capacité calorifique du charbon, c'est-à-dire son pouvoir de s'échauffer pour atteindre le même degré de température, est beaucoup moindre, de telle sorte que la même quantité de calorique élève le charbon à une température plus haute qu'elle n'élèverait le platine. Donc, moindre dépense d'électricité pour la même lumière. De plus, la résistance qu'oppose le charbon au passage du courant est environ 250 fois celle du platine. Donc encore, on peut élever de ce chef la température, c'est-à-dire l'éclat. Enfin, le platine présente l'inconvénient de fondre facilement. Le charbon est infusible aux plus hautes températures connues.

Il n'en fallait pas davantage pour que l'inventeur américain commençât de nouvelles recherches. Mais comment obtenir un filament de charbon aussi délié et aussi résistant que du platine, assez ductile pour être courbé sur lui-même? On prit du graphite, on le mêla à du goudron; on introduisit le mélange dans un canon de fusil, et l'on chauffa à l'abri de l'air. Le charbon produit ainsi était très-malléable, mais se découpait mal. On raconte qu'un jour, en allumant sa cigarette avec du papier enroulé, Edison remarqua que le papier, débarrassé de ses cendres, produisit un filament de charbon assez résistant. Il eut l'idée d'expérimenter du papier carbonisé. Il essaya méthodiquement de tous les papiers possibles ; il en fabriqua même avec des matières spéciales, notamment avec un coton soyeux que l'on récolte dans certaines îles, près de Charleston. Le charbon végétal obtenu avec ce papier est très-homogène et assez rigide. Débarrassé comme le platine des gaz contenus dans sa masse, il acquiert de l'élasticité et de la ténacité. Cependant, quand le courant passait, il arrivait souvent que l'éclat de la lumière variait ; l'incandescence manquait de fixité.

Pourquoi ? Edison en trouva la raison. Dans le papier, le feutrage des fibres est inégal ; ici, le filament est plus dense ; là, plus clairsemé ; souvent les fibres sont coupées ; aussi le courant traversait inégalement les différentes portions du charbon ; la résistance changeait à travers la masse ; la lumière devait manquer d'homogénéité. Conclusion : abandonner le papier et tout feutrage artificiellement obtenu et adopter sans hésitation des fibres naturelles où le travail, en quelque sorte géométrique de la nature, fabrique des tissus réguliers et d'une contexture absolument symétrique.

On se mit en quête de toutes les essences de bois, de toutes les écorces que l'on put réunir ; on envoya des exprès en Chine, au Japon, aux Indes, au Brésil. Un botaniste de valeur, M. Ségador, explora le sud des États-Unis ; il arrivait à la Havane quand il fut emporté par la fièvre jaune. Un autre prit sa place. Ces expéditions, poussées vigoureusement et comme de vive force pour trouver simplement des écorces à carboniser convenables, semblent appartenir au roman ; elles sont très-réelles cependant et donnent fort bien la mesure de l'énergie déployée par l'inventeur américain. Il le faut ! *Go head!*

Des monceaux de bois, de plantes encombrèrent bientôt le laboratoire de Menlo-Park. Les premières expériences firent écarter beaucoup d'essences, et par éliminations successives, on finit par considérer comme parfaite la fibre du bambou. M. Moses partit pour la Chine avec la mission de rapporter tous les spécimens de bambou qu'on a l'habitude de travailler. Il en fit une collection considérable, et Edison, après de nombreux essais, donna la préférence à une espèce particulière de bambou du Japon. Sa fibre est extrèmement régulière et se découpe facilement. On voyait à l'Exposition, fixés sur un grand carton, les nombreux échantillons de bambous soumis aux expériences, et les filaments tels qu'ils sont coupés avant d'être carbonisés. Ce sont des machines qui décortiquent le bambou, détachent les fibres et les enlèvent sur une épaisseur convenable, avec une régularité, une dextérité merveilleuse.

En général, pour les applications courantes, le filament a une section inférieure à 1 millimètre d'épaisseur et il a 12 centimètres de longueur. Il est recourbé sur lui-même de manière à prendre la forme d'un U très-allongé (1). On introduit ensuite délicatement ce filament courbé dans un petit creuset de fer ; on l'engage dans une rainure qui épouse sa forme. On met

---

(1) Cette forme est importante ; elle augmente la longueur du conducteur · incandescent et accroît l'intensité lumineuse de la lampe. Avant M. Edison, on n'avait pas songé, que nous sachions, à adopter pour le conducteur cette courbure caractéristique.

ainsi les filaments par milliers dans ces sortes de petites boîtes en fer; on empile les creusets les uns sur les autres au milieu d'un four. La carbonisation est vite obtenue; on retire les creusets du feu, et quand ils sont refroidis, on trouve dans chaque rainure, à la place des filaments de bambou, un fil de charbon végétal extrêmement solide, dur et d'une finesse remarquable; le filament s'est réduit à la grosseur d'un crin de cheval.

Il faut procéder ensuite à la mise en place du fil de charbon dans le globe de verre. La forme en courbe allongée du conducteur carbonisé a déterminé la forme similaire du globe transparent. C'est assez exactement comme aspect une poire, ou, si l'on veut, un tube évasé terminé par une portion sphérique.

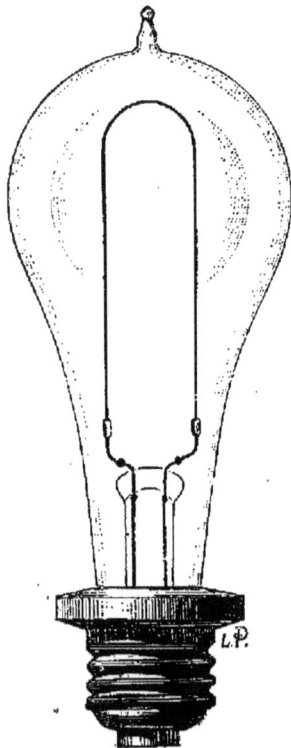

Fig. 133. — La lampe Edison, à filament de charbon.

Deux fils de platine destinés à faire entrer le courant dans la lampe sont empâtés dans un tube de verre; ils sont électriquement reliés au fil de charbon par deux petits dépôts obtenus galvaniquement et de section relativement large pour que le courant, en passant, ne les échauffe pas beaucoup; cette disposition ingénieuse assurément, une des caractéristiques essentielles de l'invention, évite les ruptures qui se produisaient jusqu'ici aux points d'attache du charbon et des fils de platine, et les dilatations sont assez réduites pour que tout le système conserve sa solidité. Le tube-support des fils et du charbon est introduit après coup dans la poire en verre, soufflée à part. On soude tube et globe, et la lampe est prête à être vidée d'air. Pour cela, on a laissé un orifice sur le sommet du petit globe. On fixe cet orifice sur une pompe à mercure destinée à enlever l'air.

Au début, M. Edison employa les pompes Gessler ou Springeld dans lesquelles du mercure en tombant chasse l'air devant et fait le vide derrière. On peut pousser ainsi la raréfaction très-loin. On versait le mercure à la main dans l'appareil; manipulation pénible et dangereuse qui amena une intoxication mercurielle grave chez plusieurs des aides de M. Edison et chez M. Edison lui-même. MM. Batchelor et Moses, les deux collaborateurs très-habiles du physicien américain, nous disaient dernièrement qu'il avait fallu travailler pendant tout un hiver à la température de 50 degrés, au milieu d'une atmosphère saturée de vapeurs de mercure. Edison modifia les pompes, les simplifia et parvint à se mettre à l'abri des émanations mercurielles. Tout se fait aujourd'hui commodément, industriellement. Plus de 500 pompes travaillent automatiquement, régulièrement, produisant le vide le plus parfait qui ait encore été obtenu ; il est très-supérieur en effet à celui que donne la meilleure machine pneumatique. Une lampe vidée d'air avec la machine pneumatique a deux fois moins d'éclat que lorsqu'elle est vidée par la pompe Edison.

Pendant que la pompe retire l'air, on fait passer le courant dans les charbons pour les porter à l'incandescence et chasser les gaz qui pourraient rester emprisonnés dans leurs pores. Ces gaz sont enlevés avec l'air. Cette opération a pour but, comme nous l'avons dit, de communiquer une résistance, une solidité et une homogénéité considérables au filament charbonneux. Autrement il ne supporterait que peu de temps l'incandescence. Le charbon devient rigide et tenace comme un fil de platine. Nous avons jeté plusieurs lampes à terre sans les briser... Verre et fil résistent à un choc assez grand. Il faut que la lampe tombe du côté de son support en verre pour que le charbon se rompe au point de contact avec les fils de platine.

Le vide bien fait, on ferme l'orifice du globe et l'on suspend le passage du courant. La lampe est prête à fonctionner.

A Menlo-Park, maintenant, les ateliers de fabrication sont en pleine activité. Une soixantaine d'ouvriers préparent sans relâche jusqu'à 2,000 lampes par jour. La durée du charbon n'est pas illimitée ; il subit à la longue une sorte de cristallisation, qui amène encore sa rupture instantanée ; mais en moyenne un fil de ce charbon végétal peut servir de 600 à 1,200 heures. On garantit une durée moyenne de 800 heures. A 5 heures d'éclairage par jour, la même lampe peut donc fonctionner pendant une moyenne de 6 à 8 mois. Or, elle revient à peu près à 1 fr. 50. Il est vrai qu'on la vend en ce moment dans le commerce 7 fr. 50 ; c'est un prix momentané. Quand elle est usée, on en est quitte pour la remplacer, comme en ce moment on remplace les verres de lampe. On dépense bien plus de verres par an qu'on ne dépensera de lampes !

Le charbon, en forme de fer à cheval très-allongé, éclaire dans toutes les directions ; on peut par consé-

quent disposer la lampe par son gros bout ou par sa
pointe ; peu importe ; elle est hermétiquement close
et par conséquent peut brûler dans l'eau, dans des
atmosphères viciées, dans les mines à grisou, etc. La
quantité de lumière engendrée dépend du courant et
du fil de charbon ; il y a avantage à ne pas augmenter
outre mesure l'incan-
descence du fil ; on peut
lui donner un éclat
éblouissant, mais l'œil
est blessé et la durée
du fil est diminuée.
M. Edison a combiné
les sections des fils et
la force du courant, de
façon que chaque petit
globe donne une inten-
sité lumineuse à la-
quelle nous soyons déjà
habitués. Il a pris pour

Fig. 134. — Lampe applique.

type, comme toujours, l'éclairage au gaz. Les lampes
donnent 8 ou 16 bougies, c'est-à-dire environ 1 ou
2 becs carcel du type réglementaire. C'est suffisant.
En réalité, 8 bougies correspondent à 0 carcel 87, et
16 bougies à 1 carcel 74. Une bougie ordinaire représente 0,109 de carcel. La lumière est bonne et la température de l'incandescence poussée seulement jusqu'aux radiations blanc jaune ; comme teinte, c'est
presque le ton des becs de gaz. Aux derniers essais
de l'Opéra, on aurait pu de prime abord confondre
les deux lumières. A côté des foyers électriques par
arc voltaïque, les nouvelles lampes semblent émettre
par contraste une lumière jaune. Autant l'arc voltaïque

jette des teintes blafardes sur les objets, autant les lampes à incandescence projettent une lumière dorée, agréable aux regards. Les promeneurs exposés au rayonnement de l'arc présentent une pâleur excessive : le visage est livide. Cet inconvénient disparaît absolument avec les radiations émises par l'incandescence.

Telle est la nouvelle lampe. C'est bien une invention dans le sens strict du mot. En voici effectivement les traits essentiels : 1° conducteur de haute résistance à forme courbe allongée ; 2° conducteur à filament végétal carbonisé en vase clos ; 3° épuration du charbon et extraction des gaz occlus par le passage même du courant au sein du vide ; dureté, solidité et conductibilité spéciales du charbon ; 4° mode d'attache par empâtements galvaniques du filament aux conducteurs métalliques d'amenée et de sortie du courant ; 5° scellements hermétiques dans la masse de verre ; 6° fabrication caractéristique des ampoules de verre. Maintien du vide (brevet de novembre 1879).

Tous ces détails de réalisation groupés ensemble ont seuls permis d'obtenir enfin des lampes à incandescence fonctionnant pendant des mois. Certes, on avait déjà tourné autour du but, mais la meilleure preuve qu'il y avait une nouvelle invention à faire, c'est qu'aucune des anciennes lampes ne fonctionnait pratiquement.

A de rares exceptions près, personne, pour le plaisir de s'éclairer à la lumière électrique, ne s'amusera à installer dans sa maison des machines à vapeur ou à gaz, des machines dynamo-électriques, etc. Il fallait encore ici se rapprocher du gaz, étudier les prix de revient, combiner une canalisation pour les rues, une distribution à domicile, etc.; problème complexe s'il en fut jamais.

Nous allons dire maintenant par quels moyens M. Edison a fait passer ce qui hier encore eût été qualifié de rêverie, dans le domaine des réalités.

Une lampe, si excellente qu'elle soit, ne constitue pas à elle seule un système complet d'éclairage; ce n'est qu'un rouage essentiel dans l'ensemble. On ne met pas d'électricité dans une lampe comme on y met de l'huile. La production économique de l'électricité exigeant des machines encombrantes, il est évident que pour faire pénétrer le nouvel éclairage dans les maisons, il est de toute nécessité de le rendre commode et d'obliger les courants électriques à venir d'eux-mêmes dans les lampes, comme en ce moment le gaz arrive jusqu'aux becs. M. Edison a résolu ce problème, et nous allons essayer d'expliquer sommairement comment il fabrique l'électricité par grandes quantités, la canalise et la distribue à domicile. Nous ne saurions trop répéter que nous ne décrivons pas ici les détails d'un simple projet plus ou moins sujet à caution, mais bien un système exécuté et prêt à fonctionner. On trouvait tous les appareils réalisés, prêts à être posés, dans la salle Edison, au Palais des Champs-Elysées.

Lorsqu'il s'agit du gaz, qu'il convient toujours de prendre pour modèle parce qu'il a pour lui l'expérience acquise, on installe, selon le périmètre à desservir, une ou plusieurs usines dans chaque ville. De même, l'inventeur américain a recours à une ou plusieurs fabriques d'électricité, suivant l'importance du périmètre à éclairer. Le gaz s'en va sous terre dans de gros tuyaux qui suivent les artères principales:

sur ce premier réseau, on greffe des tuyaux de moindre diamètre qui longent les rues transversales, et enfin sur chacun d'eux on branche des tuyaux encore plus petits qui donnent accès au gaz dans chaque maison. C'est ce mode de canalisation qui a été approprié au transport et à la distribution de l'électricité.

De chaque usine centrale partent des conduites maîtresses qui font rayonner dans toutes les rues des conduites secondaires, sur lesquelles se greffent à leur tour les conducteurs de petite section qui pénètrent à domicile. En apparence, les conduites pour l'électricité sont semblables à celles du gaz, à cela près que leur diamètre est extrêmement réduit; les plus grosses ne dépassent pas le diamètre du bras. Ce sont aussi des tuyaux, mais des tuyaux qui, au lieu d'être creux, renferment deux tiges de cuivre pur demi-cylindriques, c'est-à-dire plates d'un côté, rondes de l'autre; si l'on veut, une tige cylindrique sciée par le milieu dans toute sa longueur. Ces deux tringles parallèles qui se prolongent à travers toute la canalisation sont empâtées dans un mastic isolant de composition nouvelle; il peut remplacer la gutta-percha et coûte très-bon marché; l'interposition de cette matière entre les deux barres et les parois du tuyau-enveloppe a pour but d'empêcher toute déperdition d'électricité.

Le courant entre dans la conduite par une des barres et revient à l'usine par l'autre pour compléter le circuit. Au diamètre près, tous les conducteurs employés par M. Edison sont construits sur ce modèle. Les conducteurs de branchement sont à peu près gros comme le médium de la main; les conducteurs d'accès dans les maisons, comme le petit doigt. Les raccords entre les conducteurs de diverses sections s'opèrent

facilement. A chaque croisement de rue, les tuyaux
pénètrent dans une boîte interposée dans la canalisation. Les tringles de cuivre s'y montrent à nu dans
l'intérieur. On relie par des pinces métalliques le
conducteur d'aller au conducteur similaire de la conduite maîtresse, et de même le conducteur de retour

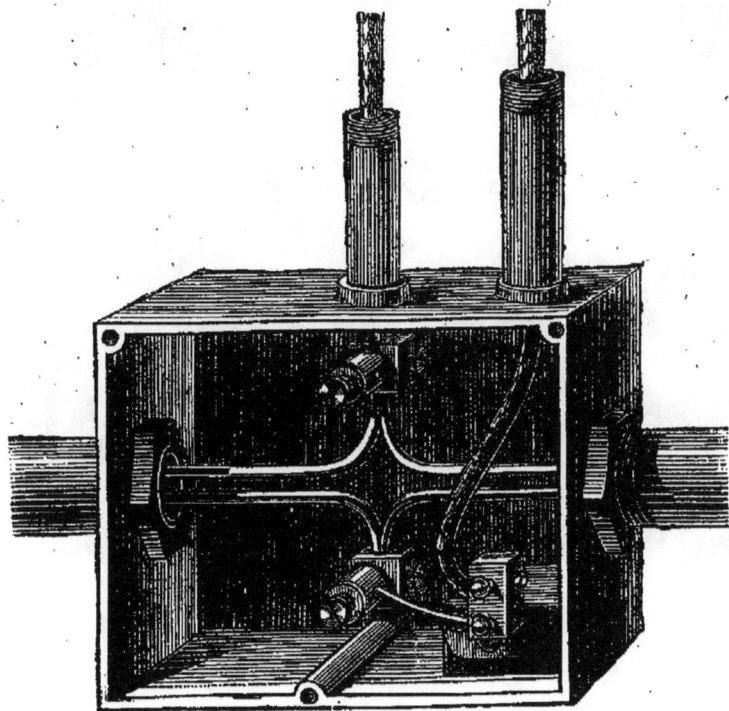

Fig. 135. — Boîte de jonction d'une canalisation d'immeuble avec une
conduite d'appartement.

à son homologue de la conduite; et l'embranchement
est fait. Toutefois la liaison n'est pas directe; elle est
réalisée pour les deux conducteurs d'accès du courant
par une lame de plomb. Il pourrait survenir en effet
que, pour une cause ou pour une autre, le courant
électrique transmis de l'usine acquît brusquement une
intensité exceptionnelle. Cette intensité serait suffi-

sante pour élever considérablement la température
d'une portion des conducteurs, pour décomposer la
matière isolante et surtout pour rougir par contre-
coup les fils de communication dans les maisons. Si
ces fils se trouvaient près de rideaux ou de tentures,

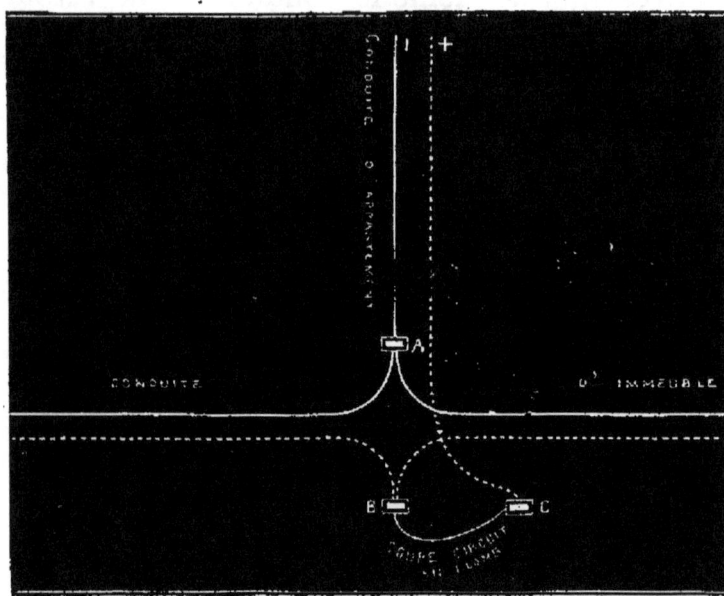

Fig. 136. — Diagramme d'une jonction de conduite de maison avec
les différents appartements.
A,B,C, coupe circuit à lame de plomb.

un incendie serait à redouter. Il est, en effet, arrivé
déjà à l'Exposition et ailleurs, que des courants de
haute tension ont donné lieu à un commencement
d'incendie. M. Edison a pensé à tout. Dans ce cas, le
plomb de la boîte s'échauffe; et comme il fond à
335 degrés, à une température qui n'a rien de dangereux, il rompt par cela même toute communication
entre les conducteurs, empêche le courant de passer
et pare à toute éventualité. La lame de plomb sert
d'appareil de sûreté : on l'appelle en Amérique Cut-off

Le raccord entre les conduites de la rue et le tuyau d'accès des maisons s'opère de la même manière à

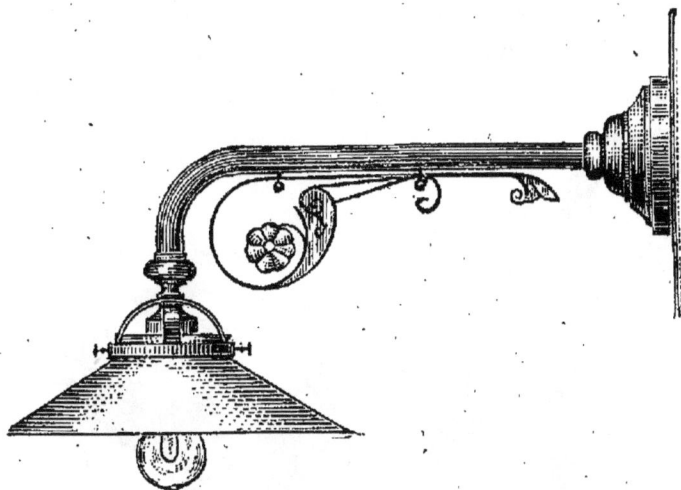

Fig. 137. — Applique simple.

travers une boîte également munie de la lame de plomb préservatrice pour plus de sécurité. Enfin les

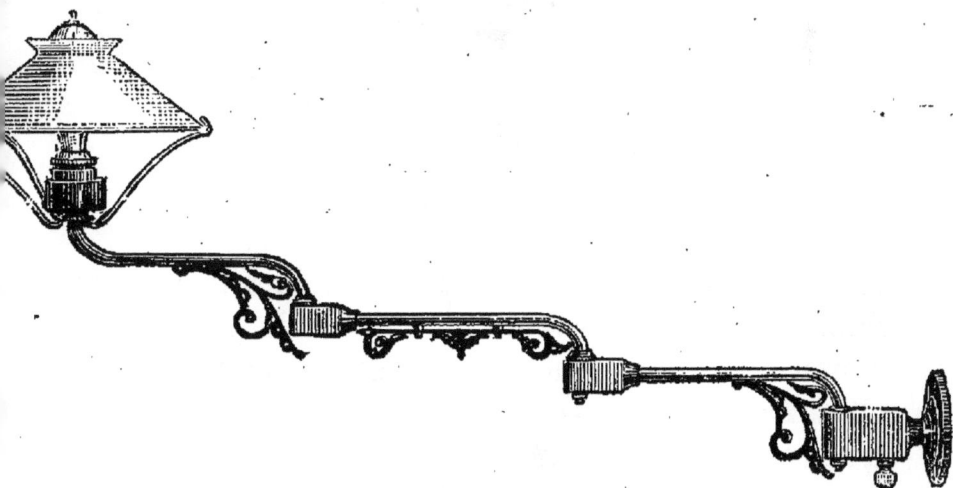

Fig. 138. — Lampe à genouillère.

conducteurs particuliers de chaque maison se réduisent à de simples fils isolés par du coton peint à la céruse et qui rayonnent dans tous les appartements.

Les lampes sont disposées sur des lustres, sur des candélabres, sur des appliques mobiles, sur des chandeliers. Dans tous les cas, leur liaison avec les fils est toujours réalisée par le même moyen. L'extrémité du

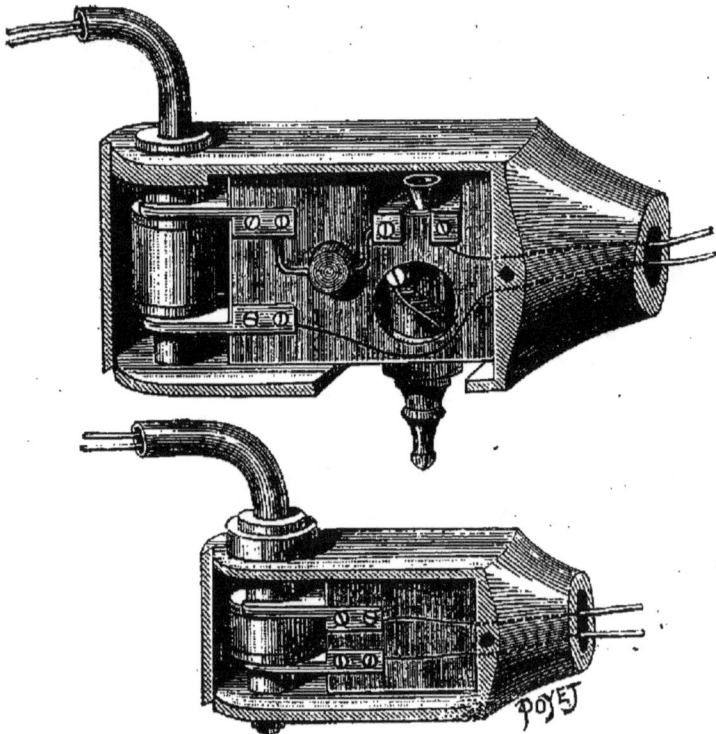

Fig. 139. — Détail des articulations de la lampe à genouillère.

globe de verre est lutée avec du plâtre dans une sorte d'anneau à deux viroles de cuivre. Un des fils est en communication avec une des viroles et le second fil relié à l'autre virole parfaitement isolée de la première; on retrouve encore ici à l'intérieur de l'anneau-support un fil de plomb qui sert de trait d'union entre le fil d'accès du courant et la virole qui établit la communication avec le fil de la lampe. En cas de besoin, en fondant, il couperait le circuit et empêcherait le

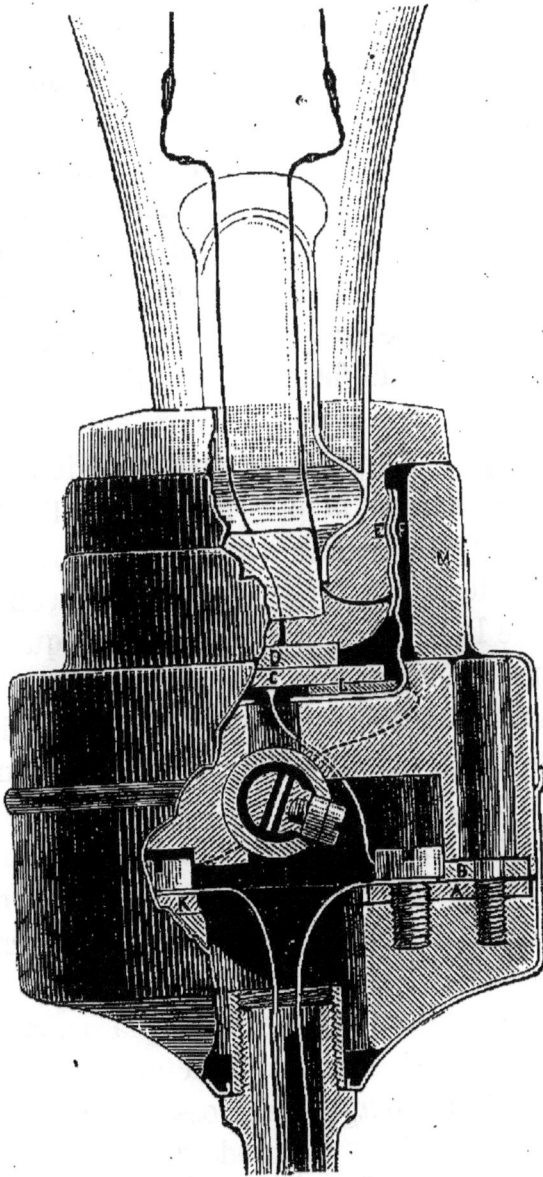

Fig. 140. — Coupe de la lampe et de son socle. Jonction des fils de platine aux fils de cuivre du circuit; dispositif permettant d'allumer ou d'éteindre en tournant un robinet. DE, armatures en cuivre isolées et scellées dans le plâtre. E, pas de vis. CF, armatures de la douille. F, écrou. L. plaquette isolante. M, manchon isolant. AK, plaquettes de raccordement des fils intérieurs et des fils extérieurs.

courant de détériorer la lampe ou son support par sa trop grande intensité. Chaque branche d'un lustre ou chaque bras d'applique porte une clef analogue au robinet de gaz. Quand on fait tourner la clef, les contacts s'établissent entre les fils de la lampe et les fils du circuit souterrain et la lumière brille. La manœuvre inverse rompt toute communication et éteint la lampe. Plus de courant dans l'appartement, plus de lumière.

L'analogie avec le gaz se poursuit dans tous les détails; avec cette différence essentielle ici que, le robinet fermé, le gaz reste toujours dans les tuyaux prêt à s'échapper et à produire des explosions. L'électricité ne circule plus, la clef fermée; et d'ailleurs si elle circulait, elle ne pourrait amener aucun accident. La clef est conique et à large surface de façon à atténuer l'effet de la petite étincelle électrique qui se produit toujours quand on rompt le courant.

Dans la salle Edison, ce système était appliqué à deux grands lustres à cristaux et à 80 bras installés le long des murs.

Voilà succinctement pour la canalisation et la distribution à domicile. Il est superflu d'ajouter que les dimensions relatives des conducteurs sont déterminées par le calcul. Le diamètre des conducteurs à grosse section dépend de la longueur de la canalisation totale, et les diamètres des conducteurs secondaires sont eux-même fixés d'après la grosseur de la conduite principale. Tout se tient. Ce mode de canalisation est évidemment plus simple que celui du gaz. Les tuyaux n'exigent plus pour leur pose de profondes tranchées; on peut les établir dans les égouts ou dans des caniveaux en bordure des trottoirs. Les plus gros tuyaux ont 8 centimètres de diamètre.

Quelques lignes maintenant sur l'usine centrale. Nous y retrouverons nécessairement les éléments ordinaires de toute production de l'électricité, la machine à vapeur et la machine dynamo-électrique. Toutefois, M. Edison a mis sur l'ensemble du système sa griffe personnelle. Il a combiné un type nouveau à rendement considérable, approprié aux conditions spéciales du fonctionnement simultané d'un très-grand nombre de lampes. Chaque générateur de courants doit être modifié selon le rôle qu'il doit jouer. Le générateur pour la galvanoplastie n'est pas combiné comme le générateur pour la lumière, et celui-ci lui-même change s'il s'agit de lumière par arc ou par incandescence. En général, les machines dynamo-électriques avaient été construites jusqu'ici pour alimenter un ou quelques foyers ; or, dans l'application actuelle, elles sont destinées à fournir de l'électricité à des centaines de lampes. C'est la conduite générale qui apporte le courant par des dérivations successives ; il fallait donc un dispositif particulier fournissant un très-gros volume d'électricité.

Nous savons que si le fil de la bobine d'une machine électrique est gros et court, les courants engendrés ont peu de tension et en revanche un grand volume ; s'ils sont fins et longs, les courants ont beaucoup de tension et peu de quantité. La quantité étant ici indispensable, M. Edison a été, dans son générateur d'électricité, jusqu'à remplacer les gros fils, qu'il fallait employer, par des barres, des tiges en cuivre pur de large section. La bobine tournante est du genre Siemens, c'est-à-dire que les fils sont enroulés en long comme sur une navette.

En voici une esquisse qui s'applique à la coupe lon-

gitudinale que nous représentons. Le noyau de la
bobine est ainsi constitué : sur un cylindre de bois
sont enfilées des rondelles de fer doux DD assez
minces et séparées l'une de l'autre par du mica. Ce
fractionnement du noyau magnétique a pour effet de
rendre rapides les aimantations et désaimantations
successives sous l'influence des électro-aimants inducteurs. Sur ce noyau, on place longitudinalement les

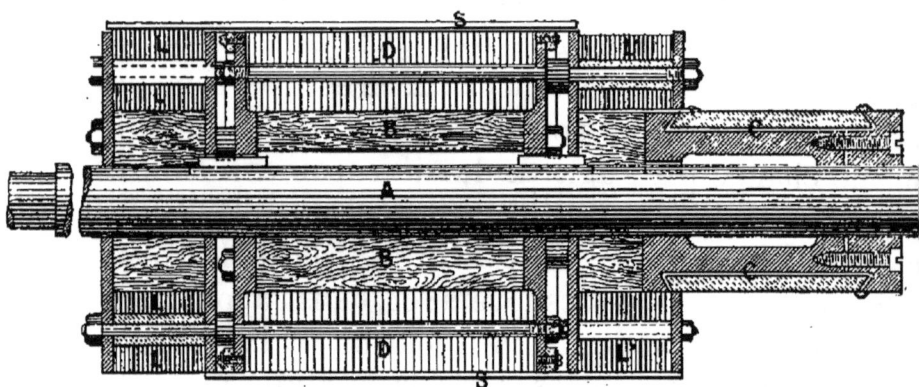

Fig. 141. — Coupe longitudinale de l'induit de la machine Edison.

barres de cuivre pur SS' isolées par des lames de
mica. Ces barres remplacent les fils longitudinaux de
la bobine Siemens ; il faut bien, pour compléter le
circuit, une liaison entre chaque barre du dessus et la
symétrique du dessous ; pour cela, chacune d'elles
vient s'encastrer dans des disques plats de cuivre
LL' placés aux extrémités et isolés. Autant de paires
de barres, autant de disques de jonction. Comme dans
le collecteur Gramme, les deux courants de sens
opposé, produits par l'induction des électro-aimants
sur la bobine, viennent se réunir en opposition sur
le collecteur C où des balais les recueillent.

La disposition adoptée pour la bobine a pour effet

e diminuer beaucoup sa résistance et par suite d'accroître le volume d'électricité débité. Dans la navette Siemens, les fils ont le même diamètre partout; ici, aux extrémités, dans les portions inutiles, celles qui ne sont pas influencées par les électro-aimants, on a mis des disques à large section au lieu de continuer l'encastrement avec les barres; de ce chef, on diminue la résistance intérieure et on gagne en débit.

Quant aux inducteurs, ils sont formés de cylindres de fer doux autour desquels on enroule un grand nombre de spires de fil isolé. Dans les petites machines, il y en a deux; dans les grandes, quatre. Le courant qui va aux inducteurs est pris sur le courant général, selon le montage Wheastone; c'est un courant dérivé, disposition presque toujours satisfaisante parce que les variations dans la résistance du circuit général retentissent sur la dérivation; donc, sur les électro-aimants, et augmentent leur force si la résistance extérieure s'accroît. Le magnétisme diminue, au contraire, si cette résistance grandit. C'est un réglage approximatif qui permet de proportionner à peu près la production électrique à la dépense.

Il existe trois types de machines; la petite machine dite modèle Z, alimente 60 lampes de 16 bougies ou 120 lampes de 8 bougies avec une force de 7 chevaux et demi. Une machine de 30 chevaux, destinée aux grandes installations isolées, alimente soit 250 lampes A, soit 500 lampes. B. Enfin les grandes machines de 120 et 170 chevaux, destinées aux usines centrales, peuvent desservir de 1200 à 1,700 lampes A.

La grande machine d'Edison, exposée au Palais de l'Industrie, a ses électro-aimants horizontaux disposés une paire au-dessous de la bobine, une paire au-dessus. La bobine a 1ᵐ20 de longueur. La transmission par courroies entre le moteur et la machine électrique est supprimée. Pour gagner la force qu'elle absorbe inutilement, le moteur commande directement la bobine. Moteur et machine électrique sont groupés sur le même socle. La machine dynamo tourne à raison de 350 à 400 tours. Son poids total est de 17 tonnes dont 2 tonnes et demie pour la bobine. C'est la première machine électrique vraiment industrielle qui ait été construite.

Ce type, très-compact, véritable machine d'usine, alimenté de vapeur par une chaudière économique du type Babiox Wilson encore inconnu en Europe, peut fournir, en dépensant 120 chevaux, assez d'électricité pour allumer 2,400 lampes de 8 bougies B à la fois ou 1,200 lampes de 16 bougies A. Il a été construit pour l'éclairage de la ville de New-York.

On installe, en effet, en ce moment, la canalisation souterraine qui permettra d'illuminer avec les lampes Edison tout un quartier de la grande ville américaine. Le travail est bientôt terminé, et 2,500 abonnés se sont déjà fait inscrire aux bureaux de la Compagnie américaine.

On pouvait voir à l'Exposition le plan d'ensemble qui a été arrêté par M. Edison pour l'éclairage du quartier compris entre Wall-street, la grande artère commerciale de New-York, et le quai du Sud, qui fait face au port. Ce grand quadrilatère a environ un kilomètre carré. Vers le centre du quartier sera établie la station centrale. On doit y grouper 12 chaudières à vapeur et 12 machines dynamo-électriques avec leurs moteurs, soit au total environ 1,200 chevaux. Tout ce matériel ne fonctionnera qu'au fur et à

Fig. 142. — Machine Édison (petit modèle).

mesure des besoins; on a précisément partagé la force par lots, afin de ne mettre en mouvement que les machines strictement nécessaires au service. On éteindra ou l'on allumera les feux des chaudières selon l'accroissement de la consommation.

Cette usine centrale, grand réservoir d'électricité, suffira pour alimenter jusqu'à 24,000 lampes. Elle constitue en même temps un grand réservoir de force; dans le jour la canalisation pourra être utilisée pour envoyer des courants aux moteurs électriques. Tout ce quartier de New-York est plein d'ascenseurs, d'élévateurs de tout genre, etc. On distribuera ainsi à domicile la force motrice. On dégrèvera d'autant les frais d'établissement de la canalisation, ce qui permettra de vendre la lumière et le travail mécanique à bas prix.

Pour éclairer tout New-York et distribuer dans la ville la puissance motrice nécessaire, M. Edison admet qu'il faudrait 30 stations centrales disposant chacune de groupes de machines de 2,000 chevaux, soit en tout 60,000 chevaux. Qand on réfléchit qu'une seule machine motrice d'un paquebot atteint souvent 2,000 chevaux, on ne trouve rien d'extraordinaire à voir grouper dans des usines la force de 2,000 che-vaux-vapeur. Pour éclairer New-York, il ne faudrait, en définitive, que la force que consomme une flottille d'une vingtaine de grands transports à vapeur !

Nous avons vu engendrer l'électricité et nous savons comment on la conduit dans les maisons. Il se présente immédiatement une difficulté. L'usine est en pleine production, le courant circule et allume les lampes d'un quartier. Il se fait tard, on vient d'éteindre coup sur coup, 100, 500, 1000 lampes; naturelle-

ment celles qui restent bénéficient de l'excès d'électricité. Les lampes donneront plus d'éclat qu'il n'est

Fig. 143. — Machine Edison (grand modèle).

convenu; on fatiguera les charbons et l'on travaillera
en pure perte à l'usine.

22.

Il était indispensable d'éviter cet inconvénient. On pourrait obliger la machine génératrice à diminuer d'elle-même automatiquement l'intensité du courant par les procédés qui ont été indiqués. M. Edison a préféré effectuer la régularisation par l'intermédiaire d'un agent de service. C'est du reste ainsi que les choses se passent pour le gaz. Quand sa pression est augmentée par l'extinction d'un nombre suffisant de becs, on s'en aperçoit à l'usine et l'on diminue la pression au taux convenable. De même ici un employé est spécialement chargé, à la station centrale, de modifier l'allure de la machine selon les besoins de la consommation.

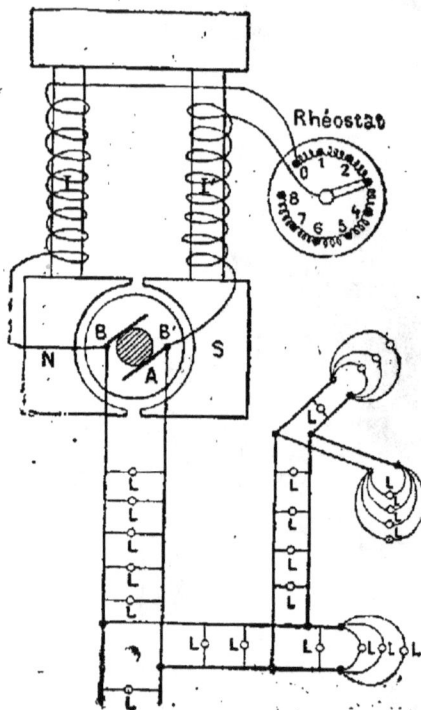

Fig. 144. — Diagramme du réglage du courant. — A, bobine. BB, balais. II' inducteurs. NS, dérivation d'excitation des inducteurs. LLL..., lampes.

Pour diminuer l'intensité du courant dans les lampes, il faut réduire la production d'électricité, c'est-à-dire la puissance magnétique des électro-aimants; par conséquent diminuer l'intensité du courant dérivé qui circule dans les spires. Il suffit pour cela d'intercaler sur son trajet des bobines de résistance. On mettra facilement au point l'intensité du courant d'excitation.

M. Edison a combiné sur ce principe un régulateur

rès-pratique. Il a groupé sur une table toute une
ollection de bobines de résistance convenablement
raduées et répondant aux variations possibles d'in-
ensité dans la canalisation. Sur la même table se

Fig. 145. — Régulateur d'une station centrale avec galvanomètre
révélateur de l'intensité du courant.

trouve une manette qui peut tourner sur un cercle
gradué comme la poignée d'un transmetteur de télégraphe à cadran. Quand on sait de combien on doit
réduire l'intensité du courant, on tourne la manette
jusqu'à ce qu'elle entre dans une échancrure corres-

pondante à la bobine qu'il faut faire agir. Aussitôt
l'électro-aimant de la machine est influencé à distance
et perd de sa force; l'intensité règlementaire se rétablit dans le circuit. En même temps, l'effort que doit
vaincre le moteur pour faire tourner la bobine est
diminué et la consommation de vapeur réduite en
proportion.

L'agent de service n'a donc qu'à manipuler une
manette placée sur une table pour se rendre maitre
de l'intensité de la lumière dans toutes les maisons.

Comment, dira-t-on, peut-il savoir de l'usine centrale ce qui se passe dans toutes les lampes du réseau ?
D'un seul coup d'œil il peut apprécier à distance
l'éclat des lampes disséminées dans plus de 2,000 maisons. Il a devant lui une lumière étalon représentant
l'intensité normale de huit bougies que doit avoir la
lampe; il a à côté une lampe branchée sur le réseau,
alimentée par le courant général et affectée comme
les autres par les variations qui pourraient se produire. D'un regard il voit parfaitement par comparaison si la lampe du réseau baisse ou augmente
d'éclat. L'extinction de quelques lampes n'exercent
pas d'action sur la canalisation ; mais dès que le chiffre
dépasse quelques centaines, on commence à constater
une différence, et à l'aide du régulateur on modère
ou augmente l'intensité.

L'opérateur ne peut, du reste, s'y tromper. Il a sous
la main, tout près du régulateur, un appareil révélateur des changements d'intensité du courant de la
canalisation. C'est un galvanomètre à miroir qui projette sur une règle horizontale un point lumineux
réfléchi par une lumière quelconque. Ce galvanomètre
révèle à chaque instant l'état du courant dans le ré-

seau. Si l'intensité faiblit ou augmente, le point lumineux se déplace dans un sens ou dans l'autre. La correction se fait immédiatement.

On trouvait aussi à l'Exposition un photomètre Bunsen installé dans un petit cabinet noir et qui permet d'évaluer rigoureusement et directement l'intensité lumineuse des lampes. Sur une règle horizontale graduée se déplace un chariot; à l'une des extrémités de la règle on place la source lumineuse étalon; à l'autre, la lampe faisant partie du réseau, et dont il s'agit de contrôler l'éclat. Le chariot porte une carte blanche posée verticalement en travers de la règle, et au-dessus deux petits miroirs inclinés à la façon d'un toit. On a huilé le milieu de la carte, de façon à produire une tache grande comme un pain à cacheter. Cette tache se reflète dans chaque miroir. Lorsqu'on déplace le chariot le long de la règle, il vient un moment où les deux taches des miroirs disparaissent complétement.

On lit la division de la règle qui correspond à la position du chariot. On obtient ainsi par une seule lecture la différence d'intensité de la lumière type et de la lumière de la lampe. En effet, lorsque les deux taches ne s'aperçoivent plus, c'est qu'elles sont également éclairées par chaque source lumineuse; leur lumière réfléchie se confond avec la lumière réfléchie par la portion opaque de la carte. Il faut rapprocher la carte d'autant plus près de la lampe que son éclat est plus affaibli. Comme les intensités des deux sources lumineuses varient en raison inverse du carré de leur distance, on déduit d'avance les intensités respectives pour chaque distance du chariot à la lampe et la graduation marquée sur la règle évite les calculs.

Tout cela est très-simple; le rapport des intensités est immédiatement indiqué. A l'aide d'un autre appareil, le calorimètre, on peut déterminer avec précision la quantité de chaleur produite dans la lampe par le

Fig. 146. — Compteur électrique pour maisons et appartements.

courant, soit l'énergie dépensée; elle est d'environ 5 kilogrammètres par carcel; ce qui, par lampe de 1 carcel 74 correspond à 8 kilogrammètres 20. Nous déduisons de là que 9 lampes 15 environ absorbent l'énergie d'un cheval. La machine qui fournit le courant peut rendre jusqu'à 94 0/0 du travail moteur. La perte dans les conducteurs est au maximum de 8 à 10 0/0. On peut donc en pratique alimenter par cheval effectif au moins 7 lampes 80 de 1 carcel 74, soit 8 lampes A et 16 lampes B. Chaque cheval-moteur fournit environ de 14 à 16 carcel d'intensité lumineuse. Ces chiffres peuvent varier un peu, selon les cas, mais sont voisins de la vérité. Avec les grandes machines le rendement s'améliore et l'on peut alimenter par cheval jusqu'à 10 lampes A et 20 lampes B.

Il est superflu d'ajouter qu'on peut multiplier le nombre des filaments dans chaque globe de verre et porter l'intensité bien au-delà de 1 carcel 74. M. Edison prépare ainsi des lampes à doubles filaments en croix ou parallèles de 16 bougies, quatre filaments parallèles de 32 bougies, de 64 bougies, etc. Réciproquement, en diminuant la longueur des filaments des lampes ordinaires, on fabrique des lampes de 6 bougies, 4 bougies, etc. C'est un des caractères du système Edison d'être très-maniable ; il est très-important pour les usages domestiques de pouvoir ainsi fractionner la lumière jusqu'à ces extrèmes limites et obtenir une division comparable à celle qu'on a avec du gaz ou des lampes à huile.

Il est possible aussi de faire varier l'intensité d'une lampe quelconque au point d'en baisser l'éclat jusqu'à l'annuler. Pour les théâtres, la rampe de la scène, c'est une faculté précieuse. On diminue l'intensité de plusieurs lampes en bloc en introduisant dans leur circuit dérivé une résistance convenablement proportionnée. Pour une lampe seule, on fait varier l'intensité en la munissant d'un petit rhéostat cylindrique à cinq baguettes de charbon. Chaque charbon

représente une résistance ; en faisant tourner le socle
qui les porte, on oblige le courant à traverser soit un,
soit deux, soit tous les charbons et l'intensité varie
avec le nombre des charbons intercalés dans le circuit. Il est bien entendu, qu'ici la dépense en électricité n'est pas diminuée comme lorsqu'on baisse un
bec de gaz. Le courant travaille à vaincre l'obstacle
qui gêne son passage, au lieu de travailler à produire
de la lumière. Mais il n'en travaille pas moins et la
dépense reste la même.

Il nous reste encore un dernier point à élucider.
On paye le gaz en raison de la consommation journalière. Et l'électricité, comment appréciera-t-on la
dépense ? Chaque maison, chaque appartement même
aura son compteur d'électricité comme aujourd'hui
son compteur à gaz. Ces petits appareils figuraient
dans la section d'Edison, au Palais ; ils sont mignons
et de dimensions réduites.

On a sous les yeux une boîte métallique d'environ
25 centimètres de hauteur sur 20 de largeur et 12 centimètres d'épaisseur. Placée verticalement, elle s'ouvre à deux battants comme les deux portes d'une
armoire. Elle est partagée intérieurement par une
cloison verticale en deux compartiments dans chacun
desquels se trouve un petit flacon plein d'une dissolution bleue de sulfate de cuivre. Chaque flacon renferme en outre deux lames métalliques en relation
avec les conducteurs du réseau à leur entrée dans la
maison. Une petite fraction, toujours constante, du
courant général pénètre dans les lames au sein de
la solution cuivrique et la décompose ; du cuivre se
dépose sur une des lames. Le dépôt chimique effectué
mesurant exactement l'intensité du courant utilisé

dans la maison, il suffit de peser le dépôt de cuivre pour évaluer la quantité d'électricité qu'on a dépensée. Tous les mois un agent ouvre le compartiment de droite dont il a la clef, et pèse le cuivre. Tous les ans, un contrôleur ouvre le compartiment de gauche dont seul aussi il a la clef, et pèse le cuivre déposé. La somme des pesées mensuelles doit être égale, comme vérification, à la pesée annuelle.

En hiver, quand le froid devient intense, la décomposition chimique pourrait être atténuée; il ne faut pas que les variations de température dépassent une certaine limite pour que le procédé de mesure reste exact; aussi M. Edison a-t-il introduit dans chaque compartiment une de ses petites lampes : une tige métallique à deux métaux inégalement dilatables se courbe sous l'action du froid et établit un contact entre la lampe et une prise de courant. La lampe s'illumine et chauffe le compteur à une température sensiblement constante. Tout, comme on voit, a été prévu et parfaitement résolu. Qu'il s'agisse de lumière ou de force transmise, tout abonné payera en raison de l'électricité qu'il aura dépensée.

Tel est dans ses grands traits le mode de production, de canalisation, de distribution et de mesure de l'électricité, imaginé par M. Edison.

Quel sera, dans un pareil système d'éclairage, le prix de revient?

Il est incontestable que la lumière par incandescence est de beaucoup plus chère que la lumière par arc voltaïque. Nous avons vu que par cheval on n'obtenait guère plus de 15 carcel, tandis qu'avec l'arc voltaïque on pouvait produire avec la même force

dans des foyers groupés sur le même réseau environ
40 à 50 carcel et même 70 à 80 avec des courants de
haute tension. Chaque fois que l'on multiplie les
foyers, on accroît le nombre des charbons à échauffer,
on augmente les pertes de chaleur, les surfaces de
rayonnement, les résistances dans le circuit, etc. ; on
doit forcément avec la même force donner moins de
lumière. Bien que la dissémination des lampes permette de regagner un peu par une meilleure distribution de la lumière, il n'en est pas moins vrai que
la division aboutit toujours en principe à un rendement faible.

Il en est de même pour le gaz. Un petit bec consomme relativement beaucoup plus qu'un bec puissant.

Ainsi, le bec papillon de la Ville donne 1 carcel 10
et dépense 140 litres, soit 127 litres par carcel. Le
bec de la rue du Quatre-Septembre donne 13 carcel
et ne dépense que 1.400 litres, soit 107 litres par
carcel. Les nouveaux becs intensifs Siemens montrent encore mieux l'importance économique des
grands foyers. Les gros brûleurs comme ceux qui
éclairent la place du Palais-Royal, à Paris, consomment 1600 litres, mais produisent 42 carcel, soit
38 litres seulement par carcel, ce qui met le prix de
la carcel à 1 centime. Quand on porte de 1 à 12 l'énergie de la consommation dans un même brûleur, on
réduit la dépense de gaz de 3 à 1 par unité de lumière.
C'est à peu près la même proportion que pour l'électricité ; le prix de l'unité de lumière avec le gaz
descend de 4 centimes à 1 centime. Avec l'électricité,
il peut descendre encore davantage, de un huitième.
Avec un seul gros foyer électrique, on peut dépasser

250 carcel, ce qui fait descendre les prix de l'unité lumineuse dans la proportion de un à un quinzième. En moyenne, on peut dire que le rendement de la lumière par incandescence est de trois à quatre fois moindre que le rendement des régulateurs à division.

Mais ce qui importe pour l'éclairage domestique, ce n'est pas le prix relatif de la lumière par incandescence et par arc, c'est le prix de revient comparé à celui du gaz.

En brûlant directement 4 mètres cubes de gaz dans un bec, on ne peut produire au delà de 40 carcel. Si l'on dépense cette même quantité de gaz pour faire de la force dans un moteur Otto, on obtient quatre chevaux de force qui, transformés en électricité par une machine Gramme et en lumière par un régulateur Serrin, donnent une puissance lumineuse de plus de 300 becs carcel, en dégageant 150 fois moins de chaleur. D'un côté, avec le même combustible, 40 carcel ; de l'autre, 300 carcel. L'électricité l'emporte manifestement sur le gaz.

Il est même vraisemblable que le gaz dans l'avenir servira surtout de combustible. Il fournit à poids égal 13,000 calories, quand la houille n'en développe que 8,000.

Les foyers intenses et uniques ne peuvent pas être appliqués à l'éclairage domestique ; mais même avec des foyers faibles et très-divisés, on va voir qu'il y a généralement encore avantage à se servir de l'électricité. Au point de vue absolu, la lumière au gaz est plus chère que la lumière à incandescence dans tous les cas possibles. En effet, un mètre cube de gaz consommé dans un moteur donne un cheval de force, il peut alimenter 16 lampes de 0 carcel, 871, soit fournir 14 carcel de lumière. Or, le même mètre cube brûlé dans des becs ne fournirait que 7 à 8 carcel. Donc, on double la quantité de lumière produite, quand, au lieu de se servir du gaz directement pour faire de la lumière, on le transforme d'abord en électricité.

En pratique, il n'en est pas ainsi, car nous avons omis des éléments, qui influent sur le coût de l'éclairage. La transformation du gaz en électricité est encore chère. Nous savons que les petites machines électriques ne rendent qu'environ 90 0/0 du travail moteur, et pour alimenter le moteur, nous n'avons mis en ligne de compte que le gaz consommé, mais, et le graissage, et le nettoyage, et l'eau, et l'homme de service ? et l'intérêt et l'amortissement ! Dans ces conditions, on trouverait facilement que la carcel électrique coûterait environ 5 centimes, alors que la carcel gaz coûte seulement 4 centimes.

Au prix actuel du gaz, c'est à la houille qu'il faut avoir recours pour obtenir, comme nous le savons, de l'électricité à bon compte. La houille donne de l'électricité avec un coût de revient au moins six fois plus faible. En employant de puissantes machines à vapeur, le prix du bec électrique descend au-dessous de deux centimes par carcel ; soit au moins à moitié du prix actuel de la carcel gaz.

Il est certain que si l'on établissait une grande canalisation destinée à porter simultanément de la lumière le soir et de la force motrice le jour, le coût de l'éclairage par incandescence serait réduit dans une proportion notable ; le producteur de lumière à l'électricité ferait dans ce cas une économie qui pourrait dépasser 60 p. 100 sur le producteur de lumière au gaz. Mais on conçoit qu'il est impossible de préciser des chiffres à cet égard, car tout dépend ici du nombre de lampes en service par unité kilométrique de la canalisation, c'est-à-dire de la densité des becs par kilomètre de développement de la conduite, de la durée des heures de travail, du prix d'achat des terrains pour l'usine, etc. Si l'on met de côté l'avantage considérable qui résulterait de la vente de la force motrice à domicile et si l'on se place dans les conditions analogues à celle de l'exploitation du gaz, on trouve que le prix de revient de la lumière incandescente, tout compris, usines, canalisation, etc., est plutôt un peu au-dessous qu'en dessus du prix de revient du gaz; soit environ par carcel 0 fr. 0149 (1). Le prix de revient de la carcel gaz est approximativement de 0 fr. 0154 (2). Il est vrai qu'on n'a pas tenu compte

(1) Nous admettons qu'on se sert des machines Edison qui sont particulièrement bon marché. Moteur, chaudière, machine électrique coûtent 70,000 francs. Le moteur dépense 1 kil. environ par heure et force de cheval.

(2) Voici, d'après un rapport de M. Martial Bernard au Conseil municipal (27 décembre 1880), comment se répartissent les chiffres du prix de revient du mètre cube de gaz à Paris :

Charbon	0,099,665
Service des usines	0,025,282
Charges de ville	0,020,753
Entretien des conduits	0,003,054
Impositions	0,002,494
Frais généraux	0,015,519
Intérêts et amortissement	0,038,691
Total	0,205,458
A déduire les valeurs des sous-produits	0,094,717
Reste	0,110,741

En déduisant 8 p. 100 pour les pertes résultant des fuites, on arrive pour le mètre cube au prix de revient de 12 centimes.

des droits de redevance à la ville, ce qui a été fait pour le gaz.

Il résulte de ces chiffres que, le consommateur qui se ferait lui-même son propre producteur d'électricité en installant chez lui une machine à vapeur, réaliserait une économie considérable sur le gaz, et d'autant plus qu'ici le prix de revient ne serait plus grevé des frais afférant à la canalisation générale ; il dépenserait trois fois moins qu'avec le gaz au prix actuel. Les théâtres, les cafés, les hôtels, tous les endroits dont l'éclairage nécessiterait au moins 300 lampes ont tout avantage à se servir de la lumière par incandescence. Les petites villes où le terrain est peu coûteux auraient encore bénéfice notable à se servir de l'électricité, alors même que le gaz leur serait vendu 20 et même 15 centimes le mètre cube. Les villes qui ont une chute d'eau à leur disposition pour produire de la force motrice auraient le bec carcel pour moins de un centime.

Au début, maintenant, il est vraisemblable qu'on tendra principalement à essayer le nouveau mode d'éclairage en procédant par installations isolées ; théâtres, hôtels, paquebots, wagons, et même maisons particulières. Il sera intéressant de pouvoir se rendre compte du coût horaire de la lumière, qui varie nécessairement avec le moteur, et la machine électrique dont on fait usage. Nous indiquerons une méthode de calcul très-suffisamment exacte et très-expéditive. Nous ramenons le coût horaire au cheval de force correspondant à l'alimentation normale de 8 lampes A.

Le coût horaire des lampes et de la machine électrique est fixe ; il est très-approximativement pour les

8 lampes et leurs accessoires indispensables, intérêt, amortissement, usure, de 8 centimes, soit un centime par lampe (1).

Le coût horaire de la machine électrique, amortissement, intérêt etc. varie avec sa puissance ; il est par cheval d'environ 0 fr. 007 pour les petites machines ; il descend à 0 fr. 002 environ pour les grandes dynamo-électriques. D'où, dans le cas le plus défavorable, celui de très-petites installations, pour les lampes et la machine électrique, un coût horaire de 0 fr. 087, soit en chiffre rond 0 fr. 09. Ce chiffre peut descendre à 0 fr. 08 dans le cas des grandes installations.

La formule du coût horaire *sans canalisation* et par cheval est donc, en appelant M la dépense variable afférente au moteur, L la dépense fixe afférente aux lampes, accessoires et aux machines électriques.

Coût horaire par cheval : $M + L = M + 9$. Petites installations.

Coût horaire par cheval : $M + L = M + 8$. Grandes installations.

Cette formule générale permet d'obtenir rapidement

(1) Usure d'une lampe pendant 1,800 h.   0 fr. 008 ; 8 lampes   0 fr. 064
Intérêts et amortissement à 10 p. 100
pour une lampe et accessoires.....   0 fr. 002 ; 8 lampes   0 fr. 016
                              Total...   0 fr. 010   0 fr. 080

Ces chiffres s'appliquent au prix actuel des lampes ; ils pourront être baissés notablement, car la lampe est vendue 22 fr. 50 avec les fils d'installation et remplacés ensuite pour 7 fr. 50. Avec armatures, clefs, régulateurs, isolateurs, coupe-circuit, jonctions, balais de rechange, douilles, etc., le capital engagé monte par lampe, en ce moment, pour les petites installations à environ 30 fr., pour les grandes installations, il descend facilement à environ 20 fr. Les hauts prix de vente actuels tiennent principalement aux frais de brevets,

tous les coûts horaires dans une installation quelconque (1) en remplaçant M par sa valeur.

Si l'installation est puissante et comporte un grand nombre de lampes, on peut se servir de moteurs à vapeur qui dépensent relativement peu. Le coût par cheval, pour les grands moteurs ne travaillant que 1800 heures par an, est, tout compris, intérêt, amortissement, graissage, personnel, d'environ 12 centimes. Par conséquent, en pareil cas, le coût horaire par cheval d'éclairage est de 12 + 8, soit de 20 centimes : ce qui met le prix de la carcel à 0 fr. 015 centimes (2).

Le coût horaire s'élève sensiblement, s'il s'agit d'une petite installation avec moteur à vapeur de quelques chevaux. Un moteur à vapeur de 8 chevaux, alimentant par exemple 60 lampes A dépense par cheval, tout compris, bien près de 30 centimes. La formule donne dans ce cas pour prix horaire 39 centimes. Ce qui remet le coût de la carcel à 0 fr. 029, près de trois centimes. Les 60 lampes dépenseraient par heure d'éclairage 3 fr. 15. Le prix de l'éclairage au gaz serait de 4 fr. 18 (3).

Il est une remarque à faire, une fois pour toutes : les prix de revient donnés ici comprennent l'in-

(1) Nous rappelons que l'amortissement pour l'ensemble s'applique seulement à 1800 heures de travail.

(2) Un devis direct que nous avons établi pour 1000 lampes avec câble de transmission de 500 m. (aller et retour), régulateur automatique, appareils de sûreté contre l'incendie, clefs, etc., conduit, pour le coût horaire moyen d'un éclairage de 1000 lampes, à moins de 30 fr. La dépense par soirée de 5 heures serait donc au maximum de 150 fr. pour un éclairage de 1740 carcel qui coûterait avec le gaz 350 fr.

(3) Il va sans dire que tous ces chiffres sont établis sous notre responsabilité ; il est très-difficile en pareille matière d'obtenir des intéressés des prix de revient exacts, surtout au début de l'exploitation.

térêt et l'amortissement des appareils ; pour le gaz, au contraire, nous ne tenons pas compte des intérêts et amortissement de l'appareillage ; de ce chef, l'avantage s'accuse encore davantage du côté de l'électricité. Cependant il faut ajouter que d'autre part, dans tous ces calculs, nous avons supposé que le producteur n'avait à sa disposition qu'un seul moteur ; dans beaucoup de cas, pour assurer la régularité du service, il sera bon d'avoir recours à une seconde machine auxiliaire, en cas d'arrêt du premier moteur, ce qui, pour la force motrice et le générateur d'électricité, augmente la dépense par heure et par cheval de 0 fr. 024, et par carcel de 0 fr. 001.

La même installation avec un moteur à gaz de 8 chevaux conduirait à un coût horaire plus élevé, le moteur à gaz dépensant par heure et par cheval environ 44 centimes. On a dans ce cas 44 + 9 = 53.

Prix de la carcel, 0 fr. 039. Le coût horaire de l'éclairage monte à 4 fr. 07 ; il est encore un peu inférieur à celui du gaz évalué sans amortissement de l'appareillage.

Avec une installation réduite à 30 lampes et moteur à gaz de 4 chevaux, le moteur coûtant par heure et par cheval 55 centimes, on a 55 + 9 = 64. Prix de la carcel 0 fr. 047. Le coût horaire de l'éclairage s'élève à 2 fr. 45 ; il est un peu supérieur à celui du gaz qui n'est que de 2 fr. 10, évalué sans intérêt et amortissement de l'appareillage.

Enfin, on peut encore considérer le cas où l'on voudrait alimenter quelques lampes avec une pile travaillant tout le temps à charger des accumulateurs. Dans cette hypothèse toute spéciale, il faudrait par cheval effectif environ 90 éléments Daniell et 35 accumula-

23.

teurs. La pile travaillerait sans cesse, et les accumulateurs se déchargeraient en 5 heures. La pile coûterait environ 1500 fr., et les accumulateurs 1400 fr., soit en chiffre rond 3000 fr. d'installation. Avec 10 lampes, frais d'établissement 3300. Intérêt, amortissement et usure, 9 centimes par heure. Dépense de la pile, 3 fr. Total : 309 centimes par heure et par cheval. Le prix de la carcel ressort à 0 fr. 21 environ. Si, au lieu de 10 lampes, on en avait 20 à alimenter, on n'aurait pas à augmenter proportionnellement le matériel, et le prix de la carcel s'abaisserait à 20 centimes. Inutile d'ajouter que lorsqu'on aura enfin des piles industrielles, on pourra sans doute faire descendre de moitié le coût horaire, et le prix de la carcel descendra lui-même à environ 10 centimes.

Le prix de la carcel bougie est de 0 fr. 30. Le prix de la carcel huile de colza est de 0 fr. 10. On voit que la lumière par incandescence produite par la pile tient le milieu, comme coût horaire, entre l'éclairage à l'huile et l'éclairage par bougies.

Dans toutes les estimations précédentes, nous avons admis qu'on utilisait exclusivement des lampes A de 1 carcel 74. Il est évident que si l'on adoptait les demi-lampes de 0 carcel 87, l'appareillage et l'usure des foyers devenant double, il faudrait naturellement doubler les coefficients d'intérêt, amortissement et usure des lampes dans la formule qui donne le coût horaire par cheval.

En définitive, si nous résumons ce qui précède, nous sommes amenés à conclure que l'éclairage par incandescence est, pour le consommateur, qui se fait son propre producteur d'électricité, notablement moins cher que l'éclairage au gaz. Les prix tendent à s'égaliser à mesure qu'on n'emploie dans une installation donnée qu'un petit nombre de lampes; ils deviennent même, au-dessous d'une installation de 60 lampes, s'il faut un petit moteur spécial, un peu supérieurs pour l'électricité à ceux du gaz. Enfin, quand on veut se servir de piles pour alimenter une vingtaine de lampes, évidemment, on choisit un éclairage de luxe deux fois plus coûteux que l'éclairage à l'huile, mais cependant un tiers moins cher que l'éclairage à la bougie.

Nous avons insisté un peu longuement sur l'éclairage par incandescence, parce qu'il nous paraît de nature à amener, dans certaines limites, une véritable transformation dans nos procédés d'éclairage. Le gaz a été expérimenté à Paris pour la première fois en 1818, au passage des Panoramas, sous l'administration de M. de Chabrol. L'introduction en France de l'éclairage par incandescence datera de la première Exposition internationale d'électricité.

L'éclairage électrique par incandescence n'était pas représenté à l'Exposition seulement par le système Edison; il est d'autres systèmes qui donnent aussi des résultats satisfaisants; nous citerons notamment les lampes Swan, Lane-Fox et Maxim. Après les détails dans lesquels nous sommes entrés précédemment, il nous sera facile de les décrire en quelques lignes; ils présentent d'ailleurs entre eux de très-grandes analogies.

Dans la lampe Swan, le charbon ne provient plus d'un filament de bambou du Japon comme dans la lampe Edison; c'est du carton carbonisé. L'inventeur prend une tresse de coton de 12 centimètres de longueur, dont les extrémités sont renflées par un

enroulement local de fils. La tresse est plongée dans
de l'acide sulfurique étendu d'eau, ce qui a pour effet
de la parcheminer. Les fils parcheminés sont introduits dans de la poussière de charbon au sein de
creusets en terre; on porte les creusets au rouge et
l'on retire des filaments charbonneux très-résistants.
Ils sont placés dans les lampes et on les soumet à l'incandescence en même temps qu'on fait le vide dans
les ampoules de verre. Les charbons sont désormais
prêts à recevoir le courant sans se rompre pendant
près de 400 heures.

Le filament Swan n'est pas seulement tourné en
fer à cheval comme le charbon Edison; il forme une
boucle ou un anneau au centre du fer à cheval, de
façon à accumuler en ce point le plus de lumière
possible.

Les deux brins du filament de charbon sont fixés
dans cette lampe au moyen de deux porte-charbons
en platine tout à fait semblables aux porte-crayons
avec mâchoires dont tout le monde se servait autrefois. Les mâchoires saisissent la partie inférieure
renflée de chaque brin, et le courant pénètre par ces
conducteurs à grosse section jusqu'au charbon. Les
deux porte-charbons sont assujettis à l'intérieur par
une traverse en verre.

La lampe Swan a fait ses débuts en Amérique et
en Angleterre à la fin de l'année 1880. M. Spottiswoode, l'éminent président de la Société royale de
Londres, l'a installée un des premiers dans son château de Combes-Bank. M. le marquis de Salisbury a
suivi M. Spottiswoode, et aujourd'hui, l'éclairage par
incandescence est très-répandu en Angleterre. Les
paquebots s'en servent aussi. A Paris, la lampe Swan

éclairait la salle du Congrès des électriciens et longtemps elle a brillé dans le grand lustre de l'Opéra.
La lumière Swan est dorée, plus jaune que celle
d'Edison, ce qui tient à la nature du filament et à la
température à laquelle il est porté. La résistance est
moins grande dans le filament Swan que dans le filament Edison, environ 50 ohms au lieu de 125 ohms à
froid; il est en effet plus gros. Quant à l'intensité
lumineuse, tout dépend du courant qu'on envoie à la
lampe; elle est indépendante du système et augmente
seulement avec la température, c'est-à-dire en raison
de l'expression RI^2. Plus le courant a de quantité et
le filament de résistance, et plus l'éclat est grand.
Mais la dépense est liée à RI^2; il faut bien payer l'éclat.
On obtient la lumière que l'on veut dans chaque
système en consommant de l'énergie en conséquence.

M. Swan n'a combiné ni distribution d'alimentation pour ses lampes, ni machine productrice d'électricité. Il se sert tantôt des machines Brush, tantôt
des machines Siemens ou de Meritens. Les machines
à courants alternatifs conviennent même très-bien au
système et empêchent les charbons de se couper au
pôle positif, ainsi qu'il arrive quelquefois quand on
se sert de courants continus intenses.

Les lampes Lane-Fox ne diffèrent des précédentes
que par la nature du charbon et par le mode d'attache.
Le filament est en chiendent. Les fils de chiendent
sont vulcanisés, c'est-à-dire combinés avec du soufre
et imprégnés d'oxychlorure de zinc. Ces brins carbonisés au rouge deviennent ainsi très-tenaces. Le
charbon affecte simplement la forme en U d'Edison;
l'ampoule est allongée aussi en poire; le vide y est

fait pendant l'incandescence. Le filament courbe vient
s'engager à ses deux extrémités droites dans deux
petits cylindres de plombagine, qui eux-mêmes sont
plantés sur les fils de platine en relation avec le circuit. Les fils de platine, assez gros, sont enfermés
dans de petites gaînes de verre à moitié pleines de
mercure. Le tout est luté avec du plâtre. Les contacts métalliques ont donc lieu par grande surface,
ce qui diminue l'échauffement. Mais cet ensemble
est compliqué.

Généralement M. Lane-Fox dépolit le verre de ces
lampes au moins sur une portion de l'ampoule. La
résistance des charbons serait de 75 à 105 ohms à froid.

A l'Exposition, ces lampes éclairaient une des salles
d'auditions téléphoniques et le pavillon de la Compagnie Brush.

M. Lane-Fox joint à son système un régulateur
d'intensité dans le but de maintenir fixe l'éclat des
lampes placées dans le même circuit, sans l'intermédiaire d'aucun employé de contrôle. Qu'il nous suffise
de dire que ce résultat est obtenu par le déplacement
sur un quart de cercle d'une tige ou aiguille munie
d'un frotteur. Sur le quart de cercle sont groupés des
éléments de résistance régulièrement croissants. Le
courant du circuit réagit sur l'appareil, comme il le
ferait sur un galvanomètre, de manière à déplacer à
droite ou à gauche l'aiguille et par suite son frotteur.
Si le courant devient trop puissant, le frotteur établit
un contact avec une résistance plus forte, et l'intensité est ramenée à son degré initial. L'appareil oscille
toujours entre deux limites très-rapprochées. Ce
régulateur est très-paresseux, et ne donne pas, en
pratique, de résultats très-satisfaisants.

M. Maxim, de son côté, a combiné un système complet : générateur d'électricité, régulateur de courant, lampe.

Dans la lampe, on retrouve toujours la même am-

Fig. 147. — Lampe Maxim.

poule de verre et un filament de charbon comme dans les autres systèmes. Le filament est recourbé en forme de M pour multiplier les points lumineux et les rapprocher ; il est constitué par du carton bristol découpé mécaniquement dans une grande feuille. Le filament de carton est légèrement roussi entre deux plaques de fonte chauffées, puis on l'introduit au milieu de l'ampoule de verre dans une atmosphère d'hydrogène très-carburé, de *gazoline*. Pendant le passage du courant, la vapeur de gazoline déposerait des particules charbonneuses sur le filament et jouerait ainsi un rôle rénovateur. C'est une simple hypothèse ; d'ailleurs, le filament Maxim dure moins que le filament Edison, tout au plus 300 heures ; il est vrai qu'il est porté à une température plus élevée. La liaison du filament aux fils s'effectue à l'aide de petites vis, et les fils eux-mêmes sont empâtés dans un ciment bleuâtre analogue à de l'émail, qui se soude facilement au verre.

La lampe Maxim s'alimente avec des courants intenses ; aussi elle a beaucoup d'éclat, peut-être trop pour un éclairage domestique. La résistance au passage du courant est de 50 à 60 ohms environ.

La machine dynamo Maxim ne présente aucune nouveauté saillante. Le courant qui va aux inducteurs est fourni par une machine excitatrice. C'est par l'intermédiaire de cette machine auxiliaire que M. Maxim régularise plus ou moins le courant en raison de la dépense qui s'en fait dans les lampes, selon que toutes sont en fonction, ou que beaucoup sont éteintes. Au moyen d'une disposition assez simple le régulateur déplace, non plus comme dans le système Lane-Fox, un frotteur qui introduit dans le circuit général des résistances variables, mais bien les petits balais métalliques qui sur l'excitatrice recueillent le courant. Or, nous avons vu que suivant qu'on place les balais selon le diamètre vertical ou selon le diamètre transversal du collecteur, on recueille peu ou beaucoup d'électricité. Par conséquent, le déplacement des balais diminue ou accroît à volonté l'intensité du courant qui va exciter les électro-aimants, et par suite, diminue ou augmente la production d'électricité. Si donc, le courant général prend trop de force par suite de l'extinction de plusieurs lampes, le régulateur mis en action fait lui-même baisser la production et tout rentre dans l'ordre. Ce dispositif est extrêmement sensible, si sensible même qu'une lampe éteinte sur cent le fait fonctionner. Cette sensibilité exagérée devient un inconvénient. Le réglage automatique ne se produit que par l'intermédiaire d'organes mécaniques ; il faut le temps matériel pour que ces organes se déplacent ; aussi le régulateur n'agit que lorsque le courant a déjà pris de la force ; les lampes restées en service ont reçu déjà dans leurs filaments un flux électrique trop énergique ; la température et l'éclat sont devenus excessifs ; les charbons se brisent et l'obscurité se fait par excès même de lumière. Quand cet effet n'est pas poussé à l'extrême, les lumières oscillent en raison même de la sensibilité du régulateur. M. Maxim, pour se mettre surtout à l'abri des ruptures des filaments, a imaginé, il est vrai, une sorte de soupape de sûreté. Lorsque le courant atteint brusquement une intensité dangereuse, le régulateur met en contact les deux balais collecteurs de l'excitatrice et le courant ne passe plus dans le circuit. Il y a extinction momentanée dans toute la distribution ; l'effet ne dure qu'une fraction de seconde, mais enfin il y a extinction. Ce système ne paraît pas applicable sur une grande échelle.

Enfin, citons encore, pour finir, les deux lampes toutes récentes de MM. Jablochkoff et Gaulard.

M. Jablochkoff a breveté une lampe à incandescence dans l'air. C'est un fil de platine enroulé autour d'un petit cylindre de substance réfractaire. Le sup-

Fig. 148. — Machine excitatrice et régulateur du système Hiram Maxim.

port servirait de réfrigérant et empêcherait la platine de fondre. C'est possible, mais est-ce que le fil ne s'usera pas très-vite, comme dans les essais antérieurs ?

M. Gaulard a eu une idée originale. Il a inventé la lampe *duplex*, à incandescence et à décharge statique. Dans un plan perpendiculaire à celui du filament charbonneux se dressent verticalement au sein de l'ampoule de verre deux fils de platine disposés face à face. Le courant passe comme d'habitude dans le filament charbonneux, mais en outre l'inventeur s'en sert pour alimenter le fil primaire d'une petite bobine d'induction dont les extrémités du fil fin sont en communication avec les tiges de platine de la lampe. Une décharge lumineuse se manifeste sans cesse au milieu de l'ampoule, comme dans un tube de Gessler; on a, à la fois, une auréole blanche et un filet de lumière dorée, l'effet est très-satisfaisant, dit-on. Est-ce économique? Il faut laisser la parole à la pratique.

XIV

Le téléphone est bien la plus merveilleuse des inventions modernes.

« Je viens de voir la merveille des merveilles,
s'écriait sir William Thomson en 1876, devant l'Association britannique, à son retour de l'Exposition
de Philadelphie. » L'illustre électricien n'avait rien
exagéré dans son enthousiasme. Pour notre part,
nous ne savons trop aujourd'hui ce qu'il faut le plus
admirer, des résultats obtenus ou de la simplicité des
moyens employés pour les atteindre. Le téléphone
est l'instrument simple par excellence! bien plus
rudimentaire qu'un télégraphe quelconque et bien

autrement fin et complet. L'appareil est admirable (1).

Beaucoup de personnes encore maintenant ne se rendent pas bien compte du jeu de l'instrument. Essayons en quelques lignes d'en faire saisir le principe.

Tout le monde connaît le téléphone à ficelle : deux petits cornets en carton avec membrane de parchemin, deux petits tambours de basque si l'on veut, réunis par une corde de coton ou de soie. On parle dans l'un, et la voix arrive assez distinctement dans l'autre, jusqu'à environ 150 ou 200 mètres de distance. Que se passe-t-il? Absolument ce qui s'observe quand on frappe un coup avec un marteau sur l'extrémité d'une pièce de bois, et qu'on prête l'oreille à l'autre extrémité; les vibrations se transmettent à travers le bois. La voix fait vibrer la membrane du cornet transmetteur; les vibrations se communiquent par la ficelle tendue jusqu'à la membrane du cornet récepteur. On parle d'un côté, on entend de l'autre. Le son ne va pas bien loin dans ce cas, parce que les vibrations s'éteignent progressivement en suivant la corde, et quand la distance est un peu grande, tout le mouvement est anéanti avant d'atteindre le cornet récepteur. Mais n'est-il pas évident que si l'on parvenait à faire vibrer à une distance quelconque la

(1) Trois physiciens peuvent se partager la gloire de l'avoir inventé. Elisah Gray et Graham Bell prirent un brevet provisoire aux États-Unis le *même jour*, le 14 février 1876. Edison, le 14 janvier 1876, avait déjà demandé un *caveat*. Les trois brevets sont très-analogues. Le téléphone avait d'ailleurs eu de nombreux ancêtres. Nous ne pouvons, dans cette rapide esquisse, insister sur les origines de l'invention et les droits de priorité apparente des inventeurs. On trouvera un historique complet de la question dans un excellent livre qui porte la signature autorisée de M. le comte du Moncel, *le Téléphone*, Hachette éditeur.

membrane du cornet récepteur, absolument comme vibre celle du cornet transmetteur, n'est-il pas clair qu'on pourrait porter la parole à toute distance? Or, dans la télégraphie, c'est un courant électrique qui met en mouvement l'appareil récepteur de la dépêche; dès lors, pourquoi un courant électrique ne serait-il pas de même utilisé pour faire vibrer au loin la membrane d'un cornet? C'est ce qu'a réalisé M. Graham Bell.

Dans son appareil, les vibrations du cornet dans lequel on parle sont transmises, avec une vitesse en quelque sorte instantanée, à l'ap-

Fig. 149. — Téléphone Bell.

pareil récepteur par un courant électrique. Tel est le principe. Maintenant, très-brièvement, le dispositif.

Dans un téléphone à ficelle, remplaçons la membrane

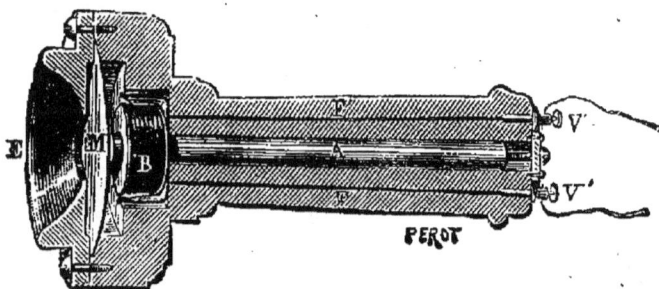

Fig. 150. — Coupe du Téléphone Bell

de parchemin par une membrane de tôle en fer très-mince M; en arrière, dans l'axe même du cornet, fixons un gros clou d'acier A d'environ un décimètre de long. Cette tige d'acier est aimantée. Enfilons sur son extrémité qui touche presque à la membrane une petite bobine de bois B en tout semblable à celles dont se servent les dames ; seulement, au lieu d'un fil uniquement en soie, il s'y trouve enroulés des fils fins de cuivre recouverts de soie. Ainsi, une membrane vibrante, au-dessous une bobine de fils dans le creux de laquelle on a passé une tige de fer aimantée : voilà le téléphone Bell.

On parle devant la membrane ; elle vibre ; en vibrant elle se rapproche et s'éloigne alternativement du clou aimanté et de sa bobine. Le rapprochement de la rondelle mince de fer de la tige d'acier surexcite son aimantation ; l'éloignement ramène le magnétisme à son taux normal. Or, nous l'avons déjà répété à plusieurs reprises, chaque fois qu'on fait varier la force d'un aimant placé à proximité d'une bobine de fils, on produit un courant instantané dans les fils. Donc, les vibrations de la membrane engendrent des courants électriques. On relie les fils FF' de la bobine du téléphone aux fils de ligne VV', et les courants s'en vont jusqu'au cornet récepteur.

Le téléphone récepteur est identique au premier. Les courants produits entrent dans le fil de la bobine. Or, on sait bien encore qu'un courant qui circule dans les spires d'une bobine au milieu de laquelle on a placé une tige d'acier surexcite l'aimantation de cette tige. Donc, les courants transmis accroîtront l'aimantation de la tige d'acier qui attirera plus énergiquement la rondelle de tôle. Sous cette influence, alternativement attirée par l'aimant et ramenée dans sa position par sa propre élasticité, elle vibrera, et elle vibrera tout comme la rondelle de tôle du téléphone transmetteur. Les vibrations seront synchroniques. L'appareil répétera donc la parole prononcée. Bref, au départ, la voix crée le courant, qui mécaniquement, à l'arrivée, met en mouvement la rondelle. Est-ce assez simple?

Le téléphone peut être regardé comme un véritable générateur d'électricité dont la force motrice a pour origine les vibrations sonores. La rondelle vibrante s'approche et s'éloigne de l'aimant et de la bobine;

Fig. 151. — Disposition de l'aimant à double branche NOS, dans le Téléphone Gower.

en s'approchant elle crée dans les fils, comme dans les machines dynamo-électriques, un courant inverse, et en s'éloignant un courant direct. Si le premier diminue l'aimantation du récepteur, le second l'augmente; pour cette raison la rondelle métallique est plus ou moins attirée et vibre. Les deux téléphones se trouvent ici dans les mêmes conditions qu'une machine dynamo, qui fait fonctionner à distance une seconde machine dynamo. C'est un transport électrique de la force de la voix! cette force si infime est transmise jusqu'à 300 kilomètres!

Le téléphone de Graham Bell a donné naissance, depuis 1876, à un certain nombre de téléphones analogues: téléphones de Gray, de Phelps, de Gower, d'Ader, etc. Dans ces appareils, au lieu de faire vibrer

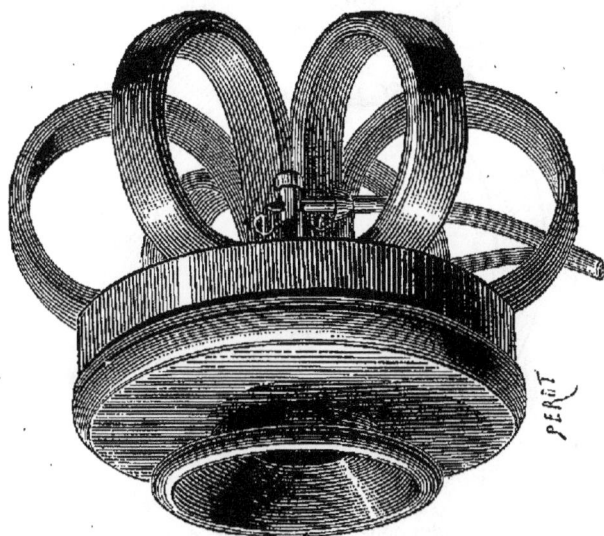

Fig. 152. — Crown-Téléphone de M. Phelps à six aimants recourbés.

le mince diaphragme de tôle par l'action du pôle unique d'une tige aimantée, on l'influence à la fois par les deux pôles d'une tige d'acier recourbée en fer à cheval. L'aimant prend la forme bien connue des aimants dont se servent les enfants. On fixe sur chaque pôle une bobine en regard du diaphragme vibrant; il y a donc deux bobines en action au lieu d'une. L'effet sonore est multiplié.

M. Ader a été plus loin encore dans cette voie. Au-dessus du diaphragme vibrant, à la base de l'embouchure, il dispose un petit anneau de fer doux. Cet anneau de fer accroît par sa présence l'aimantation des deux pôles de l'aimant d'acier; et le son rendu est plus intense et plus net. Le téléphone à surexcitateur

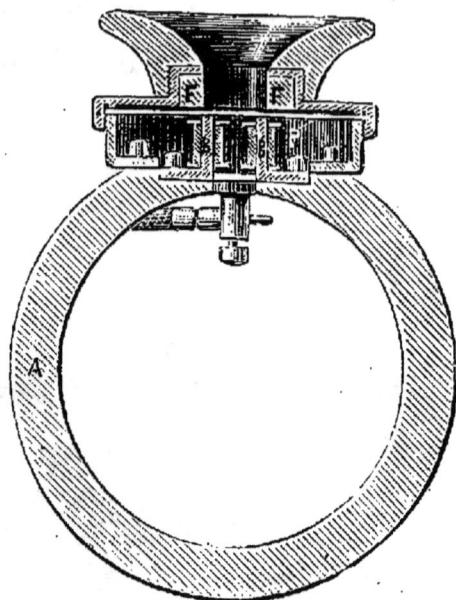

Fig. 153. — Coupe du Téléphone récepteur d'Ader. FF surexcitateur, BB noyaux des bobines.

de M. Ader est le plus employé en ce moment en France.

Les téléphones *réversibles*, c'est-à-dire les téléphones qui peuvent servir indifféremment de transmetteurs et de récepteurs sont connus sous le nom générique de *Téléphones magnétiques* : ils n'utilisent en effet, pour fonctionner, que les courants engendrés par des variations dans l'énergie des aimants, par des variations de magnétisme.

Ces instruments sont excellents et suffisants en pratique pour transmettre la parole à de petites distances, d'une rue à une rue voisine, d'un bout à l'autre d'une propriété, ou d'une usine, etc. Ils porteraient

la voix beaucoup plus loin sans les phénomènes d'induction qui gênent la transmission. Ces courants
produits directement par la force motrice de la
voix sont en définitive assez faibles ; aussitôt que
la distance devient grande, qu'il faut transmettre

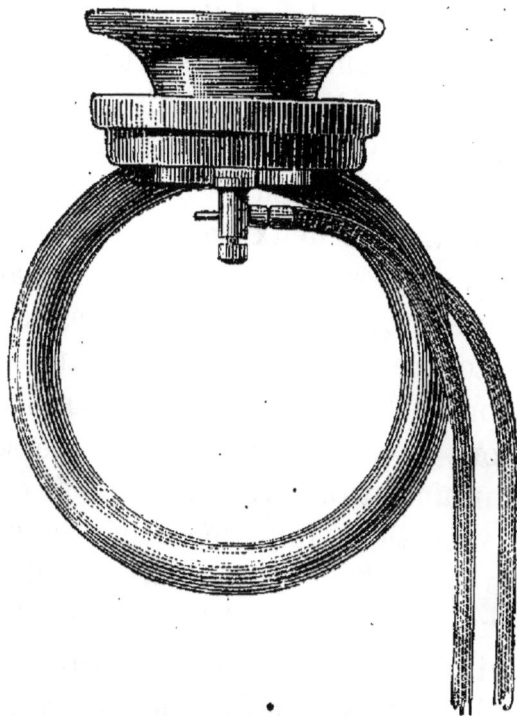

Fig. 154. — Vue extérieure du récepteur Ader.

dans une ville sillonnée par des réseaux télégraphiques, par des conduites de gaz, d'eau, etc., le
petit courant du téléphone se perd au milieu des
courants multiples accidentels, qui circulent à côté de
lui et qui influencent son fil. La transmission manque
de netteté et peut même s'annuler. Il faut avoir recours, dans ce cas, à d'autres appareils plus puissants,
aux *Téléphones à pile.*

M. Edison est l'heureux inventeur du premier

téléphone à pile. Il était naturel, puisque les courants
du téléphone magnétique étaient insuffisants, de songer à employer un courant plus énergique emprunté
à la pile. Mais comment obliger ce courant d'intensité
constante à varier de force avec les ondulations de la
voix, comment par son intermédiaire faire vibrer la
membrane à l'arrivée comme au départ?

Pour résoudre ce problème, M. Edison a tiré parti
d'un fait signalé en 1855 par M. du Moncel et employé
par M. Clérac dès 1865. Quand on fait passer un courant électrique à travers deux pastilles ou rondelles
de charbon, superposées ou accolées, le courant circule d'autant mieux que ces deux rondelles sont plus
pressées l'une contre l'autre. Donc, plaçons sous le
diaphragme vibrant d'un téléphone une pastille adhérente de charbon ; au-dessus en contact, une seconde
pastille en communication avec une pile. Il est clair
que, selon les vibrations imprimées par la voix au
diaphragme, le contact entre les deux charbons deviendra plus ou moins intime, et le courant pénétrera
dans le fil de ligne avec une intensité qui dépendra
en définitive de l'énergie même des vibrations. A
l'arrivée, le courant fait vibrer synchroniquement la
rondelle d'un récepteur ordinaire.

Ici, on le voit, il faut une pile, un téléphone transmetteur spécial et différent du téléphone transmetteur.
Chaque poste exige donc deux appareils distincts, un
pour parler, l'autre pour écouter. En revanche, le
courant étant assez fort, se confond moins avec les
courants accidentels qui peuvent circuler en même
temps sur la ligne. Toutefois, sans un artifice d'une
grande importance, le nouveau téléphone n'aurait
encore pu transmettre le son bien loin, à moins

d'augmenter indéfiniment la puissance de la pile.
M. Edison songea à une disposition déjà appliquée en

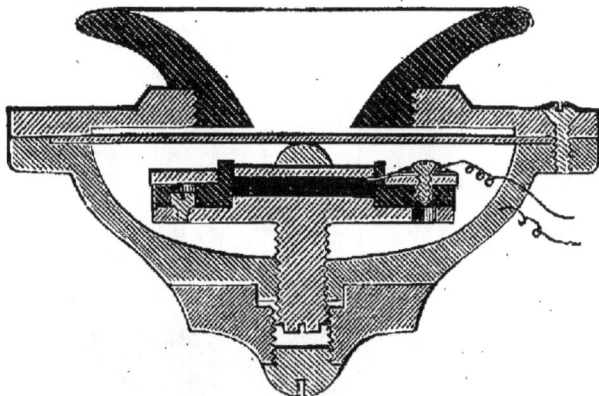

Fig. 155. — Transmetteur à charbon d'Edison. Coupe.

1874 par M. Elisah Gray dans un téléphone musical.
Au lieu d'envoyer directement les courants de la pile

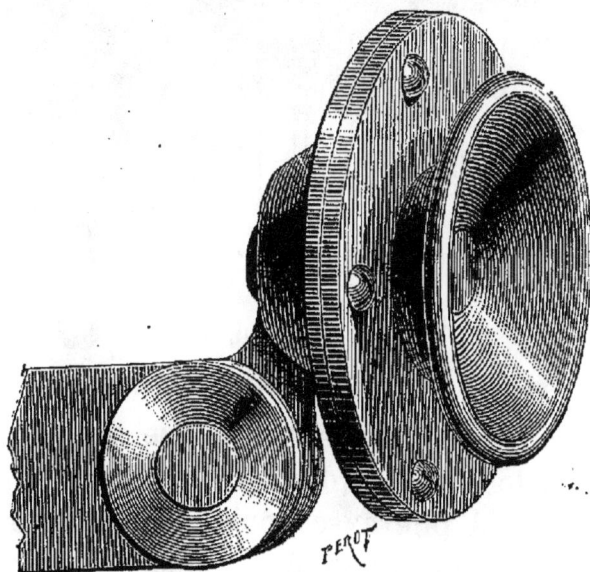

Fig. 156. — Transmetteur à charbon d'Edison. Vue perspective.

à l'appareil récepteur, il les fit passer préalablement
dans une petite bobine de Ruhmkorff, ce qui, comme

24.

nous le savons, les transforme en courants de haute
tension. Or, les courants à grande tension franchissent facilement des longueurs de fils considérables.
Ce stratagème permet de transmettre nettement la

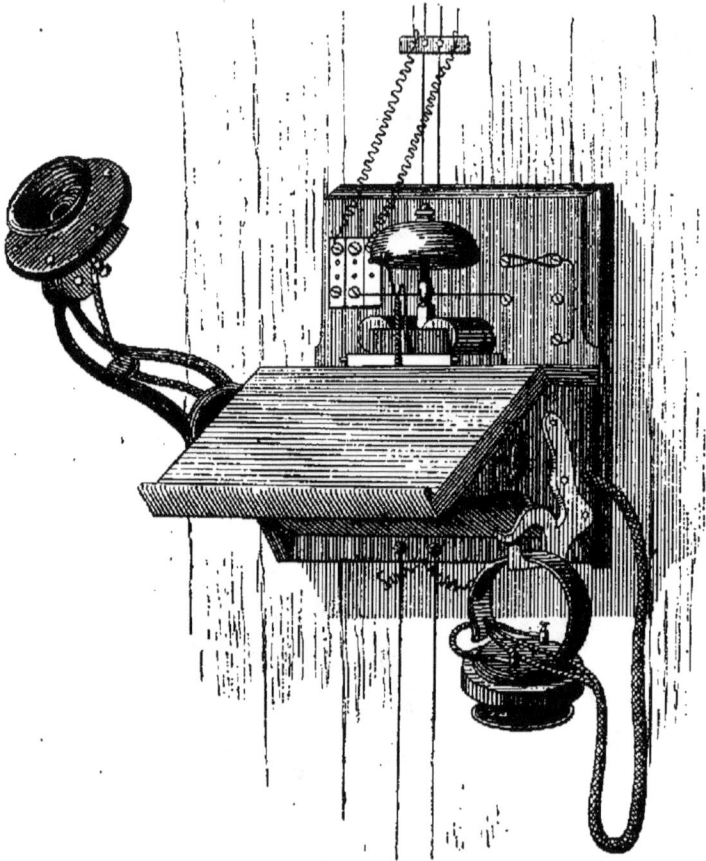

Fig. 157. — Poste téléphonique Edison.

voix, avec quelques éléments de pile seulement, à
plus de 125 kilomètres de distance.

Le téléphone à pile avec bobine d'induction date
de 1876 (1). On en a imaginé, depuis, plusieurs va-

(1) Si M. Edison n'a pas revendiqué comme sien le téléphone
magnetique, on affirme que c'est parce qu'il le considérait comme
insuffisant. Il l'avait laissé de côté pour atteindre son but, c'est-
à-dire le téléphone à pile.

riantes, dont il serait superflu, dans ce coup d'œil rapide, d'indiquer les dispositifs.

En 1877, M. Hughes, l'éminent électricien anglais, faisait connaître au monde savant un type de transmetteur encore bien plus rudimentaire que le télé-

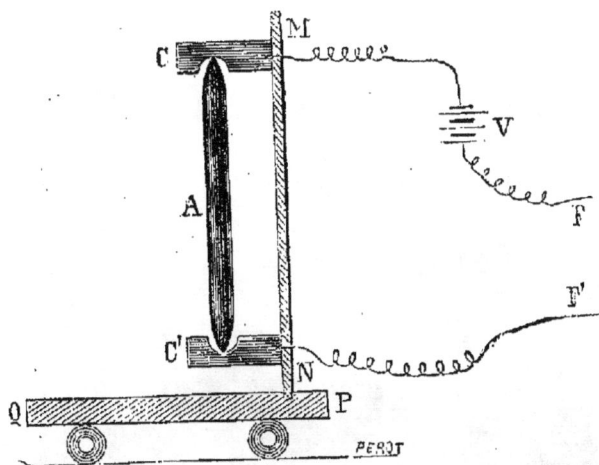

Fig. 158. — Microphone. NM planchette vibrante. A charbon, CC' supports, QP socle, FF' ligne, V pile.

phone à pastilles de charbon de M. Edison. C'est le microphone. Une petite baguette de charbon conducteur A est plantée verticalement sur un petit support de même matière C'; son extrémité supérieure s'engage aussi dans une cavité creusée dans un support également en charbon C; la baguette peut jouer tous les deux fois librement entre ses supports. Le courant passe par le support supérieur, traverse la baguette et va par le support inférieur dans le fil de ligne ; il suffit de parler dans le voisinage des charbons pour que la voix ébranle le système, modifie les contacts des charbons et fasse varier l'intensité du courant. Au poste d'arrivée, un téléphone récepteur trahit les plus petites variations du courant et reproduit très-bien les sons articulés.

Les microphones se sont substitués depuis lors au premier transmetteur d'Edison. On a multiplié les dispositifs; on a essayé un peu de toutes les combinaisons. On comprendra que l'imagination des inven-

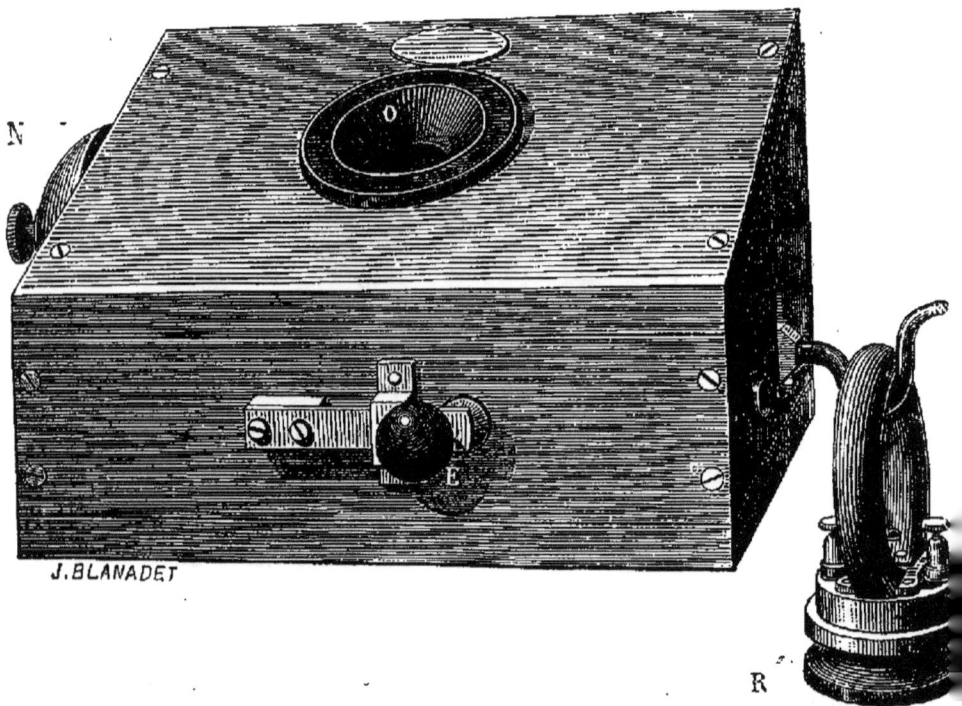

Fig 159. — Transmetteur Crossley. O embouchure, E bouton d'appel, R récepteur, N sonnerie.

teurs ait pu se donner facilement libre cours, puisqu'il s'agit de disposer les charbons de façon à accroître le nombre des contacts sans trop augmenter la résistance au passage du courant. Nous avons eu ainsi les transmetteurs téléphoniques Navez, Pollard et Garnier, Hellesen, Righi, Boudet de Paris, Paul Bert et d'Arsonval, Hopkins, etc.

A l'Exposition, on pouvait voir encore les transmetteurs Locht-Labye, Maiche, Herz, Mackenzie et

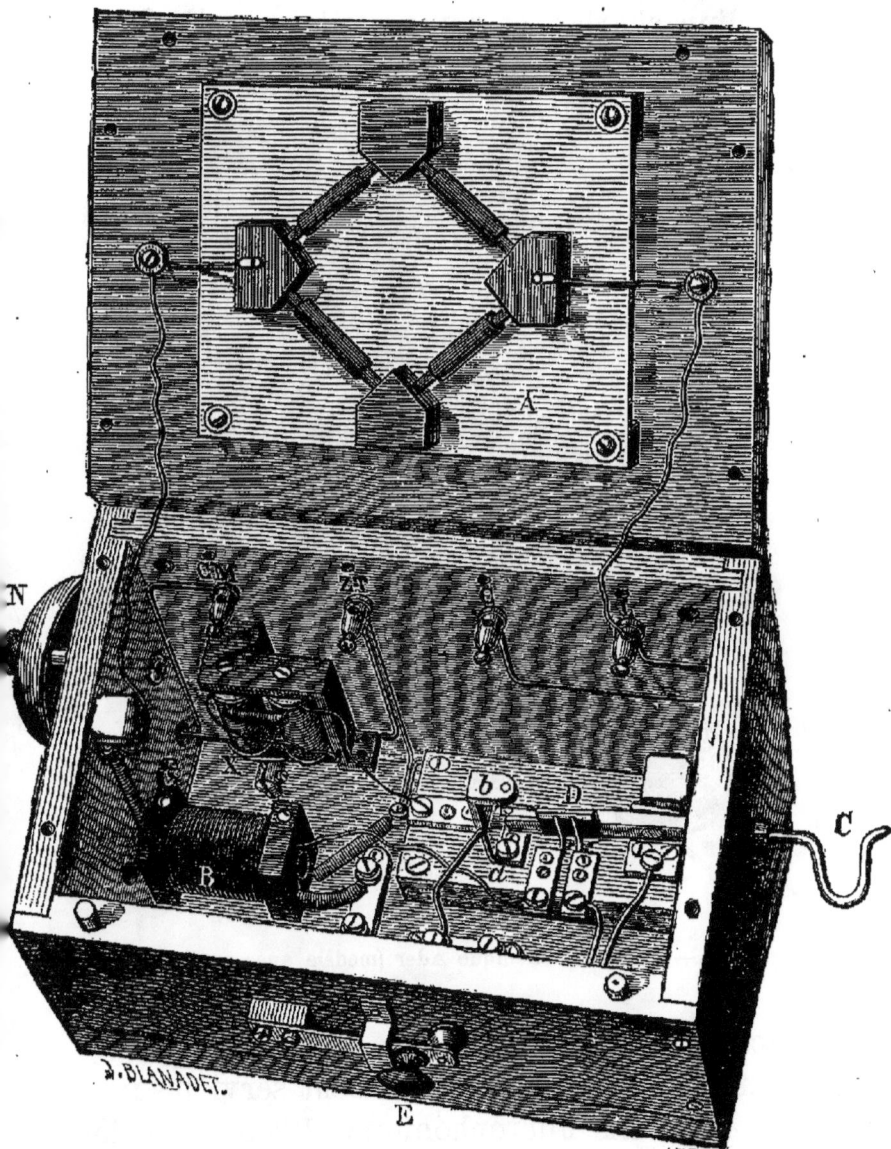

Fig. 160. — Transmetteur Crossley; vue intérieure. A microphone, D commutateur, B bobine d'induction, X électro-aimant de la sonnerie.

surtout le transmetteur Ader. La nomenclature eu
serait longue pour être complète. Les uns disposent

les charbons en carré, en losange, avec des supports
aux quatre coins; les autres les placent horizontalement, verticalement, etc. D'autres opèrent le contact
à l'aide d'un charbon et d'une petite rondelle de pla-

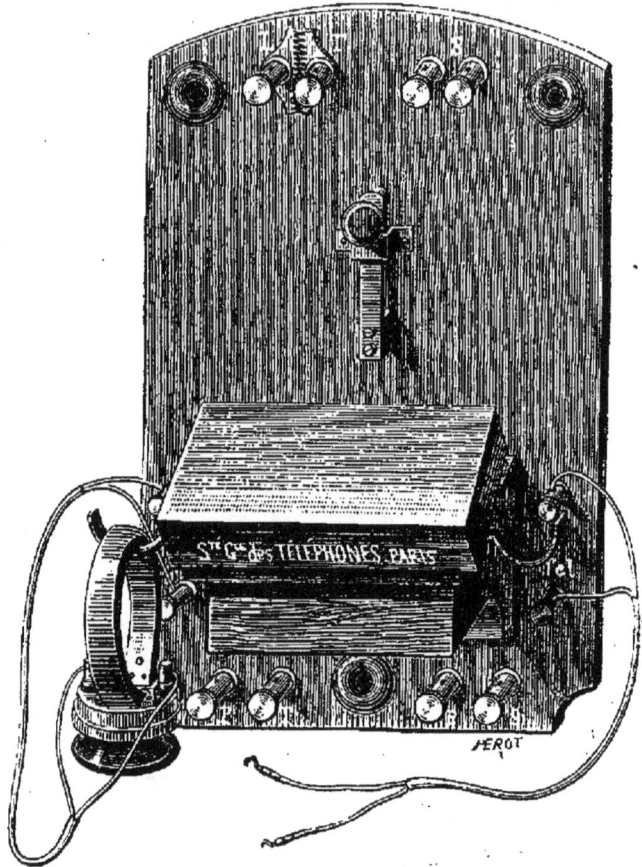

Fig. 161 . — Poste téléphonique Ader (modèle avec applique).

tine, etc.

En pratique, on ne s'est réellement servi jusqu'ici
que des appareils microphoniques Blake, Crossley,
Ader. Le Crossley est employé en France. La Société
générale des Téléphones tend à remplacer, selon les
applications, les Crossley, les Edison, par les Ader.

Elle s'est assuré la propriété exclusive des transmetteurs à charbons, de la bobine d'induction asso-
ciée au parleur, et des récepteurs à surexcitation de
M. Ader.

Dans le transmetteur Ader, les charbons sont fixés

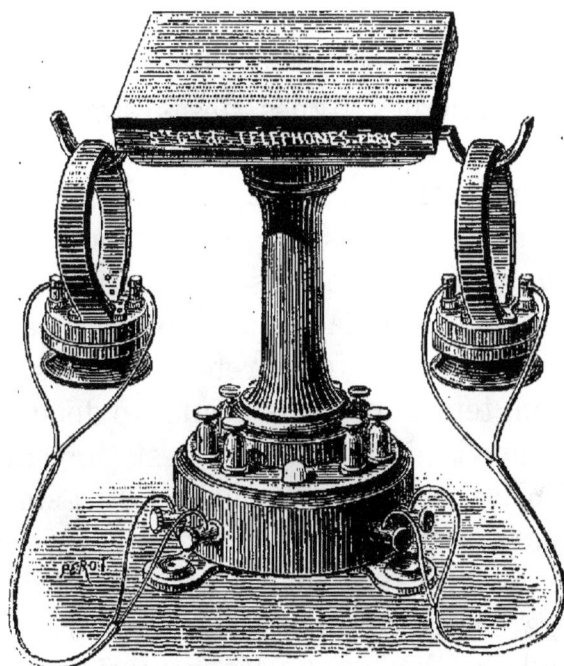

Fig. 162. — Poste téléphonique Ader (modèle portatif).

au revers de la petite planchette de sapin qui forme
comme le couvercle d'un pupitre. Les petites baguettes
de charbon cylindriques sont posées à frottement
doux et parallèlement dans de petites encoches mé-
nagées dans des tiges parallèles : il y a cinq tiges
parallèles et deux groupes de baguettes transversales. On dirait assez bien une courte échelle à cinq
montants. Les contacts sont multiples, et le système
est suffisamment mobile pour être bien influencé par
les vibrations de la planchette de sapin. Chaque poste

Ader se compose par conséquent du transmetteur, forme pupitre à droite et à gauche duquel sont suspendus deux appareils récepteurs. Le récepteur Ader offre l'apparence d'un anneau d'acier poli, d'un bracelet dans lequel, en guise de perle, on aurait enchâssé une embouchure en ébonite. Généralement on applique contre l'oreille les deux récepteurs à la fois. La transmission avec cet appareil est excellente.

Sur les très-longues lignes, les systèmes actuels sont encore mis en défaut; sur les lignes très-voisines enfermées dans un même câble, les réactions électriques des courants les uns sur les autres gênent les transmissions; les phénomènes d'induction sont les plus grands ennemis de la téléphonie. Tout ce qui se passe dans un des conducteurs retentit sur les autres. Il y a bien longtemps que sans beaucoup de succès on tente de tourner la difficulté : on y est parvenu dans certaines limites pour l'induction électro-statique, en faisant parcourir la ligne par des flux successifs d'électricité contraire; la charge des uns est détruite par la charge contraire des autres. M. Varley a tiré bon parti de la méthode pour les transmissions sous-marines. Mais l'induction dynamique, celle qui résulte de la réaction d'un courant sur le fil voisin, est bien difficile à affaiblir, sinon à corriger complétement. En ce qui concerne l'induction sur les lignes téléphoniques, quelques systèmes ont été préconisés dans ces derniers temps. M. le docteur Herz a combiné plusieurs dispositifs. Dans l'un d'eux, il s'est servi, comme M. Dunand, comme M. Dolbear, de la section américaine, d'un condensateur pour récepteur. Une pile auxiliaire charge sans cesse le condensateur au même potentiel et les variations d'intensité du courant de

transmission augmentent ou diminuent ce potentiel;
il en résulte des vibrations dans le condensateur qui
reproduit les sons articulés. Si le potentiel n'était pas
porté préalablement à un niveau fixe, les sons seuls
seraient reproduits, mais non pas les sons articulés.
Dans ces conditions, en portant la charge préalable
assez haut, et en se servant de courants à haute tension, les effets d'induction sont atténués, quand ils sont
engendrés par les courants ordinaires de la télégraphie
ou de la téléphonie. Mais on peut se demander si l'on
tirerait réellement quelque avantage de cet artifice,
quand le même système serait appliqué sur tous les
conducteurs d'un même câble. Dans un autre dispositif
également ingénieux, le courant de la pile se bifurque
d'une part dans la ligne, de l'autre dans une dérivation qui va à la terre et dans laquelle on a intercalé
le transmetteur. Les variations de résistance créées
dans la dérivation par les oscillations du transmetteur
refoulent le courant dans la ligne, dont la résistance
est invariable et les modifications d'intensité du courant de ligne sont d'autant plus accentuées qu'est plus
grande la résistance de la dérivation à la terre. On
peut ainsi accroître l'écart des intensités et l'ampli-
tude des vibrations. Mais ici encore, ce qui est vrai
pour une ligne l'est encore pour la ligne voisine
quand on y applique le même système et le rapport
des effets produits doit rester sensiblement le même,
c'est-à-dire que si l'induction est affaiblie, la transmission doit l'être aussi. Cependant M. Herz affirme
avoir pu transmettre avec son système jusqu'à 1100
kilomètres de distance.

M. Maiche a de même imaginé plusieurs artifices
en apparence très-séduisants. Nous ne pouvons in-

sister sur ces différents systèmes qui n'ont pas encore fait suffisamment leurs preuves.

Il faut signaler toutefois, en passant, dans un autre
ordre d'idées, les expériences curieuses répétées à plusieurs reprises par M. Maiche à l'Exposition. Cet habile

Fig. 163. — Microphone Paul Bert et d'Arsonval.

électricien fait simultanément travailler sur un même
fil deux téléphones; avec l'un, il transmet les sons
articulés, avec l'autre les sons musicaux. En appliquant un récepteur à chaque oreille, on peut à la fois
entendre un air de musique et une conversation.
C'est ainsi que nous avons très-bien pu distinguer
les airs transmis par une boîte à musique et la lecture à haute voix d'un journal; en éloignant de
l'oreille un des récepteurs, on percevait, à volonté,
ou la parole ou la musique. Pour transmettre ainsi
par un même fil et simultanément la parole et la mu-

sique, M. Maiche utilise tout bonnement le courant
direct de la pile et à la fois les courants de tension
de la bobine interposée dans le circuit. Les sons articulés sont reproduits par les courants de la bobine,
et les sons musicaux par les courants directs qu'on
fait passer en même temps. On sait que les courants

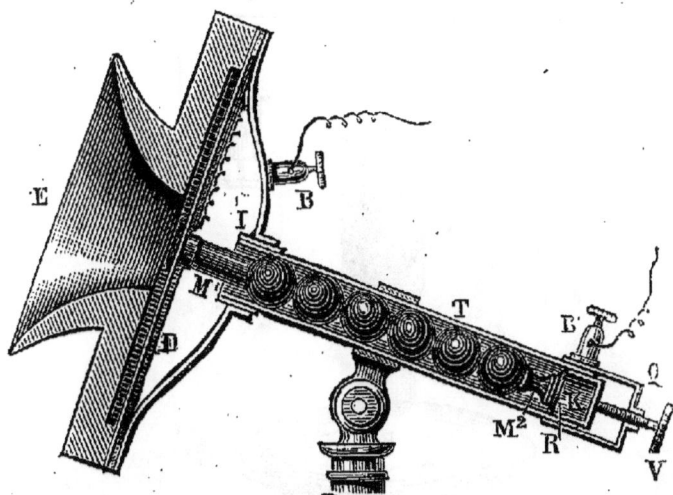

Fig. 164. — Microphone Boudet de Paris à sphères de charbon.
E embouchure, D plaque vibrante, T charbons, K vis de réglage.

d'impulsion et les courants interrompus jouissent de
la propriété de ne jamais se confondre dans une même
ligne. Ainsi s'explique le secret de la téléphonie en
partie double de M. Maiche.

A côté des téléphones dont nous venons de parler,
nous pourrions en décrire toute une classe qui ne
présentent au fond qu'un intérèt spéculatif. La véritable théorie du téléphone est loin d'être établie; ces
différents appareils en apportent plus d'une preuve
démonstrative. Il est certain que les vibrations du
diaphragme des téléphones ne donnent pas seules les

sons, et la meilleure preuve est que l'on peut s'en
passer. On peut se servir de plaques très-épaisses, et
cependant la parole est encore reproduite. On peut
remplacer tout le système du récepteur Bell par les
deux charbons en contact d'un microphone, et la
parole est encore reproduite, bien que très-mal.

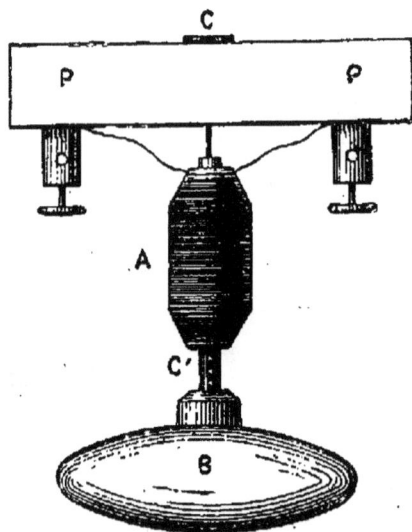

Fig. 165. — Téléphone sans diaphragme de M. Ader. B loquet de porte,
CC' tige de fer doux. PP planchette de sapin. A bobine enroulée sur un
tuyau de plume d'oie.

M. Ader a même réalisé un appareil récepteur uniquement formé d'une tige de fer piquée sur une planchette. En transmettant avec un appareil à charbons,
et en approchant l'oreille de la planchette, on perçoit
encore faiblement quelques mots articulés. Aussi est-
on porté à admettre que les réactions des spires sur
les aimants, du courant sur la plaque, etc., engendrent aussi des sons, ainsi que Page le démontra en
1837. Ces réactions jouent leur rôle dans la transmission. Le téléphone musical de Reiss, qui date de 1860,

était fondé sur ces réactions curieuses. Une simple aiguille à tricoter entourée de spires métalliques rend un son quand les spires sont traversées par un courant interrompu, provenant du transmetteur. On peut ainsi, avec différentes aiguilles, transmettre les sons musicaux. Nous signalons ces appareils unique-

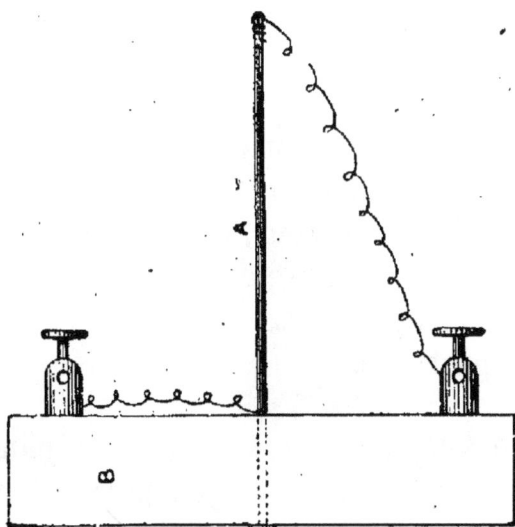

Fig. 166. — Téléphone à fil de fer de M. Ader, sans diaphragme, sans aimant et sans bobine. B planchette de bois, A tige de fer doux.

ment pour montrer que les causes exactes des phénomènes complexes qui se produisent dans les téléphones sont encore à déterminer.

C'est dans cette classe d'appareils scientifiques plutôt que pratiques qu'il faut aussi placer le téléphone thermique de M. Preece et le micro-téléphone à flamme de M. Amsler exposé dans la section suisse. L'appareil récepteur de M. Preece ne consiste qu'en un fil de platine de sept centièmes de millimètre de diamètre, long de 15 centimètres, fixé par un bout à un support et par l'autre à un disque en métal ou en carton faisant vibrateur. Les courants transmis successivement échauffent ce fil très-fin, et les dilatations et les contractions engendrent des vibrations qui reproduisent faiblement les mots prononcés devant l'appareil transmetteur. Le micro-téléphone de M. Amsler est, au contraire, un transmetteur. Ce ne sont plus des charbons qui, en vibrant, font varier l'énergie du courant transmis, c'est une flamme, au milieu de laquelle est placé un fil de platine conducteur du courant. La flamme vibre quand on parle devant elle, et ces oscillations ont pour conséquence des changements de température, et par suite, de résistance dans le conducteur, et des variations d'intensité dans le courant. Ces variations se répercutent sur l'appareil récepteur. Laissons ces curiosités et revenons à la pratique.

L'emploi du téléphone s'est très-vite répandu aux États-Unis. Il existe en Amérique plus de 85 villes qui l'utilisent pour des communications quotidiennes; on compte les abonnés aux Compagnies téléphoniques par milliers à New-York, Chicago, Philadelphie, Boston, etc. L'usage du téléphone a relativement passé assez vite d'Amérique en Europe. La France, l'Angleterre, la Belgique, l'Allemagne ont déjà leurs réseaux téléphoniques.

A Londres, on se sert principalement du transmetteur Crossley avec le récepteur Gower-Bell. En Belgique, c'est le transmetteur Blake qui a la préférence avec le récepteur ordinaire de Bell; on objecte que le système d'Edison exige un réglage difficile du contact des charbons et que le réglage se dérange à la moindre secousse, qu'en outre il faut parler dans une

embouchure, ce qui est en effet un inconvénient; il
est désagréable d'avoir à mettre la bouche dans un
instrument qui sert à plusieurs personnes. Quoi qu'il
en soit, le réseau belge, très-bien mené, avec une

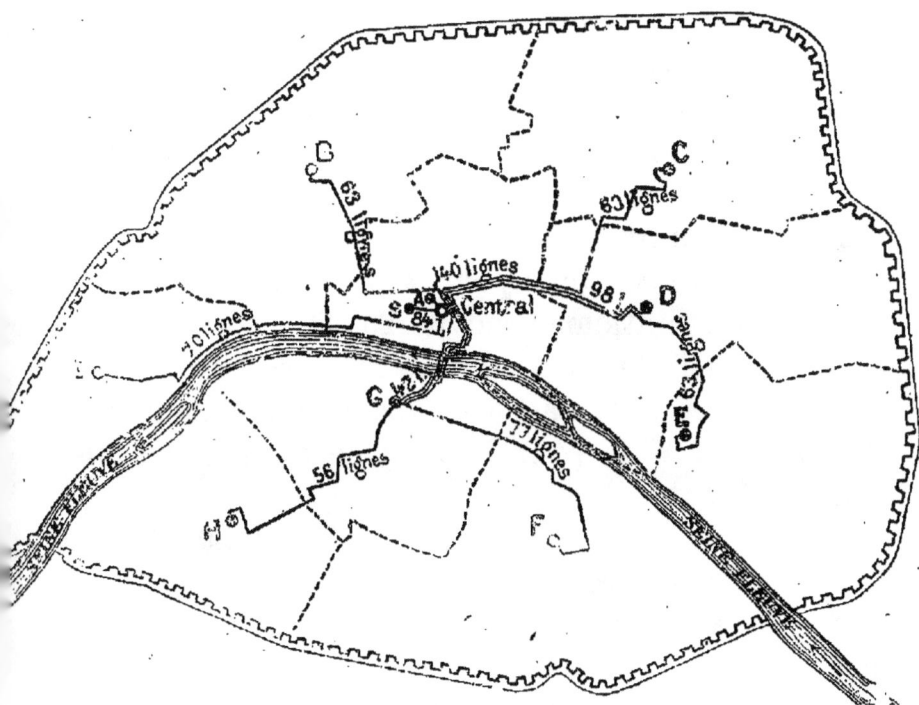

Fig. 167. — Plan du réseau téléphonique de Paris.

direction habile et très-active, s'étend déjà sur 1,500
kilomètres et réunit plus de 2,000 abonnés. 1,800 sont
reliés, 250 sont à relier. Les lignes sont aériennes et
ont en moyenne 1 kilomètre et demi de longueur.
Le prix de l'abonnement est de 250 à 300 fr.

En Allemagne, c'est l'État qui, jusqu'à nouvel ordre, exploite pour son compte. Le prix est provisoirement de 250 francs, pour une distance inférieure

à 2 kilomètres. Chaque kilomètre en plus est payé 45 francs.

En France, les trois sociétés primitives propriétaires des systèmes Blake, Gower et Edison ont fusionné. La Société générale des Téléphones actuelle est liée avec l'État par le cahier des charges du 26 juin 1879. Le réseau est établi par les soins du Service des télégraphes aux frais de la Société. Les tarifs à percevoir par voie d'abonnement sont arrêtés par le Ministère des postes. Une lettre ministérielle du 25 décembre 1880 a fixé le tarif d'abonnement à 600 francs pour Paris et 400 francs pour la province.

Outre un cautionnement de 25,000 francs, la Société doit à l'État une annuité calculée à raison de 10 0/0 des recettes. La Société paie en outre une redevance à la Ville pour le droit de passage des fils dans les égouts (1).

Le réseau téléphonique de Paris qui, en 1880, n'avait que 440 kilomètres de développement, a aujourd'hui plus de 2000 kilomètres (2). Le nombre des abonnés de la Société des Téléphones s'est élevé en deux ans de 450 à 2,500 pour Paris. Il est de 2000 déjà dans les grandes villes où des bureaux ont été installés : Lille, Lyon, Marseille, Nantes, le Havre, Bordeaux et Rouen.

La Société fabrique elle-même maintenant à l'usine de Bezons les câbles qu'elle avait beaucoup de peine à se procurer jusqu'ici. L'usine a été placée sous la haute direction de M. Richard, ancien Directeur In-

---

(1) 20 francs pour les 500 premiers kilomètres, 30 francs pour les 500 kilomètres suivants, 40 francs ensuite et enfin 50 francs. Le droit pour les fils aériens est de 10 francs, quelle que soit la longueur de la ligne.
(2) Il n'y a sur ce chiffre que 107 kilomètres de fils aériens.

génieur des Télégraphes, un de nos électriciens les plus
expérimentés. La construction des lignes pourra se faire
désormais rapidement et il n'est pas douteux que le
réseau ne s'étende considérablement. On relève pour
les 2,000 abonnés reliés en ce moment une moyenne
de 130,000 communications par semaine ; l'année
dernière, la même moyenne pour les 825 abonnés
reliés n'était que de 22,334 communications. Quand
la Société aura obtenu de réunir la banlieue à Paris,
ce chiffre augmentera dans une proportion considérable.

Chaque abonné a forcément son fil spécial. Au début de l'exploitation, on se servait d'un seul fil ;
maintenant, et jusqu'à ce qu'on puisse l'éviter, on a
recours à un double fil pour l'aller et le retour du
courant. Les deux courants circulant en sens inverse,
leur action sur les fils voisins est annulée à très-peu
près, et l'on supprime ainsi les inconvénients de l'induction des conducteurs les uns sur les autres. Pour
établir économiquement un réseau téléphonique dans
une ville aussi étendue que Paris, on se garde bien
de faire converger vers un centre unique les fils des
abonnés disséminés dans tous les quartiers. On divise
la ville en circonscriptions bien définies, et les abonnés qui s'y trouvent enfermés sont reliés à une station choisie le plus possible au centre de la région.
Ces bureaux régionaux sont eux-mêmes reliés entre
eux par autant de fils directs auxiliaires que le service l'exige. Aussi, lorsqu'un abonné veut correspon-
dre avec un autre abonné, il consulte la liste qui lui
est envoyée chaque mois, il voit à quel bureau son
correspondant est relié et demande communication
avec ce bureau. Le bureau avertit le correspondant,

et en moins de temps qu'il ne faut pour l'écrire, les communications sont établies. On compte à Paris en ce moment 10 bureaux disséminés dans tous les arrondissements (1).

Les câbles téléphoniques en service aujourd'hui à Paris sont d'un modèle récent. La gutta-percha des premiers câbles était trop mince ; elle était difficile à poser de façon à garantir l'isolement ; l'Administration des télégraphes en refusait souvent la réception. On a augmenté l'épaisseur de l'isolant. Maintenant les conducteurs sont formés de trois brins de fil de cuivre de un demi millimètre tordus ensemble. Il y a dans la même gaine de plomb 14 conducteurs, soit 7 conducteurs doubles pour l'aller et le retour. Chaque conducteur est recouvert de trois dixièmes de millimètre de gutta-percha ; ce qui donne au total un diamètre de $2^{mm}4$, à peu près. Le câble avec son plomb a un diamètre de 18 millimètres. Les essais de ces câbles donnent par kilomètre pour la résistance de chaque conducteurs 30 ohms ; l'isolement est de 4,440 méghoms. La résistance des anciens conducteurs à fil de 0 millim. 7 était de 45 ohms. On y a donc gagné sous ce rapport si l'on y a perdu comme prix. L'ancien câble coûtait le kilomètre 1,550 francs ; le nouveau environ 2,900 francs.

On groupe les sept conducteurs sous le même plomb pour gagner de la place et diminuer le poids de plomb. Un seul câble peut desservir sept abonnés. On relie

(1) Opéra A. Parc Monceau B. La Villette C. Château d'eau D. Rue de Lyon E. Avenue des Gobelins F. Rue du Bac G. Rue Lecourbe H. Passy I. Le quartier de l'Opéra a deux bureaux, celui de l'avenue de l'Opéra, n° 27, et celui du Siége social, 66, rue des Petits-Champs.

l'extrémité de chaque double conducteur à un petit câble à deux fils qui fait la jonction de l'égout à la maison de l'abonné. Le câble de jonction passe par le branchement d'égout qu'aux termes du règlement toutes les maisons doivent avoir ouvert sous le trottoir, et de là on l'introduit le long de la façade ou des escaliers de service jusqu'à l'appartement de l'abonné. On perce le mur à la mèche et l'on raccorde

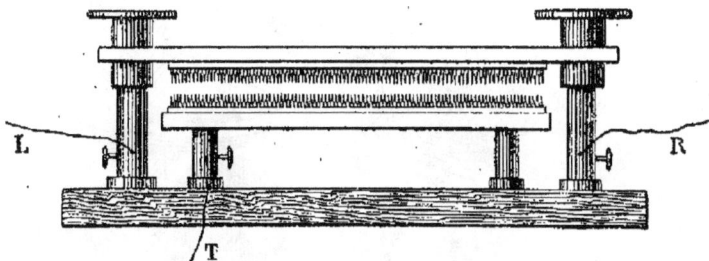

Fig. 168. — Paratonnerre téléphonique à pointes.

les deux fils du câble à des conducteurs recouverts de soie. La liaison téléphonique est effectuée. On intercale le téléphone dans le circuit avec la sonnerie d'appel et l'on place la pile dans une armoire ou dans un coin quelconque (1). La longueur moyenne d'une ligne entre un bureau et un abonné est de 1,146 mètres dont 833 mètres dans le câble et 313 dans le petit câble supplémentaire.

La ville de Paris a autorisé la Société à placer des câbles à la voûte des égouts sur une largeur de 30 centimètres. On peut grouper ainsi 51 câbles, soit 357 lignes.

Nous avons vu le câble pénétrer dans la maison de l'abonné, examinons maintenant son entrée dans un

(1) On ne met de paratonnerres que lorsque la ligne est aérienne ou mixte, c'est-à-dire soumise aux actions atmosphériques.

bureau. Ici l'installation est complexe. Quand il s'agit d'un bureau auquel est relié un très-grand nombre d'abonnés, comme celui de l'avenue de l'Opéra, il faut le mettre à l'abri de l'enchevêtrement des fils. Tous les fils pourraient se mêler comme les fils d'un éche-

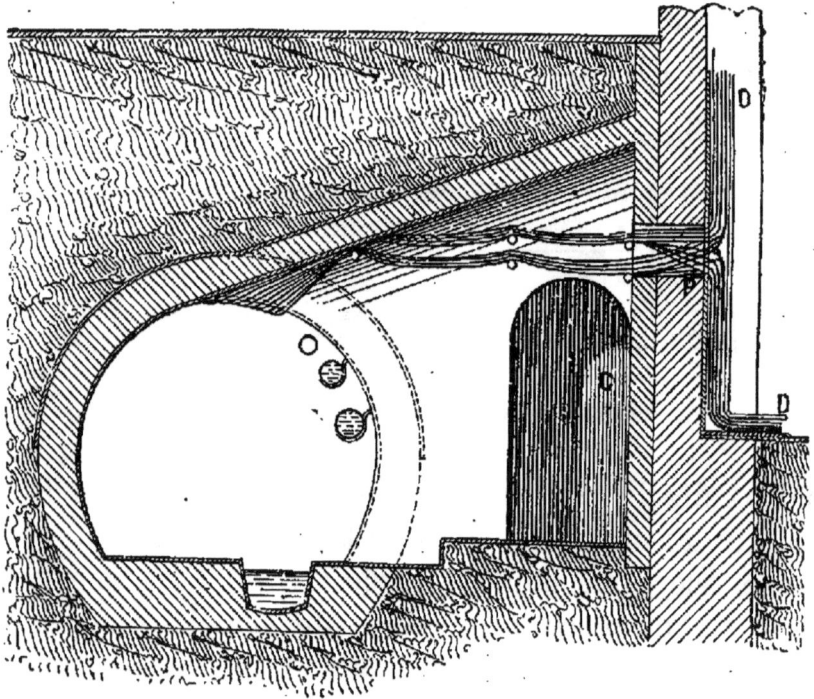

Fig. 169. — Entrée du poste (27, avenue de l'Opéra). C accès, PDD fils téléphoniques.

veau. La paroi du sous-sol est percée d'un soupirail s'ouvrant sur l'égout et clos par une épaisse plaque de bronze percée d'autant de trous qu'il y a de câbles à faire passer. En face de cette entrée se trouve un immense cadre circulaire de bois établi verticalement comme une grande roue à larges bords. On dirige le faisceau de câbles vers ce cadre; on les ouvre et l'on attache chaque double fil qu'ils renferment sur

COUPE LONGITUDINALE.

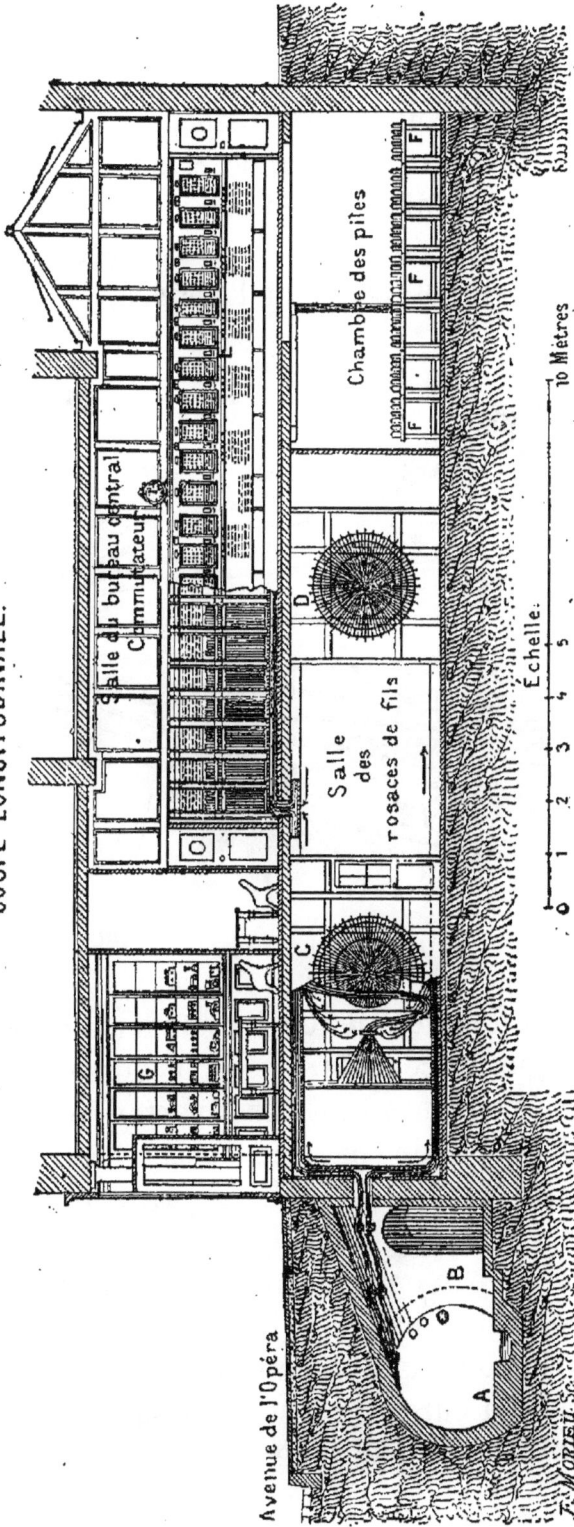

Fig. 170 — Installation du bureau central téléphonique de l'avenue de l'Opéra, à Paris.

A égout de l'avenue de l'Opéra. — B branchement particulier. — C rosace des lignes d'abonnés. — D rosace des lignes auxiliaires. — E commutateurs. — F table à piles. — G bureau de vente.

la circonférence du cadre. On les fixe sur le bois avec un serre-fil de laiton auquel est suspendu un jeton d'ivoire portant le nom de l'abonné et son numéro d'ordre. Chaque double fil est ainsi classé et bien défini. Tous ces fils s'épanouissent sur le cadre et forment une rosace gigantesque. C'est l'arrivée.

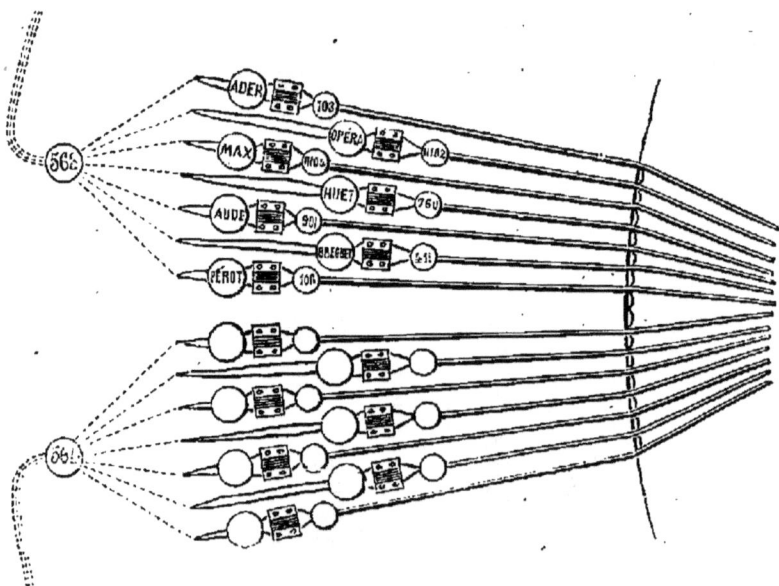

Fig. 171. — Détail de la rosace.

A chacun de ces doubles fils de ligne viennent se relier, sous chaque pince de laiton de la rosace, les doubles fils correspondants destinés à porter le courant du sous-sol au rez-de-chaussée où sont concentrés les différents services de mise en relation des abonnés entre eux.

Cette installation par épanouissement méthodique des fils sur une rosace est parfaitement combinée. Elle évite tout désordre dans l'amorçage aux égouts et dans la liaison au bureau. C'est la première fois qu'elle est employée. Elle a été très-appréciée par les

ingénieurs téléphonistes des pays étrangers qui ont
pu l'examiner. Elle fait honneur à M. Berthon, ingénieur en chef du service, qui l'a étudiée dans tous

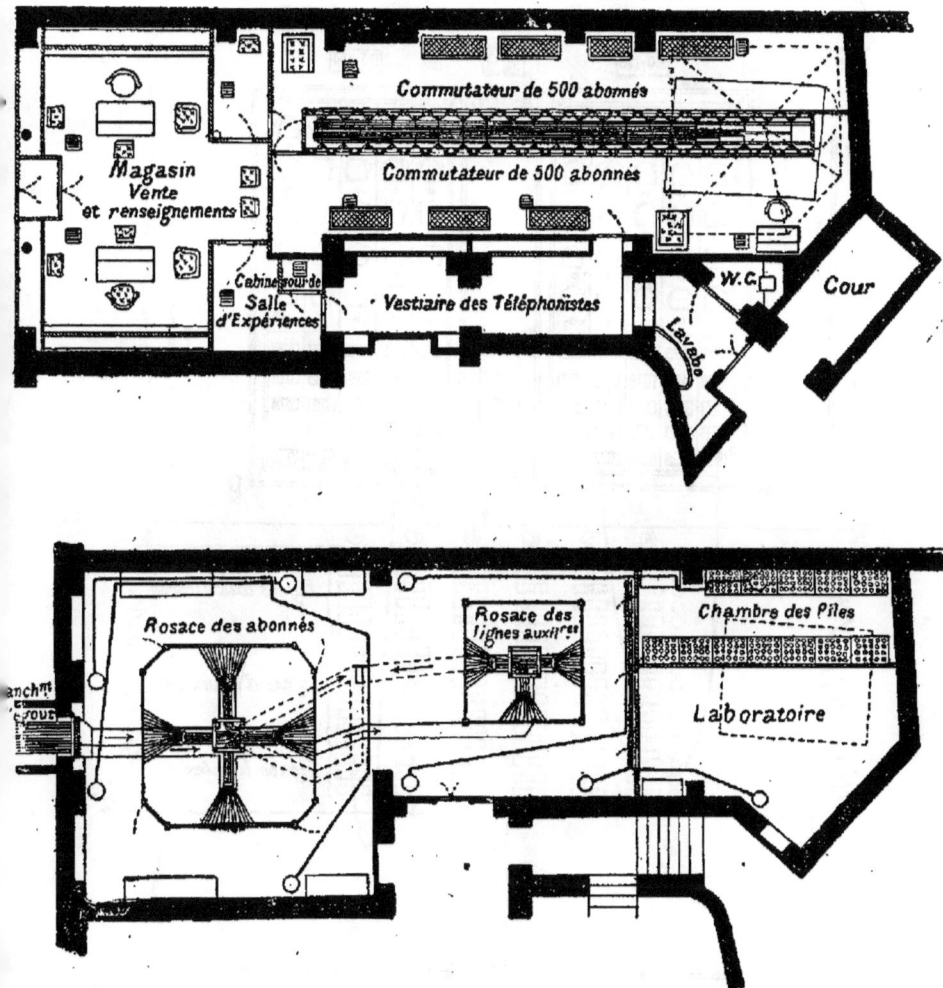

Fig. 172. — Plans du rez-de-chaussée et du sous-sol des bureaux.

ses détails. Elle a été très-habilement exécutée par
M. Gilquin, chef des ateliers de la Société des Téléphones.

Les fils de liaison qui partent de la rosace passent

à travers le plancher, du sous-sol au rez-de-chaussée,
et vont se distribuer derrière une cloison de bois sur

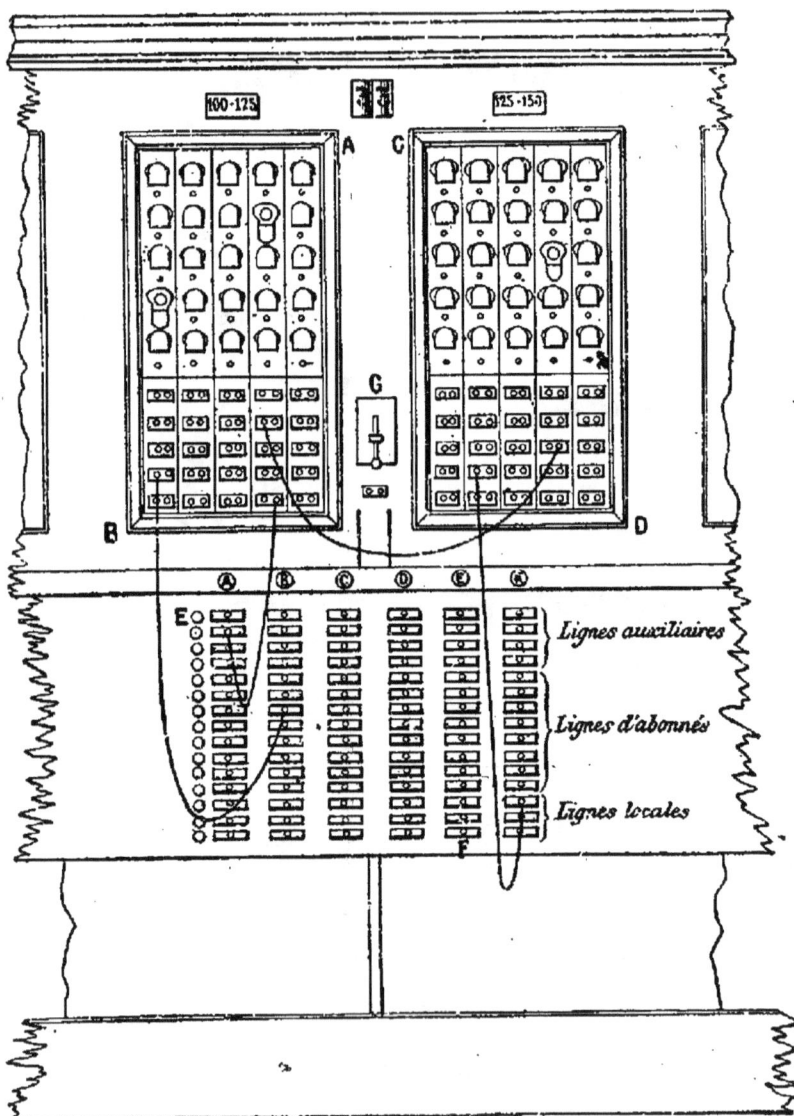

Fig. 173. — Groupe de tableaux. — Indicateurs. — Jackknife. — Jacks.

le devant de laquelle on a établi les *avertisseurs* et
les *commutateurs*.

Il faut bien que l'abonné fasse savoir au bureau quand il désire parler. Pour cela, il appuie à plusieurs reprises sur un bouton que porte son appareil transmetteur. Le courant circule et vient faire tomber au bureau un petit volet qui, relevé, cache le numéro d'ordre de l'abonné. On a groupé dans une sorte de tableau analogue aux tableaux indicateurs en usage dans les hôtels les avertisseurs en rangées parallèles. Avec le signal d'appel qui frappe l'œil, retentit une sonnerie qui frappe l'oreille.

L'appel fait, l'abonné décroche l'appareil récepteur suspendu à un petit levier aux côtés du pupitre du transmetteur. Le levier en s'abaissant met la ligne, jusque-là en relation avec la sonnerie d'appel, en communication avec le téléphoniste du bureau; l'abonné fait savoir avec quelle personne il veut communiquer. Le téléphoniste sonne cette personne pour la prévenir qu'on la demande. Si elle accepte la communication, l'employé réunit les fils des deux abonnés par un cordon flexible de jonction (1).

La liaison, à vrai dire, n'est pas aussi directe. Les fils de ligne se distribuent sur des bandes métalliques verticales percées de trous et disposées parallèlement; des bandes horizontales également parallèles et percées de trous croisent les premières. On choisit une bande horizontale en relation à la fois avec les deux bandes verticales qui contiennent les fils des abonnés. On fixe dans le trou, qui est au point de croisement, une cheville métallique et dans le trou qui correspond

(1) Ce service est confié pendant le jour à des jeunes filles dirigées par des sous-maîtresses. C'est un travail difficile qui exige une attention soutenue pendant de longues heures, il est fait maintenant à la satisfaction des abonnés.

Fig. 171. — Bureau téléphonique de l'avenue de l'Opéra, à Paris. Mise en communication des abonnés.

aux fils de l'autre abonné une seconde cheville métallique. Les deux chevilles formant les extrémités
du cordon de jonction, la connexion est établie. Ces
commutateurs fonctionnent très-simplement et très-
régulièrement.

Lorsque la conversation est terminée, l'abonné doit
presser le bouton d'appel pour faire marcher le signal et indiquer que l'on peut se servir de la ligne
auxiliaire de bureau à bureau qui pendant sa conversation n'était plus libre. On retire les chevilles et le
cordon souple. Et tout rentre dans l'ordre et est prêt
pour une nouvelle communication (1).

Tel est très-succinctement le système adopté à Paris.
Il a été reconnu pratique et il est vraisemblable qu'il
se généralisera à l'étranger comme en France. Nous
ne pouvons quitter la Société des Téléphones sans
mentionner la part considérable qu'a prise au développement incessant et au succès de l'entreprise son
directeur M. Lartigue, l'ingénieur de mérite si connu
du monde savant.

M. Caël, Directeur Ingénieur des Télégraphes, nous
permettra d'inscrire ici son nom. Chargé par l'État du
service laborieux et difficile de la pose des câbles, on
peut certainement dire que si le réseau parisien s'est
si rapidement développé, on le doit pour une large
part à son précieux concours et à l'expérience con-
sommée qu'il a sans cesse mise si bienveillamment à la
disposition des ingénieurs de la Société des Téléphones.

(1) Consulter pour les détails un intéressant Mémoire de
MM. Niaudet et Berthon. L'*Électricien*, 15 mars et 1er avril 1882.

XV

Le succès des auditions théàtrales téléphoniques du
Palais des Champs-Élysées n'a pas d'équivalent dans
l'histoire des Expositions : il a été immense, il a
excité au plus haut degré la curiosité, l'étonnement et même l'enthousiasme du public. On a
compté certains soirs jusqu'à plus de 4,000 personnes
faisant queue pendant des heures aux abords des
salons réservés, dans l'espoir d'entendre pendant les
deux minutes réglementaires l'orchestre et les chants
de l'Opéra. Souvent beaucoup d'entre elles, après
avoir entendu une première fois cherchaient, vers la
fin de la soirée, à rentrer dans le rang pour courir la
chance d'entendre encore. L'attrait des auditions a
été irrésistible.

L'installation du réseau téléphonique théâtral de l'Exposition était sans précédent. On avait bien déjà transmis à distance, il est vrai, des chants, un solo, quelques morceaux d'orchestre même. Mais aussitôt que l'on essayait d'augmenter le nombre des chanteurs et des instruments, l'audition devenait confuse et incomplète. C'est la première fois assurément que toutes les difficultés ont pu être vaincues et le problème résolu dans ses détails.

Depuis l'Exposition, on commence à installer en Allemagne, en Italie, en Belgique dans les grands centres, dans les villes d'eaux en France, dans quelques villes de province, des auditions analogues. Leur succès est assuré.

L'initiative de l'installation des Champs-Élysées a été prise par M. le commissaire général Georges Berger. M. le ministre des postes et télégraphes l'a vivement encouragée; dès le mois de janvier 1880, M. Antoine Bréguet, chef des services de l'Exposition, préparait les premières expériences. La Société générale des Téléphones mettait à la disposition du Commissariat son ingénieur, M. Clément Ader. De cette collaboration multiple est sortie, non sans efforts cependant, après plusieurs mois d'études, le système complet qui fonctionna régulièrement pendant toute la durée de l'Exposition, à la grande satisfaction du public (1).

Quelques personnes, qui n'ont sans doute pu pénétrer dans les salles d'audition, s'imaginent que les

(1) Le système des auditions théâtrales est breveté; il a été exposé simultanément par la Société générale des Téléphones, propriétaire des brevets, par M. Ader, inventeur des téléphones employés, et par la maison Bréguet, qui avait construit les appareils.

chœurs et la musique sont incomplétement transmis
et qu'on entend la voix et les instruments à l'Exposition avec un timbre imparfait. Autrefois, il est vrai,
le téléphone transmettait les sons avec un timbre métallique désagréable, souvent, comme on disait alors,
avec une voix de polichinelle. Il y a de cela au moins
trois ans ; mais tout est bien changé aujourd'hui ; la
voix n'est plus altérée, le timbre est le même ; la reproduction est étonnante de vérité. On n'entend plus
ces « crachements », ces « grésillements » insuppor-
tables, qui gênaient l'audition. Tous les sons, les plus
forts comme les plus doux, sont transmis avec une
merveilleuse délicatesse. Les auditeurs ne revenaient
pas de leur étonnement ; ils croyaient entendre la voix
de Mlle Krauss comme de très-loin, derrière un
« brouillard sonore » ; or, toutes les nuances, les
finesses du chant sont reproduites avec une netteté,
une fidélité incroyables ; on entend mieux, ce qui
paraît invraisemblable et qui cependant est exact en
général, les voix et la musique dans le téléphone que
dans la salle même. C'est plus correct, plus délié, plus
dessiné, plus ferme ; tout se détache mieux avec
moins de sonorité, mais avec plus de netteté. On distingue jusqu'à la respiration de l'artiste, jusqu'au
moindre bruit ; pendant le ballet, on peut suivre de
l'oreille le pas des danseuses, leur déplacement sur la
scène ; les applaudissements arrivent si bruyants au
téléphone qu'on est tenté d'applaudir aussi.

La scène de l'orgie du *Comte Ory*, le duo de Faust
et Méphistophélès de la fin du premier acte, la Béné-
diction des poignards, le trio de *Guillaume Tell*, l'air
du Songe du *Prophète*, produisent dans le téléphone
un effet saisissant.

Pendant les entr'actes on percevait le bruit confus de a salle. L'illusion était complète; en fermant les yeux, on se serait cru à l'Opéra. Aussi bien, en retirant de 'oreille le téléphone et en l'y replaçant quelques secondes après, on éprouve un peu l'impression que 'on ressent quand on quitte quelques instants une oge pour y revenir aussitôt. Son téléphone en main, 'auditeur est parfaitement dans la salle de l'Académie le musique. Il entend avec le téléphone comme il voit a scène avec sa jumelle. Lorsque la science nous aura lonné aussi une jumelle photophonique, nous n'aurons plus, les soirs de neige, qu'à assister, près du feu, lans un bon fauteuil aux représentations de l'Opéra.

L'installation du réseau théâtral du Palais des Champs-Élysées mérite d'être décrite avec quelques détails, car elle est destinée à se généraliser. Nous souhaitons que le public soit bientôt mis à même d'assister au bout d'un fil télégraphique aux représentations de l'Opéra, de l'Opéra-Comique et de la Comédie-Française. Il est de règle en ce monde que toute chose nouvelle doit passer par une période d'évolution. On commencera par aller entendre l'Opéra dans un local approprié, qui remplacera les salons de l'Exposition; puis peu à peu on tiendra à rester chez soi et à entendre ce qui se passe à la Comédie, puis à la place Favart; on réclamera un réseau théâtral. On s'abonnera aux téléphones de l'Opéra, de l'Opéra-Comique, etc., comme on s'abonne aujourd'hui aux téléphones de la Société générale. Et dans dix ans, on vous invitera à prendre le thé et à assister à une première. Au lieu de la mention devenue vulgaire « on dansera », « on fera de la musique », les cartes d'invitation porteront : « Audition théâtrale. » Et ailleurs, « à dix heures, *Robert-le-Diable* », « à onze heures, Monologue par Coquelin cadet, etc., etc... » L'Exposition d'électricité aura imprimé sa griffe, même sur nos habitudes mondaines !

En attendant, et puisqu'il le faut bien, restons dans

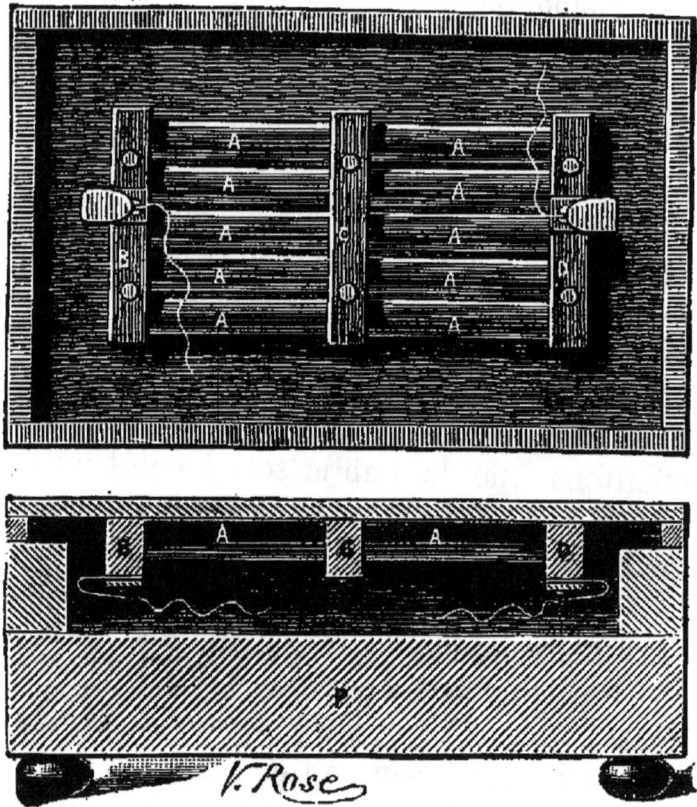

Fig. 175. — Vue en dessous et coupe longitudinale du transmetteur Ader, posé sur un socle en plomb, pour les auditions théâtrales téléphoniques. — A A charbons. — B C D traverses en charbon. — P socle de plomb.

le présent. Nous allons essayer de faire comprendre comment on est parvenu à transmettre aussi complètement les chants et les sons de l'orchestre de l'Académie de musique au Palais des Champs-Élysées.

Les téléphones employés sont exclusivement du système Ader; ce sont ceux qui incontestablement

donnent les meilleurs résultats. Le transmetteur Ader
à planchette de sapin avec ses dix charbons groupés
par séries de cinq entre trois montants à la façon
d'un gril, est d'une extrême impressionnabilité; il
recueille les moindres bruits. Le récepteur du même
inventeur avec son surexcitateur reproduit les sons
avec une intensité convenable et une netteté qui n'a
pas encore été dépassée. Tous les détails ont été au

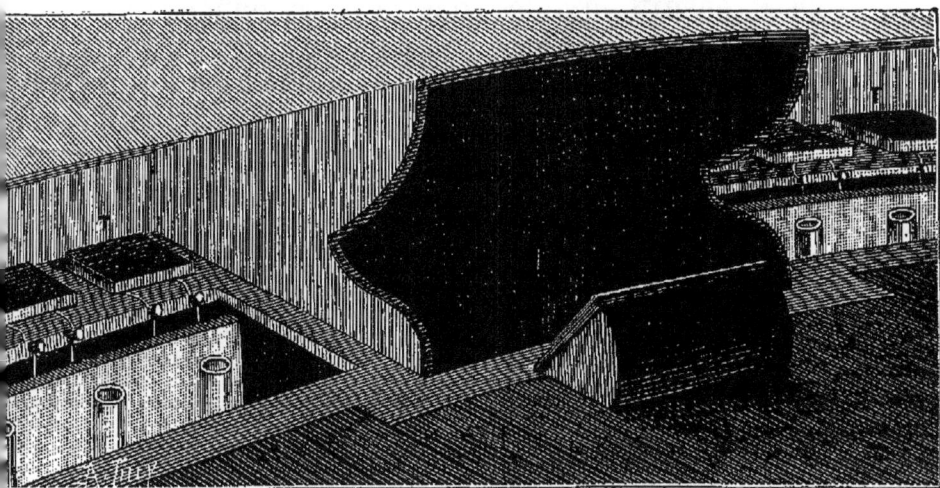

Fig. 176. — Téléphones Ader, à l'Opéra.

surplus étudiés par M. Ader; on s'est trouvé en face
de beaucoup de difficultés techniques dont le public
ne se doute guère; M. Ader les a toutes levées les
unes après les autres avec bonheur. Chacun a sa part
à revendiquer dans le succès; mais on sera juste en
disant que, le premier, M. Ader aura fait passer définitivement dans la pratique la transmission difficile
et très-complexe des chants et d'un orchestre à grande
distance. On compte en définitive près de 3,000 mètres
de l'Opéra à la salle des auditions, et la transmission

s'effectuerait tout aussi bien dans un réseau d'au moins 8 à 10 kilomètres de rayon.

Les transmetteurs Ader sont installés au nombre de dix sur l'avant-scène de l'Opéra, cinq à droite, cinq à gauche du souffleur, tout près de la rampe, derrière les becs de gaz. A l'Opéra, les becs sont à flamme renversée : disposition excellente qui évite d'abord que le feu se communique aux vêtements des danseuses, ensuite, que les sons ne parviennent dans la salle, déformés et altérés. La rampe, ordinairement avec des flammes droites, produit un courant d'air ascendant, qui sépare au point de vue sonore la scène de la salle. Les ondes sonores sont réfractées par cet obstacle invisible et l'audition est très-gênée.

A la Comédie-Française les becs sont encore à flamme droite ; on avait relié également l'Exposition au théâtre de la rue Richelieu ; mais l'audition a semblé moins parfaite ; peut-être doit-on en attribuer la cause, au moins en partie, à l'influence de la rampe.

Quoi qu'il en soit, à l'Opéra cet inconvénient n'existe pas, et les téléphones transmetteurs, comme des oreilles fines et complaisantes, perçoivent admirablement les moindres sons. On a installé chacun des appareils sur un socle de plomb supporté par quatre pieds en caoutchouc pour empêcher les trépidations du plancher de se communiquer aux baguettes de charbon de la planchette vibrante. Les secousses déplacent bien les supports en caoutchouc, mais elles sont arrêtées en chemin par l'inertie de la masse de plomb. Les téléphones sont impressionnés uniquement par les ondes sonores de l'air.

Chacun d'eux est en rapport avec une pile Leclanché de quelques éléments. Le courant pénètre dans les charbons qui vibrent sous l'action **du chant**, traverse une petite bobine d'induction et quitte l'Opéra en suivant un câble à deux fils (fil d'aller, fil de retour) placé dans les égouts. Le câble suit le boulevard, la place de la Concorde, les Champs-Élysées, entre dans le Palais et va aboutir aux salles du premier étage. Chaque téléphone a son câble spécial et tout à fait indépendant. Comme les piles se polarisent rapidement, tous les quarts d'heure au moyen d'un commutateur, on substitue aux dix groupes de pile fatiguée dix nouveaux groupes de pile reposée. C'est l'affaire d'une fraction de seconde. Voilà pour l'installation à l'Opéra.

A l'Exposition, les salles d'audition publiques au nombre de quatre sont groupées deux par deux (1). Ces salles sont tapissées de tentures épaisses pour éteindre les bruits du dehors. Le long des murs, sur des crochets, les téléphones récepteurs sont suspendus par paires; dans chaque salle il y a vingt paires de récepteurs, soit quarante appareils. Aussi recevait-on à la fois par salon vingt auditeurs.

Pourquoi, demandera-t-on, employer deux appareils par personne? Est-ce que, pour gagner du temps et augmenter le nombre des auditeurs, on n'aurait pas pu se contenter de mettre un seul téléphone à l'oreille? La réponse est absolument négative. Pour que la transmission atteigne le degré de perfection dont le public a pu juger, il est indispensable de se servir de deux téléphones à la fois. C'est à ce propos qu'il convient d'insister un peu sur le nouveau dis-

(1) Pour faciliter le langage, nous supposons que l'installation de l'Exposition existe encore; elle a été transportée en partie au Palais de l'Élysée.

positif conçu par M. Ader. Nous ne signalerons que pour mémoire l'artifice qui a permis de rendre les transmetteurs plus sensibles à la voix des chanteurs qu'aux sons bruyants de l'orchestre : au début des essais, en effet, les instruments dominaient le chant et la transmission était loin d'être bonne. L'inconvénient a été tourné, après de longs tâtonnements. Mais là n'est pas surtout la nouveauté de la combinaison imaginée par M. Ader; elle est dans un effet d'acoustique particulier qui rappelle un peu ce qui se passe dans le stéréoscope.

M. Ader a fait pour le son ce que Brewster a fait pour la vue. Il a donné un relief particulier aux sons. Quand on regarde avec les deux yeux une image dans un stéréoscope, on éprouve l'illusion du relief; de même ici, en appliquant un téléphone sur chaque oreille, on se place dans les conditions ordinaires de l'audition, et l'on parvient, par un moyen que nous allons indiquer, à faire ressortir toutes les nuances, tous les détails de l'impression sonore, à tel point qu'il devient facile de juger du rapprochement ou de l'éloignement des personnes qui parlent.

Quand on écoute dans un téléphone, il est absolument impossible de se rendre compte, même grossièrement, de la distance qui sépare l'auditeur de son interlocuteur. Qu'il soit loin ou près, la voix reste la même; si deux personnes parlent devant un appareil, l'une à droite, l'autre à gauche, et si elles changent de place, l'auditeur n'en a aucune notion; c'est toujours le même son, les mêmes intonations, la même intensité. Avec la disposition combinée par M. Ader, c'est bien différent. On ne sait pas non plus, il est vrai, de quelle distance réelle vient le son, mais au moins on juge très-bien du déplacement de chaque personne; il est même facile de suivre de l'oreille les changements de position des interlocuteurs; l'un passe à droite, l'autre avance, un troisième recule, l'instrument vous renseigne fort bien à cet égard, il vous fournit comme une sorte de « perspective auditive ». Pour le théâtre, on conçoit combien ce résultat est important. On entend réellement comme si, les yeux fermés, on se trouvait à quelques mètres des acteurs; on devine leurs mouvements; on peut les suivre sur la scène. Cet effet d'acoustique est vraiment curieux.

M. Ader l'obtient par une disposition aussi simple qu'ingénieuse. Le téléphone de l'oreille droite n'aboutit pas au même transmetteur que celui de l'oreille gauche. Chaque oreille a sa prise de son distincte; l'une entend les sons recueillis par un transmetteur installé à droite du souffleur, l'autre perçoit les sons recueillis par les transmetteurs placés à gauche.

Si l'on désigne successivement par les numéros 1, 2, 3, 4, 5 etc., les transmetteurs de gauche, ceux de droite, au-delà du souffleur, seront 6, 7, 8, 9, 10, etc. Or, on associe le n° 1 avec le n° 6; le 2 avec le 7, le 3 avec le 8, le 4 avec le 9, le 5 avec le 10. C'est-à-dire que le récepteur de l'oreille gauche d'un auditeur est impressionné par le transmetteur de gauche, et le récepteur de l'oreille droite par le transmetteur de droite.

Il résulte de là que si un chanteur est à droite, assez près de la rampe, l'oreille droite de l'auditeur sera plus impressionnée que l'oreille gauche; mais s'il passe de l'autre côté de la scène, ce sera l'oreille gauche qui sera la plus influencée : on aura donc la

26.

sensation de ce déplacement. Les artistes en scène prennent pour l'auditeur leurs véritables positions relatives; pendant les dialogues, on suit parfaitement

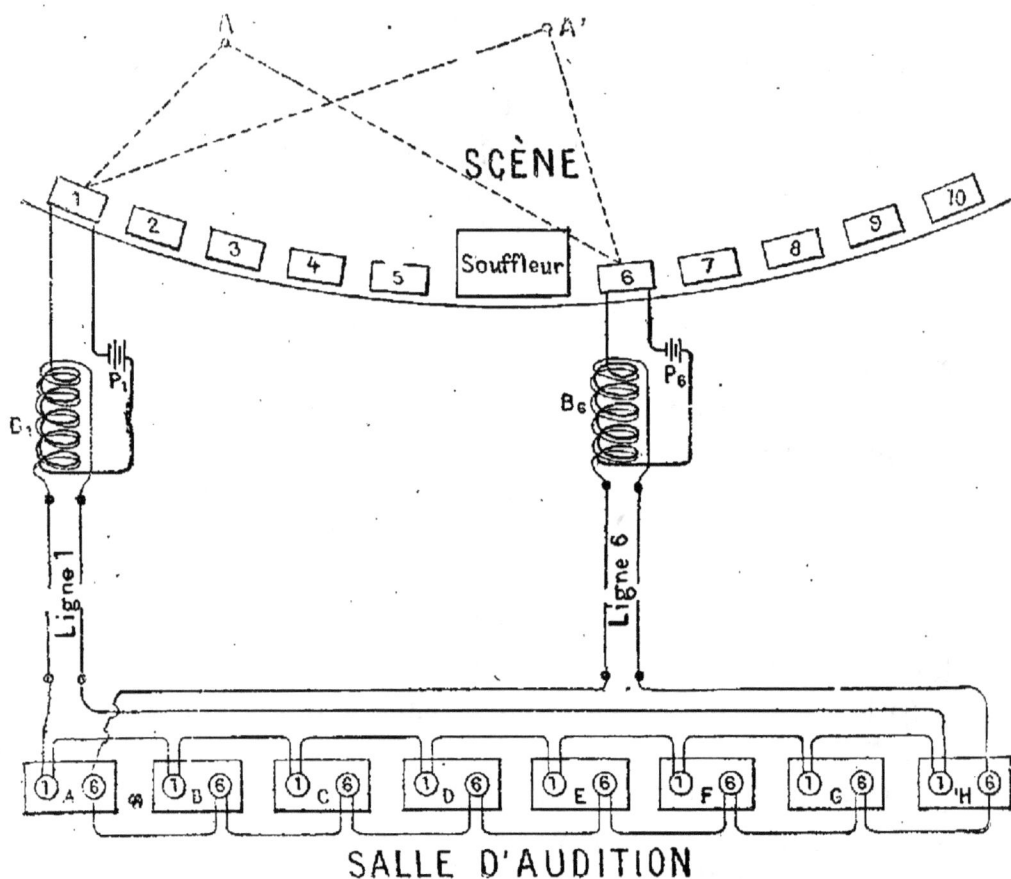

Fig. 177. — Diagramme du montage des téléphones. Dispositif à double transmetteur. AA', double prise du son; P₄P₆, piles; B₄B₆, bobines d'induction.

de l'oreille le croisement des interlocuteurs. Par suite du même effet de perspective sonore, on s'aperçoit vite quand un chanteur se rapproche ou s'éloigne de la rampe.

Il va sans dire que, si l'on retire un des téléphones de l'oreille, cette impression ne subsiste pas. On entend alors très-différemment de l'oreille droite et de l'oreille gauche. Il est clair que le transmetteur de gauche recueille principalement les chants et les paroles qui se trouvent dans sa sphère d'action; il transmet surtout ce qui se passe dans la moitié gauche de la scène. Le transmetteur de droite, au contraire, transmet les chants et la musique de la moitié droite. Or, l'impression variera entièrement avec le groupement des chanteurs et des chœurs sur la scène. Avec un des téléphones on entendra surtout certaines voix et une partie des instruments; avec l'autre, ce seront des voix différentes et d'autres instruments qui domineront. En général, comme les instruments de cuivre, les timbales, la grosse caisse, etc., sont placés à droite dans l'orchestre; les harpes, violons, etc., à gauche, l'oreille droite aura pour elle les gros instruments; et l'oreille gauche les harpes, les violons, etc.

On voit qu'il est indispensable de se servir de deux téléphones à la fois, non-seulement pour avoir le sentiment du déplacement des acteurs, mais encore pour obtenir des impressions simultanées. Un seul transmetteur est impuissant pour tout recueillir; il en faut au moins deux pour agrandir et compléter le cercle d'action, pour saisir à la fois ce qui se dit ou se chante de chaque côté de la scène. Nous avons aussi une oreille pour la droite et une oreille pour la gauche. Les transmetteurs sont, au fond, de véritables oreilles d'une grande sensibilité.

Lorsqu'on écoute séparément dans chaque appareil, nous venons de le faire remarquer, les effets sonores diffèrent complétement de ce qu'ils sont quand on se sert des deux récepteurs. Mais il y a mieux encore :

selon la position sur la scène des deux transmetteurs
conjugués, l'audition dans chaque paire de téléphones
qui leur correspondent est elle-même notablement
différente ; en d'autres termes, l'audition peut changer
de nature dans chaque paire de téléphones.

En effet, la paire qui est reliée avec le n° 1 et le
n° 6 distingue surtout d'un côté les chanteurs et l'orchestre de l'extrémité gauche de la scène, et de l'autre,
les sons vocaux et instrumentaux émis presque au
milieu de la scène ; le transmetteur n° 6 touche en
effet presque au souffleur, l'oreille droite perçoit
même souvent ses chuchotements. Au contraire, les
n°ˢ 3 et 8, qui sont conjugués, se trouvent à la même
distance du souffleur et symétriquement placés par
rapport au milieu de la scène. Ceux-là évidemment
auront à recueillir les sons dans une plus grande
étendue et comme les solistes chantent le plus souvent
au milieu, ils transmettront la voix avec plus d'intensité.

Ainsi s'expliquent les impressions très-différentes
des auditeurs d'une même salle.

Tel n'est pas absolument satisfait de ce qu'il a entendu, tel autre est enthousiasmé, tout dépend, comme
nous venons de le dire, de la paire de téléphones que
le hasard lui a fait prendre et de la distribution scé-
nique au moment où il se sert des appareils. Nos
deux oreilles n'échappent pas non plus à ces variations dans l'audition ; deux spectateurs, même assez
voisins, n'entendent jamais de la même façon ; ils ne
voient même pas non plus de la même manière. Le
téléphone, en ce qui concerne le son, n'a fait qu'ac-
centuer ces variations.

Nous avons dit qu'on avait placé sur la scène de

l'Opéra seulement dix téléphones transmetteurs, et cependant il y avait quatre salles d'audition pouvant contenir chacune vingt personnes, soit en tout quatre-vingts personnes. Chaque auditeur se servant d'une paire de téléphones, il s'ensuit qu'en apparence les dix transmetteurs de l'Opéra suffiraient à porter les sons à la fois à 160 appareils récepteurs. En réalité, il n'y a jamais eu que deux salles sur quatre qui aient eu leurs téléphones à la disposition du public. On alternait; tantôt c'était un groupe, tantôt c'était l'autre, à tour de rôle.

Les dix transmetteurs de l'Opéra desservaient si-multanément les appareils de deux salles, soit quatre-vingts récepteurs, quarante par salle, vingt paires pour vingt auditeurs.

Sur un même fil transmetteur, on peut en effet par-faitement effectuer plusieurs prises de courant. Il a été possible, sans affaiblir sensiblement l'intensité des sons, de distribuer le courant apporté par un seul transmetteur à huit récepteurs. Les fils de ligne sont dirigés dans chaque salle de façon à conduire devant chaque auditeur à la fois pour son oreille de gauche le courant d'un transmetteur de gauche, et pour son oreille droite le courant d'un transmetteur de droite, Les huit récepteurs correspondant à un transmetteur sont respectivement accolés pour chaque poste aux huit récepteurs correspondant au transmetteur qui lui est conjugué sur la scène. Il y a par conséquent dans chaque salle des séries contiguës de huit postes qui se suivent et qui sont alimentés par les mêmes transmetteurs. L'audition est identique dans ces huit postes successifs. Au-delà et en deçà, les groupements changent et un peu aussi les auditions. Les effets

varient encore bien davantage dans deux salles opposées, puisque les transmetteurs qui sont en relation
avec elles ont eux-mêmes des positions relatives différentes sur la scène. Chaque salle a pour ainsi dire
sa perspective sonore.

Le service des entrées et des sorties du public avait
été très-bien combiné. La durée de l'audition était de
deux minutes. On écoutait dans un groupe de deux
salles pendant que les uns sortaient et que les autres
entraient dans le groupe des deux salles voisines. Au
bout de deux minutes, le courant était envoyé d'un
groupe au suivant et ainsi périodiquement pendant
toute la soirée, sauf naturellement pendant les
entr'actes.

Derrière les salons existe un petit local caché dans
la galerie, où des employés étaient chargés d'envoyer
alternativement le courant dans les deux groupes de
salons. A leur arrivée de l'égout dans le local les câbles
de transmission s'épanouissent sur une cloison et leurs
extrémités peuvent être reliées par le jeu d'une simple bascule, soit avec les salons de droite, soit avec
ceux de gauche. Une horloge à contact électrique
sonnait toutes les *deux minutes :* aussitôt on changeait les communications. On était certain qu'ainsi
chacun avait bien eu sa part exacte d'audition téléphonique.

Chaque transmetteur desservant deux groupes distincts de récepteurs, il a fallu établir pour chacun
d'eux un double câble à deux fils, soit quarante fils de
jonction entre l'Opéra et le Palais de l'Industrie. Il y
en a même eu davantage, car pour satisfaire aux
nombreuses demandes des membres du Corps diploma-
tique, des commissaires étrangers, du jury, etc., on

dut installer encore, quelque temps après l'inauguration, six nouveaux transmetteurs, répartis trois à droite, trois à gauche du souffleur.

Deux de ces appareils supplémentaires ont été destinés à desservir huit paires de téléphones disposés dans un petit salon réservé au Ministre des postes et des télégraphes; dans ce salon, on avait également groupé les téléphones en communication par des lignes spéciales avec l'Opéra-Comique et la Comédie-Française. Deux autres transmetteurs ont été affectés aux services spéciaux de l'Opéra. Les deux derniers enfin ne sont pas reliés avec le Palais de l'Industrie, mais bien avec les salons de réception du Ministre des postes, rue de Grenelle-Saint-Germain. L'Opéra-Comique et la Comédie-Française ont aussi leurs transmetteurs et leurs récepteurs ministériels.

Les membres du Congrès des électriciens, réunis à plusieurs reprises chez le Ministre, ont pu admirer la fidélité extraordinaire des transmissions. Comme on percevait bien le finale des *Contes d'Hoffmann*, et les rires du public, et le rappel des artistes, et le tonnerre des applaudissements! Puis, en changeant de récepteur, on passait sans fatigue de l'Opéra-Comique à la Comédie, de la Comédie à l'Opéra.

L'installation du ministère des Postes et des Télégraphes peut être considérée comme la première application des transmissions téléphoniques théâtrales à domicile.

En résumé, les sceptiques souriaient, il y a trois ans à peine, quand on annonçait qu'il serait possible d'entendre l'Opéra du coin de son feu avec les téléphones. Aujourd'hui la preuve est faite; l'Exposition en a fourni une démonstration complète : avec quelques fils télégraphiques, on peut entendre les chœurs et la parole dans plusieurs théâtres.

Dans quelque dix ans, lorsque le système sera passé entièrement dans nos habitudes, l'aïeul se complaira à rappeler à ses petits-enfants les premiers débuts de l'invention. « J'ai entendu les téléphones à l'Exposition », dira-t-il. Peut-être même, au milieu des feuilles du temps, retrouvera-t-on cette page volante sur laquelle nous inscrivons, en guise de médaille commémorative, les lignes suivantes :

« M. Grévy étant Président de la République, M. A. Cochery, ministre des Postes et des Télégraphes; M. Georges Berger, Commissaire général, ont été inaugurées au Palais de l'Industrie les auditions théâtrales téléphoniques. — Exposition internationale d'électricité, 1881. »

XVI

Nous avons passé en revue les applications principales de l'électricité; il nous reste à signaler quelques-uns des appareils les plus nouveaux ou les plus curieux qui figuraient au Palais des Champs-Élysées.

A l'époque où nous sommes, il ne semble plus vraiment que rien soit impossible; nous allons chaque jour de surprise en surprise. Le téléphone nous a permis d'entendre à grande distance; on cherche maintenant le moyen de voir à travers tous les obstacles; on pressent déjà le moment où, à l'aide de fils télégraphiques, on pourra distinguer ce qui se passe à 100 kilomètres de distance. En attendant, on a déjà imaginé un appareil qui permet de reproduire télégraphiquement l'image d'un objet. Un physicien anglais, M. Schelford-Bidwell, a exposé un système intéressant de photographie télégraphique ; il l'a même fait fonctionner au Palais devant la réunion des ingénieurs télégraphistes et électriciens de Londres tenue le 24 septembre.

Une personne se place devant l'appareil ; un fil télégraphique relie cet appareil à un instrument récepteur disposé à l'autre extrémité du Palais, et les curieux voient, à leur grand étonnement, l'image de cette personne se dessiner sur l'appareil récepteur. Bref, ici on s'installe comme devant un objectif photographique ; là bas, le portrait se fait tout seul.

En principe, le procédé de M. Bidwell est facile à faire comprendre ; il rappelle le pantélégraphe Caselli, dans lequel un dessin déposé sur l'appareil transmetteur est reproduit par l'appareil récepteur. Dans ce télégraphe, une fine pointe de platine se promène sur un dessin fait avec de l'encre grasse ; elle raie le dessin en passant dessus, point par point, de gauche à droite, de droite à gauche et du haut en bas. Or, à la station d'arrivée, une pointe analogue se déplace rigoureusement de la même manière sur une feuille de papier imbibée d'iodure de potassium. Les deux appareils sont reliés télégraphiquement. Quand, au départ, la pointe rencontre l'encre grasse du dessin, le courant ne peut plus passer : à l'arrivée, la pointe similaire, ne recevant pas le courant, continue son chemin sans décomposer l'iodure et sans par suite faire de trait brun. En sorte que, lorsque le stylet du transmetteur a fini de balayer point par point le dessin, le stylet du récepteur a teinté en couleur toute la feuille de papier, sauf la portion occupée par l'image, qui apparaît en blanc.

La reproduction est renversée ; ce qui est noir sur le dessin est blanc sur l'épreuve transmise. On peut facilement remédier à cet inconvénient en obligeant le courant de la ligne à faire réagir un courant local sur le récepteur ; dans ce cas, lorsque le courant de ligne est interrompu par l'encre grasse de l'image, le courant local passe dans le récepteur et trace des traits colorés ; au contraire, quand le courant de ligne n'est pas arrêté, ce qui survient toutes les fois que le stylet traverse les blancs de l'image, le courant local ne passe plus, et l'iodure n'étant pas décomposé, le papier reste blanc.

M. Bidwell a utilisé le même procédé. L'appareil transmetteur seul diffère de l'appareil Caselli, puisqu'il s'agit non plus de reproduire un dessin, mais bien l'image directe d'un objet.

L'objet ou la personne dont il s'agit de transmettre l'image est placé devant une sorte d'appareil photographique, devant une petite chambre noire percée d'un trou d'épingle. En guise de plaque sensible, se trouve dans la chambre un morceau de sélénium. Un objectif réduit l'image de l'objet presqu'à des dimensions de photographie microscopique. La paroi dans laquelle est percé le trou d'épingle reçoit mécaniquement un mouvement de déplacement et de translation très-limité, mais suffisant pour que le petit trou passe successivement devant chaque point de l'image ; le petit trou joue ici le rôle du stylet dans le télégraphe Caselli ; il traverse successivement les parties noires, les parties ombrées, les parties blanches de l'image.

En même temps, le sélénium qui se trouve derrière

le trou est, par suite, tantôt en face de parties sombres, tantôt en face de parties éclairées, etc. On sait que le sélénium jouit de la propriété de ne laisser passer les courants électriques qu'à la condition d'être éclairé, et d'autant moins ou d'autant plus que la lumière qui lui arrive est faible ou intense. Donc, le sélénium fera passer un courant dont l'énergie sera sans cesse en rapport avec les tons clairs, demi-éclairés ou sombres de l'image.

Par conséquent, sur le récepteur, à l'arrivée, le papier chimique traversé par le courant se colorera en raison des teintes mêmes de l'image : les parties éclairées resteront blanches, les parties sombres, sombres aussi, etc. Si bien qu'on verra apparaître trait pour trait une reproduction fidèle de la personne ou de l'objet exposé devant l'appareil transmetteur.

Pour que l'expérience réussisse bien, il va sans dire que le stylet qui, à l'arrivée, balaie doucement le papier et fait apparaître la coloration, doit être animé rigoureusement d'un mouvement identique à celui qui, au départ, déplace le petit trou d'épingle devant l'image à transmettre. Le synchronisme des déplacements est obtenu, comme dans l'appareil Caselli, par deux horloges électriquement réglées.

L'emploi du sélénium et son impressionnabilité directe par des objets en nature constituent seulement l'originalité du système. Ajoutons que la reproduction est bonne, parce que le sélénium transmet très-fidèlement les différents degrés d'intensité lumineuse; aussi tous les demi-tons, les teintes les plus faibles sont très-suffisamment marqués.

Ce système est encore primitif, mais c'est un début qui promet, et nous voyons déjà le temps prochain où il suffira de se mirer devant une glace à Paris pour que le télégraphe reproduise l'image du miroir à Rouen, et même à Marseille. C'est de la photographie à très-longue portée.

L'appareil précédent est curieux ; en voici deux qui sont utiles et qui ont l'avantage d'avoir déjà fait leurs preuves depuis plusieurs années. Il s'agit de remplacer les météorologistes en chair et en os par des météorologistes automates, bien autrement ponctuels et exacts dans leur service. Le premier instrument auquel nous faisons allusion est dû à M. Theorell ; il a été construit par M. Sorensen ; on l'a beaucoup admiré dans la section suédoise ; c'est en effet une petite merveille de mécanique fine et délicate. Le météorographe du professeur Theorell fait de lui-même toutes les observations météorologiques et il inscrit les résultats en chiffres ordinaires ; il n'y a plus qu'à les mettre en ordre et à les consulter.

Déjà en 1870, M. Hough, directeur de l'Observatoire d'Albany, avait réalisé sur le même principe un météorographe électrique universel ; mais l'instrument de la section suédoise est plus pratique et ne nécessite aucun mouvement d'horlogerie, à l'exception d'un seul petit mouvement de montre.

L'instrument est double ; il se compose d'un *observateur* et d'un *enregistreur*. L'enregistreur peut être installé à une distance quelconque de l'observateur, et encore l'observateur est, si l'on veut, multiple, c'est-à-dire qu'ici un appareil relève les observations du baromètre ; là, celles du thermomètre, ailleurs celles de l'anémomètre, etc.

Et tous ces aides automatiques envoient électriquement leurs constatations à l'enregistreur installé dans un poste central.

Prenons par exemple l'observation du baromètre, et choisissons, comme toujours pour les expériences de précision, un baromètre à mercure; ici, au lieu de suivre les variations de niveau le long du tube, on les relève sur la petite branche recourbée qui a le même diamètre que le tube lui-même , quand le liquide monte ou descend dans le tube, il descend ou monte dans la petite branche de la même quantité. Supposons le niveau arrêté à un point fixe correspondant à la pression 760^{mm}; si le mercure descend, il se produira un certain écart entre le point fixe et le nouveau niveau. Cet écart, on peut le mesurer avec une tige verticale analogue à un mètre. Si cette tige est établie de façon à glisser, il est clair qu'il faudra la faire descendre ou la faire monter en raison des variations de niveau pour qu'elle soit mise en contact avec le mercure. Or, cette tige, par ses abaissements, ses relèvements, pourra remplacer l'œil d'un observateur et préciser le niveau du mercure dans le baromètre. On l'appelle *la sonde ;* elle sert, en effet, à sonder l'instrument et à donner la pression.

Tous les quarts d'heure, une montre, par un encliquetage convenable, fait passer un courant à la fois dans l'observateur barométrique et dans le récepteur qui lui est électriquement joint ; ce courant fait descendre la sonde ; aussitôt que celle-ci touche le mercure, un courant local réagit sur le courant moteur et fait cesser son action. L'observation est faite.

Comment s'inscrit-elle? En même temps que la sonde descendait dans le baromètre, une roue tournait proportionnellement à la distance franchie. Il est évident que, suivant la quantité dont elle aura tourné, la roue mesurera exactement la longueur dont la sonde se sera abaissée. Au loin, dans l'enregistreur, une roue semblable mise en mouvement par le même courant, aura tourné de la même quantité ; cette roue porte sur sa circonférence les chiffres en relief 760, 761, 762, etc. ; elle s'arrête, au moment où le courant cesse d'agir, devant un butoir muni d'une feuille de papier ; un mécanisme pousse le butoir et le papier sur les caractères préalablement encrés, et l'impression a lieu. Une seconde petite roue marque sur la même feuille les chiffres intermédiaires 00, 05, 10, 15, etc., qui représentent des centièmes de millimètre et qui correspondent aux déplacements similaires de la sonde.

Même méthode d'enregistrement pour les thermomètres, les udomètres, etc. C'est toujours la sonde qui remplace l'œil de l'observateur absent. Tel est sommairement le jeu de l'instrument réduit à ses termes les plus simples.

Le météorographe Theorell-Sörens en fonctionne régulièrement depuis huit ans à l'Observatoire d'Upsal; un autre est installé depuis 1874 à l'Institut météorologique de Vienne.

Dans la section belge, on s'est beaucoup arrêté devant un autre météorographe également très-ingénieux, combiné par M. Van Rysselberghe, de l'Observatoire de Bruxelles, et construit par M. Schubart, de Gand. Cet instrument date de 1873 ; il a d'abord fonctionné à Ostende ; depuis il a été très-perfectionné. Il permet de centraliser automatiquement dans un poste unique les inscriptions d'un grand

nombre d'instruments disposés dans des pays quelconques reliés télégraphiquement au poste central.
De plus, les inscriptions sont faites dans l'appareil à

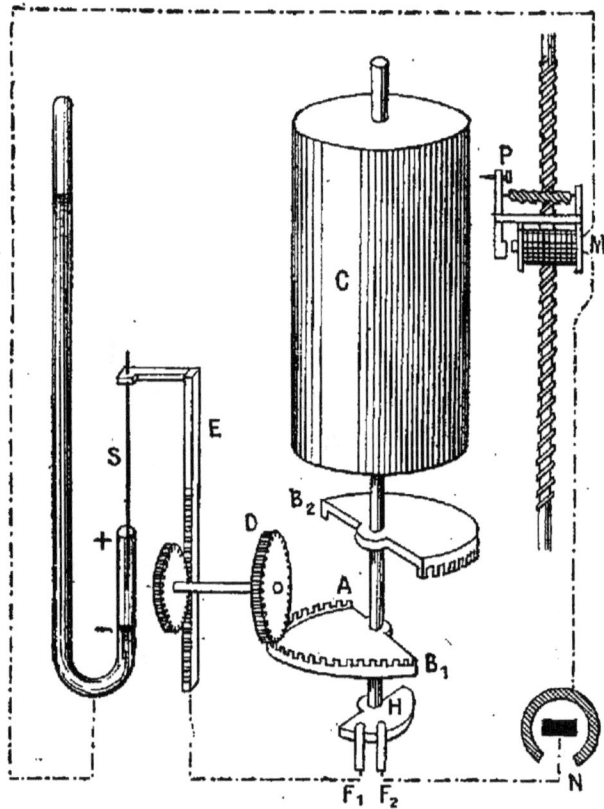

Fig. 178. — Météorographe universel de M. Rysselberghe. Diagramme de
l'enregistrement de la pression barométrique. C cylindre entraîné par un
mouvement d'horlogerie; B_2B_1, roues dentées engrenant alternativement
la roue D; E crémaillère commandant la sonde S; MP, inscripteur à
burin mis en mouvement entre deux rotations inverses du cylindre C, par
l'intermédiaire de l'électro-aimant M; N, pile du circuit en relation avec
la crémaillère E et la sonde.

l'aide de burins qui tracent des courbes sur des
feuilles de cuivre et de zinc; on peut donc se servir
de ces tracés comme de clichés et tirer quotidienne-
ment autant d'exemplaires qu'on le désire, et les

envoyer aux Observatoires de province et aux journaux.

M. Van Rysselberghe se sert aussi de sondes. Toutes les dix minutes, par exemple, un courant est lancé dans les appareils destinés aux observations. Admettons qu'il s'agisse encore du baromètre. Le courant permet à la sonde de descendre ; en même temps, dans l'appareil récepteur un mouvement d'horlogerie fait tourner un gros cylindre sur lequel s'appuie un stylet. Au moment où la sonde touche le mercure, le courant est rompu, et le stylet écarté du cylindre. Il est clair que la trace que la pointe a laissée est de longueur proportionnelle à la longueur dont s'est abaissée la sonde ; ces traits répétés sur le cylindre toutes les dix minutes trahissent les variations de pression. Et ainsi de même pour le thermomètre, pour l'udomètre, etc...

Les appareils récepteurs et enregistreurs peuvent être en nombre quelconque et installés à une distance aussi grande qu'on le désire. Aussi M. Van Rysselberghe propose-t-il son *Télémétéorographe* pour centraliser dans les grands Observatoires toutes les variations météorologiques de l'Europe. Les indications des météorographes établis en Irlande, à Brest, Bordeaux, Marseille, Berlin, Rome, etc., pourraient être transmises de quart d'heure en quart d'heure, au besoin, dans chaque Observatoire important, recueillies et gravées immédiatement, de sorte qu'à Paris, à Londres, à Bruxelles, etc., on aurait instantanément comme une photographie exacte de la situation atmosphérique sur une très-grande étendue En ce moment, les divers pays ne reçoivent guère avant midi l'état de l'atmosphère en Europe, telle

27.

qu'elle est à huit heures du matin ; c'est insuffisant
pour établir la prévision du temps. Si, au contraire,
les différentes puissances s'entendaient à cet égard et
organisaient un réseau international, chaque Institut
météorologique central connaîtrait à chaque instant
les variations atmosphériques sur toute la surface de
l'Europe. La prévision du temps y gagnerait vite en
certitude. Le projet de Télémétéorographie internationale de M. Van Rysselberghe ne serait pas très-
coûteux, si l'on en croit l'auteur. Les États de la
moitié nord-ouest de l'Europe, dit-il, dépensent par
an environ 300,000 fr. pour assurer leur service de
dépêches météorologiques, ce qui correspond à 6 millions en vingt ans. Avec le quart de cette somme, on
pourrait installer, entretenir et remplacer tous les
vingt ans un réseau de fils télégraphiques spécialement affecté au service météorologique (1).

Quoi qu'il en soit de ces vues nouvelles et intéressantes, qui un jour ou l'autre finiront par être admises par les intéressés, on ne peut s'empêcher d'applaudir aux travaux du savant météorologiste belge ;
son instrument a fonctionné à l'Exposition, dans des
conditions vraiment remarquables de régularité. Le
télémétéorographe enregistrait au Palais de l'In-

(1) Le projet de M. Van Rysselberghe a été soumis au Congrès
des électriciens dans sa 5ᵉ séance, tenue le 25 septembre. Après
discussion, le Congrès s'est rallié à l'amendement suivant, présenté par M. Everett (de la Grande-Bretagne) : Reconnaissant
toute l'importance du projet présenté au nom de l'Observatoire
royal de Bruxelles, M. Everett propose que « la Commission
internationale chargée de l'étude des courants terrestres et de
l'électricité atmosphérique soit aussi chargée de faire un rapport sur la valeur pratique du système qui consiste à envoyer
automatiquement les observations météorologiques à des stations
éloignées. »

dustrie les observations faites automatiquement à Bruxelles, et Paris savait toutes les cinq minutes ce qui se passait dans les instruments de l'Observatoire royal de Belgique; les moindres fluctuations de l'atmosphère à Bruxelles se reflétaient sur l'appareil de l'Exposition des Champs-Élysées. Et cependant le circuit télégraphique employé a varié de 800 à 1,000 kilomètres ! C'est un intéressant résultat, qui permet d'avancer qu'il serait impossible que le baromètre ou le thermomètre variât même légèrement en Europe, sans qu'immédiatement ce mouvement fût révélé dans chaque grand Observatoire. L'appareil peut passer pour une vedette météorologique toujours à son poste jour et nuit !

Autre invention d'un autre genre et destinée à rendre d'autres services; elle se trouvait dans le Pavillon des Télégraphes de la Grande-Bretagne : nous voulons parler de la « balance d'induction » de M. Hughes, récemment transformée, pour les besoins de la circonstance, en explorateur chirurgical. C'est un des instruments de physique les plus singuliers qu'on ait imaginés dans ces derniers temps; il est en quelque sorte doué d'une seconde vue, comme on va s'en apercevoir.

Concevons quatre petites bobines plates sur lesquelles on a enroulé 100 mètres de fil fin métallique, et enfilons-les par paire l'une au-dessus de l'autre sur deux étuis en bois placés verticalement. Ici sur un support un étui avec ses deux bobines superposées, là un second étui sur un support avec ses deux bobines.

Les deux bobines supérieures sont reliées entre

elles par un fil métallique dans le circuit duquel on a intercalé un téléphone. Les deux bobines inférieures sont en relation avec une pile et un microphone placé sur le socle d'une petite pendule. Le bruit de la pendule agit sur le microphone qui interrompt constamment et périodiquement le passage du courant dans les bobines. Les courants interrompus qui circulent ainsi dans les fils des bobines inférieures font naître des courants induits instantanés à chaque interruption dans les fils des bobines supérieures. Comme on a eu soin d'enrouler les fils en sens inverse dans ces dernières bobines, les courants induits. qui passent dans le circuit où est placé le téléphone sont de sens contraires, ils se détruisent et n'exercent aucune action sur le téléphone; le bruit fait par la pendule ne s'entend pas.

Mais si l'on approche d'une des paires de bobine un morceau de métal, immédiatement le téléphone transmet un bruit très-net. Le métal placé dans le voisinage a influencé les bobines et détruit l'équilibre électrique. Un des courants d'induction domine l'autre. Il faut, pour que le bruit cesse dans le téléphone, qu'on rétablisse la balance, c'est-à-dire qu'on place dans le voisinage de l'autre paire de bobines, à même distance, un morceau métallique identique au premier.

La sensibilité de cette sorte de balance est telle qu'un fil métallique, fin comme un cheveu, introduit dans un des étuis qui portent les bobines, suffit pour rompre l'égalité des courants induits engendrés dans chaque paire, et le téléphone recueille très-bien le bruit de l'interrupteur microphonique.

Si l'on place dans chaque étui une pièce d'un franc,

l'appareil reste muet lorsque les deux pièces sont réellement identiques ; mais si l'une d'elles est seulement un peu usée par le frottement, leur inégalité retentit sur les deux paires de bobines et le téléphone parle. Il va de soi que si une des pièces introduites est fausse, le téléphone fait un bruit assourdissant.

L'appareil permet d'apprécier ainsi une différence d'un millième dans la composition des alliages. Une pièce d'argent placée dans un des étuis et une pièce d'argent à un titre voisin déposée dans l'autre, et il n'en faut pas plus pour « dérégler » la balance et faire fonctionner le téléphone avertisseur.

La plus petite modification, non-seulement chimique mais physique dans deux pièces en apparence semblables, est immédiatement trahie. Si l'on chauffe l'une dans la main avant de la placer dans l'étui, le téléphone fait très-bien savoir qu'elle n'est plus dans un état identique à l'autre. La plus petite variation de température est révélée par le bruit du téléphone.

On peut donc avec la balance d'induction voir en quelque sorte ce que l'œil est impuissant à montrer, juger des plus petites différences de composition que peuvent présenter des corps métalliques absolument semblables en apparence. Deux rondelles de zinc, de cuivre, etc., ne seraient pas rigoureusement de même diamètre, l'instrument ferait aussitôt parler le téléphone. Sa sensibilité est exagérée, car il arrive que deux pièces d'argent identiques et de titre égal sont encore souvent signalées comme différentes par la balance; c'est qu'il suffit d'un rien dans l'épaisseur, dans le diamètre, dans l'état moléculaire de l'alliage, pour que le téléphone ne reste pas silencieux. M. Hughes gardait précieusement, quand il nous a

montré ses expériences, deux pièces de 1 franc, qui
étaient semblables à elles-mêmes, au point de ne pas
faire parler le téléphone. C'est extrêmement rare
d'arriver, nous disait-il, à une pareille identité. L'or
en poudre opposé à de l'or en barre produit un son

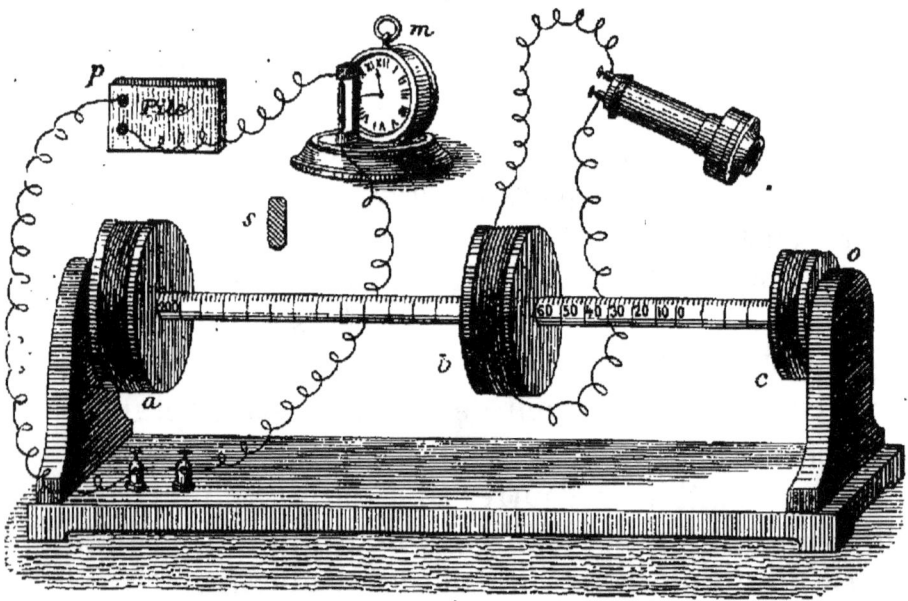

Fig. 179. — Audiomètre de M. Hughes.

dans le téléphone; la trempe de l'acier suffit pour
modifier l'équilibre de la balance. L'acier trempé
n'équilibre plus un morceau d'acier pareil, mais non
trempé.

Pour évaluer en chiffres les différences constitutives des métaux que signale la balance, M. Hughes
se sert d'un autre appareil qu'il a également imaginé, « l'Audiomètre » ou « le Sonomètre ». C'est
une règle graduée, d'environ 25 centimètres de longueur, disposée horizontalement entre deux supports.
Aux deux extrémités de la règle sont deux bobines

de dimensions inégales *a c*; une troisième bobine *b* est libre de glisser entre les deux autres. Les deux bobines terminales sont en relation avec une pile et influencent la bobine mobile qui est en communication avec un téléphone. En faisant glisser cette bobine convenablement, on trouve une division de la règle, pour laquelle les actions inégales des deux bobines sur la bobine médiane se font équilibre; et le téléphone ne répète plus le bruit de l'interrupteur intercalé dans le dircuit.

De même, on peut trouver une division pour laquelle le son entendu dans le téléphone soit identique au son entendu dans le téléphone de la balance. Quand il y a égalité dans l'intensité des deux sons, évidemment la valeur de la perturbation produite dans la balance par l'introduction d'un métal, est mesurée par la division inscrite sur la règle. On accorde, en un mot, l'audiomètre sur la balance, et l'intensité du son recueilli par le téléphone de l'audiomètre est exprimée par la division à laquelle s'est arrêtée la bobine mobile. De la valeur des intensités du son, on déduit la valeur des perturbations introduites par chaque métal dans les bobines de la balance.

C'est ainsi qu'on peut savoir que l'or en poudre introduit dans la balance marque seulement 2° à l'audiomètre, tandis qu'un disque d'or, une médaille d'or donne 117°. On voit la différence résultant de l'état physique. Elle s'accentue encore dans les chiffres suivants :

	Recuit	Trempé
Fer pur....................	160	130
Fer doux forgé.............	150	125
Fil de fer tréfilé..........	156	120
Acier fondu................	120	100

L'audiomètre employé directement et indépendamment de la balance, permet de mesurer la puissance de l'ouïe. En déplaçant la bobine centrale, on arrive, avons-nous dit, à réduire les effets d'induction au point que le téléphone devient silencieux. La division à laquelle s'arrête la bobine dépend de la finesse de perception de chaque expérimentateur. Les divisions commencent à partir de la bobine de droite qui est la moins active. Quand on approche la bobine mobile de la bobine de droite jusqu'à la division 2 ou 3, on ne perçoit absolument rien. Les actions respectives des deux bobines fixes sont équilibrées.

C'est seulement pour les oreilles très-fines que le son de l'interrupteur commence à être distingué vers la division 3 1/2 ou 4. En général, il faut aller jusqu'à la division 5 ou 6. Notre oreille droite a été jusqu'à la division 3 1/2; mais l'oreille gauche, seulement à la division 5; en général, excepté chez les gauchers, le sens de l'ouïe est plus développé à droite qu'à gauche. On entend mieux aussi par baromètre haut que par baromètre bas, et dans l'état de parfaite santé que dans l'état d'indisposition; la différence peut se traduire par 10 ou 15 degrés de l'échelle de l'audiomètre. Les personnes un peu dures d'oreille ne perçoivent plus aucun son quand la bobine est à la division 80 ou 100. Mais n'insistons pas sur ces observations intéressantes, qui peuvent d'ailleurs être mises à profit dans le diagnostic de certaines maladies. Arrivons vite à la dernière et récente application, désormais historique, de la balance de M. Hughes. C'est en effet avec cet admirable appareil qu'on est parvenu à reconnaître la position exacte de la balle qui a frappé à mort M. Garfield, Président des États-Unis.

Tous les appareils déjà imaginés nécessitaient l'introduction d'un instrument dans la plaie; la balance d'induction permet d'atteindre le but par une simple exploration superficielle; elle voit la balle, pour ainsi dire, à distance, et indique sa situation.

Il suffit de promener une des paires de bobines de

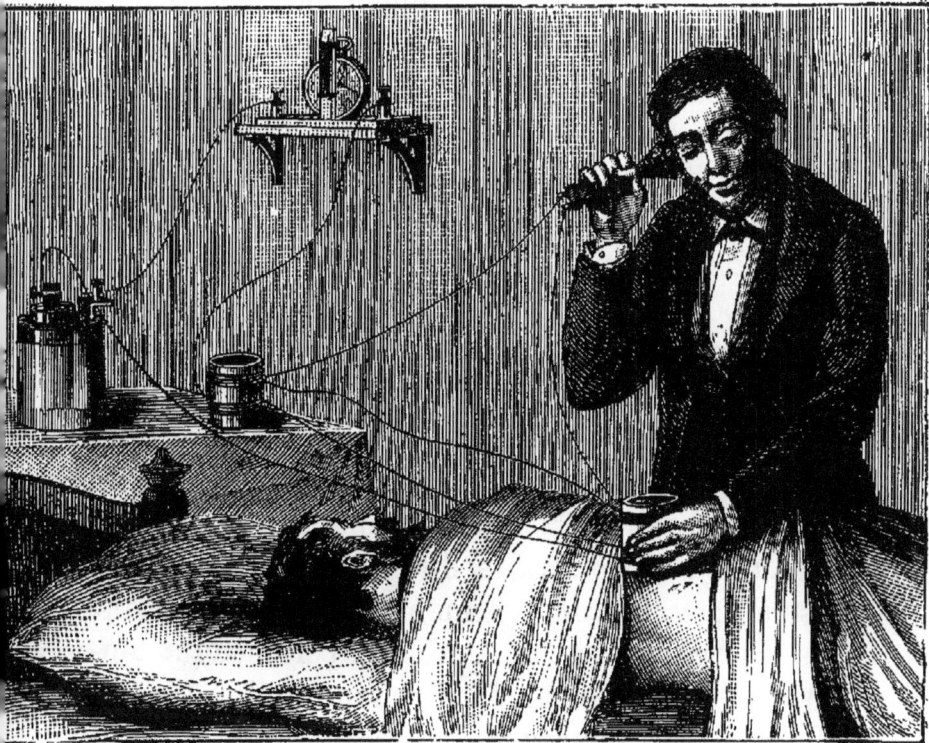

Fig. 180. — Recherche des projectiles dans le corps humain avec la balance d'induction.

l'appareil sur le corps du blessé, l'autre paire restant fixée sur une table. On donne aux fils de liaison des bobines une longueur suffisante pour que l'opérateur puisse facilement déplacer la paire mobile. Nous avons dit que le voisinage d'un corps métallique quelconque trouble l'équilibre de l'appareil, au point de faire parler fortement le téléphone. Le bruit augmente jusqu'à ce que le métal soit précisément dans le prolongement des bobines. Il suffit donc de déplacer la bobine jusqu'à ce qu'elle dise elle-même dans le téléphone, un peu comme dans le jeu de « cache-cache », que l'opérateur « brûle. »

On sait dans quelle direction le projectile s'est glissé; il reste à déterminer à quelle profondeur sous la peau. Pour cela, on dispose au-dessus des bobines restées sur la table une balle de plomb analogue à celle qui a pénétré dans les tissus; puis on l'approche ou on l'éloigne jusqu'à ce que le téléphone cesse de produire un son. La distance de la balle aux bobines, quand le téléphone est muet, donne la profondeur à laquelle a pénétré le projectile. La méthode est extrêmement élégante et sûre.

C'est M. Graham Bell qui a eu le premier l'idée de cette application ingénieuse de la balance d'induction. Pendant la maladie du regretté Président des États-Unis, il télégraphia à M. Preece pour que M. Hughes fût consulté sur l'efficacité du procédé. C'est sur la réponse affirmative de l'éminent électricien anglais, que cette première et mémorable expérience fut tentée (1). Depuis cet essai, M. Graham Bell a donné à la balance de M. Hughes une disposition un peu différente, plus commode peut-être pour les explorations chirurgicales (2). Le nouveau dispositif a été employé avec succès, le 7 octobre dernier, dans le cabinet du docteur Franck Hamilton, à New-York.

---

(1) M. Hopkins a réclamé depuis l'initiative de cette application; il ne paraît pas, d'après MM. Preece et Hughes, que sa prétention soit fondée.

(2) Note à l'Académie des Sciences, 24 octobre.

L'expérience a été faite sur le colonel Clayton, blessé en 1862. La balle était entrée par devant dans l'arti culation de la clavicule gauche qu'elle avait fracturée. Les docteurs Swenburn et Wanderpool pensaient que le projectile était logé dans le scapulum; l'appareil a mis hors de doute qu'il se trouvait, au contraire, en avant et au-dessous de la troisième côte.

La balance de M. Hughes aura certainement d'autres applications; c'est une des plus fines et des plus belles inventions de la physique moderne.

XVII

Ordinairement, pour exécuter un morceau sur le
piano, il faut de toute nécessité un pianiste. Pas de
pianiste, pas de musique. L'électricité a mis bon
ordre à tout cela. Pas d'exécutant, qu'à cela ne tienne!
on s'en passera; et elle supprime le pianiste. Pauvres
pianistes!

Il existe bien, il est vrai, des pianos mécaniques
qui jouent des quadrilles et même des sonates ou des
ouvertures d'opéra, à la façon des orgues de Barbarie,
à grands coups de manivelle. Mais quelle musique!
pas de nuances, pas de brio, une mesure et une régularité désespérantes, une perfection monotone. Les

notes sont stéréotypées et l'on en fait sortir de l'instrument autant d'exemplaires à l'heure qu'on tire de numéros d'un journal quotidien.

Les pianos électriques sont bien autrement étonnants et surtout bien plus à la mode! Il en existait un au rez-de-chaussée du Palais qui émerveillait la foule; il exécutait tous les morceaux qu'on lui demandait, à la grande joie du public. C'est le « pianista électrique », pour lui donner son nom. On poussait un ressort, et voilà l'instrument en gaieté, jouant avec furie une marche nationale, ou avec une discrétion très-remarquée, une romance sans paroles.

Le pianista date déjà de plusieurs années; mais c'était le pianista tout court, et depuis 1881 c'est le pianista « électrique ». L'invention est très-jolie dans tous les cas; elle est due à M. Fourneaux, et elle a été très-perfectionnée par M. Jérôme Thibouville.

Le pianista peut être considéré comme un véritable exécutant; c'est un pianiste automatique. Au lieu de s'asseoir sur le tabouret sacramentel et de faire courir ses doigts sur le clavier, on pousse le pianista devant un piano quelconque, et, sans se faire prier, sans montrer le moindre trouble, le pianista enlève avec entrain la première valse venue; il est toujours prêt : donnez-lui un piano et il exécutera pendant toute la journée son répertoire et même celui de son voisin. C'est un instrument qui |peut devenir très-précieux dans beaucoup de circonstances, dont l'énumération n'échappera pas à la sagacité des intéressés.

Le pianista ressemble assez bien à un piano de dimensions réduites. Son petit clavier vient se superposer au clavier du piano. C'est que chacune de ses touches doit faire office de doigts et venir, au moment convenable, abaisser une touche du piano.

Le pianiste en chair et en os a beau faire, il n'a que dix doigts; aussi que de prodiges d'habileté pour parvenir à les promener suffisamment vite d'un bout à l'autre du clavier! Le pianista a autant de doigts qu'il y a de touches au piano; aussi sa besogne est simplifiée; il est sûr de lui-même avec bien moins d'efforts et de dextérité.

Comment ses doigts artificiels attaquent-ils le piano? Chacun d'eux est en relation par un tuyau spécial avec un réservoir d'air comprimé. Quand le moment est venu de faire fonctionner un doigt, une soupape s'ouvre, laisse entrer de l'air dans un petit soufflet, qui en se gonflant pousse le doigt sur la touche correspondante du piano. Rien de si simple.

Maintenant, l'instrument s'ouvre du côté opposé au clavier; un coup d'œil jeté à l'intérieur montre tous les détails du mécanisme moteur. On dépose à droite sur un appui le morceau qu'il s'agit de faire jouer; il est même inutile de l'ouvrir; on le place replié plusieurs fois sur lui-même : l'appareil se charge de le déplier page par page. Le morceau n'est pas écrit, cela va sans dire, à la façon usuelle; les notes sont représentées par des trous plus ou moins longs, selon leur valeur respective, comme dans l'alphabet télégraphique Morse; le papier est perforé comme dans les métiers Jacquart.

Ce papier troué est saisi par deux rouleaux qui tournent l'un devant l'autre et qui l'entraînent dans leur mouvement. La bande perforée s'en va lentement de droite à gauche, et l'on peut parfaitement lire la musique inscrite ou plutôt les indications placées en regard des trous, *crescendo*, *forte*, etc. A côté des rouleaux sont groupés des leviers reliés, un par un, à chaque doigt artificiel du pianista. La bande défile à portée de ces leviers : or, le système est combiné de manière que, s'il se présente un trou dans le papier, le levier, qui est à proximité, passe à travers. Et de même pour chacun des trous ; ils ont tous leur levier distinct. Les leviers se soulèvent, et par contre-coup, font pénétrer l'air comprimé dans les soufflets. Les doigts du pianista correspondants à ces soufflets, font jouer les touches du piano et les notes résonnent.

C'est donc la notation même du morceau qui distribue l'effet moteur. Chaque note écrite met en action le doigt qui a pour mission de la produire. Toute musique inscrite par ce moyen est fidèlement interprétée par le pianista.

Quant à l'air comprimé, qui met en mouvement tous les doigts, il est emmagasiné dans un réservoir, par le jeu de va-et-vient d'un soufflet. Enfin le soufflet lui-même est actionné par une manivelle que fait tourner l'opérateur. La même manivelle communique le mouvement aux deux rouleaux qui entraînent la bande de papier perforé. Une pédale agit aussi directement sur le réservoir d'air comprimé de façon à faire pénétrer à volonté plus ou moins d'air dans la distribution et à donner par conséquent plus de force ou plus de douceur à l'attaque de la note. On suit sur la bande de papier les inscriptions marquées, et l'on fait jouer la pédale en conséquence. Aussi obtient-on avec le pianista des effets remarquables d'exécution ; on peut le guider en quelque sorte comme un professeur guide son élève, et lui faire rendre toutes les nuances, toutes les délicatesses de la musique.

Oui. Mais il y a une manivelle! et une manivelle assez dure à tourner. On ne comprime pas, sans fatigue, de l'air pendant plusieurs minutes! et puis enfin, il y a une manivelle! Cela retire toute illusion. C'est encore l'orgue de Barbarie! et de la musique mécanique!

Eh bien! depuis l'Exposition d'électricité, il n'y a plus de manivelle. Le pianista a grandi; il fonctionne tout seul. On l'ouvre, on place le morceau sur le pupitre... et entendez-vous?

Qu'est-ce que cela veut dire? Cela veut dire que l'électricité a passé par là. La manivelle est maintenant cachée, et c'est un petit moteur électrique du genre Trouvé qui remplace la force musculaire de l'homme. Dans un coin, dans une armoire, on place quelques accumulateurs d'électricité, ou encore une pile à bichromate de huit éléments. Un fil relie le générateur d'électricité quel qu'il soit au petit moteur. On appuie sur un ressort, et tout marche à souhait!

On avait bien transformé déjà l'électricité en lumière, en chaleur, on peut dire maintenant qu'on peut la transformer en musique : musique électrique, harmonie électrique. O signe des temps!

De plus fort en plus fort. Le pianista exige l'emploi d'une bibliothèque musicale spéciale; il faut que chaque morceau soit traduit préalablement en caractères convenables à l'aide de perforations.

C'est encore gênant : on s'en plaint; il y a des gens pressés qui n'aiment pas à attendre. Comme c'est agréable de ne jouer l'ouverture d'un opéra qu'un mois après une première! Ils vont avoir pleine satisfaction.

M. J. Carpentier, ingénieur habile, qui succède brillamment à M. Ruhmkorff, avait exposé un instrument bien original : Le mélographe répétiteur. C'est une vraie merveille. Pour qu'on ne m'accuse pas d'exagération, je vais laisser M. J. Carpentier indiquer lui-même les résultats auxquels il est parvenu.

« Un compositeur, dit spirituellement M. Carpentier, s'asseoit devant le clavier du mélographe ; il joue quelque improvisation, inspiration fugitive, inédite ; il se lève. Il tourne trois boutons, et l'instrument, plus fort qu'aucun des auditeurs, se met de suite à répéter automatiquement le morceau qu'il vient d'entendre ou plutôt de chanter une première fois sous les doigts de l'artiste. A côté du mérite de l'auteur, celui de l'exécutant est bien quelque chose aussi, et le même morceau, joué par deux personnes, produit des effets très-différents. Mon instrument est très-docile, il consacre et reproduit la façon de chacun, il va même trop loin, il rejoue les fausses notes. »

Excellent moyen de contrôle pour les membres du jury des classes de piano au Conservatoire ! On pourra savoir même dans un siècle, avec le mélographe, comment un premier prix aura exécuté le morceau de concours et comparer entre eux les premiers prix de chaque année, comparer le jeu des Listz, des Planté, des Rubinstein ! Mieux encore, on pourra les faire jouer chez soi à volonté, en abuser soir et matin. Aujourd'hui du Prudent, du Litolff ; demain du Ritter, du Jaëll ; la semaine prochaine du Fissot, du Diémer, etc.

Quels modèles pour les jeunes virtuoses de l'avenir ! Ce sont les leçons des grands maîtres à domicile, sans cachet ! M. Carpentier ne s'est vraiment pas assez aperçu de la révolution complète qu'il allait amener dans nos mœurs musicales.

Il a tout bonnement inventé un phonographe musical autrement parfait que celui d'Edison, qui redira à nos petits neveux, comment, à notre époque, on comprenait et on interprétait la musique.

Je rends la parole à M. Carpentier, il n'est pas superflu qu'on voie bien que je reste dans la stricte réalité des faits.

« Maintenant, dit-il, un tour de force! Plusieurs personnes se réunissent chez moi et jouent un concerto; je leur procure un violon, violoncelle, flûte, hautbois, piston, arrangés à ma manière, bien entendu. Le concerto se joue, le concerto est joué. Écoutez : Mon instrument, passé maître dans l'art de transcrire, va jouer immédiatement sur un piano ou sur un orgue le concerto, parfaitement réduit, et vous entendrez toutes ses parties, telles qu'elles viennent d'être exécutées.

« Enfin, dernier détail : je fais passer la bande de papier perforé automatiquement dans un autre appareil imprimeur, et le morceau, au lieu d'être joué, s'écrit en caractères ordinaires sur portée. Cette presse musicale, ajoute toutefois M. Carpentier, n'est encore qu'à l'état de projet, mais enfin elle est réalisable. »

Ainsi, M. Carpentier peut aujourd'hui obliger un piano à inscrire un morceau pendant qu'on l'exécute. Le morceau est enregistré en caractères perforés. Les bandes perforées sont automatiquement préparées par l'instrument lui-même.

Il peut obliger le piano à répéter la musique qu'il vient de noter, sans le concours d'aucun pianiste. Enfin, il pourra, il l'espère, traduire la notation par perforation en caractère sur portée. Est-ce assez complet?

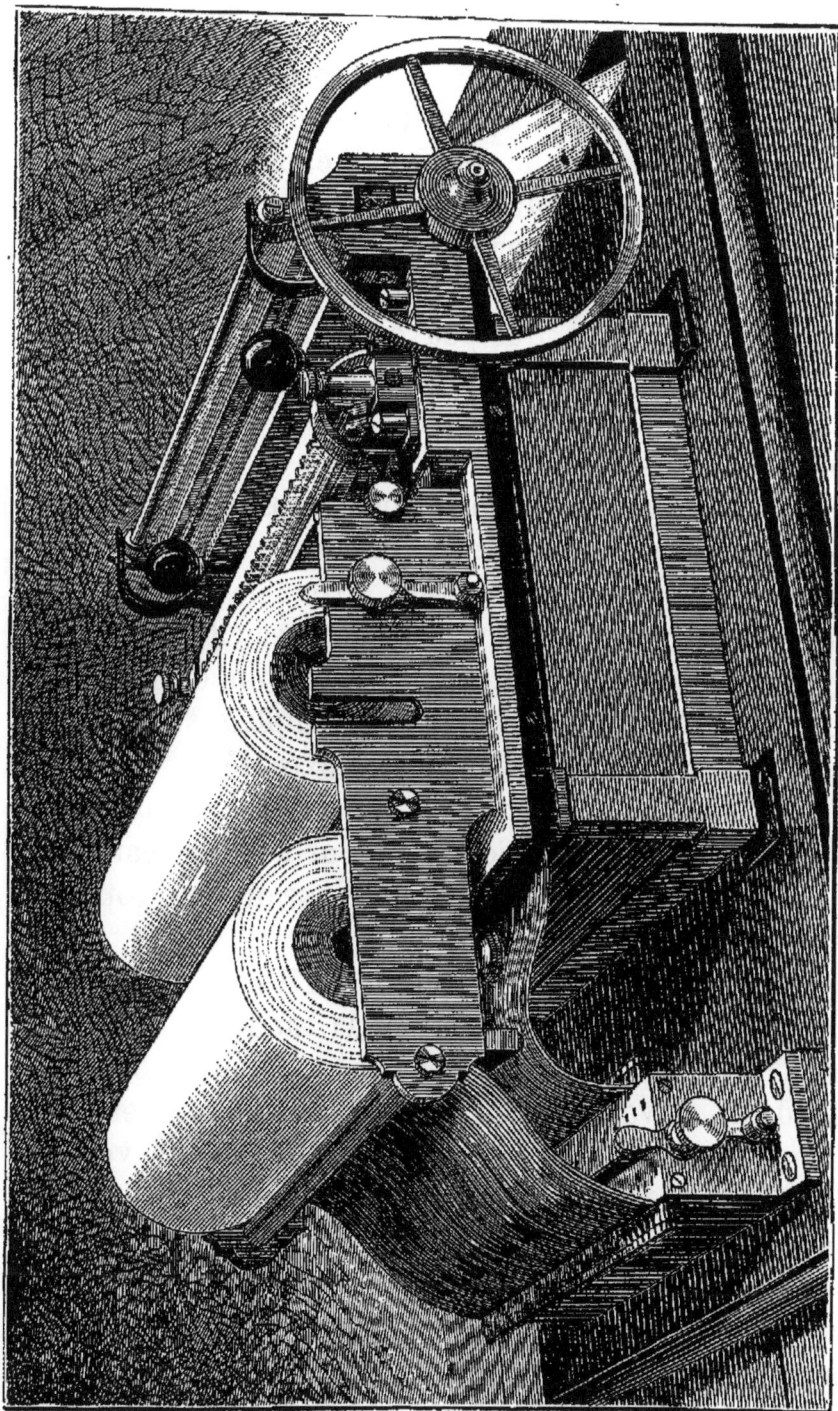

Fig. 181. — Le Mélographe répétiteur.

Quelques lignes suffiront maintenant pour faire comprendre dans son principe essentiel la curieuse invention de M. Carpentier. A l'Exposition, on jouait sur un harmonium, et la musique allait s'inscrire cinq mètres plus loin sur le mélographe proprement dit. Cinquante fils, dissimulés sous le plancher, mettaient en communication électrique les deux instruments.

Les cinquante touches de l'harmonium portent de minuscules organes, qui peuvent lancer un courant électrique dans les fils qui vont au mélographe. Chaque fois qu'on abaisse l'une quelconque d'entre elles, le courant pénètre dans le mélographe et actionne une série d'outils, qui percent une bande de papier astreinte à se dérouler d'un mouvement uniforme. Chaque note, par l'intermédiaire du courant, troue le papier, en raison de sa valeur musicale. Le morceau terminé, la bande est toute prête à servir. C'est un cliché, qui permet de reproduire à autant d'exemplaires qu'on le désire, la musique qui vient d'être exécutée.

Et, la preuve, c'est que l'harmonium, qui chantait tout à l'heure, sous les doigts d'un artiste, va maintenant répéter note par note, nuance par nuance, toutes les finesses du morceau.

Le mélographe, d'enregistreur qu'il était, devient répétiteur; on pousse un bouton; la bande perforée se met en mouvement, entraînée par un rouage moteur; elle défile devant cinquante petits pinceaux en fil d'argent, qui tendent à s'appliquer sur une traverse métallique, disposée au-dessous de la bande.

Quand les pinceaux rencontrent un plein de papier, il ne peut y avoir contact entre les fils d'argent et la traverse métallique; mais s'ils rencontrent un trou, le contact a lieu; un courant électrique passe du mélographe, par les fils de transmission, dans l'harmonium. Chaque pinceau est en relation électrique avec une touche de l'harmonium par le petit organe qui, pendant l'inscription, servait à faire passer le courant dans le mélographe. L'organe abaisse la touche et détermine l'émission du son, qui continue tout le temps que le pinceau met à traverser le trou du papier dans le mélographe. L'instrument transmet télégraphiquement les signaux Morse de la bande de papier et traduit la dépêche en notes musicales.

Le mélographe répétiteur combiné par M. Carpentier constituait assurément une des curiosités de l'Exposition.

Troisième piano électrique! Celui-là avait aussi ses nombreux admirateurs; il a attiré longtemps la foule des dilettanti dans le salon réservé aux applications domestiques de l'électricité. Il ne s'agit plus cette fois de faire jouer à l'électricité le rôle de pianiste ou d'enregistrer automatiquement des compositions musicales. La conception est différente : on a cherché à obtenir à l'aide de l'électricité des effets sonores nouveaux d'une extrême suavité. L'auteur du « piano électrique » est M. Baudet, bien connu déjà par l'invention de son piano quatuor.

Il n'est personne qui n'ait remarqué ce son particulier, que rend un piano lorsque, le pied sur la pédale, on attaque vigoureusement une ou plusieurs notes, en maintenant les doigts sur les touches. Les notes s'en vont lentement en mourant avec des vibrations de harpe éolienne d'une douceur et d'une mélancolie inexprimables. Un accord bien plaqué persiste près d'une minute, au moins quarante à cinquante secondes.

28.

Il était évident que, si l'on pouvait parvenir à tirer parti de cette sonorité douce et persistante, on obtiendrait des effets d'orgue très-remarquables.

Je me souviens qu'un musicien de valeur, écrivain musical distingué, M. Pellet, était venu me demander, il y a cinq ou six ans, s'il n'y aurait pas moyen de faire durer pendant un certain temps les vibrations des cordes d'un piano. On aurait obtenu ainsi à volonté, par une attaque brusque ou lente de la note, les sons brefs ordinaires, ou des sons prolongés. Nous avions naturellement indiqué à M. Pellet l'artifice, qui serait venu à l'esprit de tous les physiciens, l'attaque électrique des cordes. On peut prolonger la vibration d'une note en la soumettant à l'action d'un vibrateur magnéto-électrique. C'est cette disposition qui vient d'être réalisée par M. Baudet, dans des conditions suffisamment pratiques.

Les cordes de son piano électrique sont munies à leur partie supérieure de petits marteaux supplémentaires, qui peuvent être commandés par de mignons électro-aimants. Quand une touche fait passer le courant dans l'électro-aimant qui lui correspond, le marteau va et vient à l'*unisson* de la corde, entretenant son mouvement vibratoire. Le courant est lancé dans les électro-aimants par chaque touche, d'une manière assez simple. L'ivoire, en s'abaissant, établit un contact métallique entre le fil qui va aux cordes et le fil qui vient de la pile.

L'action des marteaux trembleurs sur les cordes se traduit par une prolongation du son, qui est très sensible, quand on insiste un peu sur la note. Attaque-t-on vigoureusement, c'est le marteau ordinaire dont l'effet prédomine : si on lie le doigté, c'est le son d'orgue qui s'entend principalement. On peut combiner le jeu de manière à obtenir simultanément les notes à vibrations persistantes et les notes brèves du piano. Les basses donnent surtout des résultats excellents, parce que le nombre des vibrations des sons graves étant toujours petit, le synchronisme des vibrations des marteaux et des vibrations des cordes se réalise sans difficulté; mais pour les notes hautes, qui correspondent à des milliers de vibrations par seconde, la concordance n'a plus lieu, et l'on obtient seulement des interruptions, des trémolos, qui disparaissent même dans un jeu un peu vif.

M. Baudet a déjà modifié ce premier dispositif; il fait son piano horizontal et les électro-aimants agissent non plus sur des marteaux, mais sur les cordes elles-mêmes; en un point de leur longueur, correspondant à un nœud de vibration, on fixe un bout de fil de fer très-fin plongeant verticalement dans une petite capsule renfermant du mercure. A chaque vibration, le fil de fer sort du godet de mercure et interrompt le courant; l'action attractive des électro-aimants se répète autant de fois qu'il y a d'oscillations des cordes, et le son se propage aussi longtemps que l'exécutant appuie sur la touche.

Une pile au bichromate de potasse à six éléments du type combiné par le frère de l'inventeur, M. Cloris Baudet, suffit pour mettre en mouvement les vibrateurs. La pile est cachée derrière le piano, qui a d'ailleurs l'aspect d'un piano ordinaire. Une genouillère placée entre les jambes de l'exécutant permet, lorsqu'on l'incline, d'envoyer aux vibrateurs le courant électrique d'une pile auxiliaire; on peut ainsi augmenter l'intensité du son persistant des cordes, comme avec la pédale on accroit la sonorité des notes du piano. En somme, le nouvel instrument de M. Baudet donne le moyen de varier considérablement le jeu de l'artiste; ses effets sont très-beaux, très-puissants e très-agréables.

L'électricité est bonne à tout faire. Dans une autre partie du Palais, près du pianista, on l'avait mise à contribution pour effectuer certaines opérations de contrôle dans des métiers à broder ou à dévider des fils.

Il arrive très-souvent que, dans les métiers à broder sur tulle, le fil se casse sans qu'on s'en aperçoive; le travail continue au grand détriment du fabricant. Il fallait trouver un œil vigilant qui annonçât la rupture du fil et qui arrêtât le métier. Il n'y avait qu'à s'adresser à l'électricité.

On l'a appliquée à diverses combinaisons dont voici l'une des plus simples. Les fils se rompent presque toujours près des aiguilles; en ces points, on suspend de légers crochets à contre-poids métalliques; au-dessous on place de petits augets en bois dont le fond est garni de deux lames en cuivre, disposées côte à côte sans contact. Si le fil se casse, le contre-poids tombe dans l'auget, s'asseoit sur les deux lames, les met en communication métallique, et un courant électrique, interrompu jusqu'alors, passe et va faire retentir une sonnerie. Le même courant, en circulant, anime un électro-aimant, qui, en attirant une pièce de fer, déclenche l'embrayeur par l'intermédiaire duquel la force motrice mettait le métier en mouvement. Le mécanisme s'arrête jusqu'à ce qu'on soit venu relier les deux bouts du fil rompu.

Ce n'est pas tout; les ouvriers sont payés en raison

du nombre de points qu'ils effectuent. On ne compte pas facilement les points faits au bout de la journée. L'électricité fait la besogne. Chaque fois qu'un point passe, le métier établit un contact, qui ferme un circuit électrique. Le courant fait avancer d'un cran la roue d'un compteur et, au bout de dix heures de travail, le fabricant sait d'un coup d'œil la paie qui revient à son ouvrier.

Ce n'est pas encore fini. Dans les métiers de dévidage, comment savoir rapidement si la machine a dévidé la longueur exacte de laine qui correspond à un poids donné? Les fils dévidés par le métier viennent tomber en serpentant dans des vases cylindriques en fer-blanc ; chaque cylindre est suspendu au fléau d'une sorte de romaine que l'on règle pour qu'elle trébuche lorsque le cylindre a atteint le poids réglementaire.

Quand le cylindre est convenablement plein de laine, le fléau penche et vient appuyer sur un contact métallique. Un courant électrique peut passer et agir sur un levier qui arrête le défilement. Chaque cylindre a son mécanisme d'arrêt. Il suffit donc de regarder pour savoir quand on a obtenu le poids de laine désiré. Une seule ouvrière peut conduire un de ces dévideurs électriques.

Une application analogue a été faite au mesurage de l'avoine des chevaux.

Nous ne nous arrêterons pas sur les avertisseurs d'incendie exposés en très-grand nombre; ils sont tous plus ou moins connus. Quelques lignes seulement sur les fils avertisseurs de M. Charpentier et sur ses « sphères de sûreté » qui paraissent conçus dans un esprit pratique. L'auteur a eu l'idée de réunir dans une même gaîne trois fils de très-petit calibre : deux fils de cuivre séparés par un fil d'étain. Chacun de ces fils est revêtu de coton; il forme ainsi une sorte de ganse, de cordon très-ténu, qu'on coud dans les rideaux, dans les tentures, les tapis d'un appartement; on fait encore courir ce cordon imperceptible et d'une couleur appropriée le long des murs, du plafond, etc. Si un incendie se déclare, le petit cordon de M. Charpentier devient précieux; la chaleur fait fondre le fil intermédiaire d'étain, en même temps que le coton qui servait d'isolant se consume. L'étain, en se fondant, établit le contact entre les deux fils de cuivre et ferme le circuit électrique. Le courant déclenche une sonnerie d'alarme, qui retentit jusqu'à ce qu'on vienne l'arrêter.

La « sphère de sûreté » consiste dans une boule métallique creuse, au milieu de laquelle sont presque en contact deux lames de cuivre. Si la température s'élève un peu, les deux lames se dilatant viennent se toucher. Un courant électrique fait résonner une sonnerie. On règle à volonté la sensibilité de l'appareil par le rapprochement des deux lames; on peut le rendre assez impressionnable pour que la chaleur de l'haleine suffise à mettre en mouvement la sonnerie. Ces sphères de sûreté permettent de limiter très-rigoureusement au degré voulu la température d'un local, d'une serre, d'un séchoir, d'un magasin, d'un réservoir à fermentation, etc. En même temps, elles peuvent mettre en garde contre les combustions spontanées; placées dans les soutes à charbon, elles avertissent de même automatiquement que la température atteint un degré anomal.

Et les couveuses électriques? Pourquoi pas? Habituellement, pour produire l'incubation artificielle, les œufs sont déposés dans des boîtes à tiroirs convenablement amenagés, et la température maintenue au degré voulu au moyen d'eau chaude. A l'Exposition, on a chargé l'électricité de remplacer la poule couveuse. Quelques fils de platine traversent une gaîne métallique plongée dans l'eau qu'il faut maintenir à la température moyenne de 40 degrés. Le courant électrique porte les fils au rouge, et la chaleur atteint le degré convenable. De plus, une sonnerie retentit lorsque la température s'élève au delà de 40 degrés.

A côté de la couveuse de MM. Rouillier et Arnoult, on trouvait la « Mireuse électrique ». Derrière chaque œuf un petit fil de platine en spirale devient incandescent sous l'action d'un courant et sa lueur remplace celle de la lampe ordinaire; on peut voir d'un coup d'œil si l'œuf est bon à être couvé ou s'il est infécond.

D'autre part, M. Fremond avait installé une couveuse dans laquelle l'électricité ouvrait, par le jeu d'un électro-aimant, une porte de sortie à l'air de l'appareil, quand la température dépassait le degré convenable, l'air froid pénétrait en même temps et la chaleur revenait automatiquement à son taux normal. M. Fremond a poussé l'esprit d'invention jusqu'à construire une « Gaveuse électrique » pour volailles. L'opération d'emplissage est accélérée par la manœuvre électrique de la gaveuse.

En somme, dans le coin des couveuses, grands artifices, petits résultats. Il fallait bien pénétrer dans le Palais, et l'électricité seule en tenait les clefs.

Que d'efforts d'imagination déployés par les inventeurs! M. Chapuis a voulu devenir la Providence des gens rangés, des grands et petits ménages. La cave est loin, et la domesticité aime le bon vin; c'est si facile de prendre du vin dans la pièce qui vient d'arriver de Bordeaux ou de Mâcon! Désormais défense, de par l'électricité, de goûter le vin sans permission, ou de soustraire le plus petit verre pendant la mise en bouteilles. Quand à la cave, on ouvre le robinet du tonneau, une sonnerie retentit dans l'office; quand on le ferme, la sonnerie parle de nouveau. En même temps un disque mobile tourne et enregistre le nombre de fois que les sonneries ont fonctionné et l'intervalle de temps compris entre les deux tintements; il n'en faut pas davantage pour que toute absorption de vin illicite soit révélée. En effet, le temps nécessaire pour emplir une bouteille est toujours le même; par conséquent, si l'on tire du tonneau une fraction de bouteille, les sonneries ne résonnent pas après l'intervalle du temps voulu, et l'inscription des durées révèle la fraude. Si l'on veut escamoter une bouteille, le compteur électrique est là pour avertir qui de droit : si l'on veut goûter à une bouteille pleine, c'est facile, mais pour cacher le larcin, il faut la remplir; et la maudite sonnerie et l'avisé compteur disent immédiatement qu'on a de nouveau ouvert le robinet pour remplacer la portion manquante; le compteur précise même le volume de liquide qui a été soustrait. Sommeliers, essayez du compteur œnologique!

Le même système peut mettre en garde contre les fuites de liquide, contre les changements de niveau, et averti aussi, lorsqu'on effectue des transvasements, que le liquide a atteint, dans un récipient, la hauteur convenable.

Enfin, pour clore cette série, dernière application originale : la « toise électrique! » Elle était exposée dans la section espagnole par M. Alejo Cazola. Qu'elle soit légère aux conscrits !

Les jeunes gens en Espagne, paraît-il, comme dans tous les pays du monde sans doute, ont recours à certains subterfuges pour échapper au recrutement militaire; par des flexions adroites, ils essaient de se rapetisser au-dessous de la taille réglementaire. Hélas! l'électricité s'est mise du côté de la loi.

M. Cazola dispose, au pied du poteau de la toise, deux contacts électriques sur lesquels doivent appuyer les talons du conscrit et deux contacts au niveau des mollets. L'homme est pris entre ces témoins bavards; s'il reste immobile, les contacts sont parfaits et deux sonneries électriques tintent, à qui mieux mieux, aux oreilles des officiers de recrutement; mais si le conscrit cherche à fléchir légèrement les genoux, les sonneries se taisent. D'un autre côté, la potence glissante qui doit s'appuyer sur le haut de la tête et donner la taille, porte également un contact. Quand la règle touche bien le crâne, une nouvelle sonnerie en avertit l'examinateur, Dans ces conditions, la vérification de la taille est exacte, et il serait vraiment bien difficile qu'il en fût autrement.

De l'autre côté des Pyrénées, les conscrits ne sont pas contents; la toise électrique vient d'être rendue réglementaire dans toute l'armée espagnole.

XVIII

Il existait à l'Exposition, dans la section américaine, une machine extrêmement remarquable qui
n'a pas eu le don d'attirer la foule, parce qu'il était,
en effet, assez difficile au premier coup d'œil de saisir
son importance pratique. Depuis un an, elle a cependant fait naître une véritable émotion dans le monde
agricole des États-Unis. Elle serait, dit-on, de nature
à opérer une révolution dans l'outillage et les procédés actuels de la meunerie.

D'après MM. Osborne et Smith, qui l'ont les premiers réalisée et installée dans leurs grandes meu-
neries de Brooklyn, la machine fonctionnerait parfaitement et donnerait des résultats économiques tout à

Fig. 182. — Vue d'ensemble du sasseur électrique de MM. Osborne et Smith. (D'après l'appareil qui a fonctionné à l'Exposition internationale d'électricité.)

fait surprenants. Les inventeurs ont eu l'idée originale d'appliquer l'électricité à la purification de la
farine brute.

La farine brute renferme, comme on sait, beaucoup
de son; or, le son s'électrise facilement et la farine
difficilement. Si l'on frotte du papier à lettre préalablement chauffé et séché et qu'on promène ce papier
au-dessus de la farine brute, on constatera que tout
le son est attiré sur la feuille de papier et que la
farine ne l'est pas. En se fondant sur cette observation, MM. Osborne et Smith ont imaginé l'appareil
qui a fonctionné, pendant plus de six semaines, au
Palais des Champs-Elysées.

La farine brute est introduite dans une trémie
disposée à l'extrémité de la machine; elle est conduite sur un grand tamis horizontal animé mécaniquement d'un mouvement de va-et-vient, qui a pour
effet d'opérer un triage préliminaire ; la farine
tombe au fond et le son est ramené à la surface,

Au-dessus du tamis et presque en contact avec la
farine brute sont rangés, parallèlement à petite distance 24 rouleaux en caoutchouc durci. Cette longue
rangée de rouleaux se développe de la trémie à l'extrémité de la machine. Ils sont tous commandés par un
arbre qui les oblige à tourner sur eux-mêmes à la
vitesse de 25 à 30 tours par minute. Chacun d'eux a
23 centimètres de longueur et 15 centimètres de diamètre.

Au-dessus de chaque rouleau sont fixées des peaux
de mouton qui frottent sur leur surface supérieure.
Ces peaux électrisent le caoutchouc, et quand le rouleau, dans son mouvement de rotation, passe à
portée de la farine brute, sa surface se couvre de son.

Le rouleau tournant toujours, le son rencontre les peaux qui le brossent et le détachent, puis le font tomber dans une rigole. Chaque rouleau a sa rigole d'évacuation ; un petit balai mû mécaniquement chasse dans les rigoles le son jusqu'à un conduit

Fig. 183. — Vue d'un rouleau en ébonite électrisé.

général qui, à son tour, le porte hors de la machine.

Le son est ainsi poussé dehors ; quant à la farine, elle reste d'abord sur le tamis ; puis, peu à peu, elle se sépare selon sa finesse, comme dans les sasseurs ordinaires.

La machine entière occupe un volume de 3 mètres de longueur sur 0^m90 de largeur et 1^m20 de hauteur. La surface du tamis est de 1^m11 ; le tamis fonctionne par oscillations, en donnant environ 100 coups à la minute.

Il peut passer dans la machine 225 kilogs de farine brute par heure. Il suffit de la force d'un demi-cheval-vapeur pour la faire fonctionner; c'est le tiers environ de la force motrice employée dans les appareils de blutage ordinaire.

Le nouveau procédé de blutage électrique s'applique, affirme-t-on, à toutes les farines de blé tendre ou dur; il supprime tout ventilateur; il évite toute production de poussière, résultat important, car la poussière de blutage est dangereuse; elle amène des explosions formidables. On se rappelle sans doute qu'en 1872, à Glascow, et à Saint-Louis en 1881, des explosions dues aux poussières firent sauter plusieurs minoteries.

MM. Osborne et Smith font construire en ce moment à Minneapolis un moulin colossal qui produira plus de 3,000 mètres cubes de farine par jour, dont l'épuration sera obtenue au moyen de leurs sasseurs électriques.

Nous devrons en Europe suivre pas à pas les progrès du nouvel outillage américain. Les villes de Minneapolis et de Saint-Louis, qui concentrent aujourd'hui la plus grande partie de la meunerie américaine, produisent journellement 6,000 mètres cubes de farine; la construction des usines nouvelles et l'emploi du blutage électrique vont leur donner encore un développement plus grand; l'importation de la farine américaine ne peut donc aller qu'en croissant, si nous n'adoptons pas de notre côté les mêmes moyens de production. En Amérique, on a laissé de côté les meules antiques et on les a remplacées par des cylindres broyeurs. La production américaine dépasse aujourd'hui celle de l'Autriche-Hongrie, qui était, il y a peu de temps encore, le principal centre de cette industrie. On ne saurait donc trop attirer l'attention sur la machine de MM. Osborne et Smith.

Différents inventeurs ont également utilisé l'électricité pour le triage des minerais en grains. Les minerais de fer sont composés d'oxydes ferrugineux et de gangues inutiles ; une fois grillés, les oxydes de fer deviennent aptes à être attirés par des aimants. On peut donc séparer le « grain de l'ivraie », débarrasser les portions utiles des parties superflues à l'aide d'électro-aimants. Dans cet ordre d'idées, on voyait à l'Exposition divers électro-trieuses, notamment celles de MM. Chenot dont l'invention remonte à 1852, celles plus récentes de MM. Vavin, Siemens et Edison.

Les grains de minerais sont jetés dans une trémie, descendent sur des cloisons constituées par des électro-aimants qui saisissent au passage les parties ferrugineuses ; les parties minérales tombent au fond de l'appareil.

Le même système est utilisé pour la séparation des limailles de fer et des autres poussières métalliques. La trieuse Vavin est employée dans les ateliers de construction de l'État ; elle est très-compacte, réduite à 0^{m}80 en surface et 1^{m}60 en hauteur. Dans les ateliers Cail, une trieuse Vavin traite par jour 2,000 kilogr. de limaille.

L'électro-trieuse Siemens est formée par un cylindre incliné muni à l'intérieur d'une vis d'Archimède. Le cylindre, renfermant des électro-aimants, saisit les grains ferrugineux qu'un racloir mécanique rejette dans un compartiment spécial. Cet appareil peut séparer par jour jusqu'à 20 tonnes de minerai; il est puissant et très-employé en Espagne dans les mines de fer.

Le séparateur magnétique de M. Edison est fondé sur un principe un peu différent. Les électro-aimants ne recueillent pas au passage les grains ferrugineux sortant de la trémie, ils ne font que changer la direction du jet. Les minerais tombant devant des aimants, tout ce qui est fer est dévié de la direction primitive et va s'emmagasiner dans un compartiment; tout ce qui est poussière minérale continue sa route rectiligne et passe dans un autre compartiment. Ce séparateur magnétique est très-simple et très-efficace; on l'emploie beaucoup maintenant aux États-Unis et dans toute l'Amérique.

L'électricité commence aussi à pénétrer dans les fabriques de porcelaine. Entre les pièces de porcelaine blanche et celles qui présentent la plus petite tache, i existe une différence de valeur commerciale de 40 0/0. Il y avait donc un avantage énorme à débarrasser la pâte de porcelaine des particules ferrugineuses qui donnent naissance aux taches. Ces matières sont attirables à l'aimant. On avait songé, il y a longtemps, à purifier la pâte avec des électro-aimants; mais autrefois il fallait se servir de piles et d'électro-aimants trop petits pour pouvoir agir efficacement. Aujourd'hui le problème est complétement résolu.

On fait arriver la pâte liquide en regard des deux pôles d'un puissant électro-aimant; on l'oblige à se laminer en quelque sorte à portée du champ magnétique. Les particules ferrugineuses quittent la pâte et vont se fixer sur l'aimant. De temps en temps, on arrête le travail, on nettoie les surfaces polaires des électro-aimants en les rendant d'abord inactifs et en projetant ensuite sur leur surface un jet d'eau sous pression. On a recours, pour animer les électro-aimants, à une machine Gramme de très-petit modèle actionnée par un peu de force empruntée au moteur de l'usine.

L'épuration magnétique de la porcelaine se fait sur une grande échelle chez MM. Pillivuyt et Cᵉ, à Mehun-sur-Yèvre (Cher), et à la faïencerie de Creil. A Mehun, trois machines épurent environ 600 kilogrammes de pâte par jour. On extrait à peu près 8 kilogrammes de matière ferrugineuse par 100.000 kilogrammes de pâte.

Dans l'exposition de M. Breguet, on avait placé sous les yeux du public des gâteaux de porcelaine, dans lesquels on avait emmagasiné les parties ferrugineuses séparées par la machine. Chacune de ces parcelles ferrugineuses enlevées par les électro-aimants eût considérablement déprécié la valeur des objets de porcelaine. Les parcelles donnent à l'analyse 82.20 de fer, 18 de matière argileuse, 0.24 de charbon.

Les industries chimiques commencent à faire de nouvelles et importantes applications de l'électricité. Nous ne parlerons pas des opérations galvano-plastiques, qui ont pris un développement excessif, mais qui sont bien connues de nos jours ; nous voulons seulement signaler quelques autres applications qui sont à peine sorties du laboratoire et qui paraissent pleines d'avenir.

Au premier rang, il convient de placer l'électro-métallurgie. Deux établissements allemands avaient exposé des produits obtenus par affinage électrique. Le *Koniglich Preussiches und Herzoglich Braunschweigisches Communion Hüttenamt* et la *Norddeutsche Affinerie* avaient présenté au public du cuivre affiné, de l'or et de l'argent d'une pureté absolue. On tend aujourd'hui à substituer à l'affinage métallurgique ordinaire l'affinage électrique.

Le cuivre impur est réduit en plaques et plongé dans un bain de sulfate de cuivre traversé par un courant électrique. Par suite du passage du courant, la plaque de cuivre impur se dissout dans le bain, et au pôle opposé, on recueille un dépôt de cuivre pur. L'usine de la *Norddeutsche Affinerie* emploie à l'heure actuelle six machines Gramme actionnées par 40 chevaux pour produire annuellement 500 tonnes de cuivre parfaitement pur et d'une homogénéité remarquable.

Pour obtenir l'or ou l'argent fin et les séparer du platine, du cuivre et des autres métaux qui s'y trouvent associés, on traite l'alliage par l'acide sulfurique, qui dissout tous les métaux, à l'exception de l'or et du platine. Cet alliage binaire est soumis dans un bain à l'action du courant. L'or se dépose ; le platine se dissout et est recueilli ensuite dans une opération ultérieure. L'argent s'extrait d'une manière analogue.

Des échantillons de cet or affiné électriquement ont donné, analysés à la Monnaie de Paris, le titre exact de 1,000 pour 1,000 ; l'argent a fourni 999,7 pour 1,000.

Ce procédé a été employé, quand on a refondu les

monnaies de billon de l'Allemagne, et l'on a pu séparer du cuivre 23 kilogrammes d'or. Ce sont des méthodes d'une délicatesse infinie, qui rendront de
grands services à l'industrie métallurgique.

Dans la même voie, il convient de mentionner les
essais, déjà très-avancés, qui sont tentés depuis
quelque temps pour extraire le zinc par voie électrique. Dans le procédé actuel, qui consiste à réduire
le zinc de ses minerais par du charbon à une température élevée, les frais de traitement sont évalués en
moyenne à 50 fr. par tonne de minerai; il faut ajouter à cette dépense de 20 à 30 fr. pour les pertes de
zinc resté dans le minerai. La préparation d'une tonne
de minerai à 45 0/0 de zinc coûte environ de 70 à 80 fr.,
soit 20 à 25 fr. les 100 kilos. En outre, lorsque les
minerais viennent de Grèce, de Sardaigne, d'Espagne,
pour être traités à Liège, à Stolberg, à Swansea ou
même en France, les dépenses afférentes au transport
s'élèvent à 25 ou 30 fr. la tonne. Il y aurait donc
grand intérêt à diminuer la consommation en charbon
et à réduire le minerai sur place.

Différents procédés ont été expérimentés; plusieurs
lingots de zinc exposés ont été obtenus électriquement.
En principe, on dissout le minerai dans des acides appropriés à sa composition, et la liqueur est soumise à
l'action d'un courant électrique. Le zinc se dépose
dans un grand état de pureté. M. Létrange se sert,
pour dissoudre le minerai, d'acide sulfurique obtenu
par le grillage simultané de la blende et de la cala-
mine; et quand c'est possible, il utilise des chutes
d'eau pour actionner les machines dynamo-électriques
qui engendrent le courant. Même lorsqu'il faut employer du charbon pour les machines, l'économie

résultante est considérable, elle atteint plus de 45 0/0.
Dans la méthode actuelle, une usine qui produit
1 million de kilogrammes de zinc exige une dépense
d'installation de 1 million. Avec le nouveau procédé,
la dépense d'installation serait réduite à 500.000 francs.

Évidemment l'électro-métallurgie permettra d'extraire tout le métal renfermé dans les minerais; elle
sera extrêmement économique et réalisera de ce chef
un progrès sérieux dans l'industrie des métaux.

Autre application, qui malheureusement n'est pas
encore réellement sortie de la phase expérimentale;
elle promet beaucoup et mérite d'être mentionnée;
M. Goppelsroder a inventé la teinture électrique; il prépare des matières colorantes au moyen de l'électrolyse.
On voyait dans la section suisse des noirs, des bleus
d'aniline obtenus par voie électro-chimique.

On sait que si l'on plonge dans de l'eau légèrement
acidulée deux fils de platine communiquant respectivement aux pôles d'une pile, le liquide est décomposé;
de l'oxygène se réunit au pôle positif et de l'hydrogène
au pôle négatif. Il résulte de là que, si l'on met en
dissolution dans l'eau des substances chimiques, qui
sous l'action de l'oxygène ou de l'hydrogène peuvent
se décomposer ou se combiner en formant d'autres
corps, on obligera l'électricité à fabriquer de nouvelles substances. M. Becquerel a déjà employé utilement ce procédé. Avant 1860, Frankland, Kolbe, Van
Babo s'étaient aussi servis de l'hydrogène résultant
de la décomposition de l'eau pour réduire divers composés organiques tels que la cinchonine. M. A. Renard, plus récemment, a eu recours à la même méthode pour préparer les dérivés de l'alcool.

M. Goppelsroder, dès 1875, obtenait de même certaines matières colorantes par l'action d'un courant électrique; il les montrait alors à la Société industrielle de Mulhouse; à la même époque, du reste' M. Coquillon produisait par le même procédé le noir d'aniline insoluble. Depuis, le chimiste suisse a poursuivi ses recherches et il a donné beaucoup d'extension à la méthode électro-chimique.

Les nouvelles substances tinctoriales employées aujourd'hui dans l'industrie proviennent du goudron de houille ; par une suite de transformations chimiques, on métamorphose la houille en matières colorantes d'un grand éclat, telles que la rosaline, l'aniline, le bleu d'Hoffmann, etc. Le traitement chimique consiste à oxyder certaines substances, à réduire certaines autres, c'est-à-dire à leur enlever de l'oxygène à l'aide d'hydrogène. Ces oxygénations et ces hydrogénations s'effectuent dans la méthode de M. Goppelsroder à l'aide de la pile.

M. Goppelsroder met en dissolution dans l'eau acidulée les corps organiques qui, hydrogénés ou oxydés, sont susceptibles de se transformer en matière colorante, et il fait passer le courant. Comme souvent une substance se fabrique sous l'influence de l'oxygène et qu'une autre se produit en même temps sous l'action de l'hydrogène, l'inventeur sépare au milieu de l'eau les deux fils actifs correspondant à chaque pôle au moyen d'un vase poreux. On évite ainsi d'ailleurs les réactions secondaires. Dans un vase se décomposent les matières colorantes résultant de l'oxydation; dans l'autre, celles qui se forment par hydrogénation.

Les sels sur lesquels le chimiste de Bâle a opéré sont principalement les sels d'aniline, de toluidine et

leurs mélanges, ceux de méthylamine, de dyphény-
lamine et de méthyldiphénylamine, le phénol et les
sels de naphtylamine. Il a pu retirer ainsi du noir
d'aniline, différents bleus d'aniline, le violet d'Hoffmann, l'alizarine artificielle, etc.

Le noir d'aniline se dépose au pôle positif par l'électrolyse d'une solution aqueuse de chlorhydrate, de
sulfate ou de nitrate d'aniline acidulée d'un peu d'acide
sulfurique. Les bleus d'aniline vont aussi au pôle
positif quand on soumet à l'action du courant une
solution de sel de rosaline additionnée d'alcool méthy-
lique, d'un peu d'acide sulfurique et très-peu d'iodure
de potassium. L'alizarine se fait au pôle négatif, quand
on mélange l'anthroquinone avec une solution con-
centrée de potasse caustique, etc.

Les échantillons de soie teints au moyen de ces
produits sont très-beaux ; ils étaient au nombre de
trente-six présentant des couleurs différentes. Il est
vraisemblable que le mode de préparation déjà employé par M. Goppelsroder prendra de l'extension, et
ce ne sera pas une des moindres surprises de notre
temps que de voir l'électricité travailler ainsi à fabriquer les substances colorantes qui servent à teindre
les tissus soyeux, les étoffes, les tentures dont les couleurs chatoyantes attirent les regards à la devanture
des magasins.

Voici enfin une nouvelle et très-importante application de l'électricité. M. Laurent Naudin est parvenu
à rectifier complétement et très-économiquement les
alcools de mauvais goût au moyen d'un courant électrique. Le procédé n'en est plus à la période de tâtonnements ; il fonctionne depuis un an avec succès, dans

l'usine de M. Boulet, à Bapeaume-lez-Rouen. L'appareil de M. Naudin était exposé salle XII.

Le problème de la rectification des alcools de mauvais goût exerce depuis longtemps la sagacité des chimistes. La formation des matières sucrées engendre non-seulement de l'alcool proprement dit, mais tous les alcools provenant de ce que les chimistes appellent la série grasse, puis des corps acides, basiques et des éthers. Ces corps étrangers donnent à l'alcool vinique un mauvais goût; comme ils ne diffèrent généralement de l'alcool que par un excès d'hydrogène, longtemps on chercha à les débarrasser de cet excès en les soumettant à l'action d'oxydants tels que le chlore, l'acide permanganique, l'acide nitrique, etc. La méthode était trop énergique et l'on détruisait l'alcool en voulant détruire les corps étrangers. Le remède était pire que le mal et l'on y renonça. Aujourd'hui on s'en tient encore à la simple rectification par distillations successives dans les appareils Cail ou Savalle. L'alcool vinique, les alcools de composition voisine et les autres corps ont des degrés de volatilité différents; ils se séparent tant bien que mal lorsqu'on distille plusieurs fois. En pratique, le rendement en alcool premier jet bon goût ne s'élève pas au-delà de 45 0/0; le reste est fractionné plusieurs fois, ce qui se traduit à chaque opération par une perte de 3 à 4 0/0. Nous ne savons donc pas tirer tout l'alcool possible d'un poids donné de sucre, de raisin, de grain ou de betteraves.

M. Laurent Naudin a repris la question et il est arrivé à cette conclusion que les alcools bruts doivent également leur odeur et leur saveur infectes à la présence d'aldéhydes de la série grasse (alcools déshydro-

génés). Ces aldéhydes se formeraient pendant la fermentation des moûts et la distillation des vins. Ces corps sont des alcools incomplets n'ayant pas les molécules d'hydrogène suffisantes pour passer à l'état d'alcools. Pour les transformer, il n'y a évidemment qu'à les hydrogéner. On est ainsi conduit à traiter les alcools impurs, comme nous avons vu précédemment M. Goppelsroder traiter les matières colorantes ; il faut les soumettre à l'action de l'hydrogène, provenant de la décomposition de l'eau par un courant électrique.

Une partie de l'eau contenue dans les flegmes (alcool à 50 degrés Gay-Lussac) est décomposée par le courant : l'hydrogène naissant se porte sur les aldéhydes pour les transformer en alcools correspondants.

Industriellement, M. L. Naudin opère l'hydrogénation des flegmes en mettant ces derniers au contact d'une pile spéciale composée de lames de zinc recouvertes de cuivre précipité *chimiquement*. Ce couple jouit de la propriété de décomposer l'eau *pure*, avec dégagement d'hydrogène et formation d'hydrate d'oxyde de zinc. Il peut, par suite, agir facilement dans les liquides *neutres* et constituer un agent puissant d'hydrogénation. C'est une électrolyse, avec cette particularité que l'oxygène provenant de la décomposition de l'eau est absorbé par le zinc au fur et à mesure de sa production.

Voici le dispositif adopté. Le zinc en rognures est placé dans une cuve en bois, en cuivre ou en fer, par lits à a' a'' a''' de 0^m20 d'épaisseur. La cuve est fermée à la partie supérieure. Ces lits formés par des doubles fonds en bois, percés de trous, reçoivent sur leur pourtour un serpentin e e' e'' e''' permettant une circulation d'eau chaude pour maintenir une température moyenne de 25 degrés. Les flegmes arrivent, ainsi que l'indique la flèche, par le tube de droite et après hydrogénation sont envoyés au rectificateur par le tube de vidange H. L'hydrogène chargé de vapeur d'alcool vient barboter par le tube M dans le récipient R contenant les flegmes ordinaires.

Pendant une heure environ, la pompe P aspire les flegmes dans le sens des flèches pour les ramener à la la partie supérieure D de la cuve.

Ce mouvement de bas en haut assure une complète hydrogénation de toutes les parties infectes des flegmes mis en œuvre.

Le trou d'homme T permet le démontage et le nettoyage de la pile lorsqu'il y a lieu.

Le niveau N marque à tout instant le niveau du liquide dans la cuve.

Au lieu d'employer des rognures qui se nettoient très-difficilement, on fait usage, depuis peu, de lames de même métal ondulées, placés horizontalement les unes au-dessus des autres.

La précipitation chimique du cuivre sur le zinc est obtenue en mettant les lames de zinc au contact d'une solution aqueuse de sulfate de cuivre. Cette précipitation exige environ trois heures.

Ainsi formé, ce couple, avec des soins d'entretien, peut fonctionner pendant un an.

Les alcools traités par cette nouvelle méthode accusent des rendements en alcool pur très-élevés; ils atteignent 80 0/0, tandis que l'ancien procédé ne donnait que 45 0/0. La qualité est aussi sensiblement supérieure à celle de l'alcool bon goût ordinaire.

Ce procédé est satisfaisant lorsqu'il s'agit de traiter des flegmes de maïs; il est insuffisant pour les eaux-de-vie de pommes de terre ou de betterave ; la désin-

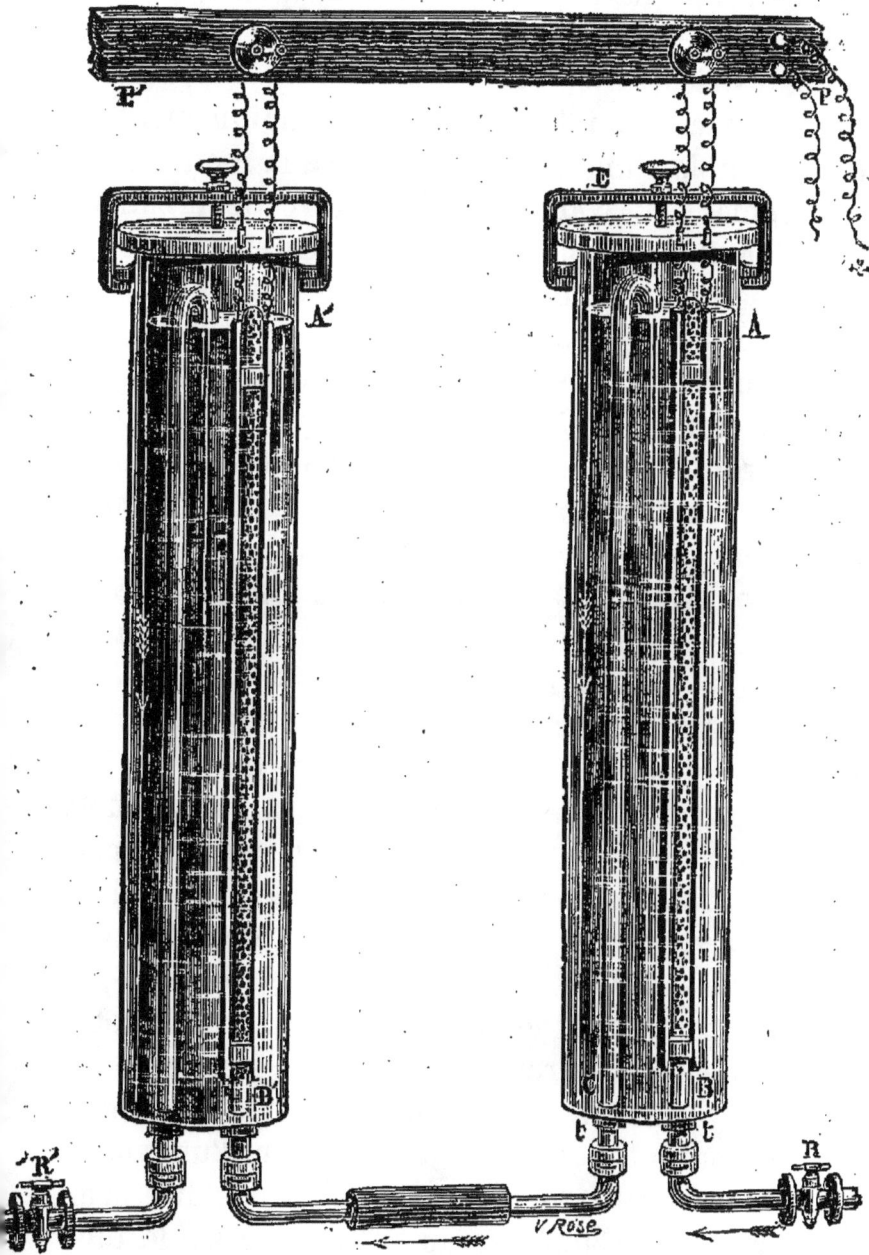

Fig. 185. — Appareil électrolyseur pour la rectification des alcools.

fection n'est pas totale, et c'est surtout dans le cas des

eaux-de-vie de betterave qu'une rectification complète serait de nature à apporter un appoint considérable au développement de cette branche importante de l'industrie.

Dans ce cas, au lieu d'employer uniquement le courant faible d'une pile cuivre-zinc à la rectification des flegmes, M. Naudin fait suivre cette première opération d'une seconde beaucoup plus énergique. Il fait passer les flegmes dans un électrolyseur dont voici la description :

L'appareil se compose d'un vase en verre A cylindrique, muni de deux tubulures *tt* à la partie inférieure. La partie supérieure est fermée hermétiquement par une plaque de verre rodée, maintenue solidement par une griffe en cuivre E.

Le tube d'amenée B des flegmes percé de trous dans toute sa longueur, est fermé à la partie supérieure et maintenu à une courte distance de deux lames de plomb (figurées en noir sur le dessin) représentant les deux électrodes du courant traversant la plaque de verre rodée. Les petits trous par lesquels passent ces fils sont bouchés par du liége, faisant aussi fonction de soupape de sûreté, au cas où l'un des tubes viendrait à se boucher accidentellement pendant l'électrolyse. Le courant des flegmes est réglé à l'entrée par le robinet R et à la sortie par le robinet R'. Le tube de retour C recourbé en forme de syphon, permet aux gaz produits de s'échapper avec le courant liquide et de barboter d'un voltamètre dans l'autre. Ce que nous venons de dire pour le voltamètre A s'applique au voltamètre A'; le tube de retour C du premier vase étant relié au tube d'amenée B' du second vase A' et ainsi de suite.

Nous donnons aussi une vue perspective d'un électrolyseur à trois voltamètres qu'on peut accoupler avec une autre batterie de 3, 6 ou 9 voltamètres. Cet électrolyseur est actionné par une machine dynamo-électrique de Gramme ou de Siemens. Le courant

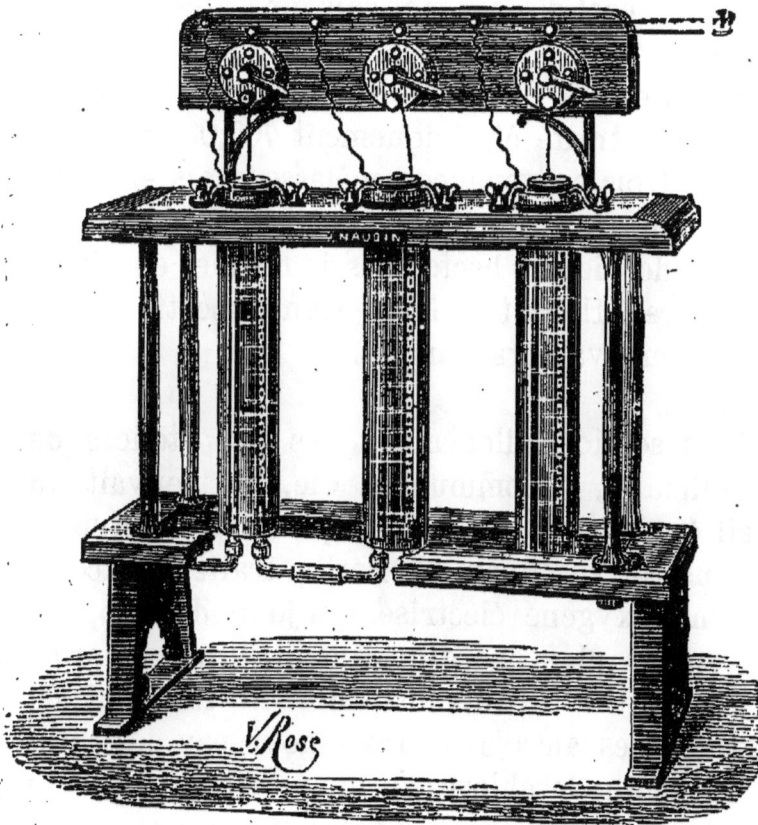

Fig. 186. — Électrolyseur à trois voltamètres.

énergique qui traverse les lames de platine et les flegmes décomposent l'eau en abondance. L'oxygène se porte sur les produits de mauvais goût et les brûle. Probablement on se débarrasse ainsi des produits qui réclament un excès d'oxygène pour se transformer. Il se fait ensuite une nouvelle hydrogénation

des produits, qui ont besoin d'être saturés d'hydrogène. Quoi qu'il en soit, tout mauvais goût est enlevé
et l'alcool de betteraves acquiert une qualité comparable à celle des meilleurs alcools de grain. Les rendements de premier jet s'élèvent à 85 0/0. Par les
anciens procédés, les flegmes de betteraves ne donnent qu'un alcool d'assez mauvais goût à la première
rectification.

A Bapeaume-lez-Rouen, du 15 mars 1881 au 15 novembre, on a traité électriquement 700,000 litres de
flegmes de trois provenances, mélasse, maïs et betteraves. Un appareil Naudin permet de transformer en
bonne eau-de-vie 200 hectolitres de flegmes en vingt-
quatre heures. Il était utile de signaler cette invention à nos cultivateurs français.

Dans la section allemande, près des ateliers de
MM. Heilmann, Ducommun et Cie, on trouvait un
appareil également destiné à l'épuration électrique
des alcools. M. Eisennam, de Berlin, traite les alcools
par l'ozone, oxygène électrisé, qui jouit des propriétés oxydantes plus énergiques que l'oxygène ordinaire. On avait échoué autrefois en essayant de
transformer les alcools mauvais goût par des oxydants, parce que le chlore, l'acide permanganique, le
manganèse, etc., auxquels on avait recours, après
avoir détruit les composés impurs, en formaient
d'autres également de mauvais goût. L'oxygène actif,
agissant seul, n'introduit plus ces causes d'altération
et peut, en effet, amener des résultats satisfaisants.
C'est ainsi que, à Paris, M. Wideman a imaginé
depuis plusieurs années de rectifier les alcools en les
baignant dans de l'air ayant traversé par insufflation

un bec de gaz. Selon l'auteur, l'air traversant une flamme se chargerait d'ozone.

M. Eisennam prépare de l'ozone, comme M. Houzeau, en faisant passer une effluve électrique dans un tube de verre traversé par un courant d'air. L'ozone se forme et est aspiré par un jet de vapeur dans un grand réservoir en cuivre hermétiquement clos, chauffé à 70 degrés par des tuyaux de vapeur formant serpentin à l'intérieur. Dans ce réservoir sont enfermés les flegmes; l'ozone barbote dans le liquide et oxyde les alcools mauvais goût. Il suffit d'une pile de quatre éléments et d'une bobine de Ruhmkorff pour préparer l'ozone. Les flegmes ozonisés sont rectifiés comme d'habitude.

Cet appareil est très-simple; mais nous ne pensons pas qu'il soit aussi efficace que celui de M. Naudin; nous avons dit que les produits impurs mêlés à l'alcool se composent d'aldéhydes infectants et d'éthers, d'acides organiques, etc. Les éthers, les acides nécessitent l'action de l'oxygène pour être décomposés, et pour eux l'ozone est utile, mais évidemment cet ozone ne saurait exercer d'influence sur les aldéhydes, qui, pour se modifier, réclament de l'hydrogène. La seule action de l'ozone doit donc être insuffisante et l'épuration moins complète qu'avec le procédé électrolytique.

En somme, M. Eisennam a répété sur une échelle un peu plus grande ce que la foudre avait fait jadis, dans la cave d'un riche viticulteur. Ce propriétaire avait chez lui un certain nombre de bouteilles d'eau-de-vie de qualité inférieure. Un jour d'orage, le tonnerre tomba sur les bouteilles, en brisa plusieurs, fit sauter le bouchon de quelques-unes d'entre elles et transporta les autres de la cave dans le cellier. Quand le viticulteur goûta l'eau-de-vie des bouteilles débouchées, il la trouva excellente. La foudre l'avait vieillie en un tour de main, et lui avait enlevé son mauvais goût. Il est probable que l'ozone fabriqué sur place par le coup de foudre avait brûlé les alcools mauvais goût. Cette opération mystérieuse aurait dû guider depuis longtemps les chimistes et leur faire employer plutôt l'ozone à la rectification électrique des eaux-de-vie mauvais goût.

Dans un coin du Palais, MM. Blin frères avaient également installé un ozoniseur de leur façon; il a fonctionné derrière les charrues de Sermaize, près des couveuses électriques. L'oxygène obtenu chimiquement était soumis aux effluves d'une bobine de Ruhmkorff et se transformait en ozone. Ce sont là toutes tentatives encore à leur début, mais qui permettront peut-être d'employer industriellement l'ozone non-seulement à l'épuration des eaux-de-vie, mais encore au blanchiment des tissus, des fils etc., et à un certain nombre d'opérations chimiques, qui exigent l'intervention d'oxydants énergiques.

Il nous faut bien limiter ici ces études rapides. Aussi bien, nous avons passé en revue les machines les plus intéressantes et les inventions les plus curieuses; il nous resterait sans doute beaucoup à dire encore sur la télégraphie et ses applications à l'exploitation des chemins de fer, mais ce sont là des sujets spéciaux qui sont toujours d'actualité. Nous trouverons l'occasion d'y revenir. Ce coup d'œil d'ensemble, si superficiel qu'il ait été, aura suffi, nous l'espérons du moins, pour faire apprécier toute l'importance de l'Exposition de 1881, et donner des idées générales sur le rôle qu'est appelée à jouer aujourd'hui l'électricité dans l'industrie.

Cette Exposition d'électricité, presque née au milieu de l'indifférence générale, aura été féconde à plus d'un titre ; elle aura donné bien plus qu'elle n'avait promis ; elle a surpris par son succès éclatant, même ceux qui avaient été ses plus ardents partisans de la première heure. Elle laissera peut-être plus de traces durables que son aînée, la grande Exposition universelle de 1878. Elle a fait sauter aux yeux des moins clairvoyants le rôle désormais assuré des Expositions spéciales.

Les Expositions universelles ont, pour ainsi dire, perdu en utilité directe ce qu'elles ont gagné en développement ; en voulant faire immense, on a fini par faire petit. On décrète des concours universels et l'on bâtit des caravansérails. Le spectacle a tué l'étude et les comparaisons fructueuses ; le cadre a écrasé le tableau. D'ailleurs, la scène est trop étendue, pour qu'on puisse l'embrasser avec profit dans tous ses détails. L'esprit se refuse à bien voir, quand il faut voir partout et vite. Les Expositions spéciales, au contraire, permettent de fouiller les creux et les reliefs, de bien se rendre compte des lignes et de formuler des jugements plus solides. Le cercle est restreint et l'examen plus approfondi. Les points de contact entre les exposants et le public sont beaucoup plus intimes ; on se connaît mieux ; on s'apprécie davantage. L'Exposition d'électricité aura sous ce rapport servi d'enseignement très-précieux à tout le monde, à l'État aussi bien qu'aux industriels. La voie est ouverte maintenant et on la parcourra avec utilité et avec honneur.

L'Exposition aura fait naître des applications considérables, qui étaient bien comme dans l'air si l'on veut, mais auxquelles il manquait une occasion pour se produire et s'affirmer. Il leur fallait le rayon de soleil qui échauffe les premiers germes, les vivifie et les force à éclore. Il se prépare de tous côtés, en ce moment, une évolution évidente dans les procédés de l'industrie. L'éclairage, la production, la distribution de la force, la traction sur voies étroites, la métallurgie, l'agriculture, etc., passent dès aujourd'hui par des phases imprévues hier; la perspective est changée et l'horizon puissamment élargi.

Au Palais, l'électricité avait permis de produire, avec 1,800 chevaux, une lumière équivalente à plus de 55,000 becs de gaz, soit environ 6,000 becs de gaz de plus qu'il n'en existe dans toutes les rues et les promenades de Paris. La force électrique remplaçait partout la force immédiate de la vapeur et donnait le mouvement à des milliers de machines; un tramway électrique amenait les curieux. C'est un symptôme significatif; les temps changent. Nous sommes à l'aurore d'une époque nouvelle.

Nous manquerions de justice et de reconnaissance si, après le public, après les gouvernements étrangers, après les électriciens de toute nationalité, après les chambres de commerce, nous omettions de placer à côté de l'œuvre les noms désormais retentissants des auteurs. M. A. Cochery, Ministre des postes et des télégraphes, a saisi, dès le premier jour, la portée de l'Exposition, et il a voulu la prendre sous son patronage éclairé; il l'a encouragée de toute son initiative; il l'a présidée, en quelque sorte, comme il a présidé le Congrès des électriciens; il lui a donné l'éclat, qui a attiré à Paris les plus hautes illustrations de la science contemporaine.

Le Commissaire général, M. Georges Berger, à lui seul, a su enlever de vive force le succès de l'entreprise; il a fait preuve d'une puissance d'organisation incomparable; il a fallu toute sa fougue, son entrain irrésistible, sa vivacité de conception pour arrêter et réaliser, en quelques mois, les plans d'une Exposition sans précédent; il a fallu des qualités bien personnelles pour entraîner les volontés indécises, pour les faire travailler d'un commun accord, et les pousser en avant au pas de course, de victoire en victoire, jusqu'au triomphe définitif. M. Berger, aidé de ses deux collaborateurs dévoués et infatigables, MM. A. Bréguet et Monthiers, est resté sur la brèche nuit et jour pendant huit mois. Que de difficultés vaincues, que d'obstacles renversés! Elle serait bien curieuse à écrire l'histoire de l'Exposition d'électricité.

Nous ne serions pas équitable assurément si nous ne rappelions pas, d'une part, le concours empressé et indispensable de la commission d'organisation, de la commission des finances et du comité technique, et, d'autre part, les services rendus par le Syndicat français d'électricité, présidé par M. H. Fontaine.

Les grands labeurs sont finis, mais il est bon que la mémoire s'en perpétue, et que les générations à venir gardent le souvenir de ceux qui ont contribué, par des efforts vraiment féconds, à grandir notre pays dans l'opinion des peuples.

FIN

TABLE DES MATIÈRES ET DES FIGURES

PAR ORDRE ALPHABÉTIQUE

TABLE DES NOMS CITÉS

www.ingramcontent.com/pod-product-compliance
Lightning Source LLC
Chambersburg PA
CBHW031355210326
41599CB00019B/2777

PARIS, IMPRIMERIE ADMINISTRATIVE DE PAUL DUPONT,

45, RUE DE GRENELLE-SAINT-HONORÉ.

Pl. I

ORANG BICOLORE (*Simia bicolor*)
DE SUMATRA

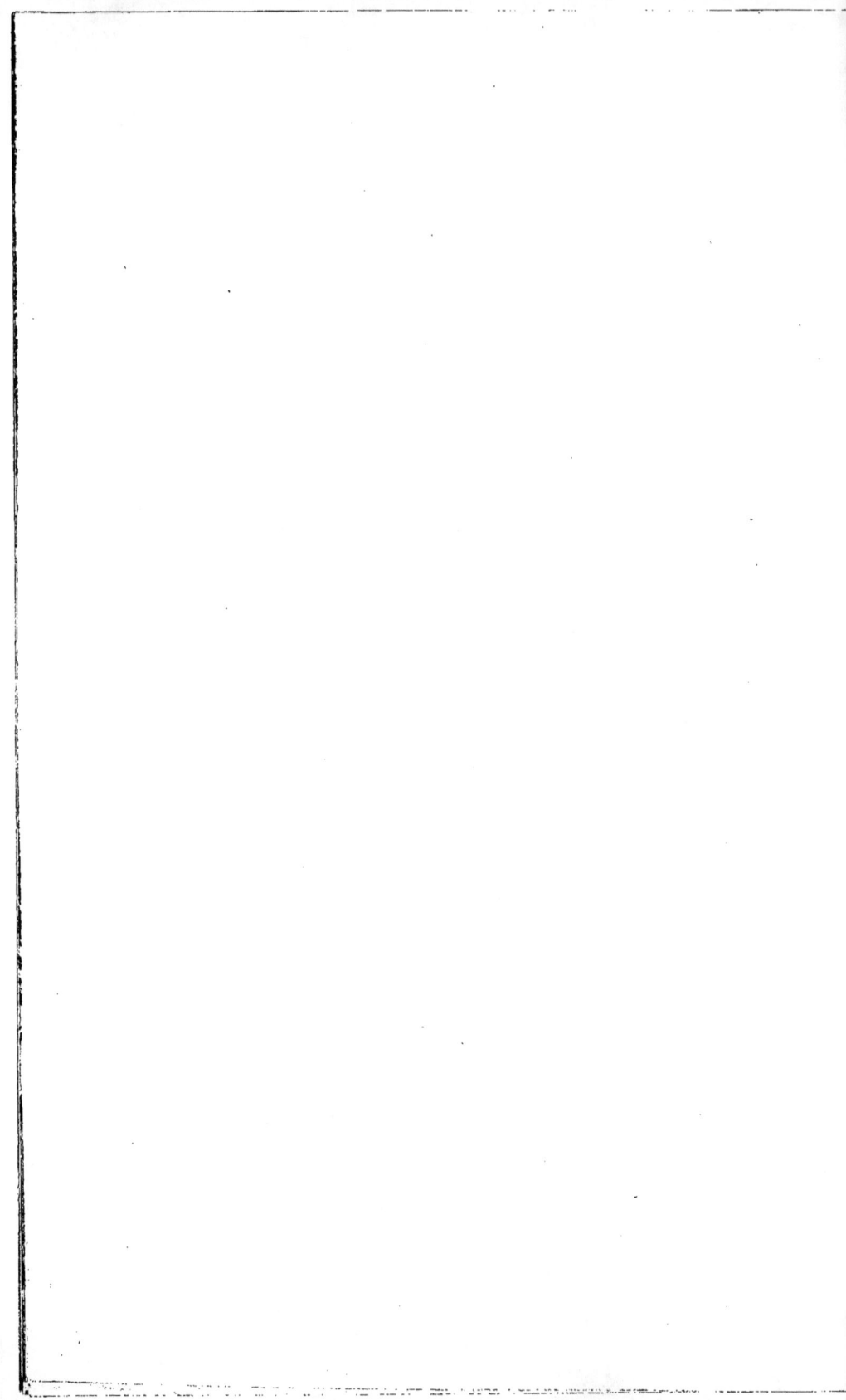

HISTOIRE NATURELLE

DES

MAMMIFÈRES

AVEC L'INDICATION DE LEURS MOEURS,

ET DE LEURS RAPPORTS AVEC LES ARTS, LE COMMERCE ET L'AGRICULTURE

PAR

M. Paul GERVAIS

PROFESSEUR DE ZOOLOGIE ET D'ANATOMIE COMPARÉE

A LA FACULTÉ DES SCIENCES DE MONTPELLIER.

PRIMATES, CHEIROPTÈRES, INSECTIVORES ET RONGEURS.

PARIS

L. CURMER

RUE RICHELIEU, 47 (AU PREMIER).

—

M DCCC LIV.

Un puissant intérêt se rattache à la connaissance des êtres organisés de toutes sortes que la Nature a répandus sur le globe terrestre avec une si admirable profusion ; mais le sentiment de curiosité que leurs myriades d'espèces excite en nous, prend un caractère plus sérieux, lorsqu'il s'agit de la classe des Mammifères. C'est parmi ces Animaux, les plus intelligents de tous, les plus forts et les plus parfaits en organisation, que l'Homme a trouvé ses auxiliaires indispensables : le Chien, ce serviteur à la fois intelligent et dévoué ; le Cheval, qui lutte avec nous dans les combats ; le Bœuf, si utile à l'agriculture que les Égyptiens en avaient fait un des objets de leur adoration ; le Mouton, la Chèvre et plusieurs autres encore, qui ont été dans tous les temps des sources intarissables de richesses. C'est aussi aux Animaux mammifères que nous empruntons nos plus belles fourrures. Enfin la recherche des Cétacés, qui donne lieu à une branche importante de l'industrie, a successivement conduit les navigateurs sur tous les points de l'Océan, et elle a été, dans plusieurs occasions, la cause de curieuses découvertes géographiques.

A chaque pas, dans la vie, l'Homme est en rapport avec les Animaux Mammifères, et, lorsqu'il étudie leur conformation anatomique ou qu'il cherche à les soigner dans leurs maladies, il acquiert bientôt des connaissances nouvelles aussi utiles à l'art de guérir qu'à la science proprement dite.

La philosophie elle-même doit beaucoup à cette partie de l'histoire naturelle, soit qu'elle cherche à apprécier les aptitudes intellectuelles ou instinctives qui distinguent les espèces, soit qu'elle établisse les lois admirables suivant lesquelles ces dernières ont été réparties entre les continents et dans les différentes mers.

Que saurait-on sur la nature humaine si l'on n'avait comparé l'Homme aux espèces qui se rapprochent le plus de lui par leur organisation, et que serait l'Homme lui-même si la Providence n'avait placé au-dessous de lui sur cette terre la classe entière des Animaux mammifères dont il tire des services si variés et des produits si nombreux ?

L'intéressante division du règne animal, qui fera l'objet de cet ouvrage, comprend à la fois les Quadrupèdes vivipares des auteurs anciens et leurs Cétacés, c'est-à-dire ceux de tous les Animaux que l'on a toujours étudiés avec le plus de soin. Les grands esprits de tous les temps ont voulu en connaître les principales espèces, et la Mammalogie, c'est-à-dire cette partie de la zoologie qui traite des Mammifères, a toujours occupé une place importante dans les diverses encyclopédies.

Les œuvres d'Aristote, celles de Pline, celles d'Albert le Grand ou de Gesner, et, à une époque plus rapprochée de nous, celles de Buffon, renferment à cet égard les documents les plus précieux et elles nous font connaître la somme des connaissances mammalogiques aux divers âges de la civilisation européenne.

Pendant la seconde moitié du siècle dernier, Buffon a rassemblé toutes les données que les naturalistes et les voyageurs avaient recueillies sur les Mammifères, et, en y ajoutant ses nombreuses observations et des vues aussi générales qu'élevées, il a écrit un ouvrage que tout le monde a lu et qui est l'un des plus beaux monuments qu'on ait élevés aux sciences naturelles.

Plus récemment, Pallas, P. Camper, Georges et Frédéric Cuvier, Etienne-Geoffroy-Saint-Hilaire, de Blainville, sur les travaux desquels nous reviendrons bientôt, ont fait une étude approfondie des Animaux mammifères. Les découvertes célèbres de ces naturalistes éminents ont renouvelé la face de la science, et, de nos jours, la plupart des hommes distingués qui sont à la tête de la zoologie se sont aussi occupés des Mammifères avec le plus grand soin. Par leurs importantes publications, ils ont, comme l'avaient fait leurs devanciers, ajouté des notions précises à celles que l'on possédait antérieurement. Nous aurons souvent l'occasion d'exposer dans cet ouvrage les découvertes des naturalistes anciens et modernes ; mais nous devions les signaler dès à présent d'une manière générale pour rappeler à quelles sources fécondes il nous a été possible de puiser.

Travailler aux progrès de la science ou exposer seulement les résultats qu'elle a acquis sont deux choses également sérieuses et dont nous ne nous sommes dissimulé ni les difficultés ni les exigences; mais les relations suivies qui existent aujourd'hui entre les savants de tous les pays ont déjà levé une grande partie des obstacles qui s'opposaient, il y a peu d'années encore, aux entreprises de ce genre. Cependant nous n'aurions pas assumé la responsabilité d'un ouvrage aussi considérable que cette *Histoire naturelle des Mammifères*, si nous n'avions été assez heureux pour faire antérieurement, sous plusieurs des maîtres de la science, une longue étude de la plupart des sujets qui y seront traités, et si, depuis près de vingt ans, nos efforts n'avaient été en grande partie dirigés vers cette branche de la zoologie que nous avons cherché à connaître sous les divers rapports de la zoologie proprement dite, de l'anatomie comparée et de la paléontologie.

Ce livre n'est donc pas une œuvre de simple compilation, car nous avons vu les objets dont nous parlons, toutes les fois que cela nous a été possible, et l'attention que nous avons portée dans leur examen nous a permis, dans certains cas, d'en donner une interprétation différente de celles auxquelles étaient précédemment arrivés d'autres observateurs.

Dans cette longue exposition, dont les matériaux sont épars dans des ouvrages si nombreux ou dans les principales collections de l'Europe, nous avons cherché à réunir les principales découvertes auxquelles les Mammifères ont donné lieu depuis Buffon, sans négliger toutefois celles dont la science s'était déjà enrichie par la publication de son admirable ouvrage. Laissant au grand écrivain son style inimitable, et ses considérations élevées, il nous a paru convenable de nous attacher principalement à la clarté des démonstrations, et nous avons été surtout désireux d'exposer avec simplicité les faits nombreux et suffisamment éloquents par eux-mêmes dont la science s'est enrichie depuis ce grand naturaliste. Quelque difficile que fût cette tâche, nous avons pourtant la confiance que les personnes éclairées qui aiment l'histoire naturelle et qui en reconnaissent la portée accueilleront notre travail avec quelque bienveillance, car rien n'a été négligé, soit par l'éditeur, soit par nous, pour lui conserver le caractère intéressant et sérieux que le sujet comporte.

La classe des Mammifères se prête, plus que toute autre, aux considérations générales et philosophiques; elle est également celle qui permet les applications économiques les plus nombreuses. Ce double point de vue devait être ménagé dans cette nouvelle *Histoire des Mammifères*, mais sans nuire à la partie descriptive ni aux détails de mœurs ou d'organisation qui en forment la base. Il était en même temps utile que le fond de l'ouvrage ne fût pas obscurci par les discussions, fort utiles d'ailleurs, mais ici déplacées, de la synonymie, ou par la minutie des diagnoses. Malgré leur importance, ces deux derniers éléments de la zoologie doivent rester dans les ouvrages spéciaux, uniquement destinés aux hommes de la science ou dans les recueils périodiques à l'aide desquels ceux-ci communiquent entre eux.

D'ailleurs, la concision n'exclut pas l'exactitude, et, pour être plus courte, une description ou une synonymie ne sont pas moins suffisantes, lorsque l'on a le soin de ne diminuer leur étendue que par la suppression de particularités accessoires ou d'une moindre importance, et que l'on sait éviter de parler plusieurs fois des Animaux de même espèce qui ont été décrits sous des noms différents. L'Iconographie peut, dans bien des cas, suppléer avantageusement à la brièveté des descriptions, et elle occupe dans ce livre une place assez importante pour que nous soyons sans inquiétude sous ce dernier rapport. Le lecteur jugera si nous avons été aussi heureux quant aux autres, et tout ce qui nous reste à faire, c'est de solliciter très-franchement son indulgence pour les erreurs ou les omissions qui nous auraient échappé, et pour les autres imperfections qu'il remarquera dans ce livre.

Voici l'ordre que nous avons adopté :

L'*Introduction* qui commence le premier volume comprend, après quelques généralités relatives à l'ensemble des Mammifères, l'histoire de la Mammalogie envisagée sous le rapport de ses progrès successifs, l'exposé des principales classifications dont les Mammifères ont été l'objet, et quelques remarques sur les modifications qu'il nous a paru convenable d'apporter dans l'exposition méthodique des Animaux dont nous traitons dans ce livre.

La description méthodique des *Ordres*, *Familles*, *Genres* et *Espèces* vient ensuite. Elle forme la plus grande partie de l'ouvrage et fait connaître les mœurs, l'utilité, l'organisation, etc. des Animaux mammifères dont elle s'occupe successivement.

Les principaux groupes que nous avons cru devoir admettre, et dont on trouvera le tableau plus détaillé à la fin de l'Introduction, sont au nombre de quatorze. Les onze premiers comprennent des espèces terrestres et les trois derniers des espèces marines. On pourrait donner à ceux-ci le nom de *Thalassothériens* et aux précédents celui de *Géothériens*. Voici la liste des uns et des autres :

1. PRIMATES,
2. CHEIROPTÈRES,
3. INSECTIVORES,
4. RONGEURS,
5. CARNIVORES,
6. PROBOSCIDIENS,
7. JUMENTÉS ou *Pachydermes herbivores et à doigts impairs*,
8. BISULQUES ou *Ruminants et Pachydermes omnivores et à doigts pairs*,
9. ÉDENTÉS *divers*,
10. MARSUPIAUX *divers*,
11. MONOTRÈMES,
12. PHOQUES,
13. SIRÉNIDÉS,
14. CÉTACÉS.

INTRODUCTION

I

CARACTÈRES GÉNÉRAUX DES MAMMIFÈRES

Les Mammifères, que les anciens séparaient mal à propos en deux catégories différentes, sous les noms de *Quadrupèdes vivipares* et de *Cétacés*, forment la première classe des Vertébrés. Ils rentrent dans la division des Animaux propres à cet embranchement, qui sont pourvus d'une vésicule allantoïde et d'un amnios, avant leur naissance. Ils sont vivipares, et, lorsqu'ils viennent au monde, ils ont déjà la forme extérieure et les principaux caractères anatomiques qu'ils conserveront pendant le reste de leur vie ; aucun d'eux ne subit donc de véritables métamorphoses, et, sous ce rapport, ils ressemblent aux Oiseaux et aux Reptiles proprement dits, dont ils ont le mode de développement, tandis qu'ils diffèrent des Batraciens, Animaux plus analogues aux Poissons véritables, sous presque tous les rapports, et qui sont, comme ceux-ci, dépourvus d'amnios et d'allantoïde. Après leur naissance, les jeunes Mammifères ont encore besoin des soins de leurs parents, et ils tirent même leur première alimentation du corps de ces derniers, leur mère les nourrissant pendant un temps plus ou moins long à l'aide du lait que sécrètent les glandes mammaires. La présence de ces glandes, qui est constante chez toutes les espèces de la classe qui va nous occuper, a valu à ces Animaux le nom même de *Mammifères*, par lequel on les désigne généralement. Leur corps est presque toujours couvert de poils, ce qui permet de les distinguer à la première vue de tous les autres Animaux ; leurs mouvements sont faciles et très-variés ; leur cerveau est plus développé que celui des autres espèces, et il acquiert dans certains d'entre eux un volume considérable ; on lui reconnaît aussi plusieurs parties qui ne se retrouvent point ailleurs ou qui n'y existent qu'à un état tout à fait rudimentaire, comme le corps calleux, la protubérance annulaire ou pont de Varole, etc. Leurs relations avec le monde extérieur sont aussi plus variées, plus actives et plus complètes, et on constate dans les parties de perfectionnement qui accompagnent leurs organes des sens, dans leurs appareils de la nutrition ou de la reproduction, ainsi que dans la conformation de leur squelette, quelques autres caractères dont l'importance n'est pas moindre et qui sont en même temps en rapport avec leur propre supériorité. Telles sont, pour ne parler d'abord que du squelette, l'articulation du crâne avec la première vertèbre cervicale au moyen d'un double condyle et l'impossibilité dans laquelle se trouve le maxillaire inférieur d'être, comme celui des ovipares, décomposé en plusieurs pièces pour chaque côté. Nous y ajouterons, comme ayant aussi une valeur incontestable, le mode d'implantation des dents, qui se fait toujours au moyen de racines enfoncées dans des alvéoles osseuses ; la présence fréquente, mais non constante, de plusieurs racines à certaines dents ; la nature pulmonaire des organes respiratoires ; la disposition spéciale de leur parenchyme ; la séparation du thorax d'avec l'abdomen au moyen du diaphragme ; la présence de quatre cavités au cœur ; la chaleur élevée du sang ; la forme habituellement circulaire de ses globules, etc.

Certains Mammifères se rapprochent évidemment de l'Homme ; d'autres ressemblent plus aux ovipares, et il en est, comme les Cétacés, les Lamantins et même les Phoques, qui présentent, dans leur forme et dans la nature de leurs mouvements, une certaine analogie avec les Poissons. Toutefois, il importe de constater que cette analogie se borne à l'apparence extérieure et qu'elle est appropriée au milieu dans lequel vivent ces Animaux.

Quoi qu'il en soit, les Mammifères ne forment qu'une seule et même classe ; mais leurs principaux groupes pourraient être rapportés à plusieurs sous-classes différentes. Telles sont : 1° celle des *Placentaires terrestres*, qui sont *Hétérodontes ;* elle comprend la plus grande partie de nos espèces propres à l'ancien et au nouveau continent ; 2° celle des *Monodelphes Homodontes*, mieux connus sous le nom d'*Édentés ;* 3° celle des implacentaires *Marsupiaux ;* 4° celle des *Monotrêmes*, qui sont également sans placenta, et 5° celle des *Talassothériens* ou des Mammifères marins. Ces derniers ne diffèrent notablement des Placentaires terrestres que par leur apparence générale, et ils sont en tout semblables à eux par la complication de leur cerveau et par leur mode de développement.

II

REMARQUES HISTORIQUES

Les anciens ne connaissaient qu'un très-petit nombre des Mammifères qui sont aujourd'hui décrits dans les ouvrages des naturalistes, parce que ce n'est qu'à une époque tout à fait récente que les nations ont établi entre elles ces transactions qui relient toutes les sociétés humaines et qui permettent aux divers peuples d'échanger paisiblement entre eux les produits naturels des pays qu'ils habitent.

Grâce aux progrès de la civilisation chez les peuples de l'Europe occidentale, le globe entier est aujourd'hui bien près d'être connu, et l'on a réuni ses productions continentales ou maritimes dans de vastes musées qui font honneur aux temps modernes. Les civilisations antérieures n'avaient pu opérer ce curieux recensement des productions naturelles que le Créateur a dispersées avec une si étonnante régularité dans les eaux de la mer, sur les îles ou à la surface des continents, et l'isolement dans lequel ces peuples sont le plus souvent restés les uns par rapport aux autres, ne leur ont pas même permis de se communiquer les documents obtenus par chacun d'eux. Il ne paraît pas, en effet, que les connaissances scientifiques des Assyriens ou des Babyloniens et celles que les Hébreux ont reçues des Égyptiens ou des Phéniciens, aient notablement profité aux Grecs et aux Romains. On suit bien la marche de la civilisation vers l'Occident après les transformations qu'elle a subies en Orient : on voit quelques colonies dirigées par des conquérants ou par des marchands qui s'établissent dans la région méditerranéenne, et cela à des époques très-éloignées de nous, mais les souvenirs qui en sont restés dans la mémoire des peuples ont un caractère plus héroïque que réellement historique, et si utiles qu'aient pu être les notions des anciens, relatives à l'Histoire Naturelle, elles ne sont pas au nombre de celles qu'on se transmettait alors avec la civilisation. Aussi faut-il chercher séparément dans les monuments des Égyptiens, dans des ruines encore à peine connues de l'architecture assyrienne, dans les livres sacrés des Hébreux ou dans les premiers poëtes de la Grèce, les détails à l'aide desquels on essaie maintenant de refaire l'histoire des premières découvertes scientifiques.

D'ailleurs, l'autorité de ces anciennes civilisations était restée circonscrite dans des limites assez étroites, peu éloignées, comme on le sait, de l'Asie Mineure, qui leur servait de berceau, et non-seulement la Nouvelle Hollande et les deux Amériques devaient être inconnues longtemps encore, mais on n'avait à cette époque que des notions erronées sur l'étendue de l'Europe, de l'Asie ou de l'Afrique ; les principales espèces de quadrupèdes, propres à ces trois dernières parties du monde, étaient presque entièrement ignorées et celles que l'on connaissait n'avaient donné lieu à aucune étude un peu sérieuse.

Lorsque les Carthaginois eurent dépassé les Colonnes d'Hercule, c'est-à-dire le détroit de Gibraltar, ils ne recueillirent à leur tour que des renseignements imparfaits sur les Animaux de l'Afrique occidentale, et d'ailleurs ces documents nous sont restés presque entièrement inconnus. On ne sait pas exactement jusqu'où se sont étendus leurs voyages et les observations qu'ils avaient faites sur les espèces propres aux régions du grand Atlas, sur lesquelles s'étendait plus particulièrement leur domination, ne sont pas parvenues jusqu'à nous. Les documents anciens que la science possède sur cette dernière région lui ont été fournis par les Romains, lorsqu'après des luttes si longues et si persévérantes ils eurent substitué leur domination à celle de Carthage.

Ces détails historiques nous expliquent comment les ouvrages anciens sont si souvent muets à l'égard d'un grand nombre d'Animaux qui nous sont aujourd'hui familiers. Les écrits d'Aristote, qui nous donnent une idée de la science des Grecs à l'époque d'Alexandre, ne parlent guère que des espèces propres à la Grèce elle-même, et tout ce qu'ils disent de certaines autres, répandues dans la région barbaresque, dans le bassin du Nil, dans les parties occidentales de l'Europe ou de l'Inde, est le plus souvent incorrect.

Aristote n'est exact que lorsqu'il parle des Mammifères indigènes, c'est-à-dire des Mammifères de la Grèce ou des pays qui s'en rapprochent le plus ; encore mêle-t-il souvent à des faits positifs beaucoup d'erreurs populaires. Ce qu'il dit des Oiseaux qui vivent en Grèce ou qui y viennent, des Poissons qui habitent dans la mer, sur les côtes de ce pays, et de différents Mollusques ou Zoophytes propres aux mêmes eaux, est aussi d'une justesse remarquable. Il faut aller ensuite jusqu'à Gesner, à Belon et à Rondelet, c'est-à-dire jusqu'à la Renaissance pour trouver d'aussi bonnes observations ; aussi doit-on se demander comment l'assertion des anciens qu'Aristote aurait obtenu, par les expéditions d'Alexandre, des détails sur les Animaux de l'Inde ou sur ceux de l'Égypte a pu être acceptée par tant d'auteurs, et l'on comprend difficilement que G. Cuvier lui-même ait pu ajouter foi au récit d'Athénée sur les sommes immenses (huit cents talents ou à peu près trois millions de notre monnaie) que le chef des Péripatéticiens aurait reçues d'Alexandre pour faire faire des recherches scientifiques. Pline n'est probablement pas plus véridique qu'Athénée lorsqu'il nous parle des nombreux collecteurs (plusieurs milliers d'hommes) qu'Alexandre aurait mis en même temps à la disposition de son précepteur.

Les écrits de Théophraste, qui fut le disciple et le successeur d'Aristote, ne nous donnent pas davantage l'analyse de ces prétendues observations d'histoire naturelle que tant d'hommes, tant d'argent et tant d'expéditions aventureuses n'auraient pas manqué de fournir. Callisthène, élève et petit neveu d'Aristote, accompagna bien Alexandre comme savant, mais il fut mis à mort par les ordres du grand capitaine pendant le cours de l'expédition. Alexandre, irrité contre lui, le fit périr dans les supplices à Cariate, en Bactriane, et l'histoire ne nous dit pas même s'il fit recueillir les observations que Callisthène avait déjà réunies.

Aristote n'a connu les productions de l'Inde que par l'ouvrage de Ctésias et celles de l'Égypte que par le récit d'Hérodote. Certains détails d'histoire naturelle relatifs à l'Égypte ou à l'Asie-Mineure auxquels il est fait allusion dans la Bible ne parvinrent pas jusqu'à lui ; à plus forte raison en fut-il de même de ceux que nous trouvons consignés dans les anciennes encyclopédies des Chinois et des Japonais.

Le *Peri zoön istorias* d'Aristote, que nous regardons souvent comme l'expression de la science zoologique chez les anciens, n'est donc que le résumé des observations faites dans leur propre pays par les philosophes ou les savants de la Grèce, et ce résumé sans doute, comme la plupart de leurs écrits, été fort souvent altéré dans les copies qu l'ont transmis jusqu'à nous. On aura la démonstration de ces deux propositions en relisant simplement l'histoire des Mammifères telle qu'il en est question dans Aristote. Elle comprend une cinquantaine d'espèces qui, pour la plupart, sont communes dans l'Europe orientale. Celles du nord de l'Afrique ou de l'Asie occidentale et méridionale qui y sont mentionnées sont en général mal définies, et quelques-unes donnent lieu à des erreurs qui indiquent souvent un travail de pure compilation. C'est ainsi qu'Aristote, en parlant de la Martichore, d'après Ctésias, il est vrai, attribue à cet Animal une triple rangée de dents; la taille, la crinière et les pieds du Lion; la face et les oreilles de l'Homme; des yeux bleus; un corps rouge cinabre; une queue telle que celle du Scorpion terrestre, armée d'un aiguillon et de pointes qu'il lance comme des traits. « Sa voix, ajoute-t-il, semble être le son réuni de la flûte et de la trompette; il a la vitesse du Cerf, est cruel et avide de chair humaine. » (Aristote, *traduction de Camus*, t. 1, p. 69.)

Voilà un exemple des contes qui ont servi de base à l'histoire naturelle pendant une si longue suite de siècles, et à toutes les époques les auteurs les plus judicieux, n'ayant pas les connaissances réellement scientifiques que les modernes ont seuls possédées, ont souvent accepté comme véridiques les récits les plus mensongers et les fables les plus bizarres. Quelques-uns semblent même les avoir recherchés de préférence, et Pline, qui appartient au premier siècle de l'ère actuelle, est l'un de ceux qui ont mis le moins de discernement dans le choix de leurs récits.

Les Romains aimaient les Animaux, mais comme objet de curiosité plutôt que comme moyen d'instruction scientifique. Leur goût pour les Bestiaires les a souvent engagés à faire venir à grands frais du centre de l'Europe, de l'Asie occidentale et surtout du nord de l'Afrique, des Carnivores de grande taille comme des Ours, des Panthères, des Hyènes, des Lions, même des Tigres, ou des Ongulés plus ou moins gigantesques. parmi lesquels nous citerons les deux espèces d'Éléphants, les Rhinocéros à une corne et à deux cornes, l'Hippopotame et la Girafe.

C'est vers la fin de la république et pendant les premiers temps de l'empire que ces exhibitions paraissent avoir été plus communes; mais l'histoire naturelle n'en a guère plus profité que la morale, et tout ce qu'elles nous ont appris se résume dans des luttes où l'on voit des Hommes, quelquefois même des Femmes, aux prises avec des Animaux féroces, dans des carnages sans nombre et dans des nombres très-probablement exagérés. En effet, on compte par centaines les Animaux féroces et d'espèces rares que les Romains disent avoir fait périr dans leurs cirques; mais si nombreux que fussent alors ces Animaux dans les forêts de la région méditerranéenne où on les prenait pour la plupart, ils ne l'étaient certainement pas autant qu'on pourrait le supposer à la lecture des relations exagérées que les écrivains nous ont transmises au sujet de ces spectacles barbares.

L'abbé Mongez a pris la peine de faire un relevé complet de tous les Animaux dont il est question à cette occasion, et, dans le *Jardin des Plantes*, nous avons reproduit, d'après G. Cuvier, la liste qu'il en a dressée. La phrase suivante, que nous empruntons au résumé que G. Cuvier a publié de ce travail de Mongez, donnera une idée de la confiance que l'on doit avoir dans les indications qui nous sont parvenues sous ce rapport :

« Probus, à son triomphe, planta dans le cirque une forêt où se promenaient mille

Autruches, mille Cerfs, mille Sangliers, mille Daims, cent Lions et autant de Lionnes, cent Léopards de Lybie et autant de Syrie, trois cents Ours, des Chamois, des Mouflons, etc. »

Pline, qui vivait deux siècles avant le règne de Probus, avait déjà recueilli quelques détails analogues, quoique moins exagérés. Son ouvrage est une élégante compilation, mais, comme nous l'avons déjà dit, il manque de critique. On y trouve cependant beaucoup de faits qu'Aristote n'avait pas connus, et il y est question d'un plus grand nombre d'espèces, tant exotiques qu'indigènes.

Oppien, poëte grec du troisième siècle, donna sous le nom de *Cynégétiques*, un ouvrage relatif aux chasses assez analogue à celui que Xénophon avait écrit plus de six cents ans auparavant, et l'on attribue à Élien, compilateur du même pays et de la même époque qu'Oppien, un *Traité sur la nature des Animaux* qui est intéressant à consulter parce qu'il renferme des passages tirés de beaucoup d'auteurs qui ne nous sont pas parvenus.

C'est pendant le siècle précédent qu'avait vécu Galien, médecin célèbre né à Pergame, qui avait étudié à l'école d'Alexandrie. Galien fut l'un des fondateurs de l'anatomie et de la physiologie, et c'est principalement dans ses écrits que les médecins apprenaient l'anatomie antérieurement à Vésale. Nous verrons en traitant des Singes, que le Magot est l'espèce qu'il a le plus disséquée.

L'histoire naturelle avait fait peu de progrès à Rome pendant le règne des empereurs, et elle n'avait pas été plus étudiée ailleurs pendant le même temps. Il en fut de même lorsque le christianisme s'établit sur les ruines du paganisme, et, pendant tout le moyen âge, elle fut abandonnée comme les autres études libérales. On ne trouve que peu de documents qui s'y rapportent dans les Pères de l'Église, encore sont-ils loin d'être toujours exacts. C'est ainsi que saint Augustin parle d'une dent de géant qu'il aurait vue sur le rivage d'Utique et qui aurait pu faire cent de nos dents ordinaires. Cette dent, qui bien certainement n'était pas celle d'un homme, provenait probablement de quelque Éléphant ou d'un Mastodonte; mais c'est ce qu'il est fort difficile de décider, ces deux genres de Proboscidiens ayant laissé l'un et l'autre des débris fossiles dans le sol du nord de l'Afrique.

Saint Isidore, de Séville, évêque et chroniqueur, qui vécut de 570 à 636, est souvent cité comme naturaliste, mais on ne peut pas dire non plus qu'il ait réellement fait faire des progrès à la science. G. Cuvier, qui le donne avec raison comme un compilateur très-peu instruit, ajoute : « On ne parle de son ouvrage dans l'histoire des sciences que comme d'un monument de l'ignorance du temps où il vivait. » A l'époque de saint Isidore le moyen âge avait déjà commencé, et la même ignorance devait durer presque autant que lui. Les Scandinaves étaient alors supérieurs dans les lettres et dans les sciences aux nations du centre et du midi de l'Europe, et ce furent les Arabes d'Espagne qui réveillèrent plus tard dans ce pays et dans le Languedoc le goût des études libérales.

Au xie siècle, les chrétiens, qui cherchaient à s'instruire, se rendaient à leurs écoles, et celle de Montpellier, qui date du xiie, leur doit son origine. Ce fut à l'aide de manuscrits arabes que les textes d'Aristote furent en partie rectifiés et complétés, et ce fut vers cette époque que le philosophe grec commença à acquérir une si grande autorité auprès des scolastiques.

Au xiiie siècle, le goût pour les connaissances sérieuses commençait cependant à se réveiller. Saint Thomas d'Aquin prouva par ses écrits que les sciences lui étaient familières, et l'on trouve dans l'ouvrage encyclopédique d'Albert le Grand beaucoup plus de notions zoologiques que dans Aristote qui lui sert cependant de base. Plusieurs Animaux du nord de l'Europe y sont mentionnés pour la première fois et cela d'une manière assez exacte. Albert le Grand mourut en 1280. Ses œuvres n'ont été publiées qu'en 1651.

La Renaissance, qui donna le signal des grandes découvertes géographiques, eut par là une heureuse influence sur les progrès des sciences naturelles. Sans aucun doute ce furent ces deux ordres de connaissances, la géographie qui étendait la domination des souverains, et l'histoire naturelle qui donnait lieu à tant d'applications économiques, qui ont le plus contribué, à partir de cette époque, à accroître le bien-être des nations occidentales; ce sont elles qui leur ont livré peu à peu le globe presque entier.

Les voyages et les établissements des Portugais sur la côte occidentale d'Afrique, la découverte du cap de Bonne-Espérance, l'arrivée des bâtiments européens dans la mer des Indes, la découverte de l'Amérique méridionale, et, plus tard, la colonisation de l'Amérique du Nord et celle des terres australes, devaient transformer la civilisation en lui permettant l'exploitation d'un grand nombre de productions étrangères à l'Europe ou que l'Europe ne produisait qu'en trop petite quantité. Cette activité, que les admirables applications de la mécanique, de la physique et de la chimie, devait plus tard seconder avec tant de succès, ouvrit aux nations modernes des relations bien autrement étendues que celles établies autrefois par les Phéniciens, les Égyptiens, les Grecs, les Carthaginois ou les Romains, et elle fournit à la science le moyen de s'enrichir en même temps d'une foule de découvertes importantes.

Des voyageurs hardis et savants explorèrent successivement tous ces pays nouveaux pour les Européens; les Animaux si singuliers qu'ils y rencontrèrent frappèrent leur imagination, et les naturalistes éprouvèrent souvent une grande difficulté à les dénommer lorsqu'ils parurent à leurs yeux pour la première fois. Aussi leurs récits se ressentent-ils souvent de cet étonnement, et les exagérations ou les erreurs de quelques-uns d'entre eux ne le cèdent point à celles que les anciens nous ont léguées.

Plusieurs naturalistes appartenant à l'époque de la Renaissance ont laissé de grands noms dans la science; tels sont Gesner, Aldrovande, Belon, Rondelet, auprès desquels se placent Margrave, Bontius et quelques autres moins connus peut-être, mais dont les découvertes ne manquent pas non plus d'intérêt. En même temps les anatomistes faisaient aussi de précieuses recherches. Fabricius d'Aquapendente, Vésale, Harvey, Riolan et tant d'autres encore appartiennent à cette grande époque et méritent d'être cités ici, car leurs découvertes reposent autant sur l'observation anatomique des Mammifères que sur celle de l'Homme, que Galien avait à peine entrevue.

Césalpin, naturaliste italien du XVIe siècle, avait donné, le premier, une classification naturelle des plantes. Ce fut un savant anglais, Jean Ray, qui publia le premier ouvrage de zoologie méthodique. Son *Synopsis methodica animalium*, qui parut en 1693, eut une grande influence sur les progrès de la classification. Ray ne traite dans ce volume que des Animaux mammifères, qu'il appelle *Quadrupèdes vivipares*, comme l'avait fait Aristote, et il les divise en plusieurs groupes, d'après la considération des pieds, suivant qu'ils sont onguiculés ou ongulés. Certains rapprochements faits par Ray montrent qu'il avait à un haut degré le sentiment des rapports naturels, et s'il emploie le mot de *Quadrupèdes*, c'est pour rester fidèle au maître; car il fait remarquer qu'il y a des Animaux dont le cœur a deux ventricules comme celui de ces Quadrupèdes, dont la génération est également vivipare, la respiration pulmonaire et le corps en partie couvert de poils, qui n'ont cependant que deux pieds au lieu de quatre; le *Manati* ou Lamantin par exemple. Ray le classe à côté des Phoques, comme on l'a fait souvent depuis, et, en parlant des véritables Cétacés, il fai voir qu'ils ont l'organisation des Quadrupèdes vivipares et point du tout celle des Poissons. Aussi en appelant les Cétacés des PISCES CETACEI *seu* BELLUAE MARINAE, ajoute-t-il que, « sauf le milieu dans lequel ils vivent, la configuration extérieure de leur corps (*figuram corporis externam*), leur peau privée de poils et leur mode de progression, qui est la nage, ils n'ont presque rien de commun avec les Poissons, tandis que l'ensemble de leur organisation s'accorde avec ce que l'on connaît chez les Quadrupèdes vivipares. » Suivant le naturaliste anglais, les Quadrupèdes vivipares seraient mieux nommés si on les appelait des *Vivipares pileux*.

Un autre mérite de l'ouvrage de Ray, c'est d'avoir fait, l'un des premiers, un emploi habituel de la nomenclature binaire. Les Quadrupèdes y sont classés par genres, et chaque espèce a pour dénomination le nom de ce genre, suivi d'un mot spécifique servant à la qualifier. De là à la réforme opérée par Linné il n'y avait qu'un pas ; cependant il fallut toute la science et toute l'influence du naturaliste suédois pour faire accepter cette nomenclature que les naturalistes reconnaissants appellent indifféremment aujourd'hui nomenclature binaire ou nomenclature linnéenne.

Linné est le grand naturaliste classificateur du XVIIIe siècle. Dans les diverses éditions de son célèbre ouvrage intitulé *Systema naturæ*, il a successivement perfectionné sa méthode mammalogique. Si dans la première de ces éditions, il laissait encore les Cétacés parmi les Poissons, sous le nom de PLAGIURES (*Plagiuri*), dans les suivantes, il mit en pratique le conseil donné par Ray, et, grâce à quelques indications nouvelles de Bernard de Jussieu, il réunit dans une seule classe, sous le nom de *Mammalia*, qui veut dire *pourvus de mamelles*, tous les Vivipares à sang chaud, soit quadrupèdes, soit bipèdes. Ces Animaux furent alors répartis en sept ordres, sous les dénominations suivantes :

1° PRIMATES, d'abord nommés Antropomorphes. Ce sont, indépendamment de l'Homme, les *Singes*, les *Lémures* et les *Chauves-Souris*, auxquels il joignit, dans plusieurs occasions, les *Bradypes* ou Paresseux, qu'il a quelquefois, et avec plus de raison, classés parmi les Brutes ;

2° BRUTA, ou ces mêmes Bradypes réunis aux *Myrmecophaga* ou Fourmiliers, aux *Manis* ou Pangolins, aux *Dasypus* ou Tatous, et, ce qui est moins convenable, au *Rhinocéros*, à l'*Éléphant* et au genre *Trichecus*, qui réunit le Lamantin, le Dugong et le Morse ;

3° FERAE, ou les bêtes féroces. Ce sont les genres *Phoca*, *Felis*, *Viverra*, *Mustela*, et ceux des *Didelphis*, *Talpa*, *Sorex* et *Erinaceus*, qu'on a dû éloigner des précédents ;

4° Les GLIRES, répondant à nos Rongeurs ;

5° La PECORA, ou les genres *Camelus*, *Moschus*, *Cervus*, *Camelopardalis* et *Bos* ;

6° Les BELLUAE, ou les genres *Equus*, *Hippopotamus*, *Tapirus* et *Sus*. Linné avait d'abord employé pour ces Animaux le nom de *Jumenta*, dont nous nous servirons mais sans s'étendre aux Hippopotames et aux *Sus* ou Sangliers qui sont des Bisulques ;

7° Les CETE, vulgairement *Cétacés*.

Pendant que les nouvelles éditions ou les simples réimpressions du *Systema naturæ* se succédaient et répandaient le nom de Linné dans toutes les écoles de l'Europe, la mammalogie s'enrichissait de nombreuses découvertes par les soins de quelques autres observateurs.

Buffon concourut plus que tout autre à cette rénovation par la publication de son immortel ouvrage. En même temps qu'il travaillait à étendre les horizons de la science, il réunissait et discutait les matériaux épars dans les récits des voyageurs ou dans les écrits des zoologistes. L'exact Daubenton, son collaborateur habituel, assurait, par des descriptions tant extérieures qu'anatomiques, le signalement des espèces.

Ce fut la nomination de Buffon à l'intendance du Jardin du Roi qui décida de la vocation de ce célèbre écrivain. Chargé en chef de l'administration de ce grand établissement, Buffon prit l'histoire naturelle générale pour objet principal de ses nouvelles études, et il voulut qu'elle entrât dans une voie toute nouvelle.

Un des plus grands services que la science lui doive, est d'avoir reconnu le premier que les Animaux ont été distribués à la surface du globe conformément à des règles précises. Ses vues sur la géographie zoologique ont été étendues et singulièrement perfectionnées depuis qu'il a été possible aux naturalistes de comparer plus exactement qu'il n'avait pu le faire les espèces de l'Afrique avec celles de l'Inde et celles des régions arctiques de l'ancien continent avec celles de l'Amérique septentrionale. L'observation des Mammifères propres à Madagascar, et, plus particulièrement encore, celle des espèces australiennes, a aussi permis d'ajouter de nombreuses remarques aux découvertes que Buffon avait déjà entrevues. La comparaison des espèces qui vivent dans chaque continent avec celles qui les y ont précédées et qu'on n'y trouve plus qu'à l'état fossile, a donné plus récemment à cette partie de la mammalogie une importance philosophique qu'on ne saurait contester. Les Mammifères, qui sont, de tous les êtres organisés, les plus compliqués dans leur structure et ceux qui sont appelés à jouer le rôle le plus important au sein de la création, sont aussi ceux dont la distribution à la surface de notre planète a été soumise aux règles les plus précises et les plus évidentes. La dispersion de quelques-uns d'entre eux sur tous les points du globe est le fait de l'Homme et point du tout celui de la nature; elle est postérieure au grand cataclysme diluvien ou même tout à fait récente. Les espèces, ainsi rendues cosmopolites, sont des espèces domestiques ou parasites, et sans l'Homme les Animaux mammifères seraient restés cantonnés dans les limites qui leur avaient été imposées à l'origine; car, lors de la création, chaque terre a reçu celles qui convenaient le mieux à sa propre nature.

Pallas, naturaliste allemand au service de la Russie, joignit à la précision de Daubenton les tendances méthodiques de Linné, et s'il n'arriva pas à la même hauteur de vues que Buffon, il sut néanmoins imprimer à la science une heureuse impulsion, en rattachant plus directement encore que ne l'avaient fait Réaumur, Guettard et quelques autres en France, la paléontologie à l'anatomie zoologique, par la comparaison des espèces fossiles de Mammifères avec les vivantes.

Vicq-d'Azyr, trop tôt enlevé aux sciences, se rendit célèbre comme anatomiste, et, à l'imitation de plusieurs autres, il publia une classification mammalogique. Adanson, plus connu comme botaniste, Lacépède, qui a surtout écrit sur les Reptiles et les Poissons, et quelques savants non moins célèbres, rendirent aussi des services à la zoologie.

Les naturalistes de l'Angleterre, de la Hollande et de l'Allemagne, écrivirent aussi sur les Mammifères, soit pendant le xviiie siècle, soit pendant le commencement du xixe. On distingue parmi eux Shaw, Pennant, Allamand, P. Camper, Storr, Schreber, Blumenbach, etc.; leur exemple trouva de nombreux imitateurs. L'Espagnol Azara donna de bonnes observations sur les espèces du Paraguay, et, plus récemment, il a été publié sur la même branche de la zoologie des ouvrages considérables et de nombreux mémoires.

Quatre des grands naturalistes dont la France s'honore, Étienne Geoffroy-Saint-Hilaire, Georges Cuvier, de Blainville et Frédéric Cuvier, ont surtout contribué, par leurs importants travaux, à mettre la mammalogie dans la voie féconde où elle fait maintenant des progrès rapides. E. Geoffroy et G. Cuvier, d'abord associés dans leurs études, ne tardèrent pas à se proposer chacun un but différent mais qui fut également élevé. On doit au premier de nombreuses descriptions d'espèces et de genres, ainsi que des recherches d'anatomie philosophique qui ont une très-grande importance. Nous aurions à en parler longuement si la théorie anatomique et la tératologie devaient nous occuper ici. Le second s'attacha surtout à distinguer exactement les organes des Animaux, et les découvertes brillantes qu'il a faites en comparant les espèces antédiluviennes à celles du monde moderne ont eu la plus grande influence sur les progrès de la paléontologie, dont il est un des principaux fondateurs.

La classification à la fois précise et simple que G. Cuvier donna des Mammifères a joui d'un grand crédit, et, encore aujourd'hui, beaucoup d'auteurs l'emploient telle qu'il l'a formulée dans la dernière édition de son ouvrage sur le *Règne animal*, qui a paru en 1830. La classification qu'il avait admise en 1798 dans son *Tableau élémentaire des Animaux*, et qu'il dit avoir de grands rapports avec celle que Storr avait proposée en 1780, n'est pas moins intéressante au point de vue historique, et nous croyons utile de la reproduire ici en regard de l'autre. Nous y avons ajouté quelques indications synonymiques.

CLASSIFICATIONS MAMMALOGIQUES DE G. CUVIER.

CLASSIFICATION DE 1789.

I.   QUADRUMANES (*Quadrumana* de Blumenbach), ou les Singes et les Makis.
II.   CARNASSIERS, comprenant :
    a. Les *Cheiroptères ;*
    b. Les *Plantigrades* (Hérissons, Musaraignes et Ours);
    c. Les *Carnivores* (Martes, Chats, Chiens, Civettes, Didelphes).
III.   RONGEURS (*Glires* de Linné).
IV.   ÉDENTÉS de Vicq d'Azyr, ou les genres Fourmilliers, Oryctéropes, Tatou et Paresseux.
V.   ÉLÉPHANTS (*Elephantins* de Vicq d'Azyr).
VI.   PACHYDERMES, ou les genres Cochon, Tapir, Rhinocéros, Hippopotame.
VII.   RUMINANTS (*Pecora* de Linné).
VIII.   SOLIPÈDES de Vicq d'Azyr, comprenant le genre Cheval.
IX.   AMPHIBIES (les Empétrés de Vicq d'Azyr), ou les Phoques et le Morse, auquel sont associés, comme dans Linné, le Lamantin et le Dugong.
X.   CÉTACÉS (ou les *Cete* de Linné).

CLASSIFICATION DE 1830.

I.   BIMANES ou l'Homme (*Bimanus* de Blumenbach).
II.   QUADRUMANES (*Quadramana*, Blum.).
III.   CARNASSIERS, comprenant trois familles :
    a. *Cheiroptères ;*
    b. *Insectivores ;*
    c. *Carnivores plantigrades, digitigrades* et *Amphibies.*
IV.   MARSUPIAUX.
V.   RONGEURS.
VI.   ÉDENTÉS.
VII.   PACHYDERMES, divisés en :
    a. *Proboscidiens* ou Éléphants ;
    b. *Pachydermes ordinaires* ou Hippopotames, Cochons, Rhinocéros, Damans ;
    c. *Solipèdes* ou Chevaux.
VIII.   RUMINANTS.
IX.   CÉTACÉS, divisés en :
    a. *Cétacés herbivores* (les Sirénidés d'Illiger);
    b. *Cétacés ordinaires.*

De Blainville s'est aussi occupé de la méthode mammalogique, et il a apporté dans ses travaux sur ce sujet important des vues neuves et originales, qui ont eu beaucoup d'influence sur la plupart des classifications qu'on a publiées depuis. Dès l'année 1816, ce savant naturaliste donnait le tableau suivant de la classe des Mammifères dans son *Prodrome d'une nouvelle distribution systématique du règne animal.*

CLASSIFICATION MAMMALOGIQUE DE BLAINVILLE.

Sous-classe I. MONODELPHES.

- **1er degré d'organisation ou ordre des QUADRUMANES**
  - normaux
    - SINGES du continent
      - ancien. *Pithéci* (les Singes).
      - nouveau. *Pitheciæ* (les Sapajous)
    - MAKIS......
      - Les *Makis*.
      - Les *Loris*.
      - L'*Aye-Aye*.
  - anomaux
    - pour le vol.... *Galéopithèques*.
    - pour grimper.. *Tardigrades*.
- **2e degré d'organisation ou ordre des CARNASSIERS**
  - normaux ....
    - *Plantigrades* (omnivores).
    - *Digitigrades* (carnivores).
    - *Insectivores*.
  - anomaux
    - pour voler.... Les *Cheiroptères*.
    - pour fouir..... Les *Taupes*.
    - pour nager.... Les *Phoques*.
- **3e degré d'organisation ou ordre des ÉDENTÉS**
  - normaux............*Édentés*.
  - anomaux pour nager....*Cétacés*.
- **4e degré d'organisation ou ordre des RONGEURS.**
  - ....
    - *Grimpeurs*.
    - *Fouisseurs*.
    - *Coureurs*.
    - *Marcheurs*.
- **5e degré d'organisation ou ordre des GRAVIGRADES.**
  - ....*Eléphants*.
- **6e degré d'organisation ou ordre des ONGULOGRADES.**
  - normaux à doigts
    - impairs......
      - *Pachydermes*.
      - *Solipèdes*.
    - pairs.......
      - non *Ruminants* ou *Brutes*.
      - *Ruminants*.
  - anomaux..pour nager....Les *Lamantins*.

Sous-classe II. DIDELPHES.

- Normaux............
  - *Carnassiers*.
  - *Rongeurs*.
- Anomaux
  - pour fouir.... L'*Echidné*.
  - pour nager.... L'*Ornithorhynque*.

Les aperçus nouveaux formulés par de Blainville dans le tableau qui précède auraient exigé de longues explications. Il n'en donna pour le moment que de très-courtes, mais bientôt après il fit connaître avec plus de détails les motifs qui l'avaient guidé, dans un article fort remarquable, consacré à *l'Organisation des Mammifères*, qu'il inséra en 1818 dans le *Nouveau dictionnaire d'Histoire naturelle*. Depuis lors, soit dans ses cours de la Faculté des sciences et du Muséum, soit dans plusieurs de ses Mémoires ou dans *l'Ostéographie*, qui est son dernier ouvrage, il a modifié cette classification, mais seulement dans les détails, et, pour la mettre au courant de ses propres découvertes ou de celles que l'on publiait chaque jour. A toutes les époques de sa militante carrière scientifique, il s'est dirigé d'après les mêmes principes, admettant toujours, pour ce qui regarde les Mammifères, que les différents ordres de cette classe constituent autant de degrés particuliers placés plus ou moins près du sommet de l'échelle des organismes animaux, et il a pensé qu'un même degré d'organisation, c'est-à-dire un même ordre, pouvait être composé par des groupes multiples, analogues aux sous-ordres de certains naturalistes actuels, et chargés de représenter l'ordre auquel ils appartiennent dans des conditions différentes d'habitat, principalement dans les eaux de la mer et à la surface des continents.

C'est en particulier ce que notre célèbre maître établit pour l'ordre des *Carnassiers*. Il a aussi persisté dans son opinion que les *Cétacés* étaient les représentants marins des Édentés, et il a fait de prétendus *Cétacés herbivores*, qui sont les Dugongs et les Lamantins, des genres marins analogues aux Éléphants, que, suivant lui, ils représentent dans les eaux salées. On ne peut nier, en effet, qu'à divers égards les Sérénides ne soient plus semblables aux Éléphants qu'aux ongulés. C'est ce qui a conduit de Blainville à établir pour ces deux sortes de Proboscidiens, les uns quadrupèdes et à trompe allongée, les autres bipèdes et à trompe rudimentaire, son ordre des *Gravigrades*.

Enfin après avoir le premier rapproché les Monotrèmes des Marsupiaux, le même naturaliste a aussi été le premier à les en séparer comme sous-classe, mais sans les en éloigner comme le font encore beaucoup d'auteurs, et il a donné à cette troisième sous-classe de sa méthode le nom d'*Ornithodelphes*, exprimant que les organes de la reproduction y sont établis d'après un modèle analogue à celui qui caractérise les Oiseaux et les quadrupèdes ovipares.

Frédéric Cuvier a rendu à l'histoire naturelle des Mammifères des services qui ne sont pas moins importants et qui prennent également rang à côté de ceux de son illustre frère. Ses recherches sur les caractères fournis par le système dentaire, dont il établit les différentes formules avec tant de soin; la description des espèces nouvelles ou jusqu'alors mal connues, qu'il a pu observer dans la Ménagerie ou dans les galeries du Muséum, et surtout ses observations sur l'intelligence et l'instinct des Animaux sont justement appréciées des savants.

Descartes avait émis l'opinion singulière que les Animaux sont comparables à de simples automates, et qu'ils constituent pour ainsi dire des machines animées tout à fait différentes de l'espèce humaine par la nature des fonctions qui les mettent en rapport avec le monde extérieur; aussi leur refuse-t-il la notion de leurs propres actes. La théorie de l'automatisme des bêtes qui, avait été acceptée en partie par Buffon, a été critiquée avec autant de raison que de finesse par La Fontaine, lorsqu'il disait dans sa fable des *Deux Rats, du Renard et de l'OEuf* :

> L'animal se sent agité
> De mouvements que le vulgaire appelle
> Tristesse, joie, amour, plaisir, douleur cruelle,
> Ou quelque autre de ces états.
> Mais ce n'est pas cela, ne vous y trompez pas.
> Qu'est-ce donc? Une montre. Et nous? c'est autre chose.
> Voilà de la façon que Descartes l'expose.
> Descartes, ce mortel.....

Condillac et les philosophes sensualistes tombèrent dans un excès opposé à celui de Descartes, lorsqu'ils accordèrent sans distinction à tous les Animaux, non-seulement la sensibilité, mais aussi de l'intelligence. G. Leroy publia un système peu différent, dans ses *Lettres philosophiques sur les Animaux*, et ce fut aussi la thèse favorite de l'ingénieux Dupont de Nemours. Les longues recherches de F. Cuvier lui ont fait voir que dans les Mammifères les sentiments passionnels se manifestent sous deux formes bien distinctes : les uns plus semblables à l'intelligence humaine, et, comme elle susceptibles de perfectionner les actes qui en relèvent; les autres plus nettement définis, si précoces qu'on pourrait les appeler innés, et si peu modifiables qu'ils semblent rester les mêmes, quoique les circonstances extérieures se modifient. L'éducation ne peut rien sur les espèces ainsi organisées, et les individus qui composent ces espèces sont incapables d'être rendus plus parfaits. L'expérience qui modifie les ruses des premières est pour ainsi dire sans effet sur celles des secondes.

F. Cuvier a consacré plusieurs mémoires à ces intéressantes questions, et il s'est aussi occupé de la domestication au point de vue de ces causes ou des modifications qui en résultent. Il se proposait de donner à ces travaux une plus grande extension, et il en aurait fait l'objet d'un ouvrage spécial si la mort n'était venue lui interdire, comme à tant d'autres, la réalisation du projet qui le préoccupait depuis tant d'années. M. Flourens, à qui les sciences naturelles et leur histoire doivent tant, a cherché à suppléer à cette perte regrettable en publiant le livre intéressant qui a pour titre : *Résumé analytique des observations de F. Cuvier sur l'instinct et l'intelligence des Animaux*.

Les physiologistes recherchent aujourd'hui, avec plus de chances de succès que Gall n'avait pu le faire, les rapports qui existent entre les aptitudes des Animaux et la conformation de leur encéphale, et nous verrons que l'on peut tirer de très-bons caractères zoologiques de la conformation de cet organe. Le volume plus ou moins grand des lobes olfactifs, les variations que les hémisphères cérébraux présentent dans l'apparence, dans la disposition et dans le nombre de leurs circonvolutions; l'absence de ces circonvolutions chez quelques espèces sont des caractères importants à signaler, quoiqu'ils soient loin d'avoir la valeur qu'on leur avait d'abord attribuée. C'est ainsi que dans un même ordre, et parfois aussi dans une même famille, on trouve certaines espèces pourvues de circonvolutions et certaines autres qui en manquent : ce qui est rapporté avec l'élévation plus ou moins grande de ces espèces dans leur groupe respectif. Les deux premières familles de la classe des Mammifères ou les Singes et les Lémuridés nous en fournissent également des exemples.

Après les grands mammalogistes dont nous venons de rappeler les travaux, nous pouvons en citer beaucoup d'autres.

Le nom d'A.-G. Desmarest occupe un rang distingué parmi ceux des Français qui se sont occupés des Mammifères, et nous placerons auprès de lui ceux de Desmoulins, de Lesson, de Laurillard le collaborateur de G. Cuvier; et des savants actuels, MM. Valenciennes, qui a publié avec Cuvier un grand ouvrage sur les Poissons; Duvernoy, qui a succédé à de Blainville dans la chaire d'anatomie comparée du Muséum; Roulin, S. Rousseau, Ch. Bonaparte, Jourdan, Lereboulet, Schimper, Deslongchamps, Pucheran, Doyère, Joly, Gerbe, etc.

Les nombreux et savants naturalistes voyageurs que notre pays a fournis à toutes les parties du globe n'ont pas rendu à la science de moindres services : Lesueur, l'infatigable compagnon de Péron, Duvaucel, Diard, Leschenault de la Tour, Delalande, Auguste de Saint-Hilaire, Garnot, Milbert, Jacquemont, les frères Goudot, F. Eydoux, Deville et tant d'autres que la science regrette; et parmi ceux qui ont survécu à leurs fatigues, MM. Quoy, Gaimard, d'Orbigny, Verreaux frères et plusieurs autres encore complètent la liste de ces hommes aussi instruits que dévoués qui ont tant contribué à accroître la réputation scientifique de la France.

Plusieurs des naturalistes célèbres de l'Allemagne ont aussi concouru avec distinction aux progrès récents de la mammalogie; auprès d'Illiger, de Wagler, de J.-B. Fischer et de quelques autres non moins connus, on cite avec distinction MM. Lichtenstein, Natterer, Ruppel, Kaup, André Wagner, Peters, etc. M. Temminck est à la tête des naturalistes hollandais qui nous ont fait connaître, quelques-uns en sacrifiant leur propre existence, les riches productions de l'Inde insulaire et du Japon, et la Hollande, qui avait tant contribué aux progrès de l'histoire naturelle pendant le xviie et le xviiie siècle, n'est pas restée au-dessous de sa vieille réputation.

Parmi les naturalistes belges, nous devons surtout mentionner M. de Sélys-Longchamps, à cause de ses excellents travaux de micromammalogie.

Les universités du Nord ont également payé leur tribut à la science par les découvertes de MM. Nilsson, Sundevall et Eschricht, ou de MM. G. Fischer, Brandt et Nordmann, qui continuent en Russie les traditions scientifiques du célèbre Pallas.

L'Angleterre, qui avait possédé Hunter, Home, etc., compte aussi des naturalistes du premier mérite, et, parmi eux, MM. J.-E. Gray, Richard Owen et Waterhouse, dont les travaux ont tant contribué aux derniers progrès de la mammalogie. Le goût de cette grande nation pour les sciences naturelles a été éminemment favorable aux découvertes scientifiques, et le caractère à la fois libre et populaire des institutions qu'on y a fondées dans ce but a déjà donné les plus heureux résultats. C'est dans les grandes collections de Londres que sont déposés les types décrits par Hardwicke, Leach et Bennett, par MM. Hamilton Smith, O'Gilby, Gould, Martin, etc.; ainsi qu'une partie de ceux dus aux travaux de M. Andrew Smith, dans le sud de l'Afrique; de M. Hodgson, dans le nord de l'Inde, et de plusieurs habiles mammalogistes américains.

Les zoologistes que nous venons de citer et beaucoup d'autres non moins distingués dont nous rappellerons ailleurs les travaux, ne se sont pas toujours bornés à rechercher dans des pays lointains les Animaux mammifères les plus rares et les plus curieux, à en observer les mœurs ou à en décrire avec soin les particularités soit extérieures, soit intérieures; plusieurs d'entre eux ont également abordé les questions difficiles de la nomenclature scientifique ou de la classification méthodique, et, dans un exposé complet des progrès de la science, l'appréciation de leurs travaux fournirait aussi des développements considérables. Nous aurons d'ailleurs de fréquentes occasions d'en parler dans la suite de cet ouvrage.

M. Isidore Geoffroy-Saint-Hilaire, professeur de mammalogie au Muséum de Paris, a, comme son illustre père, entrepris des travaux étendus sur la classe des Mammifères, et il a envisagé ces Animaux sous le double rapport de la science et de l'utilité pratique.

C'est d'après la classification qu'il en a établie que les Mammifères sont rangés dans les riches galeries du Muséum d'histoire naturelle. Comme celle des Oiseaux, qui est due au même auteur et qui a été savamment exposée dans un des volumes de cette collection (1), la méthode mammalogique de M. Is. Geoffroy repose sur le principe des séries paralléliques. Il en donne la démonstration dans ses cours avec un talent qu'il ne nous appartient pas de louer, mais dont nous sommes heureux d'avoir pu profiter lorsque nous suivions, il y a bientôt vingt ans, les leçons publiques de cet honorable professeur.

Dans plusieurs des ouvrages qu'il a publiés depuis lors, M. Is. Geoffroy a bien voulu citer à diverses reprises le résumé que nous avons publié, en 1835 (2), de ses savantes leçons, et il a donné en 1847 un tableau détaillé de sa méthode mammalogique auquel nous emprunterons celui qui va suivre. Dans ce tableau (3), M. Isidore Geoffroy partage les Mammifères en deux catégories primordiales, suivant qu'ils sont QUADRUPÈDES, et alors *pourvus d'un bassin bien développé*, ou qu'ils sont BIPÈDES, leur *bassin étant alors rudimentaire ou nul*; les premiers sont ou dépourvus d'os marsupiaux ou, au contraire, pourvus d'os marsupiaux, ce qui permet de les partager en deux nouveaux groupes, composés chacun de plusieurs ordres distincts.

(1) *Histoire naturelle des Oiseaux*, par M. Emmanuel Le Maout.

(2) Résumé des leçons de Mammalogie ou Histoire naturelle des Mammifères professées au Muséum de Paris, pendant l'année 1835, par M. *Isidore Geoffroy-Saint-Hilaire* (in-8° Extrait du journal l'*Écho du Monde savant*).

(3) *Mammifères*; classification parallélique de M. *Isidore Geoffroy-Saint-Hilaire*, d'après laquelle sont rangés les Mammifères dans les galeries du Muséum d'Histoire naturelle de Paris. Tableau dressé en 1837, et retouché par l'addition des genres nouveaux, en 1845, par M. *J. Payer*.

CLASSIFICATION MAMMALOGIQUE

DE M. ISIDORE GEOFFROY-SAINT-HILAIRE.

QUADRUPÈDES (BASSIN BIEN DÉVELOPPÉ)					BIPÈDES (BASSIN RUDIMENTAIRE OU NUL).	
SANS OS MARSUPIAUX.			AVEC OS MARSUPIAUX.			
ORDRES.	FAMILLES.	TRIBUS.	ORDRES.	FAMILLES.	ORDRES.	FAMILLES.
I. PRIMATES.	1. SINGES....	Pithéciens. Cynopithéciens. Cébiens. Hapaliens.				
	2. LÉMURIDÉS	Indrisiens. Lémuriens. Galagiens.				
	3. TARSIDÉS.					
	4. CHEIROMIDÉS.					
II. TARDIGRADES.	5. BRADIPODÉS.					
III. CHEIROPTÈRES.	6. GALÉOPITHÉCIDÉS.					
	7. PTÉROPODÉS	Ptéropodiens. Hypodermiens.				
	8. VESPERTILIONIDÉS.	Taphozoiens. Molossiens. Vespertiliens. Nyctériens. Rhinolophiens.				
	9. NOCTILIONIDÉS.					
	10. VAMPIRIDÉS	Stênodermiens. Phyllostomiens.				
	11. DESMODIDÉS.					
IV. CARNASSIERS. (CARNIVORES)	12. POTIDÉS.					
	13. VIVERRIDÉS	Ursiens. Mustéliens. Viverriens. Caniens. Hyéniens. Féliens.	I. MARSUPIAUX CARNASSIERS. a. b.	1. DASYURIDÉS. 2. DIDELPHIDÉS. 3. PERAMÉLIDÉS. 4. MYRMECOBIDÉS. 5. TARSIPÉDIDÉS.		
(AMPHIBIES)	14. PHOCIDÉS. 15. TRICHECHIDÉS.					
(INSECTIVORES)	16. EUPLÉRIDÉS. 17. TUPAIDÉS. 18. GYMNURIDÉS. 19. MACROSCÉLIDÉS. 20. SORICIDÉS.					
	21. TALPIDÉS...	Talpiens. Chrysochloriens				
V. RONGEURS.	22. SCIURIDÉS.	Sciuriens. Arctomyens.	II. MARSUPIAUX FRUGIVORES.			
	23. MURIDÉS...	Castoriens. Muriens. Gliriens. Dipodiens. Helamyens.	SEMI-ROAGEURS	6. PHALANGIDÉS. 7. PHASCOLARCTIDÉS. 8. MACROPODES.		
	24. PSEUDOSTOMIDÉS. 25. SPALACIDÉS. 26. HYSTRICIDÉS. 27. LÉPORIDÉS.		RONGEURS....	9. PHASCOLOMIDÉS.		
	28. CAVIDÉS.	Viscaciens. Cariens.				
VI. PACHYDERMES.	29. HYRACIDÉS. 30. ÉLÉPHANTIDÉS. 31. TAPIRIDÉS. 32. RHINOCÉRIDÉS. 33. HIPPOPOTAMIDÉS. 34. SUIDÉS. 35. ÉQUIDÉS.				I. SIRÉNIDÉS.	1. MANATIDÉS. 2. HALICHORIDÉS. 3. RYTINIDÉS.
VII. RUMINANTS.	36. CAMÉLIDÉS.		III. MONOTRÈMES.	10. ORNITHORHYNCHIDÉS. 11. ÉCHIDNIDÉS.	II. CÉTACÉS.	4. DELPHINIDÉS. 5. PHYSÉTÉRIDÉS. 6. BALÉNIDÉS.
	37. ANTILOPIDÉS.	Moschiens. Camélopardiens Cerviens. Antilopiens.				

III

CLASSIFICATION ADOPTÉE DANS CET OUVRAGE

Toute classification est l'expression des connaissances acquises au moment où elle est publiée, aussi n'est-il pas étonnant que les nouvelles découvertes de la zoologie y apportent des modifications incessantes. La multiplicité des classifications mammalogiques que les naturalistes ont successivement proposées dans ces dernières années s'explique par le grand nombre de travaux importants dont les Animaux mammifères ont été récemment l'objet, et les modifications que leurs propres auteurs ont souvent fait subir à la plupart d'entre elles, nous montrent assez que la science n'a point encore dit son dernier mot sur ce point.

Quoique les Mammifères soient de tous les groupes qui composent le règne animal celui qu'on a le mieux étudié, il reste beaucoup à faire à leur égard. Les savants ne sont pas même d'accord sur la manière dont il faut en arrêter les principaux groupes; ils ne sont pas non plus fixés sur la valeur réelle des différences anatomiques dont ils se servent pour définir chacun d'eux. C'est ainsi que les uns pensent avec Ray, avec Linné, avec G. Cuvier, que la prépondérance appartient aux caractères tirés des organes locomoteurs, tandis que d'autres préfèrent avec de Blainville ceux du mode de parturition; d'autres employant avec Tiedemann les particularités offertes par le cerveau, d'autres encore ayant surtout recours, avec F. Cuvier, à la considération du système dentaire.

On ne s'est préoccupé que très-rarement des espèces fossiles dans la classification des Mammifères, et cependant la notion de leurs caractères rend souvent plus facile l'étude des espèces actuelles. Dans quelques occasions elle a montré que certains genres que l'on croyait très-différents les uns des autres, comme par exemple les Hippopotames et les Ruminants, appartiennent à une seule et même série, les fossiles nous fournissant plusieurs chaînons dont la destruction a si largement interrompu la série de ces Animaux qu'on les croirait essentiellement différents entre eux. Les uns et les autres sont de véritables Bisulques, et cependant la plupart des auteurs réunissent encore les Sangliers et les Hippopotames aux Chevaux et aux Rhinocéros, sous la dénomination de Pachydermes, tandis qu'ils font avec les Ruminants un ordre à part; ce qui est contraire aux indications fournies par la paléontologie et par l'anatomie comparée. C'est pourquoi nous rétablissons dans cet ouvrage l'ancien ordre des *Bisulques*, dont il est déjà question dans Aristote, et celui non moins naturel des *Jumentés* auquel les Chevaux et les Rhinocéros serviront de types.

L'Étude simultanée des Mammifères vivants et des Mammifères éteints a le grand avantage de mieux nous faire apprécier les règles auxquelles ces Animaux ont été assujettis dans leur apparition et dans leur répartition à la surface de notre planète; et, en nous permettant une comparaison plus complète des caractères propres aux uns et aux autres, elle nous permet de mieux juger de la valeur de leurs affinités respectives et d'en reconnaître, pour ainsi dire, la filiation.

TABLEAU ANALYTIQUE

DES DIVISIONS PRINCIPALES DE LA CLASSE DES MAMMIFÈRES ADOPTÉES DANS CET OUVRAGE.

I. — *MAMMIFÈRES TERRESTRES.*

1. *Monodelphes* ou *placentaires.*

   A. Hétérodontes, c'est-à-dire à dents de plusieurs sortes.

      a. Discoplacentaires ou pourvus d'un placenta discoïde :

       ORDRE DES PRIMATES.
       ORDRE DES CHEIROPTÈRES.
       ORDRE DES INSECTIVORES.
       ORDRE DES RONGEURS.

      b. Zonoplacentaires ou pourvus d'un placenta circulaire :

       ORDRE DES CARNIVORES.

      c. Polyplacentaires ou pourvus d'un placenta diffus :

       ORDRE DES PROBOSCIDIENS.
       ORDRE DES JUMENTÉS
       ORDRE DES BISULQUES.

   B. Homodontes, c'est-à-dire à dents d'une seule sorte.

       ORDRE DES ÉDENTÉS.

       SOUS-ORDRE DES TARDIGRADES.
       — MYRMÉCOPHAGES.
       — DASYPODES.
       — MANIDÉS.

2. *Implacentaires.*

   A. Didelphes.

       ORDRE DES MARSUPIAUX.

       SOUS-ORDRE DES SARIGUES.
       — DASYURES.
       — MYRMÉCOBIES.
       — SYNDACTYLES.
       — PHASCOLOMES.

   B. Ornithodelphes.

       ORDRE DES MONOTRÈMES

       SOUS-ORDRE DES ÉCHIDNÉS.
       — ORNITHORHYNQUES.

II. — *MAMMIFÈRES MARINS.*

A. Hétérodontes.

    ORDRE DES PHOQUES.
    ORDRE DES SIRÉNIDÉS.

B. Homodontes.

    ORDRE DES CÉTACÉS

Comprenant les *Dauphins*, les *Cachalots* et les *Baleines.*

3. *Inconnus dans leur mode de placentation.*

    ZEUGLODONTES
    AMPHITHÈRES.

Quelques explications feront aisément comprendre les bases de cette classification dans laquelle nous avons essayé de tenir compte de l'ensemble des caractères, tout en les subordonnant les uns aux autres, conformément à leur valeur respective. Nous nous servirons des mêmes signes que dans le tableau qui précède.

Certains Mammifères sont pourvus de placenta pendant leur vie intra-utérine, et c'est par l'intermédiaire de ce placenta qu'ils adhèrent à leur mère et qu'ils en reçoivent du sang : on les nomme alors *Placentaires* ou *Monodelphes.* D'autres sont dépourvus de placenta ; dans ce second cas, ils joignent à quelques autres caractères importants, celui d'avoir constamment un os marsupial. Ces Mammifères inplacentaires sont les *Marsupiaux* ou *Didelphes*, et les *Monotrèmes* ou *Ornithodelphes*.

Il y a donc, en considérant le mode de développement, trois grandes catégories parmi les Animaux de la classe qui nous occupe.

1. Les *MAMMIFÈRES PLACENTAIRES* qui ont deux modes d'existence bien différents.

Les uns, qui vivent à terre ou dans les eaux douces, ont quatre membres propres à la locomotion ordinaire; je leur ai quelquefois donné, ainsi qu'aux Didelphes et aux Ornithodelphes, l'épithète de *Géothériens*, qui signifie Mammifères terrestres. La plupart des Géothériens placentaires ont des dents diversiformes, tandis que les autres ont des dents uniformes et plus ou moins semblables entre elles.

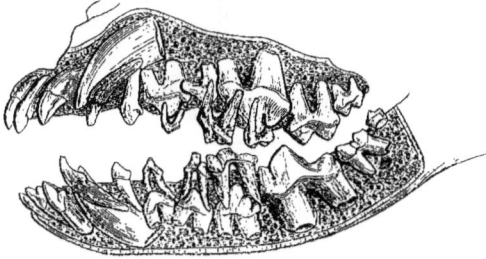

LES DIVERSES SORTES DE DENTS CHEZ LE CHIEN, AVEC LES CANINES ET LES MOLAIRES DE LAIT, 2/3 de grand.

A. Les Placentaires terrestres à dents diversiformes, ou les *Hétérodontes*, se laissent partager à trois catégories, d'après la forme de leur placenta et quelques autres caractères. On doit principalement à M. Milne Edwards d'avoir établi la valeur que présentent ici les différences tirées de l'appareil placentaire.

a. Les uns sont *discoplacentaires*, c'est-à-dire pourvus d'un placenta discoïde comme celui du fétus humain : ce sont les PRIMATES, les CHEIROPTÈRES, les INSECTIVORES et les RONGEURS, constituant autant d'ordres distincts.

b. D'autres sont *zonoplacentaires*, c'est-à-dire pourvus d'un placenta zonaire, analogue à celui du Chien; ils ne constituent qu'un seul ordre, celui des CARNIVORES.

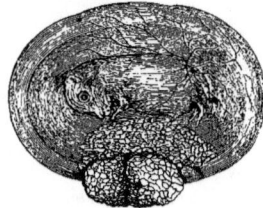

PLACENTA DISCOÏDE. — OEUF DU LAPIN.

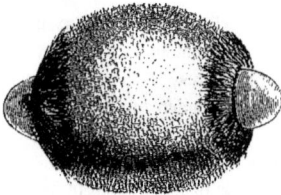

PLACENTA ZONAIRE. — OEUF DU CHIEN.
(D'après M. Coste.)

c. Enfin il en est qui ont le placenta diffus, et par conséquent multiple. Ce sont les *Polyplacentaires* divisés en trois ordres, sous les noms de PROBOSCIDIENS, JUMENTÉS ou Pachydermes herbivores et BISULQUES ou Ruminants et Porcins de Vicq-d'Azyr. Les Porcins reçoivent aussi quelquefois le nom de Pachydermes omnivores.

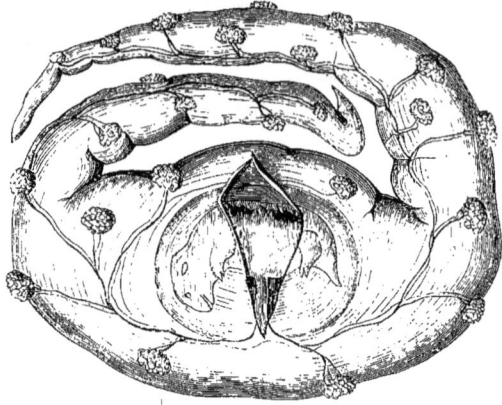

PLACENTA DIFFUS. — ŒUF DE VACHE.

B. Les Placentaires terrestres à dents uniformes et d'une seule sorte, ou les *Homodon-tes*, sont en général désignés par le nom d'ÉDENTÉS. Quoiqu'on n'en fasse le plus souvent qu'un seul ordre, ils présentent des caractères fort différents les uns des autres, comme nous le verrons en traitant des *Tardigrades* ou Paresseux, des *Myrmécophages* ou Four-miliers, des *Dasypodes* ou Tatous et des *Manidés* ou Pangolins; aussi sera-t-il plus conforme aux principes de la classification naturelle de les partager en plusieurs ordres différents, ou tout au moins en plusieurs sous-ordres.

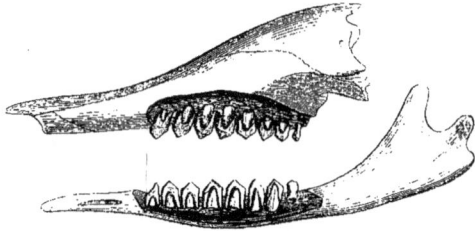

ESPÈCE HOMODONTE. — LES DENTS DE LAIT ET LES DENTS DE REMPLACEMENT DU CACHICAME (Famille des Tatous), grand. nat.

Les *Placentaires marins* ou les *Thalassothériens*, vivent dans les eaux marines; ils ont les pattes disposées pour la natation et le corps plus ou moins fusiforme. Les Phoques sont les seuls parmi eux qui aient encore quatre membres, les autres n'en ont que deux. Tous ces Animaux ont autant d'intelligence que les Mammifères terrestres les plus favorisés sous ce rapport, l'homme excepté, et ils ont aussi le cerveau très-perfectionné. Ils semblent représenter dans les eaux marines certains ordres que nous venons d'indiquer parmi les espèces propres au sol des continents et des îles, et de Blainville avait proposé de les réunir à ces dernières.

Les divers Animaux de ce groupe, dont il y a des représentants dans la nature actuelle, sont les PHOQUES, qui sont comparables aux Carnivores; les SIRÉNIDÉS, qui rappellent à tant d'égards les Proboscidiens, et les CÉTACÉS, comprenant les Dauphins, les Cachalots et les

Baleines. Les Cétacés sont Homodontes comme les Édentés, et nous avons vu qu'ils étaient regardés par de Blainville comme étant les Édentés de la mer.

2. Certains Mammifères privés de placenta ont la gestation utérine de très-courte durée, mais ils y suppléent par une sorte de gestation mammaire dite marsupiale, et dans la plupart des cas leurs mamelles sont entourées d'une poche (*marsupium*), ce qui les a fait appeler *Marsupiaux* : on les nomme encore *MAMMIFÈRES DIDELPHES*. Ils sont tout aussi faciles à diviser en groupes que les ÉDENTÉS, et l'on pourrait considérer ces groupes comme formant autant d'ordres particuliers; l'un d'eux serait fourni par les *Sarigues*, dont toutes les espèces sont américaines. Les autres sont les *Dasyures*, les *Myrmécobies*, les *Syndactyles* (comprenant les Phalangers, les Tarsipèdes, les Péramèles et les Kangurous) et enfin les *Phascolomes*. Tous ceux-ci sont de l'Australie ou des parties de l'Asie insulaire qui s'en rapprochent le plus. C'est dans le même continent qu'on a recueilli les débris fossiles des *Notothériums* et des *Diprotodons*, Marsupiaux étranges qui étaient les géants

MARSUPIAUX OU DIDELPHES. — SARIGUE DÉJÀ NÉE.
Grand. nat. (4 fo grand).

de cette grande division mammalogique, comme les Mégathériums, les Mylodons, les Glyptodons et tant d'autres dont on découvre en Amérique les débris enfouis dans le sol, étaient ceux de la grande division des Édentés.

3. Les derniers des Mammifères sont les *Monotrèmes* ou *MAMMIFÈRES ORNITHODELPHES*, parmi lesquels on ne connaît que les deux genres *Ornithorhynque* et *Échidné*, qui constituent l'un et l'autre un sous-ordre distinct. Ce sont des Animaux quadrupèdes, implacentaires, qui se distinguent des précédents par l'absence de véritable utérus, par la présence d'un cloaque, par celle d'os coraroïdiens distincts et par quelques autres caractères qui les rapprochent des Ovipares.

ORNITHORHYNQUE NAISSANT.

Quoique les Mammifères Monotrèmes soient bien inférieurs aux autres Animaux de la même classe, et que les Marsupiaux soient eux-mêmes au-dessous des Cétacés par l'ensemble de leur organisation, nous parlerons de ces deux sous-classes d'Animaux avant de traiter des espèces marines, c'est-à-dire des Phoques, des Sirénidés et des Cétacés, parce qu'il nous a paru plus convenable de traiter comparativement de tous les Mammifères terrestres, qu'ils soient Placentaires ou non Placentaires, et, dans le premier cas, Homodontes ou Hétérodontes; c'était le seul moyen que nous eussions de bien faire comprendre quel est le mode de répartition à la surface du globe des quatre grandes catégories (*Placentaires hétérodontes* ou Monodelphes ordinaires, *Placentaires homodontes* ou Édentés, *Marsupiaux* ou Didelphes, et *Monotrèmes* ou Ornithodelphes) qui en constituent l'ensemble.

Les *Phoques*, les *Sirénidés* et les *Cétacés* forment de leur côté autant d'ordres à part, très-faciles à séparer les uns des autres. Il faut y ajouter l'ordre éteint et encore mal connu des *Zeuglodontes*, dont la paléontologie a dernièrement enrichi la zoologie.

Il nous serait plus difficile d'assigner, dès à présent, une place précise aux prétendues Sarigues fossiles du terrain oolithique de Stonesfield, en Angleterre. Quoiqu'on ne puisse leur refuser la qualité de Mammifères, ces singuliers Animaux, qui sont les plus anciens de tous ceux que l'on connaisse encore dans la classe des Mammifères, n'ont été jusqu'ici décrits que d'après quelques débris seulement, et il est impossible de juger assez bien de l'ensemble de leur organisation pour dire quelle est leur véritable place dans la méthode naturelle. Ce sont les *Amphithères*. Nous les avons placés hors de rang, ainsi que les **Zeuglodontes**, qui sont de gigantesques **Mammifères**, dont les restes fossiles abondent dans certains dépôts marins de l'Amérique septentrionale appartenant à l'époque tertiaire moyenne.

GORILLE, *du Gabon*. (T. I, p. 26.)

Cercopithèque Werner.

Mone.

Maki Vari.

Cercopithèque rouge.

ORDRES

FAMILLES, GENRES et ESPÈCES

DE LA CLASSE

DES MAMMIFÈRES

ORDRE des PRIMATES

Animaux mammifères, pourvus de quatre extrémités onguiculées, propres à la locomotion ordinaire, dont les pouces, aux membres antérieurs et plus fréquemment encore aux membres postérieurs, sont opposables aux autres doigts comme ils le sont aux membres supérieurs chez l'Homme; disposition qui a valu à ces Animaux le nom de Quadru-

manes, *que tous ne méritent cependant pas. Organisation, mode de développement et apparence générale rappelant sensiblement l'espèce humaine, surtout dans les premiers genres. Intelligence plus ou moins développée. Régime habituellement frugivore, quelquefois insectivore. Les Primates sont vulgairement connus sous les noms de* Singes, *de* Sapajous *et de* Makis. *Il faut leur adjoindre le genre* Cheiromys *et peut-être aussi celui des* Galéopithèques.

Le célèbre naturaliste suédois Linné apportait un goût exquis dans le choix des nombreuses dénominations qu'il était chaque jour obligé d'inventer pour édifier son *Système de la Nature*. Ce fut lui qui proposa d'appeler *Primates*, c'est-à-dire Premiers ou Primats des Animaux, l'ordre par lequel nous commencerons cette histoire des Mammifères. Il y plaçait, avec l'Homme, non-seulement les Singes et les Makis, dont l'organisation se rapproche plus ou moins de celle qui distingue notre espèce, mais aussi les Chauve-Souris et les Paresseux qui ont dû en être séparés, lorsqu'il a été permis d'apprécier plus exactement les particularités organiques qui les distinguent.

Les véritables *Primates* ou les Animaux de ce premier ordre jouissent du privilége d'exciter vivement la curiosité; ils méritent aussi toute l'attention du philosophe. Si d'autres espèces de Mammifères ont acquis une égale célébrité, à cause de leur grande taille et de leurs habitudes féroces, ou, au contraire, à cause de la facilité avec laquelle elles se soumettent à la domination de l'Homme, il n'en est certainement pas qui justifient mieux l'intérêt qu'on attache à les bien connaître. La pétulance de certains d'entre eux, la lenteur réfléchie de quelques autres, la variété ainsi que la mobilité des aptitudes chez le plus grand nombre, la finesse des instincts chez tous, et en même temps la forme du corps, toujours plus ou moins analogue à la nôtre, enfin les allures de ces singuliers animaux, leur physionomie presque humaine et la similitude à peu près constante de leurs mouvements avec ceux que nous exécutons sont autant de faits curieux qui excitent la curiosité du vulgaire et retiennent, sans jamais lui donner satisfaction, l'attention de l'Homme observateur. C'est pour ces motifs que chez tous les peuples, civilisés ou barbares, les Singes sont recherchés avec soin, et qu'on les garde en captivité pour s'en amuser ou pour s'instruire, quoiqu'il soit impossible d'en obtenir aucun autre service. A toutes les époques, ils ont inspiré les mêmes sentiments, et, dans quelques pays, ils ont joué ou jouent même encore un rôle important dans la religion et dans les préjugés nationaux. Les Egyptiens avaient fait du Tartarin le symbole de l'une de leurs divinités principales. Les Grecs, plus éloignés que les Egyptiens des pays habités par les Singes, et n'ayant sur plusieurs d'entre eux que des renseignements tout à fait incomplets ou même erronés, ont laissé dans leurs écrits une foule de notions fausses qui nous montrent comment la nature si ambiguë de ces Animaux avait dès lors frappé l'imagination des Hommes. Dans d'autres cas, on les a étudiés dans l'intention de perfectionner les connaissances anatomiques, et de suppléer ainsi à l'impossibilité dans laquelle on se trouvait d'étudier dans l'Homme lui-même les détails de la structure humaine. Plus récemment, et surtout depuis les grands voyages et les conquêtes lointaines qui ont accompagné ou suivi l'époque de la Renaissance, les naturalistes ont ajouté de nombreuses espèces à celles d'ailleurs peu variées que les anciens avaient connues.

Les travaux de Buffon ou de son dévoué collaborateur Daubenton ont surtout éclairé l'histoire des Primates; elle doit aussi de précieuses acquisitions aux recherches de MM. Geoffroy Saint-Hilaire père et fils, ou de F. Cuvier, en France, et de beaucoup d'autres naturalistes français ou étrangers dont nous rappellerons les noms dans cet ouvrage à mesure que l'occasion s'en présentera. Aux principaux Singes propres à l'ancien continent ou au nouveau, aux Makis et à quelques Animaux voisins que Buffon et Daubenton connaissaient, et que Linné avait inscrits dans son *Système*, sont venus s'ajouter plusieurs espèces aussi nouvelles que remarquables, et qui, pour la plupart, ont servi à l'établissement de genres particuliers. Les *Colobes*, la plupart des *Semnopithèques*, beaucoup d'espèces appartenant aux autres genres de Singes, et même plusieurs de ces genres dans les diverses tribus des *Pithéciens*, des *Sapajous* et des *Ouistitis*; les *Galagos*, l'*Indri*, l'*Aye-Aye* ou *Cheiromys* et les *Galéopithèques* n'étaient pas connus lorsque Buffon et Daubenton publièrent leur histoire des Singes et des autres Animaux du même ordre, ou ne l'étaient encore que très-imparfaitement lorsque ce célèbre ouvrage parut. De ce nombre était aussi le *Gorille*, qui a été confondu avec le *Chimpanzé* jusque dans ces dernières années. Le *Potto*, déjà signalé par Bosmann, voyageur hollandais du dix-septième siècle, n'a été revu qu'en 1830, et on n'a pas connu plutôt en nature les *Cheirogales* de Geoffroy Saint-Hilaire dont il est cependant question dans les manuscrits du voyageur Commerson, qui avait accompagné Bougainville.

Comme on le voit, la science moderne s'est enrichie, au sujet de ces Animaux, d'un grand nombre d'observations importantes, et leurs mœurs, leur répartition à la surface du globe, les particularités principales de leur organisation ont été également étudiées avec soin. Aussi leur classification est-elle aujourd'hui parfaitement établie; en même temps, la plupart des erreurs qui s'étaient accréditées à leur sujet ont pu être reconnues et remplacées par des détails plus exacts. Beaucoup d'auteurs, imitant en cela Blumenbach et G. Cuvier, ont préféré la dénomination de *Quadrumanes* à celle de Primates, qui a néanmoins prévalu. Pour les mêmes naturalistes, l'Homme, que Linné regardait comme le premier des Primates, et le Galéopithèque, qui en est, au contraire, le dernier, ne doivent pas être classés dans le même ordre que les Singes, les Sapajous et les Makis ou Lémuriens. Le Galéopithèque est rangé par Cuvier à la fin des Cheiroptères; et l'Homme constitue à lui seul, dans la méthode de ce célèbre naturaliste, l'ordre des *Bimanes*, ainsi nommé par Blumenbach, et dont la place est marquée avant celle des Quadrumanes. N'ayant pas à traiter ici de l'espèce humaine, je ne dois pas discuter, avec tous les détails que comporterait le sujet, ce point de doctrine scientifique. Je me bornerai donc à dire que si c'est à l'organisation elle-même que l'on emprunte les caractères qui doivent servir à la classification des espèces, on donne à ceux de la station et du mode de progression par lesquels l'Homme diffère des premiers Singes, une trop grande importance, en faisant de l'Homme le type d'un ordre à part; que si c'est, au contraire, l'intelligence que l'on consulte et surtout la supériorité morale, l'établissement d'un ordre distinct pour cette espèce privilégiée n'est pas suffisant pour exprimer combien elle diffère de toutes les autres. Quant au Galéopithèque, les caractères qui le distinguent ne sont ni assez différents de ceux des derniers Primates, ni assez semblables à ceux du Cheiroptère, pour qu'il soit possible de le séparer du premier et de le réunir au second. Nous en parlerons donc en terminant l'Ordre qui comprend les Singes, les Sapajous, ainsi que les Makis.

Quant à la dénomination de *Quadrumanes*, sous laquelle on a réuni les Singes et les Makis, en faisant allusion aux pouces opposables qui font de leurs quatre extrémités des mains comparables à celles de l'Homme, elle est bien loin de s'appliquer à la totalité des espèces qui l'ont pourtant reçue, et je ne parle pas ici des Galéopithèques, qui n'ont des pouces opposables ni aux membres antérieurs ni aux postérieurs. Il y a des espèces parmi les Quadrumanes de Blumenbach et de Cuvier, qui n'ont pas quatre mains, dans le sens propre de ce mot, car elles manquent plus ou moins complétement de pouces aux membres supérieurs. Tels sont les Colobes, qui sont d'Afrique, et les Atèles, ainsi que les Eriodes, qui appartiennent, au contraire, à la tribu des Singes américains. D'autres ont bien un pouce complet aux membres supérieurs, mais ce pouce suit la même direction que les autres doigts, et il n'est pas plus opposable que celui des carnivores chez lesquels il acquiert le même degré de développement. Ce sont les Ouistitis, qu'on a même nommés *Arctopithèques*, à cause de cette particularité, c'est-à-dire Singes à mains d'Ours. Plusieurs Lémuriens sont aussi dans le même cas, et il en est de même du genre Cheiromys. Sous ce rapport, les Animaux que nous venons de citer sont plutôt *Pédimanes* à la manière des Sarigues et des Phalangers, que *Quadrumanes*, comme les Singes de l'ancien monde et les Makis.

On doit faire à cet égard une remarque très-importante pour la juste appréciation des caractères physiques de l'Homme, le premier de tous les Primates, et, pour tous les naturalistes, le premier des Animaux. Chez l'Homme, c'est le pouce des membres supérieurs qui est opposable et qui contribue à faire de la main cet instrument si parfait et si en rapport, par son exquise sensibilité ainsi que par la variété de ses mouvements, avec la supériorité de l'intelligence humaine, dont elle est le principal instrument. Le pouce des membres inférieurs est, au contraire, dirigé dans le même sens que le reste des doigts. C'est l'inverse qui a lieu chez les autres animaux : nul n'a de pouces opposables aux membres antérieurs, si ceux des membres postérieurs ne sont aussi dans ce cas, et quand il n'y a qu'une seule paire de pouces opposables, ce ne sont jamais que les pouces de derrière.

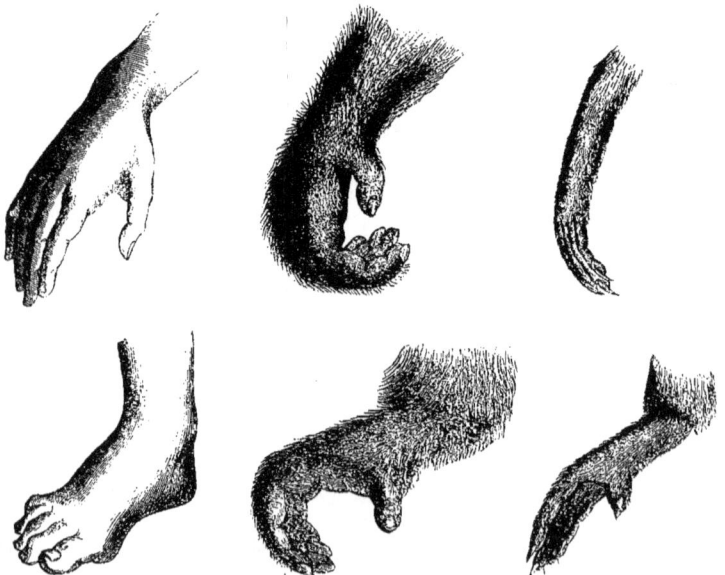

Homme, 1/1 de grand nat.   Orang, 1/1   Eriope, 1/1.

L'ordre des Primates comprend un nombre considérable d'espèces, près de deux cents, qui toutes sont faciles à reconnaître comme telles par l'ensemble de leurs caractères. Toutefois, il est impossible d'en établir une diagnose absolument rigoureuse, aucun de leurs caractères n'ayant une constance absolue.

On peut dire cependant que ces Animaux sont des Mammifères pourvus de quatre membres, à doigts onguiculés, destinés à marcher ou mieux encore à grimper, et qui diffèrent des autres familles également quadrupèdes et onguiculées, parce qu'ils ont *presque généralement* le pouce des membres postérieurs, et, *fréquemment*, celui des membres antérieurs opposable aux autres doigts ; *le plus souvent* leurs mamelles sont pectorales et au nombre de deux seulement ; leurs dents, *presque toujours* de trois sortes, sont appropriées à un régime plus ou moins frugivore. Il faut ajouter que leur cerveau, de plus en plus semblable à celui de l'Homme à mesure qu'on l'étudie dans des espèces

PAPION FEMELLE ALLAITANT SON PETIT, 1/5e de grand.

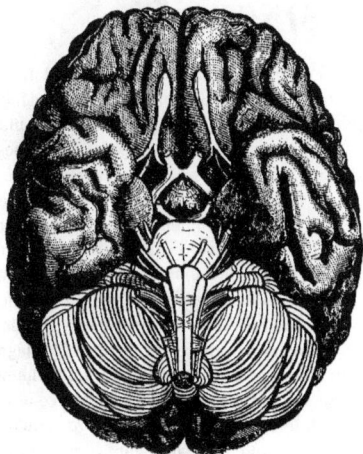

CERVEAU HUMAIN, 2/3 de grand.

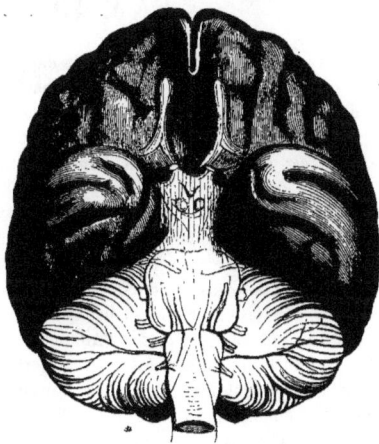

CERVEAU DE CHIMPANZÉ, 2/3 de grand.

plus rapprochées de lui sous les autres rapports, a aussi ses lobes olfactifs grêles et allongés, ce qui ne se retrouve que dans les Phoques, et que la plupart de leurs organes qui servent à la locomotion, à la nutrition ou à la reproduction de l'espèce, rappellent toujours ceux de l'espèce humaine d'une manière plus ou moins évidente. C'est ce qui a fait admettre, comme Linné l'avait d'ailleurs établi, que l'Homme, envisagé comme être organisé, appartient à la série des Primates.

On verra, par ce que nous exposerons, que l'ordre des *Primates* peut être divisé ainsi qu'il suit, en quatre familles, savoir :

1° Les SINGES (*Simiadæ*, *Simidæ*, etc., des nomenclateurs). Ils se partagent eux-mêmes en deux catégories bien distinctes, d'après la considération de plusieurs caractères que nous exposerons bientôt et qui concordent exactement avec leur répartition à la surface du globe. Les uns, auxquels on a étendu le nom de *Pithèques*, sont de l'ancien continent, principalement de l'Inde et de l'Afrique; les autres, appelés *Sapajous* et *Ouistitis*, habitent l'Amérique, surtout dans ses parties chaudes.

2° Les LÉMURIENS (*Lemuridæ* de quelques auteurs). Ils comprennent, outre les Makis, les Indris, etc., qui peuplent la grande île de Madagascar, quelques genres africains ou asiatiques, savoir : les Galagos, les Pérodictiques ou Pottos, les Tarsiers et les Loris.

3° Les CHEIROMYS (*Cheiromydæ*, Is. Geoffroy). Leur seule espèce connue est le singulier Aye-Aye de Madagascar, qui réunit à plusieurs des caractères propres aux Lémuriens une dentition tout à fait comparable à celle des Rongeurs ;

4° Les GALÉOPITHÈQUES (*Galeopithecidæ*). Animaux pourvus de membranes destinées au vol, qui rappellent celles des Écureuils volants, et des Phalangers volants. Ainsi que nous l'avons déjà dit, ils vivent dans certaines îles de l'Inde.

FAMILLE DES SINGES

Dans le langage ordinaire, et même dans celui de la science, le mot SINGE (*Simia*) reçoit une signification bien arrêtée, mais plus étendue que celle que Buffon avait essayé de lui donner. Dans sa manière de voir, on aurait dû n'appeler ainsi que les espèces à formes plus semblables à celles de l'homme, également dépourvues de queue et n'ayant point d'abajoues. Ces espèces sont les mêmes que l'on a nommées depuis lors SINGES ANTHROPOMORPHES.

« J'appelle *Singe*, dit Buffon, un Animal sans queue, dont la face est aplatie, dont les dents, les mains, les doigts et les ongles ressemblent à ceux de l'Homme, et qui, comme lui, marche debout sur ses deux pieds : cette définition, tirée de la nature même de l'Animal et de ses rapports avec celle de l'Homme, exclut, comme l'on voit, tous les Animaux qui ont des queues, tous ceux qui ont la face relevée ou le museau long ; tous ceux qui ont les ongles courbés, crochus ou pointus ; tous ceux qui marchent plus volontiers sur quatre que sur deux pieds.» Le *Pithecos* des Grecs ou l'Animal de Galien, que nous verrons être le même que le Magot des naturalistes modernes, est regardé à tort comme un de ces singes par Buffon. La définition s'applique au contraire fort bien à l'Orang-Outan, auquel il rapporte non-seulement ce qui a trait à cet animal, mais aussi ce que l'on savait de son temps au sujet du Chimpanzé, qu'il a eu vivant, et du Gorille, qu'il n'a connu, ainsi que le véritable Orang, que par les récits des voyageurs. Il y ajoute le Gibbon. Au-dessous des Singes véritables, Buffon classe les

Babouins, parmi lesquels il distingue, outre le Cynocéphale ou Magot, le Papion, le Mandrill et l'Ouanderou. Après les Singes et les Babouins, il décrit les *Guenons*, « Animaux qui ressemblent aux uns et aux autres, mais qui ont de longues queues, c'est-à-dire des queues aussi longues ou plus longues que le corps. » Buffon en comptait neuf espèces, et il les énumère dans l'ordre suivant : les *Macaques*, les *Patas*, les *Malbrouks*, les *Mangabeys*, la *Mone*, le *Callitriche*, le *Talapoin* et le *Douc*. Toutefois, Buffon n'admet pas que ses trois catégories soient aussi distinctes qu'on serait tenté de le croire. Entre les Babouins et les Guenons vient se placer le *Maimon*; et le *Magot*, d'ailleurs distingué à tort du Pithèque, à l'espèce duquel il appartient, relie les Singes aux Babouins. Buffon ajoute qu'il ne se trouve dans le nouveau continent ni Singes, ni Babouins, ni Guenons, et que les animaux de l'Amérique que l'on a appelés des Singes forment deux catégories à part, les *Sapajous* et les « *Sagouins*, tous très-différents de tous les Singes de l'Asie et de l'Afrique. »

Ce fut en 1766 que le célèbre naturaliste français publia, dans le XIVe volume de son *Histoire naturelle*, sa nomenclature des Singes. Les auteurs qui l'avaient précédé avaient mal décrit en général les Animaux que l'on désigne encore par cette dénomination, et dont les Singes proprement dits ou les véritables Singes de Buffon, ne forment qu'une fraction peu considérable. Son travail, auquel Daubenton concourut d'une manière active, modifia notablement les idées que l'on avait au sujet de ces Animaux, et il a servi de base à tout ce qui a été fait depuis sur la même matière. La distinction tranchée qu'il a établie entre les espèces américaines et celles de l'ancien continent mérite surtout d'être signalée comme une véritable découverte, car tout ce que l'on a observé depuis, aussi bien sur les espèces vivantes que sur celles qui ont vécu antérieurement à l'époque actuelle, et dont les débris ont été recueillis dans les terrains tertiaires, est venu la confirmer d'une manière éclatante. Tandis que certains genres de Mammifères fournissent des espèces à l'ancien et au nouveau continents, et qu'il en est même, comme celui des Rats, qui ont des représentants jusque dans la Nouvelle-Hollande, les genres de Primates sont très-régulièrement distribués à la surface du globe. Ceux de l'ancien continent joignent à des dents semblables à celles de l'homme par le nombre et par la formule, une disposition particulière des narines et quelques autres caractères à l'aide desquels il est facile de les distinguer des genres américains, et ceux-ci ne se laissent pas moins aisément séparer des Primates inférieurs que l'on réunit, dans beaucoup de cas, en une seule famille, sous le nom de Lémuriens, emprunté au mot latin *Lemur*, par lequel Linné avait désigné le genre qui comprend les Makis. Ils sont d'ailleurs de deux sortes : les véritables Sapajous, dont les genres sont assez variés, et les Ouistitis, animaux plus petits que les précédents et moins nombreux en espèces.

Malgré le sens plus limité que Buffon avait essayé de donner au mot *Singe*, les naturalistes ont continué de l'appliquer aux nombreux Animaux que, dans le langage ordinaire, on appelle également ainsi. Buffon lui-même n'a pas tenu compte, dans la suite de son ouvrage, de la distinction qu'il avait établie.

Les Singes, rigoureusement parlant, sont donc ces Mammifères, les uns propres à l'ancien continent, les autres particuliers au nouveau, qui ont avec l'Homme une ressemblance plus ou moins grande dans les formes extérieures, et dont les allures ou les gestes ont souvent une telle analogie avec les nôtres que, de tout temps, les savants et le vulgaire ont été incertains s'ils ne devaient pas être associés génériquement à notre propre espèce.

Les Singes sont des Animaux qui vivent pour la plupart sur les arbres ou dans les pays rocailleux, qui se nourrissent de fruits, de bourgeons, d'œufs, quelquefois aussi d'insectes. On les reconnaît aisément à leur organisation, dont les principaux traits concordent avec ceux que le genre humain présente à un degré si élevé de perfection; leur cerveau et leurs autres organes profonds; leur apparence extérieure, et, en particulier, la forme de leur tête, la place et le nombre de leurs mamelles, leurs pouces des membres supérieurs, le plus souvent opposables aux autres doigts, leur station approchant de plus en plus de la verticale, mais sans jamais l'être complétement, et certaines communautés dans les aptitudes intellectuelles : tout, dans ces Animaux, accuse une incontestable ressemblance avec l'Homme et une supériorité par rapport aux autres quadrupèdes. Toutefois, cette ressemblance diminue à mesure que l'on descend dans la série des genres qui composent la famille des Singes ; et, tout en conservant les traits fondamentaux du groupe auquel elles appartiennent, les dernières espèces montrent dans leur intelligence autant que dans leur cerveau, dans leurs formes aussi bien que dans la structure de leurs principaux organes, une infériorité évidente, si on les compare aux premières et surtout à l'Homme. Aussi les place-t-on à une bien plus grande distance de ce dernier dans la classification.

OUISTITI OREILLARD *(Jacchus auritus)*, 1/3 de grand.

Les Ouistitis sont précisément ces Singes inférieurs auxquels nous venons de faire allusion. Ils prennent rang après les Sapajous, Animaux également américains, avant lesquels on doit, au contraire, placer les Singes de l'ancien continent. Ceux-ci ont, dans leur système dentaire et dans tous leurs organes, des affinités plus grandes avec l'espèce humaine.

Ainsi, nous aurons à parler successivement de trois groupes de Singes bien différents les uns des autres et dont chacun constitue une tribu distincte, savoir :

1° Les PITHÉCIENS (*Pithèques*) ou Singes de l'ancien continent, dont la formule dentaire est la même que celle de l'Homme.

2° Les CÉBIENS (*Sapajous*) ou Singes américains, pourvus de trente-six dents.

3° Les HAPALIENS (*Ouistitis*), qui n'ont que trente-deux dents, comme les Pithèques, avec une formule différente de celle de ces Animaux, et plus semblable en réalité à celle des Sapajous. Aussi peuvent-ils être réunis aux Cébiens.

TRIBU DES PITHÉCIENS

Les Pithéciens, ou Singes de l'ancien continent, se laissent aisément reconnaître aux caractères que voici : leurs narines sont séparées, comme celles de l'Homme, par une cloison mince, chacune d'elles est étroite et plus ou moins inférieure, sans que pourtant le nez fasse habituellement saillie comme celui de notre espèce; le Nasique, qui est un Singe du genre Semnopithèque, présente cependant ce caractère. La queue existe fort souvent, et elle est tantôt longue, tantôt, au contraire, plus ou moins courte; d'autres fois elle est tout à fait nulle, et on n'en trouve d'autre trace qu'un petit coccyx caché sous la peau comme celui de l'Homme. Si développée qu'elle puisse être, elle n'est jamais prenante, c'est-à-dire susceptible de s'enrouler autour des corps pour les saisir ou y suspendre l'Animal. Les deux tubérosités des os ischiatiques, sur lesquelles les Pithéciens s'asseoient, sont habituellement encroûtées de callosités épidermiques, dites callosités fessières, qui manquent constamment aux Singes américains. La formule dentaire est absolument la même que dans l'Homme, savoir: deux paires de dents incisives à chaque mâchoire; une paire de canines et cinq paires de molaires divisibles

Dents de l'Homme, grandeur naturelle.

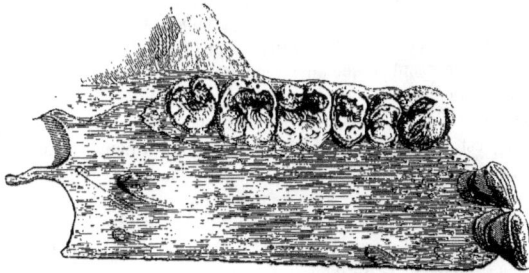

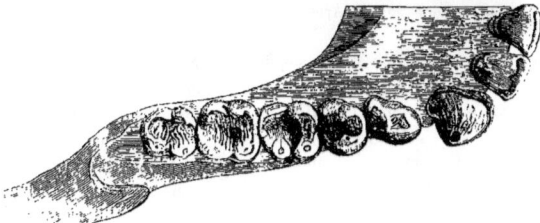

en deux fausses molaires et trois grosses, la première de celles-ci fonctionnant déjà avant la chute des dents de lait.

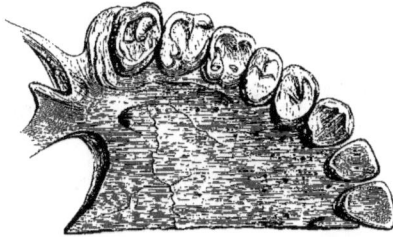

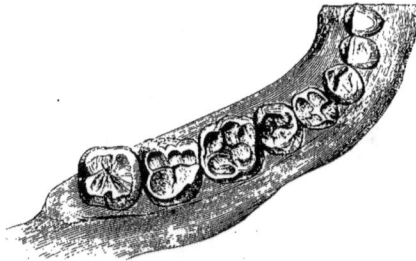

Dents de Chimpanzé adulte, grandeur naturelle.

La première dentition ressemble aussi à la nôtre, et se compose de vingt dents ainsi réparties : deux paires d'incisives à chaque mâchoire, une paire de canines et deux paires seulement de molaires.

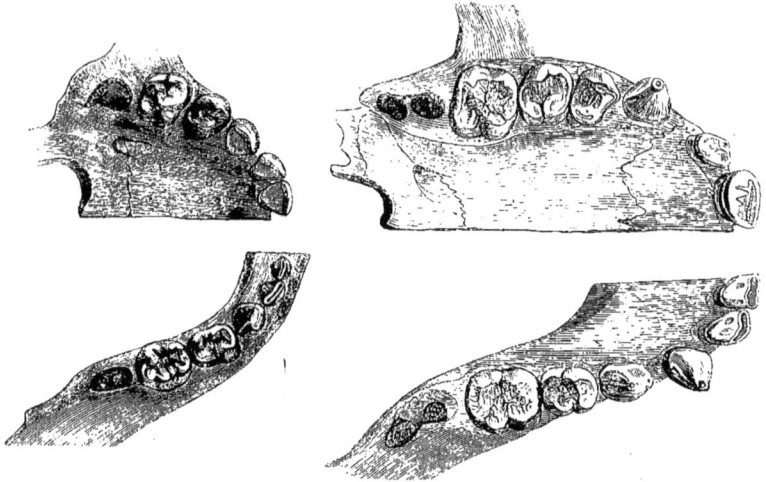

LES VINGT DENTS DE LAIT DE L'ESPÈCE HUMAINE, grandeur naturelle.

LES VINGT DENTS DE LAIT DE L'ORANG ET SES QUATRE PREMIÈRES GROSSES DENTS PERSISTANTES, grandeur naturelle.

Les Singes de la première tribu ont encore beaucoup d'autres traits communs avec l'Homme, mais ceux que nous venons de signaler, étant plus faciles à saisir, ont, à cause de cela, une plus grande importance aux yeux des naturalistes classificateurs, et nous nous bornerons à leur seule énumération.

Le nom sous lequel nous avons inscrit cette première tribu est le même qu'a employé M. de Blainville. *Pithèque,* et, par suite, *Pithéciens* ou *Pithecini* viennent du mot grec *Pithecos,* (πίθηκος), que les anciens ont fréquemment employé, et qui s'appliquait, dans la langue des Grecs, tantôt aux différentes espèces de Singes qu'ils connaissaient, tantôt à l'une de ces espèces prise en particulier. Cette espèce, qui était alors celle qu'on recevait le plus fréquemment en Europe, est la même qui vit dans le nord de l'Afrique, et que nous appelons le Magot.

Le substantif *Pithecos* entre aussi comme racine dans la composition de plusieurs autres dénominations, les unes employées par les anciens, les autres imaginées par les modernes pour désigner des Singes soit d'espèces africaines, soit d'espèces asiatiques. C'est ainsi qu'il est question dans Ctésias, dans Strabon et dans Pline, d'un *Cercopithecos,* c'est-à-dire d'un Pithèque pourvu d'une queue, et qu'Aristote parle d'un *Choiropithèque* ou Pithèque à forme de Cochon.

Quoiqu'il reste encore quelque doute sur la détermination spécifique du Cercopithèque que Ctésias dit asiatique, et Pline, au contraire, éthiopien, et qu'il soit encore impossible d'assurer ce qu'était le Choiropithèque qu'Aristote mentionne sans le décrire, les naturalistes modernes ont employé les mêmes dénominations en arrêtant la valeur d'une manière plus précise. Buffon donne le nom de *Cercopithecos* comme ayant le sens attaché par lui au mot *Guenon,* et M. de Blainville a quelquefois substitué au nom générique des Cynocéphales, tel que les définissaient Buffon et G. Cuvier, celui de *Chœropithecus,* et il a proposé pour d'autres genres des noms terminés également par la désinence *Pithèque.* F. Cuvier a nommé *Semno-*

pithèques un genre de Singes asiatiques dont il y a environ vingt espèces connues; le Talapoin est devenu le type du genre *Miopithecus* de M. I. Geoffroy; le Cynocéphale nègre, celui du genre *Cynopithecus* du même auteur; et le Macaque Gelada de M. Ruppel, son *Theropithecus*.

C'est pour rappeler que la première famille des Singes comprend différentes sortes de Pithèques, que M. de Blainville lui a rendu le nom même de *Pithèques*, dont nous nous servirons aussi pour indiquer les mêmes Animaux, c'est-à-dire l'ensemble des Singes propres à l'ancien continent. Buffon, qui les distinguait en Singes véritables, Babouins et Guenons, avait, le premier, compris qu'ils forment un groupe naturel bien distinct de tous les autres, et qu'on ne saurait les mêler, comme on le faisait avant lui ou comme on l'a fait quelquefois depuis, aux Singes américains. Les Pithèques, ou mieux les Singes Pithécoïdes, diffèrent autant de ceux-ci par leurs caractères organiques qu'ils en sont éloignés par la position géographique des contrées qu'ils habitent. Ce sont les mêmes Animaux qu'E. Geoffroy a nommés *Catarrhinins*, pour rappeler la disposition de leurs narines, qui diffère notablement de celle des Singes américains (ses *Platyrrhinins*), et permet, dans la plupart des cas, de les en distinguer à la première vue. On les a aussi appelés *Simiidæ*, *Pithecidæ*, etc.

MANGABEY A COLLIER BLANC, FEMELLE *(Catarrhinin)* Narines terminales *(Ancien continent)*, 1/2 de grand. nat.   SAJOU BRUN *(Platyrrhinin)* Narines latérales *(Nouveau continent)*, 1/2 de grand. nat.

Grâce aux travaux des naturalistes, l'histoire de ces Animaux est aujourd'hui fort avancée, et si l'on ajoute à ces observations zoologiques et géographiques, les détails anatomiques ou physiologiques que les mêmes naturalistes ou MM. de Blainville, Owen et beaucoup d'autres ont publiés, on reconnaîtra que la tribu des Pithéciens est actuellement l'une des mieux connues parmi celles qui composent la classe des Mammifères. Rien n'a été négligé dans l'examen qu'on a fait de ces Animaux, et les principales collections de l'Europe se sont enrichies d'une foule de préparations fort curieuses. Ce sont aussi ces Mammifères que l'on recherche avec le plus de soin dans les Ménageries.

Les Pithèques sont des Animaux très-rapprochés de l'Homme par leurs formes extérieures aussi bien que par leurs caractères anatomiques. Leur front est plus saillant que celui d'aucun autre groupe de Mammifères, ce qui indique un cerveau plus développé dans ses parties antérieures, et, par conséquent, une plus grande intelligence. Leurs yeux sont rapprochés et dirigés en avant; leurs oreilles s'éloignent peu de la forme humaine; leurs deux narines sont séparées par une étroite cloison; leurs dents sont en même nombre que les nôtres et semblablement réparties en incisives, canines et molaires; ils n'ont, comme l'enfant, que vingt dents de lait, et leur squelette, surtout dans les premières espèces, offre la plus grande analogie avec le squelette humain. L'hyoïde de la plupart des espèces, le sternum large et aplati de celles qu'on nomme Anthropomorphes, la conformation du corps chez celle des trois premiers genres, la brièveté du coccys chez un assez grand nombre sont autant de particularités distinctives des Pithéciens qui démontrent le mieux le rapprochement établi par les naturalistes entre l'Homme et le Singe, et l'on ne saurait en contester la justesse dès que l'on a pu voir l'Orang, le Gorille, le Chimpanzé, ou même d'autres espèces de la famille des Pithèques, quoique toutes n'aient pas le même degré de ressemblance avec l'Homme, et qu'il y ait encore comme nous le montrerons, un très-grand intervalle entre lui et les Singes même les plus intelligents.

Une bonne classification des Singes devait rendre un compte exact de la différence qui existe dans l'intensité des ressemblances signalées entre l'Homme et les Pithèques des divers genres. Les naturalistes qui s'en sont occupés ont, en effet, essayé de l'exprimer, mais ils ne sont peut-être encore arrivés à un résultat bien certain que relativement aux premières espèces, et je n'oserais affirmer qu'ils aient raison de placer à la fin de la série, comme plus éloignés de l'homme et du Chimpanzé ou du Gorille, les *Cynocéphales*, dont l'intelligence ne le cède certainement point à celle des Singes à longue queue (les *Guenons* de Buffon). L'opinion que nous émettons ici est d'ailleurs celle de Buffon lui-même, puisque, dans sa nomenclature des Singes, les Babouins, c'est-à-dire les Cynocéphales des naturalistes actuels, prennent rang immédiatement après les Singes Anthropomorphes, tandis que ses Guenons viennent les dernières, comme moins semblables à l'espèce humaine. Quoi qu'il en soit, nous nous conformerons à l'usage qui a prévalu, et nous ne parlerons des Cynocéphales qu'après avoir exposé l'histoire des autres Pithéciens.

Cette première tribu des Mammifères sera partagée ainsi qu'il suit en cinq groupes secondaires :

1° Les ANTHROPOMORPHES (*Anthropomorpha*), comprenant les genres TROGLODYTE, GORILLE, ORANG et GIBBON.

2° Les SEMNOPITHÈQUES (*Semnopithéciens*), divisés eux-mêmes en NASIQUE, SEMNOPITHÈQUE, proprement dit, PRESBYTE et COLOBE.

3° Les GUENONS (*Cercopithéciens*), ou les genres MIOPITHÈQUE et CERCOPITHÈQUE.

4° Les MACAQUES (*Macaciens*), qui se partagent en MAGOT, MANGABEY, MAIMON et MACAQUE.

5° Les CYNOCÉPHALES (*Cynocéphaliens*), ou les CYNOPITHÈQUES, MANDRILLS, PAPIONS et THÉROPITHÈQUES.

De ces cinq groupes, le troisième seul est exclusivement africain ; les quatre autres, au contraire, ont chacun des genres particuliers en Afrique et dans l'Inde. Un seul genre de Singe existe maintenant en Europe : c'est celui des Magots, dont l'unique espèce est représentée par quelques individus sur les rochers de Gibraltar, et, assure-t-on, dans quelques autres points méridionaux de la Péninsule. Le Magot vit aussi au Maroc et en Algérie.

Des Singes appartenant à cette tribu ont fait partie des populations animales qui ont précédé les espèces actuelles sur le globe. Des débris de Singes fossiles ont été constatés en France dans les départements du Gers et de l'Hérault ; en Angleterre, en Grèce et en Asie, dans les dépôts sous-himalayens.

Ces Singes fossiles sont, pour la France et l'Angleterre seulement : 1° une espèce voisine des Anthropomorphes, mais distincte, comme genre, de ceux d'aujourd'hui. Nous lui avons donné le nom générique de *Pliopithecus* ; elle répond au *Pithecus antiquus* de M. de Blainville, et au *Protopithecus antiquus* de M. Lartet, qui en a découvert les seuls débris connus

dans les terrains à ossements de Mastodonte, de Rhinocéros, etc., du Gers. — 2° Le *Semnopithecus monspessulanus*, dont j'ai recueilli quelques débris à Montpellier dans
un dépôt moins ancien que celui du Gers, mais qui renferme aussi des ossements de Rhinocéros et de Mastodontes
différents, il est vrai, par leur espèce, de ceux du Gers. —
3° *Macacus pliocenus* de M. Owen. Il était contemporain
de l'*Elephas primigenius* ou grand Eléphant fossile d'Europe, et du Rhinocéros à narines cloisonnées, qui habitait
aussi le même continent. — 4° *Macacus eocœnus*, également décrit par M. Owen. Il a vécu à la même époque

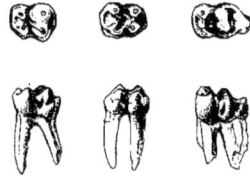

SEMNOPITHECUS MONSPESSULANUS,
grandeur naturelle.

que les Pachydermes du genre Lophiodon, et ses débris ont été trouvés dans un terrain que
les géologues rapportent au même étage que le calcaire grossier dont on se sert à Paris pour
la plupart des constructions.

La découverte de débris fossiles appartenant à la famille des Singes a été faite, pour la
première fois, en 1837, par M. Lartet, habile géologue d'Auch, qui s'est occupé avec
beaucoup de succès de la recherche des Mammifères fossiles, et auquel on doit, non-seulement
de magnifiques collections d'ossements antédiluviens, mais aussi la description de plusieurs
espèces éteintes que l'on ne connaissait pas avant lui. Cette découverte eut dans le monde
savant tout le retentissement qu'elle méritait. On en comprendra bien l'importance, si l'on
se rappelle que non-seulement on n'avait pas encore observé un seul ossement qui pût être
rapporté à un Animal du groupe des Singes, mais qu'on avait pour ainsi dire posé en principe
que ces Animaux, pas plus que l'Homme, n'avaient existé antérieurement à la dernière révolution dont le globe a été témoin.

Cuvier lui-même, après avoir examiné les nombreuses espèces éteintes de Mammifères
dont la science lui doit la restauration, avait fait remarquer qu'on n'avait trouvé avec elles
« *aucun os de Singe, fût-il d'espèce perdue.* » Il est vrai qu'il n'avait pas ajouté, comme
plusieurs auteurs semblaient le lui faire dire, qu'on n'en rencontrerait pas plus tard. Cuvier se
servait cependant du fait de l'absence des Singes parmi les fossiles alors connus, pour donner
plus de probabilité à une opinion, déjà soutenue par Buffon, que l'apparition de l'Homme a
eu lieu à une époque géologiquement peu ancienne.

Tout semble, en effet, démontrer que l'Homme n'a été créé que postérieurement à l'extinction des nombreuses populations animales et végétales auxquelles ont succédé les Animaux
et les Végétaux d'à-présent. Buffon avait dit que l'Homme était le dernier et le plus parfait
ouvrage du Créateur. Sans contester le second terme de cette proposition, divers auteurs
ont refusé d'admettre le premier, et ils ont dit que l'Homme était aussi ancien sur cette
terre, non-seulement que les Animaux et les Végétaux existants ou que certaines espèces
éteintes à une époque peu reculée, mais aussi que tous les autres Animaux et Végétaux qui,
dans l'opinion de la plupart des naturalistes, ont habité le globe à des époques antérieures à
l'apparition des espèces qui le peuplent aujourd'hui.

Nous produirons dans cet ouvrage bien d'autres preuves contre la théorie qui soutient la
simultanéité d'apparition des êtres organisés.

Pour ne pas insister davantage sur ce point, relativement aux Singes fossiles de la tribu
des Pithèques, nous nous bornerons donc à dire qu'antérieurement à l'époque nommée diluvienne par les géologues, de même que pendant cette époque, il a existé des Singes, et que les
gisements dans lesquels on en rencontre les débris ne permettent pas de douter qu'ils n'aient
vécu en Asie, où il y en a présentement beaucoup d'espèces, et aussi en Europe, où le Magot
de Gibraltar représente seul la même famille de Mammifères, et uniquement sur une très-petite
surface.

I

ANTHROPOMORPHES

Comme le nom l'indique, les Anthropomorphes sont, de tous les Singes, ceux qui ressemblent le plus à l'Homme. Aucun n'a de queue, et les Gibbons, qui occupent le dernier rang parmi eux, sont les seuls qui aient des callosités fessières. Tous ont les membres antérieurs plus longs que les postérieurs, et ils s'en servent pour s'aider dans la marche. Leur station, qu'on a comparée à celle de l'Homme, est plutôt oblique que droite. Leurs dents molaires ont la couronne ornée de petits tubercules émoussés. Leur sternum est large et aplati.

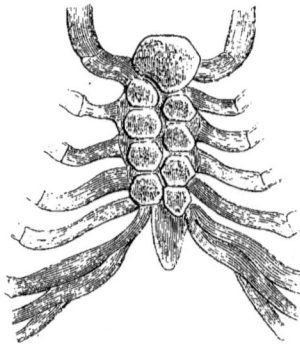

STERNUM D'ORANG JEUNE. 1/2 de grand. nat.   STERNUM D'ORANG ADULTE, 1/2 de grand. nat.

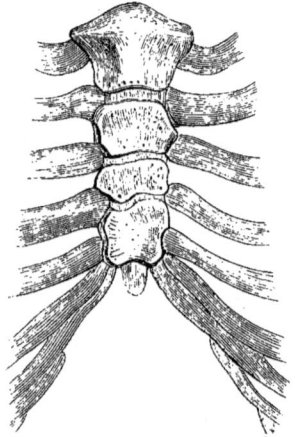

On connaît quatre genres de ces Animaux dans la Nature actuelle. Ce sont ceux des *Troglodytes*, *Gorilles*, *Orangs* et *Gibbons*, auxquels se joint celui des *Pliopithèques*, dont la seule espèce décrite n'existe plus sur le globe.

GENRE CHIMPANZÉ (*Troglodytes*, E. Geoffroy). Si, comme il est convenable de le faire, on tient compte, dans la classification, de la similitude dans la forme extérieure, de la conformité dans l'organisation interne, et des rapports que présentent l'intelligence, les instincts et les phases successives qui marquent les divers âges de la vie, le Chimpanzé, le Gorille et l'Orang-Outan se disputent incontestablement, et presque avec des titres égaux, la première place après l'Homme. De tous les êtres qui peuplent le globe terrestre ou qui ont animé sa surface antérieurement à l'époque actuelle, ce sont, en effet, les plus semblables à l'Homme lui-même. Doués d'une véritable intelligence, quoique bien inférieurs à l'Homme sous ce rapport, ces Singes ont aussi dans leur organisation, dans leurs mouvements, dans les états divers sous lesquels ils se présentent à nous, des rapports incontestables avec notre propre espèce. On reconnaît en eux un véritable acheminement de l'animalité vers le type humain. Toutefois, comme il y a encore plus de la Bête que de l'Homme dans ces Animaux, leur ressemblance avec nous a quelque chose de choquant, et c'est avec une véritable satisfaction que nous poursuivons, dans les détails d'une sage analyse scientifique, les différences par lesquelles ils restent si fort au-dessous de notre espèce. La plupart des anatomistes qui se sont occu-

OS FRONTAL.

ORBITE.

MACHOIRE INFÉRIEURE.

CLAVICULE.

HUMÉRUS.

BASS N

RADIUS.

OS DU CARPE.
MÉTACARPE.
PHALANGES.

FÉMUR

ROTULE.

TIBIA.

PÉRONÉ.

TARSE.
MÉTATARSE.
PHALANGES.

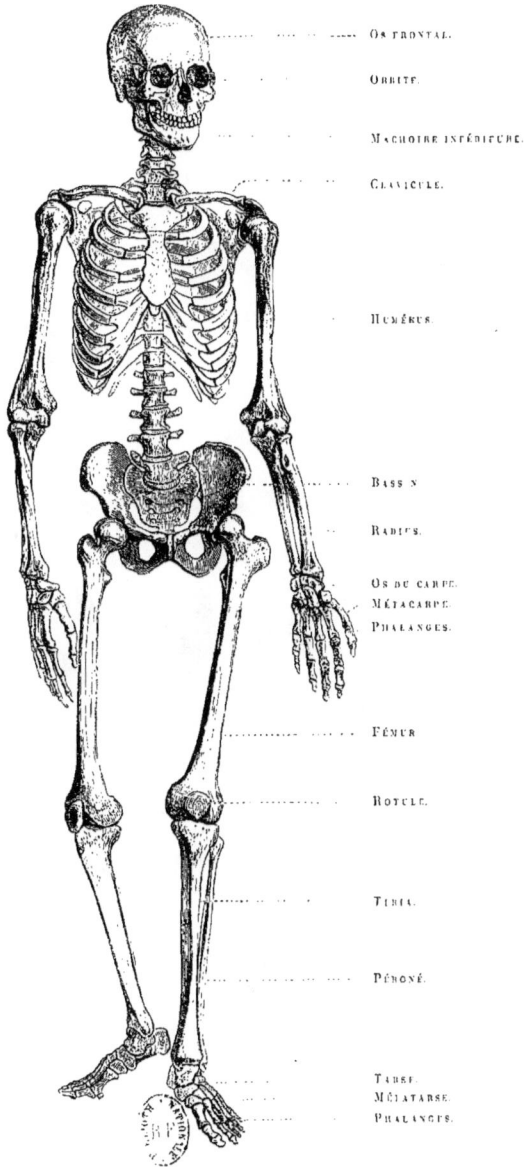

SQUELETTE HUMAIN
de face, 1/10 de grandeur.

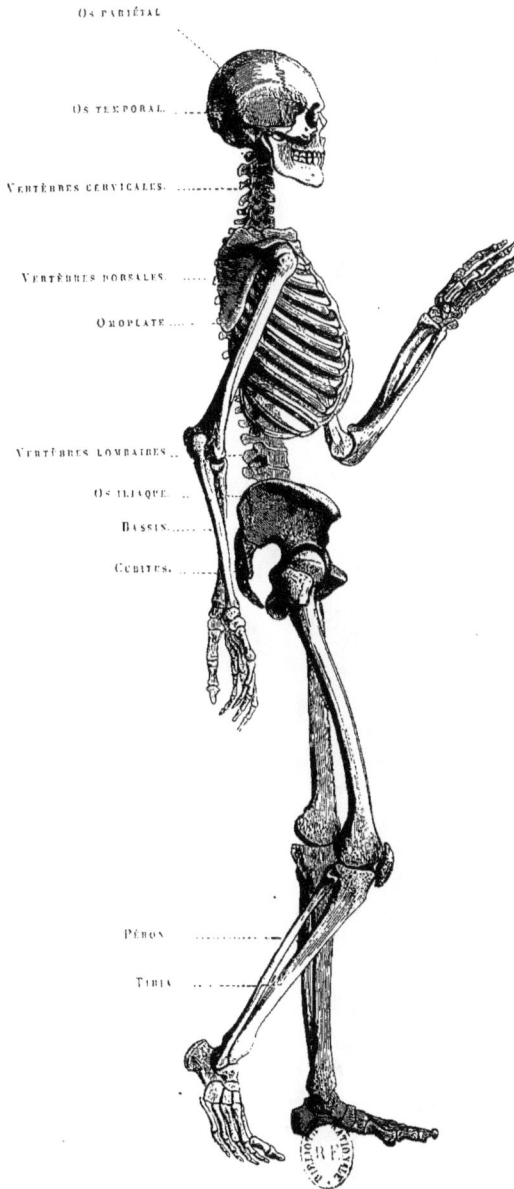

OS PARIÉTAL

OS TEMPORAL

VERTÈBRES CERVICALES.

VERTÈBRES DORSALES.

OMOPLATE

VERTÈBRES LOMBAIRES

OS ILIAQUE.

BASSIN

CUBITUS.

PÉRONÉ

TIBIA

SQUELETTE HUMAIN
de profil, 1/10 de grandeur.

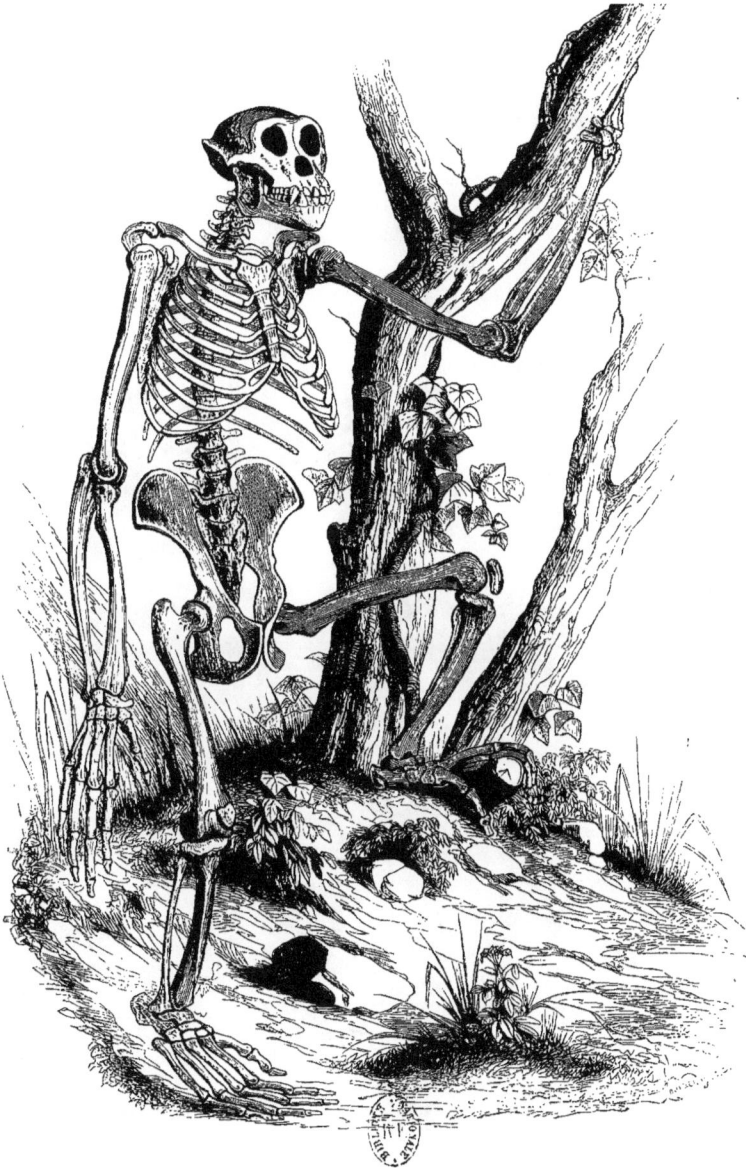

CHIMPANZÉ MALE (Troglodytes),
1/8 de grandeur.

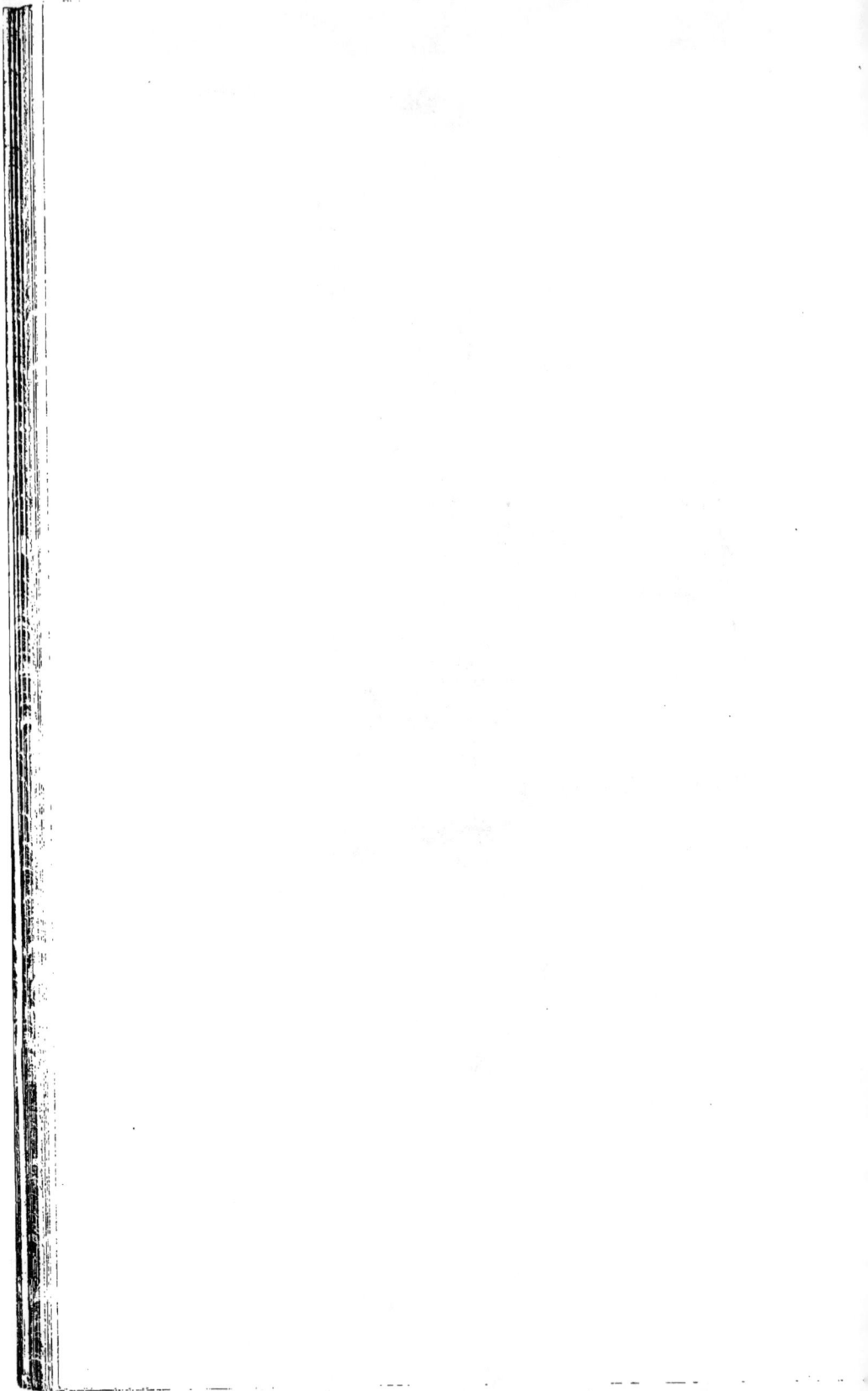

pés de cette comparaison ont accordé au Chimpanzé la première place parmi les Singes anthropomorphes.

Ce rang lui appartient incontestablement, si l'on s'en rapporte aux apparences extérieures ou même à la similitude des allures; car le Chimpanzé, et, après lui, le Gorille, rappellent mieux l'Homme que ne le fait l'Orang-Outan; mais, quoi qu'on en ait dit, ce dernier
doit avoir la primauté si l'on tient compte de l'expression de sa physionomie et même de son
intelligence, probablement plus fine que celle du Chimpanzé et bien certainement supérieure
à celle du Gorille. Un gage incontestable de cette supériorité existe d'ailleurs dans la conformation cérébrale de l'Orang comparé aux deux autres Singes que nous venons de citer.

Le genre du Chimpanzé, facile à différencier des Orangs, s'éloigne bien moins sous certains
rapports de celui du Gorille. Nous montrerons cependant, à l'article de ce dernier, qu'il doit
aussi en être séparé. Quoi qu'il en soit, l'Orang, le Gorille et le Chimpanzé diffèrent moins
entre eux qu'ils ne s'éloignent de l'Homme; et si, à défaut d'une comparaison plus complète,
on met les unes à côté des autres les charpentes osseuses d'un Homme, d'un Orang, d'un
Chimpanzé et d'un Gorille, ou simplement leurs têtes, on reconnaît immédiatement dans
l'Homme, l'être supérieur et privilégié à l'exclusion de tous les autres, et l'on comprend mieux
les autres caractères anatomiques par lesquels il diffère des Singes anthropomorphes.

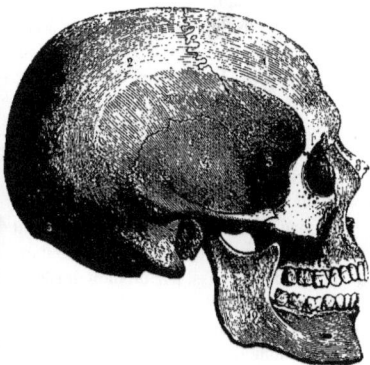

CRANE HUMAIN, 1/4.

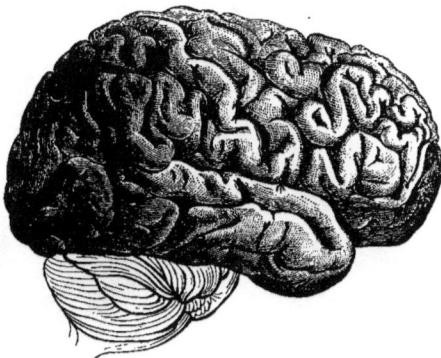

CERVEAU HUMAIN, 2/3.

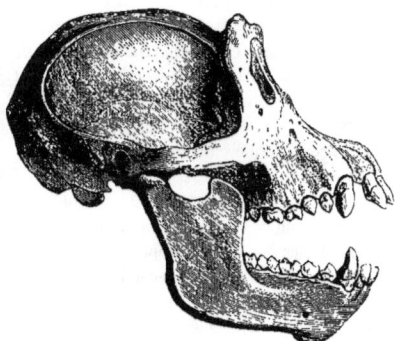

CRANE DE CHIMPANZÉ, 1/3.

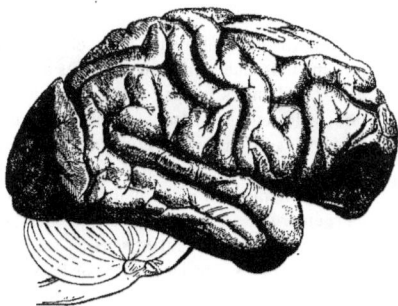

CERVEAU DE CHIMPANZÉ, 2/3.

Alors on peut dire avec Fénelon : « Ce dedans de l'Homme qui est, tout ensemble, si hideux et si admirable, est précisément comme il doit être pour montrer une boue travaillée de main divine. Et l'on reconnaît qu'en travaillant le corps des Animaux la divinité n'a pas fait preuve d'une moindre puissance, mais qu'elle a eu d'autres desseins. »

Dans l'Homme, la capacité crânienne rappelle à la sagacité de l'observateur le cerveau si volumineux que le crâne sert à protéger, et qui est l'agent intermédiaire entre une grande intelligence et des organes accomplis. On se demande alors si les Singes, qui ont été appelés Anthropomorphes par les naturalistes, parce qu'ils ont plus d'analogie avec l'Homme que tous les autres Animaux, ne sont pas plus semblables sous ce rapport aux derniers des Pithèques, quoiqu'il faille les placer plus près de l'Homme que ceux-ci. En effet, tout ce qui distingue l'Homme de la brute n'existe chez eux qu'à l'état d'ébauche, et à mesure qu'ils avancent en âge, les quelques traits par lesquels, au contraire, l'Homme ressemble à la brute, acquièrent chez les Singes un développement bien plus grand que chez lui, et qui change d'une manière complète la forme de leur tête osseuse; c'est dans la partie la plus importante de l'économie qu'existent les différences les plus évidentes.

Le Chimpanzé ou le *Simia troglodytes* des auteurs linnéens (*Troglodytes niger* de beaucoup de naturalistes actuels), a servi de type au genre Troglodyte. Il a le corps couvert de poils noirs, sauf auprès du coccys, où ils sont blancs. Il atteint environ un mètre et demi de haut ; mais, comme il ne se tient pas absolument debout, son élévation ne paraît pas aussi grande. Sa face approche de la couleur de chair ; ses oreilles sont grandes, membraneuses, mais arrondies et bordées ; son front est peu saillant, même dans le jeune âge ; ses arcades sourcilières prennent bientôt un développement considérable, et son museau s'allonge, mais sans faire autant de saillie que celui de l'Orang-Outan, dont il diffère aussi par un moindre développement des lèvres. Ce Singe, de tous le plus semblable à l'Homme par les proportions de son corps, et dont l'intelligence a même paru à quelques auteurs, mais sans doute à tort, être supérieure à celle de l'Orang, vit dans les vastes forêts de la côte occidentale d'Afrique,

CHIMPANZÉ VIVANT AU MUSÉUM (1854). 1/3

principalement dans la région connue sous le nom de Gabon. On le signale aussi dans le pays d'Angole. Les récits auxquels il a donné lieu de la part des voyageurs établissent presque tous une confusion entre ses mœurs et celles du Gorille, qu'on n'a bien connu que dans ces derniers temps ; et ce que l'on sait de positif au sujet du véritable Chimpanzé a principalement été observé sur les jeunes individus de cette dernière espèce qui ont été transportés vivants en Europe et que l'on a conservés quelque temps dans les ménageries.

Les anciens ont peut-être eu connaissance de cette curieuse espèce, mais ils en ont parlé dans des termes si vagues qu'il est le plus souvent impossible de deviner si les citations qu'on leur emprunte et ayant égard s'appliquent réellement à des Singes anthropomorphes ou à l'Homme lui-même, tant le sens en est obscur ou altéré. On s'accorde cependant à penser que les Femmes sauvages tuées par les soldats de l'amiral carthaginois Hannon, lors de son fameux périple, et qu'il nomme des *Gorilles*, n'étaient que des femelles de Chimpanzés, ou bien des Animaux de l'espèce à laquelle les modernes ont donné le même nom de Gorille.

CHIMPANZÉ (Troglodytes niger)
de la côte occidentale d'Afrique,
ayant vécu au Muséum de Paris en 1837 et 1838,
et connu sous le nom de JACQUELINE.

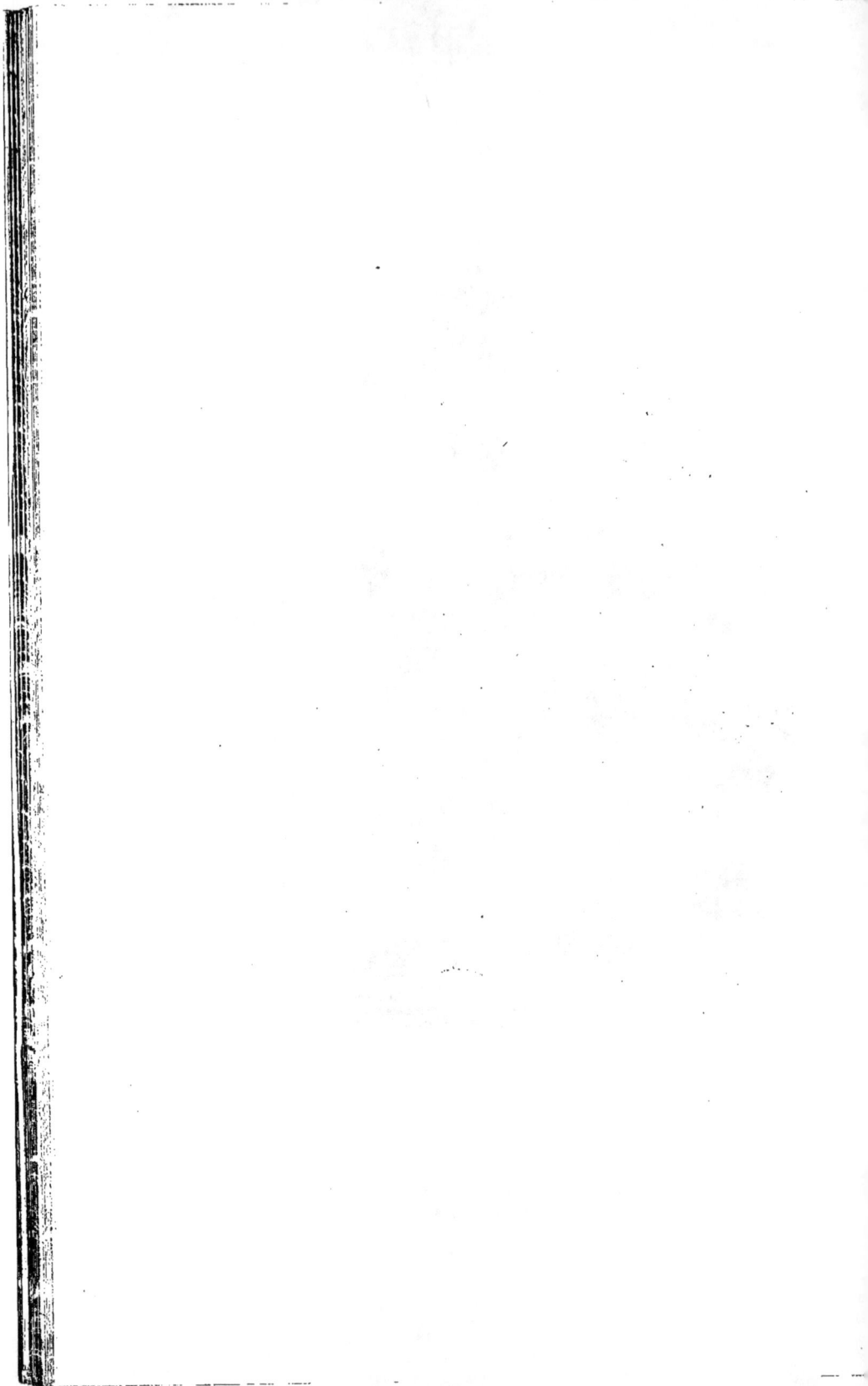

C'est pourquoi nous commencerons par reproduire ce curieux document, mais en rappelant d'abord les paroles par lesquelles M. de Blainville exprime des doutes à cet égard. « En effet, dit ce célèbre anatomiste, tout en acceptant comme vrai que ce peuple (des Gorilles) habitait une île montagneuse dans un lac qui lui-même était au milieu d'une île située sur la rive occidentale d'Afrique, fait géographique encore aujourd'hui absolument inconnu, il suffit de faire observer que le général carthaginois dit absolument que c'étaient des Hommes et non des Animaux, et parce que les Femmes, seules prises (les Hommes s'étant échappés dans les montagnes), se défendaient avec les dents et avec les ongles et ne voulaient pas suivre bénévolement leurs ravisseurs, qui eurent la barbarie de les tuer, ce n'est pas une raison pour être mis au rang des bêtes. » Voici le document qui a donné lieu à cette controverse :

Les Carthaginois avaient décrété (suivant quelques auteurs, mille ans; suivant M. Walcke-naer, cinq cents ans seulement avant l'ère chrétienne), qu'Hannon, l'un de leurs amiraux, naviguerait hors des Colonnes d'Hercule, aujourd'hui nommées détroit de Gibraltar, et qu'il fonderait des villes Libyphéniciennes. Il appareilla donc, emmenant avec lui trente mille Libyphéniciens, tant hommes que femmes. La première ville fondée par Hannon hors du détroit fut Thymiatérion (*Dumathir*), puis il passa devant Soloé, promontoire de Lybie, couvert d'arbres touffus, où il éleva un temple à Neptune. Il vit ensuite un lac, peu éloigné de la mer, rempli de nombreux et grands roseaux, et dans lequel il y avait un grand nombre d'Éléphants et d'autres bêtes sauvages qui y prenaient leur pature. Après avoir dépassé ce lac d'une journée de navigation, il fonda, sur les bords de la mer, les villes appelées *Karicon teichos* (Καρικον τειχος), Gytté, Ucris, Melitta et Arambys. Étant parti de là, il arriva au fleuve Lixus, dont les bords étaient habités par des peuples pasteurs ou les Lixytes, qui devin-rent les amis des Carthaginois. Au-dessus habitent, dit le périple, les Éthiopiens inhospitaliers (αξενοι), dont le pays est plein de bêtes féroces, entouré de grandes montagnes desquelles sort, disent-ils, le Lixus, et que fréquentent des hommes d'une figure étrange (αλλοιομορφοι), qui sont les *Troglodytes* (habitant les grottes et les cavernes). Les Lixytes disaient que ces hommes vont plus vite à la course que des chevaux. Ayant pris chez ces Lixytes des inter-prètes, Hannon navigua pendant deux jours vers le soleil levant, et il trouva au fond d'un golfe une petite île où il fonda un établissement nommé *Cerné*. « Par là nous jugeâmes, ajoute-t-il, que notre navigation, depuis le détroit, était égale à celle que nous avions faite depuis Carthage jusqu'aux Colonnes. De Cerné, nous arrivâmes à une estuaire après avoir passé un grand fleuve nommé Chrémétès (le Sénégal) ; cet estuaire a trois îles plus grandes que Cerné.

« Après douze autres jours de navigation le long de la même côte, qu'habitaient uniquement des Éthiopiens qui ne voulurent point entendre les Carthaginois, et dont les interprètes lixytes ignoraient eux-mêmes la langue, la flotte mouilla devant de grandes montagnes cou-ronnées d'arbres touffus. Le bois de ces arbres était odoriférant, veiné ou jaspé. Après deux jours encore de navigation, on entra dans un golfe de mer incommensurable (le golfe de Guinée), lequel, des deux côtés, offrait une terre plate, d'où pendant la nuit les Carthaginois virent des feux qui se portaient de tous côtés et qui changeaient de place, tantôt plus grands, tantôt moins grands (sans doute les feux que les nègres ou Éthiopiens, qui dorment le jour, allument la nuit lorsqu'ils se livrent à leurs danses aux flambeaux). De là, après avoir fait de l'eau, on navigua pendant cinq nouveaux jours jusqu'à un grand golfe que les interprètes de l'expédition dirent s'appeler la *Corne occidentale*. Dans ce golfe était une grande île, et, dans cette île, un grand estuaire marin (λιμνη, θαλασσωδης). De cet estuaire s'élevait une autre île dans laquelle, étant descendus, nous ne vîmes, pendant le jour, rien que des forêts, mais, pendant la nuit, beaucoup de feux allumés, et nous entendîmes la voix des flûtes, un im-mense tapage et un grand bruissement de cimbales et de tambours. La peur nous prit, et les devins nous ordonnèrent d'abandonner l'île. Ayant promptement appareillé, on passa le long d'un pays tout en feu qui exhalait un parfum d'encens, et des ruisseaux de feu (sans doute des laves volcaniques) coulaient de cette côte dans la mer. La terre, à cause de la chaleur, était insupportable. Pendant quatre jours on suivit cette côte, et, pendant la nuit, la terre était remplie de flammes. Au milieu était un feu très-élevé, plus grand que les autres, et qui semblait toucher les astres. Cette montagne s'appelait le *Char des Dieux* (θεων οχημα). Il fallut encore trois jours de navigation le long de ces ruisseaux enflammés pour arriver à la *Corne du Sud*.

« Dans le fond de ce golfe était aussi une île semblable à la première, qui avait un lac, et, dans ce lac, était une autre île remplie d'*Hommes sauvages*. En beaucoup plus grand nombre étaient les femmes, *velues sur tout le corps*, que nos interprètes appelaient *Gorilles*. Nous les poursuivîmes, mais nous ne pûmes prendre les Hommes; tous nous échappèrent par leur grande agilité, étant cremnobates (c'est-à-dire qui grimpe sur les rochers les plus escarpés et les arbres les plus droits) et se défendant en nous lançant des pierres. Nous ne prîmes que trois femmes qui, mordant et déchirant ceux qui les emmenaient, ne voulurent pas les suivre. On fut forcé de les tuer. Nous les écorchâmes et nous portâmes les peaux à Carthage; car nous ne naviguâmes pas plus en avant, les vivres nous ayant manqué. »

Le rapport d'Hannon fut déposé dans le temple de Saturne, à Carthage, et les peaux des Gorilles placées dans celui de Junon (Astarté). Pline, qui en parle, n'en mentionne que deux au lieu de trois, et il dit qu'on les a vues au même lieu jusqu'à la prise de Carthage, qui arriva 146 ans avant notre ère.

Tant qu'ils n'ont bien connu que le Chimpanzé, c'est à cette espèce que les naturalistes modernes ont attribué les Gorilles d'Hannon, et il semble bien difficile, comme elles avaient tout le corps velu, d'y voir autre chose que des Singes plus ou moins semblables à ceux de cette même espèce. Cependant M. Savage, ainsi que nous le verrons, a donné au grand Pongo de Battel et de Buffon, qu'on avait jusqu'à lui confondu avec le Chimpanzé, le même nom de Gorille; et M. Dureau de la Malle, membre de l'Institut de France, a admis que cette autre espèce Anthropomorphe était bien réellement le Gorille de l'amiral carthaginois. C'est ce que je n'oserais affirmer, le récit d'Hannon pouvant s'appliquer aussi bien ou même mieux au Chimpanzé qu'au Gorille de M. Savage. D'ailleurs, les deux Singes d'Afrique se rapprochent l'un et l'autre de l'Homme par leurs formes aussi bien que par leur intelligence, et comme ils habitent tous deux la même région, on resterait incertain, si la possibilité qu'eurent les soldats carthaginois de prendre en vie trois de ces prétendues Femmes sauvages ne semblait indiquer que c'étaient plutôt des Chimpanzés que des Gorilles de Savage. Ceux-ci sont tellement robustes que plusieurs Hommes n'en seraient point venus à bout, même d'une seule femelle, et leur énorme corpulence eût certainement été mentionnée dans le récit de l'amiral.

La limite extrême de ce voyage des Carthaginois le long de la côte occidentale d'Afrique avait été fixée par les géographes du dix-huitième siècle au sixième degré de latitude Nord, c'est-à-dire à la côte d'Or; d'autres géographes la reportèrent même en deçà du vingtième, au cap Blanc, ou même au cap Bojador, qui est encore moins éloigné des Colonnes d'Hercule. M. Dureau de la Malle expose, dans son Mémoire, que le Gorille de M. Savage étant le même que celui d'Hannon, il fournit aux savants un moyen sûr de déterminer la position de la Corne occidentale (Εσπεριον γερας), que les Carthaginois dépassèrent dans cette expédition, et pour sa part, il ne doute pas, qu'un estuaire du Gabon ne soit l'île des Gorilles; mais, nous le répétons, et cela ne contredit en rien ses conclusions, il n'est pas démontré que les anciens Gorilles, dont Pline change le nom en celui de *Gorgones*, n'étaient pas de véritables Chimpanzés, comme on le disait avant la publication du Mémoire de M. Savage.

Que sont ces *Troglodytes* à figure singulière que les Lixytes signalèrent dans les montagnes qui environnaient leur pays? C'est ce que nous savons encore moins. Tout ce qu'on a rapporté au sujet des Troglodytes des anciens n'est qu'un tissu de fables, et l'on ne pourra décider si ces fables ont pour origine l'existence de quelque espèce alors mal observée et aujourd'hui complétement inconnue, que lorsque les voyageurs auront pu nous donner sur l'Afrique occidentale et sur l'Afrique centrale des connaissances aussi complètes que celles que l'on a réunies au sujet de l'Inde ou de l'Amérique. C'est avec ces récits erronés qu'il faut ranger ce que Pline dit des *OEgypans*, lorsqu'il parle de l'Afrique mauritanienne. Habitant les parties de l'Atlas qui regardent la Lybie, ils s'y livraient à des danses lascives, au son des flûtes et des tambours, avec les Satyres qu'on ne connaît pas mieux qu'eux et qui peut-être n'ont pas une existence plus réelle. Tout ce que l'on peut affirmer, c'est que les traits sous lesquels les anciens nous ont représenté les OEgypans, les Satyres, les Onocentaures et d'autres Animaux que les naturalistes ont en vain cherchés en Afrique et dans l'Inde sont purement fantastiques. Toutes les découvertes faites par les modernes en anatomie et en physiologie , comparées démontrent, en effet, que jamais les particularités, si contraires les unes aux autres, qu'on leur a attribuées, n'ont été réunies par la nature dans une seule et même espèce.

Plusieurs des traits attribués à ces Animaux n'appartiennent qu'à l'Homme; d'autres sont particuliers aux Singes, et il en est que les ruminants présentent seuls. Le moyen âge n'a fait qu'obscurcir d'une manière plus complète encore les notions inexactes que les anciens avaient recueillies au sujet des Gorilles, des Troglodytes et des autres Animaux Anthropomorphes.

On ne commença à les mieux connaître qu'après la renaissance. Durant la seconde moitié du dix-septième siècle seulement, un jeune Chimpanzé fut apporté vivant en Hollande et offert au stathouder Frédéric-Henri, prince d'Orange. Tulpius a publié quelques détails à son égard dans ses *Observationes medicæ*, et il en a donné une figure, assez peu exacte d'ailleurs, qui a été autrefois reproduite dans plusieurs ouvrages. Ce qu'il dit au sujet de cet animal est cependant fort juste, et l'on peut s'en assurer, à défaut de l'ouvrage lui-même, par la reproduction qu'en a donnée Buffon dans son *Histoire naturelle* (T. XIV, p. 54 ; édition in-4°). Cependant il confond à tort ce Singe avec l'Orang-Outan de l'Inde, lorsqu'il ajoute :

Erat hic Satyrus quadrupes, sed ab humana specie quam præ se fert vocatur Indis Orang-Outan, *Homo sylvestris, uti africanis* Quojas morrou.

Ce qui lève toute incertitude au sujet du Singe observé par Tulpius, c'est qu'il le dit originaire de la côte d'Angole (*ex Angola relatum*). Toutefois, les détails recueillis par ce médecin étaient encore insuffisants, et une espèce aussi intéressante que ses rapports avec la nôtre méritait d'être étudiée d'une manière plus complète qu'on ne le fit alors. Ce n'est qu'à la fin du dix-septième siècle que des connaissances réellement satisfaisantes ont été recueillies au sujet du Chimpanzé. Un habile anatomiste anglais, nommé Tyson, ayant eu l'occasion d'en disséquer un exemplaire jeune qui était mort en Angleterre, en fit le sujet d'une excellente monographie anatomique qui parut en 1699, sous le titre d'*Anatomy of a Pigmy*. Un résumé dû à l'auteur lui-même donne une idée du soin qu'il apporta dans son travail, dans lequel une comparaison aussi exacte qu'on pouvait alors la faire est poursuivie entre le Pygmée, c'est-à-dire le Chimpanzé, et notre propre espèce. Tyson le rapproche de l'Homme par quarante-huit particularités dont nous reproduirons l'indication dans la double intention d'être agréable aux personnes qui ont étudié l'anatomie humaine, et de rendre en même temps hommage au talent d'observation dont l'auteur y fait preuve. Nous avons conservé l'ordre et les termes employés par Tyson et Buffon, en nous bornant à mettre entre parenthèses quelques réflexions indispensables.

Les analogies signalées par Tyson entre le Chimpanzé et l'Homme consistent :

1° En ce que le Chimpanzé a les poils des épaules dirigés en bas et ceux de l'avant-bras dirigés en haut ; 2° dans la face de ce Singe, qui est plus semblable à celle de l'Homme, étant plus large et plus aplatie que celle des espèces ordinaires ; 3° dans la figure de l'oreille, qui ressemble plus à celle de l'Homme, à l'exception que la partie cartilagineuse est mince comme dans les Singes ; 4° dans les doigts, qui sont proportionnellement plus gros que ceux des Singes ; 5° en ce qu'il est à tous égards fait pour marcher debout (cette erreur, ou plutôt cette exagération a été fort souvent reproduite depuis Tyson), au lieu que les Singes ne

sont pas conformés à cette fin ; 6° en ce qu'il a des fesses plus grosses que tous les autres
Singes (mais cependant bien moins fortes que celles de l'Homme) ; 7° en ce qu'il a des mollets
aux jambes (ces mollets étant cependant moins gros, et par conséquent formés par des muscles
moins puissants et moins bien disposés pour la station verticale que ceux des Hommes, même
les moins bien doués sous ce rapport, les nouveaux Hollandais, par exemple); 8° en ce
que sa poitrine et ses épaules sont plus larges que celles des Singes; 9° son talon, plus long;
10° en ce qu'il a la membrane adipeuse placée, comme l'Homme, sous la peau; 11° le
péritoine entier, et non percé ou allongé comme il l'est dans les Singes; 12° les intestins plus
longs que dans les Singes; 13° le canal des intestins de différents diamètres, et non pas égal
ou à peu près égal comme dans les Singes (ce caractère et quelques autres sont susceptibles
de critique) ; 14° en ce que le cœcum a l'appendice vermiculaire, comme dans l'Homme,
et aussi en ce que le commencement du côlon n'est pas si prolongé qu'il l'est dans les Singes;
15° en ce que l'insertion du conduit biliaire et du conduit pancréatique n'ont qu'un seul orifice
commun, au lieu que ces insertions sont à deux pouces de distance dans les Guenons; 16° en
ce que le côlon est plus long que dans les Singes; 17° en ce que le foie n'est pas divisé en
lobes, comme chez eux, mais entier et d'une seule pièce; 18° en ce que les vaisseaux biliaires
sont les mêmes que dans l'Homme; 19° la rate, la même; 20° le pancréas, le même; 21° le
nombre des lobes du poumon, le même; 22° le péricarde attaché au diaphragme, comme
dans l'Homme, et non pas comme il l'est dans les Guenons et autres Singes analogues;
23° le cône du cœur plus émoussé que dans les autres Singes; 24° en ce qu'il n'a pas d'abajoues ou poches au bas des joues, comme les Guenons, etc. ; 25° en ce qu'il a le cerveau
beaucoup plus grand que ne l'ont ces Singes, et, dans toutes ses parties, exactement conformé
comme le cerveau de l'Homme (nous verrons qu'il y a encore ici exagération, quoique le cerveau du Chimpanzé et surtout celui de l'Orang soit bien supérieur, dans sa conformation, à
celui des Singes ordinaires et que sa masse soit également bien plus grande); 26° le crâne, plus
arrondi et du double plus grand que dans les Guenons; 27° toutes les sutures du crâne semblables à celles de l'Homme ; les os appelés *ossa triquetra wormiana* (os wormiens) se trouvant dans la suture lambdoïde, ce qui n'est pas dans les Guenons; 28° il a l'os cribriforme
(la lame criblée de l'ethmoïde) et le *crista Galli*, ce que les Guenons ne présentent pas ;
29° la selle, *sella equina*, comme dans l'Homme, au lieu que dans les Singes cette partie est
plus élevée et plus proéminente; 30° le processus ptérygoïdien, comme dans l'Homme ; 31° les
os des tempes et les os appelés *ossa bregmatis* (les os pariétaux), comme dans l'Homme;
ces os sont d'une forme différente dans les Guenons, etc. ; 32° l'os zygomatique petit, tandis
que chez ces derniers il est grand; 33° les dents plus semblables à celles de l'Homme qu'à
celles des autres Singes, surtout les canines (son exemplaire était jeune) et les molaires;
34° les apophyses transverses des vertèbres du cou, les sixième et septième vertèbres, ressemblant plus à l'Homme ; 35° les vertèbres du cou ne sont pas percées, comme dans les
Singes, pour laisser passer les nerfs; elles sont pleines et sans trou dans le Chimpanzé comme
dans l'Homme ; 36° les vertèbres du dos et leurs apophyses sont comme dans l'Homme, et,
dans les vertèbres du bas, il n'y a que deux apophyses inférieures, tandis qu'il y en a quatre
dans les Singes; 37° il n'y a que quatre lombaires, et dans l'Homme cinq ; 38° les Singes ont
six ou sept vertèbres lombaires; 39° l'os sacrum est composé de cinq vertèbres, comme dans
l'Homme (MM. Owen, de Blainville et Duvernoy n'en comptent, avec raison, que quatre);
les Singes n'en ont habituellement que trois; 40° le coccys n'a que quatre os, comme dans
l'Homme, et ces os ne sont pas troués, au lieu que dans les Singes ordinaires et, en particulier, les Guenons, il est composé d'un plus grand nombre d'os, et ces os sont troués (en
partie pour le passage de la moelle) ; 41° il n'y a que sept vraies côtes, et les extrémités des
fausses côtes sont cartilagineuses, et les côtes sont articulées au corps des vertèbres; dans les
Guenons, il y a huit paires de vraies côtes, et les extrémités des fausses côtes sont osseuses,
et leur articulation se trouve placée dans les interstices entre les vertèbres : 42° l'os du ster-

num est large, comme dans l'Homme (dans le Gorille, dans l'Orang-Outan et dans les Gibbons), et non pas étroit comme dans les Guenons (et les autres Singes qui ressemblent davantage aux Carnassiers sous ce rapport) ; 43° l'os de la cuisse, soit dans son articulation, soit à tous autres égards, est (plus) semblable à celui de l'Homme ; 44° la rotule est ronde et non pas longue ; 45° le talon, le tarse et le métatarse sont comme ceux de l'Homme ; 46° le doigt du milieu, dans le pied, n'est pas si long qu'il l'est dans les Singes; 47° les muscles *obliquus inferior capitis, pyriformis, et biceps femoris* (biceps fémoral), sont semblables dans le Chimpanzé et dans l'Homme, tandis qu'ils sont différents dans les Guenons et autres Singes.

Quoiqu'il soit facile de faire aujourd'hui quelques modifications à ce travail de Tyson, il n'est pas moins remarquable, surtout si l'on tient compte de l'époque, déjà ancienne, à laquelle son auteur l'a publiée et du peu de progrès que l'anatomie comparée avait encore faits.

Les particularités par lesquelles le Chimpanzé paraît à l'anatomiste anglais s'éloigner de l'Homme pour ressembler aux Singes, principalement aux Guenons et aux Macaques, qui étaient alors les mieux connus, méritent aussi d'être rappelées, la plupart étant d'une exactitude scrupuleuse, nous ne changerons rien à la traduction donnée par Buffon de cette partie de l'ouvrage de Tyson. Nous nous bornerons à rappeler que ce dernier auteur ne connaissait anatomiquement aucune autre espèce de Singes Anthropomorphes. Voici l'énoncé de ces différences que l'organisation du Chimpanzé montre par rapport à l'Homme, et qui tendent, suivant Tyson, à le rapprocher des Singes ordinaires. Elles consistent : 1° En ce que

le pouce de cette espèce de Mammifère est plus petit à proportion que celui de l'Homme, quoique cependant il soit plus gros que celui des autres Singes ; 2° en ce que la paume de la main est plus longue et plus droite que dans l'Homme; 3° il diffère de l'Homme et approche des Singes par la longueur des doigts des pieds ; 4° il diffère de l'Homme en ce qu'il a le gros doigt des pieds éloigné, à peu près comme un pouce, étant plutôt *quadrumane*, comme les autres Singes, que quadrupède (ou bimane) ; 5° en ce qu'il a les cuisses plus courtes que l'Homme ; 6° les bras plus longs ; 7° en ce qu'il n'a pas les bourses pendantes ; 8° l'épiploon plus ample que l'Homme ; 9° la vésicule du fiel longue et plus étroite ; 10° les reins plus ronds

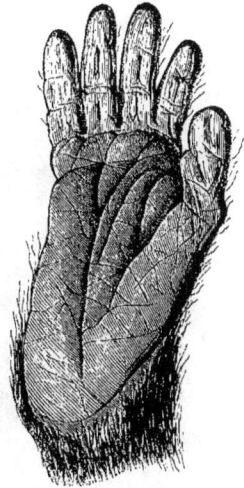

CHIMPANZÉ, main antérieure, 1/2 de grand. nat.

CHIMPANZÉ, main postérieure, 1/2 de grand. nat.

que l'Homme, et les uretères différents ; 11° la vessie plus longue ; 12° en ce qu'il n'a point de frein au prépuce ; 13° les os de l'orbite de l'œil trop enfoncés ; 14° en ce qu'il n'a pas les deux cavités au-dessous de la selle turcique, comme dans l'Homme ; 15° en ce que les processus mastoïde et styloïde sont très-petits et presque nuls ; 16° en ce qu'il a les os du nez plats ; 17° il diffère de l'Homme, en ce que les vertèbres du cou sont courtes, comme dans les Singes, plates devant et non pas rondes, et que leurs apophyses épineuses ne sont pas fourchues, comme dans l'Homme ; 18° en ce qu'il n'y a point d'apophyse épineuse dans la première vertèbre du cou ; 19° il diffère de l'Homme en ce qu'il a treize côtes de chaque côté et que l'Homme n'en a que douze; 20° en ce que les os des îles sont parfaitement semblables à ceux des Singes, étant plus longs, plus étroits et moins concaves que dans l'Homme; 21° il diffère de l'Homme en ce que les muscles suivants se trouvent dans le corps humain et manquent dans le Chimpanzé, savoir : *occipitales, frontales, dilatatores alarum nasi seu elevatores labri superioris, interspinales colli, glutæi minimi, extensor digitorum pedis, brevis* et *transversalis pedis;* 22° les muscles, qui ne paraissent pas se trouver dans le Chimpanzé, et qui se trouvent quelquefois dans l'Homme, sont ceux qu'on appelle *pyramidalis; caro musculosa quadrata;* le long tendon et le corps charnu du muscle palmaire; les muscles *attollens* et *retrahens auricularum;* 23° les muscles élévateurs des clavicules sont comme dans les Singes et non comme dans l'Homme; 24° les muscles, par lesquels le Chimpanzé ressemble aussi aux Singes et diffère de l'Homme, sont les suivants : *longus colli, pectoralis, latissimus dorsi, glutæus maximus et medius, psoas magnus et parvus, iliacus internus, et gasteronemius internus;* 25° il diffère encore de l'Homme par la forme des muscles *deltoïde, pronator radii teres* et *extensor pollicis brevis.*

En 1740, on fit voir dans Paris un jeune Chimpanzé, le même qui fut observé par Buffon, et qui, étant mort l'année suivante, à Londres, ne put être complétement anatomisé par Daubenton. Ce Singe avait été pris en Afrique. Étant debout, il avait deux pieds quatre ou cinq pouces de hauteur, depuis le talon jusqu'au sommet de la tête. Il était plus grand que celui qui a été décrit par Tyson sous le nom de *Pigmy,* et qui n'avait guère plus de deux pieds. « Après avoir comparé la description du Pygmée de Tyson avec notre Jocko, j'ai trouvé, dit Daubenton, ces deux Animaux si ressemblants, qu'il y a tout lieu de croire qu'ils étaient de même espèce comme ils étaient du même pays. » Je rappelle à dessein que le Chimpanzé vu vivant par Buffon avait été emmené de Paris en 1741 au plus tard, et je fais en même temps remarquer que Buffon n'en a publié l'histoire qu'en 1766, afin d'expliquer comment ce qu'il dit au sujet de la station habituelle de ce Singe ne s'accorde pas avec ce qu'on a vu sur les Chimpanzés amenés en Europe de notre temps. Buffon dit en effet : « L'Orang-Outang que j'ai vu marchait *toujours* debout, *même* en portant des choses lourdes. » La figure qu'il en donne, mais qu'il a d'ailleurs signalée plus tard comme inexacte, représente le singe Jocko parfaitement droit; et cependant on sait très-bien aujourd'hui que les Animaux de cette espèce ont une station peu différente de celle des Orangs. Ils se tiennent inclinés plutôt que droits, et leurs membres antérieurs, plus longs que ceux de derrière, quoique moins disproportionnés que chez les véritables Orangs ou les Gibbons, les aident presque autant dans la marche. Cependant ils peuvent n'employer à la marche qu'une seule main antérieure, surtout lorsqu'ils portent quelque fardeau; mais ils ont toujours l'air de boiter.

CHIMPANZÉ MARCHANT.

Les souvenirs de Buffon le servent mieux lorsqu'il ajoute, au sujet de son Chimpanzé, qu'il appelle son *Jocko* : « Son air était assez triste, sa démarche grave, ses mouvements mesurés, son naturel doux et très-différent de celui des autres Singes; il n'avait ni l'impatience du Magot, ni la méchanceté du Babouin, ni l'extravagance des Guenons. Il avait été, dira-t-on, instruit et bien appris; mais les autres que je viens de citer et que je lui compare, avaient eu de même leur éducation; le signe et la parole suffisaient pour faire agir notre Orang-Outan; il fallait le bâton pour le Babouin et le fouet pour les autres, qui n'obéissent guère qu'à la force des coups. J'ai vu cet Animal présenter sa main pour reconduire les gens qui venaient le visiter, se promener gravement avec eux et comme de compagnie; je l'ai vu s'asseoir à table, déployer sa serviette, s'en essuyer les lèvres, se servir de la cuiller et de la fourchette pour porter à sa bouche, verser lui-même sa boisson dans son verre, le choquer lorsqu'il y était invité, aller prendre une tasse et une soucoupe, l'apporter sur la table, y mettre du sucre, y verser du thé, le laisser refroidir pour le boire, et tout cela sans autre instigation que les signes ou la parole de son maître, et souvent de lui-même. Il ne faisait de mal à personne, s'approchait même avec circonspection, et se présentait comme pour demander des caresses; il aimait prodigieusement les bonbons; tout le monde lui en donnait; et comme il avait une toux fréquente et la poitrine attaquée, cette grande quantité de choses sucrées contribua sans doute à abréger sa vie; il ne vécut à Paris qu'un été, et mourut l'hiver suivant à Londres. Il mangeait presque de tout, seulement il préférait les fruits mûrs et secs à tous les autres aliments; il buvait du vin, mais en petite quantité, et le laissait volontiers pour du lait, du thé ou d'autres liqueurs douces. »

Malheureusement l'intelligence de l'écrivain va souvent au delà de la valeur psychologique des détails qu'il rapporte. C'est ce qui est fréquemment arrivé dans les récits qu'on a donnés des faits et gestes de ces Animaux. Les Anthropomorphes sont pour ainsi dire un acheminement vers la nature humaine, mais on les assimilerait à tort aux Hommes eux-mêmes. L'appréciation exacte des manifestations intellectuelles des Animaux qui avoisinent l'Homme par leur structure ou qui sont organisés pour le seconder par la domestication, offre les plus grandes difficultés, et, avec un peu d'imagination, on ne tarde pas à exagérer singulièrement leur valeur réelle.

Les lignes suivantes, que j'emprunte à de la Brosse (*Voyage à la côte d'Angole*, 1738), ne me paraissent pas exemptes de tout reproche à cet égard. L'un des deux jeunes Chimpanzés que ce voyageur avait achetés d'un nègre, le mâle, fut malade. « Il se faisait soigner comme une personne; il fut même saigné deux fois au bras droit. Toutes les fois qu'il se trouva depuis incommodé, il montrait son bras pour qu'on le saignât, comme s'il eût su que cela lui avait fait du bien. »

On ne saurait trop se défier de la facilité avec laquelle certains observateurs superficiels ont accordé à beaucoup d'Animaux des sentiments et des raisonnements qui n'existent le plus souvent que dans l'esprit de ceux qui en ont parlé. Dans d'autres cas, les anciens voyageurs ont abusé de la confiance que leurs contemporains avaient en eux, et, disons-le, autrefois, comme de nos jours, le goût du public pour tout ce qui est exagéré ou même dû à la seule imagination des écrivains a trop souvent engagé quelques-uns de ceux-ci à publier comme des vérités une foule de prétendues observations qui ne sont, en réalité, que des contes imaginés à plaisir. Aussi, faut-il apporter un soin extrême dans le choix qu'on fait parmi les détails publiés au sujet de ces Animaux. F. Cuvier disait avec beaucoup de justesse, en terminant son Mémoire sur le jeune Orang qu'il avait observé à la Malmaison : « Je ne rapporte point ce que d'autres auteurs nous ont appris de ces Animaux, dans la crainte de mêler des observations précises à des faits inexacts, quoique une grande partie des choses extraordinaires qu'on a dites des Orangs ne le soient guère plus que ce que nous avons rapporté. Mais lorsqu'il est question des phénomènes qui doivent établir la dernière limite entre l'intelligence de la brute et l'intelligence de l'Homme, on ne doit donner pour certain que ce qu'on a vu, que ce qu'on a observé soi-même. Les erreurs ne peuvent plus être indifférentes, lorsque leurs conséquences ne le sont pas. » La même réserve doit présider à l'appréciation des rapports d'organisation qui existent entre l'Homme et les premiers Animaux.

Elle est surtout indispensable lorsqu'il s'agit d'établir la comparaison exacte du cerveau de l'Homme et des Animaux, puisqu'il est bien reconnu que le développement de l'intelligence et les caractères qui la distinguent dans chaque espèce sont toujours en concordance avec la masse de cet organe et avec sa conformation particulière. C'est ce qui explique l'intérêt que tous les zoologistes apportent à connaître également bien les mœurs des Animaux et la forme de leur cerveau. C'est là un côté important de la connaissance des Mammifères, et les recherches de M. Tiedemann, ainsi que celles de plusieurs autres anatomistes, l'ont beaucoup perfectionné en ce qui regarde les Primates.

Quelques autres Chimpanzés destinés pour la France ont surmonté les fatigues du long voyage qu'on a dû leur faire entreprendre, et sont arrivés vivants jusqu'à Paris, où on a pu les faire voir. Après celui qui a été vu par Buffon et Daubenton, nous citerons : la femelle que l'on possédait à la ménagerie du Muséum pendant l'hiver de 1837 à 1838, et qu'on appelait *Jacqueline;* nous en donnons au 7e la figure en regard de cette page ; le jeune mâle reçu dans le même établissement à la fin de 1848 et dont nous reproduisons au 7e la figure assise ; et enfin celui qui s'y trouve actuellement, et pour lequel le public paraît avoir décidément accepté la dénomination d'*Homme des bois.* Nous avons placé la figure de ce dernier au commencement de cet article. Un individu plus jeune dont la peau est montée au Musée de Lyon, mourut dans cette ville en 1853. On pourrait en citer d'autres encore, et il est probable que le nombre en sera bientôt rendu plus considérable par la fréquence des communications qui existent maintenant entre plusieurs de nos ports de mer et le Gabon.

Celles que l'Angleterre entretient avec ce pays sont plus nombreuses encore, et le riche jardin zoologique de Londres, en particulier, a reçu plusieurs individus vivants de l'espèce qui nous occupe ici. Il en est également venu en Hollande, et M. Vrolich, savant anatomiste de ce pays, a publié, au sujet du Chimpanzé, un travail fort estimé.

M. Broderip a fait connaître, en 1835, ses observations sur un jeune Chimpanzé qui vivait alors à Londres. Voici comment il s'exprime à cet égard : « L'intéressant Animal dont je vais essayer de décrire les mœurs à l'état de captivité, a été apporté à Bristol, dans l'automne de cette année, par le capitaine Wood, qui se l'est procuré sur la côte de Gambie. Les naturels qui le lui ont vendu ont prétendu qu'il venait de l'intérieur du pays, d'une distance de cent vingt mille, et qu'il n'était pas âgé de plus d'un an. La mère, qui était avec lui, suivant leur rapport, avait quatre pieds et demi de hauteur, et ce n'est qu'après l'avoir tuée qu'ils ont pu s'emparer du jeune Animal.

JEUNE CHIMPANZÉ de M. Broderip.

Ceux qui ont vu notre Chimpanzé pourront se rappeler la description, si pénible à lire, qu'a faite le D. Abel du meurtre d'un Orang-Outan de Sumatra, surtout quand il peint les gestes

CHIMPANZÉ (Troglodytes niger)
du Gabon.

de cet Animal blessé à mort, l'expression toute humaine de ses attitudes et de ses mouvements, au milieu des plus cruelles douleurs; enfin l'émotion qu'éprouvèrent ceux qui achevèrent de le tuer, et leur incertitude sur la nature de l'acte qu'ils avaient accompli. Pendant tout le temps de la traversée, notre Chimpanzé était d'une pétulance extrême. Il était libre, montait fréquemment dans les haubans et montrait une vive affection pour les marins qui le traitaient bien. Je l'ai vu, pour la première fois, le 15 de ce mois, dans la cuisine du gardien de la ménagerie. Il porte une jaquette, et repose, comme un enfant, sur les genoux d'une bonne vieille, toutes les fois que celle-ci lui permet d'y monter. Son air est doux et pensif, et il ressemble à un petit vieillard flétri par les ans; ses yeux, sa face sans poils et ridée, ses oreilles semblables à celles de l'Homme (quoique plus grandes) et surmontées d'un poil noir qui couvre sa tête, rendent la ressemblance assez frappante, quand on ne remarque pas son nez déprimé et sa bouche avancée. Il avait déjà contracté une affection toute particulière pour sa vieille nourrice, qu'il paraissait considérer comme remplaçant pour lui sa mère. Dès qu'il fut devenu un peu familier avec moi, je lui montrai un jour, en jouant, un miroir, et le mis tout à coup devant ses yeux : aussitôt il fixa son attention sur ce nouvel objet, et passa subitement de la plus grande activité à une immobilité complète. Il examinait le miroir avec curiosité, et paraissait frappé d'étonnement; ensuite, il me regarda, puis porta de nouveau ses yeux sur le miroir, passa par derrière, revint par devant, et, pendant qu'il regardait toujours son image, il cherchait, à l'aide de ses mains, à s'assurer s'il n'y avait rien derrière le miroir; enfin, il appliqua ses lèvres sur la surface de celui-ci. Un sauvage, d'après le récit des voyageurs, ne fait pas autrement dans la même circonstance. »

L'auteur anglais raconte ensuite la terreur invincible dont cet Animal fut saisi à la vue d'une cage contenant un Serpent Python qu'on apporta près de lui, et les scènes diverses auxquelles sa terreur donna lieu. Il dit aussi que la vue des Tortues lui faisait éprouver une grande répugnance, mais qui n'avait rien de comparable à l'effroi que lui inspiraient les Serpents.

« Le Chimpanzé, ajoute ensuite M. Broderip, est généralement assis pendant son sommeil, le corps légèrement penché en avant, les bras croisés et quelquefois la tête dans ses mains; parfois aussi il dort droit ou assis sur son séant, les jambes rapprochées du tronc et la tête dans ses bras. Son intelligence est tout à fait différente de celle d'un Chien bien dressé; ce n'est pas une imitation mimique, mais bien le résultat d'actes spontanés qui la rendent semblable à celle de l'Homme, quoiqu'elle soit infiniment au-dessous. Cet Animal n'aime pas la captivité. Quand on le met dans une cage, il en frappe la porte avec une violence qui dénote une grande force musculaire; mais jamais il ne s'attaque à une autre partie de sa prison. Il n'y a, au reste, aucun inconvénient à le laisser libre; nul n'est plus doux et plus affectueux que ce Singe pour ceux avec qui il est familier, et il n'y a pas d'Animal dont les gestes ou les regards puissent inspirer plus d'intérêt. »

En tenant compte de quelques détails rapportés par les auteurs, mais que l'on sait aujourd'hui être relatifs au Gorille, E. Geoffroy avait été conduit à penser qu'il y a peut-être plusieurs espèces de Chimpanzés, et il avait cru trouver un argument en faveur de cette opinion dans un crâne acquis par M. de Blainville, le même qui a été figuré depuis dans l'ouvrage publié par ce dernier, sous le titre d'*Ostéographie*. C'est pourquoi il ajoutait la description qu'il en donnait dans son cours de 1829 : « N'y a-t-il qu'une seule espèce de Troglodytes? Le contraire est très-probable; mais cependant une seule est connue dans l'état présent de la science. »

Deux ans après, M. Lesson décrivait dans ses *Illustrations de zoologie*, et sous le nom spécifique de Chimpanzé à coccys blanc (*Troglodytes leucoprymnus*), un jeune Animal de ce genre, qu'il regardait comme différent de l'espèce ordinaire. On a reconnu depuis qu'il avait tous les caractères que celle-ci présente; aussi n'est-il plus question de ce *Troglodytes leucoprymnus* que comme faisant double emploi avec le *Troglodytes niger*. D'après M. Owen, il en serait de même du *Troglodyte Tschégo*, dont M. Duvernoy a donné l'indication dans les *Comptes rendus de l'Académie des sciences* pour l'année 1853, et qui repose sur l'examen du squelette d'un sujet adulte rapporté du Gabon par M. le D. Franquet. Remarquons d'abord que ce nom de *Tschégo*, ou plutôt *N'Tschégo*, que les nègres du Gabon donnent aux Singes de l'espèce à laquelle ce squelette appartient, a beaucoup d'analogie avec celui de *Jocko*, qui n'est lui-même qu'une altération, adoptée par Buffon, du nom indigène des Chimpanzés *en Jocko*; peut-être n'en est-il qu'une simple variante. M. Duvernoy dit cependant, d'après M. Franquet, que son Tschégo aurait la face noire et les oreilles petites, tandis qu'au contraire le vrai Chimpanzé a la face de couleur de chair et les oreilles très-grandes. Il ajoute, comme caractérisant aussi sa nouvelle espèce, que les fosses temporales du crâne sont plus étendues, les crêtes sagittale et lambdoïde plus fortes, le museau plus élargi en avant, aussi bien que la voûte palatine. Le calcanéum ou l'os du talon serait aussi plus saillant, et l'astragale n'aurait pas tout à fait la même forme; enfin, le Tschégo aurait une vertèbre lombaire de moins que le squelette du sujet étudié par Daubenton; mais, sur ce point, on peut objecter à M. Duvernoy que Daubenton lui-même dit expressément, dans sa description des vertèbres lombaires du Jocko : « J'ai reconnu qu'en faisant ce squelette, on avait supprimé la seconde. (*Histoire naturelle* de Buffon, T. XIX, p. 79). » MM. Owen et de Blainville donnent d'ailleurs au Chimpanzé ordinaire quatre vertèbres lombaires, et, sous ce rapport, le Tschégo n'en serait pas différent. Ces Animaux ont bien certainement l'un et l'autre treize vertèbres dorsales et treize paires de côtes, tandis que l'Orang-Outan n'en a que douze, comme l'Homme. Les nombres treize et quatre se retrouvent chez le Gorille. Chez l'Homme, qui a douze dorsales, il y a, au contraire, cinq lombaires, de sorte qu'en réalité le nombre total des vertèbres intermédiaires au cou et au sacrum reste le même que dans les deux grands Singes africains.

GENRE GORILLE (*Gorilla*, Is. Geoffroy). Proportions du corps et des membres rappelant le Chimpanzé; formes plus robustes; face plus allongée; oreilles moins grandes;

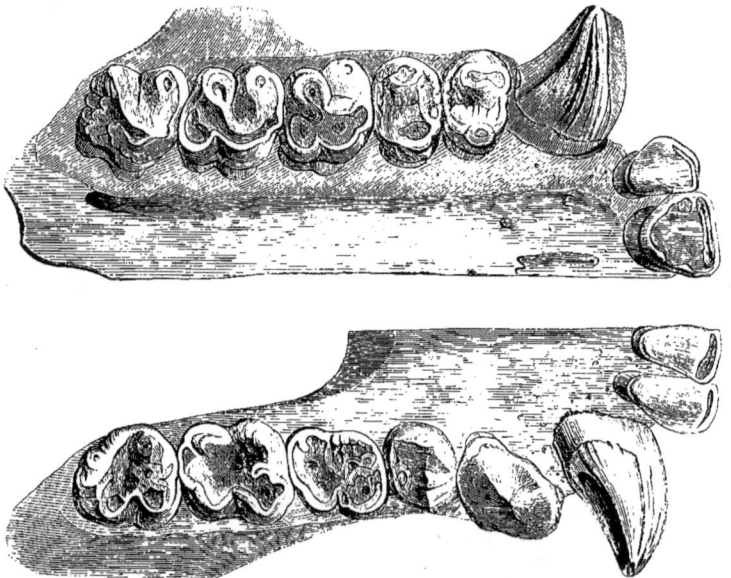

DENTS DU GORILLE de grandeur naturelle.

GORILLE (Gorilla gina), 1/7 de grandeur,
du Gabon.
(De la collection du Muséum de Paris.)

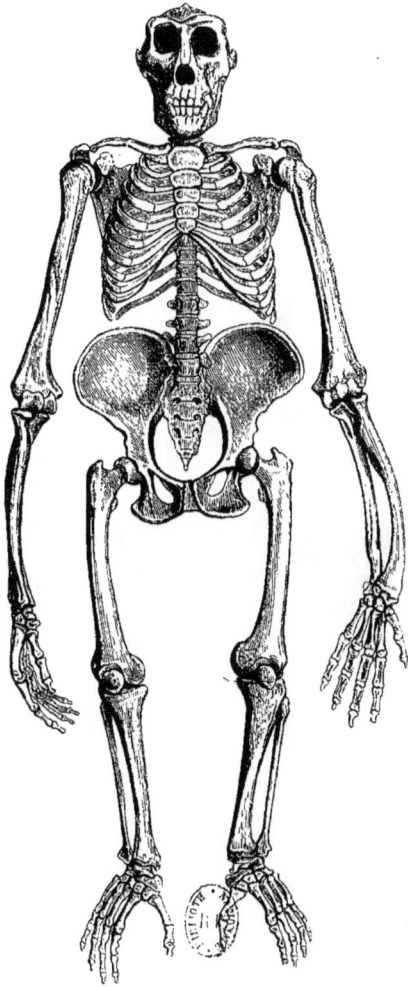

GORILLE FEMELLE (Gorilla gina), 1/9 de grandeur,
du Gabon.

GORILLE (Gorilla gina)
du Gabon.

canines supérieures plus saillantes; tubercules des dents mâchelières relevés de manière à simuler une double colline transverse sur la couronne de ces dents ; la dernière molaire de la mâchoire inférieure pourvue d'un tubercule supplémentaire en forme de talon.

A ces caractères on peut en ajouter plusieurs autres indiquant aussi que le Gorille, quoique voisin du Chimpanzé, doit en être séparé génériquement. Tels sont, en particulier, le grand développement des apophyses épineuses de la région cervicale, la largeur et la forme des omoplates, ainsi que celles des os des îles, le moindre allongement des doigts, dont la peau n'est fendue aux membres inférieurs que jusqu'à la seconde phalange, la présence de poches gutturales aussi développées que celles des Orangs, etc.

GORILLE GINA (*Gorilla Gina*). Le D. Savage, missionnaire du comité américain pour l'Afrique occidentale, ayant été retenu inopinément, au mois d'avril 1847, sur la rivière du Gabon, vit, chez son collègue de cette localité, le révérend Wilson, un crâne apporté par les naturels, et qu'ils disaient être celui d'un Animal semblable aux Singes, mais remarquable par sa grande taille et ses habitudes féroces. M. Wilson procura bientôt au D. Savage plusieurs crânes des deux sexes et d'âges différents appartenant à la même espèce que celui qu'il avait vu d'abord, et, avec eux, diverses parties importantes du squelette. C'était plus qu'il n'en fallait pour constater que l'espèce dont provenaient ces ossements était à la fois différente des Orangs, que l'on ne connaît que dans l'Archipel indien, et du Chimpanzé, qui habite, au contraire, les mêmes pays que le grand Singe de MM. Wilson et Savage. De retour en Amérique, M. Savage rédigea, avec le concours d'un anatomiste habile, M. Wymann, une description des caractères et des habitudes de l'espèce remarquable sur laquelle il avait recueilli de si précieux renseignements. Dans une publication faite à Boston, en 1847, il lui donna le nom de *Troglodytes Gorilla*, en l'attribuant au même genre que le Chimpanzé. M. Samuel Stutschbury, de Bristol, que M. Savage avait averti de sa découverte, mit en réquisition quelques-uns des capitaines qui font le commerce de Bristol avec le fleuve Gabon, les priant de faire des recherches sur cette espèce et d'en obtenir quelques individus. Peu de temps après, il en reçut trois crânes par les soins du capitaine George Wagstaff. Plus récemment, on a aussi apporté en Angleterre le squelette d'un Gorille tué sur les bords du fleuve Danger, qui est situé plus au sud que le Gabon.

Le savant professeur du musée huntérien de Londres, M. Richard Owen, qui avait reçu de M. Savage une lettre datée du Gabon, par laquelle ce dernier le consultait au sujet des crânes qu'il s'était procurés et dont il lui envoyait en même temps des dessins, put dès lors étudier non-seulement ces dessins, mais encore les crânes en nature qui venaient d'arriver à Bristol, et il en a décrit l'espèce sous le nom de *Troglodytes Savagesii*, en la dédiant à M. Savage.

Depuis lors M. Richard Owen est revenu au nom spécifique de *Gorille* que M. Savage avait antérieurement proposé, mais il n'a pas accepté la manière de voir soutenue en France par MM. Geoffroy-Saint-Hilaire et Duvernoy sur la convenance de séparer génériquement le Gorille du Chimpanzé.

Le nom de GORILLE (*Gorilla Gina,* IS. Geoffroy), sous lequel nous en parlons ici, est celui que porte, dans les galeries du Muséum de Paris, l'exemplaire adulte du Gorille qui a été rapporté du Gabon par M. le D. Franquet, chirurgien de la marine militaire, et auquel l'habile préparateur, M. Poortmann, a su donner l'apparence de la vie en lui conservant son effrayante physionomie. C'est un mâle, arrivé à son plus grand développement, et sa vue inspire aux curieux, qui s'arrêtent toujours en grand nombre autour de lui, un sentiment involontaire de frayeur. Le naturaliste lui-même ne peut s'y soustraire lorsqu'il voit pour la première fois cet Animal si hideusement semblable à l'Homme, et dans lequel la force physique accompagne un naturel si violent. Ce Gorille, qui fut apporté à M. Franquet aussitôt après qu'on l'eut tué, avait 1 mètre 67 centimètres de hauteur; 0,75 de circonférence au col; 1,35 à la poitrine, et 2,18 d'envergure.

Il est presque entièrement de couleur noire, si ce n'est sur le front, qui est brun rous-sâtre, et à la région des aisselles, dont les poils sont gris, ainsi que ceux des aines et d'une partie des cuisses à leur face interne. Les poils de l'avant-bras sont dirigés de bas en haut, comme chez l'Homme, l'Orang et le Chimpanzé; ceux du dos sont plus rares que ceux des membres et de la face antérieure du corps, et, de plus, ils ont été en partie usés pendant la vie de l'Animal, qui frottait sans doute son dos contre les arbres ou leurs branches lors-qu'il traversait des endroits boisés.

Une des planches de notre ouvrage représente ce Gorille au 14e. A côté de lui, et sur la même planche, est un jeune sujet de la même espèce qui a été donné par M. le capitaine Penaud. Celui-ci, comme tous les autres Singes pris jeunes, devait être beaucoup plus traitable que l'adulte. Ses narines sont moins fortes, ses lèvres moins épaisses et sa tête moins allongée. Il ressemble, sous certains rapports, à un jeune Cynocéphale. Ce Gorille a la tête plus rousse que le sujet adulte, et les poils de son corps ont une teinte un peu grisâtre.

Il a été possible de préparer non-seulement la peau du Gorille mâle, mais aussi son squelette. Cette belle pièce, jointe à un squelette de femelle dû aux soins de M. Gautier-Laboulaye, et déjà figuré par M. de Blainville dans son *Ostéographie*, ainsi qu'à des crânes également déposés au Mu-séum, représente suffisamment, dans la première collection zoo-logique de la France, l'espèce remarquable, à tant d'égards, sur laquelle M. Savage appela, en **1847**, l'attention des natura-listes. Ce savant rapporte dans son Mémoire que les naturels de

CRANE DU GORILLE VIEUX, 1/4 grand. nat.

la côte occidentale d'Afrique lui ont appris que, plusieurs années avant son séjour au Gabon, un capitaine français, qui n'est jamais retourné dans sa patrie, s'était procuré un jeune Gorille.

Tout ce que nous venons de rapporter sur l'analogie de structure qui existe entre le Gorille et l'espèce humaine fera très-aisément comprendre le soin que les anatomistes ont apporté à l'étude de ce Singe, auquel plusieurs publications importantes ont déjà été consacrées. MM. Owen et Duvernoy s'en sont surtout occupés sous ce rapport. Nous avons cherché, de notre côté, à satisfaire la légitime curiosité des personnes qui veulent étudier l'organisation des Animaux dans ce qu'elle a de commun avec celle de l'Homme, et nous avons consacré plusieurs figures de la partie anatomique de notre livre à représenter le squelette du Gorille mâle, et son système dentaire vu dans ses principaux détails. Ces figures ont été faites comparativement avec celles de l'Homme et des principaux Singes qui méritent le mieux, avec le Gorille, la dénomination d'Anthropomorphes.

Un autre intérêt se rattachait à l'examen du Singe Gorille. Comme on n'en possédait aucun débris dans les collections, les naturalistes avaient perdu la notion de l'Animal lui-même, et ce que les voyageurs du dix-septième et du dix-huitième siècle en avaient dit avait été attribué au Chimpanzé adulte. Cependant on va voir, par les citations suivantes, que le Gorille avait été très-clairement indiqué avant que ses dépouilles fussent parvenues en Europe.

André Battel, déjà cité par Buffon, qui avait visité la côte occidentale d'Afrique, en 1625, distinguait de l'Orang-Outan, sous le nom de *Pongo*, un Singe plus grand que l'*Enjeco* qui est

GORILLE (Gorilla gina)
du Gabon
(de la collection du Muséum de Paris).

ORANG-OUTAN vieux et jeune (Simia Satyrus)
de Bornéo.

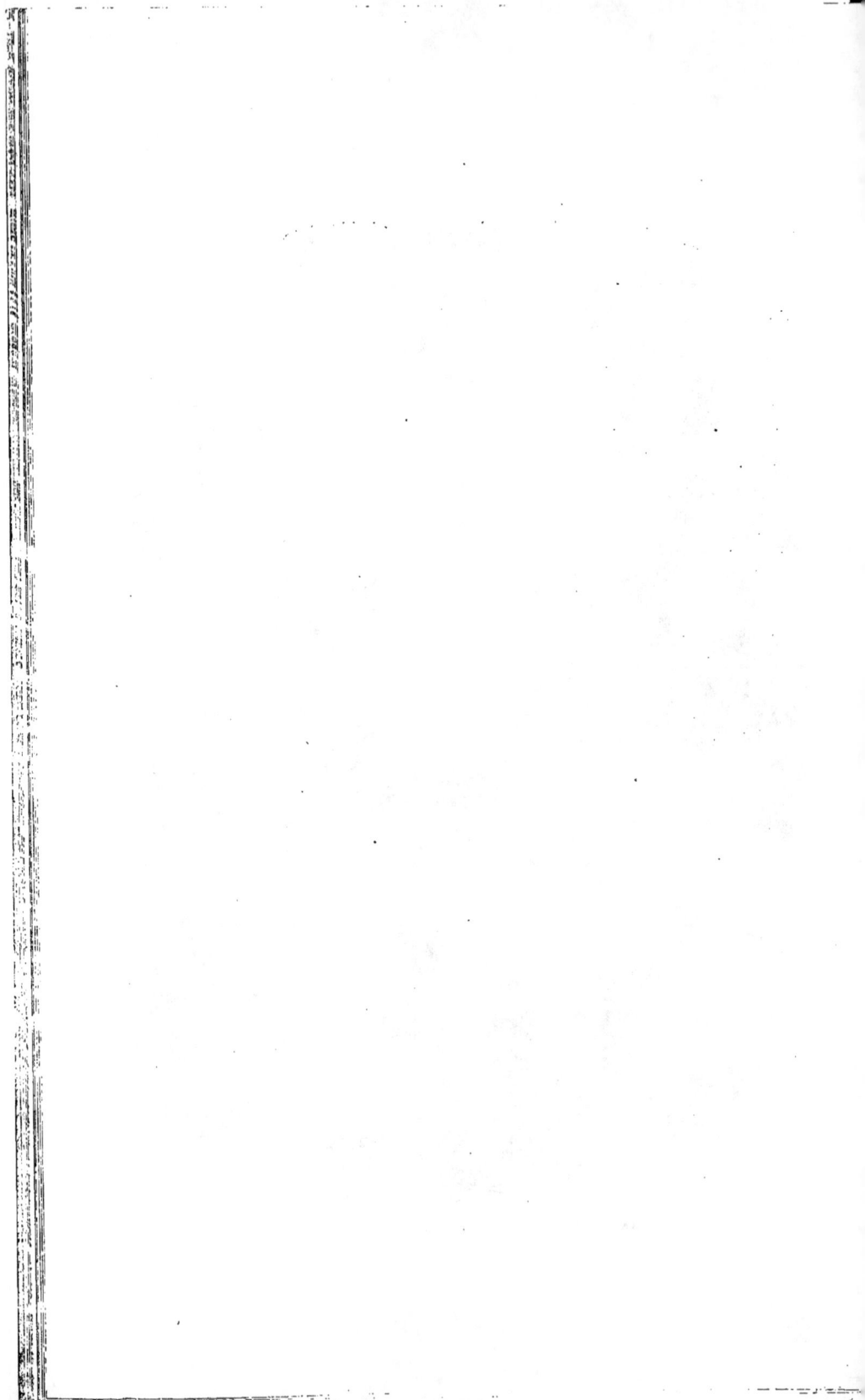

lui-même le Jocko de Buffon et le Chimpanzé des auteurs actuels. Il assurait que ce Pongo est communément de la hauteur de l'Homme, mais que son corps est plus gros et fait à peu près le double du volume d'un Homme ordinaire, ce qui convient très-bien au Gorille. « Il a, dit-il, la face comme l'Homme, les yeux enfoncés, de longs cheveux aux côtés de la tête; le visage nu et sans poils, aussi bien que les oreilles et les mains; le corps légèrement velu et ne diffère guère de l'homme à l'extérieur que par les jambes, parce qu'il n'a que peu ou point de mollets. » Battel ajoute que ces Animaux marchent pourtant debout, qu'ils vivent de fruits et ne mangent pas de chair; qu'ils vont de compagnie et tuent quelquefois des nègres dans les lieux écartés; qu'ils attaquent même l'Éléphant, qu'ils le frappent à coups de bâton et le chassent de leur bois; qu'on ne peut les prendre vivants parce qu'ils sont si forts que dix Hommes ne suffiraient pas pour en dompter un seul, etc.

Un autre voyageur anglais, Richard Jobson, cité par le savant géographe et naturaliste Walckenaer (*Histoire des Voyages*, T. IV, p. 371), visita après Battel les côtes occidentales de l'Afrique; il y signale de même l'existence d'un Singe haut de cinq pieds, que, suivant lui, les Portugais appelaient *el Salvago*, ou le Sauvage et les Nègres *Quoja vorau*. « Il a, au dire de Jobson, le corps, la tête et les bras d'une grosseur extraordinaire. Sans éducation, il est si méchant et si fort qu'il attaque un Homme, le renverse, lui arrache les yeux ou le blesse dangereusement. » Le même auteur ajoute, mais sans doute aussi en exagérant un peu la vérité, qu'on peut lui apprendre à porter de l'eau dans un bassin qu'il place sur sa tête, et à rendre d'autres services. Buffon a pensé que le Pongo n'était qu'un âge plus avancé d'une même espèce ayant pour jeune son Jocko ou Chimpanzé, et après avoir établi, comme également possible « que le Jocko soit une variété constante, c'est-à-dire une race beaucoup plus petite que celle du Pongo », il a persisté à croire qu'ils sont de la même espèce, se fondant en cela sur ce que la grandeur était le seul caractère bien marqué qu'il connût alors pour les séparer l'un de l'autre. Tout ce que nous avons dit précédemment montre bien clairement que Buffon a été mal inspiré et que des caractères incontestables, très faciles à saisir et dont la valeur peut même être regardée comme générique, séparent le Pongo de Battel du Jocko ou Chimpanzé. D'après M. Wilson, que nous avons déjà cité, ce nom de *Pongo*, que Wurmb, E. Geoffroy-Saint-Hilaire, G. Cuvier et Lacépède ont plus tard appliqué à l'Orang adulte, vient de *Mpongive* qui est le nom de la tribu nègre et par suite de la région qui s'étend aux bords du Gabon, près de son embouchure. L'aspect de cette contrée est ondulé et montagneux; elle est bien arrosée par des rivières et des ruisseaux et elle abonde en fruits indigènes. Des vaisseaux expédiés de différentes parties de l'Europe et de l'Amérique remontent le fleuve pour faire le commerce de l'ivoire, de l'ébène et des bois de teinture. C'est dans l'intérieur de ce pays qu'habite le Gorille, que les naturels appellent *Engé-ena*, d'où l'on a fait *Gina*. Les nègres le redoutent extrêmement. Ses allures ne sont pas franches; quoi qu'en ait dit, il ne tient jamais son corps droit comme l'homme, et d'ailleurs il n'a pas absolument les mêmes proportions que lui. Il est courbé en avant et se meut quelquefois en se roulant ou bien de droite à gauche. Ses bras étant plus longs que ceux du Chimpanzé, il ne s'abaisse pas autant, mais il se sert, comme lui, de ses mains de devant et de celles de derrière. Il se tient souvent appuyé de cette façon, balançant son énorme corps en s'élevant sur ses bras.

Les Gorilles vivent en troupes, mais qui ne sont pas si nombreuses que celles des Chimpanzés. Il y a plus de femelles que de mâles. Les personnes qui ont fourni ces renseignements à M. Savage s'accordaient à dire qu'il n'y a qu'un seul mâle adulte pour chaque bande; que quand les jeunes mâles grandissent, ils se disputent le commandement et que le plus fort, en tuant ou chassant les autres, s'établit lui-même chef de la communauté. M. Savage dément formellement les ridicules histoires de femmes enlevées par les Gorilles ou les Chimpanzés, et d'Éléphants mis en déroute par les premiers de ces Animaux : histoires qui ont été rapportées par les voyageurs et que tant de livres ont répétées. Elles s'appliquaient surtout au Chimpanzé (1), ce qui, d'après les renseignements pris par M. Savage, est encore plus absurde, et, suivant lui, elles ont probablement pour origine de merveilleux récits faits par les naturels à de crédules marchands.

Les habitations des Gorilles, si l'on peut se servir de ce mot, rappellent celles des Chimpanzés, et consistent seulement en quelques bâtons et rameaux garnis de feuilles, soutenus par les fourches et les branches des arbres. Elles ne les abritent pas et leur servent seulement pour la nuit. Les naturels se moquent de cette habitude de l'*Engé-éna*; ils disent qu'il est fou de faire une maison sans toit dans un pays où il pleut si souvent, et qu'il n'a pas autant de sens qu'un certain Oiseau, lequel fait un large nid avec un toit bien clos, puis enduit le dedans avec de la boue, qu'il étend tout autour avec ses ailes jusqu'à ce que les crevasses soient bouchées et que les parois soient lisses comme celles d'une maison. Les Gorilles ont des habitudes féroces et constamment offensives; ils ne fuient jamais devant l'Homme, comme le fait le Chimpanzé. Le petit nombre des individus dont on possède les dépouilles a été pris par les chasseurs d'Éléphants ou les marchands du pays lorsqu'ils venaient soudainement sur eux pendant leur passage à travers les forêts. Le meurtre d'un *Engé-éna* est regardé comme un acte de grande habileté et de courage, et il rapporte à son auteur un honneur signalé. L'esclave d'un Mpongive, d'une tribu de l'intérieur des terres, a tué un mâle et une femelle dont les os ont été remis à M. Savage : un jour il réussit à tuer un Éléphant; en revenant, il rencontra un *Engé-éna* mâle, et, comme il était bon tireur, il l'étendit bientôt à terre; il ne marcha pas longtemps sans voir une femelle qu'il tua également. Ce haut fait, dont on n'avait pas eu d'exemple jusque-là, fut considéré comme surhumain. La liberté lui fut immédiatement accordée, et on le proclama le prince des chasseurs.

On a aussi rapporté à M. Savage que, lorsque le mâle est rencontré le premier, il pousse un hurlement terrible, dont la forêt retentit au loin, et qui peut se rendre par *Kha-ah! Kha-ah!* prolongé et aigu. Ses énormes mâchoires s'ouvrent largement à chaque expiration; sa lèvre inférieure pend sur le menton; la crête velue de ses sourcils et son cuir chevelu se contractent au-dessus de ses yeux, ce qui lui donne une physionomie d'une incroyable férocité. Les femelles et les jeunes disparaissent à ce premier bruit; alors il s'approche de son ennemi dans un état de fureur extrême, et en répétant avec rapidité ses cris terribles. Le chasseur attend son approche en tenant son fusil en joue; s'il n'est pas sûr de son coup, il laisse l'Animal empoigner le canon, et, au moment où il le porte à sa bouche (comme c'est son habitude), il fait feu; si le coup ne part pas, le canon du fusil est, dit-on, brisé entre les dents du Gorille, et cette rencontre devient fatale pour le malheureux chasseur.

GENRE ORANG (*Simia*, de quelques auteurs; *Pongo*, de Lacépède). Ce genre remarquable comprend des Singes voisins de l'Homme par leur organisation, et que plusieurs auteurs considèrent même comme devant être placés dans la série avant le Chimpanzé et le Gorille. Toutefois les Orangs ont des proportions moins semblables aux nôtres que ces deux Animaux, leurs membres postérieurs étant plus courts et les antérieurs, au contraire, fort longs, de manière à toucher à terre, même lorsqu'ils se tiennent debout. Sous ce rapport, les Orangs ont plus d'analogie avec les Gibbons; mais ils sont bien plus robustes; leur cerveau, et, par suite, leur intelligence sont plus parfaits que chez ces Animaux, et ils manquent des callosités fessières, qui sont un des caractères principaux des Gibbons. A part la différence des proportions,

---

(1) On lit dans Buffon, tome XIV, page 50 : « Dampier, Froger et d'autres voyageurs assurent qu'ils enlèvent de petites filles de neuf ou dix ans, qu'ils les emportent au dessus des arbres et qu'on a mille peines à les leur ôter. Nous pouvons ajouter à tous ces témoignages celui de M. de la Brosse, qui a écrit son voyage à la côte d'Angole en 1738, et dont on nous a communiqué l'extrait. Ce voyageur assure que les Orangs-Outans, qu'il appelle *Quimpezés*, tâchent de surprendre des négresses; qu'ils les gardent avec eux pour en jouir; qu'ils les nourrissent très-bien. » J'ai connu, dit-il, à Lowango, une négresse qui était restée trois ans avec ces animaux. »

leur squelette se rapproche de celui de l'Homme par certaines particularités importantes, et
leurs principaux organes ont aussi avec les nôtres une analogie incontestable et qui ne le
cède point à celle que montrent les grands Singes de l'Afrique. Il en est particulièrement ainsi
de leurs dents, quoique leurs incisives et leurs canines soient notablement plus fortes et que
la couronne de leurs molaires soit comme grossièrement guillochée.

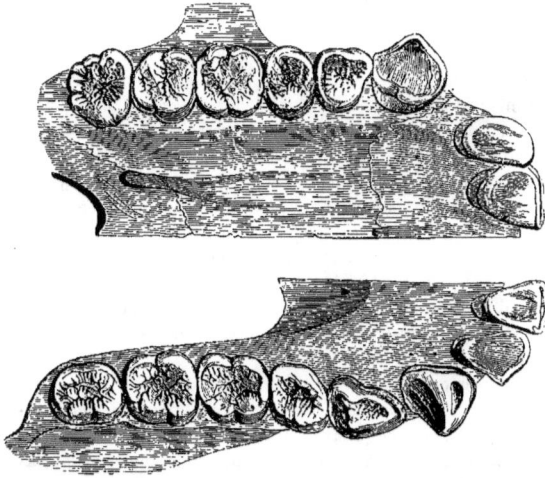

DENTS DE L'ORANG ADULTE de grandeur naturelle.

Les Orangs ne se tiennent debout qu'en s'aidant de leurs membres antérieurs, et alors leur
corps reste oblique; dans la marche, leurs membres inférieurs ne sont pas droits et leurs
longs doigts sont à moitié fermés, les plus extérieurs portant à terre par la face supérieure,
en même temps que le talon et une partie de la paume. Leur corps est couvert de poils roussâtres, plus foncés chez les vieux que chez les jeunes, et qui sont implantés de la même
manière que chez l'Homme, ceux de la tête se dirigeant en grande partie vers le front, et
ceux de l'avant-bras remontant du carpe vers le coude. La face est en grande partie nue; le
nez est très-aplati, et la bouche fait une saillie considérable en avant du plan qui passe par
le front et le menton, ce qui tient au grand développement des mâchoires ainsi qu'à la grosseur des lèvres, dont le muscle orbiculaire est fort développé. Les mouvements des lèvres
jouent dans la physionomie des Orangs un rôle important; elles ont une grande finesse tac-
tile, et leurs contractions diverses, ainsi que leur allongement, changent avec les sentiments
dont ils sont animés. Le menton est fuyant, et le front, qui était proéminent dans le jeune
âge, perd ce caractère à mesure que l'Animal vieillit; alors il cesse de ressembler à celui
de l'Homme pour prendre un caractère plus bestial. Les oreilles sont petites, arrondies et
bordées, mais elles manquent, comme celles des autres Singes, du lobule que possèdent
toutes les races humaines; le cou est court; la tête mal équilibrée sur son axe et penchée
en avant; le tronc large et fort; le ventre gros et la démarche chancelante, à terre du moins,
car les Orangs grimpent aux arbres avec une extrême habileté, et c'est au milieu des forêts
élevées que se passe la plus grande partie de leur existence.

L'analogie d'organisation que ces Animaux présentent avec l'espèce humaine et une incontestable ressemblance dans leurs facultés intellectuelles avec les nôtres, en font des êtres fort
curieux à observer, et sur lesquels les naturalistes modernes ont recueilli un grand nombre

de détails intéressants. Les anciens ne paraissent pas avoir eu connaissance de ces Singes, ou bien ils les ont trop vaguement connus pour qu'il soit possible de décider s'ils ont parlé des vrais Orangs plutôt que des Gibbons. Il n'en est pas fait mention d'une manière certaine antérieurement au dix-septième siècle.

A cette époque Jonston leur a consacré quelques lignes dans son ouvrage, et Bontius a eu l'occasion d'en observer un exemplaire en vie. Les documents peu nombreux, d'ailleurs, qu'on lui doit, parurent en 1658. Ce médecin avait résidé à Batavia; il publia, dans son *Histoire médicale et naturelle de l'Inde*, quelques observations qu'il avait faites sur l'Orang-Outan de Bornéo. Après avoir rappelé ce que Pline dit au sujet des Satyres de l'Inde, il ajoute que la ressemblance ne se borne pas à la configuration extérieure, mais les détails qu'il rapporte sont évidemment exagérés. « Ce qui est encore bien plus fait pour exciter l'admiration, c'est, dit Bontius, ce que j'ai observé moi-même chez plusieurs de ces Satyres de l'un et de l'autre sexe, particulièrement chez la femelle dont je donne ici la figure. Quand des inconnus la regardaient attentivement, elle paraissait toute confuse; elle se couvrait le visage de ses mains, versait d'abondantes larmes, poussait des gémissements, et avait, en un mot, des manières si semblables aux nôtres, qu'on eût dit qu'il ne lui manquait que la parole pour être de tout point une créature humaine. Les Javanais, à la vérité, prétendent que ces Satyres pourraient parler, mais qu'ils ne le veulent pas faire de peur qu'on ne les oblige au travail; opinion trop ridicule pour que je prenne la peine de la combattre. Ils le désignent sous le nom d'*Orang-Outan*, qui signifie Homme de la forêt, et font sur son origine d'étranges histoires ».

Il faut très-probablement attribuer à un Orang-Outan ce que Leguat rapporta, en 1720, dans son *Voyage et Aventures aux deux îles désertes des Indes orientales*, au sujet d'un Singe extraordinaire qu'il vit à Java, et qui avait une petite maisonnette sur la pointe d'un bastion. C'était une femelle. Leguat assure, mais il ne faut ajouter aucune confiance à ce qu'il dit à cet égard, qu'elle marchait souvent fort droit sur ses pieds de derrière, et qu'alors elle cachait avec l'une de ses mains l'endroit de son corps qui distinguait son sexe. On sait très-bien maintenant que les Animaux de cette espèce, pas plus que les autres Singes, n'ont aucun sentiment de pudeur, et que, pour ce qui regarde les Orangs, la station bipède et semblable à celle de l'Homme leur est rendue impossible par leur conformation elle-même. Ils emploient, pour marcher, leurs membres de devant aussi bien que ceux de derrière; toutefois, leur corps reste dans une position oblique, et leurs longs bras leur servent, comme aux Gibbons, pour se maintenir dans cette situation, qui les rapproche plus de l'Homme que les autres Singes, le Chimpanzé et le Gorille exceptés.

Dans sa *Vie de Peiresc*, Gassendi raconte le fait suivant, également relatif à l'Orang-Outan proprement dit et au Chimpanzé : « Vers la fin de l'année 1633, Peiresc avait reçu la visite du célèbre poëte Saint-Amant, qui revenait alors de Rome avec le duc de Créqui. Il le garda plusieurs jours dans sa maison, prenant grand plaisir à s'entretenir avec lui, à lui faire lire ses vers, mais surtout à le faire parler de choses singulières que lui et son frère avaient eu occasion d'observer durant leurs voyages dans les Indes et autres pays lointains. Saint-Amant, un jour, raconta, entre autres choses, qu'il avait vu à Java de grands Animaux qui tenaient le milieu entre l'Homme et le Singe (*quæ forent naturæ Homines inter et Simias intermediæ*). Comme plusieurs des personnes présentes semblaient douter de son assertion, Peiresc cita les renseignements qu'il avait obtenus de différents pays, et principalement de l'Afrique. »

A la même époque, il fut aussi question de l'Orang-Outan dans un ouvrage anglais. En publiant son excellent traité sur le Chimpanzé, Tyson cite, dans le chapitre consacré à la taille que peuvent atteindre les *Hommes des bois*, des renseignements recueillis par le P. Lecomte au sujet de cet Animal. Après avoir parlé de plusieurs espèces propres aux Indes, Lecomte ajoute : « Ce que l'on voit dans l'île de Bornéo est encore plus remarquable et passe

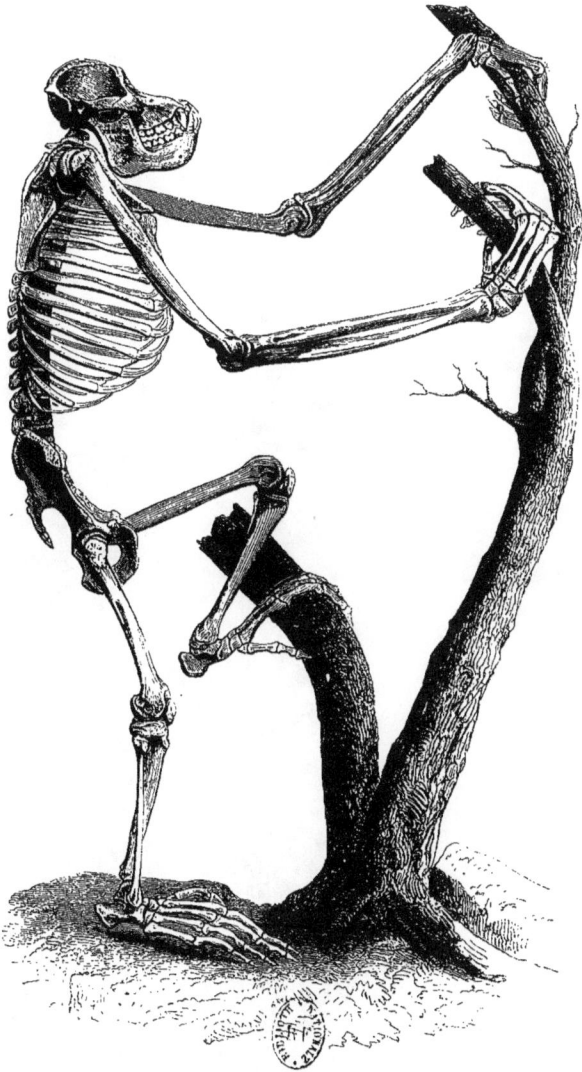

ORANG-OUTAN ADULTE (Pongo wurmbii), 1/7 de grandeur,
de Bornéo.

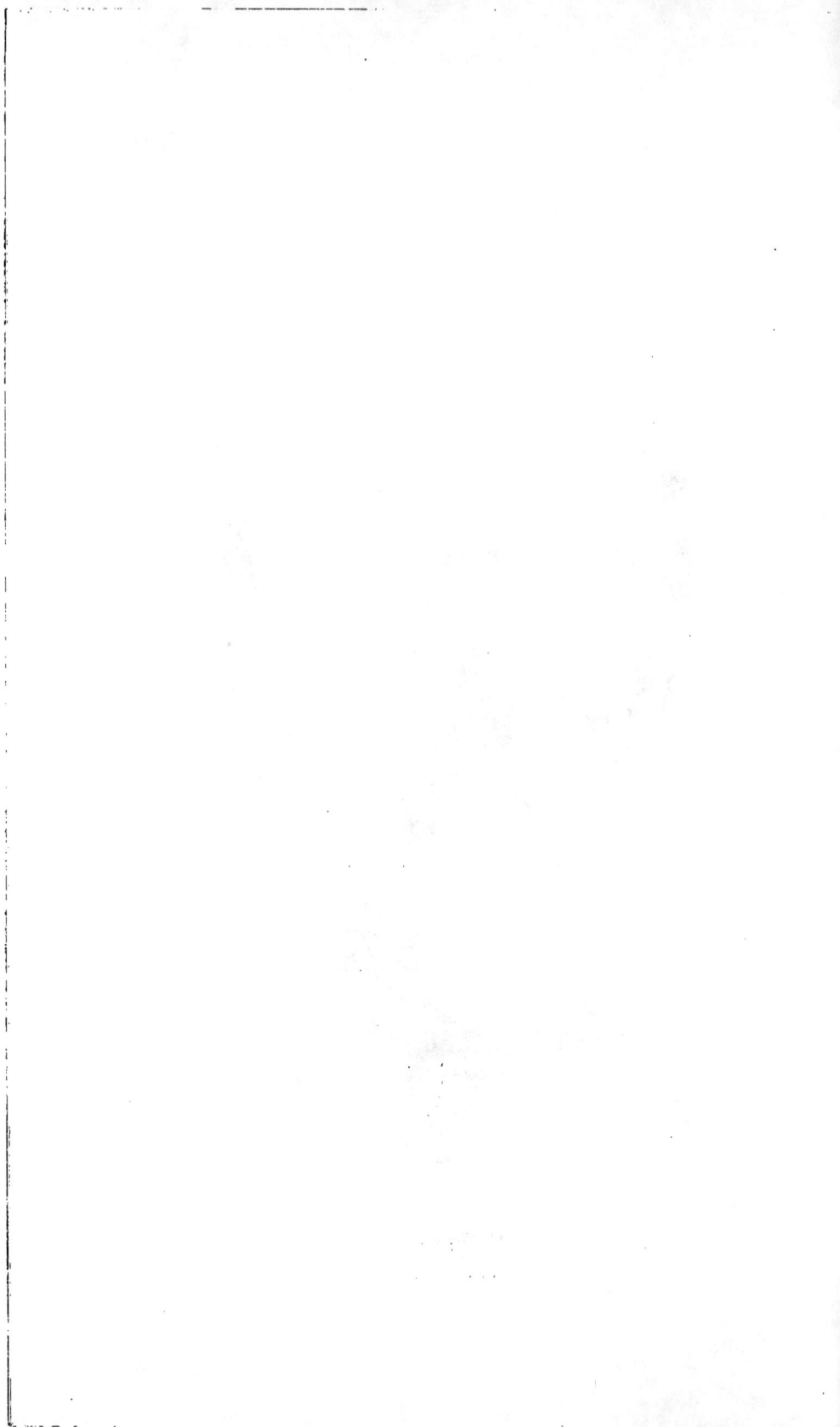

tout ce que l'histoire des Animaux nous a jusqu'ici rapporté de plus surprenant. Les gens du pays assurent comme une chose constante qu'on trouve dans les bois une espèce de bête nommée l'Homme-Sauvage, dont la taille, le visage, les bras et les autres membres du corps sont si semblables aux nôtres, qu'à la parole près on aurait bien de la peine à ne pas les confondre avec certains Barbares d'Afrique, qui sont eux-mêmes bien peu différents des bêtes. Cet Homme sauvage, dont je parle, a une force extraordinaire, et quoiqu'il marche sur ses deux pieds seulement; il est si leste à la course qu'on a bien de la peine à le forcer. Les gens de qualité le courent comme nous courons ici le Cerf, et cette chasse fait le divertissement le plus ordinaire du roi. Il a la peau fort velue, les yeux enfoncés, l'air féroce, le visage brûlé; mais tous ses traits sont réguliers, quoique rudes et grossis par le soleil. Je tiens toutes ces particularités d'un de nos principaux marchands français, qui a demeuré longtemps à cette île. Cependant je ne crois pas qu'on doive aisément ajouter foi à ces sortes de relations; il ne faut pas aussi les rejeter entièrement, mais attendre que le témoignage uniforme de plusieurs voyageurs nous éclaircisse plus particulièrement sur cette rareté. »

Allamand, naturaliste hollandais, qui a publié à La Haye une édition de l'*Histoire naturelle* de Buffon, eut, l'un des premiers en Europe, la bonne fortune de recevoir des renseignements nouveaux sur l'Orang-Outan. Un médecin, nommé Relian, qui résidait à Batavia, l'un des points occupés par les Hollandais dans les îles de la Sonde, lui adressa, en 1770, la lettre suivante qui a été reproduite dans les *Suppléments* de Buffon :

« J'ai été extrêmement surpris que l'Homme-Sauvage, qu'on nomme en malais *Orang-Outang*, ne se trouve point dans votre académie; c'est une pièce qui doit faire l'ornement de tous les cabinets d'histoire naturelle. M. Pallavicini, qui a été ici *sabandhaar*, en a amené deux en vie, mâle et femelle, lorsqu'il partit pour l'Europe en 1759; ils étaient de grandeur humaine, et faisaient précisément tous les mouvements que font les Hommes, surtout avec les mains, dont ils se servaient comme nous. La femelle avait des mamelles précisément comme celles d'une femme, quoique plus pendantes; la poitrine et le ventre étaient sans poils, mais d'une peau fort dure et ridée. Ils étaient tous les deux fort honteux quand on les fixait trop. Alors la femelle se jetait dans les bras du mâle et se cachait la figure dans son sein, ce qui faisait un spectacle véritablement touchant. C'est ce que j'ai vu de mes propres yeux. Ils ne parlent point, mais ils ont un cri semblable à celui des Singes, avec lesquels ils ont le plus d'analogie par rapport à la manière de vivre, ne mangeant que des fruits, des racines, des herbages, et habitant sur des arbres, dans les bois les moins fréquentés. Si ces Animaux ne faisaient pas une race à part qui se perpétue on pourrait les nommer des monstres de la nature humaine. Le nom d'*Hommes-Sauvages*, qu'on leur donne, leur vient des rapports qu'ils ont extérieurement avec l'Homme, surtout dans leurs mouvements, et dans une façon de penser qui leur est sûrement particulière, et qu'on ne remarque point dans les autres Animaux; car celle-ci est toute différente de cet instinct plus ou moins développé qu'on voit dans les Animaux en général. Ce serait un spectacle bien curieux si l'on pouvait observer ces Hommes-Sauvages dans les bois, sans en être aperçu, et si l'on était témoin de leurs occupations domestiques. Je dis *Hommes sauvages* pour me conformer à l'usage; car cette dénomination n'est point de mon goût, parce qu'elle présente d'abord une idée analogue aux sauvages des terres inconnues auxquels ces Animaux ne doivent point être comparés.... C'est dans l'île de Bornéo qu'il y en a le plus, et d'où l'on nous envoie la plupart de ceux que l'on voit ici de temps en temps. »

Dans le tome VII des Suppléments à l'*Histoire naturelle* de Buffon, qui ont été publiés, en 1789, par Lacépède, il est donné une figure du jeune Orang. Le mot Orang-Outan reste pour ce naturaliste une dénomination commune aux Singes anthropomorphes de l'Afrique et de l'Archipel indien (1). Quelques citations empruntées au texte lui-même feront voir que

---

(1) Quoiqu'on ait souvent écrit le mot *Outan* avec un *g* (*Orang-Outang*), il ne doit pas en recevoir. *Outan* signifie *sauvage* ou vivant dans *les bois;* Outang veut dire *débiteur*.

Buffon n'était pas encore parvenu à débrouiller complétement la synonymie de cette espèce d'avec celle du Chimpanzé et même du grand Singe de Battel.

« Nous avons reconnu, dit-il, qu'il existe réellement, et au moins, deux espèces bien distinctes de ces Animaux : la première, à laquelle, d'après Battel, nous avons donné le nom de *Pongo* (c'est aujourd'hui le Gorille), et qui est bien plus grande que la seconde, que nous avons nommée *Jocko*, d'après le même voyageur (c'est le vrai Chimpanzé)...... Le Singe. que j'avais vu vivant, et auquel j'avais cru devoir donner le nom de Jocko, était un jeune Pongo (non, c'était bien le jeune du Jocko, c'est-à-dire du Chimpanzé; il est encore conservé dans les galeries du Muséum)....... Mais ayant reçu depuis des grandes Indes un Orang-Outan bien différent du Pongo (c'est un véritable Orang-Outan), et auquel nous avons reconnu tous les caractères que les voyageurs donnent au Jocko, nous pouvons assurer que ces deux dénominations de Pongo et Jocko appartiennent à des espèces réellement différentes, et qui, indépendamment de la grandeur, ont encore des caractères qui les distinguent. »

C'est au célèbre anatomiste hollandais Camper que la science doit les premiers renseignements exacts sur l'anatomie de l'Orang-Outan. Ayant disséqué plusieurs individus de cette espèce qui lui avaient été expédiés par ses correspondants, il publia de nombreux détails à leur égard, et plusieurs des planches de son Atlas leur sont également consacrées. Voici quelques-unes de ses observations sur les viscères :

« En ouvrant le ventre, je trouvai, au premier coup d'œil, beaucoup de rapports entre les intestins et les viscères de cet Animal et ceux de l'Homme; mais, après un examen plus attentif, je découvris qu'il y avait, à plusieurs égards, une fort grande différence. Le foie, qui est très-grand relativement à la taille de l'Animal, se trouvait, en grande partie, du côté droit, mais il occupait cependant aussi une place assez considérable à gauche, ainsi que cela a lieu dans presque tous les Singes. Il ressemblait au foie du Gibbon dont Daubenton nous a donné la description, et à celui du Chimpanzé de Tyson; seulement, les lobes-portes étaient plus apparents, ainsi que l'était aussi le lobule de Spigélius. L'estomac était appuyé, comme dans les Chiens, fortement musclé vers le pylore. Il différait par conséquent beaucoup de celui de l'Homme. Au-dessous était le pancréas, qui avait, ainsi que le canal, une grande ressemblance avec celui de l'Homme. Il n'y avait ni replis dans le duodenum et dans le jéjunum, ni rides dans le reste des intestins grêles; mais les villosités étaient fort apparentes. L'appendice vermiforme ressemble beaucoup à celui de l'Homme; cet intestin ne se trouve point chez les Singes à queue, ni chez celui d'Égypte (*Magot*), mais bien chez le Pygmée de Tyson (*Chimpanzé*), ainsi que chez le Gibbon Wouvou. »

Camper a découvert chez le jeune Orang-Outan, et Wurmb, ainsi que d'autres, ont retrouvé, plus développée encore chez les Pongos ou vieux Orangs, une poche placée au-dessus du sternum, et qui communique avec le larynx, l'air qu'elle reçoit de celui-ci étant susceptible de la dilater fortement. Une autre particularité non moins curieuse a été observée pour la première fois par Camper: c'est que l'articulation coxo-fémorale de l'Orang diffère de celle de presque tous les autres Animaux, et, en particulier, de celle de l'Homme, par l'absence du ligament rond, lequel a pour usage d'attacher la tête du fémur au bassin.

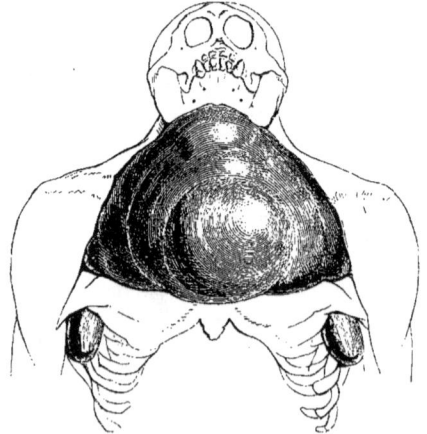

POCHE GUTTURALE DE L'ORANG, 1/6 de grand. nat.

C'est par erreur qu'on a signalé l'existence des Orangs-Outans sur le continent indien et même à Java. Il paraît qu'il n'en existe ni dans cette île, ni en Cochinchine, où Cuvier en indique. On ne trouve ces Singes qu'à Sumatra et à Bornéo. Ils reçoivent des Malais des côtes, le nom d'*Orang-Outan*, ou *Houtan*, qui signifie *Homme des bois*. A Bornéo, les Daiaks Béjadjou les nomment *Kahico*, et ceux de la rivière Dousson, *Keou*; ils appellent aussi le vieux mâle *Salamping* et la femelle *Boukou*. Sur la côte occidentale de Sumatra, les Malais donnent à l'Orang-Outan le nom de *Mawé*, et ceux d'Indrapoura et de Bencoulen le nomment *Orang-Panda* ou *Pandekh*, qui veut dire *Homme noir*.

Nulle part ces singuliers Animaux ne sont communs, et on ne les trouve que dans les lieux où s'étendent d'immenses terres basses, humides, et couvertes de sombres et vastes forêts, souvent submergées et peu accessibles à l'Homme. Leur apparition dans les lieux montagneux n'est qu'accidentelle. A Sumatra, où ces vastes forêts marécageuses n'existent que sur les côtes orientale et septentrionale, l'Orang se trouve relégué dans les royaumes de Siak et d'Atgen. Des individus isolés semblent pénétrer, accidentellement, par les grandes vallées de l'intérieur, vers la côte occidentale; mais ces cas sont extraordinairement rares. Les Orangs sont bien plus répandus à Bornéo, où on les observe dans toutes les parties basses et boisées qui sont peu habitées par les indigènes. Toutefois, on les chercherait en vain dans les lieux montagneux ou dans le voisinage des factoreries et des rivières navigables.

Les forêts sauvages et touffues, où les rayons du soleil ne pénètrent qu'avec peine, leur servent de retraite. Pendant le jour, on les voit parcourir la cime des arbres. Il est rare qu'ils en descendent pour attaquer les hommes qui les poursuivent; on cite cependant plusieurs exemples de naturels terrassés et même tués par ces Animaux, dont la force est prodigieuse. Vers le déclin du jour, ils passent dans l'épaisseur du feuillage pour se mettre à l'abri du froid et du vent, et leur gîte pendant la nuit est la partie fourrée ou la cime peu élevée de quelque arbre, tel que le palmier nibong ou *pandani;* souvent aussi ils se cachent dans quelque grosse touffe des orchidées qui croissent sur ces arbres gigantesques. En quelque lieu qu'ils passent la nuit, ils disposent leur gîte en forme d'aire, le garnissent de feuilles et le recouvrent de branches et de feuilles d'orchidées; ils emploient aussi du *Pandanus fasciculus* ou du *Nipa fruticans.*

ORANG-OUTAN.

C'est là, à vingt-cinq pieds environ au-dessus du sol, que les Orangs se retirent. Ils dorment couchés sur le dos ou sur le côté, les membres repliés vers le corps, et l'un des bras étendus sur la tête qui repose dans la main. Quelquefois aussi ils se croisent les bras sur la poitrine. Pendant les nuits froides ou pluvieuses, ils se protégent le corps en le recouvrant de feuilles, et ils ne sortent de leur retraite que lorsque le soleil a dissipé les brouillards dont la forêt était couverte, ce qui a lieu vers neuf heures du matin. La manière dont ils grimpent aux arbres et se promènent sur les branches leur donne une apparence de flegme et de circonspection réfléchie que l'on ne trouve pas ordinairement chez les Quadrumanes; et, sous ce rapport, leurs mouvements ressemblent plus à ceux de l'Homme. C'est avec la même prudence qu'ils passent d'un arbre à un autre, ayant soin de choisir les endroits où les rameaux s'entre-croisent; ils les réunissent, s'étendent de toute leur longueur sur ces ponts improvisés, en essaient la solidité avant d'en risquer le passage. Ils usent des mêmes précautions lorsque la crainte les oblige à fuir.

Comme la nourriture des Orangs-Outans consiste essentiellement en fruits, il s'ensuit que les lieux que ces Animaux choisissent pour demeure sont ceux où ils trouvent une subsistance plus abondante et plus facile. Il en résulte aussi pour eux des habitudes plus ou moins nomades, suivant les saisons. C'est ainsi qu'ils se montrent dans les parties méridionales de l'intérieur de Bornéo, et qu'ils font leur apparition sur la rive droite du Dousson pendant les mois d'avril et de mai, époque de la maturité des fruits du *Ficus infectoria*, dont eux et quelques autres Singes sont très-friands. Passé cette époque, on ne les voit plus dans ces localités. Indépendamment des fruits dont il vient d'être question et de ceux de quelques autres espèces de figuiers, les Orangs mangent aussi les bourgeons, les feuilles et les fleurs de certains arbres ou arbustes. Un vieux mâle, tué à l'embouchure du Sampiet, avait dans l'estomac des bandes d'écorces d'arbres d'un et deux pieds de longueur, et des semences non digérées provenant des fruits du *Sandoricum indicum*. Les Daiaks assurent que l'Orang ne fait point usage de nourriture animale, et M. Salomon Muller, qui a beaucoup étudié cette curieuse espèce, et au travail duquel tous ces détails sont empruntés, rapporte qu'un Orang mâle, haut de quatre pieds, que l'on avait réussi à prendre vivant, après l'avoir blessé, n'a jamais voulu toucher à aucune espèce de viande, soit crue, soit cuite. Lorsqu'un être vivant, un poulet, par exemple, l'approchait de trop près et venait ainsi le déranger, il le saisissait et le lançait loin de lui avec mécontentement.

Cet Orang était extrêmement sauvage, et, bien que souffrant des blessures que lui avaient faites les flèches empoisonnées des chasseurs, il était resté intraitable. Son œil perçant, son regard farouche et son extrême force musculaire, le rendaient redoutable. Il était faux et méchant. Presque toujours accroupi, il se levait lentement, et, saisissant le moment opportun, il se lançait avec impétuosité sur l'objet qui lui portait ombrage, dirigeant le plus souvent une de ses mains vers la figure des personnes les plus rapprochées des barreaux de sa cage. Tant que cet Animal a vécu, on n'a pu lui faire prendre pour nourriture que du riz cuit, préparé en boulettes et froid. Il buvait beaucoup d'eau; il ne tâchait point de mordre, mais il paraissait user de ses bras vigoureux comme unique moyen de défense, et se fier particulièrement à l'extrême force de ses mains.

Les Malais chassent habituellement les Orangs-Outans avec des flèches empoisonnées. Ils les poursuivent ainsi jusqu'à ce que ces Animaux, saisis de convulsions par la force du poison, se laissent tomber à terre. Alors on les achève avec de longues piques. Plusieurs peuplades de Bornéo sont très-friandes de leur chair, et leur font, pour s'en procurer, une guerre assidue. C'est ce qui explique comment on a pu réunir depuis quelque temps un nombre aussi considérable de crânes de ces Animaux. On en possède aujourd'hui de très-belles suites en Angleterre, en Hollande, en Belgique et même en France, et leurs squelettes sont loin d'être aussi rares dans les collections qu'ils l'ont été pendant longtemps.

Lorsqu'un Orang a été abattu au moyen de flèches empoisonnées, les gens de Bornéo enlèvent immédiatement une partie des chairs situées autour des blessures, puis ils découpent l'animal, le partagent en morceaux, et mettent soigneusement de côté la graisse qu'ils emploient pour préparer leurs aliments. Ils font rôtir la chair sur des brasiers, ou la coupent par tranches qu'ils font sécher au soleil et qu'ils désignent alors sous le nom de *ding-ding*. La peau leur sert à faire des jaquettes ou des bonnets de forme grotesque, dont ils s'affublent les jours de fête ou pour se donner, à l'occasion, un air redoutable. Lorsque l'Orang se sent blessé grièvement, il monte incontinent sur la cime de l'arbre sur lequel il se trouvait, ou, lorsque cet arbre n'est pas assez élevé, il passe sur un autre qui puisse mieux le mettre à l'abri des armes. Pendant ce temps, il fait entendre sa voix mugissante, qui ressemble à celle de la Panthère. Ne pouvant assouvir sa rage contre son ennemi, il s'en prend aux branches de l'arbre sur lequel il se trouve, casse les bûches de la grosseur du bras et les lance à terre, de façon que toute la cime est souvent dévastée pendant cette ascension tumultueuse. Il est probable que cette manière de fuir a pu fournir matière à tous ces contes exagérés relatifs aux projectiles que les Orangs lanceraient contre ceux qui les attaquent; ce qui est complétement faux, les grosses branches qu'ils cassent dans leur furie échappant aussitôt de leurs mains et tombant à terre. Cela est bien connu des chasseurs de Daiaks, et ceux que M. Muller avait sous ses ordres (l'un avait tué sept de ces Animaux et l'autre trois) assuraient que l'Homme ne court aucun danger dans cette attaque. L'Orang-Outan ne montre pas les dents à son adversaire comme le font quelques autres espèces de Singes, et il ne fait aucun usage de ces armes puissantes pour mordre; sa véritable force réside uniquement dans ses muscles. Malheur à qui serait enlacé par ses bras vigoureux; la prudence et la ruse viennent d'ailleurs au secours de l'Orang pour l'aider à se soustraire à l'Homme, son plus redoutable ennemi, à Bornéo du moins, car à Sumatra, il est aussi attaqué par le Tigre royal, qui le surprend facilement à terre, mais qui ne peut cependant le poursuivre sur les grands arbres, dont le tronc est perpendiculaire.

L'Orang-Outan a le sens de l'ouïe très-délicat, et, au moindre bruit qu'il entend, sa défiance le met en éveil. La voix ou les pas d'un ennemi qui se dirige vers son gîte, le frottement des feuilles ou des fougères que l'on traverse l'avertissent et lui commandent la retraite. Alors il se glisse furtivement dans les touffes les plus épaisses du feuillage, et il s'y tient immobile jusqu'à ce que le danger soit passé. Aussi les Daiaks, habitués à cette chasse, observent-ils le plus profond silence pour tâcher d'atteindre l'Orang par ruse ou par surprise.

Quoique les yeux de ce Singe, qui sont d'un brun clair, aient beaucoup de vivacité et montrent de l'expression, il semble néanmoins avoir la vue basse. Lorsque, en captivité, on lui montre des fruits cultivés, son avidité pour les posséder est extrême; aussitôt qu'il les tient, il les regarde de près, les tâte, les soumet à l'odorat, et les rejette souvent ensuite avec indifférence. Tout ce qui lui tombe sous la main est aussitôt porté par lui à peu de distance de ses yeux et bientôt après devant l'ouverture de ses narines, ce qui a fait soupçonner qu'il a ce sens aussi peu développé que celui de la vue. On croit aussi qu'il a peu de finesse dans l'organe du toucher, qui est moins développé dans ses doigts que dans ceux de certains autres Quadrumanes. Les lèvres remplissent chez lui les principales fonctions tactiles, surtout la lèvre inférieure, qu'il a la facilité d'allonger et d'étendre d'une manière remarquable. Pour boire, il se sert de la main et laisse couler l'eau qu'elle peut contenir dans cette même lèvre inférieure, qui s'allonge alors en gouttière.

Cet animal est morne et sédentaire, même à l'état de liberté; le besoin de nourriture semble seul le faire sortir de sa paresse ordinaire et l'engager à prendre du mouvement. Aussitôt repu, il reprend sa pose favorite : l'attitude accroupie, le dos courbé, la tête penchée sur la poitrine, le regard fixement dirigé en dessous, quelquefois retenu à une branche par l'un de ses bras étendu, le plus souvent les deux bras pendant le long du corps; il reste ainsi des heures entières, faisant entendre par intervalles un son morne et bourdonnant. Après l'époque de l'accouplement les vieux mâles vivent complétement isolés; ceux qui ne sont pas adultes et les vieilles femelles se réunissent rarement en nombre au-dessus de trois ou quatre; les

femelles pleines et celles qui allaitent s'isolent également. Le jeune reste longtemps auprès de sa mère, dont les soins lui sont nécessaires, vu la lenteur de son accroissement. Il
accompagne celle-ci dans tous ses mouvements, constamment soutenu contre sa poitrine et
se cramponnant à son pelage. On ne sait pas encore à quel âge les Orangs-Outans entrent en
puberté, combien dure leur gestation, ni quelle peut être la longueur moyenne de leur vie. En
prenant pour base la croissance très-lente des individus captifs, MM. Temminck et Schlegel
sont portés à croire que ce n'est guère avant dix ou quinze ans que ces Animaux ont leur
développement complet; dans cette supposition le terme moyen de leur vie serait de quarante
à cinquante ans.

Ce n'est qu'accidentellement que les Orangs-Outans s'éloignent des forêts humides que
nous avons signalées comme étant leur séjour de prédilection. Un de ces Animaux errants fut
pris, il y a plus de vingt ans, par MM. Craygimann père et fils, du brick anglais la *Marie-
Anne-Sophie*, alors en relâche à Banboom, sur la côte nord-est de Sumatra. Ayant été avertis
qu'un Animal de grande dimension se trouvait sur un arbre du voisinage, ils résolurent de
s'en emparer, et plusieurs chasseurs du pays partirent avec eux. C'était un vieil Orang. A
leur approche, celui-ci descendit de l'arbre sur lequel il était monté; mais, quand il vit qu'on
s'apprêtait à l'attaquer, il se réfugia sur un autre arbre, et rappela dans sa fuite l'aspect d'un
Homme de la plus grande taille, dont la démarche eût été chancelante, et qui, pour ne pas
trébucher, appuierait de temps à autre ses mains sur le sol ou se servirait d'un bâton. Il
cheminait alors assez doucement. Bientôt on jugea de son agilité et de sa force lorsqu'il fut
parvenu sur une cime. Ce n'est qu'après avoir abattu plusieurs arbres et en agissant de ruse
qu'on réussit à l'isoler. Il fut alors frappé successivement de cinq balles, dont une parut lui avoir
traversé le ventre. Ses forces s'épuisèrent avec rapidité et semblèrent complétement éteintes,
à la suite d'un vomissement copieux de sang noir. Néanmoins il se tenait toujours dans le
feuillage. La surprise des chasseurs fut grande, lorsque, après avoir forcé son dernier asile,
ils le virent se relever avec vigueur et s'élancer aussitôt sur d'autres arbres; mais bientôt une
faiblesse le fit retomber presque mourant, et tout annonçait qu'il allait rendre le dernier soupir.
Les marins, se croyant assurés de leur proie, voulurent s'en emparer, mais le malheureux
Animal recueillit ce qui lui restait de forces et se mit en posture de se défendre jusqu'à la
dernière extrémité. Assailli à coups de piques, sa vigueur et l'énergie de ses membres robustes
ne se démentirent point; il brisa comme un faible roseau la tige d'une pique qu'il avait saisie
dans ses mains. Cet effort épuisa ce qui lui restait de forces, et renonçant à une défense
devenue inutile, il prit, assure-t-on, l'expression de la douleur suppliante. La manière piteuse
avec laquelle il regardait les larges blessures dont il était couvert, toucha tellement les chasseurs, qu'ils commencèrent à se reprocher l'acte de barbarie qu'ils avaient commis sur une
créature qui leur semblait presque humaine, par la manière dont elle exprimait ses douleurs
autant que par ses formes corporelles.

Lorsque cet Orang-Outan fut mort, les naturels qui arrivèrent autour des Européens, con-
templèrent sa figure avec un égal étonnement. Cet Orang-Outan était dépaysé, et il devait
avoir voyagé pendant un certain temps avant d'être parvenu au lieu où on l'avait tué, car
il avait de la boue jusqu'aux genoux, et les habitants de cette partie de Sumatra n'avaient
aucun souvenir d'avoir jamais vu un semblable Animal. L'examen de la dépouille de ce Singe
a permis à M. Clark-Abel d'en résumer ainsi les caractères; le visage était ridé et complétement nu, si ce n'est au menton et au bas des joues, où se développait la barbe; quelques
cheveux d'un noir plombé tombaient sur les tempes et sur les côtés de la tête; des cils touffus
garnissaient les paupières. Les oreilles étaient petites, collées le long de la tête et hautes à
peine de dix-huit lignes; elles ressembleraient parfaitement à celles de l'Homme si elles
avaient un lobule. La bouche, grande et projetée en avant, avait ses lèvres minces et étroites;
la lèvre supérieure était recouverte par des espèces de moustaches. La paume des mains était
très-longue et de la couleur de la face. Les ongles à tous les doigts étaient robustes, con-

vexes et très-noirs; le pouce ne dépassait pas la première articulation du doigt indicateur. Le pelage était généralement d'un brun rouge, passant au brun foncé en quelques endroits, et au rouge vif en d'autres. Partout le poil était très-long en dessus, surtout sur le dos, où il formait une ligne plus épaisse et plus fournie.

La note rédigée par M. Clark sur l'Orang-Outan, tué à Sumatra par MM. Craygimann, a paru dans le t. xv des *Recherches asiatiques.* Quoique les détails qu'elle expose se rapportent plutôt aux caractères génériques de l'Animal qui a fait le sujet de son observation qu'à ses véritables particularités spécifiques, et que l'Animal fût dépouillé avant qu'il ne le vît, quelques auteurs y ont vu l'indication d'une espèce distincte de l'espèce ordinaire, à laquelle ils ont donné le nom de *Simia Abelii.* Nous rappellerons plus loin que diverses autres espèces ont encore été signalées dans ce genre, mais sans qu'il ait été possible d'en établir jusqu'à ce jour une définition réellement satisfaisante.

Le trajet que l'on doit faire exécuter aux Orangs pour les amener en Europe est plus long de beaucoup que celui que doivent faire ces Chimpanzés, et le voyage est aussi plus pénible. C'est là sans contredit une des causes de leur extrême rareté dans nos ménageries, et, jusqu'à ce jour, on n'a encore réussi à rapporter vivants qu'un assez petit nombre de ces Animaux, et tous étaient plus ou moins jeunes; aussi n'en avons-nous une idée un peu exacte que pour une époque où leur caractère est encore fort doux, plein de confiance, très-susceptible d'éducation, et, par conséquent, fort différent de ce qu'il deviendra dans un âge plus avancé. Plusieurs observateurs ont recueilli avec soin les particularités offertes par ces mêmes Orangs, qui se sont tous montrés familiers, et dont l'intelligence, sans égaler celle de l'Homme, a cependant paru supérieure à celle de tous les autres Animaux.

F. Cuvier a essayé d'appliquer les règles de l'analyse psychologique à plusieurs des actes de l'un de ces jeunes Singes, qu'il a eu quelque temps sous les yeux. C'est par l'exposé de ses remarques que nous continuerons l'histoire de cette intéressante espèce.

« Cet Orang-Outan, dit notre auteur, arriva à Paris dans le commencement du mois de mars 1808. M. Decaen, officier de marine et frère de M. Decaen, capitaine général des îles de France et de Bourbon, l'avait ramené de l'île de France, et en avait fait hommage à madame Bonaparte, dont le goût éclairé pour l'histoire naturelle fut si favorable aux progrès de cette science. Lorsqu'il arriva de Bornéo à l'île de France, on assura qu'il n'avait que trois mois; son séjour dans cette île fut de trois mois; le vaisseau qui l'apporta en Europe mit trois mois à la traversée; il fut débarqué en Espagne, et son voyage jusqu'à Paris dura deux mois; d'où il résulte qu'à la fin de l'hiver de 1808, il était âgé de dix à onze mois. Les fatigues d'un si long voyage de mer, mais surtout le froid que cet Animal éprouva en traversant les Pyrénées dans la saison des neiges, mirent sa vie à toute extrémité, et, en arrivant à Paris, il avait plusieurs doigts gelés, et il était atteint d'une fièvre hectique très-prononcée. Malgré les soins les plus constants, on ne put le rétablir, et il mourut après avoir langui pendant cinq mois. Pendant les premiers jours de son embarquement, cet Orang-Outan montrait beaucoup de défiance en ses propres moyens, ou plutôt, ne pouvant apprécier la cause du roulis, il s'en exagérait les dangers. Il ne marchait jamais sans tenir fortement en ses mains plusieurs cordes ou quelque autre chose attachée au vaisseau. Il refusa constamment de monter aux mâts, quelque encouragement qu'il reçût des personnes de l'équipage; et il ne fut poussé à le faire que par la force d'un sentiment ou d'un besoin que la nature semble avoir porté dans cette espèce à un très-haut degré de développement, celui de l'affection.

« Il n'eut le courage de monter aux mâts que lorsqu'il eut vu M. Decaen, son maître, y monter lui-même; il le suivit, et, dès ce moment, il y monta seul chaque fois qu'il en éprouva le désir; l'expérience heureuse qu'il avait faite lui donna assez de confiance en ses propres forces pour qu'il osât la répéter. Les moyens employés par les Orangs pour se défendre sont, en général, ceux qui sont communs à tous les Animaux timides : la ruse et la prudence; mais tout annonce que les premiers ont une force de jugement que n'ont point la plupart des autres, et qu'ils l'emploient dans l'occasion pour éloigner les ennemis plus forts qu'eux. Notre Animal avait coutume, dans les beaux jours, de se transporter dans un jardin où il trouvait un air pur et le moyen de se donner quelques mouvements. Alors il grimpait aux arbres et se plaisait à rester assis entre les branches. Un jour qu'il était ainsi perché, on parut vouloir monter après lui pour le prendre; mais aussitôt il saisit les branches auxquelles on s'accrochait et les secoua de toutes ses forces, comme si son idée eût été d'effrayer la personne qui faisait semblant de monter. Dès qu'on se retirait, il cessait de secouer les branches; mais il recommençait dès qu'on paraissait vouloir monter de nouveau, et il accompagnait ce geste de tant d'autres signes d'impatience ou de crainte, que son intention d'éloigner par le danger d'une chute ou par une chute même celui qui menaçait de le prendre fut évidente pour toutes les personnes qui se trouvaient en ce moment-là près de lui. Cette expérience, qui a été tentée plusieurs fois, a toujours eu les mêmes résultats. Souvent il se trouvait fatigué par les nombreuses visites qu'il recevait; alors il se cachait entièrement dans sa couverture, et n'en sortait que lorsque les curieux s'étaient retirés. Jamais il n'agissait ainsi quand il n'était entouré que des personnes qu'il connaissait. C'est à ces seuls faits que se bornent nos observations sur les moyens des Orangs pour se défendre; mais ils suffisent, je pense, pour convaincre que ces Animaux peuvent suppléer, par les ressources de leur intelligence, à celles qu'une faible organisation physique leur refuse. Les besoins naturels de ces Quadrumanes sont si faciles à satisfaire, qu'ils doivent trouver dans leur organisation assez de moyens pour ne pas être obligés d'exercer fortement, sous ce rapport, leurs autres facultés. Les fruits sont les aliments principaux dont ils se nourrissent; et, comme nous l'avons dit, leurs membres sont essentiellement conformés pour grimper aux arbres. Il est donc vraisemblable que, dans leur état de nature, ces Animaux emploient beaucoup plus leur intelligence à écarter les dangers qu'à chercher les objets de leurs besoins. Mais tous les rapports doivent nécessairement changer dès qu'ils se trouvent dans la société et sous la protection des Hommes; leurs dangers diminuent et leurs besoins s'accroissent. C'est ce que nous montrent tous les Animaux domestiques, et ce que devait, à plus forte raison, nous montrer notre Orang-Outan. En effet, son intelligence a eu beaucoup plus d'occasion de s'exercer pour satisfaire ses désirs que pour se soustraire aux dangers. Je dois placer dans cette première division un phénomène qui pourrait tenir à l'instinct, le seul à peu près de ce genre que cet Animal m'ait offert. Tant que la saison ne permit pas de le laisser sortir, il avait une coutume singulière et dont il aurait été difficile de deviner la cause; c'était de monter sur un vieux bureau pour y déposer ses excréments; mais, dès que le printemps eut ramené la chaleur et qu'il fut libre de sortir de l'appartement, on trouva la raison de cette action bizarre : il ne manqua jamais de monter sur un arbre pour satisfaire aux nécessités de cette nature. Nous avons déjà vu qu'un des principaux besoins de notre Orang-Outan était de vivre en société et de s'attacher aux personnes qui le traitaient avec bienveillance. Il avait pour M. Decaen une affection presque exclusive, et il lui en donna plusieurs fois des témoignages remarquables. Un jour, il entra chez son maître pendant qu'il était encore au lit, et, dans sa joie, il se jeta sur lui, l'embrassa avec force, et, lui appliquant ses lèvres sur la poitrine, il se mit à lui têter la peau, comme il faisait souvent du doigt des personnes qui lui plaisaient. Dans une autre occasion, cet Animal donna à M. Decaen une preuve plus forte de son attachement. Il avait l'habitude de venir, à l'heure des repas qu'il connaissait fort bien, demander à son maître quelques friandises. Pour cet effet, il grimpait, par derrière, à la chaise sur laquelle M. Decaen était assis, de sorte qu'il ne pouvait le voir, de manière à le reconnaître, qu'après être arrivé à la partie la plus élevée du dossier de la chaise; là perché, il recevait ce qu'on voulait bien lui donner. A son arrivée sur les côtes d'Espagne, M. Decaen fut obligé d'aller à terre, et un autre officier du vaisseau le remplaça à table; l'Orang-Outan, comme à son ordinaire, entra dans la chambre et vint se placer sur le dos de la chaise sur laquelle il croyait que son maître était assis; mais aussitôt qu'il s'aperçut de sa méprise et de l'absence de M. Decaen, il refusa toute nourriture, se jeta à terre et poussa des cris de douleur en se frappant la tête. Je l'ai vu très-souvent témoigner ainsi son impatience dès qu'on lui refusait quelque chose qu'il désirait vivement et qu'il avait sollicité. Cet Orang-Outan aurait-il été conduit à agir ainsi par une sorte de calcul? On serait tenté de le croire; car, dans sa colère, il relevait la tête de temps en temps, et suspendait ses cris pour regarder les personnes qui étaient près de lui, et voir s'il avait produit quelque effet sur elles et si elles se disposaient à lui céder. Lorsqu'il croyait ne rien apercevoir de favorable dans les regards ou dans les gestes, il recommençait à crier. Ce besoin d'affection portait ordinairement notre Orang-Outan à rechercher les personnes qu'il connaissait, et à fuir la solitude, qui paraissait beaucoup lui déplaire, et il le poussa un jour à employer encore son intelligence d'une manière très-remarquable. On le tenait dans une pièce voisine du salon où l'on se rassemblait habituellement; plusieurs fois il avait monté sur une chaise pour ouvrir la porte du salon; la place ordinaire de la chaise était près de cette porte, et la serrure se fermait avec un pêne. Une fois, pour l'empêcher d'entrer, on avait ôté la chaise du voisinage de la porte; mais, à peine celle-ci fut-elle fermée, qu'on la vit s'ouvrir, et l'Orang-Outan descendre de cette même chaise qu'il avait apportée pour s'élever au niveau de la serrure.

« Les Hommes, au reste, ne sont pas les seuls êtres différents des Orangs-Outans auxquels ceux-ci peuvent s'attacher. Notre Animal avait pris pour deux petits Chats une affection qui ne lui était pas toujours agréable; il tenait ordinairement l'un ou l'autre sous son bras, et, d'autres fois, il se plaisait à les placer sur sa tête; mais comme dans ces divers mouvements les Chats éprouvaient souvent la crainte de tomber, ils s'accrochaient avec leurs griffes à la peau de l'Orang-Outan, qui souffrait avec beaucoup de patience la douleur qu'il en ressentait. Deux ou trois fois, à la vérité, il examina attentivement les pattes de ces petits Animaux, et, après avoir découvert leurs ongles, il chercha à les arracher, mais avec ses doigts seulement; n'ayant pu le faire, il se résigna à souffrir plutôt que de sacrifier le plaisir qu'il trouvait à jouer avec eux...... Pour manger, il prenait ses aliments avec ses mains ou avec ses lèvres; il n'était pas fort habile à manier nos instruments de table, et, à cet égard, il était dans le cas des sauvages, que l'on a voulu faire manger avec nos fourchettes et avec nos couteaux; mais il suppléait par son intelligence à sa maladresse. Lorsque les aliments qui étaient sur son assiette ne se plaçaient pas aisément sur sa cuiller, il la donnait à son voisin pour la faire remplir; il buvait très-bien dans un verre en le plaçant entre ses deux mains. Un jour, après avoir reposé son verre sur la table, il vit qu'il n'était pas d'aplomb et qu'il allait tomber; il plaça sa main du côté où ce verre penchait pour le soutenir...... Presque tous les Animaux ont besoin de se garantir du froid, et il est vraisemblable que les Orangs-Outans sont dans ce cas, surtout dans la saison des pluies. J'ignore quels sont les moyens que ces Animaux emploient, dans leur état de nature, pour se préserver de l'intempérie des saisons. Notre Animal avait été habitué à s'envelopper dans ses couvertures, et il en avait presque un besoin continuel. Dans le vaisseau, il prenait, pour se coucher, tout ce qui lui paraissait convenable; aussi, lorsqu'un matelot avait perdu quelques hardes, il était presque toujours sûr de les retrouver dans le lit de l'Orang-Outan. Le soin que cet Animal prenait à se couvrir le mit dans le cas de nous donner encore une très-belle preuve de son intelligence. On mettait tous les jours sa couverture sur un gazon devant la salle à manger, et, après son repas, qu'il faisait ordinairement à table, il allait droit à sa couverture, qu'il plaçait sur ses épaules, et revenait dans les bras d'un petit domestique pour qu'il le portât dans son lit. Un jour qu'on avait retiré la couverture de dessus le gazon et qu'on l'avait suspendue au bord d'une croisée pour la faire sécher, notre Orang-Outan fut, comme à l'ordinaire, pour la prendre; mais, de la porte, ayant aperçu qu'elle n'était pas à sa place ordinaire, il la chercha des yeux et la découvrit sur la fenêtre; alors il s'achemina près d'elle, la prit et revint, comme à l'ordinaire, pour se coucher. »

Un autre Orang, que l'on a conservé quelque temps à Londres, a fourni au D. Clark-Abel le sujet d'intéressantes observations que nous reproduirons aussi presque textuellement. Il était de Bornéo, et on l'envoya d'abord à Batavia. Son arrivée en Europe eut lieu en août 1817, et il y vécut jusqu'au 1er avril 1819. Lorsqu'on le prit à Bornéo, il resta paisible tant que le petit bâtiment qui le portait fut en pleine mer, et il ne se livra à la violence de son caractère que lorsqu'il se vit renfermer dans une cage de bambou destinée à le transporter à terre. Il essaya de mettre en pièces les barreaux de sa cage en les secouant violemment entre ses mains ; mais, en voyant qu'il ne pouvait en venir à bout en les prenant en masse, il tâcha de les briser isolément. Il en reconnut un plus faible que les autres auquel il s'acharna tant qu'il tint bon. Étant parvenu à le rompre, il s'échappa. Lorsqu'on l'eut conduit à bord du vaisseau le *César*, qui devait le transporter en Angleterre, on essaya de le retenir au moyen d'une chaîne fixée contre les parois du navire par un crampon de fer ; il eut bientôt brisé ce lien, et se sauva en entraînant après lui cette chaîne dont la longueur, gênant ses mouvements, lui inspira la réflexion d'en rouler l'extrémité et de la jeter sur ses épaules. Après avoir plusieurs fois répété ce manége, et ennuyé de ce que cette chaîne ne restait point sur son dos, il finit par la prendre dans sa bouche afin de fuir plus à son aise. Après plusieurs essais tout aussi infructueux que le précédent, on renonça à tenir cet Orang-Outan à l'attache, et il lui fut alors permis de parcourir le vaisseau au gré de ses caprices. Il ne tarda point à se familiariser avec les matelots, qu'il surpassait en agilité. C'est en vain qu'ils essayaient fréquemment de l'atteindre en le poursuivant sur les agrès ; ces jeux ne servaient qu'à montrer toute l'étendue de son adresse et la sagacité avec laquelle il savait éviter les piéges. Lorsqu'il était surpris, il cherchait à devancer ceux qui le poursuivaient ; mais, lorsqu'il se trouvait trop vivement pressé, il saisissait la première corde venue en se balançant hors de leur portée. D'autres fois, négligemment couché dans les haubans ou sur la tête du mât, il attendait que les matelots, qui croyaient le surprendre, fussent arrivés à le toucher ; alors, par un mouvement aussi rapide que la pensée, il se jetait sur quelque manœuvre courante, et se laissait glisser comme un trait sur le tillac, ou, s'élançant sur le grand étai, il passait d'un mât à l'autre, en se balançant sur les mains, de même qu'un habile funambule. En vain secouait-on avec force les cordages mêmes auxquels il s'accrochait, ces secousses ne l'agitaient aucunement, tant ses muscles avaient de force et de puissance pour maintenir ses extrémités sur les corps qu'elles embrassaient. Parfois, lorsqu'il était de bonne humeur et en disposition de jouer, il s'élançait dans les bras du matelot courant à sa poursuite, et, après l'avoir touché de la main, il fuyait d'un bond hors de sa portée comme pour le défier de l'atteindre. Pendant son séjour à Java, le même Orang-Outan avait établi son gîte dans un grand Tamarinier, situé auprès de la maison de M. Abel. Il y avait formé un lit en entrelaçant les petites branches et en les couvrant de feuilles. Dans le jour, il s'y étendait nonchalamment, en ayant soin de placer sa tête hors de cette espèce de nid, afin de voir si les Hommes qui passaient au-dessous ne portaient pas des fruits ; car, aussitôt qu'il en apercevait, il ne manquait pas de descendre pour en obtenir sa part. Il avait pour habitude de se coucher avec le soleil, ou plutôt lorsqu'il avait fait un copieux repas. Il était réveillé avec le jour, et sa première action était de visiter ceux dont il recevait habituellement sa nourriture.

Pendant la traversée il paraissait faire très-peu attention à plusieurs petits Singes de Java, ses compagnons de voyage. Une fois, cependant, il essaya de jeter à la mer une cage qui renfermait trois de ces Animaux. On suppose qu'il fut guidé dans cette action par le désir de se venger de ce qu'ils avaient reçu devant lui des aliments dont il n'avait pas eu sa part. Cependant, quoiqu'il ne s'en occupât guère, dans la plupart des cas, M. Abel pense qu'il était moins indifférent à leur société lorsqu'il n'était pas observé, et il fut un jour surpris sur l'avant du mât de misaine jouant avec un jeune Semnopithèque. Couché sur son dos, et en partie couvert d'une voile, il contempla quelque temps avec une grande gravité les gambades du Singe qui était au-dessus de lui ; mais, à la fin, il l'attrapa par la queue et essaya de le rouler dans sa couverture. Cependant l'action ne paraissait pas se passer entre égaux, car l'Orang-Outan ne daigna pas folâtrer avec le Singe comme il le faisait avec les mousses. Au contraire les Singes avaient évidemment une grande prédilection pour sa société, et lorsqu'ils étaient détachés, ils allaient le trouver.

Quoique ordinairement très-doux et très-disposé à jouer, le même Orang se mettait parfois en colère, et il exprimait alors sa rage en ouvrant la bouche, en montrant ses dents, en saisissant et en mordant ceux qui étaient près de lui. Quelquefois il parut presque désespéré, et, en deux ou trois occasions, il se livra à des actes qui, dans un être raisonnable, auraient été regardés comme la menace d'un suicide. Si on lui refusait obstinément une orange lorsqu'il essayait de s'en saisir, il poussait de grands cris et il s'élançait avec fureur sur les cordages; ensuite il revenait et essayait derechef de l'obtenir. S'il était encore joué, il se roulait comme un enfant sur le pont, en jetant les cris les plus perçants. Une fois, se levant soudain, il s'élança avec dépit sur le côté du navire et disparut. Témoins de cette action, les matelots crurent d'abord qu'il s'était jeté à la mer; mais, après l'avoir cherché, on le trouva caché sous les chaînes des haubans. A bord, il dormait habituellement sur la tête du mât (le chouc), en s'enveloppant d'une voile. Il se donnait beaucoup de mal pour faire son lit, et ne manquait pas de le débarrasser des objets qui auraient pu rendre inégale la surface sur laquelle il voulait reposer; content de cet arrangement, il tirait sur lui la voile et s'étendait sur le dos. Quelquefois M. Abel s'emparait de son lit et aiguillonnait son humeur en refusant de le lui rendre. Alors il s'efforçait de tirer à lui la voile et ne voulait se reposer que lorsqu'il était resté maître du terrain. Si le lit était assez large pour deux, il se couchait tranquillement auprès de la personne qui était venue l'occuper avec lui, et s'il arrivait que toutes les voiles fussent dépliées, il cherchait un autre objet, prenant soit une veste, soit une chemise de matelot, ou bien il tâchait de se procurer la couverture de laine de quelque hamac.

Lorsqu'on doubla le cap de Bonne-Espérance, cet Orang souffrit beaucoup du froid, surtout dans les premières heures de la matinée; aussi lorsqu'il descendait du mât, tout transi, il courait vers un matelot de ses amis, se jetait dans ses bras et le serrait fortement pour se réchauffer. Il poussait des cris violents si on essayait de l'éloigner.

Sa boisson, à Java, avait été de l'eau; pendant la longue traversée qu'il eût à supporter, elle fut aussi variée que les mets qui formaient sa nourriture; toutefois, il affectionnait le thé et le café, mais il acceptait le vin, et il prouva un goût très-vif pour les liqueurs fortes en dérobant une bouteille d'eau-de-vie au capitaine. A Londres, il préféra le beurre et le lait à toute autre substance, sans perdre toutefois ses dispositions pour le vin et les liqueurs.

Deux fois seulement cet Animal manifesta une grande frayeur. Ce fut à la vue de huit grandes Tortues qui furent apportées à bord, tandis que le *César* était en face de l'Ascension. Alors il grimpa en toute hâte sur la partie du vaisseau la plus élevée, et, de là, regardant au-dessous de lui, il allongea ses longues lèvres et fit entendre en même temps un son qui, d'après M. Clark, tenait le milieu entre le coassement d'une Grenouille et le grognement d'un Cochon. Au bout de quelque temps, il s'aventura à descendre, mais avec beaucoup de précaution et en regardant continuellement les Tortues. On ne put jamais l'en faire approcher qu'à plusieurs toises de distances. Dans une autre occasion, il monta à la même hauteur et fit le même grognement. Ce fut en présence de plusieurs Hommes qui se baignaient et qui plongeaient dans la mer.

Les Orangs adultes ne sauraient supporter aussi facilement la captivité que les jeunes Animaux de leur espèce, et ils diffèrent beaucoup des Singes ordinaires sous ce rapport; ils seraient d'ailleurs très-dangereux à cause de leur grande force et de leur méchanceté. Comme il est en même temps très-difficile de les prendre en vie, on n'en a possédé qu'un très-petit nombre ayant dépassé le premier âge. Il n'en est peut-être sorti aucun des îles de la Sonde, et ceux qu'on y a possédés captifs n'ont vécu que fort peu de temps. Lorsque les chasseurs de

Sumatra ou de Bornéo découvrent dans les forêts une femelle avec son nourrisson, ils tâchent de tuer la mère afin de se rendre maîtres du jeune Animal, qu'ils conservent assez facilement en vie au moyen du riz bouilli, des bananes, etc. Les petits Orangs sont très-friands de canne à sucre; ils boivent avec avidité de l'eau sucrée, et ils mangent le sucre des palmiers et du tébou. Plus tard, on les accoutume à se nourrir d'autres fruits, et même de viande bouillie ou rôtie, etc. Les navires qui touchent à Bornéo et à Sumatra peuvent assez souvent se procurer ces jeunes Animaux, et l'on en envoie très-fréquemment à Batavia. C'est ce qui a fait croire qu'ils habitaient naturellement l'île de Java. Toutefois il n'en est rien. On n'a plus de doute à cet égard depuis les recherches des naturalistes hollandais que le gouvernement a envoyés pour explorer les îles de la Sonde, et, en particulier, depuis celles de M. Salomon Muller, recherches dont MM. Temminck et Schlegel ont fait le sujet d'un Mémoire très-intéressant.

L'Orang qui a vécu à Paris en 1836, et dont la présence attira pendant plusieurs mois un si grand concours de visiteurs, était un de ces jeunes individus que les Malais se procurent en tuant les femelles mères. Il était originaire de Sumatra. M. de Blainville ayant eu connaissance, par un de ses anciens élèves, M. le D. Marion de Procé, de l'arrivée de ce curieux Singe à Nantes, le fit aussitôt acheter pour le Muséum de Paris. Voici quelques renseignements qui furent alors publiés sur cet Animal : Le capitaine Vanisghen, qui avait lui-même amené un Orang au Muséum, s'était adressé, pour l'avoir, à quelques chasseurs de l'île de Sumatra. Ceux-ci s'étant mis aussitôt en recherche rencontrèrent une femelle portant son petit encore fort jeune. Cette femelle, poursuivie avec ardeur, se réfugia sur un arbre dont toutes les branches furent successivement abattues. Une seule branche restait encore, celle qui supportait l'Animal. Celui-ci, se voyant cerné de toutes parts, allait s'élancer sur un arbre voisin, lorsqu'un Homme de la troupe lui coupa d'un coup de hache une des mains de devant. La mère saisit alors son petit de l'autre main; mais comme il lui devint impossible de se soutenir, elle ne tarda pas à tomber au pouvoir de ses agresseurs. Elle fut aussitôt emmenée, ainsi que son petit; mais les fatigues du voyage et la chaleur extrême augmentèrent la gravité de sa blessure, et une dégénérescence gangreneuse la fit bientôt périr.

Le petit survécut. Son âge fut approximativement évalué à six semaines; il était entièrement nu, et ne fut que plus tard que des poils recouvrirent son corps. Ceux du dos parurent les premiers, puis ceux du ventre et des parties inférieures. Néanmoins ce jeune Orang avait déjà fait ses dents incisives. Les quatre canines et les molaires, au nombre de huit lorsqu'il vint à Paris, se montrèrent plus tard, mais sans occasionner aucun malaise appréciable. Il fut en partie nourri avec de la bouillie, qu'on était obligé de lui donner comme on la donne à un enfant. Il était très-faible et encore peu intelligent; depuis, il est devenu très-actif, doux de caractère et sensible aux caresses. Il affectionnait surtout son maître, mais il était familier avec tout le monde, prenait la main des visiteurs et s'accrochait à leurs jambes ou leur montait sur les épaules. C'était en lui donnant des soufflets et même des coups de corde que M. Vanisghen le corrigeait quand il était trop turbulent. L'Animal s'asseyait alors dans un coin, se cachait la figure dans les bras, et, dit-on, se mettait parfois à pleurer. Dans ce dernier cas, il portait ses mains sur ses yeux comme pour les essuyer. Cet Orang a vécu six mois à Paris. Son intelligence, autant que sa ressemblance extérieure avec l'espèce humaine, lui firent bientôt une immense réputation et la foule accourait chaque jour pour le voir.

On a conservé le souvenir de quelques-unes de ses actions les plus remarquables. Le trait suivant m'a été communiqué par M. de Blainville. Après être passé des mains de son maître dans celles du gardien auquel l'avait confié M. Geoffroy-Saint-Hilaire, directeur de la Ménagerie du Muséum, le jeune Animal semblait avoir oublié celui qui l'avait ramené de si loin et avec qui il avait passé un temps assez long; mais, ayant pu le revoir après plusieurs mois de séparation, il le regarda d'abord avec attention, s'élança bientôt dans ses bras, et lui témoigna par mille caresses la joie qu'il éprouvait à le retrouver. Il aimait beaucoup la société, et pourvu qu'on voulût bien jouer avec lui, le rouler à terre, le balancer le laisser grimper quelque part, il s'inquiétait assez peu si les personnes au milieu desquelles il se trouvait lui étaient connues ou non ; et pendant tout le temps qu'on a pu l'étudier, soit à bord du bâtiment qui l'a conduit en France, soit à Paris, il a toujours montré les mêmes dispositions. A la Ménagerie, il vivait familièrement avec les enfants de son gardien, qui formaient sa société la plus habituelle. Il avait pour eux tous les égards que leur faiblesse aurait pu attendre d'une personne raisonnable, et il montrait les mêmes dispositions bienveillantes dans ses rapports avec tous les autres enfants ; il n'avait pas toujours les mêmes ménagements pour les grandes personnes. Peu difficile sur le choix de la nourriture, cet Orang était devenu le commensal de son gardien, et il mangeait de tout comme lui et sa famille. Il aimait assez les choses sucrées, et lorsque certains mets avaient besoin d'être mangés avec précaution, il savait parfaitement s'en tirer. Il prenait les uns après les autres les grains des grappes de raisin qu'on lui donnait, buvait avec un verre, se servait assez adroitement d'une cuiller, etc. Si c'était du pain avec des confitures qui lui avait été remis, il imitait les enfants, qui commencent par les confitures et font ensuite fi du pain. Un jour qu'on lui avait donné de la salade trop vinaigrée, nous l'avons vu éponger entre deux plis de la couverture sur laquelle il reposait les feuilles trop acidulées, et les reporter ensuite à sa bouche ; il les mangeait alors après les avoir goûtées de nouveau. Cet Orang ne tarda pas à tomber malade. Malgré les soins qu'on lui prodigua, et qui furent dirigés par plusieurs savants médecins de l'hôpital qui avoisine le Jardin des Plantes, malgré les médicaments qu'on lui fit prendre de plusieurs manières et quelquefois bien malgré lui, il ne tarda pas à succomber. M. de Blainville en fit une dissection minutieuse, attachant une importance particulière à connaître la myologie de ses mains et la conformation de son cerveau, que d'autres auteurs ont également étudié avec tout le soin qu'il mérite. (Figure au 1/10e).

Ainsi qu'on peut le supposer d'après tout ce que nous avons déjà dit, la constitution physique des Orangs change considérablement avec l'âge, et il en est de même de leurs caractères moraux. Ces modifications, dont presque toutes les parties du squelette subissent l'influence, se font surtout sentir sur la forme du crâne, et celle-ci est si différente dans les jeunes de ce qu'elle devient chez les adultes, que des naturalistes éminents, tels que Geoffroy-Saint-Hilaire, Lacépède et Cuvier, ont, pendant quelque temps, classé dans deux genres distincts les jeunes et les vieux sujets de cette espèce qu'ils ont pu observer. Le Hollandais Wurmb avait pourtant décrit, en 1780, dans les *Mémoires* de la société de Batavia, un vieil Orang de Bornéo sous le nom de *Pongo*, parce qu'il avait cru y reconnaître le Pongo de Buffon, qui est un Animal d'Afrique. Ces observations, qui furent traduites en français, n'empêchèrent pas que l'on considérât ce Pongo comme étant un Animal tout différent de l'Orang et qui devait constituer

CERVEAU DE L'ORANG, 2/3 de grand..

un autre genre. Dans leur classification, les principaux zoologistes français le séparèrent même par plusieurs autres genres de celui des Orangs, qui ne comprenait plus en réalité que le jeune âge de l'Animal dont le Pongo de Wurmb était l'adulte. Cette erreur eut crédit pendant plu-

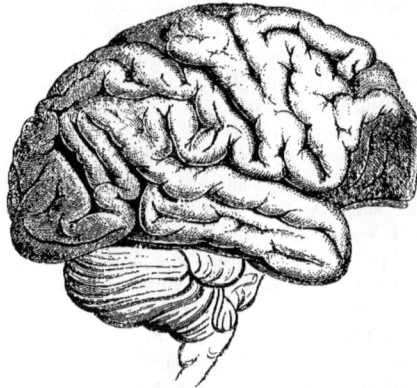

sieurs années, et on la trouve reproduite dans tous les ouvrages zoologiques de l'époque.

Le squelette de l'exemplaire même qu'avait observé Wurmb ayant été apporté à Paris et déposé dans les galeries d'anatomie comparée du Muséum, où on le conserve encore, fut regardé comme une nouvelle preuve que ces deux prétendus genres avaient été justement distingués l'un de l'autre. La grandeur de l'Animal dont provenait ce squelette, comparée à celle des Orangs décrits par Camper; l'énorme proéminence de la partie faciale du crâne; la petitesse comparative de la cavité cérébrale; le développement exagéré des crêtes osseuses qui servent à l'insertion des muscles des tempes et de l'occiput, tout semblait confirmer cette distinction et s'accorder parfaitement avec l'importance que l'on attribuait alors dans la classification des Singes aux caractères tirés de l'angle facial. Toutefois, des doutes ne tardèrent pas à s'élever au sujet du genre Pongo, lorsqu'on put observer l'un des âges intermédiaires entre lui et le jeune Orang. En 1817, G. Cuvier pensa qu'il y avait lieu à un nouvel examen, lorsqu'il eut l'occasion d'étudier un crâne, sans doute de Bornéo, que le directeur du Jardin botanique de Calcutta, M. Wallich, lui avait adressé. En effet, ce crâne n'avait pas précisément la même forme que celui de l'Orang mort à la Malmaison, et, quoiqu'il fût encore loin de ressembler à celui du Pongo de Wurmb, il indiquait évidemment un état intermédiaire entre l'un et l'autre. Il était, d'ailleurs, facile de reconnaître, à sa dentition, qu'il était plus jeune que le second, mais aussi plus âgé que le premier. On était donc naturellement conduit à l'opinion que l'Animal auquel il appartenait avait d'abord ressemblé davantage au véritable Orang, et que, s'il eût vécu plus longtemps, il serait devenu plus ou moins semblable au Pongo. Tilésius et Rudolphi, cités par Cuvier, eurent, de leur côté, la même opinion. E. Geoffroy accepta aussi que le Pongo n'était qu'une deuxième espèce du même genre que l'Orang.

Voici comment M. de Blainville rapporte, dans le tome LXXXVI du *Journal de Physique* (année 1818), dont il était directeur, la communication faite à l'Académie des sciences par Cuvier, au sujet du crâne envoyé par M. Wallich : «M. G. Cuvier, dans la séance du 9 février de l'Académie des sciences, a annoncé que, comme nous ne connaissions encore l'Orang-Outan roux que dans son très-jeune âge, il se pourrait qu'à l'état adulte, son crâne, que l'on regarde comme exempt de toute crête sourcillière et occipitale, en acquît peut-être d'aussi fortes que dans le Pongo; ce qui l'a porté à penser ainsi, c'est la connaissance d'un crâne d'Orang, envoyé de l'Inde par M. Wallich, mais dont on ignore au juste la patrie, et qui offre un museau et des crêtes occipitales et sourcillières assez prononcées, pour pouvoir être regardé comme intermédiaire à ceux de l'Orang roux et du Pongo. Ne se pourrait-il pas aussi qu'il y eût plusieurs espèces d'Orangs-Outans; c'est ce que paraît penser M. Cuvier. M. le D. Leach avait, en effet, cru qu'il y a un Orang-Outan qui constamment un ongle aux pouces des pieds et un autre qui n'en a pas. C'est à Camper que nous devons le caractère donné comme spécifique de l'Orang roux de Bornéo, et qui consiste dans l'absence de l'ongle aux pouces de derrière; et, en effet, sur huit individus qu'il eut l'occasion d'observer avec soin, sept (tous femelles), n'en avaient aucun, et un seul (mâle) en offrait un petit à un seul pied. D'après ce que m'en a dit M. Leach, un individu, actuellement vivant à Londres, n'en a pas, non plus qu'un autre conservé dans la collection du collége royal des chirurgiens; d'autre part, l'individu femelle que M. F. Cuvier a décrit dans les *Annales du Muséum*, et dont la peau bourrée existe dans les galeries du Muséum d'histoire naturelle, a un ongle parfait à tous les pouces. Il en est de même de celui dont M. Tilésius nous a donné la description dans ses produits d'histoire naturelle recueillis dans l'expédition autour du monde de l'amiral Krusenstern, et il est certain que Wurmb, qui a décrit l'Orang roux et le Pongo sous le même nom générique d'Orang-Outan, en les distinguant seulement par les épithètes de petit pour le premier et de grand pour le second, dit positivement que tous les doigts sont pourvus d'ongles noirs, presque semblables à ceux de l'Homme...... Mais ce crâne intermédiaire à celui du Pongo ne prouverait-il pas aussi le rapprochement que nous avons constamment fait de ces deux Animaux, et peut-être même l'opinion de M. Tilésius, qui pense que celui-là n'est qu'une variété d'âge ou de sexe de celui-ci? C'est ce qui nous semble fort probable. »

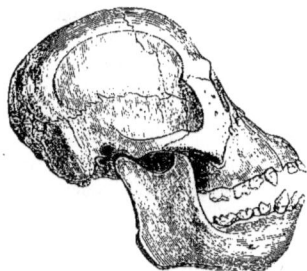

CRANE DE L'OUANG JEUNE, 1/3 de grand.　　CRANE DE L'ORANG ADULTE MALE, 2/7 de grand.

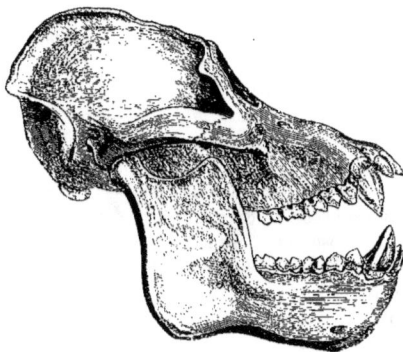

Ainsi, dès l'année 1818, la question de l'identité, au moins générique sinon spécifique, de l'Orang-Outan et du Pongo put être considérée comme résolue dans le sens affirmatif, et il ne resta plus qu'à décider si l'on devait distinguer plusieurs espèces ou seulement une seule dans le genre de ces Singes Anthropomorphes. Quelques compilateurs n'en ont pas moins continué à parler séparément de ces deux prétendus genres, et on les trouve encore signalés comme distincts l'un de l'autre dans quelques publications récentes; quoique tout ce qu'on a pu observer ait démontré que l'opinion contraire était seule convenable.

Wurmb, comme on l'a rappelé, distinguait un grand et un petit Orang, et il réservait au premier le nom de Pongo imaginé par Buffon, ne pouvant regarder ni l'un ni l'autre de ces Singes comme le Jocko du célèbre naturaliste français, qui est Africain et répond au Chimpanzé des auteurs actuels.

La manière dont Buffon a exposé l'histoire de ces deux genres de Singes n'avait pas peu contribué à introduire de l'incertitude à leur égard dans l'esprit de ses lecteurs. Il intitule son travail sur ce point : *Les Orangs-Outans ou le Pongo et le Jocko;* et il dit en commençant : « Nous présentons ces deux Animaux ensemble, parce qu'il se peut qu'ils ne fassent tous deux qu'une seule et même espèce. Il était peut-être difficile de mieux faire à cette époque. Les Animaux de l'Inde n'avaient encore été comparés que fort incomplétement avec ceux de l'Afrique, et on avait tellement exagéré les rapports des Singes Anthropomorphes avec l'Homme, qu'il semblait, comme le dit Buffon, que rien ne leur manquât que la parole. « M. Linnæus, ajoute-t-il, dit, d'après Kjœp et quelques autres voyageurs, que cette faculté même ne manque pas à l'Orang-Outan, qu'il pense, qu'il parle et s'exprime en sifflant; il l'appelle *Homme nocturne*, et en donne en même temps une description par laquelle il ne serait guère possible de décider si c'est un Animal ou un Homme (1). » Ce que Buffon dit particulièrement de son Jocko, qu'il a vu vivant, se rapporte au Chimpanzé; mais quant aux détails qu'il reproduit d'après les auteurs qu'il a consultés, il faut y faire quatre parts distinctes : la première, pour ce qui a trait aux véritables Orangs de Sumatra et de Bornéo ; la seconde, relative aux Chimpanzés; la troisième, propre aux Gorilles; et la quatrième, se rapportant à d'autres Singes encore différents, et dont les uns sont des Gibbons et les

(1) M. Is. Geoffroy-Saint-Hilaire fait remarquer avec raison que cet *Homme nocturne* ou ce Troglodyte de Linné, n'est qu'une espèce nominale à retrancher de la synonymie, comme formée à l'aide de traits empruntés aux sources les plus diverses. « L'*Homo troglodyte*, ajoute-t-il, se rapporte plutôt aux grands Singes anthropomorphes d'Asie qu'à ceux d'Afrique, mais bien plus encore à divers *Albinos* humains. »

autres des Mandrills. Ce n'est qu'à la suite des travaux des naturalistes hollandais de la fin du dernier siècle, Vosmær, Camper, Wurmb, etc., que l'histoire des véritables Orangs a commencé à s'éclaircir. Ses progrès récents sont également dus pour la plupart aux naturalistes de la même nation qui ont été chargés d'explorer les îles de la Sonde.

M. Salomon Muller, que nous avons déjà eu l'occasion de citer, assure qu'il n'existe pas moins de trois espèces de ces Animaux; mais il n'a pas été possible, jusqu'à ce jour, de les définir avec exactitude, et encore moins d'établir pour chacune d'elles la série complète de ses divers âges. D'ailleurs, les caractères soit ostéologiques, soit physionomiques ou de couleur, que l'on a indiqués à l'appui de ces distinctions, n'ont peut-être pas encore reçu la sanction d'un examen suffisamment comparatif, et l'on est encore en droit de demander s'ils ont la valeur de ceux qui distinguent entre elles les véritables espèces, et s'ils justifient autre chose que la distinction de plusieurs races toutes appartenant à une seule et même espèce. Dans son *Cours de l'histoire des Mammifères*, Geoffroy-Saint-Hilaire admet, avec Wurmb, deux espèces d'Orangs. La première, ou l'*Orang roux*, serait le *Simia satyrus* des auteurs, et, en particulier, de Linné; ce serait aussi l'*Homo sylvestris* de l'iconographe anglais Edwards, le *Simia agrias* de Schreber, et le *Jocko* d'Audebert. La même espèce aurait été étudiée par Tulpius, Camper, Vosmær, Allamand, F. Cuvier et Bory-Saint-Vincent. — La deuxième espèce serait celle décrite par Wurmb, et dont le squelette a été successivement figuré par E. Geoffroy-Saint-Hilaire, par Audebert, et par M. de Blainville dans son *Ostéographie*. Geoffroy-Saint-Hilaire l'appelle *Orang brun* ou de *Wurmb*. C'est le *Pongo Wurmbii* de Desmarest. Son pelage est brun et ses joues ont une large excroissance charnue. — Une troisième espèce, ajoutée par quelques auteurs, aurait pour type le vieil Orang décrit par Clark-Abel, en 1825 (*Pongo Abelii*, Lesson), dont la taille serait presque gigantesque, car, tandis que les autres Orangs connus ne dépasseraient pas un mètre et demi en hauteur, celui-ci atteindrait plus de deux mètres (sept pieds anglais). — Une quatrième espèce, soupçonnée par M. de Blainville, serait indiquée par le crâne dû aux soins de M. Wallich. M. de Blainville l'a provisoirement inscrite sous le nom d'*Orang de Wallich*. — Une cinquième est annoncée par M. R. Owen; elle repose sur un crâne envoyé de Bornéo, que ce savant anatomiste a décrit sous le nom de *Simia morio* (dans le tome II des *Transactions de la société zoologique de Londres*). — De son côté, M. Is. Geoffroy a également vu dans le jeune Orang de Sumatra, qui vivait à Paris en 1836, et dont il a fait placer la peau montée dans les galeries du Muséum, un Animal différent de l'espèce ordinaire, ainsi que de celle de Bornéo, et il lui a donné le nom de *Simia bicolor*. Dans son premier Mémoire sur la famille des Singes, inséré dans les *Archives du Muséum d'histoire naturelle*, il le définit ainsi : Pelage roux supérieurement et au milieu du ventre, fauve, blanchâtre sur le bas du ventre, les flancs, les aisselles, la portion interne des cuisses et le tour de la bouche. »

Aucun naturaliste ne s'est encore trouvé en mesure d'établir une synonymie rigoureuse de ces différentes espèces d'Orangs, et nous devons nous borner, pour le moment, à appeler sur elles l'attention des observateurs qui pourront les faire connaître dans tous les détails de leurs caractères.

GENRE GIBBON (*Hylobates* d'Illiger). Les trois genres remarquables dont nous venons de terminer l'histoire ont bien plus d'analogie avec l'Homme, dans leur organisation et même dans leur intelligence, que celui-ci, et cependant il n'est plus possible, même aujourd'hui, de le considérer comme appartenant à un autre groupe. Toutefois il ne faut pas, comme le voulait Linné, réunir en un même genre l'homme, les Gibbons et les trois espèces dont nous avons déjà parlé. Des différences dont la valeur est incontestablement égale à celle des caractères appelés *génériques* par tous les naturalistes actuels séparent ces dernières les unes des autres et en même temps elles les éloignent du genre humain.

A plus forte raison, les Gibbons sont-ils dans le même cas. Inférieurs sous presque tous les rapports aux genres précédents, ils doivent être placés encore plus loin de l'Homme dans nos classifications. Cependant on ne saurait se refuser à les ranger aussi parmi les Quadrumanes anthropomorphes, car leur station approche encore de la verticale ; ils manquent de queue ; leur sternum est large et aplati, et leurs dents molaires ont des tubercules assez semblables à ceux que l'on voit sur les nôtres.

Linné, qu'il serait difficile d'accuser de matérialisme, plaçait dans le genre *Homo*, avec l'Homme (*Homo sapiens*), le Chimpanzé (*Homo troglodytes*) et l'Orang-Outan (*Homo satyrus*), la seule espèce de Gibbon dont il avait eu connaissance : c'était l'*Homo lar* de son *Systema naturæ*. Les philosophes, aussi bien que leurs antagonistes, seraient aujourd'hui révoltés par une telle association, que repousse d'ailleurs la psy-

Dents du Gibbon Siamang, grand. nat.

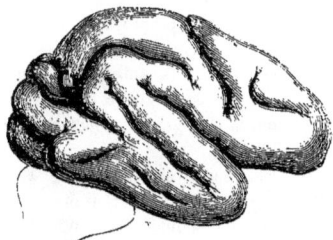

chologie, même celle que F. Cuvier appelait *comparée*, et qui est à la psychologie ordinaire ce que l'anatomie comparée de G. Cuvier est à l'anatomie qui ne s'occupe que de l'Homme et néglige, pour le mieux comprendre, de le comparer aux autres Animaux. Nous ne connaissons bien que par comparaison, et, pour bien comparer les objets, il faut commencer par les rapprocher entre eux. Ce n'est pas à dire que l'Homme soit un Singe, et encore moins que le Singe soit un Homme, même dégradé ; car, en étudiant avec soin l'un et l'autre, on reconnaîtra sans peine que, si l'Homme ressemble aux premiers Animaux par l'ensemble de son organisation, il en diffère surtout par les détails, et que, mieux doué que la plupart d'entre eux sous presque tous les rapports, il l'emporte surtout par la perfection même de sa structure. Son cerveau, comme son intelligence, lui assignent un rang à part. Il est bien comme dit Ovide,

Sanctius his animal, mentisque capacius altæ.

On sait d'ailleurs que, pour Linné et ses contemporains, les limites du genre étaient beaucoup moins resserrées qu'elles ne le sont pour les naturalistes actuels. La réunion générique de l'Homme et des autres Singes serait donc, dans l'état actuel de la science, entièrement contraire aux règles de la classification, et l'on s'étonnerait à juste titre qu'un savant de notre époque en ait soutenu de nouveau la convenance, si l'on ne savait combien l'esprit de système nous éloigne parfois de la vérité, quelque évidente qu'elle puisse être pour les autres hommes.

L'infériorité des Gibbons par rapport aux premiers Singes se traduit dans le moindre développement de leur boîte crânienne qui renferme un cerveau plus semblable à celui des Singes ordinaires. On pouvait en conclure qu'ils ont aussi une intelligence moins élevée, et c'est ce que l'observation a démontré. Sous ce rapport, ils sont très-inférieurs aux Orangs, avec lesquels on les avait néanmoins réunis génériquement, parce qu'ils ont à peu près leur démarche, et que leurs membres antérieurs sont également développés ; mais, à part les différences assez nombreuses qui les distinguent de ces Animaux, on peut systématiquement les en séparer, si l'on tient compte de la pré-

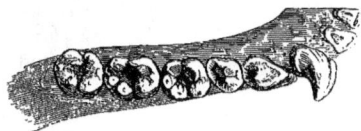

Cerveau de Gibbon jeune, grand. nat.

sence chez eux de callosités fessières analogues à celles que nous retrouverons maintenant dans tous les Singes propres à l'ancien continent dont nous aurons à parler.

Tous les Gibbons vivent dans l'Inde, soit sur le continent, soit sur plusieurs des îles qui en dépendent, telles que Sumatra, Java, Bornéo, Célèbes, Manille et même le petit archipel de Solo. Ils n'arrivent pas à une taille aussi considérable que les Orangs, et leur corps est garni d'une fourrure plus épaisse que celle de ces derniers. Cette fourrure est grise, brune ou noire, quelquefois, au contraire, blanche ou blanchâtre, mais sans être jamais variée comme celle des Guenons ou de certains Cynocéphales; les poils de l'avant-bras sont comme ceux de l'Homme et des autres Anthropomorphes, dirigés de bas en haut, ou plus ou moins obliques suivant cette direction.

La tête paraît assez grosse, à cause des poils qui la revêtent; le cou est court, la poitrine est large; le train de derrière est plus faible proportionnellement que celui de devant, et il en est de même des membres qui le portent. Les bras sont, au contraire, fort allongés; ce qui permet aux Gibbons de s'en servir dans la marche aussi bien que des membres postérieurs, sans quitter pour cela la station droite ou à peu près droite qui leur est familière. La partie palmaire des quatre mains est nue, ainsi que le dessous des doigts, dont la peau est dure et calleuse. Le pouce des mains de derrière est nettement opposable, et il en est de même de celui des mains de devant, qui présente la particularité fort remarquable d'être séparé jusque dans son métacarpien; aussi paraît-il avec trois phalanges comme les autres doigts. Ceux-ci, principalement ceux du devant, sont fort longs, et le second ainsi que le troisième orteils, sont toujours plus ou moins réunis par une membrane palmiforme. Les callosités fessières ou les plaques cornées qui recouvrent la saillie des os ischiatiques, existent dans toutes les espèces. Le Hooloch, qu'on avait considéré comme en étant dépourvu, en présente aussi bien que les autres; jamais elles ne sont entourées d'un espace dénudé, comme cela a lieu dans beaucoup de Singes inférieurs. Les dents canines prennent un assez grand allongement, et, chez les vieux mâles, leur pointe sort de chaque côté de la bouche. Les Gibbons ont au poignet un os intermédiaire distinct, analogue à celui de la plupart des autres Singes; les trois premiers genres ont, au contraire, la même conformation du carpe que l'Homme. Cependant M. Vrolich donne l'Orang-Outan comme ayant l'os intermédiaire.

Ainsi que nous l'avons déjà dit, le crâne de ces Animaux n'a pas une grande capacité; mais il ne se modifie pas autant avec l'âge que celui des Orangs et des Gorilles. Sa partie faciale s'allonge médiocrement; ses crêtes d'insertions musculaires ne se développent pas sensiblement, et il reste, à peu de choses près, tel qu'il était d'abord. Les mœurs des Gibbons conservent aussi le même caractère, et, en vieillissant, ils ne perdent pas, comme beaucoup d'autres Pithéciens, la douceur et la soumission qui les distinguaient dans leur premier âge; aussi peut-on leur laisser, dans les ménageries ou dans les habitations où on les possède, une entière liberté. C'est ainsi que, pendant assez longtemps, on a possédé à Paris, dans un café des boulevards, un Singe de ce genre, sans qu'il en soit résulté d'inconvénients. Ce Gibbon avait acquis assez de familiarité pour venir se placer auprès des visiteurs, qui ne manquaient, du reste, d'encourager sa confiance en l'admettant à partager leur propre consommation. Il grimpait avec une extrême facilité, et les moindres recoins, même les plus élevés et les plus inabordables pour tout autre, lui étaient accessibles. Différents Animaux du même genre ont été vus dans les ménageries européennes, et les anatomistes ont eu plusieurs fois l'occasion de les disséquer. Daubenton et Camper ont donné à cet égard les premiers documents qui aient une certaine importance.

Plus récemment MM. O'Gilby, Martin, Is. Geoffroy et Salomon Muller ont cherché à distinguer nettement entre elles les espèces du genre Gibbon, ce qu'Alfred Duvaucel avait entrepris antérieurement, lors de son voyage dans l'Inde. F. Cuvier a fait connaître les observations que la science doit à ce dernier naturaliste.

Quelques auteurs, et, en particulier, M. Lichtenstein, ont pensé que l'*Honocentaure* des anciens n'était autre que le Gibbon dont les caractères, mal connus, auront été défigurés dans les descriptions qui nous en sont parvenues. Bien qu'il soit question des Honocentaures, même dans les livres saints, on ne peut les regarder que comme des êtres fantastiques ou peut-être allégoriques dont les principales particularités ont été empruntées à des espèces trop différentes entre elles pour qu'on les suppose réunies dans un même Animal.

Élien leur donne, il est vrai, des membres antérieurs préhensiles; mais, en général, on les signale comme tenant à la fois de l'Homme et de l'Ane, et la figure que l'on voit de l'un de ces Animaux dans la mosaïque de Palestrine, qui fut trouvée dans l'ancienne Preneste, à vingt et un milles de Rome, lui attribue un corps et des pieds de solipède, surmontés d'une tête humaine. Le mot *Honocentaure* est inscrit au-dessous de cette figure.

HONOCENTAURE.

D'autres Animaux sont représentés sur la même mosaïque : des Singes, des Girafes, des Bœufs, des Hippopotames, des Sangliers, un Ane, un Rhinocéros, un Lion, des Hyènes, des Crabes, des Plantes du Nil, et presque tous ont les vrais caractères que nous leur connaissons. Barthélemy a donné la description de ce monument dans un Mémoire imprimé en 1764 parmi ceux de l'Académie des inscriptions et belles-lettres. Quelques doutes subsistent au sujet de l'époque véritable à laquelle il remonte, et, en général, on a accordé une trop grande confiance aux dessins qui la composent, quelques-uns étant incontestablement de l'invention de l'artiste. Différents auteurs ont pensé que la mosaïque de Palestrine faisait allusion à la dictature de Sylla ; d'autres l'ont donnée comme rappelant le voyage d'Adrien en Égypte. Cette seconde opinion est aussi celle de Barthélemy. Sans vouloir la contester, nous ferons remarquer que, bien que la grande majorité des Animaux représentés soient propres à la région du Nil, tous ne sont cependant pas dans ce cas. Tels sont, en particulier, le Pithèque ou Magot, et la Loutre, que l'on ne trouve en Afrique que dans la région barbaresque, où les Romains avaient d'ailleurs fondé de très-grands établissements.

Le SIAMANG (*Hylobates syndactylus*) est la plus grande espèce du genre des Gibbons. Sa figure est noire et rappelle, à certains égards, celle des nègres ; sa taille dépasse un mètre ; ses poils sont entièrement noirs, sauf au sourcil et au menton, où ils sont noirâtres. Une poche en communication avec le larynx, et qui simule un goître, extensible à la volonté de l'Animal, existe au-devant de son cou. A ces caractères s'en ajoute un autre plus singulier encore : c'est la réunion des second et troisième orteils au moyen d'une membrane très-étroite dans toute la longueur de la première phalange. C'est cette particularité qui a valu au Sia-

GIBBON SIAMANG. — 1/12 de grand.

mang le nom spécifique de *Syndactyle* que lui a imposé Raffles. M. Gray a proposé d'en faire un genre sous le nom de *Siamangus*. Ce prétendu genre a été aussi appelé *Syndactylus* par M. Boitard.

Le Siamang est fort commun dans les forêts de Sumatra. On en rencontre des troupes nombreuses conduites par un chef, que les Malais croient invulnérable, sans doute, dit Duvaucel, parce qu'il est plus fort, plus agile et plus difficile à atteindre que les autres. Ainsi réunis, ils saluent le soleil, à son lever et à son coucher, par des cris épouvantables qu'on entend à plusieurs milles, et qui, de près, étourdissent lorsqu'ils ne causent pas de

l'effroi. Par compensation, ils gardent un profond silence dans la journée, à moins qu'on
n'interrompe leur repos ou leur sommeil. Ils ont l'ouïe très-délicate, et, quoiqu'ils aient la
démarche embarrassée, ils sont cependant difficiles à prendre. Leur corps, trop haut et trop
pesant pour leurs cuisses courtes et grêles, s'incline en avant, et leurs deux bras, faisant
l'office de béquilles, ils s'avancent par saccades et ressemblent ainsi à un vieillard boiteux à
qui la peur ferait faire un grand effort. Duvaucel dit que ces Animaux sont peu intelligents.

D'après le même voyageur, quelque nombreuse que soit la troupe de Siamangs lorsqu'on
la poursuit, le blessé est toujours abandonné par les autres, à moins que ce ne soit un
jeune individu. Dans ce cas, la mère, qui le porte ou qui le suit de près, s'arrête, tombe
avec lui, et pousse des cris affreux en se précipitant sur l'ennemi, la gueule ouverte et
les bras étendus. Mais on voit bien, ajoute-t-il, que ces Animaux ne sont pas faits pour
combattre, car alors même ils ne savent éviter aucun coup, et ils ne peuvent en porter un
seul. Au reste, cet amour maternel ne se montre pas seulement dans le danger, et les soins
que les femelles prennent de leurs petits sont aussi tendres que recherchés, et c'est un spectacle fort curieux que de les voir porter leurs enfants à la rivière pour les débarbouiller,
malgré leurs plaintes, les laver, les essuyer et les sécher ensuite avec soin.

Le GIBBON ENTELLOÏDE (*Hylobates entelloïdes*, Is. Geoffroy) est du continent indien.
Un mâle de cette espèce et une femelle adultes ont été tués dans la presqu'île malaise, vers
le douzième degré de latitude, et donnés au Muséum de Paris, par M. Barre, missionnaire
apostolique dans l'Inde et en Malaisie. Leur pelage est d'un fauve très-clair; le tour de la face
blanc; la face et la paume des mains sont noires; le second et le troisième doigts des membres
postérieurs sont réunis par une membrane jusqu'à l'articulation de la première phalange avec
la seconde. Ce caractère rapproche l'Entelloïde du Siamang.

GIBBON ENTELLOÏDE. 1/3.   GIBBON LAR. 1/3.

GIBBON LAR (*Hylobates lar*). C'est le *Grand Gibbon* de Buffon et de Daubenton, qu'ils ont
étudié vivant, et dont le second de ces naturalistes a publié l'anatomie. C'est aussi l'*Homo
lar* des premières éditions du *Systema naturæ* de Linné. Il est de couleur noirâtre, avec l'encadrement de la face et les quatre extrémités de couleur blanchâtre. On lui a donné plusieurs
autres noms, et, en particulier, ceux de *Pithecus varius* (Latreille), de *Pithecus variegatus*
(E. Geoffroy), de *Simia albimana* (Vigors et Horsfield). Le *Petit Gibbon* de Buffon n'en est
que le jeune âge.

Sa patrie est la presqu'île de Malacca et, assure-t-on, le royaume de Siam. Buffon devait
à Dupleix, le célèbre administrateur de l'Inde française, l'exemplaire de cette espèce qu'il a
possédé en vie. Voici comment il en parle : « Ce Singe nous a paru d'un naturel tranquille et de mœurs douces; ses mouvements n'étaient ni trop brusques, ni trop précipités. Il
prenait doucement ce qu'on lui donnait à manger; on le nourrissait de pain, de fruits,
d'amandes, etc. Il craignait beaucoup le froid et l'humidité, et il n'a pas vécu longtemps
hors de son pays natal. »

Le GIBBON DEUIL (*Hylobates funereus*, Is. Geoffroy) a le pelage gris cendré sur les parties supérieures et à la face externe des membres; les parties inférieures de son corps sont noirâtres, ainsi que le devant de la tête en dessus. Il habite les îles Solo à l'est de l'archipel des Philippines. Le seul exemplaire qu'on en ait encore observé a été rapporté vivant par M. le D. Leclancher, chirurgien de la marine, qui en a fait don à la ménagerie du Muséum.

Il tient le milieu par ses caractères entre le Gibbon cendré et le Concolore. Tant que le Gibbon deuil, qui est déposé dans les galeries de zoologie, a joui d'une bonne santé, c'est-à-dire pendant six mois, il était d'une agilité et d'une vivacité extrêmes; mais son intelligence, bien que très-développée, était loin d'égaler celle du Chimpanzé ou de l'Orang. Il connaissait très-bien son gardien et toutes les personnes qui le visitaient fréquemment, et il recevait volontiers leurs

GIBBON DEUIL, 1/6 de grand.

caresses, mais sans s'attacher à aucune d'elles, ni même à celle qui le soignait habituellement. La société des autres Singes lui déplaisait, et il fallut lui retirer ceux que l'on avait essayé de lui donner pour compagnons dans la grande cage qu'il habitait.

M. Is. Geoffroy s'est assuré que la voix du Gibbon Deuil était fort différente de celle du Gibbon cendré, dont un exemplaire a aussi vécu à la ménagerie de Paris.

GIBBON DE RAFFLES, 1/3.

GIBBON DE RAFFLES (*Hylobates Rafflesii*, E. Geoffroy). Espèce souvent confondue avec le Gibbon Lar, mais que plusieurs auteurs regardent, au contraire, comme une simple variété de l'Agile.

Son pelage est noir, avec le dos et les lombes d'un brun roussâtre; ses joues ont de longs poils noirs chez les femelles; les sourcils sont plus ou moins blanchâtres.

Le Gibbon de Raffles habite Sumatra. F. Cuvier en a parlé, d'après Duvaucel, sous le nom d'*Ounko*.

Le GIBBON WOUWOU (*Hylobates agilis*), que F. Cuvier a décrit d'après Duvaucel, est une autre espèce, que l'on rencontre plus souvent par couple qu'en famille. On l'a trouvée à Sumatra, comme les Siamangs, mais elle y est bien moins nombreuse. Le Wouwou, bien loin d'avoir la lenteur de ces derniers, est, au contraire, d'une agilité surprenante.

Le Wouwou, écrivait Duvaucel, échappe ainsi qu'un Oiseau, et, comme lui, il ne peut être saisi qu'au vol; à peine a-t-il aperçu le danger qu'il en est déjà loin. Grimpant rapidement au sommet des arbres, il y saisit la branche la plus flexible, se balance deux ou trois fois pour prendre son élan, et franchit ainsi plusieurs fois de suite, sans effort comme sans fatigue, des espaces de quarante pieds. Son intelligence, sans être aussi bornée que celle du Siamang, paraît cependant peu étendue.

GIBBON AGILE, 1,12 de grand.

Il vit à Sumatra et, ajoute-t-on, à Bornéo. M. Waterhouse a donné, dans l'*Histoire naturelle des Mammifères* de M. Martin, la notation musicale du cri de ce Gibbon.

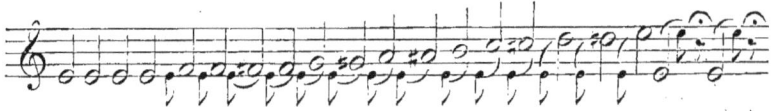

GIBBON A FAVORIS BLANCS (*Hylobates leucogenys*, O'Gilby). Celui-ci a le pelage noir avec de longs poils sur les parties latérales et inférieures de la face; ceux du dessus de sa tête sont dirigés en haut.

Le GIBBON HOOLOCH (*Hylobates Hooloch*, R. Harlan, *H. scyritus* d'O'Gilby). Son pelage est noir, avec une bande sourcillière blanche ou gris clair. On le donne comme étant de l'Inde continentale, vers le 26e degré de latitude, et principalement de l'Assam. Sa nourriture consiste surtout en baies, ainsi qu'en jeunes pousses, dont il prend le suc. Ses mouvements sont rapides; on le voit gravir avec la plus grande prestesse le tronc des palmiers, sauter de branche en branche sur les autres arbres, et fuir dans l'épaisseur des forêts dès qu'il se sent inquiété. Cependant il se ploie facilement à la domesticité et il se nourrit alors de presque tous les aliments qu'on sert sur nos tables. Les œufs, le café, ainsi que le chocolat, lui sont fort agréables.

Au rapport de M. Harlan, l'individu qu'il a possédé a donné diverses preuves de réflexion,

Ainsi, il lui arriva plusieurs fois, ayant soif, de prendre un vase rempli d'eau et de le porter à ses lèvres. Le riz bouilli, le pain trempé dans le lait sucré, les bananes et les oranges étaient les mets que ce Singe semblait préférer ; il ne dédaignait pas non plus les insectes et même les araignées, qu'il attrapait avec beaucoup d'adresse dans les fentes des murailles. Doux par caractère, il saisissait toutes les occasions de manifester son affection pour son maître. Dès le matin, il lui rendait visite, en poussant un son guttural, *Whou! Whou! Whou!* qu'il répétait pendant plusieurs minutes ; puis il enlaçait ses bras aux siens, et manifestait une vive satisfaction en recevant ses caresses. Il le reconnaissait de loin à sa voix et s'empressait d'accourir à son appel, comme eût pu le faire le Chien le plus dévoué.

GIBBON HOOLOCK, 1/3.

GIBBON CONCOLORE, 1/3.

Le GIBBON CONCOLORE (*Hylobates concolor*), également décrit par M. Harlan, est tout à fait noir. Il habite l'île de Bornéo. M. Martin l'a nommé *Hylobates Mulleri*.

Le GIBBON CHOROMANDEL (*Hylobates choromandus*, O'Gilby). Il a le pelage brun cendré, de grandes moustaches noires, une barbe bien fournie, et les poils du dessus de la tête longs et redressés. C'est une espèce incomplétement connue, que l'on dit originaire de l'Inde continentale.

GIBBON CENDRÉ. 1/3.

Le GIBBON CENDRÉ (*Hylobates leuciscus*) est le *Wouwou* de Camper, mais point celui de Duvaucel et de F. Cuvier. Audebert l'a représenté sous le nom de *Moloch*. C'est celui que l'on amène le plus fréquemment en Europe. Java paraît être le point où on le trouve. Son pelage est uniformément gris cendré, avec le dessus de la tête gris foncé et le tour du visage gris clair.

GENRE PLIOPITHÈQUE (*Pliopithecus*, P. Gerv.) La seule espèce connue n'existe plus sur le globe. C'est le Singe fossile à Sansan, dans le département du Gers, dont les débris, découverts par M. Lartet, sont décrits dans les derniers ouvrages de paléontologie, sous le nom de *Pliopithecus antiquus*.

Ce Singe européen, était un peu inférieur aux Gibbons pour la taille, et ce que l'on a observé de son squelette tend à faire supposer que,

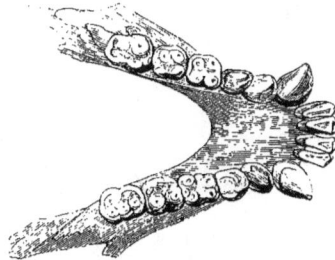

MÂCHOIRE INFÉRIEURE DE PLIOPITHÈQUE, de grand: nat

tout en appartenant à la même division des Pithèques Anthropomorphes, il doit prendre rang au-dessous d'eux dans la série des genres. M. de Blainville, M. Is. Geoffroy, M. Laurillard et moi en avons successivement décrit les caractères. La pièce la plus complète qu'on en connaisse est la mâchoire inférieure dont nous venons de donner la figure de grandeur naturelle.

II

SEMNOPITHÈQUES

On reconnaît les Singes de cette catégorie à leur face courte, à leurs oreilles arrondies, à leur corps assez grêle et élancé, ainsi qu'à leur queue, plus longue que chez tous les autres. Ces caractères ne sont pas les seuls qu'on puisse leur assigner : il faut y ajouter 1° que les canines des Semnopithèques ne sont pas très-développées, et que celles de leur mâchoire supérieure, souvent un peu plus larges que d'habitude, dépassent peu les autres dents, 2° que leurs molaires ont les tubercules de la couronne disposés en collines transversales, ce qui indique un régime plus exclusivement végétal que celui de la plupart des autres Primates, et concorde bien avec la forme plus compliquée de leur estomac. Cet organe, au lieu d'être simple et plus ou moins analogue à celui de l'Homme, des

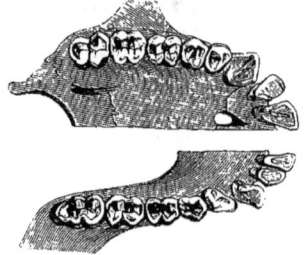
DENTS DU SEMNOPITHÈQUE MAURE, grand. nat.

Carnivores, etc., comme l'est celui des autres Singes, est remarquable par son grand allongement, et il présente, dans une grande partie de sa région moyenne, des boursouflures tout à fait comparables à celles du gros intestin ; sa partie cardiaque ou la plus rapprochée de l'œsophage est dilatée de manière à représenter, mais avec un développement moins considérable, la panse des Ruminants ; d'autre part, la région pylorique est allongée, ce qui la fait ressembler un peu à la caillette des mêmes Herbivores. Tous les Semnopithèques ont l'estomac ainsi disposé et ils manquent d'abajoues.

Il y a deux genres parmi ces Animaux. Celui qui renferme le plus d'espèces est celui des *Semnopithèques*, exclusivement propre à l'Inde. Deux de ces espèces, qui s'éloignent assez des autres, ont paru mériter une distinction générique.

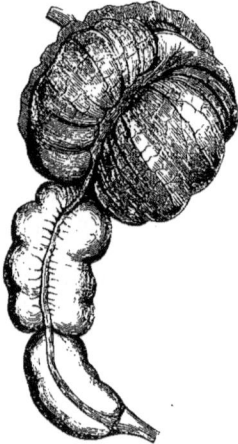
ESTOMAC DU S. MNOPITHÈQUE NÉBULEUX. 2/3 de grand. nat.

Ce sont le *Nasique*, Animal si singulier par le grand allongement de son nez, et le *Presbyte*, qui diffère par l'absence de troisième colline à la dernière molaire inférieure. Les *Colobes*, qui vivent en Afrique, sont aussi des Semnopithéciens ; leurs mains antérieures manquent de pouces ou n'en ont qu'un faible rudiment à l'extrémité du métacarpien, qui porte chez nous et chez la plupart des Singes les deux phalanges dont le pouce est constitué. C'est à peu près le seul caractère à l'aide duquel on puisse les distinguer des Semnopithèques véritables chez lesquels le même organe est d'ailleurs plus court qu'il ne l'est habituellement chez les Primates. (*Voyez au genre Magot.*)

Les mœurs des Semnopithéciens paraissent peu différentes de celles des Guenons. Toutefois ces Animaux n'ont pas la pétulance des Singes africains que nous venons de nommer.

Quoique fort agiles, ils sont moins brusques; leurs passions sont moins vives, et leur régime, ainsi que nous l'avons dit, approche davantage de celui des Herbivores. Leurs dimensions égalent en général celles des grandes espèces de Cercopithèques, mais elles sont inférieures à celles des Anthropomorphes et des Cynocéphales. L'Entelle, qui représente à peu près la taille moyenne des Semnopithéciens, a un peu plus d'un mètre quand il se tient debout, et sa queue est longue d'un mètre. Les couleurs des mêmes Singes sont quelquefois assez agréables; mais, parmi eux, le Douc peut seul rivaliser avec les Guenons par l'élégance de son pelage; la plupart des autres ont en partie l'uniformité que nous avons vue chez les premières espèces, et le roussâtre, le gris, le brun ou le blanchâtre sont leurs teintes les plus habituelles.

Il n'est pas probable que les anciens aient vu des Singes du genre Semnopithèque, et les Colobes paraissent leur avoir été inconnus. Ce qu'ils nous ont laissé au sujet de l'Animal qu'ils nomment Κερκοπιθεκος (Cercopithecos), est trop vague et trop entaché d'erreurs pour qu'il soit possible d'y retrouver avec certitude quelqu'une des espèces à très-longue queue dont cette tribu est composée, plutôt qu'une Guenon, ou, au contraire, un Macaque, ainsi qu'on l'a successivement proposé. Le plus ancien auteur qui ait parlé du Cercopithecos est Ctésias, médecin de la famille des Asclépiades, qui vivait environ quatre cents ans avant J. C., et qui, ayant été fait prisonnier à la bataille de Cunaxa, fut retenu pendant dix-sept ans à la cour d'Artaxercès.

De retour à Athènes, Ctésias rédigea une histoire de la Perse et une relation sur l'Inde; cette dernière renferme des détails d'histoire naturelle. Il y parle de deux espèces de Singes dont une, plus petite que l'autre, ayant la queue fort longue (il dit quatre coudées). Hérodote a aussi fait mention du Cercopithèque comme d'un Animal particulier à l'Inde; mais Pline a dit qu'il était d'Éthiopie, ce qui jette quelque doute sur la détermination de ce Singe, l'Afrique ne nourrissant aucune des espèces de Quadrumanes qui vivent dans l'Inde.

Quoi qu'il en soit, le même nom a été laissé en propre par les auteurs les plus modernes aux Singes africains, appelés aussi *Guenons*, et dont la queue, assez longue, mais sans être égale à celle des Semnopithéciens, constitue l'un des principaux caractères.

De nos jours, on voit quelquefois des Semnopithèques dans les ménageries; mais on n'y a pas, que je sache, conduit encore les Colobes. L'espèce qu'on y amène le plus souvent est l'Entelle ou Singe sacré des Indous. La ménagerie du Muséum a aussi possédé le Semnopithèque nègre. Ni l'un ni l'autre ne paraissent répondre au Cercopithèque des Grecs, et si celui-ci était réellement un Animal de ce genre, on devrait supposer que c'était plutôt le Semnopithèque à fesses blanches (*Semnopithecus leucoprymnus* du naturaliste Otto). En effet, celui-ci vit dans l'île de Ceylan, dont les anciens ont parlé sous le nom de *Trapobane;* et comme cette île, quoique dépendante de l'Inde, n'est pas très-éloignée de l'Afrique, on pourrait, à la rigueur, supposer que sa position géographique ou quelque autre cause a conduit Pline à donner le Cercopithèque comme Africain. Qui ne sait, d'ailleurs, combien sont fréquentes les erreurs relatives à l'habitation des Animaux déjà connus de l'antiquité, et combien de semblables méprises sont commises ou rectifiées chaque jour par les naturalistes et les voyageurs au sujet des espèces dont les premiers exemplaires avaient été obtenus par suite des relations commerciales.

GENRE SEMNOPITHÈQUE (*Semnopithecus*, F. Cuvier). Les Semnopithéciens d'Afrique ou les Colobes avaient été distingués génériquement, en 1811, par Illiger; ce fut seulement en 1821 que F. Cuvier sépara des Guenons les Singes à longue queue de l'Inde. Il leur donna le nom de *Semnopithecus*, rappelant que leurs formes sont assez grêles, si on les compare à celles des Guenons et surtout des Macaques. Deux espèces de Semnopithèques avaient déjà servi à l'établissement de deux genres différents : le Douc (genre *Lasiopyga*,

Illiger, ou *Pygatrix*, E. Geoffroy), parce qu'on le croyait à tort dépourvu de callosités fessières, et le Nasique (genre *Nasalis*, E. Geoffroy), à cause de la forme allongée de son nez. Ni l'un ni l'autre de ces noms ne pouvaient être appliqués aux espèces que F. Cuvier a nommées Semnopithèques. Il indiqua d'abord les caractères de ce genre dans son ouvrage sur les *Dents des Mammifères*, et, dans son *Histoire naturelle* de la même classe d'Animaux, il ajouta de nouveaux renseignements à cet égard, montrant en même temps que l'Entelle, le Cimepaye, le Tchincou et le Croo devaient y être rapportés. Desmarest, l'un des premiers, a adopté cette division, qui est, en effet, excellente, et il en a parlé dans le Supplément à sa *Mammologie*.

M. Is. Geoffroy s'en est occupé longuement dans plusieurs occasions, et en particulier dans la partie zoologique du *Voyage aux Indes de M. Belanger*. On lui doit la description de plusieurs espèces de Semnopithèques. Voici comment le même naturaliste expose dans un autre ouvrage la classification des Semnopithèques dont on possède les dépouilles dans les galeries du Muséum :

1° Espèces ayant les poils du dessus de la tête, à partir du front, courts et dirigés en arrière :

Semnopithèque Douc (de la Cochinchine), — *Semnopithèque aux fesses blanches* (de Ceylan), — *Semnopithèque barbique* (patrie inconnue), — *Semnopithèque obscur* (de la presqu'île malaise), — *Semnopithèque à capuchon* (de l'Inde continentale) ;

2° Espèces ayant les poils du dessus de la tête divergents, à partir du point central, et couchés :

Semnopithèque de Dussumier (du Malabar), — *Semnopithèque Entelle* (de l'Inde), — *Semnopithèque aux mains blanches* (des îles Philippines) ;

3° Espèces ayant les poils du dessus de la tête relevés, ceux de la partie antérieure arqués en avant :

Semnopithèque huppé (de Sumatra), — *Semnopithèque nègre* (de Java), — *Semnopithèque à cuisses rayées* (de Bornéo, peut-être aussi de Sumatra), — *Semnopithèque doré* (de Java? des Moluques?) ;

4° Espèces ayant sur la tête de longs poils disposés en une crête ou huppe comprimée :

Semnopithèque couronné (de Bornéo), — *Semnopithèque de Siam* (du continent indien), — *Semnopithèque mitré* (de Java), — *Semnopithèque aux mains jaunes* (de Sumatra), — *Semnopithèque à huppe noire* (de Sumatra), — *Semnopithèque rouge* (de Bornéo).

Cette liste ne comprend pas toutes les espèces de Semnopithèques que l'on connaît dès à présent ; mais le nombre de celles qui n'y figurent pas, et qui manquent par conséquent à nos collections publiques, est peu considérable.

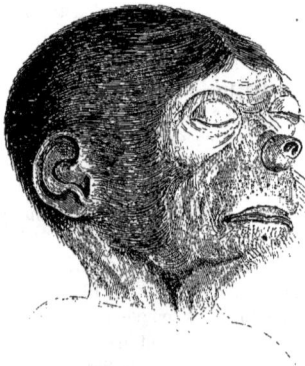

Tête de jeune Nasique, 3/4 de grand. nat.

Le Nasique (*Semnopithecus larvatus* ou *S. nasalis*), dont l'espèce sert de type à un genre à part, n'est pas compris dans l'énumération précédente ; il appartient néanmoins aux véritables Semnopithèques par ses proportions, par la forme de son squelette, par son système dentaire et même par son estomac compliqué. C'est bien le plus curieux des Semnopithéciens ; mais il diffère de ces Animaux, ainsi que de tous les Singes connus, par l'allongement de son nez, qui ressemble à celui de l'Homme, et dépasse même en dimension celui des individus les mieux doués de la race caucasique. Les narines sont inférieures, et leur cloison, comme

SEMNOPITHÈQUE DOUC (Semnopithecus Nemoeus)
DE COCHINCHINE

c'est d'ailleurs le caractère des Singes de l'ancien continent, n'a qu'une faible épaisseur. Le nez des jeunes est moins long et un peu retroussé. Au moment de la naissance, sa taille est encore moindre, comme on peut le voir par cette figure, que MM. Hombrone et Jacquinot, chirurgiens de la marine française, ont publiée dans le dernier voyage de l'*Astrolabe*. Tout le pelage du Nasique est d'une couleur fauve roussâtre plus ou moins foncée, suivant les régions du corps où on l'examine. Les poils du menton, du tour du cou et des épaules sont plus longs que les autres, et ils forment une sorte de camail imparfait. Le Nasique se tient sur les arbres, aux environs des rivières. Il y forme des troupes nombreuses. C'est la plus grande des espèces du groupe des Semnopithèques; sa hauteur totale approche d'un mètre et demi lorsqu'il est debout. On le trouve à Bornéo et, assure-t-on, en Cochinchine. C'est un Animal assez difficile à dompter, plus violent que ses congénères, et dont les habitudes sont plus malfaisantes.

Nasique, 1/12 de grand.

On en doit la première description à Daubenton, qui l'a fait connaître, dans l'Histoire de l'Académie des sciences. M. Wurmb en a parlé depuis dans les Mémoires de la société de Batavia.

Les Daiaks de Bornéo l'appellent *Kakau*, et ils prétendent, à ce qu'on assure, que c'est un véritable Homme qui s'est retiré dans les bois, sans doute pour ne pas payer d'impôts, et qui a sur eux l'avantage d'avoir conservé sa liberté. E. Geoffroy rapporte ce fait dans son *Cours de l'Histoire naturelle* des Mammifères, et il rappelle que c'est dans ce sens qu'en ont parlé les ambassadeurs que Tippoo-Saheb avait envoyés en France peu de temps avant la révolution de 89. Introduits dans les galeries du Jardin du Roi, ils eurent, dit-il, un grand plaisir à reconnaître un Animal de leur pays, et auquel ils prêtaient un sens moral et une intelligence parfaite.

Cependant la présence de ces Singes n'est certaine qu'à Bornéo. D'après les naturalistes, hollandais, ils n'existent pas même à Sumatra, où on les avait également signalés, et il n'est pas encore démontré, malgré ce que nous venons de rappeler en parlant des ambassadeurs de Tippoo-Saheb, qu'il y en ait en Cochinchine ni ailleurs sur le continent indien. La seconde espèce de Nasique, qu'on a indiquée dans plusieurs ouvrages anglais sous le nom de *Nasalis incurvus*, a été contestée par d'autres auteurs; il est admis maintenant qu'elle ne reposait que sur l'examen d'un exemplaire encore assez jeune, et dont le nez n'avait ni la longueur ni tout à fait la forme qu'il acquiert chez les sujets plus âgés.

Le D o u c (*Semnopithecus nemœus*) est, sans contredit, la plus belle espèce du genre Semnopithèque. La vivacité et le mode de répartition, par grandes masses, des couleurs de sa robe, doivent faire regretter que le pays dans lequel il vit (la Cochinchine), ne soit pas visité plus fréquemment par les navires européens. En effet, la peau du Douc ferait une très-jolie fourrure.

Pendant son voyage à bord de *la Favorite*, M. F. Eydoux a vu des Doucs en troupes nombreuses auprès de Tourane, dans les forêts qui recouvrent le littoral. Leurs mœurs ne sont pas farouches, mais à la condition qu'on ne les inquiète pas. Les courses des hommes de l'équipage, et sans doute aussi quelques coups de fusils, ne tardèrent pas à les effrayer, et ils fuyaient devant eux avec une telle rapidité que, bien qu'ils fussent très-nombreux, on s'en procura difficilement quelques exemplaires. Autrefois ces animaux étaient encore plus rares dans les collections qu'ils ne le sont aujourd'hui, et comme on n'avait point eu l'occasion de rectifier l'erreur de Daubenton, qui les a décrits, d'après une peau incomplète, comme dépourvus de callosités, on avait pris leur espèce pour type d'un genre à part; mais, nous l'avons déjà dit, ce genre a été abandonné dès que l'on a su que les Doucs ne différaient pas, sous ce rapport, de la très-grande majorité des autres Pithéciens. C'est aussi par erreur que les Doucs ont été mis au nombre des Animaux propres à Madagascar. On ne les trouve même pas dans les îles de la Sonde, et la Cochinchine est encore le seul pays d'où l'on en ait rapporté.

Voici la description de leur pelage : corps, dessus de la tête et bras gris tiqueté de noir; cuisses, doigts et parties voisines noirs; jambes et tarses d'un roux vif; avant-bras, gorge, bas des jambes, fesses et queue d'un blanc pur; gorge blanche, entourée d'un cercle plus ou moins complet de poils colorés en roux vif.

Le S e m n o p i t h è q u e a u x f e s s e s b l a n c h e s (*Semnopithecus leucoprymnus*) est une espèce de l'île de Ceylan, qui a la face, le tronc et les extrémités noirâtres; le sommet de la tête et le haut du cou sont bruns ; la gorge est blanc cendré, ainsi que les fesses et la queue. C'est peut-être la *Guenon à face pourprée* de Buffon (*Simia cephaloptera* et *latibarbata* des auteurs), ainsi que le *Nestor* de M. Bennett. Le nom que nous lui conservons lui a été imposé par Otto.

SEMNOPITHÈQUE ENTELLE, 1/10 d° grand.

Le S e m n o p i t h è q u e e n - t e l l e (*Semnopithecus entellus*) est aujourd'hui plus connu. On en doit la première description à feu M. Dufresne, naturaliste attaché au Muséum de Paris, qui l'a signalé, en

holl

n'es

deu

seco

Nas

repo

long

L

Sem

sa r

visit

jolie

p

bre

pas

l'éq

ils f

s'en

rare

casi

con

nou

raie

erre

trou

l'on

\

cui

bas

mo

1

esp

SEMNOPITHÈQUE DE DUSSUMIER (Semnopithecus Dussumieri)
DU MALABAR

1797, sous le nom de *Simia entellus*, dans le Bulletin des sciences publié par la Société philomatique de Paris. Ce Singe a le visage noir, ainsi que les mains ; le reste de son corps est d'un blanc jaunâtre, un peu plus foncé cependant sur le dos, les membres et une grande partie de la queue. Les poils de ses sourcils et de la base de son front forment une sorte de toupet saillant ; la mâchoire inférieure porte une barbe assez allongée et dirigée en avant.

L'Entelle vit dans l'Inde, principalement au Bengale. On ne le trouve pas dans les îles avec les autres espèces dont nous aurons à parler. Il a reçu dans le pays le nom de *Houlman*. Dans le bas Bengale, où son apparition a lieu en hiver, il est respecté par les Bengalis, qui voient en lui un des héros célèbres par sa force, son esprit et son agilité, que leur religion leur apprend à vénérer, et qui occupe même un rang important parmi leurs innombrables divinités. Ils croient que c'est à ce héros que l'Inde doit l'un de ses fruits les plus estimés, le Mangue, qu'il vola, dit la légende, dans les jardins d'un fameux géant établi à Ceylan. C'est en punition de ce vol qu'il fut condamné au feu, et le feu lui brûla le visage et les mains, qui sont restés noirs depuis. Le beau-fils de G. Cuvier, Duvaucel, qui a voyagé comme naturaliste dans l'Inde, où il a fait des observations que nous citons souvent, rapporte que les Hindous laissent entrer les *Houlmans* dans leurs vergers, et qu'ils ont grand soin d'empêcher les étrangers de les en chasser et surtout de leur faire du mal. Pendant plus d'un mois qu'ont séjourné à Chandernagor sept ou huit Entelles, qui venaient presque dans les maisons, le jardin, alors occupé par Duvaucel, s'est trouvé entouré d'une garde de pieux Brames qui, pour éviter quelque représaille de la part du naturaliste contre des hôtes aussi indiscrets et si imprudents, et que d'ailleurs il avait fort envie de mettre en peau pour sa collection, jouaient du tamtam afin d'écarter le dieu quand il venait manger les fruits. « A Goutipara, dit aussi Duvaucel, j'ai vu les arbres couverts de ces Houlmans à longue queue, qui se sont mis à fuir en poussant des cris affreux. Les Hindous, en voyant mon fusil, ont deviné, aussi bien que les Singes, le sujet de ma visite, et douze d'entre eux sont venus au-devant de moi m'apprendre le danger que je courais en tirant sur des Animaux qui n'étaient rien moins que des princes métamorphosés. »

Auprès de l'Entelle il faut placer les deux espèces nouvelles nommées par M. Is. Geoffroy SEMNOPITHÈQUE DE DUSSUMIER (*Semnopithecus Dussumieri*), et SEMNOPITHÈQUE A CAPUCHON. La première, qui est figurée avec son petit dans la planche IV de cet ouvrage est du Malabar. Elle a le pelage brun grisâtre sur le corps, et fauve sur la tête, le cou, les flancs et les parties inférieures ; sa queue et ses mains sont d'un brun qui passe au noir. Le nom spécifique qui lui a été donné est celui d'un armateur de Bordeaux, M. Dussumier, très-zélé naturaliste, qui a recueilli dans l'Inde et à la Chine des collections fort précieuses dont il a fait don au Muséum de Paris. La Ménagerie a également dû à M. Dussumier de très-beaux Animaux appartenant à plusieurs ordres différents.

Le SEMNOPITHÈQUE A CAPUCHON (*Semnopithecus cucullatus*), ou la seconde de ces espèces, est commune dans le Nord du Malabar et dans les montagnes des Gattes. C'est peut-être le *Semnopithecus Johnii* de Fischer. Il a la queue et les membres noirs, le corps brun et la tête d'un brun fauve.

C'est aussi à peu de distance des mêmes Animaux que se place le *Semnopithecus albo-cinereus* de Desmarest dont nous avons décrit de nouveau les caractères dans la partie zoologique du voyage de *la Bonite*, et qui nous paraît être le même Animal que le SEMNOPITHÈQUE OBSCUR de MM. Reid, Martin

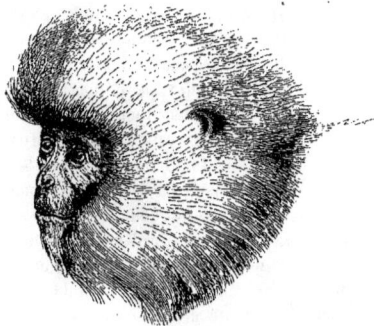

SEMNOPITHÈQUE A CAPUCHON. 1/3 de grand.

et Is. Geoffroy. Il a le pelage gris brun, avec une teinte un peu plus foncée sur les flancs, aux avant-bras et aux quatre extrémités; le dessous de son corps, le sommet de la tête et la queue sont de couleur cendrée; sa face est noirâtre; de petits favoris gris vont jusqu'à l'angle de la bouche; la barbe est courte et peu fournie. Ce Semnopithèque vit dans la presqu'île de Malacca. MM. Eydoux et Souleyet en ont rapporté plusieurs individus, sous le nom de *Lotong* ou *Loutou*, que les Malais paraissent appliquer aussi à plusieurs espèces de ce genre.

M. Is. Geoffroy a récemment signalé une autre espèce de la même section sous le nom de SEMNOPITHÈQUE A PIEDS BLANCS (*Semnopithecus albipes*), d'après deux exemplaires pris à Manille par M. Jaurès, l'un des officiers de l'expédition de *la Danaïde*. Ce Semnopithèque ne diffère guère des précédents que par ses mains, qui sont de couleur claire : les antérieures gris fauve, avec les doigts en partie blancs, et les postérieures d'un blanc sale un peu lavé de jaune.

On appelle SEMNOPITHÈQUE NEIGEUX *Semnopithecus pruinosus*, Desmarest) une espèce dont les poils sont noirs et terminés en partie par un peu de blanc à la pointe, ce qui donne à son pelage une apparence neigeuse.

D'autres Semnopithèques ont des couleurs plus foncées. De ce nombre est le SEMNOPITHÈQUE

SEMNOPITHÈQUE MAURE, 1/3 de grand.   SEMNOPITHÈQUE NEIGEUX, 1/2 de grand.

MAURE (*Semnopithecus maurus*), appelé aussi *Tchincou* d'après son nom de pays. Il en est question dans les *Suppléments* à l'histoire naturelle de Buffon, sous la dénomination de *Nègre*. Ses poils sont noirs, ordinairement sans tiquetures blanches; une tache blanche ou quelques poils de cette couleur se remarquent en dessus auprès de l'origine de la queue; sa huppe est courte et plus fournie. On le trouve à Java. Dans son jeune âge, il est brun rougeâtre au lieu d'être noir.

Desmarest en a parlé sous le nom de *Tschin-cou*, d'après un exemplaire envoyé de Sumatra par Diard et Duvaucel; mais ce n'est pas le Tschincou véritable que F. Cuvier a décrit et fait figurer d'après les mêmes voyageurs.

A côté de cette espèce s'en placent deux autres : l'une est le SEMNOPITHÈQUE HUPPÉ (*Semnopithecus cristatus*, de Raffles), qui est noir avec quelques tiquetures blanches sur le pelage et une huppe assez longue et assez fournie. On le trouve à Sumatra ainsi qu'à Bornéo.

L'autre est le SEMNOPITHÈQUE FÉMORAL (*Semnopithecus femoralis* de M. Horsfield; le même, d'après M. Is. Geoffroy, que le *Semnopithecus chrysomelas* de M. Salomon Muller). Celui-ci est noir aussi, mais avec des lignes blanchâtres à la face interne des membres, sous le bas-ventre et sous la queue. Il vit à Bornéo.

Le SEMNOPITHÈQUE DORÉ (*Semnopithecus auratus*, E. Geoffroy) est bien moins connu, et peut-être ne faut-il pas le séparer du *Semnopithèque Pyrrhus* de M. Horsfield, que l'on signale à Java, tandis que le véritable *S. auratus* serait des îles Moluques. Il reste toutefois beaucoup de doute à cet égard. Le pelage de ce Singe est uniformément fauve doré, avec une tache noire à chaque genou.

Le Semnopithèque couronné (*Semnopithecus frontatus* de MM. Salomon Muller et Schlegel) habite Bornéo. C'est aussi le pays du Semnopithèque rubicond (*Semnopithecus rubicundus* de ces naturalistes), qui est de couleur rougeâtre. Ces deux Singes sont encore rares dans les collections. — Il en est de même du Semnopithèque chrysomèle (*Semnopithecus chrysomela*), aussi de Bornéo. — Au contraire, on y voit plus fréquemment le Semnopithèque a huppe noire (*Semnopithecus melalophos*) ou *Cimepaye*, de Frédéric Cuvier.

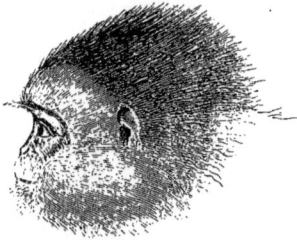

Semnopithèque a huppe noire, 1/3 de grand.

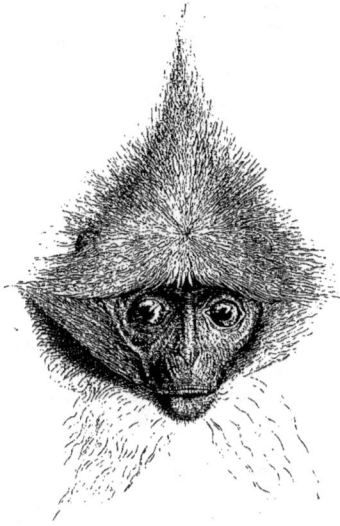

Son pelage est roux-vif, avec une touffe de longs poils en forme de huppe sur le sommet de la tête; il ne se rencontre qu'à Sumatra, où il a été découvert par Diard et Duvaucel.

Semnopithèque rubicond, 1/2 de grand.

On en doit la première description au commandant anglais sir Stamfort Raffles, auquel ces deux naturalistes avaient d'ailleurs communiqué plusieurs des espèces curieuses dues à leurs courageuses explorations dans cette île. M. Raffles a lui-même recueilli de très-belles collections, aujourd'hui déposées dans le Musée britannique.

Semnopithèque aux mains jaunes (*Semnopithecus flavimanus*, Is. Geoffroy). Également de Sumatra, où il porte aussi le nom de *Cimepaï* ou *Simpaï*. Ce Singe habite seulement quelques cantons de l'île, et le Semnopithèque à huppe noire certains autres.

M. Gray a décrit sous le nom de *Presbytis nobilis* un Semnopithèque ayant aussi de l'analogie avec ce dernier, mais sur lequel on n'a encore que des renseignements imparfaits.

Le Semnopithèque de Siam (*Semnopithecus siamensis*, S. Muller et Schlegel) ou Semnopithèque aux mains noires (*S. nigrimanus*, Is. Geoffroy), est plus différent. Son corps est d'un cendré légèrement brunâtre, et la face interne des membres, ainsi que les parties inférieures du corps, sont blanches; ses quatre mains et toute sa queue sont noires. Il est de l'Inde continentale, soit du royaume de Siam, soit de la presqu'île malaise, mais point de Java, comme on l'avait d'abord supposé.

Les Semnopithèques dont il vient d'être fait mention ont tous, à la dernière dent molaire inférieure, un tubercule ou talon plus ou moins évident; ce qui porte à trois le nombre des collines de cette dent. Au contraire, il n'y en a que deux, les deux principales, dans le Semnopithèque mitré qu'Eschscholtz a le premier décrit sous le nom de *Presbytis mitrata*, et dont il a été fait mention dans la *Mammalogie* de Desmarets sous le nom de *Semnopithecus comatus*; c'est le *Croo* des habitants de Java. Cette dénomination a été écrite à tort *Crro* par F. Cuvier. M. de Blainville, qui a fait connaître avec soin le système dentaire du Croo dans son *Ostéographie* des Primates, l'y appelle *Soutili*, du nom que portait l'un des squelettes de cette espèce envoyés au Muséum par Diard et Duvaucel. Ce nom est sans doute un de ceux par lesquels on désigne l'Animal lui-même dans les pays qu'il habite.

Le pelage du Croo est gris foncé sur le corps, sur la queue et sur la région externe des membres ; les mains sont blanches ou gris clair ; le dessous du corps et de la queue sont, au contraire, d'un blanc pur. La tête est surmontée de longs poils en houppe qui sont noirâtres, ainsi que ceux de la partie supérieure du cou. On a quelquefois laissé en propre à la division dont le Croo est devenu le type, le nom de *Presbytis*. D'autres auteurs, et, en particulier, M. Gray, l'étendent à tous les Semnopithèques. Cependant il n'est pas certain que le premier de ces noms ait été proposé avant le second, et comme celui-ci est plus conforme aux règles employées pour la nomenclature des Singes, il a été presque

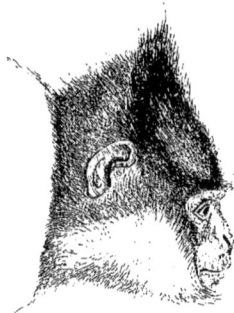

SEMNOPITHÈQUE MITRÉ, 1/4 de grand.

généralement préféré à l'autre.

Les Semnopithèques forment, avec les Macaques, la plus grande partie des espèces de Singes que nourrissent l'Asie continentale et insulaire. Les Orangs, les Gibbons et le Cynopithèque sont les seuls qu'on puisse y signaler avec eux. L'Afrique n'a aucune espèce de ces différents genres : les Guenons, les Mangabeys, les Mandrilles et les Cynocéphales sont, avec les Colobes, le Chimpanzé, le Gorille et le Magot, les Singes que nourrit ce dernier continent. Ce mode de répartition géographique présente une régularité sur laquelle on ne saurait trop appeler l'attention.

GENRE COLOBE (*Colobus*, Illiger). Les Colobes sont des Singes encore très-voisins des Semnopithèques ; leur nom, qui est tiré du Grec, signifie *mutilé* ; il rappelle que ces Animaux manquent de pouces aux mains de devant. En effet, ce doigt n'existe point chez eux, ou bien ils n'en ont qu'un très-faible rudiment sans phalange, et qui n'apparaît que comme un petit tubercule. L'os métacarpien correspondant existe seul avec son développement ordinaire.

Les Colobes ont les mœurs et l'intelligence de leurs représentants asiatiques, les Semnopithèques ; ils vivent, comme eux, dans les grandes forêts, et ils se nourrissent aussi en grande partie de substances végétales. Leur estomac a la même complication que celui de ces animaux, et leurs dents présentent, à s'y méprendre, les mêmes caractères. On connaissait déjà quelques Singes de ce genre pendant le siècle dernier, et les naturalistes anglais Pennant et Shaw avaient parlé de l'une de leurs espèces sous.le nom de *Simia comosa* ou *Full bottom monkey*. Le même Animal est aussi la *Guenon à camail* des *Suppléments* à l'ouvrage de Buffon, édités par Lacépède ; cette espèce est de Sierra-Leone, sur la côte occidentale d'Afrique, pays qui nourrit aussi d'autres Colobes. Un Animal du même genre a été trouvé en Abyssinie par le savant naturaliste voyageur M. le D. Ruppel, de Francfort. C'est son *Colobus Guereza*, aujourd'hui moins rare dans les collections, grâce aux beaux exemplaires que plusieurs voyageurs français, qui ont aussi parcouru l'Abyssinie, et, en particulier, MM. Quartin Dillon et Petit, ont récemment envoyés à Paris. On a aussi reçu quelques peaux des Colobes propres à l'Afrique occidentale, et un naturaliste hollandais, qui a résidé dans ces contrées, M. Pele, a recueilli à leur égard de très-bons documents.

Suivant M. Pele, on a trop multiplié le nombre des espèces dans le genre Colobe, et il ne faut en admettre que quatre espèces, savoir : le *Colobus Guereza*, de M. Ruppel ; le *Colobus verus*, de M. Van Beneden, dont il donne une très-bonne figure ; le *Colobus ursinus*, et le *Colobus ferrugineus*. M. Pele croit que l'espèce nommée *Colobus ursinus* par M. O'Gilby répondrait aux *Colobus personatus*, *C. polycomos*, *C. vellerosus*, *C. bicolor*, *C. leucomeros* et *C. satanas*. Le *Colobus ferrugineus* aurait, de son côté, donné lieu aux espèces nominales suivantes : *Colobus ferruginosus*, *C. fuliginosus*, *C. Pennantii* et *C. Temminckii*. Ces ren-

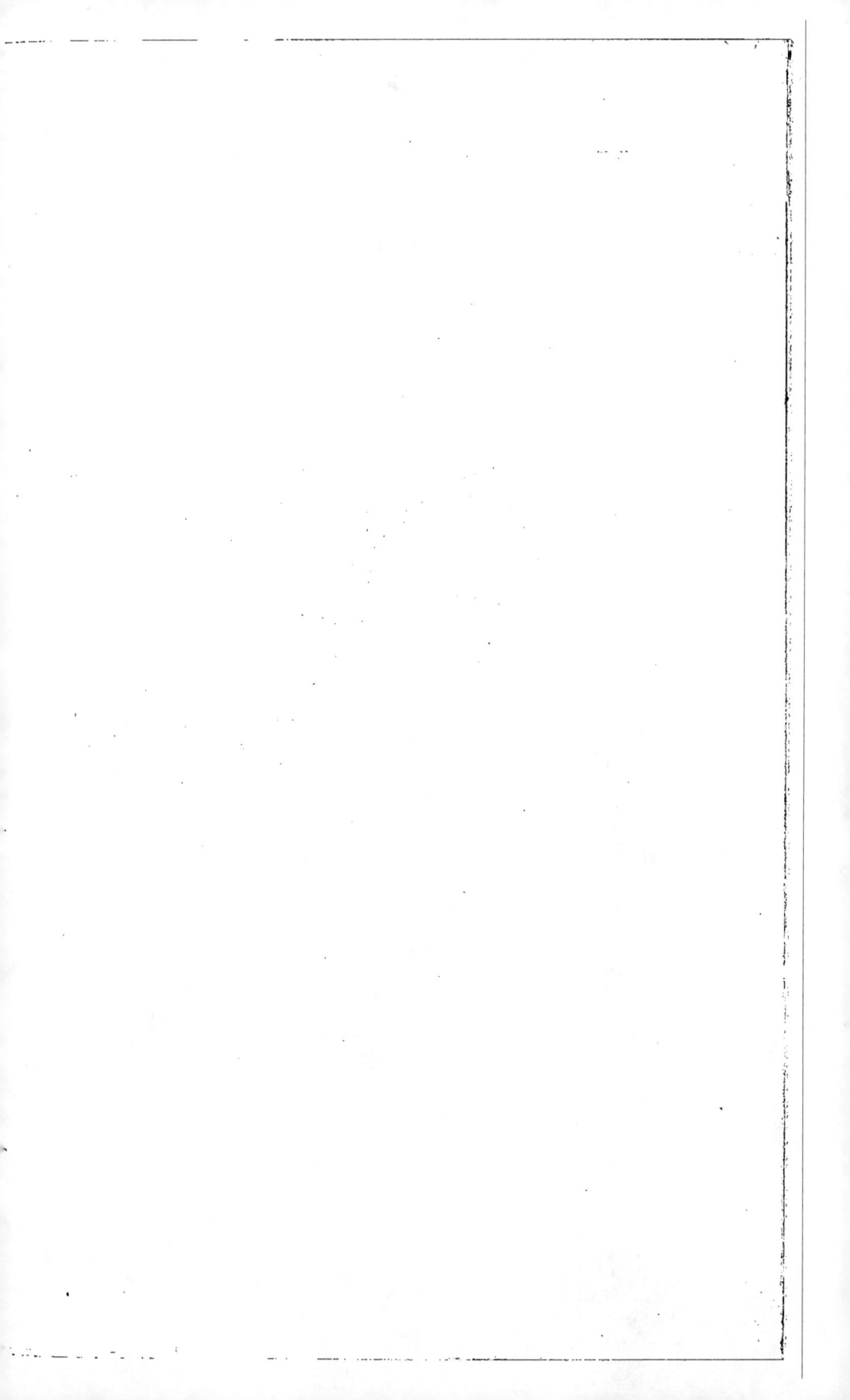

Sem

géni
L
Sing
théc
diffé
aver
con
sau
G
Sen
mai
ils i
tub
I
pitl
gra
ces
naïi
Per
bote
de
d'A
Ab
Gua
plu
MN
pea
dai
:
fau
ver
Co
poi
C.
sui

COLOBE GUÉRÉZA (*Colobus guereza*)
D'ABISSINIE

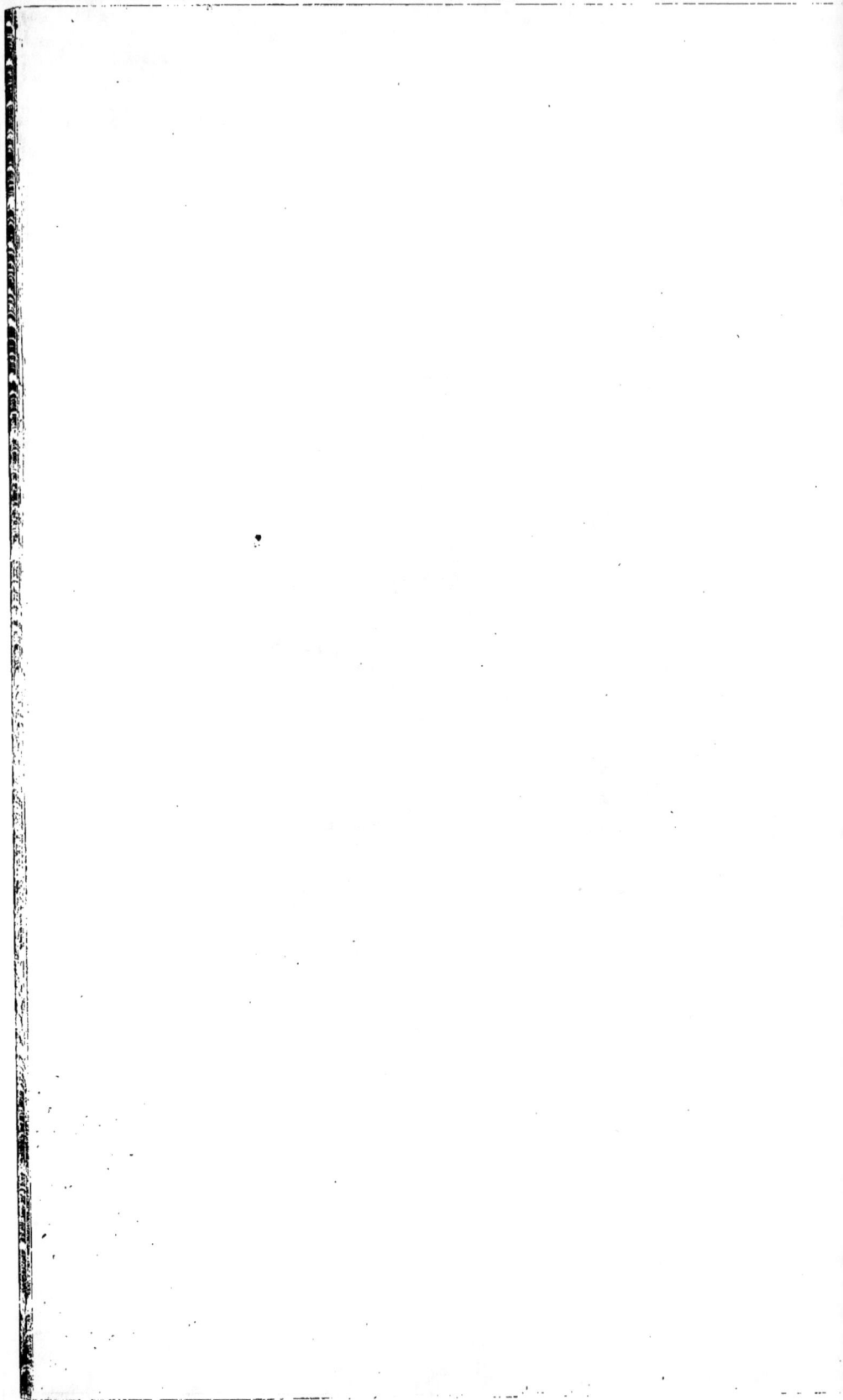

seignements curieux méritent d'être pris en considération, et il serait utile que les naturalistes qui pourront visiter les différents Musées où sont conservés les types de ces prétendues espèces fissent de chacun d'eux des descriptions complètes et susceptibles d'être comparées, sans lesquelles il est bien difficile de se prononcer d'une manière définitive. Nous nous bornerons donc à rappeler quelques-uns des caractères que les auteurs ont attribués aux principaux Colobes dont il est question dans les ouvrages de Mammalogie, et nous commencerons par l'espèce abyssinienne.

C'est le Colobe Guereza (*Colobus Guereza*). Le nom spécifique que M. Ruppel lui a donné est celui que ce Singe porte en Abyssinie. Ludolf (*Hist. æthiopica*) en avait déjà fait mention; mais la figure du prétendu Guereza qu'il a publiée est faite d'après une autre espèce. Salt en a également parlé; mais le Guereza n'a été réellement bien connu que lorsque M. Ruppel en a publié, dans ses Nouveaux Animaux de la Faune abyssinienne, une description et une figure bien faites. Nous avons reproduit l'une et l'autre, en 1836, dans le *Magasin de Zoologie*.

Le Colobe Guereza se distingue aisément par la couleur noire de sa tête et de la plus grande partie de son corps, couleur qui tranche nettement avec le blanc de son front, du tour de sa face, des côtés de son cou et de sa gorge; sa queue, floconneuse, est aussi blanchâtre dans une grande partie de son étendue. Une sorte de manteau formé par de longs poils blancs qui partent des côtés et du bas du dos, recouvrent les flancs et le train postérieur. Le manteau, formé par ces poils, est d'une belle couleur blanche. Cette curieuse disposition existe dans les deux sexes, mais les jeunes mâles et les femelles adultes ont ce manteau moins allongé. (*Planche II.*)

Les Guereza vivent par petites familles et ils se tiennent sur les arbres élevés, dans le voisinage des eaux courantes. Ils sont agiles, vifs sans être bruyants, et d'un naturel tout à fait inoffensif. Leur nourriture consiste en fruits sauvages, en graines, en insectes, etc. Ils font leurs provisions et mangent pendant le jour, et ils passent la nuit à dormir sous les arbres. On les trouve dans les provinces de Godjam, de Koulle, et plus particulièrement de Damot. Dans cette dernière, les habitants les chassent, et c'est pour eux un attribut de distinction que de posséder un bouclier couvert de la peau de l'un de ces beaux Singes avec ses longs poils blancs.

Colobe à camail (*Colobus polycomos*). Espèce de Sierra-Leone, ayant le pelage en partie noir, si ce n'est aux régions antérieures, où il est jaunâtre. Les poils de devant s'allongent pour former une sorte de longue chevelure tombante, qui recouvre comme un camail tout le haut du corps; la queue est blanche et touffue à son extrémité. On indique quelquefois ce Colobe sous le nom de *Roi des Singes*. Le *Colobus ursinus*, de M. O'Gilby, repose sur l'examen d'un exemplaire venant aussi de Sierra-Leone, et dans lequel Bennett, alors secrétaire de la Société zoologique de Londres, avait précédemment cru reconnaître un *Colobus polycomos*.

Le *Colobus satanas* de M. O'Gilby, a été envoyé de l'île de Fernando-Po. Ses poils sont longs et noirs.

Le Colobe à fourrure (*Colobus vellerosus*, Is. Geoffroy), a d'abord été considéré comme un Semnopithèque véritable. C'est à lui qu'il faut sûrement réunir le *Semnopithèque bicolore* décrit, en 1835, par M. Wesmael dans les Bulletins de l'Académie de Bruxelles, et le *Colobus leucomeros* de M. O'Gilby (*Procès-Verbaux de la Société zoologique de Londres*, 1837). Les poils du dos, des flancs et des lombes n'ont pas moins de treize à dix-neuf centimètres de long dans cette espèce; ils sont noirs, tandis que ceux qui entourent la face ou qui recouvrent la queue sont blancs, aussi bien qu'une grande tache située sur chaque fesse. Les pouces antérieurs sont extrêmement courts, mais cependant bien distincts et même onguiculés.

Après ces différents Colobes à pelage noir et blanc viennent ceux qui sont variés de roux plus ou moins vif ou de couleur olivâtre. Le Colobe Ferrugineux (*Colobus ferrugineus*) est dans le premier cas. Buffon en dit quelques mots dans ses *Suppléments*, T. VII, f. **66** ; c'est le *Bay-Monkey* de l'Histoire des Quadrupèdes de Pennant, le *Simia ferruginea* de Shaw, le *Colobus ferruginosus* d'E. Geoffroy et le *Colobus Temminckii* de Kuhl. Ce Colobe vit à Sierra-Leone ; son pelage, roux ferrugineux, passe au noir sur la tête, et au brun plus ou moins foncé sur les parties supérieures du corps, ainsi que sur les membres et la queue ; ses joues sont rousses.

Le Colobe fuligineux (*Colobus fuliginosus*) que M. O'Gilby a donné comme distinct du Ferrugineux, est de la Gambie. Il est noir ardoisé ou gris, un peu bleuâtre en dessus ; ses joues, ses épaules, la face externe de ses avant-bras, ainsi qu'une partie des bras, des jambes et de la queue, sont d'un roux vif ; le dessous du corps est blanchâtre ou jaunâtre. Le pouce est rudimentaire, mais apparent.

La seule espèce de ce genre, dont il nous reste à parler, est le Colobe vrai (*Colobus verus*, Van Beneden, *Bulletin de l'Académie de Bruxelles*, T. V). Ce Singe vient aussi de la côte occidentale d'Afrique. Ses mains antérieures n'ont aucun rudiment du pouce ; son pelage est assez court, olivâtre en dessus et sur les côtés, plus gris en dessous et sur les membres ; sa queue est fort longue ; il n'a ni camail ni poils longs sur le dos ; sa queue est aussi longue que celle des autres Colobes, mais ses proportions semblent moins élancées, et il est un peu moins grand.

Colobe vrai, 1/8 de grand.

III

GUENONS

Les Cercopithéciens, que l'on désigne habituellement sous la dénomination de *Guenons*, sont des Pithéciens à formes moins élancées que celles des Semnopithèques et des Colobes, mais chez lesquels la queue existe néanmoins constamment, et avec une longueur à peu près égale à celle du tronc. Ce dernier conserve une certaine élégance dans ses proportions, et tandis que les espèces dont nous venons de terminer l'histoire ont la queue plus ou moins tombante, les Guenons tiennent la leur redressée le plus souvent au-dessus du dos. Ils ont la face encore plus allongée, mais pourvue latéralement d'abajoues très-prononcées, et dans lesquelles ils amassent une partie de la nourriture à mesure qu'ils la recueillent ou qu'on la leur donne. Ils ne manquent pas d'intelligence, mais ils sont très-remuants et même fort turbulents, défaut qui ne fait qu'augmenter avec l'âge. Leurs canines prennent un allongement considérable, surtout chez les mâles, et leurs dents molaires, au lieu d'avoir la couronne surmontée de petites collines transverses, résultant de la jonction des tubercules deux par deux, ont ces tubercules émoussés et distincts, et ceux de la dernière dent inférieure ne sont jamais au nombre de plus de quatre. Les Cercopithéciens ont, comme les Semnopithéciens et tous les Singes

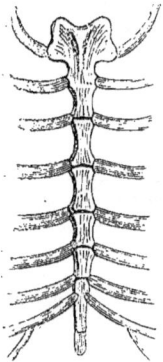

DENTS DU GRIVET, grand. nat.

qui suivent, le sternum étroit, au lieu d'être élargi à la manière de celui des Anthropomorphes; le bord supérieur de leur orbite n'a pas le crochet interne du frontal distinct; leurs vertèbres lombaires sont au nombre de sept, comme dans la section précédente et dans celles qui suivent, tandis qu'il n'y en a que quatre chez les Singes du premier groupe. Ils ne constituent qu'un seul grand genre dont, comme nous

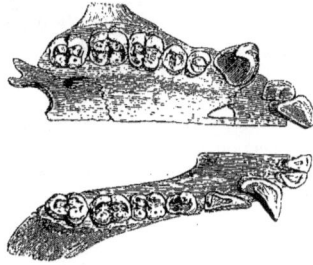

STERNUM
DE GUENON CALLITRICHE,
1/2 de grand.

allons le montrer, toutes les espèces sont africaines. Ce genre a conservé en propre le nom de *Cercopithecus*, qui est emprunté aux anciens, mais auquel on donne aujourd'hui un sens différent de celui qu'il avait autrefois.

GENRE CERCOPITHÈQUE (*Cercopithecus*, Erxleben). Sous ce nom, qui signifie *Pithèques à queue*, et que l'on trouve employé par les anciens pour une espèce qui n'a pu encore être reconnue exactement, on réunit maintenant les Singes de l'ancien continent, qui ont la tête arrondie ou peu allongée, les oreilles non appointies, le museau médiocrement saillant, des abajoues, enfin des formes gracieuses et légères, sans être grêles; le pouce de leurs mains antérieures est bien prononcé, et leur queue est longue, sans égaler celle des Semnopithèques ou des Colobes, dont elle diffère aussi parce que l'animal la redresse au-dessus de son corps. Il faut ajouter à ces caractères que les Cercopithèques ont les deux incisives supérieures du milieu habituellement plus larges que les autres et que leurs canines supérieures prennent, comme nous l'avons déjà vu, un allongement considérable, disposition qui les rend souvent très-dangereux.

On connaît maintenant près d'une trentaine d'espèces de Cercopithèques, toutes appartenant au continent africain. Ces Animaux sont intelligents, mais la mobilité de leur caractère est extrême, et, quoiqu'ils soient assez doux lorsqu'ils sont jeunes, ils sont souvent aussi peu éducables que les Macaques. D'ailleurs, ils n'ont pas tous les mêmes aptitudes, et s'il en est qui conservent plus de gentillesse que les autres, on ne saurait trop se défier de quelques-uns d'entre eux, qui, avec l'âge, et surtout dans le sexe mâle, prennent un caractère tout autre que celui qu'ils avaient d'abord, et essentiellement différent de celui des Singes américains. Une extrême défiance remplace alors la gentillesse dont ils avaient fait preuve; à la confiance succède la méchanceté, et bientôt ils deviennent aussi intraitables que des Animaux féroces. Cependant les femelles conservent toujours une douceur plus ou moins grande, et même de la timidité. La vivacité de ces Animaux dans les ménageries où on les retient captifs peut nous donner une idée de leur pétulance lorsqu'ils sont en liberté. Dans les immenses forêts qu'ils habitent en Afrique, ils sont presque constamment sur les arbres, grimpant avec facilité jusqu'à leur cime, et s'élançant aisément de l'un à l'autre. On les rencontre par troupes. Ils se nourrissent de fruits, et, lorsque l'occasion s'en présente, ils entrent dans les terrains cultivés, et ne tardent pas à y commettre des dégâts considérables, surtout lorsque c'est l'époque de la récolte. On affirme qu'ils mettent à cette maraude la plus grande prudence, et que les plus âgés, placés en arrière ou en avant de la bande qu'ils conduisent, veillent à sa sûreté, s'exposent les premiers aux coups de l'ennemi lorsque le danger est pressant, et assurent ainsi la retraite lorsqu'elle devient nécessaire.

On dit aussi qu'à leur arrivée sur le lieu du pillage, les Cercopithèques et d'autres espèces de Singes ont bien soin d'établir d'abord des sentinelles sur les points les plus élevés, afin d'être avertis à temps, et que les fruits qu'ils recherchent sont jetés par les individus qui les arrachent ou les ramassent à ceux dont ils sont le plus rapprochés. Ces derniers, ajoute-t-on, les font à leur tour passer à leurs voisins, et ainsi de suite, de main en main, de telle sorte qu'en peu de temps les fruits de toute une plantation sont tombés en leur pouvoir.

Le Talapoin, et, après lui, la Mone, l'Ascagne, la Diane, le Moustac, le Hocheur, le Blanc-nez, sont les Cercopithèques qui ont le caractère le plus doux, et qui se montrent les plus traitables en captivité, même lorsqu'ils sont devenus adultes. Les autres le sont beaucoup moins, et cette différence d'aptitudes est en rapport avec une plus grande force physique, et en même temps avec un moindre développement de la partie frontale de leur cerveau ou un allongement plus grand des canines supérieures. Tels sont, en particulier, le Malbrouck, le Grivet, le Callitriche, le Patas et le Nisnas.

Ce sont là autant de particularités qui doivent être prises en considération, lorsqu'on veut établir la série naturelle des espèces de ce genre. Celles dont le museau est un peu plus long et qui ont les formes plus trapues se rapprochent assez des Macaques par leurs habitudes et même par leur structure.

« Comme eux, dit M. Is. Geoffroy, mais non toutefois au même degré, ces Cercopithèques sont, dans l'âge adulte, d'une méchanceté qu'il est fort difficile de vaincre. Les caresses et les bons traitements n'ont que peu de pouvoir sur eux pour les adoucir, et la crainte du châtiment, toute puissante dans le moment, est bientôt oubliée. Nous ne connaissons guère qu'un moyen de dompter rapidement un Cercopithèque adulte, c'est la section de ses énormes canines, aussi longues à elles seules que la série des dents d'un côté, et dont les supérieures sont tranchantes en arrière, à l'égal d'une lame de couteau ; armes terribles à l'aide desquelles ces Singes font de profondes plaies, et parfois causent des hémorragies artérielles d'une extrême gravité. Une fois désarmé, un Cercopithèque change immédiatement de naturel : il a la conscience de sa faiblesse, et, loin d'attaquer, il évite ceux qu'il poursuivait naguère. »

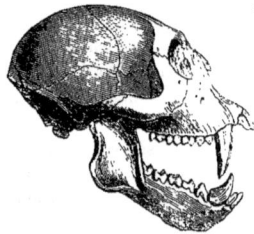

CRANE DU GRIVET, 2/5 de grand

C'est dans le groupe des Guenons que rentrent les Singes dont le pelage est le plus vivement et le plus élégamment coloré. Un grand nombre d'entre eux ne le cèdent pas, sous ce rapport, au Douc lui-même, et l'on apporte quelquefois d'Afrique, principalement de la côte occidentale, des peaux de Guenons qui sont employées comme fourrures : le roux éclatant, le verdâtre, le fauve, le jaune, le blanc s'y marient fréquemment aux nuances noires, grises ou gris tiqueté dont leur robe est parée. Leurs poils prennent aussi par endroits, et principalement aux joues ou au menton, un développement plus ou moins considérable. Ces variations et celles des couleurs constituent autant de caractères utilement employés par les naturalistes à la distinction des espèces. D'autres Guenons portent une tache blanche ou noire sur le nez, une bande blanche sur le front ou d'autres signes également susceptibles de servir à les caractériser. Le Muséum de Paris ne possède pas encore toutes les espèces connues dans ce groupe, mais il en a déjà réuni le plus grand nombre, et plusieurs d'entre elles ont été vues vivantes à la Ménagerie ou s'y voient encore.

MM. O'Gilby, Waterhouse et Gray en ont décrit plusieurs qu'on ne possède encore qu'à Londres, et M. Peters, après son voyage sur la côte Mozambique, en a rapporté au Musée de Berlin trois autres encore qu'il nomme *Cercopithecus erythracus*, *ochraceus* et *flavidus*.

Nous devons également citer le *Cercopithecus albogularis* de M. Sykes, que l'on avait d'abord rangé parmi les Semnopithèques, et que l'on avait supposé, mais sans plus de motifs, avoir pour patrie l'île de Madagascar, quoique ce pays n'ait fourni jusqu'à ce jour aucune espèce de la famille des Singes.

Les Guenons sont au nombre des Animaux étrangers à nos climats que l'on est parvenu à faire reproduire dans les ménageries européennes, et, en particulier, dans celle de Paris. Dans plusieurs ouvrages, on a figuré, d'après un vélin du Muséum, une femelle avec le petit qu'elle a mis bas dans les conditions que nous venons d'indiquer. Cette même femelle a produit trois fois, et l'un de ses petits a pu être élevé. Comme le font aussi les Macaques et les Cynocéphales, elle le portait constamment pendu après elle, et elle le soutenait dans une position telle qu'appliqué ventre à ventre contre elle, il avait la bouche tout près de l'un de ses mamelons. Plus tard, au contraire, ce petit savait se tenir lui-même à sa mère en s'accrochant à son pelage à l'aide de ses quatre mains. Elle semblait alors ne plus s'en occuper ; elle sautait avec la même agilité que si elle avait été entièrement débarrassée de son fardeau et en conservant la même aisance que si elle ne l'eût jamais porté. Le mâle, loin de partager avec la femelle l'éducation du petit, était fort indifférent pour l'une et pour l'autre, et parfois il leur cherchait querelle ou même il les maltraitait. Aussi fut-on obligé de l'isoler.

M. Is. Geoffroy, qui a recueilli ces détails, rapporte aussi le fait suivant : « Par un contraste remarquable et qui intéressait vivement les visiteurs, on voyait, il y a quelques années (en 1837), dans l'une des loges de la Ménagerie, la femelle du Grivet, seule avec son petit, qu'il avait fallu dérober aux tracasseries et aux mauvais traitements du père ; et, dans une loge immédiatement contiguë, on contemplait avec un vif intérêt plusieurs Cynocéphales Papions et un Cynocéphale Chacma, entourant deux femelles et leurs deux petits, caressant les deux mères avec les plus vives démonstrations de tendresse, les serrant entre leurs bras, les embrassant presque à la manière humaine, et se disputant le plaisir de porter les petits, qui, après avoir passé de bras en bras, étaient fidèlement rendus chacun à sa véritable mère. »

Nous avons déjà dit que le nom de *Guenons* s'appliquait à ces Singes presque à l'exclusion de tous les autres. Le mot *Gnome* serait, suivant les étymologistes, la racine du mot *Guenon*, que, dans le langage figuré, on emploie souvent pour signifier une face laide, grimacière et grippée. En effet, les Animaux qui portent cette dénomination sont souvent grimaciers à l'excès ; presque tous sont également sales, et leur caractère est irascible et querelleur. Ils sont fort gourmands et très-voleurs. On doit même éviter de les irriter trop fortement, car, au dire de certaines personnes, leur rancune pour les mauvais traitements se prolongerait souvent pendant des années entières. On sait aussi que le plus souvent ils ne font pas attendre leur vengeance, et qu'un bon coup de croc châtie la main imprudente qui a voulu les contrarier, quelquefois même les caresser. Mais tous ne sont pas aussi méchants, et il y a plusieurs catégories parmi eux. Les Cercopithèques, que l'on place les derniers dans la série des espèces de ce genre, sont aussi les plus grossiers et les plus à craindre. Les premiers sont, au contraire, plus caressants, et ils ont en même temps plus de délicatesse dans les formes. Sous ces différents rapports, les premières espèces de Guenons ont plus d'analogie avec les Cébiens.

Voici la liste de ces petites sections.:

Le Talapoin commence; la Mone vient ensuite, puis la Diane et quelques espèces voisines; le Grivet, le Callitriche et plusieurs autres forment le groupe suivant; et les derniers sont le Patas et le Nisnas, qui ont déjà une analogie notable avec les Mangabeys, des Animaux du même groupe que les Macaques. Les Mangabeys ont été fort souvent réunis par les auteurs aux véritables Guenons, mais ils s'en distinguent par plusieurs caractères, et principalement par la présence d'un cinquième tubercule à leur dernière dent molaire inférieure; et, sous ce rapport, comme sous plusieurs autres, on doit les associer aux Macaques.

M. Is. Geoffroy Saint-Hilaire a classé de la manière suivante les Guenons dont les dépouilles sont conservées dans les galeries du Muséum de Paris. Le Talapoin n'est pas mentionné dans la liste que nous lui empruntons, parce qu'il forme, dans la classification de ce savant naturaliste, un genre à part, sous le nom de *Miopithèque*.

1° *Espèces à museau court, à forme plus svelte* :

A. Le nez velu et blanc ;

CERCOPITHÈQUE HOCHEUR (*de Guinée*). — CERCOPITHÈQUE BLANC NEZ (*aussi de Guinée*) ;

B. Le nez n'est pas blanc, et il n'y a pas de bande sourcillière blanche :

CERCOPITHÈQUE MOUSTAC (*de la côte occidentale d'Afrique*). — CERCOPITHÈQUE MONOÏDE (*du même pays*) — CERCOPITHÈQUE AUX LÈVRES BLANCHES (*de Port-Natal, sur la côte orientale d'Afrique*). — CERCOPITHÈQUE MONE (*de l'Afrique occidentale*).

C. Une bande frontale blanche :

CERCOPITHÈQUE DIANE (*de Guinée et de l'île de Fernando-Po*). — CERCOPITHÈQUE A DIADÈME (*de Guinée*).

2° *Espèces à museau un peu plus long et à formes un peu moins svelte* :

A. Le pelage est vert ou teinté de vert :

CERCOPITHÈQUE DELALANDE (*de l'Afrique australe*). — CERCOPITHÈQUE VERVET (*de l'Afrique; région encore indéterminée*). — CERCOPITHÈQUE MALBROUCK (*de l'Afrique occidentale*). — CERCOPITHÈQUE GRIVET (*d'Abyssinie et de Nubie*). — CERCOPITHÈQUE ROUX VERT (*d'Afrique; région indéterminée*). — CERCOPITHÈQUE CALLITRICHE (*de l'Afrique occidentale*). — CERCOPITHÈQUE WERNER (*d'Afrique; région indéterminée*).

B. A pelage d'un roux vif :

CERCOPITHÈQUE PATAS (*du Sénégal*). — CERCOPITHÈQUE NISNAS (*de Nubie*).

M. Is. Geoffroy a aussi donné, dans son Mémoire sur les Singes, qui a paru dans les *Archives du Muséum* et dans l'article *Cercopithèques*, qu'il a rédigé pour le Dictionnaire universel d'histoire naturelle, de fort bons documents relatifs aux espèces dont il vient d'être question, et à quelques autres dont nous exposerons les principaux caractères dans les alinéas suivants. Plusieurs des espèces décrites par les naturalistes anglais ou allemands manquent seuls à la collection de Paris.

1. Le CERCOPITHÈQUE TALAPOIN (*Cercopithecus talapoin*), dont nous parlerons d'abord, est une jolie espèce que la douceur de son caractère, son intelligence et sa taille moindre que celle des autres Singes de l'ancien continent rendent éminemment intéressante. Son pelage est verdâtre avec les parties inférieures du corps et la face interne des membres blanches; les poils de son front sont relevés et forment une sorte de huppe large et courte; son nez est noir, ce qui l'a fait appeler *Melarhine* par F. Cuvier. M. Is. Geoffroy, en tenant compte du développement cérébral qui distingue le Talapoin, de la brièveté de son museau, de l'élargissement de sa cloison internasale plus considérable que chez les autres Pithéciens, et de la petitesse de ses dernières dents molaires, dont l'inférieure n'a même que trois tubercules, l'a séparé génériquement des autres Guenons. Il a donné à ce nouveau genre le nom de MIOPITHÈQUE (*Miopithecus*). Buffon et Daubenton avaient publié une bonne description du Talapoin, et de

Blainville a signalé cette jolie espèce comme devant prendre rang avant les autres Cerco-pithèques qu'elle surpasse presque tous en intelligence.

Cercopithèque Talapoin, 1/4 de grand.

Fr. Cuvier, qui a observé le Talapoin en captivité, le dit fort doux et très-gai. C'est un animal encore assez rare, et dont on n'a même connu que dernièrement la véritable patrie : il nous vient du Gabon. La Guenon chevelue de quelques auteurs (*Cercopithecus pileatus*, E. Geoffroy), qui n'est point celle de Buffon, ne doit pas être considérée comme différente du Talapoin. En effet, on a constaté que l'exemplaire d'après lequel elle avait été décrite, et que l'on conserve au Muséum, n'est qu'une peau de Talapoin décolorée par suite d'un long séjour dans l'alcool, et que c'est même celle du sujet que Buffon et Daubenton avaient observé vivant.

2. Des Guenons de plusieurs espèces ont la couleur du pelage plus ou moins variée; le museau de la plupart d'entre elles est court ou peu allongé; presque toutes ont des mœurs assez douces.

La MONE (*Cercopithecus Mona*) est aussi gracieuse que le Talapoin par ses formes, et elle est plus jolie que lui par ses couleurs; sa vivacité, qui n'est pas brusque comme celle de beaucoup d'autres Guenons, et la délicatesse de ses habitudes en font aussi un animal fort intéressant à observer, et que l'on peut laisser beaucoup plus libre que presque tous ses con-génères. Elle est plus grande que le Talapoin, mais un peu inférieure à la plupart des espèces qui vont suivre. Sa tête est de couleur olivâtre avec une bande frontale presque blanche et une grosse touffe de poils jaunes sur chaque joue; son dos, ses épaules et ses flancs sont roux tiquetés de noir; sa croupe est noire, à l'exception de deux taches elliptiques de couleur blanche qui se remarquent sur chaque fesse; une tache noire s'étend de la partie supérieure de l'orbite à l'oreille. Buffon et Daubenton ont connu et décrit cette espèce.

Le nom de Mone qu'ils lui ont donné vient de *Mona*, *Monine* ou *Mounine*, qui signifie Singe dans plusieurs dialectes modernes des langues méridionales. *Mounine* est plus particulièrement employé, suivant cette acception, dans le midi de la France. La Mone habite la côte occidentale d'Afrique, et on la reçoit du Sénégal. Plusieurs naturalistes ont eu l'occasion de l'étudier avec soin.

Nous ne saurions passer sous silence les observations délicates, publiées en 1819, par F. Cuvier, et qui sont relatives à l'un de ces Animaux qui a vécu au Muséum.

MONE MÂLE, 1/7 de grand.

« Ce bel individu s'est, pour ainsi dire, développé sous mes yeux, écrit le célèbre mammalogiste que nous venons de nommer. Il était extrêmement jeune lorsque notre Ménagerie en fit l'acquisition, et sa douceur, mais surtout son peu de pétulance, permirent de le laisser en liberté. L'âge n'a point altéré son bon naturel; il est devenu grand et a pris de la force; son adresse est extrême et son agilité sans égale; cependant tous ses mouvements sont doux et ses actions semblent circonspectes; ses désirs ont de la persévérance, mais ils ne le portent jamais à rien de violent. Lorsque, après avoir bien sollicité on persiste à le refuser, il fait une gambade et semble occupé d'autre chose; il n'a acquis aucun sentiment de propriété : il prend tout ce qui lui plaît, les objets qui lui ont attiré des punitions comme les autres, et il a une adresse extrême pour exécuter ses rapines sans bruit; il ouvre les armoires qui ont leur clef, en tournant celle-ci; il défait les nœuds, ouvre les anneaux d'une chaîne et cherche dans les poches avec une délicatesse telle, que souvent on ne sent pas sa main quoiqu'on sache qu'il vous dépouille. C'est l'examen des poches qui lui plaît le plus, parce que sans doute il y a souvent trouvé des gourmandises qu'on voulait qu'il y trouvât, et il y fouille sans mystère; ordinairement il débute par là dès qu'on s'approche de lui, et semble chercher dans les yeux ce qu'il doit espérer y trouver. Il n'est pas très-affectueux; cependant, lorsqu'il est tranquille et que rien ne le préoccupe, il reçoit avec plaisir les caresses, et il répond avec grâce lorsqu'on veut jouer avec lui; alors il prend toutes les attitudes possibles, mord légèrement, se presse contre vous, et il accompagne toutes ces gentillesses d'un petit cri assez doux et qui semble être pour lui l'expression de sa joie. Jamais il ne fait aucune grimace; sa figure, bien différente de celle de la plupart des autres Singes, est au contraire toujours calme et paraîtrait même sérieuse; et, quoiqu'il soit mâle, il n'a jamais manifesté la lubricité qui rend la plupart des Singes si dégoûtants. »

CERCOPITHÈQUE MONOÏDE, 2/5 de grand.

Après la Mone on doit citer le CERCOPITHÈQUE MONOÏDE (*Cercopithecus monoïdes*, Is. Geoffroy), qui manque des taches blanches que celle-ci présente auprès de la queue; ses membres sont d'une couleur plus foncée, et il en est de même des gros favoris qui ornent ses joues, ainsi que de la bande étroite qui se voit au-dessus des yeux, comme sur ceux de la Mone, mais d'une manière bien moins distincte. Le Muséum doit à Mme la princesse de Beauveau le seul exemplaire que l'on connaisse de cette espèce.

Le CERCOPITHÈQUE A LÈVRES BLANCHES (*Cercopithecus labiatus*, Is. Geoffroy) est également très-rare; à part son pelage gris tiqueté, sa queue fauve blanchâtre terminée de noir, il se distingue aussi par ses lèvres blanches, ce qui lui a valu le nom sous lequel nous en parlons. M. Édouard Verreaux l'a reçu de Port-Natal.

Le CERCOPITHÈQUE ROLOWAY (*Cercopithecus Rolovay*) appelé aussi *Palatine*, est une espèce décrite par Allamand et signalée d'après lui dans les *Suppléments* de Buffon. Son dos est brun à peu près noir, et presque toutes les autres parties de son corps sont d'un gris obscur; une ligne placée sur le devant du front et la barbe qui est assez allongée et pointue sont de couleur blanche. Ce Singe habite la Guinée; on l'a confondu avec le suivant.

Le CERCOPITHÈQUE DIANE (*Cercopithecus Diana*) était déjà bien connu des naturalistes du XVIIe et du XVIIIe siècles, ses couleurs le rendent fort remarquable. Son pelage est varié de gris piqueté de noir, de roux cannelle et de blanc; son dos est roux; ses membres et ses flancs sont gris; sa barbe ainsi que sa bande frontale sont blanches; son ventre et sa queue sont noirs. Cette espèce, dont la peau sert à faire de fort jolies fourrures, habite la Guinée, le Congo et la grande île de Fernando-Po.

CERCOPITHÈQUE A DIADÈME, 1/3 de grand.
(*La Diane de F. Cuvier.*)

Le CERCOPITHÈQUE A DIADÈME (*Cercopithecus leucampyx*), que Fréd. Cuvier a figuré et décrit à tort dans son grand ouvrage sous le nom de *Diane*, a reçu de J.-B. Fischer le nom sous lequel nous en parlons, et de M. Is. Geoffroy celui de *C. diadematus*.

CERCOPITHÈQUE A DIADÈME, 1/9 de grand.

Cette Guenon a sur le front une grande tache blanche représentant un segment de circonférence dont la convexité est supérieure; son pelage est en grande partie noir; sou dos est tiqueté de verdâtre; ses favoris sont bien fournis mais plus courts que ceux de la Mone; son nez est blanc et ses mains sont grises ainsi que sa queue, qui passe toutefois au noir; elle manque de barbe. On n'en possède encore qu'un seul individu dont la véritable origine n'est pas connue : il a vécu à la Ménagerie.

Deux autres Guenons ont le nez plus distinctement coloré en blanc; l'une d'elles a reçu le nom de CERCOPITHÈQUE HOCHEUR (*Cercopithecus nictitans*), c'est la *Guenon à long nez proéminent* de Buffon. Outre la couleur de son nez, ce Singe a pour caractères distinctifs son pelage en grande partie noir tiqueté de jaune olivacé et son nez plus saillant que celui des autres. C'est une espèce de Guinée.

CERCOPITHÈQUE HOCHEUR, 1/4.

L'autre espèce est le CERCOPITHÈQUE BLANC NEZ (*Cercopithecus petaurista*), dont on doit la description à Allamand, et dont l'*Ascagne* d'Audebert ne doit pas être distingué. Son pelage est verdâtre tiqueté de roux et de noir avec les parties inférieures d'un blanc pur.

CERCOPITHÈQUE BLANC NEZ, 1/6 de grand.

Le CERCOPITHÈQUE POGONIAS (*Cercopithecus Pogonias* de Bennett), décrit dans les Procès-verbaux de la Société zoologique de Londres pour 1833, est en grande partie noirâtre avec un tiqueté blanc ou jaunâtre sur un fond noir; il se distingue surtout par sa longue barbe blanche qui descend jusque sur le cou. On en a rapporté les dépouilles de l'île de Fernando-Po.

CERC. MOUSTAC, 2/5.

C'est aussi du même lieu que provient le CERCOPITHÈQUE ERYTHROTIS (*Cercopithecus erythrotis* de M. Wáterhouse), qui a le corps et la tête gris, les bras noirâtres, les joues et la gorge blanches et les oreilles rousses; sa queue est aussi d'un roux vif.

Le CERCOPITHÈQUE MOUSTAC (*C. Cephus*) est connu depuis plus longtemps; Marcgrave, Brisson, Fr. Cuvier, en ont successivement parlé, et on l'a vu vivant à la Ménagerie de Paris. Il a beaucoup de ressemblance avec la Mone, mais sa face est plus foncée, les touffes de ses favoris sont plus grises et il n'a pas de taches blanches aux fesses. Cette espèce, dit F. Cuvier, appartient au groupe de Guenons dont la Mone nous a offert le type, et qui se caractérise principalement par la douceur, la gentillesse et le besoin d'affection. En effet, le Moustac réunit à un très-haut degré ces qualités qui s'allient chez lui, comme chez la Mone et l'Ascagne, à des formes de tête particulières : un front large avancé sur la face ; un museau peu saillant ; un nez bien marqué entre les yeux ; presque point de trace de crête sourcilière, etc.

Les quatre espèces suivantes ne sont encore connues que par les exemplaires qu'on en conserve dans les collections de Leyde ou de Londres, ce sont :

Le CERCOPITHÈQUE DE CAMPBELL (*Cercopithecus Campbelli* de M. Waterhouse). Il vient de Sierra-Leone et se distingue par son pelage long et touffu, ainsi que par la direction divergente que prennent les poils de son dos. Il est olivacé en dessus, gris ardoisé en arrière et blanc en dessous ou à la face interne des membres.

Le CERCOPITHÈQUE DE MARTIN (*Cercopithecus Martini*, Waterhouse), qui a aussi les poils longs, grisâtres en dessus, noirâtres sur la tête, les bras et la queue, bruns à l'abdomen et à la face interne des cuisses, bruns rougeâtres à la queue.

Le CERCOPITHÈQUE DE TEMMINCK (*Cercopithecus Temminckii*, Ogilby), dont le seul exemplaire observé est dans un état fort imparfait de conservation : il vient de la Guinée. C'est un singe de couleur cendrée, tiqueté de blanc, avec les membres noirs ; le menton et la poitrine sont d'un blanc pur ; le ventre est cendré.

Le CERCOPITHÈQUE A GORGE BLANCHE (*Cercopithecus albogularis* de M. Sykes), espèce que l'on a possédée vivante à Londres, et qui a de l'analogie avec la Guenon monoïde. On l'avait d'abord indiquée comme rapportée de Madagascar, et elle avait été classée parmi les Semnopithèques, mais tout porte à penser qu'elle n'a pas cette origine, et il est bien reconnu maintenant que c'est réellement une Guenon. Sa couleur dominante qui est le gris tiqueté passe au verdâtre sur le dos ; les membres et la queue sont noirs ; la gorge et la poitrine sont d'un blanc pur. Il est à regretter que les Cercopithèques albogulaire et monoïde n'aient pas pu être comparés en nature l'un à l'autre ; de nouvelles observations modifieront d'ailleurs l'opinion que les naturalistes se font actuellement au sujet de plusieurs espèces du même genre.

M. le D. Peters, qui a visité la côte Mozambique, en a rapporté les trois espèces de Cercopithèques, qu'il regarde comme nouvelles et qu'il a décrites sous les noms suivants, dans le Bulletin de l'Académie de Berlin pour l'année 1850 : *Cercopithecus erythraeus*, *C. ochraceus* et *C. flavidus*.

3. Dans les espèces suivantes le pelage est vert ou plus ou moins teinté de vert ; le museau est plus long et les formes sont moins sveltes.

A ce petit groupe appartient le CERCOPITHÈQUE GRIVET de F. Cuvier (*Cercopithecus griseus* du même auteur, ou *Cerc. griseo-viridis* de Desmarest). M. Is. Geoffroy le regarde comme étant le véritable *Simia sabæa* de Linné, que l'on croyait être le Callitriche, et M. Gray lui rapporte le *Simia engitithia* d'Hermann. C'est une jolie espèce de moyenne taille à pelage gris-verdâtre et qui a sur les

CERCOPITHÈQUE GRIVET, 1/12 de grand.

côtés de la tête de longs poils blancs dirigés en arrière ; ses parties inférieures sont blanches y compris le menton, et elle n'a pas comme le Vervet des poils roux autour de l'anus ; le mâle a le scrotum vert.

Le Grivet ou Singe de Saba vit en Nubie, sur les bords du Nil blanc et en Abyssinie. On l'amène vivant en Europe, et son espèce a plusieurs fois reproduit dans nos Ménageries.

Les anciens Égyptiens ont connu le Grivet. Il est probable que c'est de lui que les auteurs grecs ont voulu parler sous le nom de *Képos*, et c'est peut-être encore lui que Pline appelait *Callithrix*, dénomination qui convient bien à la coloration élégante de ses poils. On a donné une étymologie bien peu rationnelle au mot *képos* ou *kébos*, en le faisant venir d'un mot grec qui signifie jardin, et en supposant que la vivacité des couleurs du Singe Kepos, que l'on croyait retrouver dans la Mone, en avait dicté le choix. *Kepos* vient bien plutôt du mot éthiopien *keb* ou *kep*, qui signifie tout simplement un Singe dans cette langue, et les Septante ont aussi traduit de la même manière le mot *kophim* sous lequel la Bible indique l'une des curiosités animales que les flottes réunies de Salomon et du roi phénicien Hiram rapportaient tous les trois ans du Tharsis avec de l'or et de l'argent. Ces curiosités étaient des *Kophim*, des dents d'Éléphants, et même des Paons, s'il faut en croire la traduction vulgaire (*Les Rois*, liv. III, chap. X, vers. 22). Il n'est pourtant pas démontré que le *Kophim* de la Bible soit le véritable Grivet.

Sous le nom de Tharsis, les peuples araméens, et, en particulier, les Phéniciens et les Hébreux, désignaient les pays situés à l'occident, et c'est avec les Libyens, et point du tout avec les Indiens ou peuples d'Ophir, que se faisait alors et que se fait encore aujourd'hui le commerce de la poudre d'or et celui des dents d'Éléphants.

Ni le Grivet ni les Paons ne vivent en Tharsis, et il est bien possible que le *Kophim* ne soit autre chose que le Magot des modernes ou le Pithèque des Grecs, qui est le seul Singe des pays libyens avec lesquels les Phéniciens, et par suite les Juifs avaient des relations fréquentes. Les Septante ont donc traduit avec raison le mot *Kophim* par Pithèque. Quant aux prétendus Paons de Salomon, il se pourrait fort bien que ce fussent des Autruches, ou plus simplement encore les plumes de ces Oiseaux, dont les anciens se sont sans doute servis en guise d'ornements, comme le font aussi les nations modernes. Mais je reviens au Singe du pays de Saba, c'est-à-dire au Cercopithèque de la région du haut Nil.

FIGURE ÉGYPTIENNE DU GRIVET.

On ne le rencontre pas à l'état sauvage avant le Dongola. Autrefois comme aujourd'hui on en amenait probablement dans les villes situées sur le cours inférieur du Nil, et c'est ainsi que les Grecs, et plus tard les Romains, ont pu avoir connaissance de cette espèce. Plusieurs monuments égyptiens, des peintures faites dans les pyramides ou sur les sarcophages représentent des Singes qui paraissent bien être des Grivets; leur queue relevée au-dessus du corps, leurs proportions, leur tête qui est cependant un peu trop arrondie ne laissent guère de doute à cet égard; et, si l'on se rappelle les relations des anciens Égyptiens avec les peuples du haut Nil, la supposition qu'ont faite à cet égard presque tous les naturalistes qui ont récemment traité cette question se change pour ainsi dire en certitude.

La figure ci-dessus est celle d'un de ces Singes de Saba prise dans les catacombes de Gyzet par Denon, l'un des membres de la commission scientifique qui fit la campagne d'Égypte. Un autre dessin de Grivet copié dans les catacombes de Thèbes, et qui a été reproduite par MM. Ehrenberg et de Blainville, représente ce Singe montant le long du cou d'une Girafe.

Le CERCOPITHÈQUE CALLITRICHE (nommé à tort *Cercopithecus sabæus* par presque tous les auteurs) est une espèce bien décrite par Daubenton dans le t. XI du grand ouvrage de Buffon. Buffon le considérait comme étant l'une des Guenons ou Singes à longue queue auxquels les anciens donnaient le nom de Callithrix, mais il n'est pas certain que ce soit leur vrai Callitriche, qui est plutôt le Grivet, comme nous l'avons dit; c'est également à tort que presque tous les auteurs modernes regardent aussi le Callitriche de Buffon comme étant le *Simia sabæa* de Linné. M. Is. Geoffroy, qui a établi avec soin les caractères distinctifs propres à chacune des espèces qui ont été confondues par les naturalistes plus récents que Buffon et Linné, sous les noms de *Sabæa* et de *Callitriche*, a montré que le *Sabæa* de Linné répondait au Grivet de F. Cuvier et point du tout au Callitriche de Daubenton; aussi a-t-il donné à ce dernier le nom de *Cercopithecus callitrichus*.

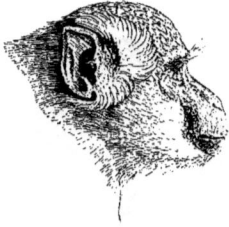

CERC. CALLITRICHE, 1/4 de grand.

Ce Callitriche, qu'on appelle assez souvent *Singe vert*, a le pelage presque entièrement vert-olivâtre, sauf inférieurement où la couleur blanc sale domine; sa face est noire et garnie sur les côtés de longs poils blancs; son scrotum est entouré de poils jaunes et sa queue est en partie de la même couleur. Il vit dans les forêts du cap Vert et du Sénégal; on ne l'a point encore trouvé en Barbarie, où on le disait commun, mais il est possible qu'il se montre déjà dans les parties méridionales de l'empire du Maroc. Adanson rapporte que les bois de Podor, situés le long du fleuve Niger, sont remplis de Callitriches.

« Je n'aperçus les Singes, dit ce célèbre naturaliste, que par les branches qu'ils cassaient au haut des arbres, d'où elles tombaient sur moi; car ils étaient d'ailleurs fort silencieux et si légers dans leurs gambades, qu'il eût été difficile de les entendre. Je n'allai pas plus loin et j'en tuai d'abord un, deux et même trois sans que les autres parussent effrayés. Cependant lorsque la plupart se sentirent blessés, ils commencèrent à se mettre à l'abri; les uns en se cachant derrière les grosses branches, les autres en descendant à terre; d'autres enfin, et c'était le plus grand nombre, s'élançaient de la pointe d'un arbre sur la cime d'un autre. Pendant ce petit manége je continuais toujours à tirer dessus, et j'en tuai jusqu'au nombre de vingt-trois en moins d'une demi-heure, et dans un espace de vingt toises, sans qu'aucun d'eux eût jeté un seul cri, quoiqu'ils se fussent plusieurs fois rassemblés par compagnie, en sourcillant, grinçant des dents et faisant mine de vouloir m'attaquer. »

Auprès du Callitriche et du Grivet, et dans la même section que le Malbrouck, il faut citer plusieurs autres espèces assez voisines des deux premières pour qu'on les ait souvent confondues avec elles; l'une de ces espèces est le CERCOPITHÈQUE DELALANDE (*Cercopithecus Delalandii*, Is. Geoffroy), dont le nom est celui d'un naturaliste français qui a parcouru le sud de l'Afrique après Levaillant et ensuite le Brésil, où il a réuni de précieuses collections. Le Protèle, l'Otocyon et bien d'autres espèces soit Mammifères, soit de toutes les autres classes du règne animal, ont été rapportés pour la première fois par Delalande. Le Cercopithèque qui porte son nom avait été confondu par Thunberg avec le Callitriche du Sénégal. C'est sans doute à la même espèce qu'appartenait ce Singe *Kées*, que Levaillant a possédé vivant, et dont il raconte avec tant de complaisance les principaux tours. Desmoulins a le premier considéré la Guenon Delalande comme devant former une espèce à part, qu'il a nommée *Cercopithecus pusillus Delalande* dans son article *Guenons* du Dictionnaire classique d'Histoire naturelle.

CERCOPITHÈQUE DELALANDE, 1/3 de grand.

M. Is. Geoffroy lui a donné un nom plus conforme aux règles de la nomenclature en l'appelant tout simplement *Guenon Delalande*.

On reconnaît ce Singe aux caractères suivants : son pelage est d'un gris légèrement olivâtre sur le dos et les flancs; la face, le menton et les quatre mains sont noires; la queue est grise avec l'extrémité noire; l'anus est entouré de poils d'un roux vif; une bande blanche existe sur le devant du front.

Le CERCOPITHÈQUE VERVET (*Cercopithecus pygery-thrus*, F. Cuvier) a la même bande blanche sur le front et des poils roux vif autour de l'anus; sa face, la plus grande partie de sa queue et ses quatre mains sont noires, mais son corps est vert-jaunâtre tiqueté de noir. On ignore quelle est la partie de l'Afrique qu'il habite.

CERCOPITHÈQUE VERVET, 1/4 de grand.

Le CERCOPITHÈQUE ROUX-VERT (*Cercopithecus rufo-viridis*, Is. Geoffroy) n'a que très-peu de poils roux sous la queue et son pelage est vert-roussâtre en dessus avec du gris-verdâtre aux épaules et aux cuisses : il est d'Afrique, probablement de la côte occidentale.

CERCOPITHÈQUE ROUX-VERT, 2/5 de grand.

CERCOPITHÈQUE WERNER, 2/5 de grand.

Le CERCOPITHÈQUE WERNER (*Cercopithecus Werneri*, Is. Geoffroy) est encore assez semblable aux précédents, d'un fauve roux varié de noir, ses poils étant colorés par grandes zones de ces deux couleurs. Il est dédié à M. Werner, habile artiste auquel l'iconographie zoologique doit de si jolis dessins, et qui a tant contribué à donner de l'intérêt à ce livre par les nombreuses figures dont il l'a enrichi.

Le Cercopithèque Malbrouck (*Cercopithecus cynosurus*) est plus facilement reconnaissable que le Werner et on l'a distingué plus tôt. Buffon ne l'a pourtant pas caractérisé très-nettement, mais il est bien décrit par Fréd. Cuvier. C'est le *Simia cynosurus* et le *Simia faunus* de Linné. Il est gris-verdâtre avec un bandeau blanc sur le front; ses membres et sa queue sont de couleur grise; son scrotum est d'un bleu cobalt. On l'a supposé à tort de Bengale, mais, quoiqu'il soit certainement africain, on ne sait pas au juste quelle partie de ce continent il habite. Fr. Cuvier a donné, au sujet de cette espèce, quelques détails intéressants qui s'appliquent également aux Cercopithèques du même groupe, et que nous allons reproduire.

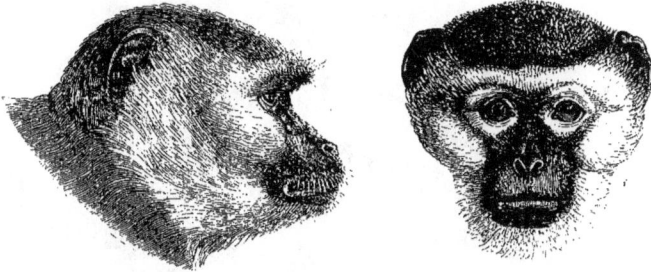

CERCOPITHÈQUE MALBROUCK MALE, 1/3 de grand.

Lorsque le Malbrouck est à terre il se tient toujours sur ses quatre pattes; comme il est essentiellement organisé pour vivre sur les arbres et pour y grimper, sa marche n'a point d'aisance. Ses jambes de derrière étant plus longues que celles de devant, il en résulte que la partie antérieure de son corps ne peut pas, dans ses mouvements, se conformer à ceux de la partie postérieure et que celle-ci s'avance beaucoup plus que l'autre, ce qui le force à porter alternativement son train de derrière à droite et à gauche, lorsqu'il veut s'avancer lentement, ou à s'élancer par sauts lorsqu'il veut courir. Cette conformation, si peu favorable pour un Animal destiné à vivre à terre, l'est beaucoup au contraire pour ceux qui doivent se tenir sur les arbres; l'excédant de la longueur des jambes de derrière sur celles de devant ne nuit point pour grimper, il donne au contraire le moyen de s'élancer de branche en branche, et même d'un arbre à l'autre; aussi ces Singes descendent-ils rarement à terre. Réunis en troupes, ils peuplent avec les Oiseaux le ciel de verdure qui couvre les forêts. La Ménagerie en a possédé un assez grand nombre de tout âge et de tout sexe : il n'est point d'Animaux plus agiles. Celui dont nous donnons la figure s'élançait souvent de manière à faire plusieurs tours comme en volant, couché sur le côté et ne se soutenant en l'air que par l'impulsion qu'il se donnait en frappant de ses pieds les parois de sa cage. Ces Malbroucks faisaient rarement entendre leurs voix, qui ne fut jamais qu'un cri aigu et faible, ou bien en grognement sourd. Les mâles dans leur jeunesse étaient assez dociles, mais dès que l'âge adulte arrivait, ils devenaient méchants, même pour ceux qui les soignaient. Les femelles restaient plus douces et paraissaient seules susceptibles d'attachement. La circonspection est une des qualités principales du caractère de cette espèce; cependant les Malbroucks sont excessivement irritables; mais, si d'un côté ils sont violemment poussés par leurs penchants, de l'autre ils calculent tous leurs mouvements avec soin; et lorsqu'ils attaquent, c'est toujours par derrière et quand on n'est point occupé d'eux; alors ils se précipitent sur vous, vous blessent de leurs dents ou de leurs ongles, et s'élancent aussitôt pour se mettre hors de votre portée, mais sans cependant vous perdre de vue, et cela, autant pour saisir le moment favorable à une nouvelle attaque que pour se soustraire à votre vengeance. L'extrême irritabilité du Malbrouck est cause qu'on ne peut ni l'apprivoiser complétement, ni lui faire supporter la contrainte, c'est-à-dire qu'il n'est susceptible d'aucune autre éducation que celle de la nature. Dès qu'on le violente ou qu'on veut qu'il obéisse, sa pétulance cesse, il devient triste et taciturne et bientôt après il meurt.

CERCOPITHÈQUE MALBROUCK, 1 10 de grand.

Ces Animaux se servent de leurs mains avec beaucoup d'adresse; ce sont des organes qu'ils emploient à tout; c'est avec eux qu'ils portent ordinairement leur manger à la bouche, qu'ils jouent, qu'ils se battent, et ils saisissent les plus petits objets entre leur index et leur pouce, malgré la brièveté de celui-ci; lorsqu'ils mangent des fruits ou des racines, ils ont toujours soin de les peler avec leurs dents, et ils flairent tout ce qu'on leur donne à mâcher; ils boivent constamment en humant. Leurs sens sont fort bons sans cependant être délicats, et c'est de la vue qu'ils font le plus souvent usage.

4. Les dernières espèces du genre des Guenons sont les *Patas*, qui comprennent le Patas véritable et le Nisnas. Leur pelage est de couleur rousse; leur face prend un allongement notable avec l'âge; leurs canines supérieures sont fortes et longues. Ces singes ont les mœurs sauvages des Grivets et des Malbroucks; quoiqu'on les soumette parfois à une certaine éducation, ils sont toujours difficiles à adoucir, et lorsque tous leurs organes sont développés, ils deviennent également dangereux.

Le CERCOPITHÈQUE PATAS (*Cercopithecus ruber*) est une des espèces que l'on amène souvent en Europe : il vient du Sénégal. Buffon et Linné le connaissaient déjà. Plusieurs auteurs, supposant à tort que ce Singe habite aussi la Nubie, l'ont considéré comme étant le *Képos* d'Aristote, que d'autres érudits ont cru retrouver dans la Mone, et que l'on pense aujourd'hui être le Grivet ou le Nisnas. La couleur du Patas l'a fait appeler *Singe rouge*; elle est d'un fauve brique ou rouillé assez vif sur le dos, les flancs, les cuisses et la queue; les bras sont gris ainsi que les avant-bras; les jambes et les mains sont blanchâtres comme tout le dessous du corps; le nez est noir.

Fr. Cuvier a fréquemment observé les Patas, et il a pu les comparer aux autres Cercopithèques; il disait, au sujet de deux Singes de cette espèce, qu'il avait possédés pendant un certain temps, que, bien que jeunes, ils étaient déjà méchants, montraient de l'emportement, avaient le caractère capricieux et l'inaffection de la plupart des Guenons, mais qu'ils jouissaient en même temps de toute la pénétration de ces Animaux. La femelle ne diffère pas du mâle par ses couleurs, et le Patas à bandeau noir n'est lui-même que le Patas ordinaire.

CERCOPITHÈQUE PATAS. 1/10 de grand. nat.

Quant au *Patas à bandeau blanc*, Fréd. Cuvier, qui en donne la description, ne décide pa s'il constitue une espèce à part ou simplement une variété. Il dit cependant que les différences qu'il signale entre ce Patas et celui que nous venons de décrire, sont à peu près égales à celles qui distinguent les uns des autres le Callitriche, le Grivet, le Malbrouck, le Vervet, etc.

Il faut admettre au contraire que les Patas de Nubie ne sont pas de la même espèce que ceux du Sénégal; on les nomme CERCOPITHÈQUES NISNAS (*Cercopithecus pyrrhonotus.*)e

Le Nisnas a été reconnu comme différent du Patas ordinaire, avec lequel on l'avait longtemps confondu, par MM. Hemprich et Ehrenberg, qui ont eu souvent l'occasion de l'observer pendant leur voyage dans la haute Égypte. Le second de ces naturalistes en a donné une description dans son Recueil intitulé *Symbolæ physicæ*, et M. Valenciennes en a aussi publié la figure et les principaux caractères dans le grand ouvrage de Fréd. Cuvier. Le Nisnas a le nez en partie blanc tandis que celui du Patas est noir; ses épaules ainsi que la face externe de ses bras sont de la même couleur jaune rouillé que sa tête, son dos, ses flancs, ses cuisses et sa queue; un triangle généralement plus roussâtre existe sur le front. Ce Singe devient plus fort que le Patas.

CERCOPITHÈQUE NISNAS. 1/3 de grand.

Il a été connu des anciens Égyptiens, et on le trouve quelquefois représenté sur les monuments qu'ils ont laissés. On en voit une figure assez reconnaissable, quoique peu différente de celle qui aurait été faite d'après un Grivet, sur un tombeau de Memphis. Elle a été copiée par Passalacqua, et, d'après lui, par MM. Ehrenberg et de Blainville. Nous la reproduisons à notre tour.

Comme les Cercopithèques Nisnas qu'on amenait dans la basse Égypte ont pu passer de là en Grèce et à Rome, quelques personnes pensent maintenant que c'est leur espèce qu'Aristote et d'autres auteurs anciens ont appelée *Képos*, et que c'est aussi le Cercopithèque éthiopien de Pline. Je n'oserais dire que cette version doive être définitivement acceptée, quoiqu'elle soit préférable à celle qui fait de la Mone le véritable Képos, et du Callitriche de Buffon le véritable Callitriche de Pline. Ce petit problème de synonymie est à la fois historique et géographique, et il est évident que si Buffon avait bien connu la patrie de son Callitriche et celle de la Mone, il n'aurait pas donné comme observés par les anciens deux Singes qui sont confinés dans une région de l'Afrique avec laquelle les Grecs et les Romains n'avaient aucune relation.

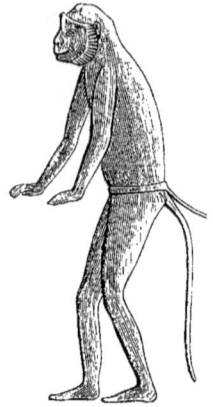

IV

MACAQUES

La quatrième division des Pithéciens comprend, indépendamment de l'Animal auquel les anciens donnaient le nom de *Pithèque*, plusieurs espèces asiatiques et un petit nombre d'autres qui sont africaines. On en a fait plusieurs genres distincts; les Macaques constituent l'un de ces genres et ils ont donné leur nom à tout le groupe. Ces Singes ont à peu près l'intelligence et le caractère des dernières Guenons, et comme elles ils deviennent plus difficiles à dompter à mesure que leur âge avance. Leur crâne, peu différent de celui des Guenons, s'en distingue cependant par une apparence plus robuste et par une épaisseur habituellement plus grande de l'arcade sourcilière, qui a le plus souvent une saillie orbitaire interne très-saillante; leurs molaires sont mamelonnées à peu près de la même manière que celles des Guenons, mais la dernière inférieure a toujours un cinquième tubercule, ce qui n'a pas lieu dans les espèces de la tribu précédente.

Les Macaques ont des abajoues bien développées et dont on ne tarde pas à reconnaître la présence si on leur donne quelques aliments; ils n'ont plus les oreilles arrondies et bordées, mais un peu appointies à la partie supérieure; leurs formes, moins sveltes que celles des Semnopithèques, sont aussi moins gracieuses que celles des Guenons; ils n'ont pas non plus la variété de couleurs qui distingue la plupart de ces dernières, et leur queue, toujours moins longue que celle des Semnopithèques et des Colobes, est égale à celle des Guenons, ou au contraire moindre, quelquefois même nulle ou presque nulle extérieurement.

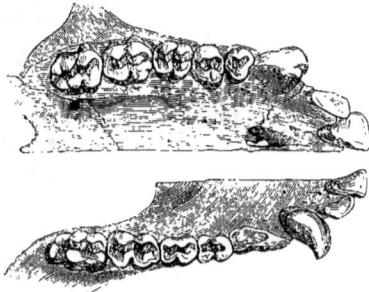

DENTS DE MACAQUE À AIGRETTE, grand. nat.

On place en général à la fin du groupe les espèces qui sont dans ce dernier cas ; c'est aussi la marche que nous suivrons, mais en faisant remarquer que le Magot, qui se trouve ainsi placé après les autres, ne leur est pourtant pas inférieur en intelligence, et que peut-être la série des espèces, telle qu'on l'établit alors dans la division générique des Macaques, devrait être intervertie. Leurs femelles sont, comme celles des autres Singes, sujettes à un flux qui revient périodiquement tous les mois, et qui est accompagné chez elles d'une tuméfaction plus ou moins grande des organes qui en sont le siége. Cette tuméfaction s'observe aussi dans les Mangabeys, Animaux longtemps classés parmi les Guenons, dont ils ont plusieurs caractères, mais qui sont mieux placés dans la division des Macaques et du Magot. Ces *Mangabeys*, le *Magot* et les *Macaques*, eux-mêmes divisés en plusieurs sous-genres, suivant la longueur de leur queue, composent le groupe des *Macaciens*. Nous allons décrire leurs différentes espèces.

GENRE MANGABEY (*Cercocebus*, E. Geoffroy). Port un peu plus lourd que celui des Guenons, mais analogue au leur ; queue assez longue, également relevée au-dessus du dos : tels sont les caractères à l'aide desquels on peut distinguer les Mangabeys ; leur taille est la même que celle des Guenons et de la plupart des Macaques, et, comme les premiers de ces Singes, ils ont le continent africain pour patrie. Buffon a vu deux des trois espèces que l'on connaît dans ce genre, et il les a nommées *Mangabey*, parce qu'il croyait qu'on les trouve à Madagascar dans les terres voisines de Mangabey ; Linné avait déjà signalé la troisième sous le nom de *Simia æthiops*.

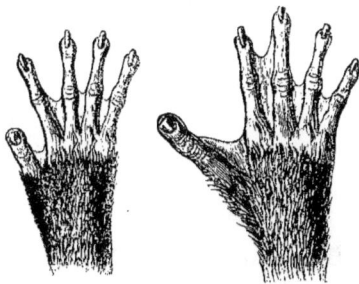

MANGABEY A COLLIER BLANC, mains antérieure et postérieure, 1/2 de grand.

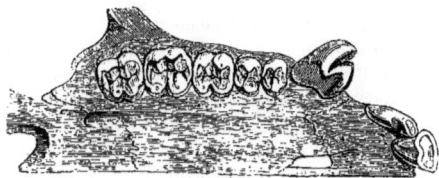

MANGABEY ÉTHIOPS (*Cercocebus æthiops*). Sa calotte rousse est bordée de blanc en arrière et le dessus de son cou est de la même couleur que son dos, c'est-à-dire gris-brun ainsi que la queue et la face externe des membres. On ignore quelle partie de l'Afrique ce Singe habite.

MANGABEY A COLLIER BLANC de Daubenton et de Fréd. Cuvier (*Cercocebus collaris* de MM. Gray et Isid. Geoffroy). (*Voyez la tête, pag.* 11.) Les joues et les tempes, le tour du cou et la poitrine sont blancs ainsi que le ventre ; il y a une calotte rousse sur la tête ; tout le dessus du corps, la queue et la face externe des membres sont gris-brun. Daubenton, après avoir décrit le Mangabey à collier blanc, et fait remarquer les caractères qui le distinguent du Mangabey enfumé, qu'il appelle le Mangabey simplement dit, ajoutait : « Ces différences ne peuvent venir que de l'âge et du sexe, et sont trop légères pour caractériser une espèce particulière ; il faudrait pouvoir faire des

DENTS DU MANGABEY A COLLIER BLANC, grand. nat.

observations sur les autres parties de cet Animal pour mieux juger de son espèce. » Ces observations ont été faites et elles ont contredit l'opinion que le savant collaborateur de

Buffon s'était faite du Mangabey à collier, sans toutefois détruire ce qu'il avait dit au sujet de la grande affinité qui rapproche cette espèce de la suivante.

MANGABEY A COLLIER BLANC, 1/4 de grand.

Le MANGABEY ENFUMÉ (*Cercocebus fuliginosus*, E. Geoffroy), dont il est surtout question dans le travail de Buffon et de Daubenton, n'a pas de roux sur la tête, qui est d'un gris enfumé ainsi que tout le dessus du corps, la queue et la face externe des membres. Son menton, ses joues, les côtés et le dessous de son cou sont blancs, ainsi que la poitrine et le ventre.

Fr. Cuvier a parlé de cette espèce sous le nom de Mangabey. « Nous avons vu, dit-il, un très-grand nombre de ces Singes, et nous en avons possédé plusieurs; et, soit hasard, soit qu'en effet ils aient un naturel plus heureux que les autres, nous n'en avons pas rencontré un seul qui ne fût familier et doux, malgré la plus grande pétulance; et, à cet égard même, ils m'ont paru surpasser la plupart des Guenons; sans cesse en action, ils prenaient toutes les attitudes, et souvent les plus grotesques; on les aurait dit, à la variété et à la vivacité de leurs mouvements, pourvus d'un plus grand nombre d'articulations que les autres Guenons et de plus de force; c'étaient surtout les mâles qui se faisaient remarquer, et ils mêlaient constamment à leurs sauts une grimace particulière, qui montrait leurs incisives, toujours très-larges, et qui ressemblait à une sorte de rire. Les femelles, plus calmes, étaient aussi plus caressantes. »

Dans son catalogue des Primates du Muséum, M. Is. Geoffroy regarde comme étant sans doute un Mangabey enfumé, le Singe albinos, qui est décrit et figuré par Audebert sous le nom d'*Atys*. Précédemment il avait cru y reconnaître un Semnopithèque doré; M. Ogilby en avait fait un Rhésus et Fischer un Macaque ordinaire. Il est probable que l'exemplaire type de cet Atys, que l'on conserve au Muséum, est le même que Seba avait figuré dans son ouvrage sous le nom de *Grand Singe blanc*. L'examen de son crâne permettrait de résoudre les difficultés qui se rattachent encore à sa synonymie. Ce Singe est aussi le type du *Cercocebus Atys* d'E. Geoffroy-Saint-Hilaire.

GENRE MACAQUE (*Macacus*). Les Portugais avaient donné à certains Singes de la côte occidentale d'Afrique le nom de *Macaquo*, emprunté à la langue des habitants du Congo, et Marcgrave, dans son *Histoire naturelle du Brésil*, a parlé ainsi de l'espèce à laquelle ils appliquèrent cette dénomination : « *Cercopithecus angolensis major, in Congo vocatur*

Macaquo. » Buffon attribua cette indication donnée par Marcgrave à un Singe qu'on a su depuis habiter exclusivement l'Inde, et il a francisé le nom africain de *Macaquo*, en le transformant en *Macaque*. L'article que Buffon consacre à cette espèce est accompagné d'une excellente figure et suivi d'une description longue et exacte due à Daubenton. Aussi les naturalistes ont-ils, à peu près tous, également bien reconnu l'espèce qui s'y trouve décrite, et, quoique incertains s'il faut ou non regarder comme en étant différents plusieurs Singes qui se rapprochent beaucoup du Macaque de Buffon sans en avoir tous les caractères, ils en ont fait un petit groupe auprès duquel sont venues se classer diverses autres espèces, telles que l'Aigrette et le Bonnet-Chinois.

Ces deux derniers sont aussi décrits dans l'*Histoire naturelle générale et particulière*. L'Ouanderou, qui est dans le même cas, le Maimon, qui s'y trouve aussi, le Rhésus et quelques autres à queue moins longue et qu'on n'a connus que plus récemment, sont également regardés comme des Singes du même genre que le vrai Macaque.

E. Geoffroy-Saint-Hilaire et G. Cuvier, dans un travail fait en commun, qu'ils publièrent, en 1795, dans le *Magasin encyclopédique*, admirent un genre sous ce nom, mais ils l'appelèrent en latin *Pithecus*, sans y rapporter toutefois le Magot ou le Pithèque des anciens. En 1799, Lacépède latinisa ce nom en l'écrivant *Macaca*; mais presque tous les auteurs qui sont venus après l'ont écrit *Macacus*, à l'exemple de Desmarest, et c'est cette dernière orthographe qui a prévalu. Toutefois, quelques variantes ont encore été proposées à cette classification et acceptées plus ou moins longtemps. C'est ainsi que le Macaque de Buffon et de Daubenton est, pour E. Geoffroy-Saint-Hilaire, un *Cercocèbe*, ainsi que l'Aigrette, le Bonnet-Chinois, les deux Mangabeys de Buffon et même le Callitriche. Dans son Tableau des Quadrumanes, qui a paru en 1812, ce célèbre naturaliste classait ainsi ces Animaux, et le Rhésus ainsi que le Maimon étaient réunis par lui au Magot sous le nom d'*Inuus*. La répartition dont nous nous servirons est celle qui est adoptée maintenant pour le rangement de ces Singes. M. Is. Geoffroy l'a admise dans les galeries du Muséum, et elle est aussi employée à Londres et dans plusieurs autres grandes collections.

Les espèces ainsi réunies sous le nom générique de *Macaques* sont des Singes à formes plus robustes que les Guenons, ayant, avec les Cercocèbes véritables et les Magots, toutes les analogies que nous avons signalées précédemment, et dont les caractères propres consistent, 1° dans l'épaisseur de leur arcade sourcilière, qui possède une forte échancrure orbitaire interne, tandis qu'il n'y en a pas chez le Magot; 2° dans leur queue longue, moyenne ou nulle, mais qui, lorsqu'elle est longue, reste toujours tombante et ne se relève point audessus du dos, comme celle des Mangabeys ou des Guenons; 3° dans la forme du cinquième tubercule de leur dernière dent molaire inférieure, qui est simple comme chez les Mangabeys, et diffère par suite de celui du Magot. Leur première molaire de la même mâchoire acquiert aussi un plus grand développement que chez le Magot. (*Voyez la figure de la pag.* 82.)

On peut établir trois divisions parmi les Macaques, en tenant compte de la longueur plus ou moins considérable de leur queue.

1° *Espèces à queue longue, formant au moins la moitié de la longueur totale.*

MACAQUE DE BUFFON (*Macacus Cynomolgus*). On rapporte à cette espèce non-seulement le *Macaque* de Buffon et de Daubenton, mais aussi l'*Aigrette* des mêmes naturalistes : il est douteux que ce soit le *Simia cynomolgos* de Linné, et F. Cuvier, qui a écrit sur le Macaque dans les *Mémoires du Muséum*, conteste même ce rapprochement. Aussi a-t-il proposé de substituer au nom spécifique qu'on vient de lire, et qui a cependant prévalu, celui d'*Irus* (mendiant d'Ithaque, qui osa prétendre à devenir l'époux de Pénélope). Ce nom, dit Fréd. Cuvier, est assez convenable pour un Singe dégoûtant de saleté, d'impudeur et d'effronterie.

La sévérité avec laquelle le savant naturaliste, qui a si bien et si longtemps étudié les Mammifères, juge ici le Macaque, n'a rien d'exagéré, et un zoologiste anglais s'est trop écarté de la pensée de l'auteur en substituant au nom que nous venons de citer celui de *Macacus Iris*. Sans être aussi repoussant que le sont la plupart des Cynocéphales, ce Singe et ses congénères sont difficiles à contenir, et le plus souvent ils sont aussi sales au physique qu'au moral. Toutefois, ils sont bien loin de manquer d'intelligence, et, sous ce rapport, ils ne le cèdent probablement ni aux Guenons, ni aux Semnopithèques; mais comme ils sont plus robustes et qu'ils ont les passions bien plus vives, l'âge agit d'une manière plus profonde sur leur naturel, et tous les soins qu'on avait pris pour leur donner une espèce d'éducation ne peuvent triompher de la brutalité qu'ils acquièrent en se développant. Néanmoins les Macaques sont employés fréquemment par les bateleurs, qui savent tirer parti des bonnes dispositions qu'on leur reconnaît dans le jeune âge, et que les femelles conservent même plus longtemps que les mâles.

MACAQUE DE BUFFON, 1/6 de grand.

On distingue facilement les *Macaques de Buffon* à leur pelage assez court, brun olivâtre tiqueté de noir sur la tête et le corps, plus gris sur les membres et noirâtre sur la queue. On les amène communément dans nos contrées. Comme ils sont robustes sans être gros, ils supportent plus ou moins longtemps les rigueurs de nos hivers, et les corrections qu'on leur administre pour les rendre plus obéissants n'altèrent pas sensiblement leur santé. Cependant ils périssent en général avant la vieillesse, souvent même avant d'être devenus adultes. Les Singes de cette espèce, et presque tous ceux que l'on amène dans nos climats, succombent à des maladies de poitrine. Quelques-uns résistent cependant à l'humidité ou au froid, et, plus vigoureux que les autres ou moins impressionnables et mieux soignés, ils peuvent être conservés plus longtemps hors de leur pays.

Quelques Macaques ont produit en captivité; ils n'ont eu, comme les autres Singes de l'ancien continent, qu'un seul petit à chaque portée. On a obtenu le Métis du Macaque ordinaire et du Macaque Bonnet-Chinois, et même celui d'un Macaque uni à une Guenon. Il est arrivé plusieurs fois que les femelles mères n'aient pris aucun soin de leur petit, ce qu'il faut sans

doute attribuer aux changements considérables que la captivité, lorsqu'elle n'a pas été
poussée jusqu'à la véritable domestication, apporte dans les sentiments des Animaux qui y
sont assujettis. D'autres fois elles leur ont voué une affection illimitée. Pendant les premières
semaines, le jeune Macaque reste accroché à leur corps, tenant l'une ou l'autre des tétines
entre ses lèvres, et ne remuant pour ainsi dire que les yeux, qu'il dirige avec curiosité dans
tous les sens. Plus tard, la mère le laisse marcher; mais, tant qu'il n'est pas assez fort,
elle ne lui permet point de s'éloigner, et au moindre signe d'inquiétude, elle le reprend et se
dispose à l'emmener.

La démarche de ces Animaux à terre est assez différente de celle des Guenons, et comme
leurs membres sont mieux proportionnés, ils ont aussi les mouvements moins roides et moins
saccadés. En les voyant gambader dans les ménageries, on reconnaît qu'à l'état de liberté
ils doivent se tenir moins souvent sur les arbres que les vraies Guenons. C'est d'ailleurs ce
que confirment les récits des voyageurs, qui disent avoir le plus souvent rencontré ces Animaux et leurs congénères dans les lieux rocailleux, sur les petites montagnes, ou même
à une plus grande hauteur, sur les montagnes de l'Inde.

Le Macaque de Buffon habite le continent indien et plusieurs des îles de la Sonde ou des
Moluques. Les naturalistes hollandais ont constaté sa présence à Java, à Sumatra, à Banka,
à Bornéo, à Célèbes et à Timor. On assure que des Singes de cette espèce se sont naturalisés à l'île de France (île Maurice), et l'on distingue parmi ceux de l'Inde ou des îles
indiennes, que l'on conserve dans les collections publiques ou que l'on voit journellement,
plusieurs variétés de taille, de teinte générale ou de figure. Mais il est encore impossible de
dire s'il y a parmi ces différents Macaques plusieurs espèces, et quelle est au juste la valeur
des caractères qui les distinguent de celles plus ou moins voisines que Fréd. Cuvier, M. Is.
Geoffroy-Saint-Hilaire et divers autres naturalistes séparent du Macaque ordinaire.

On a décrit les deux suivantes comme étant particulières :

MACAQUE ROUX DORÉ (*Macacus aureus*, Is. Geoffroy), du Bengale et de Sumatra. Son
pelage est d'un fauve roux, composé de poils onduleux et striés; ses membres sont gris
clair à leur face externe; de longs poils couvrent ses joues ainsi que les parties latérales de
sa tête.

MACAQUE ROUX DORÉ. 1/3 de grand.   MACAQUE A FACE NOIRE, 1/3 de grand.

MACAQUE A FACE NOIRE (*Macacus carbonarius*), de Sumatra. Il a été signalé par
F. Cuvier, d'après des renseignements recueillis par Duvaucel; mais il reste des doutes à son
égard, et nous nous bornerons à renvoyer le lecteur à ce que dit ce naturaliste dans son
grand ouvrage. Nous ajouterons seulement que le catalogue des Animaux propres aux îles de
la Sonde qui a été dressé par MM. Temminck et Schlegel d'après les collections de M. Salo-

mon Muller ne mentionne que l'espèce ordinaire, et que probablement le Macaque à face
noire et le Macaque roux doré ne sont pas regardés par ces savants comme constituant des
espèces réelles. Il y a cependant quelques distinctions à faire parmi les Singes qui se rapprochent du Macaque de Buffon ; mais, nous le répétons, ces distinctions ne sont pas encore
faciles à établir d'une manière précise, et, comme on le verra pour beaucoup d'autres Animaux, on ne peut pas toujours séparer ici la simple race de la véritable espèce.

Nous avons déjà dit que l'*Aigrette*, dont Buffon et Daubenton nous ont laissé la description, avait été regardée par plusieurs naturalistes comme une simple variété du Macaque
ordinaire ; d'autres auteurs en ont fait une espèce différente. C'est le *Simia aygula* des
linnéens.

Le *Tawny monkey* de Pennant (*Simia mulatta* de quelques nomenclateurs) n'est peut-
être de son côté que le Macaque roux doré ou le Macaque à face noire, et il n'est pas encore
certain que ces deux derniers soient eux-mêmes de race distincte. L'exemplaire type du
Macacus carbonarius n'est pas connu en nature ; enfin certains Macaques, regardés par
M. Is. Geoffroy comme appartenant à l'espèce ordinaire, peuvent avoir, comme celui que
nous avons décrit dans le Voyage de la corvette *la Bonite*, le pelage fortement lavé de roux
et la face en partie noire.

Un autre Animal encore peu différent est le MACAQUE DES PHILIPPINES (*Macacus
philippinensis*, Is. Geoffroy), dont la description
repose sur l'examen d'un exemplaire entièrement
Albinos qui a été rapporté vivant de Manille (île
Luçon). On le croyait originaire de cette île, où
existent d'ailleurs des Macaques d'une race particulière, dont la coloration diffère un peu de celle
du Macaque commun. En 1842, j'ai vu dans la
riche Ménagerie de Régent's Parck, à Londres,
un de ces Macaques de Luçon. Il avait le pelage
de couleur olivacée un peu foncée ; sa face était
noire. Je trouve dans le *Supplément* au catalogue
des Mammifères de la Société zoologique de la
même ville, que M. Waterhouse a publié en 1839,

MACAQUE DES PHILIPPINES, 1/3 de grand.

l'indication d'un autre exemplaire du Macaque olivacé de Luçon. Cet habile mammalogiste
le regarde comme appartenant à l'espèce du *Macacus carbonarius*.

Indépendamment du *Macacus philippinensis*, on a vu d'autres Singes albinos appartenant
aussi à la famille des Pithèques, mais ils se rapportaient à des espèces différentes. On en cite
pour l'Ouanderou, et Seba en a figuré un autre dans son *Thesaurus* sous le nom de *Simia
magna alba*. La véritable espèce de celui-ci n'a pas encore été reconnue. Audebert et
E. Geoffroy l'ont admis comme distinct de tous les autres Singes, sous le nom spécifique
d'*Atys*, et le second de ces naturalistes l'a rapporté au genre Cercocèbe, en le plaçant
entre l'Aigrette et le Bonnet-Chinois. Nous en avons déjà dit quelques mots en traitant des
Mangabeys.

Le Macaque albinos des Philippines, que M. Is. Geoffroy a décrit, et dont il a donné une
excellente figure dans les *Archives du Muséum*, évitait constamment l'éclat de la lumière,
qui le gênait beaucoup ; aussi se tenait-il le plus souvent, triste et mélancolique, dans un
coin de sa cage. Les autres Singes le tourmentaient sans qu'il pût se défendre, et lorsqu'il se
livrait à quelque mouvement, c'était presque toujours avec une gravité et une lenteur qui
contrastaient avec la vivacité turbulente de ses compagnons.

On s'accorde, en général, à séparer du Macaque ordinaire le MACAQUE BONNET-
CHINOIS dont il est question dans Buffon et Daubenton, et que Linné a nommé en latin
Simia sinica (*Macacus sinicus* de la nomenclature actuelle). Il est de l'Inde, mais seulement

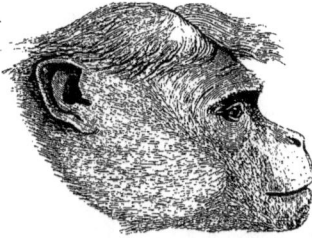

MACAQUE BONNET-CHINOIS (de Buffon). 1/4.

de l'Inde continentale, et si on le trouve aussi à l'état de liberté à l'Ile de France, c'est qu'il y a été importé depuis l'occupation de cette île par les Européens. C'est le *Toque* de plusieurs naturalistes, et, en particulier, de Fréd. Cuvier. Ses caractères consistent non-seulement dans les poils rayonnants à peu près comme les rayons d'un cercle qui existent au-dessus de sa tête, mais aussi dans la nudité de son front et dans sa face également nue, allongée et ridée. La couleur de ce Singe est en grande partie gris verdâtre ; son poil est soyeux. On l'a aussi nommé *Macacus radiatus*. On le rencontre sur la côte de Coromandel et au Malabar.

Un autre Singe voisin de celui-ci, et dont il est fait mention dans les *Suppléments* de Buffon sous le nom de Guenon couronnée, est appelé MACAQUE COURONNÉ (*Macacus pileatus*) par M. Is. Geoffroy. On lui a quelquefois transporté, mais à tort, le nom de Bonnet-Chinois, quoiqu'il ne réponde pas à l'espèce ainsi nommée par Buffon. Il a aussi les poils du dessus de la tête divergents ; son corps est d'un brun roux vif plus ou moins doré, sur la tête, le corps et la face externe des membres. Cet Animal est plus rare que le précédent, dont il ne diffère pas notablement par ses habitudes. Il reste quelque doute sur sa véritable patrie.

2° *Espèces à queue moins longue que la moitié du corps et n'en égalant guère que le tiers.*

MACAQUE OUANDEROU (*Macacus Silenus*). C'est encore une espèce dont Buffon et Daubenton ont fait connaître les caractères avec soin, et dont ils ont donné la figure. Comme elle a des caractères extérieurs fort tranchés, il est facile de la reconnaître dans les indications relatives aux Singes qui ont été laissées par plusieurs auteurs plus anciens. On l'a aussi décrite depuis d'une manière très-exacte, et elle est aujourd'hui fort bien connue. Le mot Ouanderou a été imaginé par Buffon ; il l'a tiré de *Wenderu*. qui est, dit-il, le nom de cet Animal à Ceylan.

La Ménagerie de Paris a possédé assez fréquemment des Ouanderous, et elle en a dû en particulier de très-beaux exemplaires à M. Dussumier. Comme tous les Singes de leur espèce, ceux-ci étaient noirâtres sur le corps, la tête et les membres, et leur face était encadrée de longs poils gris simulant une sorte de crinière ; leur ventre était gris, ainsi que la poitrine : la face était noire. On donne Ceylan comme étant principalement la patrie de l'Ouanderou ; mais il existe aussi sur le continent, principalement dans la presqu'île de Pondichéry. C'est un des Singes qui s'avancent le plus dans le Nord,

MACAQUE OUANDEROU, 1/4 de grand.

et, à certaines époques de l'année, il s'élève, dit-on, dans les Himalayas, jusqu'à la région des neiges perpétuelles.

Il paraît avoir été connu des anciens, et l'on a pensé qu'il avait été ramené pour la première fois en Europe au retour des conquêtes d'Alexandre dans l'Inde ; mais il ne faut pas prendre à la lettre tout ce qu'on a dit sur les résultats heureux que cette expédition avait eus pour l'histoire naturelle, car les détails qui ont été donnés à cet égard sont souvent bien plutôt du domaine du roman que de celui de l'histoire. Ctésias avait déjà parlé de Singes de l'Inde appartenant à une autre espèce que son Cercopithécos. Il assurait qu'ils forment « une nation d'Hommes, habitant les montagnes de l'Inde, ayant une tête de Chien, des dents plus longues que chez ces Animaux, des ongles comme eux, mais plus longs et plus arrondis, de couleur noire, se vêtant de peaux d'Animaux, ne parlant pas, mais aboyant, et que les Indiens nommaient *Calystra*, ce qui veut dire Cynocéphales. Les mâles, comme les femelles, ajoute-t-il, ont une queue comme les Chiens, mais plus poilue. »

Il en est de certaines synonymies des Animaux signalés par les anciens comme de quelques étymologies un peu trop forcées que tout le monde connaît; il faut beaucoup aider à l'interprétation pour admettre les rapports qu'elles supposent. Celle qui réunit les Calystres et les Ouanderous dans la même espèce de Singe a peut-être raison, mais son évidence laisse certainement quelque chose à désirer. Que dire de l'opinion des auteurs qui ont admis que ces Cynocéphales ou Calystres étaient de vrais parias arrivés au dernier point de la dégradation humaine, et de celle de Malte-Brun, qui s'est demandé sérieusement s'ils ne constituaient pas la souche des nègres océaniens? Belin de Ballu avait cru, au contraire, qu'ils étaient de l'espèce des Orangs-Outans; mais l'absence de queue chez ces derniers et l'éloignement des deux îles qu'ils habitent montrent suffisamment le contraire. Il est donc plus simple

MACAQUE OUANDEROU, 1/12 de grand.

d'en revenir à l'Ouanderou; mais encore n'est-ce que par induction que nous admettrons son identité avec le *Calystra*, rien n'étant démontré à cet égard.

Les conquêtes d'Alexandre dans l'Inde procurèrent sans doute des Singes et d'autres Animaux aux médecins attachés à son armée; cependant il paraît bien certain que les renseignements qui furent alors recueillis restèrent, quoiqu'on en ait dit, inconnus à Aristote. En effet, celui-ci ne parle que du Pithèque, du Kêbos, du Cynocéphalos et du Chœropithécos, c'est-à-dire des Singes propres au nord de l'Afrique. Il est vrai qu'il est question de Singes dans le XIXᵉ livre du *Roman d'Alexandre*; mais cet ouvrage, qui prétend donner le récit des expéditions du roi de Macédoine, et qui a la prétention de nous apprendre ce qu'il a fait, est entièrement apocryphe; nous ne le citerons donc que pour faire voir avec quelle défiance il faut consulter certains des documents qu'on attribue aux anciens.

En parlant des *propriétez des bestes qui ont magnitude, force et pouvoir en leur brutalitez*, le traducteur du Pseudo-Callisthène dit quelques mots des Satyres, « qui ont corps d'Hommes, vont droitz comme Hommes, branslans leurs testes telles quils les ont. » Puis il ajoute : « De ces bestes cy en fit prendre Alexandre V ou VI cens, que jeunes, que vieulx, de moyen eage et de toutes sortes, masles et femelles et de petits, comme petits enffans, qui grognaient comme Pourceaux, comme Chiens, comme Marmolz, qui avaient de petites mains comme Cynges, qui semblaient à petits enffans tant beaux que mervielles. De ces petits plusieurs en envoya Alexandre aux dames de Perse, aux dames de Macédone, singulièrement à sa mère, des plus beaux, pour la tenir toujours joyeuse, avec autres satires, grans et moyens de diverses sortes et contreffaites. » Mais c'est là le *Roman* des conquêtes d'Alexandre, et point du tout leur histoire, faite sur des documents authentiques, et pourtant certains auteurs anciens ont rapporté des fables analogues. Les personnes qui voudraient connaître ce que l'on sait relativement à l'origine de ce roman bizarre devront recourir à l'intéressant ouvrage que M. Berger de Xivrey a publié, en 1836, sous le titre de *Traditions tératologiques*.

Un compilateur grec du commencement du troisième siècle, Elien, a réuni dans son ouvrage *sur la Nature des Animaux* des détails d'autant plus précieux qu'ils sont souvent tirés d'auteurs qui ne nous sont pas parvenus ; il a donné sur les Singes de l'Inde des renseignements dont quelques-uns paraissent s'appliquer assez bien à l'Ouanderou. Il parle, en effet, de Singes vivant dans le Prase indien, qui ont la chevelure et la barbe blanches, tout le reste du corps noir et la queue (qu'il dit à tort longue de cinq coudées) terminée par un flocon de poils. Elien parle aussi des Singes que rencontra l'armée d'Alexandre, et il raconte à leur sujet, ce que l'on a souvent répété, qu'ils étaient en si grande abondance que les soldats crurent un moment que c'était l'armée ennemie.

C'est ce Singe du Prase indien que Strabon appelle Kercopithecos. S'il était sûrement de la même espèce que celui de Ctésias, ce serait à tort qu'on aurait vu dans ce dernier un Semnopithèque ; mais cela ne changerait rien à ce que nous avons dit sur la patrie probable du Singe à longue queue de Ctésias, l'Ouanderou existant aussi à Ceylan.

Le MACAQUE RHÉSUS (*Macacus erythræus*) répond aux *Macaque à queue courte* de Buffon (nommé *Simia erythræa* par Schreber) et au *Patas à queue courte* du même auteur. C'est un Singe plus fort que le Macaque ordinaire et que l'Ouanderou. Il a quelque analogie dans les couleurs avec le Magot, mais sa queue est presque aussi longue que celle de l'Ouanderou. Il n'a pas de crinière, et son pelage est tiqueté, caractères auxquels il faut ajouter que la partie nue de ses fesses se colore vivement en rouge, principalement à certaines époques. C'est encore un Animal de l'Inde continentale.

MACAQUE RHÉSUS MALE, 1/3 de grand.   MACAQUE RHÉSUS FEMELLE, 1/3 de grand.

F. Cuvier a donné de longs détails sur un Rhésus né à la Ménagerie. Immédiatement après être venu au monde, ce jeune Animal s'attacha au ventre de sa mère, s'accrochant par les quatre mains à son pelage, et pendant quinze jours environ il ne quitta pas le mamelon, même pendant son sommeil. Dès le premier jour, il parut distinguer les objets et les regarder véritablement. Les soins de la mère, dans tout ce qui tenait à l'allaitement et à la sécurité de son nourrisson, annonçaient un dévouement parfait. Elle n'entendait pas un bruit, n'apercevait pas un mouvement sans que son attention ne fût excitée et sans qu'elle ne manifestât une sollicitude qui se reportait entièrement sur son petit. Le poids de celui-ci ne paraissait nuire à aucun de ses mouvements ; mais tous étaient si adroitement dirigés que, malgré leur variété et leur promptitude, il n'en souffrait point. Jamais elle ne l'a heurté, même légèrement, contre les corps très-irréguliers sur lesquels elle pouvait courir et sauter. Au bout de quinze jours environ, il commença à se détacher d'elle, et, dès ses premiers pas, il montra une adresse et une force qu'une longue préparation et des essais analogues à ceux que font les enfants n'auraient pas rendus plus parfaits. D'abord il s'accrocha aux grillages verticaux dont sa cage était garnie, et il montait ou descendait à sa fantaisie; mais sa mère semblait le suivre des yeux et des mains comme pour l'empêcher de tomber, et, après quelques instants de liberté, averti par un simple attouchement, il revenait se fixer sur elle. « D'autres fois, dit F. Cuvier, il faisait aussi quelques pas sur la paille qui leur servait de litière, et, dès ces premiers moments, je l'ai vu se laisser tomber volontairement du haut de sa cage en bas, et arriver avec précision sur ses quatre pattes, puis s'élancer contre le treillage à une très-grande hauteur pour sa taille, et en saisir les mailles pour s'y accrocher, avec une prestesse qui égalait au moins celle des Singes les plus expérimentés. » Bientôt on vit la mère chercher de temps en temps à se débarrasser de sa charge, tout en conservant la même sollicitude, car ce n'était plus pour elle un fardeau dès que le moindre danger pouvait être à craindre. A mesure que les forces du petit se développaient, ses sauts et ses gambades devenaient plus surprenants. Je me plaisais à l'examiner, et je puis dire que jamais je ne lui ai vu faire un faux mouvement, prendre de fausses dimensions et ne pas arriver avec l'exactitude la plus parfaite au point vers lequel il tendait........ Ce n'est qu'après six semaines environ d'une nourriture plus substantielle que le lait lui est devenu nécessaire, et alors un spectacle nouveau s'est présenté à nous. Cette mère, que nous avons vue si pleine de tendresse, mue par une sollicitude si active, qui supportait son petit suspendu sans relâche à son corps et à sa mamelle, et qu'on aurait jugé devoir porter l'amour maternel jusqu'à prendre les aliments de sa propre bouche pour les lui donner, ne lui permit pas de toucher à la moindre portion de ses repas lorsqu'il commença à vouloir manger. Dès qu'on lui avait donné les fruits et le pain qui lui étaient destinés, elle s'en emparait, le repoussait aussitôt qu'il voulait approcher et s'empressait de remplir ses abajoues et ses mains pour que rien ne lui échappât. Et qu'on ne cherche pas d'autre cause que la gloutonnerie à cette action singulière; elle ne pouvait vouloir forcer son petit à teter : elle n'avait presque plus de lait; elle ne pouvait craindre non plus que ces aliments lui fussent contraires : il les recherchait naturellement, et il s'est toujours bien trouvé d'en avoir mangé. Aussi la faim le rendait-elle très-pressant, très-téméraire et très-adroit. Les coups de sa mère, qui, à la vérité, n'étaient pas très-violents, ne l'intimidaient point, et quelque soin qu'elle prît pour l'éloigner et s'emparer de tout, il parvenait toujours à dérober un assez bon nombre de morceaux, qu'il allait manger loin d'elle, en ayant toujours soin de lui tourner le dos; et cette précaution n'était pas inutile, car j'ai vu cette mère, plusieurs fois, quitter sa place et aller à l'autre bout de sa cage, ôter des mains de son petit le morceau qu'il était parvenu à se procurer. Pour éviter les inconvénients d'un sentiment si peu maternel, on eut la précaution de placer dans la cage une beaucoup plus grande quantité d'aliments que celle qui leur était nécessaire et dont elle pouvait s'emparer; alors le petit put avoir une nourriture abondante sans trop faire d'efforts pour l'obtenir. »

3. *Espèces à queue plus courte que le tiers du corps, à peine longue comme la main ou même presque nulle.*

Le MACAQUE A QUEUE DE COCHON ou le *Maimon* de Buffon (*Macacus nemestrinus*) est plus fort et plus robuste que les précédents, mais il a la queue plus courte que celle d'aucun d'entre eux. Sa couleur est d'un brun noirâtre sur le dos, plus foncé sur le dessus de la tête,

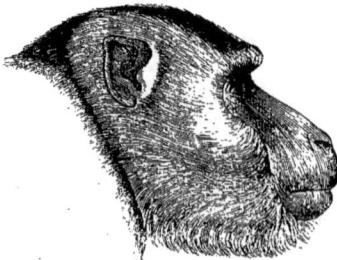

MACAQUE A QUEUE DE COCHON, 1/4 de grand

plus clair sur les flancs et à la face externe des membres; son visage est à peu près de couleur de chair, un peu basané cependant; sa queue n'a guère que quinze centimètres; elle est un peu arquée, ce qui l'a fait comparer à celle du Cochon. Ce Macaque a toutes les mauvaises qualités de ses congénères, et elles acquièrent même chez lui un bien plus grand degré de développement. C'est réellement un Animal dangereux, surtout lorsqu'il a pris tout son développement. Il en est question dans plusieurs auteurs du dernier siècle, et de nos jours on le voit assez souvent dans les Ménageries européennes, où il a même reproduit. On le prend à Sumatra et à Bornéo.

Le MACAQUE URSIN (*Macacus ursinus*, Is. Geoffroy), qui habite la Cochinchine, est sans doute le même Animal que le *Macacus maurus* de F. Cuvier; sa queue est fort courte. Il arrive comme le précédent à une force assez grande, et il ressemble assez au Magot. Toutefois, son crâne et sa dernière molaire inférieure ont la forme caractéristique des Macaques ordinaires et l'éloignent du Magot. Son pelage est presque entièrement composé de longs poils assez rudes, présentant des anneaux alternativement roux et noirs, d'où résulte une couleur générale brun-roussâtre tiquetée de noir; le nez se détache par sa teinte noirâtre au milieu de la couleur de chair qui occupe le reste de sa face.

MACAQUE URSIN, 1/13 de grand.

L'Ursin a été découvert en Cochinchine par M. Diard. F. Cuvier n'a connu son *Macacus maurus* que par un dessin que lui avait envoyé Duvaucel, qui voyageait avec M. Diard.

Le MACAQUE A FACE ROUGE (*Macacus speciosus*), dont on doit la première description à Fréd. Cuvier, n'habite pas l'Inde comme on l'avait cru d'abord, mais le Japon. MM. Temminck et Schlegel en ont plus récemment donné une bonne description et de nouvelles figures, d'après des exemplaires rapportés de ce pays par le savant voyageur hollandais, M. de Siebold.

La face de ce Singe et les autres parties nues de son corps sont d'un rouge clair, un peu rosé; ses poils sont très-doux, très-fins, et à peu près bruns-verdâtres; c'est la seule espèce de Singe qui vive au Japon, et en même temps la plus éloignée des localités habitées par les autres Macaques.

MACAQUE A FACE ROUGE, 1/10 de grand.

Les Macaques à face rouge ressemblent au Magot, et surtout à l'Ursin par l'extrême brièveté de leur queue. Les bateleurs japonais les élèvent et leur apprennent, comme on le fait en Europe pour les Macaques ordinaires, certains tours qu'ils exécutent avec assez d'intelligence.

GENRE MAGOT (*Pithecus* des anciens). Le Magot est un Singe assez difficile à bien classer, mais qui paraît cependant être plus voisin des Macaques à queue rudimentaire que d'aucun autre groupe. Il a les formes trapues de ces Animaux et leur démarche lorsqu'il pose sur le sol par ses quatre extrémités; ses habitudes diffèrent assez peu, et son intelligence est à peu près égale à la leur, quoique cependant elle soit supérieure sous certains rapports. Comme les Macaques, il est doux et susceptible d'éducation lorsqu'il est jeune, mais il devient obstiné, hardi et méchant lorsqu'il a atteint l'âge adulte, et on est bientôt obligé de le tenir enfermé ou de l'attacher avec une forte chaîne. Sa force, qui s'est alors considérablement accrue, est mise par lui au service de ses mauvaises passions, et il semble que l'étroite captivité dans laquelle il faut alors le retenir ne fasse qu'exagérer encore ses dispositions vicieuses.

Il diffère organiquement des Macaques en ce qu'il manque entièrement de queue, n'ayant, comme l'Homme et les Singes anthropomorphes, qu'un coccis rudimentaire qui est caché sous la peau. Il n'a pas non plus d'échancrure orbitaire interne à la partie

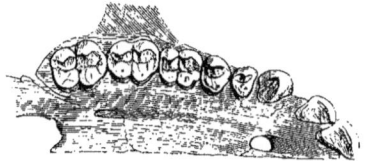

DENTS DU MAGOT, grand. nat.

de l'os frontal qui recouvre l'œil, et le cinquième tubercule de sa dernière molaire inférieure, au lieu d'être simple, comme l'est ordinairement celui des Macaques, est subdivisé en trois par deux petits sillons latéraux.

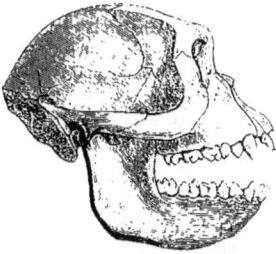

Crâne de Magot, 2/5 de grand.

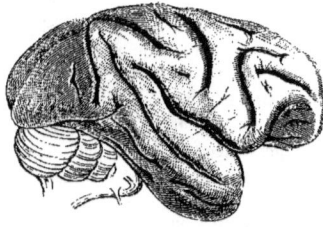

Cerveau de Magot, 1/2 de grand.

Les Singes de cette espèce vivent dans les montagnes boisées et sur les rochers dans plusieurs parties de la région barbaresque. Il y en a dans la province de Constantine, dans la Kabylie, dans la province d'Alger, et, dans le Maroc, à Ceuta; mais on n'en trouve point dans la province d'Oran, qui prend bien plutôt le caractère réellement africain que celles d'Alger, et surtout de Constantine. Un des lieux de l'Algérie que l'on cite le plus souvent comme nourrissant des troupes de Magots, est la région du Petit-Atlas que traverse la Chiffa. En allant de Blidah à Médéah, on s'arrête habituellement dans une petite auberge située sur les bords de la rivière, dans l'une des gorges qui y aboutissent : c'est un lieu très-favorable pour observer ces animaux, car, à peu près tous les jours, il en descend un certain nombre des montagnes avoisinantes, pour venir boire, soit au ruisseau, soit à la rivière.

En face Ceuta, de l'autre côté du détroit, et par conséquent sur la pointe la plus avancée de la péninsule espagnole, il y a aussi des Magots, principalement sur le rocher de Gibraltar. Les naturalistes se sont quelquefois demandé si ces Singes de Gibraltar, qui sont d'ailleurs peu nombreux, ne provenaient pas, comme les Macaques de l'Ile-de-France, d'individus échappés à la domesticité et que l'on aurait apportés d'Afrique ; mais il paraît qu'ils existent bien naturellement sur cette partie de l'Europe, qui possède d'ailleurs en commun, avec le nord de l'Afrique, un grand nombre d'autres espèces terrestres, et en particulier des Mammifères, des Reptiles, des Insectes, des Mollusques, etc. ; aussi pense-t-on que l'Espagne était jointe au continent africain avant qu'une grande ouverture établie à travers les Colonnes-d'Hercule eût fait communiquer l'Océan avec la Méditerranée. Quelques auteurs assurent même qu'il y a aussi des Magots sur d'autres montagnes de l'Andalousie et jusqu'en Grenade. A Gibraltar, ils seraient bientôt détruits si la garnison anglaise, qui occupe ce point, ne les avait pris sous sa protection. Leur chasse en est très-sévèrement interdite ; on la fait cependant quelquefois, et voici comment on s'y prend :

Magot d'Algérie, 1/9 de grand.

on place, sur les rochers où viennent les Magots, des calebasses dont on a rempli l'intérieur avec du vin et du pain. Un trou, ménagé à l'une des extrémités, est disposé de manière à permettre à l'animal d'y fourrer sa tête sans pouvoir la retirer. Pendant la nuit les Magots sont attirés par la lumière qu'on a placée auprès de ces calebasses, et lorsque l'un d'eux a voulu en vider une, il s'en trouve coiffé sans pouvoir la retirer, et le vin qu'elle renfermait s'écoulant sur sa figure et dans ses yeux, le rend plus embarrassé encore, ce qui permet de le saisir.

Le Magot était-il plus répandu autrefois dans le midi de l'Europe qu'il ne l'est aujourd'hui? c'est ce que les écrits des anciens auteurs ne nous disent pas, et, comme on n'en a nulle part encore observé de restes enfouis dans le sol, on ne peut pas répondre affirmativement à la question que nous venons de poser. On doit cependant rappeler que Procope, auteur grec du vie siècle, a écrit qu'il naissait en Corse des Singes presque semblables à l'espèce humaine, et que M. de Blainville, dans son travail sur les Singes connus des anciens, rappelle cette assertion sans la contredire. Aucun autre document n'a été recueilli à cet égard, et l'on n'a encore rencontré ni dans les brèches osseuses de la Corse, ni dans celles d'aucun autre point de la région méditerranéenne, une seule pièce qui puisse appuyer l'opinion que Procope a voulu parler du Magot comme d'un Animal autrefois propre à la Corse. Quant au Singe fossile qui a été découvert dans les dépôts probablement assez peu anciens de la Grèce, rien ne nous dit non plus que ce soit un Magot. Bien au contraire, le fragment de crâne qu'on en a trouvé au pied du mont Pentélicon, auprès d'Athènes, a paru à M. Wagner provenir d'un Animal intermédiaire aux Gibbons et aux Semnopithèques, et le savant professeur de Munich qui l'a décrit, en 1839, lui donne le nom de *Mesopithecus pentelicus.*

C'est à tort qu'on a mis fréquemment le Magot au nombre des Animaux de l'Égypte; les voyageurs qui ont si souvent parcouru ce pays depuis le commencement du xixe siècle ne l'y ont point rencontré. On ne le trouve pas non plus dans les parties de l'Afrique autres que dans celles où nous l'avons signalé précédemment.

L'âge apporte de grands changements dans la physionomie extérieure des Magots aussi bien que dans leur caractère, et Buffon, qui a connu cette espèce en nature, qui l'a décrite et qui a joint à sa description une très-bonne étude anatomique du même Animal faite par Daubenton, consacre un article à part au *Pithèque* des anciens, qui n'est cependant que le même Animal que le Magot. Dans les *Suppléments* publiés, il est vrai après sa mort, par Lacépède, Buffon revient sur ce sujet et figure sous le nom de *Pithèque* un Singe qui n'est qu'un jeune Magot. La même erreur paraît avoir été commise par Aristote, dont le *Cynocéphale* n'est sans doute que l'âge adulte du Pithèque. C'est ce que l'on est conduit à penser par la lecture de ce qu'il dit lui-même : « Le Cynocéphale est tout semblable au Pithèque, seulement il est plus fort et a le museau avancé, approchant presque de celui du Chien, et c'est de là qu'on a tiré son nom; il est aussi de mœurs plus féroces et il a les dents plus fortes que le Pithèque et plus ressemblantes à celle du Chien. »

Le Pithèque est également cité par Galien, et, comme il le rapporte, c'est ce Singe que le célèbre médecin de Pergame a disséqué et sur l'étude duquel il a écrit son anatomie. On sait qu'anciennement, soit à l'époque d'Hippocrate, soit à celle de Galien ou même après, il était défendu de chercher à connaître l'Homme vivant par l'observation de l'Homme mort; aussi les médecins n'ont-ils eu pendant longtemps d'autres notions anatomiques que celles qu'ils avaient tirées de l'observation des Animaux.

De toutes les espèces que l'on connaissait anciennement et que l'on pouvait employer avec quelque succès pour se faire une idée de la structure humaine, le Pithèque ou Magot était sans contredit la plus favorable; Galien ne manqua pas d'en profiter. Il rappelle qu'il avait vu les quelques os humains que l'on montrait dans l'école d'Alexandrie lorsqu'il s'y était rendu pour se fortifier dans ses études; il raconte aussi qu'il eut un jour l'occasion de faire des observations analogues sur le cadavre presque entièrement décharné d'un voleur qu'on avait tué à peu de distance de Rome et qui était resté sur la grande route privé de sépulture; puis, il ajoute que ceux qui n'auront pas de pareilles occasions devront étudier, comme il l'a fait lui-même, l'anatomie du Pithèque. La lecture de son ouvrage prouve d'ailleurs qu'il n'a presque rien vu sur l'Homme, car beaucoup des détails très-circonstanciés dans lesquels il entre sont contraires à ce que l'on voit dans l'espèce humaine, tandis qu'ils sont conformes à ce que l'on observe dans le Magot. Après Galien, la science anatomique resta longtemps stationnaire, et, jusqu'à l'époque de la renaissance, son anatomie, presque entièrement faite d'après le Pithèque, fut même prise par les médecins pour celle de l'Homme, quoique ce qu'il dit du larynx, du sternum, de l'os intermédiaire aux deux rangées du carpe, de certains muscles, de la forme du cœcum, de la communication de l'appareil nasal avec le crâne, etc., etc., ne concorde point du tout avec ce que l'on voit dans notre espèce.

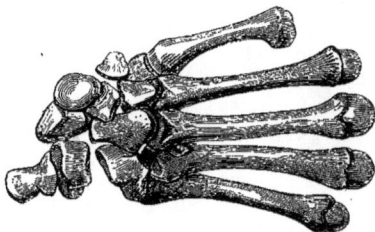

CARPE ET MÉTACARPE DU MAGOT, grand. nat.

La cour de Rome maintint l'interdiction que les anciens législateurs avaient portée contre la dissection du corps humain. Cependant, au XIIIᵉ siècle, on reconnut l'utilité de mieux savoir l'anatomie. L'empereur Frédéric II, roi des Romains et des Deux-Siciles, qui eut d'ailleurs de longs démêlés avec le pape, défendit d'exercer la médecine à quiconque ne serait en mesure de prouver qu'il avait étudié l'anatomie sur le cadavre; et, plus tard, en 1376, les docteurs de l'Université de Montpellier obtinrent de Louis d'Aragon, frère de Charles V et gouverneur du Languedoc, la permission de disséquer chaque année le corps d'un criminel supplicié.

Au XVIᵉ siècle parut enfin l'anatomie humaine de Vésale (*De Corporis humani fabrica*), dont les descriptions et les figures contredisaient si souvent le texte de Galien. Le célèbre médecin de Philippe II n'avait pas tardé à s'apercevoir, en faisant les nombreuses recherches nécessitées par cette immortelle publication, que Galien n'avait pas étudié sur l'Homme lui-même, mais le plus souvent sur des Singes. Toutefois, la plupart des médecins refusèrent de se rendre à l'évidence, et quelques-uns, plus jaloux de leur confrère que désireux de connaître réellement la vérité, cherchèrent à démontrer que c'était Vésale qui se trompait. Le médecin d'Henri IV, Riolan, à qui son mérite personnel aurait dû éviter ce petit travers, et qui avait d'ailleurs appris l'anatomie sur l'Homme et sur le Singe, se joignit à Sylvius, à Eustache et à tous ceux qui se disaient les défenseurs des anciens contre le réformateur de l'anatomie. La vérité n'en fut pas moins du côté de Vésale.

Plus récemment, Pierre Camper a voulu retrouver, en se guidant par les descriptions anatomiques de Galien, quelles étaient les espèces de Singes que ce dernier avait connues. Le mémoire qu'il a rédigé sur ce sujet a surtout pour but la réfutation des critiques de Vésale, publiées deux siècles avant par Eustache, célèbre anatomiste italien, qui mourut en 1570 à Rome, où il était professeur.

Eustache, comme on vient de le voir, était du nombre des savants qui soutenaient que l'anatomie donnée par Galien était bien l'anatomie de l'Homme; Camper fit voir qu'elle reposait en grande partie sur l'observation du Magot; mais il lui sembla que peut-être aussi elle s'était inspirée de la dissection de l'Orang, ce qui a été contesté depuis par M. de Blainville. C'est sur la description donnée par Galien de l'organe de la voix que Camper se fonde principalement; il ajoute cependant : « Nous verrons par la suite que les anciens n'ont absolument pas connu le Singe sans queue (le Tyson (le Chimpanzé), mais que Galien a probablement vu l'Orang-Outan de Borneo, ou plutôt que, pour examiner l'organe de la voix, il a disséqué quelque Singe d'Afrique dont l'espèce nous est encore inconnue. » Peut-

Iʳᵉ PARTIE.   13

être dira-t-on que c'était le Gorille qui a, comme l'Orang, d'énormes sacs laryngiens; mais nous nous garderons bien pour notre part d'émettre encore aucune opinion sur ce point.

Les récits qu'on a souvent reproduits au sujet des Singes maraudeurs ont été faits aussi à propos des Magots. Un botaniste français, qui avait parcouru, vers la fin du siècle dernier, une partie de l'Algérie, le savant Desfontaines, communiqua à Buffon quelques détails à cet égard. Ces détails ont paru dans le tome VII des *Suppléments à l'Histoire naturelle*; ils ont assez d'intérêt pour que nous les reproduisions en partie :

« Les Singes Pithèques, dit Desfontaines, vivent en troupes dans les forêts de l'Atlas, qui avoisinent la mer, et ils sont si communs à Stora, que les arbres des environs en sont quelquefois couverts (ils y sont devenus bien plus rares; cependant les Arabes en prennent encore dans le pays et les amènent de temps en temps au marché de Philippeville, où nous en avons vu). Ils se nourrissent de pommes de pin, de glands doux, de figues d'Inde, de melons, de pastèques, de légumes qu'ils enlèvent des jardins des Arabes, quelques soins qu'ils prennent pour écarter ces Animaux malfaisants. Pendant qu'ils commettent leurs vols, il y en a deux ou trois qui montent sur la cime des arbres et des rochers les plus élevés, pour faire sentinelle, et dès que ceux-ci aperçoivent quelqu'un ou qu'ils entendent quelque bruit, ils poussent un cri d'alerte, et aussitôt toute la troupe prend la fuite en emportant tout ce qu'ils ont pu saisir. Le Pithèque n'a guère que deux pieds de haut lorsqu'il est droit sur ses jambes; il peut marcher debout pendant quelque temps, mais il se soutient avec difficulté dans cette attitude, qui ne lui est pas naturelle. Sa face est presque nue, un peu allongée et ridée, ce qui lui donne toujours un air vieux. Il a vingt-deux dents (l'adulte en a trente-deux comme l'Homme et les autres Singes Pithéciens). Celui de tous les Singes avec lequel le Pithèque a le plus de rapports est le Magot, dont il diffère cependant par des caractères si tranchés, qu'il paraît bien former une espèce distincte. Le Magot est plus grand. Les dents canines supérieures du Magot sont allongées comme des crocs de Chiens; celles du Pithèque sont courtes et à peu près semblables à celles de l'Homme (ce ne sont là que des conséquences de la différence d'âge, et le Pithèque de Desfontaines, au lieu d'être une espèce particulière, n'est que le jeune de son Magot). Le Pithèque a des mœurs plus douces, plus sociables que le Magot. Celui-ci conserve toujours, dans l'état de domesticité, un caractère méchant et féroce; le Pithèque, au contraire, s'apprivoise et devient familier » (cette douceur dépend encore de l'âge).

Un Pithèque, c'est-à-dire un jeune Magot que Desfontaines avait rapporté de son voyage, a fourni à Vicq d'Azyr le sujet d'un long travail anatomique (*OEuvres de Vicq d'Azyr*, tome V, page 295 à 320, et *Encyclopédie méthodique*, 1792). L'auteur y traite successivement des os, des muscles, ainsi que des organes de la circulation, de la respiration, de la sécrétion, de la sensation, de la sensibilité, de la génération et de la nutrition. Plus récemment, les Singes de cette espèce sont devenus assez communs; on en a surtout reçu un grand nombre depuis l'occupation de l'Algérie, et tout le monde a eu occasion de les voir en vie. C'est pourquoi nous ne nous étendrons pas davantage à leur égard. Les détails que F. Cuvier a publiés sur leur compte ont d'ailleurs été reproduits fort souvent dans les ouvrages de compilation.

Les jeunes Magots aiment la société de l'Homme ou des Animaux; ils sont faciles sur le choix de la nourriture, mais ils sont toujours plus ou moins sales, quelque éducation qu'on leur ait donnée. En grandissant, ils deviennent colères, et, comme plusieurs autres Animaux de la même famille, ils expriment l'état d'irritation qui leur est habituel par des mouvements très-précipités et comme convulsifs de la mâchoire inférieure, et ils les accompagnent d'un fort claquement de dents. Quand ils ne sont pas encore assez méchants pour qu'on les prive de liberté ou qu'on les isole, ils donnent quelquefois des marques d'attachement aux personnes ou aux Animaux dans le voisinage desquels on les tient. Ils aiment surtout à chercher dans les cheveux de leur maître ou dans le poil des Chats, des Chiens et des autres compagnons qu'on leur a donnés, les moindres saletés qui s'y rencontrent, et, à mesure qu'ils les

ont saisies, ils les portent à la bouche. Ils agissent de même entre eux, et les femelles con-
sacrent beaucoup de temps à *épouiller* ainsi leurs petits; elles les soignent avec tendresse.
Les mêmes habitudes s'observent chez les Cynocéphales et chez beaucoup d'autres Singes.
On dit que les Arabes mangent avec plaisir la chair des Magots.

Les anciens, comme nous l'avons vu, ont souvent parlé de cette espèce, qui est encore
commune dans les parties nord de l'Afrique, qu'ils connaissaient le mieux.

Strabon lève tous les doutes qui pourraient exister au sujet du *Pithèque* lorsqu'il nous donne
l'indication de la patrie véritable de ce Singe. Il rapporte, en effet, que Posidonius, en allant
par mer de Cadix en Italie, avait longé la Lybie (États barbaresques), et qu'il avait eu l'occasion de voir un très-grand nombre de *Pithèques* dans les forêts qui couvrent la côte de cette
partie de l'Afrique. On le prouverait au besoin, comme l'ont fait Camper et de Blainville,
par le texte de Galien.

A la suite du Pithèque, c'est-à-dire du Magot, nous décrirons un Singe assez analogue à
celui-ci par ses formes, mais qui vit dans un pays très-éloigné de celui où l'on trouve le
Magot véritable; c'est le *Cynopithèque nègre*, que l'on peut regarder comme établissant la
transition des Macaques aux Cynocéphales, comme les Mangabeys forment celle des Macaques
aux Guenons.

GENRE CYNOPITHÈQUE *(Cynopithecus*, Is. Geoffroy). Point de traces extérieures de
queue; face médiocrement allongée; oreilles
rondes et bordées; dentition des Cynocéphales,
mais avec un développement bien moindre des
canines et de la première molaire inférieure que
chez les autres espèces de ce groupe. Tels sont
les principaux caractères génériques que présentent une curieuse espèce de Singe propre à Célèbes et à quelques îles voisines. Cette espèce
est entièrement noire, et sa taille est un peu
inférieure à celle du Magot. Son naturel est vif,
doux, intelligent, et elle semble relier encore plus
intimement les Cynocéphales aux Anthropomorphes que ne le fait le Pithèque lui-même. On
ne saurait cependant la séparer des premiers, et
elle est peut-être une preuve qu'il faudra en revenir à classer les Singes comme le faisait Buffon,
c'est-à-dire à faire suivre immédiatement les
espèces de la première catégorie par les Cynocéphales ou Babouins, et à reléguer les Singes à

CYNOPITHÈQUE NÈGRE, 1,2 de grand. nat.

queue longue après ceux qui l'ont courte ou nulle. Ce serait presque, comme on le voit, le
contraire de ce que nous avons dû faire pour nous conformer à la marche généralement suivie
par les naturalistes actuels.

Le Singe type du genre Cynopithèque a d'abord été décrit par Desmarest dans le *Supplément* à son *Traité de Mammalogie*, sous le nom de CYNOCÉPHALE NÈGRE (*Cynocephalus
niger*); il est aussi indiqué par Fréd. Cuvier dans un des articles de son *Histoire des
Mammifères* qui ont paru à la même époque; c'est maintenant le *Cynopithecus niger*. D'autres
auteurs l'appellent *Macacus niger*, parce qu'il n'a pas les narines terminales des autres
Cynocéphales, et qu'ils le considèrent comme une espèce du genre Macaque. Enfin, c'est
aussi le *Macacus malayanus* de Desmoulins.

On a vu vivants à Paris et à Londres plusieurs Cynopithèques nègres, et cette espèce a pu
être disséquée. Son intestin présente un cœcum ample comme celui des Macaques et long de
trois pouces; son gros intestin, que nous avons mesuré sur l'exemplaire qui avait été figuré

vivant pour les velins du Muséum, en 1839, a deux pieds huit pouces de longueur, et l'intestin grêle cinq pieds. MM. Quoy et Gaimard ont parlé du Cynopithèque nègre dans la partie zoologique de la première expédition de *l'Astrolabe* commandée par Dumont d'Urville. Leur exemplaire provenait de Matchian. Il était familier et jouait avec la première personne venue sans jamais faire aucun mal. On assure que la même espèce existe aussi aux îles Sulu ou Soloo, qui forment un petit archipel entre Bornéo et Mendanao, et limitent au nord la mer de Célèbes.

M. Temminck, dans son *Coup d'œil sur les possessions néerlandaises de l'Inde*, donne comme distincte du Cynopithèque nègre, mais comme étant du même genre, une autre espèce dont le pelage est brun noirâtre au lieu d'être d'un noir intense; c'est son *Papio nigrescens* : toutefois, ce n'est peut-être qu'une variété du précédent, et il n'en est plus fait mention dans la liste des Mammifères propres aux mêmes îles que MM. Temminck et Schlegel ont placée plus récemment en tête de l'ouvrage de M. Salomon Muller. Le Cynopithèque nègre y est seul indiqué sous son ancien nom de *Cynocephalus niger*.

CYNOPITHÈQUE NÈGRE, d'après MM. Quoy et Gaimard, 1,2 de grand. nat.

CYNOPITHÈQUE NÈGRE, 1,8 de grand. nat.

V

CYNOCÉPHALES

Quoique le nom de Cynocéphale, en grec Κυνοκεφαλος, indiquant une ressemblance avec la tête du Chien, ait été employé par Aristote pour désigner un Singe qui n'est très-probablement que le Magot dans un âge avancé, on s'en sert assez généralement aujourd'hui pour indiquer des Singes de l'ancien monde ayant, comme les Babouins et les Mandrilles, les narines terminales, la face très-allongée, les mœurs toujours grossières et les goûts sordides. Geoffroy-Saint-Hilaire et G. Cuvier avaient cependant employé la dénomination de Cynocéphales pour désigner, dans leur nomenclature de 1795, le genre qu'on a depuis lors appelé Pithèque ou Magot (*Pithecus, Inuus, Magus*). Il est vrai que l'acception donnée par Aristote au mot Cynocéphale n'est pas celle que lui ont conservée d'autres auteurs anciens, et que plusieurs s'en sont servi pour indiquer des espèces appartenant très-certainement au genre que l'on appelle actuellement du même nom de Cynocéphales. C'est ainsi qu'Agatharchides, dans son livre sur la mer Rouge, et Pline, dans son *Histoire naturelle*, font venir les Cynocéphales et les Sphynx des parties de l'Afrique qui avoisinent l'Égypte; ce qui s'accorde très-bien avec la patrie des Hamadryas, qui constituent l'une des espèces de la série des Cynocéphaliens dont il a été le plus souvent question. Il est également probable que c'est à quelqu'un des Singes nommés Cynocéphales par les modernes qu'Aristote a fait allusion sous le nom de Chéropithèque, en grec Χοιροπιθεκος, qui signifie Cochon-Singe, ou plutôt Singe à formes de Cochon. Ce mot convient, en effet, sous tous les rapports, aux Cynocéphaliens, et de Blainville, qui a essayé de reformer la nomenclature des Singes, l'a employé pour désigner ceux dont nous allons parler, le nom de Cynocéphales prêtant à quelque confusion, si l'on se rappelle les diverses acceptions qu'on lui a successivement données. Les Cynocéphaliens ou Chéropithéciens répondent aussi, à peu de chose près, aux Babouins de Buffon, et ils ont encore reçu plusieurs autres dénominations.

Comme on le voit, la synonymie de ces Animaux était loin d'être claire avant que Buffon publiât dans son *Histoire naturelle* les chapitres qu'il leur a consacrés, et elle s'est encore notablement compliquée depuis que ces chapitres ont paru. C'est là le mauvais côté de la nomenclature : elle traîne avec elle une quantité souvent considérable de dénominations devenues inutiles ou qu'on a appliquées de travers, et c'est au milieu de ce pêle-mêle de mots tombés en désuétude, changés dans leur signification ou diversement altérés, qu'il faut faire passer la véritable science. Aussi est-il parfois difficile de ne pas accorder à la synonymie plus d'importance qu'elle n'en mérite, et l'on doit également craindre, dans d'autres circonstances, de faire trop bon marché de ses exigences; dans ce dernier cas, la confusion ne tarde pas à obscurcir les résultats auxquels on croyait être arrivé.

Les Cynocéphaliens, avec lesquels on place fréquemment le genre *Cynopithèque* décrit plus haut, ont été divisés en deux genres principaux, savoir : les *Mandrilles* et les *Cynocéphales*, partagés eux-mêmes en plusieurs sous-genres dans les ouvrages récents de Mammalogie.

Les Animaux de ces deux genres atteignent une taille supérieure à celle des Singes que nous avons nommés Semnopithèques, Guenons et Macaques; mais ils ne deviennent pas aussi grands que les Orangs ou les Gorilles. Ils sont hauts sur jambes; leur corps est fort et leurs membres sont robustes. Chez quelques-uns, la tête se modifie encore plus avec l'âge que chez les grands Singes que nous venons de nommer, et souvent on a embrouillé leur synonymie, parce qu'on a regardé les jeunes comme appartenant à d'autres espèces que les adultes. Les observations auxquelles ils ont donné lieu sous ce rapport montrent qu'on ne saurait plus se servir, comme on le faisait autrefois à l'exemple de P. Camper, de la mesure de l'angle facial pour classer les Singes. Il y a, dans certains cas, entre la face ou le crâne des jeunes et des adultes, des différences en degrés bien plus considérables que celles qui séparent ailleurs

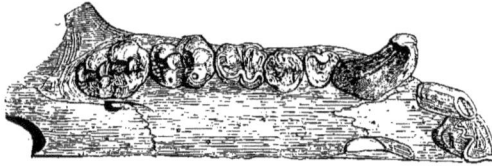

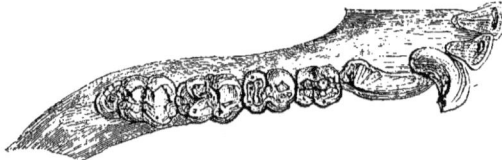

des genres fort distincts, les Gibbons et les Macaques par exemple. En même temps que la tête osseuse des Cynocéphales se développe dans sa partie faciale, leurs dents, et surtout les canines supérieures, prennent aussi une force plus considérable; celles-ci deviennent de longs crocs aussi redoutables que ceux des Carnassiers les mieux armés. Aussi les blessures que les Cynocéphales font en se défendant ou même en attaquant, ce qui leur est assez habituel, surtout dans les ménageries, sont-elles

DENTS DU CYNOCÉPHALE PAPION, 3,4 de grand. nat.

profondes et par conséquent fort dangereuses. Le caractère de ces Singes devient encore plus farouche que celui des Magots ou de tous ceux que nous avons déjà signalés comme subissant des modifications analogues, et ils inspirent une telle crainte lorsqu'ils sont devenus adultes, qu'une de leurs espèces est souvent appelée par les Anglais *Man-Tiger*, c'est-à-dire l'Homme-Tigre.

On les rencontre dans les grandes forêts, dans les lieux rocailleux ou sur des montagnes en général peu élevées. Ils sont essentiellement propres à l'Afrique, mais une de leurs espèces, l'Hamadryas, existe aussi en Arabie. La Cafrerie et les environs du Cap, les pays boisés du golfe de Guinée, la Sénégambie et l'Abyssinie, enfin la Nubie, nourrissent les diverses espèces connues de Cynocéphaliens. Il paraît en exister huit au moins, mais toutes ne sont pas également bien connues.

En captivité, ces Animaux se font remarquer par leurs instincts vicieux, et les habitudes grossières qu'ils contractent changent souvent en répugnance ou en dégoût la curiosité que leur intelligence inspirait d'abord. Nous parlerons en premier lieu de ceux qui ont la queue très-courte; ce sont aussi les plus variés dans leur mode de coloration.

GENRE MANDRILLE (*Mandrilla*, Desmarest). Queue fort courte, comme perpendiculaire à l'épine dorsale; face s'allongeant avec l'âge sous forme d'un long museau; narines terminales; côtés du nez marqués de fortes rides plus ou moins vivement colorées, et soulevées, chez les sujets adultes, par des boursouflures longitudinales des os maxillaires. On en distingue deux espèces, toutes deux de la côte occidentale d'Afrique. Les anciens n'en ont probablement point eu connaissance.

Le MANDRILLE CHORAS (*Mandrilla Mormon*) répond aux *Simia Mormon* et *Maimon* des naturalistes linnéens et au *Mandrille* de Buffon, qui n'en a connu en nature que le jeune âge. C'est le *Boggo* des nègres de la Guinée. On ne l'a vu en Europe que depuis l'établissement des Portugais sur la côte occidentale d'Afrique. Comme ses caractères changent notablement avec l'âge, on a, pendant un certain temps, considéré les jeunes comme étant d'une autre espèce que les adultes; Linné leur a donné le nom de *Simia Maimon*, et Buffon celui de *Choras*. Cette erreur paraîtra toute naturelle, si l'on examine, sur les deux âges de cette espèce, les couleurs du corps, la forme générale, et surtout la grandeur proportionnelle de la face et du crâne, ainsi que le développement des canines. Ces diverses parties sont, en effet, très-différentes chez ces deux sortes d'Animaux, et leurs habitudes offrent une égale diversité. Autant le jeune Mandrille est doux et paraît susceptible de se perfectionner par l'éducation, autant l'adulte, et surtout le vieux mâle, est sauvage et redoutable. L'extrême prépondérance que la partie faciale de sa tête a prise sur la partie crânienne proprement dite, la vigueur extraordinaire de ses membres, l'effrayant développement de ses dents canines supérieures, la nudité de certaines parties de son corps et la facilité avec laquelle elles s'injectent sous l'impression des sentiments impétueux qui l'animent, font du vieux Mandrille Choras non pas, comme on l'a dit, le moins intelligent des Singes, mais l'un des plus redoutables Animaux de cette famille. Aussi tient-on enfermés tous les individus arrivés à cet âge que l'on montre dans les foires ou dans les établissements publics. Leurs habitudes sont en général aussi révoltantes que leur aspect est hideux.

MANDRILLE CHORAS. 1/10 de grand. nat.

Cependant leur pelage est assez élégant, et les parties nues de leur corps sont vivement colorées; leur face, en particulier, est comme enluminée par des bandes rouges, bleues et blanches, et les rides ou sillons qu'on y remarque semblent être l'effet d'un tatouage plutôt qu'une disposition naturelle. Toutes les parties supérieures de leurs cuisses et le grand espace nu de leurs fesses sont également colorés du rouge le plus vif avec un mélange de bleu qui ne manque réellement pas d'élégance. Ces couleurs ne sont pas le résultat d'un pigmentum, comme on le voit chez beaucoup d'autres espèces; elles dépendent d'une injection toute particulière de ces parties, et elles s'affaiblissent ou s'effacent lorsque l'Animal meurt ou même lorsqu'il est seulement malade. Ce Mandrille a encore deux des rides saillantes qui se trouvent de chaque côté du nez, colorées par le bleu le plus pur, et le nez lui-même devient d'un rouge brillant lorsque l'âge adulte commence; mais, quoique ces couleurs aient beaucoup d'éclat, elles ne sont pas comparables à celles des cuisses; on en voit même se développer de semblables chez d'autres quadrupèdes et sur des points différents du corps à l'époque où ils arrivent au terme de leur accroissement, telles sont les couleurs bleues, jaunes, etc., du scrotum chez le Malbrouk, le Grivet et quelques autres.

Pendant les années qui précèdent le développement des canines, les Mandrilles ont la tête large et courte et le corps assez trapu; leur face est noire avec les deux côtes ou rides

maxillaires bleues; le derrière ne montre encore aucune couleur particulière. Dès que les
canines commencent à pousser, leur corps
et leurs membres s'allongent et prennent des
proportions élancées, en même temps que la
physionomie devient plus grossière par l'allongement du museau. Alors l'extrémité du
nez rougit, les fesses se parent de leurs vives couleurs et le scrotum devient rouge.
Après deux ou trois ans, les canines ont pris
un accroissement considérable ; les muscles
des membres se sont fort épaissis; toutes les
parties du corps ont acquis de l'ampleur,
principalement les postérieures, et le museau
s'est développé dans les mêmes proportions;
de sorte que ce Mandrille à membres si grêles
et à corps si mince, a pris des formes si trapues et si lourdes qu'on pourrait à cet égard
le comparer à un Ours. Durant cette période,
le nez devient rouge à peu près dans toute la
longueur, et les brillantes couleurs des cuisses s'avivent, ainsi que le rouge des parties
qui sont voisines de l'anus. Quant au pelage, il n'éprouve aucun changement important : il est généralement d'un brun verdâtre,

MANDRILLE CHORAS VIEUX, 1/4 de grand. nat.

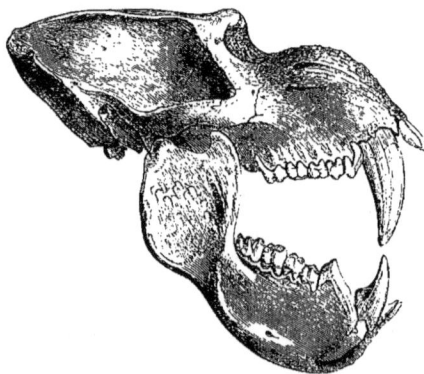

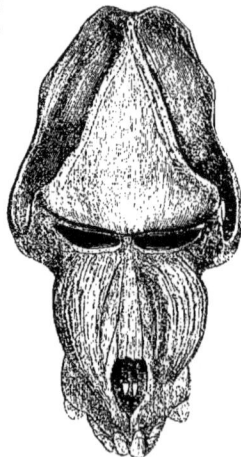

plus clair sur la tête que sur le reste du corps, ce qui résulte de poils colorés, dans toute
leur longueur, par des anneaux alternativement noirs et jaunes sales; derrière chaque oreille se
trouve une tache d'un blanc grisâtre; les côtés de la bouche sont d'un blanc sale, et le
menton est garni d'une barbe jaunâtre. La région postérieure du ventre est blanchâtre, mais
les autres parties inférieures du corps sont brunâtres. Dans les vieux individus, les poils de la
tête se relèvent quelquefois de manière à former une aigrette ;
l'iris est d'un brun clair; les oreilles et les mains sont noires.

CRANE DE MANDRILLE CHORAS VIEUX, de profil et de face, 1/3 de grand. nat.

F. Cuvier ajoute que la voix de ces Animaux est sourde, comparable à un grognement, et qu'elle semble exprimer l'articulation *aou! aou!* Les femelles restent constamment plus petites que les mâles. Leur peau ne se colore pas d'une manière aussi vive et aussi brillante ; leur nez ne devient jamais entièrement rouge ; mais, par contre, à l'époque du rut, c'est-à-dire chaque mois, leurs organes sexuels s'entourent d'une protubérance monstrueuse qui résulte d'une grande accumulation de sang dans ces parties, et qui a généralement une forme sphérique. Lorsque le rut cesse, cette protubérance s'efface petit à petit, pour reparaître vingt-cinq ou trente jours plus tard.

Des variations, dont le détail est aujourd'hui bien connu, accompagnent les modifications plus profondes du crâne que nous avons déjà signalées et les changements considérables qui s'opèrent dans tout le système osseux.

Le Mandrille Choras vit en Guinée ; il se nourrit principalement de fruits ; en captivité il mange à peu près de tout.

Les Singes de cette espèce ont les désirs très-ardents, et on leur a souvent attribué un goût tout particulier pour les négresses, qui, dit-on, les redoutent extrêmement. Les récits faits à cet égard par les voyageurs qui ont été en Guinée semblent confirmés par la manière dont les Mandrilles Choras se comportent dans nos Ménageries. G. Cuvier a même donné des détails sur ce point dans l'ouvrage intitulé *La Ménagerie du Muséum*, qu'il a publié avec Lacépède et E. Geoffroy : « Nous avons déjà eu l'occasion de parler, dit Cuvier, de l'amour des Singes pour les femmes ; aucune espèce n'a donné des marques plus vives que celle-ci. L'individu que nous décrivons entrait dans des accès de frénésie à l'aspect de quelques-unes ; mais il s'en fallait bien que toutes eussent le pouvoir de l'exciter à ce point. On voyait clairement qu'il choisissait celles sur lesquelles il voulait porter son imagination, et il ne manquait pas de donner la préférence aux plus jeunes. Il les distinguait dans la foule, il les appelait de la voix et du geste, et on ne pouvait douter que, s'il eût été libre, il ne se fût porté à des violences. Ces faits bien constatés, observés par mille témoins éclairés, rendent très-digne de foi tout ce que les voyageurs rapportent sur les dangers que les négresses courent de la part des grands Singes qui habitent leur pays. »

Il arrive parfois que certains Choras conservent plus longtemps que d'autres, en captivité, la douceur de leur jeune âge, et l'éducation peut dans certains cas tempérer leur brutalité jusqu'à permettre de les montrer sur la scène, sans qu'il en résulte ni au physique ni même au moral d'inconvénients pour les assistants.

On cite comme s'étant fait remarquer sous ce rapport un Choras que M. Cross montrait à Exeter-Change, à Londres, il y a déjà un certain nombre d'années. Ce Singe s'appelait *Happy Jerry*, et sa réputation n'était pas restée ignorée du souverain de la Grande-Bretagne, Georges IV, qui l'honora d'une invitation spéciale pour Windsor (*a special invitation to Windsor*). Jerry savait s'asseoir d'une manière très-convenable sur une chaise, et, comme il avait à peu près la taille d'un homme (*nearly five feet long*), il y tenait une place assez respectable. Il savait boire du porter avec autant d'aisance que les habitués d'une taverne et il se servait comme eux du classique gobelet d'étain (*pewter mug*). M. Adam White, du Muséum britannique, dont l'ouvrage sur les Mammifères nous fournit ce récit, ajoute qu'à l'occasion Jerry fumait la pipe et qu'il apportait dans cet acte important une remarquable gravité. Le texte anglais dit en effet : *Ressembling the gravity of a german philosopher.*

Le MANDRILLE LEUCOPHE (*Mandrilla Leucophea*), dont on doit la distinction et une bonne description à Fréd. Cuvier, a reçu de ce naturaliste le nom de DRILL (*Simia Leucophea*). Le Leucophe ressemble beaucoup au Choras, seulement il est plus verdâtre aux parties supérieures et il a plus de blanc aux autres parties. Dans le mâle adulte, le dos, les côtés du corps, la tête, la face extérieure des membres et une bande au bas du cou, en avant des pattes antérieures, sont couverts de longs poils très-fins, gris à leur moitié inférieure et alternativement noirs et jaunes sur leur autre moitié. Ce sont ces deux dernières couleurs qui forment la teinte verdâtre de l'Animal pour toutes les parties supérieures du corps. Dans la femelle la nuance est généralement plus pâle. Le jeune mâle, qui a la tête bien moins allongée et

les crêtes sourcillères encore peu développées, a les couleurs du pelage assez semblables à celles de la femelle.

Ce qui distingue à la première vue le Mandrille Leucophe du Mandrille Choras, c'est la couleur entièrement noirâtre de sa face, qui n'acquiert ni les teintes bleues ni la rougeur terminale que nous avons signalées chez celui-ci. Malheureusement ces teintes changent avec la dessiccation, et les deux espèces de Mandrilles sont assez difficiles à distinguer d'après les exemplaires préparés de nos collections : c'est sur le vivant

DRIL   1/5 de grand. nat.

qu'il faut constater leurs véritables caractères. Ce Leucophe a d'ailleurs les mœurs de son congénère et il vit dans les mêmes régions de l'Afrique.

GENRE CYNOCÉPHALE (*Cynocephalus*). Cette dénomination est déjà employée par les auteurs de l'époque de la renaissance, et en particulier par Gessner, dans un sens analogue à celui qu'elle a de nos jours. Toutefois on attribue la distinction du genre Cynécophale à Brisson, naturaliste français, qui a publié vers le milieu du siècle dernier un volume relatif aux Mammifères sous le titre de *Règne animal*.

CYNOCÉPHALE GÉLADA, 1/11 de grand. nat.

CYNOCÉPHALE HAMADRYAS (Cynocephalus hamadryas)
D'ARABIE

,
,
,

.
;
)
t
,.
-

,
n
;-
,t
n
).
t-
n
u
it
ie
le
le
',
à
ıp
ré
ı-
le
et
s,
nt
le
o-
de
es
ıté

Tels que nous les circonscrivons ici, les Cynocéphales répondent aux *Papions* et *Babouins* de plusieurs autres auteurs, et en particulier au groupe des Papions de Brisson lui-même. Leur caractère distinctif consiste surtout dans leur queue, qui est longue, pendante, quelquefois floconneuse à son extrémité. Quoique très-robustes, ils le sont cependant moins que les Mandrilles; ils sont aussi moins trapus et leur crâne n'éprouve pas des modifications aussi profondes, quoiqu'il y ait encore une grande différence entre les jeunes et les adultes dans chacune de leurs espèces.

M. Isidore Geoffroy-Saint-Hilaire en a séparé, sous le nom de *Theropithecus*, une espèce d'Abyssinie que M. Ruppel a découverte, et à laquelle il a donné, dans son bel ouvrage sur les Animaux vertébrés de ce pays, le nom spécifique de *Gelada;* c'est aujourd'hui le Cynocéphale Gelada (*Cynocephalus Gelada*). Ce Singe a les poils fort longs et de couleur brunâtre sur toutes les parties supérieures du corps; ceux des flancs et du bout de la queue sont fauves; ses quatre mains sont noirâtres et ses narines sont moins terminales que celles des autres Cynocéphaliens; son crâne a cependant la même conformation que celui des Cynocéphales proprement dits.

Le Cynocéphale Hamadryas (*Cynocephalus Hamadryas*), appelé aussi *Tartarin*, a, dans l'âge adulte et dans le sexe mâle, le pelage en partie gris argenté, en partie gris olivâtre avec les mains antérieures noires; les poils sont tiquetés et ceux de son cou et des épaules s'allongent de manière à former un camail simulant une énorme perruque; la face est nue et de couleur de chair. La femelle reste olivâtre et les poils de son camail s'allongent beaucoup moins; les jeunes sont plus foncés et à poils courts. Le *Cynocephalus Wagleri*, décrit par M. Agassiz, ne repose que sur l'examen d'un jeune Hamadryas, et il en est peut-être de même du *Babouin* de plusieurs auteurs. (*Pl. V.*)

Les Hamadryas sont originaires du Sennaar, de l'Abyssinie, et, ajoute-t-on, de l'Arabie. Dans ce dernier pays on les appelle *Robat* ou *Robba*. Autrefois comme aujourd'hui on en amenait souvent sur le cours inférieur du Nil, et ils ont joué un rôle important dans la cosmogonie des anciens Égyptiens. Les monuments de toutes sortes qui nous donnent une idée de la civilisation de cet ancien peuple représentent souvent des Hamadryas. Ces Singes étaien alors l'emblème du second Hermès ou dieu *Toth*, l'inventeur des lettres et de l'art d'écrire. Le nom de cette divinité diffère très-peu du mot *Tota* ou *Tata*, par lequel les Abyssins d'aujourd'hui désignent encore les Hamadryas. Horapollon rapporte que chaque fois que l'on conduisait un de ces Singes dans les temples, un prêtre lui présentait une tablette, un roseau et de l'encre, afin de reconnaître s'il était réellement de la famille de ceux connaissant l'écriture. L'image du même Animal était aussi le symbole par lequel on exprimait le rôle du juge suprême des âmes, rôle qui avait été attribué à Hermès, et dans beaucoup d'occasions le Toth est figuré tenant ou examinant la balance, au moyen de laquelle il fait la part des mauvaises et des bonnes actions des défunts, à mesure qu'ils se présentent devant lui. Champollion, le savant traducteur des hiéroglyphes, et M. Ehrenberg, de

Le Singe Toth.

Berlin, qui s'était fait connaître comme voyageur naturaliste avant de devenir célèbre par ses beaux travaux micrographiques, ont publié plusieurs figures du Toth. Il y est représenté

fonctionnant comme juge suprême des âmes; celle que nous
reproduisons d'après le grand ouvrage sur l'Égypte est empruntée
à l'un des temples de Philæ, île de la mer Rouge, aujourd'hui
nommée Jezyret et Birbé. Sur d'autres figures le même person-
nage est assis et il trace des caractères sur une tablette, à l'aide
d'un bout de roseau. Le *Toth* est toujours reconnaissable à son
long museau et à son énorme chevelure qui simule une crinière;
d'autres figures représentent le Tartarin plus jeune; telle est
entre autres celle dans laquelle on le voit perché sur les épaules
d'un homme, et que MM. Ehrenberg et de Blainville ont aussi
reproduite dans leurs ouvrages, alors il n'a pas encore son
épaisse chevelure.

On a souvent regardé le Papion comme étant le modèle qui
a servi à la plupart de ces figures, et principalement à celles
que l'on suppose maintenant représenter des Hamadryas jeunes.
Celles-ci ont sans doute dans les hyéroglyphes une autre signification que celles des vieux Toths ou des Dieux-Juges, dont
les longs poils de la tête et des épaules ressemblent si fort à des

Le Toth écrivant.

perruques, et qui ont, suivant M. Ehrenberg, servi de modèle à la coiffure de plusieurs
dignitaires chez les anciens peuples. Le Tartarin est le seul Singe qui ait pu servir de modèle
à ces dessins, il est aussi le seul que les Égyptiens paraissaient avoir représenté. Le Papion

Jeune Cynocéphale
porté par un Égyptien.

ne prend pas avec l'âge le singulier caractère qui distingue l'Hamadryas, et les pays qu'il habite semblent exclure l'opinion qu'il ait pu
être connu des Égyptiens d'autrefois.

Cette dernière détermination du Singe sacré est celle qu'a proposée
M. Ehrenberg; elle n'est pas admise par tous les savants. E. Geoffroy-
Saint-Hilaire, qui avait visité l'Égypte, bien avant le naturaliste prus-
sien, pensait que le Babouin avait été honoré d'un temple à Hermo-
polis, et M. de Blainville a attribué au *Cynocephalus Sphynx*, c'est-
à-dire au Papion véritable, l'ancienne figure d'un jeune Cynocéphale
porté à dos d'homme que nous avons empruntée à l'ouvrage français
sur l'Égypte. Toutefois, on n'a encore retrouvé parmi les momies de
Cynocéphales, que l'on extrait des catacombes, aucune espèce autre que
l'Hamadryas. C'est à cette espèce que l'on doit aussi attribuer, jusqu'à
preuve du contraire, une partie des documents que les Grecs et les
Romains nous ont laissés sur leur *Cynocéphale* ou Singe à tête de
Chien, et les quelques mots par lesquels Aristote signale son *Chœro-
pithèque* ou Singe Cochon doivent encore être regardés comme s'appliquant au même Animal.

Pline parle du Cynocéphale et d'un autre Animal qu'il nomme *Sphynx*. A l'exemple d'Agatharchides, il le fait venir des bords de la mer Rouge, ce qui convient beaucoup mieux au
Tartarin qu'à toute autre espèce de Cynocéphaliens.

Le CYNOCÉPHALE PAPION (*Cynocephalus Sphynx*), que Buffon a nommé le *Grand
Papion*, est, de toutes les espèces du même genre, celle que l'on voit le plus souvent dans
nos Ménageries. Il a pour patrie les forêts du Sénégal et de quelques autres points de la côte
occidentale d'Afrique. Ses poils sont assez longs, plus ou moins fournis, suivant la région du
corps, et d'une couleur brun roussâtre assez généralement tiquetée, presque tous étant annelés de noir et de roux; les anneaux noirs dominent sur les parties foncées, et ceux de
couleur rousse sur les autres. La face est noirâtre; les fesses sont plus ou moins violacées,
suivant la quantité de sang dont leur peau est injectée.

Le Papion est un des Singes les plus intelligents. Il a même plus de pénétration que beaucoup d'autres; aussi lui apprend-on bien des tours si l'on veut s'en donner la peine, surtout en le prenant jeune. Il est actif, remuant, fort lascif et très-gourmand, et, en lui montrant des friandises, on peut le retenir assez longtemps attentif, presque suppliant, ce qui donne le temps de bien l'examiner.

L'âge n'altère pas autant le caractère de ce Singe que celui des Mandrilles ou du Chacma, et, quoiqu'il devienne assez souvent brutal, qu'il soit habituellement fort emporté, il n'est pas aussi dangereux que ces derniers. Quand on se tient devant sa cage et qu'on lui montre une chose qu'il désire posséder, il se met fréquemment à danser, mais sans précipitation et en tenant ses deux mains de devant pendantes, à la manière de personnes qui manquent de la grâce ou de l'habitude que comporte le même exercice. Sa voix ordinaire est une espèce de grognement qui rappelle assez bien celui du Cochon; mais, dans ses moments de colère, il pousse des cris plus aigus;

PAPION MALE, 1/4 de grand. nat.

son agitation est alors des plus grandes. Toutefois, il est le plus souvent assez tranquille, et l'on peut laisser ensemble des Papions de tout âge et de sexe différent, sans qu'il en résulte d'autres inconvénients que ceux auxquels donne lieu leur habituelle lubricité.

Les mâles ne tourmentent pas les petits. Contrairement à ce que l'on a observé dans d'autres espèces, ils les recherchent et ils font preuve à leur égard de sentiments très-affectueux. Sous ce rapport, ils sont bien supérieurs aux mâles des Cercopithèques ou des Macaques, dont la taquinerie pour leurs femelles ou pour leurs petits va jusqu'à la méchanceté. Les mères ne sont pas moins tendres pour leur progéniture que ne le sont celles des genres précédents, et, comme elles sont plus sociables, leurs bons sentiments ont une plus longue durée, et l'on peut sans crainte laisser leurs petits avec elles lorsqu'ils sont devenus assez forts pour subvenir eux-mêmes à leurs besoins. Tant qu'ils sont faibles, elles les tiennent entre leurs bras ou pendus à leur mamelle, les portant constamment avec elles, et, dans les moments de repos, elles s'appliquent avec un soin tout particulier à rechercher les moindres saletés qui se sont fixées après leurs poils : c'est ce que rappelle très-bien la figure du Papion femelle avec son petit que nous avons donnée à la page 5. Les Papions adultes se rendent aussi les mêmes services. Ces Animaux supportent assez bien la captivité, mais le grand air et un exercice régulier leur sont très-profitables. Dans la grande cage où on les lâche presque tous les jours au Muséum, ils se font remarquer par leurs gambades de toutes sortes, par la facilité de leurs ascensions et par les jeux auxquels ils se livrent avec leurs compagnons de toutes sortes.

Les Papions qu'on s'est donné la peine d'instruire sont habituellement très-curieux à observer et, dans les troupes de Singes savants que l'on voit de temps en temps, ils ne le cèdent à aucune autre espèce par l'habileté avec laquelle ils remplissent leur rôle. A cet égard, ces Singes et les autres Cynocéphales se rapprochent des premiers Pithéciens, et nous ne pouvons que répéter ici ce que nous avons déjà dit à propos du Magot et du Cynopithèque, qu'il est fort douteux que les Cercopithèques, les Semnopithèques et la plupart des Macaques doivent être classés avant eux.

Plusieurs espèces de Cynocéphales ne sont pas encore aussi bien connues que le Tartarin et le Papion, parce qu'on a eu moins souvent l'occasion de les observer, et il reste dans la science quelques doutes aussi bien sur leur véritable patrie que sur les caractères par lesquels ils se distinguent les uns des autres. Les variations de couleur et même celles de la forme du corps et de la tête que ces Animaux subissent avec l'âge en rendent la distinction incertaine, et cette difficulté est encore accrue par l'impossibilité où l'on a été jusqu'ici de pouvoir les étudier comparativement pendant leur vie ainsi qu'à leurs différents âges.

Le CYNOCÉPHALE BABOUIN (*Cynocephalus Babuin*) est l'un de ceux au sujet desquels cette incertitude s'est conservée le plus long-temps. Les auteurs ne s'accordent même pas sur ses véritables caractères.

M. Is. Geoffroy en a fait représenter dans le tome II des *Archives du Muséum* un bel exemplaire, qui avait été donné vivant à la Ménagerie par le prince de Joinville ; il le suppose du nord-est de l'Afrique, et principalement de la haute Egypte et d'Abyssinie. Voici les caractères qu'il lui attribue : pelage jaune, olivâtre au-dessus, blanchâtre au-dessous et à la face interne des membres ; poils colorés de jaune et de noir par anneaux assez étendus, mais peu nombreux. Ce serait le *Papio Cynocephalus* d'E. Geoffroy, le *Babouin* de Fréd. Cuvier, et le *Cynocephalus*

BABOUIN MALE, 1/4 de grand. nat.

antiquorum signalé par M. Schinz dans sa traduction du *Règne animal* de Cuvier.

On est encore moins bien renseigné au sujet du CYNOCÉPHALE ANUBIS (*Cynocephalus Anubis* de F. Cuvier), dont les trois seuls exemplaires observés par cet auteur n'ont pu être conservés. M. Hedenborg, cité par le savant naturaliste suédois, M. Sundeval, dit cependant avoir retrouvé leurs analogues dans la Nubie, et il les regarde comme étant bien d'une espèce à part. L'Anubis se reconnaîtrait à la couleur noire de la partie antérieure de sa face et de ses oreilles ; à ses joues et au tour de ses yeux, qui sont couleur de chair ; à ses favoris d'un jaune pâle, caractères auxquels on ajoute qu'il a le pelage généralement vert foncé ; que la partie nue de ses fesses approche de la couleur violette, et que la face interne de ses membres est d'un blanc grisâtre.

Le CYNOCÉPHALE OLIVATRE (*Cynocephalus olivaceus*, Is. Geoffroy) est établi sur l'examen d'un seul sujet, rapporté du golfe de Bénin, en Guinée, par M. Cabaret, officier de la marine française. Il est très-distinct du Babouin, et paraît l'être aussi de l'Anubis, parce que les parties inférieures de son corps sont colorées, comme les supérieures, en vert oli-vâtre, au lieu d'être blanches. Il se laisse encore moins confondre avec le Papion, dont il est voisin par son pays.

Le CYNOCÉPHALE CHACMA (*Cynocephalus porcarius*) est un autre Cynocéphale à queue longue, floconneuse, et plus forte que celle des précédents. Ses caractères sont bien connus, et l'on sait qu'il habite une grande partie de l'Afrique australe. Ce Singe, qu'on a aussi appelé *Cynocephalus ursinus*, porte, dans les pays où il vit, le nom de *Choack ma*, dont on a fait Chacma. Il est d'un noir olivâtre, plus foncé sur le dos que sur les flancs, avec les mains et la plus grande partie de la queue noirâtres ; ses favoris sont de couleur grisâtre ; sa face est très-brune. Chez la femelle, les poils du corps sont plus courts que chez les mâles adultes, chez lesquels ils simulent presque une crinière. Les jeunes mâles sont extérieurement peu différents des femelles.

On rencontre le Chacma dans les endroits élevés ou sur les rochers ; il y en a par exemple sur la montagne de la Table, qui est peu éloignée de la ville du Cap. Leurs bandes, comme eelles de beaucoup d'autres espèces, s'introduisent souvent dans les terres cultivées, et elles y occasionnent des ravages considérables.

CYNOCÉPHALE CHACMA, 1/9 de grand. nat.

Le Hollandais Kolke, qui a parcouru le sud de l'Afrique, rapporte que les Cynocéphales Chacmas sont si audacieux que parfois ils enlèvent aux voyageurs, et sous leurs yeux, une partie de leur repas, et qu'ils se tiennent ensuite à peu de distance, narguant leur dupe par d'affreuses grimaces; mais ce que nous avons déjà dit au sujet des Singes nous a montré suffisamment qu'il ne faut pas toujours prendre à la lettre ce que les voyageurs ont rapporté sur leur compte, et c'est le même motif qui nous a empêché de reproduire, à propos des Guenons, les traits, fort piquants d'ailleurs, que Levaillant attribue à son Singe favori, *Keès*. Toujours est-il que les Chacmas sont des Animaux fort intelligents, mais extrêmement violents et très-redoutables. Ils ne sont cependant pas incapables d'éducation, et il est possible de donner quelque liberté aux jeunes que l'on tient dans les habitations.

M. Pucheran, aide-naturaliste au Muséum de Paris, a publié à cet égard quelques détails que lui a fournis M. Verreaux et que nous reproduirons d'après lui : « Au Cap, les jeunes Chacmas sont recherchés par les habitants de la colonie parce qu'ils sont de très-bonne garde et avertissent de l'approche des personnes étrangères. Sur l'ordre de leur maître, ils apportent les objets qu'on leur désigne avec la même docilité que nos chiens domestiques; mais, pour qu'ils accomplissent leur tâche jusqu'au bout, il faut que la personne qui leur commande ne les perde pas de vue, car pour peu qu'elle détourne les yeux, ils en profitent pour s'enfuir et laissent tomber à terre l'objet qu'ils avaient dans les mains. Certains d'entre eux sont même employés à des travaux utiles : ici c'est un forgeron qui se sert d'un Chacma pour entretenir le feu de sa forge; là un campagnard qui fait conduire, à l'aide d'une corde tenue par un autre de ces Animaux, la première paire de Bœufs attelés à un chariot, et, toutes les fois qu'il s'agit de traverser un cours d'eau, le Singe monte sur l'un des Ruminants et s'y tient accroupi jusqu'à ce qu'il ne craigne plus de se mouiller. Les Hottentots ne touchent jamais aux substances alimentaires qu'un Chacma a refusées, parce qu'ils savent que, guidés par l'exquise sensibilité de leur odorat, ces Singes repoussent ce qui peut être nuisible. Aussi rien de plus difficile que d'empoisonner les Chacmas lorsqu'on veut s'en défaire. L'un d'eux resta dix jours sans toucher à des aliments qu'on avait préparés pour le faire mourir. »

Dans les ménageries, on est obligé de les priver de liberté, parce qu'ils occasionnent souvent des accidents. L'âge et les agaceries perpétuelles auxquelles ils sont exposés les rendent intraitables. F. Cuvier rapporte qu'un des mâles adultes de l'espèce du Chacma que la Ménagerie a possédés s'échappa un jour de sa cage, mais sans sortir pourtant de l'enceinte avec laquelle celle-ci communiquait. Son gardien l'ayant imprudemment menacé d'un bâton pour le faire rentrer, il se jeta sur lui et lui fit à la cuisse, avec ses fortes canines, trois profondes blessures qui pénétrèrent jusqu'au fémur et qui firent longtemps craindre pour la vie de cet homme. On ne parvint à renfermer ce Chacma qu'en employant un subterfuge qui réussissait toujours sur de tels Animaux, dans des cas semblables. « Son gardien avait une fille qui lui donnait souvent à manger et à laquelle il témoignait une affection particulière; elle se plaça, dit notre auteur, du côté de la cage de cet Animal, opposé à la porte par laquelle il devait entrer, et un Homme fit semblant de la flatter en s'approchant d'elle. Dès qu'il s'en aperçut, il jeta un cri furieux, et, pour se jeter sur celui qui excitait sa jalousie, il s'élança dans sa cage, qui se referma à l'instant même. » »

TRIBU des CÉBIENS

1° REMARQUES SUR L'ENSEMBLE DES SINGES AMÉRICAINS

« Nous passons maintenant d'un continent à l'autre. » C'est ainsi que Buffon s'exprimait après avoir fait l'histoire des Singes dont nous avons parlé sous le nom de Pithéciens, et en commençant celle des Sapajous et des Sagouins. Il voulait indiquer par là que les espèces américaines se distinguent toutes de celles de l'ancien continent par des caractères importants, et l'ensemble des observations auxquelles les Singes de l'ancien continent ou les Pithéciens et ceux de l'Amérique, fréquemment appelés *Cébiens*, ont donné lieu depuis lors, est venu confirmer les données que Buffon avait établies sur l'examen d'un nombre de faits encore assez peu considérable. Aujourd'hui que la science est riche en observations, on doit répéter avec lui que les Singes de la première tribu « appartiennent exclusivement à l'ancien continent, et que tous ceux dont il nous reste à faire mention ne se trouvent au contraire que dans le Nouveau-Monde. » C'est là un des faits les plus remarquables parmi ceux auxquels on est arrivé en étudiant la répartition faite par la nature des innombrables espèces d'Animaux et de Végétaux dont elle a peuplé notre planète.

Buffon appelait *Sapajous* les espèces qui ont la queue prenante, c'est-à-dire susceptible de s'enrouler autour des corps pour les saisir, et *Sagoins* celles qui l'ont toute velue et incapable de servir au même usage; c'est parmi ces dernières qu'il mettait les Ouistitis et les Tamarins, qui sont les plus petits de tous les Singes et en même temps ceux qui ressemblent le moins aux espèces de l'ancien continent, quoiqu'ils n'aient comme elles que trente-deux dents. Le Saki était aussi un Sagouin dans cette classification, mais Buffon ne le connaissait encore qu'imparfaitement.

Tous les Singes de l'Amérique sont faciles à distinguer de ceux qui vivent dans l'Asie ou en Afrique.

Leurs narines, ouvertes latéralement, sont séparées par une large cloison ; aucun d'eux n'a de callosités fessières, et tous, sauf les Brachyures, ont au contraire la queue plus ou moins longue. Leurs dents, tantôt au nombre de trente-six, tantôt au nombre de trente-deux seulement, sont constamment différentes de celles des Pithéciens par le nombre des avant-molaires, qui est de trois paires à chaque mâchoire au lieu de deux, comme chez ces Animaux, et une différence correspondante se retrouve dans leur première dentition ; tous les Cébiens ayant en effet vingt-quatre dents de lait, tandis que les Pithéciens n'en ont que vingt comme l'enfant. Le cerveau des Singes américains, comparé à celui des Pithéciens, montre aussi des différences dignes d'être signalées, et il en est ainsi pour plusieurs autres points de leur organisation.

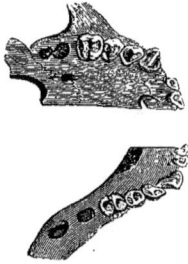

Dents de lait du Sajou, grandeur naturelle.

D'autre part, les Quadrumanes américains ressemblent aux Pithéciens par la disposition générale de leur système dentaire, où l'on compte deux paires d'incisives à chaque mâchoire, quatre canines plus ou moins analogues à celles des Pithéciens et de dix ou quatorze molaires, dont les plus grosses ont toujours leur couronne garnie de tubercules émoussés et sont conformées pour un régime plus ou moins frugivore ; ils ont aussi l'apparence générale des Pithéciens, à peu près leur démarche, un grand nombre de ressemblances avec eux dans leur conformation anatomique et sous plusieurs rapports une égale analogie avec l'Homme. C'est pourquoi on les réunit aux Pithéciens sous la dénomination commune des Singes.

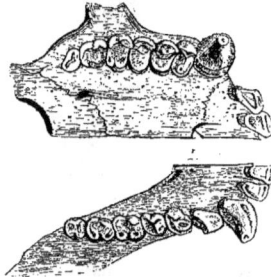

Dents du Sajou adulte, grand. nat.

Cependant si on les étudie avec soin, on ne tarde pas à s'apercevoir que cette analogie avec notre espèce est déjà moindre dans plusieurs points importants, et qu'à beaucoup d'égard les Cébiens sont encore plus inférieurs à l'Homme que ne le sont les Singes de l'ancien continent. La transition de ceux-ci aux Cébiens est difficile à établir, et l'on peut dire que ces deux groupes sont aussi nettement séparés l'un de l'autre par leurs caractères zoologiques qu'ils le sont par leur position géographique. Quoi qu'il en soit, c'est avec certaines Guenons que les Singes d'Amérique montrent le plus grand nombre d'analogies, non-seulement au physique, mais encore au moral.

Leur intelligence a des rapports avec celle des premières espèces de ce genre. Dans presque tous les cas elle conserve aussi une douceur égale ou même plus grande encore. Moins forts que la plupart des Pithéciens, les Cébiens sont aussi plus délicats dans leurs formes que ne le sont ces Animaux, et leurs sentiments ne se modifient pas autant avec l'âge ; ils conservent presque entièrement la confiance et la gentillesse dont ils avaient fait preuve dès le commencement et que les jeunes Pithéciens nous ont seuls montrées. Le plus souvent on peut les apprivoiser sans difficulté ; il est même possible de leur apprendre bien des petits tours, à l'exécution desquels s'oppose le plus souvent le naturel distrait, turbulent ou même farouche des Singes asiatiques et africains. Comme ils sont moins vigoureux que la plupart de ces derniers, que leurs canines sont habituellement plus courtes et que leurs passions sont beaucoup moins vives, les Cébiens domestiques peuvent recevoir plus de liberté ; en Amérique, on les retient fréquemment dans les maisons, sans même les attacher, et, en Europe, on les recherche préférablement à tous les autres, quoiqu'ils soient peu actifs et même toujours plus ou moins tristes et plaintifs.

Le nom de Cébiens (*Cebidæ* ou *Cebina*), sous lequel on les réunit, est une modification du mot grec *kébos*, dont nous avons déjà parlé comme ayant été appliqué par les anciens à une sorte de Singes propre à l'Afrique, mais qui ne pouvait être logiquement attribué à aucune des espèces américaines. Tout le monde sait en effet que les anciens n'ont observé aucune de ces dernières puisqu'ils ne connaissaient pas le continent américain. Ce n'est qu'à la suite des premières expéditions des Espagnols, que l'on a commencé à rapporter en Europe les jolies espèces de Quadrumanes que les hasards de la nomenclature ont fait hériter d'un nom appliqué par les anciens à une espèce africaine. Ici, comme dans tant d'autres circonstances analogues, l'habitude a prévalu sur la règle, et Erxleben a surtout contribué à assurer cette nouvelle signification du mot *cebus*, lorsqu'il s'en est servi dans son Système du Règne animal, publié en 1777, pour désigner le genre unique dans lequel il classait tous les Singes américains.

Buffon n'avait pas commis une pareille erreur, mais, comme il n'avait pas sur la nomenclature les mêmes vues que Linné, il s'était contenté de donner aux Singes américains des noms français, sans imaginer pour chacun d'eux des dénominations latines binaires, comme on le faisait dans l'école de Ray et dans celle de Linné. Il n'a d'ailleurs décrit que quatorze Singes américains, savoir : huit *Sapajous*, pour lesquels il n'admettait même que cinq espèces véritables, et six *Sagouins*. Les premiers sont des Cébiens à trente-six dents. Il les appelle *Ouarine*, *Coaïta*, *Sajou* (le Sajou gris n'est pour lui qu'une variété appartenant à la même espèce que le Sajou brun), *Saï* (celui-ci est tantôt brun-noirâtre, tantôt roux-blanchâtre) et *Saïmiri* ; les seconds ou les Sagouins sont le *Saki*, le *Tamarin*, l'*Ouistiti*, le *Marikina*, le *Pinche* et le *Mico*.

En décrivant l'Ouistiti, Daubenton fait remarquer que les Animaux de ce genre n'ont que trente-deux dents, et, ailleurs, il dit que le Saïmiri et les autres Sapajous en ont au contraire trente-six, ce qui est parfaitement exact. Le Saki est le seul des Sagouins de Buffon qui ait aussi trente-six dents, et pourtant on a nommé Sagouins, à une époque plus récente, des Cébiens inconnus à ce naturaliste, et qui, avec le même nombre de dents que le Saki, ont aussi la queue lâche, ce qui les distingue des Sapajous. De là, la séparation d'une nouvelle catégorie parmi les Singes américains pour y placer ceux de ces Animaux, qui ont le même nombre de dents que les Sapajous ou Cébiens à queue prenante, mais qui n'ont pas leur queue prenante. Dans cette manière de voir la troisième division reste formée par les espèces à trente-deux dents, comme les cinq derniers Sagouins de Buffon, et elle répond au genre Ouistiti de Daubenton et d'E. Geoffroy, auquel Illiger a donné le nom d'*Hapale*. Ces trois divisions renferment chacune plusieurs genres et le nombre de leurs espèces respectives est maintenant plus considérable qu celui de tous les Singes américains dont Buffon avait parlé.

Dans l'état actuel de la science on ne connaît pas moins de quatre-vingts espèces de Singes vivant en Amérique. Il est vrai que toutes celles que l'on admet n'auraient pas été sanctionnées par Buffon, qui eût sans doute regardé beaucoup d'entre elles comme n'étant que de simples variétés de coloration. C'est même l'opinion que Blainville s'était faite de plusieurs de celles que l'on distingue parmi les Hurleurs, les Sajous et les Ouistitis. Buffon et Daubenton n'avaient observé aucun Singe des genres aujourd'hui connus sous les noms d'Ériode, Nyctipithèque et Callitriche ; c'est donc à tort que l'on donne souvent aux Callitriches le nom de Sagouins qu'ils appliquaient aux Ouistitis.

D'autre part, les genres Hurleur, Atèle, Saïmiri. Sajou et Saki, dont on possède depuis longtemps des exemplaires, se sont enrichis d'un nombre plus ou moins considérable d'espèces nouvelles, et il en est de même de celui des Tamarins. Ces précieuses acquisitions, toutes postérieures à la fin du siècle dernier, sont principalement dues aux recherches actives des naturalistes voyageurs, et principalement à celles de MM. de Humboldt, Spix et Émile Deville.

Des zoologistes éminents se sont occupés de décrire les caractères extérieurs ou les principales dispositions anatomiques des Animaux dont les musées se sont ainsi enrichis. Tels sont, indépendamment des voyageurs que nous venons de citer, MM. Geoffroy-Saint-Hilaire père et fils, F. Cuvier, de Blainville et plusieurs autres, dont nous rappellerons les noms dans les pages qui vont suivre.

Les savants modernes ont un peu varié dans la manière dont ils ont réparti méthodiquement les Singes américains.

E. Geoffroy admettait que ces Singes sont de trois catégories différentes :

1° Les SAPAJOUS de Buffon, qu'il appelle HÉLOPITHÈQUES, et qui comprennent les genres *Atèle*, *Lagotriche*, *Hurleur* et *Sajou* ;

2° Les GÉOPITHÈQUES ou les *Callitriches*, *Aotes* et *Sakis* ;

3° Les ARCTOPITHÈQUES ou les *Ouistitis* et les *Tamarins*.

La réunion de ces trois catégories forme le groupe des Quadrumanes que le même auteur a nommé *Platyrrhinins* par opposition aux Catharrhinins, qui sont les Singes de l'ancien continent.

Spix, qui a traité longuement des Singes américains, a ajouté deux genres à ceux que nous venons d'énumérer ; l'un, qu'il appelle *Brachythèle*, a été rectifié par M. Isid. Geoffroy dans sa description de l'*Ériode* ; l'autre, qu'il nomme *Brachyure*, comprend des Sakis à queue plus courte que les Sakis véritables. Spix donna, comme F. Cuvier le fit aussi de son côté, de nouveaux détails sur le genre pour lequel E. Geoffroy avait adopté le nom d'*Aote*, antérieurement proposé par M. de Humboldt ; et, après en avoir rétabli les caractères, il en changea le nom en *Nyctipithèque*.

Dans son grand ouvrage sur l'*Ostéographie*, M. de Blainville a aussi traité des Singes américains qu'il appelle *Cebus*, comme l'avait fait Erxleben ; il considère qu'ils doivent être disposés sérialement de la manière suivante, qui lui paraît mieux exprimer leur supériorité ou leur infériorité relative :

D'abord les Hurleurs ou Alouates, les Ériodes et les Lagotriches ; ensuite les Callitriches ; puis les Atèles, les Sajous, les Saïmiris, les Sakis et les Nyctipithèques, après lesquels viennent les Ouistitis et les Tamarins.

Dans cette série, les premiers genres ont la sixième dent molaire, soit supérieure, soit inférieure, plus forte que ceux qui occupent un rang intermédiaire, et les derniers manquent de la même dent aux deux mâchoires. Une autre différence existe dans le squelette de ces divers Animaux ; les premiers manquent seuls du trou sus-condylien de l'humérus que tous les autres présentent d'une manière évidente. Les Hurleurs, les Ériodes, les Lagotriches sont de la première catégorie ; les Sajous, les Saïmiris, les Nyctipithèques et les Hapaliens ont été reconnus pour appartenir à la seconde.

Ces derniers ont aussi un plus grand nombre de vertèbres lombaires, et

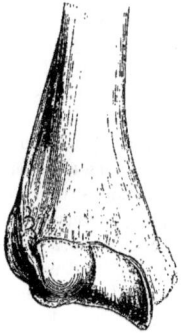 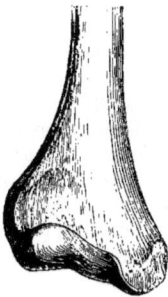  

HUMÉRUS DE MAGOT, grand. nat.

HUMÉRUS D'ATÈLE BELZÉBUTH, grand. nat.

HUMÉRUS DE SAJOU BRUN, grand. nat.

HUMÉRUS D'OUISTITI, grand. nat.

ce caractère les éloigne encore des Pithèques. On en compte sept dans les Saïmiris, les Sakis et les Ouistitis, et huit dans les Nyctipithèques ; les Sajous en ont six seulement, les Alouates et les Lagotriches cinq et les Atèles quatre.

M. Isidore Geoffroy, qui a publié des travaux importants sur la tribu des Singes américains, a séparé les Hapaliens des autres Cébiens, c'est-à-dire des Singes américains pourvus de trente-six dents.

2° DESCRIPTION DES CÉBIENS PROPREMENT DITS

Le premier genre qui nous occupera est celui des *Hurleurs*. Nous parlerons ensuite de ceux *Lagotriche*, *Ériode*, *Atèle*, *Sajou*, *Callitriche*, *Saïmiri*, *Nyctipithèque* et *Saki*. Ces genres constitueront notre tribu des Cébiens, et nous parlerons à part des Hapaliens, qui formeront la troisième tribu des Singes.

GENRE HURLEUR (*Mycetes*, Illiger.). Dans son *Histoire naturelle du Brésil*, qui parut en 1648, Margrave avait rapporté que tous les jours, matin et soir, les Singes que l'on appelle des Hurleurs s'assemblent dans les bois ; que l'un d'eux prend une place élevée et fait signe de la main aux autres de s'asseoir autour de lui pour l'écouter. Dès qu'il les voit placés, il commence, ajoutait-il, un discours à voix si haute et si précipitée qu'à l'entendre de loin on croirait qu'ils crient tous ensemble ; mais cependant il n'y en a qu'un seul auquel le rôle d'orateur soit permis, et pendant tout le temps qu'il parle, les autres sont dans le plus grand silence ; mais lorsqu'il a cessé, dit ensuite Margrave, il fait signe de la main aux autres de répondre ; et, à l'instant, tous se mettent à crier ensemble, jusqu'à ce que, par un nouveau signe, il leur ordonne le silence. Dans le même moment, ils obéissent et se taisent. Enfin le premier reprend encore son dicours ou sa chanson, et ce n'est qu'après l'avoir écouté bien attentivement que l'assemblée se sépare, la séance étant alors levée.

Margrave disait avoir été plusieurs fois témoin de ces faits ; mais Buffon, en les reproduisant comme il les raconte, ajoute « qu'ils pourraient bien être exagérés et assaisonnés d'un peu de « merveilleux, le tout n'étant peut-être fondé que sur le bruit effroyable que font ces Animaux. » C'est ce dont Azara et les voyageurs modernes se sont assurés. A l'aurore et à la fin du jour, les Singes Hurleurs font entendre leur voix retentissante à laquelle l'historien des Mammifères du Paraguay donne les diverses épithètes de triste, de rauque et d'insupportable ; que l'on entend, dit-il, à la distance d'un kilomètre et demi, et que l'on ne peut comparer, suivant lui, « qu'au craquement d'une grande quantité de charrettes non graissées. » D'autres l'ont assimilée au bruit que fait un troupeau de sangliers, et quelques-uns au roulement du tambour.

C'était pour rappeler la curieuse facilité qu'ils ont de vociférer qu'E. Geoffroy avait proposé d'employer, pour désigner les Animaux de ce genre, la dénomination latine de *Stentor* ; mais, peu de temps avant, Illiger s'était servi de celle de *Mycetes*, qui veut dire *mugissant*, et que son antériorité a fait préférer, bien que celle d'*Ahualta*, publiée par Lacépède, fût elle-même plus ancienne de douze ans et plus semblable à celle qu'avait employée Buffon.

Les Hurleurs sont plus robustes que les autres Cébiens. Ils ont, malgré leur longue queue, une certaine analogie avec les Orangs, qu'ils semblent représenter dans la tribu américaine, et dont ils ont aussi les couleurs roussâtres ou brunes. Leurs sixièmes molaires supérieures et inférieures sont fortes, et il y a, dans toutes leurs dents mâchelières, une certaine disposition des tubercules de la couronne qui rappelle un peu ce que l'on voit chez certains Pachydermes herbivores. Cette conformation est sans doute en rapport avec la facilité plus grande qu'ont ces Animaux de se nourrir de substances végétales, et leur estomac est compliqué.

La mâchoire inférieure des Hurleurs acquiert un grand développement vertical. Elle loge entre ses deux branches une sorte de caisse osseuse à parois minces, quelquefois à demi cloisonnée dans son intérieur, et qui reçoit une poche en communication avec le larynx. Cette caisse osseuse n'est autre chose que le corps de l'os hyoïde, qui a été pour ainsi dire soufflé, et c'est à l'aide de cet appareil que la voix de ces Animaux acquiert le développement singulier

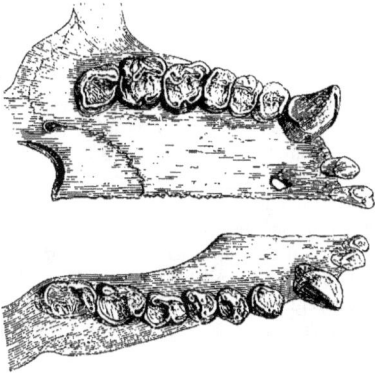

Dents du Hurleur roux, grand. nat.

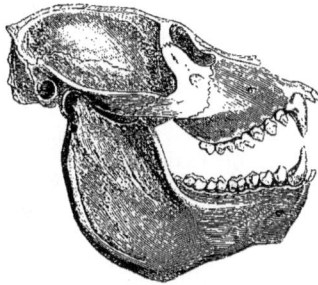

Crane du Hurleur, 2/5 de grand. nat.

qu'on lui connaît, et qui a suggéré aux premiers voyageurs qui ont parlé des Hurleurs les
fables que Margrave a reproduites au sujet de la bruyante éloquence des chefs de chacune de leurs troupes. Le cartilage thyroïde du larynx de ces Singes est aussi fort développé.

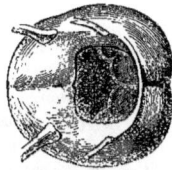

Os hyoïde du Hurleur, 2/5 de grand. nat.

Pour compléter la caractéristique des Hurleurs, il faut ajouter qu'ils ont la queue longue, en partie nue, calleuse à la face inférieure dans sa partie terminale, et très-préhensile.

Ces Cébiens sont assez lents dans leur démarche, toujours tristes et de mœurs moins douces que les autres espèces américaines; ils vont par troupes, sous la conduite d'un chef, et celui-ci est toujours un mâle. Il se place, dit-on, dans un lieu plus élevé comme pour veiller à la conservation de la famille qu'il dirige. Sa petite bande ne se met en mouvement que lorsqu'il en a lui-même

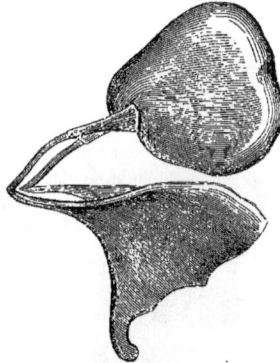

Os hyoïde et cartilage thyroïde du Hurleur, 2/5 de grand. nat.

donné l'exemple; elle parcourt alors les arbres, passant avec calme d'une branche à l'autre et sans sauter.

Comme il est facile d'approcher les Hurleurs, on peut se placer au-dessous d'eux si l'on veut les tirer; mais il paraît que la crainte les gagne bientôt, et elle est souvent assez grande pour qu'ils lâchent leurs excréments, qui tombent alors sur les personnes ou sur les Animaux qui les inquiètent. C'est ce qui a fait penser qu'ils avaient recours à cette tactique pour éloigner leurs ennemis, et l'on a dit qu'ils prenaient même leurs ordures avec la main pour les jeter au visage de ceux qui les inquiètent.

La queue leur est très-utile pour se maintenir sur les arbres; on rapporte qu'ils s'en servent si souvent et qu'une fois accrochée elle est si tenace que, lorsqu'on les a blessés ou même tués, ils restent suspendus, et qu'il est assez difficile de se les procurer après qu'on les a tués. Dans quelques parties de l'Amérique on mange leur chair après les avoir fait rôtir à la broche; mais Watterton rapporte que la ressemblance, que montre alors leur corps pelé avec celui d'un petit enfant qu'on aurait écorché, répugne aux voyageurs européens qui se refusent à manger d'un pareil mets. La peau des Hurleurs est employée pour la sellerie.

Ces Singes n'ont, comme tous ceux qui précèdent, qu'un seul petit à chaque portée. La femelle le porte sur son dos, et il s'attache à son cou à l'aide de ses bras. Lorsqu'elle est très-effrayée, il arrive quelquefois qu'elle l'abandonne pour se sauver elle-même plus facilement. Quelques auteurs l'ont, à cause de cela, considérée comme n'ayant qu'à un faible degré les sentiments qui animent les femelles de presque tous les autres Animaux, et il en est qui ont cru en trouver la raison dans le moindre développement des parties postérieures du crâne; ce qui est, en effet, l'un des caractères des Hurleurs. On sait que c'est dans la partie du cerveau qui y est logé que Gall plaçait le siége des sentiments qui portent les parents à se dévouer pour leurs petits. Cet organe est nommé organe de la philogéniture par quelques phrénologistes. Mais la doctrine de Gall n'est qu'une exagération de la véritable phrénologie, et elle a reçu de trop rudes atteintes pour qu'on la prenne encore au sérieux dans ses détails. Le fait suivant, rapporté par Spix, est d'ailleurs assez loin de lui être favorable en ce qui concerne les Hurleurs.

Spix raconte que des femelles de ce genre, qui avaient été blessées, fuyaient en emportant leurs petits avec elles, et qu'au moment où leurs propres forces les abandonnaient, elles avaient encore assez de courage et en même temps assez de prévoyance pour lancer ces jeunes Animaux sur les branches afin de les ravir aux chasseurs qui les poursuivaient. L'indifférence des Hurleurs pour leurs petits est cependant attestée par Azara, mais lui-même ne donne pas pour certain tout ce qu'on lui avait rapporté à ce sujet, et, s'il raconte que les Hurleurs femelles abandonnent leurs petits lorsqu'on leur crie des sottises, « cris au bruit desquels la mère arrache son petit de son cou et le jette par terre, » il ajoute : « On applique le même *conte* aux Singes que je décris après celui-ci (au Saï); néanmoins il n'est pas douteux que la mère n'abandonne son petit que parce qu'elle est effrayée des éclats qu'elle entend, et que ce ne soit pour fuir avec plus de légèreté; car quel instinct lui ferait comprendre la signification de l'injure qu'on emploie et qui ne saurait en être une pour elle? »

HURLEUR ROUX, 1 3 de grand.

On distingue plusieurs espèces de Hurleurs. Les changements que leur couleur éprouve avec l'âge ou suivant le sexe en avaient fait d'abord établir un nombre plus considérable que celui que l'on accepte maintenant, et il faudra peut-être réduire aussi ces dernières lorsqu'on les connaîtra d'une manière plus complète.

Le HURLEUR ROUX (*Mycetes seniculus*) est l'*Alouate* de Buffon, le *Simia seniculu* de Linné, et le *Mono colorado* L. de Humboldt. Il a le dessus du corps d'un beau roux; sa tête et ses extrémités sont d'un roux foncé très-vif; sa face est nue et noire. Le corps et la tête ont quarante-cinq centimètres environ; la queue est un peu moins longue. Ce Singe vit principalement dans la Guyane.

Le HURLEUR À QUEUE DORÉE (*Mycetes chrysurus*. Is. Geoffroy) est de la Colombie, principalement sur les bords de la Magdelaine, dans le gouvernement de la Nouvelle-Grenade. Il porte le nom d'*Araguato*. La dernière moitié de sa queue et le dessus de son corps jusque vers les épaules, sont d'un fauve doré très-brillant; l'autre moitié de la queue est d'un roux marron assez clair, et le reste du corps est d'un marron foncé, principalement sur les membres, où il prend une teinte violacée.

Comme la plupart des Singes, le Hurleur à queue dorée vit par troupes. M. Roulin, qui a eu l'occasion de l'observer plusieurs fois, a remarqué que lorsqu'une bande d'Araguates doit passer d'un arbre à l'autre, tous les individus qui la composent agissent d'une manière absolument semblable, sautant successivement aux mêmes points, et posant aussi leurs pieds aux mêmes places, comme si chacun d'eux était obligé d'imiter, jusque dans ces détails, celui qui l'a précédé. MM. Castelnau et Emile Deville ont retrouvé le Hurleur à queue dorée au Brésil, dans la province de Matto-Grosso, sur les bords du Paraguay.

HURLEUR A QUEUE DORÉE, 1/6 de grand. nat.

Le HURLEUR OURSON (*Mycetes ursinus*), ou l'*Araguato* de la *Monographie* publiée par de Humboldt, habite principalement les bords de l'Orénoque, en Colombie; mais on le trouve aussi au Brésil dans plusieurs provinces.

HURLEUR OURSON, 1/3 de grand.

Étienne Geoffroy, qui l'a nommé *Stentor ursinus*, en a séparé, sous le nom de *Stentor flavicaudatus* et de *S. fuscus*, deux autres Singes dont le second répondrait à l'*Ouarine* de Buffon, qui est

OUARINE DE BUFFON, 1/6 de grand. nat.

elle-même le *Simia Belzebuth* de Linné, ainsi qu'au *Guariba* de Margrave; tandis que le *flavicaudatus* serait le *Choro* de M. de Humboldt. On ne les distingue plus de l'Ourson. La couleur de ces Singes est d'un roux doré, à peu près uniforme, avec la face en partie couverte de poils. Ils recherchent les contrées élevées et froides et se tiennent de préférence auprès des mares ombragées par les Sagoutiers.

Le HURLEUR AUX MAINS ROUSSES (*Mycetes rufimanus* de Kuhl) serait la quatrième espèce de ce genre. Son pelage est généralement noir, sauf sur les mains, qui sont rousses. Spix a nommé *Mycetes discolor* des Hurleurs ayant les mêmes caractères. On les rencontre dans le Brésil, principalement dans la région de l'Aragay, d'où le Muséum en a reçu par les soins de MM. de Castelnau et E. Deville.

HURLEUR AUX MAINS ROUSSES, 1/3 de grand. nat.

HURLEUR NOIR, 1/3 de grand nat.

Le HURLEUR NOIR (*Mycetes niger*, E. Geoffroy), ou le *Caraya* d'Azara, est tout à fait noir dans les mâles adultes, et, au contraire, jaunâtre dans les femelles et dans les jeunes mâles; aussi ces derniers ont-ils été décrits, comme formant une espèce à part, sous le nom de *Stentor stramineus*.

Les Hurleurs noirs sont de la Bolivie ainsi que du Brésil, et ils s'étendent jusqu'au Paraguay où Azara les a observés.

Dans un mémoire publié en 1845, M. Gray signale comme nouvelles quatre espèces du genre d'Hurleurs, sous les noms de *Mycetes laniger*, *bicolor*, *auratus* et *villosus*. Une espèce encore différente existerait au Pérou, d'après le savant voyageur M. Tschudi.

GENRE LAGOTHRICHE (*Lagothrix*, E. Geoffroy). Les Lagothriches ont les proportions moins robustes que les Hurleurs, et leur os hyoïde bien moins développé; leur queue est également longue, prenante et calleuse en dessous vers son extrémité. Leur pelage est très-fourni et très-moelleux, et il forme une épaisse fourrure.

LAGOTHRICHE DE CASTELNAU (*Lagothrix Castelnaui*, Isidore Geoffroy et Deville), rapporté des bords du haut Amazone, au Pérou, par MM. Castelnau et E. Deville. On doit à M. Deville quelques observations relatives au Lagothriche de Castelnau qui peuvent nous donner

LAGOTHRICHE DE CASTELNAU, 1/8 de grand.

une idée des mœurs qui distinguent les Singes de ce genre. Ces Animaux sont fort intelligents, extrêmement gourmands et très-voleurs; ils s'apprivoisent, du reste, facilement et sont affectueux pour ceux qui en prennent soin; ils se servent de leur queue, comme les Atèles, pour saisir au loin les objets qu'ils prennent ensuite avec leur main pour les porter à leur bouche. Lorsqu'on leur attache les mains supérieures derrière le dos, ils marchent debout avec une grande facilité. Si on les tourmente, ils font entendre un petit grognement et projettent, de même que les Atèles et les Orangs, leurs lèvres en avant.

On en a distingué plusieurs espèces, dont trois seulement paraissent être authentiques. Leur taille est moindre que celle des Hurleurs. et leur naturel est plus doux. On les trouve dans la Colombie, au Pérou et au Brésil. Voici les noms de celles qu'on a décrites :

LAGOTHRICHE CAPPARO (*Lagothrix Humboldtii*, E. Geoffroy). M. De Humboldt, qui l'avait observé sur les bords du Rio-Guaviare, l'a signalé sous le nom de *Simia lagothrix*. Il a été retrouvé à l'embouchure de l'Orénoque, en Colombie et au Pérou.

LAGOTHRICHE ENFUMÉ (*Lagothrix infumatus* de Spix, ou *Lagothrix Poppigii* de Schinz).

LAGOTHRICHE GRISON (*Lagothrix canus*, E. Geoffroy), du Brésil.

GENRE ÉRIODE (*Eriodes*, Is. Geoffroy). Queue longue, préhensile, en partie nue et calleuse sous son extrémité. A ce caractère par lequel les Ériodes ressemblent aux Hurleurs, aux Lagothriches et aux Atèles dont nous parlerons ensuite, ils joignent une forme générale, une longueur de membres et des proportions plus analogues à ce que l'on voit chez ces derniers, dont ils s'éloignent, au contraire, par d'autres points, pour se rapprocher des deux premiers. Aussi doivent-ils être considérés comme intermédiaires aux uns et aux autres, et c'est ce que confirment l'étude de leur crâne et celle de leur dentition. Il faut y joindre qu'ils ont les ongles presque aussi comprimés que les griffes des Chiens et de quelques autres Carnassiers; que le pouce de leurs mains de devant est nul ou tout à fait rudimentaire (*voyez page 4*), et que leurs narines sont moins écartées que celles des autres Cébiens, et plus semblables, sous ce rapport, à celles des Pithéciens. Une des espèces d'Ériodes avait servi de type à Spix pour établir son genre *Brachyteles*, mais il en avait rapproché à tort un véritable Atèle.

« Ce genre Ériode, dit M. Is. Geoffroy, est, dans l'état actuel de la science, composé de trois espèces, toutes originaires du Brésil, et encore peu connues ; aucune d'elles n'a jamais été, du moins à notre connaissance, amenée vivante en Europe, depuis un individu qu'Edwards vit à Londres, en 1761, et qu'il a mentionné sous le nom de *Singe-Araignée*, sans nous transmettre à son sujet aucune remarque intéressante. Les Ériodes ont été également très-peu observés dans l'état sauvage. Spix, auquel on doit la découverte de l'un d'eux, nous apprend seulement que ces Singes vivent en troupes et font, pendant toute la journée, retentir l'air de

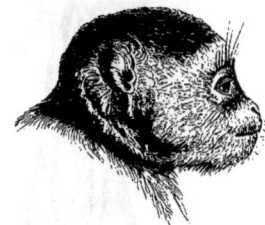

leur voix *claquante*, et qu'à la vue du chasseur, ils se sauvent très-rapidement en sautant sur le sommet des arbres. »

L'ÉRIODE HÉMIDACTYLE (*Eriodes hemidactylus*, Is. Geoffroy). Il est d'un fauve cendré qui passe au noirâtre sur le dos ; quelques poils roux existent auprès de l'anus. On en doit la découverte à Delalande; Desmarest en a parlé sous le nom d'Atèle hypoxanthe ; mais, d'après M. Geoffroy, ce n'est pas l'espèce que le prince de Neuwied appelle ainsi dans son ouvrage sur la *Zoologie du Brésil*.

ÉRIODE HÉMIDACTYLE, 1,4 de grand.

L'ÉRIODE A TUBERCULE (*Eriodes tuberifer*, Isidore Geoffroy) est le véritable Hypoxanthe.

Tandis que le précédent a un pouce extrêmement court, mais onguiculé, celui-ci a le tubercule qui représente le même doigt absolument privé d'ongle. Son pelage est d'ailleurs à peu près semblable au sien. C'est le *Miriki* des Espagnols établis au Brésil, et le *Kupo* des Botocoudes. Spix en a parlé sous le nom de *Brachyteles macrotarsus*.

La troisième espèce, ou l'ÉRIODE ARACHNOÏDE (*Eriodes arachnoïdes*, Is. Geoffroy), avait été précédemment décrite par F. Geoffroy comme une espèce d'Atèle. On ne lui voit aucune trace extérieure du pouce en avant; son pelage est d'un fauve clair, qui passe au cendré roussâtre sur la tête et au roux doré sur l'extrémité de la queue et sur les mains. Les Brésiliens l'appellent *Macaco vernello*.

ÉRIODE ARACHNOÏDE, 1/8 de grand. nat.

GENRE ATÈLE (*Ateles*, E. Geoffroy). Ce nom, qui signifie incomplet, fait allusion à l'état imparfait de la main chez les Singes auxquels il a été appliqué. Semblables, sous ce rapport, aux Colobes, les Atèles manquent, en effet, de pouce aux membres antérieurs; ce sont des Singes à formes grêles, à membres allongés, ayant la queue aussi longue que ceux des trois

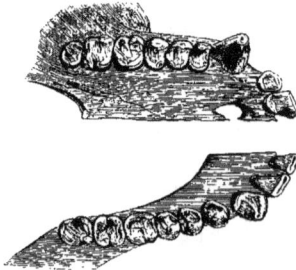

DENTS D'ATÈLE CAYOU,
grand. nat.

ATÈLE NOIR,
main antérieure gauche, 1/4.

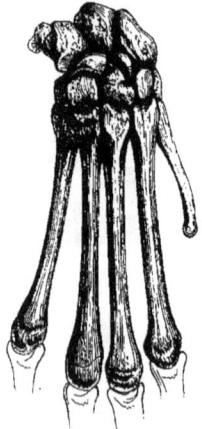

ATÈLE BELZÉBUTH,
carpe et métacarpe, grand. nat.

genres précédents, et, de même, nue et calleuse vers son extrémité. Ils s'en servent comme d'un cinquième membre pour saisir les objets et les rapprocher d'eux lorsqu'ils sont trop éloignés, ou, ce qui est plus ordinaire, pour se suspendre et s'aider dans leur marche ascensionnelle. Dans tous leurs mouvements, les Atèles enroulent leur queue autour des corps qui sont à leur portée, comme s'ils voulaient se précautionner contre une chute dans le cas où le plan sur lequel ils s'appuient viendrait à leur manquer. On n'a pas constaté qu'ils portent à leur bouche, au moyen de cet organe, comme l'ont avancé quelques auteurs, et, en particulier, Brisson.

Les Singes de ce genre sont fort intelligents. Sous ce rapport ils sont même supérieurs à la plupart des autres Animaux de la même tribu. Leur crâne, surtout dans le jeune âge, est remarquable par sa forme arrondie et par l'élévation notable du front. Ils sont doux, lents dans leurs mouvements et très-faciles à apprivoiser. Les femelles ont dans la disposition de leurs organes externes de la reproduction une particularité qui se rapproche assez de celle qui caractérise le sexe mâle, et quelques voyageurs, trompés par cette singularité de conformation, ont dit que, dans le genre des Atèles, il n'y avait que des mâles et point de femelles, ce qui est, comme on le pense bien, tout à fait erronné.

ATÈLE CAYOU, 1/8 de grand nat

La gracilité des Atèles, la manière lente dont ils allongent leurs grandes pattes ou leur longue queue, les a fait comparer à des Araignées qui remueraient leurs membres grêles, et souvent on les nomme Singes-Araignées, ce qui se dit aussi des Ériodes. On les amène quelquefois vivants en Europe, et il n'est pas rare d'en voir dans les grandes ménageries, comme à Londres ou à Paris. Ce sont des Animaux caressants, qui aiment la société de l'Homme autant que celle de leurs semblables, et qui craignent beaucoup le froid. Ils sont tristes, mais confiants. Quoique leur os hyoïde ait son corps un peu excavé, il est très-loin de ressembler, par son développement, à celui des Hurleurs, et leur voix n'a pas le même retentissement. C'est une sorte de sifflement doux et flûté, qu'on a comparé au sifflement des Oiseaux.

A l'état sauvage, les Atèles vivent par réunions plus ou moins nombreuses et se tiennent dans les forêts; leur nourriture consiste en Insectes; ils mangent aussi de petits Poissons, des

Mollusques et d'autres substances animales. Quand ils sont peu éloignés de la mer, ils descendent parfois sur la plage, et ils ramassent des coquilles bivalves, en particulier des Huîtres, dont ils savent, assure-t-on, se procurer le mollusque en brisant la coquille entre deux cailloux.

Dampierre et Dacosta rapportent que lorsque des Atèles veulent passer une rivière ou sauter d'un arbre à un autre sans être obligés de descendre à terre, ils s'attachent les uns aux autres par la queue et se font osciller jusqu'à ce que l'un d'entre eux, placé à l'extrémité libre de la chaîne, puisse atteindre le but auquel ils visent; mais il est plus probable que c'est là une de ces nombreuses exagérations auxquelles les Singes ont donné lieu.

Les naturalistes les plus modernes ont admis l'existence d'un nombre assez grand d'espèces dans le genre des Atèles, et ils en distinguent une douzaine environ par des noms différents:

L'ATÈLE CHAMECK (*Ateles pentadactylus*, appelé aussi *subpentadactylus*) était déjà connu du temps de Buffon. C'est un Singe du Pérou et de la Guyane, ayant le pelage généralement noir, mais qui diffère de ceux d'entre ses congénères, qui sont aussi dans ce cas, par la présence aux mains antérieures d'un court rudiment de pouce; c'est ce caractère qui l'avait fait ranger par Spix dans le genre Brachytèle.

ATÈLE CHAMECK, 1/4 de grand. nat.

ATÈLE COAÏTA, 1/3 de grand. nat.

L'ATÈLE COAÏTA (*Ateles paniscus*), ou le *Coaïta* de Buffon et le *Simia paniscus* de Linné, est, au contraire, entièrement dépourvu de pouce aux mêmes mains, ainsi que les autres Atèles dont nous parlerons ensuite. On le trouve dans les mêmes parties de l'Amérique que le précédent, et, de plus, au Brésil. Il est noir, avec la face colorée en brun, comme celle d'un mulâtre.

L'ATÈLE CAYOU (*Ateles ater*, Fréd. Cuvier) est également noir sur le corps et sur la face. Il a été rapporté de la Guyane.

L'ATÈLE CHUVA (*Ateles marginatus*, E. Geoffroy), dont on doit la première indication à M. de Humboldt, a, au contraire, la face encadrée de poils blancs. C'est aussi le *Coaïta à front blanc* de Fréd. Cuvier et l'*Ateles frontalis* de Bennett. Il a pour patrie le Brésil.

ATÈLE CHUVA, 1/3 de grand. nat.

ATÈLE BELZÉBUTH, 1/4 de grand. nat.

L'ATÈLE BELZÉBUT (*Ateles Brissonii*) a été décrit, en 1762, par le zoologiste et physicien français Brisson, d'après un exemplaire appartenant au cabinet de Réaumur, et que l'on avait montré vivant à Paris sous le nom qui lui a été conservé. Son pelage est noir, sauf à la face interne des membres et sous le corps, où il est blanc et plus ou moins lavé de jaunâtre. Sa face est noire, mais le tour de ses yeux est de couleur claire. Dans la Guyane espagnole on l'appelle *Marimonda*. La même espèce existe au Pérou.

L'ATÈLE MÉLANOCHEÏRE (*Ateles melanochir*, Desmarest, E. Geoffroy, Kuhl) est gris, avec du noir sur la tête et aux mains. Les exemplaires qu'on en connaît ont été achetés à des marchands ou à des montreurs d'Animaux, et l'on n'a pu savoir de quelle partie de l'Amérique ils provenaient. F. Cuvier en donne une figure faite d'après le vivant.

L'ATÈLE MÉTIS (*Ateles hybridus*, Is. Geoffroy) est certainement de la Nouvelle-Grenade; il vit dans la plaine de la Mag-

ATÈLE MÉLANOCHEÏRE, 1/3 de gr.

ATÈLE MÉTIS, 1/3 de grand.

deleine, où on l'appelle *Mono-Zambo*. Le premier de ces mots signifie Singe, et le second est celui que l'on donne aux métis nés du nègre et de l'Indien d'Amérique. L'Atèle Métis est, en effet, brun, et il rappelle un peu le Zambo. Il a le dessous du corps plus clair que le dessus; son front est occupé par une grande tache blanche à peu près semi-lunaire. Dans les bois, la présence de ces Singes est indiquée par le bruit qu'ils font en se jetant d'une branche sur une autre.

Quand une mère, embarrassée de son petit, a un saut trop considérable à faire, un mâle se place sur la branche où elle doit passer et la fait osciller de manière à l'amener à la portée de la femelle, qui profite d'un moment favorable pour s'y élancer. Si, au contraire, un jeune individu déjà fort, mais retenu par la peur, se refuse à passer dans un endroit analogue, sa mère fait devant lui le saut qu'il s'agit d'exécuter, recommence à plusieurs reprises et tâche de le décider par son exemple.

GENRE SAJOU (*Cebus*). Le sens du mot *Cebus*, tel que la plupart des auteurs récents l'ont arrêté, est beaucoup plus restreint qu'il ne l'était pour Erxleben ou pour M. de Blainville, ces deux auteurs l'ayant étendu à tous les Singes d'origine américaine. Il ne comprend également qu'une partie des espèces que Buffon proposait d'appeler Sapajous.

Ainsi délimités, les Sajous sont des Cébiens plus petits que les Atèles, moins grêles dans leurs formes, mais aussi moins vigoureux que les Hurleurs. Leur queue est médiocrement volubile, et elle n'est ni calleuse ni même dénudée sous sa partie terminale. Les Sajous ont les dents molaires presque aplaties à la couronne, avec la dernière de l'une et de l'autre

SAJOU BRUN, 1/3 de grand. nat.

mâchoire sensiblement plus petite que les autres (*voyez page* 113). Leur os hyoïde est de forme ordinaire.

Ce sont, en général, des Animaux assez lestes, mais peu turbulents; leur taille est moyenne, et leur intelligence, leur douceur, leur familiarité curieuse, sans être importune, les rendent agréables et les font rechercher. On les connaît sous les noms de Sajous, Sapajous, Singes pleureurs, Singes musqués, etc. La Colombie, la Guyane, le Brésil et le Pérou en fournissent une grande variété. Ils vivent de fruits, de graines, d'Insectes, d'œufs, etc. On les trouve dans les forêts, et ils se réunissent par troupes. Les Ocelots, les Chatis et d'autres

Carnivores propres aux mêmes régions qu'eux leur font la chasse, et ils doivent en détruire un nombre considérable.

Les Sajous s'habituent facilement à la domesticité, et l'on en porte dans toutes les parties du monde. Ils ne sont pas rares dans la plupart des grandes villes de l'Europe, où des musiciens ambulants les promènent avec eux et utilisent souvent la facilité avec laquelle ces Animaux grimpent. Les Sajous peuvent arriver, en suivant les tuyaux des gouttières, jusque dans les appartements, d'où ils redescendent bientôt pour porter à leur maître quelque pièce de monnaie qu'on leur a donnée. Ils exécutent des tours souvent fort curieux, saluent, portent les armes, exhibent un papier en guise de passe-port, montent à cheval sur le dos des Chiens, et font, avec autant de calme que de douceur, mille autres farces dont tout le monde s'amuse.

Nous rappellerons seulement ici ce que nous avons dit ailleurs au sujet de l'un de ces Animaux qui a vécu au Muséum. Il avait hérité du nom de *Jack*, qui était celui

CARPE ET MÉTACARPE DU SAJOU, grandeur naturelle.

MAIN ANTÉRIEURE DU SAJOU, 1/2 de grand. nat.

de l'Orang-Outan, et il méritait par son intelligence, supérieure à celle de la plupart de ses congénères, l'intérêt que le public lui portait. Passait-on sans s'arrêter devant sa cage, il appelait en frappant, jusqu'à ce qu'on fût revenu à lui et qu'on eût satisfait son désir en lui remettant quelque friandise. Si on lui donnait des noisettes et qu'il lui fût impossible de les casser avec ses dents, à cause de l'épaisseur du bois, il prenait une boule, et bientôt la coque était brisée. M. Is. Geoffroy a observé chez ce Singe un fait assez curieux qui doit lui faire supposer une faculté de comparaison toute particulière. Un jour, on avait jeté à Jack des noix qu'il cassait entre ses dents, mais il s'en trouva une beaucoup plus grosse que les autres, et il lui fut impossible de la faire entrer dans sa bouche pour la briser. Quoiqu'il fût grimpé en haut de sa cage, il descendit sur le parquet, vit un gros clou faisant saillie, et alors il brisa facilement la grosse noix qui lui donnait un si grand embarras. Ce Singe n'était pas moins intéressant à voir lorsqu'on lui donnait une de ces allumettes phosphorées d'un usage aujourd'hui si répandu. Il la frottait, l'allumait et la regardait brûler entre ses doigts sans s'effrayer ni du bruit ni de la lumière. Les personnes qui aiment les Singes préfèrent en général les Sajous à ceux de presque tous les autres genres et surtout aux Pithéciens.

La nomenclature de ces petits Animaux est fort difficile. Leurs dents et leur crâne n'offrent pas de caractères distinctifs bien certains pour les séparer en espèces, et les différences que la disposition ou la couleur de leurs poils présentent sont, en général, fugitives et presque individuelles. Aussi plusieurs naturalistes ont-ils admis l'existence, dans ce genre, d'un nombre assez considérable d'espèces, tandis que d'autres, supposant que la plupart de ces prétendues espèces ne méritent que le titre de races ou de variétés, préféreraient les réduire à quelques-unes seulement.

M. Is. Geoffroy a soutenu la première opinion, et il porte à quatorze le nombre des espèces de Sajous que possède actuellement la collection du Muséum; mais il fait en même temps remarquer qu'elles sont très-difficiles à distinguer en raison des variétés qu'elles présentent, non-seulement selon les lieux, mais selon les âges, les sexes et les circonstances individuelles, et il ajoute même que c'est à regret qu'il a été conduit, par la publication de son Catalogue des Primates, à inscrire dès à présent dans la science quelques-unes d'entre elles sur l'existence desquelles il lui reste encore certains doutes.

Nous ne donnerons qu'une courte description de chacune des espèces de Sajous, et nous

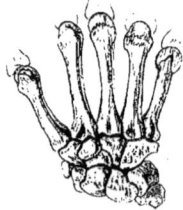

parlerons de préférence de celles que l'on possède dans la collection du Muséum ou que l'on voit habituellement à la Ménagerie.

La plus commune, et, par suite, la plus répandue dans les différents musées d'histoire naturelle, est le SAJOU BRUN de Buffon et de Fréd. Cuvier, *Simia apella* de Linné (aujour-d'hui *Cebus apella*). Son pelage est brun roussâtre, passant au brun noir sur la ligne dorsale, la queue, les membres postérieurs, les avant-bras et les mains ; le dessus de la tête et les favoris sont noirs ou noirâtres ; les bras, d'un jaune fauve ou grisâtre, contrastent avec la couleur foncée de l'avant-bras.

SAJOU BRUN, 1/4 de grand. nat.

On amène souvent le Sajou brun de la Guyane, où son espèce est abondante ; il existe aussi dans d'autres parties de l'Amérique méridionale, principalement au Brésil. Voici les dimensions de ces Singes : tronc et tête, 0,35 ; queue, 0,40.

Le SAJOU ROBUSTE (*Cebus robustus* du prince Maximilien de Neu-Wied) est plus particu-lièrement du Brésil. Son pelage est roux assez vif, avec les membres et la queue noirâtres, les bras de même couleur que le dos, et la culotte noire. Ce Sajou devient plus fort que la plupart de ses congénères.

Le SAJOU VARIÉ (*Cebus variegatus*, E. Geoffroy, ou *C. xanthocephalus*, Spix) a le front

et le dessus de la tête blanchâ-tres ou roussâtres ; les poils de son dos sont bruns à la racine, dorés dans une grande partie de leur étendue et terminés de noir à la pointe ; les bras sont, comme ceux du Sajou brun. C'est encore un Animal du Brésil.

SAJOU A TOUPET, 1/3 de grand.

Le SAJOU A TOUPET (*Cebus*

SAJOU VARIÉ, 1/3 de grand.

cirrifer, E. Geoffroy) est du même pays et peut-être aussi de la Guyane. Il a sur le front
une espèce de double toupet; son pelage est brun châtain et sa poitrine rousse ou roux doré.

Le Sajou a fourrure (*Cebus vellerosus*, Is. Geoffroy) a la même origine. Son corps
est couvert de très-longs poils bruns et laineux, au milieu desquels sont épars quelques poils
blancs encore plus longs, mais roides; le tour de sa face est blanc, et, chez l'adulte, le
toupet, qui est composé de poils noirs, est divisé en deux larges pinceaux.

Le Sajou coiffé (*Cebus frontatus*, Kuhl) a des rapports avec les deux précédents, mais
il est noir en dessus et gris brunâtre sale en dessous, et sans encadrement blanc à la face.
Son toupet est formé de poils relevés sur le front et non divisé.

SAJOU A FOURRURE, 1/3 de grand.   SAJOU COIFFÉ, 1/3 de grand.   SAJOU ÉLÉGANT, 1/3 de grand.

Le Sajou élégant (*Cebus elegans*, Is. Geoffroy) vit au Brésil, où il a été trouvé par
M. Auguste de Saint-Hilaire dans la province de Goyaz; on le rencontre aussi au Pérou, et
MM. Castelnau et E. Deville l'ont rapporté des bords du haut Amazone. Il a de même un
toupet noir, mais ordinairement ce toupet est divisé en deux parties par une sorte de gouttière médiane; sa couleur noire contraste avec la couleur généralement fauve du pelage; les
membres et la queue sont plus foncés que le corps; la barbe est d'un blanc roux doré et
elle rappelle celle du suivant.

Le Sajou barbu (*C. barbatus*, E. Geoffroy) a d'ailleurs le pelage presque uniformément
fauve, avec le front blanchâtre; son occiput est plus foncé que le dos. C'est un Singe
de la Guyane.

Le Sajou fauve (*Cebus flavus*, E. Geoffroy, d'après Schreber) a été rapporté de Bolivie
par M. A. Dorbigny. Il a, comme presque tous les Sajous, une calotte noire; mais cette
calotte est brune chez les jeunes sujets, brunâtre, au contraire, ou même simplement jaunâtre chez ceux qui sont plus ou moins albinos; le pelage est fauve brun chez les individus
normaux.

Le Sajou capucin (*Cebus capucinus*, Is. Geoffroy) a la calotte très-petite, avec une
pointe en avant, formée de poils noirs ou noirâtres qui se relèvent un peu en arrière; les
joues, les épaules et le cou
sont gris tirant sur le blanc.
C'est l'espèce qu'on nomme
habituellement le Saï; mais,
suivant M. Is. Geoffroy, il
est au moins douteux que
ce soit le véritable Saï de
Buffon, et il est certain que
ce n'est pas le *Simia capu-
cina* de Linné. « Il serait,
d'ailleurs, à peu près impossible, ajoute ce savant, de

SAJOU CAPUCIN, 1/3 de grand.

SAJOU CHATAIN, 1/3 de grand.

rapporter ces noms aux espèces qui les ont reçus primitivement. » Les Sajous Capucins paraissent être communs à la Guyane et au Brésil.

Le SAJOU CHATAIN (*Cebus castaneus*, Is. Geoffroy) est plus grand que le précédent ; son pelage est d'un châtain roux, plus ou moins tiqueté sur le corps, avec les membres postérieurs, le bas des avant-bras, la queue et la ligne dorsale plus foncées ; ses épaules sont fauves roussâtres à teinte pâle ; son front et les côtés de sa tête ont la même couleur ; mais sa calotte est de plusieurs couleurs, rousse à l'occiput, noire au vertex et sur la ligne qui rejoint le front ; les mains sont brunes.

Le Muséum doit cette espèce à feu M. Poiteau, botaniste distingué, qui l'a recueillie pendant son séjour à la Guyane, ainsi que beaucoup d'autres Mammifères fort curieux.

Le SAJOU VERSICOLORE (*Cebus versicolor*) a été décrit par M. Pucheran d'après un exemplaire rapporté de Colombie. Il est remarquable par sa taille supérieure, comme chez le précédent, à celle de presque tous les autres Sajous. Sa tête est, en grande partie, blanche, sans ligne noire médiane, et ses membres sont d'un beau roux marron, avec les mains noires. Il paraît qu'on le trouve jusqu'à la hauteur de Santa-Fé de Bogota.

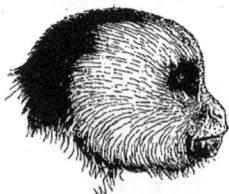

SAJOU VERSICOLORE, 1/3 de grand.

SAJOU A PIEDS DORÉS, 1/3 de grand.

Le SAJOU A PIEDS DORÉS (*Cebus chrysopus*), que Fréd. Cuvier avait antérieurement décrit et figuré, est de plus petite dimension ; sa face est largement encadrée de gris ; sa queue est gris jaunâtre, son dos un peu lavé de brun, et ses membres sont entièrement de couleur dorée, depuis le coude ou le genou jusqu'aux doigts. Il est aussi de Colombie, où il a été trouvé par M. Plée, l'un des nombreux voyageurs qui ont payé de leur vie leur dévouement à l'histoire naturelle.

Le SAJOU A GORGE BLANCHE (*Cebus hypoleucus*, E. Geoffroy) déjà signalé par Buffon

SAÏ A GORGE BLANCHE, 1/7 de grand. nat.

et Daubenton sous le nom de *Saï à gorge blanche*, a
le tour de la face, le devant du cou et les bras presque
blancs; la plus grande partie de son corps, sa queue
et ses membres sont, au contraire, à peu près noirs.
F. Cuvier en donne la description et la figure.

Telles sont les quatorze espèces que M. Is. Geoffroy
reconnaît par l'examen des peaux conservées au Muséum, et dont plusieurs appartiennent à des exemplaires qu'il a pu observer vivants dans la Ménagerie.
F. Cuvier a aussi donné dans son ouvrage des détails sur plusieurs des Sajous qui ont vécu dans cet

SAÏ A GORGE BLANCHE, 1/3 de grand.

établissement, et plus récemment, son fils y a fait paraître la figure d'un Animal du même
genre, qu'il désigne sous le nom de *Sajou cornu, variété à moustaches*. Il faut le rapprocher
du *Cebus cirrifer* signalé plus haut. Nous en reproduisons la tête d'après l'ouvrage de
F. Cuvier.

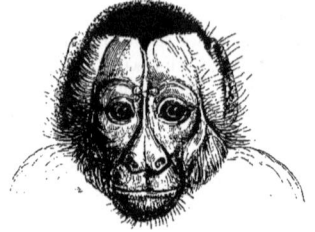

SAJOU CORNU (*de F. Cuvier*).
1/4 de grand.

SAJOU CORNU, variété à moustaches, 1/3.

On trouve encore d'autres descriptions de Sajous dans les publications des naturalistes.
Elles ont été rappelées dans le *Synopsis* de Fischer et dans le *Catalogue* de M. Gray : la plupart laissent encore beaucoup d'incertitude.

GENRE CALLITRICHE (*Callithrix*, E. Geoffroy). Il y a plusieurs espèces dans ce
genre. Leur pelage est bien fourni; leur tête est médiocre,
subarrondie; leur face courte, et leur mâchoire inférieure assez
élevée; leur queue longue est entièrement velue, comme celle
des Sajous, mais elle est encore moins préhensile; leur taille
rappelle celle des Sajous.

Quelques auteurs leur ont donné le nom de Sagouins, en
latin *Saguinus*, mais celui de *Callithrix* est plus généralement
employé. Desmarest, qui se sert de ce dernier, fait en même
temps usage du mot *Sagoin*, comme dénomination française
du genre Callitriche.

DENTS DE CALLITRICHE à mains noires,
grand. nat.

Le CALLITRICHE A FRAISE (*Callithrix amictus*, E. Geoffroy) habite les forêts du Brésil.

Son pelage est brun noirâtre, avec un demi-collier blanc.

Le CALLITRICHE A COLLIER (*Callithrix torquatus*), déjà connu d'Hoffmansegg, diffère
de celui à fraise par la couleur roussâtre de ses parties inférieures. Il est du Brésil. Quelques
auteurs lui réunissent comme simple variété *la Viduata* ou la Veuve, de M. de Humboldt

(*Callithrix lugens*, E. Geoffroy), qui a la gorge ainsi que les mains blanches et les poils du vertex nuancés de pourpre.

CALLITRICHE A COLLIER, 1/6 de grand. nat.

Le CALLITRICHE A MASQUE (*Callithrix personatus*, E. Geoffroy) est aussi du Brésil, où il a été observé par MM. de Langsdorff, consul de Russie, et Auguste de Saint-Hilaire, savant botaniste français que les sciences ont perdu récemment. Il est gris fauve, avec la queue rousse et la tête, ainsi que les quatre mains, noirâtres. Sa patrie est le Brésil, et on le trouve surtout sur les bords des rivières nommées Itabapuana, Itaprinemin, Esperitu-Santo et Rio-Doce jusqu'à Saint-Mathieu.

CALLITRICHE A MASQUE, 1/2 de grand.

CALLITRICHE GIGO, 1/2 de grand.

Le CALLITRICHE GIGO (*Callithrix gigo* de Spix) vit également au Brésil, dans la région de l'Amazone. Ses couleurs sont distribuées comme celles du Callitriche à masque, mais elles ont des nuances plus foncées; la tête entière est noire dans l'âge adulte.

Le CALLITRICHE AUX MAINS NOIRES (*Callithrix melanochir*, Neu-Wied) est de la province de Bahia, dans l'empire du Brésil. Son pelage est cendré, avec la partie postérieure du dos, les lombes et l'extrémité de la queue roussâtres; ses mains sont d'une teinte fuligineuse.

CALLITRICHE AUX MAINS NOIRES, 1/2.

Le CALLITRICHE MITRÉ (*Callithrix infulatus*, Kuhl et Lichtenstein) est gris en dessus, roussâtre en dessous, avec une grande tache blanche entourée de noir au-dessus des yeux; sa queue est jaune roussâtre à la base et terminée de noir. C'est encore une espèce brésilienne.

Le CALLITRICHE DONACOPHILE (*Callithrix donacophilus*, d'Orbigny et P. Gerv.) est de Bolivie. Il a tout le corps gris roux, avec la tête et le ventre plus foncés, tous les poils étant annelés de noir, de blanc et de roux; la queue, où ils sont d'une seule teinte, est gris brun. M. A. d'Orbigny, qui a parcouru, de 1826 à 1833, une grande partie de l'Amérique méridionale, a rencontré cette espèce dans la province de Moxos, république bolivienne. Elle est très-craintive, et vit ordinairement par paires dans les bois et parmi les roseaux qui bordent les rivières.

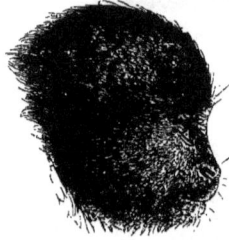

CALLITRICHE DONACOPHILE, 1/2 de gr.

Le CALLITRICHE DISCOLORE (*Callithrix discolor*, Is. Geoffroy et Deville) a été découvert au Pérou et dans le Brésil, sur les bords de l'Amazone et de l'Ucayali, par M. E. Deville. Son pelage est d'un gris plus ou moins roux et tiqueté en dessus, et, au contraire, roux marron très-vif en dessous et sur la presque totalité des membres; sa queue est grise, avec l'extrémité des poils blanche. C'est l'*Ouappo* des Indiens Pebas, et l'*Ouapoussa* des missionnaires espagnols.

Rien n'égale, dit M. Emile Deville, la gentillesse de ces petits Singes lorsqu'ils s'élancent d'un arbre à l'autre, les femelles portant leur petit sur leur dos; ils ont alors la promptitude et la légèreté d'un Oiseau. Ce sont des Animaux nocturnes, comme on pouvait d'ailleurs le supposer à la grandeur de leurs yeux. Dans la journée, ils se tiennent en boule, faisant entendre de temps en temps un petit cri sourd et comme intérieur, d'où leur viennent les noms de Singes ventriloques et de Singes chantants qu'on leur donne quelquefois. A la tombée de la nuit, ils reprennent leur agilité. Les

CALLITRICHE DISCOLORE, 1/3 de grand.

CALLITRICHE MOLOCH, 1/3 de grand.

fruits et les Insectes forment leur principale nourriture. Ils sont doux, mais peu intelligents. Cependant ils s'apprivoisent aisément, et alors ils mangent tout ce qu'on leur présente, préférant toutefois la viande cuite et les sucreries à tous les autres aliments.

Le CALLITRICHE MOLOCH (*Callithrix Moloch*) est

connu depuis plus longtemps. Il a été décrit en 1807 par Hoffmansegg, de Berlin. Il est cendré, à poils annelés sur le dessus du corps; ses joues et son ventre sont d'un roux vif; le bout de sa queue et ses mains sont presque blancs. On le rencontre dans la province de Para, au Brésil.

Le CALLITRICHE CUIVRÉ (*Callithrix cupreus* de Spix) est aussi du Brésil. Il diffère peu des deux espèces précédentes.

GENRE SAIMIRI (*Saïmiris*, Is. Geoffroy). Ce genre comprend le Saïmiri de Buffon et Daubenton et trois ou quatre autres espèces ou variétés que l'on a séparées plus récemment du Saïmiri ordinaire. F. Cuvier avait déjà remarqué que ces Singes devaient être distingués des autres Cébiens, et M. Is. Geoffroy, en sanctionnant cette manière de voir, a fait du nom de l'espèce la plus connue celui du genre entier. Pris dans ce sens, le mot Saïmiri est synonyme de *Pithesciurus* (Lesson) et de *Chrysothrix* (Wagner).

Les Animaux auxquels on l'applique sont plus petits et plus élancés que les Sajous; ils sont aussi plus gracieux, et ils passent pour plus intelligents. Leur principal caractère consiste dans la grandeur de leur crâne, dont la cavité est surtout développée suivant le diamètre antéro-postérieur, et loge un cerveau très-considérable, eu égard au volume du corps.

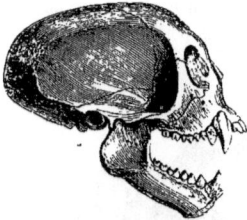

CRANE DE SAÏMIRI, 1/2 de grand.   CERVEAU DE SAÏMIRI, grand. nat.

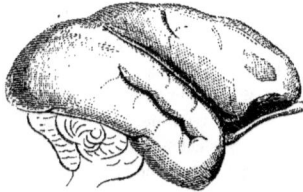

Quelques auteurs ont même pensé que, sous ce rapport, les Saïmiris étaient supérieurs à tous les autres Animaux, sans en excepter l'Homme, et l'on a ajouté que le grand développement de leur cerveau, ainsi que la grande intelligence qu'il leur a fait attribuer, compensaient chez eux l'extrême faiblesse dans laquelle la Nature les avait laissés. Toutefois, comme il ne faut rien exagérer, nous dirons que le cerveau de ces jolis Singes est bien inférieur à celui de notre espèce par sa conformation, et qu'il doit certainement les faire assimiler aux autres Cébiens, ou même le faire regarder comme inférieurs à la plupart des espèces que nous avons précédemment décrites. En effet, il a ses hémisphères presque dépourvus de véritables circonvolutions, et il y en a, au contraire, chez les Atèles et chez les Sajous, les seuls que l'on connaisse bien sous ce rapport.

Plusieurs auteurs ont eu occasion de constater ces faits, et M. Is. Geoffroy a donné, à l'égard du cerveau des Saïmiris, des développements intéressants dans la partie mammalogique du Voyage de la frégate *la Vénus*. La forme remarquable du crâne de ces Cébiens avait été signalée par Daubenton. Les Saïmiris ont d'ailleurs le front bien moins prononcé que celui des Atèles, et leur vertex est encore moins élevé; c'est surtout dans sa partie postérieure qu'il acquiert tout son développement, et les phrénologistes, sachant que, dans ce petit groupe d'Animaux, les mères soignent leurs petits avec tendresse, et que ceux-ci, à leur tour, ont pour elles un attachement si grand, qu'ils ne les abandonnent pas, même lorsqu'elles ont été tuées par les chasseurs, ont vu dans la conformation crânienne de ces curieux Singes un nouvel argument en faveur des doctrines qu'ils soutiennent.

Les Saïmiris étaient déjà connus des naturalistes du dernier siècle; Brisson, Buffon et Daubenton, que nous avons déjà cités, ont donné des détails intéressants à leur égard.

Buffon n'exagère point les qualités qui distinguent ce genre remarquable, lorsqu'il dit que :
« par la gentillesse de ses mouvements, par sa petite taille, par la couleur brillante de sa
robe, par la grandeur et le feu de ses yeux, par son petit visage arrondi, le Saïmiri a toujours
eu la préférence sur tous les autres Sajous, et que c'est, en effet, le plus joli, le plus mignon
de tous. »

Buffon rend également compte, avec beaucoup d'exactitude, des affinités zoologiques de
ce petit groupe, lorsqu'il ajoute que, « par tous ses caractères, et particulièrement encore
par celui de sa queue, le Saïmiri paraît faire la nuance entre les Sapajous (qui sont les
Cébiens à queue prenante), et les Sagoins (ou Hapaliens à queue non prenante). » Comme il le
dit, en effet, « la queue du Saïmiri, sans être absolument inutile et lâche, n'est pas aussi
musclée que celle des Sapajous; elle n'est, pour ainsi dire, qu'à demi prenante, et, quoiqu'il
s'en serve pour s'aider à monter et descendre, il ne peut ni s'attacher fortement, ni saisir
avec fermeté, ni amener à lui les choses qu'il désire, et l'on ne peut plus comparer cette
queue à une main. »

Pendant son voyage dans l'Amérique équinoxiale, M. de Humboldt a eu plusieurs fois l'occasion d'observer les Saïmiris, et il rapporte à leur égard des faits dignes d'intérêt. Ce voyageur
nous apprend qu'ils sont très-affectueux, et que, si on leur donne quelque sujet de tristesse,
leurs yeux ne tardent pas à se mouiller de larmes. Quand on leur parle pendant quelque
temps, ils écoutent avec une grande attention, et bientôt ils portent les mains aux lèvres de
la personne qui s'adresse à
eux, comme s'ils voulaient
essayer, dit M. de Humboldt,
d'y surprendre les paroles à
mesure qu'elles s'échappent.
Ils savent reconnaître l'objet
qu'on a voulu représenter par
une gravure, lors même que
cette gravure n'est pas coloriée, et quand on leur en
montre une qui reproduit les
objets de leur nourriture habituelle, des fruits ou des
Insectes, par exemple, ils
approchent leurs mains du
papier pour les saisir. Il paraît qu'ils préfèrent les Insectes à tout autre aliment,
et qu'ils aiment aussi beaucoup les Araignées. Ils attra-

SAÏMIRI, 1/6 de grand. nat.

pent celles-ci avec une grande adresse, soit avec leurs lèvres, soit avec leurs mains. Ils
boivent en humant.

Nous n'avons pas besoin de répéter que ces Singes sont très-recherchés, et qu'ils seraient
préférés aux Sajous s'ils n'étaient pas beaucoup plus rares que la plupart d'entre eux. On les
connaît principalement aujourd'hui sous le nom de Saïmiris, que Buffon a, le premier, introduit dans la science; mais on les a aussi appelés et on les appelle parfois encore Singes-
Aurores et Singes-Écureuils.

Les Saïmiris ont les yeux très-gros, et leurs orbites communiqueraient l'une avec l'autre
sans la cloison membraneuse qui complète la paroi interne de la loge osseuse qui les fournit.
Leurs dents sont assez différentes de celles des Callitriches quoique en même nombre. La
figure que nous donnons des unes et des autres nous dispense d'une description comparative-

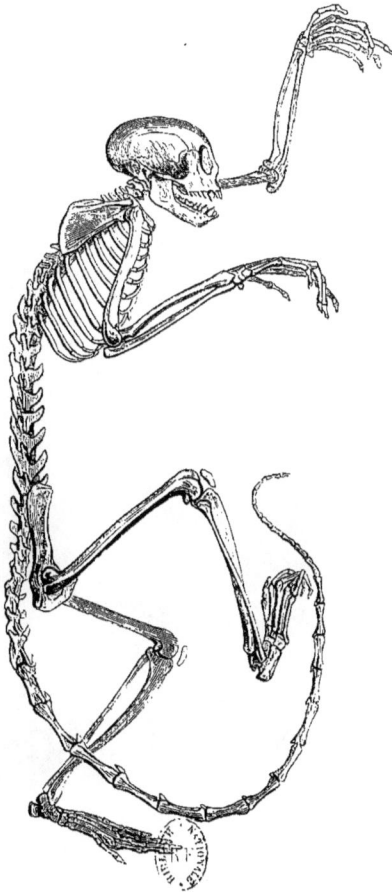

SAIMIRI SCIURIN (Saïmiri Sciureus), 1/3 de grandeur.
Amérique Méridionale.

L'espèce ou la race la plus commune est le Saïmiri Sciurin (*Saïmiris Sciureus*), que Buffon, Daubenton, Linné, F. Cuvier et la plupart des naturalistes ont observé.

Ce Saïmiri est de la Guyane et du Brésil; il a le pelage d'un gris olivacé avec le museau noirâtre, et les bras, ainsi que les jambes, d'un roux vif. Sa tête et son tronc réunis sont longs de dix pouces; sa queue en a treize et demi.

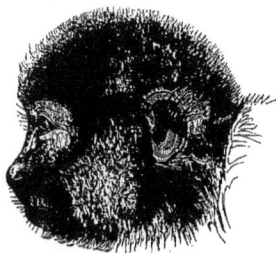

Saïmiri Sciurin, 2/3 de grand.

Le Saïmiri a dos brulé (*Saïmiris ustus*, Is. Geoffroy) a le dessus de la tête et la face externe des membres d'un gris olivâtre; le roux des parties supérieures de son corps est varié de noirâtre et passe au noir sur la partie postérieure et médiane du dos; les avant-bras et les quatre mains sont jaune roux un peu doré.

On le supposait du Brésil. MM. de Castelnau et E. Deville l'ont, en effet, trouvé à Santarem.

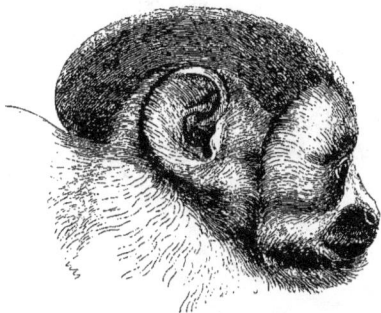

Saïmiri a dos brulé, 2/3 de grand. nat.

Saïmir entomophage, 1/2 de grand. nat.

Le Saïmiri entomophage (*Saïmiris entomophagus*, d'Orbigny et P. Gerv.) est de la Bolivie et du Pérou, et c'est M. d'Orbigny qui l'a le premier rapporté. Il est, en général, fauve, avec des teintes verdâtres sur le dos; il a la gorge blanchâtre; les lèvres, la calotte et le bout de la queue noirs. Ses formes sont grêles et gracieuses, comme celles des précédents; mais sa queue est un peu plus longue. Les poils sont annelés de fauve et de noirâtre sur une grande partie de son corps; les avant-bras, les mains et les pieds sont fauve doré. Ce Singe voyage par grandes troupes; il se nourrit principalement d'Orthoptères et d'Araignées.

M. Is. Geoffroy suppose l'existence d'une quatrième sorte de Saïmiris. Ce serait le *Titi de l'Orénoque* de M. de Humboldt; il l'appelle Saïmiri a lunule (*Saïmiris lunulatus*).

GENRE NYCTIPITHÈQUE (*Nyctipithecus*). Les Nyctipithèques de Spix, que F. Cuvier appelle, de son côté, *Nocthores*, doivent cette double dénomination à leurs habitudes essentiellement nocturnes. M. de Humboldt, qui s'en était procuré un exemplaire antérieurement aux recherches des deux naturalistes que nous venons de citer, l'avait aussi indiqué sous un nom générique particulier; il le nommait *Aotus*. Toutefois, ce dernier mot n'a pu être conservé, quoique plus ancien que les autres, parce qu'il indique que les Animaux auxquels on l'a donné seraient privés d'oreilles; ce qui n'est réellement pas.

Les Nyctipithèques ont, au contraire, une conque auditive assez

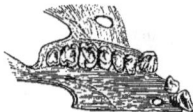

semblable à celle des genres que nous venons de décrire, et ce n'est pas par la considération de cet organe qu'on peut les en distinguer. Leurs principaux traits consistent dans leur
queue très-faiblement prenante, comme celle des Callitriches et des Saïmiris, et susceptible
seulement, comme celle de ces Animaux, de s'enrouler autour des corps sans pouvoir les
saisir ni fournir à l'Animal un moyen de suspension. Leur tête, volumineuse, mais arrondie,
permet de les séparer des Saïmiris, chez lesquels cette partie est allongée, et des Callitriches,
chez lesquels la face est plus courte et la surface angulaire de la mâchoire inférieure plus
considérable et surtout plus élevée. Les Nyctipithèques ont aussi le front moins renflé que
les Saïmiris, et leurs yeux, qui ont un volume considérable, sont phosphorescents dans
l'obscurité.

Nyctipithèque, 1/5 de grand. nat.

MM. Humboldt, Spix et F. Cuvier ont décrit les mœurs des Nyctipithèques. Ces jolis petits
Singes dorment à peu près tout le jour, aussi bien dans les ménageries qu'en liberté. M. de
Humboldt a possédé pendant cinq mois un Aote ou Nyctipithèque qui s'endormait assez régulièrement à neuf heures du matin, quelquefois à l'aube du jour, et ne se réveillait que vers sept
heures du soir; la lumière l'incommodait beaucoup, mais, pendant la nuit, il était aussi actif
que le sont durant le jour presque tous les autres Singes. Les Nyctipithèques se logent de préférence dans les creux des gros arbres et ne vivent pas en
troupes comme les autres. M. de Humboldt assure qu'ils
se tiennent deux à deux, dans un état de véritable mo-
nogamie. Toutefois, Spix dit que ceux qu'il a observés
allaient par bandes. Leur voix est forte, et, suivant
M. de Humboldt, leurs cris rappellent, pendant la nuit,
ceux du Jaguar; ce qui a valu aux Nyctipithèques, que
l'on trouve dans les Missions de l'Orénoque, le nom de
Mono-Tigre et de *Titi-Tigre*. De son côté, Spix appelle
l'une des espèces de ce genre Nyctipithèque vociférant.
Celle-ci est du Brésil.

Le NYCTIPITHÈQUE FÉLIN (*Nyctipithecus felinus*,

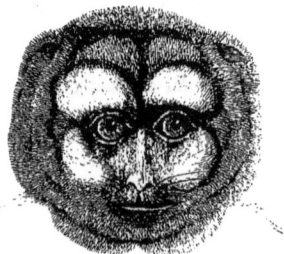

Nyctipithèque Félin, 1/2 de grand.

Spix), qui vit dans les bois de la province de Moxos, en Bolivie, ainsi que dans les parties du Brésil qui s'en rapprochent le plus.

L'espèce la mieux connue est le NICTYPITHÈQUE DOUROUCOULI de Fréd. Cuvier et de Blainville (*Noethora trivirgata*, F. Cuv.). Elle a tout le pelage des parties supérieures du corps gris; les poils ont leur base noire, et sont ensuite annelés de blanc et de noir; les parties inférieures sont orangées depuis le menton jusqu'à l'anus, et cette couleur remonte sur les côtés du cou; le dessus des yeux est blanc, et trois lignes noires, rayonnantes, divisent le front; la queue est d'un gris jaunâtre dans les trois premiers quarts de sa longueur, avec le reste noir; elle a onze pouces; le corps et la tête en ont dix seulement.

Fréd. Cuvier a constaté les habitudes crépusculaires et même nocturnes de son Douroucouli; il le nourrissait de lait, de biscuits et de fruits; mais, dans l'état de nature, l'espèce est surtout insectivore, et il en est de même de ses congénères. M. de Humboldt assure que ces jolis Singes chassent aussi les petits Oiseaux.

Le NYCTIPITHÈQUE DE M. DE HUMBOLDT, auquel reviendra en propre le nom de *Nyctipithecus trivirgatus*, est, pour M. Is. Geoffroy, une seconde espèce habitant les forêts épaisses du Cassiquaire et les environs de Maypure, entre le deuxième et le cinquième degré de latitude boréale.

La troisième est le NYCTIPITHÈQUE VOCIFÉRANT (*Nyctipithecus vociferans*, Spix), du Para.

La quatrième répond au *Mariquoina* d'Azara; elle est du Chaco, sur la rive occidentale du Paraguay. Nous ne lui connaissons pas de nom spécifique, les auteurs l'ayant presque tous réuni aux Douroucoulis de de Humboldt et de F. Cuvier ou au Saki.

Une cinquième est le NYCTIPITHÈQUE D'OSERY (*Nyctipithecus Oseryi*, Is. Geoffroy et Deville), dont le nom rappelle celui de l'un des compagnons de M. Castelnau, lâchement assassiné par les Indiens de la nation des Icheros, pendant le cours de sa longue expédition à travers l'Amérique méridionale. Le Nyctipithèque d'Osery habite les bords du haut Amazone, au Pérou; on l'y nomme *Ya*. Les parties supérieures de son corps sont d'un gris roux, qui passe au roux brun sur la ligne medio-dorsale; le dessous de son corps est fauve jaunâtre; deux lignes noires contournées en *S* se voient sur les côtés de la face; il a une tache de même couleur au-dessus de chaque œil; les quatre mains sont brunes, et la queue est noire en dessus, avec la plus grande partie de son dessous rousse.

Une sixième espèce est le NYCTIPITHÈQUE LÉMURIN (*Nyctipithecus lemurinus*, Is. Geoff.). Celle-ci habite les Andes de la Nouvelle-Grenade. M. Justin Goudot, qui l'a plusieurs fois chassée dans les grands bois du Quindiù, rapporte qu'on la trouve fréquemment à la hauteur de 1,400 mètres au-dessus du niveau de la mer, et même bien plus haut. Elle ne sort ordinairement de sa retraite qu'à la nuit tombante, vit par petits groupes ou familles, et ne paraît pas s'éloigner de certains sites où elle peut trouver facilement sa nourriture. La nuit le Lémurin fait entendre continuellement, lorsqu'il va dans les bois, un petit cri sourd qui se trouve assez bien rendu par le mot *douroucou*, sourdement et faiblement prononcé. C'est sans doute le même motif qui a fait appeler ailleurs *Douroucouli* une espèce du même genre. A la Nouvelle-Grenade, on les nomme *Mico-Dormilon*, à cause de l'habitude qu'ils ont de dormir tout le jour. En liberté, ils se cachent souvent au sommet des arbres, non les plus

NYCTIPITHÈQUE LÉMURIN, 3/5 de grand.

élevés, mais les plus touffus, et il est possible que les amas de petites branches et de feuilles sèches que l'on trouve dans les lieux où ils se tiennent soient réunis par eux. C'est dans ces sortes de nids qu'ils restent toute la journée endormis. On a de la peine à découvrir leurs gîtes, et, lors même que l'on frappe contre l'arbre qui les supporte, ils ne se dérangent pas. Ce n'était qu'en leur tirant des coups de fusils que M. Goudot les faisait sortir de leur retraite. Leurs mouvements ne paraissent pas alors aussi vifs que pendant l'obscurité. Les femelles, comme celles de presque tous les Cébiens, portent leur petit sur leur dos.

M. Roulin, actuellement bibliothécaire de l'Institut, qui a autrefois habité la Nouvelle-Grenade, où il a fait d'importantes observations de Zoologie, a vu, à Santa-Fé de Bogota, un Nyctipithèque de l'espèce du Lémurin qui avait été pris aux environs de la Mesa, village situé à une journée de cette capitale.

GENRE SAKI (*Pithecia*, Desmarest). On a étendu le nom de Saki aux Singes américains qui ressemblent le plus à l'espèce que Buffon avait appelée ainsi, et comme Linné avait inscrit celle-ci, dans son *Systema naturæ*, sous la dénomination latine de *Pithecia*, Desmarest s'est servi de ce mot pour désigner le genre qui comprend les Sakis connus de son temps. Ces Animaux reçoivent quelquefois le nom de *Singes à queue de Renard*, à cause des poils touffus qui couvrent leur queue. Ce sont des Cébiens assez remarquables par leur apparence extérieure. Leur tête est courte, à front assez saillant, et leurs incisives des deux mâchoires sont proclives, c'est-à-dire couchées en avant; leurs dents molaires sont émoussées comme celles des Sajous, mais celles de la dernière paire sont plus fortes que chez les espèces de ce genre. Les Sakis n'ont pas la queue prenante, ni même susceptible de s'enrouler autour du corps; elle est tout à fait lâche et semblable, sous ce rapport, à celle des Nocthores et des Callitriches, ainsi qu'à celle des Sagoins de Buffon (Ouistitis et Tamarins des auteurs actuels).

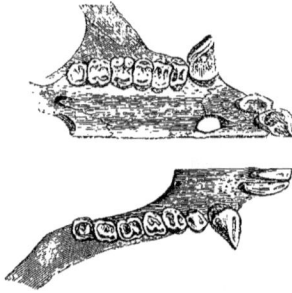

DENTS DU SAKI CHAUVE grand. nat.

Par une particularité tout à fait singulière et qu'on ne retrouve dans aucun autre genre de Cébiens, certains Sakis ont la queue plus courte que les autres, et tout au plus égale au huitième de la longueur du corps. M. de Humboldt avait déjà observé, pendant ses voyages dans l'Amérique, un de ces Sakis à queue très-courte. C'est le *Cacajao* des forêts du Cassiquaire et du Rio-Negro. Spix en a découvert une seconde espèce, et, depuis lors, MM. de Castelnau et Deville en ont rapporté deux autres, regardées aussi comme étant distinctes. C'est à ces Sakis à courte queue que l'on a réservé le nom, d'ailleurs très-convenable, de BRACHYURE (*Brachyurus*, Spix), qui signifie courte queue; mais il semble qu'on ait un peu exagéré la valeur du caractère qui les distingue, lorsqu'on les a séparés génériquement des autres, ceux-ci se partageant eux-mêmes en Sakis à queue longue comme le corps, et Sakis à queue un peu moins longue que le corps.

Tous ces Animaux sont intelligents, assez doux et de mœurs à peu près nocturnes. Ils vivent dans les broussailles plutôt que sur les arbres, ont une démarche lente, et sont, en général, fort craintifs. Les Sajous, qui connaissent leur peu de courage, les harcèlent souvent, surtout lorsqu'ils ont fait quelques provisions, et ils les forcent bientôt à abandonner la nourriture qu'ils s'étaient procurée. On rencontre des Sakis sur une assez grande surface du continent sud-américain; mais ils paraissent n'être abondants nulle part. En général, ils vivent par couples ou par petites familles; les mâles partagent avec les femelles l'éducation des petits, et lorsque ceux-ci sont devenus assez forts, ils les chassent ordinairement de leur société. Ces Animaux ont à peu près la taille des vrais Sajous. Cependant, ils sont moins robustes que la plupart d'entre eux. On les voit assez rarement dans nos ménageries d'Europe; néanmoins, une bonne figure de l'un d'eux, que F. Cuvier avait fait faire d'après le vivant, a été publiée dans son grand ouvrage par son fils, M. le conseiller d'État F. Cuvier.

1. *Sakis à queue très-courte :* GENRE BRACHYURE, Spix.

Nous parlerons d'abord des Sakis à queue-très-courte, c'est-à-dire des *Brachyures*.

BRACHYURE RUBICOND (*Brachyurus rubicundus*). Il a été décrit avec détail sous ce nom de *Brachyurus rubicundus* par MM. Is. Geoffroy et Deville, dans le travail relatif aux Singes que le premier de ces naturalistes a publié dans les *Archives du Muséum*. La queue n'a qu'un décimètre; le tronc et la tête réunis en ont quatre et demi; la queue est si touffue qu'elle paraît avoir la forme d'une boule; le pelage est d'un roux vif sur la presque totalité du corps et des membres; la face est rouge-vermillon, et la tête couverte de poils si ras qu'elle paraît nue. Ce Singe habite la vallée du haut Amazone, du côté de Saint-Paul Olivenza.

M. Deville avait réussi à ramener vivant jusqu'à Brest, où il le perdit, un de ces Brachyures qu'il s'était procuré dans le haut Brésil. Ce jeune et courageux voyageur, qui vient de succomber au commencement d'une seconde expédition sur le continent américain, nous a donné, à l'égard de son Brachyure, les détails suivants :

« Lorsque ce Singe était en colère, il se frottait les mains l'une contre l'autre avec une rapidité extrême. Il se levait souvent droit sur ses pattes de derrière, sur lesquelles il marchait fort bien; il était très-doux pour moi et pour les personnes qu'il connaissait, mais il n'aimait pas notre petit Indien. Il acceptait avec beaucoup de plaisir les bananes mûres, les confitures, le lait, et, en général, toutes les choses sucrées. Il buvait régulièrement deux fois par jour à même un gobelet qu'il tenait très-bien avec ses mains. Il n'aimait pas à être couvert la nuit, à moins qu'il ne fît très-froid; il n'aimait pas non plus la fumée du tabac; je l'ai vu plusieurs fois arracher le cigare de la bouche, lorsqu'on lui envoyait de la fumée, et le mettre en poussière. Lorsqu'on lui donnait plusieurs bananes, il en gardait une dans ses mains et plaçait les autres sous ses pieds. Il aimait à lécher les mains et la figure des personnes qu'il affectionnait. »

BRACHYURE RUBICOND, 1/6 de grand.   BRACHYURE CHAUVE, 1/6 de grand.

Ces Sakis Brachyures sont remarquables non-seulement par la brièveté de leur queue, mais aussi par la saillie de leur front et par la nudité plus ou moins complète de leur tête. Celui de M. Deville l'était, en outre, par la couleur rouge et comme avinée dont toute sa face était teinte. Cette couleur n'était point due à un pigmentum, car elle s'en alla après la mort, et, pendant la vie, on la faisait momentanément disparaître aux endroits sur lesquels on appuyait fortement le doigt.

Je tiens de M. Deville que les Indiens recherchent ces Singes et qu'ils leur donnent le nom d'*Acari*. Ceux de certaines tribus, qui s'aplatissent artificiellement le front et se déforment ainsi le crâne d'une manière considérable, disent que les Hommes qui ne pratiquent pas cet usage et conservent à leur front la saillie qui donne tant de noblesse au visage, ressemblent à des *Acaris*, et ils n'ont pas pour eux la même estime que pour les autres.

Le BRACHYURE CHAUVE (*Brachyurus calvus* de M. Is. Geoffroy) est de la province de Para, au Brésil, et du Pérou, auprès de Fonteboa. Il ressemble assez au précédent, mais il n'a pas la face rouge; sa gorge est roux mordoré foncé. C'est l'Acari blanc des Indiens de l'Amazone.

Le BRACHYURE OUAKARY (*Pithecia Ouakary* de Spix) a aussi la tête en partie nue; sa face est noire; son dos est d'une couleur fauve brunâtre et ses extrémités sont noires. Il vit dans les forêts qui séparent les rivières nommées Solimoëns et Iça, au Brésil, sur la rive gauche du haut Amazone.

Le BRACHYURE CACAJO (*Pithecia melanocephala*, E. Geoffroy), que M. de Humboldt a le premier décrit, vit au contraire sur les bords de l'Orénoque. On l'y appelle aussi *Carcieri*, *Mono-Rabon* et *Chucuto*.

Ce Saki est également de couleur brun jaunâtre sur le pelage et il a la tête noire ainsi que les mains.

De nouvelles observations et surtout la comparaison attentive du squelette de ce Singe avec celui des précédents décideront s'il en est distinct et en même temps si ceux-ci diffèrent véritablement entre eux comme espèces. Ainsi qu'on le voit, c'est la même question que nous avons soulevée au sujet de la plupart des autres Sapajous dans chacune des sections que nous avons énumérées; et cette difficulté tient à l'impossibilité dans laquelle sont les naturalistes d'établir avec certitude les caractères par lesquels les simples races diffèrent des espèces véritables. D'autre part, il est incontestable que les vraies espèces qui composent plusieurs des genres de la famille des Cébiens sont elles-mêmes d'une distinction plus difficile encore que celles que nous avons étudiées parmi les Guenons, les Semnopithèques, etc., dans la tribu des Pithéciens. La manière dont nous les décrivons ici est celle qu'ont adoptée des naturalistes très-compétents; nous n'osons pourtant pas assurer qu'on ne doive par la suite y apporter des modifications.

2. *Sakis à queue de longueur ordinaire.*

D'autres espèces de Sakis ont la queue à peu près aussi longue que le corps, ce qui les distingue de celles que nous venons d'énumérer sous le nom de Brachyures. Ces Animaux ont les mêmes mœurs et les mêmes particularités organiques que ces derniers. On peut les diviser en groupes ainsi qu'il suit :

Les premières espèces manquent de barbe sous le menton.

On n'est pas non plus bien fixé sur le nombre auquel on devrait le réduire; les deux plus anciennement observées ont été confondues par Buffon sous le nom de Saki. A cause du caractère non préhensile de leur queue, il les avait rapprochées de ses Sagoins qui sont nos Ouistitis et nos Tamarins, mais en établissant cependant qu'ils ne sont pas absolument du même genre.

M. Gray a décrit deux nouvelles espèces de *Sakis* dans la partie zoologique du vaisseau anglais le *Sulphur*; il leur donne le nom de *Pithecia irrorata* et *leucocephala*.

Le SAKI A TÊTE BLANCHE (*Pithecia leucocephala* des catalogues méthodiques) a pour type le Saki figuré dans l'ouvrage de Buffon et décrit dans son texte sous le numéro 1. Il est noir avec le tour de la face d'un blanc sale; son corps, la tête comprise, a vingt-neuf ou trente centimètres et sa queue en a trente-cinq.

SAKI A TÊTE BLANCHE, 1/6 de grand. nat.

LE SAKI A VENTRE ROUX (*Pithecia rufiventer*) est le second Saki de Buffon. Il est brun lavé de roussâtre avec le ventre roux; il vit comme le précédent dans la Guyane et il y reçoit aussi le nom de *Yarqué*.

Le SAKI OCHROCÉPHALE (*Pithecia chrysocephala*, Kuhl) a les poils des parties supérieures et latérales de la tête de couleur ocracée, mais il n'a pas la queue et les membres noirs.

SAKI A VENTRE ROUX, 1/2 de gr.

SAKI A TÊTE D'OR, 1/2 de grand.

Le SAKI A TÊTE D'OR (*Pithecia ochrocephala*, Is. Geoffroy) est noir avec du roux doré vif sur les parties qui sont de couleur d'ocre dans l'espèce précédente. Dans le jeune âge, il a le pelage un peu tiqueté et le dessous de son corps est d'un brun marron qui passe au roux sous la gorge.

Il paraît habiter le Brésil.

Le SAKI MOINE (*Pithecia Monachus*, E. Geoffroy) est plus facile à distinguer par sa tête comme rasée sur une assez grande étendue, par les longs poils noirs à pointe blanche de son corps, et surtout par ses mains blanches.

Il est du Brésil et du Pérou.

SAKI MOINE, 1/6 de grand. nat.

Le SAKI MARIQUOINA (*Pithecia Mariquoina*), ainsi nommé par Azara, qui l'a décrit dans son ouvrage sur les Quadrupèdes du Paraguay, est gris-brun en dessus, cannelle en dessous, avec les poils du dos annelés et deux taches blanches au-dessus des yeux.

Ce Singe habite les bois de la province de Chaco et la rive orientale de la rivière du Paraguay.

Le SAKI BRULÉ (*Pithecia inusta*, Spix) est du haut Brésil. Sa tête et ses mains sont jaune d'ocre, le dessus du cou est ferrugineux et le reste du corps noir.

C'est à la même section qu'appartiendrait le SAKI NOIR de F. Cuvier, s'il était constaté qu'il fût adulte; mais il devra être préalablement comparé à ceux qui ont déjà été dénommés régulièrement.

Les détails qu'on possède sur ce Singe sont malheureusement incomplets, les notes que F. Cuvier avait recueillies à son égard n'ayant point été retrouvées dans ses papiers lorsque la figure qu'il avait fait faire du Saki noir a été publiée.

Le SAKI A NEZ BLANC (*Pithecia albinasa*, Is. Geoffroy et Deville) serait tout noir, si ce n'est qu'il a sur le nez une tache blanche qu'on ne voit pas dans le précédent, du moins sur le dessin qu'en a laissé Fréd. Cuvier et que son fils a publié.

Il est de la province du Para.

2. Les autres Sakis à longue queue ont sous le menton une barbe assez longue ce qui augmente encore la singularité de leur physionomie.

L'un des plus curieux est le SAKI SATANIQUE (*Pithecia Satanas*), ainsi dénommé par Hoffmansegg; c'est le *Couxio* de M. de Humboldt. Son pelage est d'un brun noir dans le mâle et d'un brun roux dans la femelle; une chevelure épaisse couvre toute sa tête et retombe sur son front; sa barbe est très-fournie et fait une forte saillie en avant.

On le trouve dans les bois de la région de l'Orénoque, en Colombie et dans les provinces du Para et du Rio-Négro, au Brésil.

Les jeunes du Saki satanique n'ont ni les cheveux longs ni la grande barbe des adultes, et

SAKI SATANIQUE, 1/8 de grand. nat.

on les a quelquefois considérés comme étant d'une autre espèce. Ce sont des jeunes Sakis sataniques qui ont reçu de Spix le nom de Brachyures israélites (*Brachyurus israelita*).

Le SAKI VELU (*Pithecia hirsuta* de Spix) est du haut Brésil; ses poils sont abondants, en général noirs et un peu ondulés; sa barbe est divisée en deux faisceaux.

Le SAKI CAPUCIN (*Pithecia chiropotes*) ou le *Simia chiropotes* de M. de Humboldt doit son nom spécifique à l'habitude qu'il a de se servir du creux de sa main lorsqu'il boit, afin de ne point mouiller sa barbe, mais il n'est pas le seul Singe qui prenne une semblable précaution.

M. de Humboldt l'a souvent observé dans les régions désertes du haut Orénoque, et il habite aussi la Guyane.

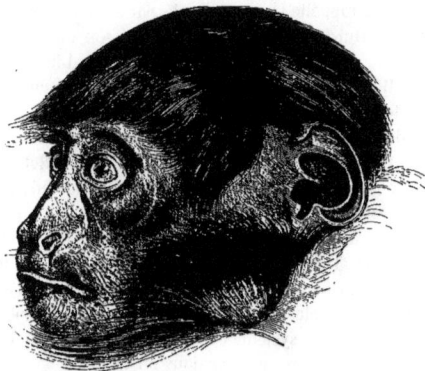

SAKI SATANIQUE JEUNE, 4/5 de grand. nat.

Son nom de Saki Capucin lui vient non-seulement de sa barbe, mais aussi de la couleur roux brun des poils de son corps, qui rappellent la robe et l'habit d'un capucin; sa face et son front sont nus; ses yeux paraissent grands et enfoncés; sa queue passe au noirâtre.

Il est solitaire et son caractère est mélancolique. Il n'est pas certain qu'on doive en distinguer le *Simia sagulata* de M. Traill; celui-ci a été envoyé de Demerary et par conséquent de la Guyane anglaise.

TRIBU des HAPALIENS

Les HAPALIENS (*Hapalina*, Gray, Is. Geoffroy, etc.) comprennent les *Ouistitis* et les *Tamarins*. Ils sont plutôt la continuation des Cébiens qu'une véritable tribu distincte de celle de ces Animaux. En effet, il serait facile de retrouver chez les Cébiens véritables la trace des particularités qui semblent les éloigner des Singes Hapaliens. La sixième paire de molaires, que l'on voit diminuer de volume chez beaucoup de Cébiens, manque entièrement chez les Hapaliens; mais la dentition de lait est la même dans les deux groupes. Le pouce antérieur est à peine opposable chez beaucoup de Cébiens, et, chez d'autres, il ne l'est plus du tout. Ici, c'est ce dernier caractère qu'il présente. Les griffes des Hapaliens sont, il est vrai, plus allongées que celles des Cébiens, mais c'est là un caractère en rapport avec leurs habitudes plus grimpeuses, et ces Animaux ont les narines disposées comme celles des Cébiens. Aussi E. Geoffroy réunissait-il les uns et les autres sous le nom commun de *Platyrrhinins*. Enfin, ces deux sortes de Singes sont également particuliers à l'Amérique; et, sous ce rapport encore, elles diffèrent également des Pithéciens, dont les espèces ne se rencontrent que dans l'ancien monde. On pourrait donc dire que les Ouistitis et les Tamarins ne sont que les derniers des Cébiens. Cependant divers auteurs en font une troisième tribu dans la famille des Singes, et nous suivrons ici leur opinion, quoique nous ne la partagions pas, parce qu'elle a été adoptée dans plusieurs grandes collections.

GENRE OUISTITI (*Hapale*, Illiger). Buffon et Daubenton appellent *Ouistiti* une espèce de petit Singe américain ayant dans sa forme générale quelque analogie avec les Écureuils, et, comme eux, vif, pétulant et organisé pour vivre sur les arbres, dont les moindres branches ou les sommets les plus flexibles lui sont pour ainsi dire accessibles. Ce nom, imaginé par Buffon, rappelle le son articulé par l'Animal lui-même lorsqu'il donne de la voix. L'espèce de cet Ouistiti est la même que Brisson et d'autres auteurs avaient précédemment décrite sous le nom de *Sagouin* (*Simia Jacchus*, Linné). Elle est une de celles qui ont été rangées par Buffon dans son genre des Sagoins, et il en avait déjà été question dans Clusius et dans quelques auteurs du XVIe siècle. Il n'est pas nécessaire d'ajouter qu'elle était inconnue avant la découverte de l'Amérique, et, c'est pour avoir oublié ce fait que Le Guide a représenté l'Ouistiti dans son tableau de l'enlèvement d'Hélène.

Le genre Sagoin, tel que Buffon l'avait défini, répond exactement à celui auquel les naturalistes modernes ont étendu le nom d'Ouistiti, et qu'Illiger a nommé en latin *Hapale*, par allusion à la fourrure en général moelleuse des espèces qui s'y rapportent. On en a cependant séparé les Tamarins dont nous parlerons en même temps.

Outre l'Ouistiti commun, Buffon et Daubenton avaient connu quatre autres espèces d'Hapaliens véritables; et si les mêmes auteurs ont placé avec elles le Saki, c'est faute d'avoir connu que son système dentaire le rapproche au contraire des autres Quadrumanes américains, c'est-à-dire des Sapajous ou Cébiens.

Le Saki est, il est vrai, remarquable par la disposition non préhensile de sa queue, mais c'est le seul caractère générique qu'il partage réellement avec les Ouistitis. D'ailleurs Buffon avait déjà entrevu que ce Singe n'était pas un Sagoin proprement dit, et qu'il avait même pressenti la nécessité dans laquelle on devait être, après un examen plus complet, d'en faire le type d'un genre à part. Il dit, en effet, que le Saki (type du genre actuel des *Pithecia*) « est aisé à reconnaître et à distinguer de tous les autres Sagoins, de tous les Sapajous et de toutes les Guenons, » c'est-à-dire de tous les Singes qui sont pourvus comme lui d'une longue queue.

Les caractères des Ouistitis ou véritables Sagoins sont très-faciles à saisir, et, quoique les espèces actuellement connues dans ce groupe soient nombreuses, sa circonscription est encore aussi nettement arrêtée qu'elle l'était dans l'ouvrage de Buffon après la séparation du Saki. Les vingt-cinq ou trente espèces d'Hapaliens que les recherches des naturalistes ont fait découvrir en Amérique sont toutes d'une taille peu considérable; leur pelage est bien fourni et leurs couleurs sont plus variées que celle des autres Singes; leur queue est longue, très-velue et tout à fait incapable de saisir les corps ou même de s'enrouler autour d'eux; leurs ongles sont allongés et forment des griffes presque comparables à celle des Carnivores, ce qui leur a valu quelquefois le nom de Singes-Ours (*Arctopithèques*, E. Geoffroy); mais, comme on en a fait la remarque, ces ongles ne leur servent guère qu'à s'accrocher aux arbres et ils en font rarement usage comme moyen de défense. Les Ouistitis ont cinq doigts à chaque main; leurs pouces de derrière sont seuls opposables, ceux de devant étant rapprochés de l'index et dirigés de même.

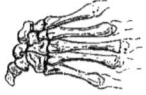

CARPE ET MÉTACARPE DE L'OUISTITI
grand. nat.

MAIN DROITE DE L'OUISTITI A PINCEAUX,
grand. nat.

DENTS DE L'OUISTITI ADULTE,
grand. nat.

Une particularité non moins importante s'observe dans le système dentaire de l'Ouistiti et de tous ses congénères : ces Animaux sont les seuls parmi les Singes américains qui n'aient que trente-deux dents. Les autres en ont trente-six, comme les véritables Sapajous de Buffon, auxquels il faut joindre son Saki et plusieurs autres genres qu'il n'a pas eu l'occasion d'observer. Toutefois les Hapaliens ne se rapprochent pas pour cela des Pithéciens, puisqu'ils ont trois paires d'avant-molaires, au lieu de deux, à chaque mâchoire, et que, comme les Sapajous, ils ont les dents de lait au nombre de vingt-quatre, tandis que les jeunes Pithéciens n'en ont jamais que vingt. C'est donc une paire d'arrière-molaires qui leur manque aux deux mâchoires; à cet égard, ils diffèrent à la fois des Sapajous et des Sakis aussi bien que des Pithéciens, puisque tous en ont constamment trois paires. Sous presque tous les rapports, les Hapaliens sont inférieurs aux autres Singes, et cette infériorité se retrouve dans la disposition de leur cerveau, dont les hémisphères n'ont pas de circonvolutions.

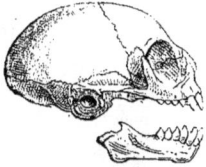

CRANE D'UN OUISTITI AGÉ DE 37 JOURS,
grand. nat.

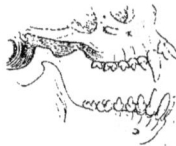

MACHOIRES DE L'OUISTITI ADULTE
grand. nat.

CERVEAU DE L'OUISTITI,
grand. nat.

On doit en conclure, ou du moins on en a conclu, qu'ils n'acquéraient pas le même degré d'intelligence que les autres Singes, et ce que plusieurs naturalistes ont observé sur les Ouistitis vivants paraît confirmer cette manière de voir. Ainsi ils ne sont pas éducables comme la plupart des autres, même lorsqu'on les prend jeunes, et, s'ils ne paraissent pas méchants, comme beaucoup de Pithéciens, il faut dire qu'ils n'ont ni la force, ni la ruse, ni surtout l'amour de la liberté qui caractérise ces derniers, et qui, en leur rendant l'esclavage insupportable, les éloigne de l'Homme dès qu'ils sont assez forts pour se passer de ses services ou se soustraire à ses caprices. A cet égard, les Ouistitis tiennent peut-être plus des Écureuils que des Singes supérieurs, et, comme ils ont aussi la livrée de ces Rongeurs, on les confondrait aisément avec eux si l'on ne constatait qu'ils sont Primates par leurs mains de derrière, par leurs dents, par la capacité encore assez grande de leur crâne et par l'ensemble de leur organisation. Mais, comme nous l'avons déjà dit, ce sont des Singes inférieurs à tous les autres, et ils tiennent le dernier rang dans la nombreuse catégorie de ces Mammifères; leurs yeux plus écartés, le grand élargissement de leur membrane internasal, ainsi que plusieurs autres particularités secondaires, mais très-évidentes, donnent à leur physionomie une apparence bien moins humaine qu'à celle de presque tous les autres genres de la même famille. Cependant il ne paraît pas que l'on doive les distinguer comme famille à part des autres Singes que nous avons décrits; et s'ils constatent pour ainsi dire une dégradation du même type, ils en montrent encore la plupart des traits distinctifs.

Ils habitent les lieux boisés et vivent par petites troupes. Leur nourriture consiste en fruits, en insectes, en œufs et même en petits Oiseaux, dont ils mangent de préférence la cervelle.

Les femelles, ainsi qu'on l'a constaté, à diverses reprises et sur divers couples de ces Animaux qu'on avait amenés vivants en Europe, ont jusqu'à trois petits à chaque portée, tandis que la plupart des Quadrumanes, et même les Cheiroptères, qui leur sont bien inférieurs, n'en ont habituellement qu'un seul. En captivité, ils ne les élèvent pas toujours, et il leur arrive souvent, comme à beaucoup de Carnassiers, de les dévorer. D'autrefois cependant on les a vus très-attentifs à soigner leur petite famille, et le mâle seconde alors la femelle avec beaucoup de dévouement. Les petits Ouistitis de l'espèce ordinaire, que F. Cuvier a vu naître, avaient les yeux ouverts en venant au monde et ils étaient revêtus d'un poil gris foncé très-ras, mais à peine sensible sur la queue. Ils s'attachèrent aussitôt à leur mère en l'embrassant et en se cachant dans ses poils; mais presque aussitôt elle mangea la tête à l'un d'eux. Cependant les deux autres prirent la mamelle, et, dès ce moment, elle leur donna ses soins auxquels le père s'associa. Lorsqu'elle était fatiguée de porter ses petits, elle s'approchait du mâle, jetait un petit cri plaintif, et aussitôt celui-ci prenait les jeunes avec ses mains, les plaçait sous son ventre ou sur son dos, où ils se tenaient d'eux-mêmes, et il les transportait ainsi jusqu'à ce que le besoin de teter les rendit inquiets; alors il les reportait à leur mère, qui leur donnait le sein et les lui remettait bientôt après. En général, dit F. Cuvier, le père était celui des deux qui en avait le plus de soin; la mère ne montrait point pour ses petits cette affection vive, cette tendre sollicitude qu'on aurait pu lui supposer. Durant le siècle dernier, on avait déjà eu plusieurs fois l'occasion de voir, en Europe, la reproduction des Ouistitis. Edwards en cite un cas observé en Portugal, et, en 1778, il y en eut un autre à Paris. J'ai vu dans la collection anatomique du Muséum un des petits Ouistitis qui sont nés à cette époque.

F. Cuvier n'accorde à ces Animaux qu'une faible intelligence, quoique, à en juger par leurs grands yeux toujours en mouvement et par la vivacité de leurs regards, on soit d'abord porté à leur prêter une certaine pénétration; ils distinguent peu les personnes, se méfient de toutes et menacent indifféremment de leurs morsures celles qui les nourrissent comme celles qu'ils voient pour la première fois. Leur caractère est fort irritable, et leur agilité, quoique supérieure à celle de beaucoup de vrais Cébiens, est loin d'égaler celle des Écureuils. Feu M. Audouin, savant naturaliste français, qui a succédé à Latreille dans la chaire d'entomologie du Muséum de Paris, a cependant fait sur les Ouistitis quelques observations qui montrent que leur discernement est bien supérieur à celui des Rongeurs, auxquels on les a si souvent comparés.

Nous en emprunterons le récit à M. Is. Geoffroy, qui le tenait de l'auteur lui-même

« Audouin s'est assuré, par des expériences plusieurs fois répétées, que ces Singes savent très-bien reconnaître dans un tableau, non pas seulement leur image, mais même celle d'un autre Animal. Ainsi l'aspect d'un Chat, et, ce qui semble plus remarquable encore, l'aspect d'une Guêpe leur cause une frayeur manifeste, tandis qu'à la vue d'un autre insecte, tel qu'une Sauterelle ou un Hanneton, ils se précipitent sur le tableau comme pour saisir l'objet qui s'y trouve représenté.

« Il arriva un jour à l'un des deux individus de se lancer dans l'œil, en mangeant un grain de raisin, un peu du jus de ce fruit; depuis ce temps il ne manqua plus, toutes les fois qu'il lui arriva de manger du raisin, de fermer les yeux.

« Les deux individus qui ont fourni les intéressantes remarques que nous venons de rapporter attrapaient, avec une incroyable dextérité, les mouches que le hasard amenait dans leur cage; mais une Guêpe s'étant un jour approchée d'un morceau de sucre qu'on avait fixé à leurs barreaux, ces Animaux, qui n'avaient jamais vu de Guêpes et qui ne pouvaient connaître par expérience le danger de la piqûre de ces insectes, prirent aussitôt la fuite et allèrent se réfugier au fond de leur cage. Étonné de ces marques de frayeur, Audouin prit alors une Guêpe et l'approcha des deux Ouistitis, qu'il vit aussitôt cacher leur tête entre leurs mains et rapprocher leurs paupières, en fronçant le sourcil, de manière à fermer presque entièrement leurs yeux. Au contraire, à peine leur avait-on présenté une Sauterelle, un Hanneton ou quelque autre Insecte dont ils n'avaient rien à redouter, qu'ils se précipitaient sur lui avec un avide empressement, le saisissaient à l'instant même et le dévoraient avec délices.

« Ils aimaient aussi beaucoup le sucre, la pomme cuite et les œufs qu'ils savaient briser avec beaucoup de grâce et vider avec une adresse remarquable; mais ils ont constamment refusé les amandes de toute nature, les fruits acides ou acidulés et les feuilles qui se mangent en salade. Ils n'aimaient pas non plus la chair; mais lorsqu'on mettait dans leur cage un petit Oiseau vivant et qu'ils parvenaient à s'en rendre maîtres, ils lui ouvraient le crâne, mangeaient tout le cerveau, en ayant soin de lécher le sang qu'ils faisaient couler, et dévoraient quelquefois aussi la corne du bec, les tendons des pattes et quelques autres parties non charnues.

« Audouin a aussi remarqué que ses Ouistitis étaient très-curieux; qu'ils avaient la vue très-perçante; qu'ils tenaient beaucoup à leurs habitudes, quoiqu'ils fussent, sous plusieurs rapports, fort capricieux; qu'ils reconnaissaient parfaitement les personnes qui avaient soin d'eux (1); enfin que leurs cris étaient très-variés suivant les passions qui les animaient. C'étaient, lorsqu'ils étaient effrayés, des glapissements qui semblaient sortir du gosier et qu'ils faisaient entendre en ouvrant la bouche, et en montrant leurs dents, et, lorsqu'ils étaient en colère, un sifflement bref suivi d'une sorte de croassement. Dans d'autres circonstances ils poussaient de petits sifflements prolongés, ce qui arrivait surtout quand on les mettait en plein air, ou bien ils s'appelaient l'un l'autre par un gazouillement semblable à celui d'un grand nombre d'Oiseaux. »

L'Ouistiti ordinaire a le corps long de quinze ou seize centimètres, en comprenant la tête; sa queue en a trente. Dans le petit naissant, la longueur totale n'est que de dix-huit centimètres, dont onze et demi pour la queue; les dimensions des autres espèces sont peu différentes.

Ces diverses espèces ont été partagées en deux genres, par E. Geoffroy, sous les noms de *Jacchus* et *Midas*, et en cinq sous-genres, par M. Lesson, qui les appelait *Hapale* (synonyme de *Jacchus*), *Mico*, *Midas*, *OEdipus* et *Leontopithecus*.

En 1812, E. Geoffroy connaissait en tout treize espèces d'Hapaliens; les découvertes des naturalistes plus récents et les travaux descriptifs de MM. Spix, Gray, Is. Geoffroy et Deville ont porté ce nombre à une trentaine. MM. Wagner et Natterer ont aussi parlé d'Hapaliens nouveaux.

(1) Ceci est contraire aux observations de F. Cuvier et montre que chez ces animaux, comme dans la plupart des autres Mammifères, tous les individus d'une même espèce n'ont pas rigoureusement le même caractère. Les dispositions particulières de chacun d'eux et les conditions dans lesquelles ils ont été élevés ou mieux encore éduqués expliquent suffisamment les différences qu'ils nous présentent à cet égard.

1° Nous énumérerons la plus grande grande partie des Animaux de ce groupe, et plus particulièrement ceux que l'on possède maintenant au Muséum de Paris. Nous commencerons par
l'Ouistiti de Buffon et par ceux qui lui ressemblent le
plus; ils ont comme lui des pinceaux ou éventails
blancs sur les côtés de la tête.

L'Ouistiti de Buffon (*Hapale Jacchus* ou le
Simia Jacchus de Linné et le *Jacchus vulgaris* d'E.
Geoffroy) est pour ainsi dire le type du genre entier. On
le trouve au Brésil. Son pelage est en général cendré
avec la croupe faiblement barrée de brun et la queue
annelée; de très-longs poils cendrés existent devant
et derrière ses oreilles, le reste de la tête et le camail
sont brun-roux.

OUISTITI DE BUFFON, 2/3 de grand.

L'Ouistiti a col blanc (*Hapale albicollis*),
décrit par Spix, a la région antérieure de la tête
blanche ainsi que le dessus du cou; les mêmes parties sont grises dans le jeune âge. Il est du Brésil de
même que le suivant :

Ouistiti Oreillard (*Hapale aurita*). Il a d'a-
bord été décrit par E. Geoffroy sous le nom de
Jacchus auritus; son pelage est noir mêlé de brun;
sa queue est annelée de noirâtre et de cendré; une
tache blanche existe sur son front et de très-larges
poils de la même couleur recouvrent ses oreilles.
Cette charmante espèce est représentée à la page 8.

OUISTITI A COL BLANC, 2/3 de grand.

L'Ouistiti a camail (*Hapale humeralifer*), du même auteur, que l'on suppose également brésilien, est brun châtain, avec la queue légèrement annelée de cendré et la poitrine,
les épaules ainsi que les bras blancs.

Les deux espèces suivantes ont les pinceaux noirs au lieu d'être blancs. Elles sont du Brésil :

OUISTITI A PINCEAUX NOIRS, 1/3 de grand.

TAMARIN MARIKINA (Midas Rosalia)
DU BRÉSIL.

lu
ut

re
}-
ar
s.
f-
er

e.
lu

es
e,
se
iti

us
sa
de
ait

L'une appelée Ouistiti a pinceaux noirs, par E. Geoffroy (*Hapale penicillata*), a, du reste, le pelage à peu près semblable à celui de l'Ouistiti à pinceaux blancs, si ce n'est que la tête et le hausse-col sont noirs ainsi que les pinceaux;

L'autre, qui est l'Ouistiti a tête blanche (*Hapale leucocephala*), a aussi été décrite par E. Geoffroy; son pelage est roux; sa tête et son poitrail sont blancs; son hausse-col est noir.

2° D'autres Ouistitis manquent des poils allongés en pinceaux qui ornent la tête des espèces précédentes.

Tel est l'Ouistiti Mico, dont Buffon n'a connu que la variété albine, ce qui a fait appeler cette espèce *Simia argentata* par les linnéens : c'est aujourd'hui l'*Hapale melanurus*. Son pelage est brun en dessus et fauve en dessous; sa queue est d'un noir uniforme. Le Mico ou Mélanure vit au Brésil, et probablement aussi dans la Bolivie. Il paraît qu'on ne doit pas en distinguer le *Jacchus leucomeros* de M. Gray.

Ouistiti a tête blanche, 2/3 de grand.

Ouistiti Mico, 2/3 de grand.

Ouistiti Mignon, grand. nat.

L'Ouistiti Mignon (*Hapale pygmæa*), dont la distinction a été faite par Spix, est du Pérou. MM. de Castelnau et Deville l'ont rapporté de la mission de Sarayacou et du haut Amazone : il est plus petit encore que ses congénères.

3° Les Hapaliens qui suivent sont classés par MM. Geoffroy père et fils dans le genre Tamarin (*Midas*), auquel ces naturalistes donnent pour caractère d'avoir les incisives inférieures égales, en bec de flûte et le front rendu très-apparent par la saillie du bord supérieur des orbites. Les Tamarins sont plus nombreux que les Ouistitis des deux précédentes sections. Ceux de la collection du Muséum ont été portés à seize espèces par les soins de M. Is. Geoffroy. La disposition des poils de leur tête et la coloration de leur face peuvent les faire classer de la manière suivante.

a. Trois de ces espèces ont la tête couverte de longs poils simulant presque une crinière.

L'une ou l'Ouistiti Marikina (*Hapale Rosalia*) est déjà décrite dans les auteurs du dernier siècle (*voyez planche VI*).

C'est un charmant Animal à pelage uniformément jaune doré, et dont la tête et les épaules sont recouvertes par une longue crinière. Il paraît exister dans plusieurs parties de l'Amérique, telles que la Guyane, le Brésil et le Pérou, et dans ces différents pays, on le recherche à cause de la gentillesse de sa robe et de la vivacité de son caractère; il est plus gai que l'Ouistiti ordinaire et en même temps plus apprivoisable.

Buffon a emprunté au P. d'Abbeville le nom du Marikina, et c'est ce nom qu'on a le plus généralement conservé à l'espèce. D'autres auteurs l'ont nommé Singe-Lion, à cause de sa crinière et de la couleur de son corps : c'est le *Silky-Monkey*, c'est-à-dire le Singe soyeux de Pennant. Brisson l'avait décrit antérieurement d'après un exemplaire vivant qui appartenait à la marquise de Pompadour.

L'OUISTITI CHRYSOMÈLE
(*Hapale chrysomelas* de Kuhl et
de Desmarest) a été découvert
au Brésil par le prince de Neu-
Wied. Il est noir avec le front
et une partie de la queue jaune
doré, et il a les avant-bras, les
genoux, la poitrine ainsi que les
côtés de la tête roux-marron.

L'OUISTITI LEONCITO (*Ha-
pale leonina*, de Humboldt) a
une crinière comme le Marikina,
mais dont la couleur est brun-
olivâtre, sauf sur la queue qui
passe au noir. Ce petit Singe a
été découvert par le savant voyageur que nous venons de citer,
dans les plaines qui bordent la
partie orientale des Cordilières,
sur les rives du Pictumayo et
du Caqueta; ses mœurs paraissent aussi le rapprocher du Marikina.

b. L'OUISTITI PINCHE (*Hapale OEdipus*) et l'espèce dont
nous parlerons ensuite forment
une autre petite catégorie dont
le principal caractère consiste
dans la présence, sur le front et
au vertex, de poils plus longs et
redressés en manières de crête,
tandis que les parties latérales
de leur front sont nues ou à poils
très-ras. Le Pinche est aussi une
fort jolie espèce dont il y a, dans
Buffon et dans Fr. Cuvier, des
descriptions détaillées accompa-
gnées de bonnes figures. Son
pelage est brun-fauve en dessus
mais blanc en dessous et sur les
membres ainsi que sur la huppe;
sa face est noire ainsi que les
côtés de sa tête; sa queue est
rousse dans la première partie
et noire dans l'autre; ses oreilles
sont aussi de couleur rousse;
son corps est long de vingt-cinq
centimètres, la tête comprise; sa
queue est à peu près double. On
voit quelquefois dans les ména-

OUISTITI CHRYSOMÈLE, 1/4 de grand

OUISTITI PINCHE, 1/5 de grand

geries des Singes de cette espèce. Ils passent habituellement la journée couchés dans la partie la plus obscure de leur cage, mais dès que le crépuscule arrive, ils retrouvent toute leur activité; c'est alors qu'ils prennent leur nourriture; à l'aube, au contraire, ils retournent dans leur coin. Le Pinche vit dans la Guyane, dans le Brésil, dans le Pérou et dans la Colombie.

L'Ouistiti de Geoffroy (*Hapale Geoffroyii*), dont la description a été donnée par le D. Pucheran, habite l'isthme de Panama; il diffère du Pinche par les particularités suivantes:

4° Tous les autres Hapaliens ont les poils de la tête entièrement ras, et quelquefois même cette partie est plus ou moins nue. On peut distinguer parmi eux trois petites divisions, suivant qu'ils n'ont de blanc ni aux lèvres ni au nez, qu'ils n'ont de blanc qu'aux lèvres ou bien qu'ils en ont au nez et aux lèvres.

a. A la première de ces sous-divisions se rapportent trois espèces que l'on a plus particulièrement appelées *Tamarins*, ce sont:

L'Ouistiti a moitié blanc (*Hapale bicolor*), signalé d'abord par Spix; — l'Ouistiti nègre ou le *Tamarin nègre* de Buffon (*Hapale* ou *Saguinus ursula* d'Hoffmanseg), — et l'Ouistiti aux mains rousses (*Hapale Midas*);

Celui-ci est le *Simia Midas* de Linné, et le *Midas rufimanus* d'E. Geoffroy. Il vient de la Guyane. F. Cuvier en donne la description dans son *Histoire des Mammifères,* ainsi que celle de l'espèce à mains rousses; leur naturel est absolument le même; ils sont vifs, capricieux, irritables, mais leur intelligence, comme celle de tous leurs congénères, paraît assez bornée lorsqu'on les compare aux Singes de

l'ancien continent, aux Atèles, ou même aux Sapajous. Les Tamarins Nègres et à moitié blanc vivent dans les forêts du Brésil.

b. Il n'y a pas de nom de sous-genre pour les espèces à lèvres blanches. L'un d'eux ou l'Ouistiti roux-noir (*Hapale rufoniger* de MM. Is. Geoffroy et Deville) est noir avec le dos, les lombes, les cuisses et les jambes d'un beau roux-marron et quelques indices de bandes noires. Il est du Brésil et a été découvert aux environs de Pebas, sur l'Amazone, par MM. Castelnau et Deville.

L'Ouistiti de Deville (*Hapale Devillei,* Is. Geoffroy) a été décrit, d'après un exemplaire rapporté du Pérou par les mêmes voyageurs. Il joint aux caractères de l'Ouistiti roux-noir, des annelures noires et grises sur le dos.

L'Ouistiti a front jaune (*Hap. flavifrons*), décrit par MM. Is. Geoffroy et Deville, a aussi été dé-

couvert par les mêmes voyageurs auprès de Pebas. Il a le front et une partie du dessus de la tête d'un jaune-roux finement tiqueté de noir.

L'Ouistiti de Weddel (*Hapale Weddellii*) a été décrit par M. Émile Deville et dédié au savant courageux botaniste, M. Weddel, qui composait avec lui et M. d'Ozery la commission scientifique qui a traversé deux fois l'Amérique intertropicale, sous la direction de M. de Caltelnau. L'Ouistiti de Weddel a été trouvé dans la province d'Apolobamba, en Bolivie, par le savant dont il a reçu le nom; il est surtout distinct par son front blanc et sa face est aussi encadrée de la même couleur.

Ouistiti d'Illiger, 2/3 de gr.

Ouistiti de Weddel, 2/3 de grand.

L'Ouistiti d'Illiger (*Hapale Illigeri*, Pucheran) est encore une autre espèce; il a la tête noire ainsi que la queue et les mains; le dos et les lombes variés de noir et de jaune et le reste du corps roux : on le suppose de Colombie. M. Wagner le réunit à l'*Hapale fuscicollis* de Spix.

C'est auprès de lui que se place l'Ouistiti a front noir (*Hapale nigrifrons*, Is. Geoffroy), sur l'habitat duquel on n'a encore aucun renseignement certain.

Ouistiti a calotte rousse, grand. nat.

c. Parmi les espèces à lèvres et à nez de couleur blanche, on connaît :

L'Ouistiti labié (*Hapale labiatus*, E. Geoffroy), à pelage noirâtre en dessus, roux ferrugineux en dessous et à tête noire;

L'Ouistiti a calotte rousse (*Hapale pileata*), qui est aussi l'une des espèces décrites par MM. Is. Geoffroy et Deville; il a le dessus de la tête d'un roux mordoré vif; le dessus du corps varié de noir et de gris sans bandes distinctes; les membres, la queue et le dessous du tronc noirs ou noirâtres : il a été pris à Pebas;

L'Ouistiti a moustaches (*Hapale mystax* de Spix), qui n'a de roux ni sur la tête ni inférieurement; il est du Pérou. MM. de Castelnau et Deville l'y ont trouvé auprès de Saint-Paul, dans la région du haut Amazone.

REMARQUES SUR LES CÉBIENS ET LES HAPALIENS FOSSILES

Tous les détails que nous venons de rapporter au sujet des Cébiens ou des Hapaliens, et le fait bien constaté que ces Animaux ne se rencontrent point ailleurs qu'en Amérique, rend plus curieuses encore les observations qu'on a faites sur les espèces fossiles de ces deux groupes. Ce n'est également qu'en Amérique qu'elles ont été observées. M. Lund, savant paléontologiste, auquel on en doit la connaissance, en distingue cinq parmi les débris fossiles qu'il a recueillis au Brésil, dans le bassin de Rio dos Velhas, l'un des affluents du fleuve Saint-François.

En voici la liste :

1° Un Sajou (*Cebus macrognathus*, Lund);

2° Un Callitriche dont la taille était presque double de celle des espèces du même genre (*Callitrix primævus*, id.);

3° Un Cébien dont la hauteur égalait quatre pieds et dont les caractères indiquent un genre différent de ceux d'à présent (M. Lund l'appelle PROTOPITHÈQUE et donne à l'espèce le nom de *Protopithecus brasiliensis*) ;

4° Un OUISTITI grand comme l'Ouistiti à pinceaux ;

5° Un OUISTITI double en dimensions et par conséquent plus grand que ceux qui vivent maintenant (*Hapale grandis*).

FAMILLE DES LÉMURIDÉS

Plusieurs des genres de Mammifères qui vivent dans l'ancien continent, ont avec les Singes un certain nombre de caractères communs, et, en particulier, le pouce des pieds de derrière opposable aux autres doigts. Ils ont été réunis en une seule famille, sous le nom de *Lémuridés*, et plus fréquemment encore sous celui de *Lémuriens*. La plupart habitent Madagascar, tels sont l'Indri, deux autres genres qui s'en rapprochent, les Makis et les Cheirogales. D'autres vivent en Afrique : on les connaît sous les noms de Galagos et de Pérodictique. Il y en a aussi dans l'Inde et dans ses îles : ce sont les Loris et le Tarsier.

Quelquefois on a associé à ces Animaux l'Aye-Aye, et même les Galéopithèques, qui en sont très-voisins, à certains égards, et qui habitent également l'ancien continent. Néanmoins nous en parlerons séparément, parce qu'ils diffèrent des vrais Lémuridés par plusieurs particularités importantes.

La deuxième famille des Primates et les deux genres que nous venons de signaler répondent au genre *Lemur* de Linné ou des naturalistes qui l'ont suivi. Sa division en plusieurs genres a été successivement opérée par Buffon, par Pallas ainsi que par G. Cuvier et E. Geoffroy. Les Animaux qu'elle comprend se rapprochent bien des Singes à plusieurs égards, et ils leur ressemblent plus qu'aux autres Mammifères ; mais, indépendamment de leurs affinités avec les Singes des deux continents, ils sont faciles à en distinguer si l'on consulte l'ensemble de leurs caractères, soit extérieurs, soit profonds.

Inférieurs par leur organisation aux espèces de la première famille, les Lémuridés constituent un groupe parfaitement naturel et leur répartition géographique n'est ni moins curieuse ni moins régulière que celle des Singes. Ceux de Madagascar forment deux tribus assez distinctes, sans comprendre l'Aye-Aye, et l'une de ces deux tribus semble tenir dans cette île, ou plutôt dans ce petit continent, la place que les Singes supérieurs occupent dans l'Inde et en Afrique. Une de ses espèces a même dans sa démarche et dans la brièveté de sa queue assez de ressemblance avec l'Homme, quoique bien plus éloignée de lui par son organisation qu'aucune des espèces de la famille des Singes, et dans quelques districts on l'appelle l'*Homme des bois*.

Les Lémuridés madécasses de l'autre tribu sont les Makis et les Cheirogales ; aucun des genres de ce groupe ou du précédent ne possède d'espèce en Afrique ni dans l'Inde, et chacun de ces deux derniers continents nourrit aussi des genres qui lui sont particuliers, ceux de l'Afrique n'étant pas les mêmes que ceux de l'Inde.

Buffon, qui avait si bien compris la répartition géographique des Singes, n'avait pu réunir assez de documents pour se faire une idée entièrement exacte de celle des Lémuridés, Animaux dont il ne connaissait d'ailleurs qu'un petit nombre d'espèces. Plusieurs naturalistes avaient donné les Loris comme semblables aux Paresseux de l'Amérique, ce qui les avait conduit à dire que ces derniers ou l'Aï et l'Unau vivent aussi dans l'île de Ceylan. Buffon discuta cette assertion, et il ajoute qu'il lui paraissait que le Loris poucan, mal à propos nommé *Paresseux du Bengale*, approche plus de l'espèce du Loris (ou Loris grêle) que de celle d'aucun autre Animal, et que ces deux Loris se trouvent également dans l'ancien continent. Il ajoutait dans le même article : « Ce fait, que les Animaux des parties méridionales de l'ancien continent ne se trouvent pas dans le Nouveau-Monde, est démontré par un si grand nombre d'exemples, qu'il présente une vérité incontestable. » Et en effet, non-seulement on n'a trouvé depuis Buffon aucun Loris en Amérique, ni aucun Paresseux véritable dans l'ancien continent, mais il n'a été rencontré, ni en Amérique, ni à la Nouvelle-Hollande, une seule espèce susceptible d'être réunie à la famille des Lémuridés. Le Kinkajou, de la Guyane et du Brésil, dont on a voulu faire un genre du même groupe, appartient certainement à l'ordre des Carnivores.

Des vues analogues à celles que Buffon avait émises sur la différence des Mammifères propres aux parties méridionales de l'ancien et du nouveau continent, ont été démontrées vraies pour la Nouvelle-Hollande et pour Madagascar. Ce grand écrivain avait dit, au sujet des Makis proprement dits, qu'ils sont originaires des parties de l'Afrique orientale, et notamment de Madagascar, où on les trouve, en effet, en grand nombre. On sait aujourd'hui que ces Animaux sont exclusivement de Madagascar, et que, de même qu'il n'y a pas de Singes dans ce pays, il n'y a non plus ni Maki, ni Indris en Afrique, même dans l'Afrique orientale, dont Madagascar n'est pourtant éloigné que de soixante myriamètres. Aucun Mammifère autre que ceux qui ont été répandus par l'Homme sur toute la surface du globe n'est commun à ces deux pays, et ils diffèrent autant entre eux que l'Afrique elle-même diffère de l'Amérique méridionale.

Madagascar, que les géographes nous décrivent comme une île africaine, comparable à Fernando-Po par exemple, n'est donc pas, comme cette île, une dépendance de l'Afrique, car elle ne nourrit pas les mêmes productions indigènes. A ce titre, Ceylan dépend de la presqu'île de Pondichéry, Sumatra relève de celle de Malacca, et Van-Diémen est un démembrement du continent australien. Madagascar au contraire est une terre à part, comme l'Afrique, comme l'Inde, comme l'Amérique du Sud et comme la Nouvelle-Hollande. C'est un centre particulier de population animale, et cela non-seulement par les caractères propres de ses espèces réellement indigènes, mais aussi par un grand nombre de ses genres. Commerson, qui avait visité cette terre après avoir accompli presque en entier le tour du monde avec Bougainville, fut le premier qui en fit la remarque. Il dit, en effet, dans un style métaphorique, mais dont le sens exact est facile à saisir, *que la nature semblait s'être retirée à Madagascar, comme dans un sanctuaire, pour y travailler sur d'autres modèles que ceux auxquels elle s'est asservie ailleurs.*

Nous insistons donc sur ce point : *Les Lémuridés de Madagascar diffèrent génériquement de ceux de l'Afrique, et ces derniers ne sont pas non plus les mêmes que ceux de l'Inde.* Tous ces Animaux sont néanmoins de la même famille; car, bien qu'ils diffèrent d'espèces et même de genre, ils ont plusieurs particularités communes, comme en ont aussi les Singes Pithéciens et Singes Cébiens.

Voici quels sont les principaux traits distinctifs de la famille des Lémuridés.

Ce sont encore des Primates, et le nom de Quadrumanes leur serait même mieux applicable qu'aux Cébiens, parce qu'ils ont non-seulement le pouce des pieds de derrière opposable aux autres doigts, mais encore celui des pieds de devant. Leurs ongles sont aussi plus aplatis que ceux de la plupart de ces Animaux, et l'on reconnaît bientôt qu'au lieu de continuer la série des Singes, ils recommencent une série nouvelle, ayant ses différents termes, les uns plus élevés, les autres moins élevés par l'ensemble de leurs particularités organiques. Leur museau est en général plus long que celui des Singes et leur face est conformée autrement; la plupart ont les yeux notablement écartés; leurs narines sont virguliformes et enfoncées dans un petit espace nu; leurs oreilles sont arrondies, le plus souvent assez courtes et velues; quelquefois cependant elles sont grandes et nues, ce qui est, comme le grand développement de leurs yeux, en rapport avec leurs habitudes nocturnes. Leurs organes reproducteurs diffèrent peu de ceux des Singes, mais ils ont souvent plus de deux mamelles, et, dans le cas où ils n'en ont que deux, celles-ci sont plus ou moins rapprochées des aisselles. Les Loris ont deux paires de tétines pour chacune des deux mamelles; les Microcèbes, les Galagos et les Tarsiers ont trois paires de mamelles bien distinctes. Leur cerveau est moins développé que celui des Singes et plus souvent dépourvu de circonvolutions ; les lobes olfactifs sont à peu près comme ceux de ces Animaux.

Leur intelligence est inférieure à celle de la plupart de ces derniers, mais ils sont encore susceptibles de quelque éducation, et, comme ils ont en général des formes bizarres, leur étude est fort intéressante ; les uns ont la queue fort longues, d'autres n'en ont qu'un rudiment, et il en est qui n'ont aucune trace de cet organe. Chez les Lémuridés la queue n'est jamais prenante ; il n'y a pas non plus de callosités chez ces Primates, et toujours l'ongle de leur second orteil est allongé en griffe au lieu d'être plat comme les autres (on dit qu'il est *subulé*). Le Tarsier a deux ongles ainsi conformés à chacune des pattes de derrière. La taille des Lémuridés est en moyenne inférieure à celle des Singes de l'Ancien-Monde, et plusieurs de leurs espèces le cèdent aussi sous le même rapport aux Ouistitis de l'Amérique.

I

LÉMURIDÉS DE L'INDE ET DE L'AFRIQUE

Avant de parler des Lémuridés propres à Madagascar et à quelques îles qui en sont très-rapprochées, nous traiterons de ceux qui vivent dans l'Inde et en Afrique. Ils constituent quatre genres bien différents les uns des autres, et dont on peut faire, dans l'état actuel de la science, trois tribus distinctes. Celui des Pérodictiques que nous rapprochons des Galagos, ressemble en effet beaucoup à ce dernier par son système dentaire. Ces trois tribus sont celles des *Loris*, des *Galagos* et des *Tarsiers*.

TRIBU DES LORIS

GENRE LORIS (*Loris*). Ce nom, que Buffon a pris dans une acception générique, est le même, d'après lui, que les Hollandais ont employé pour désigner le petit Animal de l'Inde qu'on appelle aujourd'hui le Loris grêle, et qui se distingue très-bien du Loris du Bengale et des îles de la Sonde, aussi décrit par les zoologistes du même pays. Ces deux Animaux sont de petite taille ; le corps du plus fort n'est guère plus gros que celui d'un Ouistiti, et celui de l'autre est moins volumineux encore.

PIED GAUCHE DU LORIS PARESSEUX, 2/3.

Ils sont allongés, ont les jambes assez courtes, la démarche lente et bizarre, et ils jouissent de la possibilité de se tenir assez longtemps debout. Leur tête est arrondie, mais leur face s'allonge un peu en pointe ; leurs oreilles sont courtes et velues ; leurs yeux sont

CRANE DE LORIS GRÊLE, grand. nat.

volumineux et à pupilles étroites et transversales, ce qui indique des habitudes essentiellement nocturnes ; leur pouce de derrière est nettement opposable et l'ongle de leur second orteil est subulé comme celui des autres Lémuridés. Ces Loris n'ont aucune trace extérieure de queue ; leurs mamelles paraissent au nombre de quatre, parce que chacune d'elles a deux tétines, et ils ont trente-six dents, savoir : deux paires supérieures d'incisives assez petites et gemmiformes (l'une d'elles disparaît souvent de bonne heure), deux paires d'incisives inférieures grêles et projetées en avant, ainsi que les canines de la même mâchoire, tandis que les canines supérieures sont fortes et de forme ordinaire; enfin six paires de molaires inférieurement et supérieurement : celles-ci sont appropriées à un régime frugivore. La première d'en bas est canniforme.

Indépendamment de leurs habitudes nocturnes, ces petits Animaux se font remarquer par la lenteur singulière de leur démarche; aussi leur a-t-on donné le nom de Paresseux, qui leur convient très-bien, mais qui a le défaut de les faire confondre avec les Paresseux d'Amérique ou Bradypes, qui sont des Mammifères d'un tout autre groupe. D'Obsonville et Wosmaër ont donné, vers la fin du dernier siècle, quelques détails sur les mœurs des Loris, et depuis lors plusieurs naturalistes ont eu l'occa-

Loris paresseux, 1/3 de grand.

sion de les observer de nouveau. On reçoit même quelquefois des Loris vivants en Europe; ils sont doux, inoffensifs et presque entièrement dépourvus d'initiative, quoiqu'ils aient cependant quelque intelligence; ils s'accommodent fort bien du régime auquel on soumet les autres Animaux de la famille des Lémuridés. L'espèce à corps et à membres grêles est surtout singulière par la lenteur exagérée et la prudence extrême avec laquelle elle marche; qu'elle soit placée sur un sol résistant, ou bien qu'elle grimpe contre la grille de sa cage ou sur quelque branche, l'écartement qu'elle donne à ses pattes, l'angle que font la jambe sur la cuisse ou l'avant-bras sur le bras, et enfin l'apparence comme paralytique du Loris grêle, rappellent d'une manière notable les allures du Caméléon.

Les anatomistes ont plusieurs fois disséqué ces Animaux, et l'on doit à cet égard de belles observations à M. Vrolich d'Amsterdam. Ceux qui ont cherché la cause de cette espèce d'engourdissement des Loris, engourdissement que l'on retrouve presque au même degré chez le Tarsier, l'ont attribuée à une disposition particulière des artères des membres chez ces Animaux (la brachiale et la crurale), qui se divisent sur une partie de leur trajet en un réseau plexueux, comme chez les Paresseux proprements dits.

Les Loris ont dans un cas seize et dans l'autre quinze vertèbres dorsales.

On ne connaît que deux espèces parmi ces Lémuridés, et on les a séparées en deux genres distincts, dont l'un a conservé le nom de *Loris*, et dont l'autre a reçu celui de *Nycticèbe* (E. Geoffroy). Illiger, qui ne les divise pas génériquement, a préféré, au nom consacré par Buffon, celui de *Stenops*, dont quelques auteurs se sont servis après lui.

Loris grêle, 1/4 de grand.

Le Loris grêle (*Loris gracilis*), qu'on a aussi appelé *Loris ceylanicus*, etc., est le Loris proprement dit de Buffon. C'est un Animal roussâtre ayant une bande blanche sur le front et sur le nez; le dessous de son corps est plus clair que le dessus; il est long de deux décimètres ou un peu plus; son nom spécifique rappelle la gracilité de ses membres et l'allongement de son corps. C'est dans la presqu'île de Pondichéry et à l'île de Ceylan que vit ce curieux Mammifère.

Le LORIS PARESSEUX (*Loris tardigradus*), que Buffon a signalé, d'après Wosmaër, sous la dénomination de *Loris du Bengale*, est un peu plus gros et surtout plus robuste ; il est roux en dessus avec une ligne dorsale brune ; une bande blanche remonte des côtés de son nez et s'étend jusqu'au front ; le dessus de son corps est grisâtre. Son corps est long de rois décimètres et demi.

LORIS PARESSEUX, 3/4 de grand.

LORIS GRÊLE, 1/4 de grand.

On le trouve à Java, à Sumatra et à Bornéo, peut-être aussi au Bengale, mais il y a moins de certitude à cet égard. On en a distingué, mais sans doute à tort, une espèce sous le nom de *L. javanus*.

Le Loris paresseux, qu'on nomme aussi *Poucan*, est le type du genre Nycticèbe d'E. Geoffroy. La description du Loris du Bengale, que Buffon avait tirée de Wosmaër, n'a été publiée qu'après sa mort, dans le t. VII de ses *Suppléments*. C'est par erreur qu'elle attribue à cette espèce la tête décharnée trouvée dans un puits de l'ancienne ville de Sidon, et dont Daubenton avait donné la description dans le t. XV du même ouvrage : cette tête est celle du Daman et point du tout celle du Loris.

TRIBU DES GALAGOS

Elle a pour type le genre *Galago*. Une nouvelle étude des *Pérodictiques* me porte à croire qu'il doit également en faire partie.

GENRE PÉRODICTIQUE (*Perodicticus*, Bennett). Bosmann, voyageur hollandais du XVIIe siècle, qui avait été en Guinée, parle, dans le récit qu'il a laissé, de plusieurs Animaux particuliers à ce pays qui n'ont été revus que dans ces dernières années. L'un d'eux est un Chevrotain dont nous rappellerons les caractères en décrivant les espèces de ce genre ; un autre est un Quadrumane que Bosmann appelle *Potto*, et dont les naturalistes modernes ont fait successivement un Galago, un Nycticèbe, et plus récemment un genre distinct.

Le PÉRODICTIQUE POTTO (*Perodicticus Potto*) a les oreilles à peu près semblables à celles des Loris et bien moins grandes que celles des Galagos, mais il a une queue tandis que les Loris en manquent; d'autre part, cette queue est bien moins longue que celle des Galagos; elle est à peine égale au tiers du tronc. Cet Animal est moins gros qu'un Chat et il paraît être essentiellement grimpeur. Ses pieds de derrière, dont le pouce est bien séparé et complétement opposable, ont leur second orteil pourvu d'un ongle subulé et, antérieurement, sa main a aussi le pouce opposable, élargi à sa base et tellement écarté, que la main elle-même ressemble à une pince dont une branche serait formée par le pouce et l'autre par le reste des doigts; mais le premier de ceux-ci ou l'index présente une particularité très-remarquable; il est tout à fait rudimentaire et ne paraît extérieurement que comme un petit tubercule onguiculé. On ne connaît rien d'analogue dans les autres espèces de la classe des Mammifères.

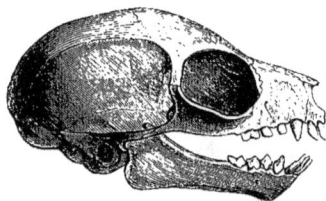

CRÂNE DU PÉRODICTIQUE, grand. nat.   MAIN DU PÉRODICTIQUE, grand. nat.

Le Potto a la dentition des Loris et des Galagos; il se rapproche surtout de ces derniers, mais il a la première molaire supérieure uniradiculée et la dernière plus courte. Nous n'avons pu en représenter que la dentition de lait. L'exemplaire observé par Bennett, en 1830, était dans ce dernier cas, ainsi que celui qu'a décrit plus récemment M. Van der Hoeven, et il en est de même d'un troisième appartenant au Muséum de Paris. C'est de celui-ci que nous donnons une figure en couleur. (*Planche IX.*)

Le Potto est un Animal assez trapu, coloré de roux brun avec un glacé plus foncé sur le dos et gris-blanc sur les lombes, les flancs et les pattes; la partie terminale de sa queue est noire. On le trouve dans les forêts de la Guinée, particulièrement auprès de Sierra-Leone. C'est un Mammifère lent et paresseux qui semble établir le passage entre les Loris de l'Inde et les Galagos de l'Afrique.

GENRE GALAGO (*Galago*, E. Geoffroy). Adanson, qui a été, comme l'on sait, un grand botaniste, a aussi rendu des services fort importants à la zoologie, soit par ses travaux sur les Mollusques, soit par les collections mammalogiques et ornithologiques qu'il a faites au Sénégal. C'est à lui que l'on doit les premières observations sur les Galagos, qu'il avait eu l'occasion d'observer pendant son voyage, et dont il rapporta en France des peaux ainsi qu'un crâne.

E. Geoffroy rappelle plusieurs particularités à cet égard dans son Mémoire intitulé « Le Galago du Sénégal, description suivie de considérations sur l'Animal anonyme, » mémoire qui a paru dans l'*Histoire naturelle des Mammifères* de F. Cuvier. « Il y avait longtemps, dit Geoffroy, qu'Adanson avait eu connaissance du Galago : des nègres qui le servaient durant son séjour au Sénégal, ayant remarqué qu'il prenait des notes sur toutes les productions de leur pays, lui procurèrent cet Animal dont ils lui avaient auparavant vanté la gentillesse et l'extrême agilité. Ce joli Quadrupède est connu dans les déserts au delà de Galam sous le nom de *Galago*, que nous avons adopté. Adanson en prit sur les lieux plusieurs croquis. Il en rapporta aussi quelques dépouilles en Europe; et, c'est en s'aidant de ces moyens que, de retour

PÉRODICTIQUE POTTO (*Perodicticus Potto.*)
DE GUINÉE.

à Paris, il fit composer une planche de grandeur in-folio, où le Galago est représenté dans les attitudes qui lui sont le plus familières. Feu Desmoulins fut chargé de la gravure de cette belle planche, et Adanson ne l'a employée, ni dans son *Voyage au Sénégal*, ni dans aucun autre de ses ouvrages. Occupé du projet d'une Encyclopédie sur l'histoire naturelle, il y a toujours destiné cette planche ainsi que d'autres faites avec les mêmes frais, et il est mort sans publier ces précieux matériaux. »

Le Galago ordinaire du Sénégal, qui reçoit aussi dans ce pays le nom de *Khoyah*, n'est pas la seule espèce connue dans ce genre. Outre quelques Galagos dénommés par les auteurs modernes, mais dont quelques-uns sont trop peu différents de l'espèce ordinaire pour que l'on puisse les en distinguer comme espèces, il faut y joindre deux espèces qui sont au contraire plus grandes, mais également de couleur gris perlé, et une autre plus petite. Celle-ci est le Galago de Demidoff, à tort rapprochée du Maki nain; les autres sont le Galago à grosse queue et le Galago d'Allen. Quand au *Potto* de Bosmann, dont quelques auteurs ont fait aussi un Animal de ce genre, nous en avons parlé précédemment sous le nom de Pérodictique, parce qu'il doit évidemment constituer une division à part.

Les Galagos sont de jolis Animaux ayant à la fois l'organisation des Primates et l'apparence gracieuse des Écureuils. Ils ont pour caractères leur tête assez grosse et arrondie, remarquable par ses grandes oreilles membraneuses et par la grosseur des yeux; leur queue est longue et fournie; leur pelage est moelleux; le pouce de leurs pieds de derrière est opposable aux autres doigts; leur second orteil est pourvu d'un ongle subulé et leur tarse est notablement allongé. Ils sont du petit nombre des Primates qui ont trois paires de mamelles; leurs dents sont en même nombre que chez les Makis, les Loris et les Sapajous, c'est-à-dire au nombre de trente-six; mais la forme de ces organes est bien plus semblable ici à ce que l'on voit chez les Makis ou Loris; les trois paires antérieures de la mâchoire inférieure étant proclives et en forme de peigne, comme chez ces derniers Animaux.

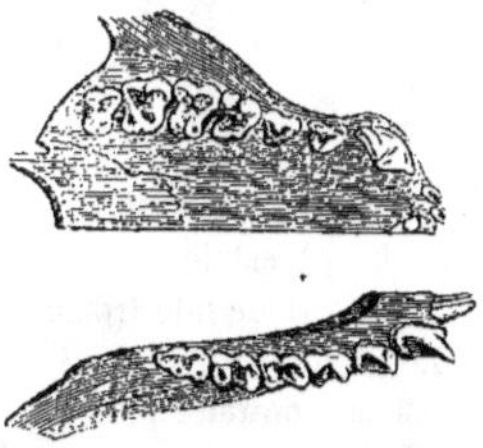

DENTS DU GALAGO, grand. nat.

Les Galagos sont inoffensifs, presque entièrement nocturnes, et ils vivent sur les arbres où ils font la chasse aux Insectes et aux petits Oiseaux; ils mangent aussi des fruits. On les trouve surtout dans les grandes forêts de Gommiers ou arbres qui fournissent la gomme, et les Européens du Sénégal les nomment, à cause de cela, Animaux de la gomme. Il paraît qu'ils aiment aussi cette substance, et, en captivité, on peut leur en donner ainsi que des fruits et d'autres aliments.

G. Cuvier et Geoffroy-St-Hilaire imposèrent, en 1795, le nom latin de *Chirosciurus*, qui signifie Écureuil à mains, au genre qui comprend les Galagos, et, l'année suivante, dans son Mémoire sur les rapports naturels des Makis, le second de ces naturalistes en parla sous le nom qu'Adanson avait indiqué. En 1811, Illiger, conséquent au principe trop souvent oublié, mais auquel la synonymie doit plus d'un embarras, que les noms employés d'abord comme spécifiques ne doivent jamais être pris dans une acception générique, substitua le mot d'*Otolicnus* (signifiant oreille en forme de van) à celui de Galago, et il appela l'espèce la plus commune *Otolicnus Galago*, comme antérieurement Schreber l'avait appelée *Lemur Galago*.

GALAGO DU SÉNÉGAL, 1/3 de grand.

C'est cette même espèce qui est le GALAGO DU SÉ-

NÉGAL (*Galago senegalensis*) des ouvrages récents de mammalogie, et l'on doit, à notre avis, lui réunir celles qui ont été établies sans motifs suffisants, sous les noms de *Galago Geoffroyii*, *Galago Moholi* et *Galago conspicillatus*. Elle est d'un gris légèrement teinté de roussâtre avec une partie de la face et les yeux de cette dernière couleur; dans les individus qui ont été conservés pendant longtemps dans nos collections le roux disparaît. La taille est un peu inférieure à celle de l'Ouistiti et le museau est plus fin. Ce joli Mammifère se rencontre au Sénégal, en Cafrerie, dans l'Abyssinie et dans la Nubie.

Le GALAGO D'ALLEN (*Galago Alleni*, Waterh.) est un peu plus gros.

GALAGO DE SÉNÉGAL, 1/3 de grand.

Le GALAGO A QUEUE TOUFFUE (*Galago crassicaudatus*, E. Geoffroy) est le plus grand de tous; sa teinte est à peu de chose près la même. On le trouve dans l'Afrique intertropicale, et en particulier à Port-Natal. C'est sans doute l'*O. Garnetti*, de M. O'Gilby.

Le GALAGO DE DEMIDOFF (*Galago Demidoffii*, G. Fischer) est au contraire plus petit;

GALAGO DE DEMIDOFF, 1/2 de grand.

sa taille égale seulement celle du Cheirogale nain, dont il a aussi la couleur et l'apparence extérieure. Il est de la côte occidentale d'Afrique, et particulièrement du Gabon.

C'est sans doute à côté de cette espèce qu'il faut placer le *Microcebus myoxinus* de M. Peters, qui vit en Mozambique. Nous ne le connaissons pas en nature.

TRIBU DES TARSIERS

GENRE TARSIER (*Tarsius*). Ce nom de Tarsier, qui rappelle la longueur assez grande du tarse chez l'Animal qui le porte, a été donné par Daubenton et latinisé par Storr, professeur à Tubingue, dans le Prodrome d'une méthode des Mammifères qu'il a publié en 1780. C'est Daubenton qui a le premier fait connaître le Tarsier; ce qu'il en a dit est déjà fort complet. Cependant ni lui ni Buffon n'ont décidé de ses véritables affinités, quoiqu'ils en aient parlé en même temps que des Makis et des Loris. Le Galago ressemble encore plus au Tarsier qu'aucun autre Lémurien, mais il n'a été connu qu'après lui. Cependant le Tarsier doit être regardé comme formant le type d'un genre à part, et c'est à tort que M. de Blainville réunissait ces deux sortes d'Animaux.

Si le Tarsier a, comme les Galagos, la tête assez forte, les yeux gros, les oreilles grandes, les tarses allongés et la queue plus longue que le corps, il en diffère en ce qu'il n'a que trente-quatre dents au lieu de trente-six, par suite de la présence d'une seule paire d'incisives inférieures au lieu de deux. En outre ses dents ont une forme un peu différente de celle qu'on leur connaît chez les Galagos, les incisives supérieures internes sont plus fortes et plus longues; les fausses molaires inférieures sont aussi plus petites et comme gemmiformes, et il y a quelques autres particularités dans les autres dents. De plus, le Tarsier a les deux os de la jambe réunis dans une grande partie de leur longueur, et le second et le troisième de ses orteils, qui sont plus courts que les autres doigts, sont pourvus chacun d'un ongle subulé ou mieux en forme de petit sabot : disposition, qui rappelle ce

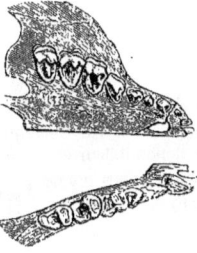

DENTS DU TARSIER. 1/2 de grand.

que l'on voit chez la plupart des Marsupiaux australiens, mais avec cette différence que chez le Tarsier ces deux doigts restent séparés l'un de l'autre. Le pouce de ses pieds de derrière est parfaitement opposable, et il est onguiculé; son ongle est plat et seulement un peu coupé en pointe, comme celui des quatrième et cinquième orteils.

Lorsque les classificateurs ont voulu assigner au Tarsier sa véritable place dans la méthode, ils ont éprouvé quelques difficultés, et la comparaison que Buffon en avait faite avec la Gerboise, qui est un Rongeur, n'a pas peu contribué à les égarer. Schreber l'a associé aux Marsupiaux, sous le nom de *Didelphis macrotarsus;* Pennant l'a réuni aux Gerboises, en l'appelant, en anglais, *Woly Jerboa;* mais Pallas a montré qu'il s'était fait une idée plus exacte des caractères du Tarsier en l'associant aux Lémuridés, sous le nom de *Lemur spectrum.* Plus récemment, M. Gray en a fait une tribu distincte dans la même famille, et M. Is. Geoffroy une famille à part, sous le nom de *Tarsidés.*

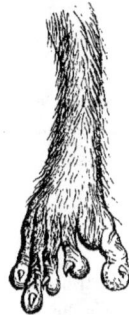

PIED DU TARSIER, grand. nat.

LE TARSIER SPECTRE (*Tarsius Spectrum*) est encore la seule espèce de ce genre dont on ait bien démontré l'existence ; il a reçu plusieurs dénominations, et divers auteurs ont établi à ses dépens deux ou trois prétendues espèces qui n'ont pas pu être acceptées. On le trouve dans les îles de Banka, de Bornéo et de Célèbes, qui font partie du grand Archipel indien ; il n'est pas certain que Sumatra le possède, malgré son voisinage de Banka.

C'est un petit Animal fort gracieux, à pelage doux, de couleur roussâtre, plus ou moins nuancé de brun en dessus et de gris en dessous ; sa taille égale à peu près celle du rat commun, mais son corps a plus de rapport avec celui des Singes ; son museau est court et fin ; sa queue, longue et velue, est plus fournie à son extrémité que vers la base. Les Malais le nomment *Podje*. Il est inoffensif, tranquille ou même lent, et il vit principalement d'Insectes. On le rencontre dans les lieux boisés. Malgré l'analogie de ses pieds avec ceux des Didelphes Australasiens, dont il est voisin par sa patrie

TARSIER, 1/2 de grand.

CERVEAU DU TARSIER.
grand. nat.

aussi bien que par plusieurs autres de ses caractères, nous ne le séparons pas des vrais Lémuridés. Peut-être devrait-on lui donner un rang plus élevé parmi ces Animaux, car il paraît leur être supérieur en intelligence aussi bien que par quelques-unes de ses particularités anatomiques. Cependant son cerveau manque de véritables circonvolutions.

II

LÉMURIDÉS DE MADAGASCAR

On peut les partager en deux groupes constituant chacun une tribu : le premier a pour type le genre Indri, et le second les Makis proprement dits.

TRIBU DES INDRIS

L'Indri, le Propithèque et l'Avahi forment, parmi les Lémuriens de Madagascar, une petite tribu que nous placerons avant celle des Makis véritables, à cause de l'analogie plus grande que certains de leurs caractères présentent avec ceux des Singes. Ces Animaux se tiennent droits plus facilement que les Makis et pendant plus longtemps qu'eux. Leurs dents, appropriées à un régime végétal, sont moins nombreuses que celles de ces Animaux ; ils n'en ont jamais que trente, savoir : cinq paires de molaires à chaque mâchoire, au lieu de six ;

PROPITHÈQUE DIADÈME (*Propithecus diadema*)

DE MADAGASCAR

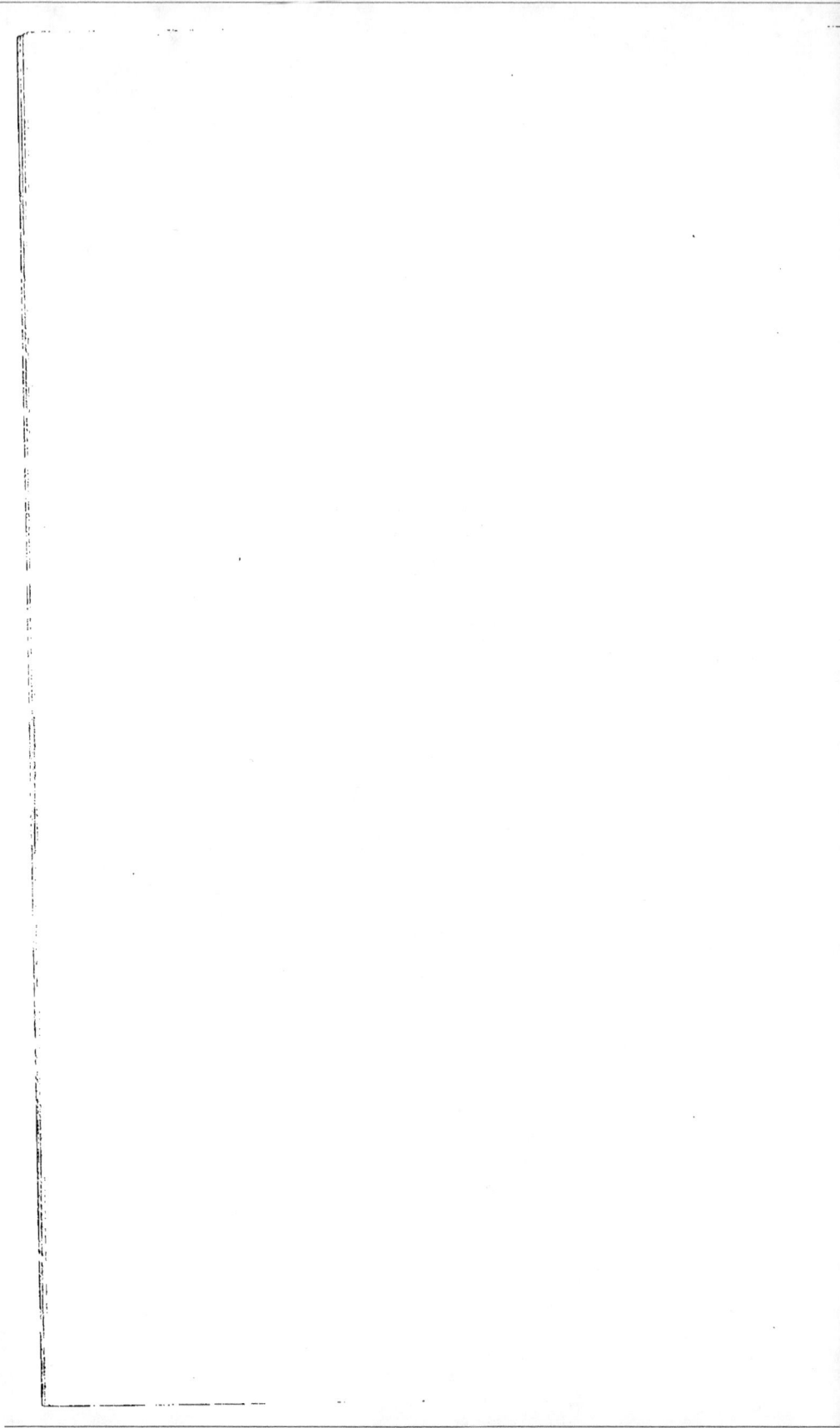

une paire de canines supérieures ne dépassant pas beaucoup le niveau des molaires, et qui pourraient être prises pour des avant-molaires; enfin, à la mâchoire inférieure, deux

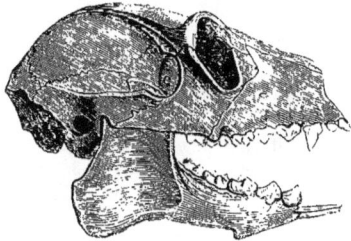

CRANE DE L'INDRI, 3/5 de grand.

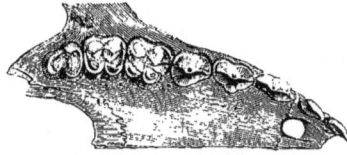

DENTS DE L'INDRI, grand. nat.

paires de dents proclives, au lieu de trois; de ces dernières, l'une est regardée comme une canine, et l'autre est une incisive.

Comme les trois espèces d'Indris diffèrent entre elles par quelques caractères tirés de la forme de leurs dents ou de leur crâne et de la longueur de leur queue, on en a fait trois genres distincts. Leur ensemble forme la tribu des *Indrisiens* ou *Lichanotiens* de quelques auteurs.

GENRE INDRI (*Indris*, E. Geoffroy). Il comprend l'INDRI A COURTE QUEUE (*Indris brevicaudatus*). Animal singulier de l'île de Madagascar, dont la découverte est due au voyageur français Sonnerat. C'est le plus grand des Lémuriens; il est haut d'un mètre lorsqu'il est debout sur ses pattes de derrière. Son pelage est doux, très-fourni et en grande partie noirâtre; mais il a du blanc à la figure et du blanc roussâtre sur les flancs; sa queue n'a guère que trois ou quatre centimètres de long.

L'Indri est d'un naturel doux, et, quoiqu'il ne soit que médiocrement intelligent, il est susceptible d'éducation; on peut, dit-on, le dresser pour la chasse. Sa ressemblance avec l'Homme, quoique bien inférieure à celle des premiers Singes ou même à celle de certains Singes américains, l'a fait appeler *Homme des bois* par les habitants des

INDRI, 1/8 de grand.

contrées où on le rencontre. C'est le plus anthropomorphe de tous les Lémuridés.

GENRE PROPITHÈQUE (*Propithecus*, Bennett). Il diffère surtout de l'Indri par sa queue, qui est presque aussi longue que le corps.

La seule espèce connue, ou le PROPITHÈQUE DIADÈME (*Propithecus diadema* de Bennett),

a aussi été appelée *Macromerus* par M. Andrew Smith. Elle est un peu moins grande que l'Indri, a de même la face allongée, mais presque nue, et se reconnaît encore à son pelage, qui est très-doux et généralement varié de jaunâtre et de brun-noir. C'est un Animal rare dans les collections, et que nous ne connaissons encore que dans celles de Paris et de Londres, qui le doivent à MM. Telfair et Jules Goudot. (*Planche VIII.*)

GENRE AVAHI (*Avahis*, Jourdan). Sonnerat avait rapporté de Madagascar et décrit dans son *Voyage aux Indes*, sous le nom de Maki à bourre, un Animal dont M. Jourdan, professeur à la Faculté des Sciences de Lyon, a proposé, en 1834, de faire un genre à part, sous le nom qu'on vient de lire.

C'est maintenant l'AVAHI A BOURRE (*Avahis laniger*). Il a, comme le Propithèque, la queue à peu près aussi longue que le corps, mais il s'en distingue, ainsi que de l'Indri, par la brièveté de sa face et par la forme un peu différente des couronnes de ses molaires. Il est d'une couleur fauve un peu marron. A Madagascar on l'appelle *Ampongue*, suivant M. Bernier. Son corps n'a que trente-cinq centimètres de long. Les naturalistes ont donné à cet Animal quelques autres noms, tels que ceux d'*Indri à longue queue*, *Habrocebus*, etc. On ne connaît point encore sa manière de vivre. (*Planche VII.*)

TRIBU DES MAKIS

GENRE MAKI (*Lemur*). Les Makis de Brisson et de Buffon sont les seuls Lémuriens qui aient conservé en propre le nom de *Lemur* que Linné appliquait, comme on le sait, à tous les Animaux de la même famille. Brisson en avait aussi parlé sous le nom très-convenable de *Prosimia*, qui signifie Faux-Singe, et il les donnait comme devant constituer un genre distinct dont il avait indiqué fort exactement les caractères. Buffon a accepté cette division générique telle que Brisson l'avait établie en 1762, et il s'est servi du nom français que le même auteur avait consacré.

Voici comment on peut définir aujourd'hui ces Makis (*Lemur* ou *Prosimia*) :

Animaux assez hauts sur pattes; à queue longue; à museau presque aussi allongé que celui des Renards (d'où le nom de Singes à museau de Renard par lequel on les a souvent désignés), et terminé par une partie nue dans laquelle sont percées les narines. Leurs deux mamelles sont très-rapprochées des aisselles; les doigts assez semblables à ceux des Singes ont les ongles plats, sauf le second orteil, dont l'ongle est subulé, comme chez les autres Lémuridés; le pouce des membres antérieurs est presque aussi opposable que celui des postérieurs. Trente-six dents, savoir: quatre petites incisives en deux paires, subgemmiformes ou plutôt en pinces; une paire de fortes canines, propres à

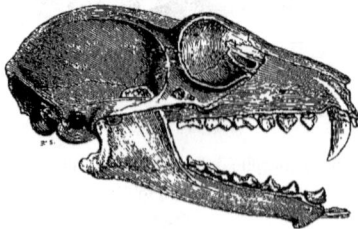

CRANE DE MAKI ROUGE, 2/3 de grand.

MAIN DE MAKI VUE EN DESSOUS, 1/2 de grand.

AVAHI LANIGÈRE *(Avahis laniger)*
DE MADAGASCAR

déchirer, et six paires de molaires à la mâchoire supérieure; et à la mâchoire inférieure : trois

paires

res de

Celle-ci

ces

re que

même

taille,

t cou-

é; ils

ts boi-

. Leur

fruits ;

nes de

toutes

u cer-

, et la

nat.

produit

cram-

longue

oresque

; mais,

et il ne

ls n'ont

Buffon

Aujour-

mbre de

lémure,

oles des

Buffon,

bserva-

s Makis

llection

s, pos-

, avec

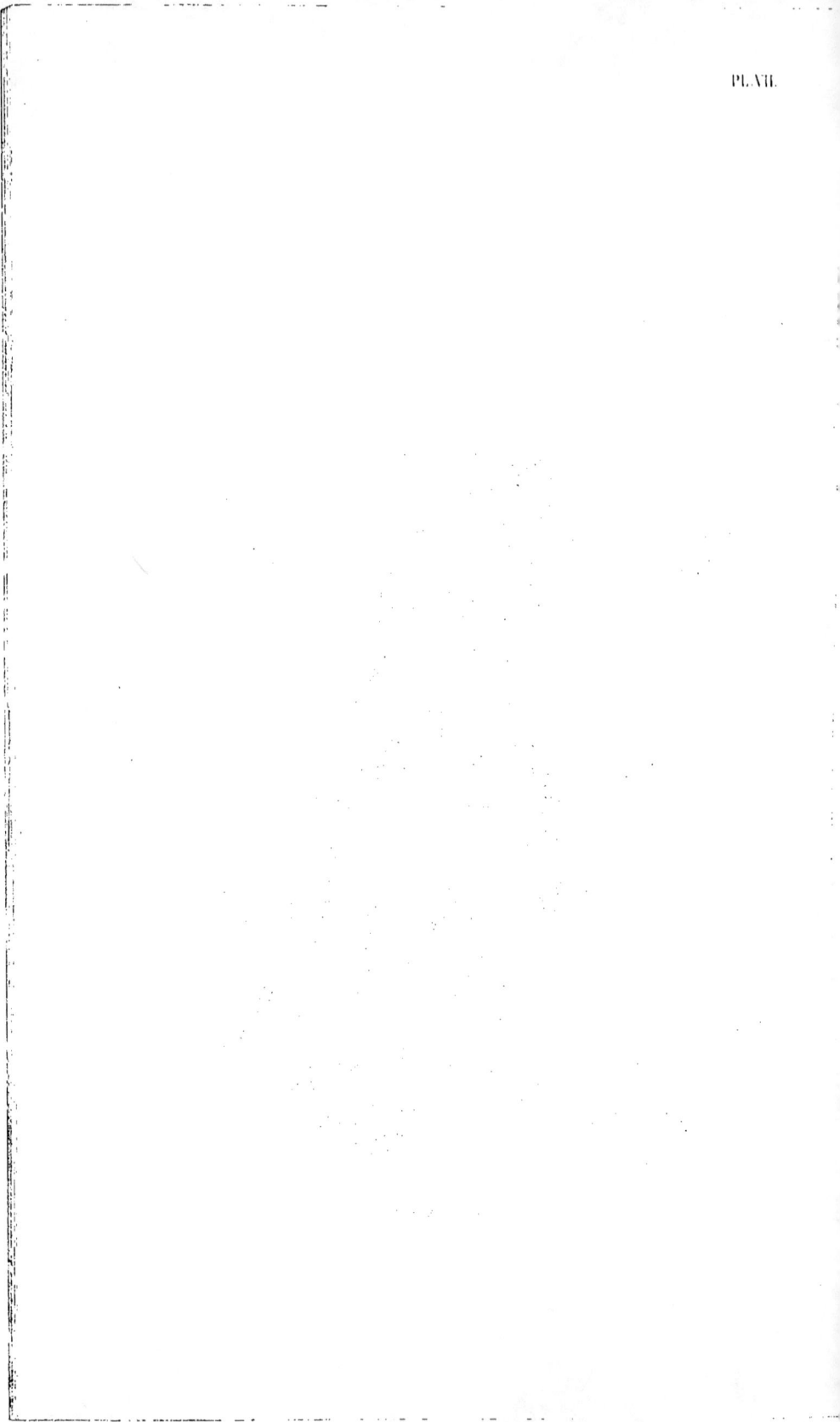

déchirer, et six paires de molaires à la mâchoire supérieure; et à la mâchoire inférieure : trois paires de dents antérieures grêles, formant ensemble une sorte de peigne; les deux paires internes sont des incisives, l'externe est une canine; plus en arrière sont six molaires de chaque côté, dont la première seule est uniradiculée et plus élevée que les autres. Celle-ci a été fréquemment prise pour la véritable canine des Makis. Sauf la forme des dents, ces Animaux ont la même disposition dentaire que les Loris et les Galagos; ils ont aussi la même formule.

Les Makis sont intermédiaires, pour la taille, à la Fouine et au Renard; leur corps est couvert d'un pelage très-doux et très-fourré; ils sont nocturnes et vivent dans les endroits boisés. On ne les trouve qu'à Madagascar. Leur nourriture consiste principalement en fruits; ce qui est en rapport avec les couronnes de leurs dents molaires qui sont presque toutes émoussées.

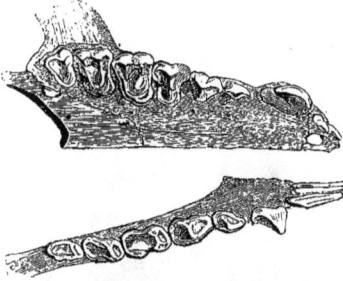

DENTS DU MAKI ROUGE, grand. nat.

Les Makis ont des circonvolutions au cerveau, mais elles sont peu nombreuses, et la masse totale de cet organe n'est pas aussi grande que chez les Singes.

Ce sont des Animaux doués d'une certaine intelligence, assez éducables, et qui peuvent vivre longtemps sous nos climats, quoiqu'ils soient originaires d'un pays extrêmement chaud. On en cite un qui se portait encore très-bien après un séjour de dix-neuf ans à Paris, quoiqu'il redoutât beaucoup le froid. Pendant l'hiver, il s'asseyait devant le feu, et il en approchait sa figure ainsi que ses mains; quelquefois même il se mettait si près du foyer qu'il se roussissait le poil ou les moustaches. Plusieurs espèces de Makis ont repro-

CERVEAU DE MAKI BRUN, grand. nat.

duit sous nos climats; on en a vu à la Malmaison et à Paris. La femelle, qui ne produit qu'un seul petit à chaque portée, a pour lui toute la tendresse possible; elle le tient cramponné sous son corps, et, dans les premiers jours, il reste comme caché dans sa longue fourrure. Il semble d'abord presque nu, tant ses poils sont courts, et on le prendrait presque pour un petit rat, quoiqu'il ait tous les caractères de ses parents, sauf leurs poils épais; mais, au bout de six semaines, il est déjà fort semblable à eux sous ce dernier rapport, et il ne s'en distingue plus que par une moindre taille.

Les Makis ont, dans leur manière de vivre, beaucoup d'analogie avec les Singes, mais ils n'ont pas autant d'intelligence qu'eux. Brisson distinguait quatre espèces de ces Animaux, que Buffon a réduites à trois : le Maki Mococo, le Maki brun ou Mongous et le Maki-Pic ou Vari. Aujourd'hui on n'en admet pas moins de quinze, auxquelles il faut même ajouter celles, au nombre de six ou sept, dont on a fait plusieurs genres à part, sous les noms de Lépilémure, Hapalémure, Cheirogale et Microcèbe; mais il est probable que les quinze espèces de Makis véritables des auteurs modernes n'auraient pas été toutes acceptées comme réellement distinctes par Buffon, et l'on peut supposer que lorsqu'on aura pu faire à leur égard quelques nouvelles observations, plusieurs d'entre elles devront être supprimées. Sous ce rapport, le genre des Makis est comparable à ceux des Sajous, des Hurleurs, etc., de la famille des Singes. La collection du Muséum de Paris, la plus riche de toutes en Animaux de la famille des Lémuriens, possède, d'après MM. E. et Is. Geoffroy-Saint-Hilaire, quatorze espèces de ces Makis.

Le MAKI MOCOCO (*Lemur Catta* de Linné) est presque entièrement gris cendré, avec les joues et la gorge blanchâtres; il est, en outre, remarquable par les anneaux noirs dont sa queue est ornée.

MAKI ROUGE, 1/8 de grand. nat.   MAKI MOCOCO, 1/8 de grand. nat.

Le MAKI VARI (*Lemur Macaco* de la plupart des auteurs modernes) n'a point ces anneaux sur la queue, et on ne les retrouve, d'ailleurs, dans aucune autre espèce; il se reconnaît à ses grandes tâches blanches et noires, irrégulièrement distribuées, et variables suivant les individus; c'est ce qui l'a souvent fait nommer *Maki-Pie*. (*Voyez pag. I.*)

Le MAKI ROUGE (*Lemur ruber*, Péron et Lesueur) est curieux par la beauté de ses couleurs, qui sont tout à fait différentes de celles des autres espèces.

Son corps est, en grande partie, roux vif, et il a le museau, la queue, les mains, la poitrine et le ventre noirs; une grande surface blanche existe sur le dessus de son cou, en arrière de la tête, et une paire de fines manchettes également blanches se voient sur ses méta-tarses. La forme de sa tête osseuse, plus allongée que dans les autres, et celle de ses molaires, dont le tubercule entier est rudimentaire, le séparent également d'une manière très-nette.

Il est déjà question de cette magnifique espèce dans les manuscrits de Commerson, qui remontent à 1763, et, depuis lors, Péron et Lesueur, ces infatigables naturalistes de l'expédition française aux terres australes qui eut lieu sur la corvette *le Géographe* pendant les années 1800 à 1803, l'ont rapporté vivant. Ils lui ont donné le nom sous lequel E. Geoffroy, Fréd. Cuvier et tous les autres naturalistes en ont parlé depuis lors. Nous en donnons la figure dans nos planches coloriées. (*Planche X.*)

MAKI A VENTRE ROUGE, 1/2 de grand. nat.

Le MAKI A VENTRE ROUGE (*Lemur rubriventer*,

PL. X.

DE MADAGASCAR

PL. X.

MAKI ROUGE (Lemur ruber)
DE MADAGASCAR

Is. Geoffroy) a les parties inférieures du corps et les membres d'un rouge marron très-peu différent de celui qui colore le dessus du dos chez le Maki rouge ; il est brun roux tiqueté en dessus ; sa queue est noirâtre et ses joues ont une touffe de poils rouge marron.

MAKI A VENTRE JAUNE, 1/2 de grand,

Le MAKI A VENTRE JAUNE (*Lemur flaviventer*, Isidore Geoffroy) en est voisin, mais sa gorge est blanche ; son ventre est jaune, et la face externe de ses membres est jaunâtre. Il a la face noire.

Le MAKI A FRAISE (*Lemur collaris*, E. Geoffroy) est brun jaunâtre, plus clair aux parties inférieures. Le mâle a la tête noire et les favoris d'un jaune orangé ; la tête de la femelle est grise. On en doit la découverte à Péron et Lesueur.

Le MAKI ROUX (*Lemur rufus*, Audebert) appartient aussi à la catégorie des Makis à fraise, c'est-à-dire de ceux qui sont pourvus de favoris touffus. Ses poils sont roux dorés, sauf aux joues et sous le cou, où ils sont gris, et sur la ligne moyenne de la tête, où ils sont noirs ; les membres sont gris roux et le dessous du corps est jaunâtre.

Le MAKI A MAINS BLANCHES (*Lemur albimanus*, E. Geoffroy), que Audebert avait précédemment figuré, et qui est peut-être le *Maki aux pieds blancs* de Brisson, se reconnaît à sa couleur grise en dessus, blanche à la gorge et à la poitrine, roussâtre au ventre et roux cannelle sur les favoris. Celui que l'on possède à Paris provient aussi des collections apportées par Péron et Lesueur.

Les autres espèces n'ont pas les poils des joues disposés en frais.

La première, ou le MAKI A FRONT BLANC (*Lemur albifrons*, E. Geoffroy), sur lequel Fréd. Cuvier a donné de nouveaux renseignements, doit son nom à la couleur de son front, qui est blanche, principalement chez le mâle, sauf cependant au milieu ;

MAKI A FRONT BLANC, 1/3 de grand,

son pelage est presque entièrement d'une teinte gris roux. Cette espèce est une de celles qui se sont reproduites en Europe.

MAKI A FRONT BLANC femelle, 1/7 de grand,

Le Maki a front noir (*Lemur nigrifrons*, E. Geoffroy) est fort rapproché du précédent, mais il s'en distingue par quelques diffé-
rences dans la robe et par le noir de son front.

MAKI A FRONT NOIR, 1/3 de grand.

MAKI MONGOUS, 2/3 de grand.

Le Maki Mongous (*Lemur Mongoz*, Linné) nous vient plus communément, et il paraît
être aussi plus fréquent à Madagascar. Il est gris jaunâtre en dessus et plus ou moins blanc
en dessous; il a les joues plus jaunes avec le tour des yeux noirs, ainsi que le chanfrein.
Buffon a connu cette espèce et lui a aussi donné le nom de *Maki brun*, mais ce n'est pas le
grand Mongous de ses *Suppléments* qui a pris le nom de *Lemur fulvus* dans la *Monographie*
d'Ét. Geoffroy. Les deux figures que nous donnons du Mongous diffèrent sensiblement l'une de
l'autre : la première est empruntée à F. Cuvier,
la seconde est copiée des vélins du Muséum.

MAKI MONGOUS, 1/3 de grand.

MAKI D'ANJOUAN, 1/2 de grand.

Le Maki d'Anjouan (*Lemur anjuanensis*, E. Geoffroy) est gris en dessus et en dessous
jusqu'aux épaules, et roux dans le reste du corps, ainsi que sur la queue.

Le Maki couronné (*Lemur coronatus*, Gray, ou *L. rufifrons*, Bennett) a un bandeau
jaune sur le front.

MAKI A BANDEAU D'OR, 1/2 de grand.

MAKI COURONNÉ, 1/2 de grand.

Il en est de même du Maki a bandeau d'or (*Lemur chrysampyx* de M. Schuermans), qui en est encore distinct des précédents par l'absence de tache noire au ventre, et par la couleur blanche de ses parties inférieures et externes. Les exemplaires que possède le Muséum de Paris sont dus à MM. Bernier et Louis Rousseau.

DE QUELQUES ANIMAUX VOISINS DES MAKIS.

Entre les Makis proprement dits que nous venons d'énumérer et d'autres espèces de moindre taille, auxquelles on a donné les noms de Cheirogales et de Microcèbes, se placent deux ou trois Lémuridés intermédiaires aux uns et aux autres par plusieurs de leurs caractères et que nous ne saurions passer sous silence.

Le premier est le MAKI GRIS (*Lemur griseus*, appelé aussi le *L. cinereus*), que Sonnerat avait rapporté, et dont il est question dans le tome VII des *Suppléments* de Buffon, sous le nom de *Petit Maki gris*. C'est un Animal un peu moins grand que les précédents, son corps n'ayant que trente-cinq à quarante centimètres; sa face est aussi plus courte que la leur, et ses oreilles sont velues. Il a le pelage gris cendré en dessus et sur la queue, passant au blanc en dessous et fauve sur la calotte. Ses dents sont plus serrées que celles des Makis proprement

DENTS DE L'HAPALÉMURE OLIVAIRE, grand. nat.

DENTS D'UN MAKI GRIS presque adulte, grand. nat.

dits; le talon interne de ses molaires supérieures est moins fort, et les collines de ses molaires inférieures sont plus obliques, ce qui lui donne une plus grande analogie avec l'Indri. Cette particularité est probablement liée avec un régime plus habituellement végétal que celui des autres espèces. Le Makis gris est un Cheirogale pour M. Van der Hoëven, et, pour M. Is. Geoffroy, il devient le type d'un nouveau genre, sous le nom d'HAPALÉMURE (*Hapalemur*).

HAPALÉMURE ou MAKI GRIS, 1/6 de grand.

Ce dernier naturaliste en rapproche, sous le nom d'HAPALÉMURE OLIVATRE (*Hapalemur olivaceus*), un Animal également originaire de Madagascar, qui a le pelage plus long, plus serré et plus touffu, et dont la couleur est olivâtre teintée de roux.

Une autre espèce, type aussi d'un genre à part, dans la classification de M. Is. Geoffroy, est son LÉPILÉMURE MUSTÉLIN (*Lepilemur mustelinus*), également intermédiaire pour la taille aux Makis et au Cheirogale de Milius. Son pelage est roux, avec la gorge blanche, le front et les joues gris, les parties inférieures et internes étant d'un gris jaunâtre. Il a été rapporté de Madagascar par M. Jules Goudot.

Cette espèce de Lémuridés manque d'incisives supérieures (du moins dans l'âge adulte) ;

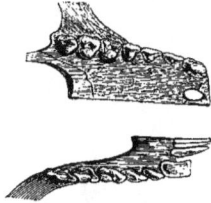

DENTS DU LÉPILÉMURE, grand. nat.

ses canines supérieures sont fortes et pourvues d'une sorte de crochet à leur base postérieure ; ses molaires ont de l'analogie avec celles du Maki gris et des Indris ; enfin sa queue est moins longue que celle des autres Animaux de la même tribu.

LÉPILÉMURE MUSTÉLIN, 1/6 de grand.

On n'a point encore de renseignements sur sa manière de vivre.

GENRE CHEIROGALE (*Cheirogaleus*, E. Geoffroy). Avec les manuscrits laissés par Commerson et que l'on a déposés au Muséum, existent aussi des dessins en général bien faits et qui représentent les objets les plus curieux observés par cet infatigable naturaliste pendant ses voyages. C'est d'après l'inspection de trois de ces dessins faits par Commerson à Madagascar, mais dont l'authenticité ne reposait malheureusement ni sur une description ni sur des pièces conservées, qu'Etienne Geoffroy établit, en 1812, le genre Cheirogale.

Voici un passage de la note qu'il fit imprimer alors dans les *Annales du Muséum*, en publiant les figures laissées par le compagnon de Bougainville : « Les Animaux que ces dessins nous font connaître ont, comme les Chats, la tête ronde, le nez et le museau courts, les lèvres garnies de moustaches, les yeux grands, saillants et rapprochés, les oreilles courtes et ovales ; leur queue est longue, touffue, régulièrement cylindrique, se ramenant naturellement en avant, ou s'enroulant tantôt sur elle-même, et tantôt autour du tronc. Jusque-là, ce ne sont que des traits empruntés en quelque sorte à la famille des Félis ; mais ces traits sont combinés, dans les Animaux de Commerson, à des doigts aussi profondément divisés et aussi propres à la préhension que le sont ceux des Makis. On trouve également, dans ces deux genres d'Animaux, un pouce à chaque main, aussi écarté, aussi distinct et aussi susceptible de mouvements propres. Ces nouveaux Animaux n'ont, d'ailleurs, d'ongle large, court et aplati qu'aux pouces ; les ongles des autres doigts sont étroits, grêles, aigus et dépassant de beaucoup la dernière phalange. Toutefois, cette disposition des ongles n'en fait pas des griffes comme celles des Arctopithèques (Ouistitis), des Ours et des Chats ; leur forme et leur position les font plus ressembler à ces ongles subulés qui, dans les Makis, ne garnissent que le seul deuxième doigt des pieds de derrière. »

Les dimensions respectives des trois Animaux figurés par Commerson ont fait admettre à Geoffroy trois espèces de Cheirogales, sous les noms spécifiques de *C. major, medius* et *minor*. Le *Cheirogaleus minor* est sans doute le Microcèbe Murin sur lequel nous reviendrons bientôt. Quant aux *Cheirogaleus medius* et *major*, il est plus difficile d'établir leur synonymie par rapport aux Lémuridés, plus ou moins analogues par leur taille, qui ont été rapportés de Madagascar par les voyageurs qui ont visité ce curieux pays depuis Commerson, et Geoffroy, dans ses *Leçons sur l'histoire des Mammifères*, a lui-même abandonné ces dénominations pour appeler Cheirogale de Milius un Animal évidemment du même genre, peut-être même identique avec le *Cheirogaleus major* qui a vécu pendant quelque temps à la Ménagerie de Paris.

Le CHEIROGALE DE MILIUS (*Cheirogaleus Milii*, E. Geoffroy) est aussi le *Maki nain* ou *Myspithecus typus* de F. Cuvier (*Histoire naturelle des Mammifères*). Il a les principaux caractères des Makis, soit dans la forme de ses ongles, soit dans la conformation de ses dents, et il n'en diffère que par des traits secondaires. Il est aussi de plus petite taille. Son corps est long de trente-cinq centimètres; sa queue est à peu près égale; son pelage est épais, soyeux, comme crêpé, et presque entièrement d'un gris fauve uniforme, sauf sous la gorge, sous la poitrine et au ventre, qui sont d'un blanc plus ou moins pur.

CHEIROGALE DE MILIUS, 2/3 de grand.

Pendant son séjour à la Ménagerie, il passait tout le jour caché dans un nid qu'il s'était fait avec le foin qu'on avait placé dans sa cage, et ce n'était qu'à la nuit qu'il commençait à sortir de sa retraite pour entrer dans un état d'activité qui durait jusqu'au matin. Son agilité était des plus grandes, et il pouvait faire des sauts de six à huit pieds de haut. Comme tous les Animaux nocturnes, il avait les yeux très-gros et d'une extrême sensibilité. Aussi la lumière l'incommodait-elle beaucoup. On le nourrissait de fruits, de pain et de biscuit.

Ce Cheirogale diffère peu des Makis, mais il est moins haut sur pattes, en outre, son squelette est peu différent du leur; il a cependant les côtes plus larges et au nombre de treize paires au lieu de douze; ses vertèbres lombaires sont au nombre de sept. Ses intestins ont un cœcum plus large que le côlon, et dont la longueur est de deux décimètres.

Le CHEIROGALE A FOURCHE (*Cheirogaleus furcifer* de MM. de Blainville et Is. Geoffroy) a été rapporté de Madagascar par M. Jules Goudot. Il diffère du précédent par la disposition caniniforme de sa première molaire supérieure, par le développement plus fort de ses incisives supérieures, et par son crâne, qui est plus allongé dans sa partie faciale et busqué sur les os du nez. Extérieurement, il s'en éloigne aussi par sa queue, un peu plus longue, et par sa coloration. Son pelage, laineux et doux, est d'un gris cendré, avec quelques nuances fauves; le dessous du corps est plus clair que le dessus ou les côtés; les pattes sont d'un roux noirâtre, et une bande noirâtre, comme veloutée, commence sur le sacrum, s'élargit un peu sur le dos, et se continue jusqu'à l'occiput, où elle se bifurque pour envoyer sur les yeux et jusqu'auprès du museau chacune de ses deux branches, que l'on peut comparer à celles d'une fourche. La queue a la couleur générale du corps dans sa première moitié; elle devient noire dans sa seconde. On n'a point encore reçu d'exemplaire vivant de cette espèce.

De même que le précédent, ce Cheirogale ne diffère pas autant des Makis proprement dits que l'avaient fait penser les dessins de Commerson. Toutefois elle ne doit pas rentrer dans le même genre qu'eux, et on pourrait aussi le séparer du Cheirogale de Milius, comme on a séparé le *Lemur murinus* ou véritable Makis nain. Quant au *Cheirogaleus typicus* de M. Smith, nous ignorons s'il doit être ou non distingué du Cheirogale de Milius, auquel il ressemble beaucoup.

CHEIROGALE A FOURCHE, 1/6 de grand.

Le CHEIROGALE NAIN (*Cheirogaleus murinus*) ou le *Little Macauco* de Brown (*Lemur murinus*, de Pennant) a le corps long de quinze centimètres, avec la queue un peu plus longue; il est entièrement roux ferrugineux. Buffon en avait vu et fait dessiner un individu vivant, mais il n'avait pu en faire la description complète, et l'on n'a trouvé dans ses papiers qu'une courte note où il en parle sous le nom de *Rat de Madagascar*.

CHEIROGALE NAIN, 2/3 de grand.

Dans cette note, que Lacépède a fait paraître dans le tome VII des *Suppléments à l'Histoire naturelle*, il est dit que le prétendu Rat de Madagascar était nocturne, et qu'il avait les mouvements très-vifs. On le nourrissait d'amandes et de fruits. La même espèce a été nommée *Lemur pusillus* par Geoffroy-Saint-Hilaire, qui en a fait plus récemment le type de son genre *Microcebus*; c'est peut-être aussi le *Cheirogaleus Smithii* de M. Gray. D'autres auteurs la regardent comme appartenant au même genre que les Galagos, à cause de sa grande ressemblance extérieure avec le Galago de Demidoff. L'un des caractères les plus remarquables de ce petit Animal est d'avoir trois paires de mamelles, comme les espèces du genre que nous venons de nommer, tandis que

CERVEAU DE CHEIROGALE NAIN JEUNE, grand. nat.

DENTS DU CHEIROGALE NAIN, grand. nat.

les vrais Makis n'en ont qu'une seule paire, laquelle est placée sur la poitrine, à peu près comme celle des Singes. Nous ignorons si les Cheirogales des deux espèces précédentes diffèrent à cet égard de l'espèce type du genre Microcèbe. M. Is. Geoffroy a fait connaître que le cerveau de ce dernier était privé de circonvolutions.

FAMILLE DES CHEIROMYDÉS

La seule espèce que l'on connaisse dans cette famille est le Cheiromys Aye-Aye, Animal essentiellement différent de tous les autres Primates, parce qu'elle n'a que deux sortes de dents, savoir : des incisives, en même nombre et à peu près de même forme que celles des Rongeurs, et des molaires assez semblables à celles des Sciuridés, et qui sont de même séparées des incisives par une barre ou espace vide.

GENRE CHEIROMYS (*Cheiromys*, G. Cuvier). Lors de son voyage à Madagascar, Sonnerat se procura, sur la côte occidentale de cette île, cette espèce fort bizarre de Mammifère dont aucun naturaliste n'avait encore parlé. On pouvait la prendre, à son apparence générale, pour quelque gros Écureuil; mais, en réalité, c'était plutôt un Quadrumane, ayant de la ressemblance avec les Rongeurs de la famille des Sciuridés, car ses pieds de derrière avaient le pouce opposable aux autres doigts; sa tête était arrondie, et on reconnaissait que la partie cérébrale en était volumineuse. La queue longue, bien fournie et lâche du même Animal, avait, d'ailleurs, autant de ressemblance avec celle des Sakis qu'avec celle des Écureuils ; mais ce qui le rendait surtout singulier, c'était le grand allongement de ses doigts antérieurs, et, comme il joignait aux caractères que nous venons d'énumérer un système de dentition tout à fait comparable à celui des véritables Rongeurs, et fort différent, par conséquent, de celui des Primates ou Quadrumanes, on comprend combien les zoologistes furent embarrassés lorsqu'ils essayèrent de déterminer le rang précis qu'il convenait d'assigner dans la classification à ce Quadrupède d'un genre si exceptionnel. Le peu de détails que Sonnerat publia sur cet Animal, dans son *Voyage aux Indes*, laissa subsister toutes les difficultés que présentait une réunion de caractères aussi insolite, et elles furent peut-être encore augmentées par ce que Lacépède en dit dans le *Supplément* aux œuvres de Buffon, qu'il fit paraître bientôt après.

Sonnerat avait possédé deux exemplaires vivants de cette singulière espèce à laquelle il donna le nom d'*Aye-Aye*, qui rappelle l'exclamation que les Madécasses d'une autre partie de l'île poussèrent lorsqu'il les leur montra. L'Aye-Aye, Animal fort rare à Madagascar, n'était pas même connu des gens qui habitent cette île.

Sonnerat conserva ses Aye-Aye vivants pendant deux mois. « Je les nourrissais, dit-il, de riz cuit, et ils se servaient, pour le manger, des doigts grêles des pieds de devant, comme les Chinois se servent de leurs baguettes. Ils étaient comme assoupis, se couchant la tête placée entre leurs jambes de devant ; ce n'était qu'en les secouant plusieurs fois qu'on parvenait à les faire remuer. »

Ces deux Aye-Aye ont été, jusque dans ces dernières années, les seuls qui soient venus à la connaissance des naturalistes, et Sonnerat paraît même n'en avoir conservé qu'un. Il le déposa, en **1782**, au Jardin du Roi, à Paris (depuis lors le Muséum d'histoire naturelle). Cet Aye-Aye est encore l'une des pièces les plus précieuses de la collection mammalogique de ce vaste établissement. C'est d'après la peau bourrée du même Aye-Aye, son crâne et quelques os tirés de ses membres, que l'espèce a été décrite par les auteurs qui s'en sont occupés. Cependant, en **1844**, un autre individu de la même espèce fut trouvé à Madagascar et préparé par les soins de M. de Lastelle, qui en a aussi fait

CHEIROMYS DE SONNERAT, 1/6 de grand.

don au Muséum. Nul autre cabinet d'histoire naturelle ne possède encore cette espèce animale ; mais l'exemplaire dû à Sonnerat a souvent été décrit et figuré. Ayant pu observer ces Animaux en détail, aussi bien celui de M. de Lastelle que celui de Sonnerat, nous essayerons d'en tracer l'histoire de manière à les faire bien connaître, et nous rappellerons en même temps les principales observations auxquelles ils ont donné lieu de la part des naturalistes.

La singularité des caractères distinctifs des Aye-Aye, et l'intérêt des discussions scientifiques auxquelles ils ont donné lieu, nous ont paru mériter ces développements, dont nous nous serions, au

CHEIROMYS DE M. DE LASTELLE, 1/2 de grand.

contraire, abstenu, s'il se fût agi de l'un de ces genres dont tous les naturalistes comprennent les affinités de la même manière.

Dans l'édition qu'il a publiée du *Systema naturæ* de Linné, en **1789**, Gmelin inscrivit l'Aye-Aye parmi les Écureuils, sous le nom de *Sciurus madagascariensis*. Les notes publiées sous le nom de Buffon l'avaient bien comparé aux Animaux de ce genre, mais elles ajoutaient que, par l'aplatissement du pouce de ses pieds de derrière, il se rapprochait du Tarsier.

Vers la même époque, Schreber, d'Erlang, en fit un Lémuridé, et il l'appela *Lemur psilo-dactylus*.

Enfin, ce fut E. Geoffroy qui le signala le premier comme devant former un genre à part, et il dédia ce genre à son maître et ami Daubenton. Lors de la publication de ses *Leçons d'anatomie*, c'est-à-dire en 1800, G. Cuvier remplaça, par la dénomination de *Cheiromys*, qui signifie Rat-à-Mains, le nom de *Daubentonia*, proposé deux ans auparavant. Il en explique ailleurs le motif : « C'est, dit-il, parce que l'usage de donner des noms d'Hommes n'est pas reçu en zoologie comme en botanique. » Quoique l'on n'ait pas toujours suivi cette règle, et qu'il y ait même en zoologie plusieurs genres *Cuvieria*, le nom de Cheiromys a prévalu sur celui de *Daubentonia*, bien que moins ancien que lui et malgré l'idée fausse qu'il donne de la véritable nature réelle de l'Aye-Aye, qui n'est pas, comme ce mot semble l'indiquer, un Rongeur pourvu de mains.

C'est pour éviter cet inconvénient que Blainville a composé beaucoup plus tard les noms de *Myspithecus* ou *Myslemur* par lesquels il exprime les doubles affinités que montre l'Aye-Aye, d'une part, avec les Quadrumanes, en particulier avec les Lémuridés, et, d'autre part, avec les Rongeurs ; mais Blainville n'a fait que très-rarement usage de ce mot, et lui, aussi bien que Geoffroy-Saint-Hilaire, se sont habituellement servi dans leurs ouvrages du terme employé par Cuvier.

La différence d'opinions que Gmelin et Schreber avaient eue au sujet des affinités de l'Aye-Aye se retrouve chez les naturalistes plus récents.

E. Geoffroy, ainsi que G. et F. Cuvier, d'une part, et, d'autre part, de Blainville, et après lui, M. Is. Geoffroy, ont surtout pris part à ce débat, les premiers ayant continué à rapporter l'Aye-Aye à l'ordre des Rongeurs, et les deux derniers, au contraire, le rapprochant des Lémuridés, dans l'ordre des Quadrumanes ou Primates.

Aux divers caractères propres à l'Aye-Aye que nous avons déjà indiqués, il faut en ajouter plusieurs autres. Tels sont : la position terminale des narines ; l'absence de fissure verticale au milieu de la lèvre supérieure ; l'ampleur des conques auditives, qui sont fort minces et ouvertes en avant ; la position des yeux, beaucoup moins latérale que chez les Rongeurs ; deux mamelles seulement, placées à la région inguinale ; la nature du pelage composé de deux sortes de poils, les uns soyeux, quoique rudes, longs et lisses, les autres laineux et fournissant une sorte de bourre à la base des premiers ; enfin la disposition touffue, mais non distique, des poils de la queue. Quant aux membres, au crâne et aux dents, ils méritent que nous nous y arrêtions davantage.

Les membres antérieurs ont cinq doigts, comme les postérieurs, mais la forme en est assez différente. Le radius et le cubitus sont distincts dans toute leur longueur, et leur forme rappelle celle des mêmes os chez les Quadrumanes. Le carpe montre aussi, entre ses deux rangées, l'os intermédiaire que présentent la plupart des Animaux du même ordre, mais que l'on retrouve dans plusieurs autres groupes. Les doigts sont allongés,

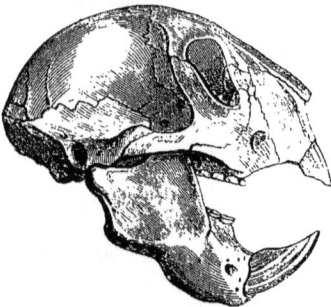
CRANE DE CHEIROMYS ADULTE, grand. nat.

MAIN ANTÉR. DE CHEIROMYS, 1/2 de grand.

principalement l'annulaire; le médius, après lui le plus long, est remarquable par son extrême gracilité; l'annulaire dépasse un peu l'index, et le pouce, quoique écarté, n'est pas réellement opposable. Au contraire, celui des membres postérieurs l'est complétement, et, comme chez les Lémuridés, mais à un moindre degré, le second orteil a son ongle plus effilé que celui des autres doigts et subulé. Un des principaux caractères du crâne consiste dans l'état complet du cercle orbitaire, et ce caractère, joint à plusieurs de ceux que présente la même partie du squelette, aurait dû paraître plus que suffisant pour faire ranger l'Aye-Aye parmi les Quadrumanes. La considération des membres ne laissait non plus aucun doute à cet égard, car elle indiquait des affinités plus grandes avec les Lémuridés qu'avec aucun autre groupe de la classe des Mammifères.

Toutefois, un caractère que nous n'avons encore fait qu'indiquer, celui de la dentition, fit méconnaître la valeur de tous les autres. L'Aye-Aye est dépourvu de canines, et, semblable aux Rongeurs, il présente en avant, supérieurement et inférieurement, une paire de fortes incisives, séparées des molaires par un espace vide comme celui qu'on nomme la barre chez ces Animaux. Ses molaires elles-mêmes ont quelque chose de celles des Rongeurs, surtout dans leur nombre. On en compte quatre paires en haut et trois en bas, toutes à couronne mousse et comparables, jusqu'à un certain point, à celles des Écureuils proprement dits; elles ont cependant aussi quelque chose de celles de certains Cébiens.

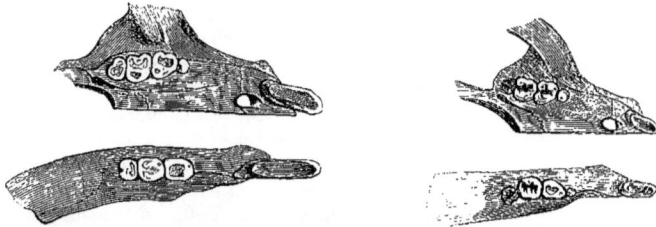

DENTS DU CHEIROMYS ADULTE, grand. nat.   DENTS DU CHEIROMYS JEUNE, grand. nat.

De Blainville, qui avait rédigé, en 1816, un mémoire très-détaillé sur l'Aye-Aye, mémoire qu'il a publié dans le grand ouvrage qu'il publiait sous le titre d'*Ostéographie*, lorsque la mort est venue le surprendre, a donné, au sujet de quelques pièces ostéologiques alors connues de ce Mammifère, des renseignements auxquels nous renverrons.

L'Aye-Aye que le Muséum doit à M. de Lastelle est moins âgé que celui de Sonnerat, et il en diffère à quelques égards par sa coloration. Sa face et sa gorge sont d'une nuance plus claire, et le fond de son pelage est brun au lieu d'être roux. Les poils soyeux sont plus nombreux, et leur couleur blanchâtre détermine sur le dos une espèce de glacé qu'on ne retrouve pas sur l'autre exemplaire. Il n'a pas non plus le même nombre de dents, ce qui tient aussi à la différence d'âge. Sa mâchoire supérieure n'a encore que trois paires de molaires, mais on voit en arrière le trou alvéolaire par où sortira la quatrième. La première de ces dents est petite, comme chez l'adulte; les deux autres sont bimamelonnées près leur bord externe, ce qui tient au degré moins avancé de leur usure; les inférieures sont aussi au nombre de trois, comme chez l'adulte, mais avec cette différence que la première est fort petite, à peine égale à la première d'en haut, tandis que chez l'adulte la dent antérieure et la suivante sont plus grosses que la troisième. Cette première dent du jeune Aye-Aye est une dent caduque, peut-être une dent de lait, et l'on voit en arrière des deux grosses dents molaires qui la suivent un trou par lequel sortira une autre dent, qui sera la dernière de la série. Ce jeune Aye-Aye a trois décimètres et demi pour le corps et la tête; l'adulte mesure près de cinq décimètres sans la queue, qui est à peu près aussi longue.

On n'a pas obtenu de nouveaux documents sur les mœurs de l'Aye-Aye, et tout ce que l'on a dit jusqu'à ce jour sur les usages auxquels il emploie ses longs doigts antérieurs n'est pas du tout certain. On doit aussi douter que son régime, à l'état libre, soit purement insectivore, ainsi qu'on l'a affirmé; ses dents molaires sont plus plates que ne le sont celles des Animaux qui mangent habituellement des insectes, et ses grandes incisives doivent faire supposer qu'il a plus d'analogie dans sa manière de vivre avec les frugivores.

FAMILLE DES GALÉOPITHÉCIDÉS

Cette famille est formée par le seul genre des *Galéopithèques*, qui ne comprend qu'un petit nombre d'espèces.

Ses principaux traits distinctifs résident dans la disposition pectiniforme des incisives inférieures, dans l'état incomplet du cercle osseux de l'orbite, dans la présence de deux mamelles de chaque côté de la poitrine, dans la forme comprimée des ongles, dans l'impossibilité où se trouve le pouce, même aux pattes de derrière, d'être opposé aux autres doigts, et enfin dans la présence, de chaque côté du corps, depuis l'épaule jusqu'à l'extrémité de la queue, d'une membrane servant de parachute, et dont les Galéopithèques peuvent s'aider pour franchir, en volant, des distances assez considérables. Ce sont là autant de particularités importantes et sur lesquelles nous allons revenir avec plus de détails en parlant des espèces, d'ailleurs peu nombreuses, que l'on connaît parmi ces Animaux.

GENRE GALÉOPITHÈQUE (*Galeopithecus*, Pallas). Tous les Primates que nous avons étudiés précédemment ont le pouce des pieds de derrière opposable aux autres doigts, quelle que soit, d'ailleurs, la conformation de leurs membres antérieurs; les Galéopithèques manquent seuls de ce caractère. Chez eux tous les doigts sont dirigés dans le même sens, et le pouce n'est écarté des autres à aucune des extrémités. Ces doigts sont assez longs; mais ils sont réunis par une membrane; ils ont en outre leurs dernières phalanges très-comprimées et garnies d'ongles arqués et crochus qui servent admirablement à ces Animaux pour monter le long des arbres.

Les Galéopithèques sont, en effet, des Animaux essentiellement grimpeurs; ils joignent à cette propriété celle de pouvoir s'élancer à d'assez grandes distances et de se maintenir en l'air, à la manière des Écureuils-Volants, des Anomalures et des Pétauristes. Ils doivent cette aptitude à une membrane qui s'étend sur les côtés de leur corps depuis le cou jusqu'à

l'extrémité de la queue, et qui est mise en mouvement par les membres à la manière d'un parachute. Cette membrane aliforme s'arrête aux poignets et aux chevilles, mais une véritable palmature s'étend aussi entre les doigts, qui ressemblent plutôt, par leur forme, à ceux des pieds de derrière des Chauve-Souris qu'à ceux des antérieurs de ces dernières. La membrane aliforme est velue sur toute son étendue; entre les membres postérieurs, elle a une forme anguleuse, le sommet

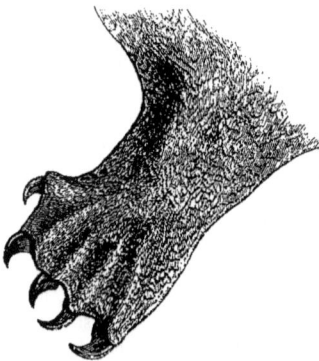

PIED DE DERRIÈRE DU GALÉOPITHÈQUE,
4/5 de grand.

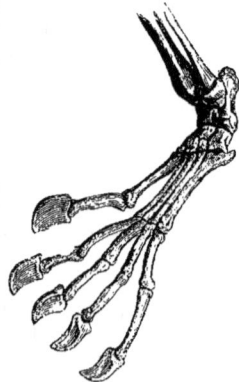

OS DU PIED DE DERRIÈRE
DU GALÉOPITHÈQUE, 4/5 de grand.

de l'angle étant soutenu par l'extrémité de la queue. Lorsque ces Animaux volent, ils étendent leurs membranes et ils offrent ainsi à l'air une forte résistance; leur queue est à peu près aussi longue que le tronc.

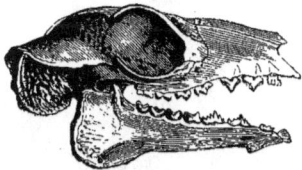

CRÂNE DU GALÉOPITHÈQUE, 3/5 de grand.

Leurs poils sont doux au toucher; la tête est assez large, médiocrement allongée et un peu aplatie; les yeux ne sont pas aussi gros que chez les Lémuridés essentiellement nocturnes, et ils sont plus latéraux. Le crâne diffère de celui de tous les autres genres du même ordre par l'état incomplet du cercle orbitaire. Il y a deux paires de mamelles de chaque côté de la poitrine. Chaque paire est très-rapprochée, et les deux mamelons qui la font reconnaître sont situés sur le même niveau. Les organes extérieurs de la reproduction ont la même apparence extérieure que ceux des Singes et des Lémuridés. La femelle a lutérus simple et pyriforme; elle ne fait qu'un seul petit à chaque portée. Elle le tient appliqué contre sa poitrine ou son ventre, et lorsqu'elle est en repos et accrochée à quelque branche, les membranes, en s'étendant de chaque côté du corps de la mère, font que le jeune Galéopithèque se trouve comme placé dans un hamac.

Le système dentaire de ces Animaux est remarquable à plusieurs égards : les incisives supérieures sont au nombre de deux paires, comme chez la plupart des Lémuridés; mais elles sont plus écartées entre elles sur la ligne médiane et plus égales. Celles de la deuxième paire ont deux racines, ce qu'on ne voit dans aucun autre Animal.

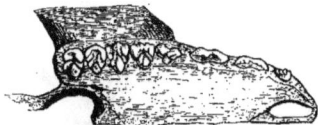

DENTS DU GALÉOPITHÈQUE, grand. nat.

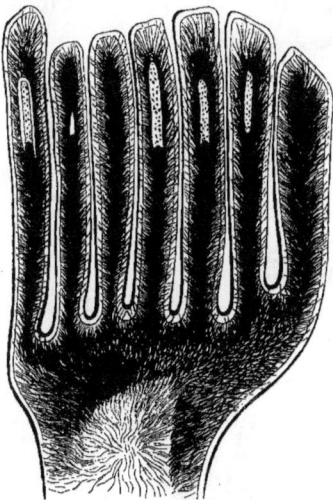

COUPE VERTICALE D'UNE INCISIVE DE GALÉOPITHÈQUE, grossie 15 fois, d'après M. Owen.

La dent qui vient après, et que l'on ne peut prendre que pour une canine, est plus longue d'avant en arrière qu'elle n'est haute, et elle a aussi deux racines, tandis que les dents canines de presque tous les autres Mammifères n'en ont qu'une seule; de même que la seconde dent incisive, elle ressemble à une fausse molaire.

Après elle, on voit, de chaque côté, cinq molaires véritables, lesquelles tiennent au moins autant par leur forme de celles de certains insectivores que de celles des Primates les plus herbivores. Elles sont fixées aux maxillaires par trois racines chacune.

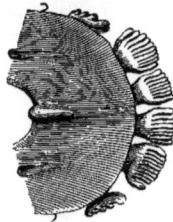

DENTS INFÉR. DU GALÉOPITHÈQUE 2/1

A la mâchoire inférieure, il y a aussi cinq de ces dents molaires de chaque côté; mais celle qui les précède a une apparence plus caniniforme que sa correspondante supérieure, et on

1re Partie, page 178.

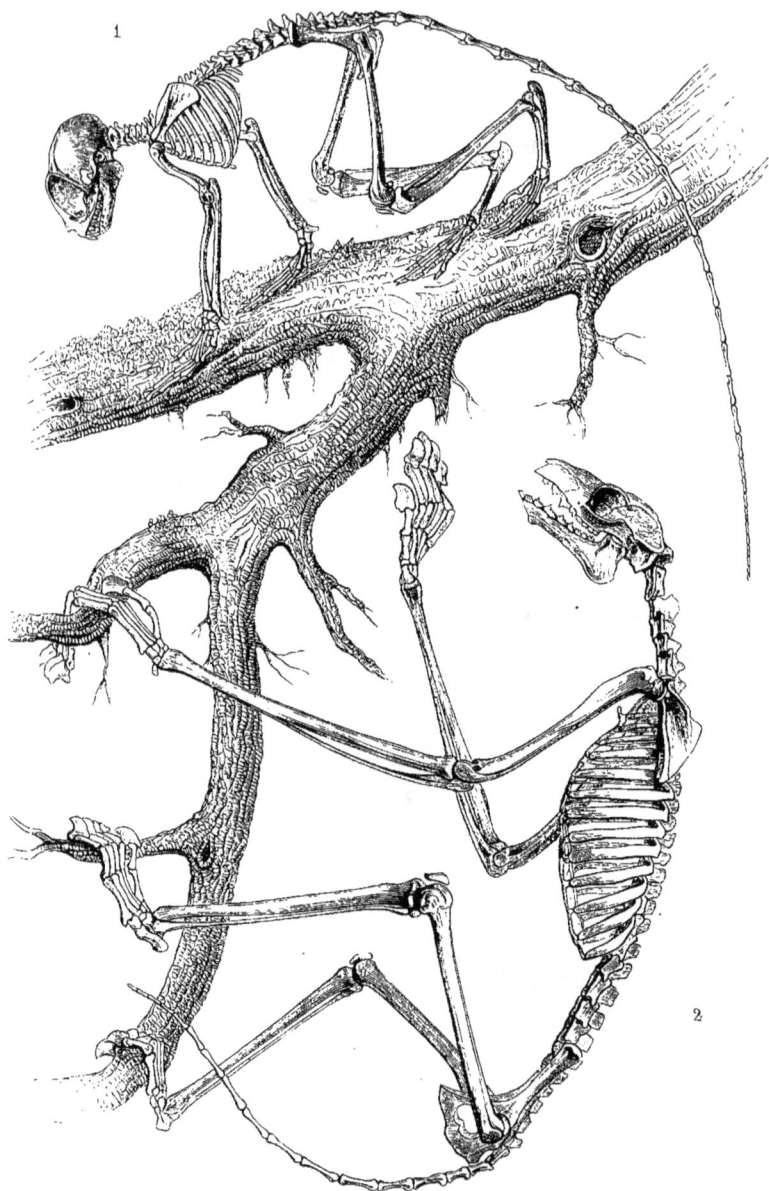

1. TARSIER (Lemur spectrum), 1/2 de grandeur.
2. GALÉOPITHÈQUE (Galeopithecus), 1/5 de grandeur.

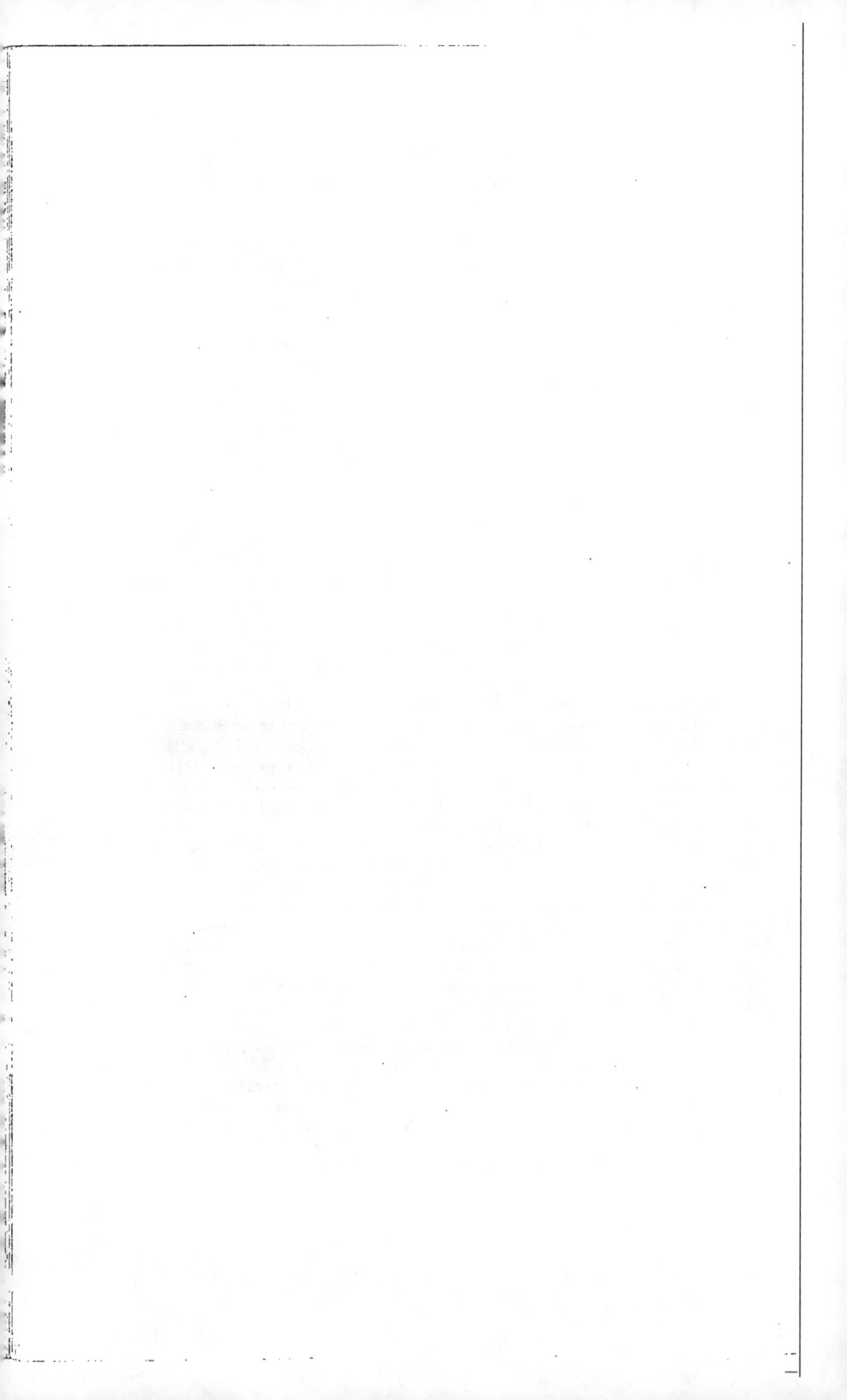

voit, plus en avant, trois paires d'incisives proclives. Celles-ci sont très-singulières par l'apparence denticulée de leur couronne, et, sur les deux premières, les denticules sont si élevés et si bien fendus, que la dent elle-même ressemble à un véritable peigne.

Les Galéopithèques n'existent que dans les îles de l'Inde; ils vivent dans les forêts, sont très-agiles, même lorsqu'ils sont à terre, et ils courent facilement. Leur mode de progression a quelque chose de celui des Chats, et leurs ongles leur permettent de s'accrocher aux arbres encore plus solidement que ne le font ces Animaux. Dans la marche, leurs membranes pendent à la manière de celles des Écureuils-Volants. Lorsqu'ils veulent passer d'un arbre à un autre, ils les étendent comme le font aussi les Chauve-Souris et les Rongeurs volants; ils s'élancent alors comme un trait, et l'on assure que la distance qu'ils peuvent ainsi parcourir est d'une centaine de mètres. Ce sont des Animaux nocturnes, et, jusqu'à un certain point, omnivores. Quelques auteurs disent qu'ils mangent des feuilles; d'autres assurent qu'ils préfèrent les fruits; tous ajoutent qu'ils aiment beaucoup les Insectes, et l'on a constaté qu'ils prennent souvent aussi de petits Oiseaux pour les dévorer. Leur intelligence est bornée et leur caractère sauvage; ils griffent fortement lorsqu'on les inquiète ou qu'on veut les saisir.

La science doit la connaissance de ces Animaux aux voyageurs hollandais du XVIIᵉ siècle, et il en est question dans Bontius, en même temps que de l'Orang-Outan. Camelli, missionnaire et botaniste morave de la même époque, dont Linné a donné le nom au *Camélia*, les nomme Chat-Singes volants, en latin *Galeopithecus*. Cette dénomination rend assez bien compte de leurs principaux caractères, et Pallas s'en est plus tard servi lorsqu'il a de nouveau décrit le genre de ces Quadrupèdes dans les Actes de l'Académie de Saint-Pétersbourg.

Buffon a omis d'en parler, et les naturalistes qui s'en sont occupés après Pallas ont hésité sur la place que ces Mammifères doivent occuper dans la méthode. Les Linnéens en ont fait une espèce de Lémuridés, sous le nom de *Lemur volans*, qui veut dire *Maki-Volant*. G. Cuvier, revenant à l'opinion de Bontius, qui les appelait *Vespertilio admirabilis*, les a classés parmi les Cheiroptères, quoiqu'ils n'aient, en réalité, ni les dents, ni les longs doigts antérieurs, ni la forme de crâne, ni la plupart des caractères qui distinguent les Mammifères de cet ordre, et qu'ils ressemblent aux Insectivores par plusieurs de leurs caractères.

C'est à l'opinion des Linnéens que la plupart des zoologistes se rangent aujourd'hui, et de Blainville a fait ressortir, dans son *Ostéographie des Lémurs*, les principaux caractères par lesquels les Galéopithèques se rapprochent des espèces de ce groupe. Toutefois, on doit les placer après toutes les autres, et les considérer comme étant, par rapport aux véritables Primates, dans un état d'infériorité analogue à celui des Ouistitis comparés au reste des Singes. Il est également convenable d'en faire une famille à part, quoique leurs espèces ne soient qu'en très-petit nombre et qu'elles ne constituent qu'un seul genre.

On avait, depuis assez longtemps, soupçonné l'existence de différentes espèces dans le genre des Galéopithèques, mais celles que l'on avait d'abord distinguées ne reposaient pas sur des caractères suffisants, et elles n'étaient guère fondées que sur des particularités d'âge ou de couleurs. Tel était, en particulier, le *Galéopithèque varié* d'E. Geoffroy, que l'on regarde maintenant comme étant le jeune du Galéopithèque ordinaire. Celui-ci a encore reçu plusieurs autres noms. Ainsi, Geoffroy et Desmarest ont établi à ses dépens deux autres espèces, sous les noms de *Galeopithèque roux* et *marbré*; mais de nouvelles recherches paraissent avoir démontré que ces prétendues espèces n'existent pas non plus, et l'on suppose qu'il faut en dire autant du *Galéopithèque de Ternate*, établi d'après Séba.

C'est à cette première espèce qu'il faudrait rendre le nom de GALÉOPITHÈQUE VOLANT (*Galeopithecus volans*). Plusieurs auteurs l'appellent cependant *Galéopithèque varié*, à cause du mode de coloration de son pelage, ou encore *Galéopithèque de Temminck*, en l'honneur du savant directeur du musée de Leyde qui a beaucoup contribué par ses recherches à en débrouiller la synonymie. On trouve ce Galéopithèque à Java, à Sumatra et à Bornéo.

GALÉOPITHÈQUE VOLANT, 1/8 de grand.

Il est gris foncé ou noirâtre en dessus, avec des mouchetures blanches, et comme jaspé ; le dessous de son corps et de sa membrane est gris fauve ; enfin ses pattes sont noirâtres et un peu pointillées de blanc. Sa longueur totale approche de cinq décimètres ; son crâne est plus long et plus fort que dans l'espèce suivante, et ses dents antérieures sont plus festonnées.

Le GALÉOPITHÈQUE DES PHILIPPINES (*Galeopithecus philippinensis*, Waterhouse) a aussi les couleurs assez variables ; quelquefois il est brun noir en dessus et simplement brun en dessous, avec quelques ponctuations irrégulières et blanchâtres sur la face supérieure ; d'autres fois il a le dessous gris varié de blanc et de noir, et le dessous blanc lavé de brun. Sa taille est moindre que celle du vrai Galéopithèque volant, mais il a, d'ailleurs, la même aptitude pour le vol, les mêmes allures et les mêmes appétits ; sa longueur totale n'est que de quatre décimètres et demi ; sa tête est moins longue que dans le Galéopithèque ordinaire et son palais plus large ; ses dents montrent aussi quelques différences.

M. de Blainville indique, d'après M. Temminck, une autre espèce, le GALÉOPITHÈQUE A GRANDE QUEUE (*Galeopithecus macrurus*). Celui-ci, qu'on ne connaît encore qu'imparfaitement, n'a que trois vertèbres sacrées au lieu de six ; mais sa queue serait plus longue et composée de vingt et une vertèbres, tandis que celle des autres n'en a que seize ou dix-sept. Il a le même nombre de côtes, c'est-à-dire treize, mais elles sont moins larges ; son omoplate est plus grande et plus arrondie, son humérus moins long proportionnellement, l'avant-bras et la jambe un peu différents et les doigts plus longs ; ce qui indique une espèce moins aérienne et plus voisine des Makis. On le suppose propre à l'île de Ceylan.

Contrairement à ce que nous avons dit plus haut au sujet de la réunion des Galéopithèques volant, varié, marbré et de Ternate, de Blainville croyait à la possibilité d'y reconnaître deux espèces, d'après la forme des dents antérieures, et il a engagé les naturalistes à vérifier si ces différences ne concorderaient pas avec d'autres caractères. Il y aurait alors quatre espèces parmi ces Animaux, mais aucune observation nouvelle n'a confirmé l'opinion de Blainville.

Nous terminerons ce chapitre en rappelant qu'il n'est pas certain qu'il existe des Galéopithèques sur le continent indien, quoique l'on ait affirmé qu'il y en avait jusqu'en Chine.

J.GAUCHARC.sc.

ORDRE DES CHEIROPTÈRES

Animaux mammifères pourvus de quatre extrémités onguiculées, propres à la marche, pouvant également servir au vol par suite de la conformation exceptionnelle que présentent les mains antérieures qui ont quatre de leurs doigts fort longs et soutendant une membrane qui se continue sur les flancs et, plus ou moins largement, entre les membres postérieurs; pouce des membres antérieurs écarté des autres doigts; trois sortes de dents; deux mamelles pectorales; organes de la reproduction conformés comme ceux des Primates. Les Cheiroptères, que l'on nomme habituellement Chauve-Souris, *sont des Animaux crépusculaires, qui vivent d'Insectes ou de fruits. Ce sont, de tous les Mammifères, ceux qui sont le mieux disposés pour s'élever dans les airs, et ils peuvent voler à la manière des Oiseaux.*

L'incertitude que les anciens ont eue sur la nature véritable des Chauve-Souris, et que les modernes ont quelquefois partagée, cesse promptement dès que l'on examine avec quelque attention la structure anatomique de ces Animaux ou simplement leurs caractères extérieurs

1re PARTIE.   23*

Tous les organes des Chauve-Souris sont disposés comme ceux des Mammifères, et leurs principaux actes vitaux s'exécutent de la même manière : respiration, circulation, chaleur du sang, structure du cerveau, composition ostéologique, tégument extérieur, organes des sens, reproduction vivipare et placentaire, tout, dans ces Animaux, indique des Mammifères, et même des Mammifères très-peu différents des derniers Primates. Aussi leurs organes reproducteurs sont-ils presque entièrement conformés comme ceux de ces derniers, et ils n'ont habituellement qu'un seul petit à chaque portée. Leurs mamelles sont également au nombre de deux et pectorales, et le pouce de leurs membres antérieurs doit être considéré comme opposable.

Les Chauve-Souris ne sont donc point des Oiseaux, comme on l'a dit quelquefois, et elles ne doivent pas davantage être regardées comme formant un acheminement de la classe des Mammifères vers celle de ces Animaux. Ce sont bien des Mammifères, et elles ne diffèrent pas plus des autres ordres de cette classe que ceux-ci ne diffèrent entre eux. Le nom de *Cheiroptères* qu'on leur a donné signifie *mains-ailées ;* il rappelle la singulière disposition de leurs membres antérieurs, qui sont, en effet, transformés en ailes, quoiqu'ils restent beaucoup plus semblables à ceux des Mammifères qu'à ceux des Oiseaux.

Le canal intestinal des Cheiroptères est court et sans cœcum ; le cerveau de ces Animaux a ses hémisphères lisses, et, par conséquent, dépourvus de circonvolutions.

CERVEAU DE CHAUVE-SOURIS, grand. nat.

La plupart des Cheiroptères dorment ou restent cachés tant que le soleil est à l'horizon, et comme le bruit les incommode non moins que la lumière, ils recherchent pour s'y abriter des lieux qui leur permettent le mieux de se soustraire aux impressions extérieures. Quoique nocturnes, ils ont les yeux petits ; leur tact est délicat, et ils savent se diriger au moyen de ce sens dans les endroits les plus difficiles. On avait même cru que les Chauve-Souris avaient un sens de plus que les autres Animaux, mais il n'y a rien de vrai à cet égard. La délicatesse de leur toucher et la finesse de leur audition suffisent à l'explication des faits observés jusqu'ici. Leur cri est en général fort perçant, et leur oreille est conformée de manière à percevoir des bruits très-faibles et en même temps des sons si aigus qu'ils doivent échapper à la plupart des autres Animaux. Leur organisation est parfaitement appropriée pour le vol ; c'est en vue de ce mode tout spécial de locomotion que leur corps est court et large ; que leur tête est très-rapprochée des épaules ; que leurs membres antérieurs sont mis en mouvement par des muscles puissants, et que quatre de leurs doigts sont très-allongés. C'est aussi pour arriver à ce résultat que les mêmes doigts soutendent une partie de la membrane alaire des Chauve-Souris. Le pli du bras a une portion moins considérable de la même membrane ; une troisième partie va du doigt auriculaire à la jambe en s'attachant à l'avant-bras, au bras et aux flancs ; enfin il y en a une dernière portion entre les membres postérieurs. Celle-ci reçoit le nom de membrane interfémorale ; elle est, en général, soutenue par la queue dans sa partie médiane. C'est celle dont le développement offre le plus de variations dans la série des espèces propres à chaque famille.

Un fait curieux, que les observations de M. Agassiz et les miennes ont mis hors de doute, c'est que la membrane alaire des Chauve-Souris n'existe pas pendant les premières phases de la vie embryonnaire de ces Animaux, et qu'elle ne se développe que quelque temps avant la naissance. En même temps qu'elle se montre, les quatre grands doigts de la main commencent aussi à prendre leur développement définitif, et la transformation qui doit changer le membre antérieur en une véritable aile est facile à suivre dans tous ses détails.

On a encore observé une autre singularité dans le développement de ces Animaux ; c'est l'apparition de leur système dentaire de lait avant la naissance.

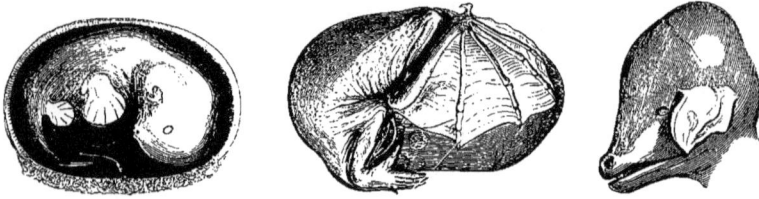

CHAUVE-SOURIS A DIVERS AGES DE LA VIE EMBRYONNAIRE.

Le squelette des Cheiroptères présente, de son côté, plusieurs dispositions dignes d'être signalées. Telles sont l'ossification et la réunion très-précoce des os du crâne ; l'état toujours incomplet du cercle orbitaire ; la saillie plus ou moins grande du sternum, qui simule une sorte de bréchet utilisé pour l'attache des muscles pectoraux, toujours très-puissants ; le grand développement des clavicules ; la gracilité du cubitus, ou même sa disparition plus ou moins complète à mesure que le développement s'opère ; la présence d'une petite rotule cubitale placée au-dessus de la saillie olécrânienne ; la grande mobilité de la symphyse pubienne chez les femelles, etc.

STERNUM DE ROUSSETTE, grand. nat.

Les pieds de derrière ont des ongles crochus qui servent aux Chauve-Souris pour s'accrocher et se suspendre. Le pouce des membres antérieurs sert également au même usage ; en général, c'est le seul doigt de leurs mains qui ait un ongle. Il faut cependant faire une exception pour les Roussettes, qui, sauf la Céphalote, ont encore un ongle au doigt indicateur. Les doigts allongés présentent quelques variations dans le nombre de leurs phalanges, suivant les genres chez lesquels on les étudie.

Dans les contrées froides ou tempérées, les Chauve-Souris tombent, en hiver, dans un état d'engourdissement qui se prolonge autant que la mauvaise saison. Elles présentent alors les mêmes particularités que les autres Animaux hivernants.

Les nombreuses espèces de Cheiroptères que les naturalistes modernes ont décrites sont répandues sur tous les points du globe ; on n'en connaît cependant que quelques-unes à la Nouvelle-Hollande, et elles sont encore plus rares dans les îles du grand Océan. La répartition géographique de ces Animaux est presque aussi régulière que celle des Primates. Ainsi, les Roussettes manquent à l'Amérique et se trouvent dans les diverses parties de l'ancien continent, la Nouvelle-Hollande comprise (il n'y en a pas en Europe) ; les Rhinolophes et les autres genres de la même famille qu'eux s'observent en Europe, ainsi que dans les pays où il y a des Roussettes ; les Phyllostomes et divers genres plus ou moins analogues sont uniquement Américains, et l'on a constaté l'ancienne existence de quelques espèces de la même famille dans les contrées où vivent ses représentants actuels. C'est ce qui résulte des observations faites par M. Lund au sujet des Mammifères fossiles du Brésil. Au contraire, d'autres genres ont des représentants sur tous les points du globe ; tels sont ceux des Molosses et des Vespertilions qui fournissent des espèces à l'Amérique aussi bien qu'à l'ancien continent. Le grand genre des Vespertilions est surtout remarquable par la dispersion des espèces qui lui appartiennent ; mais il faut remarquer que ces espèces sont aussi les derniers des Cheiroptères, et que, dès lors, il est moins singulier de voir coïncider la localisation moins restreinte de leur habitat sur le globe avec l'incontestable infériorité de leur organisation.

C'est également à la tribu de Vespertilions qu'appartiennent les Cheiroptères connus dans les formations géologiques les plus anciennes. Quelques ossements indiquant des Animaux de cet ordre que l'on a recueillis dans les terrains miocènes de l'Europe, et particulièrement en France ainsi qu'en Allemagne, sont bien certainement des Vespertilions, et il en est de même du Cheiroptère que G. Cuvier et de Blainville ont décrit d'après une portion notable de squelette découverte dans les plâtrières de Montmartre, près Paris, avec des os de Paleothériums et d'Anoplothériums.

Quoique les Cheiroptères aient tous une grande ressemblance apparente entre eux, on peut très-aisément les différencier les uns des autres, si l'on tient compte des caractères qu'ils présentent dans la disposition de leurs doigts et de leurs membranes, dans la forme de leurs organes des sens, dans la longueur et la disposition de leur queue, et surtout dans la manière dont leurs dents sont disposées. Ils présentent à cet égard des différences considérables, et c'est en les étudiant sous ces divers rapports que Daubenton avait pu en caractériser très-nettement seize espèces dès l'année 1769. Depuis lors ils ont été étudiés avec beaucoup de soin par les naturalistes; nous citerons, parmi ceux qui ont fourni les meilleurs renseignements à leur égard, Pallas, E. Geoffroy, de Blainville, ainsi que MM. Temminck, Gray et Is. Geoffroy.

Nous partagerons les Cheiroptères en quatre groupes que l'on peut regarder comme autant de familles ; ce sont les *Ptéropodés* ou Roussettes, les *Phyllostomidés*, les *Rhinolophidés* et les *Vespertilionidés*.

FAMILLE des PTÉROPODÉS

Les premiers des Cheiroptères, c'est-à-dire les plus élevés en organisation, et ceux qui se rapprochent davantage des Primates, sont incontestablement les Roussettes. Ils jouissent, comme toutes les Chauve-Souris, de la possibilité de voler, mais ils peuvent être distingués, au moyen de plusieurs particularités importantes, de toutes les autres espèces du même ordre. Brisson en avait déjà fait un groupe à part sous le nom de *Pteropus*, et, lorsqu'on en a connu un plus grand nombre d'espèces, on a été conduit à les partager en différents genres. Le nom de Roussettes, celui de *Ptéropodés* et quelques autres ont été choisis pour désigner l'ensemble de ce groupe de Cheiroptères.

GENRE ROUSSETTE (*Pteropus*, Brisson). Ce genre et les divisions qu'on a établies à ses dépens comprennent un nombre assez considérable d'espèces de Cheiroptères qui sont, en général, beaucoup plus grandes que toutes les autres, ont un régime frugivore, et dont les dents molaires sont inégales entre elles et toujours simples ou simplement tuberculeuses à leur couronne. Le nombre de ces organes varie dans la série des espèces, et il n'est pas toujours le même à tous les âges dans une même espèce. Il y a une paire de canines à chaque mâchoire, et les incisives sont le plus souvent au nombre de deux paires, supérieurement et inférieurement; elles sont verticales, petites et plus ou moins distantes entre elles.

Le cercle osseux de l'orbite n'est complet chez aucun Ptéropien; mais il y a toujours une forte apophyse postorbitaire au frontal, et souvent une apophyse postorbitaire saillante à l'os zygomatique.

Tous les Animaux de cette famille ont la partie interfémorale de la membrane aliforme rudimentaire, et souvent ils manquent de queue. Ceux que l'on connaît sont tous de l'Afrique, de l'Asie méridionale, des îles de l'Inde et de plusieurs archipels de grand Océan, soit au Japon, soit dans la Micronésie et la Polynésie; il y en a aussi à la Nouvelle-Hollande et à Van-Diemen. Les îles Mascaraignes, Madagascar et une grande partie de l'Afrique en nourrissent. L'Europe n'en possède pas, même à l'état fossile. C'est dans l'archipel indien que les Roussettes sont le plus nombreuses en individus et même en espèces. Ces Chauve-Souris peuvent atteindre une grande taille; et certaines d'entre elles n'ont pas moins d'un mètre ou même d'un mètre et demi d'envergure.

Aucune espèce de Ptéropodés n'est redoutable autrement que par les dégâts que ces Animaux occasionnent dans les plantations, dont ils enlèvent les fruits pour s'en nourrir. Ils dorment le jour, et sortent principalement le soir. Cependant quelques-uns volent également bien à la clarté du soleil et dans une demi-obscurité. Quand les Roussettes veulent se reposer, elles rentrent dans les forêts, et s'accrochent aux arbres par leurs pattes de derrière; elles se retirent aussi pendant le jour dans les creux des rochers, dans des cavernes ou dans les monuments abandonnés.

Dans beaucoup de localités, on mange la chair de ces Animaux; mais il faut avoir soin de les dépouiller avec propreté, parce que leur urine a une forte odeur musquée dont leurs poils sont habituellement imprégnés. Il est difficile de les conserver longtemps vivants en captivité. On y a cependant réussi quelquefois, et l'on en a même amené en Europe, mais en recourant à de grandes précautions. Il faut avoir soin de leur donner des fruits, et ceux du bananier leur plaisent plus que tous les autres.

Un chirurgien français de l'île Maurice, alors île de France, M. Roch, avait autrefois essayé de ramener avec lui un de ces Animaux en Europe; la navigation était alors bien loin d'être aussi rapide qu'elle l'est de nos jours. Après avoir épuisé les bananes et les autres fruits dont il avait fait provision pour nourrir sa Roussette, M. Roche eut recours à des gelées, à des confitures et à des crèmes de riz, puis il essaya des viandes crues et cuites; l'Animal les mâchait, mais il les rejetait presque aussitôt. Plus tard il lui offrit, par amusement plutôt que dans l'espoir de lui fournir un aliment agréable, le corps d'une perruche fraîchement morte; la Roussette l'écorcha et le mangea aussitôt avec avidité; aussi depuis cette époque lui donna-t-on toutes les nichées de Rats que l'on trouvait à bord, les restes de volailles, etc. Enfin, lorsque le bâtiment fut arrivé au port, on put lui donner de nouveau des fruits. Cette Roussette passait toutes les nuits éveillée; elle paraissait alors inquiète et tourmentée du désir de sortir de sa cage; le jour, au contraire, elle restait accrochée par ses pattes de derrière, comme le font les Chauve-Souris communes, et elle cachait sa tête dans ses membranes. Elle avait de l'attachement pour la personne qui la soignait, et l'on a constaté dans d'autres circonstances que les Animaux de cette famille ne sont pas dépourvus d'intelligence.

Les Roussettes les plus rapprochées de nos contrées vivent en Asie Mineure et en Égypte; elles ont sans doute été connues des anciens et elles ont très-probablement donné lieu à la fable des Harpyes et de ces autres êtres sataniques auxquels on attribuait des ailes membraneuses. Toutefois, les renseignements que l'on a possédés à leur égard dans l'antiquité manquent d'exactitude, et il faut regarder comme un conte tout ce que l'on a rapporté au sujet des grandes Chauve-Souris, qui arrêtèrent l'armée d'Alexandre lorsqu'elle s'avança vers l'Inde. Strabon est plus exact lorsqu'il dit qu'il y a dans les environs d'une ville de Babylonie, Borsippa, qui est voisine de la Mésopotamie, des Chauve-Souris plus grandes que les nôtres et qu'elles peuvent servir à la nourriture des Hommes; on sait aussi que Moïse avait mis les

Chauve-Souris au nombre des Animaux impurs, et dont les Israélites ne devaient pas se nourrir. La Bible les nomme *Ataleph*.

FIGURE DE CHAUVE-SOURIS, copiée sur les monuments égyptiens.

On s'est servi du système dentaire, de la forme du crâne, de l'absence ou de la présence de la queue et de quelques autres caractères sujets à varier dans la série des Ptéropodés, pour diviser ces Animaux en différents genres.

1. Nous en commencerons l'énumération par la Roussette édule et par celles qui s'en rapprochent le plus.

La ROUSSETTE ÉDULE (*Pteropus edulis*, Péron et Lesueur) est remarquable par sa grande taille; c'est un Cheiroptère véritablement gigantesque, si on le compare à tous les autres, les individus adultes de cette espèce ayant jusqu'à 0,40 ou 0,45 pour le corps et la tête, et un mètre cinquante centimètres (1,50) d'envergure. Leur tête montre à la fois de l'analogie avec celle d'un Makis et d'un Chien; celle dont nous donnons ici la figure est de grandeur naturelle. Le pelage est noirâtre, avec du roux à la partie postérieure du cou, sur les épaules, au museau et sur la gorge.

ROUSSETTE ÉDULE MALE, grand. nat.

Cette espèce est connue dans plusieurs îles de l'archipel indien; mais on a quelquefois confondu avec elle d'autres Roussettes à peu près de même grandeur. Le Musée de Leyde en possède des exemplaires authentiques expédiés de Java, de Sumatra et de Banca. Elle occasionne des dégâts considérables. Le nom d'*édule* lui vient de ce que l'on mange sa chair, comme aussi celle de plusieurs autres espèces de ce genre. A Java, on l'appelle *Kalong*. Linné ne l'a connue que vaguement, mais elle est une des espèces auxquelles il a fait allusion sous la dénomination de *l'espertilio vampyrus*. M. Temminck, qui a donné à son égard des documents fort exacts, en distingue les espèces suivantes, qui vivent dans le même archipel :

La Roussette funèbre (*Pteropus funereus*, Temminck) est moins grande, à pelage très-foncé, à membranes des ailes plus velues en dessous.

Cette Roussette est de Sumatra, de Bornéo, d'Amboine et de Timor.

La Roussette a face noire (*Pteropus phaiops*) est de Macassar (île Célèbes); son envergure dépasse un mètre; elle a le masque d'un noir profond, tandis que le reste de la tête, le cou et les épaules sont jaune paille; le corps est varié de brun et de jaune; les membranes sont noires.

La Roussette a croupion doré (*Pteropus chrysoproctus*) est d'un roux marron, plus ou moins jaune, avec le croupion de couleur dorée. On l'a observée à Amboine.

La Roussette de Macklot (*Pteropus Mackloti*) est particulière à Timor; son envergure ne dépasse pas un mètre; son pelage est brun, avec le sommet de la tête et la nuque jaune paille, et quelques poils jaune doré sur la poitrine.

La Roussette alecto (*Pteropus alecto*), de Célèbes, est presque aussi grande que l'Édule, mais elle a des formes plus trapues; elle est noire, avec l'encadrement de la face de couleur marron.

La Roussette pale (*Pteropus pallidus*), commune aux îles de Banca et de Sumatra, ainsi qu'à la presqu'île de Malacca, a le pelage mélangé de brun, de gris et de blanchâtre; elle n'atteint pas une aussi grande taille.

La Roussette masquée (*Pteropus personatus*) a du blanc pur et du brun sur la tête. M. Temminck lui assigne pour patrie les îles de Baviaan, de Bocton, de Béroe et de Ternate dans l'archipel des Moluques.

La Roussette grise (*Pteropus griseus*), recueillie à Timor et à Amboine, a la tête et le cou roux clair, avec le reste du pelage gris roussâtre.

Roussette grise, 3/4 de grand.

La Roussette a crinière (*Pteropus jubatus*, Eschscholtz), dont M. Jourdan a fait un genre sous le nom d'*Acerodon*, a cinq molaires supérieures et six inférieures, avec les tubercules de la plupart plus saillants que d'habitude. C'est une grande espèce, propre aux îles Philippines, et en particulier à celle de Luçon.

Quelques îles plus petites et situées plus à l'Est nourrissent aussi des Roussettes voisines de l'Édule. Il y en a, par exemple, aux Mariannes.

Roussette a crinière, 1/3 de grand.

ROUSSETTE DE KÉRAUDREN, 1/2 de grand.

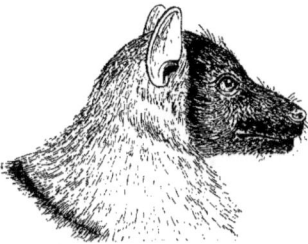

ROUSSETTE DE VANIKORO, 1/2 de grand.

MM. Quoy et Gaimard, qui en ont découvert l'espèce dans ces archipels, l'ont appelée ROUSSETTE DE KÉRAUDREN (*Pteropus Keraudrenii*). Les pauvres habitants de ces localités en sont très-friands; l'île Guam en est la plus fournie.

Une Roussette peu différente a été rapportée des Carolines par MM. Hombrone et Jacquinot. C'est leur *Pteropus insularis*.

On rencontre, plus au Sud, dans la Polynésie, une espèce non moins remarquable sous le rapport géographique, c'est la ROUSSETTE DE TONGA (*Pteropus tonganus*) de l'archipel des Amis. Elle a un mètre d'envergure; sa couleur est brun roussâtre, plus claire en dessus qu'en dessous.

Une autre encore est de l'île Vanikoro, au nord des Nouvelles-Hébrides; c'est la ROUSSETTE DE VANIKORO (*Pteropus Vanikorensis*), également due aux recherches de MM. Quoy et Gaimard. Elle a le crâne moins long que celui de presque toutes les Roussettes précédentes, et elle est pourvue, comme la Roussette à crinière, de cinq paires de molaires supérieures et de six inférieures.

Deux autres Roussettes sont particulières à l'archipel du Japon : l'une qui est spéciale aux îles Bonin, a été nommée ROUSSETTE A PIEDS VELUS (*Pteropus ursinus*), par le naturaliste russe Kittlitz; sa taille est considérable.

L'autre, également assez grande, est la ROUSSETTE LAINEUSE (*Pteropus dasymallus*, Temminck), à pelage très-laineux, généralement brun mélangé de jaune; elle est du Japon même, où elle reçoit le nom de *Sabaosiki*.

Les Roussettes du continent australasien appartiennent aussi à la catégorie des Roussettes proprement dites.

On n'a d'abord connu parmi elles que la ROUSSETTE A TÊTE CENDRÉE (*Pteropus polyocephalus*, Temm.) Elle est particulière à la Terre de Diémen.

M. Gould en ajoute une autre dans ses *Mammals of Australia*, sous le nom de *Pteropus conspicillatus*.

Enfin, il y a des Roussettes sans queue, et plus ou moins analogues aux précédentes, à Madagascar et dans les îles qui en dépendent, dans l'Inde continentale et même en Afrique. Celle de Madagascar vit aussi à Bourbon, mais il est probable qu'on la donne à tort comme retrouvant à Calcutta, à Pondichéry, à Bombay, etc.

Au contraire, c'est certainement de l'Inde que vient la ROUSSETTE DE DUSSUMIER (*Pteropus Dussumieri*, Is. Geoffroy).

La ROUSSETTE D'EDWARDS (*Pteropus Edwardsii*, E. Geoffroy) est de l'Inde continentale.

La ROUSSETTE A COU ROUGE (*Pteropus rubricollis*, Brisson) est celle que Daubenton a décrite sous le nom de *Roussette*, et que Brisson avait antérieurement nommée *Roussette à cou rouge*. Elle est de moitié moins grande que la Roussette édule ; son pelage est brun avec un large collier roussâtre ou doré.

M. Temminck en distingue la ROUSSETTE VULGAIRE (*Pteropus vulgaris*) ou la vraie *Roussette* de Brisson et de Buffon. Elle est de l'île de France et de Bourbon, peut-être aussi de Madagascar; elle a la taille de la précédente, et vole souvent avec elle lorsqu'elle

ROUSSE

ROUSSE

Bonin, a
russe Ki

L'autr
Temmin
même, (

Les R
propreme

On n'.
polyocep

M. Go
conspicil.

Enfin,
Madagas
Celle de
retrouva

Au co
ropus Du

La R
nentale.

La R
a décrite
cou roug
avec un

M. T
Rousselle
aussi de

ROUSSETTE D'EDWARDS *(Pteropus Edwardsii)*
DE MADAGASCAR

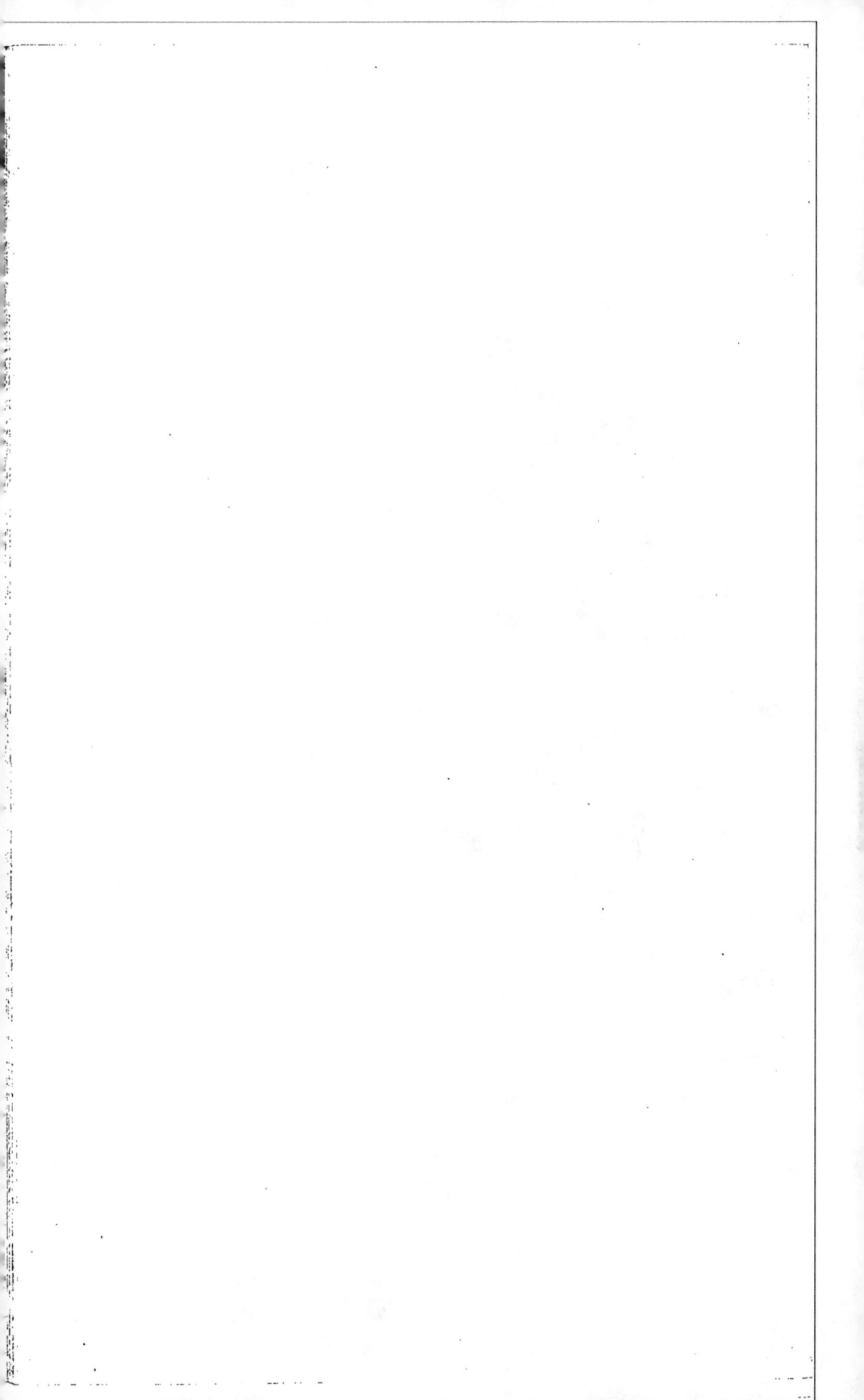

cherche sa nourriture; mais elle établit sa retraite ailleurs : au lieu de se fixer, pour dormir, dans le creux des vieux arbres ou dans les rochers, elle préfère les grands arbres des forêts et se suspend à leurs branches.

ROUSSETTE VULGAIRE, 1/9 de grand.

La ROUSSETTE PAILLÉE (*Pteropus stramineus*, E. Geoffroy) appartient à l'Afrique; elle est du Sénégal et du Sennaar, et non de Timor, comme on l'a dit souvent. M. P. E. Botta l'a rapportée de la seconde de ces contrées. C'est aussi une espèce de taille moyenne, mais à mâchoires assez allongées; elle est fauve châtain, avec la tête, la poitrine, le dos et le dessus des membres bruns; son envergure est d'environ quarante-cinq centimètres.

2. *Tête très-allongée, surtout dans sa partie faciale; dents faibles, courtes, surtout les postérieures; nombre des dents molaires $\frac{6}{6}$; langue longue et exsertile; point de queue.* GENRE MACROGLOSSE (*Macroglossus*, F. Cuvier).

La seule espèce connue est la ROUSSETTE KIODOTE (*Pteropus minimus*, E. Geoffroy), d'abord trouvée à Java par le naturaliste français Leschenault de la Tour, et, depuis lors, dans les îles de Sumatra, Bornéo, Amboine, Banca et Timor, qui, toutes, dépendent de l'archipel indien. C'est la plus petite des espèces de cette famille; son corps n'a que 0,08, et son envergure 0,22. Elle est d'un fauve brun sur le corps, avec quelques places plus claires ou même grises; ses membranes sont fauves; sa langue, remarquable par son allongement, n'a pas moins de deux pouces de longueur dans sa plus grande extension, tandis que la tête n'en a qu'un. Celle-ci a la face étroite et comme allongée en forme de rostre.

DENTS DE MACROGLOSSE, 2/1 de grand.

La Roussette Kiodote, que les Javanais appellent *Lowo-Assu*, est un Animal frugivore, très-redouté dans les plantations, parce qu'il attaque les fruits

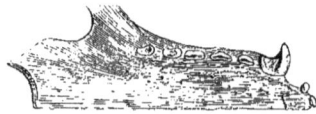

les plus succulents : ceux de l'Eugénia, qui sont remarquables par leur odeur suave, rappelant celle de la rose, lui plaisent plus que tous les autres.

MACROGLOSSE, 1/2 de grand.

3. *Face encore plus allongée; molaires*, $\frac{-}{-}$; *lèvres supérieures tombantes, principalement dans le sexe mâle; des bouquets de poils divergents aux épaules, également dans les mâles; point de queue.* GENRE EPOMOPHORE (*Epomophorus*, Bennett).

Les Roussettes qui présentent ces caractères sont africaines. Quoiqu'on leur ait donné

DENTS D'ÉPOMOPHORE, 2/1 de grand.

plusieurs noms spécifiques, et qu'elles paraissent être, en effet, de plusieurs espèces, il est certain qu'on en a exagéré le nombre en le portant à quatre, savoir : *Pteropus Whiteï*, Bennett; *Pteropus macrocephalus*, O'Gilby; *Pteropus megacephalus*, Swainson; *Pteropus labiatus*, Temminck.

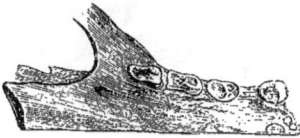

Les trois premières font double emploi entre elles, et il n'est pas même certain que la quatrième soit autre chose qu'une variété locale de la même espèce. Celle-ci a été recueillie dans le Sennaar par M. P. E. Botta, dont les voyages ont rendu des services importants à la zoologie, et qui s'est rendu célèbre par les belles découvertes qu'il a faites depuis lors sur les ruines de l'ancienne Ninive. Les exemplaires, décrits par les trois naturalistes anglais que nous avons cités précédemment, viennent de la côte occidentale d'Afrique, et particulièrement de Gambie. L'envergure de ces Roussettes ne dépasse guère 0,30. M. Peters en cite une autre espèce en Mozambique.

4. *Les molaires sont au nombre de* $\frac{-}{-}$ *dans certaines Roussettes, essentiellement propres à l'Afrique; le crâne est plus long dans sa partie faciale et moins arqué au-dessus du cerveau; le corps se termine aussi par une petite queue.* C'est le GENRE ELEUTHÉRURE (*Eleutherura*, Gray), aussi appelé *Cynonycterus, Xantharpya*, etc.

La Roussette d'Egypte (*Pteropus Ægyptiacus*, E. Geoffroy), qui est une des Xantharpies de M. Gray, vit en Égypte et en Nubie; elle a 0,55 d'envergure, et a le poil gris brun. Elle a très-probablement fourni le modèle des dessins assez exacts de grosses Chauve-Souris laissés par les anciens Égyptiens, et dont plusieurs sont reproduites dans l'ouvrage de Rosellini (*Voy.* pag. 187); la petite queue qui termine le corps, l'absence presque complète de membranes interfémorales que les dessinateurs égyptiens ont eu soin de reproduire, conviennent mieux aux Roussettes d'Égypte qu'à toute autre Cheiroptère. Actuellement, les Animaux de cette espèce sont encore assez communs dans les mêmes lieux, et ils se retirent pour dormir dans les nombreuses ruines qui nous sont restées de l'ancienne civilisation égyptienne;

Dents de la Roussette d'Égypte, 3/1 de grand.

on en trouve jusque dans les chambres des pyramides.

La Roussette hottentotte (*Pteropus hottentotus*, Erachii et collaris) est de l'Afrique australe; ses caractères diffèrent peu de ceux de la précédente.

5. *Diverses autres Roussettes sont également moins grandes que celles que nous avons citées les premières, et elles sont plus trapues; leur tête est plus courte que ne l'est en général la leur, et leurs molaires sont au nombre de $\frac{4}{5}$, c'est-à-dire de quatre paires à la mâchoire supérieure, et de cinq à l'inférieure; elles diffèrent aussi des premiers groupes par la présence d'une petite queue.*

Le premier nom générique qu'on leur ait donné est celui de CYNOPTÈRE (*Cynopterus*, F. Cuvier); elles répondent aussi aux PACHYSOMES (*Pachysoma*. E. Geoffroy).

L'espèce la mieux connue est la ROUSSETTE MARGINÉE (*Pteropus marginatus*, E. Geoffroy), appelée aussi *Pteropus amplexicaudatus*, E. Geoffroy; *Pteropus titthæcheilus*, Temminck, et sans doute aussi de plusieurs autres noms, les auteurs ayant admis dans ce groupe plus d'espèces qu'il n'y en a réellement.

On a constaté la présence de cette Roussette à Java, à Sumatra, à Amboine et à Timor; elle n'a que 0,15 de longueur totale, et 0,55 environ d'envergure. Son pelage est en grande partie roussâtre ou même orangé dans la vieillesse; la femelle est plus grosse que le mâle.

Roussette marginée, 3/4 de grand.

Quelques Roussettes qu'on a rapportées du continent indien se rapprochent sensiblement de celle-là; on ne connaît pas encore assez leurs caractères pour dire s'ils en diffèrent réellement, ce qui est pourtant possible. Il y en a au Bengale et jusqu'à l'Himalaya, dans le Népaul. On leur a aussi donné plusieurs noms spécifiques.

6. *M. Temminck nomme génériquement* MÉGÈRE (*Megera*) *une Roussette de Sumatra, qui a le corps et la tête des Cynoptères ou Pachysomes, et le même nombre de dents que ces Animaux, mais qui manque de queue. C'est sa* MÉGÈRE SANS QUEUE (*Megera ecaudata*).

Nous parlerons en dernier lieu de deux espèces de Roussettes plus remarquables encore.

7. *L'une et l'autre sont pourvues d'une queue rudimentaire, mais elles diffèrent de toutes les autres parce qu'elles n'ont pas les deux paires de dents incisives que celles-ci montrent à chaque mâchoire.*

La première a quelque analogie avec les Pachysomes, mais les membranes qui s'étendent entre ses pattes s'insèrent très-près de la ligne médiane ; et le corps est pour ainsi dire placé au-dessous d'elles; de là vient le nom générique d'HYPODERME (*Hypoderma*) que E. Geoffroy a consacré pour cette espèce.

C'est l'HYPODERME DE PÉRON (*Hypoderma Peronii*) décrit par le même naturaliste d'après un exemplaire que Péron et Lesueur avaient pris à Timor. On l'a retrouvé de nouveau dans la même île, ainsi qu'à Amboine et à Banda. L'Hypoderme de Péron n'a qu'une seule paire d'incisives à chaque mâchoire; l'inférieure très-petite; il montre quatre molaires supérieures et six inférieures; son doigt indicateur manque de l'ongle que présentent tous les autres Ptéropodés ; son envergure approche de 0,80.

HYPODERME DE PÉRON, grand. nat.   HARPYE CÉPHALOTE, grand. nat.

La seconde espèce a servi à l'établissement du GENRE HARPYE (*Harpya* d'Illiger) ; elle est remarquable par sa tête arrondie, par ses narines très-écartées et tubuleuses; son doigt indicateur est pourvu d'un ongle; elle n'a aussi qu'une paire d'incisives supérieures, et elle en manque même tout à fait inférieurement. Ses molaires sont au nombre de ⁴⁄₅.

Il y a une bonne description de cette espèce donnée par Pallas, sous le nom de l'*espertilio cephalotes* ; c'est la HARPYE CÉPHALOTE (*Harpya cephalotes* ou *Cephalotes Pallasii* des ouvrages plus récents). Son envergure est de 0,040. La Céphalote vit à Amboine et à Célèbes.

. . . . .

FAMILLE DES PHYLLOSTOMIDÉS

La famille des Phyllostomes et genres voisins comprend des Chauve-Souris américaines, dont les narines sont percées dans une espèce d'écusson membraneux, à peu près demi-circulaire et surmontées d'une feuille en fer de lance. Ces Animaux ont habituellement deux paires d'incisives à chaque mâchoire; toutefois, le Desmode fait exception sous ce rapport. La grandeur de leur membrane interfémorale est variable; leur queue est courte ou nulle; leurs oreilles ont un petit oreillou crénelé.

Ce sont ces espèces que l'on a nommées *Fers de Lance*, *Vampire*, *Phyllostomes*, etc.; toutes sont de l'Amérique et plus particulièrement des régions chaudes de ce continent. Leur régime est assez varié et leur système dentaire montre suivant les genres des différences importantes. Les unes préfèrent les fruits, d'autres les substances animales; mais lorsque la faim les presse, elles sucent le sang des Animaux mammifères ou des Oiseaux qu'elles trouvent endormis.

Buffon, qui n'a connu qu'un très-petit nombre de ces Cheiroptères, a fait de l'un d'eux (le Vampire, p. 196), un portrait exagéré, et, par suite, peu exact, mais qui indique cependant quelques-unes des particularités qui distinguent ces Cheiroptères de tous les autres, et en font les plus redoutable d'entre eux. « Le Vampire a, dit-il, le museau allongé; il a l'aspect hideux des plus laides Chauves-Souris ; sa tête informe est surmontée de grandes oreilles fort ouvertes et fort droites; il a le nez contrefait, les narines en entonnoir, avec une membrane au-dessus qui s'élève en forme de corne ou de crête pointue, et qui augmente de beaucoup la difformité de la face. »

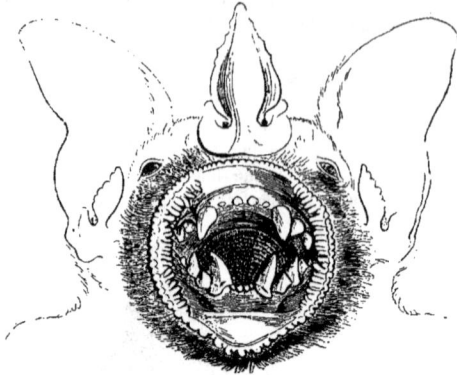

STÉNODERME A LUNETTES (Bouche ouverte), grossi.

Les Phyllostomes et les autres Animaux de la même famille sont fort redoutés par les habitants de l'Amérique, et comme ceux de l'espèce à laquelle le nom de Vampire appartient en propre sont les plus forts et les plus carnassiers, ce sont aussi ceux dont on a le plus souvent parlé. Il en est question dans les premiers écrits relatifs à l'histoire naturelle du Nouveau-Monde. Pierre Martyr rapporte, ce qui est d'ailleurs exact, que ces singulières Chauves-Souris sucent le sang des Hommes et des Animaux pendant qu'ils dorment, et il assure qu'ils les épuisent au point de les faire mourir. Jumilla, don Antonio de Ulloa et d'autres racontent les mêmes faits. La Condamine, qui visita l'Amérique pendant le siècle dernier, pour y faire des observations d'astronomie et de géographie mathématique, rapporte aussi que les Vampires inquiètent l'Homme qu'ils tourmentent, et font même périr les Animaux. Il a constaté que ces Chauves-Souris sucent le sang des Chevaux, des Mulets et même des Hommes, quand on ne s'en garantit pas en dormant à l'abri sous une tente. Il y en a, dit-il, de monstrueuses pour la grosseur, et, en divers endroits, elles détruisirent le gros bétail que les missionnaires espagnols y avaient introduit et qui commençait à s'y multiplier.

Cependant il ne faudrait pas croire que l'action de ces Cheiroptères, quelque méchants qu'ils soient, ait été aussi funeste qu'on le supposerait en lisant ces récits, et l'on trouve la preuve du contraire dans la grande multiplication des Chevaux et des autres Animaux d'origine domestique qui se sont acclimatés dans la plupart des contrées chaudes de l'Amérique. Azara et d'autres observateurs ont donné des détails moins effrayants au sujet des blessures que font certains autres Phyllostomidés. Ce que dit Azara s'applique aux Chauves-Souris du genre Sténoderme, qui ont reçu d'E. Geoffroy le nom de *Stenoderma rotundatum*, mais qui paraissent d'ailleurs être moins redoutables que les Vampires et les vrais Phyllostomes.

« J'en ai vu, dit ce naturaliste, un grand nombre; elles étaient toutes entre elles d'une identité constante, mais elles diffèrent de toutes les autres Chauves-Souris en ce que, posées à terre, elles y courent presque aussi vite qu'un Rat, et en ce qu'elles aiment à sucer le sang. Quelquefois elles mordent les crêtes et les barbes des volailles qui sont endormies et en sucent le sang; d'où il résulte que ces volailles meurent par ce que la gangrène s'engendre dans ces plaies. Elles mordent aussi les Chevaux, les Mulets, les Anes et les bêtes à cornes, d'ordinaire aux fesses, aux épaules ou au cou, par ce qu'elles trouvent, dans ces parties, la faculté de s'attacher à la crinière ou à la queue. Enfin l'Homme n'est point à l'abri de leurs attaques; et, à cet égard, je puis donner un témoignage certain, parce qu'elles ont mordu quatre fois le gros du bout de mes doigts de pieds tandis que je dor-

mais en pleine campagne dans des cases. Les blessures qu'elles me firent sans que je
les eusse senties étaient circulaires ou elliptiques, d'une ligne à une ligne et demie de diamètre, mais si peu profondes qu'elles ne percèrent pas entièrement ma peau, et l'on reconnaissait qu'elles avaient été faites en arrachant une petite bouchée, et non pas en piquant,
comme on pourrait le croire. Outre le sang qu'elles sucèrent, je juge que celui qui coula
pouvait être d'une demi-once (environ quinze grammes) lorsque leur attaque m'en tira le
plus; mais, comme l'épanchement pour les Chevaux et les Bœufs est d'environ trois onces
(près de quatre-vingt-douze grammes) et que le cuir de ces Animaux est très-épais, il est à
croire que les blessures sont plus grandes et plus profondes. Ce sang ne vient ni des veines
ni des artères parce que la blessure ne va pas jusque-là, mais des vaisseaux capillaires de
la peau, d'où les Chauves-Souris le tirent sans doute en suçant ou en léchant. Quoique mes
plaies aient été douloureuses pendant quelques jours, elles furent de si peu d'importance
que je n'y appliquai aucun remède; à cause de cela, à cause que ces blessures sont sans
danger et parce que les Chauves-Souris ne les font que dans les nuits où elles éprouvent une
disette d'autres aliments, nul ne craint ici ces Animaux, et personne ne s'en occupe, quoiqu'on dise d'eux que, pour endormir le sentiment chez leur victime, ils caressent et rafraî-
chissent en battant leurs ailes la partie qu'ils vont mordre et sucer. »

Azara donne quarante-deux centimètres d'envergure à cette espèce de Phyllostomidé. Les
véritables Vampires sont habituellement plus forts et aussi mieux armés, leurs canines étant
bien plus vigoureuses et leurs molaires plus semblables à celles des Carnivores, ce qui indique
des habitudes plus féroces.

Un voyageur qui a visité l'Amérique postérieurement à Azara, M. Tschudi, a eu l'occasion
de voir ces Animaux au Pérou. Il résulte de ses observations que le sang qu'ils tirent n'excède
pas une once ou deux, mais que la plaie continue quelquefois à saigner assez longtemps, et il
dit qu'il n'est pas rare de retrouver le matin les Animaux qui ont été attaqués par les Phyllostomes dans un état assez déplorable et pour ainsi dire baignés de sang. M. Tschudi a
eu l'une de ses Mules blessée par ces Chauves-Souris, et il ne réussit à lui sauver la vie qu'en
lui frottant le dos avec un liniment composé d'eau-de-vie camphrée, de savon et d'une huile
particulière. M. Tschudi rapporte encore le cas d'un Indien ivre qui fut piqué pendant son
sommeil par un Phyllostome. La blessure, petite, et en apparence fort légère, que cette
grosse espèce de Chauve-Souris lui fit à la figure, fut suivie d'une telle inflammation et d'une
telle enflure, que ses traits en devinrent méconnaissables.

La langue des Phyllostomiens est toujours plus ou moins singulière; très-extensible chez
les Glossophages, elle est garnie à sa face supérieure, chez d'autres, et en particulier chez
les Sténodermes et les Phyllostomes, de papilles
qui paraissent destinées à faire l'office de ven-
touses.

Pour rendre plus facile la classification des
espèces assez nombreuses qui composent cette
famille, nous les diviserons en quatre genres,
sous les noms de *Phyllostome*, *Glossophage*,
Sténoderme et *Desmode*, et nous parlerons, à
propos de chacun des trois premiers, de quelques-unes des divisions qui en ont été séparées
par divers auteurs sous des noms différents.

GENRE PHYLLOSTOME (*Phyllostoma*,
E. Geoffroy et G. Cuvier). Ce genre, dont les
espèces ont été pendant quelque temps réunies
aux Sténodermes et même aux Glossophages, a
pour type le *Fer de Lance* de Buffon (*Vespertilio*

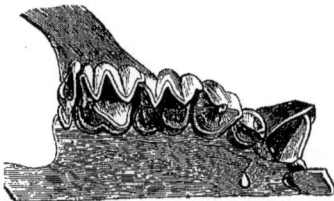

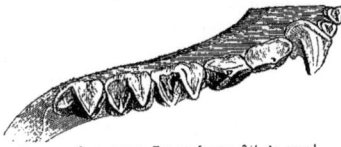

Dents du Phyllostome Fer de Lance, 2/1 de grand

maximus des auteurs du dernier siècle). Cette grosse espèce de Chauve-Souris a des goûts sanguinaires. Ses dents molaires sont au nombre de vingt (cinq paires pour chaque mâchoire). A ce caractère se joint celui de la feuille nasale qui est hastiforme, et dont la partie basilaire est bien développée; la tête est médiocrement allongée; la membrane interfémorale est grande et s'étend comme un voile entre les cuisses et les jambes; il y a un rudiment de queue.

CRANE DU PHYLLOSTOME FER DE LANCE, 1/3 de grand

PHYLLOSTOME FER DE LANCE, grand. nat.

Cette espèce, la mieux connue du genre, est le PHYLLOSTOME FER DE LANCE (*Phyllostoma hastatum*). Elle vit au Pérou, au Brésil et à la Guyane, où on la redoute parce qu'elle attaque fréquemment les Animaux domestiques, et parfois l'Homme lui-même.

On trouve aussi des Animaux fort semblables dans la Colombie; mais l'examen d'un crâne rapporté de la vallée de la Madeleine par M. Roulin me fait regarder comme très-probable qu'ils y sont d'une autre espèce

Pour ne pas multiplier les divisions génériques nous énumérerons, en même temps que les Vampires, d'autres Chauves-Souris à mœurs également carnassières et à dents peu différentes de celles du véritable Phyllostome; de ce nombre est le plus redouté de tous les Phyllostomidés.

Le VAMPIRE SPECTRE (*Phyllostoma spectrum*), type du genre *Vampyrus* de Leach et de M. Gray. Il n'a pas moins de soixante-cinq centimètres d'envergure et il en atteint parfois soixante-dix; son corps et sa tête sont longs de dix-huit centimètres; sa tête est allongée; ses dents sont fortes, principalement les canines, et il a cinq paires de molaires supérieures et six inférieures plus semblables encore à celles des Carnivores que celles des autres Cheiroptères; son pelage est fauve. C'est le *Vampire* de Buffon, également signalé dans la plupart des auteurs plus anciens, tels que Brisson, Seba, etc. On le trouve dans plusieurs parties de l'Amérique méridionale : à la Guyane, au Brésil, etc.

VAMPIRE SPECTRE, grand. nat.

Le LOPHOSTOME SYLVICOLE (*Lophostoma sylvicolum*, d'Orb. et P. Gerv.) est plus petit, mais il a les mêmes mœurs. On le voit dans les grandes forêts qui bordent le pied oriental de la Cordillière bolivienne, au pays des sauvages Yuracarès. Son envergure est de trente-cinq centimètres seulement; ses mâchoires ont cinq paires de molaires supérieurement et inférieurement.

Les deux espèces, que M. Gray appelle *Corallie verruqueuse* et *Corallie brésilienne* paraissent s'éloigner assez
peu des Lophostomes. La seconde répond au *Phyllostoma
brachyotum* du prince de Neu-Wied. Ces Phyllostomidés
sont aussi de moindre taille que les Vampires et que les
Phyllostomes véritables; ils paraissent être un acheminement vers les Glossophages.

GENRE GLOSSOPHAGE (*Glossophaga*, E. Geoffroy). Il comprend des Chauves-Souris à feuille nasale
moins grande que celle des Phyllostomes et des Sténodermes, mais à peu près de même forme; leur tête est
plus allongée; leurs dents sont petites et assez analogues

LOPHOSTOME SYLVICOLE, grand. nat.

pour l'apparence générale à celle des Macroglosses, mais, en réalité, elles sont établies sur
un modèle peu différent de celui des Phyllostomes quoique leurs pointes soient moins rele-
vées. On compte cinq, six ou peut-être même sept paires de molaires supérieures et six
inférieures.

Le principal caractère des Glossophages consiste dans leur langue qui est longue, déliée,
très-extensible et dont la surface est garnie d'un assez grand nombre de poils. Leur nom
signifie *mange-langue* et fait allusion à la facilité d'extension dont jouit cet organe qu'ils font
souvent sortir et rentrer avec précipitation.

La queue de ces Animaux est courte ou nulle et leur membrane interfémorale médiocre ou
même rudimentaire.

Les Glossophages sont des Chauves-Souris insectivores ayant à peu près deux décimètres
d'envergure. Les voyageurs qui les ont rapportées du Brésil et de la Guyane ne nous ont rien
appris de particulier sur leurs mœurs, mais ils leur attribuent, comme aux précédents,
l'habitude de sucer le sang de l'Homme et des Quadrupèdes.

L'une des espèces du genre Glossophage a été décrite par Pallas, sous le nom de *Vespertilio soricinus*; c'est le GLOSSOPHAGE SORICIN (*Glossophaga soricina*), que Vicq-d'Azyr
a nommé *la Feuille*; son envergure est de 0,25; sa membrane interfémorale est large et sa
queue nulle. Il est de la Guyane et de plusieurs des îles Caraïbes. D'autres animaux appartenant au même genre de Cheiroptères ont été plus récemment observés par les naturalistes.
Nous citerons les suivants, dont la désignation est due à E. Geoffroy.

GLOSSOPHAGE AMPLEXICAUDE, grand. nat.

Le GLOSSOPHAGE AMPLEXICAUDE (*Glossophaga
amplexicaudata*, E. Geoffroy), dont nous figurons ici la
tête d'après nature, est du Brésil. Il est brun, a les
ailes assez amples, la membrane interfémorale assez
étendue et de moitié plus longue que la queue, qui y
est incluse; son museau est peu allongé; il n'a que
cinq paires de molaires supérieures.

C'est le type du genre *Phyllophora* de M. Gray,
dans lequel ce naturaliste range deux autres espèces
également brésiliennes, sous les noms de *Ph. megalotis*
et de *Ph. nigra*.

Le GLOSSOPHAGE CAUDATAIRE (*Glossophaga caudata*, E. Geoffroy) a la membrane
interfémorale très-courte, et sa queue la déborde un peu. Il a été découvert au Brésil par
Delalande; c'est peut-être la même espèce que Leach a nommée *Monophyllus Redmani*.
Telle est du moins l'opinion émise à son égard par M. Gray, l'un des zoologistes contemporains qui ont le plus étudié les Cheiroptères.

Le GLOSSOPHAGE SANS QUEUE (*Glossophaga ecaudata*, E. Geoffroy), qui est devenu le
genre *Anoura* de M. Gray, a la membrane interfémorale très-courte, seulement marginale

et sans aucune trace extérieure de queue; son corps est fauve clair et ses membranes pâles et transparentes.

On le rencontre au Brésil, particulièrement auprès de Rio-Janeiro.

GENRE STÉNODERME (*Stenoderma*, E. Geoffroy). Certains Cheiroptères américains ayant, comme les Vampires ou les Phyllostomes, une feuille nasale hastiforme diffèrent de ces Animaux par leur régime essentiellement frugivore, et ils ont les dents autrement conformées; leurs canines sont moins longues; leurs molaires sont aplaties obliquement à la couronne, et manquent des tubercules relevés en pointes que l'on voit chez les Vampires; ces dents ont aussi une autre forme, et la dernière de celles qui garnissent la mâchoire supérieure est subarrondie au lieu d'être étroite et transversale. Ces Animaux ont quatre ou cinq paires de molaires supérieures et habituellement cinq inférieures. Un caractère non moins important des Sténodermes et qui leur a même valu ce nom (*Stenoderma*, c'est-à-dire membrane étroite), consiste dans le peu d'étendue de leur membrane interfémorale qui forme une simple frange entre leurs cuisses, au lieu de s'étendre en manière de voile, comme chez les Vampires; leur queue est petite ou même nulle extérieurement; leur tête est courte et élargie; leurs lèvres sont garnies de verrues et leur langue est disposée pour la succion. Les Sténodermes ont aussi l'habitude de sucer le sang des Animaux qu'ils trouvent endormis.

Les espèces de ce genre sont indiquées, dans le *Cours sur les Mammifères* d'E. Geoffroy, sous le nom de *Phyllostomes proprement dits*, et plusieurs de leurs espèces ont servi à l'établissement de genres particuliers sous les noms de *Brachyphylle*, *Madatée*, *Artibée*, *Histiophore* et *Diphylle*. C'est Blainville qui les a remis sous la dénomination commune de Sténoderme, qui rappelle fort bien la petitesse de leur membrane interfémorale, et qui n'a pas, comme le mot Phyllostome, l'inconvénient d'appartenir essentiellement aux Vampires. Ce nom générique est d'ailleurs emprunté aux travaux d'E. Geoffroy sur les Chauves-Souris, et si les remarques que Blainville et moi avons faites, sur l'Animal auquel il a d'abord été appliqué, sont exactes, il était convenable de lui donner, comme plusieurs zoologistes l'ont accepté, la signification que nous lui conservons ici.

L'espèce type et d'abord unique du genre Sténoderme est le STÉNODERME ROUX (*Stenoderma rufum*, E. Geoffroy), qui a 0,32 d'envergure; elle paraît n'avoir que quatre paires de molaires en bas comme en haut, et sa membrane interfémorale est si étroite, qu'elle borde à peine les cuisses inférieurement sans se rejoindre en arrière du coccyx.

STÉNODERME ROUX, gr. nat.

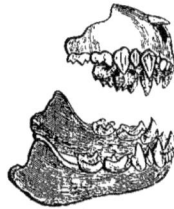

DENTS
DE STÉNODERME ROUX, ? f.
d'après E. Geoffroy.

E. Geoffroy a dit que son Sténoderme roux n'avait pas de feuille nasale; mais il m'a semblé, en revoyant l'exemplaire d'après lequel il l'a décrit, que l'absence de ce caractère, qui existe au contraire chez les Cheiroptères pourvus de dents de même forme que les siennes, était le résultat d'une mutilation.

Le pays dont cette Chauve-Souris provient n'est pas connu; on peut cependant supposer, eu égard aux autres caractères de l'Animal lui-même, que c'est l'Amérique.

D'autres Cheiroptères assez souvent désignés sous le nom générique de Phyllostomes doivent être réunis au genre de ce Sténoderme. Tel est d'abord le STÉNODERME A LUNETTES (*Stenoderma perspicillatum*), que Linné a signalé sous le nom de *Vespertilio perspicillatum*, et Buffon (*Supplément*, t. VII, p. 252), sous celui de *grande Chauve-Souris Fer de Lance de la Guyane*; il a quatre paires de molaires supérieurement et cinq inférieurement, la cinquième de la mâchoire inférieure étant fort petite et subarrondie. Sa membrane interfémorale est médiocre et fortement échancrée; sa queue ne paraît point extérieurement; sa membrane nasale est composée de deux parties, l'une en fer de lance peu aigu, l'autre basilaire à peu près en fer à cheval; son pelage est brun fauve et il a un arc blanchâtre au-dessus des yeux; son envergure est de 0,45 à 0,50.

On trouve ce Cheiroptère à Cuba, à Haïti, à la Jamaïque et, sur le continent américain, dans la Guyane ainsi qu'au Brésil.

Palissot de Beauvais avait constaté, pendant son séjour à Saint-Domingue, que cette espèce peut se nourrir de fruits. M. Alexandre Ricord a donné depuis lors quelques détails à ce sujet, dans une lettre qu'il a adressée à Geoffroy-Saint-Hilaire, et que ce dernier a publiée.

STÉNODERME A LUNETTES, grand. nat.

«Tous les soirs, dit M. Ricord, deux heures après le coucher du soleil, ces Animaux quittent les forêts vierges qu'ils habitent pendant le jour : on les voit alors venir, par vol de plus de mille, se précipiter sur les arbres de sapotilles, dont ils dévorent les fruits. On les voit souvent sur ces arbres mordre indistinctement toutes les sapotilles, afin de trouver celles qui sont mûres, car ce n'est que par le toucher que l'on s'assure de la maturité de ce fruit; ils en font un grand dégât. Les coups de fusil ne les éloignent pas; cependant s'il vient à pleuvoir, ils se retirent en emportant, fixée à leur dent canine, une sapotille mûre. J'ai observé ces Chauves-Souris durant une nuit entière, et je les ai vues reprendre, une heure avant le jour, leur vol et se diriger vers les forêts; elles occupent des lieux inhabitables, au pied des grandes mornes.»

Il est très-probable, ainsi que je l'ai fait remarquer dans la partie mammologique de l'ouvrage publié par M. de la Sagra, sur l'île de Cuba, que les genres *Madatæus* et *Artibæus*, de Leach, reposent sur les Sténodermes de l'espèce dont il vient d'être question, ou tout au moins sur des espèces très-peu différentes. Leach a publié la description de ces Cheiroptères dans les Transactions de la Société linéenne de Londres. On en retrouvera la reproduction dans quelques ouvrages français, et, en particulier, dans l'*Histoire des Cheiroptères* publiée, il y a peu de temps, par M. E. Desmarest.

Le STÉNODERME LYS (*Stenoderma lilium*), décrit par E. Geoffroy sous le nom générique de Phyllostome, est aussi de ce genre; c'est la *Chauve-Souris brun rougeâtre* ou *quatrième* de l'ouvrage d'Azara.

Le STÉNODERME RAYÉ (*Stenoderma lineatum*) ou la *Chauve-Souris brune* et *rayée* d'Azara, est une espèce du Brésil et du Paraguay, qui est plus petite que la précédente, brun clair avec une ligne dorsale blanche.

La *Chauve-Souris brune* ou *troisième*, du même auteur, est aussi un Sténoderme. E. Geoffroy lui a donné le nom spécifique de *rotundatum*.

Il faut sans doute en dire autant de l'*Histiophorus flavescens* de M. Gray et du *Phyllostoma obscurum*, de Neu-Wied.

Le STÉNODERME DES CAVERNES (*Stenoderma cavernarum*), décrit par M. Gray sous le nom générique de *Brachyphylla*, est de la Caroline du Sud, de l'île Saint-Vincent et de Cuba;

STÉNODERME CHILIEN, gr. nat.

il est un peu plus fort que les précédents et sa tête diffère de la leur par un peu plus d'allongement; il a la queue bien apparente; ses dents antérieures sont moins pointues.

Le STÉNODERME CHILIEN (*Stenoderma chiliensis*, P. Gerv.), que j'ai décrit et dont j'ai donné la figure dans l'ouvrage de M. Gay sur le Chili, est au contraire plus petit que celui à lunettes; il a la tête grise, le dos et les pieds brun foncé, le dessous du corps plus clair et de chaque côté des épaules une fraise de poils de couleur cannelle; il a cinq paires de molaires supérieures et inférieures. M. Tschudi a trouvé au Pérou une espèce qui en est très-peu différente. — On a encore indiqué plusieurs autres espèces de Phyllostomiens qui paraissent susceptibles d'être réunies aux Sténodermes, mais nous ne les connaissons pas aussi bien que ceux qui viennent d'être énumérés, et il reste encore quelques observations à faire sur les caractères que présente leur dentition.

GENRE DESMODE (*Desmodus*, Neu-Wied). Ce genre, dont on doit la distinction au prince Maximilien de Neu-Wied, est un des plus curieux parmi ceux qui composent la tribu des Phyllostomidés. La singulière disposition de son système dentaire le rend aussi exceptionnel dans l'ordre des Cheiroptères que l'Aye-Aye dans celui des Primates. Ses incisives supérieures, dont il n'y a qu'une seule paire, sont fortes, subtriangulaires et aiguës ; elles ressemblent à un double soc ; les inférieures, en deux paires, sont séparées sur la ligne médiane par un espace vide ; elles sont assez petites et bidenti-

culées à leur couronne. Les canines supérieures présentent à peu de choses près la forme des incisives de la même mâchoire, mais elles sont moins larges, d'avant en arrière, et un peu moins arquées ; leur sommet est, comme celui des incisives, en pointe tranchante. Les canines inférieures sont moins fortes et plus semblables à celles des autres Cheiroptères. Le Desmode n'a que deux paires supérieures de dents molaires et trois inférieures, toutes comprimées, tranchantes et pourvues d'une seule racine. Cette singulière disposition des dents molaires rappelle jusqu'à un certain point ce que l'on voit chez le Protèle et chez le Tarsipède.

DESMODE ROUX, grand nat.

On ne sait pas encore avec quelle particularité du mode de nourriture des Desmodes cette disposition tout à fait exceptionnelle de leurs dents est en rapport ; mais on assure que ces Cheiroptères ont, comme les Sténodermes, les Vampires et les Spectres, l'habitude de sucer le sang des autres Animaux. Leurs puissantes incisives supérieures ainsi que les canines tranchantes qu'ils ont à la même mâchoire leur permettent, sans doute, de percer le derme de leurs victimes, en même temps que la disposition de leurs lèvres leur rend plus facile de humer le sang qui s'échappe par l'ouverture

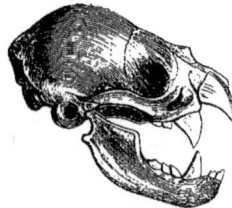

CRANE DE DESMODE, grand. nat.

qu'ils ont pratiquée. Cependant on ne sait rien de certain à cet égard, et j'ignore s'il a, comme plusieurs Phyllostomidés, les caroncules labiales que l'on voit si bien dans la figure de notre page 194.

Les Desmodes présentent dans la conformation de leur squelette plusieurs particularités qui ont été signalées par de Blainville. La partie faciale de leur crâne est étroite et courte ; leur mâchoire inférieure n'a qu'une très-faible saillie angulaire ; leur fémur est aplati et comme marginé à ses bords externe et interne ; leur os péroné est plus élargi que celui des autres Cheiroptères, et il est aplati ainsi que le tibia. Quand à leurs caractères extérieurs, ils sont peu différents de ceux des Sténodermes. Ainsi leur membrane interfémorale est courte et ils n'ont pas de trace extérieure de la queue ; l'oreillon est petit et découpé ; les oreilles sont écartées et la feuille nasale consiste essentiellement dans une portion basilaire analogue à celle des genres voisins, mais avec une partie seulement de la feuille hastiforme qui la surmonte chez ceux-ci.

Le DESMODE ROUX (*Desmodus rufus*, Neu-Wied), que M. Waterhouse a nommé *Desmodus Orbignyi* et M. D'orbigny *Edostoma cinerea*, est la seule espèce connue dans ce genre. On le trouve au Chili, au Pérou, en Bolivie, au Brésil et dans la Guyane ; sa taille ne dépasse pas celle de nos Vespertilions murins ; sa couleur est brun cendré un peu roussâtre. Il attaque les

Animaux et même les enfants endormis pour sucer leur sang. Quelques auteurs l'ont considéré, à cause de la disposition singulière de ses dents, comme devant former une tribu ou même une famille à part dans l'ordre des Cheiroptères, sous les noms de *Desmodinés* ou *Desmodidés*.

DESMODE, 1,3 de gran'.

FAMILLE DES RHINOLOPHIDÉS

Les Rhinolophidés ont une feuille nasale qui rappelle celle des Phyllostomidés, sans être cependant conformée de la même manière. Leurs dents ressemblent plus à celles des Vespertilionidés qu'à celle des Phyllostomes ou des Sténodermes. Ils forment plusieurs genres dont les représentants n'ont encore été observés que dans l'ancien continent et en Australie.

DENTS DE MÉGADERME FEUILLE, 3/1 de grand.

DENTS DE MÉGADERME LYRE, 3/1 de grand.

Ce sont les *Mégadermes*, les *Rhinopomes*, les *Nyctères*, les *Rhinolophes* et les *Nyctophiles*. Les Rhinolophes ont été eux-mêmes partagés en plusieurs genres par quelques auteurs modernes; mais nous continuerons à les réunir sous une seule dénomination générique.

GENRE MÉGADERME (*Megaderma*, E. Geoffroy). La série des Rhinolophidés commence par des espèces à membrane interfémorale très-ample quoique dépourvues de queue, à oreilles également fort développées, mais non réunies sur la ligne médiane et dont l'oreillon est considérable. Ces espèces ont les narines surmontées d'une feuille nasale, et cette feuille est grande et compliquée. Ce sont les *Mégadermes*, Animaux exclusivement propres à l'Asie et à l'Afrique, que l'on a regardés quelquefois comme représentant les Phyllostomes dans l'ancien continent. Ils sont tous moins grands que les espèces d'Amérique auxquelles on a donné ce nom, et l'on n'a pas la certitude qu'ils sucent le sang des Mammifères comme le font celles-ci. Leurs caractères sont d'ailleurs différents à plusieurs égards. Leurs dents, appropriées à un régime insectivore, se composent de cinq paires de molaires à la mâchoire supérieure et de cinq à l'inférieure, de quatre canines assez fortes et de deux paires d'incisives inférieures seulement ; leur os incisif reste cartilagineux et ils ne paraissent pas supporter d'incisives supérieures, au moins dans l'âge adulte ; enfin c'est à côté des Rhinolophes et non avec les Phyllostomidés qu'il convient de classer les Mégadermes.

Le MÉGADERME LYRE (*Megaderma Lyra*, E. Geoffroy) a la feuille nasale rectangulaire et la follicule qui la précède de moitié plus petite ; son envergure, lorsqu'il a les ailes étendues, est de trente-cinq centimètres. On le trouve sur la côte du Malabar.

MÉGADERME LYRE, grand. nat.

MÉGADERME FEUILLE, grand. nat.

Le MÉGADERME FEUILLE (*Megaderma frons*) ou la *Feuille* de Daubenton et le genre *Lavia* de M. Gray, qui a été rapporté du Sénégal par Adanson, se trouve aussi en Gambie. Il a la feuille nasale de forme à peu près ovalaire, de moitié moins longue que les oreilles et un peu plus courte que la follicule.

Deux espèces assez peu différentes vivent en Afrique (Sénégal et Sennaar), et depuis Séba, on en connaît une autre dans l'Inde. Celle-ci

MÉGADERME FEUILLE 1/3 de grand.

est le MÉGADERME SPASME (*Vespertilio spasma*
de Linné d'après Séba, pl. 56, fig. 1). Elle vit
dans l'île de Java, mais n'a point encore été signalée ailleurs. Sa feuille est en cœur avec la follicule aussi grande et de même forme.

GENRE RHINOPOME (*Rhinopoma*, E. Geoffroy). Genre de Rhinolophiens facile à distinguer
par la petitesse de sa membrane nasale, qui rappelle, mais en raccourci, le fer de lance des Phyllostomes, par son oreillon assez grand, et surtout
par sa queue, qui est longue et grêle, et que la
membrane interfémorale ne borde qu'en partie.

MÉGADERME SPASME, grand. nat.

Ses dents sont au nombre de vingt-huit, savoir :
quatre canines ordinaires aux Cheiroptères, une paire d'incisives, quatre paires de molaires
supérieurement, et deux paires d'incisives, plus cinq
de molaires inférieurement.

DENTS DE RHINOPOME MICROPHYLLE, 4/1 de grand.

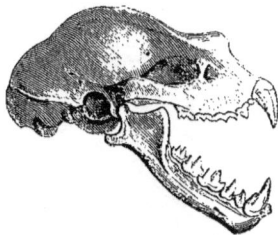

CRANE DE RHINOPOME MICROPHYLLE, 2/1 de grand.

Le RHINOPOME MICROPHYLLE (*Rhinopomus microphyllus*) est la *Chauve-Souris d'Égypte*
de Belon, savant naturaliste du XVIᵉ siècle qui avait visité la Grèce, l'Égypte et l'Arabie.

Il a été étudié de nouveau par Brunnich et E. Geoffroy. La figure faite d'après nature que nous en donnons ici le montre (aux deux tiers de la grandeur naturelle) dans la position quadrupède que la brièveté de ses membranes lui rend plus facile encore qu'à la plupart des autres Cheiroptères. On n'a encore trouvé cette espèce avec certitude qu'en Égypte.

Le RHINOPOME DE HARDWICKE (*Rhinopoma Hardwickii*, Gray) est du Bengale, en particulier de Madras et de Calcutta.

Quant au RHINOPOME DE LA CAROLINE (*Rhinopoma Caroliniensis*, E. Geoffroy), nous croyons nous être assuré, lorsque nous avons étudié dans la collection du Muséum, il y a une quinze d'années, avec M. de Blainville, l'exemplaire qui lui sert de type, que cette espèce doit être supprimée. Elle repose en effet, comme l'a publié alors notre célèbre maître, sur un exemplaire du *Nyctinomus acetabulosus* de l'île de France, ou sur quelque espèce peu différente.

GENRE NYCTÈRE (*Nycteris*). E. Geoffroy a nommé ainsi un genre ayant quelque analogie avec les Rhinolophes, mais qui s'en distingue aisément par la présence d'un véritable oreillon et par la disposition excavée de son chanfrein, dans lequel la feuille nasale est pour ainsi dire cachée sous la forme d'un appareil crypteux. La queue des Nyctères est de grandeur ordinaire et elle a sa dernière pièce bifurquée pour soutenir le sommet de la membrane interfémorale. Ces Animaux ont deux paires supérieures et trois paires inférieures d'incisives; leurs molaires sont au nombre de quatre paires en haut et de quatre ou cinq en bas. Leurs habitudes sont celles des Rhinolophes.

NYCTÈRE DE LA THÉBAÏDE, 1/2 de grand

On a trouvé des Nyctères en Égypte, au Sennaar, au Sénégal, à la côte mozambique, à Fernando-Po ainsi qu'au Damarha, en Afrique; on en cite aussi dans l'Inde, mais à Java seulement. Les trois espèces que nous allons signaler sont celles qui ont été décrites le plus

souvent par les auteurs. M. Gray en ajoute deux
sous le nom de *N. damarensis* et *poensis*, et M. Peters deux autres sous le nom de *N. fuliginosa* et
villosa.

CRANE DE NYCTÈRE, 2/1 de grand.

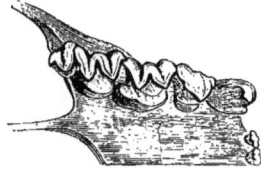

DENTS DE NYCTÈRE, 6/1 de grand.

L'espèce la plus anciennement connue est le
NYCTÈRE CAMPAGNOL VOLANT (*Nycteris his-*

NYCTÈRE DE LA THÉBAÏDE, 1/2.

pida), que Daubenton a décrit sous le nom de Campagnol
volant, d'après un exemplaire rapporté du Sénégal par Adanson. Elle a le pelage brun roussâtre en dessus et blanchâtre en
dessous. Ce Nyctère n'a que quatre paires de molaires inférieures.

Le NYCTÈRE DE LA THÉBAÏDE (*Nycteris thebaïca*) a été
découvert et décrit par E. Geoffroy. Il vit en Égypte et au
Sennaar; son pelage est gris; il a 0,25 d'envergure et dépasse
un peu le Campagnol volant sous ce rapport.

Le NYCTÈRE DE JAVA (*Nycteris javanica*, E. Geoffroy)
est une troisième espèce jusqu'ici particulière à l'île indienne
dont il porte le nom. C'est le type d'un petit genre nommé *Pe-
talia* par M. Gray.

GENRE RHINOLOPHE (*Rhinolophus*, E. Geoffroy et G. Cuvier). Le genre, assez nombreux en espèces, des Rhinolophes comprend les Cheiroptères auxquels on donne, d'après
Daubenton, le nom vulgaire de *Fer à Cheval*. C'est le même nom que divers naturalistes ont
traduit en langage scientifique par le mot *Hipposideros*. Ce genre est encore un de ceux qui
paraissent être étrangers au nouveau monde, ses espèces n'ayant été observées jusqu'ici que
dans l'ancien continent, y compris la Nouvelle-Hollande, mais point encore dans l'Amérique
méridionale, ni même dans l'Amérique septentrionale. Elles sont faciles à reconnaître à leur
feuille plus ou moins compliquée et composée de deux parties, l'une basilaire à peu près en
forme de fer à cheval, l'autre montante, en lamelle découpée, verruqueuse ou bien en fer de
lance et comme gaufrée sur sa face antérieure par la présence de cavités en forme de cellules;
cette feuille varie suivant les espèces et fournit de très-bons caractères dont on s'est servi
pour leur distinction. Les oreilles des Rhinolophes sont en cornets évasés, plus ou moins
plissées auprès de leur bord externe et sans oreillon intérieur. Leur queue est de grandeur
ordinaire et comprise dans la membrane jusqu'à sa pointe. Ces Animaux ont l'os intermaxillaire lamelleux et mobile, ne portant qu'une seule paire de dents incisives; inférieurement
ils ont deux ou quelquefois trois paires de ces dents; leurs canines sont assez fortes et leurs
molaires varient conformément aux formules suivantes : $\frac{4}{-}$, $\frac{3}{-}$ ou $\frac{5}{6}$; elles sont appropriées
au régime insectivore. Le crâne des mêmes Cheiroptères est très-renflé à la région olfactive;
leur péroné est très-grêle, presque filiforme et accollé au tibia dans une grande partie de sa
longueur. On avait supposé que ces Animaux étaient pourvus de quatre mamelles, deux à la
poitrine et deux autres auprès des aines; mais les premières de ces glandes méritent seules le

nom de mamelles et sont seules lactifères; les autres servent à la production d'une matière
odorante ainsi que l'ont démontré les recherches de Kuhl et de M. Temminck.

Les Rhinolophes ont le pelage en général pâle, d'autrefois orangé, plus ou moins élégant,
toujours long et très-fourni. Ils vivent, à la manière des Vespertilions, chassant à la brune
et se retirant le jour dans des trous d'arbres, dans des creux de rochers ou, lorsqu'ils habitent
des villes, dans les édifices abandonnés ou déserts. Leur taille est assez variable, mais le
plus souvent elle est moyenne ou même petite, et, sous ce rapport, les Rhinolophes ressemblent encore aux Vespertilions.

Nous n'avons pas besoin d'ajouter que les naturalistes qui aiment à faire des noms nouveaux, dans l'espoir peut-être mal fondé de contribuer aux progrès de l'histoire naturelle,
ont divisé ces Animaux en plusieurs genres pour lesquels ils ont proposé autant de dénominations particulières. M. Temminck, qui a fait la monographie de ce groupe, et qui a rendu
par ce travail un service plus réel à la science, conserve à toutes les espèces le même nom
générique de Rhinolophes, et il les divise d'après la configuration de leur feuille nasale en
deux catégories distinctes; c'est aussi ce que nous ferons, n'ayant pu réunir assez de documents sur les particularités que présente leur système dentaire pour les classer conformément
aux indications qu'il pourrait fournir.

I. *Rhinolophes à feuille nasale simple, transversale et plus ou moins arrondie.*

Le Rhinolophe fameux (*Rhinolophus no-
bilis*, Horsfield) est le plus grand de tous; sa taille
est plus forte que celle du Phyllostome Fer de
Lance; son pelage est varié de marron, de gris
brun et de blanc; il a 0,53 d'envergure. Il habite
les îles de Java, de Sumatra, d'Amboine et de
Timor.

RHINOLOPHE FAMEUX, grand. nat.

Le Rhinolophe diadème (*Rhinolophus diadema*, E. Geoffroy) est connu à Timor seulement;
il est moins grand, mais cependant il a 0,45 d'envergure.

Le Rhinolophe distingué (*Rhinolophus insignis*, Horsfield) n'est que de Java.

Le Rhinolophe crumenifère (*Rhinolophus speoris*), dont il y a une excellente figure
dans l'Atlas de Péron et Lesueur, a été rapporté d'Amboine et de Timor. Je le crois aussi de
la côte malabare, où il y a du moins une espèce qui s'en rapproche beaucoup.

Le Rhinolophe bicolore (*Rhinolophus bicolor*, Temminck) est de ces deux îles et de
celle de Java; il est plus petit encore que le Crumenifère; ses poils sont blancs à la base et
roux marron à leur pointe.

Le Rhinolophe trident (*Rhinolophus tridens*, E. Geoffroy) n'est pas rare en Égypte
et en Nubie; nous en avons aussi vu des exemplaires venant de Bombay et du Sénégal. Le
nom de cette espèce est emprunté à la forme de sa feuille qui est tridentée.

Le Rhinolophe tricuspide (*Rhinolophus tricuspidatus*, Temminck) est fort petit et n'a
que 0,21 d'envergure; sa feuille est également tridentée : c'est le pygmée du genre Rhinolophe, comme le Rhinolophe Fameux en est le géant. Son pelage est brun et sa feuille tridentée,
mais d'une forme un peu différente de celle du Rinolophe trident. Il n'a été vu qu'à Amboine.
C'est une des espèces découvertes par les naturalistes que le gouvernement hollandais a
envoyés aux îles de l'Inde et qui ont enrichi le musée de Leyde de si précieuses collections
pour la Mammalogie.

II. *Rhinolophes à feuille nasale plus ou moins compliquée, ayant sa seconde partie relevée
en fer de lance et une sorte de soc naissant du centre du fer à cheval.*

Le Rhinolophe deuil (*Rhinolophus luctus*, Temminck) est une espèce de Java, de Su-

RHINOLOPHE DEUIL, grand. nat.

matra et de Manille; sa taille est assez forte; son pelage est noirâtre.

Le RHINOLOPHE EURYOTE (*Rhinolophus euryotis*, Temminck) habite l'île d'Amboine.

Le RHINOLOPHE TRÈFLE (*Rhinolophus trifoliatus*, Temminck) vit dans celle de Java.

Le RHINOLOPHE AFFINE (*Rhinolophus affinis*, Horsfield) a été observé à Java et à Sumatra.

Le RHINOLOPHE NAIN (*Rhinolophus minor*, Horsfield) est une petite espèce propre à Java et à Timor; sa taille le rapproche un peu du Rhinolophe tricuspide, mais il s'en distingue par sa feuille, et son envergure est de 0,25.

Le RHINOLOPHE PUSILLE (*Rhinolophus pusillus*, Temminck) est encore une petite espèce, mais qui est propre à un autre pays. Il a été découvert au Japon; il n'a que 0,22 d'envergure; ses mœurs sont celles de nos espèces européennes.

Celles-ci sont au nombre de trois, savoir :

Le RHINOLOPHE CLIFFON (*Rhinolophus clivosus*), qui a d'abord été décrit par M. Cretzchmar, de Francfort, d'après des exemplaires rapportés d'Afrique par le D. Ruppel. On le trouve en effet sur ce continent depuis l'Égypte jusqu'au cap de Bonne-Espérance, mais il a été observé depuis lors en Europe, dans la Dalmatie, par exemple, et dans d'autres parties du Levant; il existe aussi dans l'Asie occidentale. Sa taille est assez petite, car il n'a que 0,08 de longueur totale, la queue comprise et environ 0,30 d'envergure; ses molaires sont au nombre de dix-huit; sa feuille est médiocrement compliquée.

Le RHINOLOPHE UNIFER (*Rhinolophus unihastatus*) est bien plus commun en Europe que le Cliffon; on le voit en Italie, en Allemagne, en France, en Hollande, en Angleterre, etc., et il existe aussi dans le nord de l'Afrique, en Algérie. C'est le *grand Fer à*

RHINOLOPHE UNIFER, 1/3 de grand.

RHINOLOPHE UNIFER, grand. nat.

Cheval de Daubenton et le *Horse-Shoe bat* des Anglais; sa feuille est compliquée de larges cellules.

Le RHINOLOPHE BIFER (*Rhinolophus bihastatus*), que Linné a considéré comme une simple variété du précédent, malgré la bonne description qu'en avait donnée Daubenton dans son Mémoire publié en 1759, est connu sous le nom de *petit Fer à Cheval*.

RHINOLOPHE DE COMMERSON, grand. nat

L'énumération qu'on vient de lire montre que le genre Rhinolophe est représenté par plusieurs espèces en Europe, en Afrique et dans l'Asie continentale, et qu'il est surtout commun et riche en espèces dans les îles de la Sonde; il paraît exister aussi à Madagascar. E. Geoffroy a en effet décrit, d'après les manuscrits de Commerson, un Rhinolophe de cette région observé au fort Dauphin et qu'il nomme *Rhinolophus Commersonii*. On ne le connaît encore que par ce qu'en a dit le naturaliste dont il porte le nom.

Parmi les espèces indiquées depuis que M. Temminck a publié sa Monographie, nous n'en

RHINOLOPHE ORANGÉ, 1/2 de grand.

citerons que trois : la première, appelée *Phyllorhina vittata* par M. Peters, et d'assez forte dimension et vit en Mozambique. Les deux autres sont de la Nouvelle-Hollande. M. Gray, qui en a parlé, les appelle *Rhinolophus megaphyllus* et *aurantiacus*. La première est de la Nouvelle-Galles du Sud ; la seconde, dont il fait aussi son genre *Rhynonycteris*, est de Port-Essington. Dans son bel ouvrage intitulé *Mammals of Australia*, M. Gould en a donné une bonne figure que nous reproduisons ici. Les mœurs du Rhinolophe orangé paraissent être les mêmes que celles de nos espèces européennes.

Auprès des Rhinolophes et des Nyctères vient se placer le GENRE NYCTOPHILE (*Nyctophylus*, Leach), dont l'unique espèce, étudiée de nouveau par M. Temminck, est aussi l'un des Cheiroptères que possède l'Australie.

On l'appelle NYCTOPHILE DE GEOFFROY (*Nyctophilus Geoffroyi*). Elle a une paire d'incisives supérieures et deux inférieures, et ses molaires ne sont qu'au nombre de quatre paires à chaque mâchoire, ce qui, joint à ses quatre canines, lui fait en tout vingt-six dents. Ses oreilles sont grandes et pourvues d'un oreillon lancéolé ; sa feuille est enfoncée comme celles des Nyctères. Cette Chauve-Souris n'a que douze ou treize centimètres d'envergure ; sa queue, qui a sept millimètres de longueur, est comprise jusqu'à son extrémité dans la membrane interfémorale.

FAMILLE des VESPERTILIONIDÉS

Nous réunirons, sous la dénomination de Vespertilionidés, un grand nombre de Cheiroptères, très-différents des Roussettes par l'ensemble de leurs caractères, dépourvus de la feuille nasale qui caractérise les Phyllostomidés et les Rhinolophidés, et dont les ailes, la queue et le système dentaire ont une disposition plus ou moins analogue avec celle qu'ils ont chez ces derniers.

Ils constituent plusieurs genres dont les premiers ont la queue plus ou moins rudimentaire, tandis que les derniers l'ont plus longue que la membrane interfémorale. Nous en parlerons sous les noms de *Taphien*, *Saccopteryx*, *Diclidure*, *Vespertilion* (comprenant plusieurs divisions) et *Molosse*.

Nous traiterons en premier du genre Taphien, qui serait mieux placé parmi les Rhinolophidés, s'il n'était dépourvu de feuille nasale, comme tous les Cheiroptères de la présente famille.

GENRE TAPHIEN (*Taphozous*, E. Geoffroy). C'est un petit groupe encore voisin des Rhinolophes, mais que l'on peut aisément séparer des espèces que nous avons réunies sous ce nom. Ici il y a un oreillon, comme chez les Rhino-pomes et les Nyctères, et la queue est aussi de longueur ordinaire ; en outre, elle passe au-dessous de la membrane interfémorale, qui est cependant assez grande, sans être comprise dans son épaisseur, comme chez la plupart des autres Cheiroptères. L'os incisif est cartilagineux, et il paraît manquer de dents incisives ; il y a en tout vingt-six dents, dont deux paires d'incisives et cinq de molaires à la mâchoire supérieure, et aussi cinq paires de molaires à la mâchoire inférieure ; le front est excavé, comme chez les Nyctères ; enfin il y a de même une apophyse postorbitaire de l'os frontal ; mais on ne voit à la surface extérieure de la tête aucun rudiment de feuille membraneuse.

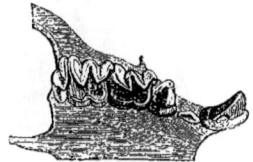

Ce sont aussi des Animaux de l'Afrique et des parties

DENTS DU TAPHIEN PERFORÉ, 4,1 de grand.

chaudes de l'Asie; comme les Nyctères et les Rhinopomes, ils sont assez peu nombreux en espèces.

Le TAPHIEN PERFORÉ (*Taphozous perforatus*, E. Geoffroy), ainsi nommé à cause de l'excavation de son front, est le *Lérot volant* de Daubenton. Il a vingt-six centimètres d'envergure.

On en a rapporté des exemplaires du Sénégal, du Sennaar et d'Égypte, et il y a dans l'Inde une espèce qui s'en rapproche beaucoup, à en juger par un exemplaire envoyé de Cochinchine par M. Diard.

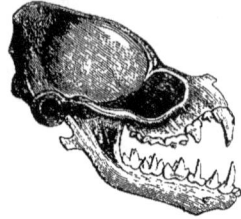

CRANE DU TAPHIEN PERFORÉ. 2/1 de grand.

M. Ruppel en distingue, sous le nom de *Taphozous nudiventer*, une espèce de Nubie.

TAPHOZOUS MAURITIANUS, grand. nat.

Le TAPHIEN A LONGUES MAINS (*Taphozous longimanus*, Hardwicke) est plus grand et distinct sous quelques autres rapports. On l'observe aux environs de Calcutta.

D'autres Taphiens ont été signalés par les auteurs : ce sont le *Taphozous mauritianus*, E. Geoffroy, donné comme propre à l'île de France; le *Taphozous melanopogon*, Temminck, qui vit à Java; le *Taphozous saccolaimus*, Temminck, qui est commun aux îles de Java, de Sumatra, de Célèbes, etc.; et le *Taphozous leucopterus*, Peters, de la côte mozambique.

GENRE SACCOPTÉRYX (*Saccopteryx*, Illiger). Il comprend une espèce n'ayant qu'une paire de dents incisives supérieures et trois inférieures; ses molaires sont au nombre de cinq paires à chaque mâchoire. La queue est plus courte que la membrane interfémorale; l'apophyse postorbitaire du frontal est très-saillante, et il y a à l'aile, sous la base de l'avant-bras, une sorte de petit sac membraneux d'apparence glandulaire qui a son orifice à la face supérieure de la membrane.

CRANE DE SACCOPTÉRYX.

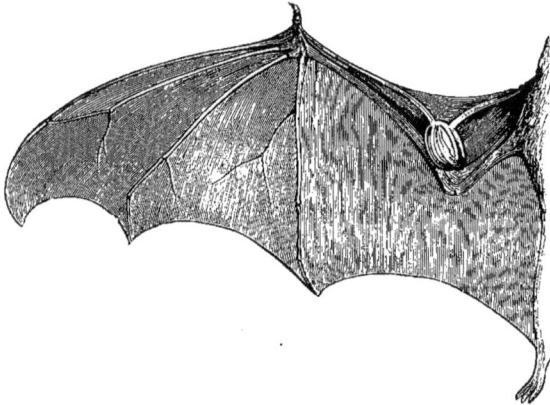

AILE DE SACCOPTÉRYX. grand. nat.

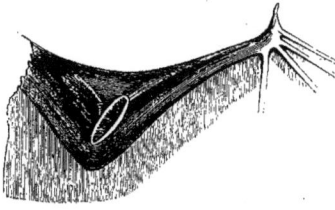

AILE DE SACCOPTÉRYX, grand. nat.

Le SACCOPTÉRYX LEPTURE (*Saccopteryx lepturus*, Illiger) vit à la Guyane. Il a été décrit de nouveau par M. Krauss il y a quelques années.

GENRE DICLIDURE (*Diclidurus*, Neu-Wied). Joint aux caractères généraux des Vespertilionidés une queue moins longue que la membrane interfémorale, et qui se termine auprès d'une double écaille supportée par celle-ci.

Le DICLIDURE DE FREYREISS (*Diclidurus Freyreissii*, Neu-Wied) ou l'espèce unique de ce genre, est de grandeur médiocre. Son pelage est d'un blond très-pâle. C'est aussi un Animal de l'Amérique intertropicale.

GENRE NOCTILION (*Noctilio*, Linné). Linné, qui a constamment réuni en un seul genre, sous le nom de *Vespertilio*, tous les Cheiroptères connus de son temps, aussi bien les Roussettes, déjà distinguées sous le nom de *Pteropus*, par Brisson, que les Phyllostomes, les Rhinolopes, les Chauve-Souris ordinaires, etc., faisait, pour le Noctilion, une exception à la fois singulière et unique. Il le séparait génériquement de tous les autres, et il l'a même, pendant plusieurs années, classé dans l'ordre des Rongeurs, et, par conséquent, fort loin des Vespertilions.

Cependant le Noctilion a bien tous les caractères généraux des autres Cheiroptères ; ses doigts de devant sont également allongés, et ils soutendent, de même que ceux des autres Animaux de cet ordre, une membrane qui passe le long des flancs et va se fixer à la face antérieure des cuisses ; enfin une membrane analogue à celle de presque tous les Cheiroptères existe entre les membres postérieurs du Noctilion.

Linné s'était fait une idée inexacte du système dentaire de cette Chauve-Souris, et comme il avait pensé qu'elle ressemblait aux Rongeurs sous ce rapport, il l'avait d'abord mise dans le même ordre que ces Animaux. Plus tard, il la fit cependant rentrer dans son genre Vespertilion ; mais depuis que l'on a reconnu la nécessité de diviser celui-ci, il a été généralement admis que le genre Noctilion devait être conservé, sans toutefois être retiré des Cheiroptères, car, en réalité, sans être aussi disparate que la première opinion de Linné tendait à le faire admettre, le genre Noctilion est cependant beaucoup plus distinct qu'un grand nombre de ceux qui ont été proposés dans ces derniers temps dans le même ordre.

Les Animaux de ce genre sont des Cheiroptères véritables ; ils sont de moyenne grosseur ; leurs oreilles assez grandes sont pourvues d'un oreillon petit et crénelé ; leur nez ne supporte point de feuille ; leurs lèvres sont grosses, et la supérieure présente une double fissure verticale qui donne à la face un aspect hideux rappelant celui de la monstruosité humaine à laquelle on a donné le nom de *bec-de-lièvre ;* leur membrane alaire ne descend qu'un peu au-dessous du genou ; leurs jambes sont longues, et la portion interfémorale de leur membrane, qui est très-étendue, dépasse le niveau des talons, d'où partent deux forts éperons qui la soutiennent latéralement sans se rejoindre sur son milieu. La queue est bien loin d'aller jusqu'au bord libre de cette membrane ; elle n'en dépasse même pas le premier tiers.

La dentition des Noctilions est franchement insectivore : on y compte vingt-huit dents : deux paires d'incisives supérieures, dont l'externe est cachée derrière l'interne et plus petite qu'elle ; une seule paire d'incisives inférieure ; quatre canines fortes et dont les supérieures sont un peu écartées des incisives, les inférieures étant, au contraire, contiguës entre elles de manière à rejeter les incisives en avant ; enfin quatre paires de molaires supérieures et cinq inférieures ; la première de celles-ci est petite.

NOCTILION BEC-DE-LIÈVRE (Noctilio leporinus)
DE L'AMÉRIQUE MÉRIDIONALE

d'Ylo;

XII.)

nêmes

ı outre

e nom

lir dès

, d'une

it à la

ıt des

es, et

ve sur

aussi

étails,

es ou

ırtent,

, mais

es.

; bor-

paires

'e; ils

leurs

ıs il y

s car-

ıcon-

 arac-

ıt du

éga-

ante,

rap-

ıle, et

ui est

4 ; on

ncore

chent

petits

On ne trouve ces Animaux que dans les parties chaudes de l'Amérique méridionale; deux des espèces que l'on a distinguées parmi eux sont seules généralement admises dans l'état actuel de la science.

Le NOCTILION BEC DE LIÈVRE (*Noctilio leporinus*, Linné), ou l'espèce la plus anciennement connue, a le corps d'un roux cannelle, moins foncé en dessous qu'en dessus et à la tête; son corps est long de 0,08, et son envergure de 0,50. On le trouve à la Guyane, au Brésil, au Pérou et dans la Bolivie. Les voyageurs ne nous disent pas en quoi ses habitudes diffèrent de celles des autres

NOCTILION BEC DE LIÈVRE, grand. nat.

Chauve-Souris. Le P. Feuillée en a parlé sous le nom de Chauve-Souris de la vallée d'Ylo; la même espèce est déjà représentée dans Séba. Nous le reproduisons aussi. (*Planche XII.*)

Le NOCTILION A DOS RAYÉ (*Noctilio lineatus*, E. Geoffroy) habite à peu près les mêmes régions; il est d'un cinquième plus petit, a les poils bruns jaunâtres, et se distingue en outre par la ligne de poils blancs qui existe sur le milieu de son dos.

GENRE VESPERTILION (*Vespertilio*). Les espèces auxquelles nous réserverons ce nom forment une tribu bien plutôt qu'un véritable genre; mais on a tant de peine à établir dès à présent leur répartition en coupes secondaires, que nous avons préféré l'inconvénient d'une trop grande uniformité dans leur nomenclature à celui d'une diversité qui toucherait à la confusion si on l'acceptait telle que les auteurs les plus récents l'ont établie. Ce sont des Cheiroptères de dimension moyenne ou petite, se nourrissant essentiellement d'Insectes, et ayant plus ou moins les allures et le vol des espèces communes en Europe. On en trouve sur tous les points du globe.

Leur diagnose n'aurait pas offert tant de difficultés, et leur synonymie ne serait pas aussi embrouillée qu'elle l'est devenue, si toutes avaient pu être décrites avec soin dans les détails, très-variés, d'ailleurs, mais très-caractéristiques, de leur physionomie, de leurs oreilles ou de l'oreillon interne qu'on y remarque, de leur queue ou de la membrane qu'elles supportent, et enfin de leur système dentaire. Aucune d'elles ne porte de feuilles auprès des narines, mais la forme de ces ouvertures offre elle-même une disposition particulière suivant les espèces.

En général les Vespertilions se reconnaissent à leur queue presque toujours longue et bordée, jusqu'au bout, par la membrane, ainsi qu'à leur système dentaire.

La plupart des animaux que nous réunissons dans cette grande division ont deux paires d'incisives supérieures écartées sur le milieu, inégales, et dont l'interne est souvent bilobée; ils ont trois paires d'incisives inférieures, subégales, serrées et trilobées à la couronne; leurs canines sont plus ou moins fortes, et leurs molaires varient de dix-huit à vingt-quatre; mais il y a toujours trois paires d'arrière-molaires, d'apparence épineuse, et une paire de molaires carnassières à chaque mâchoire. Le nombre des fausses molaires ou leur forme sont seuls inconstants, et leurs variations constituent des particularités dont on peut tirer de très-bons caractères pour l'établissement des groupes secondaires; il y a deux, une ou quelquefois point du tout de ces fausses molaires à la mâchoire supérieure, et à l'inférieure on en compte également une ou deux paires, suivant les espèces.

Les Vespertilions sont des Animaux voraces qui ont besoin d'une nourriture abondante, vivent principalement d'insectes et s'engourdissent dès que la température baisse. Kuhl rapporte qu'il a vu avaler de suite treize Hannetons à l'espèce connue sous le nom de Noctule, et soixante-dix mouches communes sont à peine un repas suffisant pour la Pipistrelle, qui est pourtant de moitié plus petite. Aussi est-il difficile de conserver ces Animaux en captivité; on réussit cependant quelquefois à les entretenir en leur donnant des Insectes et mieux encore de la viande. A l'état libre, ils prennent les Insectes au vol ou à la course, car ils marchent très-bien et très-vite à l'aide de leurs quatre pattes, et ils mangent aussi des larves et de petits mollusques. La plupart vivent en société, se cachant le jour dans des réduits obscurs, tels que des creux d'arbres, des trous de murs, des dessous de tuiles, des greniers, des combles de grands édifices, des cheminées où l'on ne fait pas de feu, des excavations de rochers, des galeries de carrières abandonnées ou même en exploitation, et des souterrains ou des cavernes. On ne les trouve pas toujours au même lieu, et leurs retraites d'hiver ne sont pas les mêmes que celles où ils passent les journées et les heures les plus obscures de la nuit pendant la belle saison. Quelques-unes restent isolées ou réunies par petites compagnies; d'autres, au contraire, se rassemblent par centaines ou même par milliers, et nous en avons trouvé ainsi des quantités extraordinaires dans l'une des églises de Paris, dans la grande tour d'Aigues-Morte, dite tour de Constance, et dans la grotte de la Madeleine, qui est située à peu de distance de Montpellier.

Leurs cris aigus, quoique faibles, ou l'odeur musquée de leurs excréments ne tardent pas à faire découvrir les Chauve-Souris, et, si on les inquiète trop longtemps, on les voit bientôt prendre leur vol, même en plein jour, et tourner en l'air sans prendre d'abord une direction bien déterminée. Celles que j'ai vues dans la grotte de la Madeleine formaient au fond de la caverne, au delà de la grande mare qui en rend l'exploration à la fois difficile et dangereuse, une sorte de tapisserie de fourrure, tant elles étaient serrées les unes contre les autres, et il me fut possible d'en prendre en un instant plus d'une centaine, en les enlevant par plaques de la surface contre laquelle elles étaient appliquées en quantité innombrable.

Elles appartenaient presque toutes à l'espèce du *Vespertilion mystacin*, et c'étaient, pour la plupart, des femelles. Sur quatre-vingt-cinq que j'ai conservées, une dixaine seulement étaient du sexe mâle. Presque toutes ces femelles étaient en état de gestation, et, à peu de chose près, au même terme; une seule avait deux fœtus jumeaux; toutes les autres n'auraient mis au monde qu'un seul petit chacune. Avec ces Chauve-Souris, et provenant de la même grotte, il y en avait de deux autres espèces, mais en moindre nombre; douze étaient des Pipistrelles, dont huit femelles et quatre mâles; une seule appartenait au petit Rhinolophe (*Rhinolophus bihastatus*). Deux Pipistrelles seulement étaient en gestation; les autres paraissaient avoir mis bas depuis quelque temps, mais elles n'avaient point leur petit avec elles.

L'habitude qu'ont les Chauve-Souris de se retirer dans les cavernes rend difficile de reconnaître
si leurs ossements, que l'on trouve quelquefois
dans le sol de ces cavités souterraines, sont aussi
anciens que ceux des grands Ours, des Hyènes, etc.,
avec lesquels on les observe alors. Le limon de
plusieurs cavernes a été remanié par les eaux,
et les Chauve-Souris dites fossiles qu'on y a ren-
contrées appartiennent, d'ailleurs, à des espèces
actuelles. Je suis loin de nier cependant que leurs
espèces aient été contemporaines des grands Animaux perdus dont les restes sont enfouis dans ces
couches antédiluviennes; je fais seulement remarquer que nous manquons de faits précis sur la
date de leur enfouissement.

A une époque bien antérieure à celle du creu-
sement et remplissage des cavernes, il existait
déjà des Cheiroptères du genre des Vespertilions.
M. Lartet en a découvert plusieurs mâchoires et
divers ossements dans les dépôts à Mastodontes
et à Rhinocéros de Sansan, dans le Gers, et j'ai

CHAUVE-SOURIS FOSSILE
dans les plâtrières de Montmartre.

même publié, dans un autre ouvrage, la description de plusieurs de ces ossements dont je dois la communication à ce savant paléontologiste. M. Hermann de Meyer en a signalé d'autres qui sont d'un terrain, également miocène, de Weisenau, près Mayence. Enfin, nous avons déjà dit que l'on en connaissait dans une formation plus ancienne encore : G. Cuvier et Blainville ont donné, dans leur ouvrage de Paléontologie, la figure et les caractères anatomiques d'une portion d'un squelette de Chauve-Souris qui a été trouvé dans la pierre à plâtre de Montmartre, près Paris. On en voit, comme le retrace la figure ci-contre, la mâchoire inférieure et la plupart des dents, quelques vertèbres, les deux clavicules, les deux bras et les deux avant-bras presque entiers. Cette espèce éteinte a reçu le nom de *Vespertilio parisiensis*. Ses dents le rapprochent de notre Sérotine; mais sa taille était moindre que celle de cette espèce.

Les Vespertilions sont actuellement représentés à la surface du globe par de nombreuses espèces, qui ont fourni à Daubenton, à E. Geoffroy-Saint-Hilaire, à F. Cuvier, à M. Temminck, à M. Gray, au prince Ch. Bonaparte et à d'autres naturalistes le sujet de travaux intéressants. Nous les classerons d'après la considération de leur système dentaire. Les couleurs de ces Animaux sont en général sombres, et la plupart d'entre eux sont noirâtres, bruns ou gris. On n'en cite qu'un petit nombre qui échappent à cette uniformité. Le Vespertilion kirivoula, des îles de la Sonde, est remarquable par la disposition vergetée des couleurs de ses ailes.

I. *Certains Vespertilions se distinguent des autres parce que leur queue est moins longue que la membrane interfémorale.*

Leach en connaissait une espèce qu'il a nommée OELLO DE CUVIER (*OEllo Cuvieri*). Elle a, d'après lui, une seule paire d'incisives et quatre de molaires à la mâchoire supérieure, et, à l'inférieure, deux paires d'incisives et six de molaires; Leach ignorait la provenance de l'exemplaire qu'il a décrit.

Une autre espèce un peu différente par son système dentaire, mais à queue également plus courte que la membrane interfémorale, est le VESPERTILION ALECTO (*Vespertilio alecto*, Eydoux et P. Gerv.), que nous avons décrit dans la partie zoologique du voyage de *la Favorite*, d'après un exemplaire rapporté de Manille par M. Fortuné Eydoux; elle n'a qu'une paire d'incisives supérieures, et ses molaires sont au nombre de cinq à chaque mâchoire.

Une troisième est connue à Java; c'est l'EMBALLONURE MONTICOLE (*Emballonura monticola* de Kuhl), de la taille de notre Pipistrelle.

L'*Emballonura afra* (Peters) est de la côte mozambique.

Nous rapprocherons des OEllos et des Emballonures le *Mystacina tuberculata* (Gray) qui vit à la Nouvelle-Zélande. Sa queue est moins longue que la membrane et elle se termine à la face supérieure de celle-ci en forme de tubercule. La tête rappelle celle des Molosses; le pelage est doux, gris brun, un peu plus clair en dessous qu'en dessus; le corps a 0,045 et l'envergure 0,25. M. Lesson est le premier auteur qui ait parlé de la présence d'une espèce de Chauve-Souris vivant à la Nouvelle-Zélande.

D'autres Verspertilions à queue courte se rencontrent dans l'Amérique méridionale : tels sont les *Proboscidea* de Spix, et les *Centronycteris* (Fischer), que l'on donne aussi comme des genres à part dans quelques ouvrages; les *Vespertilio naso* et *calcarata* du prince de Neu-Wied en font partie.

II. Un assez grand nombre de Vespertilions joignent au caractère d'avoir *la queue de longueur ordinaire et comprise dans la membrane interfémorale* celui de ne posséder qu'*une seule paire d'incisives supérieures*, tandis que tous les autres en ont deux. On leur a conservé le nom de NYCTICÉES (*Nycticejus* ou *Nycticeus*), emprunté à Rafinesque, naturaliste qui a introduit dans la science tant de mots nouveaux que les compilateurs eux-mêmes ont souvent négligé la lecture de ses ouvrages quoiqu'ils renferment des découvertes intéressantes.

Mais cette réunion des Nycticées en un seul et même groupe est plus commode que réellement naturelle, car les Vespertilions à une seule paire d'incisives supérieures diffèrent entre eux, comme les Vespertilions à deux paires d'incisives, par certains caractères de leur crâne, de leurs molaires, etc.

1. Rafinesque distinguait même, sous le nom générique d'ATALAPHE (*Atalapha*), une espèce des États-Unis, qui est remarquable parce que le dessus de sa membrane interfémorale est entièrement recouvert de poils semblables à ceux du corps; c'est le VESPERTILION DE NEW-YORK (*Vespertilio noveboracensis* de Pennant) dont il change le nom en *Atalapha americana*. Cette espèce a près de trente centimètres d'envergure; elle est brune en dessus et sur la tête, et blanchâtre en dessous; une ligne blanche existe de chaque côté du corps au point d'insertion des ailes.

Le VESPERTILION LASIURE (*Vespertilio lasiurus*, Linné) est aussi des États-Unis, et sa membrane interfémorale est velue en dessus; il a le pelage roux cannelle en été, et plus clair et comme jaspé en hiver; ses molaires supérieures sont au nombre de cinq, dont la première très-petite, tandis que dans l'espèce précédente il n'y en a que quatre; c'est là le meilleur caractère que l'on puisse indiquer entre ces deux espèces, et il est regrettable qu'on ne connaisse pas sous le même rapport le *Vespertilio pruinosus* de Say, qui est aussi des États-Unis, mais qui n'est peut-être qu'un Vespertilion lasiure.

M. Temminck dit que le Lasiure se trouve aussi à Cayenne, et il se demande avec juste raison si la Chauve-Souris de Buenos-Ayres, que M. Lesson a nommé VESPERTILION DE BLOSSEVILLE (1) (*Vespertilio Blossevillei* ou *V. bonariensis*) en diffère. Dans la partie zoologique de l'ouvrage de M. de la Sagra, sur Cuba, j'ai rapporté au Vespertilion de Blosseville une Chauve-Souris de Cuba ayant aussi

DENTS DU VESPERTILION DE BLOSSEVILLE, 6/1 de grand.

les dents du Lasiure, et, plus récemment, j'ai retrouvé les caractères de cette espèce et ceux du Vespertilion de New-York dans des Chauve-Souris du Chili que M. Gay m'avait remises pour en avoir les noms et la description. Ces Atalaphes du Chili, dont l'espèce reste douteuse comme celle des Atalaphes de Buenos-Ayres, de Cayenne et de Cuba, sont semblables à ceux, également chiliens, que MM. Lesson et Schinz ont donnés, d'après le voyageur Poëppig, comme formant deux espèces nouvelles.

2. On pourrait réserver le nom de NYCTICÉES aux Vespertilions à une seule paire d'incisives supérieures qui n'ont pas la membrane interfémorale velue en dessus comme les Atalaphes. Il y en a en Afrique, dans l'Inde, et, d'après les recherches de Rafinesque, il en existe aussi en Amérique.

Le VESPERTILION DE NIGRITIE (*Vespertilio nigrita*, Gmelin), dont la première description a été donnée par Daubenton sous le nom de *Marmotte volante*, habite la côte occidentale de l'Afrique, où il a été découvert par Adanson. C'est une des plus grosses espèces de la famille des Vespertilionidés; sa longueur totale est de vingt centimètres, dont huit pour la queue, et son envergure a cinquante centimètres.

Le VESPERTILION A VENTRE BLANC (*Vespertilio leucogaster*), découvert dans le Kordofan par M. Ruppel, n'a que vingt centimètres d'envergure; il vit dans les trous du Baobab, arbre gigantesque dont le genre porte en latin le nom du naturaliste Adanson (*Adansonia*).

Les *Nycticeus planirostris* et *viridis* ont été découverts en Mozambique par M. Peters; le second est remarquable par la teinte verdâtre de son pelage.

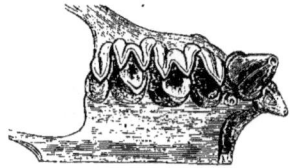

_____

(1) Nom d'un officier de la marine française qui avait fait, avec MM. Garnot et Lesson, un voyage autour du monde à bord de la corvette *la Coquille*, sous les ordres de M. le capitaine Duperrey. M. de Blosseville a, depuis, commandé le brick *la Lilloise*, qui s'est perdu, comme le bâtiment du capitaine Franklin, dans la mer polaire

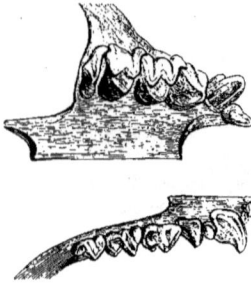

L'Inde ou ses îles fournissent : le VESPERTILION DE BOURBON (*Vespertilio borbonicus*, E. Geoffroy) ; de l'île Bourbon et de l'île Maurice, peut-être aussi de Manille et du Bengale : envergure, 0,33 ;

Le VESPERTILION DE BELANGER (*Vespertilio Belangeri*, Is. Geoffroy), de Pondichéry, où les Indous le nomment *Teringili* ;

Le VESPERTILION DE TEMMINCK (*Vespertilio Temminckii*, Horsfield); de Java ;

Et le VESPERTILION NOCTULINE (*Vespertilio noctulina*, Is. Geoffroy), envoyé du Bengale par Duvaucel.

Ces Nycticées indiens ont quatre paires de molaires supérieures et cinq inférieures.

Les espèces américaines que Rafinesque a signalées ne nous sont pas connues en nature; elles sont des États-Unis.

L'Amérique méridionale n'a encore fourni qu'une seule Chauve-Souris qui paraisse appartenir à la division des Nycticées; c'est le VESPERTILION CANELLE (*Vespertilio ruber*, E. Geoffroy), sur lequel M. Dorbigny et moi avons publié de nouveaux renseignements d'après un exemplaire rapporté de la province de Corrientes (République argentine).

III. *Toutes les espèces suivantes sont pourvues de deux paires d'incisives supérieures.*

Elles diffèrent les unes des autres par le nombre de leurs dents molaires, par la forme de leurs oreilles et par quelques autres caractères.

1. *Vespertilions pourvus de trente-deux dents, dont dix-huit molaires seulement ($\frac{4}{5}$ de chaque côté), par suite de la présence d'une seule paire d'avant-molaires supérieures en avant des trois grosses molaires et de deux paires de ces petites dents inférieurement.*

LE VESPERTILION SÉROTINE (*Vespertilio serotinus*, Linné), connu depuis le travail de Daubenton sur les Chauve-Souris, appartient à cette section. Depuis lors on l'a décrit comme nouveau sous plusieurs noms différents ; c'est, entre autres, le *Vespertilio incisivus* de M. Crespon (*Faune méridionale*). La Sérotine est d'Europe et de l'Asie occidentale; c'est une de nos plus grandes Chauve-Souris ; elle a environ 0,35 d'envergure; son pelage est brun fauve; son oreillon est médiocrement long et en lame de couteau obtus. Elle vit isolée ou par paires, soit dans les forêts, soit dans la campagne, passe le jour dans les creux d'arbres, recherche les endroits où il y a de l'eau, et ne vole qu'à la nuit close.

M. le prince Charles Bonaparte attribue la même formule dentaire aux *Vespertilio vispristrellus, Savii, Bonapartii, albo-limbatus, Alcithoe, Leucippe* et *Aristippe*, qu'il a décrits comme autant d'espèces distinctes, propres à l'Italie, dans son ouvrage intitulé *Fauna italica*. Ces Vespertilions sont plus petits que la Sérotine ; nous n'en avons encore observé aucun dans le midi de la France.

Certaines Chauve-Souris étrangères à l'Europe ont aussi dix-huit molaires.

Tel est, entre autres, le VESPERTILION DE LA CAROLINE (*Vespertilio caroliniensis*, E. Geoffroy), auquel on peut réunir les exemplaires des États-Unis, de Cuba et du Brésil, qui ont reçu les noms de *Creeks, Dutertre* et *Saint-Hilaire*.

Une autre existe au Pérou, c'est le VESPERTILION INOFFENSIF (*Vespertilio innoxius*, P. Gerv.). Enfin il y en a une à Corrientes, dans la république argentine : *Vespertilio furinalis*, P. Gerv. et Dorb.

La même formule dentaire caractérise encore l'OREILLARD VOILÉ (*Plecotus velatus*, Is. Geoffroy), que ses grandes oreilles et la forme de sa tête rendent si différent des espèces précédentes.

Il vit au Brésil et au Chili, et c'est peut-être le même que le *Vespertilio Maugei* de Desmarest, qui a été recueilli à Porto-Rico.

2. *Vespertilions pourvus de trente-quatre dents, dont vingt molaires ($\frac{5}{5}$ de chaque côté), par suite de la présence de deux paires de petites molaires supérieures et inférieures.*

La position de la petite fausse molaire supérieure peut être considérée comme fournissant aussi un bon caractère; elle conduit aux divisions suivantes :

A. La petite fausse molaire supérieure est gemmiforme et cachée dans l'angle formé par la canine et la molaire carnassière, de telle sorte qu'elle est invisible par le côté extérieur de la série dentaire ou seulement peu visible.

Le VESPERTILION BARBASTELLE (*Vespertilio barbastellus*), que Daubenton a fait le premier connaître, appartient à cette première sous-division. C'est une espèce de petite taille, ayant 0,29 d'envergure; son pelage est brun foncé; sa face est verruqueuse, et ses oreilles sont grandes, aussi larges que longues, et réunies entre elles au-dessus du front. Quelquefois la fausse molaire supérieure tombe, et le nombre des dents est ainsi réduit à trente-deux. Cette espèce est devenue pour quelques auteurs le type d'un genre à part, sous les noms de *Synotus* ou *Barbastellus*.

Les Barbastelles vivent en Europe, et particulièrement en France; mais elles y sont rares. J'en ai vu un exemplaire, trouvé aux îles Canaries par MM. Webb et Berthelot.

Le VESPERTILION NOCTULE (*Vespertilio noctula*), dont la description est également due à Daubenton, a aussi trente-quatre dents à peu près disposées comme celles de la Barbastelle; mais la forme de ses oreilles et celle de sa tête sont toutes différentes. Il ressemble assez à la Sérotine par la forme générale autant que par la taille; son oreillon a l'apparence d'un petit couperet. La Noctule est une Chauve-Souris de nos pays. Elle sort plutôt de sa retraite que la Sérotine et se montre vers le coucher du soleil; son vol est d'abord élevé, mais elle se rapproche de terre à mesure que l'obscurité devient plus profonde. La Noctule vit par petites troupes; son odeur est fort désagréable. On trouve cette espèce en France et dans presque tout le reste de l'Europe.

Le VESPERTILION PIPISTRELLE (*Vespertilio pipistrellus*), aussi distingué par Daubenton, est plus petit et bien plus commun; il préfère les lieux habités, se cache dans les creux des murs, sous les toits, dans les greniers, etc. ; son oreillon est en couteau comme celui de la Sérotine ; son pelage est roux enfumé; son envergure ne dépasse pas 0,23.

On le voit dans presque toutes les villes de l'Europe, et j'ai examiné des Chauve-Souris de Sicile, des Canaries, d'Égypte, de Java, de Pondichéry et du Bengale qui étaient de la même espèce ou tout au moins d'espèces très-voisines. C'est à la Pipistrelle qu'il faut rapporter le *Vespertilio brachyotos* de M. Baillon, qui a été signalé comme une nouvelle Chauve-Souris propre aux environs d'Abbeville. Le *Vespertilio pygmæus* de Leach était aussi une Pipistrelle.

Le VESPERTILION NOIRATRE (*Vespertilio nigricans*, Gené), que M. Crespon a signalé, de son côté, sous le nom de *Vespertilio nigrans*, est une autre espèce européenne, un peu plus petite que la Pipistrelle, et qui n'a guère que 0,18 d'envergure; sa couleur est plus foncée; ses oreilles ont à peu près la même forme, et sa fausse molaire supérieure est moins serrée contre la canine; enfin la même molaire est un peu plus visible par la face externe.

M. Gené l'a découvert en Sardaigne, et je l'ai reçu de Corse et de Nîmes par les soins de MM. Requien et Crespon.

Le VESPERTILION NOCTURNE (*Vespertilio noctevagans*, Lecomte), qui est, au contraire, un peu plus fort que la Pipistrelle, est une espèce du même sous-genre propre à l'Amérique septentrionale.

B. La petite fausse molaire supérieure est plus ou moins aiguë et placée sur le même rang que les autres dents, au lieu d'être à l'angle interne de la canine et de la carnassière.

Une Chauve-Souris de France nous a présenté ce caractère, mais nous ignorons encore quel est le nom, parmi tous ceux qu'ont publiés les auteurs, qui lui convient réellement, et, comme nous n'en avons vu que le crâne d'un seul exemplaire, nous nous bornons à le signaler aux personnes qui pourront en étudier l'espèce plus en détail. Sa taille est un peu plus forte que celle de la Pipistrelle. C'est peut-être le Discolore.

VESPERTILION DISCOLORE, 1/2 de grand.

M. Temminck donne, en effet, la même formule den-taire au VESPERTILION DISCOLORE (*Vespertilio discolor*, Kuhl), qui est une des espèces propres à l'Europe. On en suppose l'existence en France, mais l'Autriche est le pays où on l'a observé le plus souvent.

VESPERTILION DISCOLORE, grand. nat.

DENTS DU VESPERTILION DE LESUEUR, 4/1 de grand.

De Blainville a signalé comme ayant aussi le même mode de dentition une espèce recueillie aux États-Unis par le courageux compagnon de Péron, feu M. Lesueur ; il l'appelle VESPERTILION DE LESUEUR (*Vespertilio Lesueurii*).

3. *Vespertilions pourvus de trente-six dents, dont vingt-deux molaires ($\frac{5}{6}$ de chaque côté), par suite de la présence de deux paires de petites molaires supérieurement et de trois paires inférieurement.*

A. *Espèces connues sous le nom d'*OREILLARD.

Le VESPERTILION OREILLARD de Daubenton (*Vespertilio auritus*) a les dents ainsi conformées. C'est une Chauve-Souris de petite taille, ayant 0,30 d'envergure, à poils gris en dessus, gris cendré en dessous, assez longs, et qui est surtout remarquable par les grandes dimensions de ses oreilles et par les grands oreillons spadiformes qu'on voit dans leur cornet. L'Oreillard est de plusieurs parties de l'Europe : on le trouve en France, aussi bien dans le nord que dans le centre ou dans le midi, mais il est rare partout ; il aime les jardins, les lieux peu habités, et paraît vivre isolé. La grandeur de

VESPERTILION OREILLARD, grand. nat.

1re PARTIE. 28

ses oreilles en a fait faire un genre à part (PLECOPUS, E. Geoffroy), auquel on a quelquefois associé d'autres Vespertilions ayant aussi les oreilles très-grandes.

VESPERTILION OREILLARD, 1/2 de grand.

On en a distingué, mais peut-être à tort, une espèce européenne sous le nom d'*Oreillard brévimane*.

Le VESPERTILION GRANDE-OREILLE (*Vespertilio macrotis* et *megalotis*), qui est de l'Amérique septentrionale, paraît, au contraire, constituer une autre espèce. Il a été décrit par Rafinesque et par M. Lecomte.

Il en est plus sûrement ainsi du VESPERTILION EURYOTE (*Vespertilio euryotis*, Natterer), qui est de l'Amérique méridionale. C'est aussi une Chauve-Souris à grandes oreilles, et, sous ce rapport, il a encore de l'analogie avec le Vespertilion voilé.

B. *Espèce type du genre* FURIE *de F. Cuvier*.

Il existe également trente-six dents chez la petite espèce de la Guyane à oreilles courtes, arrondies et très-ouvertes, à oreillon hastiforme et à face verruqueuse et presque difforme, que F. Cuvier a décrite comme formant un genre à part, sous le nom de FURIE HORRIBLE (*Furia horrens*).

4. *Vespertilions pourvus de trente-huit dents dont vingt-quatre molaires ($\frac{6}{6}$ de chaque côté) par suite de la présence de trois paires de petites molaires en haut et en bas*.

Ceux qui ressemblent le plus au Murin ont reçu le nom de *Murinoïdes*.

Le VESPERTILION MURIN de Daubenton (*Vespertilio murinus*) est le plus fort et l'un des plus communs parmi les Cheiroptères de ce groupe. On le trouve dans une grande partie de l'Europe et même en Algérie. Il vit par troupes nombreuses, se retirant pendant le jour dans les endroits sombres et, en général, sous les combles des grands bâtiments. Son vol est rapide. Ses excréments, que l'on trouve amoncelés dans les lieux où il se cache, ont, comme ceux de la plupart des autres Chéiroptères, une odeur musquée. Il a 0,45 d'envergure. Son pelage est brun cendré; son museau est assez allongé et ses oreilles en forme de cornet ont leur oreillon en lame pointue.

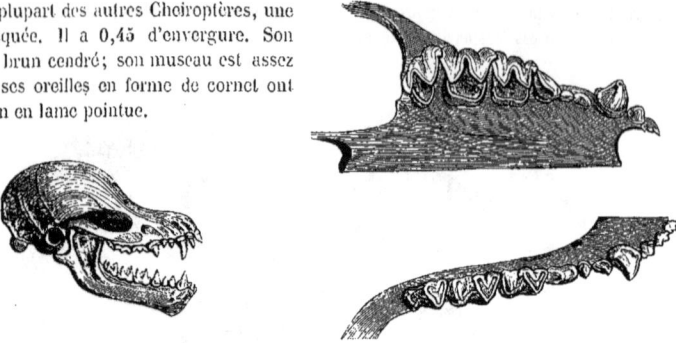

CRANE ET DENTS D'UN VESPERTILION DU GROUPE DES MURINOÏDES

D'autres espèces murinoïdes, également pourvues de trente-six dents, mais d'une moindre taille, s'observent en Europe. Quatre ont été trouvés en France, ce sont :

Le VESPERTILION DE BESCHTEIN (*Vespertilio Beschteinii*, Leisler), dont les oreilles approchent pour la grandeur de celles de l'Oreillard.

Le VESPERTILION DE NATTERER (*Vespertilio Nattereri*, Kuhl).

Le VESPERTILION MYSTACIN (*Vespertilio mystacinus*, Leisler), dont le *Vespertili on hu méral* de M. Baillon ne diffère pas ;

Et le VESPERTILION ÉCHANCRÉ (*Vespertilio emarginatus*, E. Geoffroy).

D'autres sont également européens, mais n'ont pas été vus dans notre pays. Nous citerons en particulier le VESPERTILION LIMNOPHILE (*Vespertilio limnophilus*, Temminck), qui a la seconde fausse molaire supérieure plus petite que la première. Il vole très-tard, à l'entrée

VESPERTILION LIMNOPHILE. (1/2 de grand.)

de la nuit, et paraît rarement ailleurs que sur les eaux et au milieu des roseaux. On ne l'a encore trouvé qu'en Hollande.

Nous avons fait connaître, dans l'ouvrage sur le Chili de M. Gay, les dents du VESPERTILION DE CHILOE (*Vespertilio chiloensis*, Waterhouse), petite espèce non moins curieuse qui habite le Chili; elles rapprochent ce Cheiroptère du Limnophile.

L'Amérique méridionale est aussi le pays des *Vespertilio brasiliensis* (Spix); V. *hypothrix* (P. Gerv. et d'Orb.) et V. *Isidori* (P. Gerv. et d'Orb.).

L'île de Cuba a seule fourni jusqu'à ce jour l'espèce plus curieuse encore par la forme de sa face et l'allongement de son crâne, que j'ai décrite sous le nom de *Vespertilio lepidus* (Histoire de Cuba, publiée par M. De la Sagra). Cette espèce devrait former à elle seule une division particulière.

DENTS DU VESPERTILION LIMNOPHILE, 4/1.

Plusieurs Vespertilions également pourvus de trente-huit dents sont propres à l'Amérique septentrionale. Tels sont les *Vespertilio gryphus*, V. *subulatus* et V. *Salarii* de Fréd. Cuvier; tous trois sont de l'État de New-York.

Dans l'énumération qui précède nous avons dû insister sur les espèces vulgaires ou sur celles plus rares qu'il nous a été possible d'étudier en nature. Nous en aurions beaucoup d'autres à signaler si nous voulions donner la liste complète de celles qui ont été décrites dans ce genre, mais on n'a pas fait connaître le système dentaire de la plupart de celles qui nous resteraient à signaler, et il est par conséquent impossible de leur assigner un rang dans la méthode que nous avons adoptée; il en est d'ailleurs quelques-unes, ainsi que M. Temminck en a déjà fait la remarque, qui ont été décrites d'une manière trop imparfaite pour qu'il soit possible de les reconnaître avec certitude.

E. Geoffroy n'avait pas multiplié, comme on l'a fait depuis, les divisions génériques de la tribu des Vespertilioniens, et il avait assigné des limites plus larges au genre Vespertilion. Il n'en comptait, il est vrai, que dix-huit espèces. M. Temminck, qui a apporté un soin égal et des vues non moins sages dans l'étude du même groupe, en évaluait, il y a déjà quelques années, les espèces à une centaine, non comprises celles à une seule paire d'incisives supérieures, dont nous avons parlé sous les noms d'Atalaphe et de Nycticée. Une trentaine de ces espèces sont de l'Europe, région du globe où les Vespertilions représentent le groupe des Cheiroptères à l'exclusion de presque tous les autres genres du même ordre. L'Amérique septentrionale paraît en posséder un nombre à peu près égal, mais il y en a moins dans l'Amérique méridionale, qui nourrit tant de Phyllostomidés, et ils n'entrent pas non plus pour une fraction aussi notable dans le nombre total des Cheiroptères propres à l'Inde et à l'Afrique, pays si riches en Molosses et surtout en Roussettes.

On ne connaît encore que trop incomplétement les Cheiroptères de Madagascar pour qu'il soit possible de rien dire sur la proportion suivant laquelle les différentes familles de Cheiroptères y sont représentées.

La Nouvelle-Hollande, ce continent si pauvre en Mammifères monodelphes, a fourni quelques Cheiroptères comme aussi quelques Rongeurs, et ces Cheiroptères, quoique d'espèces différentes de ceux du reste de la terre, rentrent, comme beaucoup de Reptiles australiens, dans des genres propres à l'ancien continent. On n'y connaît aucun Phyllostomidé, mais il y a, comme nous l'avons déjà dit, deux ou trois Roussettes; la famille des Rhinolophes y est représentée par le Nyctophile de Geoffroy et par les Rhinolophes orangé et mégaphylle; enfin il y a plusieurs Vespertilions. C'est parmi eux que paraissent se ranger les Vespertilionidés, nommés par M. Gray : *Noctulina tasmaniensis*, *Scotophilus Gouldii*, *Scotophilus pumilus*, *Scotophilus Greyi* et *Scotophilus Morio*. Il y a aussi un Vespertilion à la

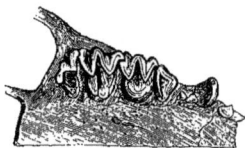

Nouvelle-Zélande; c'est le *Mystacina tuberculata* de M. Gray, et un autre de l'île Norfolk qui est peu éloignée du même archipel. Ces deux Cheiroptères sont les seuls Mammifères que l'on connaisse encore dans l'archipel Nouveau-Zélandais, qui est si différent de la Nouvelle-Hollande par ses productions ornithologiques, que l'on doit le considérer comme étant aussi un centre particulier de population animale.

Nous avons donné les caractères du *Mystacina tuberculata* en parlant des OEllo et des Emballonures. Le Vespertilion de Norfolk (*Vespertilio norfolcensis*, Gray), que nous avons récemment étudié dans le musée Britannique, est de la taille de la Pipistrelle et du Mystacin, et il a, comme eux, la queue entièrement comprise dans la membrane interfémorale et de forme ordinaire. Son oreillon est à peu près sécuriforme; sa couleur est brunâtre.

GENRE MOLOSSE (*Molossus*, E. Geoffroy). Les Cheiroptères dont nous parlerons sous ce nom, comme l'ont fait de leur côté MM. Temminck et de Blainville, sont les mêmes dont on a fait les différents genres des *Molosses*, *Nyctinomes*, *Myoptères*, *Dysopes*, *Cheiromèles*, *Dinops*, etc. Ils sont remarquables par leur grosse tête, par leurs oreilles simples, arrondies, plus ou moins gaufrées, comme ourlées à leur pourtour, mais sans véritable oreillon intérieur; par leurs lèvres épaisses et dont les supérieurs sont en lippes plus ou moins frangées; par leur queue dépassant de moitié la membrane interfémorale; enfin par les soies roides que l'on voit sur leurs doigts de derrière.

Ce sont des Animaux hideux, à ailes étroites, mais aiguës, et dont les jambes courtes ont leur péroné presque aussi fort que le tibia, et très-arqué en dehors; ils volent avec rapidité et marchent plus facilement que la plupart des autres Chauve-Souris. Leur taille est, en général, supérieure à celle de nos petites espèces de Vespertilions; elle égale ou même dépasse, dans la plupart des espèces, celle du Murin et de la Noctule; leur régime est essentiellement insectivore; ils ont des incisives dont la formule varie avec l'âge, mais qui sont habituellement au nombre de deux paires à la mâchoire inférieure, et d'une seule à la supérieure; les premières étant simplement bilobées à la couronne, et les unes et les autres serrées entre les canines, qui sont fortes; ils ont tantôt quatre, tantôt cinq paires de molaires supérieures, et présentent constamment cinq paires de dents analogues à la mâchoire inférieure.

Les diverses espèces du genre des Molosses habitent les régions chaudes et tempérées; elles nous fournissent le second exemple d'un genre à la fois commun aux deux continents. Tous ceux que nous avons étudiés jusqu'à présent, soit parmi les Cheiroptères, soit parmi les Primates, étaient particuliers au nouveau continent ou, au contraire, à l'ancien, et quelques-uns mêmes, parmi ceux qui habitent ce dernier, exclusivement cantonnés en Afrique, dans l'Inde ou à Madagascar, comme c'est le cas pour la plupart des Pithéciens et pour les Lémuridés. Une seule espèce de Molosse a été constatée en Europe. C'est le *Molossus Cestoni*, type du genre *Dinops* de M. Savi. Aucune n'a été signalée en Australie.

1. *Certains Molosses n'ont que quatre paires de dents molaires supérieures.*

Le MOLOSSE A COLLIER de Temminck (*Molossus torquatus*), que M. Horsfield a décrit sous le nom générique de *Cheiromèle*, est de ce nombre; c'est le *Molosse pédimane* de M. Temminck. C'est aussi la plus grande espèce connue; sa longueur totale est de 0,15, et son envergure 0,65. On le trouve à Bornéo, et, assure-t-on, dans le royaume de Siam. Le doigt externe de ses pieds de derrière est entièrement séparé des autres, libre et presque aussi opposable que le pouce des Quadrumanes; le corps n'a que quelques poils.

Le MOLOSSE DE DAUBENTON (*Molossus Daubentonii*), dont nous avons parlé plus haut sous le nom de *Rat-volant*, a été découvert au Sénégal par Adanson; il est moins fort que le précédent; il a le corps tout couvert de poils bruns.

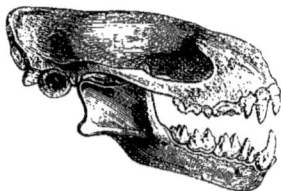

DENTS DU MOLOSSE DE DAUBENTON, 4/1 de grand.

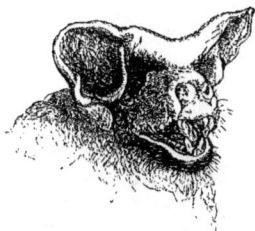

MOLOSSÉ MOPS, grand nat.

Le MOLOSSE MOPS (*Molossus mops*), décrit comme espèce du genre *Dysopes* par F. Cuvier, est de Sumatra, où il a été trouvé par Diard et Duvaucel; c'est peut-être le même que le *M. dilatatus* de quelques auteurs.

Le MOLOSSE OURSON (*Molossus ursinus*, Spix) habite, au contraire, l'Amérique méridionale, ainsi que les *M. rufus* (E. Geoffroy), *velox* (Temminck), et *obscurus* (E. Geoffroy). Ce dernier a été rapporté de Cuba et de la Martinique, ainsi que du continent Sud-Américain, par exemple, de la Guyane. Le Molosse véloce va jusqu'à Buenos-Ayres. Le Molosse roux est de Saint-Jean-de-Curaçao.

2. *Les autres espèces du même genre ont cinq paires de molaires aux deux mâchoires.*

On ne connaît bien parmi celles de l'Amérique que le MOLOSSE NASIQUE (*Molossus nasutus*, Spix, ou *Nyctinomus brasiliensis*, E. Geoffroy), que l'on trouve au Brésil, dans la République argentine et au Chili; il paraît s'étendre au nord jusqu'à la Nouvelle-Orléans. Ce Molosse a les lèvres plissées, le tour du nez denticulé, les oreilles amples, non réunies au-dessus du front, et le pelage de couleur brun noir en dessus et cendré en dessous; son envergure est de 0,29.

Le MOLOSSE DE CESTONI (*Molossus Cestoni*), que M. Savi a décrit sous le nom générique de *Dinops*, s'observe en Italie; il a d'abord été découvert à Pise; il existe aussi en Égypte et dans l'Algérie.

MOLOSSE DE CESTONI, grand. nat.

DENTS DU MOLOSSE DE CESTONI, 2/1 de grand.

Cette curieuse espèce de Chauve-Souris est sans doute l'Animal que Rafinesque avait appelé *Tadarida tæniotis*, et aussi le *Molosse Rüppel* de la Monographie de M. Temminck.

Le MOLOSSE PLISSÉ (*Molossus plicatus*), nommé encore *Nyctinomus bengalensis*, est de couleur de suie, avec le dessous du corps plus pâle; ses lèvres sont plissées; son envergure est de 0,33. Il vit au Bengale.

Le MOLOSSE ÉGYPTIEN (*Molossus ægyptiacus*), découvert par E. Geoffroy, est de la taille de la Sérotine; ses oreilles ne sont pas réunies sur la ligne médiane.

Le MOLOSSE DE PORT-LOUIS (*Molossus acetabulosus*), décrit par E. Geoffroy et Temminck, et déjà signalé dans les manuscrits de Commerson, vit à l'Ile-de-France et peut-être à Madagascar; c'est une espèce assez petite et dont l'envergure n'a que 0,28. La glande qu'il porte sous le cou est considérable, eu égard à la taille de l'Animal et lui a valu son nom latin; son pelage est brun noir.

MOLOSSE DE PORT-LOUIS, grand. nat.

ORDRE DES INSECTIVORES

Animaux mammifères pourvus de quatre extrémités onguiculées, propres à la locomotion ordinaire ou modifiées pour fuir, n'ayant pas les pouces opposables; mode de développement analogue à celui des Chei- roptères et des Primates; intelligence très-peu développée; régime plus ou moins insectivore; dents souvent aiguës ou garnies de tuber- cules aigus, en général moins faciles à diviser en trois sortes que celles des familles précédentes, mais toujours différentes de celles des Rongeurs, dont la plupart des Insectivores se rapprochent sous d'autres rapports. Les plus connus de ces Animaux sont les Héris- sons, les Musaraignes et les Taupes. L'Afrique et l'Asie méridionale en nourrissent qui constituent des genres différents.

L'ordre des Insectivores répond, à peu de choses près, à celui des *Bestiæ* de Linné, mais il faut en éloigner son genre *Didelphis,* dont le mode de développement est tout différent. Quoique beaucoup d'autres Mammifères se nourrissent d'Insectes, on laisse en propre à ceux dont nous allons parler le nom d'*Insectivores*. Ils constituent un groupe intermédiaire aux ordres des Cheiroptères et des Rongeurs, ayant avec eux des affinités incontestables dans la forme du cerveau, dans le mode de reproduction, dans le degré d'intelligence, etc., mais qui se laisse aisément distinguer des uns et des autres par l'apparence extérieure ainsi que par la disposition de leur système dentaire.

La forme des membres chez les Insectivores, la position des mamelles et quelques autres caractères séparent nettement ces Animaux des Cheiroptères ; leurs dents ne permettent pas non plus de les confondre avec les Rongeurs, quelque ressemblance qu'ils aient d'ailleurs avec ces derniers sous d'autres rapports. Ils ont toujours un nombre plus considérable de dents, et jamais ils ne présentent, entre les incisives et les vraies molaires, le grand espace vide ou la barre que l'on trouve constamment chez les Rongeurs. Toutefois, cette différence n'est pas aussi importante que celles qui distinguent les Insectivores d'avec les Cheiroptères. On peut cependant y ajouter que les incisives antérieures des Insectivores, et leurs vraies molaires ont toujours une autre forme que celles des Rongeurs, et cette nouvelle particularité coïncide avec la différence qui existe dans le régime de ces deux groupes de Mammifères. Les Rongeurs vivent surtout de graines, d'herbes ou d'autres substances végétales. Certains d'entre eux aiment aussi la chair et les matières animales ; mais aucun ne se nourrit d'Insectes. Les Insectivores, au contraire, comme leur nom l'indique, préfèrent toujours les Insectes, et, s'ils y associent d'autres aliments, ce sont surtout des aliments empruntés aux classes inférieures du règne Animal, tels que les Vers, les Limaces, etc. Aussi n'ont-ils pas le canal intestinal aussi long que celui de la plupart des Rongeurs, et le plus grand nombre d'entre eux manquent de cœcum.

Au lieu de prendre leur proie au vol, comme le font les Chauve-Souris, ils la poursuivent sur les arbres, à terre, dans l'eau ou dans le sol lui-même. De là des différences considérables dans leurs organes locomoteurs, et qui rappellent, dans l'ordre des Insectivores, la plupart des formes qui distinguent entre eux les Rongeurs. Il n'est pas jusqu'à celle des Gerbilles et des Gerboises, ou Rongeurs disposés pour le saut et à pieds de derrière très-allongés, qui ne se retrouve chez les Insectivores, où elle nous est fournie par les Macroscélides et les Pétrodromes. Les espèces arboricoles sont représentées par les Hylomys, les Tupaïas et les Ptilocerques, et les seconds de ces Animaux ont une si grande analogie extérieure avec les Écureuils, que les Malais les désignent par le même nom ; les genres terrestres du même ordre sont les Hérissons, les Gymnures et plusieurs autres ; les Desmans sont la répétition des Ondatras, des Myopotames, etc., dans le même groupe ; enfin, les Taupes, les Chrysochlores, etc., y tiennent la place de ces Rongeurs éminemment souterrains, auxquels on a même donné le nom de Rats-Taupes, pour rappeler la similitude qu'ils ont avec les Taupes dans leur genre de vie aussi bien que dans l'apparence extérieure.

Indépendamment de leurs grandes affinités avec les Rongeurs, les Insectivores en ont aussi avec les Marsupiaux, et principalement avec ceux qui se nourrissent, comme eux, d'Insectes. Ces ressemblances sont telles qu'à plusieurs reprises les naturalistes ont regardé comme Insectivores placentaires des Animaux qui sont, au contraire, des Insectivores marsupiaux, et réciproquement comme Marsupiaux des Insectivores placentaires. Toutefois, certaines particularités du squelette et la disposition des organes reproducteurs, ainsi que la forme sous laquelle les petits viennent au monde, établissent entre ces deux sortes d'Animaux une différence tranchée. Il est également remarquable que les Insectivores marsupiaux et les Insectivores monodelphes, que l'on peut confondre les uns avec les autres, ne se rencontrent point dans les mêmes pays. Ainsi, les Sarigues, habitent l'Amérique méridionale, où il n'existe aucune espèce de ce groupe, et il n'y a pas non plus d'Insectivores monodelphes dans la Nouvelle-Hollande, qui est le pays des petits Dasyures, des petits Phalangers, du Myrmécobie et des autres Insectivores marsupiaux les plus semblables à nos Insectivores. Les Insectivores monodelphes se rattachent d'une manière plus évidente encore aux Lémuridés par quelques-unes de leurs espèces, principalement par les Tupaïas, qui ont, comme les Lémuridés, le cercle orbitaire entièrement osseux.

Les genres dont nous aurons à parler dans ce chapitre se groupent autour de notre Hérisson, de nos Musaraignes ou de nos Taupes, qui sont les seuls Insectivores répandus en Europe ; ils sont propres à l'Afrique, à l'Asie ou à ses îles méridionales, ainsi qu'au Japon et à l'Amérique septentrionale.

On les distingue aisément les uns des autres par leurs caractères extérieurs, auxquels se joignent de très-bonnes particularités empruntées au nombre et à la disposition des dents. Toutefois, il est difficile de donner pour ces derniers des formules aussi précises que celles qu'on établit pour les autres ordres, et les auteurs sont loin d'être d'accord sur leur répartition en incisives, canines et molaires ; c'est pourquoi nous nous attacherons de préférence au nombre et à la forme de ces organes. On n'a pas non plus établi d'une manière précise les changements que l'âge apporte dans le nombre et dans la disposition de ces dents. Les Insectivores paraissent être, sous ce rapport, dans une condition tout à fait particulière ; mais ce que l'on a dit au sujet de plusieurs d'entre eux doit être revu avec soin.

Leurs organes des sens présentent des variations considérables, suivant qu'ils sont appelés à vivre dans telles ou telles conditions, et nous parlerons des particularités qui les distinguent à propos de la description de chaque genre. Il en est de même de leur système tégumentaire dont les deux dispositions extrêmes nous sont offertes par le Hérisson et par la Taupe.

Indépendamment des diverses espèces d'insectivores que l'on connaît dans la nature actuelle, on en a décrit plusieurs autres qui n'existent plus aujourd'hui et dont les restes fossiles ont seuls permis d'établir les caractères distinctifs. On en cite surtout dans les terrains miocènes de l'Europe. Il y en a aussi dans les dépôts à Paléotherium. Un fait remarquable, c'est que, dans plusieurs endroits, les débris de ces Insectivores d'espèces éteintes sont associés à ceux de certains Marsupiaux intermédiaires aux petites espèces qui vivent maintenant dans l'Amérique méridionale et dans l'Australie. Dans une autre partie de cet ouvrage, nous parlerons de ces Marsupiaux, fossiles en Europe, sous le nom de *Peratherium*.

On peut diviser les Insectivores qui vivent actuellement sur le globe en quatre familles, savoir :

1° Les ÉRINACIDÉS, divisibles en quatre tribus, sous les noms de *Tupaia*, *Hérisson*, *Gymnure* et *Tanrec* ;

2° Les MACROSCÉLIDÉS, qui comprennent les *Macroscélidiens* et les *Rhynchocyons* ;

3° Les SORICIDÉS, partagés en *Musaraignes*, *Solénodontes* et *Desmans* ;

4° Les TALPIDÉS ou les *Chrysochlores*, les *Scalops*, les *Condylures* et les *Taupes*.

FAMILLE DES ÉRINACIDÉS

Les Animaux que nous réunissons dans cette famille sont les plus gros de tous les Insectivores et ceux dont l'apparence extérieure s'éloigne le moins de celle des autres Mammifères. Leur apparence générale rappelle assez bien celle des Carnassiers, et ils ont aussi plus ou moins d'analogie avec ces derniers dans leur régime, quoique les Insectes en forment l'élément essentiel. Leur dentition est également moins anormale que celle des Talpoïdes, et, sous ce rapport encore, ils tiennent des Carnivores ; ils ont aussi de l'analogie avec les Lémuridés ; cependant on ne saurait les placer ailleurs que dans l'ordre des Insectivores. La diversité des conditions d'existence auxquelles la nature les a destinés rend compte des différences de forme qui les séparent les uns des autres, et qui ont souvent fait méconnaître les caractères plus profonds qui doivent les faire associer. Les *Tupaias*, qui vivent sur les arbres, ont des formes plus gracieuses ; les *Hérissons*, qui se tiennent à terre, ont le corps plus ramassé et leur queue est rudimentaire ; les Tanrecs sont les représentants des Hérissons dans la Faune de Madagascar ; enfin les Gymnures, qui sont les seuls Erinacidés propres aux îles de la Sonde, se distinguent des autres Animaux de la même famille par leur queue longue et nue et par leurs dents, plus nombreuses que celles des genres précédents.

TRIBU des TUPAIAS

Les Tupaias (*Tupaia*) ont les dents mieux disposées pour le régime insectivore que les Hérissons proprement dits ; leurs allures sont plus semblables à celles Écureuils qu'à celles de ces Animaux, et ils vivent constamment sur les arbres. Ce sont, de tous les Insectivores, ceux qui se rapprochent le plus des Lémuridés par l'ensemble de leurs caractères anatomiques. Ils diffèrent encore des Hérissons par l'absence de piquants.

GENRE TUPAIA (*Tupaia*, Raffles). Les espèces de ce genre vivent sur les arbres, et leur physionomie extérieure est très-semblable à celle des Écureuils, ou de quelques autres Animaux ayant les mêmes habitudes. Dans les grandes îles de l'Inde où vivent principalement les Tupaias, les habitants les confondent même avec les Écureuils et ils donnent aux uns et aux autres le même nom de *Tupaias* ou *Toupaïes*. C'est ce mot *Tupaia* que Raffles a pris pour désigner le genre lui-même ; Diard avait proposé de l'appeler *Sorex-Glis*, mot composé que Desmarest a changé en *Glisorex*, et qui veut dire *Loir-Musaraigne* ; F. Cuvier le nomme de son côté *Cladobate* et M. Temminck *Hylogale*.

Malgré leur ressemblance apparente avec les Écureuils, les Tupaias peuvent en être distingués très-aisément, ainsi que de tous les autres Mammifères ; ils ont d'ailleurs un régime fort différent.

Leurs doigts, au nombre de cinq à chaque pied, sont terminés par des griffes ; leurs pouces ne sont opposables ni en avant ni en arrière, et cependant les Tupaias ont encore beaucoup de ressemblance avec les petits Makis ; leurs dents indiquent un régime insectivore, mais elles ont aussi quelque chose de celles des Animaux frugivores, et l'on sait qu'ils se nour-

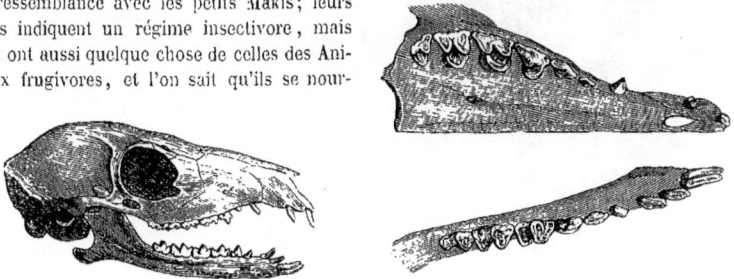

CRANE ET DENTS DE TUPAIA FERRUGINEUS, 2/1 de grand.

rissent aussi bien de fruits que d'Insectes. Les Tupaias ont en tout trente-huit dents, dont neuf paires supérieures et dix inférieures. Les premières consistent de chaque côté en : deux incisives assez longues, grêles et écartées entre elles ; une dent caniniforme implantée la première dans l'os maxillaire ; quatre fausses molaires, dont la quatrième est forte et pourvue d'une grosse épine à sa base interne ; enfin trois arrière-molaires ayant trois tubercules épineux à leur couronne et un bourrelet externe. Inférieurement, il y a deux paires de dents antérieures qui rappellent à peu près les premières dents des Indris par leur proclivité ; puis une dent plus petite, une autre plus forte et caniniforme, trois petites fausses molaires croissant de la première à la troisième et trois vraies molaires dont la partie antérieure est tricuspide.

Le crâne des Tupaias est remarquable par le cercle osseux comparable à celui des Lémuridés qui entoure chaque orbite, et de plus son os molaire est percé. Leur cerveau paraît assez développé.

Le pelage de ces Animaux est doux, assez fourni; il a de l'analogie avec celui des Sciuridés et avec celui de certaines Mangoustes; leur queue longue est en panache comme celle de la plupart des Écureuils.

On trouve ces Mammifères dans les parties boisées des îles de la Sonde. Il y en a aussi dans l'Inde continentale; mais ils y sont plus rares. Ce sont les plus élégants et les plus gracieux de tous les Insectivores. On en distingue maintenant six espèces.

Le TUPAIA FERRUGINEUX (*Tupaia ferruginea*, Raffles) ou le *Press* de Fréd. Cuvier, est presque entièrement de couleur ferrugineuse. Son museau est notablement allongé; son corps et sa queue ont ensemble quarante centimètres environ, dont la queue fait plus de la moitié. Il est commun aux îles de Java, de Sumatra et de Bornéo.

TUPAIA FERRUGINEUX, 2/3 de grand.

Le TUPAIA TANA (*Tupaia tana*, Raffles) est brun roussâtre, avec le dos piqueté et une petite ligne oblique plus rousse sur chaque épaule. On le trouve à Sumatra ainsi qu'à Bornéo. Sa taille est un peu supérieure à celle du Tupaia ferrugineux.

Le TUPAIA DE JAVA (*Tupaia javanica*, Raffles) est d'un gris brun, tiqueté, avec la ligne des épaules blanchâtre; il est un peu moindre que le précédent. C'est le *Cerp* ou *Banxring* de F. Cuvier. On l'a observé dans les trois îles où vit aussi le Tupaia ferrugineux, c'est-à-dire à Java, à Sumatra et à Bornéo.

Le Tupaia murin (*Hylogale murina* de Temminck et Schlegel) n'a encore été observé qu'à Bornéo.

Tupaia murin, 1/3 de grand.

Le Tupaia du Pégou (*Tupaia peguana*), qui paraît constituer une cinquième espèce, a été décrit par M. Is. Geoffroy, d'après des individus rapportés du Pégou (empire des Birmans) par M. Bélanger. Ses formes ne diffèrent pas de celles du Tana et sa couleur le rapproche du Tupaia de Java; elle est cependant un peu plus rousse et il n'y a qu'une simple tâche grisâtre au lieu d'une bande sur l'épaule. Comme ses congénères des îles de la Sonde, cette espèce vit sur les arbres, principalement dans les bois épais et humides.

Le Tupaia d'Elliot (*Tupaia Elliotii*, Waterh) a le pelage fauve uniforme finement tiqueté. On l'a rapporté des environs de Madras.

Genre HYLOMYS (*Hylomys*, Temminck et Schlegel). C'est auprès des Tupaias qu'il faut placer deux genres d'Insectivores dont la découverte est encore assez récente. L'un, ou celui des *Hylomys*, ne comprend qu'une espèce.

L'Hylomys cochonnet (*Hylomys suillus*, des mêmes naturalistes), dont Bornéo est le pays. C'est un petit Tupaia qui diffère principalement des précédents par sa queue rudimentaire et presque nue.

Genre PTILOCERQUE (*Ptilocercus*, Gray). L'autre genre, qui appartient à la même tribu que les Tupaias, est celui des Ptilocerques dont l'espèce également unique n'est encore connue que d'après un seul exemplaire que le musée de Londres a reçu de Sumatra.

C'est le Ptilocerque de Low (*Ptilocercus Lowii*, Gray). Il ressemble aux Tupaias, mais sa physionomie rappelle en même temps celle des Marsupiaux australasiens du genre Phascogale. Ses dents sont au nombre de trente-huit et sa queue, qui est longue, a son dernier tiers garni de poils distiques, tandis qu'elle est presque nue dans les deux autres tiers. On en doit la découverte à M. Low, qui le prit dans la maison du rajah de Sarawack.

Le Ptilocerque de Low a le crâne assez semblable à celui des Tupaias, mais plus court, sans perforations palatines, et pourvu d'un cercle orbitaire un peu incomplet en arrière. La forme de ses dents a beaucoup d'analogie avec celle des Tupaias; il y en a également neuf paires supérieures et dix inférieures. De celles-ci, les deux premières paires sont déclives, inégales, l'interne étant la plus petite : la seconde est suivie de quatre petites dents intermédiaires inégales, dont la seconde est moins forte que sa correspondante chez les Tupaias ; enfin les quatre dernières de la série ressemblent à celles des Animaux que nous venons de nommer.

PTILOCERQUE DE LOW, 1/3 de grand.

TRIBU DES HÉRISSONS

La tribu des Hérissons se compose de quelques espèces propres à l'Europe, à l'Asie ou à l'Afrique, qui, toutes, ont le corps recouvert de piquants, les dents à peu près semblables à celles des Animaux omnivores, le crâne pourvu d'une arcade zygomatique et la queue rudimentaire. Il n'y en a, à proprement parler, qu'un seul genre, même en comprenant les espèces fossiles. Ce genre est celui qui a donné son nom à la tribu.

GENRE HÉRISSON (*Erinaceus*, Linné). Il comprend des Animaux à queue très-courte, à pieds pentadactyles, à poils en grande partie transformés en épines, et dont les mâchoires sont armées de trente-six dents, savoir : supérieurement, trois paires d'incisives, dont les antérieures les plus longues sont écartées l'une de l'autre ; trois paires de dents uniradiculées ; une grosse dent carnassière et trois paires d'arrière molaires tuberculeuses, dont les deux premières sont à peu près carrées et surmontées de quatre tubercules émoussées ; inférieurement, quatre paires de dents uniradiculées dont la première est la plus longue, une carnassière et trois arrière-molaires dont les deux premières résultent de la réunion de deux lobes, l'un et l'autre en forme de V.

DENTS DE HÉRISSON, grand. nat.

Les Hérissons sont des Animaux bien connus qui habitent indifféremment les bois ou les lieux cultivés ; ils se retirent pendant le jour au pied des arbres, dans des creux de murs ou sous des tas de pierre et ils y restent dans un état de somnolence jusqu'au soir; alors ils se mettent à rôder, cherchant, suivant l'occasion, des Insectes, des fruits ou même des racines; ils sont peu intelligents, mais ils peuvent devenir familiers si l'on s'occupe d'eux, et on les nourrit très-bien en captivité avec les restes de la cuisine. On peut les laisser dans les jardins sans qu'il en résulte de véritables inconvénients. Pallas a fait, au sujet des Hérissons, une remarque digne d'être citée, elle est relative à la faculté qu'ont ces Animaux de manger des Cantharides, même en grande quantité, sans en être incommodés, tandis que pour l'Homme et pour beaucoup d'autres espèces, ces Insectes sont un poison des plus violents, et dont les effets désastreux ne tardent pas à amener la mort. Les Cantharides sont même dangereuses si elles ont été prises en petite quantité. Les Hérissons des contrées où l'hiver est rigoureux s'engourdissent à la manière de plusieurs autres espèces pendant la mauvaise saison.

Ces Animaux ont de trois à sept petits à chaque portée. En naissant ils n'ont pas encore les piquants qui constituent l'un de leurs caractères génériques. Ces piquants sont leur principale défense, et lorsqu'ils se sont roulés en boule, ils en ont le corps hérissés de toutes parts, ce qui empêche les Renards, les Chiens et tous les autres Animaux qu'ils ont pour ennemis de les saisir. Ils restent ainsi tant que le danger les menace, mais lorsqu'ils ont jugé qu'ils peuvent se remettre en route, ils se hâtent de retourner à leur retraite. Il y a plusieurs espèces de ces Animaux; elles sont répandues en Europe, en Asie et en Afrique : celle de nos pays s'engourdit en hiver.

C'est le HÉRISSON EUROPÉEN (*Erinaceus europæus*) qui habite une grande partie de l'Europe. Il est long de vingt centimètres; ses piquants, à peine longs de trois centimètres, sont d'un brun clair avec la pointe blanchâtre ; ses poils sont d'un gris sale et presque tous assez rudes.

Cet Animal est l'*Echinos* des Grecs, Εχίνος. Les anatomistes ont réuni de nombreux détails sur la conformation de ses différents organes. Quoiqu'il ait été longtemps employé en matière médicale, on n'en tire plus aujourd'hui aucun parti. On mange cependant sa chair dans quelques endroits. Sa peau servait autrefois de cardes à cause des piquants dont elle est garnie, et l'on peut employer ces derniers en guise d'épingles ; comme ils n'ont pas les incon-

HÉRISSON EUROPÉEN, 1.4 de grand.

vénients des épingles métalliques, ils sont quelquefois préférés pour les préparations anatomiques que l'on veut placer dans l'alcool. Quelques personnes admettent l'existence de deux espèces parmi les Hérissons de nos pays, mais rien ne justifie réellement cette distinction.

Quoi qu'il en soit, le Hérisson ordinaire n'est pas l'unique espèce européenne de son genre. Il existe dans les parties orientales de l'Europe et dans les provinces occidentales de l'Asie une ou deux espèces analogues qui se distinguent de la nôtre par des caractères assez certains. Telle est, en particulier, la suivante :

HÉRISSON A LONGUES OREILLES (*Erinaceus auritus*, Pallas). Il habite les bords de la mer Noire, ainsi que l'*Erinaceus concolor* de M. Martin, dont les caractères sont moins bien connus.

La région himalayenne et l'Inde ont aussi leurs espèces de Hérissons, et les auteurs décrivent comme distinctes celles dont les noms suivent : *Erinaceus spatangus* (Bennett), des monts Himalayas; *E. Grayi* (Bennett), des mêmes montagnes; *Erinaceus nudiventris* (Hodgson), de Madras; *Erinaceus collaris*, Gray), également de l'Inde continentale.

L'Afrique nourrit aussi des Animaux de ce genre. Ceux que l'on trouve en Égypte ont été généralement rapportés à l'espèce nommée *Erinaceus auritus* par Pallas. M. Lereboullet a proposé d'appeler *Erinaceus algirus* le Hérisson que l'on rencontre dans quelques parties de l'Algérie, et l'on en cite deux autres dans l'Afrique australe sous les noms d'*Erinaceus frontalis* (Bennett) et *Erinaceus capensis* (A. Smith).

Les caractères de ces différentes espèces auraient besoin d'être revus comparativement, et jusqu'à ce que ce travail ait été fait on peut conserver quelques doutes au sujet de quelques-unes d'entre elles.

Plusieurs terrains appartenant à la période tertiaire renferment des débris indiquant des espèces plus ou moins voisines des Hérissons d'à présent. M. de Blainville nomme *Ericaneus arvernensis* une première espèce qui est enfouie dans les dépôts miocènes de l'Auvergne, et M. Aymard, *Erinaceus nanus* une seconde propre aux couches marneuses, à Paleotherium, des environs du Puy en Velay.

Les cavernes et le diluvium ont fourni dans plusieurs localités des fragments de mâchoires et des os qui ont été attribués au Hérisson ordinaire; quelques-uns ont des dimensions supérieures et ils indiquent une race ou peut-être une espèce à part : on en a fait l'*Erinaceus major*.

TRIBU des GYMNURES

Dents plus nombreuses que celles des Hérissons ; pelage doux; queue longue et nue. Un seul genre.

GENRE GYMNURE (*Gymnura*). La seule espèce qui le constitue est pour ainsi dire un Hérisson à corps et surtout à tête plus allongés que dans ceux qui viennent d'être décrits,

GYMNURE DE RAFFLES, 1/5 de grand.

à poils flexibles et pourvu d'une queue à peu près nue et aussi longue que le tronc. Ses dents sont aussi plus nombreuses; il y en a en tout quarante-quatre, dont trois paires d'incisives en crochet et écartées entre elles, une canine biradiculée, trois paires de petites fausses molaires écartées et quatre de vraies molaires à la mâchoire supérieure, et, inférieurement, trois incisives, une canine, quatre petites fausses molaires et trois vraies molaires de chaque côté.

C'est le GYMNURE DE RAFFLES (*Gymnura Rafflesii*) que sir Raffles a le premier décrit, mais en le plaçant à tort parmi les Viverriens sous le nom de *Viverra gymnura*. MM. Vigors et Horsfield, en Angleterre, et M. Lesson, en France, ont reconnu à peu près en même temps la nécessité d'en faire un genre à part et ils lui ont donné le nom de Gymnure, que de Blainville remplace par celui d'*Echinosorex*, pour lui laisser sa valeur spécifique qu'il avait précédemment. L'Animal dont nous parlons s'appellerait alors *Echinosorex gymnurus*.

Le Gymnure est encore peu connu. Toutefois, on peut assurer que ce n'est ni un Viverrien, comme on l'avait dit d'abord, ni un Marsupial, comme on l'a pensé depuis; ses affinités le ramènent auprès des Hérissons. Il est grisâtre et son corps est recouvert de poils soyeux dont la disposition et la couleur rappellent le pelage de la Sarigue ordinaire ; son museau est surtout plus allongé que celui des Hérissons ou des Tendracs, et ses avant-molaires ainsi que ses incisives sont plus écartées. Sa taille est à peu près égale à celle des Hérissons, mais il a les formes plus élancées et il doit être plus agile. Son corps a 0,35; et sa queue 0,30. On ne l'a encore observé qu'à Sumatra.

TRIBU DES TANRECS

Le nom latin *Centetes*, que plusieurs auteurs écrivent *Centenes*, a été appliqué comme générique à des Animaux de Madagascar, qui ont une assez grande analogie avec les Hérissons et les Gymnures, mais qui en diffèrent surtout parce que leur crâne manque d'arcade zygomatique. Ces Animaux ont le corps plus ou moins épineux; leur queue est courte ou nulle. Ce sont aussi d'assez petits Animaux, qui se nourissent d'Insectes et qui vivent à terre. Buffon en parle sous les noms de *Tanrec* et de *Tendrac*, mais ce qu'il en dit est un peu obscur, et ce n'est qu'après les travaux récents de MM. de Blainville et Is. Geoffroy, que l'on a reconnu la nécessité de diviser ces Insectivores en deux genres comme nous allons le faire.

GENRE TENDRAC (*Ericulus*, Is. Geoffroy). Comprend des Animaux encore très-semblables aux Hérissons par la forme de leur corps ainsi que par la nature de leurs piquants, et, comme eux, peuvent se rouler en boule. Ce sont les prétendus Hérissons de même espèce que les nôtres signalés à Madagascar par Buffon, sous le nom de *Sora*. C'est, en effet, ainsi qu'on appelle les Tendracs dans ce pays; ils ont le crâne à peu près de même forme que celui des Hérissons véritables, mais sans arcade zygoma-

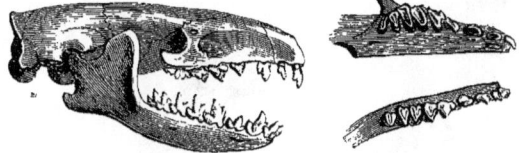

CRÂNE ET DENTS DE TENDRAC, grand. nat.

tique, et leurs dents diffèrent de celles de ces Animaux; ils en ont trente-six, savoir : deux paires d'incisives à chaque mâchoire, une paire de canines médiocres et six paires de molaires.

On n'en connaît bien qu'une espèce, le TENDRAC ÉPINEUX (*Ericulus spinosus*), qui est le *Centenes spinosus* de G. Cuvier, et l'*Ericulus nigrescens* de M. Is. Geoffroy. C'est une sorte de Hérisson d'un tiers moindre que le nôtre, très-épineux et dont les épines ou piquants ont leur portion apparente noire avec la pointe blanche ou roussâtre dans le plus grand nombre. Cette espèce vit à Madagascar et ne se rencontre point ailleurs.

TENDRAC ÉPINEUX, 1/2 de grand.

Il n'est pas bien certain que l'on doive en distinguer l'Animal du même pays que M. Martin a décrit, en **1838**, dans les *Transactions de la Société zoologique de Londres*, sous le nom d'*Echinops Telfairi*. D'après M. Telfair, les habitants de Madagascar l'appellent *Sokina*. Cependant M. Martin ne donne à son genre *Echinops* que trente-deux dents.

GENRE TANRECS (*Centetes*, Illiger). Les Tanrecs véritables, qu'on nomme en latin *Centetes* ou *Centenes*, manquent entièrement de queue, mais ils ont le corps plus long que les Hérissons; leur tête est plus effilée, et leurs piquants, moins roides, sont entremêlés de poils soyeux; leur tête osseuse s'allonge comme celle des Sarigues ou des Potoroos de la catégorie des Marsupiaux, et leurs dents ont aussi quelque analogie avec celles de ces Animaux. On leur en compte en tout quarante. savoir :

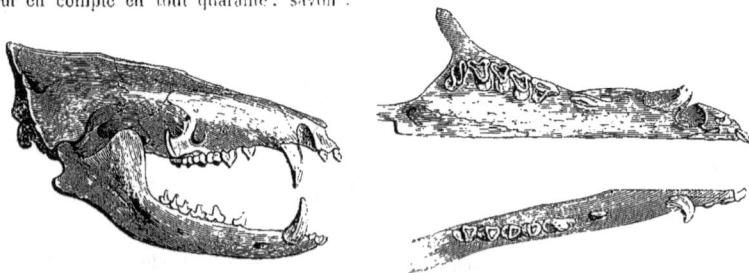

CRANE ET DENTS DU TANREC, grand. nat.

trois paires d'incisives en haut et en bas, une paire de canines supérieure et une inférieure et six paires de molaires à chaque mâchoire; les canines sont fortes; les inférieures viennent se loger dans une excavation de l'os incisif, qui fait tomber la paire externe des incisives en s'élargissant ; les premières molaires sont assez éloignées des canines.

Le TANREC SOYEUX (*Centetes setosus*), que Linné appelait *Erinaceus ecaudatus*, est l'espèce la mieux connue. Il ne dépasse guère 0,30 de longueur. Son pelage, qui est médiocrement épineux, est fauve, plus ou moins tiqueté de blanc en dessus ; les piquants y existent sur la nuque, le cou, la partie antérieure du dos et les épaules ; en dessous il est uniquement composé de poils ordinaires.

TANREC SOYEUX, 1/4 de grand.

Le Tanrec est originaire de Madagascar. On le trouve aussi à Bourbon et à Maurice, mais on assure qu'il y a été transporté par l'Homme, ce qui n'est cependant pas démontré. C'est un Animal nocturne, qui creuse comme les Hérissons et vit comme eux d'Insectes. Les Nègres de Bourbon le recherchent pour le manger et ils le nomment *Tangue*. L'odeur des mâles leur répugne et ils préfèrent les femelles.

Bruguière, cité par Buffon, affirme que le Tanrec s'engourdit pendant les grandes chaleurs de l'été, comme d'autres Animaux le font dans nos pays sous l'influence du froid, mais M. Coquerel, chirurgien de la marine, qui a eu l'occasion d'observer des Tanrecs et des Tendracs, émet quelques doutes à cet égard. « J'aurais vivement désiré, dit ce naturaliste, avoir des renseignements exacts sur le prétendu sommeil de ces Animaux pendant les grandes chaleurs ; mais je ne puis malheureusement me prononcer avec une certitude complète à cet égard ; je dois dire cependant que ce fait me paraît très-douteux. Je me suis trouvé à Sainte-Marie de Madagascar pendant les trois mois les plus chauds de l'année, en janvier et février ; j'ai conservé à cette époque des Tanrecs pendant plusieurs semaines dans une caisse en bois, et je n'ai jamais remarqué que ces Animaux tombassent dans un état de torpeur. Ils sont essentiellement nocturnes ; pendant le jour ils restent blottis dans un coin, ils s'agitent au contraire beaucoup pendant la nuit; plusieurs parvinrent même alors à s'échapper en grimpant le long des parois de la caisse, qui étaient cependant assez élevées. Il se peut que des observateurs inattentifs, ayant trouvé pendant le jour des Tanrecs engourdis, aient conclu, dans l'ignorance de leurs habitudes nocturnes, que ces Animaux passent les grandes chaleurs dans un état de torpeur. Plusieurs personnes, en qui je puis avoir toute confiance, m'ont assuré cependant qu'à Bourbon, à l'époque de la saison chaude, les Tanrecs disparaissent tout à coup dans les lieux bas; mais elles n'avaient jamais entendu parler de leur prétendu sommeil estival, et elles m'ont assuré qu'à cette époque ces Insectivores se retiraient sur les hauteurs, où ils trouvaient sans doute une température moins élevée et une nourriture plus abondante. Les noirs de leur côté m'ont répété que dans les lieux élevés on trouvait des Tanrecs pendant toute l'année. »

Cependant feu M. Julien Desjardin, qui habitait l'île Maurice, et M. Telfair, qui a séjourné à l'île de France, ont parlé de la léthargie des Tanrecs. Suivant eux, elle aurait lieu non pas lorsque la température est le plus élevée, mais au contraire pendant les mois les moins chauds.

Le Tanrec armé (*Centetes armatus*, Is. Geoffroy) diffère du précédent par son pelage gris noirâtre, tiqueté de blanc en dessus et dont les piquants sont plus forts. Il est exclusivement de Madagascar.

Le Tanrec épineux (*Centetes spinosus*, G. Cuvier) paraît être une espèce réellement différente, mais il est encore mal connu.

Le *Setiger inauris* d'E. Geoffroy ou *Tanrec sans oreilles* est au contraire une espèce purement nominale. D'après M. Is. Geoffroy, il repose sur l'examen d'un exemplaire mal préparé et, par suite, déformé, qui appartenait à l'espèce du Hérisson ordinaire.

C'est à tort que l'on en a cité une espèce parmi les Mammifères éteints de l'Auvergne. La pièce sur laquelle repose cette indication provient sans doute de l'un des Marsupiaux propres aux mêmes terrains qui constituent le genre Pérathérium.

Les Centésiens actuellement connus sont des Animaux exclusivement propres à la faune de Madagascar, et il n'en a pu être retrouvé, même à l'état fossile, dans les autres parties du monde.

FAMILLE des MACROSCÉLIDÉS

Bien différents de la plupart des autres Mammifères du même ordre, certains Insectivores ont les pieds longs et sont des Animaux essentiellement sauteurs; comme ils joignent à ce caractère plusieurs autres particularités dans la forme de leur squelette, dans la disposition de leur système dentaire et dans la nature de leur canal intestinal qui est pourvu d'un cœcum, on peut en faire une petite famille à part, ayant pour type le genre des Macroscélides. L'une des tribus de cette famille comprend les *Macroscélides* et les *Pétrodromes*; l'autre consiste dans un seul genre nouvellement découvert par M. Péters, qui l'a nommé *Rhynchocyon*. Il est décrit dans l'ouvrage que ce savant voyageur vient de publier sur les Mammifères qui vivent en Mozambique.

TRIBU des MACROSCÉLIDIENS

Genre MACROSCÉLIDE (*Macroscelides*, A. Smith). On nomme ainsi un groupe d'Insectivores dont la forme rappelle sensiblement celle des Gerboises, ou mieux encore celle des

Gerbilles, et qui ont, comme elles, les membres postérieurs notablement plus grands que les antérieurs, très-allongés dans leur partie métatarsienne, et fort bien disposés pour le saut. Leurs métatarsiens sont allongés, très-serrés les uns contre les autres, mais non soudés entre eux comme le sont ceux des trois doigts principaux chez les Gerboises.

Les Macroscélides ont cinq doigts en arrière comme en avant; leur corps est assez court; leur museau est prolongé en petite trompe; leurs oreilles sont assez grandes; leurs yeux sont plus forts que ceux de la plupart des autres Insectivores, et leur corps est terminé par une queue assez longue et garnie de poils courts. Leurs dents ont une disposition assez particulière; on en compte quarante en tout, dont dix paires à chaque mâchoire. Les trois premières paires de la mâchoire supérieure sont grêles, écartées entre elles et implantées dans l'os incisif; la première est plus longue que les autres; elles sont verticales. Viennent ensuite quatre avant-molaires biradiculées, c'est-à-dire à deux racines (la première pourrait être aussi regardée comme une canine), puis trois arrière-molaires, dont les deux premières ont quatre tubercules élevés, et la dernière trois seulement. Les cinq premières paires de dents inférieures sont simples; les deux antérieures étant un peu plus fortes que les autres et les trois autres plus petites. Après elles viennent deux paires de molaires biradiculées; puis trois paires d'arrière-molaires. Les dents des Macroscélides ont, dans leur forme générale, quelque chose qui rappelle celle des plus petites espèces de la famille éteinte des Anoplothériums.

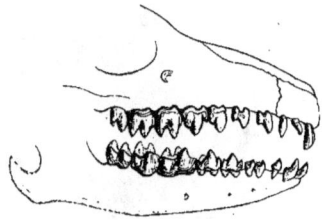

DENTS DE MACROSCÉLIDE DE ROZET,
grand. nat.

Ces Mammifères ne sont pas exclusivement insectivores; ils mangent aussi des substances végétales. Leur squelette présente plusieurs dispositions caractéristiques; ils vivent uniquement en Afrique, et l'on en connaît plusieurs espèces. Les lieux rocailleux et arides sont ceux qu'ils habitent de préférence. Ce sont de petits Animaux inoffensifs, qu'il est très-aisé d'apprivoiser. La facilité avec laquelle on les nourrit, la gentillesse de leurs allures et leur petite taille les rendent intéressants, et l'on a plusieurs fois amené vivants, en France, des individus appartenant à l'espèce de ce genre qui vit dans la province d'Oran.

Celle-ci est le MACROSCÉLIDE DE ROZET (*Macroscelides Rozeti*, Duvernoy) ou *Rat à trompe* des Français établis en Algérie. Son pelage est doux, fauve en dessus, avec la base brune et blanchâtre en dessous. La trompe a douze millimètres, le corps, sans les pieds de derrière, douze centimètres, et la queue dix environ. Quand l'Animal se tient debout, il a à peu près 10 centimètres.

Le Macroscélide de Rozet, dont le nom spécifique rappelle celui du savant auquel on doit les premières notions exactes sur la géologie de l'Algérie, a été plus souvent étudié qu'aucune autre espèce du même genre. Son cerveau est lisse comme celui des autres Insectivores. Son squelette présente plusieurs particularités curieuses, principalement dans la forme du crâne et dans l'aplatissement du sternum. Il a été décrit avec soin par M. Duvernoy, dans son excellent Mémoire sur cet Animal, et par M. de Blainville, dans son *Ostéographie*.

Quoique ces Insectivores n'aient été mentionnés que récemment dans les ouvrages des mammalogistes, on les connaît cependant depuis assez longtemps.

Le premier auteur qui ait parlé des Macroscélides est Petiver, naturaliste anglais du dernier siècle, qui avait formé une des plus belles collections connues de son temps; il les nommait *Sorex araneus maximus capensis*, ce qui exprime assez bien leurs affinités avec les Insectivores de la famille des Soricidés.

M. le Docteur Andrew Smith s'étant procuré des Animaux analogues pendant son séjour dans l'Afrique australe, en a étudié les caractères avec plus de soin, et, en 1829, il en a fait un genre nouveau sous le nom de Macroscélide que tous les naturalistes ont accepté.

Plus récemment, il en a publié quelques espèces nouvelles. M. Lichtenstein a, de son côté, proposé de les appeler *Rhinomys*. MM. Is. Geoffroy et Lesson s'en sont aussi occupés vers la même époque.

MACROSCÉLIDE DE ROZET, 1/2 de grand.

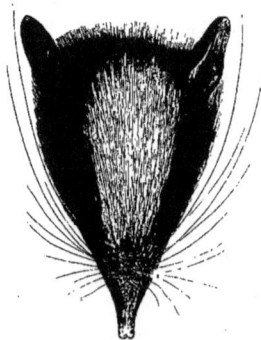

TÊTE ET PATTE DE MACROSCÉLIDES FUSCUS, grand. nat.

Nous énumérerons, mais sans les décrire, les espèces de Macroscélides qui sont propres à l'Afrique australe ; ce sont les *Macroscelides rupestris*, *intufi*, *brachyrhynchus* et *Edwardsii* des *Illustrations zoologiques* de M. Andrew Smith, et le *Rhinomys jaculus* de M. Lichtenstein. Celui-ci répond peut-être à l'un des précédents, mais il est bien certainement distinct du Macroscélide de Rozet, ainsi que l'on peut s'en assurer en comparant le crâne de l'un et de l'autre sur les planches du grand ouvrage ostéologique de Blainville.

Ces diverses espèces vivent dans la colonie du Cap, en Cafrerie et dans le pays des Hottentots.

M. Peters en a trouvé une autre en Mozambique ; c'est celle qu'il appelle *Macroscelides fuscus*. Sa taille et ses mœurs sont les mêmes que dans celles dont il vient d'être question.

Le GENRE PÉTRODROME (*Petrodromus*, Peters) se rapproche sensiblement du précédent par sa forme générale, par son nez allongé en trompe, par ses grandes oreilles et par le grand développement de ses membres postérieurs, dont les métatarsiens sont disposés comme ceux des Animaux que nous venons de citer. Il a le même nombre de dents et la

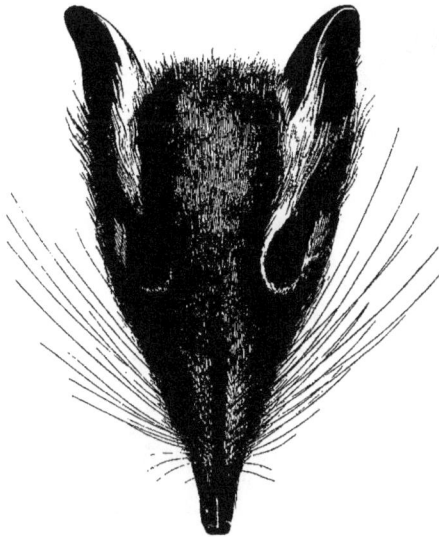

même formule, mais ses pieds de derrière n'ont que quatre doigts au lieu
de cinq, même au squelette.

L'unique espèce est le PÉTRODROME
TÉTRADACTYLE (*Petrodromus tetradactylus*, Peters) de Tête, en Mozambique. Cet Animal a les mœurs des
Macroscélides, mais il les surpasse en
grandeur.

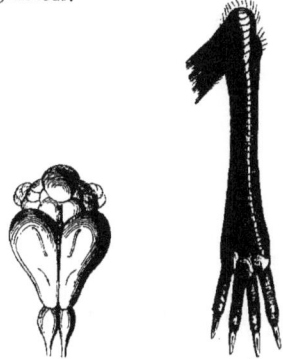

TÊTE, CERVEAU ET PATTE POSTÉRIEURE DE PÉTRODROME, grand. nat.

TRIBU DES RHYNCHOCYONS

GENRE RHYNCHOCYON (*Rhynchocyon*, Peters). Ce genre, le seul que l'on connaisse
dans la présente tribu, s'éloigne bien plus des Macroscélides, que celui des Pétrodromes. Il
n'a que quatre doigts aux membres antérieurs, aussi bien qu'à ceux de derrière; ses yeux
sont gros, ses oreilles de grandeur moyenne, et ses dents au nombre de trente-six, dont $\frac{0}{3}$
incisives, $\frac{1}{1}$ canines et $\frac{6}{7}$ molaires de chaque côté. Le crâne manque des *foramina palatina*
que l'on observe chez les Macroscélides.

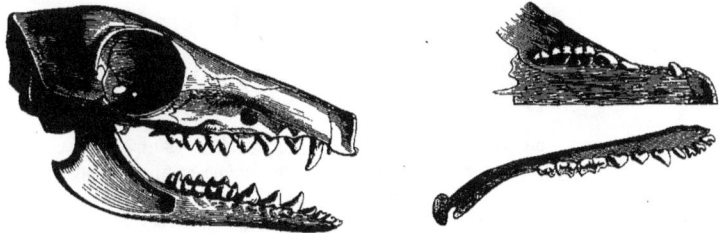

CRANE ET DENTS DU RHYNCHOCYON, grand. nat.

L'espèce a reçu le nom de RHYNCHOCYON DE CERNÉ (*Rhynchocyon Cernei*, Peters).
Elle est brun ferrugineux avec du noir aux oreilles et à l'occiput, et quelques taches roux-
clair sur le dos.

RHYNCHOCYON DE CERNÉ, 1/4 de grand.

M. Peters a donné, dans la partie zoologique de son *Voyage à la côte mozambique*, une bonne description de ce curieux Animal dont aucun naturaliste n'avait parlé avant lui, et il l'a représenté dans tous ses détails. Les figures que nous en donnons ici, soit pour l'Animal entier, soit pour le crâne et les dents, lui sont empruntées. Le Rhynchocyon est gros comme le Hérisson, mais il est bien plus élancé; ses poils sont flexibles et son museau se prolonge en une trompe mobile. Voici comment ses dents sont disposées : l'os incisif manque de dents; le maxillaire en a huit, dont la première, rapprochée de la région incisive est petite et comme aciculaire; la seconde est, au contraire, caniniforme. Les dents inférieures sont au nombre de dix de chaque côté. M. Peters y voit trois incisives, une canine et sept molaires, comme chez les Macroscélides. La première de celles-ci est plus caniniforme chez le Rhynchocyon, et elle a deux racines; les trois incisives ont leur couronne bilobée.

FAMILLE DES SORICIDÉS

Elle comprend des Insectivores ayant l'apparence extérieure des Rats, mais dont le museau est en trompe pointue ou aplatie et dont les dents sont serrées et inégales, les extérieures plus fortes étant séparées des plus reculées par d'autre dents plus petites. Le nombre de ces dents varie suivant les genres et les sous-genres. Les Soricidés peuvent être partagés en trois tribus que nous indiquerons par leurs noms vulgaires de *Musaraignes*, de *Solénodontes* et de *Desmans*.

TRIBU DES MUSARAIGNES

Nous réunirons, sous une seule dénomination générique, toutes les espèces de cette tribu dont nous avons à parler. C'est à ces Animaux que l'on donne communément le nom de *Musaraignes*. Ce sont les *Soricina* des auteurs modernes.

GENRE MUSARAIGNE (*Sorex*, Linné). Les Musaraignes sont des Insectivores ayant à peu près les formes de la Souris, mais à queue moins longue en général que dans cette espèce de Rongeur, à tête plus effilée, à museau pointu, à oreilles plus courtes et arrondies, et dont le système dentaire et les principaux caractères intérieurs sont notablement différents. Leurs espèces sont répandues sur une grande partie de la surface du globe; il y en a plusieurs en Europe; d'autres vivent en Afrique, quelques-unes en Asie ou dans les îles de l'Inde; l'on en connaît aussi dans l'Amérique septentrionale. Certaines d'entre elles sont plus grosses que la Souris, telle est en particulier celle qu'on nomme Musaraigne à queue de Rat; d'autres sont au contraire plus petites que les moindres espèces de Rongeurs, moindres, par exemple, que le Mulot nain ou quelques autres analogues. C'est donc parmi les Musaraignes que prennent place les plus petits de tous les Mammifères connus.

MUSARAIGNE MUSETTE *(Sorex araneus)*, 4/5 de grand.
MUSARAIGNE PORTE RAME *(Sorex remifer)* 4/5 de grand. (Variété de la suivante)
MUSARAIGNE D'EAU *(Sorex fodiens)*, 4/5 de grand.

Les Animaux de ce groupe vivent principalement d'Insectes et leur dentition permet de les distinguer aisément de tous les autres Mammifères. Ils ont en avant une paire de fortes incisives supérieures et inférieures; les premières de ces dents sont arquées et renforcées à leur base postérieure par un talon comprimé simulant une forte dentelure; les autres ou celles de la paire inférieure ont leur couronne plus longue que leur racine et en lame de couteau obtus, quelquefois dentelé sur son tranchant. En arrière de la grande paire d'incisives supérieures sont trois, quatre ou même cinq petites dents gemmiformes qui, étant placées de chaque côté entre cette incisive et les véritables molaires et offrant une forme assez anormale, sont désignées par le nom de dents intermédiaires; derrière elles, à la même mâchoire, sont quatre paires de vraies molaires assez compliquées à leur couronne et dont la dernière est étroite transversalement; la grande incisive inférieure est suivie de chaque côté par deux petites dents intermédiaires et après celles-ci on voit trois vraies molaires décroissantes. Suivant le nombre de leurs dents intermédiaires supérieures, les Musaraignes ont au total vingt-huit, trente ou trente-deux dents. On

DENTS DE LA MUSARAIGNE MUSETTE,
3/1 de grand.

établit parmi elles des distinctions génériques ou plutôt sous-génériques en partie fondées sur ce caractère.

La séparation de leurs dents antérieures en incisives proprement dites, canines et fausses molaires, ne saurait être établie avec certitude tant que l'on n'aura pas reconnu exactement le mode d'implantation des supérieures et leur mode de remplacement. La grande dent en crochet de la mâchoire supérieure et une partie des premières paires de dents intermédiaires sont implantées dans l'os intermaxillaire, les autres le sont dans l'os maxillaire. Il est également possible de faire intervenir, dans la caractéristique des sous-genres, la coloration partiellement rouge ou au contraire l'absence de coloration de la couronne des dents.

Le crâne des Musaraignes manque d'arcades zygomatiques; il est un peu en forme de coin. Leur mâchoire inférieure a son apophyse angulaire très-prononcée. Ces petits Animaux ont habituellement trois paires de mamelles ; cependant le Musaraigne d'eau en a quatre, ainsi que Daubenton l'avait remarqué. L'odeur qu'ils répandent est due à une glande située sur les flancs de chaque côté du corps.

GLANDE ODORANTE DE LA MUSARAIGNE.   Son ANATOMIE d'après E. GEOFFROY.

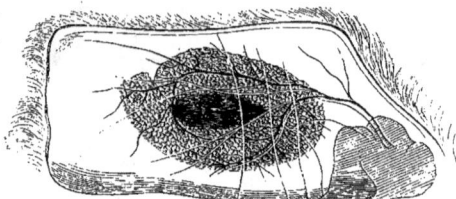

Les anciens ont connu les Musaraignes, et les Grecs leur ont donné le nom très-convenable de *Mygale* (Μυγαλῆ), qui veut dire Souris-Belette; tandis que les auteurs modernes ont très-improprement employé le même mot pour désigner les Desmans. Les Romains les nommaient *Mus araneus*, et c'est sous cette dénomination qu'il en est question dans Pline. Albert le Grand en a parlé plus tard sous le nom de *Mus terraneus*. Les auteurs modernes se sont beaucoup occupés de ces Animaux, et s'ils ont enrichi la science d'un grand nombre d'observations au sujet des espèces exotiques, ils n'ont pas été aussi heureux pour ce qui regarde les Musaraignes européennes, et les travaux de plusieurs d'entre eux ont singulièrement compliqué la synonymie de nos trois espèces les plus communes. Ces trois espèces servent de type à trois des sous-genres que l'on a établis dans ce groupe.

1. *Musaraignes à dents blanches , au nombre de vingt-huit, dont trois petites paires intermédiaires à la grande paire d'incisives et aux quatre vraies molaires supérieures.* CROCIDURE (*Crocidura*, Wagler). (*Voir la fig., p.* 240.)

Le groupe des Crocidures est aussi le genre *Suncus* de M. Ehrenberg.

La MUSARAIGNE MUSETTE ou *Musaraigne des Sables* (*Sorex araneus*) est longue d'environ 0,062 pour la tête et le corps, et de 0,035 pour la queue ; elle est grise, un peu lavée de fauve roussâtre en dessus. On la rencontre dans une grande partie de l'Europe, où elle vit dans les bois, dans les champs et dans les grands jardins, recherchant les Insectes, les vers et d'autres substances animales. En hiver, elle se rapproche davantage des habitations, se cache sous les meules ou dans les tas de fumier et elle entre parfois dans les écuries ou les étables. On croit à tort qu'elle mord les pieds des Animaux domestiques et qu'elle leur occasionne certaines maladies. C'est un petit Animal tout à fait inoffensif, gracieux dans ses mouvements, élégant dans ses formes, et qui répand une odeur musquée. Les Chats attrapent les Musettes, jouent avec elles comme avec des Souris, mais ils ne les mangent pas.

Quelques auteurs en distinguent, avec Hermann, la MUSARAIGNE LEUCODE (*Sorex leucodon*); mais elle en est si peu différente qu'il reste beaucoup de doute à cet égard. On fait cependant valoir qu'elle est plus brune en dessus et plus franchement blanche en dessous. On la cite en Alsace, en Champagne et dans quelques autres parties de l'Europe.

Au contraire, il paraît certain que plusieurs autres Musaraignes européennes qui ont été signalées comme constituant des espèces différentes de la Musette, mais du même groupe,

ne doivent pas en être séparées ; au contraire, il y a en Afrique plusieurs Musaraignes véritablement distinctes de celle-là, quoique appartenant au même sous-genre.

De ce nombre est la MUSARAIGNE A QUEUE ÉPAISSE (*Sorex crassicaudus*, Lichtenstein),
dont le pelage est d'un brun gris argenté, et la queue épaisse à son origine. Elle dépasse
notablement en grandeur celle de nos pays, et se rencontre dans plusieurs parties de l'É-
gypte. Les anciens Égyptiens paraissent l'avoir mise au nombre de leurs Animaux sacrés,
car on en trouve des exemplaires momifiés dans les cryptes où sont enfouis les restes de
tant d'autres sortes d'Animaux : Mammifères, Oiseaux et Reptiles, qu'ils ont préparés presque
avec le même soin que les momies humaines, et dont les squelettes, comparés à ceux des
individus morts de nos jours, n'ont montré aucune différence appréciable. Comme ces momies
n'ont pas moins de trois mille ans, on y trouve la preuve que les espèces sont beaucoup
moins modifiables que ne le croient certains naturalistes.

Olivier s'était déjà procuré, dans les puits de Sackara, des momies de Musaraignes, et
Lesson les a appelées *Sorex Olivieri*. M. Is. Geoffroy en a observé d'autres dans la collection
formée par M. Passalacqua. Il en indique de plusieurs espèces, et donne à l'une d'elles le
nom de *Sorex religiosus*. Il en est également fait mention dans un ouvrage de M. Ehrenberg, sous la dénomination de *Suncus sacer*. Hérodote, le plus ancien des historiens grecs
qui nous aient parlé de l'Égypte, avait déjà cité deux sortes de Musaraignes sacrées.

M. Peters vient de faire connaître quatre espèces de Crocidures toutes de Mozambique. Il
donne à l'une d'elles le nom spécifique de *Cr. sacralis*.

La MUSARAIGNE BLONDE (*Sorex flavescens*, Is. Geoffroy) ne diffère des Crocidures
égyptiennes que par sa couleur, qui est d'un blond fauve. Elle vit au cap de Bonne-Espérance.
C'est sans doute la même espèce que M. Lichtenstein, de Berlin, appelle *Musaraigne
cannelle*.

L'Afrique australe est encore la patrie de quelques autres Musaraignes appartenant à ce sous-
genre. Nous citerons en particulier la MUSARAIGNE MANGOUSTE (*Sorex herpestes*, Duvernoy), qui ne diffère peut-être pas du *Sorex varius* de M. Smuts.

La dentition de la MUSARAIGNE ARDOISÉE (*Sorex cyaneus* de M. Duvernoy) n'a point
encore été observée, ce qui empêche de dire si c'est bien une Crocidure ; il en est de même
pour les *Sorex capensoïdes*, etc., de quelques autres mammalogistes. Ces espèces sont également propres aux régions de l'Afrique qui avoisinent le Cap.

2. *Musaraignes à dents blanches, au nombre de trente, dont quatre petites paires intermédiaires à la grande incisive et aux quatre vraies molaires supérieures.* PACHYURE (*Pa-
chyura*, de Sélys).

La MUSARAIGNE ÉTRUSQUE (*Sorex etruscus*, Savi) représente cette
division en Europe. C'est le plus petit
de tous les Mammifères propres à
cette partie du monde. Ce curieux
Animal est presque entièrement gris ;
il a les oreilles arrondies et la queue
garnie de quelques longs poils en
forme de soies. Son corps est long de
0,035, la tête comprise, et sa queue
a 0,025. On l'a d'abord trouvé en
Italie, et particulièrement en Toscane.
Plus récemment, il a été constaté
en France dans les départements du
midi.

M. Crespon, de Nîmes, m'en a re-

MUSARAIGNE ÉTRUSQUE, grand. nat.

mis un exemplaire, recueilli par lui auprès de cette ville, et M. de Sélys l'a reçue des bords de la Durance.

Il y a en Afrique et dans l'Inde des Musaraignes du même groupe et à peu près de la même taille. Nous en connaissons une en Algérie, qu'il nous a même été impossible de distinguer jusqu'à présent de la Musaraigne étrusque, mais dont nous n'avons, il est vrai, observé qu'un seul exemplaire. D'autres sont plus distinctes :

La Musaraigne grêle (*Sorex gracilis*, Blainville) a été trouvée au Cap par M. Verreaux ; elle a six centimètres, en comprenant la queue, qui est un peu comprimée.

La Musaraigne de Perrottet (*Sorex Perrottetii*, Duvernoy) est du plateau de Nill-Gerrhies, dans la presqu'île de Pondichéry, où elle se tient, à une hauteur de 2,300 mètres au-dessus du niveau de la mer. Elle n'a de longueur totale que soixante-un millimètres ou un peu plus de six centimètres, dans lesquels la queue entre pour vingt-quatre millimètres. Cette espèce, les deux qui précèdent (*Sorex gracilis* et *etruscus*), la Musaraigne pygmée, dont il sera question plus loin, et la Musaraigne de Madagascar, sont les plus petits Mammifères que l'on connaisse encore : le pelage de la Musaraigne de Perrottet est noirâtre en dessus et sur les flancs, avec le dessous grisâtre. Elle a été rapportée par M. Perrottet, pharmacien et botaniste habile.

MUSARAIGNE DE PERROTTET, grand. nat.

La Musaraigne de Madagascar (*Sorex madagascariensis*, Coquerel) n'est guère plus grande ; elle a 0,069 dont 0,038 pour la queue ; ses poils sont luisants et d'un gris brunâtre. Elle est de Sainte-Marie de Madagascar.

D'autres Pachyures ont, au contraire, une taille supérieure à celle des espèces qui viennent d'être décrites, et l'une d'elles est même la plus grande Musaraigne con-

MUSARAIGNE DE MADAGASCAR, grand. nat.

nue ; sa taille approche de celle du Rat ordinaire.

La plus connue est la Musaraigne a queue de Rat (*Sorex myosurus*, Pallas), dont il faut rapprocher toutes celles nommées par les auteurs plus modernes : *S. avellanorum*, *indicus*, *capensis*, *cærulescens*, *giganteus*, *indicus*, *Sonnerati* et *serpentarius*. D'après M. de Blainville, elles ne constitueraient même qu'une seule espèce, et le *Sorex murinus* de Linné n'en différerait pas non plus. Ce qui est certain, c'est que l'on trouve dans plusieurs parties de l'Inde continentale, dans les îles de l'archipel indien et dans d'autres localités, telles que l'île Bourbon et plusieurs autres encore, des Musaraignes ayant la dentition des Pachyures ainsi que leurs autres caractères principaux. Toutes sont de couleur gris cendré, et elles ne paraissent différer entre elles que par leur plus ou moins grande taille. Il y en a qui ont jusqu'à quinze centimètres de longueur, sans comprendre la queue; c'est à celles-là que M. Is. Geoffroy a donné le nom de *Sorex giganteus*.

F. Cuvier parle des Musaraignes à queue de Rat sous le nom de *Montjourou*. Sonnerat, Leschenault et d'autres voyageurs en ont rapporté des exemplaires. Dans beaucoup de localités elles passent pour malfaisantes, et leur odeur musquée (qui les a fait appeler aussi *Musaraignes musquées*) est extrêmement forte. On dit même que lorsqu'elles touchent en passant les vases nommés gargoulettes ou alcarasas qui servent

MUSARAIGNE A QUEUE DE RAT, grand. nat.

à faire rafraîchir de l'eau, elles donnent leur odeur au liquide qui y est renfermé. Les Indiens prétendent aussi que les Serpents les fuient et s'éloignent des lieux où elles se trouvent. Les habitudes de ces grosses Musaraignes sont tout à fait nocturnes, et, dans leurs courses, elles font entendre de temps en temps un petit cri aigu que l'on peut rendre par le mot *kouik*.

Il est probable que les relations commerciales ont répandu ces Animaux dans des localités où ils n'existaient pas précédemment. Ainsi on les rencontre dans la presqu'île de Pondichéry, au Bengale, dans les îles de la Sonde et jusqu'aux Philippines, et même au Japon. Il y en a aussi à Bourbon, peut-être au Cap, et nous en avons vu un exemplaire pris dans l'île de l'Ascension.

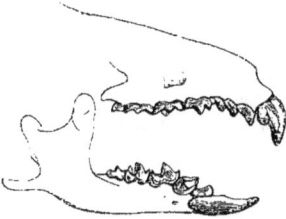

DENTS DE LA MUSARAIGNE D'EAU, 3/1 de grand.

3. *Musaraignes ayant les dents rouges à leur pointe, au nombre de trente-quatre, dont quatre petites paires intermédiaires à la grande incisive et aux quatre vraies molaires supérieures.* CROSSOPE (*Crossopus*, Wagler).

L'espèce type de ce sous-genre a également servi à l'établissement du genre *Hydrosorex* de M. Duvernoy, et ce nom, qui signifie *Musaraigne d'eau*, fait allusion à ses habitudes aquatiques.

C'est la MUSARAIGNE D'EAU (*Sorex fodiens*, Pallas) que plusieurs auteurs appellent *Musaraigne de Daubenton*, en l'honneur du naturaliste qui en a le premier décrit les caractères. Elle s'établit sur les bords des petits cours d'eau et nage à la poursuite des Insectes, des Vers, des Mollusques et même des petites Grenouilles ou des Lézards : c'est notre plus grosse Musaraigne. Sa longueur est à peu près de dix centimètres sans y comprendre la queue, qui mesure un peu plus de cinq centimètres. Son pelage est marron noirâtre en dessus et blanc plus ou moins lavé de roux clair en dessous; une petite tache blanche existe auprès de chaque œil. La queue est un peu comprimée et comme ciliée, et les pattes ont quelques poils en forme de cils serrés qui aident à la natation.

Quelques différences, assez légères pourtant, ont fait admettre aux dépens de la Musaraigne d'eau plusieurs espèces qui paraissent être purement nominales. Telle est la *Musaraigne ciliée*.

On a retrouvé la dentition des *Hydrosorex* chez deux espèces qui sont de l'Amérique septentrionale.

L'une a la queue de longueur ordinaire, c'est la MUSARAIGNE PALUSTRE (*Sorex palustris*) qui est décrite dans l'ouvrage de M. Richardson sur les Mammifères des États-Unis. Son nom spécifique indique que ses habitudes sont aquatiques, comme celles de notre Musaraigne d'eau.

L'autre est petite et elle a la queue plus courte; c'est la MUSARAIGNE PETITE (*Sorex parvus*, Say) et sans doute aussi le *Sorex Harlani* de M. Duvernoy. Ce naturaliste la distingue génériquement sous le nom de *Brachysorex*. Son corps est long de 0,058 et sa queue n'a que 0,014.

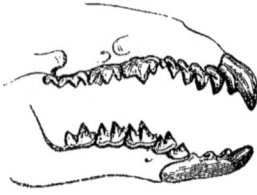

MM. Temminck et Schlegel ont reconnu une nouvelle espèce de *Crossopus* parmi les Mammifères que le musée de Leyde a reçus du Japon.

4. *Musaraignes ayant les dents rouges à leur pointe, au nombre de trente-deux, dont cinq petites paires intermédiaires à la grande paire des incisives et aux quatre vraies molaires supérieures.* AMPHISOREX (*Amphisorex*, Duvernoy).

DENTS DE LA MUSARAIGNE CARRELET, 1/1.

Les Amphisorex auxquels Wagler avait, antérieurement au travail de M. Duvernoy, proposé de réserver le nom de *Sorex*, répondent aussi aux *Corsira* de M. Gray. Il y en a plusieurs espèces en Europe.

La MUSARAIGNE CARRELET (*Sorex tetragonurus*, Hermann) paraît être le véritable *Sorex vulgaris* de Linné. On a souvent pris quelques variétés ou même quelques individus, ayant les caractères ordinaires de la Musaraigne Carrelet, pour des espèces distinctes. Indépendamment des caractères de la dentition qui la font aisément reconnaître, cette espèce présente encore plusieurs particularités faciles à saisir. Ainsi ses grandes incisives inférieures sont festonnées; sa queue est quadrangulaire et comme en carrelet; sa couleur est d'un brun cannelle en dessus et grisâtre en dessous et sur une partie des flancs; sa taille est la même que celle de la Musette et elle a, jusqu'à un certain point, les mêmes habitudes.

Cette Musaraigne est commune en France, dans beaucoup de localités; on la trouve aussi dans presque toutes les autres parties de l'Europe.

Il faut en distinguer la MUSARAIGNE DES ALPES (*Sorex alpinus*, Schinz), découverte dans la vallée d'Urseren, en Suisse, par M. Nager. Son pelage est uniformément gris de fer, et sa taille est à peu près celle de la Musaraigne d'eau; sa première dent intermédiaire de la mâchoire inférieure a une dentelure en avant, tandis que, dans l'espèce précédente, c'est la seconde qui est dans ce cas.

La MUSARAIGNE PYGMÉE (*Sorex pygmæus*, Gloger) est bien plus petite que celle des Alpes et même le que Carrelet; elle est seulement un peu plus grande que la Musaraigne étrusque. Cette petite espèce a le pelage roux brun en dessus, et d'un gris plus ou moins clair en dessous; sa gorge et sa poitrine sont blanc sale. On la trouve en Allemagne et dans quelques autres parties de l'Europe, particulièrement en Alsace, à Brumath, auprès de Strasbourg, où sa présence a été constatée par M. Zill.

On ne connaît encore, ni en Afrique ni dans l'Inde, aucune espèce de la division des Musaraignes Amphisorex; mais il y en a dans plusieurs parties de l'Amérique septentrionale.

La MUSARAIGNE DE FORSTER (*Sorex Forsteri*, Richardson), des États-Unis, est dans ce cas.

M. Duvernoy en décrit une autre sous le nom de MUSARAIGNE DE LESUEUR (*Sorex Lesueurii*). Celle-ci est de la vallée du Wabasch, qui arrose l'Indiana, également aux États-Unis.

Une troisième espèce est la MUSARAIGNE BRÉVICAUDE (*Sorex brevicaudus*, Say) qui est remarquable parce que sa queue est plus courte que le tronc, et moindre, par conséquent, que celle des autres espèces, le *Sorex Harlani* excepté; c'est probablement aussi la *Musaraigne talpoïde* de M. Grapper, et elle a, en effet, le pelage gris-noir, comme soyeux et luisant, ce qui rappelle l'aspect de la Taupe. Elle est encore des États-Unis.

TRIBU DES SOLÉNODONTES

Animaux terrestres ayant le crâne et l'apparence extérieure des Musaraignes, mais à dents plus nombreuses, et dont les incisives supérieures et antérieures sont fortes et tricuspides. On en connaît un genre dans les Antilles. Nous en avons rapproché l'*Urotrique*, du Japon, qui avait été réuni aux Talpoïdes.

GENRE SOLÉNODONTE (*Solenodon*). Une assez grosse espèce d'Insectivores, qui n'est pas une Musaraigne véritable, et que l'on ne peut pas non plus associer aux Desmans dont nous parlerons ensuite, constitue le genre des Solénodontes de M. Brandt. Elle établit un lien entre les Musaraignes dont nous avons parlé et les Desmans proprement dits. Semblable aux premières par sa queue cylindrique; par la forme allongée, mais non aplatie de son nez; par le manque de palmatures entre ses doigts, et par l'absence d'arcade zygomatique à son crâne; elle a les dents nombreuses des seconds, et leurs grandes incisives supérieures tricuspides. Ses dents sont blanches et au nombre de quarante; des dix paires supérieures, la première est en pyramide triangulaire et sans crochet à la base postérieure, ce qui éloigne le Solénodonte des Musaraignes; elle est sensiblement conformée comme celle des Desmans. Derrière elle sont neuf dents croissantes, dont les deux premières sont également insérées dans l'os incisif; les trois dernières ou les vraies molaires diffèrent moins des avant-molaires que chez les Desmans ou les Musaraignes. Inférieurement, la première paire d'incisives est petite, et la seconde, au contraire, plus élevée que toutes les autres dents est caniniforme. En arrière de celle-ci sont huit dents dont le volume va croissant; de même que les supérieures, elles ont leurs pointes acérées et indiquent un régime essentiellement insectivore.

Le SOLÉNODONTE PARADOXAL (*Solenodon paradoxum*, Brandt) vit dans l'île de Saint-Domingue ou Haïti et dans celle de Cuba. Il a le pelage gris jaunâtre uniforme; son corps est long de vingt-deux centimètres; sa queue, qui est nue et écailleuse, mesure 0,16.

SOLÉNODONTE PARADOXAL. 1/3 de grand.

GENRE UROTRIQUE (*Urotrichus*, Temminck). Il repose sur un petit Animal ayant une trompe assez allongée et mobile; la queue presque aussi longue que le corps et velue; les pieds pentadactyles, les antérieurs étant sensiblement conformes comme ceux des Musaraignes. Le nombre des dents est de trente-six, et la première paire supérieure est en pyramide triangulaire comme celle des Solénodontes et des Desmans.

UROTRICHE TALPOÏDE, 2/3 de grand.

C'est l'UROTRICHE TALPOÏDE (*Urotrichus talpoïdes*, Temminck) qui a été découvert au Japon il y a quelques années. Son corps a 85 millimètres et sa queue 45; ses poils sont soyeux, de couleur roux cannelle, avec la base grise. La figure que nous en donnons diffère notablement de celle qu'en a publiée M. Temminck. Cependant elle a été faite d'après l'exemplaire, dénommé par ce savant naturaliste, que possède le Muséum de Paris.

TRIBU des DESMANS

Elle comprend des Soricidés dont les membres sont appropriés à la vie aquatique, et dont la queue, plus ou moins comprimée, constitue une espèce de rame. Ces Animaux ont le crâne pourvu d'une arcade zygomatique; leurs molaires intermédiaires sont plus nombreuses que celles des Musaraignes, et ils ont la première paire des incisives supérieures forte et tricuspide. Quoiqu'on puisse en faire deux genres, nous en parlerons sous le seul nom générique de Desmans.

GENRE DESMAN (*Mygale*, G. Cuvier). Dans les deux espèces qui composent ce genre, le tronc est médiocrement allongé, et les poils qui le couvrent, ainsi que la tête, sont luisants et légèrement

DENTS DU DESMAN MOSCOVITE, grand. nat.

irisés; le museau est prolongé en une petite trompe aplatie; la queue est longue et plus ou moins comprimée, et les doigts, principalement ceux de derrière, sont palmés et propres à la natation.

DESMAN DES PYRÉNÉES, 1/2 de grand.

Ces Animaux vivent, en effet, dans l'eau, où ils vont à la recherche des Insectes, des Mollusques, des Grenouilles et même des Poissons; ils ont les yeux assez petits et les oreilles tout à fait rudimentaires; leur crâne a une arcade zygomatique, assez grêle, il est vrai, et leurs dents ont une disposition tout à fait particulière. Il y en a quarante-quatre, dont onze paires à chaque mâchoire; la première paire supérieure, qui est seule implantée dans l'os incisif, est grande, en pyramide triangulaire, verticale, avec l'arête antérieure convexe; elle répond à la grande incisive des Musaraignes, mais elle n'a pas le crochet que celle-ci porte à sa base postérieure; après elle viennent sept avant-molaires simples et petites, puis une dent un peu plus compliquée, et enfin trois vraies molaires. Inférieurement, il y a trois vraies molaires : ce sont les trois dernières, et, en avant d'elles, on compte huit dents plus ou moins simples, inégales, dont les deux antérieures sont plus hautes que les autres, aplaties, jusqu'à un certain point comparables à des incisives humaines, et en ligne transversale sur le devant de la mâchoire.

Chacune des deux espèces de Desmans que l'on connaît est devenue le type d'un genre à part.

La moins grande, ou le DESMAN DES PYRÉNÉES (*Mygale pyrenaïca*) vit dans les Pyrénées. On la trouve dans les petits cours d'eau, à Tarbes, aux deux Bagnères, à Saint-Bertrand-de-Comminges, etc., dans le département des Hautes-Pyrénées. Le naturaliste qui l'observa le premier fut M. Desrouais, et la première

PATTE DU DESMAN DES PYRÉNÉES, grand. nat.

description en a été donnée par E. Geoffroy. Le Desman des Pyrénées est le type du genre *Galemys*, Wagler, ou *Mygalina,* Is. Geoffroy. Il est long de treize ou quatorze centimètres, depuis le bout de la trompe jusqu'à l'origine de la queue. Son poil est brun fauve et luisant, un peu lavé de gris en dessous; ses ongles sont fortes, et sa queue, qui n'est pas comprimée dans toute sa longueur, a quatorze centimètres; elle est écailleuse.

Le Desman des Pyrénées répand une odeur très-prononcée de musc. M. Braguier assure que cet Animal se nourrit essentiellement de Truites.

Le DESMAN MOSCOVITE (*Mygale moscovitica*), dont Pallas a fait l'histoire sous le nom de *Sorex moschatus*, est encore plus odorant que celui des Pyrénées. Il est aussi de plus grande dimension, et sa queue est plus fortement comprimée dans

DESMAN DES PYRÉNÉES, 1,2 de grand., d'après un vé:m du Muséum.

toute sa longueur. Le corps a vingt-deux centimètres, et la queue dix-neuf environ. C'est elle qui répand, au moyen de glandes, surtout nombreuses auprès de sa base, l'odeur propre à ces Animaux. Cette odeur se conserve très-bien sur les exemplaires préparés; aussi la queue des Desmans est-elle, à cause de cela, l'objet d'un petit commerce.

DESMAN MOSCOVITE. 1/3 de grand.

Le corps et la tête ont des poils de deux sortes, les uns en bourre, les autres soyeux, luisants et qui recouvrent les premiers; la couleur, qui est généralement brune aux parties supérieures, devient argentée en dessous. L'odeur de ces Desmans est si forte qu'elle se communique aux Poissons qui mangent leur chair.

ESPÈCES FOSSILES. — On connaît encore, mais à l'état fossile seulement, plusieurs espèces d'Insectivores ayant la dentition des Desmans ou une dentition peu différente. Il y en a dans les terrains ossifères du département du Gers et en Auvergne; leur description a été donnée dans les ouvrages de Paléontologie, sous les noms de *Mygale, Plesiosorex* et *Mysarachne*. On cite aussi des débris de Musaraignes semblables dans les mêmes dépôts.

FAMILLE des TALPIDÉS

On rapproche de la Taupe et l'on réunit dans la même famille certains Insectivores fouisseurs qui ont avec elle une analogie plus apparente que réelle, leur système dentaire étant très-diversiforme. Ce sont les Talpidés ou Talpoïdes qu'il serait certainement plus convenable de diviser en plusieurs familles. Nous nous bornerons à les diviser en tribus sous les noms de *Chrysochlores, Scalopes, Condylures* et *Taupes*, empruntés à leurs différents genres.

TRIBU des CHRYSOCHLORES

GENRE CHRYSOCHLORE (*Chrysocloris*, G. Cuvier). Il comprend certaines espèces africaines qui se font remarquer extérieurement par le luxe des reflets irisés de leur pelage. Ce caractère, fort rare chez les Mammifères, et que les Desmans ne présentent qu'à un faible degré, est ici fort prononcé; il est joint à diverses autres particularités qui font des Chrysochlores des Animaux fort singuliers..

Leur museau est tronqué, un peu relevé, et plutôt en forme de petit soc transversal qu'en véritable boutoir; les yeux sont forts petits; ils n'y a aucune trace des oreilles externes, et leur corps, qui est trapu et ramassé, n'a en arrière qu'un faible rudiment de queue; les pattes sont courtes et essentiellement disposées pour fouir, surtout les antérieures, dont les trois seuls doigts ont des ongles falciformes très-puissants, surtout l'externe; elles ne sont pas en pelle comme celles des Taupes et des Scalopes; les postérieures ont cinq doigts, elles diffèrent beaucoup moins de la forme ordinaire que celles de devant. Les dents de ces Animaux sont au nombre de quarante, en dix paires pour chaque mâchoire : la première paire d'en haut est en pyramide, assez semblable à celle des Desmans, mais un peu moins forte; en arrière sont cinq petites dents dont le volume croît successivement, puis cinq paires de molaires proprement dites, de forme transversale, et dont la dernière est moindre que les autres. Des

CRÂNE DE CHRYSOCHLORE,
grand. nat.

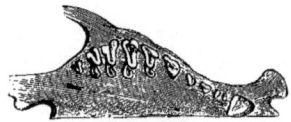

DENTS DE CHRYSOCHLORE,
2/1 de grand.

dix paires inférieures, les deux premières, qui sont des incisives, sont dirigées en avant, encore comme celles des Desmans; les trois suivantes ressemblent à des fausses molaires, et il y a ensuite cinq molaires proprement dites. Toutes ces dents ont la disposition qui

convient à un régime essentiellement insectivore, et elles font des Chrysochlores un groupe intermédiaire à ceux des Desmans et des Taupes, mais dont le genre de vie est bien différent de celui des premiers. Le nombre plus grand des vraies molaires ($\frac{3}{3}$) que chez les autres genres s'expliquerait si l'on admettait que ces dents, d'ailleurs simples, tandis que celles des autres Insectivores sont à deux collines, ne sont que le dédoublement de ces dernières, opinion que leur examen avait déjà suggérée à M. de Blainville. Dans ce cas, les quatre vraies molaires qui sont antérieures chez les Chrysochlores répondraient à la pénultième et à l'antépénultième des autres Talpoïdes ou des Desmans qui resteraient dédoublées, par suite du défaut de coalescence de leurs deux moitiés composantes; la dernière ne serait elle-même qu'une partie de sa correspondante chez les autres genres.

CHRYSOCHLORE, 2/3 de grand.

Les Chrysochlores sont des Animaux essentiellement fouisseurs, qui passent presque entièrement leur existence sous terre, remuant le sol avec autant ou plus de facilité que les Taupes de nos pays. Leur squelette montre plusieurs particularités en rapport avec ces habitudes. Ainsi leur crâne est pour ainsi dire en coin, ayant sa partie occipitale ample, ses os zygomatiques plus forts que ceux d'aucune autre espèce du même ordre, sa partie antérieure très-solide et dépassant les premières incisives; enfin sa mâchoire inférieure courte, avec l'apophyse angulaire considérable et la partie coronoïde ne dépassant pas la hauteur de l'articulation. Le développement de la caisse du tympan et de l'oreille interne doit faire admettre une grande délicatesse dans l'ouïe de ces Insectivores; leurs vertèbres manquent des ossifications, en forme de sésamoïdes, que l'on voit chez les Taupes, au bord articulaire des corps des mêmes os sur les dernières dorsales et aux lombaires; l'omoplate est plus large que celle de la Taupe et la terminaison acromiale de son épine s'avance au delà de l'insertion de la clavicule. Celle-ci, au lieu de ressembler, comme dans les Taupes, au corps d'une vertèbre de Poisson, est grêle et allongée comme chez le Hérisson. L'humérus n'est pas moins singulier que celui de la Taupe, mais il a une toute autre apparence; c'est une sorte de croissant irrégulier, dont une extrémité serait formée par la tête supérieure et l'autre

par une énorme tubérosité (épi-
trochlée) de la partie inférieure;
celle-ci est percée d'un trou,
comme dans beaucoup d'autres
espèces. La tubérosité inférieure
externe du même os ou l'épi-
condyle est bien moindre que
l'interne; le radius et le cubitus
diffèrent moins que l'humérus de
ceux de la Taupe, mais la patte
offre la singulière particularité de
porter un os pisiforme beaucoup
plus développé que celui des autres Mammifères et remontant le
long de l'avant-bras jusqu'à l'humérus, avec la saillie interne

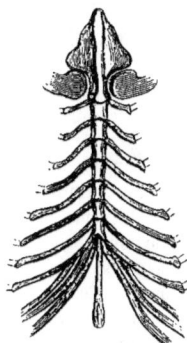

STERNUM DE CHRYSOCHLORE,
2/1 de grand.

MEMBRE ANTÉRIEUR DE CHRYSOCHLORE,
2/1 de grand.

duquel il est même en connexion. C'est une disposition tout
à fait spéciale aux Chrysochlores et qui peut servir à appuyer
l'opinion que le pisiforme, qui est plus ou moins rudimentaire chez les autres Animaux, est un os de l'avant-bras et
non une partie du carpe, comme on le dit ordinairement.

Le bassin manque de symphyse pubienne. Cette disposition est commune aux Chrysochlores
et à plusieurs genres de Talpoïdes; elle était commandée par le volume considérable et bien
supérieur à celui du détroit pelvien, que les petits ont déjà lorsqu'ils viennent au monde.

Les Chrysochlores étaient nommées *Taupes dorées* et *Taupes rouges d'Amérique* ou d'*Asie*
par les naturalistes du dernier siècle; on ignorait alors qu'elles sont exclusivement africaines.
Cuvier, au lieu de les associer génériquement aux Taupes, comme l'avaient fait Brisson et
Linné, les a réunies pendant quelque temps aux Musaraignes, mais il en a fait plus tard un
genre distinct que tous les naturalistes ont adopté.

Il y a plusieurs espèces de Chrysochlores; leur taille est à peu près la même que celle de
la Taupe, mais leur corps est moins long, et chez toutes le pelage a des reflets métalliques
irisés qui le rend très-singulier en même temps que très-élégant. Les caractères qui séparent
ces espèces les unes des autres ne sont pas toujours très-évidents.

L'espèce la plus répandue dans les collections est la CHRYSOCHLORE DORÉE (*Chrysochloris aurea*) ou la *Taupe dorée* de Buffon et des naturalistes de la même époque, qu'on a
aussi appelée *Chrysochloris capensis*; elle habite, en effet, les parties australes de l'Afrique.

M. Smith en distingue les *Chrysochloris villosa* et *hottentota*; M. O'Gilby le *Chrysochloris
damarensis*, et M. Peters le *Chrysochloris obtusirostris*.

TÊTE de profil, en dessus et en dessous du CHRYSOCHLORIS OBTUSIROSTRE, grand. nat.

Cette dernière espèce est de la côte mozambique; les trois autres sont, comme l'espèce
commune, propres aux parties sud du même continent.

TRIBU des SCALOPES

Animaux talpiformes joignant à la plupart des caractères extérieurs de la Taupe une dentition qui rappelle, dans son ensemble, celle des Soricidés, et, en particulier, celles des
Desmans. Un seul genre :

GENRE SCALOPE (*Scalops*, G. Cuvier). Apparence extérieure fort semblable à celle
de la Taupe, queue un peu moindre, nue, dentition assez différente, telle est, comme on
vient de le voir, la définition abrégée du genre Scalope. C'est donc principalement sur la
disposition de son système dentaire que nous devons insister.

On lui compte en tout trente-six dents, savoir :
dix paires supérieures et huit inférieures ; celles-là
consistent en une première paire de dents, encore
en pyramide triangulaire, comme chez les Soleno-
dontes, les Desmans et les Chrysochlores ; deux
petites presque aciculaires, quatre un peu plus
fortes croissant en vo-
lume, et trois grosses
paires de molaires bipar-
ties ; inférieurement, il y
a en avant deux paires
d'incisives proclives, dont

CRÂNE DE SCALOPE, grand. nat.　　DENTS DE SCALOPE, 3/1 de grand.

la première est moins forte que la seconde, trois dents gemmiformes et trois véritables
molaires biparties, comme celles de la plupart des autres Animaux de cet ordre et même plus
larges qu'elles ne le sont habituellement.

Le SCALOPE DU CANADA (*Scalops canadensis*), appelé aussi *Taupe de Virginie*, et
même *Musaraigne aquatique* par quelques auteurs, est l'espèce type de ce genre. C'est un

SCALOPE DU CANADA, 1/1 de grand.

Animal brun cendré, à poils veloutés, qui est de la grandeur et de la forme des Taupes. Ses habitudes sont aussi les mêmes que celles de ces Animaux. Son séjour le plus constant est auprès des ruisseaux et dans les endroits aquatiques. Il n'est pas démontré qu'il faille en distinguer le *Scalops pensylvanicus*, qui a été décrit par Harlan comme formant une espèce à part.

TRIBU DES CONDYLURES

La dentition des Condylures est également établie sur un modèle différent de celui de la Taupe et qui ne ressemble pas davantage à ce que nous venons d'observer chez les Scalopes et chez les Chrysochlores. Cette tribu ne renferme aussi qu'un seul genre.

GENRE CONDYLURE (*Condylura*, Illiger). Il n'a lui-même qu'une seule espèce, et, d'après quelques auteurs, deux ou trois au plus, qui sont, comme les Scalopes, des Animaux particuliers à l'Amérique septentrionale.

Les Insectivores du genre Condylure ont assez bien l'apparence des Taupes, mais leur train de devant est encore plus gros, proportionnellement à celui de derrière; leur queue est plus longue et plus velue; leurs pattes de devant ne sont pas aussi élargies, et leur boutoir est terminé

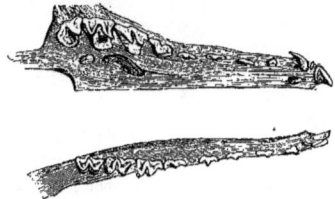

BOUTOIR DE CONDYLURE, 2/1 de grand.

par des appendices membraneux ou petites lanières qui entourent les narines et simulent une sorte d'étoile. Leur nom de Condylure signifie queue noueuse; il tient à l'idée inexacte qu'on s'était d'abord faite de la forme de cet organe d'après un exemplaire mal préparé. Les Condylures manquent d'oreille externe, comme les Scalopes, les Chrysochlores, les Taupes et les Desmans; leur crâne est assez allongé. Leur système dentaire présente une disposition assez particulière; les dents, au nombre de quarante-quatre, sont ainsi réparties : à la mâchoire supérieure, une première paire en pinces ou cultriforme; une seconde petite et aciculaire; une troisième caniniforme; une autre bien plus petite, mais à peu près semblable; puis quatre paires

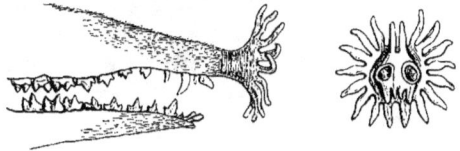

CRANE DE CONDYLURE, grand. nat.   DENTS DE CONDYLURE, 3/1 de grand.

biradiculées à couronne pointue (la quatrième de celle-ci est bien plus forte que les autres), et enfin trois paires de vraies molaires; toutes ces dents sont écartées entre elles; il en est de même des inférieures, qui sont ainsi distribuées de chaque côté : deux premières paires d'incisives en palettes et proclives; une troisième fort petite; une dent caniniforme à deux racines; quatre dents intermédiaires biradiculées à couronne cuspidée, et trois arrière-molaires véritables. Le crâne des Condylures est plus allongé et moins robuste que celui des autres Talpoïdes; leurs trois premières paires de dents supérieures sont implantées dans l'incisif.

Le CONDYLURE ÉTOILÉ (*Condylura cristata*), qui est le *Sorex cristatus* de Linné ou la *Taupe à museau étoilé* de plusieurs auteurs, est long, en totalité, de douze ou treize centimètres, dont six ou sept pour la queue. Son pelage est doux, comme celui de la Taupe, mais moins fourni ; il est également d'un noir velouté. Cet Animal habite dans une grande partie des États-Unis ; il a les mêmes mœurs que les Scalopes ou que les Taupes.

CONDYLURE ÉTOILÉ, 1,3 de grand.

On en a distingué, comme espèce, le Condylure a longue queue (*Condylura macrura*, Harlan, et peut-être aussi *Condylura longicaudata*, Desmarest), qui est du nouveau Jersey, également aux États-Unis ; mais ces espèces n'ont pas été adoptées, et il en est de même du *Condylura prasinata* de Harris.

M. Gray se sert du mot *Astromyctes* pour désigner génériquement les Condylures.

TRIBU des TAUPES

Notre Taupe, si répandue dans presque toute l'Europe, est le type de cette tribu, et elle nous en donne tous les caractères. Deux ou trois espèces viennent s'y placer avec elle.

Genre TAUPE (*Talpa*, Linné). L'Animal de nos contrées qui a servi à l'établissement de ce genre est, sans contredit, l'un des plus curieux à examiner dans les détails de son organisation. Son corps, bien loin d'avoir l'élégance et l'apparence dégagée de celui des Tupaias, des Macroscélides ou des Musaraignes, ressemble pour ainsi dire à un sac qui se prolongerait antérieurement en un cône terminé par un groin, et en arrière par un petit appendice velu représentant la partie caudale ; ses quatre membres sont courts, et, dans la marche, il se traîne presque à terre. Les pattes antérieures sont terminées en palettes arrondies, et elles portent des ongles puissants ; les postérieures sont moins

PATTES DE TAUPE, grand. nat.

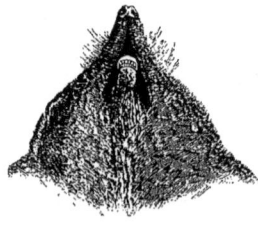

TÊTE DE TAUPE, vue en dessous, grand. nat.

fortes et moins rejetées en dehors; elles ont cinq doigts comme celles de devant, mais leur ensemble est moins développé; leurs ongles ont moins de force et elles ont moins d'action dans les travaux de mine que la Taupe exécute. Comme cet Animal n'a que de très-petits yeux et qu'il manque de conques auditives, les parties que nous venons d'énumérer sont à peu près les seules qu'il présente à l'observateur lorsque sa bouche n'est point ouverte; ses autres orifices naturels sont d'ailleurs cachés sous les poils doux et veloutés dont son corps est recouvert. Ses mamelles, au nombre de dix, sont placées à l'abdomen.

L'intérieur de la Taupe n'est pas moins singulier; ses dents, tout son squelette, son canal intestinal, ses organes de la reproduction et les parties profondes de ses organes des sens présentent des particularités tout à fait exceptionnelles; elle a quarante-quatre dents, toutes parfaitement disposées pour lui permettre de broyer les Insectes, les Vers et les autres Animaux de même sorte qui constituent sa nourriture habituelle. Chaque mâchoire en porte

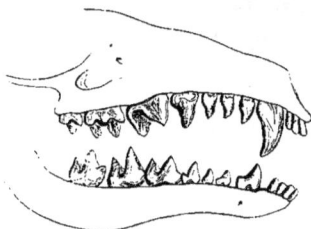

DENTS DE LA TAUPE, 3/1 de grand.

onze paires; les trois premières supérieures et les quatre premières inférieures sont à peu près égales entre elles et ressemblent assez aux incisives des Carnivores ou des Singes; après elles vient, en haut comme en bas, une forte dent caniniforme différente des canines ordinaires, parce que sa racine est toujours divisée en deux, et dont l'inférieure passe d'ailleurs en arrière de la supérieure. Chacune d'elles est suivie de trois petites fausses molaires biradiculées, et il y a, en outre, supérieurement quatre, et inférieurement trois molaires plus grosses de chaque côté. Les savants ne sont pas d'accord sur la formule par laquelle il convient d'exprimer cette disposition du système dentaire, et quoique tous admettent que les quatre paires de petites dents antérieures sont des incisives, celle de la paire externe pourrait être bien plutôt une canine, comme on verra qu'il en est de celle qui lui correspond à la mâchoire inférieure des Ruminants.

Dans le squelette, nous signalerons principalement la présence d'un osselet styliforme situé dans le ligament cervical; celle des osselets sésamiformes qui sont au bord articulaire inférieur des vertèbres lombaires; le resserrement extrême du bassin, qui est tel que c'est en avant et non dans le détroit de cette espèce de ceinture que passent les petits dans l'acte de la parturition; enfin la conformation singulière des membres antérieurs. L'omoplate y est fort longue, et la clavicule, au contraire, très-courte; l'humérus est de forme presque carrée, et pourvu bilatéralement d'une paire d'apophyses montantes et descendantes; la main est pourvue d'un os particulier auquel on a donné le nom de falciforme; un os analogue, mais de moindre dimension, existe au membre postérieur. Presque toutes ces particularités sont appropriées aux habitudes essentiellement souterraines des Taupes.

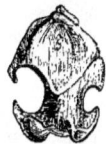

HUMÉRUS DE TAUPE,
3/1 de grand.

On sait que ces Animaux passent presque toute leur vie sous terre, qu'ils se tiennent dans les lieux sablonneux ou riches en humus, et qu'ils creusent eux-mêmes et avec une grande facilité les galeries dans lesquelles on les trouve. Tout, dans l'économie de leurs organes, tend à leur rendre ce mode d'existence plus facile, et, autant ils sont mal à leur aise lorsqu'ils cheminent à la surface du sol, autant ils sont agiles dans leurs canaux souterrains. Ces habitudes, que tout le monde a pu observer chez les Taupes de nos prairies, distinguent aussi les genres plus ou moins analogues auxquels on donne le nom de Chrysochlores, Scalopes et Condylures.

TAUPE D'EUROPE (*Talpa europæa*). Cette espèce a le pelage noir plus ou moins lavé de couleur cendrée et comme velouté; quelques variétés sont blanches ou de couleur isabelle.

Le corps est long de quinze ou seize centimètres, en y comprenant la queue, qui a trois centimètres et demi.

On trouve la Taupe dans toute l'Europe, et partout on lui fait une guerre assidue, parce qu'elle nuit aux végétaux en remuant le sol pour la construction de ses galeries ou en les arrachant pour en garnir le nid dans lequel elle dépose ses petits. Cependant elle n'attaque pas les plantes pour s'en nourrir, et, sous un certain rapport, elle est même utile puisqu'elle débarrasse la terre des larves et des Insectes qui causent, au contraire, des dommages considérables. La Taupe est surtout avide de ces Insectes, et elle recherche avec une égale gloutonnerie les Vers, les Limaces et quelques autres Animaux analogues.

TAUPE D'EUROPE, 1/3 de grand.

Un art particulier, celui du taupier, a pour objet la destruction des Taupes, et l'on nomme *étaupiner* le soin que l'on prend pour débarrasser un champ, un pré ou tout autre terrain cultivé, des Taupes qui s'y sont établies. Cet art exige une connaissance assez exacte des habitudes des Animaux contre lesquels il a été institué, et il a donné lieu à plusieurs publications où les manœuvres, d'ailleurs fort simples dans lesquelles il consiste, sont racontées avec beaucoup de précision. Lecourt a fait à cet égard d'utiles observations. Plusieurs naturalistes, parmi lesquels nous citerons Geoffroy-Saint-Hilaire, M. Flourens et Desmarest, ont aussi donné de très-bons renseignements sur les Taupes, soit sur leurs habitudes, soit sur la manière de les détruire.

Les Taupes vivent isolément, chacune d'elles ayant son système de galeries à part ; ces galeries sont de longs boyaux tortueux qu'elles creusent elles-mêmes et dont la profondeur varie suivant les saisons. Les taupinières ou les petites buttes qu'on y remarque de distance en distance proviennent de la terre qui obstruait l'intérieur des galeries ; le plus souvent il y a dans ces dernières une cavité centrale à laquelle aboutissent plusieurs allées souterraines ; elle est plus élevée que le reste, de manière à ne pas être inondée pendant les temps de pluie ; c'est là que la Taupe femelle fait son nid, et, comme il y a plusieurs issues, elle peut plus aisément s'en échapper lorsqu'elle se voit inquiétée. Le travail qu'exige le percement de tout ce système est principalement exécuté aux moments du lever et du coucher du soleil. Les pattes de devant et la tête des Taupes en sont les principaux instruments. Lorsqu'on a aperçu un de ces Animaux occupé au percement d'une galerie, et cela se reconnaît aux petits mouvements qu'il fait faire au sol dans l'endroit où il mine, il est assez facile de s'en saisir : on lui barre le passage de retour avec une bêche ou tout autre instrument, et on le fait sauter lui-même hors de sa galerie. Les piéges que l'on emploie le plus généralement pour prendre les Taupes dans leurs demeures sont de plusieurs sortes ; les plus connus sont la *Taupière de Delafaille* et celle de *Lecourt*. On cherche à les placer aux endroits par lesquels les Taupes passent d'habitude.

Les Animaux de cette espèce viennent assez rarement sur le sol ; cependant on les y voit quelquefois lorsqu'ils changent de cantons ou que les sexes se recherchent.

Les mâles sont plus forts que les femelles. Il y a plusieurs petits à chaque portée ; c'est surtout à cette époque qu'il faut chercher à les prendre, puisqu'il est alors possible de détruire à la fois la mère et sa progéniture.

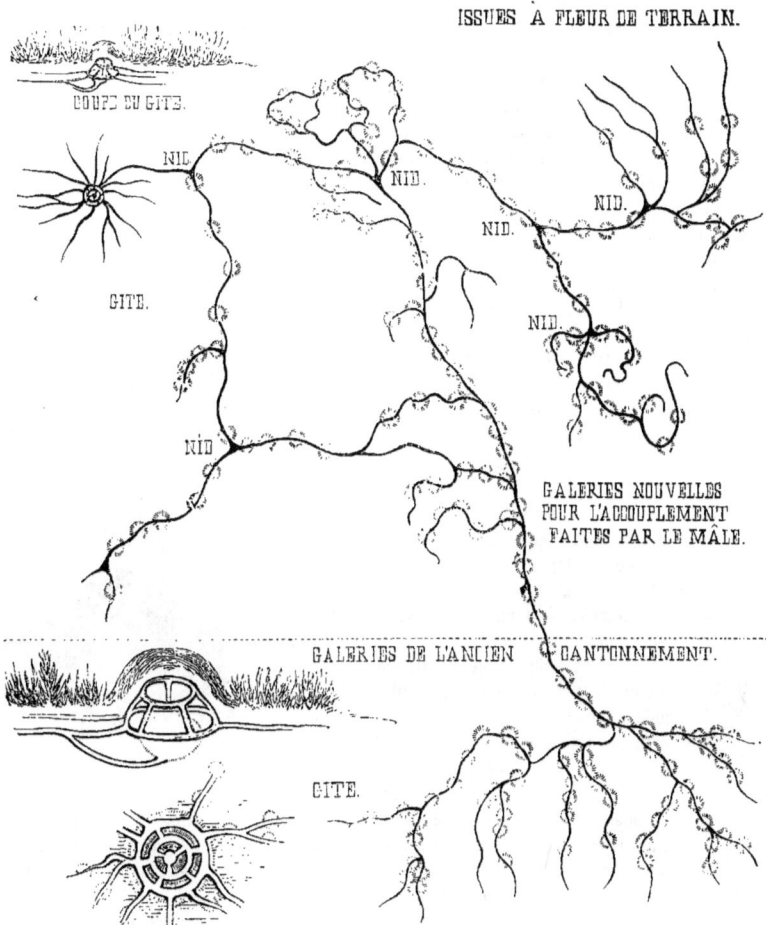

ISSUES À FLEUR DE TERRAIN.

COUPE DU GITE.

NID.

NID.

NID.

NID.

NID.

GITE.

NID.

NID.

GALERIES NOUVELLES POUR L'ACCOUPLEMENT FAITES PAR LE MÂLE.

GALERIES DE L'ANCIEN CANTONNEMENT.

GITE.

Les observateurs qui veulent étudier en captivité le genre de vie des Taupes ont beaucoup de peine à les conserver vivantes : la grande étendue de terrain qu'il leur faut, la quantité considérable de nourriture qu'elles consomment, et la nature spéciale de leurs aliments sont autant d'obstacles qui empêchent d'en élever dans des caisses ou dans des espaces trop circonscrits, pour les examiner pendant quelque temps. Cependant, indépendamment des Insectes, des Larves, des Lombrics ou des Limaces qui forment leur nourriture habituelle, elles mangent aussi des Grenouilles et des cadavres de petits Oiseaux. On a même remarqué que, si l'on place ensemble deux Taupes du même sexe, la plus faible est bientôt dévorée, et l'on ne retrouve plus que sa peau et ses os. Après avoir assouvi sa faim, la Taupe est tourmentée par une soif ardente, et cette soif est si impérieuse que, si l'on prend un de ces Animaux par la peau du cou et qu'on l'approche d'un vase rempli d'eau, on le voit, dit-on, boire avec avidité, malgré la gêne qui accompagne une semblable position.

Beaucoup d'auteurs ont affirmé que les Taupes ne voyaient point ; cela est inexact, et des observations nombreuses ont montré le contraire. C'est également à tort qu'on les a crues privées de nerfs optiques ; elles en ont comme les autres Animaux, mais leur œil étant très-petit, le nerf spécial qui s'y rend est aussi d'un moindre volume.

On a signalé en Europe une seconde espèce de Taupe qui a été nommée TAUPE AVEUGLE (*Talpa cœca*) par Savi. Elle est un peu plus petite que la précédente, a les yeux plus faibles encore et paraît avoir aussi le boutoir plus aplati. Cette Taupe n'est, suivant quelques naturalistes, qu'une simple variété ; d'autres la regardent comme étant tout à fait différente.

Elle a été d'abord signalée dans les Apennins, et depuis lors on l'a distinguée comme existant aussi en Grèce, dans le midi de la France, en Suisse et à Hambourg. Ce n'est peut-être que la *petite Taupe* qu'on prend aussi dans beaucoup d'autres endroits de l'Europe.

Poiret parle de l'existence de Taupes véritables en Algérie, et d'autres naturalistes disent qu'il y en a aussi dans l'Inde et dans l'Amérique septentrionale ; mais il faut faire deux remarques à cet égard. D'abord ces indications n'ont pas toutes la certitude désirable, et ensuite il se pourrait que les Animaux qui leur ont donné lieu ne fussent pas de la même espèce que les Taupes européennes. Quant aux Taupes de l'Algérie, elles sont plus douteuses encore, aucun naturaliste ne les ayant revues, malgré les nombreuses recherches de zoologie qui ont eu lieu dans ce pays depuis plus de vingt ans. Les auteurs qui ont parlé des Taupes de l'Inde ne donnent aucun détail sur leurs véritables caractères spécifiques, et il n'est pas démontré que celles de l'Amérique septentrionale soient autre chose que des Scalopes.

La TAUPE WOOGURA (*Talpa woogura*, Temminck), du Japon, est certainement une espèce distincte de la Taupe d'Europe ; elle a été découverte au Japon par M. Siebold. Avec une apparence extérieure fort semblable à celle de la Taupe de nos pays et des mœurs absolument identiques avec les siennes, elle est facile à en distinguer parce qu'elle n'a que trois paires d'incisives à chaque mâchoire. Sa couleur est habituellement d'un fauve sale. On pourra la regarder comme un genre distinct.

DENTS DE TAUPE WOOGURA, 3/1 de grand.

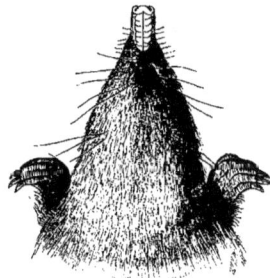
TÊTE DE TAUPE WOOGURA vue en dessus, grand. nat.

TAUPES FOSSILES. Les Paléontologistes ont découvert, en Europe, des dents et des ossements, principalement des humérus, qui indiquent aussi des Animaux talpoïdes ou même appartenant au genre des véritables Taupes. La plupart ont été décrits par M. de Blainville dans le chapitre de son *Ostéographie*, qui est consacré aux Insectivores. Son *Talpa acutidentata* est fossile dans les dépôts lacustres de la Limagne (Puy-de-Dôme). — Le *Talpa antiqua*, du même auteur, est aussi dans ce cas. — Au contraire, le *Talpa sansaniensis* (Lartet) est de Sansan, dans le département du Gers. — C'est aussi le gisement du *Talpa minuta* (Blainville). — Le *Dimylus paradoxus* (H. de Meyer) est un autre Talpoïde du terrain miocène ; il en a été recueilli quelques débris à Weisenau, près Mayence. — Le *Palæospalax magnus* (Owen) était aussi un Insectivore de ce groupe, mais il était de plus grande taille ; on l'a comparé au Hérisson sous ce rapport. C'est un Animal encore incomplètement connu dont il a été recueilli quelques débris dans le terrain diluvien de l'Angleterre.

ORDRE DES RONGEURS

Animaux mammifères pourvus de quatre extrémités onguiculées, propres à la locomotion ordinaire, au saut ou au fouissement ; n'ayant point le pouce opposable ; pourvus de deux sortes de dents dont les antérieures ou incisives sont fortes, servent à ronger et sont au nombre de deux seulement à chaque mâchoire; les autres, ou molaires, étant presque constamment uniformes, peu nombreuses et séparées des précédentes par un espace vide nommé barre. *Quelques espèces seulement portent à la mâchoire supérieure une paire de petites dents avant-molaires rappelant les dents intermédiaires des Insectivores. Le cerveau est très-rarement pourvu de circonvolutions. L'organisation générale est peu différente de celle des Insectivores; le mode de développement est disco-placentaire comme celui des Mammifères des trois ordres précédents. Les Rongeurs sont presque toujours de petite dimension; ils sont dépourvus de véritable intelligence, pour la plupart herbivores ou frugivores, quelquefois omnivores; on en connaît des représentants dans toutes les parties du globe, Madagascar excepté. Ces Animaux sont vulgairement désignés sous les noms de* Lapins, Écureuils, Porcs-

Épics, Rats, etc. *Ils sont fort nombreux en espèces et constituent plu-*
sieurs familles susceptibles d'être partagées en deux sous-ordres,
suivant qu'ils ont une paire d'incisives supérieures supplémentaires
ou qu'ils en sont privés.

Le mot latin *glires*, que les Latins donnaient aux Loirs, a été choisi par Linné pour
désigner l'ordre des Rongeurs, et adopté par presque tous les naturalistes. Vicq-d'Azyr
lui a cependant préféré celui de *Rodentes*, et Storr celui de *Rosores*. Les nombreuses espèces
auxquelles on l'applique se relient entre elles par de nombreux caractères, et elles sont assez
faciles à distinguer des autres Mammifères par les particularités que nous venons d'énumérer,
et principalement par la disposition de leur système dentaire; mais ce caractère, en apparence essentiel des Rongeurs, ne suffirait pas à lui seul pour faire reconnaître ces Animaux,
et il est utile de constater qu'il coïncide bien avec ceux qui font des Mammifères dont il va
être question un groupe de la série des Monolophes disco-placentaires. Ainsi le Phascolome,
qui appartient à la sous-classe des Marsupiaux, a la formule dentaire des Rongeurs, et le
Daman, avant d'avoir été suffisamment étudié, leur avait été réuni, tandis qu'il rentre dans la
même famille que le Rhinocéros. Enfin, il faut ajouter que les Rongeurs, quoique disco-placentaires comme les Primates, s'en distinguent aussi bien que des Insectivores par plusieurs particularités importantes. Aussi ne doit-on pas leur adjoindre le genre des Cheiromys, quoiqu'il
ait une dentition semblable à la leur, et il est plus que probable que le genre *Pithéchéir* de
F. Cuvier, qui a le pouce des pieds de derrière opposable aux autres doigts, devra également
être placé dans un ordre différent.

Les Rongeurs forment une réunion très-naturelle; cependant leurs nombreuses espèces
peuvent être partagées en plusieurs familles, et il est même convenable de les diviser en deux
sous-ordres. Les uns n'ont, comme le Rat, l'Écureuil et la plupart des autres, qu'une seule
paire de dents incisives à chacune des
mâchoires; tandis que les autres ou les
Lièvres, les Lapins et quelques rares espèces qui leur ressemblent, ont en arrière
des incisives supérieures communes à tous

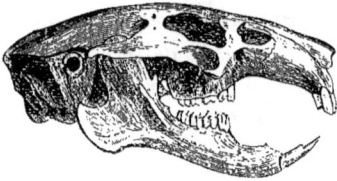

CRANE DE LAGOMYS ALPIN, grand. nat.   CRANE D'ANOMALURUS, grand. nat.

les Rongeurs, une paire d'incisives supplémentaires plus petites. Sous ce rapport et sous
quelques autres plus importants encore, les Animaux de la même famille que le Lapin
s'éloignent du type commun et méritent par conséquent d'occuper une place à part. L'ensemble des autres Animaux du même ordre a pour types les plus connus le Rat, l'Écureuil,
le Porc-Épic et le Cochon d'Inde, et, comme le Rat est de tous celui que nous connaissons le
mieux, les voyageurs et même les zoologistes se servent souvent de son nom pour désigner
le plus grand nombre des Animaux du même sous-ordre, quelle qu'en soit la famille. L'apparence extérieure de tous ces quadrupèdes ne permet cependant pas de les faire immédiatement
reconnaître pour Rongeurs, et souvent ils diffèrent plus les uns des autres dans leur forme et

leur proportion que de telles autres espèces qui appartiennent pourtant à des ordres fort différents. Il y a des Primates, des Insectivores et des Marsupiaux qui ressemblent beaucoup
à des Rats, à des Écureuils ou à des Cabiais, et que l'on prend d'abord pour Rats, des
Écureuils, etc., tandis que des Rongeurs véritables ont un extérieur tout à fait différent,
comme les Gerboises et les Rats-Taupes. Cela est en harmonie avec les conditions d'existence
dans lesquelles ces Animaux ont été placés par la Nature, et il en est de même de leur taille,
quoique en moyenne elle soit inférieure à celle de tous les autres ordres de Monodelphes, les
Insectivores et les Cheiroptères exceptés.

Le Cabiai, le Castor, le Dolichotis et le Porc-Épic sont les plus grandes espèces de Rongeurs du monde actuel; mais le premier de ces Animaux n'égale pas la grosseur d'une
Brebis. La grande majorité des autres genres de Rongeurs arrive à une taille beaucoup
moindre, et la Marmotte ainsi que le Lièvre comptent encore parmi les grosses espèces de
cet ordre. L'Écureuil, le Surmulot et le Rat nous donnent une idée des dimensions moyennes
de la plupart des autres. Il en est beaucoup qui ont encore un moindre volume et qui le
cèdent même au Mulot et à la Souris. Néanmoins les plus petits Rongeurs sont supérieurs
en volume aux plus petites espèces de Musaraignes que nous avons signalées dans le chapitre
précédent, et la taille des autres surpasse sensiblement celles des Insectivores, auxquels ils
ressemblent le plus à différents égards. C'est ainsi que les Écureuils et les Marmottes ont des
dimensions moyennes plus fortes que celles des Tupaias et des Hylomys; que les Porcs-Épics
sont bien plus gros que les Hérissons; les Rats que les Musaraignes; les Castors ou les Ondatras que les Desmans de Moscou et des Pyrénées; les Rats-Taupes que les Taupes, et les
Gerboises que les Macroscélides. Sous le rapport de la taille l'avantage reste donc aux Rongeurs, Animaux qui trouvent plus facilement à se nourrir que les Insectivores.

L'espèce de parallélisme qui existe entre les Insectivores et les Rongeurs de la grande
catégorie des Mammifères disco-placentaires pourrait être poussée plus loin, et elle a été aussi
envisagée sous d'autres rapports que celui de la taille, principalement par M. Isid. Geoffroy.
Ainsi que le remarque ce savant naturaliste, il y a en général dans l'apparence extérieure
de ces Animaux correspondants, les uns Insectivores et les autres Rongeurs, et, en même
temps, dans leur organisation profonde, des analogies plus curieuses encore. On remarque
aussi que certaines espèces appartenant à la grande division des Marsupiaux australiens
répètent dans leur propre groupe certaines des formes animales que les Insectivores et les
Rongeurs fournissent aux autres continents. Chez les Rongeurs cette diversité des formes,
en rapport avec les habitudes terrestres, fouisseuses, arboricoles, aquatiques, etc., des Animaux que l'on observe, a d'ailleurs acquis une intensité plus grande encore que chez les Insectivores, et les modifications des organes locomoteurs et sensoriaux par lesquelles elle se
manifeste sont des plus profondes. C'est ce qui a conduit plusieurs naturalistes à l'opinion
que les Insectivores et les Rongeurs, placés fort loin les uns des autres par certains classificateurs, sont des Animaux d'un seul et même ordre. C'est là un autre côté intéressant de
l'étude comparative de ces deux groupes, et M. de Quatrefages en a fait ressortir quelques
considérations tout à fait dignes d'intérêt dans un travail sur les *Caractères zoologiques des
Rongeurs*, qu'il a publié en 1840. A certains égards, en effet, une Souris diffère moins d'une
Musaraigne, une Gerboise est moins éloignée d'un Macroscélide, un Rat-Taupe moins opposé
à une Taupe ou à une Chrysochlore, que ne le sont entre eux les Insectivores ou les Rongeurs que nous citons ici comme exemples. Un Cochon d'Inde ressemble en apparence si peu
à une Marmotte ou à un Écureuil, et un porc-Épic paraît d'abord si éloigné d'un Chinchilla,
qu'on douterait de la réalité de leurs affinités si l'on n'étudiait leurs caractères profonds, au
lieu de se borner à contempler leur apparence extérieure. Aussi Vicq d'Azyr, qui avait cependant fait une étude assez approfondie de la plupart de ces Animaux, plaçait-il le Hérisson et
les Tanrecs dans le même grand genre que le Porc-Épic et le Desman à côté de l'Ondatra;
mais les caractères de la dentition, et avec eux quelques autres dispositions du squelette dont

on ne saurait méconnaître la valeur, ne permettent pas de rapprocher les uns des autres les Rongeurs et les Insectivores, dont la physionomie extérieure est la même. Il est vrai qu'ils ne justifient pas non plus l'éloignement dans lequel on a le plus souvent tenu les Animaux de deux ordres.

Si l'observation nous conduit à séparer les deux catégories dont il est ici question, elle nous indique en même temps qu'elles doivent être placées l'une à côté de l'autre dans la méthode, et nous avons ainsi la clef de leurs répétitions pour ainsi dire paralléliques, puisque chacune des conditions d'existence dans lesquelles tous deux sont représentés dans la nature comporte une reproduction jusqu'à un certain point similaire de leurs organes de la vie de relation, et que la principale différence entre les uns et les autres dépend surtout du régime.

Quelques détails feront mieux comprendre l'importance des particularités secondaires par lesquelles les différentes familles de Rongeurs diffèrent entre elles, et qui ont permis de classer d'une manière claire, sinon entièrement naturelle, les nombreuses espèces qui s'y rapportent.

ACOMYS DE SYRIE OU RAT ÉPINEUX, 1/2 de grand.

Le pelage habituellement doux et moelleux de ces Animaux devient roide et même épineux dans quelques-uns, et parfois il se compose en partie de piquants dont la longueur est fort considérable comme chez les Porcs-Épics; mais les Rongeurs épineux ne sont pas toujours aussi bien armés, et les piquants des Échimys, des Acomys, etc., sont bien moins forts; chez le Perchal et chez quelques autres, les poils sont simplement un peu plus rigides que d'habitude. Il ne faudrait pas chercher dans les variations que présente ainsi le pelage les caractères fondamentaux de la classification, car il y a dans plusieurs familles des espèces à poils épineux et d'autres à poils doux. Le Perchal et le Rat du Caire, qui est le type du genre Acomys, sont des Muridés épineux. Les Échimys, qui ont aussi des piquants, se placent à côté des Cercomys, mais les Hystriciens et les Synéthériens sont tous plus ou moins épineux. Beaucoup de Rongeurs n'ont qu'une seule espèce de poils; ces poils sont plus ou moins durs, quelquefois cassants, et ils ne sont pas doublés à leur base par des poils doux représentant le duvet des autres espèces. Les Animaux, qui sont dans ce cas, sont très-sensibles au froid, et comme ils habitent des pays dont la température est élevée et peu variable, leur acclimatation dans nos contrées est par cela même difficile, sinon impossible. Nous en avons un exemple dans le Cochon d'Inde, qui périt si on ne le soustrait au froid et à la pluie. En outre, la fourrure de ces Rongeurs offre peu de ressources pour l'industrie et elle n'est pas recherchée. Il en est tout autrement de ceux qui ont à la base des poils ordinaires une bourre plus ou moins fournie et chez lesquels ces poils sont souples et délicats; on les recherche avec soin et beaucoup d'entre eux sont l'objet d'un commerce fort étendu; les plus estimés sont en général particuliers aux régions du Nord ou aux lieux élevés des pays plus méridionaux; tels sont en particulier les Écureuils des régions septentrionales de l'ancien et du nouveau continent, le Chinchilla, plusieurs espèces de Lièvres, etc. D'autres espèces non moins précieuses par leur fourrure sont aquatiques; les plus utiles pour nous sont le Castor, l'Ondatra et le Myopotame.

MULOT NAIN, DE FRANCE, 3/4 de grand.

Les Rongeurs sont en général très-féconds et ils se multiplient rapidement. Tout le monde sait avec quelle facilité les Rats pullulent en peu de temps dans les lieux où on ne leur fait pas une guerre assidue, et l'intérieur de nos appartements n'est point à l'abri de l'invasion des Animaux de ce genre; les Souris s'y multiplient avec une extrême rapidité si on ne leur oppose les Chats et les souricières. Les Lapins et les Cochons d'Inde pullulent aussi avec une égale rapidité et, sous ce rapport, ils surpassent nos autres Mammifères domestiques. Il est vrai que leurs congénères sauvages n'ont pas autant de petits à chaque portée et que l'influence des circonstances dans lesquelles l'Homme a placé ces deux espèces de Rongeurs contribue singulièrement à augmenter leur fécondité. En général, les jeunes Rongeurs naissent sans poils et avec les yeux fermés; cependant les Levrauts font exception et les jeunes Cochons d'Inde courent déjà très-bien et broutent facilement dès le premier jour; cela provient de ce que la gestation de ces derniers a une durée bien plus longue que celle des Lapins, des Rats ou des Écureuils, dont les petits naissent sans poils et incapables de marcher.

Le nombre des mamelles est assez variable : les Cochons d'Inde n'en ont que deux, malgré le nombre bien plus considérable de leurs petits, et il y a jusqu'à dix mamelles chez les Écureuils. La position de ces organes n'est pas non plus la même dans tous les genres. Les glandes mammaires des Cochons d'Inde sont inguinales, d'autres genres en ont sur l'abdomen et à la poitrine; enfin elles sont placées sur les flancs et presque dorsales chez certains genres de l'Amérique méridionale, et en particulier chez les Myopotames. Quelques espèces de Rongeurs, les Lapins entre autres, ont été souvent étudiées par les embryogénistes. L'examen de leur développement a été fait presque aussi complétement que celui des Oiseaux. Nous nous bornerons à rappeler ici que les Lapins, les Cochons d'Inde, les Rats, les Écureuils et tous les autres Rongeurs que l'on a pu observer à cet égard ont un placenta discoïde et qu'ils ressemblent par conséquent aux espèces des trois ordres que nous avons déjà décrits. Ce sont d'ailleurs les derniers Hétérodontes chez lesquels nous aurons à signaler ce mode de placenta, et ils cloront la première des séries qui composent la classe des Mammifères.

De nombreuses particularités, dont la description pourrait donner lieu à des remarques importantes, devraient être signalées dans le squelette des Rongeurs. Nous nous bornerons à rappeler que la tête osseuse de ces Animaux n'a pas une grande capacité cérébrale, que la cavité nasale y est en général étendue, et que le cercle orbitaire n'est jamais complétement clos, quelle que soit la grandeur que les apophyses post-orbitaires acquièrent dans certaines espèces. La mâchoire inférieure a son condyle allongé au lieu d'être transversal, ce qui lui permet d'exécuter les mouvements de va et vient indispensables à l'action de ronger. C'est le mode de mastication qui est habituel à ces Animaux et qui a donné l'idée du nom par lequel on désigne l'ordre lui-même. Chez beaucoup d'espèces, le muscle masséter a une disposition spéciale : il envoie en avant un faisceau considérable qui passe au-dessous de l'œil et sous l'arcade zygomatique pour aller s'insérer dans la fosse canine, à laquelle il arrive en traversant une perforation plus ou moins grande placée entre l'os maxillaire et l'os lacrymal. Cette perforation se confond presque complétement avec le véritable canal sous-orbitaire; elle varie beaucoup de forme dans la série des Rongeurs, et elle peut fournir de bons caractères pour la classification naturelle de ces Animaux.

Le nombre des vertèbres est loin d'être constant : le Capromys et le Coëndou ont seize dorsales; l'Oryctère des Dunes, le Porc-Épic et le Castor en ont quatorze; il y en a treize ou seulement douze chez les autres Rongeurs. Les vertèbres lombaires varient entre six et sept, mais il n'y en a que cinq chez les Porcs-Épics et les Coëndous. Le sacrum se compose de trois ou quatre vertèbres, plus rarement de deux. Les variations qui existent pour les caudales sont plus grandes. Le Rat Pilori en a trente-six; l'Écureuil des Indes, trente-deux; plusieurs autres Écureuils, vingt-cinq; l'Anomalure, trente et une; les Marmottes, vingt ou vingt-quatre; les Lapins, dix-huit; le Hamster, quinze; l'Oryctère des Dunes, quatorze; le Lemming, onze; l'Agouti, neuf; le Zemmi, huit, et le Cochon d'Inde, six.

La clavicule est tantôt complète, tantôt incomplète ou presque nulle. On s'en est servi comme guide dans la classification de ces Animaux et on les a quelquefois partagés en deux groupes, suivant qu'ils ont de fortes clavicules ou des clavicules rudimentaires; ces derniers ont aussi été appelés Aclidiens (*Acleidii*, Desm.). Les Lièvres n'en ont qu'une imparfaite, et il n'y en a pas du tout chez les Caviens. Au contraire elle est parfaite chez les Écureuils, les Rats, les Castors, les Anomalures, les Porcs-Épics et beaucoup d'autres.

L'humérus des Rongeurs claviculés ressemble plus à celui des Carnivores, et celui des Rongeurs à clavicules rudimentaires ou nulles a plus d'analogie avec celui des Ongulés. L'extrémité inférieure de cet os est surtout variable dans sa forme; dans certains cas, il est percé d'un grand trou dans la fosse olécranienne, d'autres fois il en manque; mais chez certaines espèces il porte un canal au-dessus du condyle interne. L'humérus du Castor est très-élargi à son extrémité cubitale, de manière à rendre plus faciles les mouvements de natation que cet Animal doit exécuter; le radius et le cubitus restent séparés à tous les âges et dans toutes les espèces, mais il n'en est pas de même du péroné, qui se soude souvent au tibia dans une partie notable de sa longueur. Les doigts ne sont pas constamment au nombre de cinq, et dans certaines espèces ceux de derrière sont réduits à trois. Il y a fréquemment un os intermédiaire entre la première et la seconde rangée du carpe. L'astragale a une forme semblable à celle qu'on lui con-

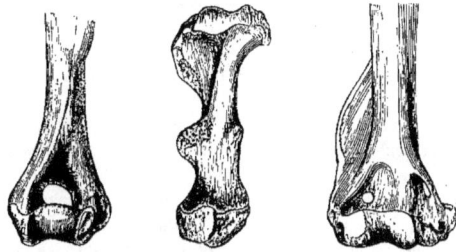

HUMÉRUS DU GRAND CABIAI, 2/3 de grand.   HUMÉRUS DE CASTOR FIBER, 1/2 de grand.   HUMÉRUS DE MARMOTTE, grand. nat.

naît chez les Primates, chez les Insectivores et chez la plupart des autres Mammifères monodelphes, les Bisulques et certains Édentés exceptés.

Il est peu d'ordres qui renferment des espèces aussi différentes les unes des autres, par leur mode de locomotion, que l'ordre des Rongeurs, et chez lesquelles on puisse mieux constater les particularités organiques qu'entraînent toutes ces différences de séjour. Il y a des Rongeurs capables de franchir dans l'atmosphère des espaces considérables et qui semblent voler, tant ils apportent de précision et de vigueur dans l'exécution de leurs longs sauts aériens. Ce sont les Écureuils volants, ou les Ptéromys et les Sciuroptères, et les Anomalures qu'on leur a quelquefois associés. Les expansions cutanées que ces Animaux ont sur les flancs et qui pendent entre leurs membres, les replis analogues qui s'étendent entre les cuisses et sur la base de la queue des Anomalures, ont été comparées à des ailes et ils servent en effet à les soutenir en l'air, comme le font ceux des Galéopithèques et des Pétauristes.

Les Écureuils, les Loirs, certains Rats, les Coëndous et quelques autres sont essentiellement destinés à vivre sur les arbres, mais ils n'ont pas d'expansions cutanées étendues entre les membres. Chez les derniers de ces Animaux la queue est même préhensile, comme celle des Kinkajous et de la plupart des Singes qui vivent dans le même pays qu'eux. D'autres Rongeurs se tiennent plus volontiers à terre. Ceux-ci se rapportent à deux catégories bien distinctes l'une de l'autre, surtout si on n'envisage que les espèces extrêmes : les uns marchent avec facilité mais sans sauter; ils ont les membres postérieurs peu différents de ceux de devant; les autres au contraire n'avancent guère que par sauts et par bonds; leurs pieds de derrière sont beaucoup plus forts que les antérieurs et leur queue est en général allongée. Parmi ces Animaux sauteurs on remarque surtout les Gerboises, dont les longs métatarsiens des second, troisième et quatrième doigts sont soudés en un seul os, comparable au tarse des Oiseaux. Il y a aussi, et en grand nombre, des Rongeurs qui fouillent le sol pour s'y cacher. Certaines espèces marcheuses, sauteuses ou même arboricoles ont également cette habitude, mais elle est portée à son plus grand développement chez les Rongeurs de la tribu des Rats-Taupes, qui sont ici les représentants des Talpoïdes insectivores. Ces Rats-Taupes vivent dans les galeries qu'ils se sont creusées et ils offrent pour principales particularités un corps trapu, des oreilles courtes ou nulles, une queue plus ou moins rudimentaire, des doigts forts et armés d'ongles falciformes; enfin des yeux toujours plus petits que ceux des espèces terrestres, et quelquefois si rudimentaires, que la peau passe au-devant d'eux sans s'ouvrir sous la forme de paupières. Il y a aussi des Rongeurs aquatiques; on les trouve dans des localités fort éloignées les unes des autres. Le Castor vit sur une surface assez grande de l'hémisphère boréal; le Campagnol amphibie ou le Rat d'eau habite l'Europe; l'Ondatra est de l'Amérique septentrionale, où l'on retrouve d'ailleurs le Castor; le Myopotame ou Coypou fait partie de la faune sud-américaine, et l'Hydromys de celle de la Nouvelle-Hollande. Ces trois genres sont fort diversement organisés, et c'est bien à tort qu'on les a jusqu'ici réunis dans une seule famille.

Toutes ces particularités dans la forme du corps et dans la composition des membres ont moins d'importance qu'on ne serait d'abord porté à le supposer, et l'on établirait une classification peu naturelle des Rongeurs si l'on se laissait uniquement guider par ceux des caractères qui sont en rapport avec la manière de vivre. En effet, chaque groupe naturel peut être représenté par quelques-uns de ses genres dans des conditions d'habitat assez opposées. Ainsi il y a des Sciuridés qui volent; il y en a qui vivent sur les arbres, mais qui ne volent pas, et d'autres se tiennent plus près du sol ou creusent même des terriers; enfin le Castor n'est peut-être que le représentant aquatique de la même famille. L'Ondatra appartient plus certainement à la tribu des Campagnols, quoiqu'il vive dans l'eau comme le Castor, et l'Hydromys est de celle des Rats. Les Coëndous sont des Hystricidés qui se tiennent sur les arbres, et les Porcs-Épics des Hystricidés terrestres; enfin le Myopotame est, pour ainsi dire, un Capromys fluviatile, et il doit être rapproché de ce dernier dans la classification méthodique.

Le principal caractère des Rongeurs est tiré de leur système dentaire, qui se compose de deux sortes de dents seulement, des incisives et des molaires. Les *incisives,* dont il y a toujours une paire forte et tranchante à chaque mâchoire, sont longues, arquées et revêtues, à leur face antérieure, d'une bande épaisse d'émail. C'est à l'aide de ces dents que les Rongeurs coupent les substances dont ils se nourrissent, qu'ils rongent les fruits durs, les écorces, le bois, coupent les branches et attaquent des matières plus dures encore, les os, par exemple; elles peuvent aussi servir à leur défense, et les blessures qu'elles font sont le plus souvent redoutables. Ces dents poussent pendant toute la vie; elles prennent dans l'intérieur des mâchoires une très-forte insertion, grâce à leur racine longue et unique qui s'enfonce profondément dans l'intérieur des os et passe souvent au-dessous des molaires à la mâchoire supérieure aussi bien qu'à l'inférieure. Il arrive donc que les incisives supérieures, s'enfoncent, non-seulement dans l'os incisif ou intermaxillaire, mais aussi dans le maxillaire; aussi a-t-on pensé quelquefois que ces dents pouvaient être considérées comme étant des canines et non de véritables incisives. A l'appui de cette manière de voir, on a allégué que si les grandes dents antérieures de la mâchoire supérieure sortent des os incisifs, elles sont en réalité implantées dans les maxillaires, ce qui est le caractère des dents canines; mais il faut objecter que c'est dans les os incisifs ou intermaxillaires qu'elles commencent à se développer, tandis que les canines n'offrent jamais cette particularité, et que les deux petites dents qui sont placées en arrière d'elles, chez les Lapins, restent aussi dans les mêmes os sans atteindre, dans aucun cas, les maxillaires. Malgré leur énorme développement, ces deux paires de grandes dents à couronne coupante ou pointue méritent donc bien, comme celles de la mâchoire supérieure des Éléphants, la dénomination de dents incisives. Par suite de leur enfoncement dans l'os maxillaire, les dents incisives des Rongeurs étendent quelquefois leurs racines jusqu'auprès des molaires et même au delà de l'insertion de celles-ci; c'est ce que les Géoryques montrent d'une manière très-évidente, et cependant personne ne songe à y voir de véritables dents molaires, ce qui, à notre avis, ne serait pas plus erroné que de les considérer comme canines. Elles poussent pendant toute la vie, mais elles s'usent aussi constamment par l'usage qu'en font les Rongeurs et elles conservent à peu près les mêmes proportions à tous les âges. Si l'une d'elles vient à manquer, celle qui lui est opposée n'éprouvant plus de frottement, s'allonge sans s'user et elle peut sortir de la bouche à la

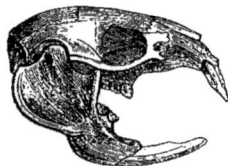

CRÂNE DE GÉORYQUE, grand. nat.

manière des défenses des Éléphants, ou se replier en dedans et devenir une cause de difformité; c'est ce que l'on a plusieurs fois observé chez les Lapins et chez les Rats. Le Castor en a aussi fourni un exemple, et il pourrait s'en présenter dans d'autres genres.

Les dents incisives sont suivies par un espace vide ou *barre* qui les sépare des molaires.

Le nombre le plus habituel des *molaires* est de trois ou quatre paires à chaque mâchoire; mais il s'élève à cinq chez les Lagomys, et même, supérieurement, à six dans les Lièvres et les Lapins. Chez les Hydromys de la Nouvelle-Hollande, il des-

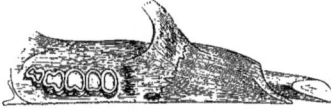

DENTS D'HÉLIOPHOBIE, 2/1 de grand.   DENTS MOLAIRES D'HYDROMYS, 2/1 de grand.

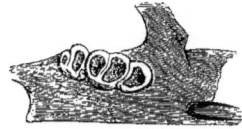

cend au contraire à deux en haut comme en bas. M. Peters a constaté la présence de cinq paires de molaires à l'une et à l'autre mâchoire dans un Rongeur voisin des Bathyergues qu'il a rapporté de Mozambique et qu'il nomme Héliophobie.

Qu'elles soient au nombre de deux paires, de trois, de quatre ou de cinq à chaque maxillaire, les dents molaires des Rongeurs sont uniformes ou à peu près uniformes, assez souvent égales entre elles et elles ne peuvent être distinguées nettement en avant-molaires, principale et arrière-molaire, comme celles des Primates ou des Carnivores. Cependant beaucoup de Sciuridés ont leurs quatre molaires supérieures précédées par une molaire plus petite appelée dent gemmiforme ou caduque, qui est une sorte d'avant-molaire comparable aux petites dents, que nous avons nommées dents intermédiaires chez les Insectivores. Une semblable dent existe aussi chez quelques espèces de Rats, tels que les Sminthus et les Mériones; on la retrouve encore chez plusieurs Gerboises.

Les dents molaires des Rongeurs sont appropriées à des régimes assez peu variés. Essentiellement herbivores chez les Lapins et les autres Animaux de la même famille, elles ont leur fût composé d'une ou deux lames verticales composées d'ivoire entouré par une couche d'émail. Dans d'autres genres, l'émail forme dans leur masse des replis rubanés

DENTS MOLAIRES SUPÉRIEURES DE SMINTHUS, très-grossies.

qui leur donnent plus de solidité, et dont les contours divers ou les figures variées doivent être consultés avec soin pour la caractéristique des espèces, et souvent pour l'établissement des genres. D'autres fois ces complications de l'émail se produisent surtout à la partie coronale, et, au lieu de rentrer dans la substance des dents par le flanc, elles s'y introduisent par le sommet, aussi lorsque l'usure a entamé ce dernier, détermine-t-elle des îlots elliptiques ou arrondis formés d'émail. Leur nombre et leur disposition ne sont pas moins changeants, et l'âge en modifie souvent la disposition d'une manière très-notable, parce que la coupe de ces enfoncements donne des dessins différents, suivant la hauteur de la couronne à laquelle l'usure les rend apparents. Dans un

DENTS DE RAT D'EAU, 4/1 de grand

troisième cas, ce sont les surfaces latérales qui sont flexueuses, anguleuses, etc. Nos espèces vulgaires de Campagnols présentent cette disposition à un degré très-développé et la coupe de leurs dents est en zigzags. Enfin la couronne peut être tuberculeuse et ses variations dépendent alors de la conformation de ses mamelons, c'est-à-dire de leur saillie, de leur épaisissement, etc. ; c'est ce que l'on voit chez les espèces granivores, comme les Rats, et mieux encore chez celles qui sont frugivores, comme les Loirs. Une semblable disposition est à peu près générale chez les Sciuridés. On comprend l'importance qu'il y a à étudier toutes ces variations dentaires, non-seulement pour acquérir une connaissance plus exacte des nombreuses espèces de cet ordre, mais encore pour arriver à comprendre leurs mœurs et les régimes plus ou moins spéciaux qui leur sont habituels.

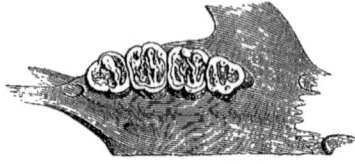

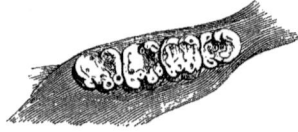

ÉCUREUIL DE L'INDE (molaires de forme tuberculeuse).

Dans la classification générale des Rongeurs, on tient également compte de la disposition radiculée ou non de leurs dents molaires; mais il ne faut pas donner à ce caractère plus de valeur qu'il n'en a réellement. F. Cuvier, qui a étudié ces Animaux avec le plus grand soin et qui a tant contribué à les faire mieux connaître, attacha d'abord beaucoup trop d'importance à la présence ou à l'absence de racines distinctes aux dents molaires des Rongeurs, et dans le grand article sur les *Mammifères*, qu'il a inséré dans le t. LIX du *Dictionnaire des Sciences naturelles*, il divisa ces Animaux de la manière suivante : 1° ceux qui ont des mâchelières radiculées mais simples; 2° ceux qui ont les mâchelières radiculées et composées; 3° ceux qui ont les mâchelières sans racines. Les premiers sont en général granivores, les seconds sont omnivores et les troisièmes sont herbivores.

Mais, en se servant de cette classification, F. Cuvier a bien soin de dire que les trois sections qu'elle lui donne ne sont pas assez naturelles pour recevoir le nom de familles, quoiqu'elles soient nécessaires pour faciliter l'étude. Aujourd'hui on peut aller plus loin et apprécier plus exactement les véritables affinités que les Animaux du même ordre ont entre eux.

Il est convenable de tenir compte du caractère fourni par la présence ou par l'absence de racines aux molaires des Rongeurs; mais on ne saurait y voir une particularité susceptible d'être mise au premier rang dans l'arrangement des genres, et cela est si vrai que, dans certains Campagnols, les dents ont des racines chez les sujets adultes, tandis qu'elles en manquent constamment chez les jeunes sujets des mêmes espèces, ou, à tous les âges, chez les autres espèces du même genre. Ailleurs on constate aussi que des Animaux, très-peu différents par l'ensemble de leurs principaux caractères, sont, les uns pourvus, et les autres au contraire dépourvus de racines à leurs dents molaires. Comme cette diversité se reproduit dans plusieurs groupes naturels, on doit nécessairement lui refuser la valeur que F. Cuvier lui avait provisoirement donnée à une époque où la science ne possédait pas tous les documents qu'elle a recueillis plus récemment et qui sont en partie dus à ce naturaliste.

Les Rongeurs ont les deux dentitions qu'on a également constatées chez la plupart des autres Animaux mammifères. Avant la sortie des dents persistantes dont nous venons de signaler les dispositions générales, ils en ont possédé d'autres dont la chute a eu lieu à une époque plus ou moins rapprochée de la naissance, soit avant, soit après, et qui composent leur système dentaire de lait. On doit supposer que leurs incisives se remplacent pendant la vie intra-utérine; car, dans aucun cas, on n'en a aperçu la chute chez des Animaux déjà nés, et chez les Cochons d'Inde la paire unique de molaires qui compose, comme chez presque tous

DENTS DE COCHON D'INDE
NAISSANT, gr. nat.

les autres Rongeurs, la dentition de lait tombe aussi avant la naissance. Ce fait curieux a été découvert par G. Cuvier et par son aide, M. E. Rousseau. Chez les autres Rongeurs cette même paire de dents n'est remplacée qu'après que l'Animal a déjà mangé, et chez les espèces à quatre paires de molaires, sa chute coïncide à peu près avec l'apparition de la quatrième dent. Les Lièvres et les Lapins qui ont plus de quatre paires de molaires ont aussi plus d'une paire de dents de lait à chaque mâchoire ; supérieurement ils remplacent les trois premières de chaque côté et inférieurement les deux premières. On a aussi constaté chez eux le remplacement de la paire accessoire des incisives supérieures quelque temps après la naissance. La dent qui doit succéder ici à la petite incisive de la première dentition se montrant hors de son alvéole avant la chute de cette même dent, il en résulte que la grande paire, qui est commune aux Lapins et aux autres Rongeurs, cache momentanément derrière elle deux paires de dents plus petites, au lieu d'une seule ; c'est ce qui donne alors aux Léporidés, mais seulement pendant un temps assez court, six dents au lieu de quatre, et c'est à cause de cela qu'on a comparé leur dentition à celle des Kanguroos, qui ont en effet six incisives supérieures ; mais le rapprochement est peu exact puisque les six incisives supérieures des Kanguroos sont persistantes, et que celles des Lapins résultent de la présence simultanée de quatre dents de remplacement, dont deux viennent d'apparaître et de deux dents de lait, qui ne vont pas tarder à tomber.

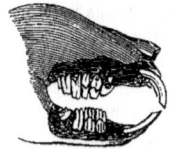

DENTS DE JEUNE LAPIN,
grand. nat.

Certains Animaux de la famille des Sciuridés ont, comme nous l'avons déjà dit, cinq paires de molaires à la mâchoire supérieure. Conformément à la règle énoncée plus haut que chez les Rongeurs, qui ont plus de quatre paires de molaires, il y a plus d'une paire de molaires de remplacement, on devait supposer qu'ils remplacent deux paires de ces dents. En effet, on leur en voit paraître deux nouvelles, mais seulement pour la mâchoire supérieure, ainsi que je m'en suis assuré. Ce sont, une fausse molaire gemmiforme et une molaire de forme ordinaire. Il est fâcheux qu'aucun naturaliste ne nous ait encore appris comment s'opère le remplacement des dents chez les Rongeurs, tels que le Sminthus, la Mérione et plusieurs Gerboises, qui ont aussi une molaire gemmiforme en avant des trois dents molaires propres aux autres Animaux de leurs groupes respectifs.

On sait qu'un rapport constant existe entre le mode de nourriture des Animaux et la forme de leurs dents ; une semblable relation s'observe toujours entre les dents et le canal intestinal, également en vue du régime alimentaire.

La plupart des Rongeurs vivent de substances végétales et ils ont le tube digestif notablement allongé ; leur cœcum est principalement remarquable par son ampleur. C'est chez les espèces exclusivement herbivores, comme les Lapins, les Lièvres et les Lagomys, que le renflement cœcal acquiert son plus grand développement ; il a aussi une complication supérieure à celle qu'on lui voit chez les autres Animaux. Sa cavité est cloisonnée intérieurement et sa capacité égale à peu près dix fois celle de l'estomac. Chez d'autres espèces le cœcum a quatre fois le volume de l'estomac : ce sont les Campagnols, les Hamsters, les Rats-Taupes, etc, dont le régime est en partie granivore ; dans les Marmottes et les Spermophiles, son ampleur et celle de l'estomac s'équivalent à peu près ; enfin chez les Myoxidés ou les Loirs et les Graphiures, il n'y a pas de dilatation au commencement du gros intestin, et, par conséquent, point du tout de cœcum, ce qui est une exception encore unique dans l'ordre qui nous occupe.

Les chiffres suivants font connaître la longueur du canal intestinal chez quelques-unes des principales espèces : Écureuil commun, 2,894 ; Ptéromys éclatant, 3,424 ; Marmotte des Alpes, 3,854 ; Loir, 0,810 ; Souris, 0,533 ; Rat noir, 1,192 ; Surmulot, 2,234 ; Rat d'eau, 1,242 ; Zemmi, 1,592 ; Oryctère des Dunes, 1,580 ; Porc-Épic, 7,639 ; Capromys, 5,480 ;

Paca, 5,680; Agouti, 5,470; Cochon d'Inde, 3,029; Lièvre, 6,033; Lapin de Garenne, 1,598; Lapin domestique, 1,650; Lagomys, 1,868.

Plusieurs Rongeurs manquent de la vésicule du fiel, mais le plus grand nombre en possède une. Leur foie ne présente rien de bien particulier, si ce n'est chez les Capromys et chez le Plagiodonte où ses lobes sont décomposés en nombreux lobules secondaires, ce qui lui donne une apparence racémeuse ou à peu près en grappe, dont le foie des autres Animaux ne fournit aucun exemple.

Les détails dans lesquels nous sommes entrés relativement aux caractères anatomiques des Rongeurs ne paraîtront pas superflus si l'on se rappelle tout l'intérêt qui se rattache à la connaissance de ces Animaux, parmi lesquels on compte tant d'espèces nuisibles à nos cultures, et, en même temps, un si grand nombre de genres curieux par la singularité de leurs formes extérieures et par la finesse de leur instincts. On sera donc fort étonné lorsque nous dirons que les naturalistes ne les ont bien connus que dans ces dernières années, et que Buffon et Daubenton n'avaient encore réuni à leur sujet qu'un très-petit nombre de documents.

Ces Animaux étant plus petits que les autres, on s'était contenté de les signaler comme étant des Rats peu différents des nôtres ou même identiques avec eux toutes les fois qu'on les avait remarqués, et les zoologistes, alors suffisamment occupés par l'étude des grosses espèces de Mammifères, avaient d'abord négligé la description des Rongeurs exotiques et même celle des espèces indigènes, dont les caractères les avaient moins frappés. Le Castor, quelques Écureuils ou Marmottes, un petit nombre de Rats en apparence analogues entre eux, le Porc-Épic et certaines espèces voisines, la Gerboise, dans laquelle on croyait retrouver le *Saphan* de la Bible, les Cabiais, les Lièvres et les Lapins; tels étaient, avec un très-petit nombre d'autres, les seuls Rongeurs dont il fut question dans les ouvrages publiés jusqu'à la fin du dernier siècle ou même jusqu'aux premières années du siècle actuel. Ce n'est qu'à une époque plus rapprochée de la nôtre que l'on a compris l'intérêt qu'un examen approfondi de ces Animaux pourrait offrir, et, lorsqu'on s'en est occupé, on a bientôt reconnu que le sujet était tout à fait digne de l'attention des observateurs.

Il n'y a pas, dans toute la classe des Mammifères, un groupe qui possède un plus grand nombre d'espèces que celui des Rongeurs, et il n'en est pas non plus dont la dispersion à la surface du globe soit plus étendue. L'Afrique, l'Asie et les deux Amériques sont riches en Animaux de cet ordre. L'Europe lui emprunte plus de la moitié de sa population mammifère, et il y a des Rongeurs dans beaucoup d'îles qui sont privées de Mammifères appartenant aux autres groupes; quelquefois même ils y constituent, comme le Phlœomys aux Philippines, les Capromys et le Plagiodonte aux Antilles, des genres particuliers et qu'on ne retrouve point sur la terre ferme. Enfin la Nouvelle-Hollande, qui ne possède guère, en fait de Mammifères, que des Marsupiaux, nourrit plusieurs espèces de Rongeurs (1), et quoique les seconds de ces Animaux y soient, comme les premiers, moins variés en espèces que dans les autres parties du monde, ils constituent plusieurs espèces et sont de trois genres différents. Quelques-uns rentrent dans le genre des Rats, qui fournit aussi des espèces à tous les autres pays; les autres groupes des Hapalotis ou des Hydromys, et ils constituent des genres exclusivement australiens.

Après ce que nous venons de dire, le fait suivant acquiert une importance incontestable : Madagascar n'a fourni jusqu'à ce jour aucune espèce de Rongeurs. Malheureusement on ne connaît pas encore assez bien cette grande terre pour assurer qu'elle n'en possède réellement pas, et que de nouvelles recherches ne contrediront pas l'indication qui nous est fournie par l'état actuel de la science.

(1) Si l'on admet, comme on le fait assez généralement, que l'Homme et le Chien y sont venus d'ailleurs, on est conduit à dire que ces Rongeurs et quelques Chéiroptères cités dans cet ouvrage sont les seuls Mammifères monodelphes que notre espèce ait rencontrés à la Nouvelle Hollande lorsqu'elle s'y est établie.

HAPALOTIS ALBIPÈDE, DE LA NOUVELLE-HOLLANDE, 1/4 de grand.

La distribution des Animaux de cet ordre entre les différents continents méritait d'être signalée, car la nature, en l'opérant, paraît s'être astreinte à des règles analogues à celles qu'elle a suivies dans la répartition des Cheiroptères. Il y a des groupes de Rongeurs qui fournissent des espèces à tous les centres de populations animales et que l'on retrouve ainsi dans des lieux très-différents les uns des autres. Dans le midi de la France, dans l'Amérique méridionale ou même à la Nouvelle-Hollande, leurs espèces sont assez peu différentes entre elles, et elles ne diffèrent guère que par des caractères de valeur sous-générique. Nous en avons un exemple remarquable dans les Rongeurs de la tribu des Rats ou Muriens, celle de tout l'ordre qui réunit la plus grande multiplicité d'espèces. Les Campagnols proprement dits et les genres dépendant de la même série qu'eux sont déjà moins étendus, et bien qu'ils aient des représentants dans l'ancien et dans le nouveau continent, il est facile de reconnaître qu'ils appartiennent essentiellement à l'hémisphère boréal, puisque l'Afrique ainsi que l'Amérique méridionale en sont dépourvues ou n'en présentent que quelques types aberrants et fort rares. D'ailleurs on pourrait tout aussi bien réunir ces derniers à la division des Muriens cosmopolites qu'à celle des Campagnols.

La famille des Lièvres s'éloigne des autres par tant de caractères qu'on devrait la distraire de l'ordre des Rongeurs. Elle est aussi l'une des plus répandues sur le globe, puisque ses espèces se rencontrent depuis l'Amérique méridionale et le cap de Bonne-Espérance jusque sur les rivages de l'Océan glacial arctique.

La grande catégorie des Sciuridés, dont les espèces, subdivisibles en plusieurs tribus, ont des formes si variées, un pelage souvent si éclatant et des allures en général si gracieuses, est de même l'une des plus étendues, et les deux continents s'en partagent à peu près également les nombreux sous-genres. Néanmoins il est facile de reconnaître qu'elle appartient surtout à l'hémisphère boréal, et plusieurs des genres qui la composent, tels que les Écureuils-Volants, les Marmottes, les Spermophiles, etc., ne fournissent aucune espèce à l'hémisphère austral, et les Écureuils sont incomparablement moins multipliés dans cet hémisphère que dans l'autre. Les Castors sont encore des Animaux limités aux terres boréales, et il en est ainsi des autres groupes du même ordre qui sont à la fois communs au nouveau continent et à l'ancien.

La loi de localisation s'applique, au contraire, à des familles naturelles qui, sans s'étendre jusqu'aux pays du nord, soit dans l'ancien, soit dans le nouveau continent, appartiennent aux régions intertropicales ou tempérées et sont circonscrites dans l'un ou dans l'autre. Comme les Pithéciens, les Cébiens, les Roussettes et les Phyllostomidés, elles ne se retrouvent pas dans les deux continents à la fois. L'un de ces groupes s'étend cependant notablement au delà de la zone tempérée, mais sans cesser de rester spécial à l'ancien continent; c'est celui des Loirs ou Myoxidés. Les Gerboises sont communes à l'Europe orientale, à une partie de l'Asie et à l'Afrique, mais il n'y en a pas en Amérique, et il en est de même des Bathyergues. Ce n'est que dans le continent africain que vivent les Cténodactyles et les Pédètes, dont chacun sert de type à une tribu particulière. Au contraire, les familles ou tribus des Saccophores, des Cténomes, des Saccomys, des Macrocaules, des Chinchilliens et des Caviens sont exclusivement américaines, et il en est encore de même de plusieurs groupes de la grande famille des Hystricidés, tels que les Pacas, les Agoutis, les Éréthizoniens, les Échimys et les Capromys, qui sont particuliers à l'Amérique, tandis que d'autres Hystricidés ou les Porcs-Épics et les genres qui s'en rapprochent le plus ne sont connus que dans l'ancien monde. Le singulier genre des Anomalures, qui se compose de deux espèces, n'existe qu'en Afrique, et il en est de même de celui des Aulacodes.

On a découvert des Rongeurs fossiles dans plusieurs des pays où il y a aujourd'hui des Rongeurs vivants, mais ils paraissent très-loin d'être aussi nombreux que ces derniers, et on ne les connaît pas aussi bien. On a pourtant constaté que plusieurs d'entre eux constituent des genres particuliers dont les affinités méritent d'être signalées. Plusieurs rentrent dans la famille des Castors (*Steneotiber*, *Chalicomys*, etc.); d'autres paraissent devoir être réunis aux Hystricidés (*Theridomys*, *Archeomys*); enfin il en est qui se rapprochent des Hélamyens; on les a nommés *Issiodoromys*.

DENTS D'ARCHEOMYS, 2/1.   DENTS DE THERIDOMYS, 3/1.   DENTS D'ISSIODOROMYS, 4/1.

Ces Rongeurs fossiles et quelques autres encore, parmi lesquels on peut citer divers Léporidés, appartiennent aux terrains tertiaires d'Europe et principalement à ceux de la France. Ils sont miocènes ou proïcènes. Ceux des dépôts diluviens ont plus de rapports avec les espèces actuelles. On en signale aussi dans les dépôts sous-hymalayens, et il y en a dans les deux Amériques. Le plus remarquable parmi ceux du nouveau continent est une espèce de Castor dont la taille dépassait notablement celle des Castors actuels. On en a fait un genre à part sous le nom de *Castoroïdes*.

On n'a pas encore trouvé d'ossements fossiles de Rongeurs dans des dépôts plus anciens que ceux de l'étage proïcène. Les plâtrières des environs de Paris, les lignites d'Apt et les calcaires du Puy en Velay sont, en France, les seuls gisements un peu anciens qui nous en aient encore fourni des débris.

Le nombre des Rongeurs connus, sans y comprendre les fossiles, approche de six cents espèces, et les genres dans lesquels on les a partagés sont fort multipliés. Il y a loin de leur classification actuelle à celle que Linné et les naturalistes de la même époque avaient établie, et dont nous donnerons une idée en la reproduisant comme Gmelin l'a exposée dans la dernière édition du *Systema naturæ*.

Les genres n'y étaient encore qu'au nombre dix, et ils ne renfermaient qu'un petit nombre d'espèces chacun; ce sont les suivants:

Hystrix (quatre espèces); *Cavia* (huit espèces); *Castor* (deux espèces: la deuxième est le Castor huidobrius, qui est très-probablement le même Animal que le Coypou); *Mus* (quarante-deux espèces); *Arctomys* (sept espèces); *Sciurus* (vingt-huit espèces); *Myoxus* (douze espèces); *Hyrax* (deux espèces, qui sont les Damans, aujourd'hui classés, avec raison, auprès des Rhinocéros).

A cette époque (1789), Pallas avait publié depuis quelques années le bel ouvrage sur les Rongeurs (1) dans lequel il a si savamment éclairci l'histoire de ces Animaux (2); mais les découvertes des voyageurs et des naturalistes plus récents ont permis d'ajouter beaucoup d'espèces à celles qu'il avait étudiées lui-même et de perfectionner à certains égards la description de celles qui étaient déjà connues de son temps. Pallas avait surtout fait connaître les Rongeurs du vaste empire russe, et ses grands voyages dans la Crimée, ainsi que dans la Russie d'Asie, lui avaient procuré beaucoup d'espèces inconnues avant lui. Celles des parties occidentales de l'Europe, sur lesquelles Buffon et Daubenton avaient déjà réuni des documents précieux, ont, depuis lors, attiré l'attention des observateurs. Grâce surtout aux travaux de M. de Sélys Longchamps, on les connaît maintenant d'une manière réellement satisfaisante. En y joignant celles de l'Europe orientale, leur nombre n'est pas inférieur à cent. Les Rongeurs de l'Afrique, ceux de l'Asie méridionale ou des deux Amériques, et ceux bien moins variés qui sont associés aux Marsupiaux dans la Nouvelle-Hollande ont été recherchés avec un soin tout particulier, et les observations aussi importantes qu'inattendues auxquelles ces Animaux ont donné lieu ont amplement dédommagé les naturalistes du temps et de l'attention qu'ils leur ont accordés. F. Cuvier est un de ceux qui s'en sont occupés avec le plus de soin. Plusieurs de ses ouvrages et divers mémoires spéciaux insérés par lui dans les recueils périodiques renferment de nombreux documents relatifs aux Mammifères Rongeurs. Les travaux de MM. E. Geoffroy, Desmarest, Isidore Geoffroy, etc., ont aussi contribué à perfectionner cette branche importante de la mammalogie à laquelle divers naturalistes étrangers, tels que MM. Gray, A. Wagner ou Brandt, et plus particulièrement notre savant ami M. Waterhouse, ont aussi fait faire récemment des progrès aussi rapides qu'importants.

Les détails minutieux dans lesquels M. Waterhouse est entré au sujet des Rongeurs qu'il a pu observer, et les données précieuses qu'il en a tirées pour la distribution géographique et pour la classification naturelle de ces animaux donnent à ses recherches une très-grande valeur. De mon côté, j'ai essayé, dans plusieurs occasions, d'ajouter des documents nouveaux à ceux que l'on possédait déjà relativement au même ordre, et j'ai fait en même temps une nouvelle étude des espèces fossiles que l'on connaît. Ce travail m'a conduit à modifier dans certains points la classification des Rongeurs, que je diviserai d'abord en deux sous-ordres sous les noms de *Duplicidentés* et de *Rongeurs ordinaires*.

Avant d'en commencer l'histoire, je parlerai d'un genre dont il est encore impossible de décider la véritable place, parce qu'il n'est établi que sur l'examen d'un dessin envoyé de l'Inde par Duvaucel, c'est celui des PITHÉCHÉIRS (*Pithecheirus*) : ce Rongeur est décrit comme ayant le pouce des pieds de derrière opposable aux autres doigts, ce qui lui a valu son nom de *Pithéchéir*, signifiant main de Singe. Je l'aurais passé sous silence si je ne le trouvais mentionné parmi les Mammifères Rongeurs dans la liste que MM. Temminck et Schlegel ont publiée des Animaux de l'archipel indien. Voici comment F. Cuvier en a parlé dans son *Histoire des Mammifères* :

(1) *Novæ species quadrupedum e glirium ordine cum illustrationibus complurium ex hoc ordine animalium*, auctore *Petro Sim.* PALLAS. In-4º, Erlangæ, 1778.

(2) Vicq-d'Azyr, qui s'est beaucoup servi de l'ouvrage de Pallas, a partagé les Rongeurs en dix catégories qu'il nommait des genres. Ce sont : 1º les Sciuriens (*Sciurii*), comprenant vingt espèces; 2º les Écureuils volants (*Sciuri volantes*), quatre espèces; 3º les Glirins (*Glirini*), ou les Marmottes, les Campagnols et les Rats, quatorze espèces; 5º les Surmurins (*Surmurini*), comprenant les Cavia de Linné et de Gmelin; 6º les Essorillés (*Inauriti*), groupe de six espèces tout à fait artificiel; 7º les Planiqueues (*Planicaudati*), ou le Castor, l'Ondatra et même le Desman; 8º les Sauteurs (*Saltatores*) ou les Gerboises, trois espèces; 9º les Double-Dents (*Duplicidentés*), ou les Léporidés, dix espèces; 10º les Épineux (*Spinosi*), ou les Hystriciens d'aujourd'hui, auxquels sont associés le Hérisson et les Tanrecs.

GENRE PITHÉCHÉIR (*Pithecheirus*, F. Cuvier). « Tant que j'ai conservé l'espérance qu'un jour les papiers laissés par M. Alfred Duvaucel me seraient rendus ; que les nombreuses notes qu'il m'annonçait par sa correspondance et que les dessins qu'il avait fait faire pour mon ouvrage tomberaient entre des mains assez fidèles pour les adresser à sa famille, après qu'à Madras il eut succombé aux fatigues et aux dangers de toute espèce ; tant, dis-je, que j'ai eu l'espoir de recouvrer les richesses qu'il avait accumulées par quatre années de travaux, j'ai dû ne point publier les Animaux dont il m'avait envoyé les peintures, sans y joindre de description ni surtout de ces détails pleins d'intérêt et de vie dont il savait si bien animer leur histoire.

« Aujourd'hui (1), après dix ans d'attente, je dois renoncer à la pensée que l'héritage scientifique de mon ami pourra m'être un jour rendu ; mais, en même temps, naît pour moi le devoir de faire connaître tout ce qui, dans les envois qu'il m'a faits, se trouve assez complet pour que la science en puisse profiter, et pour que quelques traces en restent dans la mémoire des naturalistes qui savent apprécier le sacrifice d'une vie fait au profit des connaissances qu'ils se font gloire de propager.

Le PITHÉCHÉIR, d'après Fr. Cuvier, 1/2 de grand.

« Ce sont ces motifs qui me déterminent à publier aujourd'hui des figures sur lesquelles je n'ai point reçu de notes explicatives, et, entre autres, celle du Mammifère que je donne ici sous les noms de PITHÉCHÉIR MÉLANURE (*Pithecheirus melanurus*), noms qui expriment les caractères principaux de cet Animal. Par ces caractères, nous voyons que ce Mammifère se rapproche des Rats et des Sarigues, sans toutefois pouvoir être réuni entièrement ni à l'un ni à l'autre de ces genres. La tête et la queue rappellent la tête et la queue des Rats, tandis que les pieds de derrière et un peu la tête rappellent les Pédimanes américains ; mais les pouces, très-séparés aux pieds de derrière, avec un ongle plat, et ceux des pieds de devant, quoique très-courts, garnis aussi d'ongles aplatis et paraissant également opposables aux autres doigts, ne permettent pas d'admettre cet Animal parmi les Rats ; on ne peut pas davantage le considérer comme une Sarigue, à cause de ce pouce des membres antérieurs et de sa queue non prenante.

(1) Février 1835

« D'après ces caractères tirés des organes du mouvement, le Pithéchéir nous présenterait le type d'un genre nouveau et probablement de l'ordre des Rongeurs, ou de la famille des Pédimanes; mais cette question restera douteuse jusqu'à ce qu'on ait connaissance de son système de dentition.

« Les couleurs de son pelage, d'un brun fauve uniforme, et sa queue noire l'éloignent également des genres dont nous venons de parler. En effet, toutes les espèces qui constituent ces genres sont revêtues d'un pelage terne, et elles sont en assez grand nombre pour qu'on puisse en induire qu'il n'est pas dans leur nature qu'elles soient revêtues d'un pelage brillant.

« Je ne puis indiquer ni la taille de cet Animal ni sa patrie. Sous le premier rapport, en le jugeant par analogie, nous lui donnerions la taille d'un grand Rat. Quant aux contrées où il vit et où il se retrouvera sans doute un jour, j'ai lieu de présumer, de l'époque où il m'est parvenu et des peintures qui accompagnaient la sienne, qu'il est originaire des provinces du nord du Bengale, si ce n'est des parties occidentales de Sumatra. »

Dans leur énumération des Animaux propres aux îles de l'Inde, MM. Temminck et Schlegel citent le Pithéchéir parmi les Mammifères Rongeurs, mais sans rien ajouter à ce que F. Cuvier en a dit. Ils le mettent au nombre de ceux qui sont particuliers à l'île de Java et ne le mentionnent pas dans la liste des espèces qui vivent à Sumatra ou dans les autres îles de l'archipel indien. A en juger par la figure due à Duvaucel, le Pithéchéir me semble avoir bien plus d'analogie avec les *Ptilocerques* (p. 230) qu'avec les Rongeurs, mais je ne puis donner à l'appui de ce rapprochement aucune observation précise, n'ayant observé le Pithéchéir dans aucun des Musées que j'ai visités.

I

SOUS-ORDRE des DUPLICIDENTÉS

Dans la classification des Mammifères qu'il a publiée en 1792, dans l'*Encyclopédie méthodique*, Vicq d'Azyr a admis sous le nom de Duplicidentés un groupe à part comprenant les *Lièvres*, les *Lapins* et plusieurs espèces plus petites auxquelles on a donné, depuis lors, le nom générique de *Lagomys*. Ces Animaux diffèrent des Rongeurs ordinaires parce que leurs dents incisives supérieures sont doubles, celles de la paire qui reste unique dans tous les genres que nous étudierons ensuite étant doublées ici par une seconde paire plus petite qu'elles et placée à leur face postérieure. A ce caractère, qui a déjà quelque valeur, les Duplicidentés en joignent plusieurs autres, principalement tirés de la forme de leur crâne, qui est tout à fait différente de celle qui caractérise les Rongeurs ordinaires. Aussi la plupart des auteurs ont-ils admis ce groupe. La valeur que nous lui donnerons est la même que celle qui lui a été accordée par Illiger dans son *Prodrome d'un système des Mammifères*, publié à Berlin en 1811. Illiger s'est servi, comme Vicq d'Azyr, du nom de Duplicidentés (*Duplicidentata*) pour désigner ce sous-ordre dont d'autres naturalistes ont placé à tort les espèces au milieu de la série des Rongeurs proprement dits.

Il n'y a qu'une seule famille parmi les Duplicidentés; c'est celle des *Léporidés*.

FAMILLE des LÉPORIDÉS

Aux caractères tirés du nombre des incisives et de la forme générale du corps, les Léporidés en joignent plusieurs autres, tous d'une moindre importance, et qui ne permettent pas de partager en plusieurs familles les espèces, soit vivantes, soit fossiles, de Duplicidentés que l'on connaît maintenant. Tels sont la présence d'au moins cinq paires de molaires à chaque mâchoire, la forme plus ou moins distinctement bilamellée de ces dents, la longueur de leur fût et le manque de racines distinctes, sauf cependant pour les dents de lait. Le crâne a son trou sous-orbitaire petit ; l'intestin est long, pourvu d'un cœcum ample et boursouflé ; le régime est entièrement végétal.

Les Léporidés sont répandus sur une grande partie de la surface du globe. Il y en a en Europe, en Afrique et en Asie ; l'île de Java et le Japon en possèdent chacun une espèce ; l'Amérique septentrionale en nourrit plusieurs, et une autre vit dans une grande partie de l'Amérique méridionale. Ni Madagascar, ni la Nouvelle-Hollande, ni les terres qui s'en rapprochent ne nourrissent de Léporidés, mais on y a transporté le Lapin domestique, et il y a réussi, ainsi que dans beaucoup d'autres lieux, comme, par exemple, les deux îles Malouines, qui étaient autrefois privées d'Animaux de la même famille. Les stations occupées par ces Rongeurs sont fort diverses, et cependant ils ne montrent pas des caractères bien différents les uns des autres ; aussi est-ce à peine si l'on a pu distinguer parmi ceux de la nature actuelle trois ou quatre groupes, dont les Lièvres et les Lagomys représentent les formes extrêmes.

Les Lagomys habitent principalement les montagnes et se tiennent surtout dans des endroits rocailleux ; les Lièvres fréquentent, au contraire, les bois ou les plaines, mais on en rencontre des espèces aussi bien dans les régions chaudes de l'Afrique que sur le sol glacé du pôle arctique ou dans les grandes chaînes de montagnes, à une hauteur considérable au-dessus du niveau de l'Océan. Ainsi, pendant que les uns se plaisent sur les sables chauds et mouvants du désert, d'autres pullulent au milieu des neiges presque perpétuelles des hautes montagnes ou du cercle polaire arctique. Plusieurs espèces de ces Animaux sont estimées, soit pour leur chair, soit pour leur fourrure.

Les Rongeurs de la famille des Léporidés ne sont pas absolument nouveaux sur le globe terrestre. Outre que les ossements de Lièvres, de Lapins et de Lagomys observés dans les cavernes, les brèches et les alluvions, montrent qu'il y avait en Europe, et, en particulier, en France et en Angleterre, des Animaux de ces trois catégories pendant l'époque pléistocène ou diluvienne, on a constaté qu'il avait aussi vécu des Léporidés lorsque les terrains nommés pliocènes et miocènes par les géologues se sont déposés dans nos contrées. Les débris de Léporidés que l'on rencontre dans ces derniers, soit à Œningen ou à Montpellier, soit à Sansan, à Issoire, à Saint-Gérand-le-Puy, à Montabuzard ou à Weissenau, et par conséquent en Suisse, en France et en Allemagne, ne laissent aucun doute sur l'existence de certaines espèces appartenant à la même famille que les Lièvres et les Lapins pendant les deux époques géologiques qui ont précédé. Ces espèces, antérieures à la dernière des faunes que notre globe ait reçues, ont servi à la distinction de plusieurs genres parmi lesquels nous citerons seulement celui des *Titanomys* de M. Hermann de Meyer. C'est avec les Lagomys actuels qu'elles ont le plus d'analogie. Je renvoie, pour plus de détails sur ces fossiles, à ce que j'en ai dit dans ma *Zoologie et Paléontologie françaises.*

On peut diviser les espèces actuellement vivantes de la famille des Léporidés en deux genres principaux : 1° les *Lièvres* (*Lepus*), qui comprennent aussi les *Lapins* et les *Carpolages*, et 2° les *Lagomys*, qui sont des Léporidés plus petits et d'une forme assez différente.

Le Lièvre était le Lagos (λαγώς) des Grecs et il en est question sous ce nom dans Aristote ; l'Animal que le même philosophe nomme *Dasypus* (Δασυπους), ce qui veut dire pieds velus, est le Lapin. Il est donc très-fâcheux que Linné ait transporté ce dernier nom aux Tatous (genre Dasypus, Linné), qui sont des Animaux américains fort différents de ceux que les anciens ont désignés par le même mot. En parlant du *Dasypus*, Aristote dit que cet Animal a du poil dans les joues et qu'il en a aussi sous les pieds ; mais, ainsi qu'on en a fait la remarque, ces caractères sont également applicables au Lièvre, et Camus doute que le *Dasypus* soit réellement diffèrent du Lagos. Mais Polybe, qui a écrit peu de temps après Aristote, distingue très-nettement le Lièvre et le Lapin l'un de l'autre; il emploie même pour désigner le premier un mot Cuniclos (Κουνικλος), emprunté du latin *Cuniculus* ou *Cunilus*, et qui a pour origine le mot *ibérien* ou espagnol, qui signifie Lapin; c'est le même qui sert de racine au nom des Lapins dans presque toutes les langues modernes. En effet, le Lapin est appelé *Coniglio* par les Italiens, *Conejo* par les Espagnols, *Coelho* par les Portugais, *Cony* par les Anglais et *Connin* ou *Connil* dans l'ancienne langue française. Les Anglais l'appellent aussi *Rabbit* et les Allemands le nomment *Kaninichen*.

Athénée, Posidonius et Strabon ont parlé du Lapin comme Polybe, et Élien, qui en a traité dans un chapitre différent de celui qu'il consacre au Lièvre, fait remarquer que le mot *Cuniclus* qu'il emploie pour le désigner est tiré de celui que les Ibériens donnent au même Animal.

C'est à Pline que Camus reproche d'avoir donné aux mots Lagos et Dasypus une signification différente de celle admise précédemment par Aristote. « Il a employé sans discernement, dit Camus dans ses notes sur Aristote, les trois noms *Lepus*, *Cuniculus* et *Dasypus*. Il y a des endroits où il est évident qu'il a traduit le mot *Dasypus* d'Aristote par celui de *Lepus*, et d'autres où il a fait de ces deux noms deux Animaux différents qu'il compare l'un à l'autre; ailleurs il ne sépare pas moins le *Cuniculus* du *Dasypus*. Il y a longtemps qu'on lui a reproché cette confusion, et ses annotateurs, ou ceux qui ont voulu prendre sa défense, n'ont pu rien dire de fort clair pour le justifier. Je crois donc qu'il faut tenir, avec Budée, Bochart et Klein, que le Dasypode et le Lièvre sont le même Animal. » Cependant on pouvait induire le contraire de ce qu'Aristote dit quelque part qu'il n'y a point de *Dasypodes* à Ithaque, et que le *Lagos* est plus petit dans l'Égypte que dans la Grèce (Liv. VIII, chap. xxviii); car si le Lagos et le Dasypus étaient de la même espèce, il n'est pas probable qu'Aristote aurait employé dans la même phrase et pour désigner la même espèce deux mots ayant pour lui le même sens. L'opinion de Camus est donc peu probable et elle a dû être abandonnée.

Les auteurs qui se sont occupés de commenter les textes anciens (et ils ont été nombreux à la fin du moyen âge, à la renaissance et au xviiie siècle), avaient été plus embarrassés encore par quelques passages de la Bible, où il est question de deux Animaux, le *Saphan* et l'*Arnebeth*, que le texte hébreu classe parmi les Animaux qui ruminent, quoiqu'ils n'aient pas les pieds fourchus.

Voici comment il en est question dans le *Lévitique*, chap. xi, vers. 3 et 4 (je me sers de la traduction de Lemaistre de Sacy): « Le Lapin qui rumine mais qui n'a point de corne fendue est impur; le Lièvre aussi est impur, parce que, *quoiqu'il rumine*, il n'a pas la corne fendue. »

Camus, à son tour, a voulu interpréter ce passage : « Dans la loi de Moïse, le Lièvre est mis au nombre des Animaux qui ruminent. Bochard assure que personne n'a confirmé cette observation; cela peut être à l'égard des Lièvres de nos contrées. Cependant il y a trois singularités à observer, dont deux sont remarquées par Aristote et confirmées par les modernes; la troisième par plusieurs naturalistes et par Klein entre autres....... c'est qu'on a vu des Lièvres cornus et qu'il n'est pas rare d'en trouver de tels en Norwége. Voilà bien des traits d'analogie avec les Animaux ruminants, et Mercurialis fait voir que, quoique le Lièvre n'ait pas quatre estomacs, il n'est nullement impossible qu'il rumine. » Mercurialis est un médecin italien du xvie siècle. P. Camper a repris son assertion, et, dans sa *Leçon sur la Rumination des Animaux purs et impurs* (t. III, p. 57 de ses œuvres), en parlant des Lièvres et des Lapins, il dit : « Ces Animaux ruminent incontestablement, malgré le doute que Buffon a voulu faire naître à cet égard, » et il se fonde sur la position des molaires chez ces Animaux; quant aux Lièvres cornus, il n'en parle pas, et aujourd'hui on ne croit plus à leur existence; mais que deviennent tous ces arguments relativement au Lapin, du moins depuis que l'on sait que le *Saphan* de la Bible est le Daman et point du tout notre Lapin. La grande érudition de Bochart ne l'avait pas trompé sur ce point, et il disait déjà, en 1653, dans son *Hierozoicon*: « Saphan *non est* Cuniculus, *sed majoris muris genus* », c'est-à-dire : Le *Saphan* n'est pas le Lapin, mais un genre de Rat plus gros. C'est, en effet, par erreur que les Septante ont traduit *Saphan* par le mot *Dasypus*, et les modernes par celui de *Cuniculus* ou Lapin. Il est vrai que la difficulté n'est pas aussi aisée à éclaircir à propos du Lièvre, et qu'en traduisant le mot *Arnebeth* du texte hébreu par *Lagos*, qui veut dire Lièvre, les Septante ont eu raison, puisque les Arabes et les habitants de la Syrie donnent encore, à l'espèce de Lièvre qui est dans leur pays, le nom d'*Arnebeth*. Les mouvements que le Lièvre fait constamment avec sa bouche lorsqu'il est au repos, et qu'on a pu prendre pour une sorte de rumination, seraient-ils le seul motif de l'opinion des Hébreux, c'est ce que les observations des modernes n'ont pas encore complétement décidé.

GENRE LIÈVRE (*Lepus*, Linné). Oreilles plus ou moins grandes et en cornet; yeux latéraux; face allongée; narines en fente, mobiles et sans muffle; corps plus ou moins allongé, plus fort en arrière qu'en avant, ayant les pattes postérieures plus longues que les anté-

rieures et disposées pour le saut; cinq doigts aux pieds de devant; quatre à ceux de derrière; queue courte, relevée, velue; de six à dix mamelles; dents incisives principales larges aux deux mâchoires, celles d'en haut marquées d'un fort sillon vertical sur leur face antérieure; six paires de molaires supérieures dont la dernière, petite, simple et à fût ovalaire; cinq paires inférieures, la cinquième étant beaucoup plus petite que les autres, plus simple et plus oblique.

Le genre qui comprend le Lièvre et le Lapin se partage en deux sous-genres, qu'on peut nettement distinguer l'un de

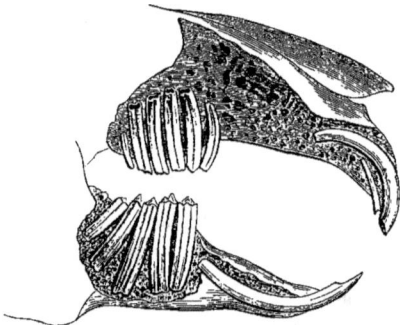

DENTS DE LIÈVRE ADULTE, grand. nat.

l'autre si l'on ne considère, parmi les Animaux nommés ainsi, que ceux qui vivent dans nos contrées, mais qui semblent se confondre l'un avec l'autre lorsque l'attention se porte sur certaines espèces exotiques. On a établi plus récemment une troisième division pour le *Lepus hispidus*, sous le nom de Carpolagus.

Nous aurons donc à parler successivement 1° des Lièvres ou véritables Lepus; 2° des Lapins que M. Gerbe a nommés *Cuniculus*, quoique ce nom ait été employé précédemment par Wagler dans un autre sens, et 3° des *Carpolagus*.

I. Les LIÈVRES. On les reconnaît aux particularités suivantes : Corps allongé; oreilles grandes; pieds longs, surtout ceux de derrière; queue toujours bien évidente. Ces Animaux ne se creusent pas de galeries comme le font les Lapins; leurs petits sont déjà velus en naissant et ils ont les yeux ouverts.

LIÈVRE TIMIDE (*Lepus timidus*). Cet Animal que Buffon et Daubenton ont décrit avec soin, a reçu de Linné le nom sous lequel il est inscrit dans les ouvrages de zoologie méthodique; après le Castor c'est notre plus grande espèce de Rongeurs. Ses caractères sont connus de tout le monde, et il suffit pour le faire distinguer des espèces qui lui ressemblent le plus de rappeler qu'il a les oreilles, le corps et les jambes plus longs que le Lapin domestique; qu'il est aussi plus grand que la plupart des variétés de ce dernier et que son pelage est gris fauve, jaspé de brun sur les parties supérieures; que ses oreilles sont grises et terminées de noir; que sa queue est en partie noire en dessus; que le dessous de son corps est plus ou moins blanc et que ses pieds sont gris fauve avec la plante rousse. Les lièvres de cette espèce conservent les mêmes couleurs en hiver qu'en été, ils sont seulement plus fournis pendant la mauvaise saison; ils diffèrent à cet égard des Lièvres dits changeants, qui deviennent alors presque entièrement blancs. Quelques Lièvres timides sont cependant blancs, mais par albinisme; ils le sont en toute saison; leurs yeux sont rouges comme ceux des Lapins blancs et la pointe de leurs oreilles n'est plus noire. Au contraire, les Lièvres changeants qui ont pris leur pelage blanc d'hiver conservent du noir au bout des oreilles et ils n'ont pas les yeux colorés en rouge comme les Animaux entièrement albinos, parce que le pigmentum ou la matière colorante qui est dans l'intérieur de ces organes n'a pas cessé de se développer. Le Lièvre ordinaire est plus élancé que le Lièvre changeant et il ne se tient pas dans les mêmes lieux. Les jeunes Lièvres ou Levrauts ont le pelage plus foncé que les adultes. Chez les vieux, il est au contraire plus pâle. En général, les mâles se distinguent des femelles par leur derrière plus blanc; ils ont aussi la tête plus arrondie, les oreilles plus courtes et la queue un peu plus longue.

Daubenton a longuement décrit les particularités que présente le pelage du Lièvre en prenant pour sujet de ses descriptions des exemplaires tués en Bourgogne. Cette province est une de celles qui fournissent au commerce le plus grand nombre de peaux de Lièvres. Il en vient aussi de l'étranger et principalement de l'Allemagne. Les peaux du Lièvre changeant en pelage d'été sont assez fréquemment mêlées à celles du Lièvre ordinaire. Buffon a parlé du Lièvre au point de vue général, et ce qu'il en dit s'applique autant à l'ensemble des espèces du sous-genre des Lièvres qu'à celle de nos contrées; mais les observations de mœurs qu'il a publiées ont surtout rapport au Lièvre ordinaire. Suivant lui, les Animaux de cette espèce ne vivent que sept à huit ans au plus, et il ajoute : « La durée de la vie est, comme dans les autres Animaux, proportionnelle au temps de l'entier développement du corps; ils prennent presque tout leur accroissement en un an et vivent environ sept fois un an; on prétend seulement que les mâles vivent plus longtemps que les femelles, mais je doute que cette observation soit fondée. »

Buffon fait aussi remarquer que les Lièvres passent leur vie dans la solitude et dans le silence. « On n'entend leur voix que lorsqu'on les saisit avec force, qu'on les tourmente et qu'on les blesse : ce n'est point un cri aigre, mais une voix assez forte dont le son est presque semblable à celui de la voix humaine. Ils ne sont pas aussi sauvages que leurs habitudes et leurs mœurs paraissent l'indiquer; ils sont doux et susceptibles d'une espèce d'éducation; on les apprivoise aisément; ils deviennent même caressants, mais ils ne s'attachent jamais assez pour pouvoir devenir Animaux domestiques; car ceux même qui ont été pris tout petits et élevés dans la maison, dès qu'ils en trouvent l'occasion, se mettent en liberté et s'enfuient à la campagne. Comme ils ont l'oreille bonne, qu'ils s'asseyent volontiers sur leurs pattes de derrière et qu'ils se servent de celles de devant comme de bras, on en a vu qu'on avait dressés à battre du tambour, à gesticuler en cadence, etc. En général, le Lièvre ne manque pas d'instinct pour sa propre conservation ni de légèreté pour échapper à ses ennemis; il se forme un gîte; il choisit en hiver les lieux exposés au midi et en été il se loge au nord; il se cache pour n'être pas vu entre des mottes qui sont de la couleur de son poil. »

Le célèbre écrivain rapporte le passage suivant emprunté à Du Fouilloux, qui paraîtra bien exagéré sur certains points. « J'ai vu, dit l'auteur de la *Vénerie*, un Lièvre si malicieux, que depuis qu'il oyait la trompe il se levait du gîte, et eût-il été à un quart de lieue de là, il s'en allait nager en un étang, se reloissant au milieu d'icelui sur des joncs sans être aucunement chassé des Chiens. J'ai vu courir un Lièvre bien deux heures devant les Chiens, qui, après avoir couru, venoit pousser un autre et se mettoit en son gîte. J'en ai vu d'autres qui nageoient deux ou trois étangs, dont le moindre avoit quatre-vingts pas de large. J'en ai vu d'autres, qui, après avoir été bien couru l'espace de deux heures, entroient par dessous la porte d'un tect à Brebis et se reloissoient parmi le bétail. J'en ai vu, quand les Chiens les couroient, qui s'alloient mettre parmi un troupeau de Brebis qui passoit par les champs, ne les voulant abandonner ne laisser. J'en ai vu d'autres qui, quand ils oyaient les Chiens courans, se cachoient en terre. J'en ai vu d'autres qui alloient par un côté de haie et retournoient par l'autre, en sorte qu'il n'y avoit que l'épaisseur de la haie entre les Chiens et le Lièvre.

LIÈVRE ET LAPINS
de France.

J'en ai vu d'autres qui, quand ils avoient couru une demi-heure, s'en alloient monter sur une vieille muraille de six pieds de haut et s'alloient recloisser en un pertuis de chauffant couvert de lierre. J'en ai vu d'autres qui nageoient une rivière, qui pouvoit avoir huit pas de large et la passoient et repassoient en la longueur de deux cens pas plus de vingt fois devant moi. »

Buffon ajoute au récit de Du Fouilloux : « Mais ce sont là sans doute les plus grands efforts de leur instinct; car leurs ruses ordinaires sont moins fines et moins recherchées; ils se contentent, lorsqu'ils sont lancés et poursuivis, de courir rapidement et ensuite de tourner et retourner sur leur pas; ils ne dirigent pas leur course contre le vent, mais du côté opposé; les femelles ne s'éloignent pas tant que les mâles et tournoient davantage. En général, tous les Lièvres qui sont nés dans le lieu même où on les chasse ne s'en écartent guère, ils reviennent au gîte, et, si on les chasse deux jours de suite, ils font le lendemain les mêmes tours et détours qu'ils ont faits la veille. Lorsqu'un Lièvre va droit ou s'éloigne beaucoup du lieu où il est lancé, c'est une preuve qu'il est étranger et qu'il n'était dans ce lieu que passant. Il vient, en effet, surtout dans le temps le plus marqué du rut, qui est aux mois de janvier, de février et de mars, des Lièvres mâles, qui, manquant de femelles en leur pays, font plusieurs lieues pour en trouver, s'arrêtent auprès d'elles; mais dès qu'ils sont lancés par les Chiens, ils regagnent leur pays natal et ne reviennent pas. »

Les Lièvres ladres ou ceux qui ont la chair mauvaise et pâle vivent dans les lieux bas et humides; ceux des plaines élevées et des collines où abondent les herbes aromatiques sont meilleurs et leur chair est plus colorée. Ainsi que le dit Buffon, la chasse du Lièvre est l'amusement et souvent la seule occupation des gens oisifs de la campagne : comme elle se fait sans appareil et sans dépense, et qu'elle est à la fois utile et lucrative, elle convient à tout le monde.

« On va le matin et le soir, au coin du bois, dit l'habile écrivain, attendre le Lièvre à sa rentrée ou à sa sortie; on le cherche pendant le jour dans les endroits où il se gîte; lorsqu'il y a de la fraîcheur dans l'air par un soleil brillant et que le Lièvre vient de se gîter après avoir couru, la vapeur de son corps forme une petite fumée que les chasseurs aperçoivent de fort loin, surtout si leurs yeux sont exercés à cette espèce d'observation. J'en ai vu qui, conduits par cet indice, partaient d'une demi-lieue pour aller tuer le lièvre au gîte. Il se laisse ordinairement approcher de tout près, surtout si l'on ne fait pas semblant de le regarder, et si, au lieu d'aller directement à lui, on tourne obliquement pour l'approcher. Il craint les Chiens plus que les Hommes, et lorsqu'il sent ou qu'il entend un Chien, il part de plus loin : quoiqu'il coure plus vite que les Chiens, comme il ne fait pas une route droite, qu'il tourne et retourne autour de l'endroit où il a été lancé, les Lévriers qui le chassent à vue plutôt qu'à l'odorat, lui coupent le chemin, le saisissent et le tuent. Il se tient volontiers en été dans les champs, en automne dans les vignes et en hiver dans les buissons ou dans les bois, et l'on peut en tout temps, sans le tirer, le forcer à la course avec des Chiens courants; on peut aussi le faire prendre par des Oiseaux de proie : les Ducs, les Buses, les Aigles, les Renards, les Loups, les Hommes lui font également la guerre; il a tant d'ennemis qu'il ne leur échappe que par hasard et il est bien rare qu'ils le laissent jouir du petit nombre de jours que la nature lui a comptés. »

Les Lièvres portent environ trente jours et le nombre de leurs petits est de deux, trois, quelquefois quatre et plus rarement cinq à chaque portée. Les femelles sont sujettes à la superfétation; leurs petits ne tettent guère que quinze ou vingt jours après lesquels ils se séparent. La nourriture de ces Animaux consiste en jeunes pousses, en herbes diverses et principalement en herbes aromatiques; pendant l'hiver ils mangent aussi des racines.

La chair du Lièvre fait partie des viandes noires; elle est savoureuse et excitante : celle des Lièvres d'Arabie et d'Afrique est succulente. Cependant la loi de Moïse en avait interdit l'usage aux Hébreux et le Coran la défend pareillement aux Mahométans.

Le Lièvre timide n'existe pas ailleurs qu'en Europe, et dans ce continent même, il y a des Animaux qui, tout en étant bien du même sous-genre, n'appartiennent pas à la même espèce.

Ceux qu'on en distingue le plus aisément sont les Lièvres changeants qui vivent dans les grandes chaînes de montagnes et dans plusieurs régions du Nord. Brisson en avait fait son *Lepus albus*; Pallas les a nommés *Lepus variabilis*, mais de nouveaux renseignements semblent établir que sous ces noms de *Lepus timidus* et *Lepus variabilis*, tels que Pallas lui-même les avait définis, on a encore confondu diverses sortes de Lièvres. Plusieurs zoologistes récents les considèrent non-seulement comme des races, mais comme de véritables espèces, à cause de la valeur qu'ils attribuent aux caractères par lesquels elles se distinguent les unes des autres.

M. Schimper, de Strasbourg, a réuni, dans le musée de cette ville, un grand nombre de Lièvres et de Lapins pris dans des localités très-différentes. Il nous a écrit qu'il avait reconnu que, sous le nom de *Lepus timidus*, on confondait, en effet, plusieurs espèces, dont deux se rencontrent en France. L'une vit surtout dans les départements du Centre et dans ceux du Nord; l'autre est du Midi. M. Schimper a réuni celle-ci à l'espèce d'Italie et d'Espagne (*Lepus meridionalis* de Géné) : c'est celle du Languedoc et de la Provence, qui diffère de l'autre par ses proportions et par quelques traits de sa coloration. Malgré les renseignements que M. Schimper a bien voulu me fournir à cet égard, je ne peux encore établir tous les caractères qui séparent le *Lepus meridionalis* de Géné du *Lepus mediterraneus* de M. Wagner, que je signalerai plus bas, à propos des Lièvres africains.

Les parties de l'Europe qui confinent l'Asie possèdent aussi un Lièvre qui, mieux étudié, a paru différent de l'espèce ordinaire, c'est le LIÈVRE CASPIEN (*Lepus caspicus*). Il fréquente les bords de la mer Caspienne, ce qui lui a valu son nom spécifique. Pallas l'avait rapporté au *Lepus timidus*.

Enfin il paraît en être de même pour le Lièvre de la Suède. M. Nilsson établit que c'est aussi une espèce à part et il lui donne le nom de LIÈVRE BLANCHATRE (*Lepus canescens*). Celui-ci est gris blanchâtre en dessus et blanc en dessous; il a les oreilles noires à leur pointe ainsi que sur une partie de leur bord postérieur : c'est le Lièvre de la Suède méridionale, où il remplace l'espèce ordinaire, celui-ci ne s'étendant pas au nord au delà du Danemark.

Le LIÈVRE CHANGEANT (*Lepus variabilis*, Pallas), qui répond au Lièvre blanc (*Lepus albus* de Brisson), est remarquable par ses changements de couleurs; gris fauve ou simplement fauve en été, avec le bout des oreilles noires et la queue grisâtre, il devient d'un beau blanc de neige en hiver, mais en conservant encore la pointe de ses oreilles noire. C'est un Animal à peu près gros comme le Lièvre ordinaire, mais moins haut sur pattes et à oreilles un peu plus courtes. Les Lièvres variables vivent principalement dans la Russie et sur quelques montagnes des autres parties de l'Europe centrale, ainsi que dans une partie du nord de l'Asie. On les trouve également en Écosse; le Lièvre d'Irlande leur appartient peut-être aussi, et ils se retrouvent dans les Pyrénées.

Cette espèce aime les lieux froids et la couleur blanche, qu'elle prend en hiver, ainsi que l'abondance de ses poils lui permettent de vivre au milieu des neiges sans en souffrir. Sa blancheur l'aide aussi à échapper plus facilement à ses ennemis, et sans le bout noir de ses oreilles elle serait entièrement de la couleur du sol neigeux qu'elle affectionne. Les peaux de ces Animaux et des races ou espèces qui s'en rapprochent le plus sont très-estimées des fourreurs. Lorsqu'elles sont blanches, elles imitent bien l'hermine et on les emploie souvent à la place de celle-ci. Beaucoup de palatines blanches et les épitoges des gens de robe sont généralement faites avec du lièvre variable. Cette fourrure n'est pas moins recherchée en Chine qu'en Europe. La chair du Lièvre changeant est moins bonne que celle du Lièvre timide, mais elle n'est pas mauvaise, et, dans beaucoup de lieux, les Lièvres que l'on vend sur les marchés appartiennent à cette espèce ou à celles qu'on en a tout récemment distinguées. On en vend dans plusieurs de nos départements pyrénéens.

Auprès du Lièvre changeant se placent plusieurs espèces européennes assez peu différentes par leurs caractères pour qu'on les ait confondues avec lui jusque dans ces derniers temps; d'après les auteurs les plus récents, elles seraient au nombre de quatre, savoir :

Le *Lepus aquilonius* de M. Blasius, qui répond au *Lepus variabilis hybridus* de Pallas, au *Lepus medius* de M. Nilsson, et au *Lepus altaicus* distingué par M. Gray, d'après Evers-mann. Il est de l'Europe boréale et du nord de l'Asie.

Le *Lepus borealis* de M. Nilsson, qui est de la Suède. Il est bien constaté que celui-ci devient blanc en hiver, sauf à la pointe des oreilles qui reste noire.

Le *Lepus hibernicus* de M. Yarrel. C'est le Lièvre d'Irlande; des observations plus récentes ont fait penser qu'il ne devait pas être séparé du véritable Lièvre variable.

Le *Lepus alpinus*. M. Schimper a aussi constaté des différences entre les Lièvres variables des Alpes et ceux de la Russie, et il a proposé de désigner les premiers par le nom de *Lepus alpinus*; d'après ses observations, les Lièvres variables des Pyrénées seraient plus semblables à l'espèce de Russie, et il ne lui paraît pas possible de les en séparer.

Le LIÈVRE TOLAÏ (*Lepus tolaï*, Pallas) tient à la fois du Lièvre ordinaire et du Lièvre changeant, mais sa tête est plus longue, plus comprimée et plus étroite; son pelage peu différent de celui du premier ne change pas non plus en hiver.

Le Tolaï habite la Sibérie, la Mongolie, la Tartarie et même le Thibet. Quand on le chasse, il fuit droit devant lui au lieu de chercher, comme les deux autres espèces, à dépister son ennemi par des détours et il gagne les fentes des rochers ou quelque autre cavité pour s'y réfugier. On le nomme indifféremment Lièvre ou Lapin de Sibérie, parce qu'il a aussi quelques rapports avec les Lapins.

Un *Lepus* plus rapproché du vrai Lièvre existe dans le petit Thibet; c'est le *Lepus tibetanus* de M. Waterhouse, peut-être identique avec le *Lepus oiostolus* de M. Hodgson, que nous citerons plus bas.

Le Népaul et les contrées voisines ont aussi fourni à M. Hodgson deux autres Lièvres qu'il nomme *Lepus pallipes* et *Lepus œmodius* : leur authenticité n'est pas encore prouvée.

Ces diverses espèces ne sont pas les mêmes que celles de l'Inde, où l'on en connaît maintenant deux, savoir :

LIÈVRE MOSSEL (*Lepus nigricollis* de F. Cuvier), dont la patrie est essentiellement l'île de Java. Le dessus de son corps est roux tiqueté et les parties latérales passent au gris; sa queue est gris brun en dessus; les membres antérieurs sont roux en dehors; la gorge et les parties inférieures du corps sont roussâtre clair; l'oreille, blanche à sa base, a son extrémité noire et le reste roux; le dessus du cou et la nuque sont brun noirâtre. La même espèce se retrouve à l'île Maurice, où elle a sans doute été introduite par l'Homme. On dit qu'elle existe aussi dans l'Inde, à Madras, au Bengale et dans le Deccan; c'est alors le *Lepus kurgosa* de Buchanan. Le Mossel est de la taille d'un gros Lapin.

Le LIÈVRE A QUEUE ROUSSE (*Lepus ruficaudatus*, Is. Geoffroy) ressemble plus au Lièvre ordinaire, mais on peut néanmoins l'en distinguer à sa queue plus longue, rousse en dessus au lieu d'être noire, à sa tâche oculaire qui est moins prononcée et à ses joues, qui sont d'un roux très-mélangé de noir; son poil est plus rude que celui de notre Lièvre et sa taille un peu moindre. Il habite le Bengale, dans les plaines qui bordent le Gange. On l'a retrouvé au Népaul, dans les monts sous Himalaya. Faute d'avoir reconnu que c'était bien le Lièvre ruficaude, M. Hodgson le décrit comme nouveau sous le nom de *Lepus macrotus*.

Il y a aussi une espèce de Lièvre dans la Chine, et M. Gray en a donné la figure dans ses *Illustrations of indian zoology*, sous le nom de *Lepus sinensis*.

L'Afrique et l'Arabie paraissent plus riches en Rongeurs de ce groupe qu'aucun des autres continents. Ces Animaux trouvent dans les grandes plaines qui en constituent le sol beaucoup d'endroits très-propices à leur multiplication. Aux différents Lièvres africains dont nous allons donner la liste, il faut ajouter le LIÈVRE MÉDITERRANÉEN (*Lepus mediterraneus*), qui forme aussi une espèce à part. Il est plus petit que notre Lièvre commun d'Europe, soit du centre, soit du midi; sa chair est aussi très-inférieure : c'est le Lièvre de l'Algérie et de la Sicile.

Le Lièvre de Syrie (*Lepus syriacus*) habite le mont Liban, où il est connu sous le nom arabe d'*Erneb* ou *Aerneb,* qui correspond si bien au mot hébreu *Arnebet* employé par la Bible. Ainsi que le précédent, il est décrit dans l'ouvrage publié par M. Ehrenberg sous le titre de *Symbolæ physicæ.*

Le Lièvre d'Arabie (*Lepus arabicus*, Ehrenb.) est de l'Arabie déserte, particulièrement auprès de Gonfodah et de l'Arabie heureuse par Loheia. Il n'a point de tache noire aux oreilles et sa queue est brun noir en dessous. Il en est question dans le livre que nous venons de citer.

Lièvre d'Égypte (*Lepus ægyptius*, E. Geoffroy). Il est en grande partie fauve tiqueté par endroits, surtout à la tête, et blanc en dessous; sa queue est noire à la face supérieure et blanche à l'inférieure; ses oreilles sont d'un roux brunâtre avec l'extrémité noire. Cette espèce vit en Égypte, comme l'indique son nom; sa taille est celle du Lapin, mais ses oreilles sont proportionnellement plus grandes que celles du Lièvre commun.

Le Lièvre d'Abyssynie (*Lepus habessinicus*, Hemprich et Ehrenberg) a les oreilles moins grandes et la face plus semblable à celle des Lapins. Il a été observé en Abyssinie, auprès de la plage d'Arkiko.

Le Lièvre isabelle (*Lepus isabellinus*),

LIÈVRE D'ÉGYPTE, 1/4 de grand.

décrit par le D. Cretzschmar dans l'*Atlas zoologique* de M. Ruppel, est de Nubie; c'est le même que le *Lepus æthiopicus* de MM. Hemprich et Ehrenberg : c'est une espèce assez petite. On le rencontre dans la Nubie et dans le Dongola.

Les Lièvres sont aussi représentés dans l'Afrique australe et l'on reconnaît très-nettement deux espèces parmi les Animaux de ce genre, qu'on a rapportés de cette partie du globe. Elles ont les proportions du Lièvre ordinaire, mais elles s'en distinguent par plusieurs caractères évidents. Une troisième moins bien connue a reçu le nom de *Lepus arenarius,* que nous nous bornerons à signaler.

Le Lièvre des Rochers (*Lepus saxatilis*, F. Cuvier), aussi nommé *Lepus rufinucha,* *longicaudatus* et *fumigatus*, est le *Berg Haas* ou Lièvre de montagne des Colons. Il est grand comme le Lièvre ordinaire d'Europe, a les oreilles très-longues; a le col roux, la gorge noire et les membres gris brun ainsi que les côtés du corps; le bout de ses oreilles est noir. Il vit dans les montagnes.

Le Lièvre du Cap (*Lepus Capensis*, Linné) est gris un peu roussâtre, avec la gorge et les membres roux; le bout des oreilles noir; le bout du museau roussâtre et la queue noire en dessus. Ses oreilles sont fort grandes et ses pieds très-allongés. Les Hollandais le désignent par le nom de *Vlakte haas*, qui veut dire Lièvre de plaine. M. Waterhouse lui réunit le *Lepus ochropus* de M. Wagner, et il pense que le *Lepus arenarius* de M. Is. Geoffroy n'en est peut-être que le jeune. Linné et Thunberg ont parlé du Lièvre du Cap, mais c'est par

F. Cuvier, par M. Is. Geoffroy et par M. Waterhouse, que ses caractères ont été définitivement établis.

On compte six ou sept sortes de Lièvres dans l'Amérique septentrionale, non comprises quelques-unes de celles que M. Bachmann a proposé de distinguer, mais sans leur assigner des caractères réellement suffisants, et il y en a une également distincte de celle de l'ancien continent dans l'Amérique méridionale.

Le Lièvre arctique (*Lepus articus*, Leach), qui est décrit dans l'appendice au Voyage du capitaine Ross, a été d'abord considéré comme le véritable Lièvre timide ; erreur à laquelle les Lièvres changeants d'Europe ont d'ailleurs également donné lieu : c'est le *Hawchoch* des Indiens Copper et l'*Oukalik* des Esquimaux. Il est gris en été et devient blanc en hiver, sauf sur le bout des oreilles. On le rencontre dans le Labrador, du côté de la baie de Baffin et au Groënland. C'est aussi le *Lepus glacialis* de Leach ; sa taille est un peu supérieure à celle du Lièvre changeant d'Europe, qu'il représente sur le continent américain.

Le Lièvre d'Amérique (*Lepus americanus*, Erxleben) est gris fauve varié de brun en été, avec le dessous du cou et le ventre blancs ; ses oreilles n'ont pas de noir au bout et sa queue est grisâtre en dessus ; en hiver, il devient blanc, sauf sur la queue et les oreilles, qui conservent leur couleur d'été. Il habite une grande partie de l'Amérique septentrionale, ne fait pas de terrier, mais se cache dans des trous qu'il trouve tout faits, principalement au pied des arbres ; il ne craint pas de se réfugier dans les marais lorsqu'il est poursuivi, et, à ce que l'on assure, il grimpe même sur les arbres pour y trouver un abri. Sa femelle fait deux ou trois portées par an, chacune de deux petits. On le voit depuis la côte nord-ouest de la baie d'Hudson jusque dans les Florides et en Caroline.

Le Lièvre de Virginie (*Lepus virginianus*, Harlan) est aussi de la catégorie des Lièvres changeants. Son pelage est brun grisâtre en été et blanc en hiver, avec le tour des yeux de couleur fauve roussâtre à toutes les époques de l'année. C'est une espèce des États du Centre et du Midi, habitant les marais et les prairies qui sont au pied des montagnes.

Le *Lepus Douglasii* de M. Gray ou *Lepus palustris*, Bachmann, paraît originaire de la Californie et du Texas. Le *Lepus Bennettii* de M. Gray vit en Californie, et le *Lepus callotis* de Wagler habite le Mexique.

Je terminerai cette énumération par ce qui est relatif au Lepus de l'Amérique méridionale. C'est le Lièvre Tapéti (*Lepus brasiliensis*, Linné). Il a la queue bien plus courte que la plupart des autres espèces du genre, et quoiqu'il ait les teintes vives de plusieurs Lièvres, on peut dire avec Azara qu'il n'est réellement ni Lièvre ni Lapin. C'est une espèce fort distincte des autres, plus petite que notre Lapin de Garenne, à pelage varié de brun et de jaunâtre en dessus, ayant un demi-collier blanc sous le cou et les oreilles beaucoup plus courtes que la tête.

Le Tapéti ne se creuse point de terriers et il vit à la manière des Lièvres, établissant son gîte dans les bois ; sa femelle n'a qu'une portée par an et met bas deux petits, quelquefois trois, plus rarement quatre ; sa chair ressemble à celle du Lapin, mais elle est moins savoureuse. Au Paraguay on ne la mange pas.

Cette espèce est connue au Pérou, au Brésil et au Paraguay. On a dit que c'était le *Citli* de Fernandez, ce qui a fait supposer qu'elle est aussi de la Nouvelle-Espagne.

II. Les Lapins (*Cuniculus*, Gerbe) ont les caractères principaux des Lièvres, mais leurs oreilles, ainsi que leurs pattes, sont moins longues ; leurs petits naissent nus et avec les yeux fermés ; enfin ils font des terriers et vivent en société. Ils sont moins nombreux en espèces, mais c'est parmi eux que se classe le Lapin domestique, dont l'utilité pour l'Homme est incontestable, et qui est d'autant plus précieux que, en même temps qu'on mange sa chair, on sait aussi tirer de sa peau et de ses poils un parti fort avantageux.

Nous avons déjà vu, en traitant des Animaux que les anciens ont appelés *Lagos*, *Dasypus* et *Cuniculus*, qu'il n'était point question d'une manière certaine du Lapin domestique dans les ouvrages des Grecs. Si des Lapins d'Espagne s'y trouvent signalés, ce sont des Lapins sauvages de ce pays et non les Lapins clapiers, et il n'est guère douteux que le *Dasypus* d'Aristote soit aussi le Lapin des bois ou des rochers et non le Lapin domestique. Cependant il n'est pas impossible que l'on démontre quelque jour que Pline a voulu désigner ces trois sortes d'Animaux rongeurs par les noms de *Lepus*, *Dasypus* et *Cuniculus*, mais cela est encore loin d'être certain, et il est même impossible de ne pas regarder, jusqu'à preuve du contraire, les deux mots *Dasypus* et *Cuniculus* comme étant synonymes l'un de l'autre et comme s'appliquant tous les deux à notre Lapin sauvage ou Lapin de garenne. Il faut donc les réserver également pour cette espèce et cesser d'étendre le second au Lapin domestique, car très-probablement encore ce dernier ne descend pas du Lapin sauvage de nos pays. De nouvelles recherches faites avec attention dans les textes anciens et en vue de résoudre le petit problème de l'origine réelle des Lapins que nous élevons en captivité offriraient un intérêt incontestable.

Le LAPIN DOMESTIQUE (*Lepus domesticus*) est facile à distinguer des Lièvres par les caractères que nous avons déjà signalés et par quelques autres encore, tels que ceux de son squelette. Son crâne est plus étroit à la région faciale et proportionnellement plus long; les expansions de ses os frontaux, qui s'étendent au-dessus des orbites, sont moins larges et ont de moindres échancrures antérieure et postérieure. Tous ses os sont moins forts, et ceux des membres ont une longueur proportionnellement moins considérable. D'ailleurs, les mêmes dispositions générales président à la conformation de ces deux Animaux, et, à part quelques différences de valeur sous-générique, ils sont organisés de même. D'autres espèces du même genre se distinguent aussi de l'un et de l'autre par quelques particularités légères de la forme du corps ou de celle du squelette; tels sont le *Lepus nigricollis* et le *Lepus hispidus*.

Un des traits distinctifs de la tête osseuse des Lapins et des Lièvres consiste dans la structure celluleuse et réticulée de la branche montante de l'os maxillaire, au-dessus et en avant du trou sous-orbitaire. Les traces d'une semblable structure se retrouvent sur plusieurs points de la boîte crânienne, principalement chez les sujets avancés en âge. La communication du cercle orbitaire avec la fosse temporale y est étroite, et cette dernière ne se distingue que très-imparfaitement, à cause de la forme irrégulièrement sphéroïdale de la boîte cérébrale et de la position toute particulière des crêtes destinées aux insertions musculaires. Les orbites sont considérables et communiquent l'une avec l'autre auprès du trou du nerf optique; les os du nez et la branche montante des incisifs sont fort allongés, ce qui est en rapport avec la forme de la face et de la barre; les trous incisifs sont très-grands, et ils ne sont séparés de l'échancrure des arrière-narines que par une sorte de pont osseux que fournissent le maxillaire et les os palatins dans leur partie réellement palatine; le méat auditif est ossifié et remonte en forme d'entonnoir au dessus de la caisse auditive, qui, sans être aussi renflée que celle des Gerboises, des Chinchillas ou d'autres Rongeurs, acquiert cependant un développement assez grand et particulièrement en rapport avec la finesse de l'ouïe chez ces Animaux. On ne saurait se dissimuler que, dans sa disposition générale, le crâne des Lièvres et des Lapins ne s'éloigne de celui des Rongeurs pour ressembler à celui de certains Pachydermes, tels que les Chevaux. Toutefois, c'est là une ressemblance de physionomie plutôt que l'expression d'une affinité réelle. La mâchoire inférieure montre aussi une tendance analogue; cependant le condyle y est plus élevé que l'apophyse coronoïde qui se confond presque entièrement avec lui. La hauteur de la mâchoire à l'aplomb de sa saillie articulaire est plus grande que dans les autres Rongeurs; la surface massétérienne y est considérable, et l'apophyse angulaire a son contour curviligne et marginé au bord inférieur interne. Le Lièvre et le Lapin ont douze vertèbres dorsales, et, par conséquent, douze paires de côtes chacun. Ils ont tous deux sept lombaires, qui sont remarquables par leurs apophyses transverses, croissant de la première à la sixième et dirigées obliquement d'arrière en avant; leurs apophyses articulaires et épineuses sont également saillantes, et elles donnent aussi aux muscles puissants du dos et des lombes de fortes insertions; c'est ce qui permet à ces Animaux de sauter avec tant de facilité. G. Cuvier compte quatre vertèbres au sacrum du Lièvre et deux seulement à celui du Lapin; mais cette différence tient seulement à ce que la troisième et surtout la quatrième des vertèbres, qui sont placées après la région lombaire, ne se soudent qu'à un âge plus avancé chez le Lapin que chez le Lièvre; car toutes les quatre ont assez exactement la même forme. Suivant le même auteur, il n'y aurait en arrière de ces quatre vertèbres que seize caudales chez le Lapin, tandis qu'il y en a vingt au squelette du Lièvre. Mais ce n'est pas là non plus un caractère absolu, car j'en compte dix-huit sur un squelette de Lapin domestique. Les Lièvres et les Lapins n'ont qu'un rudiment de clavicule; leur humérus a une forme assez caractéristique; il montre inférieurement un grand trou percé dans la fosse olécrânienne, mais il n'en a pas au-dessus du condyle interne, et sa poulie inférieure présente une gorge médiane ayant, de chaque côté, une autre gorge moins large et plus raccourcie.

SQUELETTE DU LAPIN, 1/3 de grand.

Le radius et le cubitus restent distincts dans toute leur étendue, quoique très-fortement appliqués l'un contre l'autre; la saillie du coude est considérable; le pouce, quoique très-évident et fortement onguiculé, est plus court que les autres doigts. Aux pieds de derrière, on remarque la fusion du péroné avec le tibia dans une étendue qui excède leur moitié inférieure; l'astragale ne diffère pas par sa forme de celui des Animaux que nous avons précédemment étudiés, et il n'y a que quatre doigts à chaque pied de derrière, même au squelette. La plupart des pièces qui entrent dans la composition du squelette des Lapins sont faciles à distinguer, et même, en prenant d'autres Animaux que ceux de nos contrées, on peut aisément reconnaître si les os que l'on observe ont été fournis par des Lièvres ou des Lapins, ou bien par des Animaux de même taille, mais qui appartiennent, comme par exemple le Chat, la Fouine, la Marmotte, etc., à des genres plus ou moins différents.

Les Lapins domestiques varient notablement dans leurs couleurs; indépendamment de ceux qui sont gris, et que l'on peut regarder comme plus semblables que les autres au type primitif, il y en a de noirs, de roux et de blancs, et d'autres qui présentent un mélange de l'une ou même de plusieurs de ces dernières couleurs avec le gris primitif. Ce sont là des différences très-apparentes sans doute, mais sur lesquelles on ne peut établir aucune distinction de race, car elles peuvent se montrer fréquemment dans une même lignée, et la couleur des parents est loin d'être un gage certain de celle qui caractérisera les petits. Le plus habituellement, cependant, des Lapins noirs, blancs ou roux en produisent qui leur ressemblent, et les Lapins gris donnent le plus ordinairement des Lapereaux qui sont également gris. L'érythrisme, l'albinisme et le mélanisme plus ou moins complets se reproduisent dans les diverses races de ces Animaux, et ne sauraient caractériser par eux-mêmes des races véritables. On peut en dire autant de l'absence des oreilles qui pourtant se perpétue aussi par voie de génération et ne mérite guère d'être considérée que comme une production tératologique. Ces Lapins sans oreilles sont disgracieux; ceux que j'ai vus appartenaient à une des plus fortes races que l'on distingue dans cette espèce.

Buffon et Daubenton distinguaient trois races parmi les Lapins, savoir :

1. Le CLAPIER (*Lepus domesticus vulgaris*) ou ordinaire, dont une sous-race, celle des *Lapins-Lièvres* du Midi, acquiert des dimensions supérieures à celle de la sous-race ordinaire et fournit des individus pesant jusqu'à six et même près de sept kilogrammes. Il a été obtenu aux environs de Liége (Belgique).

2. Le RICHE (*Lepus domesticus argenteus*), en partie gris argenté, en partie de couleur d'ardoise plus ou moins foncée. Sa tête et ses oreilles sont presque entièrement noirâtres, et ses pattes sont brunes avec le dessous blanc; les poils sont longs et fermes. C'est le *Silver Rabbit* des Anglais. Brisson le nommait *Lepus cinereus*.

3. L'ANGORA (*Lepus domesticus angorensis*), dont le pelage, beaucoup plus long que celui des autres, a deux ou trois pouces, est ondoyant et en partie frisé comme de la laine. Dans le temps de la mue, les poils se pelotonnent, et ces pelotons, qui pendent quelquefois jusqu'à terre, sont comme feutrés.

Desmarest rappelle que Pennant a signalé une quatrième race sous le nom de RUSSE (*Russian Rabbit*). La peau de celle-ci est très-lâche sur le dos et forme une sorte de capuchon qui recouvre la tête; la poitrine présente un autre plissement analogue : c'est plutôt une variété tératologique qu'une race. M. Waterhouse réunit ce *Russian Rabbit* au Lapin d'Angora.

L'origine des Lapins domestiques n'est pas plus connue que celle de la plupart des autres Animaux dont l'Homme dispose, et tout ce que l'on peut affirmer à leur égard, c'est qu'ils sont, comme la presque totalité de ceux-ci, originaires de l'ancien continent. Aucune des espèces du genre *Lapin* qui vivent en Amérique n'a été réduite en domesticité, et, parmi les espèces sauvages de l'ancien continent, il n'en est qu'une que l'on ait considérée comme la souche de ces Animaux : c'est le Lapin ordinaire dont nous parlerons plus bas. Cependant, en comparant avec attention les Lapins domestiques avec les Lapins sauvages, on constate entre les uns et les autres des différences qui doivent faire considérer comme très-douteuse la filiation qu'on leur a supposée. Le vrai Lapin sauvage est plus petit que le Lapin domestique; ses proportions ne sont pas absolument les mêmes; sa queue est plus petite; ses oreilles sont plus courtes et plus velues, et ces caractères, sans parler de ceux fournis par la couleur, sont autant d'indications contraires à l'opinion qui réunit ces Animaux sous la même dénomination spécifique.

On a souvent répété que le Lapin était originaire des pays chauds, et qu'il en avait été amené dans les régions tempérées de l'Europe et dans le nord de ce continent, et comme on a toujours fait du Lapin domestique et du Lapin sauvage d'Europe une seule et même espèce, on a aussi attribué à ce dernier comme au premier une origine étrangère. Il y a dans cette manière de voir une seconde confusion, et nous la retrouvons dans Buffon; elle consiste à assimiler notre Lapin sauvage avec ceux du nord de l'Afrique et de quelques autres pays.

Buffon ne distinguait même pas les Lapins d'Europe d'avec ceux du golfe Persique, de la baie de Saldana, de la Lybie, du Sénégal et de la Guinée; aussi a-t-il accepté l'opinion que nous combattons ici, et il a ajouté, à propos du Lapin : « Les Grecs le connaissaient, et il paraît que les seuls endroits de l'Europe où il y en eut anciennement étaient la Grèce et l'Espagne ; de là on les a transportés dans les climats plus tempérés, comme en Italie, en France, en Allemagne, où ils se sont naturalisés ; mais dans les pays plus froids, comme en Suède et dans le reste du Nord, on ne peut les élever que dans les maisons, et ils périssent lorsqu'on les abandonne à la campagne. »

On ignore si les Grecs et les Romains avaient des Lapins clapiers, rien dans leurs écrits ne se rapportant à ce point, qui est pourtant un de ceux qu'il importerait d'abord d'éclaircir. Quoi qu'il en soit, il n'est pas permis de douter que les Lapins sauvages n'aient été anciennement aussi répandus en Italie, en France et dans d'autres parties de l'Europe tempérée qu'ils le sont aujourd'hui. On en a à la preuve dans les débris osseux, depuis longtemps enfouis dans le sol, que ces Animaux ont laissés dans plusieurs parties de l'Europe. Beaucoup de cavernes et divers atterrissements dont le dépôt remonte à une époque peu éloignée de celle dite diluvienne, ont fourni non-seulement des ossements de Lièvres, mais aussi des ossements de Lapins, et ceux-ci paraissent indiquer plusieurs espèces fort semblables, d'ailleurs, au *Lepus cuniculus*. On en signale jusque dans la Belgique, en Allemagne et en Angleterre. Ainsi nos Lapins sauvages ne proviennent pas de Lapins africains qui auraient été répandus sur notre sol par les anciens, et d'ailleurs les Lapins du nord de l'Afrique constituent, comme les Lièvres de la même région, des espèces différentes de nos Lapins et de nos Lièvres de l'Europe. Est-ce leur séjour dans les habitations et l'action directe de l'Homme qui ont transformé les Lapins de garenne en Lapins clapiers ? Rien ne nous autorise à l'admettre, et la véritable origine de ces derniers ne nous est pas connue, si ce n'est peut-être celle des Lapins dits d'Angora, qui sont donnés comme originaires de la ville d'Anatolie dont ils portent le nom. On attribue la même origine aux Chèvres et aux Chats à longs poils.

Ce qui est plus certain, c'est que le Lapin domestique était autrefois beaucoup moins répandu qu'il ne l'est aujourd'hui.

Les voyageurs européens l'ont porté dans la plupart des pays où ils se sont établis, et dans quelques endroits, les Animaux de cette espèce ayant été abandonnés à eux-mêmes, se sont considérablement multipliés et sont devenus sauvages, sans prendre toutefois les caractères de notre Lapin de garenne. Ceux que l'on retrouve maintenant aux îles Falkland ont été décrits à tort par MM. Lesson et Garnot comme formant une espèce à part, sous le nom de *Lepus magellanicus*. Ils sont d'un noir violacé, marqués çà et là de taches blanches ; leurs oreilles sont d'un beau roux. MM. Lesson et Garnot ont pensé que ces Lapins étaient indigènes des îles où on les trouve maintenant ; mais l'observation qu'ils supposent en avoir été faite par Magellan dès l'année 1520 doit être regardée, suivant M. Darwin, comme se rapportant au *Cavia australis* ou *Kerodon Kingii* et non à un véritable Lapin, quoique le célèbre navigateur portugais se soit servi du mot *Conejos*, qui veut bien dire Lapin. On a souvent appliqué ce nom à des Rongeurs plus ou moins semblables en apparence aux Lapins véritables.

Les Lapins domestiques ou clapiers, que tant de personnes élèvent en Europe et dans d'autres parties du monde, donnent lieu, par leur grande multiplicité, à des transactions commerciales qui ne sont pas sans importance et qui touchent même à plusieurs des branches de l'industrie. Indépendamment de leur chair, ces Animaux fournissent en effet leur peau que l'on emploie de diverses manières, soit en laissant le poil attaché au derme, ce qui donne alors une assez bonne fourrure, soit en utilisant séparément le poil et le derme. Le derme du Lapin, débarrassé de son pelage, sert surtout à la fabrication de la colle, et son poil est principalement employé dans la chapellerie, quoiqu'il ait moins de valeur que celui du Lièvre et que depuis quelque temps on lui ait substitué la soie.

Autrefois le Lapin servait encore à un autre usage ; sa graisse ainsi que celle du Lièvre étaient employées en pharmacie, l'une sous le nom d'*Axungia cuniculi* et l'autre sous celui d'*Axungia leporis*.

Dans beaucoup de fermes et autres établissements analogues, on élève des Lapins ; il s'en fait souvent de grandes éducations. Les bénéfices qu'on en tire peuvent être considérables si l'on a soin d'approprier convenablement les locaux dans lesquels on les tient, et si l'on use de certaines précautions sans lesquelles la mortalité ne tarde pas à dépeupler la lapinière et à transformer en pertes tous les bénéfices qu'on espérait obtenir. C'est là la grande culture du Lapin domestique, et il est facile d'améliorer la chair et le pelage de cet animal par le choix d'une bonne nourriture, par le bon entretien et par la propreté. La petite culture du même Animal est plus fréquente encore : beaucoup de familles, soit dans les villages, soit même dans les villes, espèrent faire un emploi avantageux des restes de leurs repas de chaque jour et en même temps de quelques herbes potagères dont le prix est peu élevé, en nourrissant des Lapins dans leur cour, quelquefois dans leur cuisine, et, à l'occasion, jusque dans l'unique chambre qui sert à la fois de cuisine, de salle à manger et de chambre à coucher. Le Lapin des cours ou des garennes forcées est le *Lapin clapier*, et il partage souvent le nom de *Lapin de choux* avec les Animaux de même espèce qu'on élève dans les circonstances tout à fait défavorables que nous venons de rappeler. C'est sur ces Animaux, dont les feuilles du choux sont, en effet, la principale nourriture, que les maladies sévissent avec le plus d'intensité; les paralysies, le rachitisme, l'hydropisie ou les hydatides abdominales en enlèvent la plus grande partie, et ceux qui survivent assez longtemps pour devenir mangeables ont la chair tout à fait décolorée et d'une saveur fade ou désagréable que l'on aurait fait disparaître en donnant à ces Animaux des locaux plus aérés et plus propres, et une nourriture plus accommodée à leurs besoins. Dans les pays de rochers, là où abondent les plantes aromatiques de la famille des labiées, on peut procurer aux Lapins domestiques un fumet qui diffère peu de celui des meilleurs Lapins sauvages.

L'exploitation du Lapin clapier a attiré l'attention de quelques agriculteurs sérieux, mais elle a aussi suscité, surtout dans ces dernières années, diverses publications qu'on ne saurait prendre à la lettre, quoique les bénéfices exagérés qu'elles promettaient leur aient donné un certain crédit, surtout auprès des gens des villes, dont quelques-uns se sont aisément laissé persuader qu'on pouvait se créer un très-bon revenu en élevant des Lapins. C'est ainsi que M. Despouys n'a pas craint de garantir *vingt mille francs* par an à ceux qui consacreraient à l'éducation des Lapins, et conformément à ses préceptes, un capital de *cinq cents francs*. — (Voir *Le Lapin domestique*, brochure in-8°. Paris, 1838).

Au contraire, quelques propriétaires ont traité la question sérieusement. Mon collègue à la Société d'agriculture de l'Hérault, M. Bouscaren, a écrit sur ce sujet une petite notice qui est le fruit de ses observations personnelles, et dont nous croyons utile de reproduire ici les principales données.

« Une des principales causes de réussite, dit cet habile praticien, est de tenir les Lapins sur des litières fraîches et abondantes, renouvelées tous les quinze jours, dans des locaux secs et aérés. L'on est ainsi à l'abri de ces mortalités dues, la plupart, à des maladies occasionnées par leur voracité pour les plantes aqueuses, ou par la malpropreté et l'humidité. Il faut séparer les jeunes des adultes; les grands nuisent toujours aux petits, qui ont besoin d'une nourriture plus substantielle dont les plus âgés s'empareraient aux dépens des plus jeunes s'ils étaient ensemble, tout en les foulant dans leurs brusques mouvements, surtout lorsqu'ils ont peur, et tout le monde connaît leur poltronnerie.

« Il faut donc les séparer au moins en deux catégories ; l'une d'un mois à deux, l'autre de deux à trois et quatre mois. Alors ils peuvent être vendus. Un Lapin, communément, pèse trois kilogrammes; les femelles peuvent commencer à devenir mères à six mois. A cet âge, séparez-les dans des loges d'au moins deux mètres carrés. Un seul mâle peut servir huit femelles. Vous lui faites parcourir les huit compartiments de huit en huit jours, de sorte qu'au bout de deux mois, il est à présumer que toutes vos huit femelles seront pleines, un mois suffisant pour la portée d'une Lapine. La femelle de votre loge n° 1 ou la première visitée par le mâle vous aura déjà donné une nichée dont les petits auront un mois lorsque

vous enlèverez votre mâle de la loge n° 8. Vous reporterez donc celui-ci dans la loge n° 1,
et, successivement, il passera en revue, de huit jours en huit jours, toutes les femelles.

« Par la méthode de l'isolement, la femelle, tout occupée de recevoir le mâle, sans être
distraite par la jalousie ni les soins de la maternité, conçoit promptement. Dès la seconde
quinzaine, elle s'occupe à préparer son nid que rien ne vient déranger. Enfin, une fois qu'elle
a mis bas, tout en se maintenant dans un bon état de santé, sa sollicitude maternelle lui fait
soigner sans trouble sa jeune famille. Lorsqu'on la lui enlève, la joie de retrouver le mâle la
lui fait bientôt oublier. Elle est donc constamment et utilement occupée, et ménagée de
manière à ne pas avoir à nourrir des petits dans son sein, tout en étant épuisée par d'autres
qui téteraient encore, tracassée par les mâles et chagrinée par l'indiscrétion, la méchanceté
et la jalousie des autres femelles, conséquences inévitables de la communauté.

« Les loges, exposées, autant que possible, au midi, auront, comme nous l'avons dit,
deux mètres carrés de surface ; les séparations ou cloisons, d'un mètre au moins de hauteur,
seront en planches, à joints ouverts de deux ou trois centimètres, afin que les Lapins
puissent se voir. Le sol, en planche ou en béton, pour les empêcher de gratter, aura une
petite pente vers l'extérieur pour que l'urine n'y reste pas. Une petite planche d'environ
quarante ou cinquante centimètres de long sur vingt-cinq à trente de haut, adossée contre
l'un des côtés et retenue par deux charnières en cuir clouées contre l'un des côtés de la loge,
pour l'empêcher de tomber ou de s'écarter, formera un abri sous lequel la femelle fera volontiers son nid.

« Un petite sébile ou le fonds d'une boîte en bois pour y déposer la nourriture sèche,
composera, avec la planche, l'ameublement de chaque loge. Un petit râtelier serait du luxe
pour une femelle seule, mais il est très-utile pour le *commun*, où sont réunis en grand
nombre les Lapereaux. Pour ces derniers, l'espace est nécessaire ; le plus n'est que le mieux.
Leur mobilier consiste : 1° en planches derrière lesquelles ils aiment à se cacher ; 2° en une
mangeoire longue et étroite pour les grains et farines ; et 3° en un râtelier, autant que possible en gros fil de fer, car ils rongent le bois.

« Il convient de donner deux fois seulement à manger aux Lapins, le matin et le soir.
Dans le milieu du jour, surtout en été, ils se reposent. Il faut veiller à ce que les herbes ne
soient jamais humides ni mouillées. Lorsqu'on ne leur donne que des aliments secs, il est
nécessaire de leur tenir à boire, ce qui est inutile et même nuisible lorsqu'ils mangent de
l'herbe fraîche.

« Vingt-quatre femelles peuvent fournir, à cinq portées par an de six petits chacune,
menées à bien, pour parler au positif et sans exagération, sept cent vingt Lapins, à
1 fr. 25 c. l'un... 900 fr.

« Loyer du local et entretien des loges........................ 100 fr.

« Soins, dont partie sont déduits pour la valeur considérable des
fumiers... 100 fr.

    Loyer d'un terrain de vingt ares, que l'on cultive en orge, vesces,
betteraves, etc... 50

« Cinq cents kilogr. tourteaux de lin ou sésame, à 10 cent......... 50

« Pépins de raisin, semences diverses............................ 50

« Faux frais.. 50

{ 400

                    Reste donc, quitte-bénéfice................ 500 fr.

« Encore faut-il que les gros Rats, les Chiens, les Chats et autres Animaux carnivores
ne s'introduisent pas dans l'établissement pour déranger ces calculs. Croire que l'on peut
obtenir par Lapine une portée par mois et une moyenne de huits petits par portée, c'est ne
jamais avoir eu de Lapins sous les yeux ; c'est de la théorie souvent fort éloignée de la pratique. La femelle peut, il est vrai, devenir mère plusieurs mois de suite, mais ses petits sont
chétifs, et le plus souvent, faute de lait, elle les abandonne ou les détruit elle-même, en

pouvant les nourrir. Un bénéfice de cinq cents francs que l'on peut doubler si le local le permet, n'est-il pas un assez beau résultat, surtout si l'on songe qu'il est obtenu sans risquer un capital, ainsi que l'on en court la chance dans l'éducation des bêtes à laine ? »

Olivier de Serres, le célèbre agronome du commencement du xviie siècle, s'était déjà étendu sur les mérites du Lapin domestique, et, parmi les auteurs contemporains, on peut citer, comme fournissant de très-bons conseils relativement à la culture du même Animal, M. Cadet de Vaux (*Bibliothèque des propriétaires ruraux*, no 97, neuvième année), ainsi que le P. Espanet, de la Trappe (département de l'Orne), dont M. Germain Le Duc a reproduit les observations dans les *Cent traités* pour l'instruction populaire. J'ajouterai seulement que, suivant les pays, l'alimentation des Lapins et l'aménagement de leurs locaux doivent être modifiés pour arriver aux résultats les plus avantageux sans augmentation de la dépense.

Le LAPIN DE GARENNE (*Lepus cuniculus*) est le Lapin sauvage de l'Europe. On le rencontre non-seulement dans les régions méditerranéennes, mais aussi dans une grande partie de l'Europe centrale et dans les régions qui avoisinent l'Atlantique. Il est plus petit et assez différent par sa couleur, qui est généralement gris tiqueté avec un peu de roux en arrière de la tête, et le dessous du corps blanchâtre; sa queue est plus petite; ses oreilles sont plus courtes, noires à leur pointe; ses pieds sont plus velus.

Il préfère les lieux élevés et rocailleux, tels que les sols calcaires, les landes, les garrigues, etc.; il vit par petites sociétés et point isolément comme le Lièvre, dont il diffère encore par l'habitude qu'il a de se creuser une garenne ou terrier, et par l'état de débilité dans lequel naissent ses petits.

Existe-t-il en Europe différentes espèces de Lapins sauvages ? Quoiqu'on n'en ait reconnu qu'une et qu'on l'ait donnée comme originaire d'Espagne et même d'Afrique, il est possible que de nouvelles observations fassent reconnaître qu'il en est des Lapins comme des Lièvres, et que ceux de la Grèce ou de l'Espagne ne sont pas les mêmes que ceux de l'Allemagne ou de l'Irlande, et depuis plus de quinze ans déjà M. Gray a séparé de l'espèce ordinaire le Lapin sauvage de l'Irlande auquel il a imposé le nom de *Lepus vermicula*.

Les Lapins d'Arabie et d'Afrique constituent plus certainement encore des espèces différentes de la nôtre.

Le LAPIN DU SINAÏ (*Lepus Sinaicus*), dénommé par MM. Hemprich et Ehrenberg, et décrit par le second de ces naturalistes, a les oreilles d'un cinquième plus longues que la tête, et les tarses à peu près aussi longs qu'elle. Les parties supérieures de son corps sont fauve brun, variées de noir; le bout des oreilles est noir, et la queue, noire en dessus, est blanche en dessous. Cette espèce vit dans les vallées de l'Arabie pétrée qui avoisinent le mont Sinaï.

Le LAPIN DE L'ALGÉRIE a été décrit par M. Lereboullet comme ayant aussi des caractères particuliers.

Le LAPIN A GROSSE QUEUE (*Lepus crassicaudatus*, Is. Geoffroy) est à peu près égal en grosseur au Lapin de Garenne; il est roux brun avec la queue de même couleur, sauf à la pointe, où elle est un peu plus foncée. C'est le Lapin du cap de Bonne-Espérance; les colons hollandais l'appellent *Rood Haas* ou Lapin rouge.

Le LAPIN BRACHYURE (*Lepus brachyurus*, Temminck) s'éloigne, à quelques égards, de la forme habituelle, et n'est réellement ni un Lièvre ni un véritable Lapin. Quelques-unes des particularités qui le distinguent semblent le rapprocher des Carpolagues, et des Lagomys, quoiqu'il ait la taille des Lapins. Ses oreilles sont peu allongées; son crâne a les apophyses supra-orbitaires peu étendues et le palais élargi; sa queue est très-courte. Ce Lapin est entièrement d'un roux brun avec le dessus du corps plus foncé; sa gorge est blanchâtre et son abdomen roussâtre.

C'est un Animal du Japon; il en a paru une description et une figure dans la Faune de ce pays, qui est due aux naturalistes hollandais.

III. Les CARPOLAGUES (*Carpolagus*, Blyth). Ce sous-genre ne comprend encore qu'une seule espèce que la forme de son crâne et la nature de son pelage éloignent notablement des autres Lepus.

LIÈVRE RUDE (*Lepus hispidus*, Pearson). Le pelage est rude au toucher au lieu d'être doux comme celui des Lièvres et des Lapins; il est moucheté de noir sur un fond brun en dessus et plus pâle inférieurement, où il passe au blanc; les pattes sont de couleur fauve blanchâtre; la queue est rousse, sauf à la base inférieure.

Le Lapin rude n'est encore connu que dans le royaume d'Assam; il y est plus commun dans les montagnes que dans les plaines, et il se terre comme le font les Lapins d'Europe.

M. Blyth a fait les remarques suivantes sur le crâne de cet Animal : il est beaucoup plus solide et plus fort que celui des autres *Lepus*, et toutes les modifications qu'il présente concourent à ce but, mais sans le soustraire aux conditions réellement caractéristiques du genre; la dentition est la même, mais les molaires sont plus larges et plus fortes; les incisives ont aussi une plus grande largeur proportionnelle. Les perforations palatines, qui sont grandes et allongées chez les Lapins et les Lièvres, sont plus réduites ici, et la surface osseuse du palais, au lieu d'être courte comme chez ces Animaux, est longue et large; les perforations réticulées de la branche montante du maxillaire, qui s'étend au devant des orbites, sont presque fermées; les os du nez sont larges, et ils se prolongent moins en arrière que chez les Lièvres; les maxillaires et les incisifs ont aussi plus de solidité; l'os zygomatique est deux fois aussi long que chez les Lièvres; la saillie supra-orbitaire n'est pas interrompue en avant; l'échancrure qu'elle présente chez les autres Animaux de ce genre n'existant pas, l'échancrure postérieure de la même saillie est aussi beaucoup moins considérable.

GENRE LAGOMYS (*Lagomys*, G. Cuvier). Les Lagomys sont des Léporidés plus petits que les Lièvres et même que les Lapins, qui s'éloignent en outre les uns des autres par la brièveté et la forme arrondie de leurs oreilles, par leurs membres courts et par l'absence de queue. Ils n'ont, d'ailleurs, que cinq molaires à chaque mâchoire par suite de l'absence de la dernière molaire que nous avons signalée à la mâchoire supérieure des *Lepus*. Leur crâne est plus prolongé et plus arqué que celui des Lièvres ou des Lapins; l'espace inter-orbitaire y est étroit, et les orbites sont comme dirigées en dessus; enfin la branche montante du maxillaire n'a pas l'apparence réticulée que l'on remarque chez les mêmes Animaux.

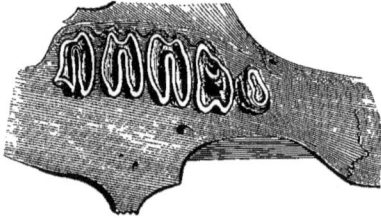

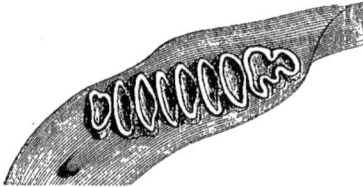

DENTS DE LAGOMYS ALPIN, 2/1 de grand.

Ces petits Rongeurs ont quelque similitude avec le Cochon d'Inde dans leur apparence extérieure; mais ils appartiennent, par leur dentition et par l'ensemble de leurs caractères, à la même famille que les Lièvres; ils sont fouisseurs, vivent de substances végétales et font des provisions pour l'hiver. On ne les trouve que dans l'hémisphère boréal, et ils se tiennent principalement sur les montagnes élevées ou dans les régions du nord; leur voix est forte; elle a été comparée au cri d'appel de la Caille. Dans son ouvrage sur les *Glires*, Pallas a donné d'excellents détails sur ces Animaux, et il a caractérisé plusieurs des espèces qu'on en connaît. Elles vivent dans les parties orientales de l'Europe, en

Asie et dans l'Amérique septentrionale. M. Waterhouse a reproduit dans son *Histoire naturelle des Mammifères* la plupart des documents que l'on possède à leur égard.

Nous n'avons pas de Lagomys en France, et il n'y en a pas non plus en Angleterre, en Espagne, ni en Italie; mais il en a certainement vécu en France et en Angleterre à une époque qui n'est pas antérieure à l'apparition de la Faune actuelle. Les brèches osseuses de la région méditerranéenne ont fourni non-seulement des débris fossiles de Lièvres et de Lapins, mais encore des restes de Lagomys. On en trouve aussi en Auvergne et même aux environs de Paris. Dans cette dernière localité, ils sont associés aux ossements des Spermophiles et des Hamsters dont la race y a également été détruite; leur ancienne existence en Angleterre n'est pas moins certaine.

D'autres Lagomys ou Animaux voisins des Lagomys ont vécu pendant les époques tertiaires moyenne et supérieure que les géologues désignent par les noms de miocène ou de pliocène. Les *Titanomys*, de Weisenau, près Mayence, que j'ai également signalés à Saint-Gérand-le-Puy d'après des pièces recueillies par M. Feignoux, appartenaient à l'époque miocène.

LAGOMYS SULGAN (*Lagomys pusillus*, Pallas). Est varié de brun et de gris; ses oreilles sont bordées de blanc; elles n'ont pas un centimètre et demi de long; le corps en a dix-neuf. C'est le seul Animal de ce genre que l'on connaisse en Europe; encore est-il commun aux parties les plus orientales de ce continent et à l'ouest de l'Asie. On le rencontre depuis les districts situés au sud du Volga et sur les pentes méridionales des monts Ourals, jusqu'en Sibérie, dans le bassin de l'Obi.

Le LAGOMYS ALPIN (*Lagomys alpinus*, Pallas). Observé dans les monts Altaï et au Kamtschatka; il est roussâtre, avec les oreilles et la plante des pieds brunes.

LAGOMYS ALPIN, 1/3 de grand.

Le LAGOMYS OGOTONE (*Lagomys ogotona*, Pallas), que les Tartares Mongoux nomment *Ogotone*, est gris pâle avec les oreilles de la couleur du corps; sa taille diffère à peine de celle du précédent. Il habite la Tartarie mongole, et principalement le désert de Gobe, les contrées montueuses situées au delà du lac Baïkal et les sables ou les îles du Salenga, en Asie.

Le LAGOMYS HYPERBORÉEN (*Lagomys hyperboreus*, Pallas) n'a que treize centimètres de long ; sa fourrure est épaisse, gris brun, un peu lavé de roussâtre ; ses oreilles sont bordées de blanc. Il a été décrit d'après des exemplaires du Tchuktchi, qui est à l'extrémité nord-est de l'Asie, au nord du Kamtschatka et auprès du détroit de Behring.

Le LAGOMYS ROUSSATRE (*Lagomys rufescens*, Gray) se tient dans les collines rocailleuses du Caboul.

Le LAGOMYS D'HODGSON (*Lagomys Hodgsonii*, Blyth) est des pentes sud-ouest des monts Himalaya.

On donne comme une troisième espèce propre au centre de l'Asie le LAGOMYS DU NEPAUL (*Lagomys Nepalensis*, Hodgson) du Nepaul et du Thibet.

Une quatrième habiterait les vallées du Penjaub ; c'est le LAGOMYS DE ROYLE (*Lagomys Roylii*, O'Gilby), découvert par le naturaliste de ce nom dans la montagne de Choor, à une élévation de onze mille cinq cents pieds (mesure anglaise). La partie zoologique du *Voyage aux Indes* de Victor Jacquemont rapporte que ce voyageur a vu le même Lagomys à Kauawer, dans la vallée d'Yurpo et dans le Penjaub, au Cachemyr, dans la haute vallée où le Sind et le Gombour se séparent. Le Lagomys de Royle se tient parmi les pierres et dans les anciens éboulements.

Le LAGOMYS PRINCEPS (*Lagomys Princeps*, Richardson) est propre à la chaîne des montagnes Rocheuses qui parcourent et traversent presque complétement l'Amérique septentrionale dans sa longueur. On l'a observé depuis le 42ᵉ jusqu'au 60ᵉ degré de latitude. Les Animaux de cette espèce vivent dans les endroits pierreux, et ils établissent leur demeure entre les pierres. On les voit souvent, après le coucher du soleil, grimper sur quelque fragment de rocher pour s'appeler entre eux ; leur cri est une sorte de sifflement aigu.

II

SOUS-ORDRE DES RONGEURS ORDINAIRES

Les Rongeurs de ce second sous-ordre n'ont jamais qu'une seule paire de dents incisives, en haut comme en bas ; ils se partagent en plusieurs familles, dont nous parlerons successivement sous les noms de *Sciuridés*, *Castoridés*, *Hystricidés*, *Cténomydés*, *Pseudostomidés*, *Dipodidés*, *Myoxidés* et *Muridés*. Leur ensemble répond exactement aux *Rodentes* de Vicq-d'Azyr.

FAMILLE DES SCIURIDÉS

En plaçant à la tête des Rongeurs la famille des Léporidés, nous avons cherché à éliminer un certain nombre d'espèces, et rendre, par cela seulement, plus facile l'exposition des nombreux genres dont il nous reste à parler ; mais nous n'avons pas prétendu établir que les Lapins soient supérieurs aux autres Mammifères du même ordre ; ils sont, au contraire, inférieurs à la plupart d'entre eux par la conformation de leur cerveau. Une seconde famille de Rongeurs comprend les *Écureuils*, les *Marmottes* et les espèces volantes auxquelles les zoologistes donnent les noms de *Sciuroptères* et de *Ptéromys*, et que l'on appelle aussi *Polatouches*. L'ensemble de leurs espèces a été divisé en plusieurs genres qui, tous, ont pour caractères communs une certaine forme de crâne; des dents molaires radiculées, au nombre de quatre paires à chaque mâchoire, et souvent de cinq à la supérieure; le corps plus ou moins élancé; la queue assez longue et souvent floconneuse, toujours velue, et portant quelquefois ses poils sous la forme d'un panache élégant. Ce sont des Animaux essentiellement granivores, dont les uns vivent sur les arbres et les autres, au contraire, à la surface du sol où ils se creusent des terriers.

Il est facile de distinguer les Sciuridés de toutes les autres espèces du même ordre. Toutefois, nous croyons qu'il faut en rapprocher le Castor, qui forme une famille à part, très-voisine de la leur, ou peut-être même une simple tribu dans leur propre famille. Le Castor, qui est un Animal aquatique, présente plusieurs particularités qui sont en rapport avec ce genre de vie. Les deux principales semblent d'abord l'éloigner considérablement des Marmottes et des Écureuils; je veux parler de la palmature de ses pattes postérieures et de la forme en disque aplati et écailleux de sa queue. On peut y ajouter encore ses molaires, soutenues par des replis profonds de l'émail et dépourvues de véritables racines; mais le crâne du Castor est établi sur le même modèle que celui des Sciuridés, et, quoiqu'il manque d'apophyses postorbitaires au frontal, son trou sous-orbitaire a la même forme que celui des espèces dont nous allons parler, et comme on l'a démontré, la forme du crâne a chez les Rongeurs une importance incontestable.

Les genres de Sciuridés véritables sont les suivants : *Ptéromys*, *Marmotte*, *Spermophile*, *Sciuroptère* et *Écureuil*. On pourrait les partager en plusieurs tribus.

Les Ptéromys et les Sciuroptères ou les Sciuridés, qui sont pourvus de membranes aliformes, doivent être éloignés l'un de l'autre; ils sont faciles à distinguer entre eux par quelques caractères, principalement par la forme de leur crâne qui rappelle tantôt celui des Marmottes, tantôt celui des Écureuils. Les Ptéromys sont dans le premier cas et les Sciuroptères dans le second.

GENRE PTÉROMYS (*Ptéromys*, G. Cuvier). Tête de même forme que celle des Marmottes, surtout dans les parties osseuses; oreilles un peu plus grandes; corps moins trapu; queue plus longue et en panache; une membrane s'étend sur les flancs entre les membres antérieurs et les postérieurs; elle se prolonge en pointe saillante près du poignet; dents molaires flexueuses à la couronne et faiblement rubanées, au nombre de $\frac{5}{4}$, avec la première supérieure presque gemmiforme.

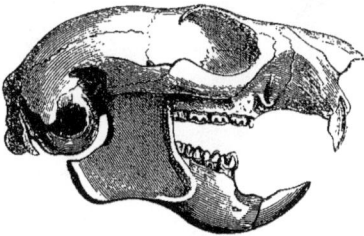

Crâne de Ptéromys pétauriste, grand. nat.   Dents de Ptéromys pétauriste, 3/1 de grand.

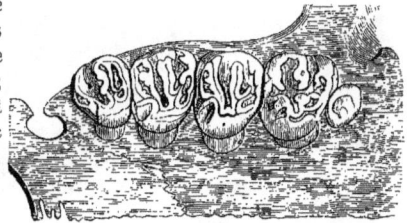

Les Ptéromys sont des Animaux de l'Asie méridionale et des îles de l'Inde. On en connaît plusieurs espèces, toutes plus ou moins remarquables par la vivacité de leurs teintes. Ces Rongeurs ne sont pas moins curieux par leur agilité, qui égale celle des Écureuils, et ils

PTÉROMYS ÉCLATANT (*Pteromys nitidus*)
DE JAVA

PTÉROMYS ÉCLATANT, 1/3 de grand.

doivent à leurs membranes la possibilité de s'élancer à de grandes distances et comme en volant. Leur genre de vie est nocturne; leur taille est en général égale à celle des Marmottes ou des plus grands Écureuils. Le nom de Marmottes volantes leur conviendrait mieux que celui d'Écureuils volants. L'espèce la plus connue est la suivante :

PTÉROMYS ÉCLATANT (*Pteromys nitidus*). Son pelage est marron foncé en dessus et roux brillant en dessous; sa queue est brun foncé; le corps a 0,45 et la queue 0,55. On le trouve à Java ainsi qu'à Bornéo.

La première de ces îles nourrit aussi les *Pteromys elegans, sagitta* et *genilabris. (Pl. XXV.)*

Le *Pteromys petaurista* est de l'île de Ceylan et, assure-t-on, des îles Moluques et des Philippines, mais il est probable qu'on a confondu plusieurs espèces avec lui. Quelques autres, bien certainement différentes, se rencontrent dans l'Inde continentale. De ce nombre est le PTÉROMYS SIMPLE (*Pteromys inornatus*, Is. Geoffroy), que Jacquemont a pris dans le royaume de Cachemyr, Il se nourrit de fruits sauvages, dort le jour dans des trous d'arbres et sort le soir. En hiver, il s'engourdit. On fait des fourrures avec sa peau.

PTÉROMYS SIMPLE, 2/3 de grand.

GENRE MARMOTTE (*Arctomys*, Schreber). Les espèces du genre Marmotte ont le corps lourd et bas sur jambes, les oreilles médiocrement longues, la queue plus courte que le

DENTS MOLAIRES DE MARMOTTE. grand. nat.

corps et velue ; leur taille diffère peu de celle de la Marmotte des Alpes, et elles ont de même les dents tuberculeuses ; leurs molaires supérieures sont au nombre de cinq de chaque côté; les tubercules forment sur les quatre principales deux collines disposées angulairement; inférieurement, il y a quatre molaires dont le tubercule antérieur interne s'élève sous la forme d'une pointe émoussée. Le crâne des Marmottes a des apophyses postorbitaires qui manquent, au contraire, à celui du Castor et se retrouvent chez les autres Sciuridés; le pouce de leurs membres antérieurs est tout à fait rudimentaire.

Ces Animaux vivent en général dans les régions montagneuses; on les trouve en Europe, en Asie et dans l'Amérique septentrionale; leur régime à l'état de liberté est essentiellement herbivore et granivore; mais, en captivité, on peut les nourrir avec des substances très-variées. Tous sont fouisseurs, et ils se creusent, sur les terrains inclinés, des cavités qui leur servent d'habitation; ils sont peu actifs et tombent, pendant l'hiver, dans un sommeil léthargique très-profond.

La MARMOTTE DES ALPES (*Arctomys Marmotta*), que Linné et Pallas ne séparaient pas génériquement des Rats, vit dans plusieurs parties des Alpes; dans celles de la Savoie, elle n'est pas rare, et c'est là que la prennent ces industrieux enfants qui savent gagner leur vie en montrant, dans les grandes villes, des Marmottes auxquelles ils font exécuter, bon gré mal gré, divers petits exercices. Les tours qu'ils leur apprennent sont peu variés ; mais, grâce à la chansonnette bien connue dont l'enfant les accompagne, ils obtiennent toujours un égal succès. La Marmotte est, d'ailleurs, un objet de curiosité pour les citadins, même pour ceux qui sont peu éloignés des montagnes qu'elle habite. Sa taille est à peu près celle d'un Lapin, mais sa forme est sensiblement différente, et son poil est aussi d'une autre nature; il est gris fauve plus ou moins lavé de roux ou de brun par endroits, noirâtre au bout de la queue, et presque blanc sur les pattes.

MARMOTTE DES ALPES, 1/3 de grand.

Cette espèce établit sa demeure dans les lieux inclinés et creuse dans la terre une galerie en forme d'Y dont la double branche se termine en un cul-de-sac dilaté. C'est dans cet élargissement que se tiennent les Marmottes, et elles ont bien soin de le tapisser d'herbes sèches lorsque le moment de leur engourdissement approche. Lorsque le froid commence, elles bouchent l'ouverture unique de ce terrier. Chaque galerie réunit plusieurs individus, et quand le froid les y a engourdis, on les trouve serrés les uns contre les autres, mais séparés entre eux par une couche de fourrage. C'est à la fin de septembre, ou au plus tard vers le commencement d'octobre que ces Animaux se calfeutrent ainsi. Quelques auteurs disent qu'en captivité les Marmottes ne s'engourdissent pas. Les habitants des Alpes mangent la chair de ces Rongeurs et leur peau est employée pour faire des bonnets ou pour garnir les colliers des chevaux.

Les Marmottes sont connues depuis longtemps; leur espèce est le *Mus alpinus* de Pline. Gesner, célèbre naturaliste suisse du xvie siècle, a donné à leur égard de très-bons détails dont Buffon s'est servi dans la rédaction de son article sur les Marmottes. Toutefois, il reste bien quelques observations à faire pour connaître exactement leurs mœurs, et leur histoire est encore embarrassée de plusieurs assertions qui n'ont certainement aucun fondement. Telle est, entre autres, celle qui a trait à la manière dont elles transportent dans leur demeure les herbes qui leur servent de litière. « On assure, dit Buffon, que cela se fait à frais et travaux communs; que les unes coupent les herbes les plus fines, que d'autres les ramassent, et et tour à tour elles servent de voiture pour les transporter au gîte : l'une, dit-on, se couche sur le dos, se laisse charger de foin, étend ses pattes en haut pour servir de ridelles, et ensuite se laisse traîner par les autres, qui la tirent par la queue et prennent garde en même temps que la voiture ne verse. »

On trouve des Marmottes dans plusieurs parties de nos départements des Alpes. Ainsi, il y

MARMOTTE DE QUEBEC (*Aretomys empetra*)
AMÉRIQUE SEPTENTRIONALE

Alpes. On ajoute qu'elles existent

nais-
es os
'*Arc*-
; elle
iensis

sii de
Mam-
moins
aissée

OBAC
elques
e dans
hatka,
ociétés
l'autre
lle est

e, dans
vation.
eubles,
artier de
l'herbes
nt il est
comme
elle sort
sive.
septen-
es sont
QUEBEC
') ; l'*A.*
es Amé-
èdes des
sirables.

de grand

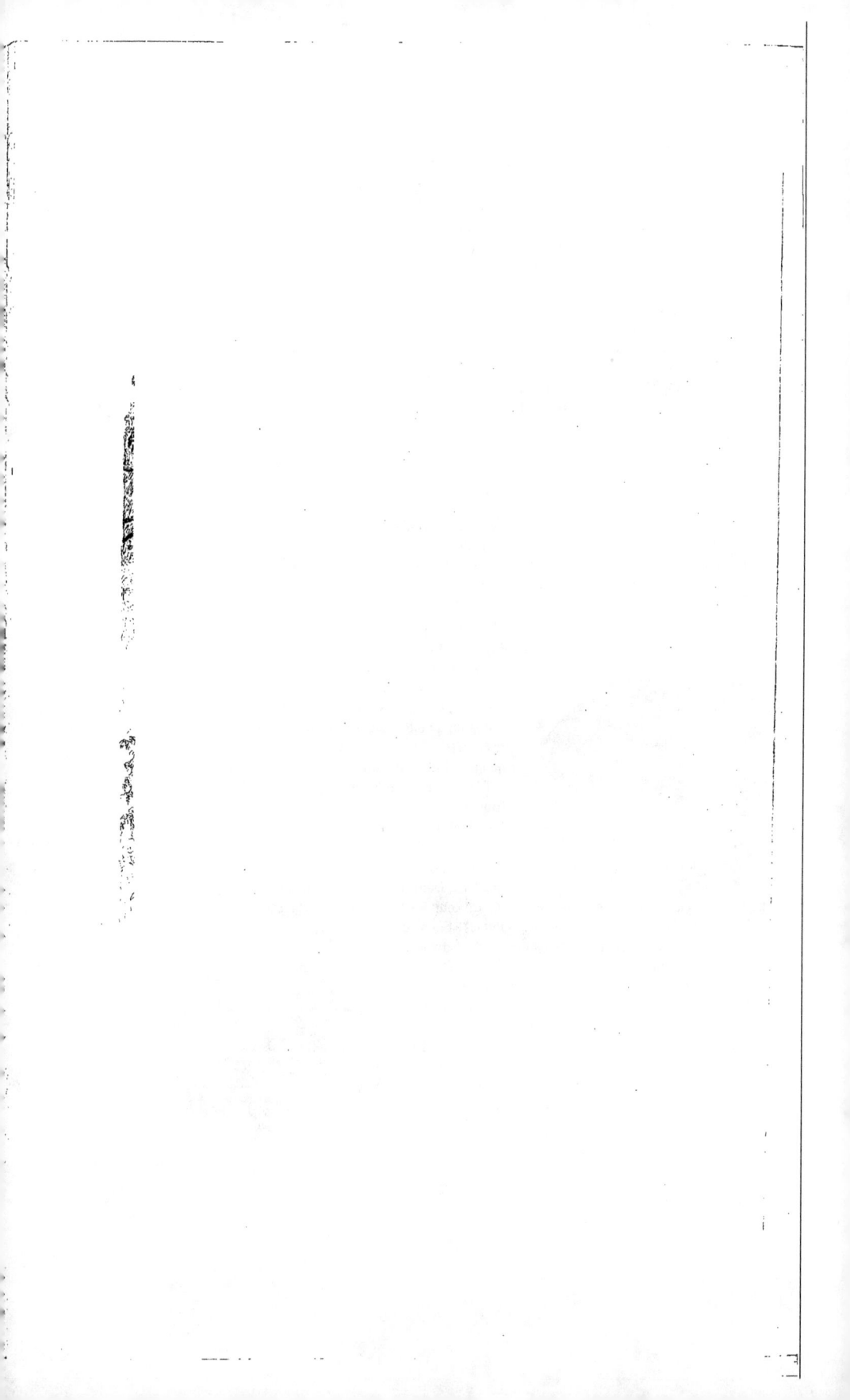

en a dans ceux de l'Isère, des Hautes-Alpes et des Basses-Alpes. On ajoute qu'elles existent aussi dans les Pyrénées, ce que je n'ai point encore eu l'occasion de confirmer.

Autrefois, les Animaux du même genre étaient plus répandus en France, et nous connaissons en Auvergne, aux environs de Paris et à Niort, des gisements où l'on trouve des os pétrifiés de Marmottes. L'une des deux espèces auxquelles ces débris appartiennent est l'*Arctomys primigenia* de M. Kaup, également fossile, dans le duché de Hesse Darmstadt; elle était un peu plus forte que la Marmotte des Alpes. Une seconde est l'*Arctomys arvernensis* des environs d'Issoire.

Une autre espèce fossile, assez grande pour un Rongeur, est le *Plesiarctomys Gervaisii* de M. Bravard, qui est d'une époque bien plus ancienne. C'est une des espèces éteintes de Mammifères qui ont été découvertes dans le département de Vaucluse. Quoique grande au moins comme les Marmottes, elle avait plus d'analogie avec les Écureuils par la forme surbaissée de ses tubercules dentaires.

L'Europe possède une seconde espèce de Marmottes vivantes: c'est la Marmotte Bobac (*Arctomys Bobac*) de l'Europe orientale et de l'Asie septentrionale. Elle diffère à quelques égards de l'*Arctomys alpinus*, et habite des lieux moins élevés, se tenant de préférence dans les endroits secs et exposés au midi. On la trouve depuis la Pologne jusqu'au Kamtschatka. Au sud, elle s'étend jusqu'au Thibet et aux Himalayas. Cette espèce vit par sociétés de trente à quarante individus; elle constitue deux variétés, l'une presque noire, l'autre beaucoup plus claire et dont il vient des peaux en quantité sur le marché d'Odessa. Elle est plus connue sous le nom de *Marmotte de Pologne*.

La Marmotte a longue queue (*Arctomys caudatus*, Is. Geoffroy) vit en Asie, dans la vallée de Gombour. Jacquemont l'a observée à trois mille cinq cents mètres d'élévation.

Elle ne fouit que dans les terrains les plus meubles, et son terrier s'ouvre en général sous un quartier de rocher; elle y accumule une grande quantité d'herbes sèches dont elle se nourrit en hiver. Cependant il est probable qu'elle s'endort pendant cette saison comme les autres, et l'on dit qu'à la fonte des neiges elle sort de sa retraite dans un état de maigreur excessive.

D'autres espèces sont propres à l'Amérique septentrionale; les mieux connues des naturalistes sont l'*Arctomys empetra* ou Marmotte de Quebec (*Pl. XXVIII*); l'*A. pruinosus* (le *Whistler*); l'*A. brachyurus* et l'*A. monax* (ou *Wood Chuk* des Américains). Dans son ouvrage sur les Quadrupèdes des États-Unis, M. Richardson donne à leur égard tous les renseignements descriptifs désirables.

MARMOTTE A LONGUE QUEUE, 1/2 de grand.

Genre SPERMOPHILE (*Spermophilus*). Sous ce nom qui veut dire *amateur de graines*, F. Cuvier a séparé des Marmottes quelques Rongeurs plus petits qu'elles, mais peu différents par leur organisation et par leurs habitudes; ils ont le crâne proportionnellement plus allongé, les dents molaires un peu autrement conformées, et leur bouche est pourvue d'abajoues. Les Spermophiles ont aussi les membres postérieurs moins plantigrades que les Marmottes, mais ce sont également des Animaux fouisseurs et qui vivent à terre. L'Europe, l'Asie et l'Amérique septentrionale en nourrissent de plusieurs sortes. Nous n'en avons pas maintenant en France.

L'espèce la moins éloignée de notre pays est le Sper-

TÊTE DE SPERMOPHILE, 3/5 de grand.

MOPHILE SOUSLIK (*Spermophilus citillus*, répondant au *Mus citillus* de Pallas). Son pelage est gris brun en dessus, taché de blanc par gouttelettes, et blanc en dessous; sa taille est à peu près celle du Cochon-d'Inde, mais il a le corps plus allongé. On le rencontre en Bohême, en Gallicie, en Silésie, en Hongrie, en Pologne, etc.; il vit en général solitaire, mais, dans quelques régions, il est très-abondant et il occasionne de grands dégâts dans les terres cultivées. En 1850, les Sousliks ont été si nombreux dans le gouvernement d'Ekaterinoslav, près la mer d'Azof, que les blés ont à peine fourni l'équivalent de la semence.

SPERMOPHILE SOUSLIK, 1/4 de grand.

On distingue du Souslik quatre autres espèces de Spermophiles européens, qui sont en même temps répandus dans les parties ouest de l'Asie; ce sont le *Spermophilus musicus* de M. Ménétrier, le *Spermophilus musogaricus* de M. Lichtenstein, le *Spermophilus fulvus* du même auteur, et le *Spermophilus undulatus* de M. Temminck.

Il n'y a point d'Animaux du même genre dans les parties occidentales de l'Europe; cependant il en a existé en Allemagne sur les bords du Rhin, et même en France. On en a la preuve par les restes d'une espèce de Spermophile fort voisine du Souslik, que l'on trouve dans les brèches à ossements de Montmorency, auprès de Paris, dans celles d'Auvers, près Pontoise, et aux environs d'Issoire.

Le SPERMOPHILE CONCOLORE (*Spermophilus concolor*, Is. Geoffroy) a été rapporté par M. Bélanger de la province d'Azerbaidjan, en Perse. Partout où la même espèce habite, ce voyageur a observé de petites buttes de terre dont elle abrite la partie souterraine de sa demeure. Son terrier est rempli de grains qu'elle se procure en ravageant les champs et en pénétrant même dans les magasins, après avoir traversé des murs de terre fort épais; c'est pourquoi on lui fait une guerre assidue, mais sans voir sensiblement diminuer le nombre des individus, tant l'espèce reproduit promptement.

Dans l'Amérique septentrionale les Spermophiles sont encore plus variés en espèces que dans l'ancien continent. M. Richardson en cite huit différents aux États-Unis, et l'on en a plus récemment rencontré dans la Californie, auxquels Bennett a donné les noms de *Sper-*

mophilus spilosomus et *macrourus*. L'une des plus curieuses par la distribution de ses couleurs est le SPERMOPHILE A TREIZE LIGNES (*Spermophilus tredecim-lineatus*). Elle doit son nom aux treize bandes alternativement claires ou brunes avec des points clairs qu'elle porte sur le dos : quelques autres ne sont pas moins élégantes. Celles-ci ont reçu les noms suivants : *Spermophilus ludovicianus*, *Parryi*, *Richardsonii*, *Francklinii*, *Beecheei*, *Douglasii*, *lateralis* et *Hoodii*.

SPERMOPHILE A TREIZE LIGNES, 1/4 de grand.

Le Spermophile de Richardson se tient dans les plaines qui bordent le Saskatchewan, et il place ses terriers dans le sable; ils sont profonds et commencent par un monticule qui sert de belvédère à l'Animal, pour regarder si les environs sont libres et s'il peut sans danger aller chercher sa nourriture. Les mâles se battent avec fureur pour la possession des femelles. Les Spermophiles de Richardson passent l'hiver sous terre et ils ne sortent que lorsque la neige est fondue. On trouve alors dans leurs abajoues des petits bourgeons de l'anémone de Nuttal, et le corps a une couche épaisse de graisse. Ces Rongeurs servent de pâture aux Oiseaux de proie. Le Carkajou les poursuit aussi et les Indiens les tuent pour les manger; mais ils multiplient rapidement, leurs portées étant de six à sept petits. Le Spermophile de Hood, qu'on appelle aussi Écureuil de la fédération et, à cause de sa fourrure, Marmotte-léopard, est commun sur les rives du Missouri: il est très-nuisible aux jardins.

GENRE SCIUROPTÈRE (*Sciuropterus*, F. Cuvier). Les Sciuroptères joignent à des formes qui rappellent celles des Écureuils une membrane fort semblable à celle des Ptéromys. Cette membrane s'étend de chaque côté de leurs corps, entre leurs membres antérieurs et les postérieurs, auxquels elle est fixée. Elle est velue comme celle des Ptéromys et fournit également aux Sciuroptères un véritable parachute, qu'ils étendent en écartant leurs membres et qui ralentit leur chute ou facilite leur ascension lorsqu'ils s'élancent d'un arbre sur un autre.

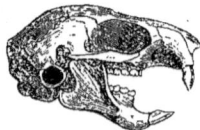

CERVEAU DE POLATOUCHE,
grand. nat.

Les Sciuroptères reçoivent plus particulièrement le nom de *Polatouches*, et dans les pays où ils vivent on les nomme *Écureuils volants*, aussi bien que les Ptéromys. Toutefois il est aisé de les en distinguer génériquement. Leur crâne, au lieu d'être fait comme celui des Marmottes, a plus d'analogie avec celui des Écureuils; leur membrane se termine près du poignet par un lobe arrondi, tandis que celle des Ptéromys présente, au même endroit, une pointe saillante; enfin leurs dents molaires ont la forme de celles des Écureuils, tandis que celles des Ptéromys ont des sinuosités fort compliquées de l'émail qui indiquent un acheminement vers la forme des dents rubanées. A cet égard, les Sciuroptères sont réellement intermédiaires aux Spermophiles et aux Tamias; enfin ils ont les yeux fort gros.

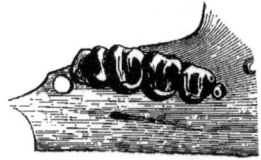

DENTS DE POLATOUCHE, 4/1 de grand.

SCIUROPTÈRE POLATOUCHE, 1/2 de grand.

Comme l'indique cette dernière particularité, ce sont des Animaux nocturnes. Ils vivent sur les arbres, mangent des graines ou des fruits et se font remarquer le soir par leur extrême vivacité. Leur légèreté a été comparée à celle des Oiseaux.

Il y a plusieurs espèces de Sciuroptères; l'une d'elles est commune à l'Asie et aux parties orientales de l'Europe; d'autres sont exclusivement asiatiques, mais elles ne s'étendent pas jusqu'aux régions chaudes de l'Inde, non plus qu'à ses îles; enfin il y en a aussi dans l'Amérique septentrionale.

L'espèce européenne est le SCIUROPTÈRE POLATOUCHE (*Sciuropterus volans*), qui est gris cendré en dessus, blanc en dessous, à poils doux et fins, à queue très-fournie et distique. Son corps est long de 0,15 et sa queue de 0,12.

On le rencontre en Europe depuis la Volhynie jusqu'en Laponie. En Asie, il paraît exister surtout en Sibérie. C'est une charmante espèce, mais que les naturalistes des parties occidentales de l'Europe ont rarement l'occasion de voir en vie.

Ce Sciuroptère n'est pas le seul qui vive en Asie, et l'on en cite d'autres jusque dans la région nord de l'Inde, principalement dans le Népaul. M. Gray a décrit trois de ces dernières, sous les noms de *Sciuroptère noble, Sciuroptère frangé* et *Sciuroptère blanc-noir.*

Parmi celles de l'Amérique nous citerons d'abord le Sciuroptère assapan (*Sciuropterus volucella*), dont Pallas et F. Cuvier ont donné de bonnes descriptions. C'est un Animal peu différent du Polatouche, de même taille et qui a les mêmes habitudes. Il est inoffensif, timide et doué de peu d'intelligence; toutes ses ressources sont dans son extrême agilité et dans la vie retirée qu'il mène. Lorsqu'il est effrayé il jette un cri faible et aigu, et il laisse échapper son urine.

On en a possédé à la Ménagerie de Paris, et autrefois à la Malmaison. Ces derniers ont même eu des petits; malheureusement ils n'ont été l'objet d'aucune observation suivie, et cette occasion qu'on avait de mieux connaître leur espèce a été perdue pour la science.

Sciuroptère Assapan, grand. nat.

Cette négligence est d'autant plus fâcheuse, que si beaucoup de voyageurs ont parlé des Assapans, il en est peu qui aient étudié leurs mœurs avec détails. La plupart se sont attachés à décrire les couleurs de ces Animaux et surtout l'espèce de vol qui leur est habituel. Leur organisation elle-même a été pendant longtemps mal connue, et jusqu'à F. Cuvier on les a confondus, ainsi que les autres espèces du même genre, avec les Ptéromys, qui n'ont pourtant ni la même forme de crâne ni la même disposition dentaire, quoiqu'ils leur ressemblent beaucoup extérieurement. C'est là un nouvel exemple de la convenance qu'il y a de ne jamais assigner aux Animaux une place dans la méthode naturelle sans s'être assuré préalablement de la conformation de leurs parties intérieures. Un examen, à la fois plus profond et plus complet, peut seul faire comprendre l'importance de certains caractères extérieurs auxquels on n'avait pas d'abord accordé assez d'attention, et les exemples analogues nous montrent qu'avec une *apparence* extérieure fort semblable certaines espèces peuvent être, en réalité, susceptibles d'être rapportées à des groupes fort différents. Nous en verrons plus loin un nouvel exemple chez les Anomalures qui paraissent si voisins des Écureuils volants et qui ont pourtant si peu de véritables affinités avec eux.

On connaît dans l'Amérique septentrionale une seconde espèce de Polatouches, c'est le Sciuroptère sabrin (*Sciuropterus sabrinus*) dont Forster a parlé le premier sous le nom de *Grand Écureuil volant,* et sur lequel M. Richardson a donné de nouveaux détails dans le *Zoological Journal.* Celui-ci est plus grand que le précédent; on le trouve auprès du lac Huron.

Genre ÉCUREUIL (*Sciurus*, Linné). Les espèces, que nous réunirons sous cette dénomination, sont gracieuses dans leurs formes, vives dans leurs mouvements et toujours plus ou moins semblables par l'ensemble des caractères qui les distinguent à notre Écureuil vulgaire; toutefois elles en diffèrent plus ou moins par certains caractères, tels que la forme de leur tête, la grandeur de leurs oreilles et l'épaisseur de leur queue; ce qui les a fait diviser en plusieurs catégories par les naturalistes. Il ne nous a pas paru nécessaire d'accepter ici ces divisions comme constituant de véritables genres, d'ailleurs elles sont peut-être trop nombreuses, et nous nous bornerons à établir deux groupes principaux d'Écureuils.

Le premier sera celui des *Tamies* ou *Tamias*, dont les habitudes sont encore à demi-terrestres et rappellent celles des Spermophiles; leur crâne est sensiblement allongé et leurs dents ont les tubercules encore assez saillants.

Le second des groupes principaux du genre *Sciurus*, ou celui des *véritables Écureuils*, se partagera lui-même en plusieurs petites catégories qui concordent assez bien, comme celles distinguées parmi les Tamias, avec la répartition de leurs nombreuses espèces à la surface du globe. Les véritables Écureuils vivent essentiellement sur les arbres; leurs oreilles sont

plus grandes; leurs yeux en général plus gros et leur queue, qui est bien velue, est souvent distique. A ne considérer que certaines de leurs espèces, on les séparerait aisément des Tamias les plus terrestres.

De même que les Tamias, les Écureuils véritables ont quatre paires de molaires à chaque mâchoire et quelquefois une cinquième à la mâchoire supérieure; celle-ci est plus petite que les autres et pourvue d'une seule racine.

1. Les TAMIAS, par lesquels nous commencerons l'énumération des *Sciurus*, ont presque l'apparence extérieure de nos Écureuils, mais ils ressemblent encore un peu aux Spermophiles. Leurs habitudes sont à moitié terrestres; leur queue est en général moins fournie que celle des vrais Écureuils et souvent elle est moins longue; leurs oreilles sont ainsi moins grandes et toujours sans pinceaux; enfin leurs molaires ont les tubercules de la couronne assez saillants. Lorsqu'ils ont une molaire supplémentaire, cette dent est aussi plus forte, et, à cet égard, elle rappelle celle des genres précédents; de plus la tête des Tamias dépasse en longueur celle des autres Écureuils. Plusieurs de ces Animaux sont remarquables par l'élégance de leurs couleurs. Il y en a en Afrique, dans l'Inde et dans l'Amérique septentrionale. Certains auteurs en font plusieurs genres.

Parmi les Tamias africains ou les GEOSCIURUS de M. A. Smith, nous citerons l'ÉCUREUIL FOSSOYEUR (*Sciurus fossor* ou *erythropus* des linnéens) qui appartient à la Faune du Sénégal. Ses ongles forts et très-propres à fouir rappellent les habitudes auxquelles il doit son nom; sa taille dépasse un peu celle de l'Écureuil vulgaire et il est fauve verdâtre en dessus, blanchâtre en dessous, avec une bande latérale coupant la teinte verdâtre des flancs. On trouve en Abyssinie et dans les contrées australes de l'Afrique plusieurs espèces qui s'en rapprochent. Leur description est due principalement à MM. Ruppel et A. Smith.

L'ÉCUREUIL LARY (*Sciurus insignis*, F. Cuvier) est de Java et de Sumatra. Il est roux plus ou moins varié de gris ou de noirâtre, et se distingue surtout par les trois bandes longitudinales noires qu'il porte sur le dos.

L'ÉCUREUIL DELESSERT (*Sciurus Delessertii*, P. Gerv., ou le *Sciurus sublineatus* de M. Waterhouse) a aussi trois bandes noires sur le dos, mais elles sont plus courtes et moins tranchées et le fond de son pelage est brun olivacé. Il habite le Nil-Gerrhies dans l'Indoustan.

L'ÉCUREUIL PALMISTE de Buffon (*Sciurus palmarum*, Gmelin) est comme l'Écureuil Delessert, une espèce plus petite que l'Écureuil vulgaire. Il est gris brun plus ou moins lavé de fauve, avec trois bandes longitudinales blanchâtres sur le dos; le dessous du corps est blanc et la queue roussâtre. On le trouve dans l'Inde, principalement sur les palmiers. M. Lesson faisait du Palmiste son genre Funambule. M. Waterhouse a distingué sous le nom de *Sciurus tristriatus* une espèce restée jusqu'alors confondue avec le Palmiste ordinaire.

L'ÉCUREUIL SUISSE (*Sciurus striatus*, Pallas) est une jolie espèce propre à l'Amérique septentrionale, ainsi que plusieurs autres Animaux de la même section. Il est en partie roussâtre avec cinq lignes longitudinales noires et deux blondes sur le dos. Il est aussi plus petit que celui d'Europe, et vit plutôt à terre que sur les arbres. Il se creuse des terriers à deux ouvertures ayant autant de branches latérales qu'il en faut pour placer ses provisions d'hiver. Celles-ci consistent principalement en graines.

ÉCUREUIL D'HUDSON, grand. nat.

L'ÉCUREUIL d'HUDSON (*Sciurus Hudsonius*, Pallas) n'a que deux bandes noires, une sur chaque flanc. C'est aussi l'une des espèces de Tamias que nourrit l'Amérique septentrionale.

Nous en citerons encore une autre, l'ÉCUREUIL DE BOTTA (*Sciurus Bottæ*, Lesson). Celle-ci est plus grande. Son corps a 0,25 et sa queue 0,18 ; elle est fauve ondé de roux et de noir ; ses oreilles sont noires. Cet Écureuil a été découvert en Californie par le naturaliste dont il porte le nom.

II. Les ÉCUREUILS VRAIS ont la tête plus courte ; les oreilles plus longues, quelquefois garnies de pinceaux ; la queue panachée et très-souvent distique, c'est-à-dire à poils divergents presque comme les barbes d'une plume ; enfin les dents molaires à tubercules émoussés. Leur molaire supplémentaire de la mâchoire supérieure est petite ou même nulle. Ce sont des Animaux qui vivent presque constamment sur les arbres, où ils établissent leur nid ; leurs allures sont vives ; leur robe est élégante et leur genre de vie plus ou moins semblable à celui des Écureuils de nos contrées. On peut établir parmi eux plusieurs petits groupes. Les espèces de chacun d'eux occupent en général une circonscription géographique régulièrement limitée. Les plus nombreux sont propres à l'Inde ou à ses îles ; d'autres ne se trouvent que dans l'Amérique septentrionale ou bien dans l'Amérique méridionale ; enfin ceux de l'Afrique sont également susceptibles d'être séparés en une petite section naturelle. Les deux espèces répandues en Europe peuvent elles-mêmes être séparées de toutes les autres par quelques-unes de leurs particularités.

La forme du crâne fournit le meilleur caractère que l'on puisse employer pour distinguer ces diverses sections les unes des autres.

Les *Écureuils d'Europe* sont facilement reconnaissables à leur queue longue comme le corps et bien fournie, à leurs oreilles ornées d'un pinceau de poils, à leur crâne busqué et assez élargi, enfin à leurs dents molaires supérieures au nombre de cinq paires.

On n'en a longtemps distingué qu'une seule espèce ou l'ÉCUREUIL VULGAIRE (*Sciurus vulgaris*), qui est roux vif, plus ou moins varié de gris sur les flancs ou sur d'autres parties et dont toute la face inférieure, depuis le menton jusqu'à la région anale, est de couleur blanche. L'Écureuil a deux décimètres environ pour le corps et autant pour la queue ; celle-ci est d'une teinte plus foncée que le dos.

Écureuil vulgaire (*variété albine*). 3/4 de grand.

Quoique cet Écureuil soit loin d'être le plus joli de tous ceux que l'on connaît dans le même sous-genre, il n'en est pas moins fort gracieux et fort élégant. Par sa taille, par la gentillesse de sa démarche, c'est un des Animaux les plus intéressants de nos contrées; aussi le recherche-t-on dans toute l'Europe pour l'élever en captivité, et la demi-familiarité dont il est susceptible ajoute encore à l'agrément qu'on en tire. Buffon a écrit, au sujet de l'Écureuil, une de ces pages qui rendent si attachante la lecture de son ouvrage.

Comme la plupart des autres Écureuils, l'espèce vulgaire vit par paires et elle se tient sur les arbres, qui forment son séjour habituel. Chaque couple en choisit un de préférence et il y établit son habitation consistant en une petite bauge à peu près sphérique et couverte de mousse qui la dissimule le mieux possible. La capacité en est assez grande pour que le père, la mère et les petits puissent y trouver place. Les Écureuils ne s'en écartent guère que pour aller chercher leur nourriture ou se jouer au milieu du feuillage sur l'arbre même qui porte leur demeure ou sur ceux qui en sont peu éloignés. Dès qu'ils sont inquiétés, ils cherchent à fuir, d'autres fois ils rentrent dans leur nid et ils y trouvent un refuge assuré contre les Chats ou les Oiseaux de proie qui sont, avec l'Homme, les seuls ennemis qu'ils aient à redouter. Ces Rongeurs sont d'une grande propreté; ils passent beaucoup de temps à se lisser le pelage; leur nourriture consiste en fruits à coque plus ou moins dure; leur cri, qui est très-aigu, décèle quelquefois leur présence.

C'est dans le nord de l'Europe et de l'Asie qu'existe l'ÉCUREUIL PETIT-GRIS. La plupart des auteurs le regardent comme n'étant qu'une simple variété de l'Écureuil vulgaire. Ce *Petit-Gris* est très-commun dans certaines contrées et on lui fait une chasse active, afin de procurer au commerce les peaux connues sous le même nom et qui sont l'une de nos fourrures les plus agréables. Le *Petit-Gris* est une pelleterie à la fois riche et simple; il est léger et en même temps fort doux au toucher. La teinte fauve qui s'étend sur presque tous les poils du dos, le blanc pur des parties inférieures, la nuance rembrunie de la queue sont rehaussés par le gris, qui est la couleur principale du corps.

Le *Petit-Gris* de Buffon est d'une autre espèce que celui-ci. Il vit aux États-Unis.

Une espèce différente du Petit-Gris et de l'Écureuil vulgaire a été distinguée sous le nom d'ÉCUREUIL ALPIN (*Sciurus alpinus*, F. Cuvier). Elle comprend les Écureuils des Alpes et des Pyrénées, qui sont d'un brun très-foncé avec des tiquetures jaunâtres sur toutes les parties supérieures du corps et d'un blanc très-pur sur les inférieures; la face interne de leurs membres est grise et leur queue est noirâtre; leur taille et leurs allures sont les mêmes que dans l'Écureuil vulgaire. On trouve aussi ces Écureuils dans les pays qui avoisinent les grandes chaînes de montagnes, dont il vient d'être question.

Une autre espèce européenne est plus distincte encore, c'est l'ÉCUREUIL DU CAUCASE (*Sciurus Caucasicus*, Pallas), que l'on ne voit que dans les montagnes de ce nom et dans l'Asie Mineure. Son pelage est gris-brun en dessus, brun jaunâtre en dessous et brun jaunâtre sur la queue, avec quelques poils à pointe blanche; il se nourrit de faines et de noisettes, et, dans les montagnes d'Adshara, de la semence du *Pinus orientalis*.

Il y a un grand nombre d'Écureuils dans les autres parties du monde.

1. Nous parlerons d'abord de plusieurs *espèces africaines* qui nous ont aussi montré quelque analogie avec les Tamias. La forme particulière de leur crâne dont le front est plat, la face assez courte et la partie cérébrale bombée, en font un petit groupe à part. Elles ont quatre paires de molaires à l'une et à l'autre mâchoire; leurs oreilles sont courtes et manquent de poils en pinceaux; leur queue est cylindrique.

L'une d'elles, qui est d'Abyssinie, a servi à M. Ehrenberg pour l'établissement de son Genre XERUS, c'est le *Sciurus abyssinicus* de ce naturaliste. L'ÉCUREUIL A QUEUE ANNELÉE (*Sciurus annulatus*, Desm.) s'en distingue plus par les couleurs que par la forme générale; il est gris verdâtre en dessus et blanc en dessous avec la queue annelée de noir et de blanc. L'ÉCUREUIL BARBARESQUE (*Sciurus getulus*), qu'on peut en rapprocher, quoiqu'il ait cinq paires de molaires supérieures, a encore d'autres couleurs. Il est gris brun légèrement lavé de roussâtre, un peu plus foncé sur le dos et plus gris en dessous ; deux bandes blanchâtres séparées par une bande brune de la même teinte que le dos. s'étendent depuis l'épaule jusqu'au croupion ; la queue est en panache sans être distique. Cette jolie espèce vit dans l'empire du Maroc ; on l'a possédée vivante à la Ménagerie du Muséum.

ÉCUREUIL BARBARESQUE, 1/4 de grand.

2. Les Écureuils de l'*Amérique septentrionale* sont aussi nombreux que ceux de l'Inde, mais ils constituent un sous-genre différent. Leur crâne est plus allongé et plus courbé, moins élargi au chanfrein, à boîte cérébrale moins ample. Ils ont tantôt cinq paires de molaires supérieures, tantôt au contraire quatre seulement ; mais, dans le premier cas, leur molaire supplémentaire est grêle et comme aciculaire ; elle manque chez l'ÉCUREUIL CAPISTRATE (*Sciurus capistratus*, Bosc) et chez quelques autres, tels que les *Sciurus niger* et *Caroliniensis*. Le Capistrate, qui est un des mieux connus de ce groupe, a le pelage gris de fer ou noir en dessus et la tête noire avec le bout du museau et les oreilles de couleur blanche. Il est plus fort que l'Écureuil vulgaire et manque, comme presque tous les Animaux de ce groupe, de pinceaux aux oreilles.

Parmi les Écureuils nord-américains qui possèdent la petite dent molaire supérieure, nous citerons l'*Écureuil gris de la Caroline* et l'*Écureuil gris brun* de Bosc.

3. Une autre petite section également fondée sur quelques particularités anatomiques concordant avec un mode spécial de distribution géographique comprend certains Écureuils qui ont l'*Amérique méridionale* pour patrie. Leur front est en général peu bombé ; la courbure supérieure de leur crâne est brisée à la ligne interoculaire, mais la forme générale en est comme chez les Écureuils de l'Amérique septentrionale, c'est-à-dire plus allongée que dans les *Macroxus* indiens ; en outre, le chanfrein est moins élargi que chez ceux-ci et que chez les autres espèces de l'ancien continent. Il y en a de plusieurs espèces.

L'une d'elles est l'ÉCUREUIL PAILLÉ (*Sciurus stramineus*, P. Gerv., *Voyage de la Bonite*), aussi décrit sous le nom d'ÉCUREUIL DE NEBOUX par M. Is. Geoffroy, dans le Voyage de la corvette *la Vénus*: il a quatre paires de molaires à chaque mâchoire ; ses poils sont assez courts, noirâtres et terminés de jaune paille doré ; la teinte ou le glacis fauve qui en résulte est plus vif aux lombes et à la face externe des membres postérieurs; les quatre extrémités sont comme gantées. Le corps est long de 0,27 et la queue de 0,30. Cet Animal a été rapporté du Pérou par MM. Eydoux, Seuleyet et Neboux, chirurgiens de la marine française.

L'Écureuil a ventre roux (*Sciurus igniventris,* de Nattirer) en diffère par ses couleurs. Il est de la Bolivie.

4. D'autres espèces habitent encore l'*Amérique méridionale,* en Colombie, à la Guyane, au Brésil et au Pérou particulièrement. Elles ont été décrites par différents auteurs. La plus anciennement connue et l'une des plus communes dans les collections est l'Écureuil Guerlinguet (*Sciurus æstuans,* Gmelin), dont il est question dans Buffon, sous le nom de *Grand Guerlinguet,* et qui sert de type au genre Macroxus de F. Cuvier. Son crâne est bombé en arrière du chanfrein, et sa mâchoire supérieure a quatre paires de molaires seulement. Il se rapproche à plusieurs égards des Écureuils de l'Archipel indien, dont on a fait aussi des *Macroxus* dans quelques ouvrages. Le Guerlinguet proprement dit habite la Guyane et le Brésil; il est d'un gris olivacé lavé de roussâtre; sa queue est cylindrique, plus longue que le corps et nuancée de brun, de noir et de fauve; il est de la taille de l'Écureuil commun et se nourrit principalement de fruits de palmier.

5. L'*Inde et ses principales îles* sont les contrées du globe les plus riches en espèces d'Écureuils. La plupart de celles qu'on y connaît ont la tête large, le crâne aplati, le nez busqué, le chanfrein élargi et déprimé et la queue distique; leurs molaires sont au nombre de quatre paires, quelquefois de cinq à la mâchoire supérieure. Ces Animaux forment une section à part, qui est, avec celle des Écureuils nord-américains, la plus importante du genre, et leurs espèces ont des couleurs plus belles que celles des espèces répandues dans les deux autres pays. Parmi celles qui sont pourvues de quatre paires de molaires supérieures se placent deux Écureuils dont la taille est supérieure à celle de tous les autres.

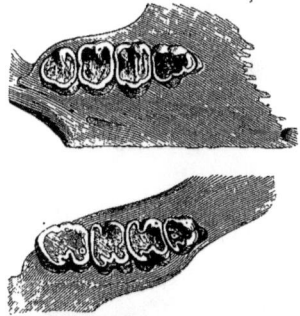

Dents molaires de l'Écureuil a ventre doré, 1/2 de grand.

La première est le Grand Écureuil (*Sciurus maximus,* Gmelin) que Sonnerat décrit sous le nom du *Grand Écureuil du Malabar* (*Pl. XXVI*). Il est plus que double de celui d'Europe, et ses couleurs sont remarquables par leur vivacité. Le dessus de sa tête, ses flancs et ses jambes sont de couleur marron pourpre; une tache placée transversalement près des épaules, la partie postérieure du dos, les lombes et la queue sont d'un beau noir; le dessous du corps et la face interne des membres sont jaune pâle. Le corps a 0,40 de long et la queue autant. Cet Écureuil est presque aussi gros qu'un Chat.

L'Écureuil bicolore (*Sciurus bicolor,* Sparmann) est brun foncé ou noirâtre en dessus et roux vif en dessous; ses yeux sont entourés de noir. Il a près de 0,35 de longueur pour le corps et autant pour la queue. Il habite principalement Sumatra et Java.

M. Is. Geoffroy en distingue l'Écureuil a ventre doré (*Sciurus aureiventer*) de Sumatra. Fauve légèrement brunâtre en dessus avec le dessous du corps, les membres et les flancs roux doré. Son corps a 0,30 et sa queue 0,50.

Le *Sciurus ephippium* et le *Sciurus hypoleucus* appartiennent au même groupe. Ils sont aussi des îles de la Sonde.

D'autres, du même auteur, ont une cinquième molaire supérieure; leur face est un peu plus étroite et leurs os du nez sont moins arqués que chez les précédentes espèces. Il y en a en même temps sur le continent et dans les îles. Plusieurs d'entre elles portent sur les côtés du corps des bandes dont la couleur diffère de celle des parties voisines.

L'Écureuil a queue de cheval (*Sciurus hippurus,* Is. Geoffroy) a le ventre et la région

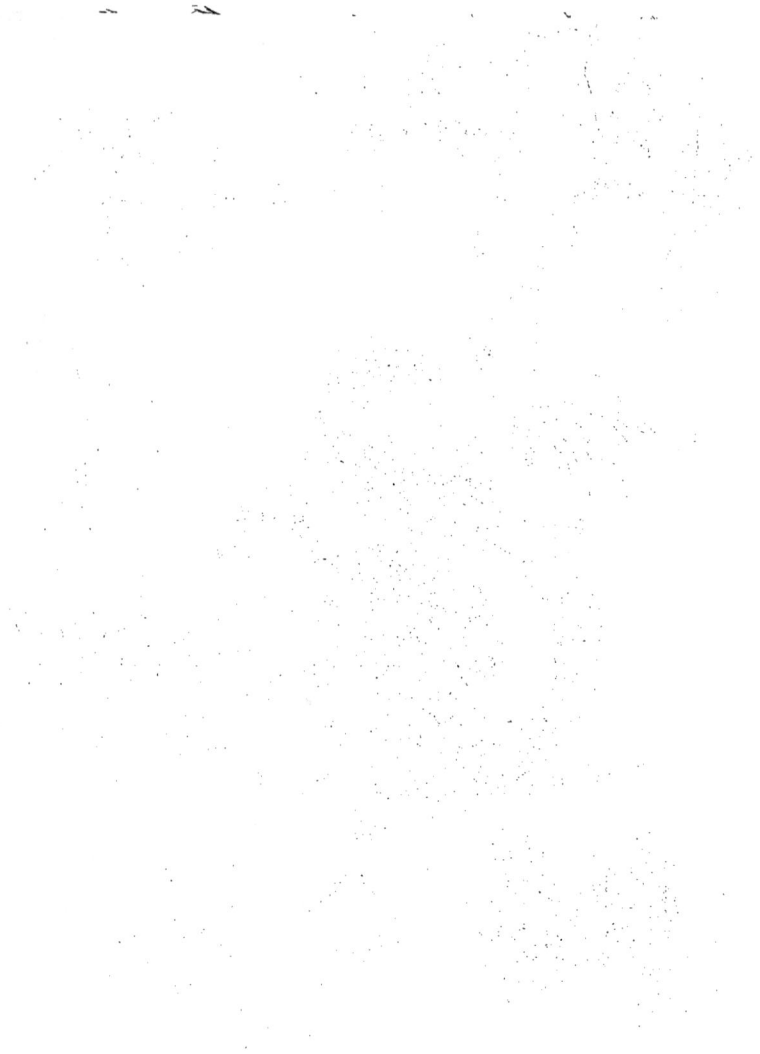

est plus vif aux lombes et à la face externe des membres postérieurs ; les quatre extrémités
sont con

du Péro

L'Éc

Il est de

4. D'a

Brésil et

ancienne

LINGUET

Guerling

arrière d

rapproch

Macroxu

Brésil ; il

corps et

nourrit p

5. L'*I*

globe les

de celles

aplati, le

la queue

quatre pa

rieure. C

est, avec

importan'

plus bell

deux autr

quatre pa

Écureuils

les autres

La pre

sous le n

d'Europe,

ses jambe

la partie p

et la face i

Cet Écure

L'Écur

et roux vif

corps et au

M. Is. (

matra. Fau

flancs roux

Le *Sciu*

aussi des fl

D'autres,

étroite et l

même temp

corps des b

L'Écur

ÉCUREUIL DU MALABAR (*Sciurus maximus*)
D'ASIE *presque* ¹/₇

interne des membres roux marron, avec le dessous du corps roux tiqueté de noir; sa queue est garnie de longs poils : elle a été comparée à celle du Cheval. C'est un Animal de Java et, ajoute-t-on, de Malacca.

L'Écureuil de Raffles (*Sciurus Rafflesii*, Horsfield) est noir sur le dos et la queue, roux cannelle sous le corps et aux membres; il présente de chaque côté, depuis la joue jusqu'à la hanche, une bande blanche lavée d'un peu de gris ou légèrement jaunâtre. Il est de Malacca et de Bornéo.

Le *Sciurus flavimanus*, Is. Geoffroy, de Cochinchine; le *Sciurus griseiventer*, Is. Geoffroy, de Java; le *Sciurus bivittatus*, F. Cuvier, de Malacca; le *Sciurus bilineatus*, E. Geoffroy, de Java, et quelques autres également indigènes des îles de la Sonde ont aussi le système dentaire et les principaux caractères des *Sciurus hippurus* et *Rafflesii*. Certaines espèces plus petites sont les *Sciurus exilis* (de Sumatra et de Bornéo) et *melanotis* (de Java et de Sumatra), décrits par MM. Salomon Muller et Schlegel.

FAMILLE des CASTORIDÉS

Les auteurs ont souvent varié la place qu'ils donnent aux Castors dans l'ordre des Rongeurs. Nous avons essayé, dans un Mémoire publié il y a déjà plusieurs années, de faire voir que leurs affinités les rapprochaient des Sciuridés, et qu'ils devaient être considérés comme formant un groupe voisin de ces Animaux. M. Waterhouse, dont les travaux ont tant contribué à perfectionner la classification des Rongeurs, a accepté cette manière de voir.

Nous parlerons donc ici des Castors. Ces Animaux, si célèbres par la singularité de leurs instincts, sont aquatiques, et, comme tels, on les a souvent associés aux autres espèces du même ordre qui vivent aussi dans l'eau. Leurs pieds palmés les ont fait ranger dans la même famille que le Myopotame, l'Ondatra et même l'Hydromys; mais les Castors n'ont point l'organisation de ces derniers, et il est préférable, de les rapprocher des *Sciuridés*. Ils ont, en effet, la même conformation crânienne que les Écureuils et les Marmottes, et ils se rapprochent encore de celles-ci par plusieurs autres particularités importantes. Les caractères qui les isolent et qui justifient peut-être leur distinction comme famille à part, consistent dans la disposition palmée de leurs membres postérieurs et dans la forme écailleuse et élargie en palette de leur queue; cet organe concourt avec leurs pattes de derrière à les rendre très-bons nageurs. Trois ou quatre genres établis par les paléontologistes pour des espèces éteintes depuis un temps plus ou moins reculé doivent être ajoutés à celui des Castors actuels: on leur a donné les noms de *Steneofiber* (E. Geoffroy), *Chalicomys* (Kaup) et *Castoroïdes* (Forster).

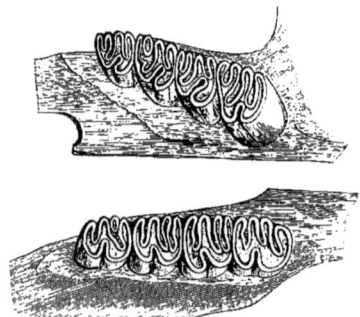

DENTS MOLAIRES DU CASTOR DU RHÔNE, grand. nat.

La seule espèce de ce dernier est connue d'après des ossements trouvés dans un marais voisin du lac Ontario, dans l'Amérique septentrionale; elle était d'une taille supérieure à celle des autres Rongeurs, ainsi qu'on peut en juger par son crâne, qui a 28 centimètres de long, tandis que celui du Castor vivant n'en a que 15. Celui du grand Cabiai en a cependant 25.

GENRE CASTOR (*Castor*, Linné). Quatre paires de molaires subégales en haut et en bas, ayant leur ivoire renforcé par des replis de l'émail qui sont inversement disposés pour chaque mâchoire; corps trapu, bas sur jambes; yeux assez petits; oreilles assez courtes et arrondies; queue élargie en palette ovalaire, aplatie et écailleuse sur ses deux faces; pieds à cinq doigts, les postérieurs palmés; ongles forts, celui du quatrième orteil comme doublé; deux paires de poches ovoïdes auprès de l'anus. Celles de la première paire secrètent une humeur huileuse; celles de la seconde fournissent le *castoréum*, substance odorante dont on fait usage en pharmacie.

Les Castors sont des Animaux aquatiques; il n'y en a que dans l'hémisphère boréal; on les rencontre en Europe, en Asie et dans l'Amérique septentrionale, mais les naturalistes n'ont pas encore trouvé de caractères certains à l'aide desquels on puisse distinguer ceux de ces Animaux qui habitent l'Amérique d'avec ceux de l'Europe ou de l'Asie.

Cette espèce, en apparence unique, est le CASTOR FIBER (*Castor fiber*), dont les auteurs anciens ont parlé d'après les colonies de ces Animaux qu'on observe en Europe et en Asie, et sur lequel les modernes ont fait beaucoup d'observations nouvelles, non-seulement dans l'ancien continent, mais aussi dans le nouveau. Elle est plus grosse que la plupart des autres Animaux du même ordre; son corps mesure à peu près 65 centimètres et sa queue 28 ou 30; celle-ci en a 0,10 dans sa plus grande largeur; elle est écailleuse, sauf à sa base; tout le corps et les pattes sont garnis de poils abondants, les uns soyeux et de couleur marron, les autres plus longs, bruns ou gris, formant au-dessous des premiers une sorte de duvet doux et moelleux, qui donne à la fourrure du Castor les qualités supérieures qu'on lui reconnaît. Quelques exemplaires ont une coloration plus ou moins différente; il y en a de plus foncés, d'autres sont plus pâles, et il en est même de tout blancs, mais ce sont alors des individus albinos. La fourrure des Castors est fort estimée; elle est plus ou moins belle, suivant l'âge de l'Animal et selon l'époque de l'année à laquelle on l'a tué.

CASTOR FIBER, 1/8 de grand.

On trouve des Rongeurs de cette espèce sur une surface très-étendue; toutefois, il ne paraît pas qu'il y en ait en Afrique, ainsi qu'on l'avait dit, ni dans l'Inde. D'ailleurs ils étaient autrefois plus abondants qu'ils ne le sont de nos jours, et en France ils n'existent plus qu'en fort petit nombre.

Dans mon ouvrage sur la *Zoologie et la Paléontologie de la France*, j'ai donné les renseignements suivants au sujet de la répartition des Castors français. Ils y sont présentement limités à une portion du Rhône; mais ils vivaient, il y a peu de temps encore, sur une étendue bien plus considérable du cours de ce fleuve et dans ses principaux affluents, le Gardon, la Durance, l'Isère, etc. Il y avait aussi des Castors dans la Somme, dans la Saône et ailleurs. La petite rivière de *Bièvre* qui se jette dans la Seine, à l'entrée de Paris, semble leur devoir son nom, et dans le Midi on les appelle encore *Vibré*, dénomination qui a sans doute la même origine que celle de *Bièvre*, *fiber*, etc., qu'on leur donne aussi dans d'autres pays. Il y a encore un certain nombre de Castors dans la partie méridionale du Rhône, et l'on doit s'étonner que plusieurs auteurs aient affirmé la disparition complète de ces Animaux dans notre pays; cependant il est à craindre que cette extinction ne soit prochaine. Les dégâts que les Castors occasionnent parfois dans les plantations, et, en particulier, dans celles qu'on nomme oseraies ou saussaies; le prix de leur fourrure; leurs poches de castoréum qui ont une certaine valeur dans la droguerie; leur chair qui est bonne à manger; enfin le soin que les naturalistes mettent à se procurer ces Animaux pour les Musées, sont autant de causes qui en activeront la destruction. Il faut y ajouter l'extension que prennent chaque jour la navigation du Rhône et la culture de ses rives.

Actuellement on tue de temps en temps des Castors auprès d'Arles, ainsi qu'à la hauteur de Beaucaire et Tarascon, ou même auprès d'Avignon; quelques-uns remontent encore au delà jusqu'au Pont-Saint-Esprit, et il peut en venir accidentellement dans l'embouchure de l'Isère. Dans certains cas, il en entre aussi dans le Gardon et dans la Durance. Ceux qui restent dans le Rhône fréquentent les îles de ce fleuve et ils se retirent dans des terriers qu'ils creusent eux-mêmes sous la berge. Nulle part, ils ne construisent comme ceux de l'Amérique, car la présence de l'Homme est un obstacle constant à l'exercice de leur instinctive industrie. Dans une propriété de la Tour de la Motte, à trois lieues de Saint-Gilles (département du Gard), un des terriers habités aujourd'hui par des Castors fut mis à découvert par l'éboulement d'une digue : il servait à plusieurs individus. Sa longueur était de quinze mètres environ et il occupait toute la largeur de la chaussée. Dans son intérieur on reconnut plusieurs compartiments, et l'un d'eux renfermait des branches de saules prises au dehors et dont quelques-unes fixées en terre, dans l'intérieur du repaire, avaient même poussé des feuilles.

En général, c'est pendant les grosses eaux et au moment même des fortes crues que l'on prend des Castors. Leurs îles, leurs terriers, les endroits où ils se nourrissent étant alors inondés, ils viennent dans des lieux plus élevés pour y trouver des aliments, et comme ces lieux sont aussi ceux que l'Homme habite le long du fleuve, les Castors y sont plus exposés à être tués ou faits prisonniers. En 1846, pendant une crue, on en a pris un sur le port même d'Avignon. Dans quelques endroits on les attrape en creusant des trous dans lesquels on met des tonneaux défoncés et recouverts seulement de branchages, d'herbe et d'un peu de terre. Si les Castors tombent dans ces pièges, ils ne peuvent plus en sortir; on s'en empare alors et il est facile de les conserver vivants, car ils ne cherchent point à mordre et ils sont peu difficiles sur le choix des aliments. Les jeunes pousses des saules sont cependant la nourriture qu'ils préfèrent, et il est très-probable que le principe particulier qu'elles renferment donne au castoréum son caractère dominant et son odeur.

On tue de temps en temps des Castors au château d'Avignon, en Camargue. Le musée d'Arles possède des jeunes de cette espèce pris sur les bords du fleuve et, dans plusieurs autres musées, on en conserve des exemplaires adultes qui viennent du Rhône proprement dit ou de sa petite branche. Nous en avons nous-même acquis un en 1846 pour le cabinet de la Faculté des sciences de Montpellier, et nous avons eu l'occasion d'en disséquer plus récemment deux autres.

L'année 1840, qui fut marquée par une si terrible inondation, paraît avoir été funeste à ces Animaux. Alors on en tua plus que d'habitude. Anciennement ils étaient bien plus nombreux dans le Rhône; on doit même croire que pendant le siècle dernier ils étaient communs, puisque les religieux d'une ancienne chartreuse, située sur la rive droite du fleuve, à Villeneuve-les-Avignon, avaient rangé la chair de ces Rongeurs parmi les viandes maigres et qu'ils en vendaient des saucissons fort estimés dans le pays.

Les ossements de Castors que l'on trouve enfouis dans le sol sont le moyen le plus certain que l'on ait pour constater l'ancienne existence de ces Animaux dans certains lieux où leur race n'existe plus de nos jours; mais, comme il y a dans plusieurs endroits des débris de Rongeurs qui en sont voisins, quoique distincts cependant par leur espèce ou même par leur genre, il faut avoir soin de comparer exactement les débris fossiles de ces Castors à ceux des individus de notre époque.

Voici l'indication des localités propres à la France où l'on a trouvé des os qui m'ont paru être ceux du Castor ordinaire, c'est-à-dire du *Castor fiber* :

1° Diluvium d'Abbeville (Somme) ; — 2° Tourbières de Bresles (Oise); — 3° Tourbières du *Port-à-l'Anglais*, près Paris; — 4° Tuf de Resson (Aube) ; — 5° Diluvium de la Ferté-Aleps (Seine-et-Oise) ; — 6° Diluvium de Soute (Charente-Inférieure) ; — 7° Caverne de Voidon, près Joyeuse (Ardèche) ; — 8° Caverne de Lunel-Viel (Hérault).

Les restes observés auprès d'Issoire (Puy-de-Dôme) sont peut-être d'une autre espèce, malgré leur grande ressemblance avec celle d'à-présent; ils répondent au *Castor issiodorensis* de l'abbé Croizet.

D'autres sont certainement différents, et ils appartiennent à des faunes plus anciennes; tels sont les suivants, qu'on a aussi recueillis en France :

Castor des Barres, près d'Orléans; — *Castor sigmodus*, P. Gerv., de Montpellier ; — *Castor subpyrenaicus*, Lartet, de Bonrepos (Haute-Garonne), et de Ville-Franche-d'Astarac (Gers); — *Castor sansaniensis*, P. Gerv., de Sansan (Gers); — *Castor viciacensis*, P. Gerv. (le genre *Steneofiber*, E. Geoffroy) de Saint-Geraud-le-Puy (Allier).

Les *Castors fiber* existaient encore en Angleterre durant l'année 1188, mais il y a longtemps qu'on les y a détruits, et ils n'y sont plus connus, comme dans plusieurs autres parties de l'Europe, que par leurs restes fossiles.

La vallée du Rhin est dans le même cas. Toutefois, il y en a encore dans plusieurs parties de l'Autriche, dans la Prusse, dans la Pologne, dans la Russie d'Europe et dans la Russie d'Asie. On en connaît dans plusieurs endroits sur le cours du Danube, dans le Dnieper, dans la Bérésina, auprès de son embouchure dans ce fleuve, dans l'Elbe, dans l'Oder, dans la Vistule, dans la Petchora et dans plusieurs parties de l'Asie. Pallas et Gmelin en ont observé sur l'Obi, qui se jette dans l'Océan glacial, ainsi que sur plusieurs de ses affluents, principalement aux environs de Berezow, mais plus au sud; il y en a aussi dans les environs de Tobolsk, de Taza et de Surgut, ainsi que le long du Pamara, du Kinzl et de plusieurs autres rivières des steppes de la Sibérie méridionale. L'Irtish en nourrit également, et ils s'étendent au nord jusqu'au Tas et au Jénisei, et même jusqu'à l'Aldan, qui court latéralement à l'est de la Léna, dans lequel il se verse; mais ils ne paraissent pas dépasser le cercle polaire. Au midi, on les retrouve au sud dans la grande Tartarie, mais il ne semble pas qu'il y en ait plus avant.

Dans la plupart des contrées, soit européennes, soit asiatiques que nous venons d'énumérer, on les chasse activement à cause du prix de leur fourrure et de celui de leur castoréum. Ceux de la région du Pont, aujourd'hui la mer Noire, étaient déjà connus des anciens qui se servaient de la matière odorante qu'on en retire. Pline et Strabon en parlent; ils disent les Castors communs auprès de cette mer. Cependant il paraît qu'il n'y en a plus aujourd'hui, et l'on assure qu'ils y ont été détruits comme dans beaucoup d'autres lieux. Leur ancienne existence dans les mêmes contrées est, d'ailleurs, attestée par les ossements qu'ils ont laissés dans le sol, mais que l'on n'a retrouvés jusqu'ici que fort rarement.

Les poursuites auxquelles les Castors sont partout exposés en Europe comme en Asie sont la cause principale qui les empêche de construire à la manière de ceux d'Amérique; mais on sait qu'autrefois ils le faisaient absolument comme eux. Albert le Grand, qui écrivait au treizième siècle et par conséquent avant que l'on ne connût les Castors américains, parle des curieuses constructions que font les Animaux de cette espèce. D'autre part, quelques autres auteurs déjà éloignés de nous confirment cette assertion; elle est même vraie pour les Castors d'aujourd'hui, car si la grande majorité de ces Animaux ne construit pas, il en est quelques familles qui, plus tranquilles que les autres, sont restées fidèles aux anciennes habitudes de leur espèce. C'est ce qui a été vérifié par M. de Meyerinck. Cet observateur a publié, en 1827, la description des constructions faites par une colonie de Castors allemands dans le Magdebourg, près de la petite ville de Barby et à peu de distance du lieu où la Nuthe se jette dans l'Elbe; cet endroit est même connu sous le nom de *Mare aux Castors* (*Biberlache*). Les huttes qu'ils y construisent sont en tout semblables à celles des Castors américains.

Cependant la très-grande majorité des Animaux de cette espèce se contente, en Europe aussi bien qu'en Asie, de creuser des galeries souterraines. Il est vrai qu'elles sont le plus souvent fort longues, et que la même habitude se retrouve aussi chez certains Castors de l'Amérique auxquels on donne, à cause de cela, le nom de *Castors terriers*. Leurs galeries ont souvent été comparées à celles des Blaireaux et des Loutres. Il y en a qui n'ont pas moins de cent pieds de long.

Les voyageurs ont beaucoup vanté l'intelligence des Castors constructeurs, mais en même temps ils l'ont souvent exagérée, et quelque curieuses que soient les huttes ou les digues faites par ces habiles architectes, le sentiment qui les dirige n'est guère supérieur à celui que les autres Mammifères instinctifs apportent dans leurs travaux. Par sa constante uniformité et par la spontanéité, qui en est un des caractères principaux, il relève, en effet, des phénomènes instinctifs qui sont, comme on le sait, bien inférieurs à ceux qui prennent leur source dans l'intelligence proprement dite. Les Castors y apportent sans doute plus de discernement que les abeilles et les oiseaux n'en mettent dans leurs travaux de nidification, mais les résultats auxquels ils parviennent ne sont pas sensiblement supérieurs à ceux que ces derniers obtiennent. Voici, d'ailleurs, comment se passent les choses:

Une ou plusieurs centaines de Castors se réunissent dans les endroits qui sont le mieux appropriés à leur genre de vie, principalement au bord de ces lacs si variables par leur grandeur et en nombre si considérable qui existent dans l'Amérique septentrionale. Ils construisent, soit sur le lac, soit sur le trajet de quelqu'un des cours d'eau qui s'y rendent, des huttes fort bien faites dont les matériaux consistent surtout en branchages et qui forment une sorte de dôme assez élevé au-dessus du niveau habituel des eaux, mais l'extérieur en est clos de toutes parts comme une cloche. Des pierres, des fragments de bois, de la terre pétrie servent à mieux soutenir ces habitations, et leur intérieur est simple ou divisé en compartiments, mais sans qu'il y ait jamais plusieurs loges superposées. Au plancher de ce petit intérieur est un trou, et l'Animal doit plonger pour rentrer dans sa demeure ou pour en sortir. Les barrages ou les digues des Castors ont pour effet d'éviter qu'à l'époque où les eaux baisseront le pourtour de leurs demeures ne baigne plus, et, dans certaines rivières, ils ne craignent pas d'entreprendre la construction de semblables digues sur une largeur de près de trente ou quarante mètres. Ils leur donnent environ trois mètres de base et seulement deux pieds d'épaisseur au point le plus élevé; elles sont faites de branchages, de troncs d'arbres, de pierres et de boue.

Les Castors, ainsi qu'on l'a dit, coupent leur bois en amont des points où ils veulent bâtir, et c'est au moyen de leurs fortes incisives qu'ils abattent les arbres qui doivent leur être utiles. Pendant qu'ils les rongent à une petite hauteur au-dessus du sol, ils écartent les copeaux avec leurs pattes de devant, et lorsque l'arbre est prêt à tomber, ils le regardent à chaque nouveau coup de dents pour voir où en est le travail, et ils ont bien soin de l'abattre du côté de la rivière. Alors ils le dépouillent plus ou moins complétement de ses branches, et ils le font flotter jusqu'à leur établissement.

Les huttes sont plus ou moins grandes; elles peuvent avoir plusieurs compartiments,

dont chacun a son entrée particulière ouverte dans le plafond, mais jamais dans la paro
extérieure ; d'autres fois elles n'ont pas de cloisons. Quatre vieux et six ou huit jeunes vivent
en général dans chaque cabane, principalement pendant l'hiver, car en été les mâles se
tiennent isolés, s'éloignent plus ou moins des colonies, et couchent sur la berge ou dans des
terriers. En automne et en hiver, ils reviennent aux constructions, réparent les anciennes
huttes ou en construisent de nouvelles, et s'associent chacun à une femelle. Celle-ci porte
quatre mois, et elle met bas de deux à cinq petits, rarement six. Toute la colonie concourt
à l'édification des digues, mais chaque cabane est un travail particulier et quelques individus
seulement se chargent de son exécution.

Les Castors constructeurs sont encore très-répandus en Amérique, mais autrefois ils l'étaient
bien davantage ; leur nombre a donc sensiblement diminué, principalement dans certains lieux,
à cause de la chasse active qu'on leur a faite. En 1743, on a expédié de Montréal, pour la
Rochelle, cent vingt-sept mille peaux de Castor, sans compter vingt-six mille sept cent
cinquante autres envoyés par la compagnie d'Hudson pour l'Angleterre. Avant l'établissement des Européens dans ces contrées, les Indiens chassaient déjà les Castors, mais ils en
détruisaient une bien moindre quantité, car ils se contentaient de ceux qui étaient nécessaires
pour les vêtir, n'en ayant alors aucun débouché commercial.

Les environs du lac de l'Esclave et de la baie d'Hudson, le lac Supérieur, le lac Huron,
le Canada et même le nouveau Brunswick, ainsi que la Nouvelle-Écosse, ont conservé beaucoup de Castors; on en voit, mais isolément, à l'île de Terre-Neuve.

Dans le nord du nouveau continent, ces Animaux mangent des écorces de peuplier, de
saule, d'aune, de *magnolia glauca*, de *liquidambar styraciflua*, de *frêne* (*fraxinus ro-
tundifolia*), de *sassafras*, etc. En Europe, ils recherchent, outre les jeunes pousses et
l'écorce des saules, celles des peupliers et des bouleaux, les racines des nénuphars, et,
ajoute-t-on, les prêles. M. de Meyerinck a con-
staté qu'ils peuvent couper des saules de trente-
cinq à cinquante-cinq centimètres de diamètre.
Sur les bords du Rhône, on reconnaît les bâtons
abattus par les Castors à la forme en bec de
flûte que présente l'une de leurs extrémités.

Le *castoreum* ou la substance odoriférante
des Castors est employé comme antispasmo-
dique ; il est secrété par une double poche
située auprès de l'anus, sous les téguments,
au-dessus des sacs à huiles qui ont à peu près
la même forme et le même volume. L'orifice
commun des poches de chaque côté se voit
bilatéralement au dehors, à côté de l'anus.
Dans la pièce représentée par la figure ci-contre,
on a isolé la poche au castoreum et la poche
à huile du côté droit, et on les a ouvertes ;
celles du côté gauche sont entières, et l'on voit
les muscles qui les recouvrent en partie.

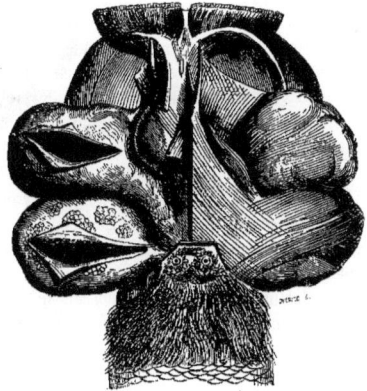

LES POCHES DU CASTORÉUM ET LES POCHES A HUILE, 1/3,
préparation de M. Brandt.

Les Castors présentent quelques autres particularités dignes d'intérêt; les principales sont
fournies par leur squelette et ont rapport au genre de vie aquatique de ces Animaux. Telles
sont la largeur de l'humérus et celle du fémur, dont les trois trochanters sont très-saillants;
la présence au carpe et au tarse d'un os particulier, etc.

Le cerveau des Castors manque de circonvolutions. Sous ce rapport, il ressemble à
celui des Animaux inéducables et chez lesquels un instinct inné, incapable de perfection, est
l'unique mobile de phénomènes remarquables sans doute, mais qui n'ont ni la variété ni la

mobilité de l'intelligence véritable. Ce cerveau est cependant
assez volumineux surtout dans ses hémisphères. Il est incontestablement supérieur dans sa structure à celui du Lapin ou
du Lièvre et il a aussi une masse plus considérable. Nous le présentons ici de grandeur naturelle sous deux aspects différents.

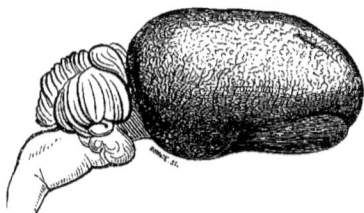

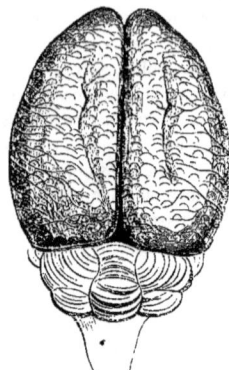

CERVEAU DE CASTOR, grand. nat., vu de profil et en dessus.

L'estomac des Castors est biloculaire et allongé; on y distingue, auprès de l'orifice cardiaque
ou œsophagien, un épaississement considérable, d'apparence discoïde, qui est formé par la
réunion de glandes particulières comparables à celles du ventricule succenturié des Oiseaux;
l'appareil musculaire du cardia est plus développé que celui du pylore. L'intestin a un
cœcum ample, long d'un demi-mètre; dans un Castor du Rhône, l'intestin grêle avait cinq
mètres et demi, et le gros intestin deux mètres et vingt centimètres. Dans un autre, ce dernier intestin égalait seulement un mètre soixante-dix. Le foie est pourvu d'une vésicule biliaire.

On a vu à la Ménagerie de Paris des Castors du Rhône, du Danube et de l'Amérique
septentrionale. F. Cuvier a constaté que ceux de ce dernier pays, qui sont cependant très-
sociables dans l'état de nature, deviennent défiants les uns pour les autres lorsqu'ils sont en
captivité, et qu'ils se livrent même de violents combats lorsqu'on veut les réunir. Ils sont
néanmoins fort doux à l'égard des autres Animaux, des Chiens, par exemple; ils ne le sont pas
moins pour l'Homme, se laissant toucher et transporter à la main d'un lieu à un autre avec
la plus grande confiance. « Il est à remarquer, dit à cette occasion F. Cuvier, que certains
Animaux, quoique d'espèces différentes, contracteront plus aisément de l'affection l'un pour
l'autre, lorsqu'on les réunira, que ceux qui appartiennent à la même espèce; disposition en
apparence opposée à l'instinct de la sociabilité, mais qui, au contraire, lui est constamment
unie et comme pour le renforcer. »

Un Castor du Rhône a fourni au même auteur une observation qui mérite également
d'être rapportée, et dont on s'est souvent servi lorsqu'on a voulu établir la différence qui
sépare l'instinct de la véritable intelligence : « Ce Castor était, dit-il, logé dans une très-
grande cage carrée, grillée sur deux de ses faces; mais, en dehors d'une des grilles, était un
volet, et, entre elle et lui, se trouvait un espace vide où l'Animal pouvait atteindre au travers
des barreaux de la grille avec ses pattes et son museau. On lui donnait habituellement pour
nourriture des branches de saules dont il mangeait l'écorce, et dès qu'elles étaient dépouillées,
il les coupait en petits morceaux et les entassait derrière la grille fermée du volet. Ce fait me
révélant le penchant de cet Animal à bâtir, je lui fis donner de la terre mêlée de paille et de
branches d'arbres; le lendemain, je trouvai toutes ces matières entassées derrière la grille ;
mais, comme il ne travaillait jamais au grand jour ni en présence de spectateurs, je fis entièrement fermer la cage par des volets où je pratiquai de petites ouvertures qui, d'une part,
laissaient passer assez de lumière, et de l'autre me permettaient de voir l'Animal sans en
être vu. Les choses étant ainsi disposées, je lui fis donner de nouveaux matériaux, et, à

l'instant même, il se mit à l'ouvrage. L'intervalle de la grille au volet était toujours le lieu où il cherchait à construire. Placé au milieu du tas de terre, il la jetait avec force en arrière, de même que tout ce qui y était mêlé, à l'aide de ses quatre pattes, et du côté où il voulait qu'elle se trouvât; et quand il avait ainsi travaillé pendant quelques instants, ou il formait de petites masses de cette terre avec ses pieds de devant et les poussait devant lui, s'aidant de son menton, ou les transportait simplement avec sa bouche, et il ne paraissait mettre à ce travail aucun ordre; à mesure qu'il plaçait ces matériaux, il les pressait fortement avec son museau les uns contre les autres, et, à la fin, il en résulta une masse épaisse et solide. Souvent je l'ai vu, un bâton au travers de sa gueule, cherchant à l'enfoncer à coups redoublés dans l'édifice, sans autre but apparent que d'y placer ce corps-là de plus. Lorsque les morceaux de bois dépassaient la surface de la grille, ils étaient à l'instant coupés à son niveau. Souvent il mêlait à la terre de construction le pain ou les racines qu'on lui donnait aussi pour nourriture et qu'il ne mangeait pas; mais il les en retirait quand il était pressé par la faim. Sa propreté était extrême. Quand il ne dormait pas, il n'était occupé qu'à se lisser le poil et à le dépouiller des plus petites impuretés. Il mangeait toujours assis dans l'eau, et y plongeait ses aliments. C'était en cela que consistait toute son existence durant le jour, qui était presque entièrement rempli le sommeil. Lorsqu'il se croyait menacé, il faisait entendre un bruit sourd, frappait avec force de sa queue contre la terre, et si l'inquiétude devenait plus grande, il se jetait avec colère sur l'objet qui en était cause. C'était donc par un mouvement tout à fait instinctif et machinal que ce Castor était porté à construire; aucune circonstance extérieure ne l'y déterminait; son intelligence n'y prenait aucune part; il satisfaisait aveuglément un besoin aveugle lui-même. L'espace qu'il remplissait de terre n'en était pas mieux fermé par son travail, et il ne pouvait résulter aucun bien-être pour lui de toutes les peines qu'il se donnait par là, dans toutes les saisons comme dans tous les temps. »

FAMILLE des HYSTRICIDÉS

La plupart des Hystricidés (*Hystricidæ*, Gray, Waterhouse, etc.) ont une certaine ressemblance avec les Cochons par la nature de leurs poils, et en même temps par la forme de leur corps, par leurs allures grossières et par quelques autres particularités secondaires, dont le Porc-Épic, le Cochon d'Inde et le Capromys nous donnent une idée. Il m'a semblé que l'on devait prendre ces derniers Animaux pour types de la grande famille qui renferme, avec les Porcs-Épics et genres voisins, les Échimys, les Cabiais, les Agoutis, les Pacas, les Chinchillas, les Synéthères et beaucoup d'autres encore dont on peut faire plusieurs tribus bien distinctes. Tous ont quatre paires de dents molaires, et ces molaires, égales entre elles, présentent à leur couronne des replis ou des enfoncements de l'émail qui donnent à la coupe de leur fût une figure plus ou moins compliquée. Leur taille est supérieure à celle de la plupart des autres Rongeurs, et c'est parmi eux que se place l'espèce la plus grande de cet ordre; leur crâne se distingue par la présence d'une grande perforation sous-orbitaire recevant une partie du muscle masséter, et leur mâchoire inférieure a, sauf chez les Anomaluriens et chez quelques espèces fossiles en Europe, une forme qu'on ne retrouve que chez les Octodontidés. Ce caractère, sur lequel M. Waterhouse a insisté avec beaucoup de raison, consiste en ce que la courbe qui représente la surface extérieure de l'alvéole des dents incisives de la mâchoire inférieure passe en dedans du plan formé par l'apophyse angulaire de la même mâchoire, tandis que chez les autres Rongeurs cette ligne courbe et la même apophyse sont dans un seul et même plan.

Les Hystricidés se divisent en tribus de la manière suivante : *Caviens, Célogényens,*

Dasyproctiens, *Hystriciens*, *Aulacodiens*, *Éréthyzoniens*, *Chinchilliens* (quelquefois appelés *Callomyens*) et *Anomaluriens*.

TRIBU des CAVIENS

Les Caviens ne comprennent qu'une partie des espèces que les naturalistes du dernier siècle avaient réunies sous le nom de *Cavia*, celles seulement qui ont les molaires sans racines, avec des replis plus ou moins nombreux et souvent cordiformes de l'émail; ils n'ont que quatre doigts en avant et trois seulement en arrière; leurs ongles sont presque des sabots; aucun n'a une véritable queue. Cet organe est représenté chez les Caviens par quelques vertèbres cachées sous la peau et dont on ne voit d'autre trace à l'extérieur qu'un simple tubercule. Leur crâne, proportionnellement assez grand, a un trou sous-orbitaire considérable, et leur mâchoire inférieure rappelle dans sa forme celle de plusieurs autres groupes de Rongeurs presque tous propres à l'Amérique méridionale.

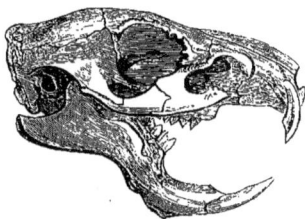

CRANE DE COCHON D'INDE, 3/4 de grand.

Les Caviens sont des Animaux marcheurs qui courent avec facilité et dont le Cochon d'Inde peut nous donner un exemple. C'est parmi eux que se place le Cabiai. Tous sont herbivores et leur intestin est pourvu d'un cœcum fort étendu.

On divise les Caviens en plusieurs genres sous les noms de grand Cabiai (*Hydrochœrus*), Dolichotis (*Dolichotis* ou *Mara*), Cobaye (*Cavia* ou *Anœma*) et Kerodon. Le premier de ces genres est souvent considéré comme formant une tribu à part sous le nom d'Hydrochériens, autant à cause de la forme particulière de ses dents que du caractère semi-palmé de ses extrémités. Tous les Caviens sont particuliers à l'Amérique méridionale, et c'est de cette partie du monde que nous est venue l'espèce domestique à laquelle on donne assez généralement le nom de *Cochon d'Inde*. C'est aussi dans l'Amérique que l'on a recueilli les seuls débris authentiques de Caviens fossiles que l'on possède encore.

GENRE HYDROCHÈRE (*Hydrochœrus*, Brisson). Tête forte; oreilles arrondies, largement ouvertes; yeux grands; lèvre supérieure fendue; poils peu abondants, assez roides; point de queue; membres assez longs, pourvus de quatre doigts en avant et de trois en arrière. Si l'on ajoute à ces caractères que les Cabiais ont la dentition qui caractérise les mammifères Rongeurs et que, par conséquent, ils n'ont point de canines et seulement une paire d'incisives à chaque mâchoire, on s'étonnera que les auteurs qui ont écrit sur eux antérieurement à Brisson aient fait de ces Animaux une espèce de Cochon, et que Linné lui-même les aient appelés pendant longtemps *Sus hydrochœrus*. Buffon, qui a parlé du Cabiai après Brisson, l'a également éloigné des ongulés, auxquels Linné et presque tous les auteurs l'avaient jusqu'alors associé; à cet égard, Buffon s'exprime de la manière suivante : « Ce n'est point un Cochon comme l'ont prétendu les naturalistes et les voyageurs; il ne lui ressemble même que par quelques petits rapports et en diffère par de grands caractères. » On peut ajouter aujourd'hui que toutes les observations auxquelles ce prétendu Cochon d'eau a donné lieu démontrent qu'il n'appartient pas plus que le Cochon d'Inde au genre qui a pour types le Cochon domestique et le Sanglier. Ray, à qui la classification des Mammifères doit tant de remarques intéressantes, avait pourtant fait du Cabiai le *Porcus fluviatilis;* Jonston en avait parlé sous le même nom, et Desmarchais, dans son *Voyage à Cayenne*, le nommait *Cochon d'eau*; Hill, moins bien inspiré, s'il est possible, l'appelait *Hippopotame sans queue*, et Pennant *Tapir à nez court* (Thicknosed Tapir). L'espèce dont ces différents auteurs ont parlé et dont ils avaient si mal apprécié les affinités, est aujourd'hui bien connue des naturalistes; c'est le grand Cabiai. Elle est encore la seule que l'on connaisse dans ce genre.

HYDROCHÈRE CAPYBARE, 1/12 de grand.

HYDROCHÈRE CAPYBARE (*Hydrochœrus capybara*), tel est le nom sous lequel on la désigne maintenant. Cet Animal devient presque aussi gros qu'une brebis de race moyenne; sa tête est volumineuse par rapport au reste de son corps; ses poils sont brun roussâtre, plus foncés en dessus qu'en dessous, peu fournis et de nature sèche; ils ne sont point soutenus par une bourre. L'ostéologie de cet Animal donne lieu à plusieurs remarques intéressantes et son crâne en particulier est fort curieux à étudier. Ses dents ne sont pas moins caractéristiques : les incisives supérieures ont un sillon longitudinal ; les molaires ont plus de lamelles que celles des autres Cavieus; celles des trois premières supérieures sont à peu près en forme de doubles cœurs non réunis, à bases situées en dehors ; la quatrième dent est seule aussi longue que celles-ci et elle présente une dizaine d'ellipses irrégulières, séparées les

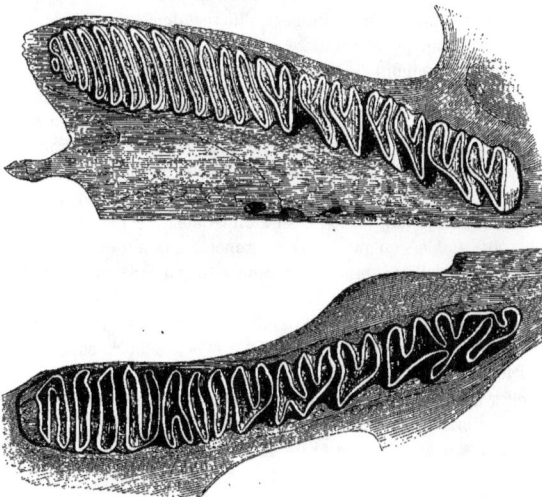

DENTS MOLAIRES DE L'HYDROCHÈRE, grand. nat.

unes des autres par de la matière corticale; sa première lamelle est cordiforme; la quatrième molaire inférieure est bien moins longue que celle d'en haut et elle égale à peine la troisième; l'ensemble des lobes qui les composent est moins régulier et la base des cœurs y est quelquefois tournée du côté externe des mâchoires comme aux dents supérieures.

Le Cabiai vit dans les pays où il y a de l'eau et il s'éloigne peu des lacs ou des rivières; c'est en s'y jetant qu'il échappe à ses ennemis et il y va aussi pour chercher une partie des herbes qui servent à sa nourriture. C'est également auprès des eaux qu'il creuse sa demeure. Il est pacifique et sert de proie aux grands carnivores, particulièrement aux Jaguars. Sa femelle a huit paires de mamelles et, suivant Azara, elle fait de quatre à huit petits; d'autres auteurs disent un ou deux seulement. Les jeunes s'apprivoisent sans aucun soin et ils n'ont aucune mauvaise disposition; les adultes mêmes ne sont pas dangereux, aussi peut-on laisser libres tous ceux que l'on attrape. La chair de ces Animaux passe pour un bon manger.

Le Cabiai détruit les melons et les citrouilles, s'il en trouve à sa portée. Lorsqu'on l'effraye, il pousse, suivant Azara, un son élevé et plein qui dit : *A*, *pé*, et qu'il n'emploie dans aucune autre circonstance, puis il se jette à l'eau, où il nage facilement, ne laissant dehors autre chose que ses narines ou les parties environnantes; mais si le péril est plus grand ou s'il est blessé, il plonge et va sortir plus loin, parce qu'il ne peut demeurer sous l'eau sans reprendre haleine de temps en temps. Il fait parfois des traversées assez longues pour chercher d'autres eaux; mais chaque famille conserve pendant un certain temps le même repaire que l'on reconnaît aux tas d'excréments en pelottes allongées qui l'avoisinent.

Les Cabiais habitent une grande partie de l'Amérique méridionale, depuis le fleuve des Amazones jusqu'à la Plata; il y en a aussi dans le Pérou, mais point dans le Chili. On en amène quelquefois dans nos ménageries. Ce sont des Animaux assez tristes, en apparence peu intelligents et dont le cerveau a cependant montré des traces manifestes de circonvolutions. Les voyageurs en parlent sous les noms de *Capivard*, *Caprygona*, *Cabiai*, *Cochon d'eau*, etc. Ces gros Rongeurs ne sont pas très-rares dans les environs de Cayenne et dans d'autres parties de la Guyane.

GENRE DOLICHOTIS (*Dolichotis*, Desm.). Dans une note de son excellent traité de Mammalogie, Desmarest, après avoir reproduit ce qu'il avait lui-même écrit en 1829, au sujet d'un Mammifère du Paraguay déjà signalé par Azara, propose d'en faire un genre à part, si son système dentaire se montre, lorsqu'on le connaîtra suffisamment, différent de celui des Agoutis. Dans le cas où la nécessité de ce nouveau genre serait reconnu, il propose de le désigner par le nom de *Dolichotis*. L'Animal qui a donné lieu à cette distinction générique, pour ainsi dire conditionnelle, habite l'Amérique méridionale et il est très-commun dans certains endroits de la Patagonie. Azara en avait parlé comme d'un Lièvre et il est aussi léger à la course que les espèces de ce genre, mais ses jambes sont plus élevées, ses oreilles sont moins grandes et il n'a point de queue. Ce prétendu Lièvre pampa ou patagonien ressemble bien davantage aux Caviens, principalement aux Kérodons, et le naturaliste anglais Pennant avait mieux jugé de ses affinités en le nommant *Patagonian Cavy*, c'est-à-dire Cabiai de Patagonie. En effet, il ressemble beaucoup plus aux Cabiais qu'aux Lièvres ou même aux Agoutis, et lorsqu'on a pu étudier ses dents, on a vu qu'elles approchaient beaucoup par la forme de celles des Cochons d'Inde et des Kérodons.

Elles ont, comme celles de ces Animaux, des lobes de l'émail cordiformes, deux à chacune, et ces lobes sont réunis près de leur base, qui est externe à la mâchoire supérieure et au contraire interne à l'inférieur. La première figure cordiforme des dents inférieures est irrégulière, et la dernière de celles de la mâchoire supérieure est doublée par une portion nouvelle de forme subcirculaire. Le crâne des Dolichotis n'est pas moins allongé dans sa partie faciale que celui du Kérodon, et c'est de lui qu'il se rapproche le plus par sa forme générale.

Les pieds du même Cavien ont quatre doigts en avant et trois en arrière; les oreilles sont plus longues que celles des autres espèces, un peu en cornet, mais cependant inférieures en dimensions à celles des Lièvres et des Lapins.

M. Lesson a remplacé le nom de Dolichotis, que Desmarest avait proposé pour ce genre, par celui de *Mara* (*Centurie zoologique*). Il n'y a qu'une espèce connue :

DOLICHOTIS PATAGONIEN (*Dolichotis patagonica*). Presque double du Lièvre en dimension; pelage doux, roux, brun sur le dos, passant au fauve sur les côtés, au gris sur le sacrum et les cuisses et au roux à la tête; croupion noir; fesses blanches; membres lavés de fauve et de gris.

DOLICHOTIS DE PATAGONIE, 1/9 de grand.

Les mœurs de ce joli Animal ont été observées par Azara et par M. Darwin. Voici en quels termes Azara en parle : « Il n'existe point au Paraguay, mais j'en ai vu et pris beaucoup entre le 34e et le 35e degré de latitude méridionale, dans les Pampas, au sud de Buénos-Ayres, et le domicile de cet Animal s'étend sur toute la terre des Patagons. On l'appelle Lièvre, mais il est plus charnu, plus grand que celui d'Espagne et très-différent même par le goût de sa chair. On trouve presque toujours deux Lièvres pampas réunis, un mâle et une femelle, qui courent ensemble avec beaucoup de vélocité; mais ils ne tardent pas à se fatiguer, et un chasseur à cheval bien monté les prend en les enlaçant ou en leur donnant un coup avec les boules. J'ai entendu la nuit la voix élevée, incommode et assez aigre de cet Animal, qui dit : *O, o, o, y*, et quand on le prend il crie de même. Les Indiens non soumis mangent sa chair blanche et nos journaliers aussi; mais ils la trouvent très-inférieure à celle du Tatou velu, du Tatou Mulet, du Tatou Pichiy et du Tatou Mataco. Quelques personnes m'ont dit que ce Lièvre mettait bas dans les viscachères, et qu'étant poursuivi il s'y réfugiait; mais en ayant chassé beaucoup, j'ai vu qu'aucun d'eux ne s'était fié, pour son salut, à autre chose qu'à sa légèreté, quoiqu'il eût la ressource de plusieurs viscachères. Je ne les ai jamais trouvés dans leur gîte que couchés à la manière des Cerfs; et, comme ceux-ci, ils courent à d'assez grandes distances. Pris petits, ces Lièvres pampas s'apprivoisent beaucoup, se laissent gratter, reçoivent le pain de la main, mangent de tout, sortent librement de la maison et y reviennent de même... Tels sont les Lièvres que Buffon dit qu'on a

vers le détroit de Magellan, mais ils sont très-différents du Lièvre d'Europe, auquel il les
compare, parce que, outre ce que j'en ai dit, les Lièvres patagons vont par *pas* et non par
sauts lorsqu'ils ne courent point. » Ces Animaux n'ont pas les membres aussi disproportionnés que les Lièvres, quoiqu'ils aient le corps assez élevé, et, sous ce rapport, ils ressemblent davantage aux Agoutis. Azara nous apprend que la variété de leurs couleurs et la
souplesse assez grande de leur poil les fait rechercher comme pelleterie, et qu'on en fait des
tapis très-agréables à l'œil et qui sont fort estimés.

   GENRE KÉRODON (*Kerodon*, F. Cuvier). Forme générale du Cochon d'Inde, mais avec
un peu plus de légèreté dans la taille. Les molaires ont aussi une grande analogie avec celles
de cet Animal et avec celles du Cobaye austral; leur couronne est en double cœur irrégulier
dont les deux bases sont reliées l'une avec l'autre, supérieurement au bord interne de la rangée
dentaire et inférieurement au bord externe; la barre est plus grande que dans les Cobayes,
mais les incisives inférieures sont également pointues à leur extrémité et les supérieures élargies; les pieds de devant ont quatre doigts et ceux de derrière trois; la queue est réduite à
un simple tubercule; le pelage est lisse et doux.

   KÉRODON MOCO (*Kerodon rupestris*, F. Cuv., ou *Kerodon sciureus*, Is. Geoffroy). Il est
gris varié de brun et de fauve en dessus, blanchâtre au contraire en dessous; sa taille est
un peu supérieure à celle des Cochons d'Inde et ses formes sont moins lourdes. On le rencontre au Brésil, principalement sur les rochers qui sont situés à peu de distance des cours
d'eau.

KÉRODON MOCO, 1/3 de grand

   Plusieurs auteurs regardent le Cobaye austral comme une seconde espèce de Kérodon, et
M. Gray le donne comme étant identique avec le *Kerodon Kingii*.

   GENRE COBAYE (*Cavia*). Le nom générique de *Cavia*, proposé en 1750 par le naturaliste Klein, a d'abord été étendu à toutes les espèces qui composent la tribu des Caviens,

et, de plus, aux Agoutis et aux Pacas. Pallas regardait même le Daman comme un *Cavia*; mais lorsqu'on a repris en détail l'étude des Rongeurs, les genres admis jusque vers le premier quart du siècle actuel sont devenus des familles, et leurs démembrements ont même été parfois rapportés à des groupes différents. Ainsi, pour ne parler que des *Cavia*, l'on a fait un genre pour le grand Cabiai, un autre pour le Cochon d'Inde, un troisième pour l'Agouti, un quatrième pour le Paca, etc., et, dans presque tous ces genres, on a pu distinguer plusieurs espèces. C'est également par suite de cette révision que les Agoutis et les Pacas ont été éloignés du grand Cabiai et du Cochon d'Inde et placés dans une tribu différente. Chacune des divisions nouvelles a reçu un nom nouveau, quelquefois même plusieurs, et, dans l'impossibilité de prendre l'ancien nom générique sous une acception différente de celle qu'il avait d'abord, on a également négligé de se servir du mot *Cavia*. F. Cuvier a fait du Cochon d'Inde le genre *Anæma*. Cependant ce nom n'a pas prévalu, et la plupart des auteurs actuels l'emploient dans le même sens du mot *Cavia*. Nous lui conserverons aussi cette signification. Malheureusement le nom français *Cabiai*, qui est, pour ainsi dire, la traduction de celui de *Cavia*, est parfois donné au grand Cabiai, dont le genre s'appelle en latin *Hydrochærus*.

Le genre *Cavia*, réduit aux seuls *Anæma* de F. Cuvier, comprend plusieurs espèces, et parmi elles le Cochon d'Inde. Toutes ont à peu près la taille de ce dernier, et, à part la couleur, presque tous ses caractères extérieurs. Ce sont des Animaux à grosse tête, à poils durs et peu serrés, ayant quatre doigts aux pieds antérieurs et trois seulement aux postérieurs.

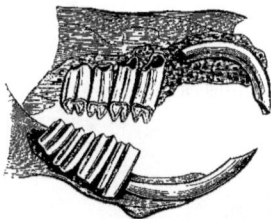 Leur queue ne se montre que sous la forme d'un petit tubercule; leurs narines ne sont point entourées par un mufle; l'œil est de moyenne grandeur; les oreilles sont courtes, étalées et arrondies à leur contour. Ce sont des Animaux sans intelligence, qui vivent par petites sociétés, et que l'on trouve de préférence dans toutes les régions sableuses, bien exposées. Il y en a depuis le Mexique jusqu'en Patagonie. Celle de leurs espèces qui diffère le plus du Cochon d'Inde est le *Cobaye austral*. Cette différence se remarque surtout dans la forme de sa tête et dans celle de ses dents molaires. Cependant on peut dire que tous

DENTS DU COCHON D'INDE. grand. nat.

les Cobayes ont quatre paires de molaires à chaque mâchoire, et que ces dents sont irrégulièrement en doubles cœurs inégaux, disposés d'une manière inverse pour l'une et l'autre mâchoire. La figure en est un peu différente de celle des Kérodons et des Dolichotis. Les incisives supérieures n'ont pas de rainure verticale comme cela se voit dans l'Hydrochère.

Nous commencerons par l'espèce la plus rapprochée des Kérodons.

C'est le Cobaye austral (*Cavia australis*, Is. Geoffroy et d'Orb.). Il a les molaires en doubles cœurs assez irréguliers, mais la barre est déjà moins longue que celle des Kérodons. Ses poils sont, en grande partie, annelés de gris, de jaune et de noir, d'où résulte une teinte générale grisâtre; en dessous la couleur passe au blanc. Cet Animal est long de 0,22 ; il habite les régions les plus australes de l'Amérique méridionale, et ne s'avance guère vers l'équateur au delà du 40e degré. On le trouve communément sur les bords du Rio-Négro et dans le voisinage des rivières situées plus au sud. Il se creuse des terriers profonds sur les coteaux sablonneux et couverts de buissons, principalement à une petite distance des lieux habités. Ces Cobayes vivent par familles, s'éloignent peu de leur retraite et sortent le soir ou pendant la nuit. Ce sont des Animaux assez vifs, doux et craintifs; ils n'ont que deux petits à chaque portée. Les Indiens puelches les appellent *Sahal*, les Patagons *Tireguin*, et les Espagnols *Tucu-Tucu*. Dans la partie mammalogique du Voyage en Amérique, M. d'Orbigny et moi, nous avons donné de nouveaux détails sur le Cobaye austral. M. Gray, qui donne cette espèce comme identique avec le *Kerodon Kingii* de Bennett, lui conserve ce dernier nom.

Le Cobaye de Cutler (*Cavia Cutleri*, King) a le pelage noir, un peu lustré de brun ; son corps a 0,25. On le suppose du Pérou.

Le Cobaye a dents jaunes (*Cavia flavidens*, Brandt) a les dents incisives colorées en jaune, tandis que les précédents les ont blanches. Son pelage est brun jaunâtre, mêlé de brun pâle sur le dos ; le dessus de sa tête et une bande oculaire sont de couleur noirâtre ; son corps est long de 0,23 ; on le trouve au Brésil. M. d'Orbigny l'a aussi rapporté des montagnes de la Bolivie, qu'il habite entre trois mille et quatre mille cinq cents mètres au-dessus du niveau de la mer.

Le Cobaye de Spix (*Cavia Spixii*, Wagler) est du Brésil. Il a les poils gris noirâtres sur le dos, mêlés de blanchâtre et de brun fauve ; une tache blanche existe sur ses yeux et derrière ses oreilles ; le dessous de son corps est de la même couleur. C'est un Animal du Mexique, ainsi que le Cobaye brillant (*Cavia fulgida*) du même auteur.

Le Cobaye aperea (*Cavia aperea* des auteurs), dont le prince de Neu-Vied sépare deux espèces également brésiliennes sous les noms de *Cavia rufescens* et *saxatilis*, est l'espèce sauvage la plus anciennement connue. Son pelage est gris roussâtre en dessus et blanchâtre en dessous ; sa taille est un peu moindre que celle du Cochon d'Inde, mais son crâne est fort semblable à celui de ce dernier ; ce qui vient à l'appui de l'opinion assez généralement admise que ces deux sortes d'Animaux ne constituent qu'une seule et même espèce. Il vit au Brésil et à la Guyane. Au rapport d'Azara, il est également commun au Paraguay. Il se cache parmi les chardons ou les pailles les plus hautes dans les plaines, les enclos et les buissons. Il ne creuse point de terrier et ne sait point profiter de ceux qu'ont abandonnés les autres Animaux. Il vit d'herbages, a des habitudes nocturnes, et son caractère est stupide, mais nullement sauvage. Chacune de ses portées n'est que d'un ou deux petits, et il n'en fait qu'une seule par an. Comme il n'est pas entièrement démontré que l'Apéréa soit la souche du Cobaye domestique, nous consacrerons à celui-ci un article à part.

Apéréas, 1/4 de grand.   Cochons d'Inde, 1/4 de grand.

C'est le Cochon d'Inde ou le *Porquet de mer* des habitants du midi. Johnston en a parlé sous le nom de *Porcellus indicus*, et Brisson sous celui de *Cuniculus indicus*. Linné l'appelle *Mus porcellus* et *Mus brasiliensis*. C'est aussi le *Guinea-Pig* des Anglais et le *Ferkel-Maus* des Allemands. Quelquefois on le désigne aussi par le mot *Couis* ou *Coui-Coui*, qui n'est e la reproduction du cri qu'il fait entendre le plus habituellement.

La coloration des Cochons d'Inde est toujours par grandes plaques irrégulières noires et jaunes sur un fond blanc. Elle est bien différente de celle des Apéréa et des autres Cobayes non domestiques. C'est le résultat d'une altération, et on ne peut l'attribuer qu'à la domesticité; elle reproduit à la fois les trois principales modifications dont la coloration des Mammifères est susceptible : le blanc ou albinisme, le noir ou mélanisme, et le roux ou érythisme. Il est probable que les Cochons d'Inde ont subi depuis longtemps cette modification qui les rend en apparence si différents des autres Cobayes, et on les trouve déjà décrits avec ces caractères dans les premiers naturalistes qui ont parlé des Animaux de l'Amérique. « Nous voyons, par les écrits d'Aldrovande, dit F. Cuvier, que déjà, vers le milieu du XVIe siècle, c'est-à-dire un demi siècle après la découverte du Nouveau-Monde, le Cochon d'Inde avait les couleurs blanche, rousse et noire que nous lui voyons aujourd'hui. Alors donc il avait déjà éprouvé toutes les modifications dont il est susceptible, car depuis deux siècles et demi il n'en a point éprouvé d'autres. » Des tapisseries et des peintures qui datent de François Ier représentent les Cochons d'Inde avec les caractères qu'ils nous montrent actuellement. Un autre fait témoigne encore mieux de l'ancienneté de cet asservissement du Cobaye à l'espèce humaine, c'est le nombre de ses petits, bien plus considérable à chaque portée que chez les Cobayes sauvages.

Certains individus ont le poil entièrement blanc et leurs yeux sont rouges.

Quoique les femelles n'aient que deux mamelles, elles mettent bas, à chaque portée, cinq ou six petits et même jusqu'à dix et onze. A la première portée, elles n'en ont habituellement que deux, ce qui est aussi le nombre pour les espèces sauvages. Leur gestation, qu'on a quelquefois évaluée à un mois seulement, est réellement plus longue. Des observations bien faites portent à soixante-six jours environ le temps qui lui est nécessaire ; il est vrai que les petits Cobayes, lorsqu'ils viennent au monde, ont déjà assez de force pour suivre leur mère ; ils sont velus comme les adultes, ont les yeux ouverts, mangent aussi souvent qu'ils tettent, et ne diffèrent en apparence des adultes que par une moindre dimension. Leurs dents sont même parfaitement développées, et les observations de M. Emmanuel Rousseau ont montré que celles de la dentition de lait sont déjà tombées et que les persistantes se sont montrées avant la naissance. Celles de lait, qui tombent pendant la vie intra-utérine, sont, d'après ce naturaliste, au nombre total de huit, savoir : quatre incisives et quatre molaires. (*Voyez p.* 270, *pour la figure.*)

Aussitôt après avoir mis bas, les femelles des Cochons d'Inde peuvent recevoir le mâle, et les jeunes de ces Animaux sont aptes à la reproduction dès qu'ils ont atteint cinq ou six semaines. L'extrême ardeur des mâles, l'état de polygamie dans lequel on les tient habituellement, et le grand nombre de petits que les femelles adultes font à chaque portée, rendent leur multiplication très-rapide ; aussi Buffon a-t-il écrit qu'*avec un seul couple on pourrait en avoir un millier dans un an*; mais il y a bien là quelque exagération.

Les Cochons d'Inde sont des Animaux essentiellement instinctifs; aucun signe ne révèle chez eux cette apparence d'intelligence dont plusieurs autres Rongeurs donnent cependant quelques preuves. Manger, engendrer et dormir, ce sont leurs seuls besoins, et les actes par lesquels ils satisfont aux deux premiers tendent à les faire placer encore au-dessous des autres Animaux du même ordre. La fréquence de leur sommeil, l'insignifiante activité de leur veille seraient encore des signes d'infériorité, si l'étude des espèces sauvages du même genre ne nous montrait dans les Cobayes des Animaux crépusculaires ou nocturnes, et que le grand jour incommode jusqu'à un certain point. De même que leurs congénères sauvages, les

Cochons d'Inde se réunissent en société, et, dans la marche, ils se suivent à la file, trottant l'un à la suite de l'autre derrière le chef de leur petite colonne, en passant par tous les endroits où il a passé et en opérant tous les détours qu'il lui a plu d'exécuter. C'est même un exercice assez amusant à observer que la marche de ces petits Mammifères, et il est facile de s'en donner le spectacle en laissant pendant quelques instants circuler dans un endroit clos une demi-douzaine de ces Animaux. La sécrétion de leurs poches anales est sans doute ce qui les guide dans ces promenades.

Ils ont un petit grognement pour exprimer leur contentement et dans les occasions ordinaires un cri assez aigu que rendent assez bien les mots *Coui-coui* ou *cousi-cousi*. Originaires des parties les plus chaudes de l'Amérique, ces Animaux n'ont le pelage ni assez fin ni assez fourni, aussi souffrent-ils de la rigueur de nos hivers; l'humidité leur est également défavorable. On doit donc les soustraire à ces deux causes de destruction, qu'ils ne savent même pas éviter en se creusant des terriers. C'est ce qui empêche de les tenir en liberté dans des parcs où ils acquerraient sans doute le fumet qui leur manque. D'ailleurs ils échapperaient encore plus difficilement que les Lapins aux Fouines, aux Chats et aux autres Carnassiers. Leur chair est en général aussi fade que celle des Lapins clapiers, et leur petite taille, qui rappelle celle des Rats, en fait un manger assez peu appétissant. En compensation, ils ne sont pas difficiles sur le choix de la nourriture, car ils se contentent volontiers d'herbes, de feuilles de choux ou d'autres substances abondantes en principes aqueux, et comme ils peuvent aisément se passer de boire, on a cru qu'ils ne buvaient jamais. Ils aiment aussi les feuilles des arbres, l'écorce des jeunes branches, les croûtes de pain, etc., et dans les appartements où on les tient quelquefois, ils se rendent incommodes par l'habitude qu'ils ont de ronger les pieds des meubles, lorsque le bois n'en est pas très-dur. On leur attribue souvent la propriété de chasser les Rats et les Souris par leur odeur. L'estomac de ces Animaux est considérable; leur intestin grêle mesure à peu près deux mètres de long et leur gros intestin 0,32; leur cœcum est, comme celui de beaucoup d'autres Rongeurs, d'une ampleur remarquable; sa longueur égale 0,11 et sa largeur est presque aussi considérable. On voit de chaque côté de leur anus une glande petite qui laisse suinter la substance qui donne à leurs déjections une odeur assez désagréable. Les organes de la reproduction et le squelette des mêmes Animaux présentent plusieurs autres particularités intéressantes pour les anatomistes, et qui peuvent donner une idée exacte des principaux caractères que les autres Caviens présentent sous ce rapport.

Les prétendus Cochons d'Inde fossiles que l'on a signalés en Europe ne méritent pas ce nom. Ceux de la Limagne sont des Pédétiens (Voy. plus bas), et ceux d'OEningen, en Suisse, des Animaux très-voisins des Lagomys et qu'on n'a pas encore pu séparer génériquement de ces derniers. On ne connaît donc dans l'ancien continent aucun Animal, ni vivant ni fossile, que l'on doive attribuer à la tribu des Caviens : le Cochon d'Inde ne fait point exception à cette règle de répartition géographique, puisqu'il est lui-même originaire de l'Amérique méridionale et que l'Homme seul est la cause de sa présence actuelle en Europe et dans d'autres parties de l'ancien continent.

TRIBU DES CÉLOGÉNYENS

Les Pacas forment le seul genre de cette tribu. Ce sont des Animaux assez bas sur jambes, ayant quatre doigts en avant et cinq en arrière, où le pouce est rudimentaire. Leurs ongles sont comparables à de petits sabots; leur tête est grosse, et sous leur arcade zygomatique, qui est renflée et conchoïde, se replie une poche cutanée dont l'usage est resté tout à fait inconnu; ils ont les yeux et les oreilles peu différents de ceux des Agoutis et des Porcs-Épics; leur queue est réduite à un simple tubercule; enfin leurs dents molaires ont des racines distinctes, et, lorsque l'usure les a entamées, leur couronne paraît formée d'un cercle d'émail entourant l'ivoire dans lequel rentrent des replis de l'émail ainsi que quelques ellipses et des petits cercles de cette dernière substance.

Les Pacas ont été souvent réunis aux Caviens, mais la nature de leurs dents et quelques autres caractères les ont fait rapprocher des Hystricidés. Ce sont, comme les Agoutis et les Caviens, des Animaux exclusivement américains.

GENRE PACA (*Cœlogenys*, F. Cuvier). On peut ajouter quelques caractères à ceux que nous venons d'énumérer, tels sont l'absence de sillons sur les incisives; la grosseur égale des quatre paires de molaires supérieures et inférieures, et l'existence de deux paires de mamelles, l'une pectorale située à la partie antérieure de l'aisselle, l'autre à la région pubienne. La poche que ces Animaux ont sur chaque joue est fort singulière; c'est une rentrée dénudée et submuqueuse de la peau qui se loge sous la grande expansion de l'arcade zygomatique existant toujours au crâne des Pacas. Cette expansion osseuse, que l'on ne retrouve dans aucun autre genre d'Animaux, est formée par l'os zygomatique, et surtout par la branche zygomatique du maxillaire. Celle-ci est rugueuse et réticulée à sa surface convexe ou extérieure, et la même apparence se retrouve sur l'os zygomatique et même sur les os frontaux; en avant de cette espèce d'abajoue osseuse est la grande perforation sous-orbitaire dont les deux portions, l'une propre au muscle et l'autre au nerf, sont bien distinctes; la cavité qui reçoit le repli cutané est lisse, uniquement creusée dans la partie maxillaire de l'arcade zygo- matique, et elle forme une espèce de caverne, ayant son ouverture large et inférieure, dont la longueur peut avoir cinq centimètres et la plus grande largeur trois; son bord externe qui est le plus long est un peu épaissi; son bord interne est le plus court et il est fourni de chaque côté par la portion palatine

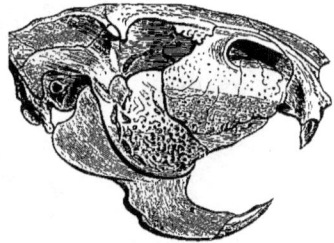

CRANE DU PACA BRUN, 2/5 de grand.

du maxillaire, qui est située en avant des molaires et qui se relève en forme de crête longitu- dinale; son bord postérieur va obliquement de la base antérieure de la première molaire à la suture maxillo-zygomatique; en avant, cette cavité osseuse est limitée par une ligne plus étroite; c'est celle de la jonction du maxillaire avec la face inférieure des incisifs. Cette dispo- sition anatomique est véritablement fort curieuse.

F. Cuvier a essayé de démontrer qu'on avait confondu sous le même nom de Paca (*Cuni- culus Paca*, Brisson; *Mus Paca*, Linné) deux espèces bien distinctes, mais que leurs couleurs permettent de distinguer aisément; cependant aucune différence anatomique n'est venue con- firmer cette séparation, et le crâne de ces deux sortes de Pacas semble être conformé de la même manière. La même partie du squelette étudiée sur un exemplaire rapporté de Colombie par M. Roulin indique au contraire une espèce très-distincte, mais que nous ne pouvons encore signaler que par son crâne. Celui que nous avons étudié dans la collection du Muséum est plus étroit que le crâne des Pacas brun et fauve; son abajoue osseuse est également moins grande, moins étendue dans sa partie descendante et bien moins rugueuse à sa surface. Nous indiquerons provisoirement cette espèce sous le nom de PACA PRESQUE LISSE, *Cœlo- genys sublævis*.

Le PACA BRUN (*Cœlogenys subniger*, F. Cuv.) est d'un brun chocolat sur le corps et la face externe des membres; il a sur les flancs des taches arrondies, blanchâtres, formant trois ou quatre séries assez régulières de chaque côté; le dessous du corps est blanc légère- ment jaunâtre. On trouve ce Paca au Brésil et à la Guyane. Il est long de quatre ou cinq décimètres et haut de trois environ.

Le PACA FAUVE (*Cœlogenys fulvus*. F. Cuv.) a le fond du pelage fauve, mais d'ailleurs

la même apparence, les mêmes taches et la même taille que le précédent. F. Cuvier et Desmarest disent que son front et ses abajoues osseuses sont plus larges et plus rugueuses que
dans le précédent; cette différence ne m'a pas paru aussi sensible qu'ils le disent, et ces deux
Pacas diffèrent moins entre eux que du *Cœlogenys sublœvis*.

Ces Animaux vivent dans les lieux secs, se creusent des terriers et mangent des substances
végétales; ils sont doux et assez lents. Ceux que l'on tient en captivité ne refusent pas la
viande.

PACA BRUN, DE CAYENNE, 1/6 de grand.

Les Pacas montrent plusieurs particularités anatomiques assez intéressantes; l'organe mâle
de ces Animaux est surtout singulier par les armatures dont il est pourvu et leur intestin est
assez considérable. Dans un Paca brun que j'ai eu l'occasion de disséquer, je l'ai trouvé long
de près de six mètres (5,85) pour la partie grêle, et de plus de trois mètres (3,20) pour
le gros intestin; le cœcum est considérable et long de 0,35.

Le genre OSTEOPERA de M. Harlan ne repose que sur l'examen d'une tête osseuse de
Paca, recueillie dans le sud des États-Unis, auprès de Delaware. L'absence de documents
relatifs à ce crâne n'a pas permis de dire s'il est réellement fossile, comme on l'a pensé, ou
s'il appartient à un Animal mort à une époque récente et dont l'espèce vivait encore au même
lieu. C'est une indication intéressante, mais qui demande de nouvelles observations. Ce Paca
des États du Sud a reçu de M. Harlan le nom d'*Osteopera platycephalus*.

TRIBU des DASYPROCTIENS

Les Agoutis qu'Illiger a nommés génériquement *Dasyprocta*, et F. Cuvier *Chloromys*, ont
été souvent réunis aux Caviens; mais ils ont, comme les Hystriciens, des dents molaires
radiculées et leur crâne ressemble plus à celui de ces derniers qu'à celui des Cabiais et des
Cochons d'Inde; toutefois il n'a pas le renflement de la région frontale qui caractérise les

Porcs-Épics ordinaires et ses cornets olfactifs ne sont pas aussi étendus que les siens; d'autre part, ces Animaux diffèrent des Pacas, auxquels on les associe le plus souvent, par l'absence du repli cutané et des abajoues osseuses qui caractérisent ces derniers. Ce sont des Animaux assez élevés sur jambes, ayant cinq doigts en avant et trois seulement en arrière; leur tête est assez allongée; leurs oreilles sont largement ouvertes; leur train de derrière est plus fort que celui de devant et la queue tout à fait rudimentaire. Ils ont quelque ressemblance extérieure avec les Chevrotains, mais la forme de leurs oreilles et leurs incisives de Rongeurs font bientôt reconnaître leurs véritables affinités.

AGOUTIS, 1/6 de grand.

Ce sont de jolis Animaux, légers à la course et qui se nourrissent de substances végétales, telles que des herbes, des fruits, etc.; ce qui les fait redouter des cultivateurs. Ils savent, comme les Écureuils, se servir de leurs pattes antérieures pour porter la nourriture à leur bouche. Leurs poils sont d'une seule sorte, couchés, assez luisants, forts et de nature cassante; ceux des lombes sont plus longs que ceux du reste du corps.

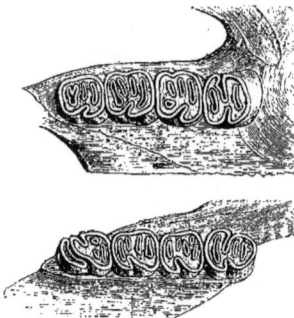

MOLAIRES D'AGOUTI, 2/1 de grand.

Les Agoutis ne constituent qu'un seul genre dont les espèces, plus nombreuses qu'on ne l'avait cru d'abord, habitent l'Amérique méridionale et les parties de l'Amérique septentrionale, qui s'en rapprochent le plus. Ils vivent par troupes, établissent leurs terriers au pied des arbres. On les chasse pour leur chair, qui est un bon manger, et ils sont très-faciles à rendre domestiques; cependant ils sont gênants par l'habitude qu'ils ont de tout ronger et ils ont le caractère colère; si on les irrite on voit, dit-on, leur poil tomber comme celui des Cerfs ou comme les piquants des Porcs-Épics et des Hérissons. Les femelles font de trois à six petits. Leur taille est comparable à celle des Lièvres et des Lapins, mais ils sont plus élevés sur jambes et leurs formes sont plus dégagées.

GENRE AGOUTI (*Dasyprocta*, Illiger). Les molaires sont arrondies, soutenues à la couronne par des replis, des ellipses ou des cercles d'ivoire qui leur donnent assez de ressemblance avec celles des Pacas, des Porcs-Épics, des Acanthions et des Athérures; les poils sont annelés et le plus souvent variés de fauve et de verdâtre, ce qui a fait appeler les Agoutis *Chloromys*, c'est-à-dire *Rats verts*, par F. Cuvier. Ces Animaux sont plus connus sous les noms d'*Agouti* et d'*Acouchi*.

L'AGOUTI ACOUCHI (*Dasyprocta acuschy*) ou l'*Acouchy* de Buffon paraît être le *Mus leporinus* de Linné. Son pelage est brun piqueté de fauve; sa croupe est noirâtre et son ventre roux; il n'a point de crête derrière la tête. On le trouve dans la Guyane; il paraît également originaire de plusieurs des Antilles.

L'AGOUTI HUPPÉ (*Dasyprocta cristata*) décrit par Desmarest, d'après G. Cuvier, a le pelage noirâtre piqueté de roux; les poils de son occiput sont allongés en manière de crête; son ventre est brun. On le rencontre dans la Guyane, et en particulier aux environs de Surinam.

L'AGOUTI ACUTI (*Dasyprocta acuti*) est brun piqueté de jaune ou de roussâtre; sa croupe est rousse. Il vit à la Guyane et au Brésil.

Acouti huppé, 1/4 de grand.

Wagler a décrit deux autres espèces d'Agoutis sous les noms de *Dasyprocta fuliginosa* et de *Dasyprocta prymnolopha*. M. Gray fait remarquer que le premier est peut-être le même que celui qu'il a nommé de son côté *Dasyprocta nigra*, et il ajoute encore deux autres espèces sous les noms de *Dasyprocta punctata* et *Dasyprocta albida*; elles appartiennent à l'Amérique méridionale comme celles que l'on connaissait déjà.

Il y a dans les collections anatomiques du Muséum de Paris un crâne d'Agouti plus long que les autres et qui est peut-être d'une espèce encore différente; sa dimension indique un Animal plus grand et sa forme paraît plus allongée. Il a été envoyé de la Caroline du Sud par M. Lherminier. F. Cuvier lui avait imposé le nom de *Chloromys caroliniensis*. D'autre part le Mexique nourrit des Agoutis, mais je ne puis dire s'ils sont ou non semblables à celui que je viens de signaler. Cependant un Agouti qui avait été donné à la Ménagerie par M. de la Tour-Maubourg, comme provenant de cette partie de l'Amérique, m'a paru se rapprocher du *Chloromys caroliniensis*. Les poils de sa tête étaient annelés de jaune ainsi que ceux du dos et des épaules; quelques-uns à l'occiput étaient entièrement noirs et un peu plus longs que ceux du garrot; ceux de la croupe plus longs encore étaient annelés de blanc. Longueur de la tête et du tronc, 0,48; hauteur au garrot, 0,21; aux lombes, 0,30. L'organe mâle avait, comme dans les autres espèces de ce genre, une double lame dentée en scie, et il y avait aussi auprès de l'anus deux glandes de la grosseur d'une aveline, fournissant une matière grasse, odorante et de couleur jaune chamois : la même sécrétion a lieu chez les autres Agoutis. M. Tiedemann a vu un de ces Animaux qui la lançait par jets aussitôt qu'on l'effrayait. Ce liquide était d'une teinte vert jaunâtre et il avait une odeur alliacée.

MM. Natterer et Wagner appellent *Dasyprocta nigricans* une espèce d'Agouti propre aux régions chaudes de l'Amérique méridionale.

TRIBU DES HYSTRICIENS

Cette tribu comprend, non-seulement le genre *Porc-Épic*, mais encore ceux qu'on en a séparés sous les dénominations d'*Acanthion* et d'*Athérure*.

GENRE PORC-ÉPIC (*Hystrix*). On a réservé ce nom à quelques espèces assez peu distinctes les unes des autres, répandues dans le midi de l'Europe et de l'Asie, ainsi qu'en

Afrique ; elles ont pour caractères principaux : le corps trapu, volumineux ; la tête grosse et plus ou moins renflée dans sa région fronto-nasale, qui est arquée et recouvre des cellules très-développées en communication avec l'appareil nasal. La queue est rudimentaire et les piquants sont longs; ceux de la tête et du cou sont grêles, flexibles et disposés en crêtes ; ceux du dos très-forts et ceux de la queue moins longs et en forme de tubes, attachés à la peau par un pédicule grêle.

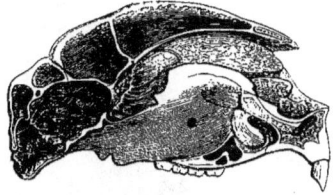

COUPE DE CRANE DE PORC-ÉPIC, 1/3 de grand.

Plusieurs autres Animaux que Linné rangeait aussi dans le genre Porc-Épic en ont été séparés génériquement par les naturalistes à cause des caractères assez différents qu'ils présentent dans la nature de leurs piquants, dans la longueur ou la conformation de la queue, et en même temps dans la forme du crâne. Les vrais Porcs-Épics sont de gros Rongeurs dont les allures sont fort singulières, et que leur physionomie rend plus bizarres encore. Ils vivent isolés, se creusent de grands terriers dans les lieux déserts, et ne sortent guère de leur retraite que pendant la nuit. Ceux des régions tempérées tombent dans une sorte d'engourdissement pendant les moments les plus froids de l'hiver; ils cessent alors de prendre des aliments, mais ils recouvrent le mouvement et l'appétit dès que le temps est moins rigoureux. Leur régime est essentiellement végétal, et leur caractère assez calme; mais, lorsqu'on les irrite ou qu'ils sont effrayés, ils redressent les longs poils et les épines qu'ils ont sur le dos, aux lombes et à la queue; les tubes de cette dernière partie battent les uns contre les autres et produisent un bruit particulier. Les Porcs-Épics trouvent dans cette tactique un moyen sûr de se soustraire aux attaques des Animaux carnassiers; aussi l'Homme est-il presque partout leur principal ennemi.

Ces Rongeurs ont une grande finesse dans le sens de l'odorat; la physionomie étrange et la singularité de leurs téguments ont suggéré aux anciens quelques erreurs qui se sont perpétuées jusqu'à ce jour. On a dit et l'on répète quelquefois encore que les Animaux de ce genre savent se défendre contre les agressions dont ils sont l'objet en lançant sur ceux qui les inquiètent les piquants longs et aigus dont leur corps est en partie recouvert. On y voit des espèces de javelots dont ils disposeraient à leur gré; mais c'est là une pure fable que Buffon a déjà suffisamment réfutée. Buffon rappelle à ce propos un passage extrait des *Mémoires pour servir à l'Histoire des Animaux*. Les anatomistes de l'ancienne Académie des sciences, en parlant des Porcs-Épics qu'ils ont disséqués, avaient dit : « Ceux des piquants qui étaient les plus forts et les plus courts, étaient aisés à arracher de la peau, n'y étant pas attachés fermement comme les autres; aussi ce sont eux que ces Animaux ont accoutumé de lancer contre les chasseurs, en secouant leur peau, comme font les Chiens lorsqu'ils sortent de l'eau. Claudien dit également que le Porc-Épic est lui-même l'arc, le carquois et la flèche, dont il se sert contre les chasseurs. » Buffon ajoute avec beaucoup de sens : « La fable est du domaine des poëtes, et il n'y a pas de reproche à faire à Claudien; mais les anatomistes de l'Académie ont eu tort d'adopter cette fable, apparemment pour citer Claudien; car on voit par leur propre exposé que le Porc-Épic ne lance point ses piquants, et que seulement ils tombent lorsque l'Animal se secoue. » Cependant les Porcs-Épics ne se bornent pas toujours à une défense passive, et lorsqu'ils se sentent pressés de trop près, ils s'élancent avec impétuosité contre leurs agresseurs, en se dirigeant toujours de côté, de manière à opposer les piquants les plus forts et les plus acérés et à s'en faire une arme offensive tout à fait redoutable. Ils peuvent encore se défendre au moyen des fortes incisives tranchantes dont leurs mâchoires sont garnies.

Les Porcs-Épics aiment les fruits, mais il est faux que lorsqu'ils en ont une grande quantité à leur portée, ils se roulent au milieu d'eux pour en fixer le plus qu'ils peuvent à l'extrémité de leurs piquants.

PORC-ÉPIC A CRÊTES, 1/8 de grand.

Dans la région méditerranéenne, c'est au mois de mai que ces gros Rongeurs se recherchent pour s'accoupler, et c'est au mois d'août que les petits naissent, après une gestation de soixante-dix jours. Les jeunes viennent au monde avec les yeux ouverts et déjà ils sont revêtus d'épines, mais les plus longues n'ont guère que sept lignes. A cette époque leur corps a lui-même deux décimètres; celui des adultes est de huit environ.

PORC-ÉPIC A CRÊTES (*Hystrix cristata*, Linné). Il est noirâtre sur toutes les parties couvertes de poils, et ses épines sont marquées d'anneaux alternativement blancs et noirs; les tubes de sa queue sont blanchâtres; sa hauteur au train de derrière est de quatre ou cinq décimètres, et de trois environ au train de devant. Sa démarche est lourde et son museau obtus; ses narines sont grandes. C'est un Animal singulier sous presque tous les rapports.

On rapporte à cette espèce les Porcs-Épics de la région méditerranéenne, soit ceux de l'Europe, soit ceux de l'Afrique septentrionale et des parties de l'Asie qui s'en rapprochent le plus. En Europe, il s'en trouve encore en Crimée et dans le midi de l'Italie (en particulier dans le royaume de Naples), en Sicile et en Espagne. Ils sont plus communs en Algérie, et ils se rencontrent également en Égypte et dans l'Asie Mineure.

Le Sénégal, les environs du cap de Bonne-Espérance et plusieurs autres provinces de l'Inde, telles que le Bengale, le Nepaul et le Deccan, nourrissent aussi de véritables Porcs-Épics; mais ceux-ci sont regardés par la plupart des auteurs comme formant des espèces distinctes de celle que nous venons de décrire. Cependant ces espèces s'en rapprochent considérablement.

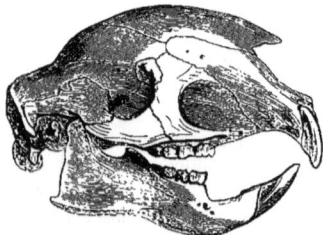

CRANE DE PORC-ÉPIC D'ALGÉRIE, 1/3 de grand.

CRANE DE PORC-ÉPIC DU SÉNÉGAL, 1/3 de grand.

F. Cuvier séparait le Porc-Épic du Sénégal sous le nom d'*Hystrix Senegalica*. Celui du Cap lui paraît également différent; c'est peut-être aussi l'*Hystrix Cuvieri* de M. Gray, qui a été rapporté de Gambie. Celui de l'Inde a été aussi considéré comme offrant des caractères spécifiques, d'abord par A. Duvaucel, et, plus récemment, par MM. Sykes et Hodgson. M. Sykes l'appelle *Hystrix leucura*, et M. Hodgson *Hystrix Nepalensis*. Buffon en avait déjà donné la figure dans le tome XII de son *Histoire naturelle*. On n'a pas encore reconnu dans le crâne de ces Animaux des caractères bien certains venant à l'appui de ces distinctions.

Les paléontologistes signalent quelques rares débris fossiles de Porcs-Épics au Val d'Arno, près Florence, et dans les environs d'Issoire.

GENRE ACANTHION (*Acanthion*, F. Cuvier). Les deux espèces de ce genre ne sont encore connues que très-imparfaitement, et il reste quelques doutes sur leur synonymie. L'une a été établie sur l'examen d'un squelette, et l'autre d'après une seule tête osseuse; cependant les pièces que l'on possède au Muséum de Paris ont été recueillies il y a déjà longtemps, et Daubenton a parlé du squelette de l'espèce qui porte aujourd'hui le nom d'*Acanthion de Daubenton*. F. Cuvier pense même que ce squelette avait été tiré de l'un des Porcs-Épics disséqués par les académiciens et dont il est question dans les *Mémoires pour servir à l'Histoire naturelle des Animaux* qui ont été publiés par les soins de Perrault. Toutefois, aucune observation nouvelle n'est venue faire connaître quels étaient au juste les caractères de ces Acanthions.

Leur crâne montre une forme intermédiaire à celle des Porcs-Épics et à celle des Sphiggures. La ligne supérieure, vue de profil, est aussi une ligne courbe à peu près uniforme, mais sa courbure est moindre, et en complétant par la pensée le cercle dont elle serait un arc, on est conduit à donner à ce cercle un diamètre beaucoup plus grand qu'à celui fourni par le crâne des Porcs-Épics. Cette différence est en rapport avec un développement des cellules olfactives, moindre chez les Acanthions que chez les Porcs-Épics. Les os du nez ne font pas les deux cinquièmes de la longueur de la tête; les sinus sont extrêmement limités, et les cornets, assez simples, occupent un espace assez étroit.

ACANTHION DE JAVA (*Acanthion javanicum*, F. Cuvier). Comme nous l'avons dit, il n'a été connu de F. Cuvier que par un crâne provenant de Java, d'où il a été rapporté par Leschenault. J'avais d'abord pensé qu'il ne différait pas suffisamment de celui du Porc-Épic de Malacca pour qu'on en fît un genre à part ni même une autre espèce; mais un nouvel examen m'a montré quelques différences dans la forme générale, dans la disposition des sutures et dans la taille, qui est un peu supérieure à celle de l'Animal que je viens de citer. Cependant MM. Temminck et Schlegel, qui ont pu étudier les Animaux des îles de la Sonde d'une manière très-complète, ne citent point à Java d'autre espèce d'Hystricien que l'*Hystrix fasciculata*, dont nous parlerons plus loin en même temps que des Athérures. L'Acanthion de Java est un Animal bien distinct.

Dans le Musée britannique ce nom est, en effet, appliqué à un Porc-Épic presque gros comme celui d'Europe, mais sans crête sur le cou et à piquants du dos cannelés au lieu d'être cylindriques. Les grands piquants de ses lombes forment des tiges cylindriques plus robustes que celles de l'espèce ordinaire et ayant plus de blanc que de noir. Cet Acanthion a le corps long de 0,52.

Le même Musée possède un Métis de cet Acanthion et du Porc-Épic ordinaire, obtenu, à Londres, dans la Ménagerie de Surray.

L'ACANTHION DE DAUBENTON (*Acanthion Daubentonii*, F. Cuvier) est plus grand, à en juger par son crâne, qui a cent vingt millimètres; il est aussi plus semblable aux vrais Porcs-Épics par le renflement de son chanfrein, par la grandeur de son trou sous-orbitaire, et sa mâchoire inférieure a aussi une forme un peu différente de celle de l'Acanthion de Java. Son squelette est mentionné dans le catalogue de Daubenton. F. Cuvier ignore sa véritable origine, mais comme Perrault et Réaumur supposaient les Porcs-Épics originaires d'Afrique et qu'ils ont probablement eu connaissance de celui-ci, il ne regarde pas comme impossible qu'il provienne en effet de ce continent.

Les détails que nous venons de donner au sujet des Acanthions suffisent pour montrer combien ce genre est encore imparfaitement connu. Aussi, en 1829, G. Cuvier a-t-il pris le *Porc-Épic de Malacca* de Buffon ou le *Porc-Épic à queue en pinceau* pour type de son nouveau genre *Athérure*, tandis que, suivant d'autres auteurs, l'*Acanthion javanicum*, décrit en 1822 par F. Cuvier, ne serait que le même Animal connu d'après son crâne seulement.

GENRE ATHÉRURE (*Atherurus*, G. Cuvier). Tête peu renflée; queue à peu près aussi longue que la moitié du corps, terminée en pinceau. Tels sont les principaux caractères par lesquels les Athérures se distinguent des Porcs-Épics et qui les en ont fait séparer génériquement. Fischer et quelques autres auteurs n'établissent aucun doute sur leur identité avec les Acanthions, mais nous pensons qu'ils sont dans l'erreur.

ATHÉRURE EN PINCEAU (*Atherurus fasciculatus*). Cette espèce est le *Porc-Épic de Malacca* de Buffon et l'*Hystrix fasciculata* de Shaw. Son corps est en grande partie recouvert d'aiguillons aplatis de médiocre dimension et sillonnés dans leur longueur; sa queue est terminée par un bouquet de tiges ou de tubes cornés d'une forme assez singulière et qui, par leur contact les uns contre les autres, produisent un bruit particulier. Ce sont des espèces de tuyaux cornés, plus ou moins aplatis et étranglés d'espace en espace.

ATHÉRURE A PINCEAU, 1/5 de grand.   ÉRÉTHIZON URSON, 1/5 de grand. (Voir page 336.)

L'Athérure à queue en pinceau vit à Java et à Sumatra; il paraît exister aussi sur quelques points du continent, et, en particulier, dans la presqu'île de Malacca. Sa teinte générale est d'un brun fauve; son corps a 0,45, et sa queue 0,15.

ATHÉRURE A LONGUE QUEUE (*Atherurus macrurus*) ou l'*Hystrix orientalis* de Brisson et l'*Hystrix macroura* de Linné. Il est moins grand que celui dont il vient d'être question; sa queue est plus longue et peut-être sans pinceau; le corps est également couvert de piquants aplatis et médiocres, qui le rendent difficile à manier, même lorsque l'Animal est mort et empaillé. Ceux de la tête et des membres sont presque de simples poils, un peu plus durs seulement que ceux des autres Animaux; mais au cou et sur tout le tronc, ce sont de véritables piquants, aplatis à leurs faces supérieure et inférieure, fort aigus à leur pointe et pourvus à leurs deux tranchants d'un petit rebord épais. Ceux du dos sont pâles à la base et terminés de brun, un peu foncé; la tête a aussi cette couleur et passe même au ferrugineux sombre; les pattes ne sont pas armées d'ongles fort puissants; elles ont cinq doigts en arrière et quatre avec un rudiment de pouce onguiculé en avant; les joues donnent insertion à un bouquet de longues moustaches brunâtres.

L'Athérure à longue queue, dont le squelette n'a été rapporté en France que postérieurement à la publication du Mémoire de F. Cuvier sur les Porcs-Épics, est un Animal de la presqu'île de Malacca. L'exemplaire en peau que nous en avons étudié avait été acquis dans le détroit de Malacca par M. F. Eydoux, sous le nom de *Landa Klœle*.

Athérure africain (*Atherura africana*, Gray). Bennett avait considéré comme étant l'Athérure à queue en pinceau un Hystricien de la côte occidentale d'Afrique que M. Gray a depuis lors distingué comme espèce, sous le nom d'*Atherura africana* (*Annals and Magazine of natural history*, 1842). Son exemplaire type vient de Fernando-Po. Il a les piquants sétiformes sur la tête, plus durs et aplatis sur le cou et le corps; plus longs sur la croupe, mais sans être frangés en dessous ni sur les côtés.

Le Muséum de Paris a reçu plus récemment, par les soins de M. Aubry-le-Comte, un Athérure de Gambie, que j'appellerai Athérure armé (*Atherura armata*). Dans cet Animal, les piquants sont bruns, aplatis, rudes en dessous et ciliés latéralement; ceux des lombes sont plus longs que ceux du dos et des flancs; quelques-uns dépassent de beaucoup les autres et deviennent ainsi des armes offensives fort redoutables, parce qu'ils forment de longues tiges épineuses, roides et pointues, qui s'élèvent au-dessus du corps dans plusieurs directions. Ces épines sont, en outre, très-finement dentées en scie sur leurs bords, et il n'est pas douteux qu'elles n'occasionnent des blessures réellement dangereuses. Les piquants de la tête sont courts et semblables à des poils roides; ils doivent se relever, comme la plupart de ceux du corps, au gré de l'Animal; les moustaches sont fortes et longues; enfin, la queue se termine par un bouquet de tubes secs et cornés présentant sur leur trajet plusieurs renflements bulleux.

TRIBU des AULACODIENS

On peut faire une tribu à part de l'*Aulacode*, autre Rongeur épineux propre à l'Afrique occidentale. Son crâne est large; ses dents molaires sont un peu différentes de celles des Hystriciens, et il a les incisives supérieures marquées chacune de forts sillons verticaux.

Genre AULACODE (*Aulacodus*). Ce genre, établi par Van-Swinder, professeur à Groningue, a été décrit pour la première fois par M. Temminck dans ses *Monographies de Mammalogie*, mais d'une manière assez incomplète, à cause de l'âge trop peu avancé de l'exemplaire que l'on en possédait alors. Ses principaux caractères extérieurs sont les suivants : corps recouvert de piquants à peu près égaux, de médiocre longueur, couchés; museau court et large; queue garnie de poils épineux peu différents de ceux du corps; quatre doigts apparents à chaque pied.

Le crâne dont nous avons publié la description en 1842 est trapu, élargi à l'espace interorbitaire, pourvu d'une crête occipitale puissante; son trou sous-orbitaire est considérable; ses apophyses styloïdes sont bien développées, et ses caisses tympaniques peu renflées; ses trous incisifs allongés. Le front est bombé de chaque côté, et les os du nez sont également convexes dans leur longueur, ce qui laisse entre eux une sorte de gouttière; le canal lacrymal s'ouvre en arrière de l'apophyse jugale du maxillaire; il est plus grand que chez les Hystriciens; la mâchoire inférieure est assez semblable à celle des Capromys; la symphyse en est élargie et solide. Les molaires sont au nombre de quatre paires à chaque mâchoire; l'émail y forme des replis assez compliqués, en festons, inversement disposés pour chaque mâchoire. Il y a supérieurement trois replis externes et deux internes pour chacune des molaires; inférieurement, on voit trois replis ou festons internes et deux externes. Les sommets intérieurs des festons internes et externes se touchent presque, et la partie éburnée qu'ils laissent entre eux est très-peu considérable. La barre ou l'espace vide qui existe entre les molaires et les incisives est plus considérable supérieurement qu'inférieurement; les incisives sont larges et puissantes; celles d'en haut, les seules qui soient sillonnées, ont chacune trois sillons, un presque médian, qui est le plus marqué de tous, et deux près le bord interne.

AULACODE DE SWINDER, 1/8 de grand.

AULACODE DE SWINDER (*Aulacodus Swinderianus*, Temminck). C'est un Animal de couleur brune, à peu près gros comme un Lapin, mais ayant le corps plus long et plus bas sur pattes; il est encore rare dans les collections. La Société zoologique de Londres en a reçu un exemplaire de Sierra-Léone; celui du Muséum de Paris, que nous avons fait figurer, a été envoyé du Fouta-Dhiallon, Sénégambie, par feu M. Heudelot.

TRIBU DES ÉRÉTHIZONIENS

Les Hystriciens sont des Rongeurs particuliers à l'ancien continent et dont aucune espèce ne se retrouve dans l'Amérique. Les Animaux de cette partie du monde qui ressemblent le plus à ceux dont nous venons de terminer l'histoire sont les Oursons, les Couis et les Coendous, que M. Gray a distingué comme tribu, sous la dénomination de *Cercolabina*. Ce mot rappelant le caractère préhensile de la queue des Coendous, nous lui avons substitué, tout en acceptant la manière de voir du savant zoologiste anglais, celui d'*Éréthizoniens*, également emprunté à l'un des genres de cette tribu. Comme il signifie simplement que ces

Animaux ont des piquants, il s'applique également aux différents genres qui la composent. Ces genres sont au nombre de quatre : *Éréthizon*, *Sphiggure*, *Chætomys* et *Coendou*. Les espèces qui s'y rapportent s'éloignent moins par l'ensemble de leurs caractères de l'Aulacaude que des véritables Hystriciens, mais leurs incisives supérieures ne sont pas sillonnées ; leurs piquants sont plus ou moins entremêlés de poils, quelquefois même dissimulés par eux, et leur queue, toujours plus ou moins longue, est prenante dans certaines espèces ; leur crâne a une forme assez particulière : il ne présente, dans aucun cas, l'arcure régulière de la ligne supérieure qui distingue celui des Porcs-Épics, des Acanthions, etc.

GENRE ÉRÉTHIZON (*Erethizon*, F. Cuvier). Apparence extérieure assez semblable à celle des Marmottes ; queue moins longue que la moitié du corps ; piquants courts, en partie cachés sous les poils. Le crâne montre plusieurs particularités tout à fait caractéristiques, dont F. Cuvier parle en ces termes : « La tête, vue de profil, au lieu de présenter dans sa partie supérieure un arc de cercle, présente une ligne presque droite, interrompue par l'élévation des crêtes orbitaires du frontal. Les parties de l'organe olfactif se partagent à peu près également la longueur de la tête avec le cerveau, qui n'est en communication qu'avec la partie postérieure des frontaux ; mais les nasaux sont courts ; ils forment un parallélogramme et occupent un peu moins du tiers de cette longueur ; les cornets paraissent avoir la même structure et, par conséquent, la même simplicité que ceux du Porc-Épic de Java ; les frontaux, qui sont plats, sont garnis d'assez fortes crêtes, lesquelles se réunissent en un angle aigu pour former la crête sagittale ; la fosse orbitaire, jointe à la fosse temporale, est très-grande, lorsqu'on la compare à celle des Porcs-Épics et des Acanthions, et cette comparaison rend sensible la grandeur du trou sous-orbitaire et surtout le peu de largeur de l'apophyse qui en forme la partie supérieure. L'os lacrymal est dans un état tout à fait rudimentaire et ne dépend plus que du maxillaire, quoiqu'il reste en communication avec le frontal. Les crêtes sagittales sont fortes et saillantes ; la caisse surpasse en grandeur celle du Porc-Épic ordinaire, quoique la tête de celui-ci soit du double plus grande. »

L'ÉRÉTHIZON URSON (*Erethizon dorsatus*) est l'espèce type de ce genre ; c'est l'*Hystrix Hudsonii* de Brisson, l'*Urson* de Buffon, et l'*Hystrix dorsata* de Gmelin. Cet Animal vit aux États-Unis ; il se creuse des terriers sous les arbres et se nourrit d'écorces, principalement de celles des genevriers, ainsi que de fruits et des racines de ces arbres ; il a le corps long de sept décimètres environ, et la queue longue de deux et quelque chose ; ses piquants sont en partie cachés sous les poils, surtout en hiver ; ils sont en partie blancs ou jaunâtres et en partie bruns ou noirâtres ; ceux de la croupe sont un peu plus longs que les autres ; le pelage est brun sombre, un peu glacé de blanc. L'Urson se roule en boule quand on l'attaque. C'est un Animal nocturne, qui jouit de la propriété de grimper, et dont la chair est mangeable. La femelle produit annuellement trois ou quatre petits ; elle n'a qu'une portée.

L'Urson est le *Cauquau* des Indiens et l'*Ousketouk* des Esquimaux. Nous en donnons une figure à la page 333.

F. Cuvier en rapproche, sous le nom d'ÉRÉTHIZON DE BUFFON (*Erethizon Buffonii*), l'Animal représenté par le célèbre auteur de l'*Histoire naturelle*, sur la planche 54 de son douzième volume, sous le nom inexact de *Coendou*. De même que dans l'Urson, la queue est très-distincte, non prenante, entièrement revêtue d'épines ; les épines sont blanches dans toute leur longueur, sauf à la pointe, qui est brune ; la teinte générale est blanchâtre.

GENRE SPHIGGURE (*Sphiggurus*, F. Cuvier). Animaux essentiellement grimpeurs, ayant la queue prenante et en partie nue. Leurs ongles sont arqués, et les paumes ainsi que les plantes de leurs pattes sont élargies ; leurs piquants ne sont pas très-longs, mais ils ont leur point d'attache rétréci, et leur sommet est très-aigu ; suivant les saisons, ils sont plus ou moins recouverts par les poils et dissimulés par eux. C'est ce qui les rend plus dangereux encore ; et si l'on touche les Sphiggures sans précaution, on peut se blesser plus ou moins fortement. A cause de cette particularité, l'espèce principale de ce genre a été

nommée *Hystrix insidiosa*, c'est-à-dire Porc-Épic insidieux. Les Sphiggures ont beaucoup
d'analogie avec les Coendous, avec lesquels tous les naturalistes les réunissaient même avant
la publication du Mémoire de F. Cuvier; mais ce dernier observateur a montré que leur
crâne est assez différent de celui des Coendous. Les os du front y sont déprimés au lieu d'être
proéminents; l'organe de l'olfaction est aussi limité dans un espace moins considérable; et
les dents incisives ont un sillon longitudinal.

On trouve des Sphiggures depuis le Mexique jusque dans la vallée de la Plata; il y en a
aussi au Pérou.

Le SPHIGGURE COUIY (*Sphiggurus insidiosus*), ou l'espèce ordinaire des collections,
est déjà signalé dans Brisson; c'est un des Animaux que Buffon appelle *Coendous*, et il est
décrit dans l'ouvrage d'Azara sous le nom de *Couiy*. Ses piquants sont, en grande partie,
jaunâtres à la base et à la pointe, bruns au milieu; les poils sont en général de la même
couleur; la longueur du corps dépasse cinq décimètres; la queue a deux décimètres et demi.
C'est au Paraguay qu'Azara a observé le Couiy. Il dit que cet Animal y est rare, mais qu'il
en a possédé cinq exemplaires qu'il trouva aux mois de septembre et d'octobre sur les grands
arbres, où ces Animaux montrent beaucoup de tranquillité dans leurs habitudes, et où ils
marchent sans effroi sur les branches les plus petites aussi bien que sur les troncs. Toutes leurs
actions ont le caractère de la lenteur, et leur goût sédentaire est si prononcé, qu'un des
des sujets observés par l'auteur espagnol passait quelquefois vingt-quatre et même quarante-
huit heures sans changer de lieu, ni même de posture; il ne se déplaçait que pour manger,
ce qu'il faisait communément vers neuf heures du matin ou à quatre heures de l'après-midi.
Azara dit qu'il ne l'a vu se remuer qu'une seule fois à la clarté de la lune et une autre fois à
à celle d'une lumière artificielle. Toutefois, pendant les premiers jours de sa captivité, il
grimpait partout et il se mettait sur la pomme ou sur le dos d'une chaise, mais jamais sur
rien de plat; étant monté un jour sur la fenêtre et s'étant placé sur le bord du volet, il ne
chercha pas depuis une autre place. Il y passait, sans plus de mouvement qu'une statue,
tout le temps qu'il n'employait pas à manger, et il s'y tenait dans une posture étrange,
parce que, sans se fixer ni par les pattes de devant, ni par la queue, il s'attachait seulement par les pieds de derrière. Il plaçait alors son corps dans une situation plus voûtée que
celle d'un Lapin; il avait les pattes de devant jointes ensemble et touchant presque celles de
derrière, et son museau baisait presque ces dernières. Quoiqu'il entrât du monde et qu'on
parlât, il ne regardait pas et il ne se dérangeait pas jusqu'à ce que son heure de descendr
manger fût venue. On le nourrissait de pain, de maïs, de manioc, d'herbes, de feuilles,
de fleurs et de fruits de toutes sortes, mais il en prenait infiniment peu, et il aimait à varier
sa nourriture en mangeant de plusieurs choses différentes. On lui a également vu manger du
bois de saule et de la cire vierge.

Le Couiy d'Azara prenait ses aliments avec les dents, les élevait et les soutenait aussitôt
de ses deux pattes de devant, comme le fait l'Agouti; son sens le plus perfectionné était
l'odorat. Si on l'appelait par son nom, il tournait rarement la tête, et lorsque le froid le
tourmentait, ou la faim, ou les puces, il faisait entendre sa voix, qui se bornait à un *hé*
prolongé et si sourd qu'on l'entendait à peine. Il se laissait toucher avec autant de facilité
que s'il eût été de pierre; mais si l'attouchement lui faisait quelque violence, il hérissait ses
épines, sans pourtant faire aucun mouvement du corps et en contractant seulement sa peau.

On a dit de cet Animal qu'il lançait ses piquants contre ceux qui l'inquiétaient; on a aussi
assuré qu'il faisait tomber les fruits d'un arbre, et qu'après s'être roulé sur eux, il les em-
portait cloués à ses épines; tout cela n'est pas plus vrai pour le Couiy que pour le Hérisson
ou le Porc-Épic.

Azara dit avoir vu quelquefois les excréments du Jaguar remplis de piquants du Couiy,
qui, ajoute-t-il, sortent tels qu'ils sont entrés et sans s'altérer dans aucun point. Le Jaguar
mange donc les Rongeurs de cette espèce, et il est probable que d'autres Carnassiers ont

aussi cette habitude. Malheureusement on n'a point encore de renseignements précis relativement aux mœurs des Sphiggures, et il reste quelque incertitude sur la valeur des différences qui distinguent entre eux ceux que l'on a jusqu'ici réunis dans les principaux musées.

Desmarest et d'autres mammalogistes également distingués n'ont admis qu'une seule espèce dans ce genre, mais F. Cuvier en a décrit une seconde comme facile à distinguer, et depuis lors, on en a ajouté deux ou trois autres.

F. Cuvier donne aux *Sphiggures Couiy* le nom de *Sphiggurus spinosus*, et il le décrit comme dépourvu de poils; mais on sait qu'ils en acquièrent en hiver de manière à dissimuler presque entièrement leurs piquants : ainsi que nous l'avons vu, c'est de là que l'on a tiré leur nom spécifique d'*Insidiosa*.

Le Sphiggure Orico (*Sphiggurus villosus*) est distingué par F. Cuvier sur l'examen d'un exemplaire rapporté du Brésil par M. Auguste de Saint-Hilaire. Voici comment il décrit cette nouvelle espèce :

Elle a environ quatorze pouces de longueur (près de quatre décimètres) du bout du museau à l'origine de la queue, dont la longueur égale celle du corps; elle diffère surtout de la précédente par les poils très-longs et très-épais qui la recouvrent extérieurement et sous lesquels les épines sont tout à fait cachées. Ces poils, qui colorent l'Animal, ont jusqu'à cinq pouces de longueur; ils sont blanchâtres à leur origine, noirs dans l'étendue de deux à trois pouces, et blonds ou d'un marron très-clair à leur extrémité; la queue est de cette dernière couleur dans sa première partie et noire dans le reste. Les épines sont, sur les différentes parties, distribuées et colorées comme celles du Couiy.

Fischer ne doute pas que l'Orico ne soit le même Animal que le Couiy dans son pelage d'hiver.

M. Gray distingue sous le nom de Sphiggure mélanure (*Sphiggura melanurus*) une espèce, également du Brésil, qu'il regarde comme étant peut-être l'*Hystrix nycthemera* de M. Lichtenstein.

Le Sphiggure bicolore (*Sphiggurus bicolor*) a été découvert au Pérou et décrit par M. Tschudi, auquel on doit de très-bons travaux sur les Animaux de cette contrée.

GENRE CHÉTOMYS (*Chœtomys*, Gray). Piquants subégaux, moins longs et moins forts que chez les autres Éréthizoniens; la queue n'a de vrais piquants qu'à sa base; ceux qui la recouvrent dans le reste de son étendue sont plutôt des poils quoiqu'ils soient encore roides et cassants; le museau n'est pas renflé; la forme du crâne est très-singulière. Il est élargi et aplati en dessous, et son cercle orbitaire est presque complet, les deux opaphyses postorbi-

taires se rapprochant plus l'une de l'autre que dans aucun autre Rongeur. L'orbite dépasse peu en grandeur le trou sous-orbitaire. Les dents ont aussi une forme très-caractéristique.

Le Chétomys subépineux (*Chœtomys subspinosus*) est l'*Hystrix subspinosa* de M. Lichtenstein et de Kuhl. M. Gray en a fait, avec juste raison, le type d'un genre à part. Cet Animal a les piquants cylindriques, à sommets appointis; leur couleur est brun fauve tendant au cendré. Taille peu différente de celle du Couiy; corps plus allongé; oreilles plus petites; queue plus grande. Ce Rongeur a été découvert par le prince Maximilien de Neu-Wied, au Brésil. Il vit dans les provinces du centre et du nord. Son corps a 0,38 et sa queue 0,35.

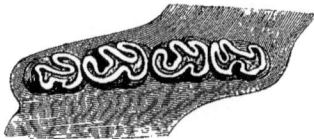

Molaires de Chétomys subépineux, un peu plus grandes que nat.

M. Pictet a donné une description de la même espèce sous le nom de *Plectrocebrus Moricandi*.

GENRE SYNÉTHÈRE (*Synetheres*, F. Cuvier), vulgairement *Coendou*. Lacépède le réunissait aux autres Éréthizoniens à queue prenante, sous le nom latinisé de *Coendu*. M. Brandt y a substitué celui de *Cercolabes*. Les Synéthères ou Coendous vrais ont la queue longue et prenante, les pattes modifiées pour grimper, le corps couvert de piquants assez analogues à ceux des autres genres de la même tribu, c'est-à-dire cylindriques, rétrécis à leur base et pointus au sommet; leurs narines sont ouvertes dans un renflement arrondi en forme de tubercule, et leur crâne est remarquable par un soulèvement considérable de la région olfactive.

Ces Animaux sont propres à l'Amérique méridionale. On n'en connaît bien qu'une espèce, le SYNÉTHÈRE COENDOU (*Synetheres prehensilis*) dont il est question dans les premiers ouvrages d'histoire naturelle relatifs au nouveau continent. Il a le corps couvert en dessus de piquants assez courts, annelés de blanc et de noir et sans mélange de poils; sa queue a aussi des piquants dans une partie de sa longueur, mais ils décroissent

SYNÉTHÈRE COENDOU, 1/8 de grand.

rapidement, et elle est nue et écailleuse vers son extrémité. Le corps a six décimètres et demi de long, et la queue près de cinq.

Le Coendou a des allures assez singulières; il grimpe très-bien, mais sans agilité, et la protubérance brunâtre dans laquelle sont percées ses narines contribue à rendre sa physionomie plus bizarre encore. On le trouve dans les lieux boisés, les arbres étant sa demeure habituelle; ses mœurs, à l'état de liberté, n'ont pas été décrites, et, en captivité, elles n'ont rien offert de bien particulier. On rencontre principalement ces Animaux dans la Guyane, au Brésil et même au Mexique. On soupçonne qu'ils constituent plusieurs espèces.

Brisson a parlé de ceux du Mexique sous le nom d'*Hystrix Novæ Hispaniæ*. Dans son histoire de ce pays, Hernandez les avait appelés *Hoitzlacuatzin*.

M. Brandt en sépare une autre espèce sous le nom de *Cercolabes platycentrotus*. Sa patrie est encore inconnue.

On en distingue aussi le *C. boliviensis*, qui vit, ainsi que son nom l'indique, dans la Bolivie.

TRIBU des CAPROMYENS

Cette tribu comprend des espèces dont le pelage est tantôt doux, tantôt au contraire plus ou moins épineux, mais sans que leurs épines aient jamais la consistance ni la longueur de celles des Hystriciens ou même des Éréthizoniens. On pourrait, à cause de ce caractère, la séparer en deux catégories, en mettant d'un côté ceux qui ont des épines, et de l'autre, ceux qui en manquent; mais la transition des uns aux autres est insensible, et on classait encore, il y a quelques temps, dans un seul et même genre, sous le nom d'*Échimys*, des espèces à poils rudes ou épineux, et d'autres qui les ont souples ou même doux au toucher. D'autres Capromyens sont les *Capromys*, *Plagiodontes* et *Myopotames*.

GENRE ÉCHIMYS (*Échimys*, E. Geoffroy). On ne considère plus comme méritant la dénomination d'Échimys, c'est-à-dire de Rats épineux, qu'une partie des Animaux auxquels on l'avait d'abord appliquée. Le caractère d'avoir les poils de nature plus ou moins épineuse peut se rencontrer en effet chez un assez grand nombre d'espèces de Rongeurs; et ces espèces, tout en se ressemblant extérieurement, peuvent différer entre elles par des particularités plus importantes. C'est pourquoi l'on rapproche maintenant des véritables Rats celles qui ont, comme les Acomys, une dentition analogue à celle de ces Animaux, et par contre, on met à côté des Échimys proprement dits quelques espèces dont le pelage est souple et soyeux.

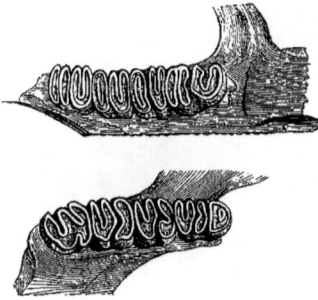

MOLAIRES D'ÉCHIMYS, 2/1 de grand.

Une particulirité plus importante de ces Animaux épineux consiste dans le nombre et la forme de leurs dents molaires; les vrais Échimys en ont constamment quatre paires à chaque mâchoire et elles sont égales entre elles. Ces Rongeurs ont aussi un grand trou sous-orbitaire, et, à cet égard encore, ils s'éloignent des Rats. Leur taille est en général plus forte que celle de ces derniers; celle du Surmulot ou du Perchal peut cependant en donner une idée; ils ont la queue à peu près aussi longue que le corps; leur extérieur rappelle celui des espèces essentiellement destinées pour vivre à la surface du sol, et, comme elles, ils ne sont que médiocrement fouisseurs; leur nourriture consiste en végétaux. L'Amérique méridionale et les parties de l'Amérique septentrionale qui s'en rapprochent le plus sont les seuls pays qui aient encore fourni des Échimys.

On les a partagés en plusieurs genres, que nous grouperons ici comme autant de sous-genres, de manière à laisser au groupe des Échimys, tel que l'avait établi E. Geoffroy, à peu près les mêmes limites. Dans cette manière de voir, le genre des Échimys reste également synonyme du genre *Loncheres* (Illiger); il répond alors à la tribu des Echymiens de plusieurs auteurs.

Ce sont les *Cercomys*, les *Échimys* proprement dits, les *Nélomys*, les *Dactylomys* et les *Lasiuromys*, auxquels on en a ajouté d'autres encore. Parmi ces derniers se rangent le genre fossile des *Carterodon* (Lund), qui a les incisives supérieures cannelées, et celui des *Mesomys* (Wagner), dont l'espèce type manque, dit-on, de queue. MM. Pictet, Is. Geoffroy et Waterhouse, ont notablement ajouté à nos connaissances sur les Échimys. Nous commencerons par l'espèce type du sous-genre *Cercomys*.

1. CERCOMYS (*Cercomys*, F. Cuvier). Poils doux; queue nue et écailleuse; molaires radiculées, subarrondies à leur couronne, qui présente une échancrure interne aux dents supérieures, une externe aux inférieures, et plusieurs îles intérieures d'émail de forme ovalaire.

Cercomys du Brésil (*Cercomys cunicularius*, F. Cuv.). Il a été découvert au Brésil, dans les province des Mines, par M. Auguste de Saint-Hilaire. Son pelage est brun foncé aux parties supérieures, brun pâle au contraire sur les flancs et les joues, blanchâtre sous les mâchoires, le cou et le dessous du tronc; aucune épine n'est mêlée aux poils du dos ou des autres parties.

Cercomys du Brésil, 2/3 de grand.

2. Échimys *proprement dits* (*Echimys*, Is. Geoff.). Le pelage est plus ou moins épineux sur les parties supérieures du corps; les dents sont plus ou moins semblables à celles du genre précédent; la queue est également nue et écailleuse; les tarses sont allongés.

Échimys de Cayenne (*Echimys cayennensis*, E. Geof.) Des piquants assez nombreux; pelage roux passant au brun sur le milieu du dos et au blanc en dessous. Cette espèce habite la Guyane.

Échimys de Cayenne, 1/2 de grand.

Échimys soyeux (*Echimys setosus*, E. Geoff.). Il a le pelage roux, assez doux et peu mêlé de piquants; il est blanc en dessous et au bout des pieds. C'est un Animal du Brésil.

Échimys épineux (*Echimys spinosus*, E. Geoff.). Pelage d'un brun obscur mêlé de rougeâtre en dessus et de blanc sale en dessous; les poils sont entremêlés d'aiguillons forts et nombreux; la queue est plus courte que la moitié du corps. Espèce de la Guyane et du Brésil.

Échimys hispide (*Echimys hispidus*, E. Geoff.). Brun roux, plus clair en dessous; les poils du dos épineux et larges; queue de la longueur de la tête.

Échimys a épines blanches (*Echimys albispinus*, Is. Geoff.). Des piquants aplatis, lancéolés, très-forts et très-nombreux, peu mêlés de poils, sont répandus sur le dessus du corps jusqu'à la queue et aux cuisses; ceux des parties latérales ont leurs extrémités blanches. Habite la petite Ile Deos, sur la côte du Brésil, auprès de Bahia.

M. Is. Geoffroy n'admet qu'avec doute comme distinct, et sous le nom d'Échimys myosure (*Echimys myosuros*), le *Loncheres myosuros* de M. Lichtenstein, auquel il réunit d'ailleurs les *Mus leptosomus* et *cinnamomeus* du même auteur, ainsi que le *Loncheres longicaudatus* de Rengger. C'est un Animal du Brésil et du Paraguay.

3. NÉLOMYS (*Nelomys*, Jourdan). Pelage plus ou moins épineux; queue souvent velue; tarses peu allongés; molaires formées de lobes elliptiques aussi larges que la couronne.

Plusieurs de ces espèces sont assez peu différentes des vrais Échimys par leur apparence extérieure.

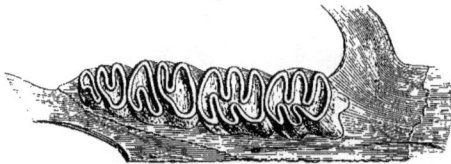

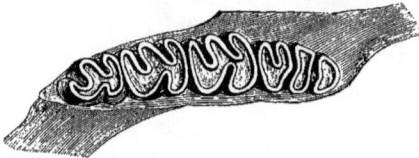

MOLAIRES DE NÉLOMYS DEMI-VELU, 4/1 de grand.

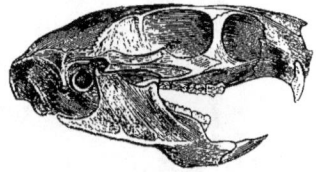

CRANE DE NÉLOMYS, grand. nat.

Nélomys paillé (*Nelomys paleaceus*) ou le *Loncheres paleacea* d'Illiger et des auteurs allemands. C'est un Animal du Brésil que Fischer ne distingue pas du précédent, quoique Illiger lui-même ait dit qu'il en différait. Sa patrie est le Brésil.

Nélomys de Blainville (*Nelomys Blainvillii*, Jourdan) est une autre espèce découverte dans la province de Bahia.

Nélomys didelphoïde (*Nelomys didelphoides*). Espèce décrite par É. Geoffroy et Desmarest sous le nom d'*Échimys didelphoïde*; sa queue, qui est de la longueur du corps, est velue dans un septième de son étendue et pourvue dans le reste d'écailles nues et verticillées.

Nélomys armé (*Nelomys armatus*, Is. Geoff.). Autre espèce établie sur le *Mus hispidus* de M. Lichtenstein, qui n'est pas l'*Échimys hispidus* d'E. Geoffroy. Il reste quelques doutes à son égard.

Nélomys demi-velu (*Nelomys semi-villosus*, Is. Geoff.). Queue velue et écailleuse, sauf à la base; corps roussâtre en dessus tiqueté de jaune; des piquants médiocrement forts sur le corps; d'autres encore très-roides et très-aplatis sur la tête. De Carthagène, dans la Nouvelle-Grenade.

Nélomys huppé (*Nelomys cristatus*) ou le *Lerot à queue dorée* des *Suppléments* de Buffon. Son pelage assez épineux est marron en dessus; sa tête brun foncé avec une ligne blanche sur le front dont les poils peuvent se redresser; queue plus longue que le corps, noire dans sa première moitié et fauve dans la seconde. Habite la Guyane.

NÉLOMYS HUPPÉ, DE CAYENNE, 1/4 de grand.

4. DACTYLOMYS (*Dactylomys*, Is. Geoff.). Corps couvert de poils, à queue seulement velue à sa base; pattes courtes, les antérieures tetradactyles, à cause de l'état tout à fait rudimentaire du pouce, ont leurs doigts intermédiaires plus longs que les autres. C'est une disposition assez caractéristique, mais que présentent à un degré presque égal plusieurs espèces d'Échimys. Les lamelles des molaires sont séparées par des plis obliques de l'émail et forment des figures irrégulièrement cordiformes.

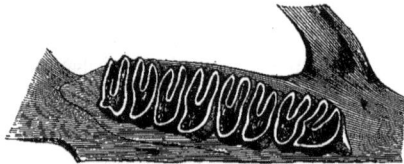

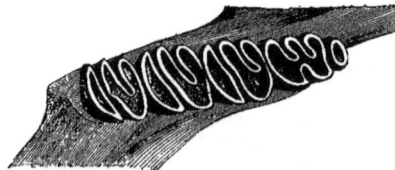

DACTYLOMYS TYPE (*Dactylomys typus*, Is. Geoff.). Autrefois nommé *Echimys dactylinus* par E. Geoffroy. C'est un Animal de l'Amérique méridionale, probablement du Brésil, et dont le corps a environ trois décimètres et demi; sa queue est plus longue encore; ses poils

MOLAIRES DU DACTYLOMYS, 2/1 de grand.

assez doux sont variés de roux mordoré, de noir et de fauve; une petite houppe de poils un peu roides et blanc roussâtre existe sur la tête. Nous en figurons ici l'apparence extérieure et le système dentaire, d'après le seul exemplaire connu.

DACTYLOMYS, 1/3 de grand.

5. LASIUROMYS (*Lasiuromys*, Deville). Point de piquants; doigts antérieurs moins inégaux que ceux des Dactylomys; queue entièrement velue.

LASIUROMYS VELU (*Lasiuromys villosus*, Deville). Cette espèce a le dessus de la tête blanc roussâtre; les joues, les oreilles et une grande tache dorsale noires; le reste du corps est lavé de roux et de gris, sauf au ventre qui est fauve; longueur du corps, 0,31; de la queue, 0,27. M. Émile Deville a découvert cette espèce dans la mission de Sarayacu haut Amazone. Il suppose qu'elle peut grimper aux arbres.

GENRE CAPROMYS (*Capromys*, Desm.). Les Capromys ont les proportions plus lourdes que les Échimys et leur pelage n'est pas épineux comme il est chez la plupart de ces Animaux; il est simplement rude; la queue peu ou point velue est assez longue et écailleuse; les oreilles sont nues; la lèvre supérieure a de fortes moustaches et le pouce des pieds antérieurs est rudimentaire. A ces caractères peu significatifs s'ajoute celui des dents molaires qui sont subégales, à peu près carrées et marquées à leur couronne de zig-zags réguliers produits par les replis de l'émail; le dessin en est un peu différent aux deux mâchoires, mais il n'a pas l'obliquité qui caractérise le genre suivant.

On distingue trois espèces de Capromys et toutes trois sont de l'île de Cuba. Ce sont de gros Animaux ayant les allures des Rats, mais avec des formes plus trapues et une taille plus considérable. Ils vivent dans les bois et dans les plantations et ont été signalés par les auteurs qui ont écrit les premiers sur l'histoire naturelle des Antilles. On les connaît en espagnol sous le nom d'*Hutias*, et ils ont été souvent comparés aux Lapins. Leur grosseur est en effet analogue à celle de ces Animaux, mais ils en diffèrent extérieurement et intérieurement par de nombreux caractères. Ils sont herbivores et grimpent assez facilement sur les arbres et sur les lianes. Leur foie présente une particularité singulière; les lobes qui le composent étant divisés à leur surface par un grand nombre de petits sillons anastomotiques qui isolent ainsi un grand nombre de lobules secondaires dont on ne connaissait aucune trace chez les autres Animaux. J'ai cependant constaté que le foie du Plagiodonte présentait la même disposition. Le genre Capromys a été établi par Desmarest sous le nom qui lui a été conservé. Peu de temps avant, un naturaliste américain, M. Say, en avait étudié l'espèce type et il en avait déjà fait un genre à part sous le nom d'*Isodon*; mais celui-ci n'a pas prévalu parce qu'il avait été employé antérieurement dans un sens différent.

CAPROMYS DE FOURNIER (*Capromys Fournieri*, Desm., ou *Isodon pilorides*, Say). Animal de couleur brun noirâtre en dessus et sur les côtés, gris blanchâtre en dessous. Long de **0,42** pour le corps et de **0,17** pour la queue, qui est écailleuse comme celle des Rats.

CAPROMYS DE FOURNIER, 1/6 de grand.

Dans son Mémoire sur le genre Capromys, Desmarest a donné les détails suivants sur un couple de ces Animaux qui lui avaient été rapportés vivants de Cuba. « Leur intelligence me semble, dit-il, aussi développée que celle des Écureuils et des Rats et bien supérieure à celle des Lapins et des Cochons d'Inde; ils ont surtout beaucoup de curiosité. Le sens de l'ouïe ne semble pas avoir autant de finesse que dans les Lapins ou les Lièvres. Leurs narines sont toujours en mouvement, surtout lorsqu'ils flairent un nouvel objet; leur goût paraît assez délicat pour qu'ils puissent distinguer et dédaigner les végétaux qu'on leur donne, qui ont été touchés par des matières animales pour lesquelles ils ont beaucoup de répugnance. Ils vivent en bonne intelligence entre eux et dorment très-rapprochés l'un de l'autre. Lorsqu'ils sont éloignés, ils s'appellent par un petit cri aigu très-peu différent de celui du Rat, et leur voix, lorsqu'ils éprouvent du contentement, est un léger grognement fort bas. Ils ne se disputent guère que pour la nourriture; lorsqu'on leur donne un seul fruit pour eux deux, alors l'un s'en empare et se sauve avec jusqu'à ce que son adversaire le lui ait enlevé. Ils font de

longues parties de jeu en se tenant debout, à la manière des Kangurous, appuyés solidement
sur les larges plantes de leurs pieds et sur la base de leur queue, et en se poussant avec les
mains jusqu'à ce que l'un d'eux, trouvant un mur ou un meuble pour s'appuyer, reprenne
de la force et regagne l'avantage. Ils ne se mordent jamais. Ils ont beaucoup d'indifférence
pour les autres Animaux et ne font même aucune attention aux Chats. Ils aiment à être flattés
et surtout grattés sous le menton. Ils ne mordent point, mais tâtent légèrement la peau de
ceux qui les caressent avec leurs incisives. Ils ne boivent pas ordinairement, mais cependant
je les ai vus quelquefois humer de l'eau, ainsi que le font les Écureuils. Leur nourriture
consiste seulement en matières végétales, telles que choux, chicorée, raisins, noix, pain,
pommes, thé bouilli, châtaignes, carottes, etc. Ils sont peu difficiles sur le choix de ces
aliments, mais j'ai remarqué qu'ils ont un goût particulier pour les herbes à saveur forte et
pour les plantes aromatiques, telles que l'absinthe, le romarin, le géranium, la pimprenelle,
le céleri, la matricaire, etc., etc. Le raisin leur plaît beaucoup, et, pour en avoir, ils se
hâtaient cet été de grimper après une perche assez longue, à l'extrémité de laquelle je plaçais
ce fruit. Quant à leur démarche, ce sont des Animaux presque absolument plantigrades.
Leurs mouvements sont assez lents et leur train de derrière est comme embarrassé lorsqu'ils
marchent, ainsi qu'on le remarque dans les Ours. Ils sautent quelquefois en se retournant
brusquement de la tête à la queue, comme le font les Surmulots. Ils courent au galop lorsqu'ils jouent, en faisant beaucoup de bruit avec les plantes des pieds. Lorsqu'ils grimpent,
ce qu'ils font avec facilité, ils s'aident de la base de leur queue comme d'un point d'appui
et descendent de même; dans certaines positions, sur un bâton par exemple, cette queue
leur sert de balancier pour conserver l'équilibre; dans le repos, ils se mettent souvent aux
écoutes, debout, en laissant pendre les mains, ainsi que le font les Lièvres et les Lapins;
enfin pour manger, ils emploient tantôt les deux mains et tantôt une seule. Ce dernier cas
arrive lorsque les corps qu'ils tiennent sont assez petits pour qu'ils puissent les saisir entre
leurs doigts réunis et le tubercule de la base du pouce. »

CAPROMYS PRÉHENSILE (*Capromys prehensilis*, Poeppig). Il est un peu plus petit que
le *C. Fournieri*; il a la queue proportionnellement plus longue, un peu préhensile et garnie
de quelques poils roides dans une partie de sa longueur et nue en dessous vers son extrémité.
Le pelage est cannelle plus ou moins mêlé de gris ou de blanchâtre : cette dernière teinte
domine sur la tête et aux pattes. Cet Animal vit aussi dans l'île de Cuba.

CAPROMYS DE POEY (*Capromys Poeyii*, Guérin). Suivant M. Guérin, il se distingue du
Capromys préhensile par son pelage marron tiqueté de ferrugineux et de jaunâtre; sa tête est
jaune roux, assez pâle en dessus et sur les côtés; la gorge et le ventre sont blancs; ses moustaches sont brun marron au lieu d'être blanches, mais leur base est aussi de cette dernière
couleur; la queue, un peu moins longue que
le corps, est entièrement couverte de poils ferrugineux sans espace nu en dessous.

GENRE PLAGIODONTE (*Plagiodontia*,
F. Cuvier). Apparence extérieure rappelant
celle des Capromys, et en particulier celle du
Capromys de Fournier; forme également tra-
pue; queue moins longue que le corps et à
peu près nue. Le foie a aussi la même conformation que celui des Animaux, mais les
dents molaires ont les replis de leur émail bien
plus obliques et inversement disposés aux deux
mâchoires; leur contour est en même temps
plus irrégulier et comme ondulé, ce qui rapproche ces Animaux des Myopotames.

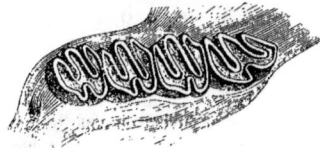

DENTS DE PLAGIODONTE, 2/1 de grand.

PLAGIODONTE DES HABITATIONS (*Plagiodontia ædium*). Taille et forme du Capromys de Fournier; couleur à peu près semblable. Le pelage est généralement brun clair, sauf aux parties inférieures, où il devient blond jaunâtre; la queue est entièrement nue et revêtue d'écailles pentagones très-petites, serrées les unes contre les autres.

Le Plagiodonte vit dans l'île de Saint-Domingue, où il est connu sous le nom de Rat Cayes, c'est-à-dire Rat des habitations. Il a pour habitude de se rapprocher des maisons, mais il ne sort que la nuit. Le mâle et la femelle se quittent peu; leur nourriture principale consiste en racines et en fruits, et, comme tous les Rongeurs frugivores, ils sont fort bons à manger; aussi les Haïtiens en sont-ils très-friands.

F. Cuvier devait à M. Alexandre Ricord l'exemplaire de cette espèce qu'il avait étudié; celui dont nous avons examiné le foie et le crâne a été également rapporté par le même naturaliste. Il faut très-probablement attribuer à la même espèce ce qu'Oviédo a écrit, vers 1725, des Houtias de l'île à laquelle les Espagnols donnèrent d'abord le nom d'*Hispaniola* et que nous nommons aujourd'hui Haïti ou Saint-Domingue.

Au rapport d'Oviédo, « il y avait dans cette île un Animal nommé *Hutia*, qui était quadrupède, avec la forme d'un Lapin, mais cependant plus petit et avec de plus petites oreilles, et la queue était comme celle des Rats; sa couleur était d'un gris brun; sa chair paraissait être très-bonne à manger et les Indiens le chassaient avec de petits Chiens goîtreux qu'ils avaient avec eux, et maintenant cet Animal est devenu rare. »

GENRE MYOPOTAME (*Myopotamus*, Commerson). Un autre Animal intéressant et dont on fait également un genre à part est le Coypou des grandes rivières et des fleuves de l'Amérique méridionale, principalement du Chili ainsi que du bassin de la Plata. Cet Animal a une grande ressemblance extérieure avec le Castor, et il a, comme lui, les pieds de derrière palmés; mais sa queue est cylindrique et nue comme celles des Rats et des Plagiodontes, son crâne est établi sur le type qui caractérise ce dernier genre; il lui ressemble aussi par quelques autres caractères, et il est bien évident qu'il doit en être rapproché plus que de tout autre Rongeur. C'est donc à tort que l'on a fait du Coypou tantôt une espèce de Castor, tantôt une espèce d'Hydromys. C'est bien un Animal de la catégorie qui nous occupe en ce moment et il ne diffère guère plus du Plagiodonte sous le rapport du système dentaire que celui-ci ne diffère du Capromys. Ses dents molaires manquent également de racines distinctes, et leur couronne, qui est irrégulièrement festonnée à son contour, présente à sa face de trituration des replis ondulés de l'émail et quelques îles ovalaires dont la disposition est inverse aux deux mâchoires. Une autre particularité des Myopotames consiste dans la position tout à fait latérale et même assez relevée de leurs mamelles. Ce caractère, que l'on retrouve d'ailleurs chez quelques autres Rongeurs leur a valu le nom de *Mastonotus*, c'est-à-dire mamelles dorsales, sous lequel M. Wesmael les a décrits en 1841, mais sans reconnaître l'identité spécifique de l'exemplaire observé par lui avec le Coypou. Le mot Myopotame, que l'on trouve déjà dans les manuscrits de Commerson, et qu'E. Geoffroy-Saint-Hilaire a fait prévaloir, exprime d'ailleurs très-bien le genre de vie de l'Animal qui sert de type au genre du Coypou, puisqu'il veut dire Rat (ou plutôt Rongeur) fluviatile et que le Coypou habite en effet les eaux courantes.

Cet Animal paraît être l'unique espèce du genre. Il se pourrait néanmoins que l'on dût considérer comme distinct, mais en même temps comme congénère, le *Castor huidobrius* qu'a décrit Molina et que M. Lesson a pris pour type d'un genre à part, sous le nom de GUILLOMYS. Malheureusement il n'a pas été donné de nouvelle description de cet *Huidobrius*, et tout ce qu'il nous est permis d'en dire, c'est que cet Animal se trouve au Chili; qu'il a les formes extérieures et la couleur du Myopotame; que ses pieds postérieurs sont palmés comme les siens; que sa queue a la même forme et qu'il a comme lui de fortes incisives. La seule différence qu'on puisse signaler, par rapport au Myopotame, c'est qu'il est un peu plus petit et seulement égal pour la taille au Capromys ou au Plagiodonte. C'est donc contrairement à

toutes les vraisemblances que, dans son *Histoire du Chili*, M. Claude Gay éloigne l'Huidobrius du Coypou pour le rapporter au genre des Loutres. Tout démontre que ce n'est pas un
Carnivore, et sa place est auprès du genre Myopotame, si même il ne doit pas être réuni à
l'espèce du Coypou véritable, ce que nous ne sommes pas en mesure de décider.

MYOPOTAME, 1/6 de grand.

La peau des Myopotames est recouverte de poils fins et soyeux, ayant à leur base une bourre
comparable à celle des Loutres et du Castor, et elle est souvent employée aux mêmes usages
que la fourrure de ces Animaux. Il en vient en Europe par le commerce de la Plata, et autrefois on en recevait encore une plus grande quantité. C'est aux peaux de Coypous que l'on
donne le nom de Castors de la Plata. On les appelle aussi *Ragondin* et *Nutria*, mais ce dernier
nom est celui des Loutres en espagnol. Ce n'est que vers l'année 1810 que l'on commença à
les apporter en grande quantité. On les désigne également par le nom de Rats. Au rapport
de M. d'Orbigny, le plus grand commerce des Rosas avec les Correntinos, consiste en pelleteries de Coypous, et plus de cent cinquante mille douzaines en furent livrées, de 1827 à 1828.
Le même auteur évalue à soixante mille les peaux vendues annuellement dans les seules villes
de Buénos-Ayres et de Santé-Fé. Un propriétaire assurait avoir tué sur ses terres plus de
six mille de ces Rongeurs, et l'on calcule que chaque année plus de trois millions de peaux
de Coypous sont livrées au commerce. On chasse ces Animaux avec des Chiens, parce qu'ils
sont nocturnes et qu'il faut les poursuivre de nuit. Les naturels Américains employaient déjà
les peaux de Coypous avant l'arrivée des Espagnols, et ils en faisaient des manteaux en
les cousant ensemble en nombre suffisant. Cet usage s'est conservé chez plusieurs de leurs
nations.

Le MYOPOTAME COYPOU (*Myopotamus coypus*) ou l'Animal qui fournit ces peaux est le
Quoiuya d'Azara et le *Coipu* de Molina. Son corps est long de six décimètres et sa queue
de quatre; il est brun marron sur le dos, roux sur les flancs et brun clair sous le ventre; il
nage avec facilité et creuse son terrier sur la berge. La femelle met bas cinq ou six petits,
quelquefois sept, et elle les conduit avec elle. La nourriture de cette espèce est végétale et

son caractère est fort doux; elle est susceptible d'être apprivoisée, et, sous ce rapport encore, elle diffère peu du Capromys dont nous avons parlé plus haut.

Des débris fossiles de Myopotames ont été observés au Brésil; on en a également signalé en France, mais ceux-ci nous ont paru appartenir plutôt à la famille des Castoridés.

TRIBU DES CHINCHILLIENS

La petite division des Chinchilliens comprend trois genres de Rongeurs, tous les trois particuliers à l'Amérique méridionale, qui se font remarquer par l'abondance et la douceur de leur pelage, par leur queue assez longue, par leurs doigts pourvus d'ongles fouisseurs, et surtout par la forme tout à fait particulière de leurs dents molaires. Ces dents sont au nombre de quatre paires à chaque mâchoire, à peu près égales et composées de plusieurs lamelles obliques, alternativement formées d'émail et d'ivoire. Cette disposition est comparable, à certains égards, à ce que l'on voit chez les Otomys; les molaires des Archéomys, genre éteint qu'on n'a encore observé qu'en Auvergne, leur ressemblent encore davantage. Les Chinchilliens ont le crâne pourvu d'un grand trou sous-orbitaire. On les distingue génériquement entre eux par

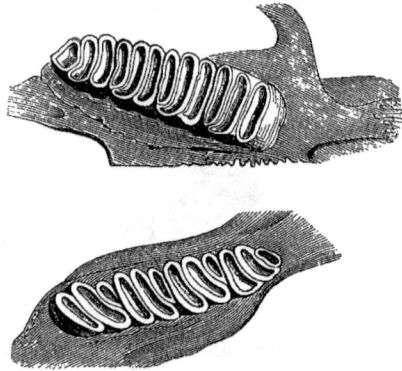

DENTS DE CHINCHILLA, 3/1 de grand.

le nombre de leurs doigts et par la forme de leurs oreilles ou de leur queue. Nous en parlerons sous les noms de *Lagostomus*, *Lagotis* et *Chinchilla*.

GENRE LAGOSTOME (*Lagostomus*, Brookes). Corps assez semblable à celui du Lapin; oreilles moins larges, ayant leur cornet évasé et un peu en pointe; de fortes moustaches; queue assez longue, en balai; quatre doigts aux pieds de devant; trois à ceux de derrière; ces derniers forts, surtout celui du milieu, pourvus d'ongles puissants. Les dents sont établies sur le même modèle que celles des autres Chinchilliens. Ce genre ne comprend qu'une seule espèce, vulgairement désignée par la dénomination de Viscache.

Le LAGOSTOME VISCACHE (*Lagostomus viscaccia*) est un Animal aujourd'hui bien connu, mais dont les caractères et la classification sont restés longtemps incertains. On l'emploie cependant depuis assez longtemps, et Nuremberg, Laët et Feuillée en ont fait mention. Molina et Azara en ont parlé depuis lors, et, dans ces dernières années, MM. Brookes, Is. Geoffroy, Van der Hœven, Lichtenstein et plusieurs autres naturalistes distingués s'en sont successivement occupés. M. de Blainville, qui avait vu une Viscache vivante dans une ménagerie de Londres, n'avait pas reconnu sa véritable espèce, et, dans une note qu'il a fait publier à cet égard par Desmarest, il en faisait une espèce de Gerboise, sous le nom de Gerboise géante (*Dipus maximus*). La Viscache est de la taille d'un Lapin, mais ses oreilles moins grandes et sa queue assez longue, la font immédiatement distinguer des Animaux de ce genre; elle s'en éloigne d'ailleurs beaucoup par son organisation intérieure et par le nombre ainsi que la forme de ses dents. Son pelage est partout abondant et épais, mais il n'a pas la finesse de celui des Chinchilla. Il est gris, glacé de brunâtre en dessus, et passe au blanc sur les parties inférieures; les poils de la queue sont secs et roides; ils sont de couleur marron sale ; la tête est brune en dessus, blanchâtre dans la région des yeux et des lèvres, et parcourue de chaque côté par une bande noirâtre ; les moustaches sont longues et noires ; le corps mesure en longueur cinq décimètres et demi, et la queue deux.

Les Viscaches habitent les grandes plaines de l'Amérique méridionale auxquelles on donne le nom de *Pampas* ; elles sont surtout abondantes dans le bassin de la Plata, et du côté de Buenos-Ayres ainsi qu'à Montévidéo, on en tue un grand nombre. Ce sont des Animaux herbivores, timides, qui vivent en société, et auxquels on donne la chasse parce qu'ils dégradent le sol, font des ravages dans les lieux cultivés, et fournissent une fourrure de quelque utilité. On s'en sert en Amérique pour fabriquer des casquettes. On ne mange pas la chair des Viscaches. Ces Animaux sautent avec légèreté et fuient très-rapidement lorsqu'on les inquiète ; leurs allures ont été comparées à celles des Kanguros et des Gerboises ; leurs habitudes sont sédentaires, et ils n'abandonnent les terriers où ils sont nés que si la nécessité les y force. C'est ce qui a lieu lorsqu'une famille est devenue trop nombreuse et qu'elle est obligée de se diviser pour vivre. Dans leurs moments de tranquillité, ils se tiennent sur leurs pattes de derrière, redressés à la manière des Lapins, se grattent avec les mêmes pattes ou se lissent avec celles de devant. Celle que M. de Blainville avait vue à Londres mangeait volontiers du pain, des carottes et divers autres légumes ; elle portait ses aliments à sa bouche. On la disait, mais à tort, originaire de la Nouvelle-Hollande. Dans l'état sauvage, les Viscaches se nourrissent de graminées et de légumineuses ; une herbe de cette dernière famille qui ressemble à la luzerne, et qui recouvre une grande partie des Pampas, paraît être leur aliment favori. Les femelles mettent bas pendant la belle saison de l'hémisphère sud, c'est-à-dire en décembre, janvier et février ; elles ont de deux à quatre petits pour chaque portée ; la durée de leur accroissement paraît être de quatre à cinq mois ; elles ont divers cris : lorsque quelque chose les effraie, on les entend dans leurs terriers exprimer leur crainte par des sons rauques qui imitent une espèce de roulement ; lorsqu'elles sont surprises hors de leur trou, elles poussent en se sauvant un cri aigu.

Les Viscaches ont servi de type au genre *Callomys* de MM. Is. Geoffroy et d'Orbigny, qui comprend l'ensemble des Chinchilliens. Elles répondent plus particulièrement à celui des *Lagostomus*, qui a été proposé, en 1829, par M. Brookes, et qui rappelle la ressemblance de leur bouche avec celle des Lapins. Plusieurs auteurs, et, entre autres, Molina, ont confondu le Lagotis avec la Viscache. (*Planche XXIX.*)

GENRE LAGOTIS (*Lagotis*, Bennett). Le corps est moins fort que celui des Viscaches ; les oreilles sont plus longues, moindres cependant que celles des Lièvres, auxquelles on les a comparées ; la queue est longue et en panache ; les pieds de derrière ont quatre doigts comme ceux de devant. Quant aux dents, elles sont lamelleuses et très-semblables à celles des Viscaches ou des Chinchillas.

On cite trois espèces dans ce genre ; elles ont été décrites par M. Bennett, sous les noms de *Lagotis Cuvieri* et *L. pallipes*, ainsi que par M. Gay, sous celui de *L. criniger*. M. G. Fischer a aussi publié un petit mémoire au sujet de ces Animaux, et M. Meyen en a parlé sous le nom de *Lagidium*.

Les Lagotis ont le port gracieux, le pelage très-doux et approchant de celui des Chinchillas, mais leur queue a des poils plus longs ou plus sétiformes que celle de ces Animaux ; ils se rapprochent des Lapins par les dimensions, ont des formes plus élégantes et plus élancées, et leur longue queue leur donne une autre physionomie. On les trouve en Bolivie, au Pérou et au Chili, dans la chaîne des Andes.

LAGOTIS DE CUVIER (*Lagotis Cuvieri*). L'espèce appelée ainsi par Bennett est sans doute la même que MM. Is. Geoffroy et d'Orbigny avaient décrite antérieurement sous le nom de *Callomys aureus*, d'après des peaux incomplètes observées chez un fourreur de Paris. Voici quels caractères ils lui assignaient :

Pelage d'un jaune nuancé de verdâtre à la face supérieure du corps ; d'un beau jaune doré.

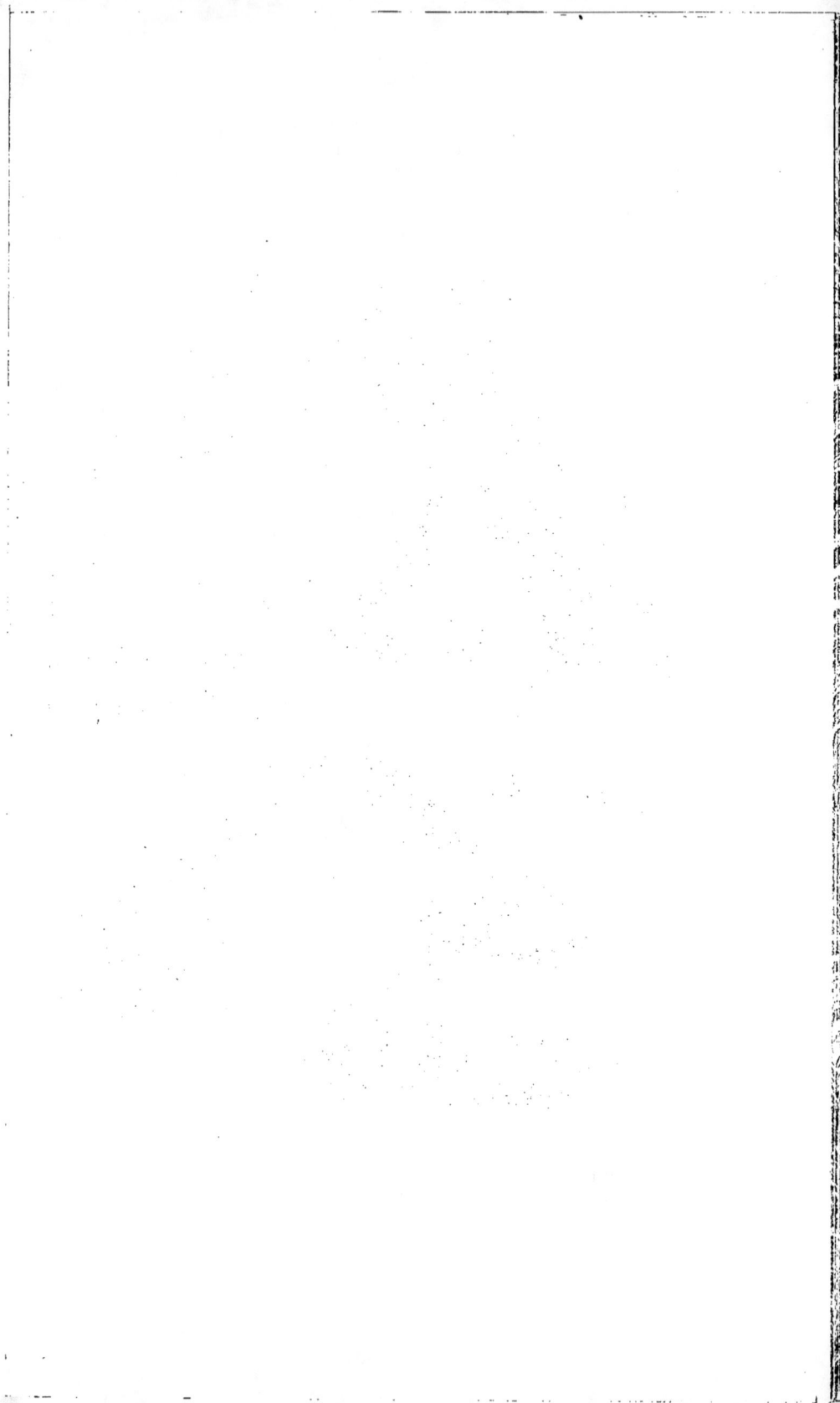

de cou
des lè
et noi
Les
donne
côté d
maux
dégra
quelqu
chair
les in
habitu
cessit
qu'ell
tienne
les m
à Lon
alime
sauva
dernic
paraît
phère
pour
ont di
leur
surpr
Les
qui c
Lago
leur l
le La
GF
les o
comp
comn
des V
On
Lago
a aus
nom
Le
chilla
ils s
élanc
au Pe
L A
dout
nom
Voici
Pe

LAGOSTOME VISCACHE *(Lagostomus viscacia)*

AMÉRIQUE MÉRIDIONALE

lavé de roussâtre à la face inférieure; le jaune du dessus du corps est légèrement ondulé de noir; une ligne longitudinale noire sur le milieu de la partie antérieure du dos; poils extrêmement fins et doux au toucher; moustaches noires.

LAGOTIS DE CUVIER, 1/5 de grand.

Le *Lagotis de Cuvier* est abondant sur le versant occidental des Andes, dans la province de Colchagua et en Bolivie; il s'étend à peu près du 33e au 18e degré; il s'élève jusqu'à la hauteur de dix mille et de douze mille pieds.

Le LAGOTIS PALLIPÈDE (*Lagotis pallipes*, Bennett), dont le *Lagotis criniger* n'est peut-être pas différent, ne s'élève pas à une hauteur aussi considérable. On le rencontre entre quatre et cinq mille pieds, entre Villavicencia et Uspalata, au Chili, surtout dans les vallées couvertes de rochers. M. Gay décrit les *Lagotis pallipes* et *criniger* comme distincts l'un de l'autre, et il donne, dans son *Histoire du Chili*, une bonne figure de ce dernier, figure à laquelle nous avons ajouté sur la planche 6, figure 6 du même ouvrage, celles du crâne et des dents.

N'ayant pu comparer le Lagotis apporté par M. Gay avec celui qui sert de type à l'espèce décrite par Bennett, il nous serait impossible de dire s'ils sont ou non de la même espèce.

GENRE CHINCHILLA (*Chinchilla*, Gray). Les Chinchillas joignent à la forme générale du crâne et à celle des dents qui caractérisent les Lagotis et les Viscaches, cinq doigts aux pieds de derrière; leur queue est longue et velue; leurs oreilles sont grandes, arrondies, évasées et à peu près nues. MM. Lichtenstein et Van der Hœven donnent aux Chinchillas le nom générique d'*Euryotis*.

La CHINCHILLA LANIGÈRE (*Chinchilla lanigera*) est la seule espèce bien constatée de ce genre. C'est un Animal un peu plus gros que l'Écureuil, et dont le port n'est pas le même; il est moins élancé; sa queue est en balai et non en panache, et elle n'est pas aussi longue que le tronc; ses yeux sont plus gros, mais ils ne sont pas moins vifs; sa lèvre supérieure porte de longues vibrisses, c'est-à-dire des espèces de moustaches composées de grandes soies roides, et ses oreilles, amplement ouvertes, sont arrondies à leur bord et presque nues. Le pelage est doux, gris perlé, un peu ondulé; c'est lui qu'on emploie comme fourrure sous le nom de Chinchilla. Les pelleteries aussi délicates au toucher qu'agréables à l'œil qu'il fournit nous viennent de l'Amérique méridionale, principalement du Chili, qui est la véritable patrie des Chinchillas.

On ne connaît bien leur organisation que depuis une vingtaine d'années; mais depuis longtemps il était question d'eux dans les ouvrages d'histoire naturelle. Le P. Joseph Acosta, dans son *Histoire des Indes* publiée à Barcelonne en 1591, parle de ces Rongeurs sous le nom qu'on leur a conservé : « Les Chincilles, dit la traduction française de cet ouvrage, sont de petits Animaux comme Escurieux (Écureuils), qui ont un poil merveilleusement doux et lisse, et qui se retrouvent en la sierre du Pérou. » Un navigateur anglais, Richard Hawkins, dans son *Voyage à la mer du sud*, imprimé à Londres en 1593, en fait mention sous le nom de *Chinchilla* : « Sa peau, dit-il, est la plus douce, la plus délicate, la plus curieuse fourrure que j'aie jamais vue; elle est très-estimée dans le Pérou et le mérite en effet. Peu viennent en Espagne, par la difficulté de les y transporter et parce que les princes ou les nobles du pays s'en emparent. »

D'autres auteurs ont parlé du Chinchilla comme d'une espèce d'Écureuil. Tel est l'Espagnol Alonzo de Ovalle, dans sa *Relation historique du royaume de Chili*, qui a paru à Rome en 1646; tel est aussi l'auteur anonyme du *Compendium* de l'histoire du Chili publiée en Italie, à Bologne, en 1776 ; mais cette erreur de classification en est à peine une pour l'époque, si on la compare à celle du même auteur lorsqu'il confond le Chinche, qui est une Moufette, avec le Chinchilla, et qu'il donne au Chinche « une fourrure si douce qu'on en fait des couvertures pour les lits. » Il paraît, en effet, que les anciens Péruviens, plus industrieux que ceux de nos jours, ou plutôt privés des ressources qu'ils durent plus tard à leurs relations avec les Européens, tissaient le poil des Chinchillas pour en faire des étoffes. Buffon a malheureusement accepté l'erreur du compilateur italien, et, après avoir parlé très-exactement du Chinche, c'est-à-dire de la Moufette, d'après le P. Feuillée, il termine en disant que « le « même Animal lui paraît indiqué par Acosta sous le nom de *Chinchilla*, lequel n'est pas « très-différent de celui de Chinche. » D'Azara, qui n'a laissé échapper aucune occasion de critiquer Buffon, n'a pas manqué de relever cette méprise.

En 1782, l'abbé Molina, natif du Chili, parla aussi des Chinchillas dans son Essai sur l'histoire naturelle de cette contrée; mais son récit publié à Bologne est écrit de mémoire, et, par suite, peu descriptif. Il y considère le Chinchilla comme une espèce de Rat, sous le nom de *Mus laniger*. Le genre *Mus* réunissait alors et il a continué longtemps à recevoir une foule de Rongeurs très-différents des Rats et des Souris véritables; aussi, lorsque, après le démembrement de ce groupe, les naturalistes voulurent classer convenablement le Chinchilla, ils arrivèrent à un résultat plus ou moins fautif, n'ayant pu observer les caractères de son crâne ni même ceux de ses dents et de ses doigts. C'est pourquoi G. Cuvier préféra faire de cet Animal une espèce *incertæ sedis*, ne sachant s'il devait le regarder comme un Écureuil avec Ovalle, comme un Rat conformément à l'opinion de Molina et de quelques autres, comme un Hamster à l'exemple d'E. Geoffroy, comme un Cavia ou même un Lagomys, opinions assez diverses, comme on le voit, et dont aucune cependant n'approchait de la vérité. G. Cuvier jugeait mieux des caractères du Chinchilla lorsqu'il le rapprochait de la Viscache, en disant que celle-ci « ne peut guère être qu'une grande espèce de Chinchilla, à poils moins longs et moins doux. »

En effet, les observations de MM. Is. Geoffroy, Yarrell, Bennett, Emmanuel Rousseau, Gray, etc., n'ont pas tardé à faire voir que le Chinchilla et la Viscache, bien que distincts l'un de l'autre, diffèrent encore plus des autres Rongeurs qu'ils ne diffèrent entre eux, et, comme nous l'avons dit plus haut, ils forment, avec les Lagotis, une petite tribu.

Les Chinchillas vivent à terre, et ils font de grands trous dans le sol. Ce sont des Animaux sociables; leur humeur est si douce qu'on peut les prendre dans la main sans qu'ils cherchent à mordre, ni même, suivant Molina, à s'échapper : ils semblent prendre un grand plaisir à être caressés. En place-t-on un sur soi, il y reste aussi tranquille que s'il était dans sa propre demeure, et cette douceur extraordinaire est due probablement à sa pusillanimité. Comme ce petit Animal est extrêmement propre, on ne peut craindre, ajoute le même auteur, qu'il salisse les habits de ceux qui le tiennent ou qu'il leur communique une mauvaise odeur, car il en est entièrement exempt. Par cette raison, il peut habiter les maisons sans aucun désagrément et presque sans occasionner aucune dépense ; car celle-ci, toujours au rapport de Molina, serait très-amplement compensée par le produit de la fourrure du Chinchilla. Nous avons déjà dit que les détails publiés par l'auteur chilien étaient insuffisants ; il faut ajouter qu'ils ne sont pas toujours corrects. C'est ainsi qu'après avoir attribué au Chinchilla les dents du Rat des habitations, ce qui n'est à peu près exact que pour les incisives, il lui donne de petites oreilles pointues, erreur bien plus forte qu'il était cependant très-facile d'éviter, s'il n'avait confondu le Lagotis avec le vrai Chinchilla.

Les Chinchillas que l'on a possédés à Londres et à Paris n'étaient pas tous aussi familiers que ceux dont il vient d'être question. Bennett en cite un cependant qui, étant resté près d'une année dans la possession de lady Kinghton avant d'être offert à la Société zoologique, avait été tenu dans un appartement, où on pouvait le laisser en liberté. Ce Chinchilla était apprivoisé et doux ; il était fort actif, sautait fort bien, et pouvait atteindre d'un seul bond le dessus d'une table ordinaire ; sa nourriture consistait principalement en herbes sèches, telles que du trèfle et de la luzerne. Un autre Chinchilla observé par le même auteur préférait les graines et les herbes succulentes. Placés dans la même cage, sans avoir pu s'observer préalablement à distance, et par conséquent sans se connaître déjà, ces deux Chinchillas se battirent à outrance, et l'on fut obligé de les séparer. En se fondant sur ce fait, qui se répète cependant presque toujours lorsque l'on réunit sans précaution des Animaux de la même espèce, le savant mammalogiste anglais que nous venons de citer a combattu l'opinion publiée par Molina, que les Chinchillas aiment la compagnie de leurs semblables ; mais ici le témoignage des voyageurs récents est favorable à ce dernier, et, dans quelques parties des Andes chiliennes, les terriers des Chinchillas sont si nombreux et si rapprochés les les uns des autres qu'ils ajoutent encore à la difficulté des chemins.

CHINCHILLA, 1/4 de grand.

Les femelles ont par année deux portées de trois ou quatre petits chacune ; aussi le nombre des Chinchillas est-il considérable, principalement dans certaines localités des Andes du Chili et du Pérou; leur nourriture se compose généralement de plantes bulbeuses; mais comme leur fourrure est un objet assez important de commerce, ils sont devenus presque partout l'objet d'une chasse très-active et pour laquelle on emploie des Chiens dressés à les prendre sans endommager leur robe. Ces Chiens sont, le plus souvent, conduits par des enfants.

Un grand nombre de peaux étaient annuellement expédiées en Europe de Valparaiso et de Santiago; il en vient encore, mais en moindre nombre. Ces peaux sont déjà préparées, et manquent, comme presque toutes celles du commerce, des différentes pièces du squelette et même des membres, ainsi que de la queue. C'est d'après elles seulement que les naturalistes ont, pendant longtemps, connu les Chinchillas; aussi les vrais caractères de l'espèce étaient-ils restés ignorés, malgré le nombre immense des individus que l'on sacrifiait annuellement. Pendant la grande mode, le chiffre des fourrures expédiées chaque année en Europe était si considérable, que les autorités chiliennes ont dû prendre des mesures pour éviter la destruction de l'espèce. Schmidt-Meyer, dans son voyage au Chili et aux Indes, publié en 1824, rapporte « que l'usage immodéré qu'on en faisait à cette époque avait occasionné une véritable destruction de ces Animaux. » Et cependant, de 1828 à 1832, il s'est vendu à Londres dix-huit mille peaux de Chinchillas. A présent, on porte moins cette fourrure, en France du moins, mais elle est encore assez loin d'être abandonnée en Angleterre.

Les pattes antérieures du Chinchilla sont plus courtes que les postérieures, à cinq doigts; et celles-ci en ont quatre seulement; son intestin est pourvu d'un cœcum considérable, sa dentition est établie sur le type commun aux Viscaches et aux Lagotis. Une espèce fossile, trouvée en Auvergne, ne s'éloigne que très-faiblement du Chinchilla sous ce rapport, et on l'a même rapportée pendant quelque temps à ce genre. C'est l'*Archæomys chinchilloïdes*, dont les dents sont figurées à la page 273. Sa mâchoire inférieure est cependant, comme celle de l'Anomalure, plus semblable à celle des Rats, des Pétromys et des Sciuridés qu'à celles des Hystricidés véritables et des Cténomydés.

Le squelette du Chinchilla présente quelques particularités qu'il est convenable de rappeler: son crâne a les caisses auditives considérables et multiloculaires de chaque côté; inférieurement, en arrière, en dessus et en avant du canal auditif, qui est subvertical, la portion supérieure de la caisse est mise à nu entre l'occipital et les pariétaux, et elle est séparée du canal auditif par une bande osseuse étroite, provenant de la jonction, à son côté externe, de deux apophyses, dont l'une part de l'occipital et l'autre du temporal. Les pariétaux ne montrent aucune trace de la suture sagittale. Les vertèbres dorsales sont au nombre de treize, et il y a six vertèbres lombaires, trois sacrées et vingt coccygiennes; le sternum est composé de six pièces ou sternèbres. Quant aux membres, les antérieurs ont une clavicule complète, c'est-à-dire allant du sternum à l'acromion, partie de l'omoplate qui est ici

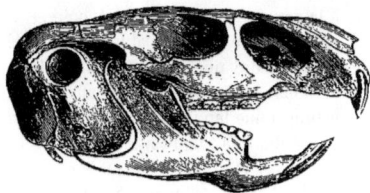

CRÂNE DE CHINCHILLA, grand. nat.

fort saillante; l'empreinte deltoïdienne de l'humérus est développée en manière de troisième tubérosité, et la fosse olécrânienne est perforée, caractère qui se retrouve dans le Lagotis, mais qui manque chez la Viscache. Le radius et le cubitus sont distincts dans toute leur longueur, aussi bien que le tibia et le péroné; ces deux derniers os ont une longueur assez considérable; les phalanges onguéales sont, en général, pourvues d'un sillon à leur extrémité libre.

Les mamelles des Chinchillas sont au nombre de trois paires, savoir: une inguinale et deux latérales placées à la partie antérieure de l'abdomen. Leur position est assez relevée.

TRIBU DES ANOMALURIENS

Une membrane semblable à celle des Écureuils volants s'étend sur les flancs entre les quatre membres, et comprend, en outre, l'espace interfémoral et la partie basilaire de la queue; il y a des écailles imbriquées sous cette dernière.

GENRE ANOMALURE (*Anomalurus*). Le genre très-remarquable des Anomalures a été établi en 1842 par M. Watherhouse, pour un Animal jusqu'alors inconnu des naturalistes qui venait d'être rapporté de Fernando-Po par M. Fraser. C'est l'*Anomalurus Fraseri*. Depuis lors le même genre s'est enrichi d'une seconde espèce, décrite en Hollande, sous le nom d'*Anomalurus Pelei*; celle-ci vient de la côte occidentale d'Afrique.

Envisagés dans leurs caractères extérieurs, les Anomalures ressemblent fort aux Ptéromys, et ils sont pourvus, comme eux, d'expansions aliformes entre les membres, mais ils ont aussi une membrane entre les cuisses, et la base de leur queue y est engagée. Les ongles de ces Animaux sont plus arqués et plus comprimés que ceux des Ptéromys. Leur queue est longue, en partie libre et en forme de panache; elle présente un caractère fort singulier dans les grosses écailles cornées, imbriquées les unes sur les autres, qui garnissent sa base en dessous. Cependant le pelage est doux et souple, et il n'y a aucune trace de piquants sur les diverses parties du corps; les oreilles sont de grandeur ordinaire et en partie nues; les moustaches sont fort longues.

Les dents incisives sont lisses à leur face antérieure, et les molaires, au nombre de quatre paires, sont assez semblables dans leur forme à celles des Cercomys et de certains autres Animaux qui avoisinent les Porcs-Épics; elles ont des racines distinctes, et leurs couronnes, au moment où l'usure les a un peu entamées, montrent quatre îles ovalaires d'émail, entourées par un grand cercle un peu flexueux. Ces dents sont faiblement décroissantes de la première à la dernière pour chaque mâchoire.

La classification des Anomalures a présenté et présente encore quelques difficultés. Pour M. Waterhouse, ce genre est allié aux Loirs, qui constituent une famille voisine des Muridés. M. Gray a d'abord fait de l'espèce type un véritable Ptéromys, et, depuis lors, il a placé les Anomalures dans la tribu des Sciuridés, qui

MOLAIRES D'ANOMALURE DE PELE, 2/1 de grand.

ont des membranes aliformes. L'examen que j'ai fait du crâne de ces curieux Animaux m'a conduit à penser qu'ils devaient être réunis à la grande famille des Hystricidés, dans laquelle je les laisserai provisoirement tout en admettant qu'ils se rattachent aux Loirs et aux Théridomys par quelques caractères.

Ainsi que l'avait déjà fait remarquer M. Waterhouse, le crâne des Anomalures diffère sensiblement de celui de tous les vrais Sciuridés; il manque de la forte saillie postorbitaire du frontal que l'on voit chez ces Animaux, et il a un grand trou sous-orbitaire, ce qu'on n'observe dans aucune des espèces propres à la même famille. La comparaison de ce crâne avec celui des Loirs ne montre pas, à mon avis, un plus grand nombre d'analogies, et il ne me semble pas que l'on doive considérer l'Anomalure comme se rapprochant davantage de ces Animaux. A part la différence de forme que présentent les molaires des Anomalures, si on les

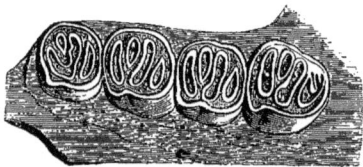

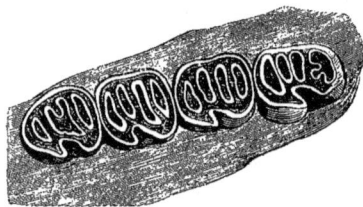

compare à celles des Loirs, on doit noter que ces derniers ont la région interoculaire étranglée et tout à fait semblable à celle des Rats. Leur trou sous-orbitaire, il est vrai, diffère un peu de celui des Rats, mais il n'est pas non plus disposé comme celui des Anomalures.

Le crâne des Anomalures présente quelques autres particularités sur lesquelles il serait inutile d'insister ici et qui le rapprochent, sauf pour la mâchoire inférieure, de celui des Sphiggures. Ce crâne est d'ailleurs figuré à la page 261 de ce volume.

Leur squelette, que nous représentons aussi, montre, indépendamment des sept vertèbres cervicales ordinaires, seize vertèbres dorsales, et, par suite, seize paires de côtes; il a neuf vertèbres lombaires, quatre sacrées, dont les deux premières sont soudées à l'os des îles. Ses vertèbres caudales sont au nombre de trente et une; les premières sont courtes et assez fortes, et elles ont une plus grande analogie avec les sacrées; la cinquième et les suivantes deviennent de plus en plus différentes; la plupart de celles-ci sont grêles, allongées et bien plus semblables à celles des Écureuils et des Ptéromys, dont les Anomalures ont les mœurs, qu'à celle des Hystricidés terrestres ou même arboricoles auxquels nous les avons comparés. On sait, d'ailleurs, par les observations de M. Fraser, que les Anomalures tiennent leur queue relevée à la manière des Écureuils, et qu'ils lui font exécuter les mêmes mouvements. L'omoplate de ces Rongeurs est remarquable par la carène saillante qui limite le bord inférieur de la fosse sous-épineuse et par la présence d'une crête partageant en deux la portion de la face inférieure de cet os, qui répond à la fosse épineuse. Il y a aussi des crêtes rudimentaires à l'omoplate sur la portion de la face sous-scapulaire, qui est opposée à la fosse sous-épineuse; enfin l'apophyse coracoïde du même os est très-forte. La clavicule est elle-même bien développée; sa longueur est de 0,035. L'humérus a une forte crête deltoïdienne; son extrémité inférieure présente une perforation épitrochléenne. Le radius et le cubitus sont distincts; la partie olécrânienne de celui-ci est fort considérable. Les doigts sont au nombre de cinq à tous les pieds, mais le pouce des antérieurs est court, et sa phalange onguéale n'est pas, comme celle des quatre autres doigts de devant et des cinq doigts postérieurs, comprimée, arquée et à peu près semblable à celle des Galéopithèques.

Cette dernière disposition et la plupart de celles que nous venons de signaler dans les membres sont en rapport avec les habitudes des Anomalures, et elles ne se retrouvent ni chez les Ptéromys, ni chez les autres Rongeurs; elles indiquent une plus grande aptitude pour grimper le long des arbres, et en même temps un vol plus étendu et plus sûr que celui des Ptéromys ou des Sciuroptères. Les écailles sous-caudales que ce genre présente seul sont disposées de manière à arcbouter contre les écorces des arbres lorsque les Anomalures s'arrêtent dans leur course le long des troncs ou sur les branches les plus verticales. Les allures de ces Animaux sont très-vives et fort gracieuses. Lorsqu'ils volent, ils se dirigent obliquement et de haut en bas d'un arbre à un autre, et ils semblent calculer avec une extrême précision la direction qu'il convient de suivre pour arriver juste au point qu'ils se proposent d'atteindre.

Voici comment les deux espèces connues dans ce genre diffèrent entre elles; je les ai étudiées, ainsi que le squelette de la seconde, dans les beaux magasins zoologiques que MM. Verreaux frères ont fondés à Paris.

Anomalure de Fraser (*Anomalurus Fraseri*, Waterh.), appelé par M. Gray *Pteromys derbianus* en l'honneur de feu lord Derby-Stanley, qui a rendu de grands services à la mammalogie par les collections d'Animaux vivants ou préparés qu'il se plaisait à réunir. Cette espèce a le pelage très-moelleux, plus long sur le dos, roux tiqueté avec la base des poils brune; le dessus de la tête et le nez sont roux gris; les quatre pattes, la moitié postérieure de la queue et la base des oreilles cannelle foncée; le dessous du corps est jaunâtre enfumé, plus foncé sous la tête et le cou, ainsi que sous la membrane et à la région du tronc. Il y a dix écailles sous-caudales.

Habite l'île de Fernando-Po, sur la côte occidentale d'Afrique.

ANOMALURE DE PELE (*l'Anomalurus Pelii*)
DE L'AFRIQUE OCCIDENTALE .

dessus ; gris
ne également
partie le tiers
é sur notre

ANOMALURE DE PELE (*Anomalurus Pelci*, Temminck). Brun noirâtre en dessus ; gris sur la poitrine et le bas-ventre ; blanc sur le ventre ; pourtour de la membrane également blanc ; quinze grosses écailles sous-caudales alternantes dont elles occupent en partie le tiers inférieur. Ce beau Rongeur habite la côte occidentale d'Afrique. Il est figuré sur notre *Planche XXVII*.

SQUELETTE D'ANOMALURE DE PELE, 1/1 de grand.

FAMILLE des CTÉNOMYDÉS

Les Rongeurs de cette petite famille n'ont pas tous le même extérieur et leur séjour respectif est également différent : il y en a qui se tiennent sur les arbres, où ils vivent à la manière des Loirs et des Écureuils; d'autres courent sur le sol et quelques-uns sont même plus ou moins souterrains; mais tous ont huit molaires (quatre paires à chaque mâchoire) et leur trou sous-orbitaire est fort grand. Leurs molaires sont plus ou moins simples à la couronne et sans racines distinctes.

Les caractères, très-faciles à saisir, qui distinguent ces Animaux les uns des autres, les ont fait partager en plusieurs genres, qui sont les suivants : *Cténome, Péphagomys, Shizodonte, Octodonte* et *Abrocome*. Ils ont à la fois des affinités avec les Pseudostomidés et avec les Chinchilliens. Comme les uns et les autres, ils ne vivent qu'en Amérique, et c'est également dans ce continent qu'on en a trouvé des débris à l'état fossile.

DENTS DU CTÉNOME BRÉSILIEN, grand. nat.

GENRE CTÉNOME (*Ctenomys,* Blainville). Corps trapu; oreilles à peu près cachées par les poils de la tête; queue à peine aussi longue que le tiers du tronc; pouce des pattes antérieures rudimentaire, onguiculé; ongles des quatre autres doigts plus longs que ceux des orteils, propres à fouir; molaires décroissantes de la première à la dernière, irrégulièrement subtriangulaires; la dernière inférieure cylindrique. Apparence et mœurs des Campagnols ordinaires; taille plus considérable. Nous en avons observé deux espèces.

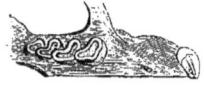

CTÉNOME BRÉSILIEN, 1,3 de grand.

CTÉNOME BRÉSILIEN (*Ctenomys brasiliensis*, Blainv.). Il a le pelage presque entièrement roussâtre, sauf sous le corps où il est blanchâtre; les poils de sa queue sont bruns. Cette espèce vit au Brésil, dans la république Argentine et en Bolivie. A quelques lieues au sud de Potosi, elle s'élève à une hauteur de 12,000 pieds sur les pentes des Andes, principalement dans les vallées sablonneuses. Elle s'établit à peu de distance des eaux et, dans beaucoup d'endroits, elle mine le sol pour creuser ses galeries souterraines. On a distingué à tort du Cténome brésilien les *Ctenomys boliviensis* et *Nattereri*.

CTÉNOME MAGELLANIQUE (*Ctenomys magellanica*, Bennett). Il s'éloigne peu du précédent par son apparence extérieure, cependant ses poils sont châtain fauve en dessus et sa queue est blanchâtre ainsi que ses pattes; ses molaires sont plus petites que celles du Cténome brésilien et leur contour a une forme un peu différente. Ce Cténome est répandu dans tous les terrains sablonneux de la Patagonie qui sont secs et arides. Il laboure aussi le sol de manière à le rendre très-dangereux pour les voyageurs à cheval.

On cite des restes de Cténomes fossiles dans les terrains à ossements de grands édentés qui forment le sol d'une assez grande partie de l'Amérique méridionale : *Ctenomys bonariensis* (Laurillard et d'Orbigny) et *Ctenomys priscus* (Owen).

GENRE PÉPHAGOMYS (*Pæphagomys*, F. Cuvier). Corps moins trapu que dans le genre qui précède; queue un peu plus grande, mais n'égalant pas la moitié de la longueur du corps; pouce des pattes antérieures bien développé; les ongles des mêmes pattes médiocrement allongés; oreilles dépassant les poils de la tête; dents molaires toutes didymes, à peu près en forme de 8, faiblement décroissantes. Animaux fouisseurs ayant des rapports avec les Campagnols dans leur manière de vivre.

PÉPHAGOMYS NOIR (*Pæphagomys ater*, F. Cuvier). Cet Animal approche du Campagnol amphibie pour la taille; ses oreilles sont presque dénudées; ses poils sont entièrement noirs, un peu luisants sur la plus grande partie du corps.

PÉPHAGOMYS NOIR, 1/3 de grand.

Ce Rongeur vit au Chili où il a été trouvé par M. Gaudichaud; mais c'est peut-être aussi l'Animal appelé par Molina *Rat bleu* (*Mus cæruleus*): c'est plus certainement le *Psammoryctes noctevagans* de M. Poëppig, et le *Spalacopus Poeppigii* de M. Wagner. F. Cuvier a constaté qu'il présente l'un des caractères qui paraissent communs aux Cténomydés, je veux parler de l'ampleur remarquable du cœcum, qui égale la capacité de l'estomac.

Le Péphagomys est un Animal à peu près nocturne. M. Darwin, qui a eu l'occasion de l'observer, dit qu'il fréquente les régions alpestres et qu'il y creuse, comme les Cténomes, des galeries souterraines fort incommodes pour les cavaliers. A Valparaiso, on nomme ces petits Rongeurs *Cururo.*

GENRE SCHIZODONTE (*Schizodon*, Waterhouse). Corps assez trapu; oreilles médiocres; queue moins longue que la moitié du corps; ongles propres à fouir surtout ceux de devant; les molaires didymes ayant leurs deux lobes plus ou moins complétement séparés, surtout à la mâchoire inférieure.

SCHIZODON BRUN (*Schizodon fuscus*, Waterh.). C'est la seule espèce connue. Sa couleur est gris brun en dessus, lavée de gris fauve en dessous; ses pieds sont bruns; sa taille est celle du Surmulot. Habite le Chili.

GENRE OCTODONTE (*Octodon*, Bennett). Corps assez svelte; oreilles de grandeur moyenne; queue presque aussi longue que le corps, floconneuse à son extrémité; ongles des doigts antérieurs à peine plus longs que ceux de derrière; pouce antérieur tout à fait rudimentaire; molaires supérieures en triangles irréguliers et à sommets émoussés, décroissantes; les inférieures presque en forme de 8, sauf la quatrième qui est irrégulièrement elliptique. Apparence extérieure et allure des Loirs.

MOLAIRES D'OCTODONTE GLIROÏDE, grand. nat.

Ce genre a aussi reçu le nom de *Dendrobius* (Meyen), qui rappelle les habitudes arboricoles des Animaux qu'il comprend; celui d'*Octodonte,* qui signifie huit dents ou dents en huit, fait à la fois allusion à la forme et au nombre des molaires.

OCTODONTE DÉGUS (*Octodon degus*), ou le *Sciurus degus* de Molina et l'*Octodon Cumingii* de Bennett. C'est un Animal du Chili, dont le pelage fauve est un peu lavé de noirâtre en dessus et qui a les pieds gris; sa queue devient brune vers la fin. On le trouve par centaines dans les haies et les bosquets, quoiqu'il grimpe sur les grands arbres; il se creuse aussi des terriers. C'est une espèce très-nuisible aux céréales.

OCTODONTE DE BRIDGES (*Octodon Bridgesii*, Waterhouse). Fauve brun en dessus, un peu varié de noir et fauve clair en dessous; pieds blancs; queue noire, sauf à sa partie inférieure où elle est blanchâtre. Se trouve également au Chili.

OCTODONTE GLIROÏDE (*Octodon gliroïdes*, P. Gervais et d'Orb.). Par leur nature et par leurs couleurs les poils de cet Octodonte rappellent à la fois ceux du Loir et ceux du Chinchilla; ils sont doux au toucher, gris cendré en dessus et blancs aux parties inférieures; la queue est d'un brun noirâtre en dessus et complétement terminée par un pinceau de la même couleur.

Ces particularités seraient bien suffisantes pour justifier la distinction spécifique que M. d'Orbigny et moi avons faite de l'Octodonte gliroïde, quoique cet Animal ait la taille et à peu près la physionomie extérieure des deux précédents; mais cette distinction est encore confirmée par la forme des molaires qui sont sensiblement moins allongées. Ce caractère est surtout évident pour la quatrième paire qui a aussi ses replis moins obliques. En outre, les molaires supérieures de l'Octodonte gliroïde sont plus triangulaires que celles du *Degus,* et les inférieures, au contraire, plus rapprochées de la forme d'un 8; enfin la quatrième est virguliforme et elle a son échancrure externe au lieu de l'avoir au côté interne comme celle du Dégus. L'Octodonte gliroïde a le corps long de 0,16 et la queue de 0,12.

Cette jolie espèce a été rencontrée à la Paz, dans les Andes boliviennes, par M. d'Orbigny.

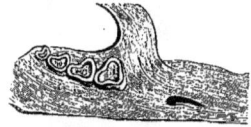

Elle vit au milieu des cactus dans les haies qui bordent les jardins. L'élévation de ce point au-dessus du niveau de l'Océan est de 3,700 mètres.

OCTODONTE DÉGUS, 1/3 de grand.

GENRE ABROCOME (*Abrocoma*, Waterh.). Ce genre semble former la transition des Cténomydés aux Chinchilliens et les relier en même temps aux Échimys à pelage soyeux ou même à certains cabiais, tels que les Kérodontes. Les deux espèces qu'il comprend ont le corps assez semblable à celui des Campagnols aquatiques, les oreilles de moyenne grandeur, la queue courte et sans flocon terminal, le pouce des pieds antérieurs tout à fait rudimentaire, les ongles assez longs et en tout seize molaires ; mais ces dernières diffèrent de celles des véritables Cténomydés par la forme plus anguleuse de leurs replis et la disposition presque en zig-zag de ceux des inférieures. Le crâne des Abrocomes est plus allongé que celui des autres Cténomydés, surtout dans la partie anté-oculaire. Le nom par lequel M. Waterhouse a désigné ce genre rappelle la finesse du pelage chez les deux espèces qu'il y rapporte, espèces qu'il a le premier fait connaître ; il signifie, en effet, une fourrure douce et moelleuse.

ABROCOME DE BENNETT, 2/3 de grand.

ABROCOME DE CUVIER (*Abrocoma Cuvieri*). Gris en dessus un peu lavé de jaune ; gorge et abdomen gris ; pieds blanc sale ; queue noirâtre. Animal du Chili ; double en dimension du Campagnol amphibie.

ABROCOME DE BENNETT (*Abrocoma Bennettii*). Grisâtre avec une teinte fauve pâle sur les flancs et blanchâtre en dessous ; gorge grise ; pieds blanc sale. Taille à peu près égale à celle du précédent. Comme la plupart des Cténomydés, ce Rongeur se rencontre dans le Chili, pays dont la faune mammalogique forme une sous-division particulière dans la grande population des Mammifères sud-américains.

FAMILLE des PSEUDOSTOMIDÉS

Cette famille est formée par la réunion d'un certain nombre de petits Rongeurs exclusive-ment américains, dont les uns sont fouisseurs et les autres au contraire sauteurs; leurs prin-cipaux caractères consistent dans leurs molaires simples et au nombre de quatre paires à chaque mâchoire; dans leurs grandes abajoues et dans la forme de leur crâne, dont le trou sous-orbitaire est petit et le plan de la fosse canine assez semblable à celui des Sciuridés. Nous en distinguons deux tribus, les *Saccophoriens* et les *Saccomyens*.

TRIBU des SACCOPHORIENS

Dans cette tribu nous plaçons les Pseudostomidés terrestres et fouisseurs, qui ont le corps ramassé, les pieds forts et armés d'ongles puissants, la queue courte, les yeux assez petits et les oreilles externes rudimentaires. Le genre principal est celui des *Saccophores*, qui a reçu plusieurs autres dénominations. Ses espèces sont connues sous le nom vulgaire de Rats à bourses qu'elles doivent à la grandeur de leurs abajoues.

GENRE SACCOPHORE (*Saccophorus*, Kuhl). Sous ce nom qui signifie porte-sac, on réunit les espèces les mieux connues de la famille des Saccophoridés ou Pseudostomidés. Ces Animaux ont des habitudes souterraines, et ils sont pourvus à chaque pied de cinq doigts inégaux, à ongles robustes, même pour les pouces antérieurs. Leurs yeux ne sont pas très-gros; leurs oreilles n'ont qu'un rudiment du pavillon et leur queue est moins longue que le corps. Le plus saillant de leurs caractères extérieurs consiste dans les deux poches en forme d'aba-joue qu'ils ont auprès des mâchoires et qui peuvent s'étendre comme des sacs. Chez quelques individus, ces poches pendent de chaque côté jusqu'à terre et leur longueur égale ou dépasse même celle de la moitié du corps. Ces Animaux s'en servent pour ramasser leurs provisions.

Ces Rongeurs ont vingt dents; leurs incisives sont fortes, sculptées en avant d'un ou de deux sillons, et leurs quatre paires de molaires sont assez simples; la première et la quatrième étant seules didymes, tandis que les deux intermédiaires représentent un ovale unique plus ou moins régulier.

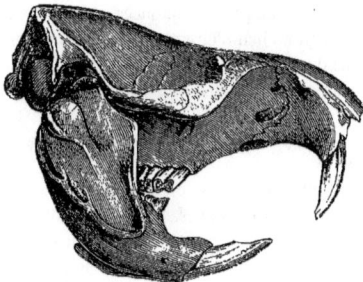

CRANE DE SACCOPHORE, grand. nat.   DENTS DE SACCOPHORE MEXICAIN, 2/1 de grand.

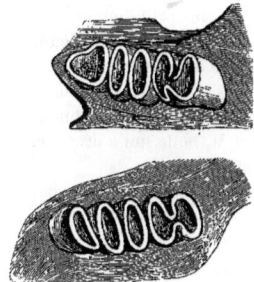

On rencontre des espèces de ce genre depuis le Canada jusqu'en Californie et au Mexique. Nous parlerons d'abord de celle qui a été le plus anciennement décrite.

Saccophore a bourse (*Saccophorus bursarius*) ou le *Mus bursarius* de Shaw. Il a le pelage gris roussâtre plus clair sur le ventre que sur le dos; ses abajoues ont les poils plus ras et d'une teinte encore plus claire. Cet Animal est plus grand que le Hamster. On le trouve au Canada et au lac Supérieur. Ses incisives présentent antérieurement deux sillons, l'un médian très-marqué, l'autre moins évident et placé au bord interne; ses deuxième et troisième molaires sont ovalaires transverses.

Le Saccophore mexicain (*Saccophorus mexicanus*) a été décrit par M. Lichtenstein sous le nom d'*Ascomys mexicanus*, et il en est déjà question dans l'ouvrage d'Hernandez sous celui de *Tucan*. Comme l'indique son nom latin, on le trouve au Mexique; sa couleur est brune ou d'un roux marron; ses dents incisives ne présentent qu'un seul sillon médian; ses deuxième et troisième molaires sont ovalaires, transverses; taille du précédent.

Saccophore mexicain, 1/5 de grand.

Le Saccophore de Botta (*Saccophorus Bottæ*, Eydoux et P. Gervais, d'après Blainville) est plus petit. Ses incisives n'ont pas de sillons verticaux bien prononcés, et les deuxième et troisième molaires supérieures sont en forme de cœur au lieu d'être régulièrement ovalaires; l'extrémité aiguë de cette sorte de cœur est tournée du côté interne. La couleur est d'un fauve roussâtre plus claire en dessous et à la queue, et presque blanche à la gorge et aux abajoues. Longueur du corps, 1 décimètre; de la queue, 5 centimètres.

C'est M. Botta qui a découvert cette espèce. Il l'a rapportée de la Californie, il y a déjà une vingtaine d'années.

Les Animaux de ce genre ont l'habitude de fouiller le sol pour se creuser des galeries et ils se nourrissent de substances végétales, soit de racines, soit de bulbes. Dans un travail récent, M. Leconte en porte le nombre à onze espèces (1). Elles vivent principalement dans les prairies et dans les plaines humides. Plusieurs des noms génériques que ces Animaux ont reçus des auteurs rappellent, comme celui de Saccophore, les singulières poches qu'ils ont de de chaque côté de la tête, tels sont ceux d'*Ascomys* et de *Pseudostome*. On les a aussi appelés

(1) M. Leconte adopte le nom générique de *Geomys* proposé par M. Ratinsique, qui est en effet plus an-

Géomys, ce qui veut dire Rats de terre et fait allusion à l'habitude qu'ils ont de creuser le sol.

GENRE APLODONTIE (*Aplodontia*, Richardson). Malgré la forme un peu différente de son crâne et celle de ses dents, ce genre ne nous paraît pas devoir être éloigné des Saccophores. Il comprend une espèce également fouisseuse qui habite aussi l'Amérique septentrionale. M. Waterhouse le réunit aux Sciuridés ; c'est l'APLODONTIE LÉPORINE (*Aplodontia leporina*, Richardson), répandue sur les bords de l'Orégon, où elle se réunit en sociétés et creuse de longues galeries. Son corps a près de quatre décimètres.

TRIBU DES SACCOMYENS

Certains Rongeurs pourvus comme les Saccomys de grandes abajoues, ayant le crâne assez semblable sous certains rapports et les dents en même nombre et à peu près de même forme, composent une tribu particulière dans la même famille. Ils ont les formes moins trapues ; les jambes hautes comme celles des Gerbilles ; la queue longue ; les yeux et les oreilles externes bien développés. Ces petits Rongeurs vivent d'ailleurs dans les mêmes contrées que les Saccophoriens. Ce sont les *Saccomys*, les *Dipodomys* et les *Hétéromys*. Nous leur adjoindrons provisoirement le genre *Macrocaule*, quoiqu'il paraisse ne pas avoir d'abajoues.

GENRE SACCOMYS (*Saccomys*, F. Cuvier). Il nous paraît convenable d'éloigner des Échimys, et en même temps des Octodontidés, le genre Saccomys de F. Cuvier, qui, joignant à des dents de même apparence que celle des Nélomys, une forme de crâne peu éloignée de celle de ces Animaux, mériterait de leur être réuni s'il n'avait de chaque côté de la bouche deux grandes poches, qui lui ont valu son nom générique. Le pelage est doux et la queue longue et nue ; le pouce des pattes antérieures est rudimentaire, mais apparent et pourvu

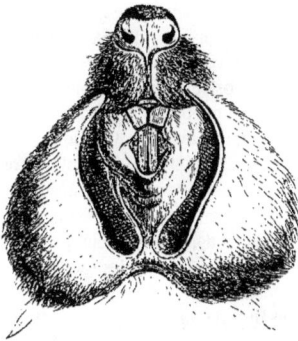

SACCOMYS ANTHROPHILE, 2/3 de grand.
Tête vue en dessous.

d'un petit ongle ; les oreilles et les yeux ont la proportion qui distinguent les véritables Échimys. Ce genre ne comprend encore qu'une seule espèce dont l'histoire est restée jusqu'à ce jour assez incomplète.

C'est le SACCOMYS ANTHOPHILE (*Saccomys anthophilus*, F. Cuv.), que l'on dit habiter l'Amérique septentrionale. Il n'a guère que la taille du Campagnol amphibie, mais sa tête est plus grosse ; son pelage est brun fauve presque partout, quoique plus pâle aux sacs buccaux, aux membres et sous le corps. Son nom spécifique rappelle qu'il aime les fleurs et il paraît en effet qu'il les recherche pour s'en nourrir. Le Saccomys a les tarses assez longs et il doit sauter avec facilité. L'exemplaire unique qui en a été décrit n'est pas tout à fait adulte. C'est par l'examen de son crâne que nous avons été conduit à comparer cet Animal aux Nélomys et aux vrais Échymys, tout en le classant parmi les Pseudostomidés.

cien que celui de *Saccophorus*, et antérieur par conséquent à ceux de *Pseudostome* et d'*Ascomys*. Il assigne pour patrie à chacune des onze espèces les localités suivantes :

Geomys hispidus : de Mexico.

Geomys canadensis, le même que le *Saccophorus bursarius* : du Canada.

Geomys Pineti : de la Floride, de l'Alabama et de Géorgie.

Geomys mexicanus : du Mexique.

Geomys oregonensis : de la vallée du Columbia.

Geomys rufescens, peut-être le *Saccophorus Bottæ* : de la vallée du Columbia.

Geomys Douglasii : du même pays.

Geomys talpoïdes : de la baie d'Hudson.

Geomys umbrinus : de la Louisiane.

Geomys bulbivorus : de la vallée du Columbia.

Geomys castanops : des environs du Fort de Bent.

M. Gray place dans la même tribu que le Saccomys le genre établi par lui sous le nom de Dipodomys, et il y rapporte aussi celui des Hétéromys de Desmarest, dont nous dirons d'abord quelques mots.

GENRE HÉTÉROMYS (*Heteromys*, Desm.) Incisives lisses; molaires simples; des abajoues; queue assez longue; pieds propres au saut; poils en partie roides et subépineux; pieds à cinq doigts.

L'HÉTÉROMYS DE THOMPSON ou l'espèce type de ce genre a été décrit par M. Thompson sous le nom de *Mus anomalus* dans les *Transactions* de la Société linnéenne de Londres. Il est brun marron en dessus, blanc en dessous, a ses piquants très-faibles et aplatis; sa queue à peu près aussi longue que le corps, presque nue, écailleuse et noire; sa taille est celle du Rat commun et sa patrie l'île de la Trinité, dans le golfe du Mexique.

L'HÉTÉROMYS DE DESMAREST (*Heteromys Desmarestii*, Gray) en diffère probablement très-peu. Celui-ci, que nous avons vu dans le musée de Londres, a 0,13 pour le corps et 0,12 pour la queue; il est brun vineux en dessus, où ses poils sont roides, plus clair sur les flancs et pâle en dessous; sa queue est écailleuse, à poils courts, un peu plus abondants vers la pointe; les abajoues sont considérables et le pouce est rudimentaire aux pieds de devant aussi bien qu'à ceux de derrière. C'est un Animal de l'Amérique intertropicale, et en particulier de la Colombie.

GENRE DIPODOMYS (*Dipodomys*, Gray). Apparence extérieure encore plus semblable à celle des Gerboises, tandis que celle des genres précédents rappelait davantage celle des Gerbilles; la queue est longue et penicillée; les pattes postérieures sont bien plus grandes que celles de devant; les unes et les autres n'ont que quatre doigts; les abajoues sont considérables.

La seule espèce décrite dans ce genre vit au Mexique; c'est le DIPODOMYS DE PHILLIPS (*Dipodomys Philippsii*, Gray). Son corps a 0,12 et sa queue 0,18; le pelage est doux, brun roussâtre en dessus, blanc sur les côtés et en dessous; les moustaches sont longues et noires.

GENRE MACROCAULE (*Macrocaulus*, Wagner). On peut rapprocher des Saccomyens, au moins d'une manière provisoire, le genre *Macrocaule*, qui a les formes élancées des Animaux précédents, sans doute aussi leurs principaux caractères ostéologiques et odontographiques, mais qui est privé d'abajoues; toutefois, comme j'ignore quelle est la forme du trou sous-orbitaire, et je n'ose affirmer qu'il n'ait pas aussi de l'affinité avec les Octodontes.

M. Wagner a établi ce genre sur l'examen d'une espèce provenant du Mexique, ayant quatre paires de molaires à couronne elliptique, quatre doigts et un rudiment de pouce en avant, et quatre doigts seulement en arrière; les ongles sont assez forts et doivent servir à fouir, mais l'Animal est en même temps sauteur, et les tarses de ses pieds de derrière sont comparables pour la longueur à ceux des Gerboises; il y a cependant cette différence que les quatre métatarsiens y restent distincts, quoique très-serrés les uns contre les autres; ce qui leur donne plus d'analogie avec ceux des Macroscélides ou des Gerbilles qu'avec le canon des vrais Gerboises.

M. Wagner ne dit pas qu'il y ait des abajoues, dans l'espèce encore unique de son genre Macrocaule, et nous sommes conduit à penser qu'il n'y en a réellement pas. Quoi qu'il en soit, les affinités du Macrocaule avec les Dipodomys et les autres Saccomyens nous paraissent incontestables.

MACROCAULE SAUTEUR (*Macrocaulus halticus*, Wagner). Son corps est long de 0,12 et sa queue de 0,19, y compris le pinceau qui la termine. Le seul exemplaire qu'on ait encore observé de cette espèce n'était pas en assez bon état pour qu'on ait pu en décrire les couleurs. Il avait été rapporté du Mexique.

FAMILLE des DIPODIDÉS

Les Gerboises sont les Rongeurs les mieux connus de la famille des Dipodidés ; elles sont faciles à distinguer par l'énorme disproportion de leurs membres, dont les antérieurs sont courts et les postérieurs, au contraire, fort allongés, principalement dans leur partie tarsienne ; leur métatarse présente une autre particularité encore plus singulière, consistant dans la soudure en un seul os, comparable au canon métatarsien des Oiseaux, de ses trois métacarpiens intermédiaires. Cet os, en apparence unique, mais qui résulte de la soudure de trois autres, porte à son extrémité inférieure trois poulies dont chacune sert à l'insertion d'un doigt, comme chez les Oiseaux. Quelques Gerboises n'ont que ces trois doigts, mais d'autres en ont un quatrième et quelques-unes un cinquième. A ce caractère fourni par la présence d'un canon aux membres postérieurs, il faut ajouter que les Gerboises ont la partie cérébrale du crâne renflée, la face étroite, le trou sous-orbitaire très-grand, et les dents molaires au nombre de douze dans la majorité des cas ; ces dents ayant quelque analogie dans leur forme avec celles des Gerbilles, et les supérieures étant quelquefois précédées par une fausse molaire plus petite.

A côté de ces Dipodidés vrais et sauteurs, il faut sans doute en placer d'autres Animaux, africains, comme beaucoup d'entre eux, et dont les uns sont sauteurs, et les autres, au contraire, marcheurs ou même essentiellement fouisseurs. En effet, la forme générale de leur crâne ne permet guère de les séparer des Gerboises autrement que comme tribu. Ce sont les *Pedetes* ou *Hélamys*, les *Pétromys* et les *Cténodactyles*. La disposition de leur mâchoire inférieure rappelle celle de la grande majorité des Rongeurs propres à l'ancien continent, et elle les éloigne, par conséquent, des Octodontidés, ainsi que des diverses tribus que nous avons réunies sous le nom commun d'Hystricidés. C'est ainsi que l'on est conduit à partager les Dipodidés en trois tribus, sous les noms de *Gerboises*, *Pédétiens* et *Cténodactyliens*.

TRIBU des GERBOISES

Elle ne comprend que le seul genre du même nom et les divisions qui ont été faites à ses dépens.

GENRE GERBOISE (*Dipus*, Schreber). Aux caractères précédents, il faut ajouter que les Gerboises ont la queue longue et floconneuse, la tête élargie, les yeux gros, les oreilles amples, et les ongles, surtout ceux de devant, propres à creuser le sol ; leur pouce antérieur est plus ou moins rudimentaire.

Ces Animaux ont le pelage doux ; leurs pieds sont velus et leurs doigts postérieurs ont, au-dessous des phalanges onguéales, des espèces de lobes ou coussinets assez particuliers ; ils sautent avec une grande facilité et franchissent à chaque bond un espace considérable ; ils ne se servent de leurs pattes de devant que lorsqu'ils veulent marcher avec lenteur ou pour creuser le sol ; lorsqu'ils désirent aller rapidement, leurs pattes postérieures sont les seules qu'ils emploient. Elles sont proportionnellement plus grandes que celles du Kanguroos, et ressemblent presque à celles des Oiseaux échassiers. Les Gerboises ont aussi les jambes fort longues, et leur péroné est soudé au tibia dans la moitié de sa longueur. Leur queue forme en arrière du corps une sorte de balancier, et elle doit aussi être comparée à un trait, car elle peut en acquérir la rigidité, et les poils distiques par lesquels elle se termine ajoutent encore à cette ressemblance. Elle sert à diriger l'Animal lorsqu'il s'est élancé, et, au moment où il va s'élever pour faire un nouveau bond, elle lui fournit aussi un point d'appui.

La conformation des Gerboises est tout à fait appropriée aux conditions d'existence dans

ALACTAGA FLÈCHE (*Alactaga jaculus*)
RUSSIE MÉRIDIONALE.

e les steppes
rts où le sol
. de parcourir
ls sont pour-
aient pour les
)uissent de la
le sol. Leurs
nt la lumière
:he, elles re-
ou s'élançant
égâts qu'elles

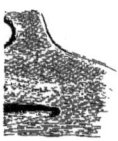

s), 3/1 de grand.

rboise qui vit
arqué les Ger-
ic.

Gerboises, 1 4 de grand.

lesquelles la nature a placé ces Animaux. Ils habitent les lieux déserts, tels que les steppes
de la Russie méridionale ou de la Tartarie, le Sahara africain; lieux découverts où le sol
est en partie ou même en totalité formé de sable. Ils sont fréquemment obligés de parcourir
des espaces assez considérables pour se procurer leur nourriture, et, comme ils sont poursuivis par de nombreux ennemis, une fuite rapide est la seule ressource qu'ils aient pour les
éviter. Ce sont des êtres assez gracieux, vifs dans leurs mouvements, qui jouissent de la
double propriété de sauter avec une extrême facilité et de creuser rapidement le sol. Leurs
gros yeux indiquent des habitudes nocturnes, et, en effet, les Gerboises fuient la lumière
et passent tout le jour cachées dans leurs terriers ; mais, quand la nuit approche, elles reprennent toute leur agilité, et elles parcourent le sol avec rapidité, sautant ou s'élançant
comme des Sauterelles. Dans quelques endroits, on les redoute à cause des dégâts qu'elles
occasionnent dans les terres cultivées.

Ce sont des Animaux herbivores et granivores:
leurs dents molaires ont quelque analogie, pour
la forme, avec celles des Campagnols, et sont en
effet un peu en zig-zag à leur couronne; ils en
ont également trois paires à chaque mâchoire;
quelques espèces ont une molaire plus petite en
avant des molaires supérieures; les incisives
supérieures sont marquées d'un sillon vertical.
L'étude anatomique de ces Animaux a été faite
par plusieurs auteurs, parmi lesquels nous cite-

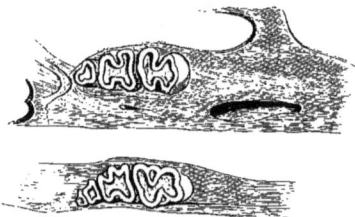

Dents de Gerboise (Dipus hirtipes), 3/1 de grand.

rons M. Lereboullet, qui a publié des détails intéressants au sujet de la Gerboise qui vit
dans les possessions françaises du nord de l'Afrique. Les anciens avaient remarqué les Gerboises, et l'on voit la figure d'un Animal de ce genre sur les médailles de Cyrène.

On peut partager les Animaux de ce groupe en trois catégories, en tenant compte du nombre de doigts qu'ils ont aux pieds de derrière; M. Brandt en a donné une classification plus minutieuse et qui l'a conduit à l'établissement de plusieurs coupes génériques nouvelles.

I. *Gerboises n'ayant que trois doigts postérieurs.* Cette division comprend les SCIRTOPODES et les *Dipus* de M. Brandt.

GERBOISE GERBO (*Dipus sagitta*, appelé aussi *Dipus gerboa*). C'est la véritable *Gerboise* de Buffon; mais ce célèbre naturaliste rapporte à tort au même genre plusieurs Animaux ayant une organisation tout à fait différente, tels que le Kanguroo et d'autres encore. On l'a d'abord donnée comme étant commune à une grande partie de l'Afrique, à l'Arabie et à la Russie méridionale; cependant il paraît que plusieurs espèces ont été confondues sous ce nom, mais leur distinction n'a pas encore été établie d'une manière suffisante. Ces Animaux sont fauve clair en dessus, blancs en dessous, avec la queue à peu près de la couleur du dos dans ses deux premiers tiers, puis blanchâtre sur une courte étendue, noire sur une plus grande longueur et terminée de blanc. Le corps a 0,15 et la queue 0,20. C'est cette Gerboise que l'on voit le plus souvent dans les ménageries; la facilité avec laquelle elle ronge les bois les plus durs oblige de la tenir renfermée dans des cages doublées de fer-blanc; elle est commune dans plusieurs parties de l'Algérie, principalement dans la province d'Oran.

Duvernoy, donne à la Gerboise d'Algérie le nom de *Dipus mauritanicus*.

M. Lichtenstein, de Berlin, rapproche du *Dipus jaculus* les *Dipus bipes*, d'Égypte; *Dipus telum*, de Tartarie, près la mer Aral; *Dipus hirtipes*, d'Égypte, et *Dipus lagopus*, de Bucharie.

II. *Gerboises ayant quatre doigts aux pieds postérieurs*, ou les SCIRTOMYS, Brandt.

GERBOISE TÉTRADACTYLE (*Dipus tetradactylus*, Lichtenstein). Elle diffère surtout des précédentes parce qu'elle a quatre doigts aux pieds de derrière; c'est le pouce qui apparaît ici, mais il n'y a pas de trace extérieure du cinquième orteil. Cette espèce, dont la taille est un peu moindre que celle du Gerbo, a été découverte dans les déserts de la Lybie, entre Siwah et Alexandrie.

III. *Gerboises ayant cinq doigts aux pieds postérieurs*, ou le genre ALACTAGA, F. Cuvier. (*Scirtetes,* Wagner; *Scirteta* et *Platyceromys,* Brandt).

GERBOISE ALACTAGA (*Dipus jaculus*, Gmelin) ou le *Mus jaculus* de Pallas, le *Mongul* de Vicq d'Azyr, la *Flèche* de quelques auteurs. Nous en donnons la figure coloriée (*Pl. XIX*). Les deux doigts latéraux ne descendent pas jusqu'à la terminaison inférieure du canon; les oreilles sont assez grandes et les moustaches longues; le pelage est gris fauve en dessus avec la base des poils gris, et blanc jaunâtre en dessous; la queue est de couleur gris fauve dans la première moitié; son troisième quart est noir, et le quatrième blanc et en balai. Sa longueur totale est de 0,30; celle du corps égale seulement 0,25. De la Russie méridionale, en Europe et en Asie.

GERBOISE ACONTION (*Dipus acontion*, Pallas). Peu différente de l'Alactaga, mais plus petite; son corps n'a que 0,10; sa queue mesure 0,18. Elle est aussi de la Russie méridionale.

C'est aux mêmes contrées qu'appartiennent les *Dipus brachyurus*, Blainville; *Dipus minutus*, Blainville, et *Dipus platurus*, Lichtenstein. La seconde est aussi le *Dipus pygmæus* du zoologiste de Berlin.

Une dernière espèce paraît spéciale au sud de l'Algérie. F. Cuvier, qui la signale, lui donne le nom d'*Alactaga arundinis*. Sa longueur, de l'origine de la queue au bout du museau, est de 0,135; la queue seule a 0,140. Tout le dessus du corps est d'un gris fauve, jaunâtre sur les côtés et sur la queue, laquelle est terminée par une mèche dichotome brun noir et blanche à l'extrémité; les côtés des joues, les parties inférieures du corps, la face interne des membres et les côtés des fesses sont blancs; de grandes moustaches brunes garnissent les côtés du museau; les incisives sont blanches et unies; les oreilles sont presque nues. Tels sont les caractères assignés par F. Cuvier à cette espèce de Gerboise pentadactyle que Shaw avait signalée sous le nom de *Jerboa*, comme vivant le plus ordinairement dans les sables du Sahara. Il l'appelle Alactaga des roseaux, parce que, d'après le voyageur anglais, elle aime ces végétaux, et que partout où il y en a on est sûr de la rencontrer aussi.

M. Gray signale une espèce d'*Alactaga* dans l'Inde.

TRIBU des PÉDÉTIENS

Les Pédétiens (*Pedetina*, Gray) ont pour type le genre *Pédète*, aussi appelé *Helamys*, dont nous rapprocherons le *Pétromys*, placé à tort par quelques auteurs à côté des Échimys.

Ces Animaux, qui sont particuliers à l'Afrique, ont eu pour représentants européens, pendant la période miocène, les *Issiodoromys*, que l'on ne connaît encore que par les restes

PÉDÈTE, 1/3 de grand.

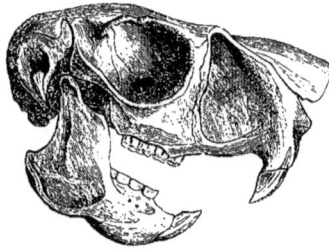

CRANE DE PÉDÈTE, 1/3 de grand.

fossiles qu'ils ont laissés dans les terrains du centre de l'Auvergne. Ce genre paraît les rattacher aux Rongeurs fossiles, également pourvus de seize molaires, dont nous avons parlé à la page 273, et même aux Anomalures ainsi qu'aux Myoxidés.

GENRE PÉDÈTE (*Pedetes*, Illiger). Animaux sauteurs, à corps allongé, ayant la tête grosse, les oreilles grandes et pointues, les yeux assez volumineux, la queue longue et velue, les pieds postérieurs bien plus longs que les antérieurs et à quatre doigts seulement, tandis que ceux-ci en ont cinq ; enfin tous les ongles forts et disposés pour fouiller le sol. Le crâne des Pédètes a une forme assez singulière ; les os du nez sont larges et saillants, disposition

DENTS DE PÉDÈTE, 2/1 de grand.

qui se traduit dans la physionomie extérieure de ces Animaux par la saillie de leur nez ; le trou sous-orbitaire est très-grand ; l'orbite, considérable, est presque complétement encadrée ; la mâchoire inférieure courte ; les dents incisives, fortes et larges aux deux mâchoires, sont coupées carrément à leur bord tranchant ; les molaires, au nombre de quatre paires en haut et en bas, à peu près égales entre elles, sont marquées d'un fort sillon, qui est externe aux supérieures, interne aux inférieures, et fait paraître leur couronne incomplétement bilobée. C'est, d'ailleurs, ce que la figure ci-jointe fera comprendre beaucoup mieux que la description que nous pourrions en donner.

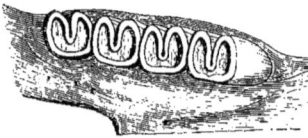

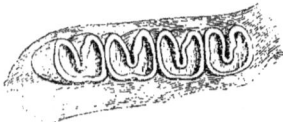

Ces dents n'ont pas leurs racines distinctes.

Ce genre a reçu de F. Cuvier un nom différent : il l'appelle *Hélamys*, et quelques auteurs

en ont parlé sous cette dénomination ; mais le mot *Pedetes*, qui est le plus ancien, a dû être
préféré. On trouve l'unique espèce qui s'y rapporte dans les régions sableuses de l'Afrique
australe, à peu de distance du cap de Bonne-Espérance, et Sparmann, voyageur hollandais
de la fin du siècle dernier, en a déjà fait mention. C'est son *Gerbua capensis*. Pallas a traité
du même Animal sous le nom de *Mus cafer*. Les colons hollandais l'appellent *Berg haas*,
ce qui signifie Lièvre de montagne, et *Spring haas*, c'est-à-dire Lièvre sauteur. C'est
l'*Aerdmannetje* des Hottentots, dénomination d'où l'on a tiré les noms de *Mannet* ou *Maunet*,
sous lesquels il est question du Pédète dans plusieurs auteurs.

C'est aujourd'hui le PÉDÈTE DU CAP (*Pedetes capensis*). Cet Animal a le corps à peu
près aussi long qu'un Lapin, mais il est moins fort des reins, et sa queue est bien plus
longue ; elle a 0,45, et le corps un peu plus. Le dessus de la tête, le dos, les épaules, les
flancs et la croupe sont brun jaune, légèrement grisâtre ; le dessus de la cuisse est un peu
plus pâle ; la jambe est plus brune, et elle a une ligne noire vers le talon. Il y a du brun
jaunâtre mêlé de blanc sur les côtés de la tête, et les parties inférieures de tout le corps

PÉDÈTE DU CAP, 1/6 de grand.

sont blanches ; la pointe des oreilles et les moustaches sont noires ; la queue est d'un roux assez vif en dessus et blanc en dessous, jusqu'à son milieu ; noire, au contraire, à sa pointe.

Les Pédètes ou Hélamys marchent surtout par bonds, à la manière des Gerboises et des Kanguroos ; alors ils allongent leur queue et tiennent leurs pattes de devant appliquées contre leur poitrine ; ils ne sortent guère que le soir ou la nuit ; leur nourriture consiste en substances végétales ; ils passent presque tout le jour cachés dans des terriers qu'ils se construisent en fouillant le sol à l'aide de leurs ongles puissants, et, lorsqu'ils en sont sortis, ils y rentrent immédiatement si quelque bruit se fait entendre. Leur précipitation est des plus grandes, et ils semblent plonger sous terre ; leur timidité est excessive. Lorsqu'ils sont calmes, leur voix consiste en un grognement assez sourd.

On a rarement possédé les Pédètes en vie. Allamand, qui en a vu un en Hollande, nous apprend que, pendant son sommeil, il ramenait sa tête entre ses jambes de devant, et qu'avec celles de derrière il rabattait ses oreilles sur ses yeux et les y retenait appliquées comme pour les préserver de toute atteinte extérieure. Les Pédètes ont deux paires de mamelles. On ignore combien ils ont de petits à chaque portée.

GENRE PÉTROMYS (*Petromys*, A. Smith). Animaux coureurs, à pieds postérieurs à peine plus longs que les antérieurs ; queue presque aussi longue que le corps ; oreilles de forme ordinaire ; dents molaires au nombre de quatre paires à chaque mâchoire.

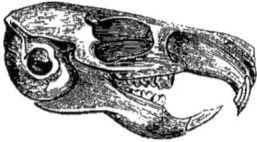

CRANE DE PÉTROMYS, grand. nat.

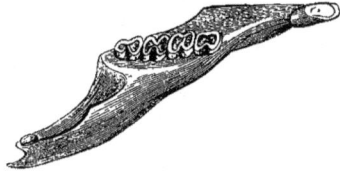

DENTS DE PÉTROMYS, 2/1 de grand.

PÉTROMYS TYPE (*Petromys typicus*, A. Smith). C'est la seule espèce qu'on ait encore observée ; sa taille est à peu près celle d'un Spermophile, mais sa forme extérieure est plus semblable à celle des Abrocomes ; son pelage est de couleur roussâtre.

PÉTROMYS TYPE, 2/7 de grand.

Cet Animal a été observé dans l'Afrique méridionale, vers l'embouchure de la rivière Orange, par M. Smith, et dans le pays des Namaquois, par M. J. Verreaux. Il se tient principalement sur les collines rocailleuses; habitude qui a conduit l'auteur cité à l'appeler *Pétromys*, ce qui veut dire Rat des rochers. C'est là que ce petit Mammifère établit son nid sous les pierres ou dans quelque crevasse. Sa nourriture est essentiellement végétale et paraît consister principalement en fleurs de composées; il préfère celles des seneçons.

GENRE ISSIODOROMYS (*Issiodoromys*, Croizet). J'ai essayé de démontrer ailleurs qu'il fallait rapprocher des Ptéromys et des Pédètes ce genre de Rongeurs dont l'espèce type avait été regardée par quelques auteurs comme congénère du Cochon d'Inde et de l'Apéréa. L'Issiodoromys, dont le nom veut dire *Rat d'Issoire*, a été distingué génériquement par le savant curé de Nechers, près Issoire, M. l'abbé Croizet, qui a fait faire de véritables progrès à la paléontologie des Animaux vertébrés par ses belles recherches sur les fossiles de l'Auvergne, et qui a apporté dans l'étude de cette science des vues à la fois indépendantes, neuves et ingénieuses. *Voy.* page 273 pour la dentition de l'ISSIODOROMYS.

TRIBU DES CTÉNODACTYLIENS

GENRE CTÉNODACTYLE (*Ctenodactylus*, Gray). L'unique espèce de ce genre est un Animal africain, à corps ramassé, à oreilles courtes, à pieds disposés pour fouiller le sol et dont les molaires sont au nombre de douze en tout.

Malgré les caractères que nous venons d'indiquer, et aussi malgré les différences notables de la forme extérieure qui séparent ce genre des Pédètes, et plus encore des Gerboises, on ne peut nier qu'il n'ait avec eux certaines analogies et qu'il n'établisse pour ainsi dire un lien entre les Campagnols et les Dipodidés. Le crâne du Cténodactyle a un grand trou sous-orbitaire et son canal auditif est large et tubuleux. Deux autres particularités remarquables qu'il nous a présentées consistent dans l'étroitesse de sa partie faciale, en avant du trou sous-orbitaire, ce qui le fait ressembler à celui des Gerboises, et dans la composition du trou sous-orbitaire lui-même. Celui-ci n'est que partiellement encadré par l'os maxillaire, dont l'apophyse zygomatique n'envoie qu'une courte et étroite portion au bord externe du trou. La racine antérieure du zygomatique complète ce bord, et son arc supérieur est en grande partie formée par l'os unguis. M. Gray a proposé le premier de rapporter ce genre à la tribu des Campagnols; de mon côté, j'ai émis l'opinion qu'il appartenait aux Dipodidés. Il est incontestable qu'il tient à la fois des uns et des autres, et qu'il ressemble d'une part aux Campagnols les plus fouisseurs et d'autre part aux Pédétiens du genre Pétromys. Les Cténodactyles ont quatre doigts à chaque pied; ceux de derrière, et principalement les deux externes, sont garnis d'une rangée de poils roidis qui ressemblent à un peigne.

Le CTÉNODACTYLE DE MASSON (*Ctenodactylus Massonii*, Gray) paraît exister à la fois dans les régions sablonneuses qui avoisinent le cap de Bonne-Espérance et dans la région saharienne la plus voisine de Tripoli, en Barbarie. Les premiers exemplaires qu'on en ait observés ont été rapportés de l'Afrique australe, en 1774, par Masson, botaniste voyageur auquel on doit aussi plusieurs belles espèces de bruyères. Leur taille est celle d'un Lagomys et leur pelage est cendré, un peu lavé de fauve. Leur espèce a été successivement étudiée par M. Gray, par M. Jourdan et par M. Wagner. On en conserve un exemplaire au musée de Lyon. Les dents molaires supérieures du Cténodactyle sont uniformes, avec une échancrure externe; les inférieures sont didymes, à lobes transverses et un peu obliques; la mandibule de ces Animaux rappelle, à quelques égards, celle des Cténomys; leurs incisives sont lisses. Pallas a très-probablement parlé des Cténodactyles du nord de l'Afrique, sous le nom de *Mus Gundii*. Il dit, d'après Rothmann, que cette espèce, qu'il compare à un petit Lapin, c'est-à-dire à un Lagomys pour sa taille, a la queue courte, les pieds tétradactyles et le corps gris roussâtre.

FAMILLE des MYOXIDÉS

Les Loirs ou *Myoxus* servent de type à la famille des Myoxidés, et ils en constituent le principal genre. Ces Animaux rappellent les Écureuils par leur apparence extérieure et par leurs habitudes; mais ils tiennent aussi des Rats sous certains rapports, et ils ont en particulier le crâne à peu près de même forme que ces derniers. Ils sont principalement caractérisés par leurs dents molaires, qui sont en tout au nombre de seize, et qui ont la couronne marquée de plis transversaux de l'ivoire, de manière à rappeler jusqu'à un certain point, mais avec plus de régularité, ce que nous avons vu chez les Ptéromys. Les molaires des Myoxidés sont pourvues de racines distinctes, comme celle des Sciuridés et des genres omnivores de la grande famille des Rats.

On ne trouve ces Animaux que dans l'ancien continent, mais il y en a dans ses trois parties. Ils ne sont pas nombreux en espèces. Tous vivent sur les arbres et ils ont, comme la plupart de ceux auxquels ce genre de vie convient, les proportions du corps élégantes, les oreilles pourvues d'une conque auditive entière et la queue longue et en pinceau. Leur taille est inférieure à celle des Écureuils, et, quoique leurs habitudes diffèrent peu des leurs, ils ont un régime plus complétement frugivore. Les Myoxidés qui vivent dans les régions froides ou tempérées jouissent tous de la remarquable propriété de l'hibernation. Lorsque le froid commence, ils se retirent dans leurs cachettes et tombent dans un sommeil léthargique, qui dure jusqu'au printemps suivant; alors ils ne prennent aucune nourriture, et s'ils se réveillent par

instant, c'est pour retomber bientôt après dans leur engourdissement. Les Loirs captifs ont, aussi bien que les Loirs des vergers ou des bois, la propriété dont nous parlons, et F. Cuvier l'a même constatée sur un Loir du Sénégal (*Myoxus Coupeii*) qu'il a possédé vivant à Paris. La température de ces Animaux s'abaisse alors notablement, et la graisse dont leur épiploon et presque tout leur corps s'étaient accrus pendant la belle saison diminue proportionnellement à la durée de leur sommeil. C'est par la combustion lente de cette substance que la vie s'entretient chez eux; car, quoique leur respiration et leur circulation soient fort ralenties, elles ne sont pas entièrement suspendues.

Il y a deux genres de Myoxidés, celui des Loirs ou *Myoxus* qu'on a quelquefois essayé de diviser en genres secondaires, et celui des *Graphiures*. Le premier fournit plusieurs espèces à l'Europe, à l'Afrique ainsi qu'à l'Asie; le second n'en a encore présenté qu'une seule réellement authentique; elle est du sud de l'Afrique.

GENRE LOIR (*Myoxus*, Schreber). Les espèces qu'on a étudiées avec soin ont toutes présenté la forme cannelée de la surface coronale des dents molaires que nous venons de décrire en parlant des caractères généraux de la famille. Elles vivent dans les bois, les buissons ou les vergers, montrent une légéreté égale à celle des Écureuils, auxquels elles ressemblent aussi par leurs formes extérieures, font rarement un nid, se retirent dans les trous des murs, des rochers ou des arbres, et se font craindre dans les endroits cultivés par le préjudice qu'elles occasionnent en détruisant les fruits.

Ces Rongeurs ont plus de vivacité que les Rats, leur pelage a aussi des couleurs plus vives que celui de ces derniers; toutefois,

LOIR DU SÉNÉGAL, grand. nat.

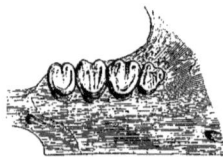

MOLAIRES DU LÉROT, 4/1 de grand.

leurs dents et certaines parties de leur squelette sont aussi différemment conformées, ce qui permet de distinguer sûrement les débris qu'ils ont laissés dans plusieurs couches géologiques.

LOIR GLIS (*Myoxus glis*). Il a le pelage d'un gris brun cendré en dessus, blanchâtre en dessous et brun autour de l'œil; les poils de sa queue sont bien fournis; cette partie a **0,13** et le corps **0,15**. C'est une espèce de l'Europe méridionale et de plusieurs pays de l'Europe centrale; on l'observe en Grèce, en Autriche, en Italie et en Espagne; nous ne la connaissons en France que dans la Provence et dans le Roussillon. M. de Selys la cite dans les bois de Vaux et Moyeuvre (Moselle), d'après M. Hollandre. Il dit dans sa *Faune belge* que plusieurs personnes lui ont assuré l'avoir vue en Belgique, mais que les exemplaires qu'on lui a envoyés comme tels n'étaient que des Lérots. Les érudits supposent que c'est l'Animal nommé *Glis* par les Romains, qui le tenaient en captivité pour l'engraisser et dont ils estimaient beaucoup la chair. Varron donne la manière de faire ces garennes de Loirs, et Apicius celle d'en faire des ragoûts. Cependant les personnes qui ont mangé la chair de ce Rongeur disent qu'elle est mauvaise et d'une odeur désagréable. Aristote a écrit que les Loirs passent tout l'hiver sans manger, ce qui est exact, cette saison étant celle de leur engourdissement; mais il a ajouté à tort que le sommeil les nourrit plus que les aliments et que, pendant cette abstinence prolongée, ils deviennent extrêmement gras. Comme tous les Animaux dormeurs, les Loirs s'amaigrissent pendant leur léthargie; la vie, quoique peu active en eux, s'entretenant surtout aux dépens des matières grasses dont ils s'étaient accrus en automne.

Loir glis, grand. nat.

LOIR LÉROT (*Myoxus nitela*). Fauve brunâtre en dessous ainsi que sur la face externe des bras et des cuisses; blanc en dessous, aux quatre pattes, aux joues et aux épaules; queue fauve brune, puis noirâtre en dessus, et enfin blanche; une grande tache noire entoure l'œil, se continue autour de l'oreille et s'élargit derrière elle sur les côtés du cou. Longueur du corps, **0,15**; de la queue, **0,12**.

Le Lérot est commun dans une grande partie de l'Europe. Il préfère les lieux cultivés, approche des habitations et se tient dans les vergers, dans les parcs, dans les jardins, dans les bois de petite étendue. Sa nourriture consiste principalement en fruits et il en gâte une très-grande quantité. Sa chair n'est pas mangeable, et l'Animal vivant a une odeur désagréable.

Il est très-friand de matières sucrées; ce qui donne un bon appât pour l'attirer dans les piéges qu'on lui tend ou pour l'empoisonner; lorsque les fruits lui manquent, il se rabat sur d'autres matières appartenant aussi au règne végétal; il mange également de la chair. On voit souvent les Lérots que l'on tient en cage dévorer les plus faibles d'entre leurs compagnons; les femelles que l'on prend avec leur nichée mangent aussi leurs petits. Lorsque le froid commence, ils se cachent dans leurs retraites et tombent en léthargie. On en rencontre parfois plusieurs dans un même trou, tous ramassés en boules au milieu des provisions de noix, de noisettes, etc., qu'ils ont eu soin de rassembler pour les manger à leur réveil. Ces Animaux se multiplient assez rapidement; ils ont jusqu'à six et même huit petits par portée. Leur espèce est le *Lérot* de Buffon ainsi que de Fréd. Cuvier, le *Mus quercinus* de Linné et le *Mus nitela* de Schreber.

LOIR DRYADE (*Myoxus dryas*, Schreber). Il est souvent considéré comme une simple variété du Lérot; mais il paraît cependant qu'il faut l'en séparer comme espèce. Son pelage est d'un gris fauve en dessus et d'un blanc sale en dessous, avec une tache obscure entourant l'œil et s'étendant jusqu'à l'oreille; la queue est assez courte comparativement à celle du Lérot, (0,085); sa base a de grands poils blancs. Le Dryade habite les bois de la Géorgie. On le signale aussi dans la vallée du Volga et en Lithuanie: c'est le *Myoxus nitedula* de Pallas.

LOIR MUSCARDIN (*Myoxus avellanarius*) appelé aussi *Croque noix*. C'est la plus faible des quatre espèces que ce genre possède en Europe; son pelage est fauve clair, un peu cendré par intervalles et blanchâtre en dessous; sa queue paraît un peu aplatie et les poils en sont distiques; elle a 0,075 et le corps à peu près autant. Ce joli petit Animal habite la plupart des États européens et sa présence a été constatée jusqu'en Suède: il est également répandu en Angleterre, où l'on ne voit ni le Loir ni le Lérot. Ses mœurs lui donnent autant de ressemblance avec les Écureuils que ses caractères extérieurs. Comme eux, il vit sur les arbres, dans les lieux un peu sauvages ou même dans les forêts, mais il fait son petit nid à la bifurcation de quelque branche, soit sur un arbre peu élevé, soit dans un buisson; la femelle y dépose sa progéniture, et, pendant l'hiver, les Muscardins des deux sexes s'y engourdissent et ils y passent tout le temps que dure leur état de torpeur. Chaque portée est de cinq petits, qui sont nus en venant au monde, comme ceux des Rats ou des Lérots, et ont les yeux fermés.

On a fait quelquefois des Muscardins un genre distinct de celui des Loirs proprement dits, et M. Kaup propose pour ce genre le nom de *Muscardins*. C'est une distinction qui n'a pas prévalu. M. Wagner sépare aussi génériquement des Loirs ses *Éliomys*, espèces africaines, dont il a donné les caractères dans un Mémoire publié en 1840.

Les Loirs africains sont: *Myoxus orobinus* (Wagner) du Sennaar; *Myoxus Coupeii* (F. Cuvier) du Sénégal; *Myoxus murinus* (Desmarest) du cap de Bonne-Espérance et de la côte Mozambique.

Une autre espèce est étrangère à l'Europe et à l'Afrique, c'est le LOIR ÉLÉGANT (*Myoxus elegans*, Temminck et Schlegel). C'est sans doute le même Animal que le *Myoxus lineatus* de M. de Siebold. Il a été découvert au Japon.

Des Loirs fossiles ont été découverts en Europe, et particulièrement en France, non-seulement dans les cavernes, mais aussi dans des dépôts plus anciens, soit miocènes, soit même pliocènes. Les Loirs miocènes ont reçu de M. Lartet le nom de *Myoxus sansaniensis*; j'en ai figuré quelques débris dans ma *Zoologie française*; ceux du terrain pliocène ont été découverts et déterminés par G. Cuvier: ils viennent des plâtrières de Montmartre, près Paris. On leur a donné les noms de *Myoxus spelæus* ou *parisiensis* et *Myoxus Cuvieri*.

GENRE GRAPHIURE (*Graphiurus*, F. Cuvier). Caractères extérieurs des Loirs; molaires plus petites et sans apparence de cannelures transversales.

GRAPHIURE DU CAP (*Graphiurus capensis*, F. Cuv.). Cette espèce précédemment indiquée par F. Cuvier sous le nom de *Myoxus Catoirii*, et plus récemment par M. Smith sous celui de *Myoxus ocularis*, a le dessus de la tête, le cou, les épaules, le dos, les flancs, la croupe et le haut des membres d'un gris brunâtre; le bout de son museau, les côtés et le dessous de sa tête sont blanc roussâtre, ainsi que le bas des membres; une large bande noire s'étend depuis les yeux jusqu'au-dessous des oreilles, comme chez le Lérot; la queue a son extrémité blanc roussâtre et en forme de pinceau; la taille et les proportions rappellent le Lérot. Cette espèce a été découverte au cap de Bonne-Espérance par M. Catoire. M. O'Gilby en signale une seconde propre à la même partie de l'Afrique, c'est son *Graphiurus elegans*.

Graphiure du Cap, 1/3 de grand.

FAMILLE des MURIDÉS

Les nombreuses espèces qui s'y rapportent sont, pour la plupart, de petite dimension, et il n'en est que quelques-unes qui atteignent la moyenne de la taille propre aux autres Rongeurs. Leurs dents sont presque constamment au nombre de trois paires à chaque mâchoire, et, au total, de douze; leurs formes rappellent plus ou moins celles du Rat, de la Souris et du Campagnol; quelques-unes sont aquatiques, mais la plupart sont terrestres. Il y a des Animaux de cette famille sur tous les points du globe; cependant ceux de la première tribu, dont on pourrait d'ailleurs faire une famille à part, ne se rencontrent que dans l'ancien continent. Nous parlerons d'abord de ces Muridés sous le nom de *Rats-Taupes*. Après eux viendront les *Muriens*, dont les principaux types sont ceux des *Campagnols* et des *Rats*.

TRIBU des RATS-TAUPES

Ces Animaux se partagent en plusieurs genres, qui appartiennent tous à l'ancien monde. Ce sont les suivants : *Bathyergues*, *Géoryques*, *Rhizomys*, *Siphnés* et *Spalax*. Nous y ajouterons les *Héliophobies*, par lesquels nous commencerons.

Les Rats-Taupes sont des Animaux fouisseurs ayant $\frac{4}{4}$ molaires, quelquefois $\frac{3}{3}$ seulement,

ou au contraire ⅘, toujours plus ou moins radiculées ; la queue courte ou nulle ; la tête grosse ; les
ongles forts ; les yeux plus ou moins réduits, et le
trou sous-orbitaire subarrondi, de grandeur médiocre.

GENRE HÉLIOPHOBIE (*Heliophobius*, Peters).
C'est le seul de tout le sous-ordre de Rongeurs
ordinaires qui ait cinq paires de molaires à chaque
mâchoire. (*Voir* page 268, la figure.)

L'espèce, encore unique, est l'HÉLIOPHOBIE AR-
GENTIN (*Heliophobius cinereo-argenteus*, Peters),
dont nous donnons ici la tête et les pieds. Cet Animal appartient à la côte Mozambique.

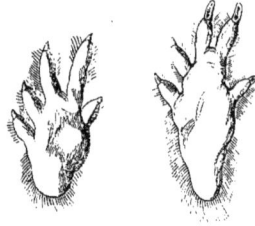

HÉLIOPHOBIE ARGENTIN.
Patte antérieure, gr. nat.   Patte postérieure, gr. nat.
(D'après M. Peters.)

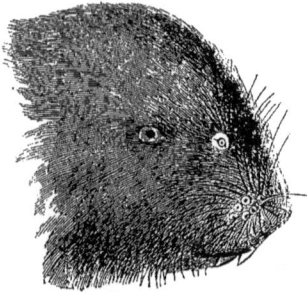

HÉLIOPHOBIE ARGENTIN, vu de profil, grand, nat.

HÉLIOPHOBIE ARGENTIN, vu de face, grand. nat.

GENRE BATHYERGUE (*Bathyergus*, Illiger). Les espèces qu'il renferme présentent les
caractères suivants : Point d'oreilles externes ; yeux petits mais pourvus d'une ouverture pal-
pébrale ; queue très-courte ; doigts au nombre de cinq à chaque pied, ayant des ongles puissants ; corps gros, ramassé ; molaires ⁴⁄₄ plus ou moins régulièrement en forme de 8, sensiblement décroissantes ; incisives très-longues, surtout les inférieures.

Le trou sous-orbitaire des Bathyergues est petit ; leur canal lacrymal est tubuleux et situé
en arrière de l'apophyse zygomatique de l'os
maxillaire.

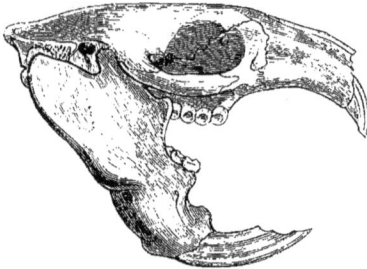

CRANE DE BATHYERGUE DES DUNES, grand. nat.

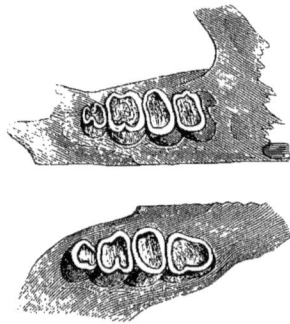

DENTS DE BATHYERGUE DES DUNES, 2/1 de grand.

Ces Animaux vivent en Afrique, principalement dans les régions méridionales et maritimes

de ce continent. On les rencontre dans les terrains sableux, et surtout dans les dunes qui avoisinent la mer. Ils passent presque toute leur vie sous terre, dans des galeries qu'ils creusent eux-mêmes, et, sous ce rapprt, on les a très-exactement comparés aux Taupes. C'est pour le même motif que les Bathyergues et plusieurs genres voisins reçoivent le nom de *Rats-Taupes*. Le cap de Bonne-Espérance en a fourni trois ou quatre espèces.

BATHYERGUE DES DUNES (*Bathyergus maritimus*). C'est la plus forte espèce du genre. Son corps approche pour la grosseur de celui du Lapin de garenne; il est long de trois décimètres au moins; sa queue, qui n'a que six centimètres, est un peu aplatie; elle est couverte de poils roides

BATHYERGUE ET SPALAX, 1/4 de grand.

Cet Animal est la *Taupe du Cap* de Lacaille, la *grande Taupe du Cap* de Buffon et la *Taupe des dunes* d'Allamand; c'est aussi le *Mus maritimus* de Gmelin. Les galeries qu'il creuse sont fort longues et tellement profondes que les Chevaux y trébuchent et s'y enfoncent parfois jusqu'aux genoux. L'espèce n'est pas rare dans la région du cap de Bonne-Espérance. Sa nourriture consiste en racines et en bulbes.

BATHYERGUE HOTTENTOT (*Bathyergus hottentotus*, Lesson et Garnot, ou *Bathyergus cœcutiens* de M. Brandt et *Bathyergus Ludwigii* de M. Smith). Il n'a guère que la moitié du volume de l'espèce précédente. Son corps est long de 0,13 et sa queue, qui est fort courte, est bordée de poils distiques; tout son pelage est uniformément brun gris, sauf inférieurement, où il passe au cendré. C'est aussi un Animal du cap de Bonne-Espérance; il a d'abord été trouvé à quelques distances de la mer, près la *Pearl*.

F. Cuvier mentionne deux autres Bathyergues de même taille propres aux mêmes régions; l'une répond suivant lui à la *petite Taupe du Cap* des *Suppléments* de Buffon; il l'appelle *Bathyergus Buffonii*; l'autre est connue par un crâne qui fait partie de la collection d'anatomie comparée du Muséum, où nous l'avons aussi remarqué; ce crâne indique un Animal certainement distinct du Bathyergue hottentot.

Une espèce mieux connue, quoique plus récemment découverte, est le Bathyergue brillant (*Bathyergus splendens*), que M. Ruppel a décrit dans son ouvrage sur les Animaux de
l'Abyssinie et qui habite en effet ce pays. Il est un peu plus fort que le Hottentot, mais bien
inférieur au Bathyergue des dunes du Cap, et son pelage est d'un roux cannelle assez brillant, avec des reflets métalliques; la tête et le ventre passent au brun; les incisives supérieures ont un faible sillon médian; la queue est comme dans les Campagnols ordinaires. Ce
Bathyergue fournit à M. Gray un genre nouveau sous le nom de *Chrysomys*.

GENRE GÉORYQUE (*Georychus*, Illiger). On n'en connaît qu'une seule espèce, qui a
beaucoup d'analogie avec les Bathyergues, mais qui
en diffère surtout parce qu'elle n'a que trois paires de
molaires au lieu de quatre; son trou sous-orbitaire
est également petit et de même forme; son canal
lacrymal affecte la même disposition. Ce genre est
surtout remarquable par le grand développement de
ses incisives, et les racines de celles que porte la
mâchoire inférieure s'étendent jusqu'en arrière de
l'alvéole de la troisième molaire. (*Figure*, page 267.)

GÉORYQUE CRICET (*Georychus capensis*). C'est le
Mus capensis de Pallas. Son pelage est brun avec
plusieurs taches blanches sur la tête, aux oreilles,
autour des yeux, sur l'occiput et au museau; son
corps est long de 0,15 et sa queue, qui se termine en
pinceau, n'a guère plus de deux centimètres. Vit éga-

DENTS DU GÉORYQUE CRICET, 3,1 de grand

lement dans les parties australes de l'Afrique; creuse aussi de longues galeries dans les terrains
meubles ou sablonneux.

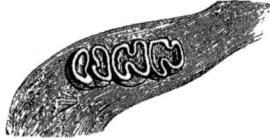

GENRE RHIZOMYS (*Rhizomys*, Gray). Formes trapues; oreilles assez petites; yeux
bien ouverts, quoique de médiocre grosseur; queue moins longue que la moitié du corps, nue;
le pouce des pieds de devant rudimentaire; tous les ongles de forme ordinaire. Tels sont les
caractères extérieurs de ce genre, que la forme de son crâne et sa manière de vivre rapprochent
des Rats-Taupes, mais qui n'est pas aussi bien disposé que la plupart d'entre eux pour la vie
souterraine. Les Rhizomys ont trois paires de molaires à chaque mâchoire; ces dents sont
peu compliquées, subarrondies, avec un repli interne pour les supérieures et externe pour
les inférieures, et deux ou trois petites cavités émaillées que l'usure isole sous forme d'îles
ovalaires ou arrondies; les incisives sont moins longues que dans les autres Rats-Taupes,
mais plus larges et taillées en biseau aux deux mâchoires.

On n'en connaît bien qu'une seule espèce; elle est propre aux parties méridionales de l'Inde.
Il en est question dans les auteurs sous les noms suivants :

RHIZOMYS DE SUMATRA (*Rhizomys sumatrensis*, Gray), antérieurement *Mus sumatrensis*
pour Raffles et *Spalax javanus* pour Cuvier; c'est le *Bamboo Rat* ou Rat des bambous du
major anglais Farquhar. M. Temminck le décrit dans ses *Monographies* sous le nom *Nyc-
tocleptes Dekan*, et il est possible que le *Rhizomys chinensis* de M. Gray n'en diffère point.

La véritable patrie de ce Rongeur n'est pas Sumatra; c'est encore moins Java, comme on
l'avait cru. Le Rhizomys habite la presqu'île de Malacca. C'est de ce pays que MM. Eydoux et
Souleyet avaient rapporté les individus que j'ai décrits et figurés dans le voyage de *la Bonite*.
Leur grandeur est celle d'un Lapin de petite dimension; leur pelage est soyeux, assez dur,
peu serré, surtout aux parties inférieures; la couleur en est gris jaunâtre ou blonde; une
tache oblongue, de nuance fauve clair se remarque sur le front, et derrière cette tache il y
a un peu de brun; les yeux sont de médiocre grandeur; les oreilles, petites, velues à leur
face externe, et la queue nue est longue de 0,16; le corps, dans les individus les plus forts,
a jusqu'à 0,45; les moustaches sont soyeuses et de couleur fauve; le mufle ou la partie nue

des narines n'est pas considérable. Les jeunes sujets ont le pelage un peu plus foncé en couleur que les adultes.

RHIZOMYS, DE MALACCA, 1/1 de grand.

Le Rhizomys ou Nyctoclepte habite les forêts de bambous presque impénétrables que l'on
rencontre dans la presqu'île de Malacca; il se nourrit des jeunes pousses de cette plante et il
en mange aussi les racines; il se creuse des retraites souterraines dont il ne sort que la nuit.
M. Hodgson cite un Rhizomys au Népaul.

Le *Mus talpinus* de Pallas, qui est un Animal de la Russie méridionale, paraît se rapprocher à certains égards du Rhizomys, mais, comme nous n'en avons pas observé le crâne,
et que Pallas ne décrit pas avec assez de détails la forme de ses dents, nous ne pouvons
dire si ses véritables affinités le rapprochent des Campagnols ou au contraire des Rats-
Taupes. Il est fouisseur à la manière de ces derniers.

GENRE SIPHNÉ (*Siphneus*, Brandt). Le corps est en forme de sac; il a l'apparence talpoïde; la tête est sensiblement déprimée; le nez est large, en soc tranversal et il a ses narines
inférieures; les yeux sont petits, mais encore ap-
parents; les oreilles ont leur conque tronquée; la
queue est courte et nue. Ces Animaux ont trois
paires de molaires à chaque mâchoire; leurs
ongles sont longs, les trois intermédiaires dépassant notablement les autres; le pelage est doux
et soyeux.

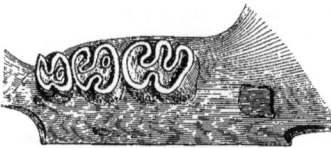

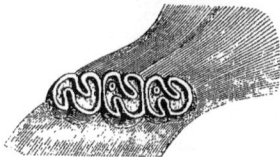

DENTS DE SIPHNÉ ZOKOR, 1/1 de grand.

Ce sont des Mammifères essentiellement fouisseurs et qui passent la plus grande partie de leur
vie sous terre. Quelques auteurs leur ont conservé
en propre le nom générique de *Spalax* ou *Aspa-
lomys*. On n'en connaît qu'une espèce :

SIPHNÉ ZOKOR (*Siphneus zokor*) ou le *Mus
myospalax* de Laxmann (1773), et le *Mus spalax*
de Pallas. C'est un singulier Rongeur, particulier

à la Russie méridionale, qui est principalement répandu dans les steppes de l'Irtisch. Il y creuse des galeries comparables à celles des Taupes, mais son régime est essentiellement différent du leur, sa nourriture consistant en racines et en bulbes. Le Zokor est long de 0,25 ; son pelage est gris roussâtre.

GENRE SPALAX (*Spalax*, Olivier). Il comprend celui de tous les Mammifères dont l'organisation est la mieux appropriée à la vie souterraine, et les conditions dans lesquelles il se tient rendent compte des caractères singuliers qu'on lui reconnaît. Son corps est trapu, et sa tête, qui est comme aplatie, a tout son pourtour disposé en carène ; on n'y voit point d'oreilles externes et il n'y a pas non plus d'yeux. Ces derniers organes n'existent que sous la forme de rudiments cachés au-dessous de la peau, qui passe sur eux sans s'ouvrir, de manière à former des paupières et même sans s'amincir notablement. Les Spalax manquent aussi de queue ; leurs membres, qui sont courts, ont des ongles très-puissants. Ces Animaux ont, comme ceux qui précèdent trois paires de molaires à chaque mâchoire ; la couronne en est peu compliquée ; leur crâne participe à l'aplatissement que montre extérieurement la tête ; la crête occipitale y est saillante ; le trou sous-orbitaire assez grand renferme dans son intérieur le canal lacrymal. Ce dernier caractère de l'Aspalax lui est commun avec le genre Siphné, et même avec le genre Rhizomys, et il établit une différence d'autant plus notable entre ces Animaux et les Rats-Taupes africains, qu'elle coïncide avec un mode différent de répartition géographique. Cependant M. Ruppel, qui a fait connaître plusieurs Animaux de cette tribu dans un mémoire spécial, signale des Rhizomys véritables à Schoa, en Abyssinie : tels seraient le *Rhizomys macrocéphale* de ce célèbre voyageur, et son Bathyergue brillant dont nous avons déjà parlé.

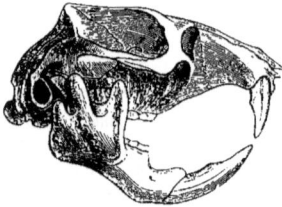

CRANE DE SPALAX ZEMMI, grand. nat.

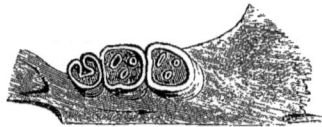

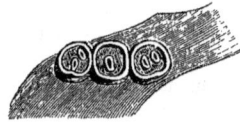

DENTS DE SPALAX ZEMMI, 3/1 de grand.

L'espèce type du genre Spalax est le SPALAX ZEMMI (*Spalax typhlus*), ou le *Mus typhlus* du savant ouvrage que Pallas a consacré à la description des Rongeurs. C'est encore un Animal à pelage doux, de couleur cendrée, un peu lavée de roussâtre et avec quelques reflets violacés. Son corps a 0,22 de longueur. Il vit constamment sous terre, dans de grandes galeries comparables à celles des Taupes, et qu'il dispose de manière à mettre la partie qu'il habite à l'abri des eaux pluviales. Sa tête aplatie et presque en forme de pelle ou de coin lui sert, avec ses ongles, pour la construction de ces terriers. Cet Animal tout à fait singulier est entièrement privé du sens de la vue, mais il a l'ouïe très-fine. On ne l'aperçoit presque jamais à la surface du sol. Il est assez courageux et résiste lorsqu'on veut s'emparer de lui. (*Figure*, r. 378.)

On le rencontre dans l'Asie Mineure et dans la Russie méridionale, entre le Tanaïs et le Volga. M. Nordmann a fait à son égard de nouvelles observations, que l'on trouvera dans la partie zoologique du voyage en Crimée de M. le comte Demidoff. Il est bien reconnu maintenant que le Spalax zemmi est le même Animal qu'Aristote a signalé sous le nom de *Spalax* (Σπάλαξ), et qu'il dit être entièrement aveugle. Jusqu'aux observations d'Olivier et de Pallas, on avait mal à propos considéré que par Spalax Aristote avait voulu désigner la Taupe ordinaire.

M. Nordmann croit à l'existence de deux espèces dans ce genre et, dans son travail sur la Faune pontique, il appelle la seconde *Spalax de Pallas*.

TRIBU des MURIENS

C'est la plus nombreuse de toutes celles que l'on distingue parmi les Mammifères ; mais ses espèces n'en sont pas moins susceptibles d'être établies sur des caractères certains, parmi lesquels ceux de la dentition et de la forme du crâne sont peut-être les plus importants. On peut grouper les différents genres et sous-genres à la distinction desquels on est arrivé par cette étude, autour des trois genres principaux : les *Campagnols*, les *Rats* et les *Gerbilles*. Les espèces intermédiaires qui les relient les uns aux autres empêchent d'en faire des tribus à part.

1º *Des Campagnols et des genres qui s'en rapprochent.*

GENRE CAMPAGNOL (*Arvicola*, Lacépède). Les Campagnols ou petits Rats à queue courte qui vivent dans nos champs sont, dans l'Europe centrale, les représentants les plus ordinaires du grand genre de Muridés, auquel on a donné les noms d'*Arvicola, Lemmus, Hypudeus*, etc. Il serait facile de démembrer ce groupe en plusieurs autres, ce qui, du reste, serait conforme à l'opinion de la plupart des naturalistes ; mais nous devons laisser ce luxe de divisions aux publications plus spéciales, et, conformément aux règles qui nous ont guidé dans la rédaction de ce livre, nous parlerons, sous la dénomination commune de Campagnols (*Arvicola*), de la plupart des Rongeurs qui constituent la tribu des *Arvicoliens*. Leur principal caractère consiste en ce que leurs dents molaires, qui sont au nombre de douze, comme celles de la très-grande majorité des Rats, ont les replis de leur fût disposés angulairement. Ce caractère donne à leur couronne une coupe en forme de zig-zags, et ceux-ci sont bien plus réguliers que chez les Reithrodons ou les Psammomys, qui établissent la transaction entre les Campagnols, les Rats et les Gerbilles.

Les Campagnols, que d'autres Animaux représentent dans l'Afrique et dans l'Amérique méridionale, mais sans appartenir précisément au même groupe qu'eux, forment un grand nombre d'espèces toutes propres à l'hémisphère boréal.

Ces Arvicoliens vrais se rattachent à plusieurs égards aux Rats-Taupes par leurs espèces les plus fouisseuses, et le curieux genre des Ctenodactyles offre un mélange de leurs caractères et de ceux des Dipodidés, quoiqu'il soit très-différent des Gerboises par ses formes lourdes et par ses habitudes souterraines. Les Ondatras s'en rapprochent encore plus intimement et doivent être considérés comme des Arvicoliens proprement dits ayant les pieds palmés.

1. Un premier groupe d'Arvicoliens comprend, entre autres espèces, le Lemming.

Le CAMPAGNOL LEMMING (*Lemmus norvegicus*) a le pelage roux fauve, marbré de noir et de brun ; ses poils sont bruns dans la plus grande partie de leur longueur, et ce n'est que vers la pointe que la plupart d'entre eux deviennent fauves. Des grandes marbrures noirâtres se remarquent surtout sur le dessus de la tête et à la région des épaules ; le corps est trapu, la tête est grosse, et la queue tout à fait rudimentaire ; enfin les ongles sont forts et très-propres à remuer le sol. La tête et le tronc mesurent près d'un décimètre, tandis que la queue ne dépasse guère un centimètre en longueur ; elle se termine par un petit bouquet de poils. L'apparence extérieure du Lemming serait celle d'un petit Lapin si ses oreilles n'étaient pas si rudimentaires.

C'est une espèce particulière à la Norwége et à la Laponie, qui est célèbre par ses migrations. A certaines époques, et sans que la cause en soit bien évidente, elle quitte par troupes innombrables la chaîne des Alpes scandinaves, qui est sa demeure habituelle, et elle s'en éloigne, suivant deux directions différentes. Ceux qui se dirigent vers la mer du Nord marchent de l'Est à l'Ouest, et ceux qui descendent vers le golfe de Bothnie vont de l'Ouest à l'Est. Ils retournent ensuite vers leurs montagnes. Pierre Hœgstrœm, qui les a vus revenir, en parle dans un mémoire publié, en 1749, dans l'Académie royale de Suède. « Ce retour, dit-il, passe en général inaperçu, parce que ces Animaux sont réduits à un très-petit nombre ; mais ils marchent aussi en ligne droite comme dans leur descente vers la plaine. »

CAMPAGNOL LEMMING, 1/3 de grand.

On a beaucoup parlé de ces voyages des Lemmings, et ils méritent, en effet, d'être connus. Nous empruntons les détails qu'on va lire à M. le professeur Ch. Martins, qui, dans un voyage qu'il a fait dans le Nord avec M. Bravais, a rencontré des troupes nombreuses de ces Animaux, et a réuni dans un travail particulier la plupart des renseignements que la science possédait à leur égard.

Les migrations des Lemmings sont rares. Linné affirmait qu'elles n'ont lieu que tous les dix ou vingt ans. Voici la liste de toutes celles dont M. Martins a pu retrouver les dates, avec l'indication, entre parenthèse, du nom des auteurs qui les ont mentionnées. La lettre *E* veut dire que les lieux où les Lemmings sont parvenus sont situés à l'Est des Alpes scandinaves, et la lettre *O* qu'ils sont à l'Ouest de la même chaîne.

1580. Trondhjem, *O.* (Wormius) ;	1823. Hernœsand, *E.* (Zetterstedt) ;
1648. Niordfiord, *O.* (Wormius) ;	1831. Lyksele, *E.* (Zetterstedt) ;
1697. Tornéo, *E.* (Rycaut) ;	1833. Bossecop, *O.* ;
1739. Luléo, *E.* (Hœgstrœm) ;	1833. Karasuando, *E.* ;
1743. Uméo, *E.* (Hœgstrœm) ;	1839. Musnioniska, *E.* ;
1757. Trondhjem, *O.* (Gunnerius) ;	— Uméo, *E.*
— Kongsberg, *O.* (Brunnichius) ;	

Les migrations des Lemmings sont probablement plus fréquentes que ne le pensait Linné ; la dernière série semble l'indiquer. Sans avoir assisté au défilé de toute la migration de 1839, MM. Bravais et Martins ont vu une grande partie de cette armée de Rongeurs se mettre en marche vers la mer. A Bossecop, point de départ de ces deux observateurs (latitude 70°), les Lemmings étaient assez rares, et dans la forêt marécageuse qui sépare ce village du plateau Lapon il n'y en avait pas un seul ; mais, sur le plateau, ils étaient en quantité immense le 8 et le 9 septembre, et on les voyait se réfugier sous chaque touffe de bouleaux noirs. Au dessous de la limite du bouleau blanc, et, par conséquent, à une moindre élévation, le nombre des Lemmings commença à diminuer ; ils n'étaient pas communs autour du Kansekeino (latitude, 69°), quoiqu'il y eut un grand nombre de leurs terriers, et l'on n'en voyait point entre Kansekeino et Karasuando (68° 30′) ; mais, autour de ce dernier village, qui est situé sur la rive gauche du fleuve Muonio, ils étaient très-communs, quoique moins abondants que sur le plateau Lapon. Il n'y en avait pas non plus beaucoup sur les bords du fleuve ; mais, le 21 septembre, près du village de Muonioniska (lat. 67° 55′), les Lemmings furent rencontrés en plus grande abondance dans une forêt de pins et de sapins. Il eût été impossible de compter tous ceux que l'on apercevait dans un même instant, et ils augmentaient à mesure que l'on avançait dans la forêt. Ils couraient tous dans une même direction parallèle au cours du fleuve. C'était probablement la tête de la colonne.

Quand les Lemmings traversent une plaine, ils serrent encore plus leurs rangs. « Ils tracent, dit Linné, des sillons rectilignes, parallèles, profonds de deux ou trois doigts, et distants l'un de l'autre de plusieurs aunes ; ils dévorent tout sur leur passage, les herbes et les racines. Rien ne les détourne de leur route. Un homme se met-il dans leur passage, ils glissent entre ses jambes ; s'ils rencontrent une meule de foin, ils la rongent et passent à travers ; si c'est un rocher, ils le contournent en demi-cercle et reprennent leur direction rectiligne ; un lac se trouve-t-il sur leur route, ils le traversent en ligne droite, quelle que soit sa largeur, et très-souvent dans son plus grand diamètre. Un bateau est-il sur leur trajet au milieu des eaux, ils grimpent par dessus et se rejettent dans l'eau de l'autre côté. Un fleuve rapide ne les arrête pas ; ils se précipitent dans les flots, dussent-ils tous y périr. » Toutefois, ils n'entrent jamais dans les maisons, et MM. Bravais et Martins en virent beaucoup autour de Karasuando, mais pas un seul dans les habitations.

Les détails rapportés par Linné sont confirmés par différents auteurs, Leemius et Hœgstrœm entre autres. Zetterstedt dit que, dans la migration de 1623, ils faillirent faire sombrer plusieurs bateaux en traversant l'Angermanelr, près d'Hernœsand. A Bossecop, on a dit la même chose à M. Martins ; on lui a appris qu'en 1833 ils montèrent dans les bateaux, près de Dupvig.

Rycaut, qui écrivait avant Linné et qui paraît avoir assisté à une migration, donne des détails analogues. « Les Lemmings, ajoute-t-il, cheminent surtout la nuit et le matin, mais ils sont tranquilles le jour. » C'est ce qui explique pourquoi nos deux compatriotes n'ont vu des Lemmings en marche que le matin, et pourquoi, la nuit, il leur était impossible de conserver dans leur chambre ceux de ces Animaux qu'ils avaient mis en cage. Ces Lemmings sautaient, sifflaient et aboyaient tellement qu'il était impossible de dormir auprès d'eux. Rycaut affirme que, dans les colonnes en mouvement, les femelles portent un petit dans leur gueule et un autre sur le dos ; il les a même figurées ainsi. Linné a répété la même chose. Dans les migrations observées par MM. Bravais et Martins, on n'a pu confirmer cette assertion, attendu que les femelles n'avaient pas encore mis bas.

Ces armées de Lemmings arrivent enfin sur les bords de la mer du Nord ou du golfe de Finlande ; mais, en route, un très-grand nombre des individus qui les composaient au départ ont succombé à une foule d'accidents. Hœgstrœm pense qu'une centaine à peine retourne dans les montagnes, qui sont leur séjour habituel. Beaucoup doivent périr de froid ; un plus grand nombre se noie en traversant les rivières, quoiqu'ils nagent très-bien ; la plupart deviennent victimes de la chasse que les Carnassiers font à leur espèce. Les Chiens des Lapons ne mangent que la tête des Lemmings, d'où l'on avait conclu autrefois que ces Rongeurs étaient vénéneux. Un Chien finlandais, qui accompagnait MM. Bravais et Martins, en étrangla un nombre prodigieux ; plusieurs fois il fit des essais pour les avaler, mais il les rejeta toujours avec dégoût. Il paraît certain que les Rennes ont l'habitude de les manger, et qu'ils se détournent de leur route pour les poursuivre. Lœstadius a constaté ce fait, et il a aussi remarqué que les Rennes deviennent alors sujets à une maladie appelée *graen* en norwégien. Les Chèvres et les Moutons deviennent également malades quand ils en mangent. Les Renards et les Isatis ne mordent pas aux piéges dans les endroits où passent les migrations de Lemmings, ceux-ci leur fournissant une nourriture abondante; mais, l'année suivante, on en prend beaucoup, au dire des Lapons, parce qu'ils descendent dans les plaines pour y chercher les Lemmings qu'ils avaient suivis l'année précédente. Les Ours sont très-friands de la chair des mêmes Rongeurs; les Gloutons, les Martes, les Hermines en détruisent aussi en immense quantité; enfin les Oiseaux voraces, tels que les Corbeaux, les Corneilles, les Pies, différentes espèces de Hiboux et de Chouettes, les Goëlands, etc., en enlèvent un grand nombre. Rycaut a observé qu'ils ne leur mangent que le cœur et le foie et qu'ils dédaignent le reste, et M. Martins a constaté ce fait.

C'est une opinion généralement répandue dans le Nord que les migrations des Lemmings, qui ont presque toujours lieu en automne, annoncent des hivers très-rudes. Hœgstrœm a rassemblé quelques faits à l'appui de cette opinion, et il compare ces migrations à celles des Hermines, des Écureuils, des Martes et des Renards, qui semblent aussi pressentir les hivers rigoureux ou les froids prématurés. Pallas les attribue au manque de vivres. Au rapport de Brunnichius, et c'est aussi l'avis des Norwégiens, cette disette, est due à des vents constants qui dessèchent les plateaux de la Laponie.

Olaüs Magnus, archevêque d'Upsal, affirme naïvement, dans son ouvrage publié à Rome en 1555, que les Lemmings tombent du ciel, soit que des orages les apportent de quelques îles éloignées, soit que les orages les engendrent eux-mêmes. Cette fable a été reproduite par Lemius et surtout par Wormius (1653), qui rapporte quelques faits pour lui donner la valeur d'une démonstration. Une femme, dit-il, étant assise devant sa porte, un Lemming tomba sur ses genoux. Deux de ces Animaux tombèrent dans un bateau au milieu de la mer. Linné et Gunnerius (1767) n'ont pas accepté ces absurdités, et ce dernier assure que, s'il a vu tomber dans le Nordland deux Lemmings et un Hérisson, il a aperçu chaque fois au-dessus de sa tête des Oiseaux de proie qui les avaient laissé échapper de leurs serres.

Les Lemmings nagent très-bien, ce qui ne les empêche pas de se noyer en grand nombre quand ils traversent quelque rivière rapide. MM. Bravais et Martins ont jeté plusieurs de ces Animaux au milieu du Muonio, dans un point où la largeur du fleuve est double de celle de la Seine à Paris et le courant très-fort; tous ont gagné le bord sans beaucoup de peine. Cependant des cadavres de Lemmings flottaient en nombre considérable à la surface de l'eau.

Les Lemmings ont les cinq doigts antérieurs assez développés et pourvus d'ongles forts; ces Animaux sont fouisseurs, et ils creusent des terriers pour s'y retirer. Ceux qu'ils font dans leurs montagnes sont souvent ramifiés, et ils ont trois doigts de large. La plupart n'ont qu'une issue, mais quelques-uns en ont deux et parfois trois; presque tous sont creusés dans ces buttes ou mottes de terre coniques que l'on rencontre partout en Laponie. Un grand nombre, dit M. Martins, paraissent devoir leur origine à un tronc d'arbre coupé et converti par le temps en terreau végétal; les autres se forment par l'accumulation des terres entre les branches du bouleau nain. La végétation y est toujours beaucoup plus active; elle se compose de mousses et de lichens, au milieu desquelles s'élèvent plusieurs espèces de phanérogames. Les Lemmings ne coupent point les racines superficielles des arbres, mais leurs terriers passent ordinairement par dessous. Chacun de ces derniers reçoit de un à quatre habitants. Wormius dit qu'on a vu dans un seul nid jusqu'à neuf petits. Ce nid se compose de tiges et de feuilles d'une espèce de graminée, coupées par brins et disposées, celles du haut longitudinalement, et celles du bas transversalement. On y trouve aussi des débris de quelques autres végétaux. M. Bravais soupçonne qu'il y a deux portées par an, l'une en juillet, l'autre en octobre. Rycaut a attribué jusqu'à neuf petits à chacune, et Gunnerius six ou sept, mais M. Martins n'a jamais trouvé plus de cinq fœtus dans les femelles pleines qu'il a ouvertes. C'est aussi le chiffre indiqué par Linné. Le nombre des mamelles est de huit.

Cette curieuse espèce a été appelée *Lemmar* ou *Lemmus* par Olaüs Magnus; *Lapin de Norwége* (*Cuniculus Norwegicus*), par Brisson; *Lemming*, par Buffon et beaucoup d'autres auteurs; *Mus Norwegicus*, par Ray, Linné, etc. Quelques mammalogistes actuels la séparent génériquement, ainsi qu'un petit nombre d'autres espèces, des véritables Campagnols; mais ses dents et son crâne sont en tout semblables à ceux de ces derniers.

On a dit que, vers le pôle, les Lemmings deviennent blancs en hiver; c'est, du moins, ce que rapporte M. Lesson, en se fondant sur le passage suivant qu'il emprunte au capitaine Ross : « Un de ces Animaux ayant été enfermé pendant quelques jours s'échappa pendant la nuit, et on le retrouva le lendemain matin sur la glace près du vaisseau; dès que l'on descendit la cage, qu'il reconnut dans la main de celui qui le soignait, il rentra immédiatement dedans. Il vécut plusieurs mois dans la chambre; mais, ayant trouvé que, comme cela a lieu pour les Lièvres apprivoisés dans de pareilles circonstances, il gardait sa fourrure d'été, je fus conduit à essayer l'effet du froid en l'exposant pendant quelques jours à la température de l'hiver. Je le plaçai en conséquence sur le tillac, dans une case. Le premier de février et le matin suivant, après avoir été exposé à une température de trente degrés au-dessous de zéro, sa fourrure sur les joues et une place sur chaque épaule sont devenues parfaitement blanches. Le jour suivant, les places sur chaque épaule s'étaient considérablement étendues, et la partie postérieure de son corps et de ses flancs s'était changée en un blanc sale. Pendant les quatre jours suivants, ce changement continua, mais lentement, et, au bout de la semaine, l'Animal était entièrement blanc, à l'exception d'une bande foncée, traversant les épaules, qui se prolongeait postérieurement en bas sur le milieu du dos, et formait une espèce de selle où la couleur n'avait pas du tout changé. Le thermomètre continua à rester entre 30° et 40° au-dessous de zéro jusqu'au 18 sans produire aucun autre changement; mais alors le pauvre Animal devint souffrant et périt de la rigueur du froid. En examinant sa peau, il parut que toutes les parties blanches de la fourrure étaient plus longues que les parties qui n'avaient pas changé, et que les bouts seuls de cette fourrure étaient blancs dans toute la partie qui excédait en longueur la fourrure de couleur foncée, et en enlevant ces bouts blancs, à l'aide de ciseaux, la peau paraissait avoir repris sa fourrure d'été foncée, mais avec un léger changement dans la couleur, et précisément de la même longueur qu'avant l'expérience. »

Le Lemming a le pouce des pieds antérieurs complétement onguiculé, ce qui lui donne cinq doigts aux membres de devant comme aux postérieurs; il a aussi les ongles plus forts que la plupart des Campagnols; ses oreilles sont plus courtes que les leurs, et il est plus fouisseur que la plupart d'entre eux. C'est ce qui l'a fait prendre pour type du petit groupe que plusieurs auteurs appellent LEMMUS, du nom qui lui appartient en propre, et sous lequel il est déjà décrit dans l'ouvrage d'Olaüs Magnus. Pallas avait désigné la même division par le mot *Myodes*, et il y plaçait aussi deux autres espèces européennes, décrites dans sa *Faune de Russie*. Ce sont ses *Myodes lagurus* et *torquatus*. La première est de l'Asie centrale et des parties de l'Europe qui s'en rapprochent le plus; la seconde, est de la Russie boréale et vit sur les bords de la mer Blanche. Le *Lemmus semitricolor* de M. Nilsson, qui vit en Norwége, rentre dans la même division, et il faut également y ranger le *Mus hudsonius* de Pallas, qui habite le Labrador. Ce groupe des Myodes répond au genre Lemmus de quelques auteurs, mais on ne doit pas y rapporter le Zokor, non plus que le Sukerkan, ainsi qu'on l'a fait quelquefois.

2. Une seconde section de Campagnol a pour type le Campagnol des champs et celui des prés. C'est la plus riche en espèces.

CAMPAGNOL DES CHAMPS (*Arvicola arvalis*). Taille de la Souris; oreilles plus longues que le poil, velues; yeux gros, proéminents; pelage d'un fauve jaunâtre mêlé de gris en dessus, blanchâtre en dessous; queue un peu plus longue que le quart du corps, unicolore, jaunâtre; pieds d'un blanc jaunâtre. C'est le *Campagnol* de Buffon et Daubenton ou le *Mus arvalis* de Linné. M. de Selys Longchamps a fait à son égard de nouvelles et intéressantes observations, et, dans ses études sur la *Micromammalogie*, il a bien fait ressortir les caractères à l'aide desquels on pouvait le reconnaître.

CAMPAGNOL DES CHAMPS, 1/2 de grand.

Ce Campagnol est un Animal commun dans presque toute l'Europe, et, malgré sa petite taille, il peut être un fléau pour les moissons, lorsque, sous l'influence de certaines circonstances, il est devenu abondant. Il établit sa demeure dans les plaines cultivées, particulièrement dans les champs de blé. En été, il coupe les tiges des céréales pour en faire tomber l'épi, qu'il dévore, et, lorsque les gerbes ont été enlevées, il s'en prend aux racines des jeunes trèfles, et il se jette ensuite sur les champs de carottes ou des autres plantes potagères; lorsque l'hiver arrive, il attaque les semailles. Quand le froid a gelé le sol, il vient se réfugier sous les meules, et il y fait de nouveaux dégâts. Quelques individus sont variés dans leurs couleurs; les uns étant noirs, d'autres entièrement blancs ou simplement blanc jaunâtre, et quelques-uns pies ou tapirés de blanc sur la couleur ordinaire. Cette espèce s'étend non-seulement en Europe, mais encore en Sibérie, jusqu'auprès de l'Obi. On assure que l'Italie est la seule partie du continent européen où on ne voit pas le vrai Campagnol des champs. Dans quelques lieux, il s'élève à une grande hauteur, et M. Schinz en a observé des individus auprès de l'hospice du Saint-Gothard, à plus de six mille pieds au-dessus du niveau de la mer; il a constaté qu'il y forme aussi des magasins qu'il remplit avec les racines du saule des Alpes.

Pendant certaines années, les Campagnols sont extrêmement nombreux dans les champs, et l'on ne peut expliquer leur présence en quantité si considérables qu'en supposant l'arrivée de nouvelles colonies de ces Animaux; d'autres fois, ils sont plus rares. Suivant M. de Selys, ce n'est guère qu'une fois ou deux en dix ans que leur nombre est extrême. Les petits Carnassiers leur donnent la chasse, aussi bien que les Oiseaux de proie et les Hérons. On en trouve quelquefois une dizaine et plus dans le jabot de la Buse, et leurs crânes, ainsi que les autres parties plus ou moins fracturées de leur squelette, se retrouvent dans les pelottes vomies par les Oiseaux de proie nocturnes, après que ceux-ci en ont extrait, par la digestion stomacale, les chairs et les sucs nutritifs. Les débris des Campagnols y sont souvent mêlés à des os de Musaraignes que ces Oiseaux ont également capturés dans les mêmes lieux.

Les grandes pluies qui inondent les terriers de ces petits Rongeurs ou dont les eaux torrentielles les emportent en les noyant en détruisent aussi beaucoup. On peut arriver artificiellement au même résultat en creusant dans les champs de simples trous dans lesquels les Campagnols ne manquent pas de se laisser tomber, et où l'on vient les tuer une ou deux fois par jour.

Aristote en signalant le tort que certaines espèces de Rats font aux moissons, avait certainement voulu désigner le Campagnol ou quelque espèce voisine et le Mulot, qui sont l'un et l'autre les ennemis de nos champs cultivés. En effet, les pertes qu'ils occasionnent sont quelquefois énormes, et personne n'a encore trouvé un bon moyen pour y mettre obstacle. On estime qu'en 1816 et 1817 celles qu'ils occasionnèrent dans le seul département de la Vendée furent évaluées à près de trois millions, et les prairies furent ravagées aussi bien que les champs.

Indépendamment de ce Campagnol, nos plaines et nos prairies en nourrissent plusieurs autres. Le soin minutieux que M. de Selys Longchamps, et, après lui, M. Gerbe ont apportés dans l'observation de ces petits Mammifères, nous permettra de donner à leur égard des détails très-précis.

Le Campagnol fauve (*Arvicola fulvus*, Desm.) est de la taille du Campagnol des champs; il a les oreilles externes nues et presque nulles; son pelage est d'un fauve jaunâtre clair en dessus et blanchâtre en dessous; sa queue égale la longueur du tiers du corps, et elle est jaunâtre; ses pieds sont jaunâtre clair. C'est un Animal encore peu connu et qui est même assez rare. On l'a observé en Belgique, auprès de Liége, et en France, dans les environs de Strasbourg. M. de Selys en a pris un avec des Campagnols ordinaires.

Le Campagnol incertain (*Arvicola incertus*) est signalé en Provence, dans le département du Var, et en Languedoc, aux environs de Montpellier. M. Gerbe y rapporte le Campagnol à douze paires de côtes; les Campagnols agreste et roussâtre en sont voisins.

Le Campagnol de Selys (*Arvicola Selysii*, Gerbe). Celui-ci est brun ferrugineux en dessus, fauve cendré pâle en dessous; a les pieds fauve cendré, les oreilles brunes et velues; sa queue est brune en dessus et fauve en dessous, et elle est terminée par un petit pinceau blanc; sa taille est à peu près égale à celle du Campagnol des champs. Cette espèce est du département des Basses-Alpes.

M. Gerbe cite aussi dans les Basses-Alpes les *Arvicola glareolus* et *Nageri* de M. Schinz.

Le Campagnol de Savi (*Arvicola Savii* de Sélys) est encore de la taille de celui des champs; il a les oreilles externes un peu velues, mais beaucoup plus courtes que les poils qui les entourent; son pelage est gris brun en dessus et cendré en dessous; sa queue est un peu plus courte que le tiers du corps, bicolore, brunâtre en dessus, blanchâtre en dessous; ses pieds sont d'un cendré clair; enfin il a quatorze paires de côtes. C'est une espèce répandue en Italie; elle est quelquefois très-abondante, et le prince Ch. Bonaparte dit qu'en une seule saison il en fut tué onze mille individus dans une seule ferme des États-Romains. Elle aime les lieux secs, se creuse deux ou trois courtes galeries, plaçant séparément son nid et son magasin qu'elle remplit de céréales ou de fèves.

Le Campagnol souterrain (*Arvicola subterraneus*, Sélys). Il a été premièrement distingué par M. Baillon, d'Abbeville, sous le nom d'*Arvicola pratensis;* mais cette dénomination n'a pu être conservée parce qu'elle avait déjà été employée pour une espèce différente vivant dans l'Amérique septentrionale. Voici le résumé de ses caractères:

Taille un peu moins forte que celle du Campagnol des champs; oreilles un peu plus courtes que la longueur des poils, presque nues; yeux très-petits; pelage d'un gris noirâtre en dessus, cendré ou blanchâtre sur l'abdomen seulement; queue de la longueur du tiers du corps, bicolore, noirâtre en dessus, blanche en dessous; pieds cendré foncé; treize paires de côtes.

Il habite la Belgique et la Picardie, dans les prairies humides, mais jamais dans les champs. Sa nourriture consiste principalement en céleri, en carottes, en artichauts, et il cause de grands ravages dans les jardins maraîchers. Il est plus souterrain que les espèces voisines, et il ne multiplie pas autant que les *Arvicola arvalis* et *Savii*. Il mange aussi les racines du grand liseron. M. Gerbe a constaté sa présence dans les environs de Paris, à Meudon.

Le CAMPAGNOL SOCIAL (*Arvicola socialis*), nommé aussi *Compagnon* par Vicq-d'Azyr, est le même Animal que le *Mus socialis* de Pallas. Sa taille égale celle des précédents; ses oreilles sont larges et presque nues; son pelage est très-doux, d'un cendré pâle en dessus, blanc en dessous et sur les pieds; sa queue, un peu plus courte que le quart du corps, est blanchâtre; il a douze paires de côtes et cinq vertèbres lombaires.

Il habite les déserts situés entre le Volga et le Jaïk, préfère les lieux couverts d'herbes, se nourrit de racines des diverses plantes et de bulbes, principalement de ceux des tulipes dont il remplit ses magasins.

Le CAMPAGNOL AGRESTE (*Arvicola agrestis*), répondant au *Mus agrestis* de Linné. Il est plus fort que l'*Arvicola arvalis*; ses oreilles sont cachées par les poils; son pelage est brun foncé en dessus et rappelle celui du Rat d'eau; ses pieds sont cendrés et velus; enfin sa queue, moins longue que celle de l'*A. rubidus*, est semblable, pour la couleur, à celle de ce dernier. On le connaissait en Suède. M. de Sélys l'a retrouvé en Belgique et en Picardie. Ceux de cette province ont servi à l'établissement de son *Arvicola Baillonii*, qui doit être supprimé. L'*Arvicola neglecta*, signalé en Écosse par M. Thompson, et l'*A. arenicola* de la Hollande qui a été décrit par M. de Sélys, sont aussi, d'après les nouvelles recherches de ce dernier naturaliste, des *Arvicola agrestis*.

Le CAMPAGNOL ÉCONOME (*Arvicola œconomus*), ou le *Mus œconomus* de Pallas et le *Fégoule* de Vicq-d'Azyr. Il est un peu plus fort que l'*Arvicola arvalis*; ses oreilles sont nues et beaucoup plus courtes que les poils de la tête; son pelage est gris foncé en dessus, un peu jaunâtre sur les côtés, blanchâtre en dessous; sa queue égale à peine le quart du corps; elle est poilue et bicolore, noire en dessus, blanche en dessous; les pieds sont gris, et il a quatorze paires de côtes.

On a quelquefois attribué à cette espèce certains Campagnols de l'Europe occidentale; mais elle ne paraît exister que dans les contrées voisines de l'Oural, et c'est surtout en Sibérie qu'elle est abondante. Son nom d'*Économe* lui vient de ce qu'elle amasse de grandes provisions dans ses terriers; elle est également voyageuse, et dans ses migrations elle marche par grandes troupes, en se dirigeant toujours suivant une ligne droite. M. de Sélys a montré que les prétendus Économes de l'Europe occidentale devaient être rapportés aux espèces dont nous avons déjà parlé et non à l'Économe véritable.

Le CAMPAGNOL A DOUZE CÔTES (*Arvicola duodecim costatus*, Sélys) n'est connu que par son squelette qui montre douze paires de côtes et six vertèbres lombaires; sa taille est celle de l'*Arvicola arvalis*, et sa queue est un peu plus longue que le tiers du corps. Des deux individus observés par M. de Sélys, l'un avait été pris aux environs de Montpellier, par Olivier, et l'autre auprès de Genève. M. Gerbe considère que cette espèce ne diffère pas de l'*Arvicola incertus*.

CAMPAGNOL ROUSSATRE (*Arvicola rubidus*, Baillon). Également grand comme l'*Arvicola arvalis*; oreilles plus grandes que les poils, velues; yeux gros, proéminents; pelage d'un roux rubigineux en dessus, cendré sur les côtés, blanchâtre en dessous; queue un peu plus longue que la moitié du corps, bicolore, noirâtre en dessus, blanchâtre en dessous; pieds blanchâtres; treize paires de côtes.

Ce Campagnol habite les bois humides et il creuse sa retraite sur le bord des petits ruisseaux. On a constaté sa présence en Angleterre et sur une grande partie de l'Europe centrale. M. de Sélys fait remarquer que son aire d'habitation paraît bornée au nord par le Danemark, au sud par la Loire, les environs de Lyon, et le midi de l'Allemagne, à l'est par l'Oural. Cette espèce a aussi reçu le nom d'*Hypudæus hercynicus* (Mehlis).

CAMPAGNOL A QUEUE BLANCHE (*Arvicola leucurus*, Gerbe). Taille plus forte que celle de l'*Arvicola arvalis*; oreilles plus grandes que les poils, velues au sommet; pelage cendré fauve en dessus, blanc en dessous; queue blanche plus longue que la moitié du corps; pieds blancs ou blanchâtres; treize vertèbres dorsales.

De Barcelonnette (Basses-Alpes), où il est connu sous le nom de Rat de montagne. M. Gerbe distingue cette espèce de l'*Arvicola nivalis*, dont elle paraît, dans tous les cas, très-voisine; il nous apprend qu'on la rencontre le plus ordinairement à quinze cents mètres environ au-dessus du niveau de la mer; elle s'élève même jusqu'à la hauteur de deux mille mètres. Toutefois, elle est loin d'être confinée dans des zones aussi froides : on la trouve aussi dans des vallées dont l'altitude n'est que de douze cents mètres. Elle paraît s'établir de préférence dans des trous de murs ou de rochers et dans des tas de pierres. Dans les montagnes, les granges et les chalets sont sa demeure habituelle, et pendant l'hiver elle y trouve un abri dans le foin qu'on y entasse.

CAMPAGNOL DES NEIGES (*Arvicola nivalis*, Martins). Un peu plus grand que l'*Arvicola arvalis*; oreilles arrondies plus longues que les poils de la tête; yeux médiocres; pelage gris noirâtre devenant bientôt gris cendré lorsque l'animal est empaillé, un peu lavé de fauve sur les flancs, gris cendré clair sur le ventre avec des macules noires et blanches; queue plus longue que la moitié du corps, à poils blancs; treize vertèbres dorsales.

MM. Bravais et Martins ont découvert ce Campagnol sur le Faulhorn, montagne de la Suisse, qui s'élève à 2,683 mètres. Il mange les pousses et les pétales du *Geum reptans* et du *Geum montanum* : quelques individus se sont établis dans l'intérieur de l'auberge qui est sur le Faulhorn.

3. D'autres Campagnols ont la queue encore plus longue et au moins égale à la moitié du corps; leurs pieds sont plus ou moins écailleux, et ils n'ont qu'un rudiment de pouce aux membres antérieurs. Ce sont des animaux plus ou moins aquatiques.

CAMPAGNOL SCHERMAUS (*Arvicola terrestris*). Il a été décrit par Hermann, de Strasbourg, d'après des sujets recueillis dans les environs de cette ville. On le signale en France, en Suisse et en Allemagne dans les vallées du Rhin; il habite les prairies situées au bord des eaux, mais n'est pas aussi aquatique que le Campagnol amphibie, ce qui lui a fait donner par opposition le nom spécifique de *Terrestre*. Voici comment M. de Sélys le caractérise :

Taille d'un quart moindre que celle de l'Amphibie; pelage d'un brun plus ou moins jaunâtre en dessus, jaunâtre sur les côtés et cendré glacé de jaunâtre sur l'abdomen; queue brune en dessus, plus pâle en dessous, un peu plus longue que le tiers du corps.

Le CAMPAGNOL AMPHIBIE (*Arvicola amphibius*) est le *Rat d'eau* de Buffon et le *Mus amphibius* ou *aquaticus* des nomenclateurs du dernier siècle. Il a la taille du Rat noir, mais il est facile à en distinguer, même extérieurement, par sa tête plus large, son pelage brun roux et sa queue seule-

CAMPAGNOL SCHERMAUS, grand. nat.

ment un peu plus longue que la moitié du corps. Sa longueur est de 0,15 environ pour la tête et le tronc et de 0,07 ou 0,08 pour la queue. Son pelage est doux, assez épais, d'un brun terreux ou ferrugineux en dessus, un peu roussâtre sur les côtés et cendré foncé en dessous; les pattes ont un épiderme écailleux et il en est de même de la queue; mais les écailles qu'on y voit sont petites et en partie recouvertes par des poils courts; ceux de la queue qui sont roux noirâtre sont un peu roides. Il aime l'eau et nage très-bien, mais il n'a pas les pieds palmés. On le rencontre auprès des grands cours d'eau, ainsi que sur le bord des petites rivières et des lacs; il y en a aussi dans les étangs salés qui avoisinent la mer. Le Campagnol amphibie ou Rat d'eau fait deux portées par an, chacune de six ou huit petits.

Le Campagnol destructeur (*Arvicola destructor*, Savi) est grand comme le Rat d'eau et il en diffère assez peu. On lui donne cependant pour caractère d'avoir le dessous du corps et des pieds d'un cendré blanchâtre presque uniforme. M. de Sélys considère que c'est bien une espèce distincte. Ce Campagnol vit en Italie, et aussi, d'après M. Gerbe, dans le département des Basses-Alpes; c'est le même que l'*Arvicola Musignani* de M. de Sélys. Son nom d'espèce rappelle les dommages qu'il occasionne et les obstacles qu'il a opposés aux travaux entrepris en Toscane pour le desséchement des marennes. On lui reproche surtout de manger les racines des plantes que l'on cherche à propager sur les digues pour les raffermir et encore de percer celles-ci de part en part lorsqu'il construit ses galeries; ce qui laisse échapper les eaux qu'on cherchait à retenir. En Toscane, pendant les années 1837 et 1838, les Campagnols destructeurs ayant été chassés de leurs retraites par des inondations, se répandirent dans les plaines voisines qu'ils ravagèrent. M. Savi assure qu'ils firent alors périr les quatre cinquièmes de la récolte.

Campagnol montagnard (*Arvicola monticola*, Sélys) de la même grandeur que l'*Arvicola amphibius*, a le pelage d'un gris jaunâtre mélangé de jaune pâle sur les côtés, cendré blanchâtre en dessous et sur les pieds; queue cendré clair, un peu plus courte que la moitié du corps.

Cet Animal, qu'on a souvent confondu avec le Shermaus, et qui a aussi une grande ressemblance avec l'Amphibie, habite les Pyrénées. On le trouve, en particulier, dans le département des Hautes-Pyrénées.

Nous rappellerons ici qu'il y a également des Campagnols dans l'Amérique septentrionale, mais sans donner la description des espèces que l'on distingue parmi eux. Tels sont les *Arvicola riparius, Pensylvanicus, xanthognathus, Noveboracensis, borealis, trimucronatus, Hudsonius*, etc.

Genre ONDATRA (*Ondatra*, Lacépède). L'espèce type de ce genre habite l'Amérique septentrionale, comme les derniers Campagnols qui viennent d'être nommés, et, quoiqu'on l'ait souvent éloignée de ces Animaux dans la classification, c'est dans la même division et auprès d'eux qu'elle doit prendre rang. Cependant Linné en faisait une espèce de Castor; Brisson était moins loin de la vérité lorsqu'il l'attribuait au genre Rat, sous le nom de *Rat musqué*; mais, quoique sa manière de voir fût préférable à celle des naturalistes modernes, qui ont encore associé l'Ondatra au Castor, et même au Myopotame et à l'Hydromys, elle doit être modifiée si l'on veut se faire une idée exacte des affinités zoologiques de l'Animal qui en est l'objet. Celui-ci n'est point un Castor, quoiqu'il vive dans l'eau, à la manière des Rongeurs de ce nom, car son crâne, son système dentaire, sa queue même l'en éloignent notablement. Ce n'est pas non plus un Rat véritable, puisqu'il n'a point les dents molaires conformées comme celles des espèces auxquelles ce nom convient, et il n'a pas davantage de véritables affinités avec le Myopotame, qui approche au contraire notablement des Capromys et des Plagiodontes. Ses dents molaires sont en même nombre que celles des Campagnols; elles ont la même forme caractéristique que chez ces derniers, et, si on les avait connues avant les parties extérieures de l'Animal, on n'aurait certainement pas manqué de conclure qu'elles proviennent de quelque espèce de Campagnol plus grosse que les autres.

L'Ondatra est aquatique et, comme il l'est plus complétement que les Campagnols amphibies, dont nous avons parlé plus haut, il présente aussi dans ses caractères extérieurs certaines modifications qu'on n'observe pas chez ceux-ci. C'est ainsi que ses pattes de derrière sont palmées et qu'elles ont leurs doigts liés au moyen de soies rigides dirigées en dehors. C'est aussi pour le même motif que sa queue est longue, écailleuse et comprimée comme une rame dans toute sa longueur. Sous le double rapport de la conformation de ses pieds et de sa queue, l'Ondatra répète donc parmi les Campagnols la même forme générique que les Desmans parmi les insectivores les plus voisins des Musaraignes; son museau a cependant une apparence semblable à celui des Campagnols ordinaires. Sarrasin a donné, en 1725, dans les

Mémoires de l'Académie des sciences de Paris, un bon travail sur cette curieuse espèce, qu'il appelle *Rat musqué*, comme l'a fait depuis Brisson. C'est Buffon qui a fait prévaloir le mot *Ondatra*. L'Ondatra a été inscrit dans le catalogue méthodique sous les noms de *Castor zibethicus* (Linné) ou de *Mus zibethicus* (Gmelin).

ONDATRA MUSQUÉ (*Ondatra zibethica*). Telle est la dénomination par laquelle on doit indiquer l'Ondatra dans les ouvrages actuels. Cet Animal est un peu plus gros que le Surmulot; son apparence extérieure rappelle davantage celle du Campagnol amphibie, quoiqu'il ait la queue et les pattes différemment conformées. Son pelage est brun teinté de roux en dessus et cendré en dessous; les poils qui le composent sont de deux sortes, comme chez le Castor, la Loutre et la plupart des autres Mammifères fluviatiles; les uns plus longs sont soyeux et ils donnent au pelage son apparence générale; les autres plus courts, plus doux, constituent à la base des premiers un duvet moelleux qui fait des peaux d'Ondatra une fourrure très-chaude; malheureusement cette fourrure conserve toujours plus ou moins l'odeur du musc qu'elle doit à une sécrétion particulière versée auprès des organes générateurs des Ondatras, aussi bien dans le sexe femelle que dans le sexe mâle. Cette sécrétion acquiert même à l'époque des amours une intensité toute particulière.

ONDATRA MUSQUÉ, 1/5 de grand.

Les Canadiens disent que l'Ondatra est le frère cadet du Castor, expression qui rend bien compte des analogies que ces deux Animaux ont entre eux dans leur manière de vivre, en même temps qu'elle rappelle l'infériorité du premier par rapport au second. Comme le Castor, l'Ondatra vit dans les lacs de l'Amérique septentrionale ou dans les cours d'eau de cette partie du monde; comme lui, il forme des sociétés et construit des huttes; mais il est toujours plus faible que le Castor, et ses demeures sont aussi moins étendues : ce sont des espèces de dômes dont l'intérieur a environ deux pieds de diamètre. Les Ondatras n'élèvent pas de digues pour maintenir à une élévation constante les eaux auprès desquelles ils ont établi leurs domiciles, mais ils ménagent sous leurs dômes des espèces de gradins qui leur permettent de s'élever eux-mêmes ou de descendre à mesure que le niveau change. Plusieurs Ondatras vivent sous chacune de ces petites huttes, principalement en automne et pendant l'hiver; car au printemps ils s'en éloignent et vont, comme certains Castors, dans les terres dont la végétation leur procure alors une nourriture abondante. Les femelles pleines reviennent les premières aux constructions: elles ont six petits à chaque portée; leurs mamelles sont également au nombre de six.

Les matériaux que les Ondatras emploient pour élever leurs demeures consistent principalement en joncs; ils les enfoncent en terre comme des pilotis, les tressent ensuite avec régularité et les enduisent de terre glaise; ils en font ainsi une espèce de muraille de quatre à six pouces d'épaisseur qu'ils protégent en outre par un revêtement de joncs enlacés, ayant jusqu'à huit pouces; la grandeur des cabanes n'est pas toujours la même. Dans certains lieux on les voit en grand nombre et on les a comparées à des villages en miniature qui auraient des Ondatras pour habitants. Elles sont établies sur le bord d'un lac ou près d'une rivière sans escarpement et communiquent avec l'eau par des galeries qui ne peuvent servir qu'aux Ondatras, car les Animaux de cette espèce peuvent seuls y passer. Les Carnassiers ordinaires tels que les Visons, les Martes, etc., craignent trop l'eau pour s'y introduire, et les Loutres qui vivent dans l'eau à la manière des Ondatras et qui leur donnent la chasse sont trop grosses pour y entrer.

2° *Muriens qui se rapprochent des véritables Rats.*

GENRE CRICET (*Cricetus*, G. Cuvier). Le Hamster et quelques espèces qui lui ressemblent sont au nombre des Muriens que l'on a séparés génériquement des Rats proprement dits. L'apparence extérieure de ces Animaux, la faible longueur de leur queue, une forme de crâne un peu différente de celle de la Souris ou du Mulot, enfin la disposition particulière des dents molaires, dont la première paire a six tubercules régulièrement disposés sur trois rangs, sont les principaux caractères que l'on puisse assigner aux Cricets.

DENTS DU HAMSTER, 4/1 de grand.

Le CRICET HAMSTER (*Cricetus frumentarius*, Pallas), qui sert de type à cette petite division, est un Animal de l'Europe tempérée. On le trouve depuis l'Alsace et la Belgique jusqu'aux monts Ourals, mais il ne se rencontre ni en Italie, ni en Espagne, et en France on ne le voit qu'aux environs de Strasbourg. En Belgique, il habite surtout la province de Liége. Cependant il était autrefois plus répandu, et certains terrains peu anciens, soit des environs de Paris, soit de la Limagne, en renferment des débris fossiles.

Le Hamster est à peu près gros comme le Rat noir, mais il est plus trapu, et sa queue, qui est bien plus courte, est garnie de petits poils; ses couleurs sont un mélange de gris roussâtre en dessus, de noir en dessous et sur les parties inférieures des flancs avec trois grandes taches jaunâtres irrégulières et latérales, une tache blanche sous la gorge et une autre en arrière et en avant de chaque épaule.

Ces Animaux ont quelquefois reçu le nom de *Marmottes d'Allemagne* ou de *Strasbourg*, de *Cochon de seigle*, etc. Ils vivent de racines, d'herbes, de fruits, et plus particulièrement de grains qu'ils récoltent dans les champs cultivés et qu'ils entassent en quantités plus ou moins considérables

HAMSTER, 2 3 de grand.

dans leurs terriers ; ils ne dédaignent pas non plus les matières animales et leurs molaires indiquent en effet des appétits omnivores. Chacun a son terrier dont la forme est différente pour les mâles et pour les femelles : il y a sept ou huit issues à celui des femelles, et le plus souvent deux seulement à celui des mâles. Les chambres y sont multiples, et c'est dans l'une d'elles que les Hamsters amassent leurs provisions, principalement du froment, du seigle, des fèves, des pois, de la vesce, des graines de lin, etc. Il n'est pas rare d'en trouver jusqu'à cent kilos dans le même trou. Pour y arriver il faut creuser à deux ou trois pieds au-dessous de la surface du sol ; leur communication avec l'extérieur a lieu par deux galeries, dont une oblique et l'autre perpendiculaire. La première de ces galeries est le chemin que suivent habituellement les Hamsters, la seconde leur sert dans les cas d'alerte.

Hamster d'Alsace, 1/3 de grand.

Pendant l'hiver le Hamster s'enferme dans sa demeure, il y vit aux dépens des provisions qu'il a ramassées ; il devient fort gras. Si le froid est rigoureux, il s'endort à la manière des Animaux hibernants. Les femelles font plusieurs portées par an, et à chaque fois elles mettent bas de six à douze petits ; après un assez court allaitement ceux-ci les quittent et s'en vont ailleurs vivre de leurs propres ressources.

Les Hamsters sont fort nuisibles ; aussi dans les lieux où ils abondent leur fait-on une chasse active, autant pour les détruire que pour reprendre les céréales qu'ils ont accumulées dans leurs souterrains. On rapporte que, dans les environs de Gotha, ils sont si multipliés qu'on en tua dans une seule année près de quatre-vingt mille. La terre massée auprès de l'entrée oblique de leurs habitations sert à les faire découvrir.

On rapproche du Hamster quelques autres espèces de Murieus propres à l'Europe, à l'Asie et même à l'Amérique septentrionale. Celles que l'on rencontre dans le premier de ces continents en habitent les parties centrales et orientales : la France n'en possède aucune. Ce sont les *Cricetus arenarius, Phœus* et *Accedula*, dont Pallas a donné la description, et le *Cricetus nigricans* publié par M. Brandt.

Quelques espèces fossiles observées en France dans des terrains d'époque miocène, ressemblent aux Hamsters par la forme de leurs dents ; j'en ai figuré qui proviennent des départements du Gers, de l'Allier et du Puy-de-Dôme (*Zool. et Pol. franç*). M. Lartet avait donné à celles des terrains du Gers le nom générique de CRICETODON.

GENRE GERBILLE (*Gerbillus*, Desmarest). On en cite plus de vingt espèces, toutes de l'ancien continent et qui se font remarquer par l'élégance de leurs formes, par l'allongement de leurs pattes postérieures et de leur queue, par la légèreté de leurs allures, et enfin par la forme de leurs dents. Elles n'ont que douze molaires en tout, comme la plupart des Rongeurs appartenant à la tribu des Muriens, mais ces dents n'ont qu'une seule ellipse transversale à chaque colline et les incisives supérieures sont marquées en avant d'un sillon longitudinal. Quoi qu'il en soit, les Gerbilles sont bien des Muriens véritables, et elles n'ont de commun avec les Gerboises qu'une certaine conformité dans les habitudes et une aptitude presque égale pour le saut.

DENTS DE GERBILLE, 4/1 de grand.

Les Gerbilles vivent en Afrique, en Asie et dans les parties orientales de l'Europe; il n'y a en Amérique aucun Animal appartenant réellement à cette division. Plusieurs de leurs espèces recherchent les lieux où l'on cultive les céréales. Toutes se retirent dans des terriers où elles placent quelques provisions; elles ne sortent guère pendant le jour, néanmoins leur pelage est toujours plus ou moins fauve en dessus. Leur taille varie depuis celle du Rat noir ou même du Surmulot jusqu'à celle du Mulot et du Rat nain.

La GERBILLE DU TAMARIS (*Gerbillus tamariscinus*), dont on doit la première description à Pallas, a le pelage gris jaunâtre en dessus et blanc en dessous; son corps a dix-huit centimètres, sa queue est un peu moindre. Elle habite les côtes méridionales de la mer Caspienne, dans les endroits déserts et dont le sol ainsi que les végétaux sont plus ou moins imprégnés de sel; ce sont ces végétaux qui constituent sa principale nourriture.

La GERBILLE DU MIDI (*Gerbillus meridianus*) répond aux *Mus meridianus* et *longipes* de Pallas. Elle est aussi de la Russie méridionale.

La GERBILLE OPIME (*Gerbillus opimus*) a été distinguée plus récemment par M. Lichtenstein : c'est encore une espèce européenne. On la trouve vers l'embouchure de l'Oural, et par conséquent dans la région de l'Europe la plus voisine de la mer Caspienne; ce qui est aussi le cas des deux espèces précédentes. Comme elles elle s'étend sans doute en Asie, et ce continent fournit en outre plusieurs autres Rongeurs du même genre.

La GERBILLE OTARIE (*Gerbillus otarius*, F. Cuv.) a été découverte dans l'Inde par M. E. Verreaux. Elle est facile à reconnaître à sa taille analogue à celle du Mulot, à la moindre longueur de sa queue et à la grandeur de ses oreilles; ses couleurs sont analogues à celles des autres espèces.

La GERBILLE HÉRINE (*Gerbillus indicus*, F. Cuvier) est particulière à l'Inde. Son pelage est gris fauve, irrégulièrement mêlé de noir sur les parties supérieures; sa tête est d'une teinte plus pâle que le corps, et le pinceau qui termine sa queue est presque noir; toutes les parties inférieures sont blanches.

GERBILLE HÉRINE, grand. nat.

L'Hérine approche des champs cultivés et elle se creuse, auprès des champs d'orge et de blé, des terriers où elle établit de vastes magasins; elle y entasse des épis de blé qu'elle a soin de ne couper qu'au moment où ils sont assez mûrs pour être facilement

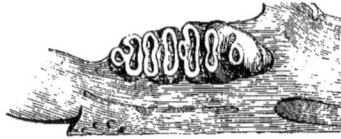

conservés, et elle ferme soigneusement ces magasins pour y avoir recours lorsque la campagne sera presque nue et que les ressources du canton qu'elle habite seront épuisées. Comme plusieurs de ses congénères, cet Animal répand une odeur désagréable.

GERBILLE HÉRINE, 1/3 de grand.

La GERBILLE ÉGYPTIENNE (*Gerbillus ægyptius*, Desm.) n'est pas plus grande que l'Otarie. La forme de ses dents et celle de son crâne peuvent surtout servir à la faire reconnaître. C'est le *Dipus gerbillus* signalé par Olivier dans son *Voyage dans l'empire ottoman*.

La GERBILLE DES PYRAMIDES (*Gerbillus pyramidum*, F. Cuv.) est aussi d'Égypte, d'où elle a été rapportée par E. Geoffroy.

La GERBILLE DE BURTON (*Gerbillus Burtoni*, F. Cuv.) est du Darfour, et l'on en cite quelques autres dans les régions orientales de l'Afrique.

La GERBILLE PYGARGUE (*Gerbillus pygargus*, F. Cuv.) est non-seulement de la haute Égypte, mais aussi du Sénégal.

La GERBILLE A QUEUE COURTE (*Gerbillus brevicaudatus*, F. Cuv.) a été envoyée du Cap par M. J. Verreaux. C'est aussi dans l'Afrique australe que l'on trouve la GERBILLE AFRICAINE (*Gerbillus afer* de M. Gray ou *Meriones Schlegelii* de M. Smuts.)

D'autres ont encore été signalées en Afrique et portent dans les ouvrages de Mammalogie des noms différents de ceux que nous venons de mentionner, mais elles sont en général moins bien connues; cependant les mêmes doutes n'existent pas au sujet de la GERBILLE DE SHAW (*Gerbillus Shawii* de MM. Duvernoy et Lereboullet). Celle-ci est plutôt grise que rousse; elle est en même temps nuancée de brun foncé ou de noirâtre; sa taille approche de celle du Rat ordinaire. Il en a été recueilli des exemplaires dans la province de Constantine, par MM. Rozet et Guyon. Shaw l'avait déjà signalée dans son *Voyage en Barbarie*, sous le nom de *Jird*. M. Maurice Wagner en parle de nouveau dans son *Voyage en Algérie*, sous le nom de *Mériones robustus*. Il l'a vue à Oran, à Mostaganem et à Biscara.

Les contrées les plus méridionales de l'Algérie, et en particulier celles qui dépendent de la région saharienne, nourrissent d'autres Gerbilles plus semblables à celles de l'Égypte ou du Sénégal que ne l'est la Gerbille de Shaw, et qu'il serait intéressant de comparer avec celles de ces deux pays, comme on l'a fait pour les Reptiles du sud de la région barbaresque. J'en ai vu il y a plusieurs années dans la collection que M. Zill, alors résidant à Constantine, avait formée pendant ses excursions à Souf et à Tuggurth.

On peut placer auprès des Gerbilles l'espèce type du genre PSAMMOMYS de M. Ruppel, ou le PSAMMOMYS OBÈSE (*Psammomys obesus*, Ruppel). C'est un Murien à peu près grand comme le Surmulot et qui semble constituer la transition entre les Campagnols et le genre qui vient de nous occuper. Il est d'Égypte et d'Arabie. L'Afrique a encore fourni quelques autres Rongeurs plus ou moins voisins des Rats ou des Gerbilles, que l'on a aussi distingués génériquement des uns et des autres.

GENRE SMINTHUS (*Sminthus*). Je laisserai auprès des Gerbilles un petit genre de Muriens que M. Nathusius a distingué, il y a quelques années, pour y placer une espèce un peu moins grande que la Souris, ayant, à peu de chose près, la même apparence qu'elle, et dont le principal caractère consiste dans la présence, en avant des trois paires supérieures de dents molaires, d'une petite dent de même sorte, mais plus petite, qui rappelle la molaire supplémentaire que l'on voit si fréquemment chez les Sciuridés. (*Voir la figure, page* 268.)

Cette espèce est le SMINTHUS LORIGÈRE (*Sminthus loriger*) sur lequel M. Nordmann a donné de nouveaux détails dans sa *Faune pontique*. Elle est propre à la Crimée. Son pelage, qui est gris brun entremêlé de poils jaunes en dessus, passe au roux sur les côtés; une bande noire s'étend depuis le milieu du dos jusqu'à la queue.

SMINTHUS LORIGÈRE, grand. nat.

M. Nilsson rapporte au même genre le *Mus betulinus* de Pallas, observé en Scandinavie et dans la Russie septentrionale. Celui-ci est fauve, et il porte également une bande noire sur le dos; il s'engourdit, comme les Loirs, pendant la mauvaise saison.

GENRE MÉRIONE (*Meriones*, G. Cuvier). L'unique espèce qu'il comprend a les dents en même nombre que le Sminthus, et, par conséquent, $\frac{4}{3}$ molaires; mais celles-ci forment des replis obliques, ce qui les fait ressembler aux molaires des Gerbilles. Dans le *Prodrome* d'Illiger, le nom de *Mérione* a une signification plus étendue que celle qui lui a été conservée par F. Cuvier, et il est synonyme de Gerbille; aussi Wagler donne-t-il un autre nom au genre dont nous parlons ici : il l'appelle *Jaculus*.

La MÉRIONE DU CANADA (*Meriones Canadensis*), nommée *Dipus Canadensis* par Davies et *Canadian Gerbo* par Shaw, n'est pas supérieure à la Souris par ses dimensions, mais elle a les pattes plus longues et le corps plus élancé. C'est un Animal agile, excepté quand il fait froid; alors il se roule en boule et s'engourdit; il habite les prairies aussi bien que les lieux boisés.

Les deux genres qui suivent n'ont que trois paires de molaires comme le plus grand nombre de Muriens, mais la forme de leur couronne est assez singulière; ce sont les *Otomys* et les *Phléomys*.

GENRE OTOMYS (*Otomys*, Fr. Cuvier). Ce genre a aussi reçu de M. Brandt la dénomination d'*Euryotis*; il comprend trois espèces propres à l'Afrique australe, et une quatrième de Nubie. Toutes les quatre ont la physionomie extérieure des Rats; mais leurs oreilles sont plus amples que celles des Rats ordinaires, et leur queue est un peu moins longue; elles ont les dents molaires encore plus différentes, chacune d'elles étant composée de deux ou trois lamelles elliptiques dont les supérieures ont le bord postérieur et les inférieures le bord antérieur un peu excavés. Cette disposition rappelle la forme caractéristique des dents des Chinchillas, mais il n'y a ici que trois paires de molaires en haut et en bas, tandis que chez ces derniers leur nombre est de quatre.

DENTS D'OTOMYS, 3/1 de grand.

L'OTOMYS CAFRE (*Otomys unisulcatus*, F. Cuvier) a les incisives supérieures sillonnées en avant par une forte cannelure; son pelage, qui est gris fauve en dessus, redevient gris blanchâtre sur les flancs et en dessous; les poils qui le composent sont doux et bien fournis; le corps a 0,16 de long, et la queue 0,07. Cette espèce a été découverte au Cap par Delalande.

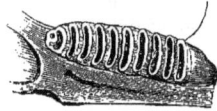

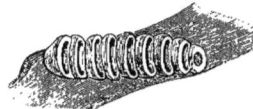

OTOMYS CAFRE, 1/3 de grand.

L'OTOMYS NAMAQUOIS (*Otomys bisulcatus*, F. Cuvier) est un peu plus petit; il a les parties supérieures d'un gris brun très-foncé et les inférieures gris clair; ses incisives inférieures ont un sillon aussi bien que les supérieures.

M. A. Smith a décrit la troisième espèce de ce genre sous le nom d'*Euryotis Brandtii*. Celles auxquelles il donne les noms d'*Otomys typicus* et *albicaudatus* paraissent être d'un autre sous-genre que les véritables Otomys de F. Cuvier.

Les caractères distinctifs de l'espèce nubienne ne nous sont pas connus.

GENRE PHLÉOMYS (*Phléomys*, Waterhouse). Les Phléomys, dont on ne connaît qu'une seule espèce, sont des Rongeurs assez différents des Rats par leur apparence extérieure et que l'on serait tenté de rapprocher des Capromys dont il a été question plus haut. Ils ont cependant l'organisation des Muriens, et le principal caractère qui les distingue des autres Animaux de cette tribu consiste dans la forme de leurs dents molaires, qui tiennent même un peu de celles des Gerbilles, l'émail formant à leur couronne des ovales ou ellipses bien séparées les uns des autres. La première molaire supérieure en a trois, et les deux suivantes deux seulement; à la mâchoire inférieure, la première et la seconde en ont trois, et la dernière deux. Le Rat perchal montre déjà la trace de cette disposition.

J'ai donné dans la partie zoologique du Voyage de *la Bonite* de nouveaux détails sur les caractères anatomiques et sur les affinités zoologiques des Phléomys.

Le PHLÉOMYS DE CUMING (*Phlæomys Cumingii*, Waterhouse) est un Animal de l'île Luçon, qui fait partie de l'archipel des Philippines. Les deux exemplaires que nous en avons étudiés ont été pris par M. de la Gironnière sur les montagnes, dans la province de Nueva-Exoica, à quarante ou cinquante lieues de Manille. L'espèce n'y est pas commune, et, dans l'espace de dix ans, M. de la Gironnière n'a pu s'en procurer que ces deux exemplaires, qui sont aujourd'hui conservés au Muséum; c'est aussi dans l'île Luçon que M. Cuming a trouvé le Phléomys qu'il a rapporté en Angleterre. Les Nigritos appellent ces gros Rats *Parout*. Ce sont des Animaux assez vigoureux pour résister aux Chiens, et l'un de ceux de M. de la Gironnière en avait blessé un en se défendant. Cependant ils sont susceptibles d'être apprivoisés.

Phléomys de Cuming, 1/5 de grand.

D'après les renseignements recueillis par M. Cuming, les Phléomys se nourrissent d'écorces, et c'est même cette particularité qui leur a valu le nom générique qu'ils ont reçu de M. Waterhouse. M. de la Gironnière assure qu'ils mangent aussi des racines et des jeunes pousses ils ne terrent pas.

GENRE RAT (*Mus*, Linné). Quoique ce genre ait beaucoup perdu de l'extension que Linné et même Pallas lui attribuaient, il renferme encore un nombre fort considérable d'espèces, nombre que les travaux récents des naturalistes et, en particulier, ceux de M. Waterhouse, ont notablement accru. Il y a des Rats sur tous les points du globe, et l'un de ces Animaux, le Surmulot, s'est établi jusque dans les petites îles de l'Océanie, à peu près les seules que la Nature ait privées d'espèces de ce genre. Ces Rongeurs sont omnivores; ils ont en général les molaires radiculées, décroissantes de la première à la dernière, et constamment au nombre de trois de chaque côté des mâchoires. La couronne en est tuberculeuse; mais les tubercules présentent des formes différentes suivant les espèces; la Souris et le Surmulot nous en fournissent les deux types principaux pour les Rats propres à notre hémisphère. Un troisième type est celui de quelques Rats qui vivent dans l'Amérique méridionale.

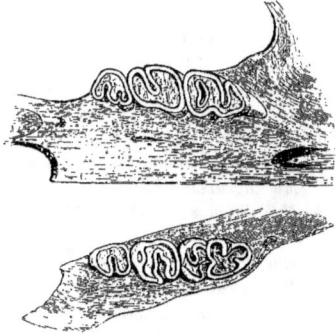

DENTS DU RAT COMMUN, 4/1 de grand.

Ces Animaux sont très-féconds; ils se multiplient avec rapidité, et ils sont presque tous nuisibles, attendu qu'ils vivent dans les champs ou même dans les habitations; leur penchant pour la destruction fait surtout redouter ceux de la seconde catégorie. Les Rats atteignent, dans certaines espèces, des dimensions assez grandes, et le Surmulot n'est pas le plus fort de ceux que l'on connaît. Le Perchal et le Caraco de l'Asie, le Piloris des Antilles sont, comme lui, de véritables Rats, mais ils ont une taille supérieure à la sienne; d'autres sont, au contraire, plus petits, comme la Souris, le Mulot nain et quelques-uns encore.

On a partagé en plusieurs genres les Animaux que nous réunissons ici sous le nom commun de *Rats*. Sans nier l'importance de ces divisions, il nous a paru utile de les réunir, provisoirement du moins, sous une seule dénomination générique, tous leurs caractères n'ayant pas été décrits avec une égale précision. Nous avons aussi laissé parmi eux quelques espèces plus distinctes encore, mais qu'il nous a paru préférable de signaler en même temps que les véritables Rats vivant dans les mêmes lieux qu'elles, et nous avons pris pour guide, dans cette longue et minutieuse énumération, l'ordre géographique qui a sur l'ordre réellement méthodique l'avantage de donner plus d'intérêt à cette étude.

I. *Espèces européennes du genre des Rats.*

Elles sont plus nombreuses dans les parties de ce continent qui avoisinent l'Asie que dans les États occidentaux, et deux d'entre elles qui occupent une étendue plus considérable que les autres, ont une origine étrangère; ce sont le Rat ordinaire et le Surmulot. Ces deux Animaux nous sont venus du continent asiatique, à une époque encore assez peu éloignée. Les Grecs et les Romains ne les ont connus ni l'un ni l'autre. Ce n'est qu'au temps des Croisades que le premier s'est introduit en Europe, et le second n'y est arrivé que pendant le cours du XVIIIe siècle. La Souris, au contraire, paraît être indigène de ce continent. Comme elle, le Rat noir et le Surmulot ont été portés depuis lors par les bâtiments européens dans toutes les parties du monde, et le Surmulot a pullulé à peu près partout d'une manière prodigieuse. On le rencontre maintenant dans les contrées froides aussi bien que dans celles où la température est extrême, et en tous lieux, dans toutes les conditions, il montre les instincts destructeurs qu'on lui connaît dans nos pays.

Se rapprochant des habitations autant qu'il le peut, il entre jusqué dans les magasins et détruit les substances alimentaires et celles que le règne organique fournit à l'industrie. Sa présence a été constatée dans plusieurs parties de l'Afrique; on le rencontre à Madagascar et dans les îles voisines; il abonde dans certaines parties de l'Inde; est maintenant commun dans les deux Amériques, et se trouve aussi dans les colonies australasiennes, ainsi que dans les îles de la mer des Indes et dans celles de l'Océan Pacifique, où les Européens ont fondé des établissements. C'est aujourd'hui l'un des Animaux les plus cosmopolites que l'on puisse signaler, et peut-être celui de tous qui fait le plus de tort au commerce et à l'industrie.

La liste suivante donne le nom des espèces propres au genre Rat, qui ont été observées en Europe. Nous en décrirons plus loin quelques-unes :

1. *Mus vagus*, Pallas. De Russie.
2. *Mus agilis*, Dahne. D'Allemagne.
3. *Mus agrarius*, Pallas. D'Allemagne et surtout de Russie.
4. *Mus minutus*, Pallas, ou *Mus messorius*, Shaw; le *Mulot nain*. D'une grande partie de l'Europe.
5. *Mus Pecchioli*, Ch. Bonaparte. De l'Italie méridionale.
6. *Mus sylvaticus*, Linné; le *Mulot ordinaire*. De toute l'Europe.
7. *Mus hortulanus*, Nordmann. De Crimée.
8. *Mus musculus*, Linné; la *Souris*.
9. *Mus leucogaster*, Pictet. De Suisse; aux environs de Genève. Espèce douteuse.
10. *Mus tectorum*, Savi; le *Mus Alexandrinus* d'E. Geoffroy, suivant de M. de Sélys. M. Ch. Bonaparte n'accepte pas cette synonymie.
11. *Mus Rattus*, Linné; le *Rat noir*.
12. *Mus decumanus*, Pallas; le *Surmulot*.

Deux autres espèces moins bien connues sont mentionnées en Sicile par Rafinesque. Ce sont les *Mus frugivorus* et *dicrurus*.

Une dernière, signalée en France, est plus douteuse encore. C'est par elle que nous commencerons.

Celle-ci; ou le *Mus subcærulus* de Lesson, n'est peut-être que le Rat noir. D'après cet auteur, ce serait un nouvel exemple de la facilité avec laquelle les espèces exotiques du même genre peuvent s'acclimater dans nos pays. Elle s'est établie dans les greniers de l'hôpital de la marine, à Rochefort, et provient, suivant Lesson, de quelque colonie lointaine, d'où elle a été rapportée dans les coffres à médicaments par les vaisseaux de la marine de l'État. Le Rat noir et le Surmulot lui font, d'après le même auteur, une guerre d'extermination.

Le RAT SOURIS (*Mus musculus*, Linné) ou la *Souris ordinaire*, *Sorice* des Italiens, *Mouse* des Anglais, *Maus* des Allemands, *Muys* des Danois, est l'espèce la mieux connue, et, avec le Surmulot et le Rat noir, celle que les habitants des villes voient le plus souvent. C'est l'Animal auquel les Romains et les Grecs donnèrent principalement le nom de μῦς ou *Mus*.

C'est à la Souris que s'applique ce passage de Buffon : « Timide par sa nature, familière par nécessité, la peur ou le besoin font tous ses mouvements; elle ne sort de son trou que pour chercher à vivre; elle ne s'en écarte guère, y rentre à la première alerte, ne va pas, comme le Rat, de maisons en maisons, à moins qu'elle n'y soit forcée; fait aussi beaucoup moins de dégâts; a les mœurs plus douces et s'apprivoise jusqu'à un certain point, mais sans s'attacher. »

« Ces Animaux, ajoute le même auteur dans son élégante description, ne sont point laids; ils ont l'air vif et même assez fin; l'espèce d'horreur qu'on a pour eux n'est fondée que sur les petites surprises et sur l'incommodité qu'ils causent. » On peut dire aussi que cette espèce d'horreur, ou plus simplement cette défiance que les Souris inspirent à beaucoup de personnes, fait bientôt place à la curiosité lorsque ces petits Animaux ont été pris dans quelque piége. Souvent un certain intérêt succède à ce premier sentiment si l'Animal appartient à la variété blanche, et beaucoup de gens qu'une Souris grise effraie ou dégoûte regardent avec intérêt ou élèvent même avec soin des Souris albinos.

Souris, 3/5 de grand.

Le genre de vie de ces petits Rongeurs et tous les détails de leur histoire sont trop connus pour que nous nous arrêtions à les décrire. On trouve les Souris non-seulement dans les appartements, mais aussi dans les jardins; parfois jusque dans la campagne. Leur longueur totale varie entre dix-huit ou vingt centimètres, dont la moitié environ pour la queue; leur couleur est habituellement d'un gris brun, que l'on prend souvent comme terme de comparaison en disant d'un objet qu'il est gris de Souris; la nuance en est plus foncée en dessus qu'en dessous; les pieds sont grisâtres; les yeux sont assez petits et proéminents.

Il y a plusieurs variétés dans l'espèce de la Souris; certains individus sont blancs, et ils ont les yeux rouges; ils se transmettent cette coloration par voie de génération; ce sont de véritables *albinos*. Dans plusieurs pays de l'Europe, et même en Chine, on élève les Souris blanches dans une sorte de domesticité; d'autres sont *pies*, c'est-à-dire irrégulièrement marquées de gris et de blanc. Cette disposition est individuelle. Certaines sont plus fauves; c'est le cas des Souris propres aux contrées méridionales, et déjà, dans le midi de la France, on leur reconnaît souvent ce caractère. Dans le nord, au contraire, le gris des parties inférieures du corps passe au blanc, et une semblable variété, qui est commune à la Suède et à l'Irlande, a été décrite, à tort, comme une espèce distincte sous le nom de *Mus islandicus*.

Les Souris portent vingt-cinq jours; chaque portée est de quatre à six petits, qui sont nus et aveugles au moment de leur naissance et qui tettent pendant une quinzaine de jours. Les jeunes Souris sont bientôt aptes à se reproduire, et la multiplication de leur espèce est, par conséquent, très-rapide. La Souris se distingue du Mulot par la forme de ses dents molaires. Ces deux espèces ont aussi quelques caractères extérieurs qui empêchent le plus souvent de les confondre.

Le Rat Mulot (*Mus sylvaticus*, Linné), dont Buffon et Daubenton nous donnent

Rat Mulot, 1/2 de grand.

l'histoire dans leur ouvrage, est grand comme la Souris ou un peu plus fort qu'elle. Cette espèce a le pelage fauve jaunâtre, plus vif en dessus; tout le dessous de son corps étant blanc et nettement séparé du fauve des flancs et du dos. Ses yeux sont grands et proéminents, et ses pieds blanchâtres. Elle a les oreilles grandes, noirâtres à l'extérieur; sa queue est velue, noirâtre en dessus, blanchâtre en dessous; son museau est assez pointu. Le Mulot, qu'on nomme aussi le *Rat Sauterelle*, vit dans toute l'Europe et dans une partie de l'Asie; il se tient dans les bois et dans les champs; en hiver, il se retire dans les meules de blé, et parfois jusque dans les maisons, les caves ou les granges.

Le RAT NAIN (*Mus minutus*, Pallas) est un Mulot de petite espèce; c'est là son principal caractère. Il a tout le dessous du pelage d'un brun fauve jaunâtre, plus vif sur les joues et sur la croupe, et qui s'éclaircit sur les flancs; le dessous de sa tête, sa poitrine et son ventre sont d'un beau blanc; sa queue et ses pieds sont jaune clair; ses oreilles sont courtes, arrondies et velues; elles dépassent peu les poils de la tête, et les yeux sont proéminents. Nous le figurons à la page 263.

Le Rat nain, que l'on nomme encore *Mulot nain, Rat des Moissons*, etc., est le plus petit de nos Rongeurs de France; il est aussi gracieux par ses formes que par ses couleurs, et la manière dont il construit son nid ne le rend pas moins intéressant. Dans les champs où il vit, il entrelace plusieurs tiges de blé encore sur pied, et il s'établit vers le milieu de leur hauteur un nid à peu près sphérique qui rappelle celui de certains Oiseaux, et, en particulier, celui des Pouillots et de quelques Mésanges. Ce nid est protégé par la partie supérieure des chaumes très-artistement tressés avec de la paille en brins, et comme il n'a d'autre étai que les blés qui le supportent, il oscille avec eux et se maintient malgré l'agitation de l'air. C'est par allusion à la manière dont le Rat nain fait sa demeure que Hermann, naturaliste de Strasbourg, avait donné à cette espèce le nom de *Mus pendulinus*. Les *Mus soricinus* et *parvulus* du même auteur n'en diffèrent pas, et d'autres auteurs l'ont nommé *Mus arenarius* et *Mus messorius*. Cette dernière dénomination, qui rappelle l'habitude qu'il a de vivre dans les champs cultivés. L'espèce a été trouvée en Angleterre et dans l'Europe continentale, depuis la France et la Finlande, d'une part, jusqu'en Crimée et en Sibérie de l'autre. Quelques auteurs en font le type d'un sous-genre à part sous le nom de *Micromys*.

Nid du Rat nain. 1/2 de grand

Le Rat noir (*Mus Rattus*, Linné), que Buffon décrit sous le nom de *Rat*, a le pelage de couleur noirâtre en dessus, sans mélange de roussâtre, et passant graduellement au cendré foncé en dessous; sa queue est plus longue que le corps; elle a, en général, vingt-deux centimètres, et celui-ci vingt.

Pallas le croyait originaire de l'Amérique, mais il est plus probablement asiatique; ce qui est plus certain, c'est que les anciens ne l'ont pas connu. L'opinion la plus générale est qu'il s'est introduit en Europe à l'époque des Croisades, au retour des bandes qui avaient pris part à ces expéditions. Pourtant on ne le trouve pas mentionné d'une manière certaine par les auteurs antérieurement au XVIᵉ siècle. Gesner en a donné le premier une description reconnaissable.

Le Rat noir n'est plus aussi commun aujourd'hui qu'il l'était avant l'arrivée du Surmulot. Celui-ci lui ayant fait presque partout une guerre très-active, il a dû abandonner un grand nombre de localités; dans beaucoup d'autres il est devenu assez rare. Chez nous, il se tient de préférence dans les granges et les greniers, sous les toits de chaume et dans les maisons abandonnées, quelquefois aussi dans des terriers qu'il creuse lui-même.

Les Rats de cette espèce ont plusieurs portées par an. Au moment des amours, ils se livrent, dit G. Cuvier, des combats violents, et on les entend alors pousser des cris qui ressemblent à des sifflements aigus; ils préparent avec des feuilles, de la paille, du foin ou toute autre matière convenable, des nids pour leurs petits. Ceux-ci sont, comme ceux des autres espèces, entièrement nus lorsqu'ils viennent au monde, et ils ont aussi les yeux fermés; fréquemment il y en a jusqu'à neuf pour chaque portée.

RAT NOIR, 1/2 de grand.

Le RAT SURMULOT (*Mus decumanus*, Pallas) n'est pas moins fécond, et il a, comme chacun sait, des dimensions plus fortes. Brisson en a parlé sous les noms de *Mus sylvestris* et *Norwegicus*. C'est le *Wanderratte* des Allemands et le *Norway-Rat* des Anglais. Cet Animal est le plus grand, le plus destructeur et le plus méchant de tous les Rats qui vivent en Europe ou qui s'y sont établis. On n'a constaté sa présence dans cette partie du monde que depuis le milieu du XVIIIe siècle, et il paraît y avoir été amené de la Perse ou de l'Inde par la navigation. Pallas nous apprend que les Surmulots arrivèrent à Astracan en 1727 et qu'ils s'y montrèrent tout à coup en si grande quantité qu'on ne pouvait rien soustraire à leurs atteintes. Ils venaient du désert de l'Ouest et avaient traversé le Volga, dont les flots en engloutirent sans doute un grand nombre. D'autre part, Buffon rapporte que les endroits où l'on constata pour la première fois leur présence en France sont les châteaux de Chantilly, de Versailles et de Marly, et qu'ils s'y firent bientôt remarquer par leurs dégâts. Il leur donna le nom de *Surmulot*, qui exprime une ressemblance avec le Mulot, tout en indiquant la supériorité des dimensions. Il y a des Surmulots qui ont vingt-cinq ou vingt-huit centimètres de longueur, sans compter la queue, et l'on peut, sans exagération, les dire parfaitement capables de lutter contre les Chats; leur pelage est brun lavé de roussâtre en dessus, cendré en dessous; leur queue est écailleuse comme celle des Rats noirs et un peu moins longue que le corps.

Quoique les Surmulots passent pour les ennemis les plus déclarés des Rats noirs, on les a cependant vus avec eux dans certaines localités. Ce fait a été constaté plusieurs fois et dans des pays différents. F. Cuvier dit à cet égard : « Les Surmulots n'excluent pas nécessairement les Rats noirs d'où ils s'établissent, et j'ai vu ces deux espèces vivre sous le même abri et dans des terriers contigus; c'est qu'ils trouvaient dans ces lieux d'abondants aliments, et que les plus forts n'avaient pas besoin, pour se nourrir, de faire la guerre aux plus faibles; car ce n'est que dans ce cas seulement que les uns sont la cause de la disparition des autres, et, comme toutes les espèces du genre, ces Rats se dévorent entre eux lorsqu'ils sont pressés par la faim. »

Les Surmulots parcourent les magasins, les caves, les celliers, les égouts, et des lieux plus sales encore. Dans les grandes villes, ils sont très-nombreux et très-redoutés; ils viennent jusque dans les lambourdes des planchers, s'établissent entre les cloisons, et se montrent souvent aussi audacieux que malfaisants. Les établissements d'équarrissage, les fossés où l'on prépare la poudrette, les ruisseaux les plus malpropres les nourrissent par milliers; ils fréquentent aussi les amphithéâtres de dissection et les laboratoires des naturalistes. Leur reproduction est très-rapide, et les femelles ont jusqu'à dix ou même douze petits à chaque portée. Certaines races de Chiens, particulièrement celles des Terriers et des Boules-Dogues, les détruisent avec une rare adresse, faisant aussi bon marché d'eux ou des Rats noirs que les Chats le font des Souris. Cependant le nombre des Surmulots ne diminue pas sensiblement, et, dans certaines localités, il augmente même, ces Animaux se multipliant d'une manière réellement inquiétante.

Rat surmulot, 1,3 de grand.

Les endroits où l'on dépose les immondices enlevés dans Paris attirent particulièrement les Surmulots, qui se réunissent surtout en grande quantité à Montfaucon et dans d'autres lieux analogues. On peut juger de leur nombre par celui de leurs terriers; ceux-ci sont souvent si profonds que la solidité de certaines constructions en a été ébranlée. Parent-Duchâtelet rapporte qu'une des personnes qui dirigent l'établissement de Montfaucon n'a préservé sa propre demeure de l'atteinte des Surmulots qu'en entourant d'une couche épaisse de fragments de bouteilles les fondements sur lesquels elle reposait. Le même observateur ajoute que si l'on abandonne pendant une nuit dans les cours les chevaux équarris, les Surmulots en dévorent complétement la chair de manière à mettre à nu tous les os dont se compose le squelette. En hiver, pendant les fortes gelées, s'il arrive qu'on ait laissé le cadavre d'un cheval sans en enlever la peau, les Rats s'y introduisent, soit par l'anus, soit par la saignée, s'établissent au milieu du corps, en rongent toutes les parties molles, et, lorsqu'au dégel, les ouvriers viennent pour enlever la peau, ils ne trouvent en dessous qu'un squelette complétement décharné et que l'on pourrait placer dans un musée, tant il a été bien nettoyé.

Parent-Duchâtelet raconte encore le fait suivant, qu'il tenait, dit-il, de M. Magendie : « Ayant fait prendre douze Surmulots pour ses expériences de physiologie, le savant professeur du collége de France les enferma dans une boîte ; mais ils s'y livrèrent de tels combats que, lorsqu'il arriva à son domicile, il n'en trouva plus que trois. Ceux-ci avaient dévoré les neuf autres, et M. Magendie ne trouva, assure Parent-Duchatelet, d'autres traces de leurs victimes que les queues et quelques débris épars. »

La grande quantité de Surmulots que l'on peut tuer en quelques jours a engagé divers industriels à tirer parti de ces Animaux. J'ignore si leur fourrure est vraiment employée avantageusement à quelque usage, mais je trouve dans plusieurs auteurs l'indication que leur peau chamoisée a servi dans la fabrication des gants. On rapporte même à ce sujet que deux gantiers de Grenoble avaient offert cent francs par mille de ces peaux. Si l'on se rappelle qu'en décembre 1849 quelques jours ont suffi pour prendre deux cent cinquante mille Rats dans les égouts de Paris, on ne saurait douter de la possibilité de tirer parti des Surmulots, tout en encourageant leur destruction.

Dans les colonies, ces hardis Animaux ne sont pas moins redoutés, et, sur plusieurs points, l'autorité a dû intervenir pour mettre obstacle à leur trop rapide propagation. Un officier de la marine m'a affirmé que, dans les îles qui avoisinent Madagascar, on les voit parfois arriver en grandes quantités, mais qu'ils émigrent bientôt pour un autre lieu lorsque l'île a été dévastée par leur voracité. Ils ne craignent pas de traverser à la nage les distances qui séparent les unes des autres certaines de ces îles, lorsqu'elles ne sont pas trop considérables. Le voisinage des eaux douces leur est également favorable, et on les trouve abondamment auprès des eaux courantes ou dans les étangs. Quoique dépourvus de membranes interdigitales, ils nagent avec beaucoup de facilité. Les eaux les plus sales sont celles où ils sont le plus en sûreté, et il n'est pas de cloaque si infect qu'ils ne puissent y prospérer.

M. de Sélys dit qu'il vient quelquefois en Belgique des troupes nombreuses de Rats voyageant pendant la nuit, mais qu'il ne faut pas les rapporter au Rat noir ou au Surmulot.

2. Description des espèces propres à l'Afrique, et de quelques autres qu'on en a séparées génériquement.

Les dernières publications des naturalistes, et plus particulièrement celles de MM. Ruppel, Andrew Smith et Peters, ont porté à quarante au moins le nombre des espèces africaines qui appartiennent à la tribu des Rats, et, dans ce nombre, ne sont pas comprises les Gerbilles, dont on a distingué plus de dix espèces.

Plusieurs des espèces qui vivent dans l'Afrique n'ont pas été séparées génériquement des Rats proprement dits.

Nous signalerons parmi elles le RAT DE BARBARIE (*Mus barbarus*, Linné), dont la taille est intermédiaire à celle du Mulot et du Rat noir. Son pelage est gris fauve et strié sur le dos de dix lignes longitudinales brunes ; cette espèce est aussi appelée *Rat strié*. On la trouve en Algérie, et elle est bien connue des personnes qui ont habité cette partie de l'Afrique. C'est un joli petit Animal, propre, qui devient bientôt familier, et que l'on peut conserver longtemps en captivité en le nourrissant de blé, de pain, etc. M. H. Lucas en a possédé à Paris un mâle et une femelle qui ont plusieurs fois reproduit. Chaque portée a été de sept à huit petits, et ceux-ci étaient déjà en état d'engendrer dès l'âge de quatre mois.

On peut citer ensuite le RAT PUMULION (*Mus pumilio*, Linné) qui appartient à l'Afrique australe ; les raies de son dos sont moins nombreuses.

Le RAT DU NIL (*Mus Niloticus*), qui répond au *Lemmus Niloticus* d'E. Geoffroy, est long de 0,20 pour le tronc et la tête réunis, et il a la queue longue de 0,12. Son pelage est uniformément brun, mêlé de fauve en dessus, et gris jaunâtre en dessous; il se tient au bord des eaux.

Le RAT D'ALEXANDRIE (*Mus Alexandrinus*, E. Geoffroy) est plus semblable au Surmulot pour la forme et les proportions générales; son pelage est gris brun, légèrement teint de roussâtre en dessus, et d'un gris cendré un peu jaunâtre en dessous, avec les pattes de la couleur du dos; il a quelques-uns des poils du dos subépineux, aplatis et marqués d'une rainure à leur face supérieure. C'est un Animal propre à l'Égypte. On dit qu'il s'est établi dans le midi de l'Europe depuis le commencement de ce siècle, et, suivant M. de Selys-Longchamps, le *Mus tectorum*, signalé en Toscane et dans les états Romains par M. Savi comme une espèce distincte, ne reposerait que sur l'examen de Rats de cette espèce. M. de Selys dit aussi qu'on a constaté la présence du *Mus Alexandrinus* ou *tectorum*, dans le midi de la France, en Languedoc et en Provence.

D'autres Rats africains ont présenté des caractères assez importants pour que les naturalistes aient cru devoir en faire des genres à part. Voici des détails sur plusieurs d'entre eux :

Les DENDROMYS (*Dendromys*, A. Smith), que nous citerons les premiers, rappellent, jusqu'à un certain point, les Loirs par leurs allures; mais ils n'ont pas la queue velue, et leurs dents n'ont pas de plis, comme celles de ces Animaux. Une espèce de cette petite division, que nous avons observée, nous a présenté la particularité fort remarquable d'avoir le doigt externe des pieds de derrière presque aussi écarté des autres que l'est le pouce des Quadrumanes.

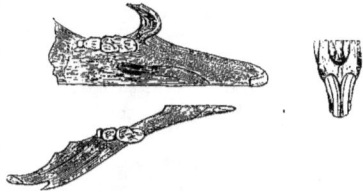

DENTS DE DENDROMYS, 2/1 de grand.

Les Dendromys sont de jolis petits Rongeurs ayant à peine la taille des Souris, et dont le pelage est gris perlé, avec une bande dorsale noire. M. Smith en distingue deux espèces sous les noms de *Dendromys typicus* et *melanotis*.

DENDROMYS TYPIQUE, 1/2 de grand.

Les ACOMYS (*Acomys*, Is. Geoff.) sont aussi de faible taille. Leurs molaires sont petites et décroissantes. Les poils de leur corps sont en partie épineux, ce qui rappelle certaines grandes espèces de l'Inde, ou bien encore les Rongeurs de l'Amérique méridionale du genre Échimys.

On en connaît trois ou quatre espèces, dont une vit au mont Sinaï; la mieux connue est l'ACOMYS DU CAIRE (*Acomys cahirinus*), décrit par E. Geoffroy sous le nom de *Mus cahirinus*. Cet Animal est déjà mentionné dans Aristote; il est de la taille de la Souris, mais il a la queue moins longue; ses poils sont épineux et gris cendrés en dessus et sur les flancs, plus doux au contraire et d'une couleur moins foncée en dessous.

L'espèce que nous avons fait figurer est d'une couleur un peu différente et tirant sur le roux, ce qui lui a valu le nom d'ACOMYS ROUSSATRE (*Acomys russatus*). C'est le *Mus russatus* de M. Wagner. (Voir à la

MOLAIRES DE L'ACOMYS DU CAIRE, 6/1 de grand.

page 263.) L'ACOMYS TRÈS-ÉPINEUX (*Acomys spinosissimus*, Peters) vit en Mozambique.

Les CRICÉTOMYS (*Cricetomys*, Waterhouse) sont encore des Muriens propres à l'Afrique. Ils sont plus grands que les Surmulot, et ils joignent à la même forme de queue que les Rats et à des molaires à peu près semblables à celles de ces Animaux ou des Hamsters le caractère d'être pourvus d'abajoues.

Le CRICÉTOMYS DE GAMBIE (*Cricetomys gambianus*, Waterh.) est la seule espèce bien connue de ce genre. On le trouve non-seulement en Gambie, comme l'indique son nom, mais aussi à Fernando-Pô, et même dans le Kordofan, où M. Ruppel l'a signalée sous le nom de *Rat Goliath*. Ces grands Rats établissent leur demeure sous terre, mais ils montent aussi sur les arbres pour en prendre les fruits. Les nègres estiment beaucoup leur chair qu'ils apprêtent pour leurs meilleurs repas. Il y a aussi des Cricétomys en Mozambique.

RAT GOLIATH de M. Ruppel, 1/2 de grand.

La Mozambique a fourni à M. Peters trois genres nouveaux de Muriens :

Les SACCOSTOMUS, caractérisés par la présence d'abajoues. Deux espèces : *Saccostomus lapidarius* et *Saccostomus fuscus*.

Les PÉLOMYS, ayant les incisives supérieures sillonnées comme celle des Gerbilles : *Pelomys fallax*.

Les STÉATOMYS, également semblables aux Gerbilles par les incisives, mais à queue plus courte que le corps. Deux espèces : *Steatomys edulis* et *Steatomys Krebsii*.

3. *Espèces asiatiques.*

On en a déjà distingué une quarantaine, les unes petites comme les Souris et les Mulots, les autres au contraire aussi grosses que le Surmulot ou même plus grosses; parmi ces dernières nous citerons les suivantes :

Le RAT CARACO (*Mus caraco*, Pallas), qui est de la Mongolie, de la Chine et de la Sibérie orientale. Il vit, comme le Surmulot, dans les habitations et devient plus grand que lui d'un quart.

Le RAT GÉANT (*Mus giganteus*, Hardwicke) ayant 0,37 pour le corps et autant pour la queue.

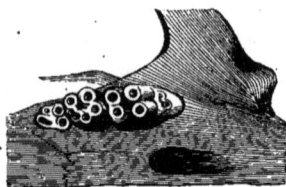

Son pelage est brun en dessus et blanchâtre en dessous avec les pieds noirs. On le trouve dans l'Inde, sur les côtes du Malabar et de Coromandel, ainsi qu'au Bengale. C'est le *Bandicot* des Anglais.

Le RAT PERCHAL (*Mus Perchal*), dont Buffon a parlé d'après un exemplaire rapporté par Sonnerat, se rencontre principalement dans la presqu'île de Pondichéry. Il entre dans les maisons comme les précédents et devient aussi grand qu'eux. C'est encore un Animal très-incommode. Il présente, entre autres caractères, une rigidité assez grande des poils de son dos.

4. *Des espèces de l'Amérique septentrionale et des genres qu'on en a séparés.*

Les auteurs en ont signalé quinze environ, indépendamment de celles qu'on a quelquefois rapportées au même genre, mais qui sont des Campagnols véritables. Leurs caractères de dentition et de forme extérieure diffèrent peu de ceux que présentent ordinairement les espèces propres à l'ancien continent. Ce sont les *Mus nigricans*, *leucopus*, *polionotus*, *humilis*, *aureolus*, *Mitchiganensis*, *Caroliniensis*, *palustris*, etc.

Deux espèces ont servi à l'établissement du genre NÉOTOME (*Neotoma*, Say et Ord). Elles ont les replis émaillés de leurs dents plus profonds et plus obliques et leur fourrure est plus souple que d'habitude; sous ce double rapport elles ressemblent davantage à certains Rats de l'Amérique méridionale, dont nous parlerons dans le paragraphe suivant, et en particulier aux Reithrodons.

La plus grande des deux espèces de Néotomes est le NÉOTOME DES FLORIDES (*Neotoma floridina*, Say et Ord); l'autre est le NÉOTOME DE DRUMMOND (*Neotoma Drummondii*, Richardson). Celle-ci s'étend plus au nord que la précédente; M. Gray en fait un petit genre à part auquel il a donné le nom de TÉONOMA, qui n'est que l'anagramme du mot Néotoma.

Ces Animaux sont pour ainsi dire un acheminement des véritables Rats vers les Campagnols, et l'on peut citer, comme étant dans le même cas, le *Sigmodon hispidum* de MM. Say et Ord, qui vit aussi dans les Florides.

5. *Des espèces de l'Amérique méridionale et de quelques-uns des genres qu'on a établis parmi elles.*

Les Rats de l'Amérique méridionale paraissent être plus nombreux en espèces que ceux d'aucune autre partie du monde. En général, ils s'en distinguent par une physionomie spéciale, et même par quelques caractères assez tranchés pour qu'on les reconnaisse aisément. Ces différences sont surtout tirées de la forme du crâne et de celle des dents. Leurs particularités secondaires distinguent en même temps les espèces américaines des autres Muriens, et elles les ont fait partager en plusieurs sous-genres. La description en est principalement due aux naturalistes Azara, Brandt, Waterhouse et Lund.

a. Les espèces qu'on a nommées OXYMYCTÈRES (*Oxymycterus*, Waterh.) sont, sans contredit, les plus distinctes de toutes les autres. Leurs molaires sont didymes ou subdidymes et elles décroissent en volume d'arrière en avant; leur crâne est allongé et bien différent de celui de la plupart des autres Rats; enfin leurs pieds ont cinq doigts évidents en avant aussi bien qu'en arrière, et les ongles qui les terminent sont forts, fouisseurs et presque aussi développés que ceux des Saccophores.

On en connaît deux espèces qui sont un peu plus fortes que le Campagnol ordinaire de nos contrées.

L'une est l'OXYMYCTÈRE NASIQUE (*Oxymycterus nasutus*, Waterh.) de Maldonado, à l'embouchure de la Plata.

L'autre est l'OXYMYCTÈRE SCALOPS (*Oxymycterus scalops*, P. Gerv.), dont j'ai rédigé la description pour l'ouvrage de M. Cl. Gay sur le Chili; elle est de ce pays.

b. M. Meyen a nommé AKODON une petite division établie par lui pour une espèce habitant les Andes de la Bolivie et du Pérou (*Akodon boliviense*, Meyen), dont les molaires sont décroissantes et à tubercules pavimenteux, et la queue un peu plus longue que le corps. C'est un Animal peu différent de la Souris par sa grandeur.

c. Les REITHRODONS (*Reithrodon*, Waterh.) ont les incisives supérieures marquées d'un sillon vertical sur leur face antérieure, ce qui indique un passage vers les Gerbilles; leurs molaires sont décroissantes; leur queue est médiocre et velue; leur tête est forte et leur crâne est un peu élargi, de manière à rappeler jusqu'à un certain point celui des Campagnols, et surtout des Hamsters, dont les Reithrodons se rapprochent également par leurs dents molaires.

La tendance qu'ont ces espèces et la plupart des Muriens de l'Amérique méridionale à ressembler aux Campagnols ou à d'autres Animaux de l'ancien monde, dont ils tiennent la place dans ce continent, est un fait d'autant plus digne d'être signalé que ces derniers sont connus pour être exclusivement propres à l'hémisphère boréal. Les Muriens d'Amérique ressemblent en même temps aux Rongeurs de la famille des Octodontes, qui sont comme eux des Animaux sud-américains.

La plupart des Muridés qui sont propres à l'Amérique méridionale ont donc des caractères particuliers, et si quelques-uns d'entre eux s'éloignent d'une manière plus ou moins notable du type le plus ordinaire, c'est pour ressembler aux Animaux des autres pays, dont ils occupent ici la place; par exemple aux Campagnols de l'Europe et de l'Amérique septentrionale, ainsi qu'aux Loirs de l'ancien monde et aux Gerbilles de l'Inde et de l'Afrique. M. Waterhouse a distingué trois espèces dans le genre des Reithrodons :

REITHRODON CUNICULOÏDE, grand. nat.

Le REITHRODON TYPE (*Reithrodon typicus*) de Maldonaldo; le REITHRODON CUNICULOÏDE (*Reithrodon cuniculoïdes*) de Santa-Cruz, et le REITHRODON CHINCHILLOÏDE (*Reithrodon chinchilloïdes*) du détroit de Magellan.

d. Les PHYLLOTIS ou *Hesperomys* du même auteur comprennent aussi trois espèces, savoir : le PHYLLOTIS DE DARWIN, qui est du Chili; le PHYLLOTIS XANTHOPYGE de Santa-Cruz, et le PHYLLOTIS GRIS-FAUVE du Rio-Negro.

e. Les espèces dont M. Waterhouse fait sa division des ABROTHRIX sont plus nombreuses; il en décrit sept auxquelles nous avons ajouté le RAT DE ROCHERS (*Mus rupestris*, P. Gerv.), que MM. Gaudichaud et Eydoux ont trouvé au Chili. La taille de celui-ci est un peu supérieure à celle du Mulot.

f. Les ÉLIGMODONTES (*Eligmodontia*, F. Cuv.), que M. Waterhouse a plus récemment appelés *Calomys*, ne comprennent que quatre espèces, savoir : les CALOMYS BIMACULÉ, ÉLÉGANT et GRACILIPÈDE du naturaliste anglais, et l'ÉLIGMODONTE TYPE du naturaliste français.

g. Certaines autres espèces sud-américaines constituent un dernier petit groupe, celui des HOLOCHILUS de M. Wagner.

Tel est le RAT DU BRÉSIL (*Mus brasiliensis*, E. Geoff.) dont les dents sont encore en même nombre que chez les Rats ordinaires, mais avec une forme plus rapprochée de celle qui caractérise les Échimyens du genre Cercomys. Le Rat du Brésil approche du Surmulot pour la taille, mais son poil est plus lustré et d'une nature moins grossière.

Le RAT JAUNATRE (*Mus lutescens*) que j'ai décrit et fait figurer dans l'ouvrage de M. Gay sur le Chili en rapproche à plusieurs égards.

Le RAT PILORI (*Mus pilorides*, Pallas) devra

RAT PILORI, 2 3 de grand.

sans doute constituer une division encore différente. Il n'est pas très-éloigné du Perchal et du Surmulot par sa dentition, mais il est encore plus grand; son crâne a une forme assez analogue à celle du leur; enfin son pelage est d'une toute autre nuance. Il est noir velouté en dessus, ainsi que sur les flancs, et blanc en dessous depuis le menton jusqu'à l'origine de la queue : celle-ci est aussi longue que le corps. Le Pilori vit aux Antilles, et depuis longtemps il en est fait mention dans les ouvrages des naturalistes. Rochefort en a parlé dans son *Histoire des Antilles*, qui a paru en 1659, et Dutertre dans son livre sur le même archipel. L'un et l'autre racontent les dégâts que cette grosse espèce de Rats occasionne dans les plantations.

Le Rat pilori ne saurait être confondu avec aucune autre espèce de ce genre, et il est en particulier très-différent du Surmulot.

On ne saurait en dire autant de quelques autres espèces que les naturalistes ont décrites comme particulières à l'Amérique méridionale, et certaines de celles que nous avons passées sous silence ne reposent peut-être que sur l'observation de véritables Surmulots acclimatés dans cette partie du monde. M. Waterhouse, qui a si bien étudié les Muriens de ces localités, et à qui l'on doit des travaux si consciencieux et si exacts sur les caractères spécifiques qui les distinguent les uns des autres, s'est même demandé si le *Mus decumanoïdes* ou *Jacobiæ*, des îles Gallopagos, et le *Mus maurus* de Maldonado, qu'il avait d'abord admis comme formant des espèces particulières, ne sont pas tout simplement des variétés du Surmulot; c'est là un genre de méprise contre lequel on ne saurait trop se prémunir et que l'état un peu confus dans lequel sont encore la nomenclature et la diagnose des Muriens peut rendre très-facile.

6. *Espèces de la Nouvelle-Hollande.*

Indépendamment des Muriens constituant les genres *Hydromys* et *Hapalotis*, on a découvert sur le continent australien et à Van-Diémen plusieurs espèces de véritables Rats. MM. Gray et Gould n'en décrivent pas moins d'une dizaine, parmi lesquelles nous citerons le *Mus albo-cinereus* ici figuré, et il faut y ajouter les *Pseudomys australis* et *Greyi*. Ce sont des espèces de taille moyenne ou même petite.

Mus albocinereus de M. Gould, 1/2 de grand.

GENRE HAPALOTIS (*Hapalotis*, Lichtenstein) aussi nommé *Conilurc* par M. O'Gilby. Il comprend plusieurs espèces de la Nouvelle-Hollande, qui joignent à une dentition très-peu différente de celle des Rats et des Gerbilles un port assez semblable à celui de ces dernières. Les pattes postérieures sont plus longues que celles des Rats, et la queue est longue et velue. On a quelquefois, mais à tort, rapproché les Hapalotis des Chinchillas.

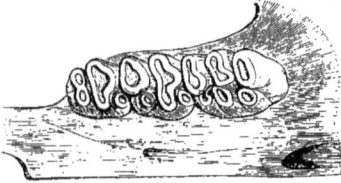

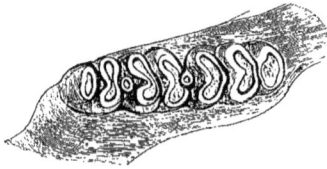

MOLAIRES D'HAPALOTIS, 4/1 de gr. nl.

L'espèce qu'on a connue la première est l'HAPALOTIS ALBIPÈDE (*Hapalotis albipes*, Licht.). Les colons de la Nouvelle-Hollande l'ont comparé à un Lapin, quoiqu'il n'ait point la taille de cet Animal et qu'il en diffère beaucoup par son apparence extérieure, ainsi qu'on peut s'en assurer par la figure que nous en donnons ici à la page 272. Cet Hapalotis est le *Conilure constructeur* de M. O'Gilby. On le rencontre principalement dans la Nouvelle-Galles.

L'HAPALOTIS DE GOULD (*Hapalotis Gouldii*, Gray) a été trouvé au port Essington.

On ne dit pas de quelle contrée de la Nouvelle-Hollande vient l'HAPALOTIS MÉLANURE (*Hapalotis melanura*, Gould).

M. Gould donne encore, dans son bel atlas sur les *Mammifères de l'Australie*, les *Hapalotis longicaudata* et *Michelii*.

GENRE HYDROMYS (*Hydromys*, E. Geoff.). Les Animaux de ce genre sont de tous les Rongeurs ceux qui ont le moins de dents. Leurs molaires ne sont qu'au nombre de deux paires à chaque mâchoire; elles ont aussi une forme tout à fait particulière; la première de celles du haut a trois fois la longueur de la seconde, et elle se compose de trois lobes subarrondis qui sont uniformément excavés dans leur milieu; la seconde n'a que deux parties dont l'antérieure est même fort

CRANE D'HYDROMYS, 4/1 de grand.

petite et rejetée à l'angle antéro-interne. Inférieurement les molaires des deux paires ont chacune deux lobes excavés sur la couronne; seulement la première de chaque côté est du double plus longue que la seconde. Nous en donnons une figure à la page 268. On n'a pas encore constaté si dans le jeune âge les Hydromys étaient plus semblables aux autres Muriens par le nombre de leurs dents molaires, et l'on ignore s'il s'opère chez eux un remplacement.

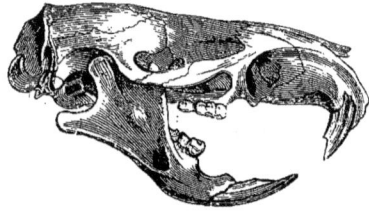

La tête de ces Rongeurs est allongée; leur corps ressemble à celui des Rats, et il en est de même de leur queue ainsi que de leurs pattes; celles de derrière ne sont pas notablement palmées. Cependant les Hydromys sont des Muriens aquatiques, et c'est même l'habitude qu'ils ont de vivre dans l'eau qui leur a valu ce nom, qui veut dire *Rats aquatiques*.

Les Hydromys sont du petit nombre des Mammifères monodelphes qui vivent dans l'Australie. On ne les a observés qu'à la Nouvelle-Hollande, dans les îles du détroit de Bass et à la terre de Van-Diémen. Leur taille est à peu près égale à celle du Surmulot, mais ils paraissent avoir le corps plus effilé.

E. Geoffroy, qui les a fait connaître aux naturalistes, en a distingué deux espèces: l'HYDROMYS A VENTRE JAUNE (*Hydromys chrysogaster*) et l'HYDROMYS A VENTRE BLANC (*Hydromys leucogaster*). Tous les deux ont le pelage brun plus ou moins marron en dessus.

HYDROMYS A VENTRE BLANC, 1/5 de grand.

mais celui du premier est orangé en dessous et celui du second est blanc. M. O'Gilby a ajouté comme troisième espèce l'HYDROMYS A VENTRE FAUVE (*Hydromys fulvogaster*), de la rivière des Cygnes ; toutefois, M. Gray est d'avis que cette prétendue espèce et les deux précédentes ne constituent que de simples variétés.

FIN DE L'ORDRE DES RONGEURS.

TABLE DES MATIÈRES

CONTENUES DANS LA PREMIÈRE PARTIE

1ʳᵉ PARTIE.

53

CLASSEMENT DES GRAVURES

DE LA PREMIÈRE PARTIE

ERRATA.

Planche 1re, au lieu d'ORANG BICOLORE d'Abyssinie, lisez de Sumatra.
Planche II, au lieu de COLOBE GUÉRÉZA de Sumatra, lisez d'Abyssinie.
Page 214 au lieu de 114.
Page 233, au lieu de GENRE TANRECS, lisez TANREC.
Page 245, ligne 45, au lieu de Ongulés, lisez RUMINANTS.
Page 247, au lieu de GENRE UROTRIQUE, lisez UROTRICHE.
Page 266, l'humérus de Castor fiber doit être retourné.
Page 277, ligne 24, au lieu de Carpolages, lisez Carpolagues.
Page 293, ligne 1re, au lieu de CARPOLAGEUS, lisez CARPOLAGUES.
Page 301, ligne 52, au lieu de Cerveau de Polatouche, lisez Crâne.
Page 333, ligne 13, au lieu de Athérure en pinceau, lisez ATHÉRURE À PINCEAU.
Page 364, au-dessous de la figure, au lieu d'ANTHROPHILE, lisez ANTHROPHILE.

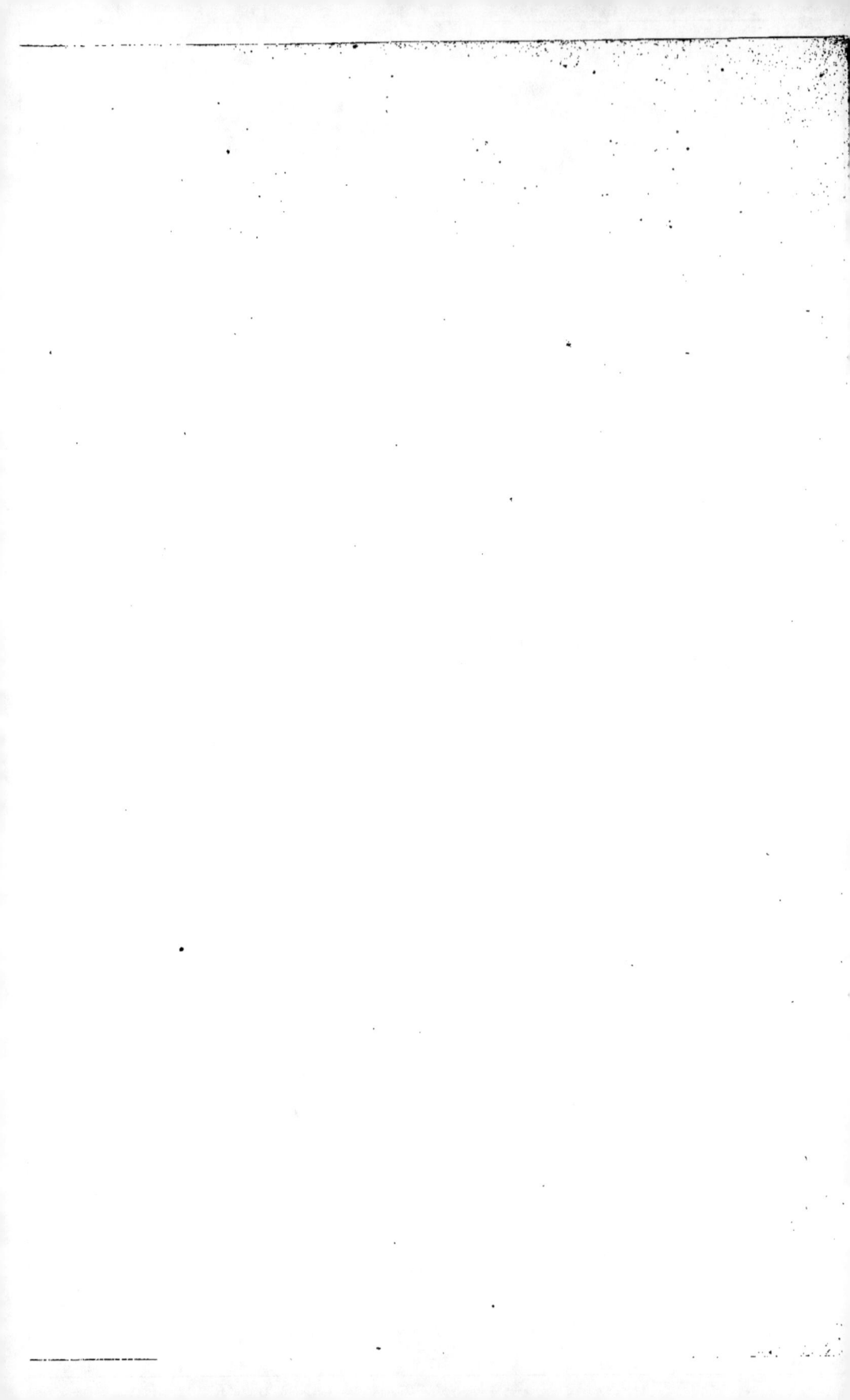

www.ingramcontent.com/pod-product-compliance
Lightning Source LLC
Chambersburg PA
CBHW031357210326
41599CB00019B/2802